洁净厂房的设计与施工

第二版

陈霖新　等编著

Design and Construction
of Cleanroom

化学工业出版社
·北京·

内 容 简 介

本书主要介绍洁净厂房设计、洁净厂房的施工与质量验收、洁净厂房的运行管理三大板块内容。涉及洁净厂房从设计到施工、运行的全方位内容，包括洁净厂房的总体设计、安全消防设计、净化空调系统设计、给排水设施、电气设计、噪声控制、微振控制、节能设计等，建筑装饰施工、净化空调系统施工、排风及排气处理设备的施工、电气装置施工及质量验收、洁净室的检测等，洁净厂房的人员管理、洁净工作服、洁净室的清洁、设备及材料管理、张贴物和标识等运行管理。

本书可供从事洁净厂房设计、施工、监理、运行人员使用，也可供广大院校、科研单位、企业等相关人员参考。

图书在版编目（CIP）数据

洁净厂房的设计与施工/陈霖新等编著. —2 版. —北京：
化学工业出版社，2022.3（2024.7重印）
ISBN 978-7-122-40709-2

Ⅰ.①洁… Ⅱ.①陈… Ⅲ.①洁净室-设计②洁净室-
工程施工 Ⅳ.①TU834.8

中国版本图书馆 CIP 数据核字（2022）第 019536 号

责任编辑：张 蕾 陈燕杰　　　　　　文字编辑：陈立璞 林 丹
责任校对：王 静　　　　　　　　　装帧设计：张 辉

出版发行：化学工业出版社（北京市东城区青年湖南街13号　邮政编码100011）
印　　装：三河市航远印刷有限公司
787mm×1092mm　1/16　印张56　字数1656千字　2024 年 7 月北京第 2 版第 4 次印刷

购书咨询：010-64518888　　　　　　售后服务：010-64518899
网　　址：http://www.cip.com.cn
凡购买本书，如有缺损质量问题，本社销售中心负责调换。

定　　价：198.00 元　　　　　　　　　　　　　版权所有　违者必究

本书 2003 年出版第一版，自出版发行以来，深受广大洁净厂房/洁净室设计、施工和运行维护人员以及大专院校相关专业师生的欢迎，并得到了从事洁净技术同行们在专业论文、著作等的广泛阅读参考与引用。

国内外洁净技术的发展都是随着科学技术的发展、工业产品的日新月异，特别是军事工业、航天、电子和生物制药等工业的发展而不断发展的。现代高科技产品生产和现代化科研实验活动要求微型化、精密化、高纯度、高质量和高可靠性，如以集成电路芯片制造为代表的微电子产品生产提出严格洁净环境和大面积、大体量、高投入的要求，集成电路的线宽已从微米级发展到纳米级。为满足高速发展的"洁净生产环境"要求，洁净技术的综合技术特性日益显现，集成电路芯片生产不仅要求洁净度等级达到 ISO1～3 级和严格控制分子污染物，而且还要求设置多品种高纯/超纯物质——高纯水/超纯水、高纯气体（特种气体）、高纯化学品等的供应系统；生物制药洁净室不仅应具有规定的洁净度等级，还应具有可靠的消毒、灭菌技术措施。为此，21 世纪初以来我国从事洁净技术科研、设计、建造和运行管理的科技人员，在已经制定、实施的"洁净厂房/洁净室"标准的基础上，制定、修订了数十项（包括部分关联密切的相关专业技术）标准，国际标准化组织和各国同行也制定、修订了若干涉及洁净技术的标准。本书第二版正是依据上述需要和我院（中国电子工程设计院有限公司）近年来洁净厂房/洁净室设计、建造、检测和标准规范制定、修订等方面积累的实践经验、各种技术资料（调研、测试报告）等，组织相关科技人员进行整理、编著的，并特邀具有丰富洁净厂房/洁净室工程建设施工、调试和检测、运行管理等实践经验的中国电子系统工程第二建设有限公司、第四建设有限公司以及上海科信检测技术有限公司、北京中电凯尔设施管理有限公司的有关人员参加编写本书的相关部分。本书的编写仍秉承内容力求实用、简练，以满足从事洁净厂房/洁净室设计、施工和运行管理的科技人员的需要。

本书第二版的编写人员有中国电子工程设计院有限公司的陈霖新、张利群、晁阳、秦学礼、肖红梅、阎冬、杨朝辉、王凌旭、周向荣、牛光宏、陈骝、俞渭雄、刘澈、田超贺、杨新宇等，中国电子系统工程第二建设有限公司的施红平、吴建华、杨九祥、董连东，中国电子系统工程第四建设有限公司的万铜良、程航、石小琰，上海科信检测科技有限公司的陈思源、彭永昌，北京中电凯尔设施管理有限公司的冯卫中。本书中的一些内容采用了同行专家学者发表或未发表的专著、论文的相关内容，有的同行还提供了他们掌握的资料和数据，在此特向他们致以诚挚的谢意。

本书的编写得到了中国电子工程设计院有限公司原院长、中国电子学会洁净技术分会前主任委员、《洁净与空调技术》主编王尧的大力支持、指导，并由其审查定稿。

由于编写人员的水平有限，难免存在缺点与不足，望同行、读者批评指正。

编著者

2022 年 1 月

洁净厂房设计（洁净室设计）是洁净技术的重要组成部分，随着科学技术日新月异的发展，各类工业产品加工生产过程趋向精密化、微型化，特别是微电子技术、生物技术、药品生产技术、精密机械加工技术、精细化工生产技术、食品加工技术等的高速发展，使洁净技术得到日益广泛的应用。洁净室的空气洁净度等级已从过去的几个等级扩展到现在的数十个等级，受控环境中控制微粒的粒径已从 $0.5\mu m$ 缩小到 $0.025\mu m$，甚至更为严格的要求；洁净生产环境的控制技术也从控制洁净室的空气洁净度扩展到相关工业产品生产过程所涉及的各类工艺介质、化学品、微振动、静电的严格控制。为适应这些要求，洁净室已从一般洁净室形式逐步发展到隧道式洁净室、开放式洁净室＋隔离装置、微环境等多种形式；国际标准化组织制定的 ISO14644 和 ISO14698 系列洁净室标准从 1999 年开始相继颁布实施，为各国洁净技术的发展提供了重要依据和统一的技术标准。我国的国家标准《洁净厂房设计规范》GB 50073—2001 已发布实施，其中洁净室的空气洁净度等级采用了 ISO14644-1 中的相关部分，这是我国的洁净厂房设计、建造逐步融入国际洁净技术标准迈出的重要步伐。为适应各行各业洁净厂房设计、建造的需要，我们编写了《洁净厂房的设计与施工》一书。本书的编写是依据我院（中国电子工程设计院）多年从事洁净厂房设计工作积累的实践经验、技术资料和近年修订《洁净厂房设计规范》过程中所得到的各种技术资料，组织设计人员进行整理、编著，并特邀具有丰富洁净室施工经验的中国电子系统工程第二建设公司组织编写洁净室施工部分。本书编写的内容力求实用、简练，以满足从事洁净室设计、施工的技术人员的需要。

本书的编写人员有中国电子工程设计院的陈霖新、晁阳、秦学礼、肖红梅、吴晓明、樊勖昌、黄德明、俞渭雄、陈骝、张振禄等，以及中国电子系统工程第二建设公司的侯忆。本书中的一些内容采用了同行专家学者发表或未发表的专著、论文的相关内容，有的同行还提供了他们掌握的资料和数据，在此特向他们致以诚挚的谢意。

本书由中国电子工程设计院原院长、中国电子学会洁净分会前主任委员、《洁净与空调技术》主编严德隆最后审查定稿。

由于编写人员的水平所限，难免存在缺点与不足，望同行、读者批评指正。

编者
2002 年 10 月

第1篇　洁净厂房设计

第 4 章　洁净室建筑　096

第 10 章　洁净厂房的电气设计　　374

第 11 章　洁净厂房的化学品供应　　408

第 12 章　洁净厂房的静电防护　　　**427**

第 13 章　电磁干扰与防止　　　**460**

第 2 篇　洁净厂房的施工与质量验收

第 1 章　概述　　586

第 2 章　洁净厂房建筑装饰装修施工　　589

第5章 配管工程施工与验收 669

第3篇 洁净室的运行管理

第1章 概述 **812**

第2章 人员管理 **817**

第3章　洁净工作服　　832

第4章　洁净室的清洁　　850

第5章　洁净室的设备、材料管理　　865

第6章　洁净室的张贴物与标识　　872

洁净厂房设计

第1篇

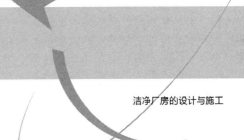

洁净厂房的设计与施工

第1章 洁净技术和洁净室标准

1.1 洁净技术的由来与发展

1.1.1 洁净技术的由来

洁净技术是一门新兴的技术。在科学实验和工业生产活动中，产品加工的精密化、微型化、高纯度、高质量和高可靠性要求具有一个污染物受控的生产环境。早在 20 世纪 20 年代美国航空业的陀螺仪制造过程就提出了生产环境的净化要求，为消除空气中的尘埃粒子对航空仪器齿轮、轴承的污染，他们在制造车间、实验室建立了"控制装配区"，即将轴承的装配工序等与其他生产、操作区分隔开，供给一定数量过滤后的空气，再加上良好的管理。飞速发展的军事工业，要求防止放射性扩散，提高原材料纯度、零件加工与装配精度及元器件和整机的可靠性，延长寿命等，这些都要求有一个"洁净的生产环境"。美国一家导弹公司曾经发现，在普通的车间内装配惯性制导用陀螺仪时平均每生产 10 个产品就要返工 120 次，当在控制空气中的尘粒污染的环境中装配后，返工量可降低至 2 次；在无尘室与空气中尘粒达 1000pc/m³（平均粒径为 3μm，pc 为粒子个数的缩写）的环境中装配转速为 12000r/min 的陀螺仪轴承进行对比，产品使用寿命竟相差 100 倍。从这些实践中，人们认识到空气净化在军工产品生产中的迫切性，这就构成了当时发展洁净技术的推动力。20 世纪 50 年代初高效空气过滤器（high efficiency particulate air filter，HEPA）在美国问世，取得了洁净技术的第一次飞跃，这一成就的取得，使美国在军事工业和人造卫星制造领域建立了一批以"HEPA"装备起来的工业洁净室，相继应用于航空、航海的导航装置、加速器、陀螺仪、电子仪器等制造工厂。英国也在 20 世纪 50 年代在陀螺仪等制造工厂中建立了一些洁净室；日本从 20 世纪 50 年代开始便在半导体制造工厂中应用洁净技术；苏联也在同时期编制了所谓"密闭厂房"的典型设计。洁净室技术在人们的尝试、实践中得到了日益广泛的应用，工业生产技术、科学实验在应用洁净技术中获得了丰厚的回报，人们便以巨大的兴趣和精力发展洁净技术，洁净技术随着科学技术的发展和工业产品的日新月异而健康、快速地发展。

20 世纪 60 年代初，美国工业洁净室进入了广泛应用时期。人们通过测试发现，在工业洁净室空气中的微生物浓度同尘埃粒子浓度一样远低于洁净室外空气中的含量，于是人们便开始尝试利用工业洁净室进行那些要求无菌环境的实验，较早的例子是美国的一位外科医生进行的狗手术实验。与此同时，人们对尘菌共存的机理进行研究后确认，空气中的细菌一般以群体存在，而且是附着在尘埃粒子上，这不仅因为空气中的细菌主要来自土壤或人和动物机体，并随着尘粒、水滴及皮屑、毛发等传播。空气中尘埃粒子越多，细菌与尘粒接触并附着的机会越多，传播的机会也增加。通过研究还确认了病毒也同样附着于尘粒，并借助尘粒作为生存和传播的媒介。因此，在对空气中的尘粒进行控制的同时，也必将使附着在尘粒上的微生物得到控制。有了这些研究和实测依据，从 20 世纪 70 年代初开始，美国等技术先进的国家便大规模地把以控制空气中尘粒为目的的工业洁净室技术引入到防止以空气为媒介的微生物污染领域，诞生了现代的生物洁净室，以控制空气中的尘粒、微生物污染为目的的生物洁净室技术在研究、实践中得到了日益广泛的应用，如在制药工业、化妆品工业、食品工业和医疗部门的手术室、特殊病室以及生物安全等方面的推广应用，使同人们健康密切相关的药品、生物制品、食品、化妆品等产品质量大为提高，确保了人们的治疗、手术和抗感染控制。

1.1.2　洁净技术的发展与应用

国内外洁净技术的发展都是随着科学技术的发展、工业产品的日新月异，特别是军事工业、航天、电子和生物医药等工业的发展而不断发展的。现代工业产品生产和现代化科学实验活动要求微型化、精密化、高纯度、高质量和高可靠性。微型化的产品如电子计算机，从当初的要在数间房间内配置数台设备组合发展到现在的笔记本电脑，它所使用的电子元器件从电子管到半导体分立器件到集成电路再到超大规模集成电路，仅集成电路的线宽就已从几微米发展到现今的纳米级产品。以集成电路的微型化为例，它对空气中受控粒子的粒径要求从 $0.3 \sim 0.5 \mu m$ 发展到控制在纳米级甚至更小，可见各类工业产品的微型化正不断对洁净技术提出更严格的要求。高纯度的产品，如生产集成电路所需的单晶硅材料，生产光纤所需的四氯化硅、四氯化锗材料等已由过去的所谓高纯进入"电子纯""超纯"，只有达到如此高的纯度才能实现现代集成电路、电子元器件、光纤产品所需的技术特性。要生产如此高纯度的产品，就必须达到相应的受控生产环境的空气洁净度等级和具有相应高纯度的与产品直接接触的超纯水、超纯气体、超纯试剂等，对于现今以"微型电脑"为手段的电子信息时代，产品高质量、高可靠性的重要意义是不言而喻的；对于确保人类生态健康环境、生物安全和灭毒灭菌操作以及现代基因工程和基因芯片的制作等的洁净环境控制也具有特殊的意义。基于这种趋势，洁净技术的发展已成为现代工业生产和科学实验活动不可缺少的重要标志之一。

20 世纪 60 年代洁净技术在美国、欧洲等发达国家或地区顺应各行各业产品生产和科学实验活动的需要得到了广泛应用，可以认为是其大发展时期。美国在 1961 年诞生了国际上最早的洁净室标准即美国空军技术条令 203，并把编制联邦政府标准的任务交给了原子能委员会的出版机构；1963 年底颁布了第一个军用的联邦标准即 FS-209，从此联邦标准"209"就成为国际通行的、著名的洁净室标准；1966 年颁布了修订后的 FS-209A。1957 年苏联第一颗人造卫星上天后，美国政府加速发展宇航事业、精密机械加工和电子工业，这些都要求具有空气洁净的受控生产环境，从而带动了洁净技术及其设备制造的大发展；1961 年单向流洁净技术和 100 级洁净室的建立，更促进了洁净技术的进一步发展。我国的洁净室技术开始于 20 世纪 60 年代初，在 20 世纪 70 年代电子工业洁净室特别是半导体集成电路用洁净室的设计、建造发展很快，相继建成了一批洁净厂房，并研制成功 100 级单向流洁净室；与此同时，洁净厂房用设备和材料，如高效过滤器、洁净工作台、层流罩、洁净烘箱、空气吹淋室、净化型传递窗等相继研制成功，并投入生产，虽然制造质量和某些技术指标与国际水平尚有差距，但已能满足国内部分需求。由高效过滤器、净化设备和围护结构（墙板、顶棚、地面）组装而成的装配式洁净室相继研制成功。到 20 世纪 70 年代末我国洁净室设计、建造和洁净技术的发展走向成熟阶段。

20 世纪 80 年代大规模集成电路和超大规模集成电路的迅速发展，大大促进了洁净技术的发展，集成电路生产技术从 64K 位发展到 4M 位，特征尺寸从 $2.0 \mu m$ 发展到 $0.8 \mu m$。当时根据实践经验，通常空气洁净受控环境的控制尘粒粒径与线宽的关系为 1:10，因此洁净技术工作者研制了超高效空气过滤器，可将粒径 $\geqslant 0.1 \mu m$ 的微粒去除到规定范围。根据大规模、超大规模集成电路生产的需要，高纯气体、高纯水和高纯试剂（化学品）的生产技术也得到了很快的发展，从而使服务于集成电路等高新技术产品所需的洁净技术都得以高速发展。据了解，1986 年美国、日本和西欧的净化产品产值约为 29 亿美元，1988 年达到了 73 亿美元。20 世纪 90 年代以来，超大规模集成电路的加工技术发展迅猛，每隔两年其关键技术就会有一次飞跃，集成度每三年翻四倍。表

1.1.1是大规模集成电路的工艺发展趋向。集成电路不断随集成度的加大而缩小其特征尺寸，增加掩膜的层数和容量，特征尺寸为 $0.09\mu m$ 的动态随机存取存储器（dynamic random access memory, DRAM）已研制成功，随之对洁净室设计中控制粒子的粒径也将日益缩小。表 1.1.2 是超大规模集成电路（VLSI）的发展及相应控制粒子的粒径。集成电路芯片的成品率与芯片的缺陷密度有关，据分析，芯片缺陷密度与空气中的粒子个数有关，若假设芯片缺陷密度中有 10% 为空气中的粒子沉降到硅片上引起的，则可推算出每平方米芯片上空气粒子的最大允许值（表 1.1.3）。因此，集成电路的高速发展，不仅对空气中粒子的尺寸有严格的要求，而且对粒子数也需进一步控制，即对洁净环境的空气洁净度等级有更高的要求。不仅如此，目前的研究和生产实践表明，对于超大规模集成电路生产环境的化学污染控制要求也十分严格。对于重金属的污染控制指标，当生产 4G DRAM 时要求小于 5×10^9 原子/cm²；对于有机物污染的控制指标，要从 1×10^{14} 原子/cm² 逐渐减少到 3×10^{12} 原子/cm²。集成电路对化学污染的控制指标见表 1.1.4。21 世纪以来以电脑、手机的广泛应用，电子通信产业的高速发展，集成电路芯片制造对洁净生产环境的空气洁净度要求严格，对空气中的颗粒物、化学污染物（分子污染物）提出了十分严格的要求，颗粒物粒径不得超过 10nm，分子污染物达到 ppt（10^{-12}）级。表 1.1.5、表 1.1.6 是国际半导体技术路线图 ITRS 做出的相关要求。近年来国内外集成电路芯片制造的实际状况表明，"线宽"在 2019 年前已经达到 10nm 以下，并已量产。

表 1.1.1　大规模集成电路的工艺发展趋向

工艺特征	1980 年	1984 年	1987 年	1990 年	1993 年	1996 年	1999 年	2004 年
硅片直径/mm	75	100	125	150	200	200	200	300
DRAM 技术	64K	256K	1M	4M	16M	64M	256M	1G
特征尺寸/μm	2	1.5	1	0.8	0.5	0.35	0.25	0.2～0.1
工艺步数	100	150	200	300	400	500	600	700～800
洁净度等级	1000～100	100	10	1	0.1	0.1	0.1	0.1(0.1μm)
纯气、纯水中杂质	$10^3\times10^{-9}$	500×10^{-9}	100×10^{-9}	50×10^{-9}	5×10^{-9}	1×10^{-9}	0.1×10^{-9}	0.01×10^{-9}

表 1.1.2　VLSI 的发展及相应控制粒子的粒径

项目	1997 年	1999 年	2001 年	2003 年	2006 年	2009 年	2012 年
DRAM 集成度	256M	1G	1G	4G	16G	64G	256G
线宽/μm	0.25	0.18	0.15	0.13	0.10	0.07	0.05
控制粒子直径/μm	0.125	0.09	0.075	0.065	0.05	0.035	0.025

表 1.1.3　每平方米芯片上空气粒子的最大允许值

成品率 Y/%	64M	256M	1G	4G	16G	64G
90	55	38	25	16	11	8
80	124	84	56	37	24	7
70	195	132	—	—	—	—
控制粒子尺寸/μm	0.035	0.025	0.018	0.013	0.01	0.007

表 1.1.4　化学污染控制指标

项目	1995 年	1997～1998 年	1999～2001 年	2003～2004 年	2006～2007 年	2009～2010 年
DRAM 集成度	64M	256M	1G	4G	16G	64G
线宽/μm	0.35	0.25	0.18～0.15	0.13	0.10	0.07

续表

项目	1995 年	1997～1998 年	1999～2001 年	2003～2004 年	2006～2007 年	2009～2010 年
硅片直径/mm	200	200	300	300	400～450	400～450
受控粒子尺寸/μm	0.12	0.08	0.06	0.04	0.03	0.02
粒子数(栅清洗)/(个/m²)	1400	950	500	250	200	150
重金属(Fe)/(原子/cm²)	5×10^{10}	2.5×10^{10}	1×10^{10}	5×10^{10}	2.5×10^{9}	$<2.5 \times 10^{9}$
有机物(C)/(原子/cm²)	1×10^{14}	5×10^{13}	3×10^{13}	1×10^{13}	5×10^{12}	3×10^{12}

表 1.1.5　国际半导体技术路线图 ITRS（2005 年）化学污染物浓度限值

常规晶片环境(洁净室、POD/FOUP 空间)	短时间/pptm 与长时间/pptm❶
总酸性化合物(如 SO_4^{2-})	1000/500
总碱性化合物(如 NH_3)	5000/2500
可凝聚有机化合物(GC-MS 的保留时间≥苯,校准用十六烷)	4000/2500
掺杂物(仅指生产线的前端)	10/10
SMC(表面可凝聚分子)在晶片上的有机物/[ng/(cm²·周)]	2/0.5

表 1.1.6　ITRS 对于半导体生产环境（洁净室、微环境）的部分要求（2007 年）

年份	2005 年	2007 年	2010 年	2013 年	2015 年	2019 年
DRAM 线宽/nm	80	65	45	28	24	17
临界颗粒物尺度/nm	40	33	23	20	15.9	10
洁净室整体洁净度 微环境局部洁净度	— —	ISO 5 级 ISO 2 级	ISO 5 级 ISO 1 级	— —	ISO 5 级 ISO 1 级	ISO 5 级 ISO 1 级
微环境 ACC(在气相中)总酸(含有机酸) 微环境 ACC(在气相中)总碱 微环境 ACC(在气相中)可凝聚有机物	— — —	1000pptm 5000pptm 3000pptm	500pptm 2500pptm 2500pptm	— — —	500pptm 2500pptm 2500pptm	— — —
微环境晶片表面可凝聚有机物 沉积极限(一周暴露的表面)	—	2ng/cm²	0.5ng/cm²	—	0.5ng/cm²	—

　　生物洁净室是在工业洁净室的技术基础上发展起来的。美国宇航局最早开始对生物洁净室进行探索，为了防止地球上的微生物传播到外层空间，以及防止从外层空间采集到的样品中的未知物扩散到地球或被地球上的微生物污染，开展了一系列的研究工作，1962 年在一个生物洁净室中对被火箭送上太空的狗施行了手术。1966 年 1 月，美国新墨西哥州世界上第一个无菌手术室建成。英国的一名整形外科医生也在进行多次防止空气中微生物引起感染的净化空调送风系统改进后，于 1966 年 6 月建成类似于垂直单向流的洁净室。"单向流手术室的设计与建造""生物洁净手术室使用指南"等技术资料的制订、发表，对指导生物洁净室的发展起了积极作用。

　　药品、生物制品（包括疫苗）是用于预防、治疗疾病和恢复、调整机体功能的特殊商品，它的质量直接关系到人的健康和安危。药品、生物制品质量除直接反映在药效和安全性上外，还表现在药品、生物制品质量的稳定性和一致性上，一些药品在制造过程中由于受到微生物、尘粒等污染或交叉污染，可能会引起预料不到的疾病或危害。1965～1966 年瑞典曾发生甲状腺药片沙门杆菌污染事故，突发性沙门杆菌患者多达 206 人。混药与交叉污染对药品质量的危害和严重后果是十分明显的，这种危害随药品品种和污染类型的不同而有所不同，青霉素类等高致敏性药、某些激素类药品、细胞毒性类药品、高活性化学药品等引起的污染最危险。据报道，1965～1966 年

---

❶　1pptm 表示亿万分之一摩尔。

美国曾发生过非青霉素药品中混有青霉素而被迫回收的事件，为杜绝此类事件以及因混药或交叉污染而引起的质量事故的发生，在各国的"药品生产质量管理规范"（GMP）中对药品生产的空气洁净度都作了严格的规定。

空气中细菌的大小多为 0.2~50μm，利用高效过滤器基本上可以去除；病毒的大小为 10~100nm，其中大部分附着于悬浮尘粒上，也可利用高效过滤器去除。生物洁净室的空气洁净度等级通常为 5 级（100 级）、7 级（10000 级）、8 级（100000 级）和大于 8 级（100000 级），由使用情况或产品及其采用的生产工艺不同而确定。虽然生物洁净室的空气洁净度级别没有以集成电路为代表的工业洁净室严格，但由于生物洁净室对空气中污染物控制的对象是尘粒和微生物，因此它具有与工业洁净室不同的要求和特点。表 1.1.7 是生物洁净室与工业洁净室的差异。

表 1.1.7　生物洁净室和工业洁净室的差异

生物洁净室	工业洁净室
需控制微粒、微生物的污染，室内需定期消毒灭菌，内装修材料及设备应能承受药物腐蚀	控制微粒污染，有的需要控制分子污染，内装修及设备以不产生、不滞留、不引入微粒为基本要求
人员和设备需经吹淋、清洗、消毒、灭菌方可进入	人员和设备经吹淋或纯水清洗后进入
不可能当时测定空气的含菌浓度，需经 48h 培养，不能得到瞬时值	室内空气含尘浓度可连续检测、自动记录
需除去的微生物粒径较大，可采用 HEAP 过滤器	需除去的是 ≥0.1~0.5μm 的尘埃粒子，高洁净度洁净室需用 ULAP 过滤器
室内污染源主要是人体发菌	室内污染源主要是人体发尘

我国洁净室技术的研究和应用开始于 20 世纪 50 年代末，第一个洁净室于 1965 年在电子工厂建成投入使用，同一时期我国的高效空气过滤器（HEPA）研制成功投入生产。20 世纪 60 年代是我国洁净技术发展的起步时期，在高效过滤器研制成功后，相继以 HEPA 为终端过滤的几家半导体集成电路工厂、航空陀螺仪仪器厂、单晶硅厂和精密机械加工企业的洁净室建成。在此期间还研制生产了光电式气溶胶浊度计，用以检测空气中尘埃粒子的浓度；建成了高效过滤器钠焰试验台，这样便为发展洁净技术建立了基本的手段。

从 20 世纪 70 年代末开始我国洁净技术随着各行业引进技术和设备的兴起得到了长足进步。1981 年无隔板高效过滤器和液槽密封装置通过鉴定并投入生产，随后 0.1μm 高效空气过滤器研制成功，为满足超大规模集成电路的研制和生产创造了有利条件。20 世纪 80 年代我国洁净技术和洁净厂房建设取得了明显的成果，在建设大规模集成电路工厂、研究所、彩色显像管工厂以及制药工厂的洁净室工程、洁净手术室的同时，建成了一批 5 级（100 级）、6 级（1000 级）的洁净室，如 500m² 的 5 级（100 级）垂直单向流洁净室、1080m² 的 5 级（100 级）垂直单向流洁净室、5 级（100 级）水平单向流手术室等，这些洁净室的投入使用标志着我国的洁净技术发展进入了一个新的阶段。为了适应洁净技术发展的需要，同时也为了使洁净技术健康地发展，为各行各业在建设洁净室工程时有法可依、有章可循，在总结我国发展洁净室技术的经验基础上，吸取消化国际有关洁净室建设标准、规范的规定，于 1984 年编制完成了我国首部《洁净厂房设计规范》（GBJ 73—84）。

随着超大规模集成电路生产技术持续飞速地发展，20 世纪 90 年代我国与国际知名公司合作或合资，建成了一些集成电路工厂的高级别（0.1μm、1 级、10 级）洁净制造车间。这些洁净室的投入使用，对促进我国洁净技术的发展起到了示范作用，但是集成电路产品加工技术更新十分迅速，对洁净生产环境提出更新、更高的要求，不但温度、相对湿度、防静电、防微振等要求控制在非常严格的范围内，而且对空气净化的控制范围已从尘粒发展到分子污染、化学污染，还要求提供对纯度、杂质含量要求非常严格的超纯气体、超纯水等。为了适应以集成电路芯片制造为代表的高科技洁净室发展的要求，我国洁净技术工作者正在不断探索、研究，以求更好地满足各行各业的需要。21 世纪以来随着我国经济技术高速发展，我国的洁净技术得到了迅速发展，以微电子产品生产洁净厂房、医药产品生产洁净厂房为代表的高科技洁净厂房设计建造发展进入快速发展时期，设计建造了多座单个洁净室（区）达数万平方米的芯片制造、TFT-LCD 洁净厂房，开发研制了 ISO 1 级的超净环境实验室，包括超高效过滤器（ULPA）、化学过滤器的研制。

1.2　洁净室标准

1.2.1　国内外洁净室标准发展状况

　　国内外洁净技术的发展都是随着科学技术的发展、工业产品的日新月异，特别是军事工业、航天、电子和生物医药等工业的发展而不断发展的。现代工业产品生产和现代化科学实验活动要求微型化、精密化、高纯度、高质量和高可靠性。微型化的产品，如电子计算机从当初的要在数间房间内配置数台设备组合发展到现在的笔记本电脑，它所使用的电子元器件从电子管到半导体分离器件到集成电路再到超大规模集成电路，仅集成电路的线宽就已从几微米发展到现今的 10nm 左右。产品的微型化生产，要求有一个"洁净的生产环境"，洁净技术便是随产品生产对"洁净生产环境"中污染物的控制要求、控制方法以及控制设施的日益严格而不断发展的。洁净生产环境——洁净室（洁净厂房）的称谓、名称或定义，先后使用过"无尘室""无窗厂房""密闭厂房""空气悬浮粒子受控的房间"等，洁净室应定义为空气中的微粒、有害气体、微生物污染物浓度受控的房间，以满足产品生产的需要或使用要求。洁净室的设计、施工和运行应减少室内诱入、产生及滞留粒子，即应设法做到不引入或少引入粒子，不产生或少产生粒子，不滞留或少滞留粒子等，并应对洁净室内的温度、湿度、压力等参数按产品生产或使用要求进行控制。根据产品生产或使用要求，还需对洁净室内的气流分布、气流速度以及噪声、振动、静电等进行控制。

　　洁净技术是一门综合技术，洁净室设计、施工和运行过程的关键专业技术是生产工艺技术、空气净化技术、洁净建筑设计以及各类产品生产所需的专业技术，如微电子产品生产所需的高纯物质——高纯水、高纯气、高纯化学品的专业技术，生物洁净室所需的消毒、灭菌技术等。这些专业技术在洁净室设计中都是不可缺少的，它们之间必须密切配合，围绕着满足产品生产或使用的需要，相互协调、统筹安排，在做好各相关专业设计的基础上，处理好电源、冷源、热源等动力供应，节约能源；设有各项安全设施——消防、防火、防爆、安全报警等，以确保洁净室的安全稳定运行；安排好各类配管配线，确保各种流体介质的输送质量，减少材料消耗，方便施工安装和运行维护。

　　（1）国际洁净室标准概况　为了统一洁净室的空气洁净度等级、各类技术要求，世界各国都陆续制订了各自的洁净室标准。美国 FS 209 标准便是从 1963 年开始制定发布实施的，到 1992 年已从 209A 不断修改变化为 209E（表 1.1.8），之后许多国家相继制订了有关洁净室标准。洁净室标准源于各类产品生产工艺技术、产品性能的不断研究开发、升级和各种使用要求，对空气洁净度及污染物的控制要求不断变化、提高，尤其是半导体集成电路的高速发展是洁净度等级版次更新和控制微粒粒径日益严格的重要标志（洁净室标准也源于洁净技术的各专业技术研究开发和发展）。因此洁净室标准的实施，对洁净室的设计建造和运行具有重要性、科学性、实用性。它的统一技术要求，严格的技术条件规定，统一的检测方法以及明确、严格的安全技术规定，都已成为建设洁净室工程的主要依据。表 1.1.9 是 209E 标准中规定的空气洁净度等级悬浮粒子限值。

表 1.1.8　FS 209A 至 FS 209E 的修订变化

标准号	时间	修正内容
209A	1966 年 8 月	• 等级分类：0.5μm，100 级、10000 级、100000 级
209B	1977 年 4 月	• 文字修改

标准号	时间	修正内容
209B 修正	1977 年 5 月	• 增加：1000 级
209C	1987 年 10 月	• 增加：1 级、10 级、$0.1\mu m$、$0.2\mu m$、$0.3\mu m$ • 100 级增 $0.2\mu m$、$0.3\mu m$
209D	1988 年 6 月	• 改正 209C 上的文字
209E	1992 年 12 月	• 采用公制，用"M" • 增加 M1、M7

表 1.1.9　209E 标准的空气洁净度等级悬浮粒子限值

等级名称		等级限值								
		0.1		0.2		0.3		0.5		5
		容积单位		容积单位		容积单位		容积单位		容积单位
国际单位	英制单位	m^3	ft^3	m^3	ft^3	m^3	ft^3	m^3	ft^3	m^3	ft^3
M1		350	9.91	75.7	2.14	30.9	0.875	10.0	0.283	—	—
M1.5	1	1240	35.0	265	7.50	106	3.00	35.3	1.00	—	—
M2		3500	99.1	757	21.4	309	8.75	100	2.83	—	—
M2.5	10	12400	350	2650	75.0	1060	30.0	353	10.0	—	—
M3		35000	991	7570	214	3090	87.5	1000	28.3	—	—
M3.5	100	—	—	26500	750	10600	300	3530	100	—	—
M4		—	—	75700	2140	30900	875	10000	283	—	—
M4.5	1000	—	—	—	—	35300	1000	247	7.00		
M5		—	—	—	—	—	—	100000	2830	618	17.5
M5.5	10000	—	—	—	—	—	—	353000	10000	2470	70.0
M6		—	—	—	—	—	—	1000000	28300	6180	175
M6.5	100000	—	—	—	—	—	—	3530000	100000	24700	700
M7		—	—	—	—	—	—	10000000	283000	61800	1750

注：$1ft=0.3048m$。

在 209E 标准中，对中间任意等级的上限度浓度都可近似地用式（1.1.1）、式（1.1.2）计算：

$$N_M = 10^M \left(\frac{0.5}{d}\right)^{2.2} \tag{1.1.1}$$

式中，M 是采取国际单位制时洁净度等级的表示值；d 是考虑的粒径，μm；N_M 是大于或等于粒径（d）的尘粒上限浓度，pc/m^3。

$$N_d = N_c \left(\frac{0.5}{d}\right)^{2.2} \tag{1.1.2}$$

式中，N_c 为英制单位制时洁净度等级的表示值；d 为考虑的粒径，μm；N_d 为大于或等于粒径（d）的尘粒上限浓度，pc/ft^3。

在 209E 标准中可同时使用国际单位和英制单位，但优先采用国际单位。当采用国际单位时，其空气洁净度等级名称为每立方米空气中$\geqslant 0.5\mu m$尘粒的最大允许粒子数的常用对数值（以 10 为底，到小数点后一位）；当用英制单位时，洁净度等级名称为每立方英尺空气中$\geqslant 0.5\mu m$尘粒的最大允许粒子数。对于大于 M4.5 级（1000 级）的各个等级，可通过测定$\geqslant 0.5\mu m$或$\geqslant 5\mu m$范围内的粒子数来确定。对于大于 M3.5 级（100 级）并小于 M4.5 级（1000 级）的各个等级，可通过测定以下一个或几个粒径相应的粒子数来确定：$\geqslant 0.2\mu m$、$\geqslant 0.3\mu m$、$\geqslant 0.5\mu m$。对于小于 M3.5 级（100 级）的各个等级，可通过测定 $\geqslant 0.1\mu m$、$\geqslant 0.2\mu m$、$\geqslant 0.3\mu m$ 和 $\geqslant 0.5\mu m$ 中的一个或几个粒径相应的粒子数来确定。209E 在 ISO 14644-1 发布实施之后的 21 世纪初已宣布停止应用。

1999 年由国际标准化组织和联合会的 ISO/TC209 洁净室及相关受控环境技术委员会（Technical Committee ISO/TC 209, cleanrooms and associated controlled environments）制定发布实施的 ISO 14644-1《空气洁净度等级划分》，是 ISO 14644《洁净室及相关受控环境》系列标准的第一部分，见表 1.1.10。使用该标准时可以规定中间等级号，且最小允许递增值为 0.1，即可规定为 ISO 1.1~8.9 级；适用于该标准空气洁净度分级的固体或液体物质，其粒径阈值范围为 0.1~5μm。该标准中未设立 0.1~5μm 控制粒径以外粒子总数的洁净度等级，但可以用 U 描述符和 M 描述符，分别表述超微粒子（<0.1μm）和大粒子（>5μm）的总数。该标准不适用于表征悬浮粒子的物理性、化学性、放射性及生命性。洁净室（区）空气洁净度整数等级的表述应包括：等级级别，以"ISO N"表示；分级时的占用状态；控制粒径的最大允许粒子浓度。例如 ISO 4，静态，控制粒径为 $0.2\mu m(2370pc/m^3)$、$1.0\mu m$（$83pc/m^3$）。若需检测一个以上的控制粒径时，相邻两粒径中较大的粒径应大于或等于所要求的较小粒径的 1.5 倍。

表 1.1.10　洁净室及洁净区空气洁净度整数等级

空气洁净度等级 N	大于或等于控制粒径的粒子最大浓度限值/(pc/m³)					
	0.1μm	0.2μm	0.3μm	0.5μm	1μm	5μm
ISO 1 级	10	2				
ISO 2 级	100	24	10	4		
ISO 3 级	1000	237	102	35	8	
ISO 4 级	10000	2370	1020	352	83	
ISO 5 级	100000	23700	10200	3520	832	29
ISO 6 级	1000000	237000	102000	35200	8320	293
ISO 7 级				352000	83200	2930
ISO 8 级				3520000	832000	29300
ISO 9 级				35200000	8320000	293000

注：按测量方法相关的不确定要求，确定等级水平的浓度数据的有效数字不超过 3 位。

空气中悬浮粒子洁净度以等级序数 N 命名，各种被控制粒径 D 的最大允许浓度 C_n 可用式（1.1.3）确定。

$$C_n = 10^N \left(\frac{0.1}{D}\right)^{2.08} \tag{1.1.3}$$

式中　C_n——大于或等于控制粒径的空气悬浮粒子最大允许浓度，pc/m³，C_n 是以四舍五入至相近的整数，通常有效位数不超过三位数；

　　　N——ISO 等级的数字编号最大不超过 9，N 的各整数等级之间可以设定最小增量为 0.1 的中间等级；

　　　D—— 控制粒径，μm；

　　　0.1——常数，μm。

ISO 14644-1 的第二版于 2015 年 12 月发布，名称为《洁净室及相关受控环境 第 1 部分：按粒子浓度划分的空气洁净度等级》，其内容与 1999 年第一版相比做了多处修改。表 1.1.11 是修改后的"空气洁净度 ISO 级别"的划分。

表 1.1.11　按粒子浓度划分的空气洁净度 ISO 级别

ISO 等级序数 N	大于或等于下列关注粒径的粒子最大允许浓度[①]/（粒/m³）					
	0.1μm	0.2μm	0.3μm	0.5μm	1μm	5μm
1	10[②]	[④]	[④]	[④]	[④]	[⑤]
2	100	24[②]	10[②]	[④]	[④]	[⑤]
3	1000	237	102	35[②]	[④]	[⑤]
4	10000	2370	1020	352	83[②]	[⑤]
5	100000	23700	10200	3520	832	[④],[⑤],[⑥]
6	1000000	237000	102000	35200	8320	293
7	[③]	[③]	[③]	352000	83200	2930
8	[③]	[③]	[③]	3520000	832000	29300
9[⑦]	[③]	[③]	[③]	35200000	8320000	293000

① 表中的所有浓度都是累积的，例如 ISO 5 级，10200 粒/m³ 粒子包括所有粒径大于等于 0.3μm 的粒子。
② 该浓度值需要大量空气采样，可以使用序贯采样法（序贯采样法适合于空气洁净度期望达到 ISO 4 级或更洁净的环境。对于以很低的粒子浓度限值进行洁净度分级的洁净受控环境，序贯采样法虽能减少采样量和采样时间，但是也有其局限——每次采样测量要求借助计算机，自动辅以监测和数量分析；由于减少了采样量，对粒子浓度的测定不如常规采样法精确。更多资料见 IEST-G-CC1004：1999《用于洁净室和洁净区空气粒子洁净度分级的序贯采样方案》。
③ 表格这一区域因粒子浓度太高，浓度限值不适用。
④ 受采样和统计方法的制约，在粒子浓度低时不适用于分级。
⑤ 因采样系统可能对粒径大于 1μm 的低浓度粒子有损耗，此粒径不适合分级之用。
⑥ 为在 ISO 5 级中表述这一粒径，可采用大粒子 M 描述符，但至少要结合另一个粒径一起使用。用 LSAPC 测量粒径≥5μm 的悬浮粒子浓度为 29 粒/m³，其表达形式为"ISO M（29；≥5μm）；LSAPC"。用 LSAPC 测量粒径≥5μm 的悬浮粒子浓度为 20 粒/m³，其表达形式为"ISO M（20；≥5μm）；LSAPC"。
⑦ 该级别只适用于动态。

空气洁净度分级每种关注粒径的粒子最大允许浓度 C_n 的计算式仍为式（1.1.3）。C_n——大于等于关注粒径（considered particle size）的粒子最大允许浓度（maximum allowable concentration limit），粒/m³（将 C_n 修约为不超过 3 位有效数字的整数）；最大允许浓度值即浓度限值，并非区间值。N——ISO 等级的数字编号最大不超过 9，鉴于数字测量上存在的不确定性，非整数时，级别增加不宜低于 0.5。非整数空气洁净度 ISO 级别见表 1.1.12，表中的注释说明了由于采样和统计的局限性而带来的限制条件。

表 1.1.12　按粒子浓度划分的非整数空气洁净度 ISO 级别

ISO 级别数字 N	大于或等于下列关注粒径的粒子最大允许浓度[①]/（粒/m³）					
	0.1μm	0.2μm	0.3μm	0.5μm	1.0μm	5.0μm
ISO 1.5 级	[32][②]	[④]	[④]	[④]	[④]	[⑤]
ISO 2.5 级	316	[75][②]	[32][②]	[④]	[④]	[⑤]
ISO 3.5 级	3160	748	322	111	[④]	[⑤]
ISO 4.5 级	31600	7480	3220	1110	263	[⑤]
ISO 5.5 级	316000	74800	32200	11100	2630	[⑤]
ISO 6.5 级	3160000	748000	322000	111000	26300	925
ISO 7.5 级	[③]	[③]	[③]	1110000	263000	9250
ISO 8.5 级[⑥]	[③]	[③]	[③]	11100000	2630000	92500

① 表中的所有浓度都是累积浓度，例如 ISO 5.5 级，11100 粒/m³ 粒子包括所有粒径大于等于 0.5μm 的粒子。
② 该浓度值需要大量空气采样，可以使用序贯采样法，见表 1.1.11 中的②。
③ 由于粒子浓度太高，表格的这一区域浓度限值不适用。
④ 由于低浓度时粒子采样和统计的局限性，此区域不适用于分级。
⑤ 由于采样系统可能的粒子损耗和样本收集的局限性，使得低浓度和粒径大于 1μm 时对该粒径进行的分级不适用。
⑥ 该级别只适用于动态。

表 1.1.13 给出了与待测洁净室和洁净区面积相应的采样点数目（按照统计学的概念，至少有 90％的洁净室或洁净区面积不超过等级限值，给出的是 95％的置信度）。

最小采样点数量 N_L 与洁净室/区的洁净度无直接关联，只与待检测洁净室/区的面积有关。

表 1.1.13　洁净室中采样点数目与面积的关系

洁净室面积/m²	最小采样点数 N_L	洁净室面积/m²	最小采样点数 N_L
≤2	1	≤76	15
≤4	2	≤104	16
≤6	3	≤108	17
≤8	4	≤116	18
≤10	5	≤148	19
≤24	6	≤156	20
≤28	7	≤192	21
≤32	8	≤232	22
≤36	9	≤276	23
≤52	10	≤352	24
≤56	11	≤436	25
≤64	12	≤636	26
≤68	13	≤1000	27
≤72	14	>1000	见式(1.1.4)

注：1. 如果被考虑的面积位于表中两数值之间，则选两值中较大者。

2. 单向流时，按垂直于气流方向的横截面积；其他情况下，均按洁净室或洁净区的平面面积。

3. 当洁净室或洁净区的面积大于 1000m² 时，按式（1.1.4）计算最小采样点数。

$$N_L = 27 \times \frac{A}{1000} \tag{1.1.4}$$

式中　N_L——待测的最小采样点数目，带小数时进位取整数；

　　　A——洁净室的面积，m²。

4. 超大面积洁净室（≥5000m²）最小采样点数供需双方商定。

医药产品生产用洁净环境在发达国家相继在"药品生产质量管理规范"（GMP）中对洁净室（区）的空气洁净度要求作出了规定。在世界卫生组织（WHO）GMP（1992 年）中，对灭菌药品生产操作区的环境空气洁净度作出了规定，分为 A、B、C、D 四级。空气洁净度等级分类见表 1.1.14。为获得所要求的空气质量，垂直单向流空气流速为 0.3m/s，水平单向流为 0.45m/s，并且气流应分布均匀。为达到 B、C、D 级的空气洁净度等级，洁净室内应有良好的气流流型，采用合适的高效空气过滤器，其换气次数高于 20 次/h。

表 1.1.14　WHO GMP 灭菌产品生产的空气洁净度分类表

空气洁净度等级	尘粒的最大允许数/(pc/m³)		微生物的最大允许数/(个/m³)
	0.5～5μm	>5μm	
A（单向流净化工作台）	3500	无	<1
B	3500	无	5
C	350000	2000	100
D	3500000	20000	500

表 1.1.14 中空气洁净度等级的占用状态为静态，但由于某种原因引起等级降低时允许采用"自净"的方法恢复规定的等级。表中规定的尘粒最大允许数与美国联邦标准 209E 的对应关系大体为：100 级—A 级、B 级，10000 级—C 级和 100000 级—D 级。

无菌制剂的生产操作，在此处分三大类，第一类是将药品密封在最后容器中进行灭菌；第二类是滤过灭菌；第三类是既无法滤过灭菌也无法最后灭菌，必须用无菌方法对起始原料生产制作。各种生产操作的空气洁净度等级要求如下。

最后灭菌药品，溶液的配制在 C 级环境中进行；在采用密封容器配制时，也可在 D 级环境中进行。非肠道药物的灌装应在 C 级环境中单向流净化工作台（A 级）下进行。其他灭菌药品如软膏、霜剂、悬浮剂、乳剂的制备和灌装，在最后灭菌前，应在 C 级环境中进行。

除菌过滤的药品，起始原料和溶液配制应在 C 级环境中进行；若滤过之前使用密闭容器，则可在 D 级环境中进行。经除菌过滤后，产品应在灭菌条件下操作及灭菌灌装，分别在具有 B 级或 C 级背景的 A 级或 B 级环境中进行。

欧共体（EU）、GMP（2005 年）中，对灭菌药品生产操作区的空气洁净度等级要求，分为 A、B、C、D 四级，见表 1.1.15。

表 1.1.15　无菌药品生产环境的空气洁净度级别

级别	静态②		动态②	
	尘粒最大允许数/(pc/m³)①			
	≥0.5μm④	≥5μm	≥0.5μm④	≥5μm
A	3500	1⑤	3500	1⑤
B③	3500	1⑤	350000	2000
C③	350000	2000	3500000	20000
D③	3500000	20000	不作规定⑥	不作规定⑥

① 以光散射粒子计数器在规定的采样点检测的等于或大于空气中尘粒的浓度。对 A 级区应进行连续检测，也建议 B 级区进行连续检测。

② 生产作业结束、人员撤离，并经 15～20min 自净后，洁净区达到表中"静态"标准。药品或敞口容器直接暴露环境动态检测结果应达到表中 A 级标准。灌装时，产品自身产生的粒子将使检测结果不能始终符合标准的状况，是允许的。

③ 为达到 B、C、D 级的要求，洁净室（区）换气次数应根据房间大小、室内设备和作业人员数确定。

④ 表中"静态""动态"下尘粒最大允许数，与 ISO 14644-1 中的 0.5μm 相应洁净度级别的数据一致。

⑤ 这些区域应没有大于或等于 5μm 的尘粒，因无法从统计学证明不存在任何粒子，为此表中设定为 1pc/m³。

⑥ 应根据产品生产工艺、操作的特性确定具体洁净室（区）的要求和限值。

为控制动态下各种空气洁净度级别的微生物洁净度要求，应对洁净区动态下各种级别的微生物监测限值作出规定。动态下各种级别的微生物监测限值见表 1.1.16。

表 1.1.16　动态下洁净区的微生物监测限值推荐表

级别	推荐的微生物污染限值①			
	空气取样/(cfu/m³)	沉降板(φ90mm)/(cfu/4h)②	接触板(φ55mm)/(cfu/板)	5 指手套/(cfu/手套)
A	<1	<1	<1	<1
B	10	5	5	5
C	100	50	25	—
D	200	100	50	—

① 表中值为平均值。

② 单个的沉降板暴露时间为不到 4h。

（2）我国有关洁净室标准的概况　随着我国洁净技术的发展，为了统一洁净室设计、建造的标准及相关的技术措施，在 20 世纪 60～70 年代国内一些应用洁净技术对工业产品生产环境空气中的悬浮粒子进行控制的部门就开始尝试制定空气洁净度等级及其相应的技术措施，例如电子、航空航天等工业部门根据自身行业的需要和收集到的一些国外相关资料，起草了一些规定或暂行标准。为了统一我国洁净室的设计标准，更好地推动正在兴起的洁净技术工程建设的健康发展，在 1978 年由国家建委立项编写国家标准《洁净厂房设计规范》，确定并成立了由中国电子工程设计院有限公司（当时的电子工业部第十设计研究院）为主编单位的"规范编写组"。编写组包括了九个部委的十一个设计、研究院所和大专学校，它们都是多年从事洁净技术研究、设计和教学的单位。"规范编写组"经过广泛调查研究，认真总结了多年来我国洁净厂房工程设计、建设和使用的实践经验，组织有关单位开展了必要的科学试验研究工作，并广泛征求了全国有关单位的意见，1984 年完成了编写工作，随后由国家计划委员会批准《洁净厂房设计规范》（GBJ 73—84）为国家标准并正式发布，从 1985 年 6 月起实施。GBJ 73—84 标准中规定洁净室的空气洁净度等级为 4 个级别，即 100 级、1000 级、10000 级、100000 级；并且规定了各个级别的洁净室内空气中悬浮粒子的控制粒径为 $0.5\mu m$、$5\mu m$ 的最大允许粒子数。该标准中规定的生产环境占用状态以动态条件下测试的尘粒数为依据。GBJ 73—84 的适用范围为新建、改建和扩建的洁净厂房，不适用于以细菌为控制对象的生物洁净室。GBJ 73—84 的发布实施促进了我国洁净技术的较快发展，使各行各业的洁净室工程设计、建设有法可依、有章可循，确保洁净室的设计、建造质量，有利于控制洁净室的建设投资，满足各行各业工业产品生产对洁净生产环境的要求，并对洁净室的安全、可靠运行等起到了应有的作用。但是随着科学技术的发展，高新技术产品的更新换代，特别是微电子、集成电路工业的高速发展，国内外洁净技术日新月异，洁净室的空气洁净度等级要求达到 2 级、1 级，要求控制尘粒的粒径到 $0.1\mu m$ 以下。GBJ 73—84 已不能满足洁净室设计、建造的需要，在有关部门的关心、指导下，由主编单位组织有关参编单位，对 GBJ 73—84 进行了修订。修订组结合我国洁净厂房建设和运行的实际情况，进行了广泛调查研究和必要的测试工作，认真总结了 GBJ 73—84 执行十多年的经验，广泛征求了有关单位意见，修订工作已于 2001 年初完成，在得到国家质量监督检验检疫总局、建设部的批准后，国家标准《洁净厂房设计规范》（GB 50073—2001）从 2002 年 1 月发布实施。

1）《洁净厂房设计规范》（GB 50073—2001）：GB 50073—2001 中规定的洁净室（区）内空气洁净度等级等效采用国际标准 ISO 14644-1 的洁净度等级。洁净室及洁净区空气中悬浮粒子洁净度等级见表 1.1.17。

表 1.1.17　洁净室及洁净区空气中悬浮粒子洁净度等级

空气洁净度等级 N	大于或等于表中粒径的最大浓度限值/(pc/m^3)					
	$0.1\mu m$	$0.2\mu m$	$0.3\mu m$	$0.5\mu m$	$1\mu m$	$5\mu m$
1	10	2				
2	100	24	10	4		
3	1000	237	102	35	8	
4	10000	2370	1020	352	83	
5	100000	23700	10200	3520	832	29
6	1000000	237000	102000	35200	8320	293
7				352000	83200	2930
8				3520000	832000	29300
9				35200000	8320000	293000

注：1. 每个采样点应至少采样 3 次。
2. 本标准不适用于表征悬浮粒子的物理性、化学性、放射性及生命性。
3. 根据工艺要求确定 1～2 种粒径。
4. 各种要求粒径 D 的粒子最大允许浓度 C_n 由式（1.1.3）确定，要求的粒径在 $0.1\sim5\mu m$ 范围，包括 $0.1\mu m$ 及 $5\mu m$。

修订后的 GB 50073—2001 与原规范 GBJ 73—84 相比做了较多的修改，主要修改内容如下。

① 规范的适用范围扩大为"适用于新建、扩建和改建的洁净厂房设计"。修订后的规范是全国通用的洁净厂房设计的国家标准，适用于各种类型工业企业新建、扩建和改建的洁净厂房设计。由于各类工业企业的洁净厂房内生产的产品及其生产工艺各不相同，它们对生产环境控制会有一些特殊要求，本规范不可能将这些要求逐一进行规定，因此各行业可依据本规范按各自的特点制定必要的本行业的标准、规定，以利于准确、完整地执行《洁净厂房设计规范》的规定。

② 洁净室及洁净区内空气洁净度等级等效采用国际标准 ISO 14644-1 的洁净度等级。空气洁净度等级从 4 个级别增加为 9 个级别，控制粒径从 2 个（0.5μm、5μm）增加到 6 个（0.1μm、0.2μm、0.3μm、0.5μm、1μm、5μm），并且空气洁净度等级允许采用洁净度等级整数间的中间级别，即 1.1～8.9 级，实际上空气洁净度等级达 81 个。

③ 修订后的规范条文分为强制性条文和推荐性条文。对于规范中的强制性条文，按照国家有关规定的要求在进行洁净厂房设计时是必须强制执行的，主要包括涉及等级的划分、安全防火以及必需的洁净技术措施等。对于推荐性条文，是在通常情况下只有按照这些条文的规定进行设计，才能建造出一个符合质量要求或符合业主要求的洁净厂房；如果在进行洁净室设计时，随着科学技术的发展或受具体条件、工程实际状况等的限制，不能按照规范推荐性条文进行设计，可与洁净工程的业主协商采用更适宜的技术措施进行设计，确保洁净室的建造质量和满足产品生产对洁净环境的要求。

④ 规范修订中注意到由于洁净室的空间密闭性好、人流和物流通道曲折，一旦发生火情，对疏散和扑救极为不利，同时由于热量得不到顺畅的释放，火源的热辐射经四壁反射使室内迅速升温，大大缩短室内各部位材料达到燃点的时间。因此，洁净室防火消防措施的正确规定十分重要，在修订 GBJ 73—84 时作了一些明确的规定，如对洁净室用建筑材料的选用作了明确的规定"洁净室的顶棚和壁板（包括夹芯材料）应为不燃烧体，且不得采用有机复合材料"。疏散走廊规定设置机械排烟设施；对洁净厂房的消防给水，规定必须设置消防给水系统；洁净厂房内有贵重设备、仪器的房间设置自动喷水灭火系统时，宜采用预作用式自动喷水灭火系统等。

⑤ 鉴于我国洁净技术经过了十几年的快速发展，洁净室工程及设施已积累了较多的经验，并有许多技术资料可供参考，在规范中规定得过多、过死将不利于洁净技术的发展。例如有关洁净室的净化空调系统的送风形式、回风方式和送风口风速、回风口风速等具体技术措施，在修订后的新规范中未作规定。

由于修订后的新规范适用范围扩大为全国通用的洁净厂房设计的国家标准，因此对于原规范偏于工业洁净室甚至仅电子工业洁净厂房方面的具体规定在新规范中尽量予以削减，如在高纯气体、高纯水等配管设计方面的设计要求在 GB 50073—2001 中尽量削减，以利于各行各业的执行。

⑥ 修订后的 GB 50073—2001 对洁净空气气流流型的选择作了明确的规定。对于空气洁净度等级要求 1～4 级时，应采用垂直单向流；空气洁净度等级要求为 5 级时，应采用垂直单向流或水平单向流；6～9 级时，宜采用非单向流。为保证空气洁净度等级，送风量参照 ISO/DIS 14644-4 中的要求作了规定，但考虑到我国目前洁净室设计、建造的实际情况，将非单向流洁净室的换气次数进行适当放大，以利于规范执行。例如对于空气洁净度等级要求 7 级的换气次数，在 ISO/DIS 14644-4 中为 10～24 次，在 GB 50073—2001 中为 15～25 次。

⑦ 在修订后规范的附录中增加了洁净室的性能测试和洁净室认证的规定。在 GB 50073—2001 附录 C 中规定：洁净室或洁净区应监测并定期进行性能测试，以认证该洁净室或洁净区始终符合规范的要求；洁净室或洁净区性能测试认证工作，应由专门的检测认证单位承担。这样规定有利于洁净室在建设的验收和使用过程中始终确保在规定的状态下运行，保证空气洁净度等级要求，有利于业主对洁净室的监测确保生产或使用所必须的空气洁净度等级，克服目前一些单位的洁净室在建成验收并投产后，不能坚持定期进行性能测试、认证，只在出现产品质量下降时方才进行测试，既影响产品质量，有时还不得不进行改造或因过滤器更换不及时被迫停产更换过滤器等问题。

GB 50073—2001 发布实施以来，受到了各行各业涉及洁净室设计、施工和运营企业、单位的极大关注。"规范"的实施对各类洁净厂房的设计、建造提出了全面的、确保质量的专业技术规定，经过近十年认真实施、工程实践以及洁净技术的发展，在总结以往经验的基础上，并与已经发布的 GB 50472—2008、GB 50457—2008 相关内容协调，按程序要求修订了 GB 50073—2001，并于 2013 年 1 月发布了 GB 50073—2013。修订内容等将在本章以后作介绍。

2）《药品生产质量管理规范》（GMP）（1998 年修订）：由国家药品监督管理局令第 9 号局长令发布的《药品生产质量管理规范》（GMP）（1998 年修订）自 1999 年 8 月 1 日起施行。它是我国药品生产和质量管理的基本准则，适用于药品制剂生产的全过程、原料药生产中影响成品质量的关键工序。随后于 1999 年 6 月国家药品监督管理局发出通知印发了《药品生产质量管理规范》（GMP）（1998 年修订）附录，自 1999 年 8 月 1 日起施行。附录规定了不同类别药品的生产质量管理要求。

药品生产洁净室（区）的空气洁净度划分为四个级别，见表 1.1.18。在《药品生产质量管理规范》（1998 年修订）中对各项规定及内容进行了较大的调整：空气洁净度等级及其标准，从 3 个空气洁净度等级扩大到 4 个等级，即增加了 300000 级；并取消了换气次数的规定，增加了微生物指标，在标准说明中明确规定"洁净室（区）在静态条件下检测的尘埃粒子数、浮游菌或沉降菌数必须符合规定，应定期监控动态条件下的洁净状况"。空气洁净等级的适用范围作了较大修改，并按无菌药品、非无菌药品，原料药、生物制品、放射药品、中药制剂分别提出要求。还对一些环境参数作了调整，如温度由原来的 18～24℃ 调整为 18～26℃；照度不应低于 300lx 调整为"应根据生产要求提供足够照度，主要工作室的照度宜为 300lx"。

表 1.1.18　洁净室（区）空气洁净度级别表

洁净度级别	尘粒最大允许数/（pc/m³）		微生物最大允许数	
	≥0.5μm	≥5μm	浮游菌/（个/m³）	沉降菌/（个/皿）
100 级	3500	0	5	1
10000 级	350000	2000	100	3
100000 级	3500000	20000	500	10
300000 级	10500000	60000	1000	15

我国的《药品生产质量管理规范（2010 年修订）》在 2010 年 10 月以国家卫生部第 79 令发布，自 2011 年 3 月起实施。《药品生产质量管理规范（2010 年修订）》共有条文 313 条，5 个附录，在附录 1 无菌药品中，对无菌药品生产的洁净区 A、B、C、D 4 个洁净度等级作出了规定。在本书的以后章节中将讲述《药品生产质量管理规范（2010 年修订）》有关洁净室设计建造的内容。

3）《洁净厂房施工及验收规范》（JGJ 71—90）：为适应我国日益发展的洁净室工程建造需要，《洁净室施工及验收规范》（JGJ 71—90）于 1990 年得到批准，自 1991 年 7 月起实施。该规范是在总结了 20 多年来我国洁净室工程建设、施工和检测方面的研究成果、实践经验和调查后编制的。该规范适用于新建和改建的工业洁净室与一般生物洁净室的施工及验收，不适用于有生物学安全要求的特殊生物洁净室的施工及验收。由于美国联邦标准 209D 在 1988 年 6 月发布，因此 JGJ 71—90 规范中已将洁净室的施工和验收的洁净室范围扩大到 209D 的各个级别。

由建设部发布的行业标准《洁净厂房施工及验收规范》由中国建筑科学研究院主编，自 1991 年 7 月实施以来，对统一洁净室的施工要求、严格进行工程验收是十分有效的，在统一检测方法、提高洁净室的建造质量等方面发挥了重要的作用。该规范结合洁净室建造特点，规定了洁净室必须按设计图纸施工，没有图纸和技术要求的不能施工和验收；洁净室施工过程中，应在每道施工完毕后进行中间验收并记录备案。该规范按建筑装饰、净化空调系统、水气电系统的材料、施工安装均作了不同的规定和要求；对工程验收、综合性能评定等均作了规定和要求。

4)《兽药生产质量管理规范》：农业部在 1989 年 12 月发布了《兽药生产质量管理规范》，规定了在我国兽药行业实施 GMP 管理的要求；并在 1994 年 10 月发布了《兽药生产质量管理规范实施细则》，对兽药洁净室（区）空气中的尘粒及微生物和换气次数作了规定，见表 1.1.19。2020 年 4 月农业部以第 3 号令发布了《兽药生产质量管理规范（2020 年修订）》，自 2020 年 6 月起实施。该"规范"中规定：兽药生产洁净室（区）分为 A 级、B 级、C 级和 D 级 4 个级别。生产不同类别兽药的洁净室（区）设计应当符合相应的洁净度要求，包括达到"静态"和"动态"的标准。洁净区与非洁净区之间的压差应不低于 10Pa。必要时，相同洁净度级别的不同功能区（操作间）之间也应保持适当的压差梯度。

表 1.1.19　厂房（区）的洁净级别及换气次数要求

洁净级别	尘粒数/(pc/m³)		微生物数/(个/m³)	换气次数
	≥0.5μm	≥5μm		
100 级	≤3500	0	≤5	垂直层流 0.3m/s
10000 级	≤350000	≤2000	≤100	≥20 次/h
100000 级	≤3500000	≤20000	≤500	≥15 次/h
大于 100000 级	≤35000000	≤200000	暂缺	暂缺

注：1. 测试状态以静态为依据。
2. 判定洁净级别所列 0.5μm 和 5μm 两种粒径，测试时可选用一种。

5)《实验动物 环境与设施》（GB 14925—2010）：国家标准《实验动物 环境与设施》（GB/T 14925—1994），自 1994 年 10 月首次发布，相继于 1999 年 8 月进行了第 1 次修订，2001 年进行了第 2 次修订，现行版本为 2010 年 12 月发布，2011 年 10 月实施。该标准规定了实验动物及动物实验设施和环境条件的技术要求及检测方法，适用于实验动物生产、实验场所的环境条件及设施的设计、施工、检测、验收及经常性监督管理。实验动物生产间环境技术指标要求见表 1.1.20。

表 1.1.20　实验动物生产间环境技术指标

项目	指标								
	小鼠、大鼠		豚鼠、地鼠			犬、猴、猫、兔、小型猪			鸡
	屏障环境	隔离环境	普通环境	屏障环境	隔离环境	普通环境	屏障环境	隔离环境	屏障环境
温度/℃	20~26		18~29	20~26		16~28	20~26		16~28
最大日温差/℃	≤4								
相对湿度/%	40~70								
最小换气次数/(次/h)	≥15①	≥20	≥8②	≥15①	≥20	≥8②	≥15①	≥20	—
动物笼具处气流速度/(m/s)	≤0.20								
相通区域的最小静压差/Pa	≥10	≥50③	—	≥10	≥50③	—	≥10	≥50③	≥10
空气洁净度/级	7	5 或 7④	—	7	5 或 7④	—	7	5 或 7④	5 或 7
沉降菌最大平均浓度/[cfu/(0.5h·φ90mm 平皿)]	≤3	无检出	—	≤3	无检出	—	≤3	无检出	≤3
氨浓度/(mg/m³)	≤11								
噪声/dB(A)	≤60								

续表

项目		指标								
		小鼠、大鼠		豚鼠、地鼠			犬、猴、猫、兔、小型猪			鸡
		屏障环境	隔离环境	普通环境	屏障环境	隔离环境	普通环境	屏障环境	隔离环境	屏障环境
照度/lx	最低工作照度	≥200								
	动物照度	15～20					100～200			5～10
昼夜明暗交替时间/h		12/12 或 10/14								

① 为降低能耗，非工作时间可降低换气次数，但不应低于 10 次/h。

② 可根据动物种类和饲养密度适当增加。

③ 指隔离设备内外静压差。

④ 根据设备的要求选择参数。用于饲养无菌动物和免疫缺陷动物时，洁净度应达到 5 级。

注：1."—"表示不作要求。

2.氨浓度指标为动态指标。

3.普通环境的温度、湿度和换气次数指标为参考值，可在此范围内根据实际需要适当选用，但应控制日温差。

4.温度、相对湿度、压差是日常性检测指标；日温差、噪声、气流速度、照度、氨浓度为监督性检测指标；空气洁净度、换气次数、沉降菌最大平均浓度、昼夜明暗交替时间为必要时检测指标。

5.静态检测除氨浓度外的所有指标，动态检测日常性检测指标和监督性检测指标，设施设备调试和/或更换过滤器后检测必要检测指标。

实验动物环境分类：普通系统，适用于饲养普通级实验动物。屏障系统，适用于饲育清洁级和/或无特定病原体（specific pathogen free，SPF）级实验动物。清洁动物［clean（CL）animal］除普通动物应排除的病原外，不携带对动物危害大和对科学研究干扰大的病原。隔离系统，适用于饲育 SPF 级、悉生（gnotobiotic）及无菌（germ free）级实验动物。

6）《医院洁净手术部建筑技术规范》：国家标准《医院洁净手术部建筑技术规范》（GB 50333—2002）发布实施后，经过十年左右的工程实践，编写组在进行调查研究、认真总结实践经验，积极采纳科研成果的基础上，修订完成了 GB 50333—2013，并于 2013 年发布实施。医院洁净手术部是由洁净手术室、洁净辅助用房和非洁净辅助用房等一部分或全部组成的独立的功能区域。洁净手术室采用空气净化技术，把手术环境空气中的微生物及微粒总量降至允许水平。洁净辅助用房是对空气洁净度有要求的非手术室用房；非洁净辅助用房是对空气洁净度无要求的非手术室用房。表 1.1.21a 是洁净手术室的分级标准，表 1.1.21b 是洁净辅助用房的分级标准。洁净手术部的各类洁净用房应根据其空态或静态条件下的细菌浓度和空气洁净度级别按表 1.1.21a 划分等级。

表 1.1.21a　洁净手术室用房的分级标准

洁净用房等级	沉降法（浮游法）细菌最大平均浓度		空气洁净度级别		参考手术
	手术区	周边区	手术区	周边区	
I	0.2cfu/(30min·ϕ90mm 皿)(5cfu/m³)	0.4cfu/(30min·ϕ90mm 皿)(10cfu/m³)	5 级	6 级	假体植入、某些大型器官移植、手术部位感染可直接危及生命及生活质量等手术
II	0.75cfu/(30min·ϕ90mm 皿)(25cfu/m³)	1.5cfu/(30min·ϕ90mm 皿)(50cfu/m³)	6 级	7 级	涉及深部组织及生命主要器官的大型手术
III	2cfu/(30min·ϕ90mm 皿)(75cfu/m³)	4cfu/(30min·ϕ90mm 皿)(150cfu/m³)	7 级	8 级	其他外科手术
IV	6cfu/(30min·ϕ90mm 皿)		8.5 级		感染和重度污染手术

注：1.浮游法的细菌最大平均浓度采用括号内数值。细菌浓度是直接所测的结果，不是沉降法和浮游法互相换算的结果。

2.眼科专用手术室周边区洁净度级别比手术区可低 2 级。

表 1.1.21b　洁净辅助用房的分级标准

洁净用房等级	沉降法(浮游法)细菌最大平均浓度	空气洁净度级别
Ⅰ	局部集中送风区域:0.2 个/(30min·φ90mm 皿) 其他区域:0.4 个/(30min·φ90mm 皿)	局部 5 级,其他区域 6 级
Ⅱ	1.5cfu/(30min·φ90mm 皿)	7 级
Ⅲ	4cfu/(30min·φ90mm 皿)	8 级
Ⅳ	6cfu/(30min·φ90mm 皿)	8.5 级

注:浮游法的细菌最大平均浓度采用括号内数值。细菌浓度是直接所测的结果,不是沉降法和浮游法互相换算的结果。

　　洁净手术部辅助用房应包括洁净辅助用房和非洁净辅助用房。它们的适用范围主要是:Ⅰ级洁净辅助用房用于生殖实验室等需要无菌操作的特殊用房;Ⅱ级洁净辅助用房用于体外循环灌注准备的房间;Ⅲ级洁净辅助用房用于手术室前室;Ⅳ级洁净辅助用房用于刷手间、手术准备室、无菌物品和精密仪器的存放房间、护士站以及洁净走廊、恢复室等洁净场所。非洁净辅助用房用于医护休息室、值班室、麻醉办公室、教学用房、换鞋处、更衣室和浴厕用房等,见表 1.1.22。

表 1.1.22　主要辅助用房分级

用房名称		洁净用房等级
在洁净区内的洁净辅助用房	需要无菌操作的特殊用房	Ⅰ~Ⅱ
	体外循环室	Ⅱ~Ⅲ
	手术室前室	Ⅲ~Ⅳ
	刷手间	Ⅳ
	术前准备室	
	无菌物品存放室、预麻室	
	精密仪器室	
	护士站	
	洁净区走廊或任何洁净通道	
	恢复(麻醉苏醒)室	
	手术室的邻室	无
在非洁净区内的非洁净辅助用房	用餐室	无
	卫生间、淋浴间、换鞋处、更衣室	
	医护休息室	
	值班室	
	示教室	
	紧急维修间	无
	储物间	
	污物暂存处	

　　洁净手术部的各类洁净用房细菌最大平均浓度和空气洁净度级别除应符合相应等级的要求外,其他的主要技术指标应符合表 1.1.23 中的要求。

表 1.1.23　洁净手术部用房主要技术指标

名称	室内压力	最小换气次数/(次/h)	工作区平均风速/(m/s)	温度/℃	相对湿度/%	最小新风量/[m³/(h·m²)]	噪声/dB(A)	最低照度/lx	最少术间自净时间/min
Ⅰ级洁净手术室和需要无菌操作的特殊用房	正	—	0.20～0.25	21～25	30～60	15～20	≤51	≥350	10
Ⅱ级洁净手术室	正	24	—	21～25	30～60	15～20	≤49	≥350	20
Ⅲ级洁净手术室	正	18	—	21～25	30～60	15～20	≤49	≥350	30
Ⅳ级洁净手术室	正	12	—	21～25	30～60	15～20	≤49	≥350	—
体外循环室	正	12	—	21～27	≤60	(2)	≤60	≥150	—
无菌敷料室	正	12	—	≤27	≤60	(2)	≤60	≥150	—
未拆封器械、无菌药品、一次性物品和精密仪器存放室	正	10	—	≤27	≤60	(2)	≤60	≥150	—
护士站	正	10	—	21～27	≤60	(2)	≤55	≥150	—
预麻醉室	负	10	—	23～26	30～60	(2)	≤55	≥150	—
手术室前室	正	8	—	21～27	≤60	(2)	≤60	≥200	—
刷手间	负	8	—	21～27	—	(2)	≤55	≥150	—
洁净区走廊	正	8	—	21～27	≤60	(2)	≤52	≥150	—
恢复室	正	8	—	22～26	25～60	(2)	≤48	≥200	—
脱包间 外间脱包负	—	—	—	—	—	—	—	—	—
脱包间 内间暂存正	8	—	—	—	—	—	—	—	—

注：1. 负压手术室室内压力一栏应为"负"。
2. 平均风速指集中送风区地面以上 1.2m 截面的平均风速。
3. 眼科手术室截面平均风速应控制在 0.15～0.2m/s 范围。
4. 温湿度范围下限为冬季的最低值，上限为夏季的最高值。
5. 手术室新风量的取值，应根据有无麻醉或电刀等在手术过程中散发有害气体而增减。
6. 最小新风量一列带括号的数据单位为次/h。

7)《食品工业洁净用房建筑技术规范》：近年来，随着我国人民生活质量的提高，日益关注食品质量，对各种食品质量质疑的事件时有发生，为确保人民健康、控制食品安全，国家已于 2009年制定、发布了《中华人民共和国食品安全法》。为规范各类食品加工和生产（包括产业化餐饮业的加工、生产）过程的环境污染物控制，降低食品加工、生产过程的不良率和确保食品的安全性，在对国内外相关食品（包括饮品）加工生产环境采取一定空气洁净度级别的"洁净环境"调研分析基础上，于 2011 年 4 月制定发布了国家标准《食品工业洁净用房建筑技术规范》（GB 50687—2011），明确"食品是指供人食用或饮用的食品和原料以及按照传统既是食品又是药品的物品，但不包括以治疗为目的的物品。食品工业是以农业、渔业、畜牧业、林业或化学工业的产品或半成品为原料，制造、提取、加工成食品或半成品，连续而有组织的经济活动工业体系。"

食品工业洁净用房应依据食品生产对除菌除尘和卫生的要求划分等级。食品工业洁净用房等级应符合表 1.1.24 的规定。

表 1.1.24　食品工业洁净用房等级

等级	操作区	说明
Ⅰ级	高污染风险的洁净操作区	高污染风险是指进行风险评估时确认在不能最终灭菌条件下,食品容易长菌、配制灌装速度慢、灌装容器为广口瓶、容器须暴露数秒后方可密闭等状况
Ⅱ级	Ⅰ级区所处的背景环境,或污染风险仅次于Ⅰ级的涉及非最终灭菌食品的洁净操作区	—
Ⅲ级	生产过程中重要程度较次的洁净操作区	—
Ⅳ级	属于前置工序的一般清洁要求的区域	—

食品工业各个等级洁净用房的微生物最低要求见表 1.1.25,各级洁净用房的悬浮微粒要求见表1.1.26。洁净用房的温度、湿度应依据生产工艺要求确定,当生产工艺无要求时,Ⅰ级、Ⅱ级的温度应为 20~25℃,相对湿度为 30%~65%,Ⅲ级、Ⅳ级的温度为 18~26℃,相对湿度为 30%~70%;Ⅰ级洁净用房的噪声级(静态)不应大于 65dB(A),其他等级不应大于 60dB(A)。

表 1.1.25　洁净区微生物的最低要求

洁净用房等级	空气浮游菌/(cfu/m³)		空气沉降菌(φ90mm)		表面微生物(动态)		
					接触皿(φ55mm)/(cfu/皿)		5指手套/(cfu/手套)
	静态	动态	静态/(cfu/30min)	动态/(cfu/4h)	与食品接触表面	建筑内表面	
Ⅰ级	5	10	0.2	3.2	2	不得有霉菌斑	<2
Ⅱ级	50	100	1.5	24	10		5
Ⅲ级	150	300	4	64	不作规定		不作规定
Ⅳ级	500	不作规定	不作规定	不作规定	不作规定		不作规定

表 1.1.26　各级洁净用房的悬浮微粒要求

洁净用房等级	悬浮微粒最大允许数/(粒/m³)			
	静态		动态	
	≥0.5μm	≥5μm	≥0.5μm	≥5μm
Ⅰ级	3520	29	35200	293
Ⅱ级	352000	2930	3520000	29300
Ⅲ级	3520000	29300	—	—
Ⅳ级	35200000	293000	—	—

进入 21 世纪以来,我国高科技洁净厂房的设计、建造发展迅速,且以微电子、生物医药洁净厂房的设计、建造特点最为明显。在超大规模集成电路芯片制造和薄膜晶体管液晶显示器 (thin film transistor liguid crystal display, TFT-LCD) 生产用洁净厂房的设计建造中,要求严格控制洁净生产环境——控制粒径为纳米级甚至更小的粒子最大允许浓度达到 ISO 1~3 级和严格控制化学污染物;并且由于生产工艺的连续性、自动化输送和大型设备的应用,需要大体量、大面积的洁净厂房。此类洁净厂房内还需使用数十种可燃、易燃、有毒、腐蚀性的高纯气体、特种气体、化学品等。现代生物医药洁净厂房在防止交叉污染、微生物污染等方面均具有严格的要求。鉴于已经发布

实施的通用性洁净厂房设计规范（GB 50073）已不能满足需要，所以在国家有关部门的支持、关注下分别制定、发布实施了国家标准《电子工业洁净厂房设计规范》（GB 50472）和《医药工业洁净厂房设计标准》（GB 50457）。

随着国内洁净技术发展的需要，在洁净技术学会的积极努力下，2008 年国家标准化管理委员会批准建立了"全国洁净室及相关受控环境标准化技术委员会"（SAC/TC 319）。为了促进我国洁净技术快速发展，并与国际标准衔接，SAC/TC 319 在有关部门的支持、关注下积极组织进行了等效国际标准 ISO 14644 和 ISO 14698 的多项标准制订，分别建立了各个标准的起草组，在众多编写单位、起草人的努力下完成了标准起草工作，经批准于 2011 年 5 月开始实施，标准号为 GB/T 25915/ISO 14644 和 GB/T 25916/ISO 14698。

（3）国内外主要的洁净室标准　由全球国际标准化组织 ISO/TC209 洁净室及相关受控环境技术委员会（Technical Committee ISO/TC209，cleanrooms and associated controlled environments）编制的"洁净室及相关受控环境"标准系列，已先后发布了 ISO 14644-1～8 与 ISO 14698-1、ISO 14698-2。我国的全国洁净室及相关受控环境标准化技术委员会（SAC/TC 319）等同采用上述国际标准，并以 GB/T 25915.1～8 与 GB/T 25916.1、GB/T 25916.2 发布实施，其名称和编号如下：GB/T 25915.1—2010/ISO 14644-1：1999《洁净室及相关受控环境　第 1 部分：空气洁净度等级》、GB/T 25915.2—2010/ISO 14644-2：2000《洁净室及相关受控环境　第 2 部分：证明持续符合 GB/T 25915.1 的检测与监测技术条件》、GB/T 25915.3—2010/ISO 14644-3：2005《洁净室及相关受控环境　第 3 部分：检测方法》、GB/T 25915.4—2010/ISO 14644-4：2001《洁净室及相关受控环境　第 4 部分：设计、建造、启动》、GB/T 25915.5—2010/ISO 14644-5：2004《洁净室及相关受控环境　第 5 部分：运行》、GB/T 25915.6—2010/ISO 14644-6：2007《洁净室及相关受控环境　第 6 部分：词汇》、GB/T 25915.7—2010/ISO 14644-7：2004《洁净室及相关受控环境　第 7 部分：隔离装置（洁净风罩、手套箱、隔离器、微环境）》、GB/T 25915.8—2010/ISO 14644-8：2006《洁净室及相关受控环境　第 8 部分：空气分子污染分级》及 GB/T 25916.1—2010/ISO 14698-1：2003《洁净室及相关受控环境　生物污染控制　第 1 部分：一般原理和方法》、GB/T 25916.2—2010/ISO 14698-2：2003《洁净室及相关受控环境　生物污染控制　第 2 部分：生物污染数据的评估与分析》。

我国洁净厂房、洁净室的标准规范主要有：GB 50073《洁净厂房设计规范》、GB 50457《医药工业洁净厂房设计标准》、GB 50472《电子工业洁净厂房设计规范》、GB 51110《洁净厂房施工与质量验收规范》、GB 50591《洁净室施工及验收规范》、GB 50333《医院洁净手术部建筑技术规范》、GB 50346《生物安全实验室建筑技术规范》、GB 50687《食品工业洁净用房建筑技术规范》、GB 19489《实验室 生物安全通用要求》、WS 233《病原微生物实验室生物安全通用准则》、GB 14925《实验动物 环境与设施》、GB 17405《保健食品良好生产规范》、GB/T 16292《医药工业洁净室（区）悬浮粒子的测试方法》、GB/T 16293《医药工业洁净室（区）浮游菌的测试方法》、GB/T 16294《医药工业洁净室（区）沉降菌的测试方法》、GB/T 13554《高效空气过滤器》、GB/T 6165《高效空气过滤器性能试验方法 效率和阻力》、GB/T 29468《洁净室及相关受控环境 围护结构夹芯板应用技术指南》、GB/T 29469《洁净室及相关受控环境 性能及合理性评价》、GB/T 33555《洁净室及相关受控环境 静电控制技术指南》、GB/T 36370《洁净室及相关受控环境 空气过滤器应用指南》、GB/T 36306《洁净室及相关受控环境 空气化学污染控制指南》、GB/T 36527《洁净室及相关受控环境 节能指南》、GB/T 35428《医院负压隔离病房环境控制要求》、JG/T 404《空气过滤器用滤料》、JG/T 388《风机过滤器机组》、JG 170《生物安全柜》、T/CRAA 430《空气过滤器 分级与标识》、T/CRAA 431.1《高效率空气过滤器及滤材 第 1 部分：分级、性能试验、标识》、T/CRAA 431.2《高效率空气过滤器及滤材 第 2 部分：气溶胶发生、测量装置、粒子计数统计学方法》、T/CRAA 431.3《高效率空气过滤器及滤材 第 3 部分：滤纸试验》、T/CRAA 431.4《高效率空气过滤器及滤材 第 4 部分：过滤器检漏——扫描法》、T/CRAA 431.5《高效率空气过滤器及滤材 第 5 部分：过滤器试验方法》。

各国的微污染学会（协会）或相关学会（协会）发布的涉及洁净室的标准规范主要如下。

美国消防局：NFPA 318《半导体制造设施消防标准》（*Standard for the Protection of Semiconduductor Fabrication Facilities*）。

美国国家环境平衡局（NEBB）：《洁净室认证测试程序标准》（*Procedural Standards for Certified Testing of Cleanrooms*）。

美国环境科学与技术学会（IEST）推荐的准则与导则主要有：IEST-RP-CC001《HEPA 和 ULPA 过滤器》、IEST-RP-CC003《洁净室与受控环境用服装》、IEST-RP-CC004《洁净室与受控环境中使用擦拭材料评估》、IEST-RP-CC006《洁净室检测》、IEST-RP-CC007《ULPA 过滤器试验》、IEST-RP-CC011《污染控制相关术语和定义》、IEST-RP-CC012《洁净室设计要点》、IEST-RP-CC022《洁净室和其他受控环境的静电》、IEST-RP-CC023《洁净室中的微生物》、IEST-RP-CC024《微生物工业中的振动》、IEST-RP-CC026《洁净室运行》、IEST-RP-CC028《微环境》、IEST-RP-CC029《洁净技术在汽车喷雾涂装时的应用》、IEST-RP-CC031《洁净室材料和元件释气有机物测定方法》、IEST-RP-CC034《HEPA 和 ULPA 过滤器的检漏试验》。

美国 FM 全球保险公司（FM Global Insurance Company）的企业标准（部分）：FM DS 7-7《半导体生产设施》（*Semiconductor Fabrication Facilities*）、FM DS 1-56《洁净室》（*Cleanrooms*）、FM 认证 4882《烟敏场所 1 级防火内墙和顶棚》（*Class1 Interior Wall and Ceiling Materials or Systems for Smoke Sensitive Occupancies*）、FM 认证 4924《管道隔热认证标准》（*Pipe and Duct Insulation*）、ANSI/FM 认证 4910*《洁净室材料易燃性测试方法美国国家标准》（*American National Standard for Cleanroom Materials Flammablility Test Protocol*）、FM 认证 4911《洁净室晶片盒认证标准》(*Wafer Carriers for Use in Cleanrooms*)、ANSI/FM 5560*《细水雾系统美国国家标准》（*American National Standard for Water Mist Systems*）、FM DS 7-36《药品生产》（*Pharmaceutical Operations*）、FM 认证 4922《气体排放管道及气体与烟雾排放管道认证标准》（*Fume Exhaust Ducts or Fume and Smoke Exhaust Ducts*）。

注：＊表示已列入美国国家标准。

俄罗斯防微污染工程师学会曾于 1995 年制订了 ГОСТ Р50766-95，在国际标准 ISO 14644 发布后，更改为 ГОСТ ИСО 14644-1、ГОСТ ИСО 14644-4 等。

德国标准：VDI 2083-1《空气洁净度等级》、VDI 2083-4《表面洁净》、VDI 2083-9《高纯水的质量，制取和配送》、VDI 2083-10《洁净介质供应系统》。

1.2.2　我国的部分洁净室标准简介

（1）GB/T 25915.1～8 和 GB/T 25916.1、GB/T 25916.2　国际标准化组织 ISO/TC 209 从 1999 年至 2007 年发布的 ISO 14644-1～8 和 ISO 14698-1、ISO 14698-2 等十项标准等同我国在 2010 年发布的国家标准 GB/T 25915.1～8 和 GB/T 25916.1、GB/T 25916.2，这里对其中四项简介如下。

GB/T 25915.1—2010/ISO 14644-1：1999《洁净室及相关受控环境　第 1 部分：空气洁净度等级》，按悬浮粒子浓度划分洁净室及相关受控环境中的空气洁净度等级，粒径限值为 $0.1～5\mu m$。未包括悬浮粒子物理、化学、放射性或活性方面的特性。主要内容包括：范围、术语和定义（术语、占用状态等）、等级（ISO1～9 级）、等级的证实（原理、检测、空气悬浮粒子浓度限值、检测报告）。

附录 A（资料性附录），洁净度等级表 1 的图示；附录 B（规范性附录），采用光散射离散粒子计数器测定粒子洁净度等级（仪器校准、采样、记录结果、数据分析）；附录 C（规范性附录），粒子浓度数据的统计处理；附录 D（资料性附录），分级计算实例；附录 E（资料性附录），超出分级粒径阈值范围的粒子计径和计数（超微粒子<$0.1\mu m$ 的 U 描述，大于 $5\mu m$ 的 M 描述）；附录 F（资料性附录），序贯采样法（背景和条件、序贯采样法的依据、采样规程）。

GB/T 25915.3—2010/ISO 14644-3：2005《洁净室及相关受控环境　第 3 部分：检测方法》规

定了洁净室和洁净区空气悬浮粒子洁净度等级的检测方法，以及洁净室和洁净区性能的检测方法。其主要内容包括：范围、术语和定义、检测规程、检测报告等。

附录 A（资料性附录），检测项目的选择和实施顺序；附录 B（资料性附录），检测方法；附录 C（资料性附录），检测仪器。

GB/T 25915.4—2010/ISO 14644-4：2001《洁净室及相关受控环境　第 4 部分：设计、建造、启动》规定了洁净室设施的设计和建造要求，但并未规定满足那些要求所需的具体技术或契约手段。该标准还给出了重要性能参数的目录；给出包括启动和确认要求的建造指南，明确了保证持续、满意运行的设计和建造的基本要素。主要内容包括：范围、引用标准、术语和定义、要求、规划和设计、建造和启动、检测和验收、文件（设施的记录、使用说明书等）。

附录 A（资料性附录），控制和隔离的概念；附录 B（资料性附录），分级举例；附录 C（资料性附录）设施的验收；附录 D（资料性附录），设施的布局；附录 E（资料性附录），建造和材料；附录 F（资料性附录），洁净室的环境控制；附录 G（资料性附录），空气洁净度的控制；附录 H（资料性附录），供需方/用户与供方/设计方商定的补充技术要求。

GB/T 25915.5—2010/ISO 14644-5：2004《洁净室及相关受控环境　第 5 部分：运行》规定了洁净室运行的基本要求，可供准备使用并运行洁净室的人员使用。但未涉及与污染控制有直接关联的安全问题，相关问题应遵守国家和地方的安全法规。该标准涉及生产各类产品的各个级别的洁净室，应用范围广泛，但未涉及各个行业的特定要求。主要内容包括：范围、术语和定义、技术要求（运行体系、洁净服、人员、固定设备、材料及便携和移动设备、洁净室的清洁）等。该标准有 6 个资料性附录：附录 A，运行体系；附录 B，洁净服；附录 C，人员；附录 D，固定设备；附录 E，材料和便携设备；附录 F，洁净室的清洁。

（2）《洁净厂房设计规范》（GB 50073）　GB 50073 是各类洁净厂房设计的全国通用强制性国家标准，包括强制性、推荐性条文。根据工程建设法规的规定，各强制性标准中的强制性条文均具有强制执行的法律效力，因此在 GB 50073—2001 中与原 GBJ 73—84 相比的重要修订内容之一，就是明确规定了强制性条文。该标准共 9 章、3 个附录，其主要内容有：总则、术语、空气洁净度等级、总体设计（洁净厂房位置选择和总平面布置、工艺平面布置和设计综合协调、人员净化和物料净化、噪声控制、微振控制）、建筑（一般规定、防火和疏散、室内装修）、空气净化（一般规定，洁净室压差控制，气流流型和送风量，空气净化处理，采暖通风、防排烟，风管和附件）、给水排水（一般规定、给水、排水、消防给水和灭火设备）、气体管道（一般规定、管道材料与阀门、管道连接、安全技术）、电气（配电、照明、通信、自动控制、静电防护及接地）。附录 A，洁净厂房工作间的火灾危险性分类举例；附录 B，净化空调系统设计对维护管理的要求；附录 C，洁净室或洁净区性能测试和认证［通则、洁净室或洁净区性能测试要求（三项测试要求及其时间）洁净室测试方法、监测、认证、记录等］。

国家标准《洁净厂房设计规范》（GB 50073—2001）发布实施以来，受到设有洁净厂房的各行各业有关设计、施工安装和使用企业、单位的极大关注，尤其是对其中相关强制性条文的规定，在认真实施过程中根据洁净厂房设计建造的具体情况提出了一些十分可贵的意见和建议，为修订该标准提供了有力的依据。根据主管部门的要求，按工程建设国家标准修订的要求和相关规定，在总结《洁净厂房设计规范》（GB 50073—2001）实施以来经验的基础上，结合我国洁净厂房设计建造和运行的实际情况，并与已经发布实施的国家标准《电子工业洁净厂房设计规范》（GB 50472）、《医药工业洁净厂房设计规范》（GB 50457）相关内容协调，在进行了广泛的调查研究和测试后，按程序要求修订了 GB 50073—2001，并于 2013 年 01 月发布了《洁净厂房设计规范》（GB 50073—2013），从 2013 年 9 月起实施。

GB 50073—2013 的主要内容仍共计 9 章、3 个附录，主要的修改内容是：

① 第 2 章中的部分术语作了修改、补充。

② 对第 3 章空气洁净度等级的规定中超出 0.1～5μm 的粒径范围作了相应的"关于 U 描述符、M 描述符"的要求。

③ 修改了第8章，更名为"工业管道"。这是考虑到 GB 50073—2001 适用于各行各业的洁净厂房的设计，应将除了给排水管道和采暖通风空调、净化空调的风管外的气体、液体管道，以"工业管道"的相关内容引入规范中，所以作了"更名"并将有关条文内容进行修改、补充。

④ 将 GB 50073—2001 中 82 条强制性条文中的 35 条修改为推荐性条文。如原第 9.2.3 条是关于洁净厂房内无采光窗洁净区工作面上的最低照度值的强制性规定，因为现行国家标准《建筑照明设计标准》（GB 50034）中，已对电子产品、医药产品等生产车间场所的照度标准值作了具体的规定，所以修订后的第 9.2.3 条参照 GB 50034 中的"具体的量化规定"作了洁净厂房内各场所照度标准值范围的具体规定，并改为"推荐性规定"。

⑤ 对附录的排序作了修改，各个附录的内容作了部分修改补充。如原附录 A "洁净厂房工作间的火灾危险性分类举例"改为附录 B，并将举例内容从甲、乙、丙类增加为甲、乙、丙、丁、戊类，以适应各类洁净厂房的参照应用。

（3）《电子工业洁净厂房设计规范》（GB 50472—2008）　GB 50472—2008 是适用于新建、扩建和改建的电子工业洁净厂房设计的一本强制性国家标准，包括强制性条文、推荐性条文。由于各类电子产品及其生产工艺各不相同，它们对洁净生产环境（包括空气净化环境和直接与产品生产过程接触的各种工艺介质）都有十分严格的要求，且由于近年来电子产品尤其是微电子、光电子产品生产的规模化、微细化、高纯度、高质量和高可靠性，因此该标准依据电子工业洁净厂房的特点制定了工程设计中应遵循的各种规定。该标准共有 15 章和 4 个附录，其主要内容是：总则、术语、电子产品生产环境设计要求、总体设计（位置选择和总平面布置、洁净室型式、洁净室布置和综合协调）、工艺设计（一般规定、工艺布局、人员净化、物料净化、设备及工器具）、洁净建筑设计（一般规定、防火和疏散、室内装修）、空气净化和空调通风设计（一般规定，气流流型和送风量，净化空调系统，空气净化设备，采暖、通风，排烟，风管，附件）、给排水设计（一般规定、给水、排水、雨水、消防给水和灭火设备）、纯水供应（一般规定，纯水系统，管材、阀门和附件）、气体供应（一般规定、常用气体系统、干燥压缩空气系统、特种气体系统）、化学品供应（一般规定，化学品储存、输送，管材、阀门）、电气设计（配电、照明、通信与安全保护装置、自动控制、接地）、防静电与接地设计（一般规定、防静电措施、防静电接地）、噪声控制（一般规定、噪声控制设计）、微振控制（一般规定、容许振动值、微振动控制设计）。

附录 A，各类电子产品生产对空气洁净度等级的要求；附录 B，电子产品生产间/工序的火灾危险性分类举例；附录 C，精密仪器、设备的容许振动值举例；附录 D，洁净室（区）性能测试和认证。

GB 50472—2008 是新制定的国家标准，为了充分体现电子工业洁净厂房的特点，特别是近年来以大规模集成电路芯片生产用洁净厂房、薄膜晶体管液晶显示器件（TFT-LCD）生产用洁净厂房为代表的微电子产品生产用洁净厂房的特点——大投入、大面积、大体量和产品生产过程的连续性、微型化、精密性、自动化运输，要求具有严格的空气洁净度以及使用多品种、多样化（包括可燃、有毒、腐蚀性、强氧化性）的高纯气体和特种气体、高纯水、高纯化学品等。编写组的科技人员在总结各单位已有的电子工业洁净厂房设计建造的经验、工程实践基础上，开展了大量的调查研究和必要的测试，为制定"规范"条文和编写条文说明提供依据；编写了十余份专题报告、测试报告，包括与相关单位的科技人员密切配合编写了"关于电子工厂洁净厂房设计中防火分区面积等消防设施的分析研究"专题报告，为该标准中相关的消防安全方面的规定提供了有力依据。

该标准制定过程中认真地借鉴了有关国际标准中的内容，如国际标准《洁净室及相关受控环境》ISO 14644 第二、第三和第四部分中有关洁净室的设计和检测测试等方面的要求；还参照了美国消防标准 NFPA 318（2000 版）中的一些规定和要求，如关于高灵敏度早期火灾报警探测系统灵敏度严于 0.01% obs/m 的规定等。在该标准中明确地规定，在满足必要的条件下，对于电子工业洁净厂房洁净室（区）的防火分区、安全出口和疏散距离以及防排烟等作出了与已有国家标准不一样的规定，详见本篇第 3 章等的表述。

（4）《医药工业洁净厂房设计规范》（GB 50457）　GB 50457—2008 适用于新建、扩建和改建的医药工业洁净厂房的设计。医药工业洁净厂房是指药品制剂、原料药、生物制品、放射性药品、药用辅料、直接接触药品的药用包装材料等生产中有空气洁净度等级要求的厂房，对于含有药用成分的非医药产品、非人用药品、无菌医疗器具、医院制剂等生产中有空气洁净度等级要求的厂房设计，可参照执行。由于药品分类复杂、药品制剂的剂型很多，产品生产工艺对生产环境控制要求各异，加之国内外 GMP 的不断发展，都对医药工业洁净厂房设计提出了新的要求。空气中影响药品质量的污染物不只是微粒，还有微生物。鉴于微生物的生存、繁殖特性，其对药品质量的危害性比微粒更突出。微生物主要是指细菌和真菌，在空气中常黏附在微粒上或以菌团形式存在，一旦药品被微生物、微粒污染后变质、进入人体，将直接影响人体健康。该标准依据医药工业洁净厂房的特点制定了工程设计中应遵循的各类基本规定，共有 11 章和 3 个附录，其主要内容是：总则、术语、生产区域的环境参数、厂址选择和总平面布置、工艺设计（工艺布局、人员净化、物料净化、工艺用水）、工艺管道（一般规定，管道材料，阀门和附件，管道的安装、保温，安全技术）、设备（一般规定、设计和选用）、建筑（一般规定、防火和疏散、室内装修）、空气净化（一般规定、净化空气调节系统、气流流型和送风量、风管和附件、监测与控制、青霉素等药品生产洁净室的特殊要求）、给排水（一般规定、给水、排水、消防设施）、电气（配电、照明、通信、静电防护及接地）。

　　附录 A，药品生产环境的空气洁净度等级举例；附录 B，医药洁净室（区）的维护管理；附录 C，医药洁净室（区）的验证。

　　GB 50457—2008 中医药洁净室（区）的空气洁净度等级标准直接引用了我国 1998 年版《药品生产和质量管理规范》（GMP）的相关规定。国内外的 GMP 中不仅规定了医药洁净室（区）的空气洁净度等级，还对其药品生产主要工序环境的空气洁净度等级提出了明确的要求，这是医药工业洁净厂房设计的主要依据。

　　目前我国已于 2010 年 2 月发布了 2010 版的 GMP，其中对医药洁净室（区）的空气洁净度等级划分为 A 级、B 级、C 级、D 级四级。GB 50457—2019 是 GB 50457—2008 的修订版，已于 2019年 8 月发布，2019 年 12 月开始实施。GB 50457—2019 中医药洁净室的空气洁净度等级直接引用了《药品生产质量管理规范（2010 年修订）》中的相关规定，现将其有关规定摘要如下：

　　《药品生产质量管理规范（2010 年修订）》是根据《中华人民共和国药品管理法》《中华人民共和国药品管理法实施条例》制定的，药品企业应当建立药品质量管理体系。该体系应当涵盖影响药品质量的所有因素，包括确保药品质量符合预定用途的有组织、有计划的全部活动。该规范作为质量管理体系的一部分，是药品生产管理和质量控制的基本要求，旨在最大限度地降低药品生产过程中污染、交叉污染以及混淆、差错等风险，确保持续稳定地生产出符合预定用途和注册要求的药品。

　　《药品生产质量管理规范（2010 年修订）》中对厂房与设施的主要规定有：厂房的选址、设计、布局、建造、改造和维护必须符合药品生产要求，应当能够最大限度地避免污染、交叉污染、混淆和差错，便于清洁、操作和维护。应当根据厂房及生产防护措施综合考虑选址，厂房所处的环境应当能够最大限度地降低物料或产品遭受污染的风险。药品生产企业应当有整洁的生产环境；厂区的地面、路面及运输等不应当对药品的生产造成污染；生产、行政、生活和辅助区的总体布局应当合理，不得互相妨碍；厂区和厂房内的人、物流走向应当合理。药品生产厂房应当有适当的照明、温度、湿度和通风，确保生产和贮存的产品质量以及相关设备性能不会直接或间接地受到影响。厂房、设施的设计和安装应当能够有效防止昆虫或其他动物进入。应当采取必要的措施，避免所使用的灭鼠药、杀虫剂、烟熏剂等对设备、物料、产品造成污染。

　　《药品生产质量管理规范（2010 年修订）》有 5 个附录，附录 1 无菌药品、附录 2 原料药、附录 3 生物制品、附录 4 血液制品、附录 5 中药制剂，在各个附录中对各类药品作了相应的详细规定。在附录 1"无菌药品"中首先明确了适用范围，无菌药品是指法定药品标准中列有无菌检查项目的制剂和原料药，包括无菌制剂和无菌原料药。该附录适用于无菌制剂生产全过程以及无菌原料药的灭菌和无菌生产过程。无菌药品按生产工艺可分为两类：采用最终灭菌工艺的为最终灭菌产品；部分或全部工序采用无菌生产工艺的为非最终灭菌产品。无菌药品生产的人员、设备和物料应通过气锁间进入洁净区，采用机械连续传输物料的，应当用正压气流保护并监测压差。物料准备、产品配制和灌装或分装等操作必须在洁净区内分区域（室）进行。应当根据产品特性、工艺和设备等因素，确定无菌药品生产用洁净区的级别。生产无菌药品生产所需的洁净区空气洁净度等级可分为A级、B级、C级、D级4个级别，各级别空气悬浮粒子的最大允许数见表1.1.27。

A级：高风险操作区，如灌装区、放置胶塞桶和与无菌制剂直接接触的敞口包装容器的区域及无菌装配或连接操作的区域，应当用单向流操作台（罩）维持该区的环境状态。单向流系统在其工作区域必须均匀送风，风速为0.36～0.54m/s（指导值）。应当有数据证明单向流的状态并经过验证。在密闭的隔离操作器或手套箱内，可使用较低的风速。

B级：指无菌配制和灌装等高风险操作A级洁净区所处的背景区域。

C级和D级：指无菌药品生产过程中重要程度较低操作步骤的洁净区。

表1.1.27　各级别空气悬浮粒子的最大允许数

洁净度级别	悬浮粒子最大允许数/(粒/m³)			
	静态		动态③	
	≥0.5μm	≥5.0μm②	≥0.5μm	≥5.0μm
A级①	3520	20	3520	20
B级	3520	29	352000	2900
C级	352000	2900	3520000	29000
D级	3520000	29000	不作规定	不作规定

① 为确认A级洁净区的级别，每个采样点的采样量不得少于1m³。A级洁净区空气悬浮粒子的级别为ISO 4.8级，以≥5.0μm的悬浮粒子为限度标准。B级洁净区（静态）空气悬浮粒子的级别为ISO 5级，同时包括表中两种粒径的悬浮粒子。对于C级洁净区（静态和动态）而言，空气悬浮粒子的级别分别为ISO 7级和ISO 8级。对于D级洁净区（静态）空气悬浮粒子的级别为ISO 8级。测试方法可参照ISO 14644-1。

② 在确认级别时，应当使用采样管较短的便携式尘埃粒子计数器，避免≥5.0μm的悬浮粒子在远程采样系统的长采样管中沉降。在单向流系统中，应当采用等动力学的取样头。

③ 动态测试可在常规操作、培养基模拟灌装过程中进行，证明达到动态的洁净度级别，但培养基模拟灌装试验要求在"最差状况"下进行动态测试。

附录1中规定：应对微生物进行动态监测，评估无菌生产的微生物状况。监测方法有沉降菌法、定量空气浮游菌采样法和表面取样法（如棉签擦拭法和接触碟法）等。动态取样应避免对洁净区造成不良影响。成品批记录的审核应当包括环境监测的结果。对表面和操作人员的监测，应当在关键操作完成后进行。在正常的生产操作监测外，可在系统验证、清洁或消毒等操作完成后增加微生物监测。洁净区微生物监测的动态标准见表1.1.28。

表1.1.28　洁净区微生物监测的动态标准

洁净度级别	浮游菌/(cfu/m³)	沉降菌(φ90mm)/(cfu/4h*)	表面微生物	
			接触(φ55mm)/(cfu/碟)	5指手套/(cfu/手套)
A级	<1	<1	<1	<1
B级	10	5	5	5
C级	100	50	25	—
D级	200	100	50	—

* 单个沉降碟的暴露时间可以少于4h，同一位置可使用多个沉降碟连续进行监测并累积计数。

注：表中各数值均为平均值。

无菌药品的生产操作所要求的洁净环境的空气洁净度等级，在《药品生产质量管理规范（2010年修订）》的附录1中进行了举例，可供相关药品生产用洁净室设计时选择参考。表1.1.29

是最终灭菌的无菌药品生产环境示例，表 1.1.30 是非最终灭菌的无菌药品生产环境示例。

表 1.1.29　最终灭菌的无菌药品生产环境示例

洁净度级别	最终灭菌产品生产操作示例
C 级背景下的局部 A 级	高污染风险①的产品灌装（或灌封）
C 级	1. 产品灌装（或灌封） 2. 高污染风险②产品的配制和过滤 3. 眼用制剂、无菌软膏剂、无菌混悬剂等的配制、灌装（或灌封） 4. 直接接触药品的包装材料和器具最终清洗后的处理
D 级	1. 轧盖 2. 灌装前物料的准备 3. 产品配制（指浓配或采用密闭系统的配制）和过滤直接接触药品的包装材料和器具的最终清洗

① 此处的高污染风险是指产品容易长菌、灌装速度慢、灌装用容器为广口瓶、容器须暴露数秒后方可密封等状况。

② 此处的高污染风险是指产品容易长菌、配制后需等待较长时间方可灭菌或不在密闭系统中配制等状况。

表 1.1.30　非最终灭菌的无菌药品生产环境示例

洁净度级别	非最终灭菌产品的无菌生产操作示例
B 级背景下的 A 级	1. 处于未完全密封①状态下产品的操作和转运，如产品灌装（或灌封）、分装、压塞、轧盖②等 2. 灌装前无法除菌过滤的药液或产品的配制 3. 直接接触药品的包装材料、器具灭菌后的装配以及处于未完全密封状态下的转运和存放 4. 无菌原料药的粉碎、过筛、混合、分装
B 级	1. 处于未完全密封①状态下的产品置于完全密封容器内的转运 2. 直接接触药品的包装材料、器具灭菌后处于密闭容器内的转运和存放
C 级	1. 灌装前可除菌过滤的药液或产品的配制 2. 产品的过滤
D 级	直接接触药品的包装材料、器具的最终清洗、装配或包装、灭菌

① 轧盖前产品视为处于未完全密封状态。

② 根据已压塞产品的密封性、轧盖设备的设计、铝盖的特性等因素，轧盖操作可选择在 C 级或 D 级背景下的 A 级送风环境中进行。A 级送风环境应当至少符合 A 级区的静态要求。

（5）《洁净厂房施工与质量验收规范》（GB 51110—2015）　这是一本新制定的国家标准，适用于新建、扩建的洁净厂房的施工和质量验收。洁净厂房（industrial cleanroom）是用于产品生产的洁净室与相关受控环境以及为其服务的动力公用设施的总称，它是独立建筑物。洁净厂房的种类繁多，如电子产品、药品、保健品、食品、医疗器械、精密机械、精细化工、航空、航天、核工业产品等生产用洁净厂房，它们之间除了规模、产品生产工艺等不相同外，其最大差异是污染控制目标不同，医药工业洁净厂房的洁净室主要控制微粒和微生物，主要以控制微粒为目标的洁净厂房典型代表是电子产品生产用洁净厂房。随着科学技术的发展，高科技的电子工业用洁净厂房不仅要求严格控制微粒，还要求严格控制化学污染物，据了解，目前国内外都在进行化学污染物控制方面的标准制定，所以有关此类洁净厂房的施工及质量验收还应执行其相关的规定。主要以控制微生物和微粒为目标的典型代表是药品生产用洁净厂房，根据我国《药品生产质量管理规范》及其附录中的规定，药品包括无菌药品、非无菌药品、中药药剂等，在无菌药品中又分为最终灭菌药品、非最终灭菌药品等；非最终灭菌药品包括灭菌分装注射剂和无菌冻干粉注射剂，这类药品的生产必须做到生产过程的无菌操作，为保证产品的无菌性质应将生产作业的无菌操作和非无菌操作严格分开，凡进入无菌作业区的物料及器具均应经灭菌或消毒，人员应遵守无菌作业的操作规程。为此对非最终灭菌的无菌作业用洁净厂房的施工及质量验收除执行该规范外，还应执行《药品生产质量管理规范》中的相关规定。

洁净厂房工程施工的依据是设计文件和建设方与施工企业的合同内容。强调洁净厂房工程建设方的主体作用，在施工过程中不可避免地修改设计，当进行影响安全、工程质量的重大设计修改时应经原设计单位的确认、签证（即应具有文字记载），并应得到建设方的同意。

由于洁净厂房工程施工涉及的专业、工种较多，为了使"规范"更能满足洁净厂房施工和质量验收的需求，在编写过程中紧密结合我国各行各业洁净厂房建造的实际情况，广泛地进行调查研究，收集整理了大量的国内外洁净厂房施工和质量验收案例，包括检测、测试方面的标准、规范，认真总结多年来我国洁净厂房施工、验收和测试方面的经验，并十分关注国外相关标准规范，如 ISO 14644 系列、美国国家环境平衡局的"洁净室认证测试程序标准"等。在广泛征求洁净厂房设计、施工和使用单位、企业、科技人员意见的基础上制定了"规范"条文和编写了条文说明。

该规范共设有 14 章和 4 个附录，其主要内容有：总则，术语、缩略语，基本规定，建筑装饰装修（一般规定，墙、柱、顶涂装工程，地面涂装工程，高架地板，吊顶工程，墙体工程，门窗安装工程），净化空调系统（一般规定、风管及部件、风管系统安装、净化空调设备安装、系统调试），排风及废气处理（一般规定、风管、附件、排风系统安装，废气处理设备安装，系统调试），配管工程（一般规定、碳素钢管道安装、普通不锈钢管道安装、BA/EP 不锈钢管道安装、PP/PE 管道安装、PVDF 管道安装、PVC 管道安装、配管检验和试验），消防、安全设施安装（一般规定、管线安装，消防、安全设备安装），电气设施安装（一般规定、电气线路安装、电气设备安装、防雷及接地设施安装），微振控制设施施工，噪声控制设施安装，特种设施安装（一般规定，高纯气体、特种气体供应设施的安装，纯水供应设施安装，化学品供应设施安装），生产设备安装（一般规定、设备安装、二次配管配线），验收（一般规定、洁净厂房的测试、竣工验收、性能验收、使用验收）。

附录 A，洁净厂房主要施工程序；附录 B，测试项目的选择和实施顺序；附录 C，测试方法；附录 D，工程质量验收记录用表。

GB 51110—2015 是强制性国家标准，设有强制性条文 13 条，按国家工程建设规范编制、实施的有关规定应严格执行。具体的强制条文举例如下：第 4.5.6 条，吊顶的固定件和吊挂件应与主体结构相连，不得与设备支架和管线支架连接；吊顶的吊挂件亦不得用作管线支、吊架或设备的支、吊架。第 5.3.4 条 6 款，净化空调系统的"风管内严禁其他管线穿越"。第 5.4.9 条 2 款，净化空调系统中电加热器前后 800mm 的绝热保温层，应采用不燃材料；风管与电加热器连接的法兰垫片，应采用耐热的不燃材料。第 6.2.9 条，防爆、可燃、有毒排风系统的风阀制作材料必须符合设计要求……从上述举例可以看出"规范"规定的"强制性条文"，涉及各行各业洁净厂房施工安装中为确保工程过程或建造后安全稳定运行的强制性规定，均应严格执行。

（6）《洁净室施工及验收规范》（GB 50591—2010） 这是在原有行业标准《洁净室施工及验收规范》（JGJ 71—90）的基础上，总结该"规范"实施以来的经验教训，并对其中一些主要内容和指标进行研究、实验和论证后制定的。该规范共有 17 章和 8 个附录，其主要内容有：总则、术语、建筑结构、建筑装饰（一般规定、地面、墙面、吊顶、墙角、门窗、缝隙密封、分项验收）、风系统（一般规定、风管和配件制作、风管安装、部件和配件安装、风口的安装、送风末端装置的安装、分项验收）、气体系统（一般规定、管材及附件、管道系统安装、管道系统的强度试验、管道系统的吹除、气体供给装置、分项验收）、水系统（一般规定、给水、排水、热水、纯化水与高纯水、分项验收）、化学物料供应系统（一般规定、储存设施、管道与附件、分项验收）、配电系统（一般规定、线路、电气设备与装置、分项验收）、自动控制系统（一般规定、自控设备的安装、自控设备管线的施工、自控设备的综合调试、分项验收）、设备安装（一般规定、净化设备安装、设备层中的空调及冷热源设备安装、生物安全柜安装、工艺设备安装、分项验收）、消防系统（一般规定、防排烟系统，防火卷帘、防火门和防火窗，应急照明及疏散指示标志，分项验收）、屏蔽设施（一般规定，屏蔽体，屏蔽室，管线、门洞和其他要求，分项验收）、防静电设施 [一般规定、防静电地面、防静电水磨石地面、防静电聚氯乙烯（PVC）地板、防静电瓷质地板、面层和涂层、系统部件、分项验收]、施工组织与管理（一般规定、人员和文件、施工措施、安全措施、环境保护与节能）、工程检验（一般规定、检验项目及方法、检验周期、性能检验）、验收（一般规定、分项验收阶段、竣工验收阶段、性能验收阶段、工程验收、使用验收）。

附录 A，风管分段漏风检测方法；附录 B，施工检查记录表；附录 C，施工验收记录表；附录 D，高效空气过滤器现场扫描检漏方法；附录 E，洁净室综合性能检验方法；附录 F，洁净室生物学评价方法；附录 G，洁净室气密性检测方法；附录 H，分子态污染物的检测。

GB 50591—2010 适用于新建和改建的、整体和装配的、固定和移动的洁净室及相关受控环境的施工及验收。该规范中说明洁净室及相关受控环境是指以洁净室为主体，包括其附属的、辅助的周边用房或局部环境。该规范为强制性标准，设有强制性条文 8 条，必须严格执行。具体的强制性条文举例如下：第 4.6.11 条，产生化学、放射、微生物等有害气溶胶或易燃、易爆场合的观察窗，应采用不易破碎爆裂的材料制作。第 5.5.6 条，在回、排风口上安有高效过滤器的洁净室及生物安全柜等装备，在安装前应用现场检漏装置对高效过滤器扫描检漏，并应确认无漏后安装。回、排风口安装后，对非零泄漏边框密封结构，应再对其边框扫描检漏，并应确认无漏；当无法对边框扫描检漏时，必须进行生物学等专门评价。第 5.5.7 条，当在回、排风口上安装动态气流密封排风装置时，应将正压接管与接嘴牢靠连接，压差表应安装于排风装置近旁目测高度处。排风装置中的高效过滤器应在装置外进行扫描检漏，并应确认无漏后再安入装置。第 5.5.8 条，当回、排风口通过的空气含有高危险性生物气溶胶时，在改建洁净室拆装其回、排风过滤器前必须对风口进行消毒，工作人员人身应有防护措施。第 6.3.7 条，医用气体管道安装后应加色标。不同气体管道上的接口应专用，不得通用。第 6.4.1 条，可燃气体和高纯气体等特殊气体阀门安装前应逐个进行强度和严密性试验。管路系统安装完毕后应对系统进行强度试验。强度试验应采用气压试验，并应采取严格的安全措施，不得采用水压试验。当管道的设计压力大于 0.6MPa 时，应按设计文件规定进行气压试验。第 11.4.3 条，生物安全柜安装就位之后，连接排风管道之前，应对高效过滤器安装边框及整个滤芯面扫描检漏。当为零泄漏排风装置时，应对滤芯面检漏……从上述举例可以看出"规范"中强制性条文对洁净室及相关受控环境特别是生物实验、医院手术用洁净室的设计、施工和检验作了明确的、严格的规定，为工程完成后安全可靠、确保人员健康的稳定运行创造了条件。

1.2.3 部分国际洁净室标准简介

国际标准化组织（ISO/TC 209）制定的 ISO 14644 系列标准《洁净室及相关受控环境》第一部分（ISO 14644-1）《空气洁净度等级》前面已经介绍过，下面对其他部分标准作简要介绍。

(1) ISO 14644-3 2005《洁净室及相关受控环境 第 3 部分：检测方法》

在该标准的条文中：①较详细地对各种检测方法所涉及的词汇（术语）定义作出了规定，如空气悬浮粒子测量便作了 12 个术语定义，包括气溶胶发生器（aerosol generator）——能以加热、液压、气动、超声波、静电等方式生成浓度恒定、粒径范围适当的（例如 $0.05 \sim 2\mu m$）微粒物质的器具；检测气溶胶（test aerosol）——具有已知浓度与受控的粒径分布的固体和（或）液体粒子的气态悬浮物；超微粒子（ultrafine particle）——当量直径小于 $0.1\mu m$ 的粒子。②对洁净室的检测作了必测项目和可选项目的区分，除了规定"对洁净室设施的空气悬浮粒子数量进行测定"为必测项目外，其余均为可选检测项目，所谓空气悬浮粒子数量包括空气洁净度分级以及洁净室和空气净化装置的检测。③条文规定涉及具体技术方面内容相对较少，大部分在附录中列出。

在附录 A（资料）各种检测方法的选择和实施顺序中按检测内容分列出了"检测项目和实施顺序、检测器具（对每种需检测项目列出多种可选器具）、备注（对未包括内容选项或说明）"供工程建设的供需方共同进行选项确定。

在附录 B（资料）列出了各种检测方法的详细说明，例如 B.6 过滤器系统安装后检漏、B.6.1 原理（概述、使用气溶胶光度计、使用离散粒子计数器）、B.6.2 使用气溶胶光度计对安装后的过滤器进行扫描检漏的方法（概述、选择上风向检测气溶胶、上风向检测气溶胶的浓度与验证、确定采样管尺寸、确定扫描速率过滤器系统安装后的扫描检漏方法、验收准则）、B.6.3 过滤器安后用离散粒子计数器扫描检漏的方法（概述、气溶胶条件、上风向气溶胶的浓度与验证、确定采样管尺寸、预备性计算和评估等）、B.6.4 安装在管道或空气处理机（AHU）上的过滤器的整体检漏、B.6.5 过滤器系统安装后检漏所需仪器和材料（对数或线性气溶胶光度计、离散粒子计数器、合适的气溶胶稀释系统、合适的气溶胶物质）、B.6.6 修理与修理方法、B.6.7 检测报告。其他检测方法均在附录 B 中有类似的、详细的规定，如 B.1～B.13。附录 C（资料）检测仪器。

（2）ISO 14644-8 2006《洁净室及相关受控环境 第 8 部分：空气分子污染分级》

该标准共有 5 章和 4 个附录，其主要内容是：范围、规范性引用文件、术语和定义、分级、合格的证明；附录 A 所需考虑的因素（污染源），附录 B 常规污染物，附录 C 常用测量方法，附录 D 隔离装置的特殊要求。

该标准将分子污染（molecular contamination）定义为"危害产品、工艺、设备的分子（化学的、非颗粒）物质"；将空气分子污染（airborne molecular contamination，AMC）定义为"以气态或蒸气态存在于洁净室及相关受控环境中，可危害产品、工艺、设备的分子（化学的、非颗粒）物质"，但不包括生物大分子。

污染物类别有酸、碱、生物毒物（biotoxic）、可凝结物（condensable）、腐蚀剂、掺杂物（dopant）、有机物（organic）、氧化剂（oxidant）等。以空气中某类分子污染物、某种分子污染物或某组分子污染物的最大允许浓度进行空气分子污染物（AMC）的分级，可以"ISO-AMC N（X）"表述。其中，N 为 ISO-AMC 的等级，其限定范围为 0～-12，共 13 级；N 是浓度（C_x）的常用对数值，即 $N = \lg C_x$，C_x 的单位为 g/m³；N 是非整数，可保留小数点后 1 位数。X 是与产品或工艺相互作用需要控制的污染物类别，包括但不限于酸（ac）、碱（ba）、生物毒素（bt）、可凝聚物（cd）、腐蚀物（cr）、掺杂物（dp）、有机物（or）、氧化剂（ox）或一组物质或某种物质。表 1.1.31 是 ISO-AMC 的等级。洁净室及相关受控环境中空气分子污染物按该标准附录 C 推荐的测量方法进行检测。

ISO-AMC 等级的举例如下：

例 1：ISO-AMC-6（NH₃）表示洁净室及相关受控环境应控制的空气中氨的最大允许浓度为 10^{-6} g/m³ 或 1μg/m³ 或 10^3 ng/m³。

例 2：ISO-AMC-4（or）表示洁净室及相关受控环境应控制的空气中有机物的浓度为 10^{-4} g/m³ 或 $10^2\mu$g/m³ 或 10^5 ng/m³。

表 1.1.31　ISO-AMC 等级

ISO-AMC 等级	浓度/(g/m³)	浓度/(μg/m³)	浓度/(ng/m³)
0	10^0	10^6(1000000)	10^9(1000000000)
-1	10^{-1}	10^5(100000)	10^8(100000000)
-2	10^{-2}	10^4(10000)	10^7(10000000)
-3	10^{-3}	10^3(1000)	10^6(1000000)
-4	10^{-4}	10^2(100)	10^5(100000)
-5	10^{-5}	10^1(10)	10^4(10000)
-6	10^{-6}	10^0(1)	10^3(1000)
-7	10^{-7}	10^{-1}(0.1)	10^2(100)
-8	10^{-8}	10^{-2}(0.01)	10^1(10)
-9	10^{-9}	10^{-3}(0.001)	10^0(1)
-10	10^{-10}	10^{-4}(0.0001)	10^{-1}(0.1)
-11	10^{-11}	10^{-5}(0.00001)	10^{-2}(0.01)
-12	10^{-12}	10^{-6}(0.000001)	10^{-3}(0.001)

(3) NEBB《洁净室认证测试程序性标准》(*Procedural Standards for Certified Testing of Cleanroom*)　这是一本由美国国家环境平衡局（National Environmeatal Balancing Bureau）组织制定的标准，在 1988 年 10 月发布第 1 版之后，于 1996 年 4 月修订发布了第 2 版；在国际标准化组织相继发布洁净室及相关受控环境系列标准 ISO 14644 和 ISO 14698 后，NEBB 组织修订并于 2009 年 10 月发布了第 3 版。

NEBB《洁净室认证测试程序性标准》第 3 版分两部分，共 11 章和 3 个附录，第一部分的第 1～5 章对测试程序、资质、术语和定义、质量控制要求、检测内容和仪器、测试报告等进行了规定；第二部分的第 6～11 章对洁净室典型运行、安全、测试内容和测试方法、测试阶段——预测试、二次测试等进行了规定，其中检测内容、测试方法基本是按 ISO 14644-3 作出的规定。在预测试或第一次检测的内容中主要包括洁净室气流和风量、空气洁净度等级、已装空气过滤系统的检漏、静压差等；第二次检测的测试内容较多，大约有 11 项，主要包括气流和风量、自净时间、照明灯具等的密闭性、噪声、振动、温度和相对湿度、静电、电磁屏蔽、已装空气过滤系统检漏等，其中有关照明灯具等的密闭性测试的表述、要求较为新颖和详细。附录 A 是洁净室的特殊采样，且分为附录 A-1 半导体洁净室的采样、附录 A-2 医药工业洁净室的采样；附录 B 为参考文献。

(4) 美国消防标准《半导体制造设施消防标准》(Standard for the Protection of Semiconductor Fabrication Facilities，NFPA 318，2009 版)　NFPA 318 标准自发布实施以来经过了多次修订，在原有名称为《洁净室消防标准》(Standard for the Protection of Cleanrooms) 改为现在的名称，这样修改是贴切的，因为在原名称下的"标准"总则中已明确规定其适用范围是"设有洁净室的半导体加工设施"。

NFPA 318 标准 2009 版共 13 章和 4 个附录，与 2000 版相比增加了 3 章和 1 个附录，同时增加了相关的技术内容，但大部分基本要求和技术数据还是一致的。NFPA 318 标准 2006 版的主要内容是：总则（范围、适用性等），引用标准（含 NFPA、ASME、ASTM、ISO 等），术语（标准用语、术语及定义等），消防设施（自动灭火系统、报警系统和检测系统），通风和排气系统（送风和循环风、危险化学品的局排系统等），设计和建造（洁净室分隔及耐火要求，洁净室墙和顶棚材质要求、应急电源设置、活动地板抗震要求等），化学品储存和输送（危险化学品相关标准、易燃和可燃化学品输送系统、不相容物的存储、储存和输送的设计和建造），危险气体钢瓶的储存和分配（包装容器和气瓶、分配系统、硅烷和硅烷/无毒混合物储存分配、硅烷和硅烷有毒混合物储存分配、可燃和有毒气体、通风集管），大宗硅烷系统（管式拖车、集装气瓶），生产和辅助设施（工艺液体加热设备、电气设备、真空泵、气体报警系统、应急信息系统、排气调节），应急监控站、总安全保障系统等。

附录 A 解释说明，对应"正文"中的章节进行解释说明，并补充一些相关数据说明"条文"中的规定依据、执行中注意事项等；附录 B 抗震，与 2000 版基本相同；附录 C 生产和辅助设备；附录 D 参考出版物。

NFPA 318 标准 2006 版更名后明确地对"半导体制造设施"设计、建造和运行中的防止火灾和安全防护作出了规定，这是鉴于半导体制造设施的特点：半导体制造设施严格的空气洁净度要求、生产过程需使用多种危险化学品和可燃、有毒气体，有的半导体制造工厂还具有大面积、大空间、投资大的特点，为此"标准"依据半导体产品生产的特点制定了相关的消防、安全防护方面的规定，如洁净室（区）均应设置自动喷淋系统，并规定在可燃气体的气瓶柜内和较大直径的可燃介质排风管内均应设自动喷淋装置；半导体制造设施内应设置火灾报警系统，并在洁净室（区）的回风气流中应设置高灵敏度的早期报警装置；对设置硅烷和硅烷混合物的储存、分配系统的消防、安全保护作了较为详细的规定；对洁净厂房内涉及消防、安全防护的可燃气体系统局排系统等的应急电源的配置作了严格的规定。在 2006 版中增加有关在半导体制造工厂内应设置应急监控站、总的安全保障系统的规定等。

(5) 美国环境科学与技术协会（Institute of Environmental Sciences and Technology）污染控制分会推荐规范 027.2（Contamination Control Division Recommended Practice 027.2）IEST-RP-

CC027.2《洁净室及受控环境中的人员规范和规程》 （*Personnel Practices and Procedures in Cleanrooms and Controlled Environments*） 美国IETS发布了较多的涉及洁净室及相关受控环境设计、施工、运行（包括部分设备设计制造）的标准规范，这里选择"人员规范和规程"作简单介绍，主要是想让本书读者或者提醒关注洁净室的科技工作者，充分了解"洁净室的运行管理"特别是"洁净室人员规范、行为"是确保洁净室可靠、稳定、安全运行的重要条件。

该规范的内容包括范围和局限性（为制定人员规程和培训计划提供依据，但未提供对活微生物进行控制的作业所需的专业资料）、术语和定义、背景和用途、规程（含聘用、培训、卫生和健康、着装、进入洁净室、行为、更衣室和储存室、监测和督察、着装系统的管理、正常的洁净室退出、洁净室的紧急撤离），其内容十分详实。

（6）FM标准 FM标准是美国FM全球保险公司的企业标准。鉴于该企业的一些标准得到广泛应用，已被采纳列入美国标准，如ANSI/FM 4910《洁净室材料易燃性测试方法》、ANSI/FM 5560《细水雾系统》等。该公司的多项标准涉及洁净室及相关受控环境的生产设施、设备和建造材料等的设计、制造、物品性能及其选择、工程施工、工程验收、安全和消防评价、认证等，图文并茂，内容十分丰富，现仅以"FM Global 财产防损数据册"中的两项标准作简略介绍。

1）FM DS 7-7《半导体生产设施（2010年版）》：作为防止损失数据册，其内容包括半导体器件制造的一般工艺及其有关的危害。该标准的重点是防止损失的建议（即标准的第2章），设有5节，即2.1～2.5，主要内容如下。

① 建设与位置，分两款，即厂址选择和洁净室的建设。在厂址选择中对所选位置应提出防止不同的暴露情况的防损建议，例如洁净室和有关支持区域不应处于任何洪水区域内；暴露于内部或外部的火源，包括相邻使用处、相邻构筑物等可能发生火源的防损建议。对洁净室的建设提出了14项防损建议，例如：洁净室设计时，应以实体的不燃楼层分隔，楼层地板的穿洞应以耐火极限超过1h的耐火材料密封；应制定半年一次的检查，验证所有墙体和楼层穿洞均正确密封；空气过滤器和风机过滤机组的外壳与吊顶格栅应是不燃的或采用FM标准测试验证过的材料制作等。

② 公用动力设施，共设有规定/要求25款，包括洁净室空气净化系统，洁净室排气/污染物控制，排烟系统，供电系统，易燃和腐蚀性液体的储存、搬运和分配，工艺气瓶设置场所和安全防护规定，工艺气瓶的储存和搬运，二氯甲硅烷（$SiHCl_2$）和三氯甲硅烷（$SiHCl_3$）、三氟化氯（ClF_3）、掺杂气源等气瓶存放和安全防护的建议，硅烷输送系统，工艺气体柜，低温（大容量）气体贮存和分配系统，去离子水系统，空压机，大容量化学品分配系统，阀门箱（VMB），废物回收和处理，废液处理，工艺废水处理系统，废酸中和系统，洗涤塔，蒸汽和冷冻水系统，真空泵等。例如：洁净室空气净化系统的回风应设置高灵敏烟检装置，空气过滤器应符合UL9001级耐火等级等防损建议；在硅烷容器、硅烷输送管道等应设限流孔板（RFO），不同规格的RFO硅烷流量见表1.1.32。

表 1.1.32 硅烷通过限流孔板（FRO）的流量

RFO 直径 /in(mm)	硅烷流量(温度：77℉；下游压力：0psi；排放系统：0.8)								
	气源压力/psi								
	1500	1200	1000	800	600	400	200	100	50
0.020(0.51)	10.0	7.88	6.04	4.34	3.02	1.92	0.949	0.497	0.288
0.014(0.36)	4.91	3.86	2.96	2.13	1.48	0.941	0.465	0.243	0.136
0.010(0.25)	2.50	1.97	1.51	1.08	0.755	0.480	0.237	0.124	0.069

注：1. 摄氏度=5/9（华氏度-32）。

2. 1psi=6894.76Pa。

3. 括号中数据单位为mm。

2）FM DS 7-36《药品生产（2008 年版）》：该标准表述与药品生产有关的各种运行和设备的防损的各方面内容，涉及包括处方药和非处方药、保健药品和形体药品的生产配料、包装等。该标准的主要内容有防损建议、建议依据和参考文献，其简介如下。

① 在防损建议中的"场所"一节，设有 25 条规定/要求，采取只要可行就落实基本安全理念/方法（见数据册 F-43，化学工厂防损），可通过强化、替代、衰减、限制后果和简化/差错兼容等方法，将危害降至最低。如强化是使用较少量的危险物质；替代是采用无危险或危险较小的化学品替代危险化学品；限制后果是在药品生产设施设计时，应尽量降低危险物质或能力释放带来的影响，如充分的间距或具有更耐受性的构造。例如，为限制有害物质的释放，通常建议对传热液体、易燃液体等根据生产工艺特点采取必要的联锁。对于输送易燃液体、蒸汽或气体的系统可能在开启，或可能有泄漏/释放的场所，都应设置机械通风等安全措施。

在"公用设施"一节中规定：配备的公用设施应具有应对各类事故的措施，并应有充分的可靠性和冗余（维护断电、火灾爆炸、自然灾害、供应受限等）；将工艺废气等排入大气前应有进行处理的技术措施等。

② 在防损建议依据中的"工业概况"一节，列出/表述了制药厂生产的药品种类，包括以各种化学和生物工艺生产的处方药、非处方药、美容保健品及化妆品；药品有人药和兽药。原料药厂以合成法及生物化学法和/或合成、生物化学联合方式生产各种化学活性物质，成品药厂以各种原料药与不同的化学品、液体等，通过各种类型的工艺过程/设备制造不同剂型的成品药。

在"关键隐患"一节中，以液体输送、活性物质的生产合成（包括反应压力容器及其系统/装置等）、小规模/大规模活性物质生化技术产品的生产（包含发酵、细胞分离/采集、纯化、病毒灭活等）、离子交换/层析、制粒/干燥、冻干、通风、废气处理以及特殊场所（含实验室、储存设施、实验动物饲养设施、洁净室等），分别列出/表述和分析了"隐患"。

在"损失既往史"一节中，对 1985～1999 年 15 年中制药场所的损失进行了回顾。图 1.1.1 是 15 年中火灾及火灾波及区损失的主要原因，图 1.1.2 是非电气着火造成的火灾及火灾波及区损失的原因分类。

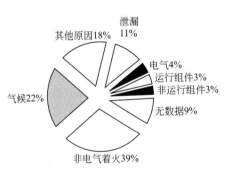

图 1.1.1　1985～1999 年火灾及火灾波及
区损失的主要原因占比

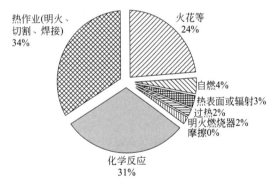

图 1.1.2　1985～1999 年非电气着火造成的
火灾及火灾波及区损失的原因占比

（7）德国工程师协会（VDI）的 VDI 2083 系列标准　该系列标准是由 VDI 工业建筑装备协会（TGA）的"洁净室技术"专业委员会（GAA-RR）组织编写的，共有十二部分。其中，第一部分空气洁净度等级（2005 年版），是以国际标准 ISO 14644 的第一、第二部分为基本依据进行制定的，其空气洁净度等级与 ISO 14644-1 的规定基本一致；第三部分洁净室空气测量技术（2005 年版），主要与国际标准 ISO 14644-3 的测量内容、方法的规定基本一致，但编排方式、评价要求等均结合其本国的实际情况进行规定；第七部分工艺介质的洁净度（2006 年版），在电子、精密工程、医药和医疗、食品工业等行业的洁净室产品生产过程中都可能涉及对工艺介质——气体、液体、化学品的特殊要求，包括工艺介质的纯度、洁净度等，该标准主要是对工艺介质的洁净度等级及其限值作出规定，并规定/推荐了测量方法等。表 1.1.33 是液体介质洁净度等级及其限定值。洁净度等级的表述方法如下：F3(0.1；0.5)，表示液体中粒径大于等于 0.1 μm 的粒子数为 F3 级（25000 粒/L），粒径大于等于 0.5μm 的粒子数为 F3 级（1000 粒/L）；F3(0.1)、F2(0.5)，表示液体中粒径大于等于 0.1μm 的粒子数为 F3 级（25000 粒/L），粒径大于等于 0.5μm 的粒子数为 F2 级（100 粒/L）。

表 1.1.33　液体介质洁净度等级及其限定值

粒径 /μm	等级限定值/(粒/L)					
	F1	F2	F3	F4	F5	F6
0.01	25000	250000	2500000	25000000	250000000	2500000000
0.1	250	2500	25000	250000	2500000	25000000
0.5	10	100	1000	10000	100000	1000000
1	2	25	250	2500	25000	250000
5	不适用	1	10	100	1000	10000
10	不适用	不适用	2	25	250	2500
12	不适用	不适用	1	17	173	1730

在 VDI 2083 第七部分的第 4 章对测量方法作出了规定或推荐，液体工艺介质测量时可从包装容器、供应系统或管道中采样，采样后可采用光学粒子计数器、薄膜过滤法或比色法进行测定，但应注意进行多次测定，并以粒子浓度的平均值确定。气体工艺介质测量时可从气瓶或管道中采样，从气瓶中采样时应充分考虑样品的均匀性、气瓶阀的污染和瓶壁的吸附污染等因素；从管道中采样时，应采用不锈钢管或聚酯管，并设置散流器或均衡容器，以粒子计数器检测被测气体中的粒子浓度。在第 5 章中还对液体、气体的化学纯度和杂质含量的检测内容与检测方法作了规定和推荐，如反应气体——硅烷（纯度为 99.994%）杂质含量应符合美国标准 SEMI C3.10 的规定。第 6 章对从工艺介质中去除微粒、微生物或胶质成分的过滤器的选用作出了相应的规定，如按工艺介质的洁净度等级要求确定过滤器的滞留率，根据需过滤的工艺介质的物性、杂质组分、流量等因素，选择过滤器的结构形式、过滤元件和密封件材料等。该标准的附录 A 提供了工艺介质过滤器的性能试验要求和试验方法等。

⊙ 参考文献

[1] W. Whyte. Cleanroom Design. Second edition. New Jersey：John Wiley & Sons Ltd，1999.

[2] 中国电子学会洁净技术分会. 2001 全国室内空气净化工程与技术发展研讨会文集.北京：[出版者不详]，2001.

[3] 许钟麟. 洁净室设计. 北京：地震出版社，1994.

[4] 涂光备，等. 制药工业的洁净与空调. 北京：中国建筑工业出版社，1999.

[5] 孙光前，沈晋明. 分子污染与硅片隔离技术. 洁净与空调技术，1999，3：15-19.

[6] The SIAS 1997 National Technology Road Map for Semiconductors. 1998.

[7] 王唯国. 超大规模集成电路生产环境化学污染及控制. 洁净与空调技术，2000，1：20-23.

第2章 洁净厂房的总体设计

2.1 洁净厂房的设计特点

随着科学的发展，许多高科技产品的生产及其研究开发过程中都需要洁净的生产/研究实验环境，其中微电子产品、医药产品/生物制品等生产工艺的发展尤为明显，以大规模、超大规模集成电路和 TFT-LCD 液晶显示面板生产为代表的电子工业发展十分迅速。近年来我国集成电路 12in 晶圆制造工厂已建成多家，TFT-LCD 液晶面板制造工厂 8.5 代、10 代生产线投产多条。医药/生物制品生产工艺日新月异，鉴于药品生产质量与人民健康密切相关，若在生产过程药品或中间产物受到微生物等污染，一旦进入人体将直接影响人身健康，甚至危及生命安全，所以药品生产的洁净环境日益受到人们的高度关注。因此，近年来国内外洁净技术的发展都与电子、医药产品高科技生产环境的需求密切相关。以集成电路芯片制造为代表的微电子产品用洁净室对空气洁净度要求十分严格，在芯片制造的核心生产环境要求洁净度等级达到 ISO 1～2 级，控制粒径 0.01～0.1μm 甚至更小；产品生产过程的连续性、自动化传输以及生产速率的提高，要求产品生产用场所具有大体量、大空间，每个洁净生产区要求大面积且不能分开布置，例如 TFT-LCD 液晶显示面板 10 代生产线的单个洁净生产区面积可达 $10^5\,\mathrm{m}^2$ 左右，洁净室高度要求 7.0～8.0m，洁净厂房高度可达 30m 左右。这类高科技洁净厂房还需设有高纯气体、特种气体、高纯化学品和高纯水、超纯水等工艺介质的供应系统，整体建设投资巨大，复杂的多专业技术交叉、有序的工程建设，要求在洁净厂房的设计建造过程中充分了解/理解、体现洁净室具有的特点/特殊性，实现设计建造的洁净厂房能够生产预期的优良产品。

洁净室设计首先要了解所设计的洁净室用途、使用情况、生产工艺特点等，比如设计的是集成电路生产用洁净室，首先要弄清楚产品的特性——集成度、特形尺寸和生产工艺、制造设备的特性与要求；对洁净室的要求——空气洁净度等级、温湿度及其控制范围、防微振、防静电和高纯物质的供应要求等。其次要充分了解业主拟采用的生产工艺、工艺设备情况和对工艺布局的设想。在此之后，设计人员应协同业主确定洁净厂房各功能区的区划，确定各类生产工序（房间）的空气洁净度等级和各种控制参数——温度、相对湿度、压差、微振动、高纯物质的纯度及杂质含量；初步选择洁净室的气流流型并进行净化空调系统的初步估算及设计方案的对比、确定；进行洁净厂房的平面布置、空间布置，此时必须首先安排好产品生产区与生产辅助区、动力公用设施区的合理布局，通常是顺应产品的生产工艺流程，在确保产品生产环境要求的情况下做到有利于产品生产的操作、管理，有利于节约能源、降低生产成本。

在进行洁净室的平面布局时必须符合国家现行规范中有关安全生产、消防、环保和职业卫生方面的各种要求；在进行洁净室平面布局时应充分考虑人流、物流的安排，尽量做到短捷、流畅。在空间设计时应充分考虑产品生产过程和洁净室内各种管线、物流运输的合理安排。在确定洁净厂房的平面、空间布置后，对洁净室设计涉及的各个专业提出设计内容、技术要求及设计中应注意的相关问题。

洁净室设计者应充分认识到洁净技术是综合技术，它是一项由相关专业综合完成的工程设计。它与一般工业厂房设计虽有相似之处，但也具有自身的特点，其主要的特点如下。

① 根据洁净室拟生产的产品门类、品种或使用情况，确定所设计洁净室的控制对象及技术要求。如生物洁净室，其控制对象是空气中的尘粒、微生物；但不同产品或用途的生物洁净室，对空气洁净度等级、空气中含有的微生物种类和浓度、压差等要求是不同的。又如集成电路生产用洁净室，其控制对象包括微粒、金属离子、细菌、化学污染物/分子污染物（AMC）；按集成电路产品特性、特征尺寸、集成度的不同，其生产用洁净室对空气洁净度等级、污染物控制和防微振、高纯物质的纯度以及杂质含量等要求是不同的，应按具体工程项目的产品品种确定。

② 为确保洁净室内所必须的空气洁净度，洁净室设计中涉及的各个专业设计均应采取准确的、可靠的技术措施，以减少或防止室内产尘、滋生微生物和分子污染物，减少或阻止将微粒/微生物/分子污染物或可能会造成交叉污染的物料带入洁净室内，有效地将室内的微粒/微生物/分子污染物清除、排出，减少或防止它们滞留洁净室内。对于因尘粒/微生物/分子污染物或物料的交叉污染会危害产品质量或人身安全时，还应采取安全、可靠的技术措施防止交叉污染，如严格控制不同用途的洁净室之间的静压差，按要求合理地划分净化空调系统以及回风系统、排放系统的准确设计等。

③ 洁净室设计是各专业设计技术的综合，尤其是洁净室的工艺设计、洁净建筑设计、空气净化设计和各种特殊要求的设计技术的密切协同、相互渗透和合理安排的综合技术设计。洁净室设计应做到顺应工艺（或使用）流程、合理选择各类设备和装置、尽力实现人流和物流的顺畅短捷、气流流型选择得当、净化空调系统和排风系统配置合理、各种特殊要求的专业技术措施得当，洁净厂房的平面、空间布置合理，实现安全稳定、可靠经济运行的洁净厂房设施。

④ 洁净室设计应确保安全生产和满足环境保护的要求。洁净室的布置和各项设施的设计均必须符合消防、防火以及安全运行的要求，应按国家有关标准、规范进行设计。由于洁净室内的平面和空间布置特殊、走道曲折等特点，在进行各项技术设施的系统设计、设备配置和材质选择时，应特别注意按规定选用符合要求的系统、设备和材质。

⑤ 随着科学技术的发展，工业产品的更新换代很快，人们对生活质量的要求也越来越高，工业洁净室、生物洁净室的建造日新月异，因此洁净室设计本身便具有高新技术、技术密集和资金密集的特点。为了提高洁净室建成后的技术经济效益，在进行洁净室设计时应设法尽可能地考虑一定的灵活性，以便使建成后的洁净室能随着科学技术的发展，可以方便地进行技术改造，适应产品换代或设备更新的要求。近年来，在微电子工业超大规模集成电路生产、医药工厂用洁净厂房设计、建造中，模块式洁净室、生产工艺设备和物品运输的自动化、隔离装置及微环境（minienvironment）的不断研究开发，并被广泛采用，便是一种能够适应技术发展的灵活的及有综合经济性的洁净厂房设计。

2.2 产品生产工艺对生产环境的要求

2.2.1 产品生产工艺简介

生产环境要求具有一定空气洁净度的各行各业产品生产工艺差异很大，从洁净室内控制污染物的要求考虑，大体可分为两大类，即以控制微粒为主要对象的电子产品生产与以控制微粒和微生物为主要对象的医药产品生产。所以，下面主要对这两类产品的生产工艺进行介绍。

（1）电子产品生产工艺　由于电子产品种类繁多，且产品生产的更新换代、产品生产技术发展迅速，以集成电路为代表的微电子产品尤为明显，几乎 2～3 年或更短的时间就会提升一代产品；以 TFT-LCD 为代表的显示器件生产发展也十分显著，8 代 TFT-LCD 生产的洁净厂房已在国内建成多个；微型计算机及其微硬盘的生产发展迅速，与之相适应的电子元器件生产工艺也得到飞速的发展，因此要对电子产品的生产工艺进行全面表述十分困难。但与洁净厂房的设计、建造十分密切的是以集成电路生产工艺和 TFT-LCD 生产工艺为代表的微电子产品生产工艺，下面作简要介绍。

① 集成电路芯片制造工艺复杂、工序多，复杂的电路生产工艺步骤可高达 500 多步。经清洗后的硅片表面通过氧化或化学气相淀积形成各种薄膜，由光刻成型和刻蚀工艺形成需要的图形，采用离子注入或扩散方法进行掺杂形成各类电学特性，通过溅射工艺形成多重导线，如此多次循环重复，最终形成需要的集成电路图形。在芯片制造过程中，为了降低生产工艺中各工序发生的成本，应以合理的生产设备布置，达到生产中搬运距离短、作业时间减少，提高设备利用率。通过对芯片制造过程中芯片传送频次的分析研究，确定芯片在生产过程中在各个工艺功能区域之间的传送频次。图 1.2.1 是芯片制造流程与芯片传送频次参数的一个示例。通过对芯片制造过程传送频次数量的分析，为了减少硅片传输距离，应将传送频次较高的功能区域布置在位置相邻处，如将光刻区靠近刻蚀区，将刻蚀区靠近去胶清洗区等。

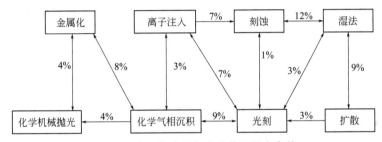

图 1.2.1　工艺流程与芯片传送频次参数

集成电路芯片制造生产工艺因产品类型而异，芯片制造的基本工艺由薄膜工艺、图形化工艺（光刻、刻蚀等）、掺杂（扩散、离子注入）、热处理构成。图 1.2.2 是一种芯片产品的生产工艺流程框图。对于每种芯片产品其生产工艺虽有差异，工艺步骤的安排各不相同，但各个基本的生产工艺大致相似。

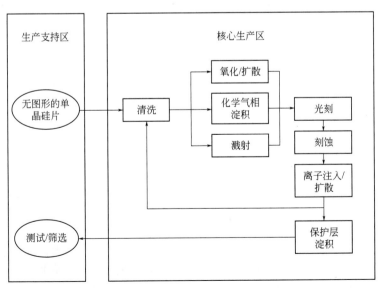

图 1.2.2　硅集成电路芯片生产工艺流程

清洗工艺主要用来去除金属杂质、有机物污染、微尘。一般使用高纯度的化学品来清洗,使用高纯度的去离子纯水来洗灌,最后在高纯度的气体环境下高速脱水甩干,或采用高挥发性的有机溶剂除湿干化。根据所选清洗方式的不同,可分为湿法化学法、物理洗净法和干法洗净法。氧化工艺由硅的氧化形成氧化层,作为性能良好的绝缘材料。一般可分为湿法氧化法和干法氧化法;而常见的氧化设备有水平式与直立式炉管。

扩散工艺是在硅片表面掺入纯杂质的过程,供给物质(气、固、液)中的原子或分子在高温状态下,因高温激化作用,形成设定的表面镀膜。化学气相淀积工艺利用气态的化学材料在硅片表面产生化学反应,并在硅片表面上淀积形成一层固体薄膜,如二氧化硅、各种硅玻璃、多晶硅、氮化硅、钨与硅化钨等。因反应压力的不同可分为常压化学气相淀积法、低压化学气相淀积法、亚大气压化学气相淀积法、等离子体增强型化学气相淀积法、高密度等离子体增强型化学气相淀积法等。离子注入工艺是通过将选定的离子加速,射入硅片的特定区域而改变其电学特性的工艺。一般可以分为大电流型、低能型、中低电流型、高能型。

刻蚀工艺用于将形成在硅片表面的薄膜,全部或依据特定图形部分地去除至需要的厚度,可分为湿法刻蚀和干法刻蚀。湿法刻蚀利用液体酸液或溶剂,将不要的薄膜去除。干法刻蚀利用带电粒子以及具有高活性化学的中性原子和自由基的等离子体,将不要的薄膜去除。

光刻工艺是掩膜板上的图形在感光材料光刻胶上成像的过程。其流程一般分为气相成底膜、旋转涂胶、软烘、对准和曝光、曝光后烘焙、显影、坚膜烘焙等。曝光设备一般又可按波长的不同分为 365nm 的 I-line、248nm 的 KrF 深紫外线曝光设备以及 193nm 的 ArF 深紫外线曝光设备和浸润式曝光设备。光刻工艺相关设备需设置在黄光区域。该区域需要有独立的回风,对洁净度亦有较高的要求,并设置去离子器,对温度、湿度、防微振均有严格的要求。化学机械研磨工艺是把芯片放在旋转的研磨垫上,施加一定的压力,用化学研磨液进行研磨的平坦化过程,以完成多层布线所需的平坦度要求,通常应用在 8in 及以上的芯片加工工艺中。

② 薄膜晶体管液晶显示器面板的生产工艺类似于集成电路芯片的生产工艺,生产工序多,连续性生产,生产过程中前道工序与后道工序紧密衔接,自动化水平高;为防止产品在生产过程中被污染影响产品质量,甚至造成次品或废品,将生产设备均设置在洁净区内。图 1.2.3 是包括阵列、成盒、彩膜工序的薄膜晶体管液晶显示器面板生产工艺流程。玻璃基板经表面清洗后通过化学气相沉积(CVD)/溅射镀膜工序,分别形成半导体膜/隔离膜/金属膜,然后经光刻胶涂敷、曝光、显影等光刻工艺形成栅电极及引线、数据电极及引线、接触通孔、像素电极等,再经湿法刻蚀、干法刻蚀,剥离去除多余光刻胶,经热处理将半导体特性进行均匀化后即可制成薄膜晶体管阵列玻璃基板。彩膜(CF)制备工艺是制作显示器件的彩色滤光片,彩色滤光片的构造包含玻璃基板、黑色矩阵、彩色膜、保护膜和 ITO 导电膜。该光电组件是在透明的玻璃基板上作遮光层——黑色矩阵,清洗后进行光阻涂覆,经曝光、显影、烘烤,形成滤光层,再依次制作并形成具有透光性的红、绿、蓝(R、G、B)三色彩色滤光膜层,然后涂布一层平滑的保护层,再溅射镀上 ITO 导电膜、PS 膜。成盒(制屏)工艺,主要由清洗、配向膜涂覆、摩擦、液晶滴入、涂封框胶、真空粘贴、加热固化、切割等工序组成。

图 1.2.4 是模组工序(module)工艺流程,主要包括清洗、贴偏光片、键合、PCB 焊接、背光源装配、检测、老化、自动包装等工序。经电气特性检测后的 TFT-LCD 模组件供下游工厂应用。

(2)医药产品生产工艺 医药产品分类复杂,制剂剂型多,各种药品生产工艺对生产环境的要求各不相同,很难对药品生产工艺进行统一的表述,下面只以最终灭菌小容量注射剂洗、灌、封联动工艺流程,非最终灭菌无菌冻干粉注射剂工艺流程,片剂工艺流程等为例进行简介。

① 最终灭菌小容量注射剂洗、灌、封联动工艺流程。这是指安瓿装量小于 50mL 的最终灭菌注射剂的生产,采用洗、灌、封一体化联动设备,以湿热灭菌法制备灭菌注射剂。注射剂生产用原料、溶剂、附加剂均应符合注射用的相关标准,注射剂的配制、灌装过程中应严格防止微生物的污染,已配制的药液应在规定的时间内灌封、灭菌,并应确保无菌、热原符合要求。其主要工艺流程如图 1.2.5 所示。

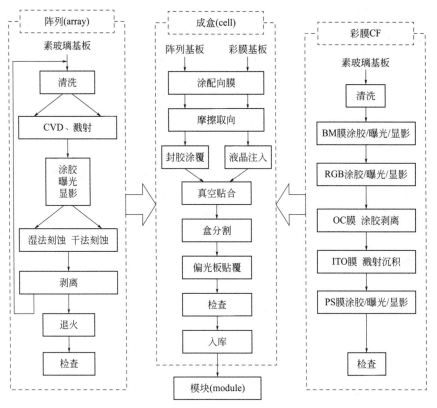

图 1.2.3　薄膜晶体管液晶显示器面板生产工艺流程

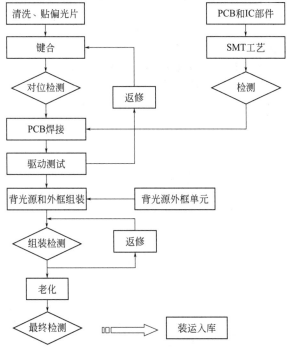

图 1.2.4　模组工序（module）工艺流程

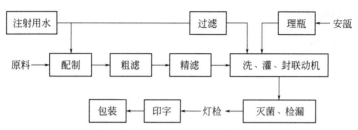

图 1.2.5　最终灭菌小容量注射剂洗、灌、封联动工艺流程

② 非最终灭菌无菌冻干粉注射剂工艺流程。非最终灭菌药品的灭菌生产作业区与非灭菌生产作业区应严格分开，凡是进入无菌生产作业区的物料、器具均应经过消毒、灭菌，人员应按无菌作业的要求进行更衣等人员净化；无菌药液的接收设备、灌装设备均应进行清洁、灭菌。图 1.2.6 为非最终灭菌无菌冻干粉注射剂工艺流程。

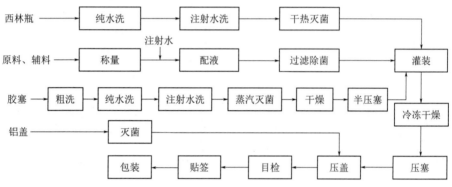

图 1.2.6　非最终灭菌无菌冻干粉注射剂工艺流程

③ 片剂工艺流程。片剂是固体口服制剂最常见的剂型，片剂生产过程应采取有效措施防止交叉污染和差错，片剂的原辅料数量通常较多，应经物料缓冲间脱去外包装，并经必要清洁后才能送入备料间；过筛或粉碎后再过筛的原辅料按规定称量，配料后的原辅料应装清洁过的容器内待用；根据片剂的性能特性可采用干法制粒或湿法制粒，经整粒和总混后的颗粒可盛装在规定的清洁容器内，并及时送去中间站待用。片剂生产的主要工艺流程见图 1.2.7。

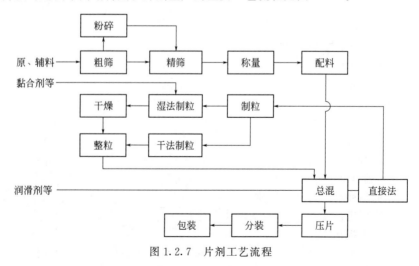

图 1.2.7　片剂工艺流程

2.2.2　电子产品生产对生产环境的要求

电子产品的种类繁多，随着微型化、精密化、高纯度、高质量和高可靠电子产品的品种不断增加，以集成电路芯片生产的洁净室为代表的微电子产品生产用洁净厂房，对洁净生产环境提出了严格的要求。集成电路产品的更新、发展主要取决于集成度的提高，即特征尺寸的缩小。芯片特征尺寸已从 21 世纪初的 $0.1\mu m$ 左右，发展/缩小到现今的 $7\sim10nm$，随着特征尺寸的缩小，对生产环境中微粒的控制要求更加严格。表 1.2.1 是美国半导体产业协会（SIA）在 1997 年对集成电路发展趋势和生产环境的预测。

表 1.2.1　SIA 对集成电路发展趋势及生产环境的预测

名　称	1997 年	1999 年	2001 年	2003 年	2006 年	2009 年	2012 年
线宽/μm	0.25	0.18	0.15	0.13	0.10	0.07	0.05
控制粒径/μm	0.125	0.09	0.075	0.065	0.05	0.035	0.025
尘粒允许数(≥控制粒径)/(pc/m³)	27	12	8	5	2	1	1

集成电路芯片的成品率与芯片缺陷密度关系密切，芯片成品率与芯片缺陷密度、芯片面积之间的关系可用 Murphy 公式表达：

$$\eta = \left(\frac{1-e^{-fD}}{fD}\right)^2 \tag{1.2.1}$$

式中　η——芯片成品率，%；

　　　f——芯片面积，cm^2；

　　　D——芯片缺陷密度最大允许值，pc/cm^2。

D 值、fD 值见表 1.2.2。

表 1.2.2　D 值　　　　　　　　　单位：pc/cm²

η/%	fD	256K 0.4cm²	1M 0.5cm²	4M 0.9cm²	16M 1.3cm²	64M 1.9cm²	256M 2.8cm²	1G 4.2cm²	4G 6.4cm²	16G 9.6cm²	64G 14.0cm²
90	0.105	0.263	0.21	0.117	0.081	0.055	0.038	0.025	0.016	0.011	0.008
80	0.235	0.588	0.47	0.26	0.181	0.124	0.084	0.056	0.037	0.024	0.017
70	0.37	0.925	0.74	0.41	0.285	0.195	0.132	0.088	0.058	0.038	0.026
60	0.54	1.35	1.08	0.60	0.415	0.284	0.193	0.129	0.084	0.056	0.039
50	0.73	1.83	1.46	0.81	0.562	0.384	0.261	0.174	0.114	0.076	0.052

导致芯片缺陷的因素十分复杂，其污染源可能来自空气中的粒子、硅片自身的杂质、芯片加工过程中使用的化学试剂、高纯气体中的杂质、清洗用纯水中的杂质、工器具等带来的杂质污染等。

在洁净室环境中进行全过程生产或部分生产的电子产品主要有：各种半导体材料及其器件、集成电路、化合物半导体、光电子、薄膜晶体管液晶显示器、微硬盘驱动器（hard disk drive，HDD）、等离子显示器（plasma display panel，PDP）、磁头和磁带、光导纤维、印制电路板、光伏电池等。各类产品的品种不同、生产工艺不同，所要求的空气洁净度等级也不相同。因此在规定各种电子产品用洁净厂房设计时，生产环境的空气洁净度等级应根据生产工艺要求确定。当在设计时，业主或发包方未提出要求或暂时未提出要求时，可参照 GB 50472 附录 A 的要求确定。表 1.2.3 是该附录中部分电子产品的要求。表 1.2.3 中的要求，由于各种产品生产工艺各不相同，因此对于空气洁净度等级、控制粒径均列出一定的范围供参考。

表 1.2.3 各类电子产品生产对空气洁净度等级的要求

产品、工序		空气洁净度等级	控制粒径/μm
半导体材料	拉单晶	6~8	0.5
	切、磨、抛	5~7	0.3~0.5
	清洗	4~6	0.3~0.5
	外延	4~6	0.3~0.5
芯片制造	氧化、扩散、清洗、刻蚀、薄膜、离子注入、CMP	2~5	0.1~0.5
	光刻	1~5	0.1~0.3
	检测	3~6	0.2~0.5
	设备区	6~8	0.3~0.5
封装	划片、键合	5~7	0.3~0.5
	封装	6~8	0.3~0.5
TFT-LCD	阵列板(薄膜、光刻、刻蚀、剥离)	2~5	0.2~0.3
	成盒(涂覆、摩擦、液晶注入、切割、磨边)	3~6	0.2~0.3
	模块	4~6	0.3~0.5
	彩膜板(C/F)	2~5	0.2~0.3
	STN-LCD	6~7(局部 5 级)	0.3~0.5
HDD	光伏电池	6~8	0.3~0.5
	制造区	3~4	0.1~0.3
	其他区	6~7	0.3~0.5
PDP	核心区	6~7	0.3~0.5
	支持区	7~8	0.3~0.5
锂电池	干工艺	6~7	0.5
	其他区	7~8	0.5
彩色显像管	涂屏、电子检装配、荧光粉	6~7	0.5
	锥石墨涂覆、荫罩装配	8	0.5
	表面处理	5~7	0.5
电子仪器、微型计算机装配		8	(0.5)
高密磁带制造		6~8(局部 5 级)	(0.5)
印制版的照相、制版、干膜		7~8	(0.5)
光导纤维	预制棒	6~7	0.3~0.5
	拉丝	5~7	0.3~0.5
	光盘制造	6~8	0.3~0.5
磁头生产	核心区	5	0.3
	清洗区	6	0.3
片式陶瓷电容、片式电阻等制造	丝印、流延	8	0.5
声表面波器件制造	光刻、显影	5	0.3~0.5
	镀膜、清洗、划片、封帽	6	0.5

在国际标准 ISO14644-4 附录 B 微电子洁净室的实例中，列出了不同生产工序、生产区域的洁净度等级、气流流型、送风量，见表 1.2.4。

表 1.2.4　微电子洁净室的实例

空气洁净度等级工作状态	气流流型	平均气流速度/(m/s)	换气次数/(次/h)	应用举例
2	U	0.3~0.5	未定义	光刻、半导体加工区
3	U	0.3~0.5	未定义	光刻、半导体加工区
4	U	0.3~0.5	未定义	工作区、多层掩膜加工、光盘制造、半导体服务区、公用设施区
5	U	0.2~0.5	未定义	工作区、多层掩膜加工、光盘制造、半导体服务区、公用设施区
6	N/M	未定义	70~160	共用设施区、多层掩膜加工、半导体服务区
7	N/M	未定义	30~70	服务区、表面处理
8	N/M	未定义	10~20	服务区

在国家标准 GB 51136 中列出了 TFT-LCD 显示器面板制造的主要工序生产环境要求，见表 1.2.5。

表 1.2.5　主要工序生产环境要求

工序名称		空气洁净度等级 N	温度及允许偏差/℃	相对湿度计允许偏差/%	微振控制标准	噪声声级(动态)/dB(A)	照度/lx
阵列工序	薄膜	6	23±2	55±5	VC-B	≤70	300~400
	干刻	6	23±2	55±5	VC-B	≤70	300~400
	湿刻	5	23±2	55±5	VC-B	≤70	300~400
	涂胶、曝光、显影	5	23±1	55±5	VC-C	≤70	250~350(黄光)
	测试	5	23±2	55±5	VC-C	≤70	300~500
	Stocker 等	4	23±2	55±5	VC-B		200
彩膜工序	ITO 膜溅射	6	23±2	55±5	VC-B	≤70	300~400
	涂胶、曝光、显影	5	23±1	55±5	VC-C	≤70	250~350(黄光)
	检查、测试	5	23±1	55±5	VC-B	≤70	300~500
	Stocker 等	5	23±2	55±5	VC-B	≤70	200
成盒工序	PI、装配	5	23±2	55±5	VC-B	≤70	300~400
	切割、测试/POL	6	23±2	55±5	VC-A	≤70	300~400
	Stocker 等	5	23±2	55±5	VC-B	≤70	200
模组工序		7	23±2	55±10	—	≤70	350~400
二次更衣室		7	23±2	55±15	—	≤70	200~300

表 1.2.6、表 1.2.7 分别列出了集成电路芯片制造、TFT-LCD 生产所需的空气洁净度等级、温度、湿度要求。

表 1.2.6　集成电路芯片制造用洁净厂房的空气洁净度等级、温湿度要求

项目		A厂	B厂	C厂	D厂	E厂
光刻	空气洁净度*	4.5级	4级	5级	5级	5级
	温度/℃	22±1	21±1	22±1	22±0.5	22±0.5
	湿度/%	45±5	50±5	45±5	45±3	45±5
氧化、扩散、清洗、离子注入等	空气洁净度*	5.5级	5级	6级	5级	3.5级/2级
	温度/℃	22±2	21±1	23±2	22±0.5	22±0.5
	湿度/%	45±10	50±5	45±10	45±3	45±5
检测	空气洁净度	7级	6级	7级	5/7级	6级
	温度/℃	≤26	20~28	18~28	24±1	22±2
	湿度/%	≥40	40~60	40~70	35~40	45±10
设备区	空气洁净度	6/7级	7级	7级	5/7级	7级
	温度/℃	24±2	20~28	23±3	24±1	22±3
	湿度/%	50±10	40~60	45±10	35~40	40~70
外延	空气洁净度		5级			
	温度/℃		21±1			
	湿度/%		50±5			

* 为芯片生产设备配带微环境装置，装置内空气洁净度等级为1~2级。

表 1.2.7　TFT-LCD制造用洁净厂房的空气洁净度等级、温度、湿度

项目		A厂	B厂	C厂
阵列（薄膜、光刻、刻蚀）	空气洁净度	4.5级/3.5级(0.3μm)	5级/4级(0.3μm)	5级(0.3μm)
	温度/℃	23±1	23±1	23±1
	湿度/%	55±5	55±5	55±5
成盒（液晶注入、装配、切割）	空气洁净度	4.5级(0.3μm)	5级(0.3μm)	5级(0.3μm)、6级(0.3μm)
	温度/℃	23±1	23±2	23±2
	湿度/%	55±5	55±5	55±10
模块	空气洁净度	6.5级(0.3μm)	6级(0.3μm)	7级(0.3μm)，局部5级
	温度/℃	23±2	23±2	23±2
	湿度/%	55±10	55±10	60±5
彩膜	空气洁净度	5级(0.3μm)	5级(0.3μm)	5级(0.3μm)
	温度/℃	23±1	23±1	23±1
	湿度/%	55±5	55±5	55±5

电子工业洁净厂房生产环境的设计除了要求控制微粒和对产品质量有害的杂质外，还应对洁净室（区）内的温度、湿度、压差、噪声、照度、振动、静电防护等参数有严格要求。表 1.2.8 是在 GB 50472 中对电子工业洁净室（区）温度和相对湿度的要求。有的微电子产品生产过程尤其是集成电路芯片生产中需严格控制空气中的化学污染物，对于重金属（如 Fe）污染物的控制从 4G DRAM 时要求 $5×10^9$ 原子/cm² 到 64G DRAM 时应减少至少于 $2.5×10^9$ 原子/cm²。电子工业洁净厂房内单向流和混合流洁净室（区）的噪声级（空态）不应大于 65dB(A)，非单向流洁净室（区）的噪声级（空态）不应大于 60dB(A)。压差、照度等的要求将在以下各章中表述。

表 1.2.8　洁净室（区）的温度和相对湿度要求

房间类别	温度/℃		相对湿度/%	
	冬季	夏季	冬季	夏季
生产工艺有要求的洁净室	按具体生产工艺要求确定			
生产工艺无要求的洁净室	≤22	~24	30~50	40~70
人员净化及生活用室	约18	约28	—	—

2.2.3 医药产品生产对生产环境的要求

在《医药工业洁净厂房设计标准》(GB 50457—2019) 中有关生产环境要求的规定主要有：药品生产有关工序和环境区域的空气洁净度等级，应符合国家现行《药品生产质量管理规范》和附录 A 的要求。表 1.2.9 是 GB 50457—2019 附录 A 中的部分举例。

医药洁净室（区）的温度和湿度规定：生产工艺对温度和湿度有特殊要求时，应根据工艺要求确定。生产工艺对温度和湿度无特殊要求时，空气洁净度 A 级、B 级、C 级的医药洁净室（区）温度应为 20~24℃，相对湿度应为 45%~60%；空气洁净度 D 级的医药洁净室（区）温度应为 18~26℃，相对湿度应为 45%~65%。人员净化及生活用室的温度，冬季应为 16~20℃，夏季应为 26~30℃。通常不同空气洁净级别的医药洁净室之间以及洁净室与非洁净室之间的静压差不应小于 10Pa，医药洁净室与室外大气的静压差不应小于 10Pa。

国家卫生部发布实施的《药品生产质量管理规范（2010 年修订）》(GMP) 中有关医药产品生产过程对洁净度等级及监测的规定见本篇第 1 章。

表 1.2.9　药品生产环境的空气洁净度等级举例

药品分类		A 级（背景 B 级）	A 级（背景 C 级）	B 级	C 级	D 级
			生产工序举例			
无菌药品	最终灭菌无菌药品	—	高污染风险的产品灌装（或灌封）	—	1.产品灌装（或灌封） 2.高污染风险产品的配制和过滤 3.眼用制剂、无菌软膏剂、无菌混悬剂等的配制、灌装（或灌封） 4.直接接触药品包装材料和器具最终清洗后的处理	1.轧盖 2.灌装前物料的准备 3.产品配制（指浓配或采用密闭系统的配制）和过滤 4.直接接触药品包装材料和器具的最终清洗
	非最终灭菌无菌药品	1.处于未完全密封状态下产品的操作和转运，如产品灌装（或灌封）、分装、压塞、轧盖等 2.灌装前无法除菌过滤的药液或产品的配制 3.直接接触药品包装材料、器具灭菌后的装配以及处于未完全密封状态下的转运和存放	—	1.处于未完全密封状态下的产品置于完全密封容器内的转运 2.直接接触药品包装材料、器具灭菌后处于密闭容器内的转运和存放	1.灌装前可除菌过滤的药液或产品的配置 2.产品的过滤	直接接触药品包装材料、器具的最终清洗、装配或包装、灭菌
非无菌药品		—	—	—	—	1.口服液体药品的暴露工序 2.口服固体药品的暴露工序 3.表皮外用药品的暴露工序 4.腔道用药的暴露工序 5.直接接触以上药品的包装材料最终处理工序

药品分类		生产工序举例				
		A级(背景B级)	A级(背景C级)	B级	C级	D级
原料药	无菌原料药	1. 无菌原料药的粉碎、过筛、混合、分装 2. 直接接触药品包装材料、器具灭菌后的装配	—	直接接触药品包装材料、器具灭菌后处于密闭容器内的转运和存放	—	直接接触药品包装材料、器具的最终清洗、装配或包装、灭菌
	非无菌原料药		—	—	—	1. 精制、烘干、包装的暴露工序 2. 直接接触药品包装材料、器具的清洗、装配或包装
生物制品		1. 同非最终灭菌无菌药品各工序 2. 灌装前不经除菌过滤产品的配制、合并、加佐剂、加灭活剂等	—	同非最终灭菌无菌药品各工序	1. 同非最终灭菌无菌药品各工序 2. 体外免疫诊断试剂的阳性血清的分装、抗原与抗体的分装	1. 同非最终灭菌无菌药品各工序 2. 原料血浆破袋、合并、分离、提取、分装前的巴氏消毒 3. 口服制剂其发酵培养密闭系统环境(暴露部分需无菌操作) 4. 酶联免疫吸附试剂等体外免疫试剂的配液、分装、干燥、内包装
中药		浸膏的配料、粉碎、过筛、混合等与其制剂操作区一致				1. 采用敞口方式的收膏、喷雾干燥收料 2. 中药注射剂浓配前的精制

注：1. 最终灭菌无菌药品在C级背景下的A级保护区的高污染风险操作是指产品容易长菌、灌装速度慢、灌装用容器为广口瓶、容器需暴露数秒后方可密封等状况。

2. 最终灭菌无菌药品在C级背景下的高污染风险操作是指产品容易长菌、配制后需等待较长时间方可灭菌或不在密闭系统中配制等状况。

3. 非最终灭菌无菌药品在轧盖前视为处于未完全密封状态。

4. 根据已压塞产品的密封性、轧盖设备的设计、铝盖的特性等因素，非最终灭菌无菌药品的轧盖操作可选择在C级或D级背景下的A级送风环境中进行。A级送风环境应当至少满足A级区的静态要求。

2.3 位置选择与总平面布置

2.3.1 位置选择

洁净厂房与其他工业厂房的区别在于洁净厂房内的各类产品生产工艺对生产环境的空气洁净度均有较严格要求，一些电子工厂洁净厂房还要求严格控制化学污染物。因此，设有洁净厂房的工厂厂址宜选在大气含尘浓度较低的地区，如农村、城市远郊、水域之滨等，不宜选择在气候干旱、多风沙地区或有严重空气污染的城市工业区。根据国内外测试资料表明，农村空气污染程度较低，其含尘浓度一般只相当于城市含尘浓度的几分之一，甚至低一个数量级，而城市工业区的含尘浓度又高于城市市区及市郊。不同地区含尘浓度也不同，如表 1.2.10 所示。不同季节的含尘浓度也不相同，表 1.2.11 是天津市某地段不同季节室外含尘浓度的实测值。

表 1.2.10 大气含尘浓度平均值（大于或等于 0.5μm） 单位：pc/L

地区	年平均	月平均最大值	月平均最小值
北京（市区）	190956	293481	9274
北京（昌平农村）	35643	156620	4591
上海（市区）	128052	365103	34327
西安（市区）	131644	317561	29738

表 1.2.11 不同季节室外大气含尘浓度的实测值

季节	时间	环境温湿度		含尘浓度/(pc/m³)	
		温度/℃	湿度/%	$\geqslant 0.5\mu m$	$\geqslant 5.0\mu m$
夏（阴、雨后）	9:00	26.1	89	8.20×10^7	3.23×10^5
	10:00	27.0	86	8.35×10^7	3.58×10^5
	13:00	29.8	73	7.21×10^7	2.81×10^5
	14:00	29.6	73	7.42×10^7	3.36×10^5
	16:00	30.2	70	6.81×10^7	4.81×10^5
	17:00	30.2	76	8.30×10^7	5.50×10^5
秋（晴、无风）	8:00	14.0	64	1.21×10^8	2.21×10^6
	9:00	16.2	54	1.32×10^8	2.03×10^6
	10:00	19.0	42	1.31×10^8	1.80×10^6
	13:00	23.0	29	7.94×10^7	8.70×10^5
	14:00	24.2	37	1.03×10^8	1.04×10^5
	15:00	23.5	39	1.12×10^8	2.01×10^5
冬（晴）	9:00	−4.5	44	6.6×10^7	4.0×10^5
	10:00	−2.8	40	7.5×10^7	7.7×10^5
	13:00	2.3	16	2.4×10^7	4.3×10^5
	14:00	3.6	14	2.9×10^7	4.6×10^5
	15:00	3.6	14	2.7×10^7	5.1×10^5
	16:00	3.5	22	3.2×10^7	9.3×10^5
	17:00	3.0	25	5.3×10^7	12.4×10^5

近年我国大气中的水汽、悬浮粒子等引发的雾霾现象在一些地区时有发生，从 2013 年开始许多城市都进行了可吸入颗粒物（PM10）、细颗粒物（PM2.5）的测定，北京、天津、上海、广州等城市在其城郊区均布点进行 PM10、PM2.5 的检测，并每天定时发布。表 1.2.12～表 1.2.15 是 2013 年 7 月 4 个城市的城郊区实时检测数据。从表中数据可见 PM10、PM2.5 与气象条件相关性最显著，而一个城市的不同区域在同一时刻存在一定差异，但大部分都在 50% 左右或更少。据有

关资料表明，对洁净厂房设计建造、运行影响较大的 PM2.5 主要来源于化石燃料燃烧，包括固定源和移动源（汽车等）以及污尘、建筑水泥尘、餐饮烟尘，还有周边环境的相互影响等。PM10、PM2.5 的成分复杂，因地区、气象和环境条件的不同具有一定差异，北京地区通常含有：含碳粒物、SO_4^{2-}、NO_3^-、铵根等占 70% 左右；PM2.5 的主要组分有碳、有机碳合物、硫酸盐、硝酸盐、铵盐等，金属元素有 Na、Mg、Ca、Al、Fe 以及 Pb、Ni、As、Cd、Cu、Hg 等，对人体健康和某些工业产品生产均是有害的。

表 1.2.12　上海市城郊区 PM10/PM2.5 实测数　　　　　单位：$\mu g/m^3$

测点		普陀区	15 厂	徐汇上师大	杨浦四漂	川沙	浦东张江
PM10	13 日　10:00	56	57	57	49	43	59
	16 日　14:00	48	54	—	68	63	58
PM2.5	13 日　10:00	18	16	20	15	22	20
	16 日　14:00	25	31	30	26	23	23

表 1.2.13　北京市城郊区 PM10 / PM2.5 实测数　　　　　单位：$\mu g/m^3$

测点		定陵	东四	天坛	怀柔镇	昌平镇	古城
PM10	13 日　10:00	100	86	63	141	84	96
	16 日　14:00	18	34	42	52	26	39
PM2.5	13 日　10:00	159	177	165	149	174	169
	16 日　14:00	3	3	7	3	9	12

注：气象条件，13 日为多云（阴），16 日为晴。

表 1.2.14　天津市城郊区 PM10/PM2.5 实测数　　　　　单位：$\mu g/m^3$

测点		车辆厂	南京路	河西站	北辰科技园	东丽中学	梅江小区	团泊洼
PM10	13 日　10:00	253	213	249	194	260	212	—
	16 日　14:00	39	50	24	16	101	12	82
PM2.5	13 日　10:00	112	211	189	149	206	165	202
	16 日　14:00	44	19	3	7	23	12	9

表 1.2.15　广州市城郊区 PM10/PM2.5 实测数　　　　　单位：$\mu g/m^3$

测点		广雅	市 5 中	天河	商学院	番禺中	花都师范	九龙镇	帽峰山
PM10	13 日　10:00	139	120	121	99	110	112	118	143
	16 日　14:00	35	29	19	21	15	32	27	15
PM2.5	13 日　10:00	88	80	76	66	76	82	110	87
	16 日　14:00	31	25	18	10	10	25	22	14

注：7 月 16 日为雨天。

近年来，我国 PM2.5 年均浓度与 338 个地级市不达标比例均呈逐年下降趋势，见图 1.2.8。2018 年 PM2.5 年均浓度与 338 个地级市不达标比例相比 2013 年分别下降 45.8%、33.1%，虽然 2018 年我国 PM2.5 年均浓度已降至 39$\mu g/m^3$，但仍有 217 个地级市不达标。

由于近年来城市交通迅速发展，不仅城市交通干道引发的灰尘对空气质量污染，且各类车辆

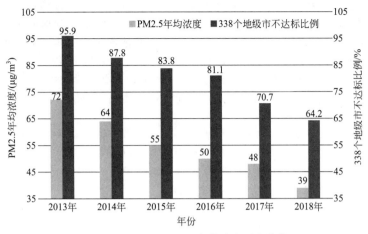

图 1.2.8　我国 PM2.5 年均浓度下降趋势

排气的多种污染物排放对大气的污染日益严重，所以洁净厂房与城市交通干道之间应保持一定的距离。尤其是洁净厂房的新风口与城市交通干道之间的距离，这是因为城市交通干道上运输车辆运行中产生的污染物主要通过新风的吸入对洁净厂房产生影响。依据测试资料，城市交通的"严重污染区"位于道路下风侧 50m 以内，100m 外为轻污染区，所以在《洁净厂房设计规范》中规定"该距离宜大于 50m"。

近年来，我国各地区的城市交通干道两侧或城市交通干道与工厂之间都建设了绿化带，这些绿化带有以草坪为主或树、草间种或以树为主等多种形式。测试数据表明，各种形式的绿化带都具有一定吸尘、降低空气中微粒浓度的作用。所以当电子工厂洁净厂房与交通干道之间设有城市绿化带时，可视具体条件适当减少"距离"。

大气悬浮颗粒物中，一些生物粒子如微生物、植物花粉和绒毛等是药品生产过程关注、控制的对象。空气中的微生物主要附着在尘粒上，微生物生长、繁殖能力极强，在环境条件适宜时将会通过细胞分裂繁殖成巨大的生物群体。以微生物中的细菌为例，在环境温度、湿度适宜时，每小时可繁殖 2～3 代；其生存能力极强，许多细菌在极端恶劣的环境中仍能生存。细菌的形状有球状、杆状、螺旋状等，多数单体尺寸在 1～10μm，也有的小于 1.0μm，常常附着在可提供养分、水分的尘粒上。病毒是目前已知的最小微生物，其大小在 10～100nm。

花粉、花絮、树叶的绒毛以及动物的皮屑、毛发等均会散发并扩散到空气中成为悬浮颗粒物，在绿树成荫的优良绿化区域、庭院将使空气中的悬浮颗粒物污染环境的状况得到改善，这已成为社会的共识，但若种植的树木花草品种不当，在植物的生长过程中自然生成、散发的花粉等粒状颗粒物可能成为医药产品生产过程的污染源，尤其是一些特定的药品特性，会对大气中的花粉等污染物十分敏感。

国内外的测试资料表明，不同地区、不同环境区域的大气含尘、含菌浓度差异极大。表1.2.16 是国内室外环境的含尘、含菌浓度。为了有效控制洁净厂房中净化空调系统的新鲜空气中含尘、含菌量，宜将设有洁净厂房的企业设在环境幽静、绿化树木品种适宜、空气洁净的区域、城镇郊区等。

表 1.2.16　国内室外含尘、含菌浓度

项目	含尘浓度(≥0.5μm)/(10^7 个/m^3)	含菌浓度(微生物)/(10^4 个/m^3)
工业区	15～35	2.5～5
市郊	8～12	0.1～0.7
农村	4～8	< 0.1

大气中化学污染物与所在地区的经济发展状况，固定燃烧源和移动燃烧源（汽车等）的组成、类型及数量关系密切。据大气检测表明，大气中的化学物质主要有阳离子 Ca^{2+}、Na^+、Mg^{2+}、K^+、NH_4^+，阴离子 SO_4^{2-}、NO_3^-、Cl^-、F^- 等，还有一些浓度较低的 Hg 等。随着国民经济的发展，人民生活质量的提高，这些物质总的趋势是逐年增加；一些城市或一些具体场所由于工业生产或汽车数量的增加或气象条件的变化，有时或某一时间段这些化学物质的数量、浓度都会增加。所以在进行电子工厂特别是一些产品生产过程对化学污染物要求严格的洁净厂房的选址时应予充分重视。

洁净厂房内当设置有精密设备和精密仪表时，若它们有防微振要求，为解决防微振问题，在厂址选择或已建工厂内的洁净厂房场地选择过程中，需要对洁净厂房周边振源的振动影响作出评价，以确定该厂址或场地是否适宜建设。周边振源对精密设备、精密仪器仪表的振动影响，通常是若干单个振源振动的叠加结果，但是这种叠加目前还没有系统的参考数据及实用的计算方法。所以目前对于有微振控制要求的电子工厂洁净厂房的位置选择，应实际测定拟建工厂厂址或已有工厂内拟选择洁净厂房的场地周围现有振源和预测可能的振源振动影响。此项测定正逐渐被相关科技人员和工程项目承建者关注和重视，但是由于微振控制要求和各类振源对微振控制的影响评价技术复杂性，因此在相关规范的规定中强调"实际测定"或"模拟振源"的影响。

在现行国家标准《洁净厂房设计规范》（GB 50073）、《电子工厂洁净厂房设计规范》（GB 50472）等中，对于洁净厂房位置的选择均作了大体类似的规定。如 GB 50472—2008 中规定"洁净厂房位置的选择，应根据下列要求经技术经济比较后确定：应布置在大气含尘和有害气体或化学污染物浓度较低、自然环境较好的区域。应远离铁路、码头、飞机场、交通要道以及散发大量粉尘和有害气体或化学污染物的工厂、贮仓、堆场等有严重空气污染、振动或噪声干扰或强电磁场的区域。不能远离严重空气污染源时，则应位于全年最小频率风向的下风侧。在厂区内应布置在环境清洁、人流和物流不穿越或少穿越的地段""洁净厂房净化空调系统的新风口与城市交通干道之间的距离（相邻侧边沿）宜大于50m。当洁净厂房与交通干道之间设有城市绿化带时，可根据具体条件适当减少，但不得小于25m"。

2.3.2 总平面布置

设有洁净厂房的工厂厂址确定后合理地进行厂区总平面布置时，应妥善处理洁净厂房与非洁净厂房、洁净厂房与各种可能的污染源之间的相对位置，通常洁净厂房应布置在环境清洁、人流和物流不穿越或少穿越的地段；为尽量减少外界污染，洁净厂房应布置在离厂区内交通频繁道路较远处，若工厂设有锅炉房等对大气污染较重的设施时，洁净厂房的布置应尽量拉大与它们的距离或采取必要的技术措施，减少污染程度。设有洁净室的厂房内，通常可分为洁净室（区）、洁净室辅助用房、公用动力用房、办公管理用房等。为了方便管理，减少厂区各种动力管线的长度，尽量降低对洁净室的污染程度，在现行规范、标准规定允许的前提下，尽量按组合式、大体量的综合性厂房进行布置，既方便管理，又可节约能耗。可将多个有洁净要求的车间及洁净室辅助用房、办公管理用房以及部分或全部公用动力设施集中布置在一栋综合性厂房内。图1.2.9是某液晶显示器工厂的总体布置图，将主要生产车间、辅助生产车间以及大部分公用动力设施均设置在了一幢组合式厂房内。

为了减少厂区内部的污染，洁净厂房周围的道路面层，应选用整体性好、发尘量少的材料进行铺砌，道路面层宜采用改性沥青路面。厂区绿化具有良好的吸尘、阻尘和降低大气中有害物质的作用，设有洁净厂房的工厂内应努力减少甚至不得有裸土地面，厂区内所有的"裸土"地均应种植草坪、盖上卵石等。据报道，绿化带区域的尘埃降低率为22.5%左右，草坪可吸收二氧化碳量约1.5 g/($m^2 \cdot h$)，选择种植的植物分泌物杀菌率可达50%。可见对厂区和工厂周围进行绿化带来的不仅是改善环境，还是降尘杀菌的良好措施。洁净厂房周围应进行绿化，可铺植草坪，但不应种植对洁净生产有害的植物，如观赏花卉及高大乔木，并不得妨碍消防作业。这是因为观赏花卉多为季节性一年生植物，需经常翻土、播种、移植，从而破坏植被，并使尘土飞扬；高大乔木

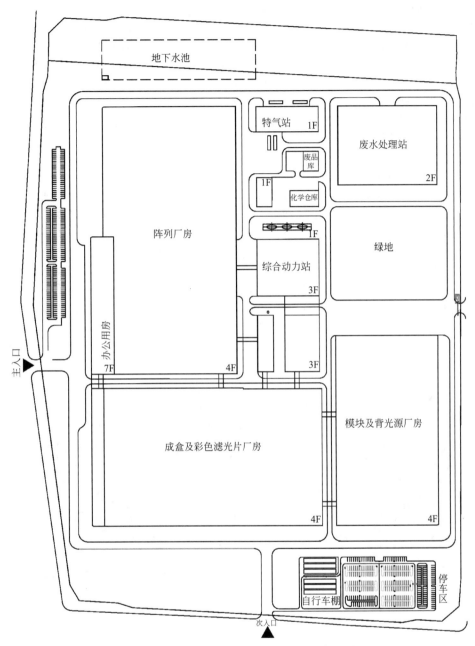

图 1.2.9　某液晶显示器工厂的总平面布置图

树冠覆盖面积大，其下部难以植被，容易产生扬尘。洁净厂房周围绿化应选用不产生花絮、绒毛、粉尘等对大气有不良影响的树种。

　　我国 GMP 要求"生产、行政、生活和辅助区的总体布局应合理"，主要是指生产、行政、生活和辅助的功能各不相同，如在布置上不合理、不相对集中，将会互相干扰和妨碍，甚至产生污染，最终影响药品生产。虽然都是药品生产，但制剂和原料药的生产方式是不同的。制剂生产是物理加工过程，需要在医药工业洁净厂房内完成；原料药生产的前工序大多属于化工生产或生物合成等，三废多、污染严重，只是成品的粗品精制、干燥和包装工序才有洁净要求。所以对于兼有原料药和制剂生产的制药工厂，应将污染相对严重的原料药生产区设置在制剂生产区全年最大频率风向的下风侧，以减少对制剂生产的影响。由于各类药品生产的各自特点，生产过程产生的污染程度以及对环境的洁净要求不尽相同，它们的相对位置也应予以合理安排。如生产青霉素类药品、某些甾体药品及高活性、有毒害等药品的生产厂房应位于其他医药工业洁净厂房全年最大频率风向的下风侧；中药前处理、提取厂房也应设置在制剂厂房的下风侧，以防产品之间的交叉污染。青霉素类药品是非常特殊的药品，其疗效确切但致敏性极高。为此，国内外 GMP 对它的生产、管理都有严格规定。为了使青霉素类等高致敏性药品生产对其他药品生产引起的污染危险性减少到最低程度，厂区总平面布置时均将其设置在其他洁净厂房全年最大频率风向的下风侧。

药品工厂的厂址确定后，应妥善处理厂区内医药工业洁净厂房与非洁净厂房以及与其他严重污染源之间的相对位置；"三废"处理、锅炉房等较为严重的污染区域，应相对集中并设置在厂区全年最大频率风向的下风侧，以确保洁净厂房少受污染。

药品生产所需的原辅物料、包装材料品种多、数量大，原料药生产还需要大量的化工原料，有些原辅料易燃、易爆、毒性大、腐蚀性强，因此厂区主要道路应将人流与货流分开。这不仅是为了减少运输过程中的尘土飞扬，避免借人流带入医药工业洁净厂房，而且也能确保厂区安全。为实施主要道路的人流与货流分流，厂区应分别设置人流、货物的出入口。医药工业洁净厂房周围绿化有利于降低大气中的含尘、含菌量。场地绿化应以种植草坪为主，小灌木为辅。厂区的露土宜覆盖，厂区内不应种植观赏花卉及高大乔木。因为花朵开放时产生大量花粉，1 朵花的花粉颗粒有数千至上百万个，花粉粒径因花而异，小的 $10\sim40\mu m$，大的 $100\sim150\mu m$。同时花的开放还会招惹昆虫。观赏花卉多为一年生植物，需经常翻土、播种、移植，从而破坏植被，使尘土飞扬。而高大乔木树冠覆盖面积大，其下部难以植被，增加厂区周围露土面积。不少乔木的落叶或花絮飞舞，都会增加大气中的悬浮颗粒。

图 1.2.10 是一个药品工厂的总平面布置鸟瞰图，它由生产厂房，仓储和办公管理、实验室用房，大部分动力公用设施用房组成；厂区的人流、物流出入口分别设置。图 1.2.11 是另一药品工厂的总平面布置鸟瞰图，它主要由一幢综合性多层洁净厂房和另一幢办公用房构成，布置较紧凑。

图 1.2.10　某药品工厂总平面鸟瞰图

图 1.2.11　某药品生产工厂总平面布置鸟瞰图

2.4　洁净厂房的布置

2.4.1　平面布置

（1）应满足生产工艺及其空气洁净度要求　洁净厂房的平面布置设计，应满足产品生产工艺和空气洁净度等级的要求。洁净区、人员净化、物料净化和其他辅助用房应分区布置。同时应考虑生产操作、工艺设备安装和维修、管线布置、气流流型以及净化空调系统各种技术设施的综合协调。通常是顺应产品生产流程进行布置，尽量做到人流、物流的路线短捷，设备布置紧凑，并应符合有关的消防安全、卫生规定。根据不同产品的制造工序，合理确定各种空气洁净度等级分区规划；若有不同的压差要求时，还应按不同生产房间的压差要求确定洁净分区规划。图 1.2.12 是集成电路生产用洁净室平面布置的三种形式，即开放式或大空间（ballroom type）、港湾式（bay chase type）、岛形（island type）。

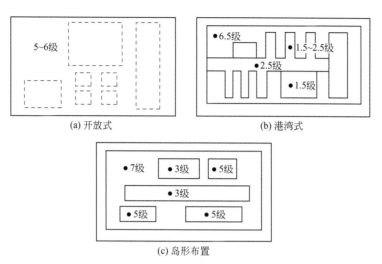

(a) 开放式　　　　　　　　　　　　(b) 港湾式

(c) 岛形布置

图 1.2.12　集成电路洁净室平面布置形式

洁净厂房的洁净室（区）内只布置具有空气洁净度要求的生产设备或工序、工作室，对于没有空气洁净度要求的生产设备、工序、工作间和辅助生产设备均应分别设置在辅助生产区、生产支持区或公共动力区内。在洁净室（区）内应根据产品生产工艺要求，将不同洁净度等级要求、不同静压差要求的产品生产设备、工序分别设置在不同的房间内；通常应将空气洁净度等级相同的生产设备、工序或工作间集中设置在同一洁净室（区）内，也可将某些洁净度要求较严格的生产设备采取局部净化或微环境等措施后与相近要求的工序布置在同一洁净室（区）内。

洁净厂房的平面布置应充分考虑产品生产流程、洁净室的气流流型以及生产设备、运输设施安装、维护和运行的要求，并应采取避免发生气流干扰或交叉污染的措施。若洁净室（区）内设有大型生产设备时，应按大型生产设备的特性、尺寸大小，合理安排运输、安装、维护的要求，设置运输通道、安装口或检修口等。

应组织好洁净厂房内人流、物流路线，合理布置各类通道，在尽量减少洁净室面积的情况下，确保人流、物流畅通，避免交叉污染。为防止人员、物料出入洁净室（区）而产生污染，人净、物净同洁净辅助间是洁净厂房防止污染的基本功能区，在平面布置时必须周密地考虑、合理布置并设有一定的空气洁净度要求；在洁净室（区）的人流、物流入口应设有空气吹淋室、闸间或物料传递窗等。

（2）应合理安排分区布置　洁净厂房的平面布置应合理安排好"4 个区域"——洁净生产区、洁净用辅助设备等的技术支持区、管理区、公用动力设备区，尽力做到生产工艺布置合理、管理使用方便，各种管线尽量短，减少冷量、热量和电能的损耗，减少建设投资、节约能源、降低运行成本。洁净厂房的平面布置应注意平面形状的简洁、功能分区明确以及方便生产工艺、设备更新的灵活性和防火疏散的安全性等。通常可采用贴邻、块状、围合等方式进行洁净室与各类辅助用房的组合。图 1.2.13 是洁净厂房的几种平面组合形式。图(a)～(c)是洁净室、人净用室与非洁净用房或机房采用贴邻布置；图(d) 是采用了既贴邻又有围合的形式，在两个洁净室（区）围合的中部为仓储区或无洁净要求的前加工；图(e) 是采用了块状布置的形式，可适用于具有多种不同空气洁净度要求的不同工序或不同产品生产的洁净室（区）组合为一幢洁净厂房；图(f) 是采用了非洁净室（区）或辅助生产区、支持区将大面积的不同空气洁净度等级的洁净室（区）进行"围合"布置的形式。

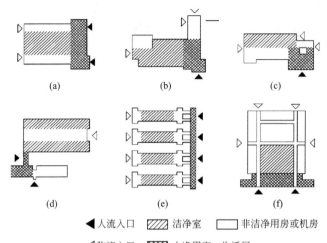

(a)   (b)   (c)

(d)   (e)   (f)

◀人流入口   ▨洁净室   ▭非洁净用房或机房
◁物流入口   ▨人净用室、生活间

图 1.2.13   洁净厂房的几种平面组合形式

洁净厂房中洁净室与安装净化空调系统，水与气体的纯化、输配装置以及电气装置等公用、动力设施用房的协调布置，是洁净厂房规划布局的重要组成部分。这些设施用房的规模、设备特征、位置及其分配管路系统的安排，在很大程度上影响着洁净厂房的平面组合与空间布置，需要解决好它们同生产工艺相互间的布局关系，以取得使用上和经济上的良好效果。它们是通过各类管道线路同洁净生产区联系的，既能同所服务的洁净室组合建在一幢厂房内，也可单独建设。组合建在一幢厂房内时，可以缩短管道长度，减少管道接头和相应的渗漏污染机会，降低能源消耗，并且节约用地，减少室外工程和外墙材料的消耗。但在一些改扩建工程中为了利用原有建筑，或者受到特殊条件的限制，需要建造公用动力用房，并同洁净厂房保持一定的距离。若具体工程对防微振有特殊要求时，也可将公用动力用房与厂房脱开布置。通常可采用集中设置、分散设置或混合设置三种形式。集中设置是在洁净厂房内安排，主要着眼于生产工艺布置的特点、要求和送回风管道的长短等因素。当厂房面积不大、系统简单、管线交叉不多时，可将送回风干管布置在上技术夹层内；当厂房的面积较大、较长，或者系统划分较多时，宜沿厂房长边布置机房，每个系统均可以直接与其服务的洁净室对应排列；有的洁净室工程，将机房设置在技术夹层的顶部，不仅缩短了风管长度而且节省了用地。对于洁净厂房内设置的各种气体、纯化水的输配用房通常采用集中布置的形式，而变电、配电用房一般都根据负荷分布状况、分区设置。厂房面积较大，或者洁净生产区过于分散，集中设置机房使布置困难时，在经过技术经济比较后，也可分设几处机房。在改扩建工程中，往往因原有建筑空间条件限制，需将净化空调设备分散设置在各洁净室的附近。分散设置方式的风管短、布置灵活，较能适应和利用原有空间，但在实际应用时应充分考虑噪声与振动，对产品生产可能带来的影响。混合设置，在某些工程中，既使用集中式净化空调机房供大部分洁净生产区安装的净化空调装置；又对特定局部空间使用分散式的净化空调装置，满足生产工艺的需要。它兼有集中式与分散式的特点，更加经济灵活和适应产品生产的要求。

近年来，在大规模集成电路生产用洁净厂房中常常采用集中送新风和风机过滤单元（FFU）的送风方式，各类机房的布置基本采用"混合设置"的方式，即新风处理机集中设置，循环空气机组分散设置或不设循环空气机组。

（3）洁净室（区）内应少隔间   这样既有利于设计、施工，又有利于净化空调系统的设置、调试和运行，并可减少建设投资、方便管理，但是在下列情况下要进行分隔。

① 为防止交叉污染或根据产品生产工艺要求应进行分隔时，应按生产工艺特点、要求进行分隔，并且相应的净化空调系统等相关设施均应采取必要的防止污染或交叉污染的技术措施。这类平面布置要求在医药工业洁净厂房尤为明显，据了解在许多药品生产用洁净厂房内按药品生产工

艺有分隔要求时，应进行分隔。例如：固体制剂用洁净厂房内的称量间，粉碎、配料、制粒、压片等工序的各种用途的房间常常进行分隔；各类针剂药品生产用洁净厂房内配液过滤、灭菌、灌封、洗瓶等工序的不同用途的洁净室（房间）均应根据洁净度等级、工艺设备和操作要求进行合理分隔；生物制品用洁净厂房内某些生物制品的原料和成品，不得同时在同一生产区内加工和灌装，如活疫苗与灭活疫苗、脱毒前制品与脱毒后制品等均不得设在同一洁净室内；还有一些致敏性药品的药品生产区之间，应按规定必须分开设置；中药材的前处理、提取和浓缩等生产区与其制剂生产区，动物脏器、组织的洗涤或处理等生产区与其制剂生产区等均应按"规范"要求分开设置。图 1.2.14 是某药品生产洁净厂房的平面布置。

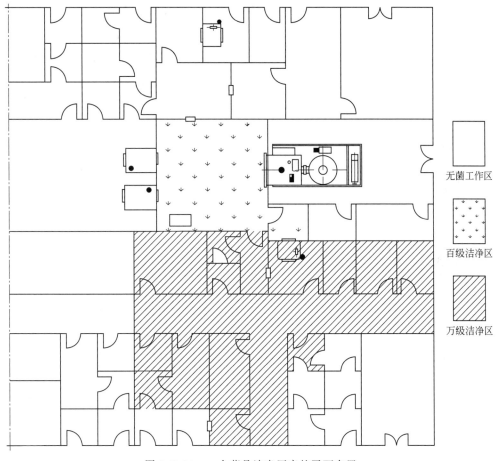

无菌工作区

百级洁净区

万级洁净区

图 1.2.14　一个药品洁净厂房的平面布置

② 生产联系少，并经常不同时使用的生产区段之间，应进行分隔。

③ 生产过程中排放影响产品质量的有害气体或化学污染物的工序、设备，宜分隔设置在独立房间。

④ 按产品生产过程的特点，洁净厂房内属于生产火灾危险性分类甲、乙类的房间与相邻的生产区段或房间之间应进行分隔。

（4）大体量、大空间、大面积洁净厂房的平面布置　近年来随着科学技术的进步，我国以微电子产品生产用洁净厂房为代表的高科技洁净厂房从东部到西部相继设计建造了数十家，洁净室面积达数十万平方米。这些洁净厂房大都面积巨大，单层洁净室可达 300m×200m 左右。图 1.2.15 是一个薄膜晶体管液晶显示器（TFT-LCD）生产用洁净厂房的洁净生产层（二层）、一层平面图。洁净生产区长约 300m、宽约 120m，洁净室为大开间，无建筑墙体分隔；洁净生产区两侧均为生产支持区，设置人净、物净、管理用房和净化空调机房，变配电室，气体与化学品储存分配间等。这是一个典型的多层洁净厂房，是组合式大体量、大面积、多种功能，能满足微电子产品生产的洁净厂房。如生产区即二层、三层（若下夹层按一层计，应为四层），厂房高度约30m；一层的"9"设备用房是甲类生产的化学品储存分配间。

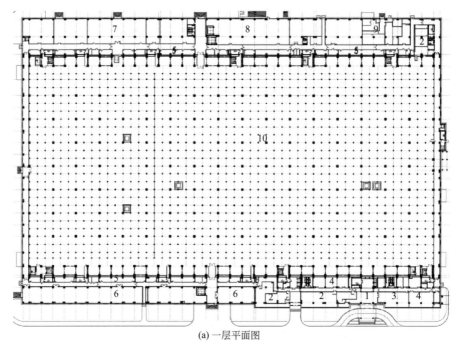

(a) 一层平面图

1—门厅；2—更衣室；3—展厅；4—会议室；5—管道井；6—配电所；
7—备件间；8—玻璃供应间；9—设备用房；10—下夹层

(b) 二层平面图

1—办公室；2—更衣室；3—空调机房；4—管道井；5—玻璃投入间；6—设备用房；7—洁净区

图 1.2.15　一个 TFT-LCD 生产用洁净厂房的平面、剖面和透视图

2.4.2　空间布置

洁净厂房空间布置的主要要求是：①根据产品生产工艺要求，合理布置生产工艺设备及相应的物料传输设备、物料管线等，做到有效、灵活，有利于产品生产或技术改造等。根据空气洁净度等级要求，按所选择的气流流型做好空间布置。②合理安排、组织好各类管线，包括净化空调系统用新风、送风、回风和排风管道及各种水、电、气管线的走向、布置和间距以及维修管道等。③妥善安排高效过滤器、照明灯具以及各类公用动力设施用设备、附件的布置和必要操作、维修间距。④充分考虑各类产品生产用工艺设备、净化空调系统及设备和产品生产所必需高纯物质制取、输送设施布量、管理以及稳定的电力供应装置等是洁净室空间设计的主要依据。

（1）非单向流洁净室的空间布置　一般此类洁净室采用单层布置，在洁净室顶部或侧墙设技术夹层、技术夹道，用以布置各类风管、动力公用管线和少量生产辅助设备或公用动力设备。图1.2.16是单层非单向流洁净室。少数因产品生产工艺或占地等因素也可采用非单向流洁净室迭层布置为多层洁净厂房。图1.2.17是非单向流多层洁净厂房的剖面图。非单向流洁净室的空间布置应安排好技术夹层、技术夹道各种管道、线路等的设置。技术夹层是以水平分隔构成的洁净室辅助空间，通常设在洁净室的顶棚上部，主要是容纳各类风管、静压箱、空气过滤器和各种水、电、气管线等。技术夹道或技术竖井是以垂直分隔构成的洁净室辅助通道、竖井，主要是容纳回风管、排风管和水、电、气管线以及少量生产工艺用辅助设备、公用动力设备与附件等。有时技术夹道作为回风管道或回风静压箱。技术竖井是作为容纳竖向尤其是越层竖向管线之用，当作为越层竖井时应注意防火消防措施的设计。为确保洁净室的规定洁净度等级，应对技术夹层、技术夹道采取必要的装饰清洁措施。

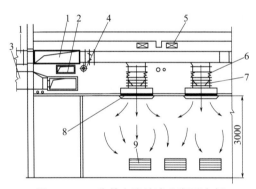

图 1.2.16　非单向流洁净室断面实例

1—送风管；2—排风管；3—回风管；4—配管；5—桥架；6—软接头；7—风阀；8—高效风口；9—回风口

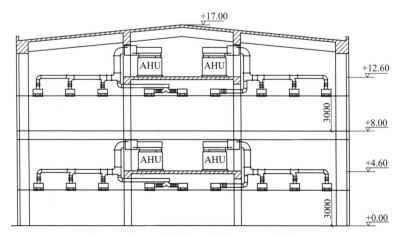

图 1.2.17　多层非单向流洁净厂房剖面实例

　　洁净室空间尺寸的确定：非单向流洁净室的层高应以生产工艺设备的尺寸和操作需要以及物料传输设备的尺寸等因素确定，一般为 3.0～3.5m；为降低费用，在不影响使用效果的情况下可降至 2.8m；生产设备的尺寸较高时，可达 4.0m 甚至更高。洁净室层高直接关系到送风量和造价、运行费用，必须精打细算。

　　技术夹层的空间尺寸，通常为 2.0～2.5m，若因各种管线布置或需设有生产用辅助设备或公用动力设备、附件时，可适当加大。技术夹道一般为 1.2～2.0m。图 1.2.18 是一个洁净厂房的上技术夹层实物照片，该夹层设有含风管的各种管道、空调机、空压机等公用动力设备。

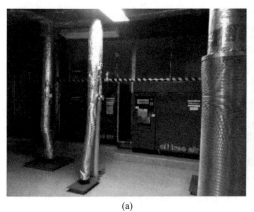 

(a)　　　　　　　　　　　　　　　　(b)

图 1.2.18　一个洁净厂房的上技术夹层实物照片

　　(2) 单向流洁净室的空间布置　单向流洁净室广泛应用于微电子产品或某些电子器件产品的生产过程。目前超大规模集成电路产品生产要求生产环境控制粒径 $0.1\mu m$、$0.05\mu m$，达到 ISO 4～5 级或更严格的级别。为适应此种要求，单向流洁净室的空间布置已从"单层"发展到"二层或三层"，并主要采用垂直单向流洁净室。图 1.2.19 为单层单向流洁净室的一种形式。在单向流洁净室的上部为送风静压箱，下部为回风地板和回风道，侧面为回风静压箱、各类公用动力管道和少量辅助设备等，回风经空气处理后送至送风静压箱。这类洁净室的空间布置灵活性较差，当产品生产工艺或产品数量扩大时，进行生产工艺平面布置调整困难。图 1.2.20 是单层水平单向流洁净室布置。洁净室上部为技术夹层，布置送风管、排风管和各种公用动力管线，集中设置空气净化处理装置。

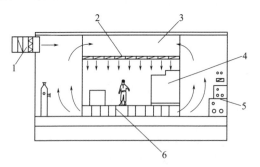 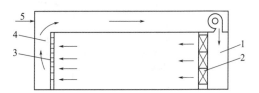

图 1.2.19　单层垂直单向流洁净室
1—新风机；2—高效过滤器；3—静压箱；
4—生产设备；5—辅助设施及配管；6—回风地板

图 1.2.20　单层水平单向流洁净室
1—送风静压小室；2—高效过滤器；
3—格栅；4—回风静压小室；5—新风

　　图 1.2.21 是多层垂直单向流洁净室剖面图。洁净室的上部为送风静压箱，在回风井内混入新风后送入送风静压箱，洁净室的循环风经风机过滤器机组（fan filter unit，FFU）送至洁净生产层；洁净室下部为格栅地板和回风静压箱，侧面或两端为回风道（井）。公用动力管线等可布置在

回风静压箱层或底层,新风处理机组一般集中设在侧面或辅助生产区内。这种布置方式能适合产品生产工艺的变化或扩大生产的改造,灵活性好。

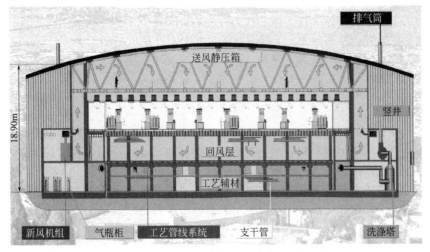

图 1.2.21　多层垂直单向流洁净室剖面图

集成电路芯片生产用洁净厂房的大面积、高洁净度洁净室造价和运行成本越来越昂贵,因此近年来采用标准机械接口与微环境相结合的洁净厂房设计建造日益增多。微环境是用规定的、能把内外环境分开或隔离的围护物限定起来的局部净化的受控空间。微环境的概念在于跳出了以整个生产环境(洁净室或洁净区)为控制对象,而转变为直接以控制加工过程的可能污染、规定空间的空气中微粒为重点;污染源从操作人员转向生产设备、加工过程。微环境技术可容易地将芯片生产环境的空气洁净度等级控制在 ISO 1 级,满足了 ULSI 生产的需要。这种技术与常规的洁净室技术相比,不仅具有许多优点,而且还有利于技术或生产规模的发展,进行技术改造时不会影响生产的进行或较少地影响,也不影响洁净度的控制和生产线的开停。由于微环境技术的这些优点,经研究开发到实际应用后得到了很快的发展,已在 8～12in 的集成电路芯片核心生产区应用,并取得了显著的效果。图 1.2.22 是微环境洁净厂房与传统隧道式洁净厂房的示意图。

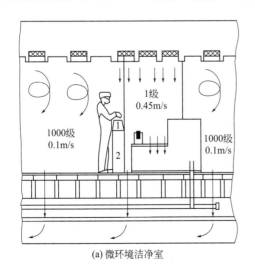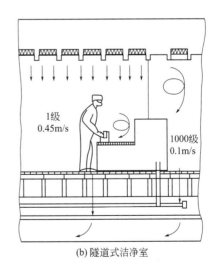

(a) 微环境洁净室　　　　　　　(b) 隧道式洁净室

图 1.2.22　微环境洁净厂房与传统洁净厂房的示意图

1—SMIF 储片盒;2—SMIF 机械手

2.4.3 洁净室的工艺布置

工艺设计是洁净厂房设计过程的先导工序，所以对洁净厂房工艺设计的基本要求是：在满足产品生产要求的前提下，合理进行洁净厂房工艺布局，合理确定各种公用动力设施的技术条件和要求等生产条件，做到能量消耗少、运行费用低、生产效率高和建设投资少；合理进行人流路线、物料运输和仓储设施的配置与布置，满足产品洁净生产要求和生产工艺要求；工艺设计应合理选择生产设备的自动化水平和物料运输的自动化水平，在经济、实用、安全可靠的条件下提高生产效率。

洁净厂房的工艺布局应综合各方面的因素，并重点考虑生产工艺、人员操作、设备维修、物料运输、未来发展等方面的要求。工艺布局的核心是要满足产品生产工艺要求，在此前提下根据所选择的洁净室气流流型，在有利于工艺设备的安装维修、物料运输和提高效率、降低能耗、降低造价等条件下，合理进行洁净厂房的工艺布置。

在电子工业的集成电路芯片生产用洁净厂房的工艺布局设计时，为了降低各生产工序发生的投资和运行成本，应合理地进行生产设备的布置来缩短产品生产过程的搬运距离和时间，提高设备的利用率。一般是由产品的生产工艺技术来确定工艺流程，并通过对工艺流程的各步骤分析，计算芯片在生产过程中各功能区域的传送频次。为了减少硅片传送距离，传送频次较高的区域建议相邻布置，如光刻区应靠近刻蚀区，刻蚀区要靠近去胶/清洗区等。集成电路芯片生产应依据产品生产工序分核心生产区和生产支持区，通常核心生产区的生产工艺有光刻、刻蚀、清洗、氧化/扩散、溅射、化学气相淀积、离子注入等，一般在生产支持区设有人员净化用室、物料净化用室、各种工艺介质的储存分配间等。芯片生产的核心区通常以光刻工艺为中心进行布置。图1.2.23是集成电路芯片生产用洁净厂房的工艺布局演变趋势。对于4~6in芯片的生产，由于通常采用片盒开敞式传送方式，操作区空气中的尘埃会直接影响硅片电路的电气性能，因此对于操作区的洁净度要求较严格，通常采用以壁板将操作区与设备区分开的港湾式布局。随着芯片尺寸向8in及12in发展，大面积高洁净度净化区的造价、运行费越来越高，因此采用标准机械接口加微环境的方式成为8in及12in芯片生产方式的主流。此种方式硅片放在密闭的片盒中，在运输、加工过程不会被环境污染，操作区可采用较低的洁净度等级。在生产区中就没有采用隔墙将操作区和设备区隔开，还可提高设备布置的灵活性，所以8~12in芯片生产的核心区宜采用大空间式布置的微环境和标准机械接口系统，并将生产辅助设备布置在下技术夹层。

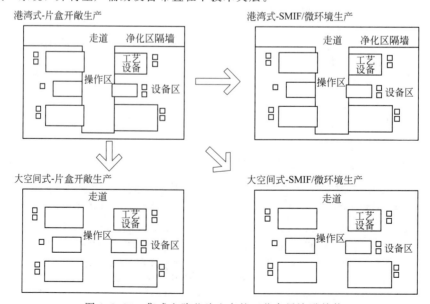

图1.2.23 集成电路芯片生产的工艺布局演进趋势

在单向流洁净室（区）布置时，洁净室（区）中生产工艺设备的布置、操作程序的安排和人员流动、物料传输等可能对单向气流造成物理障碍，应采取措施避免发生紊流或交叉污染。图1.2.24 表示设备、人员等对单向气流的干扰和改进措施。左侧图为气流障碍产生的干扰；图（a）是调整工艺设备布置，改善气流流动；图（b）是改进设备构造、外形，改善气流；图（c）是改变人员的操作行为，改善气流；图（d）是改进气流流动方式，确保产品生产区域的洁净度要求。

人员进出、材料出入、产品运送及设备、工具搬运的频繁交错，不但会彼此干扰，易发生混杂，降低生产效率，还可能会使洁净室（区）的空气洁净度受到影响和气流受到破坏。因此，在工艺布局时，应充分考虑人员、物料设备有各自的出入口。

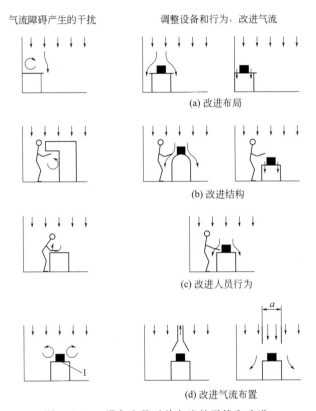

图 1.2.24 设备人员对单向流的干扰和改进

影响药品生产质量的因素是多方面的，生产过程的污染和交叉污染以及各种原因造成的人为差错是最主要的，所以最大限度地降低对药品的污染和交叉污染，克服人为差错是 GMP 的基本要素，也是医药工业洁净厂房设计的重点。在工艺布局中合理安排人流、物流，是防止生产过程中人流、物流之间交叉污染的有效措施。但根据药品生产的特点，要在工艺布局中将人流、物流截然分开或者设置专用通道是不现实的。我国 GMP 从原则上要求"厂房应按生产工艺流程及所要求的空气洁净级别进行合理布局"，为防止人流、物流交叉污染，对工艺布局提出的基本要求是：①人员和物料进出生产区域的出入口应分别设置，以避免人员和物料在出入口频繁接触而发生交叉污染；对易造成污染的原辅物料如活性炭等，生产过程中产生的废弃物如碎玻璃瓶、生物制品生产中排出的污物等，应设置专用出入口。②人员和物料进入医药洁净室（区）前，应分别在各自的净化用室中进行净化处理，防止人员和物料的交叉污染。③医药洁净室（区）内只应设置必要的工艺设备和设施，以减少无关人员和不必要的设备、设施对药品的污染，确保室内洁净度要求。④由于电梯及其通行井道无法达到洁净要求，因此多层洁净厂房中的电梯不应设在医药洁净室内。需设置在医药洁净区的电梯，应有确保医药洁净区空气洁净度等级的措施，如在电梯前设置气闸室，防止电梯运行和开启时未经净化的空气直接进入医药洁净区；也可采取其他有效的垂直输送措施。⑤医药工业洁净厂房内物料传递路线应符合工艺生产流程需要，做到短捷通畅；不宜弯绕曲折，以免传输过程中物料受到污染和交叉污染。

为减少物料从厂区仓库到洁净厂房在运输途中的污染，医药工业洁净厂房内宜设置物料储存区。物料应按规定的使用期限储存，无规定使用期限的，其储存一般不宜超过 3 年。储存面积应根据生产规模、存放周期计算。储存区内物料按待验、合格和不合格物料分区管理或采取能控制物料状态的其他措施，其中不合格的物料应设置专区存放，并应有易于识别的明显标志。对有温湿度或其他特殊要求的物料，应按规定条件储存。储存区宜靠近生产区域，短捷的运输路线有利于防止物料在传输过程中的混杂和污染。因生产需要在生产区域内设置的物料存放区，主要用于存放半成品、中间体和待验品。物料存放周期不宜太长，以免物料堆积过多，占地面积太大。检验周期长的待验品，从管理上可办理手续暂存在医药工业洁净厂房的储存区内。存放区位置的确定以满足生产为主，宜减少在走廊上的运输路线。存放区可采用集中或分散的方式，视各生产企业管理模式而定。

鉴于青霉素等高致敏性药品的特殊性，国内外 GMP 对它的生产、管理都有严格规定。美国 CGMP 要求有关制造、处理及包装青霉素的操作均应在与其他人用药品隔离的设施中进行；欧盟 GMP 提出"为使由于交叉污染引起的严重药品事故的危险性减至最低限度，一些特殊药品如致敏性物质（如青霉素类）、生物制品（如活微生物制品）的生产应采用专用的独立设施"；我国 GMP 规定"生产青霉素类高致敏性药品、生物制品（如卡介菌或其他活微生物制备而成的药品），必须采用专用和独立的厂房、生产设施和设备"。避孕药品、卡介苗、结核菌素等特殊药品的生产，对操作人员和生产环境也存在一定风险。我国 GMP 规定，这些特殊药品的生产厂房应与其他生产厂房严格分开。β-内酰胺类抗生素（beta-lactamantibiotic）是一种种类很广的抗生素，包括青霉素及其衍生物、头孢菌素等。青霉素作为高致敏性药物已被公认，而非青霉素的 β-内酰胺类抗生素对人体的致敏作用也得到公认，在我国 GMP（2010 年修订）中明确规定生产 β-内酰胺结构类药品必须使用专用设施（如独立的空气净化系统）和设备，并与其他药品生产区严格分开。因此，设计时这些药品的生产可在同一个建筑物内与其他医药生产厂房以实墙分割成互不关联的生产厂房，其人员、物料出入，所有生产设施如净化空调系统、工艺用水系统、工艺下水系统等均应独立设置。但生产所需的蒸汽、压缩空气、冷冻水、循环水等可与其他系统共用，当然，也可以安排在各自独立的建筑物内，在总图布置上与其他医药生产厂房分开。

中药生产的原料是中药材，生物制品生产的原料是动物脏器或组织，它们都必须经过一系列加工才能成为制剂的原料。由于中药材的前处理、提取、浓缩以及动物脏器、组织的洗涤或处理，要使用大量的有机溶媒、酸、碱，而且会产生大量的废气、废渣和异味，给制剂生产带来严重影响，因此要把前后两种截然不同的生产方式严格分开，以免污染成品质量。含不同核素的放射性药品有着不同的性能和作用，生产过程不得互相干扰，它们的生产区也应各自分开。"规范"中要求在生产区域上的严格分开，是指要有各自独立的生产区，相应的人员净化用室、物料净化用室，以及生产区域独立的净化空调系统。但进入同一建筑物的人员总更衣区、物料仓储区以及生产区域外的人员、物料走廊等仍可合用。

2.4.4　人净和生活用室的布置

（1）人体散发的污染物　人员进入洁净室会把外部污染物带入室内，且人员本身就是一个重要的污染源，不同衣着、不同动作时人体产尘量是不同的。由表 1.2.17 中数据可见，身着一般工作服的人步行时产尘量可达约（$\geqslant 0.5\mu m$）300×10^4 pc/(min·P)。对洁净室空气抽样分析也发现，主要的污染物有人的皮肤微屑、衣服织物的纤维与室外大气中同样性质的微粒。着洁净服后人体的发尘量还与洁净服的清洗制度、方法有关，按规定时间即时清洗和按清洗规范进行清洗（cleaning in cleanroom，CIC）的发尘量是不同的。

表 1.2.17　不同衣着、不同动作时的人体产尘量

状态	≥0.5μm 颗粒数/[(pc/(min·P)]		
	一般工作服	白色无菌工作服	全包式洁净工作服
静站	339×10^3	113×10^3	5.6×10^3
静坐	302×10^3	112×10^3	7.45×10^3
腕上下运动	2980×10^3	300×10^3	18.7×10^3
上身前屈	2240×10^3	540×10^3	24.2×10^3
腕自由运动	2240×10^3	289×10^3	20.5×10^3
脱帽	1310×10^3	—	—
头上下左右	631×10^3	151×10^3	11.2×10^3
上身扭动	850×10^3	267×10^3	14.9×10^3
屈身	3120×10^3	605×10^3	37.3×10^3
踏步	2300×10^3	860×10^3	44.8×10^3
步行	2920×10^3	1010×10^3	56×10^3

　　据有关资料介绍，洁净室中的尘粒来源见表 1.2.18，来源于人员因素的占 35%。但在连续性、自动化生产过程的工业产品生产厂房，如在微电子工厂的硅片生产中微粒污染源的统计资料表明，随着硅晶片生产过程的自动化、连续性和各项先进设备的采用，工作人员产尘在洁净室微粒污染源中所占的比例逐渐减小，见表 1.2.19。许多分析（图 1.2.25）显示机械设备是最大的污染源；到 20 世纪 90 年代，设备引发的微粒升至所有污染源的 75%～90%。

表 1.2.18　洁净室内粒子来源分析

发生源	所占百分比/%	发生源	所占百分比/%
从空气中漏入	7	从生产过程中产生	25
从原料中带入	8	由人员因素造成	35
从设备运转中产生	25		

表 1.2.19　半导体生产中微粒污染源的变化

污染源	1985 年	1990 年	1995 年	2000 年
环境	20%	10%	5%	5%
人员	30%	10%	5%	5%
设备	30%	40%	30%	10%
生产过程	20%	40%	60%	80%

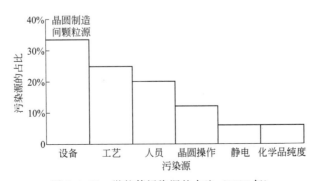

图 1.2.25　微粒等污染源的占比（1985 年）

医药工业洁净厂房等不仅关注人体的发尘量，而且常常更加关注人体细菌散发量。从表1.2.20中列出的人体细菌散发量数据可以看出不同服装、不同场所的人体细菌散发量。表1.2.21是在某学校的实验室以专门设计的实验箱体内测试的数据，可以看出被测人员身着手术内衣、长裤、外罩手术大褂，头戴棉布帽和口罩，手戴乳胶手术手套等进行不同动作时的人体散发细菌量。实验时的着装、手套等均经高温灭菌或酒精擦拭消毒。踏步频率为 90 次/min，起立坐下为 20 次/min，抬臂为 30 次/min。

表 1.2.20　人体的细菌散发量

实验者	实验条件	细菌散发量/(个/min)	
Riemensnider	直径 7ft 的不锈钢实验罐	普通服装	3300～62000
		灭菌服	1820～6500
		聚酯纤维灭菌服	230
		棉布灭菌服	780
		棉布大褂戴口罩	140～830
		棉布大褂不戴口罩	1000～11000
		棉布套装	1400～23000
		合成纤维套装	140～8700
曾田、小林等	诊疗室	平均 3900	
	单人病房	平均 240	
小林、吉泽、本田等	隔音教室	夏季平均 241(1250～20)	
		冬季平均 441(720～200)	
本田	地下街	夏季 9000～13000	
		冬季 1000～5000	
吉泽、管原等	医院入口	680(230～1640)	
正田、吉泽等	实验箱内浮游菌浓度	干净长袖衬衫及西裤	静止 10～200 步行 600～700 踏步 900～2500

表 1.2.21　着手术服时不同动作的人体散发细菌量

动作	温度/℃	湿度/%	浮游菌数/个	沉降菌数/个	附着菌数/个	人体散发细菌量/(个/min)	平均值/(个/min)
踏步	29.8	70	1573	509	188	2270	2391
	27.4	85	2753	389	330	3472	
	25.8	67	1770	407	212	2389	
	25.4	84	1750	156	232	2138	
	26.0	65	1376	329	165	1870	
	21.4	30	982	160	118	1260	
	20.0	29	2556	479	306	3341	

续表

动作	温度 /℃	湿度 /%	浮游菌数/个	沉降菌数/个	附着菌数/个	人体散发细菌量 /(个/min)	平均值 /(个/min)
起立坐下	26.0	68	1179	182	141	1502	1172
	25.2	63	786	134	94	1014	
	23.4	65	740	84	140	964	
	21.4	31	393	312	47	752	
	20.0	28	1375	86	165	1627	
抬臂	25.2	62	589	63	70	722	681
	25.2	63	408	114	55	577	
	20.0	28	609	76	60	745	

（2）人员净化程序 对人员净化的要求随所生产的产品对环境洁净度的要求不同而有所不同。在工作人员进入洁净室前，必须按规定的程序进行人身净化。人员净化应循序渐进，有一个合理的程序，在人员净化过程中，应避免已清洁的部分再被脏的部分污染。在现行国家标准《电子工业洁净厂房设计规范》（GB 50472）中推荐的人员净化程序见图 1.2.26，而《医药工业洁净厂房设计规范》（GB 50457）中推荐的非灭菌生产、灭菌生产的洁净室人员净化基本程序如图 1.2.27、图1.2.28 所示。在医药洁净室（区）的人员净化程序中强调消毒灭菌，增加气闸室的要求。

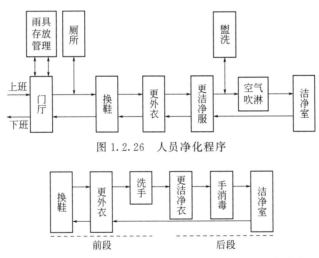

图 1.2.26 人员净化程序

图 1.2.27 医药洁净室人员净化基本程序（非无菌生产洁净室）

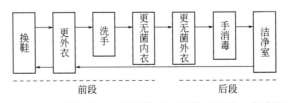

图 1.2.28 医药洁净室人员净化基本程序（无菌生产洁净室）

（3）人员净化用室及生活用室 人员净化用室，应包括雨具存放、换鞋、管理、存外衣、更洁净工作服等房间。厕所、盥洗室、淋浴室、休息室等生活用室以及空气吹淋室、气闸室、工作服洗涤和干燥间等其他用室，可根据需要设置。

所有进入洁净室的人员都必须在换鞋处净鞋或换鞋，净鞋或换鞋的目的在于保护人员净化用室入口处不致受到严重污染。洁净室人员入口处前均根据具体情况设置擦鞋、水洗净鞋、粘鞋垫、换鞋、套鞋等净鞋或换鞋措施。为了保护人员净化用室的清洁，最彻底的办法是在更衣前将外用鞋脱去，换上清洁鞋或鞋套。现有洁净厂房工作人员常常执行更衣前换鞋的制度，其中不少洁净厂房对换鞋方式作了各不相同的周密考虑，如换鞋设施的布置考虑了外用鞋与清洁鞋接触的地面应有明确的区分标志；跨越鞋柜式换鞋、清洁平台上换鞋等多种方式，均可取得很好的效果。

外出服在家庭生活及户外活动中积有大量微尘和不洁物，服装本身也会散发纤维屑，在更衣室将外出服及随身携带的其他物品存放在专用的存衣柜内，避免外出服污染洁净工作服。在人员净化用室设计时，存外衣和更洁净工作服应分别设置。

手是污染和交叉污染的媒介，人员在接触工作服之前洗手十分必要。操作中直接用手接触洁净零件、材料的人员可以戴洁净手套或在洁净室内洗手。洗净的手不可用普通毛巾擦抹，最好的办法是热风吹干，电热自动烘手器就是一种较好的选择。因此，洁净厂房的人员净化用室和生活用室设计时，盥洗室应设洗手和烘干设施。

洁净区设置厕所不仅容易使洁净室受到污染，还会影响洁净室（区）的压差控制，所以最好不要在洁净厂房的人员净化用室范围内设厕所；如果确需在人员净化用室内设置时，应设在盥洗室之前，且在厕所前增设前室，供如厕前更衣、换鞋用，同时室内应连续排风，以免臭气、湿气进入洁净室（区）。

空气吹淋室使用效果的测定结果表明，人员经空气吹淋与不经空气吹淋的散尘量是不同的，空气吹淋有一定的效果。空气吹淋室的吹淋效果大体是：对于 $\geq 0.5\mu m$ 的尘粒去除率为 10%～30%，对于 $\geq 5\mu m$ 的尘粒为 15%～35%。吹淋室具有气闸的作用，能防止外部空气进入洁净室，并使洁净室维持正压状态。吹淋室作为洁净区与准洁净区的一个分界，还具有警示性的心理作用，有利于规范洁净室人员在洁净室内的活动。空气吹淋方式有静止吹淋与拍打吹淋，图 1.2.29 为这两种吹淋方式的吹淋效果对比曲线。从图中的对比可以看出，边吹边拍打的吹淋效果较好，吹落的尘粒量为静止吹淋的 2～3 倍。因此吹淋时应尽量拍打身体各部位，并注意调节球形喷嘴的切线方向，加剧工作服的抖动，提高吹淋效果。空气吹淋效率除与吹淋室的风口数量及位置有关外，更取决于吹淋速度和吹淋时间、加大风速可缩短吹淋时间。当吹淋风速大于 20m/s 时，吹淋时间应在 20s 以上。

空气吹淋室的使用人数主要取决于每个人吹淋所需的时间和上班前人员净化的总时间。假定洁净室的自净时间为 30min，换鞋、更衣占去 10min，上班人员总吹淋时间为 20min，设每人吹淋时间为 30s，再加上吹淋准备时间 10s，则一台空气吹淋室可供 30 人使用。当洁净室最大班使用人数超过 30 人时，可采用两台或多台单人吹淋室并联布置。

垂直单向流洁净室由于自净能力强、无紊流影响，人员散尘能迅速被回风带走而不致污染产品质量，因此可以不设空气吹淋室，但仍需设气闸室。当设空气吹淋室时，应在吹淋室旁设通道，可使下班人员和检修人员的进出不必通过吹淋室，起到保护空气吹淋设备的作用及方便检修期间设备、工具的进出。

人员净化用室和生活用室的建筑面积可根据洁净室的空气洁净度等级、工作人员的数量和具体洁净室的人净等房间的布置情况等因素确定，一般可按洁净室（区）设计人数平均 2～4m²/人计算。当洁净室设计人数较多时，面积指标趋近下限值，人数较少时指标趋近上限值。

关于人员净化用室和生活用室的空气洁净度等级要

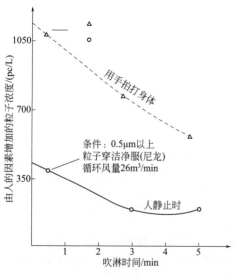

图 1.2.29　拍打吹淋与静止吹淋效果对比曲线

求，原则上应由外至内逐步提高，室内可送入经过过滤的净化空气。据了解，国内现有洁净厂房，一些洁净工作服更衣室不能达到洁净度等级的要求，也没有为洁净工作服配置有洁净送风的衣柜；还有些洁净厂房虽然没有对洁净工作服更衣室作出空气洁净要求，但室内采用空气高效过滤器送风系统或将洁净室（区）内的净化空气部分地引入更衣室。对于洁净工作服洗涤室的空气洁净度等级要求，由于洁净服洗涤室实际上包括洗涤、干燥和整衣等操作，干燥、整衣过程对洁净服的洁净程度和可能的污染影响很大，为确保工作人员穿着的洁净工作服不会对洁净室内环境带来污染物，国内外设计的洁净工作服洗涤室大都趋向于全室或局部（如整衣部分）应有空气洁净度等级要求。

在医药工业洁净厂房的各类污染源中，人是洁净室内最大的污染源。一是人在新陈代谢过程中会释放或分泌污染物；二是人体表面、衣服能沾染、黏附和携带污染物；三是人在洁净室内的各种动作会产生大量微粒和微生物。为了确保生产环境所需要的空气洁净度等级，对进入医药洁净室（区）的人员进行净化，限制人员携带和产生微粒与微生物是十分重要的。为避免人员之间的污染和交叉污染，不同空气洁净度等级医药洁净室（区）的人员净化用室宜分别设置；空气洁净度等级相同的无菌洁净室（区）和非无菌洁净室（区）的人员净化用室应分别设置。以非最终灭菌无菌冻干粉注射剂的生产区为例，在生产工序中玻瓶的洗涤、干燥、灭菌，胶塞的前处理等的空气洁净度等级为 D 级，药物除菌过滤前的称量、药液配制等的空气洁净度等级为 C 级（室内为非无菌），除菌药液的接收、灌装、半加塞、冻干等操作室为无菌洁净室，环境空气洁净度等级也是 B 级，产品暴露区域处于 A 级单向流。为此在该产品生产区应分别设置出入 D 级、C 级和 B 级洁净室等三套人员净化用室，以满足不同环境工作人员的净化要求。

青霉素等高致敏性药品、某些甾体药品、高活性药品、有毒害药品等特殊药品的生产过程中，操作人员的洁净工作服上会不同程度地沾染、吸附这些药品的微粒，为防止有毒害微粒通过更衣程序被人体携带外出，以上药品生产区的人员在退出人员净化用室前，应根据药品特点分别采取阻止有毒害微粒外带的措施。

（4）人员净化用室和生活用室的布置　人员净化用室和生活用室通常设在洁净厂房的人员入口处，两部分房间可布置在一起统一安排，遵循空气洁净度等级的要求，由外至内逐步提高和人员净化循序渐进的原则。净鞋措施应设在人员净化用室的入口处；存外衣和更换洁净服应分别设置，外衣存放柜应按设计人数每人设柜，洁净工作服宜集中挂入带有空气吹淋的洁净柜内；空气吹淋室应布置在紧邻洁净室（区）的人员入口处，即穿过空气吹淋室就进入到洁净室（区），通常空气吹淋室与洁净工作服更衣室紧邻布置；当设气闸室时，气闸室应布置在洁净室（区）的人员入口处，气闸室的两道门不应同时开启，设联锁装置进行控制。图 1.2.30 是一个电子工厂的人员净化用室和生活用室平面图。

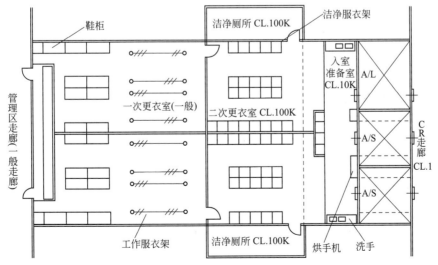

图 1.2.30　一个电子工厂的人净用室平面图

2.4.5 物料净化与布置

洁净厂房内，为避免各种物料搬入洁净室时可能携带污染物影响洁净室（区）的空气洁净度，甚至影响产品质量，造成次品或废品的出现，洁净室（区）的各种物料、设备出入口应该做到：

① 洁净室（区）的设备和物料出入口，应独立设置。此类出入口不得与人员出入口混同使用，避免污染物混杂、交叉。但对于规模较小，如建筑面积只有几十平方米的洁净室，设备和物料出入口是否独立设置，应根据具体工程项目情况、物料状态、洁净室内人员数量等实事求是地确定。

② 洁净室（区）应设有设备和物料净化用室，并在此房间内设有相应的物料净化设施，对搬入洁净室（区）的设备和物料进行净化处理。该物净用室的面积、空间尺寸和物料净化设施，应根据搬入物料的特征、性质、形状等确定。比如按物料的包装方式、物化性质不同，可采取真空吸尘、压缩空气吹除、擦拭等不同的方法进行物料净化处理等。

③ 洁净室（区）的物料净化用室与洁净室（区）之间应设置气闸室或传通窗。该规定不仅确保物料的搬入不影响洁净室（区）空气洁净度的变化；而且是保持物料出入口处，洁净室（区）与非洁净室（区）静压差的基本条件，也是物料出入口处，洁净室与非洁净室的分界和分隔。

在医药工业洁净厂房中，为减少物料包装上污染物质对洁净室（区）的污染和交叉污染，对进入医药洁净室（区）的原辅物料、包装材料及其他物品等，必须在物料净化用室进行表面清洁或剥去外层的包装材料，经传递柜或放置在清洁托板上经气闸室进入医药洁净室（区）。

无菌洁净室是进行无菌操作的洁净室，要求进入无菌洁净室的所有物料和物品都必须保持无菌状态，因此要有确保进入物料和物品无菌的措施。为阻隔医药洁净室（区）与物料清洁室或灭菌室的气流，确保医药洁净室（区）的压差，它们之间的物料传递应通过气闸室或传递柜，如使用双扉灭菌柜；由于灭菌柜可起到气闸作用，可不另设气闸室。

防止传递柜两边传递门同时被开启的措施，可根据医药洁净室（区）的空气洁净度等级要求，采用联锁装置、灯光指示等方法。传送至无菌洁净室的传递柜，除上述要求外，还应设置净化消毒装置如高效过滤器、紫外灯等。

◎ 参考文献

［1］［美］Peter Van Zant. 芯片制造——半导体工艺制程实用教程.6 版.韩郑生译.北京：电子工业出版社，2015.

［2］王毅勃，干唯国.超大规模集成电路生产环境空气含尘浓度的预测.洁净与空调技术，1998，3：10-13.

［3］W. Whyte. Cleanroom Design. Second Edition. New Jersey：John Wiley & Sons Ltd，1999.

［4］涂光备，等.制药工业的洁净与空调.北京：中国建筑工业出版社，1999.

［5］中国化学制药工业协会，中国医药工业公司.药品生产质量管理规范实施指南.北京：化学工业出版社，2001.

［6］符济湘，等.洁净室建筑.北京：中国建筑工业出版社，1986.

［7］袁真.人身净化.电子工业生产技术手册.北京：国防工业出版社，1992.

［8］缪德骅.初论医药洁净技术及其基本特点.洁净与空调技术.2004，4：23-28.

［9］中国建筑学会.建筑设计资料集.第 7 分册.3 版.北京：中国建筑工业出版社，2017.

第3章 洁净厂房的安全消防设计

3.1 概述

3.1.1 高科技洁净厂房的特点

随着科学技术的发展，许多高科技产品及其研制开发过程中都需要洁净的生产环境，在一些高科技研究试验中也需要洁净或相关受控环境。其中微电子产品、医药产品等生产工艺的发展尤为迅速，大规模、超大规模集成电路和TFT-LCD液晶显示器的生产是微电子工业发展最快的产业，研发周期短，产品生产工艺和生产规模都发展极快，集成电路12in晶圆生产工厂在国内已建成多家，芯片线宽10nm的产品已在国内批量生产，国内已建成多家8代、10代或10.5代TFT-LCD液晶显示器生产工厂。医药生物制品生产工艺日新月异，由于药品生产质量与人民健康密切相关，若生产过程中药品受到微粒和微生物污染，一旦进入人体将直接影响人体健康甚至危及人的生命安全，因此药品生产环境控制要求十分严格，日益受到人们的高度关注。

这些高科技洁净厂房的主要特点是：

① 对空气洁净度的要求十分严格，微电子工厂中的芯片生产核心区要求空气洁净度等级达到ISO 1~3级，控制粒径小于 $0.01\mu m$，甚至更小的粒径。表1.3.1是美国半导体产业协会（SIA）在1997年对集成电路发展和洁净生产环境控制趋势的预测。

表 1.3.1　SIA 对集成电路发展和洁净生产环境控制趋势的预测

项目	1995 年	1998 年	2001 年	2004 年	2007 年	2010 年
集成度	64M	256M	1G	4G	16G	64G
线宽/μm	0.35	0.25	0.18	0.13	0.10	0.07
控制粒径/μm	0.035	0.025	0.018	0.013	0.01	0.007
空气中含尘浓度($0.1\mu m$)/(个/m^3)	114	64	35	20	12	8
洁净度等级(推荐)	2	1.5	1.5	1	1	0.5

② 产品生产过程的连续性、自动化传输以及生产速率的提高，要求产品用场地具有大空间、大体量，一个洁净生产区的面积大且不可分割。如TFT-LCD液晶显示器生产线的一个洁净生产区面积可达数万平方米，我国近年投产的10.5代TFT-LCD液晶显示器生产用洁净室的面积超过 $10\times10^4 m^2$。表1.3.2是国内外一些微电子工厂洁净厂房的洁净生产区面积和厂房高度。从表中可见，芯片生产用洁净厂房的洁净生产区面积达 $33000m^2$，洁净厂房高度为 $17.0\sim31.0m$；薄膜晶

体管液晶显示器件（TFT-LCD）生产用洁净厂房的洁净区面积达 94000m²，洁净厂房高度为 20～33.0m。这类洁净厂房的洁净生产区由于产品生产过程的连续性和自动化传输要求，一般是不可分割的，因此对厂房布置和消防疏散设计提出了新的课题。并且这类洁净厂房均采用单向流洁净室，在洁净生产区的上部、下部设置上技术夹层、下技术夹层，有的还采用 2 个洁净生产区叠加布置，且各技术夹层还不能共用，因此洁净生产区的上技术夹层为其送风层，下技术夹层为其回风层，如图 1.3.1 所示。为此这类洁净厂房的高度较高，不少已超过 24.0m。

表 1.3.2　国内外一些微电子洁净厂房的洁净生产区面积和高度

项目	位置	状况	规格/mm	洁净生产区面积/m²	建筑高度/m
芯片厂 1	大陆	生产运行	200(8in)	8700	20.0
芯片厂 2	中国台湾	生产运行	300/200(12in/8in)	14000	26.8
芯片厂 3	中国台湾	生产运行	300(12in)	9000	29.4
芯片厂 4	韩国	生产运行	200(8in)	10000	31.0
芯片厂 5	韩国	生产运行	200(8in)	10000	27.0
芯片厂 6	爱尔兰	生产运行	200(8in)	8892	25.4
芯片厂 7	美国	生产运行	200(8in)	15810	22.00
芯片厂 8	爱尔兰	生产运行	300(12in)	12183	17.00
芯片厂 9	中国台湾	生产运行	200(8in)	7900	20.30
芯片厂 10	新加坡	生产运行	200(8in)	8000	25.00
芯片厂 11	上海	生产运行	300(12in)	9400	30.00
芯片厂 12	成都	生产运行	200(8in)	7408.8	21
芯片厂 13	上海	生产运行	200(8in)	10321	28.55
芯片厂 14	重庆	生产运行	300(12in)	15000	28
芯片厂 15	陕西	生产运行	150(6in)	33000	25
TFT-LCD/1	北京	生产运行	5 代	28000	23.00
TFT-LCD/2	广东	生产运行	5 代	约 33000	26.50
TFT-LCD/3	中国台湾	生产运行	6 代	约 36000	约 27
TFT-LCD/4	北京	生产运行	8 代	44000	39
TFT-LCD/5	日本	生产运行	8 代	约 90000	30.00
TFT-LCD/8.5	广州	生产运行	8.5 代	71000	40.6
TFT-LCD/10.5	合肥	生产运行	10.5 代	82000	43.05
TFT-LCD/8.5	重庆	生产运行	8.5 代	58000	36.5
TFT-LCD/11	深圳	生产运行	11 代	94000	49.8

注：TFT-LCD 薄膜晶体管液晶显示器生产线是以所加工的玻璃基板尺寸划分"世代"的，例如 5 代线的玻璃基板尺寸为 1100mm×1300mm，8 代线为 2160mm×2460mm，11 代线为 3370mm×2940mm 等。

③ 高科技洁净厂房内一些产品的生产过程需要使用多种物化性质具有易燃、易爆或腐蚀性或对人体有害的工艺介质，如特种气体、危险化学品等。表 1.3.3 是集成电路芯片生产用甲乙类气体，表 1.3.4 是集成电路芯片生产用甲乙类化学品。从表中所列可见，在芯片生产过程中需使用多种易燃、可燃、有毒、氧化性、腐蚀性气体和化学品，因产品品种不同、生产工艺不同，需使用的气体品种、数量也有所差异。如某 8in 集成电路晶圆生产过程需用 17 种甲乙类特种气体、7 种甲乙类化学品，而某 12in 集成电路晶圆生产用洁净厂房内产品的生产过程需用 14 种甲乙类特种气

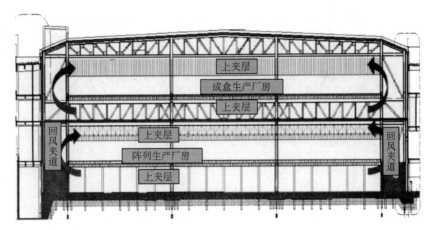

图 1.3.1　某 TFT-LCD 生产的洁净厂房剖面图

体、40 多种甲乙类化学品，在 TFT-LCD 液晶显示器生产用洁净厂房中产品的生产过程也需使用多种甲乙类气体和化学品。这些气体、化学品可燃、有毒，具有腐蚀性、氧化性和窒息性，为使用方便，常在洁净厂房内设有储存、分配间和输送管道，因此在使用甲乙类气体或化学品的洁净厂房设计、建造时应严格遵守现行国家标准《电子工业洁净厂房设计规范》（GB 50472）、《特种气体系统工程技术标准》（GB 50646）、《电子工厂化学品系统工程技术规范》（GB 50781）、《建筑设计防火规范（2018 年版）》（GB 50016）等的有关规定。

在国家标准《建筑设计防火规范（2018 年版）》中对甲类火灾危险性物质的规定是：爆炸下限小于 10% 的气体；闪点小于 28℃ 的液体；常温下受到水或空气中水蒸气的作用，能产生可燃气体并引起燃烧或爆炸的物质；遇酸、受热、撞击、摩擦、催化以及遇有机物或硫黄等易燃的无机物，极易引起燃烧或爆炸的强氧化剂。属于乙类火灾危险性的物质是：爆炸下限大于等于 10% 的气体；闪点大于等于 28℃，但小于 60℃ 的液体；不属于甲类的氧化剂；助燃气体；不属于甲类的化学易燃危险固体等。

表 1.3.3　集成电路芯片生产过程用部分甲乙类气体

序号	气体名称	气体属性	火灾危险性类别
1	硅烷(SiH_4)	自燃	甲类
2	砷烷或砷化氢(AsH_3)	有毒、可燃	甲类
3	磷烷或磷化氢(PH_3)	有毒、自燃	甲类
4	乙硼烷(B_2H_4)	有毒、可燃	甲类
5	氢气(H_2)	可燃	甲类
6	氯气(Cl)	氧化、有毒	乙类
7	氨气(NH_3)	可燃	乙类
8	氧气(O_2)	氧化性	乙类
9	一氧化碳(CO)	可燃、有毒	甲类
10	甲烷(CH_4)	可燃	甲类
11	氟甲烷(CH_3F)	可燃	甲类
12	二氟甲烷(CH_2F_2)	可燃	甲类
13	三氟化氮(NF_3)	氧化性	乙类

序号	气体名称	气体属性	火灾危险性类别
14	二氯二氢硅(SiH_2Cl_2)	可燃	甲类
15	三氟化氯(ClF_3)	有毒、氧化	乙类
16	六氟-1,3-丁二烯(C_4F_6)	可燃	甲类
17	一氧化氮(NO)	氧化性	乙类
18	四氯化硅($SiCl_4$)	有毒、腐蚀	乙类
19	六氟化钨(WF_6)	氧化性	乙类
20	溴化氢(HBr)	有毒、腐蚀	乙类
21	三氯化硼(BCl_3)	有毒、腐蚀	乙类

表 1.3.4 集成电路芯片生产过程用部分甲乙类化学品

序号	气体名称	化学品	火灾危险性类别
1	双氧水(H_2O_2)		甲类
2	异丙醇(IPA)	可燃	甲类
3	显影液(KD50)		乙类
4	清洗液(KR20)		乙类
5	硫酸(H_2SO_4,96%)	氧化剂	乙类
6	硝酸(HNO_3)	氧化剂	乙类
7	消洗剂(EBR)		乙类
8	氢氟酸(HF)	有毒、腐蚀	乙类
9	二甲基硅基二乙胺(LT0520)	有毒、可燃	甲类
10	三甲基铝(TMA)	有毒、可燃	甲类
11	硅酸四乙酯(TEOS)	有毒、可燃	乙类

④ 高科技洁净厂房建设投资大、生产设备精密且价格昂贵。据了解目前微电子生产用洁净厂房包括生产设备购置、厂房各类设施的建造（含各类净化设施）费用一般均要超过百亿人民币，如某集成电路 12in 芯片生产用洁净厂房总投资超过 400 亿元人民币，一个生产 6 代柔性 AMOLED 的洁净厂房总投资也超过 400 亿元人民币，为此，这些高科技洁净厂房从工程设计开始到建成投入运行都十分关注安全消防系统的设计、建造和运行管理。

3.1.2 洁净厂房的安全消防

因现代的高科技洁净厂房生产产品的不同、生产工艺的不同、使用状况的差异，应根据具体的洁净厂房特点，关注下面的各种影响因素，以正确地进行各项安全消防设施的设计建造，确保洁净厂房建成后稳定、安全可靠地运营。

① 洁净室空间密闭，一旦发生火灾会引发较大的烟气，对扑救和疏散十分不利，并且所产生的热量不易排出，热辐射经四壁反射使室内升温加速，将会缩短室内各部位材料达到燃点的时间；当厂房外墙无窗时，室内发生的火情一时不易被外界发现，给即时进行扑救带来困难。

② 洁净厂房的平面布置，由于需设有人员净化、物料净化以及必要的分隔措施，通常疏散通道曲折，增加疏散路线上的障碍，有时会延长疏散的距离和时间。

③ 洁净厂房多属于生产高科技产品的生产厂房，其生产过程连续不间断昼夜进行、自动化程

度较高,许多洁净厂房内的实际运行人员较少。近年来,随着科学技术的发展和各行各业对电子产品高精度、微细化以及巨大数量的需求,以集成电路芯片、光电器件/显示器为代表的微电子产品生产用洁净厂房的大面积、大体量、高投入日益显现。在此类洁净厂房的设计建造时,防火疏散措施的设置得到十分关注。

④ 洁净厂房内各洁净室通过净化空调系统风管或排风系统风管相互串通,一旦出现火情,尤其是在火势初起未被发现而又连续送风、排气的情况下,各类风管将会成为烟、火迅速的外窜通道,殃及其余房间,扩大火势。

⑤ 现代工业产品的生产过程常常会应用一些高分子材料,洁净室内装修中也不可避免地会使用某些高分子合成材料,这类材料在着火燃烧时将产生浓烟、散发毒性气体,并且有的高分子合成材料燃烧速度极快。

⑥ 如前所述,在一些高科技洁净厂房中,产品生产过程所需使用的甲、乙类物品由于管理不到位或作业人员操作不当还会导致事故甚至重大安全事故的发生,造成财产、人身伤害。

鉴于上述各类因素或条件,为了保障洁净厂房内的人员生命和财产安全,尽量避免或减少因火灾等事故或重大事故带来的损失,洁净厂房设计建造应采取可靠的安全、消防措施,防止火灾的发生或发生火情后即时扑救或减少着火燃烧造成的损失,并确保人员的即时疏散,避免造成人员伤亡事故。表1.3.5是部分微电子洁净厂房的安全消防技术设施。从表中所列可见,微电子产品生产用大面积、大体量的洁净厂房内通常都设有回风高灵敏度早期报警系统、可燃气体报警或特气、化学品报警系统,火灾报警与消防联动控制系统等,有的还设有自动喷淋灭火系统、机械防排烟系统、二氧化碳灭火装置等,各类洁净厂房均设有消防水系统及室内外消火栓等。

表 1.3.5　部分微电子洁净厂房的安全消防技术设施

工厂类别	洁净厂房核心生产区面积/m²	洁净室建筑高度/m	主要安全消防技术设施
集成电路芯片厂(1)	8600	27	设有回风高灵敏早期火灾报警系统、火灾报警及消防联动控制系统、可燃气体报警系统、机械排烟设施、CO_2灭火装置、自动喷水灭火系统等
集成电路芯片厂(2)	11000	35.8	设有机械排烟系统、回风高灵敏早期火灾报警系统,可燃气体、危险化学品泄漏报警联锁系统、火灾报警及消防联动控制系统
集成电路芯片厂(3)	8400	26.5	设有自动喷淋系统、CO_2灭火装置、回风高灵敏早期火灾报警系统、可燃气体报警系统等
TFT-LCD工厂(1)	16300	21.2	设有自动喷淋系统,疏散走廊机械排烟系统,回风高灵敏早期火灾报警系统,特气、危险化学品报警系统等
TFT-LCD工厂(2)	14000	19.8	设有早期火灾报警系统、机械排烟系统、可燃气体报警系统等
TFT-LCD工厂(3)	15000	28.5	设有早期火灾报警系统、机械排烟系统、可燃气体报警系统、自动喷淋系统等

3.2　防火与疏散

3.2.1　生产火灾危险分类

(1) 洁净厂房的特点与防火疏散　洁净厂房虽不同于一般工业厂房,但在建筑构造与材料的耐火性能以及火灾的火势形成、发展与扩散等基本特性方面,两者基本一致,所以《建筑设计防火规范（2018年版）》（GB 50016）中有不少条文同样适用于洁净厂房。但由于洁净厂房的特点，结合防火疏散的要求，在消防设计时应重点关注前述的各种影响因素。如空间密闭，火灾发生后，烟量不易排出，不利于疏散和扑救；同时由于热量无处散发，火源的热辐射经四壁反射室内迅速升温，大大缩短了全室各部位材料达到燃点的时间。一些洁净厂房内由于工艺布置和人流、物流布置的需要，常常是平面曲折布置，延长了安全疏散的距离和时间。洁净厂房内的若干洁净室都通过风管彼此串通，风管成为烟、火迅速外窜，殃及其余房间的重要通道。洁净厂房多属于生产高科技产品的生产厂房，自动化程度较高，许多洁净厂房内的工作人员较少。高科技洁净厂房内一些产品的生产过程使用到甲、乙类易燃易爆物质，如硅烷、砷烷、磷烷、乙硼烷、甲醇、甲苯、丙酮、丁酮、乙酸乙酯、乙醇、甲烷、二氯甲烷、异丙醇、氢等，火灾危险性高，对洁净厂房构成潜在的火灾威胁。一旦发生火情，在洁净室内的各类人员应及时安全疏散，所以在洁净厂房设计时应合理安排安全出口（疏散出口），确保作业人员从洁净室的每一作业点都能顺利到达安全地点（一般均为室外）。图1.3.2是一个电子工厂洁净厂房的安全疏散示意图。

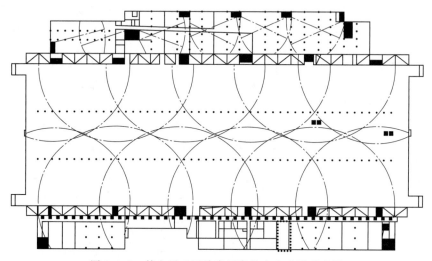

图1.3.2　某电子工厂洁净厂房的安全疏散示意图

（2）洁净厂房内生产工作间的火灾危险分类　在国家标准《建筑设计防火规范（2018年版）》（GB 50016）中规定：厂房内生产火灾危险性应根据生产中使用或产生的物质性质及其数量等因素进行分类，分为甲、乙、丙、丁、戊类。依据GB 50016中的有关规定在《洁净厂房设计规范》（GB 50073）的附录A中列出了"洁净厂房工作间的火灾危险性分类举例"，见表1.3.6。

表1.3.6　洁净厂房生产工作间的火灾危险性分类举例

生产类别	举例
甲	微型轴承装配的精研间、装配前的检查间 精密陀螺仪装配的清洗间 磁带涂布烘干工段 化工厂的丁酮、丙酮、环乙酮等易燃溶剂的物理提纯工作间（光致抗蚀剂的配制工作间） 集成电路工厂的化学清洗间（使用闪点小于28℃的易燃液体者）、外延间 常压化学气相沉积间和化学试剂储存间
乙	胶片厂的洗印车间
丙	计算机房记录数据的磁盘储存间 显像管厂装配工段烧枪间 磁带装配工段 集成电路工厂的氧化、扩散间，光刻间

生产类别	举例
丁	液晶显示器件工厂的溅射间、彩膜检验间 光纤预制棒的 MCVD、OVD 沉淀间，火抛光、芯棒烧缩及拉伸间，拉纤间 彩色荧光粉厂的蓝粉、绿粉、红粉制造间
戊	半导体器件、集成电路工厂的切片间、磨片间、抛光间 光纤、光缆工厂的光纤筛选、检验区

现行国家标准《电子工业洁净厂房设计规范》(GB 50472)中的附录 B 是电子产品生产间/工序的火灾危险性分类举例，见表 1.3.7。该表中内容与表 1.3.6 相比不同的或增加的主要内容说明如下：

① 电子工业洁净厂房中，有使用丙酮、异丙醇等易燃化学品的洁净室，这些化学品危险性均属于甲类，因此将电子工厂洁净厂房中这些化学品的储存间、分配间列为甲类。

② 电子工业洁净厂房中，尤其是在半导体类型洁净厂房中常常使用 H_2、SiH_4、AsH_3、PH_3 等可燃、有毒气体，因此将电子工厂洁净厂房中可燃、有毒气体的储存、分配间列为甲类。

③ 半导体器件、集成电路工厂的外延间，由于其生产过程中需使用 H_2、SiH_4 等可燃气体，它们的着火下限均低于 10%，因此外延间理应列为甲类。但是近年来，随着科学技术的进步，半导体器件和集成电路生产所采用的外延设备其设计、制造技术不断提高，各种气体供应、控制系统、设备和附件设计、制造技术不断提高，气体报警设施的安全可靠性长足进步和提高。据调查表明：半导体器件和集成电路生产所采用的外延设备已配置有氢气泄漏和排放超浓度报警、联锁控制装置以及灭火装置等；半导体器件和集成电路生产用外延间的氢气供应管路设有紧急切断阀，一旦发生事故、火情，自动切断氢气供应；外延间按建筑特点在可能积聚氢气处设置氢气报警装置和事故排风联锁控制装置等安全技术措施。所以该规范在制定时，考虑到在具备上述安全技术措施的条件下，宜将半导体器件和集成电路生产等所使用的外延间列为丙类。

表 1.3.7　电子产品生产间/工序的火灾危险性分类举例

生产类别	举例
甲	磁带涂布烘干工段 有丁酮、丙酮、异丙醇等易燃化学品的储存、分配间 有可燃/有毒气体的储存、分配间
乙	印制线路板厂的贴膜曝光间、检验修版间 彩色荧光粉的蓝粉着色间
丙	半导体器件、集成电路工厂的外延间[①]、化学气相沉积间[①]、清洗间[①] 液晶显示器件工厂的 CVD 间[①]，显影、刻蚀间、模块装配间，彩膜生产间 计算机房记录数据的磁盘储存间 彩色荧光粉厂的生粉制造间 荫罩厂(制版)的曝光间、显影间、涂胶间 磁带装配工段 集成电路工厂的氧化、扩散间，光刻间，离子注入间，封装间
丁	电真空显示器件工厂的装配车间、涂屏车间、荫罩加工车间、屏锥加工车间[②] 半导体器件、集成电路工厂的拉单晶间，蒸发、溅射间，芯片贴片间 液晶显示器件工厂的溅射间、彩膜检验间 光纤预制棒工厂的 MCVD、OVD 沉积间，火抛光、芯棒烧缩及拉伸间，光纤拉丝区 彩色荧光粉厂的蓝粉、绿粉、红粉制造间
戊	半导体器件、集成电路工厂的切片间、磨片间、抛光间 光纤、光缆工厂的光纤筛选、检验区，光缆生产线[③]

① 表中房间在设备密闭性良好，并设有气体或可燃蒸气报警装置和灭火装置时，应按丙类，否则仍应按甲类设防。
② 屏锥加工车间中低熔点玻璃配制和低熔点玻璃涂复间面积超过本层或防火分区总面积 5% 时，生产类别应为乙类。
③ 光缆外皮采用发泡塑料时，该生产线应为丙类。

3.2.2 防火分区与分隔

建筑物内某一场所发生火灾后，燃烧的火焰将会因热气体对流、辐射作用，可能从楼板或吊顶或墙壁的烧损处以及门窗洞口向其他部分蔓延扩大，若不能得到即时扑救，最终可能将导致大面积甚至整座建筑的火灾。因此，在一定时间内把火势控制在着火场所的一定区域内，是非常重要的。所谓防火分区就是采用具有一定耐火性能的分隔构件对建筑物进行划分，在一定时间内可以防止火灾向同一建筑物内的其他空间蔓延的局部区域。在建筑物内采取划分防火分区的措施，一旦发生火灾，可以有效地把火势控制在一定的范围内，减少火灾损失，同时也可为人员安全疏散、消防扑救创造有利条件。

按照防止火灾向防火分区以外扩大蔓延的功能可将防火分区分为两类，一是竖向防火分区，用以防止建筑物内楼层与楼层之间竖向发生火灾蔓延；二是水平防火分区，用以防止火灾在水平方向扩大蔓延。防火分区的划分对建筑物着火后的消防扑救和人员安全疏散也是十分有利的。消防人员为了迅速有效地扑灭火灾，常常采取堵截包围、穿插分割、最后扑灭火灾的方法。防火分区之间的防火分隔物就起着堵截包围的作用，它能将火灾控制在一定范围内，从而避免了扑救大面积火灾带来的种种困难。在发生火灾时，建筑物起火所在的防火分区以外的区域是较为安全的区域，人员只要从起火防火分区逃出，其安全就相对地得到了较好的保障，便可能确保安全疏散的顺利进行。

在现行国家标准《洁净厂房设计规范》（GB 50073）中有关防火分区的相关条文规定是：生产类别为甲、乙类生产的洁净厂房宜为单层厂房，其防火分区最大允许建筑面积，单层厂房宜为3000m²，多层厂房宜为2000m²。丙、丁、戊类生产的洁净厂房其防火分区最大允许建筑面积应符合现行国家标准《建筑设计防火规范（2018年版）》（GB 50016）的有关规定，此规定见表1.3.8。在现行国家标准《医药工业洁净厂房设计标准》（GB 50457）中的规定是：洁净厂房内每一防火分区的最大允许建筑面积应符合现行国家标准GB 50016的有关规定；当一座厂房内存在不同的火灾危险性生产时，宜按其火灾危险性将厂房分隔为不同的防火分区；对同一防火分区不同类别的生产区之间应作防火分隔，甲类、乙类生产区与其他生产区之间应采用防火、防爆隔墙完全分隔。

表1.3.8 厂房的耐火等级、层数和防火分区的最大允许建筑面积

生产类别	耐火等级	最多允许层数	防火分区最大允许占地面积/m²			
			单层厂房	多层厂房	高层厂房	地下、半地下厂房，厂房的地下室和半地下室
甲	一级	除生产必须采用多层者外，宜采用单层	4000	3000	—	—
	二级		3000	2000	—	—
乙	一级	不限	5000	4000	2000	—
	二级	6	4000	3000	1500	—
丙	一级	不限	不限	6000	3000	500
	二级	不限	8000	4000	2000	500
	三级	2	3000	2000	—	—
丁	一、二级	不限	不限	不限	4000	1000
	三级	3	4000	2000	—	—
	四级	1	1000	—	—	—
戊	一、二级	不限	不限	不限	6000	1000
	三级	3	5000	3000	—	—
	四级	1	1500	—	—	—

（1）电子工业洁净厂房的防火分区

① 随着电子工业的高速发展，尤其是微电子、光电子产品生产的迅猛发展，电子工业洁净厂房的规模化、大体量、大面积特色日益显现，我国从 20 世纪 90 年代末以来，建设了一批大规模集成电路芯片生产、TFT-LCD 液晶显示器生产用洁净厂房，它们的洁净室面积和防火分区面积均大大超过了现行国家标准《建筑设计防火规范（2018 年版）》（GB 50016）规定的面积。这些以芯片制造、TFT-LCD 制造为代表的高科技洁净厂房具有大面积、大体量的特点，据了解，国内 8～12in 芯片生产洁净厂房单个洁净室（区）面积为 6500 ～16000m²，5、6 代 TFT-LCD 生产用单个洁净室（区）已达 36000m²，11 代 TFT-LCD 已达 94000m²。图 1.3.3 是一个微电子洁净厂房的防火分区示意图。图中 A 区为洁净生产区，其面积约为 35000m²，B、C、D 区为生产支持区。这类洁净厂房通常由洁净生产区和洁净生产区各自设有的上、下技术夹层构成，厂房高度为 20～30m。由于芯片制造、TFT-LCD 制造的生产工艺设备体量大，制造过程的连续性和自动化传输要求，因此生产工艺区是不能分隔的。为加强消防技术措施，在美国消防标准 NFPA 318 中要求洁净室的净化空调系统回风口邻近处采用高灵敏（≤0.01% obs/m）早期空气取样的烟雾探测系统。在环境空气中烟雾浓度很低的火情出现初期，探测系统即发出警报，相应的消防应急系统即可启动将火情消灭在初始阶段。据了解国内外的此类高科技洁净厂房都这样设计建造，投产最早的已有二十年以上。为此，在现行国家标准《电子工业洁净厂房设计规范》（GB 50472）中规定"当丙类生产的电子工厂洁净厂房的洁净室（区），在关键生产设备设有火灾报警和灭火装置以及回风气流中设有灵敏度小于等于 0.01% obs/m 的高灵敏度早期烟雾报警探测系统后，其每个防火分区最大允许建筑面积可按生产工艺要求确定"。这里对这类电子工厂洁净厂房的防火分区最大容许建筑面积做此规定的主要理由是：

a. 由于电子产品工艺的连续性或生产过程的自动化传输设备等的需要，这类洁净室确实不能按表 1.3.8 要求的防火分区最大允许建筑面积进行分隔。

b. 在洁净厂房内净化空调系统混入新风前的回风气流中应设置高灵敏度早期报警火灾探测器（very early smoke detection apparatus，VESDA），或称空气采样式烟雾探测系统（air sampling type smoke detection system）。这类探测系统是主动抽取环境中的空气，只要空气中有烟雾，就能及时报警，在火灾形成前数小时，即可实现早期报警。GB 50472 规定的早期火灾报警探测器的灵敏度小于等于 0.01% obs/m，它是传统探测器的数百倍，可以做到早期发现，将火源消灭在初始状态。

c. 关键生产设备（主要是指易引发火情的设备），并设有火灾报警和灭火装置。

据调研表明在集成电路芯片工厂、TFT-LCD 制造工厂等使用易燃、易爆化学品、气体的生产设备都设有火灾报警和灭火装置，为 GB 50472 中规定的实施创造了有利条件。

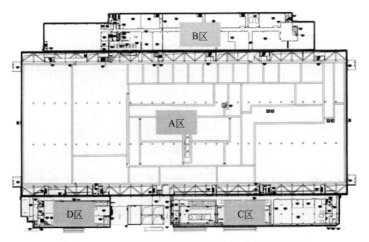

图 1.3.3　一个微电子洁净厂房的防火分区示意图

② 据调查资料表明，表1.3.9所列的一些电子工厂洁净厂房都是垂直单向流洁净室或混合流洁净室。此类洁净室的洁净生产区与下技术夹层是以多孔活动地板和多孔混凝土板（华夫板）分隔的。下技术夹层是回风静压箱，并可能安装生产辅助设施、各类管线等，多孔活动地板上开孔多少视回风量确定，其开孔率一般在30%～50%，而华夫板上的开孔率大于上述开孔率，每个孔洞的直径一般是400mm左右；下技术夹层不设岗位操作人员，其高度为2.5～6.5m。上技术夹层是送风静压箱，它以基本布满高效空气过滤器或FFU和灯具的吊顶格栅与洁净生产区相连；上技术夹层没有岗位操作人员，其高度一般为2.5～6.5m。由于上述构造特点和使用特性，因此美国消防标准NFPA 318中明确规定"洁净室包括活动地板下的空间和吊顶格栅以上作为空气通道的空间""活动地板下方提供安装机械、电气或类似系统的管线等，或作为送风或回风静压箱作用的空间"。在GB 50472中规定：洁净室上、下技术夹层的建筑面积可不计入防火分区的建筑面积。上、下技术夹层和洁净生产层，按其构造特点和用途，可作为同一防火分区。对于非单向流洁净室的技术夹层，一般均设在吊顶上部，其高度大多小于2.0m，其洁净生产层与吊顶上部的技术夹层均按同一防火分区进行设计、建造。

表1.3.9　一些微电子生产用洁净厂房的洁净室类型

工厂类别	产品种类	空气洁净度等级	洁净室类型
集成电路芯片制造（1）	6in	5	垂直单向流
集成电路芯片制造（2）	8in	1.5/7	混合流
集成电路芯片制造（3）	12in	3/5	混合流
TFT-LCD（1）	5代	5	垂直单向流
TFT-LCD（2）	8代	4/5	混合流
TFT-LCD（3）	10代	4/5	混合流

③ 在GB 50472中所谓的"关键生产设备"主要是指在电子产品生产过程中使用易燃化学品、特种气体等可能引发火情的设备。表1.3.10是集成电路芯片生产用洁净厂房中部分设有灭火装置的"关键生产设备"举例以及所使用的易燃化学品。图1.3.4是芯片工厂中一套清洗设备的消防设施示意图。

表1.3.10　芯片工厂中设有 CO_2 灭火装置的生产设备举例

序号	设备名称	使用的化学品	序号	设备名称	使用的化学品
1	中间机盒清洗机	IPA	7	溶剂供给装置	PGMEA、HMDS
2	二氧化硅涂敷设	IPA	8	清洗装置	IPA
3	正胶涂敷设	光阴液、PGMEA、HMDS	9	磷玻璃层清除装置	IPA
4	ARC涂敷机等	光阻液、PGMEA、HMDS	10	FPM清洗机	IPA
5	聚亚胺涂敷设	聚亚胺、PGMEA、HMDS	11	PR剥离	剥离液、IPA
6	杯式清洗机	丁酮	12	栅极氧化前处理	IPA

注：光阻液，由酚醛树脂（40%）、乙基乳酸盐（55%）和丁基醋酸盐（5%）配制；IPA，异丙醇；PGMEA，由丙烯甲基烷（70%）、乙二醇醋酸（30%）配制；HMDS，六甲基二硅烷；剥离液，由单乙醇胺（70%）、二甲基亚砜（30%）配制。

（2）洁净厂房内的分隔　由于洁净室内通常都装设有较为贵重的生产设备、精密设备和仪器仪表，且洁净室具有很好的气密性，为确保建造后的洁净室安全稳定运行，避免相邻房间发生火灾殃及、诱发着火事故，因此在有关的现行洁净厂房设计规范中对洁净厂房应少设隔间，但是应

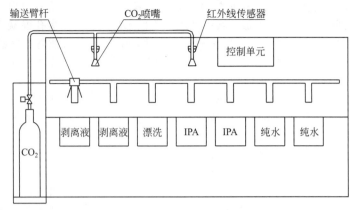

图 1.3.4　一个芯片工厂中一台清洗设备的消防设施示意图

根据生产工艺、产品生产的火灾危险分类，甲、乙类与非甲、乙类相邻的生产区段之间，或者有防火分隔要求者应进行分隔；按生产工艺有分隔要求，或者生产联系少又经常不同时使用时，应进行分隔。另外，还对分隔进行如下规定：在一个防火分区内的综合性厂房，其洁净生产与一般生产区域之间应设置不燃烧体隔断措施。隔墙及其相应顶棚的耐火极限不应低于 1h，隔墙上的门窗耐火极限不应低于 0.6h；穿隔墙和顶板的管线周围空隙应采用防火或耐火材料紧密填堵。洁净厂房内的技术竖井井壁应为不燃烧体，其耐火极限不应低于 1h。井壁上检查门的耐火极限不应低于 0.6h；竖井内在各层或间隔一层楼板处，应采用相当于楼板耐火极限的不燃烧体作水平防火分隔；穿过水平防火分隔的管线周围空隙，应采用防火或耐火材料紧密填堵。

在一些生产高科技产品的洁净厂房，如微电子、光电子产品生产的洁净厂房生产过程中常常需使用易燃、易爆、有毒的气体、化学品，为确保产品生产的正常进行和安全稳定运行，在此类洁净厂房中设有各类气体、化学品的储存输送分配房间。在现行国家标准《电子工业洁净厂房设计规范》（GB 50472）、《特种气体系统工程技术标准》（GB 50646）中对于相关房间的分隔、耐火极限作出了规定，如洁净厂房内特种气体的储存分配间应采用耐火极限不低于 2.0h 的不燃烧体隔墙与洁净室（区）或相邻房间分隔，隔墙上的门窗应为甲级防火门窗；有爆炸危险的特种气体间与无爆炸危险的房间之间，应采用耐火极限不低于 4.0h 的不燃烧体防爆墙分隔；洁净厂房内各种化学品的储存分配间应按其物化特性分类存放，当物化性质不容许同库存放时，应采用实体隔墙分隔；危险化学品储存分配间应单独设置，并应在洁净厂房的一层靠外墙布置；危险化学品储存分配间与相邻房间之间，应采用耐火极限大于 2.0h 的隔墙分隔。

3.2.3　安全疏散

建筑物一旦发生火灾，为避免正在建筑物内的人员因火烧、烟熏、中毒和房屋倒塌遭到伤害，必须尽快撤离；室内的物资也要进行抢救，减少火灾损失；同时，消防人员应迅速接近起火部位，扑救火灾。所以建筑物应设计完善的安全疏散设施，为火灾发生后的安全疏散创造条件。

① 洁净厂房的安全疏散设施主要包括：安全出口、疏散楼梯、疏散通道、疏散标志等。安全疏散设计应根据建筑物的规模、使用特点、耐火等级、生产和储存物品的火灾危险性、容纳人数等合理设置安全疏散设施，为人员的安全疏散提供良好条件。通常应做到：

● 疏散路线应简捷明了，便于寻找、辨别。考虑到紧急疏散时人们缺乏思考疏散方法的能力和时间紧迫，所以疏散路线应简捷、易于辨认，并设置简明易懂、醒目的疏散标志。洁净厂房内人员净化程序较多，一般包括换鞋、更衣（有时为多次更衣）、盥洗、吹淋等，为避免交叉污染，常常形成从人员入口到生产地点的曲折迂回路线。因此，一旦发生火灾，把这样曲折的人净路线、出入口当作安全疏散路线、出口是不恰当的。洁净室（区）的疏散路线不宜依赖人净路线，应增设必要的短捷的安全疏散通道和出口通向室外等安全区域。

●疏散路线要做到步步安全。疏散路线一般可分为四个阶段：第一阶段是从火场到房间门；第二阶段是公共走廊中的疏散；第三阶段是在疏散楼梯间内疏散；第四阶段是出楼梯间到室外等安全区域的疏散。这四个阶段必须是步步走向安全的，以保证不出现"逆流"。疏散路线的终端是安全区域。

●疏散路线设计要符合人们的习惯要求。人们在紧急情况下，习惯走平常熟悉的路线，使经常使用的路线与火灾时紧急使用的路线有机地结合起来，有利于迅速而安全地疏散人员。同时应利用明显的标志引导人们走向安全区域。

●疏散通道不应布置成不畅通的"S"形或"U"形，也不宜有变化宽度的平面布置；通道上方不能有妨碍安全疏散的突出物，下面不能有突然改变地面标高的踏步。

●在建筑物内任意部位最好同时有两个或两个以上的疏散方向可供疏散，避免把疏散通道布置成袋形。这是因为袋形通道只有一个疏散方向，火灾时一旦出口被烟火堵住，疏散通道内的人员就很难安全脱险了。

② 安全出口是指符合规范规定的供人员疏散用的楼梯间、室外楼梯的出入口或直通室外安全区域的出口。为了在发生火灾时，能够迅速安全地疏散人员和搬出贵重物资，减少火灾损失，在建筑物设计时必须设计足够数量的安全出口。安全出口应分散布置，且易于寻找，并应设明显标志。

洁净厂房安全出口的设置是为了在发生火灾时能将正在厂房内的工作人员即时疏散，所以应依据现行国家标准《建筑设计防火规范（2018 年版）》（GB 50016）中有关安全出口、疏散距离的相关规定进行设计。在 GB 50073 中要求：洁净厂房每一生产层、每一防火分区或每一洁净区的安全出口数量不应少于 2 个。对甲、乙类生产厂房每层的洁净生产区总建筑面积不超过 100m² ，且同一时间内的生产人员总数不超过 5 人时，可只设一个安全出口；对丙、丁、戊类生产厂房，应按现行 GB 50016 的有关规定设置。在 GB 50016 中对丙、丁戊类生产厂房的安全出口规定是：丙类厂房，每层建筑面积小于等于 250m² ，且同一时间的生产人员不超过 20 人时；丁、戊类厂房，每层建筑面积小于等于 400m² ，且同一时间的生产人员不超过 30 人时，可只设一个安全出口。

安全出口应当分散布置。由于各种空气洁净度等级的洁净厂房内均设置有程序较多的人员净化路线，连同必要的换鞋、盥洗等生活用室，布置上还有防止交叉污染等措施，常常会形成从洁净厂房人员入口到生产岗位的曲折路线，为此在洁净厂房设计规范中规定"从生产地点至安全出口不应经过曲折的人员净化路线"，以便在出现"火情"时，洁净室的生产人员能顺畅、迅速地疏散至安全地点。为迅速进行人员疏散，还应设有明显的疏散标志。

③ 由于安全疏散距离是确保厂房内一旦出现"火情"，厂房中工作人员即时迅速逃离至安全地点的主要条件，因此在 GB 50016 中规定的"厂房内任一点到最近安全出口的距离"不应大于表1.3.11 的规定。但是随着近年来设计建造的微电子工厂洁净厂房具有大体量、大面积的实际情况，如表 1.3.2 中所列的芯片生产和 TFT-LCD 液晶显示器生产用洁净厂房的洁净生产区面积已达数万平方米，建筑高度达 30 多米。据了解，一些微电子生产用洁净厂房内任一点到最近安全出口的距离可达 80～120m 。这类洁净厂房内使用可燃、易燃气体的关键设备均设有火灾报警、气体报警和灭火装置，高灵敏度早期烟雾探测系统，并且由于生产工艺设备体积大、连续性生产、自动化传输等因素，致使要实现厂房内任一点到安全出口的距离符合 GB 50016 的规定十分困难；而此类厂房中操作人员较少，人员密度极低，且人员多为流动巡查。因此在 GB 50472 中规定："丙类生产的电子工厂洁净厂房，在关键生产设备自带火灾报警和灭火装置以及回风气流中设有灵敏度小于等于 0.01% obs/m 的高灵敏度早期火灾报警探测系统后，安全疏散距离可按工艺需要确定，但不得大于 GB 50016 中规定的安全疏散距离的 1.5 倍。"同时在规范中还说明：对于玻璃基板尺寸大于 1500mm×1850mm 的 TFT-LCD 生产厂房，且洁净生产区人员密度小于 0.02 人/m² 时，其疏散距离应按工艺需求确定，但不得大于 120m 。

表 1.3.11　厂房内任一点到最近安全出口的距离　　　　　　　单位：m

生产类别	耐火等级	单层厂房	多层厂房	高层厂房	地下、半地下厂房或 厂房的地下室、半地下室
甲	一、二级	30.0	25.0	—	—
乙	一、二级	75.0	50.0	30.0	—
丙	一、二级	80.0	60.0	40.0	30.0
	三级	60.0	40.0	—	—
丁	一、二级	不限	不限	50.0	45.0
	三级	60.0	50.0	—	—
	四级	50.0	—	—	—
戊	一、二级	不限	不限	75.0	60.0
	三级	100.0	75.0	—	—
	四级	60.0	—	—	—

建筑物中的人员密度是影响人员即时疏散的重要因素之一，在 GB 50016 的条文说明中表述有丙类厂房中工作人员较多，疏散时间按人员荷载 2 人/m^2，疏散速度办公室按 60m/min，学校按 22m/min，若取两者的中间值作为丙类厂房的平均疏散速度，80m 的疏散距离所需的疏散时间为 2min。因此在该规范中对一、二级耐火等级建筑物丙类单层、多层厂房的疏散距离分别规定为 80m、60m，可见人员密度对于确定厂房内的疏散距离至关重要。测试资料表明，人员行走速度与人员密度的关系如表 1.3.12 所示。人员密度越大，人员水平行走速度越小。又由于近年设计建造的微电子工厂洁净厂房的大体量、大面积的实际情况，如表 1.3.2 中所列的芯片生产用洁净厂房、TFT-LCD 液晶显示器生产用洁净厂房的单个洁净生产区面积已达数万平方米，且此类厂房中操作人员较少，人员密度极低，为此在 GB 50472 中对 8 代 TFT-LCD 生产用洁净生产区的疏散距离，推荐在人员密度小于 0.02 人/m^2 时，可按工艺需要确定，但不得超过 120m。

表 1.3.12　人员行走速度与密度的关系

分类	人员密度 /(人/m^2)	水平速度 /(m/s)	行动描述
A	< 0.31	1.3	可以很容易地超越前方人员；人往回走时不受限制
B	0.43~0.31	1.2~1.3	当试图超过前方的人时会偶尔相互影响；人员具有交错行走或掉转方向行走的可能，但偶尔会相互冲突
C	0.71~0.43	1.1~1.2	在超过前方人员时会受到限制，但可以通过调整行进方向避免与前方人员发生冲突
D	1.0~0.71	1.0~1.1	要想超过前方人员很少不会与前方人员发生冲突，人员想掉转方向行走时会由于发生冲突而受限

④ 按建筑物防火疏散的要求，疏散门应沿疏散方向开启。洁净室设计中通常是将疏散方向的安排与洁净室气流方向协调，但为了增强围护结构的气密性，又希望门逆气流方向开启，便于正常运行时可借助室内空气压力将门压紧，有时两种要求会有所矛盾。目前有关设计规范规定洁净室内的密闭门应朝空气洁净度较高的房间开启，并应加设闭门器，其余的门开启方向不限。这种做法既能解决主要出口处大量人员的疏散问题，又照顾了洁净房间之间的门适应于静压差的开启。具体工程设计时还要结合具体工程情况和生产工艺或操作使用要求来确定，在使用人数众多的主

要通路上的门还尽量应以疏散方向开启，安全疏散门不应采用吊门、转门、侧拉门、卷帘门及电控自动门。

在洁净厂房中常常会由于空气洁净度要求不同或生产工艺安排不允许，在安全疏散通道上设置正常运行时不能通行的玻璃固定门。该门旁固定位设有敲击玻璃的工具，一旦出现火情，即可敲碎玻璃门打通疏散通道。

⑤ 专用消防口是供消防人员为灭火而进入建筑物的专用入口。洁净厂房外墙往往无窗或者不一定四面都有外窗，有时，虽有窗但孔洞很小或者装有铁栅栏等妨碍消防人员进入建筑物，设置专用消防口是为了一旦发生火灾能够使消防人员迅速有效地直接进入厂房的核心部位扑救。所以根据洁净厂房产品生产工艺要求、平面布置状况和灭火要求，单层或多层厂房本层外墙上若没有可供消防人员进入的门窗洞口，就应在这一层设置专用消防口或者设有门窗。在《洁净厂房设计规范》（GB 50073）中不仅规定了"洁净厂房与洁净区同层外墙应设可供消防人员通往厂房洁净室（区）的门窗，其门窗洞口间距大于80m时，应在该段外墙的适当部位设置专用消防口。专用消防口的宽度应不小于750mm，高度应不小于1800mm，并应有明显的标志。楼层的专用消防口应设阳台，并从二层开始向上层架设钢梯"，并且还规定了"洁净厂房外墙上的吊门、电控自动门以及宽度小于750mm，高度小于1800mm或装有栅栏的窗，均不应作为火灾发生时供消防人员进入厂房的入口"。图1.3.5是专用消防口示意图。专用消防口平时封闭，使用时由消防人员从外面开门或破拆入口处的遮盖物进入室内。专用消防口外观应该有明显的标志，夜间应该配备红灯事故照明，在发出火灾警报时点亮。

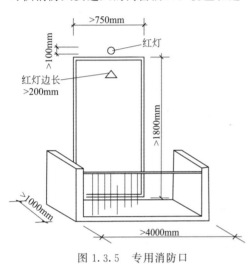

图 1.3.5　专用消防口

3.3　防火与建材

3.3.1　耐火极限

耐火极限是建筑构件、配件或结构在耐火试验条件下，从受到火的作用时起，到失去稳定性、完整性或隔热性时止的这段时间，用小时表示。对厂房建造采用的建筑构件、配件或结构的耐火极限的选择，主要是考虑一旦发生火灾厂房构造能否承受，会不会烧垮。若选择耐火极限的时限越高，发生火灾时烧垮的可能性就越小，但建造费用增加；若选择耐火极限的时限越低，则发生火灾时在火焰和高温作用下，容易烧垮、损失较大，还可能影响厂房内人员的顺利疏散，造成人员伤亡。所以在洁净厂房的相关规范中对于隔墙、吊顶等均对其耐火极限作出了明确的规定。不同建筑构件，由于施工或制作工艺不同以及截面不同、材料组分不同、受力条件不同和升温过程曲线不同等，其耐火极限是不一样的。对于某种建筑构件的耐火极限通常应根据理论计算和试验测试相结合的方法来进行确定，有的还应以实际构件进行燃烧试验确定，如洁净厂房中的墙板、吊顶等经常采用的金属壁板就是以制造厂家的实际产品送去有资质的检测单位测试其耐火极限。表1.3.13列出的部分建筑构件的燃烧性能和耐火极限摘自GB 50016的条文说明，供设计时参考。

表 1.3.13　部分建筑构件的燃烧性能和耐火极限

序号	构件名称	结构厚度或截面最小尺寸/mm	耐火极限/h	燃烧性能
	非承重墙			
1	普通黏土砖墙： (1)不包括双面抹灰	60	1.50	不燃烧体
	(2)不包括双面抹灰	120	3.00	不燃烧体
	(3)包括双面抹灰	180	5.00	不燃烧体
	(4)包括双面抹灰	240	8.00	不燃烧体
2	钢筋混凝土大板墙(C20)	60	1.00	不燃烧体
		120	2.60	不燃烧体
3	轻质复合隔墙： (1)菱苦土板夹纸蜂窝隔墙,2.5mm＋50mm(纸蜂窝)＋25mm	—	0.33	难燃烧体
	(2)水泥刨花复合板隔墙,总厚度80mm(内空层60mm)	—	0.75	难燃烧体
4	石膏空心条板隔墙： (1)石膏珍珠岩空心条板(膨胀珍珠岩50～80 kg/m³)	60	1.50	不燃烧体
	(2)石膏珍珠岩空心条板(膨胀珍珠岩60～120 kg/m³)	60	1.20	不燃烧体
	(3)石膏硅酸盐空心条板	60	1.50	不燃烧体
	(4)石膏珍珠岩塑料网空心条板(膨胀珍珠岩60～120 kg/m³)	60	1.30	不燃烧体
5	轻钢龙骨两面钉表右侧材料的隔墙： (1)耐火纸面石膏板 30mm×12mm＋100mm(岩棉)＋20mm×12mm	160	＞2.00	不燃烧体
	30mm×15mm＋100mm(80mm 厚岩棉)＋20mm×15mm	175	2.82	不燃烧体
	30mm×15mm＋100mm(50mm 厚岩棉)＋20mm×12mm	169	2.95	不燃烧体
	9.5mm＋3mm×12mm＋100mm(空)＋100mm(80mm 厚岩棉)＋20mm×12mm＋9.5mm＋12mm	291	3.00	不燃烧体
	30mm×15mm＋150mm(100mm 厚岩棉)＋30mm×15mm	240	4.00	不燃烧体
	(2)双层双面夹矿棉硅酸钙板： 钢龙骨水泥刨花板,12mm＋76mm(空)＋12mm	—	0.45	难燃烧体
	钢龙骨石棉水泥板,12mm＋75mm(空)＋6mm	—	0.30	难燃烧体
6	彩色钢板复合板墙： (1)彩色钢板岩棉夹芯板	—	1.13	不燃烧体
	(2)彩色钢板岩棉夹芯板	—	0.50	不燃烧体

3.3.2　对建筑装饰材料的防火要求

①　由于洁净室内一般均设有较为贵重的生产设备、仪器仪表，为防止洁净室（区）的相邻房间发生火情时殃及、诱发着火事故，对用于分隔洁净厂房内各类洁净室的墙板、顶棚的材料应有较为严格的要求；又因为洁净室（区）具有良好的气密性，一旦发生火情室内烟雾难于即时排出，为确保洁净室（区）内作业人员在一定时间内安全逃逸，所以对于洁净厂房内的疏散通道用墙板、顶棚材质应有严格的要求。因此洁净室的顶棚和壁板（包括夹芯材料）应为非燃烧体，且不得采用有机复合材料；顶棚和壁板的耐火极限不应低于 0.4h，疏散走道顶棚的耐火极限不应低于1.0h。这里要求"不得采用有机复合材料"是因为一旦发生燃烧着火，金属壁板的夹芯材料采用的聚苯乙烯、聚氨酯等有机复合材料将会产生窒息性气体、有毒气体，为此在洁净厂房设计规范

中作了强制性规定。据了解，目前国内各类洁净厂房大多采用各种类型的金属壁板作洁净室的墙板和顶棚。国内各制造厂家生产的洁净室用顶棚、墙板主要有彩钢岩棉夹芯板、彩钢石膏夹芯板、彩钢蜂窝夹芯板、彩钢酚醛夹芯板以及各类无机材料彩钢夹芯板，由于各厂家的结构不同或钢板厚度不同、夹芯材料不同，耐火极限也不同，甚至相差较大，据说至今仍有的工程项目"违规"采用有机复合材料作为夹芯材料的彩钢板。表 1.3.14 中是一些金属壁板实际检测的耐火极限。可见目前国内彩钢夹芯板产品十分繁杂、良莠不齐，在选用时应严格按规范要求、规定进行选用，且制造厂家应具有产品耐火性能检测报告，以确保洁净厂房建造后的安全运行。

表 1.3.14 一些金属壁板的耐火极限

序号	名称	耐火极限/h
1	彩钢防火石膏板(50mm)	1.2(72min)
2	彩钢防火纸质蜂窝板(50mm)	0.27 (16min)
3	彩钢防火岩棉复合板(50mm)	0.7 (42min)
4	无机不燃彩钢夹芯板(50mm)	1.23
5	双面彩钢岩棉石膏夹芯板(100mm)	1.47
6	双面彩钢纸蜂窝石膏夹芯板(60mm)	0.63
7	岩棉金属墙板(50mm)	>1.0
8	纸蜂窝彩钢板(50mm)	0.33

② 洁净室内的装饰材料包括各处所的密封材料其燃烧性能应符合现行国家标准《建筑内部装修设计防火规范》（GB 50222）的有关规定。该规范将建筑装修材料按其燃烧性能划分为 4 个等级，即 A 级不燃性、B₁ 级难燃性、B_2 级可燃性、B_3 级易燃性，并应按国家标准《建筑材料及制品燃烧性能分级》（GB 8624）对其进行燃烧性能等级的判定，A 级材料检验确定的 A_1、A_2 级材料，B_1 级应确定的 B、C 级材料，B_2 级应为 D、E 级材料，B_3 级应为 F 级材料。在该规范中列举了常用建筑内部装修材料燃烧等级的划分，如属 A 级材料的有水磨石、石膏板、黏土制品、玻璃、瓷砖、马赛克、钢铁、铝、铜合金、纤维石膏板、无机复合防火板、玻璃、玻镁平板、硅酸钙板、无机防火隔板、岩棉复合板、岩棉复合彩钢板等；属 B_1 级的顶棚原材料有纸面石膏板、难燃中密度纤维板、难燃酚醛胶合板、酚醛发泡板、铝蜂窝板等；属 B_1 类的墙面材料有纸面石膏板、矿棉板、玻璃棉板、珍珠岩板、难燃中密度纤维板、难燃墙纸、酚醛泡沫保温板、酚醛复合板、铝蜂窝板等；属 B_1 级的地面材料有硬 PVC 塑料地板、防静电地砖、PVC 地板、半硬质聚氯乙烯塑料地板等。

在 GB 50472 中要求，洁净室装修材料的烟密度等级（SDR）不应大于 50，洁净室各种装修材料的烟密度等级试验应符合现行国家标准《建筑材料燃烧或分解的烟密度试验方法》（GB/T 8627）的有关要求。

3.3.3 风管材料的防火要求

洁净厂房中净化空调系统和排风系统的风管及其附件均应采用不燃材料制作，只有因工艺要求或工艺生产特点确实将会接触腐蚀性物质，可能严重腐蚀风管或风管附件（包括柔性接头）等时，才可采用难燃防腐蚀材料制作。净化空调系统和排风系统的风管及其附件、保温材料、消声材料和黏结剂等均应采用不燃材料或难燃材料。这里所述的风管及其附件采用的不燃材料是指各类金属板材，难燃防腐蚀材料是指氧指数大于等于 32 的玻璃钢；风管保温材料或消声装置采用的不燃材料主要是指岩棉、玻璃棉等，难燃材料是指氧指数大于等于 32 的橡塑海绵等。洁净厂房内穿越防火墙及变形缝防火隔墙两侧各 2000mm 范围内的风管保温材料和净化空调系统风管上电加热器前后 800mm 范围内的风管保温材料以及垫片、黏结剂等，均必须采用不燃材料。

洁净厂房内的排烟风管及其附件均应采用不燃材料，其耐火极限应大于 0.5h。

在洁净厂房内的净化空调系统和排风系统中，为防止一旦出现火情时因风管串通各个洁净室、扩大火情，应按有关规定在风管上设置防火阀。在国家标准《洁净厂房设计规范》（GB 50073）中对此的规定为：在下列情况之一的通风、净化空调系统的风管应设防火阀。

① 风管穿越防火分区的隔墙处，穿越变形缝的防火隔墙的两侧。

② 风管穿越通风、空气调节机房的隔墙和楼板处。

③ 垂直风管与每层水平风管交接的水平管段上。

由于电子工业洁净厂房中一些电子产品的生产过程均需使用多种类型的易燃、易爆、有毒气体和化学品等，在此类洁净厂房中都设置有含易燃、易爆、有毒气体和化学品的排风管道。一旦出现火情，为确保洁净室内人员的安全疏散，应首先将系统、设备和管道内的有害物质排出，达到安全要求后，才能关断排风管道上的防火阀，因此在电子工业洁净厂房中对含有易燃、易爆、有毒气体或化学品的排风管道不得设置熔片式防火阀。

3.4　洁净厂房的安全消防设施

3.4.1　洁净室的防排烟

（1）电子工业洁净厂房的防排烟　各种类型的火灾事故表明，火灾时物质燃烧产生的烟气是造成火灾中人员伤亡的主要因素，这是由于高温烟气中可能含有窒息性气体、有毒气体和固体、液体颗粒，对人的生命、健康构成极大的威胁。据有关实验表明，人在浓烟中停留 1～2min 就可能晕倒，接触 4～5min 就可能有死亡的危险。火灾中烟气的蔓延速度很快，水平方向扩散为 0.3～0.8m/s，垂直向上扩散为 3～4m/s，在较短的时间内，可从起火点迅速扩散到建筑物的其他场所，严重影响着火建筑内人员的疏散和消防人员的扑救工作开展。建筑物内设置防烟、排烟设施是为了发生火灾时，及时排除火灾产生的大量烟气，确保建筑物内人员的顺利疏散、安全避难，并为消防人员的扑救创造有利条件。

洁净厂房与各类工业建筑相比，既具有共同的特点，又具有"密闭"性、多样性，且具体工程有其自身的特殊性，所以很难对洁净厂房的防排烟设计作出简单、明确的规定。在《电子工业洁净厂房设计规范》（GB 50472）中，根据国内外近年来建造高科技微电子类洁净厂房的实际状况，并充分考虑到随着科学技术的发展，大多数电子产品生产用洁净厂房内的工作人员较少，不少洁净室（区）的人员密度均小于 0.02 人/m²，作了如下规定："电子工厂洁净厂房中的疏散走廊，应设置机械排烟设施。""电子工厂洁净厂房应按现行国家标准《建筑设计防火规范（2018 年版）》（GB 50016）的规定设置排烟设施，当同一防火分区的丙类洁净室（区）人员密度小于 0.02 人/m²，且安全疏散距离小于 80m 时，该洁净室（区）可不设机械排烟设施。""机械排烟系统宜与通风、净化空调系统分开设置，当合用时，应采取防火安全措施。""机械排烟系统的风量、排烟口位置、风机的设置，应符合现行国家标准《建筑设计防火规范（2018 年版）》（GB 50016）的有关要求。"

在电子工业洁净厂房中，不论是上技术夹层还是下技术夹层或是技术夹道中均敷设各种管线较多，如果再安排机械排烟管道就比较困难，为了确保洁净厂房安全和一旦出现火情，有能力及时疏散生产厂房中的工作人员，所以规定了洁净厂房的疏散走廊，应设置机械排烟设施，并作为强制性条文，所有的电子工业洁净厂房设计、建造时均应认真执行。

这里需要说明的是做此规定并不是说所有的电子工业洁净厂房都仅仅在疏散走廊设置机械排烟设施，如果一个具体工程项目，在洁净厂房的技术夹层等的管线布置安排中确有可能布置机械排烟管道，并且工程项目的业主希望洁净厂房设置机械排烟设施时，工程设计单位应密切配合，妥善进行各种管线的安排，做好机械排烟系统的设计，所以 GB 50472 规定了电子工业洁净厂房应按照现行国家标准《建筑设计防火规范（2018 年版）》（GB 50016）的要求设置排烟设施。但由于以集成电路、光电器件生产为代表的高新科技洁净室（区）具有大体量、大面积、人员密度小及厂房构造、关键工艺生产设备设有防火安全设施以及洁净室内多采用垂直单向流送风速度较高等特点，且这类洁净厂房内各种公用动力、净化空调、高纯物质供应设施、管线较多，布置复杂，使机械排烟管线的布置比较困难，因此规定："当同一防火分区的丙类洁净室（区）内人员密度小于 0.02 人/m²，且安全疏散距离小于 80m 时，该洁净室（区）可不设置机械排烟设施。"这里应认真关注不设置机械排烟设施前提条件的规定，尤其是量化指标的条件，必须严格执行。电子工业洁净厂房中的机械排烟系统设计（风量、排烟口位置、风机等的选择）应符合 GB 50016 的规定，该规范中的有关规定在本篇的第 7 章表述。

电子工厂洁净厂房的防排烟，鉴于其洁净室有三种基本类型（单向流洁净室、非单向流洁净室和混合流洁净室），且在各类洁净室的设计建造中，其共同的特点是管线多，洁净室送风量大，一般风管尺寸较大，即使对于非单向流洁净室送风量相对较小（其送风量比公共建筑仍然要大数倍），但因一般只有上技术夹层或技术夹道，所以管线布置仍然难度很大。单向流和混合流洁净室，气流速度大，且气流自上而下从洁净区的吊顶流向活动地板，在此种情况下如何设置机械排烟系统呢？对洁净生产区是否设机械排烟？目前各类高科技洁净厂房的做法各不相同，归纳起来电子工厂洁净厂房中的防排烟方式有：①洁净生产区设机械排烟系统；②洁净厂房疏散走廊设机械排烟系统；③在洁净生产区内分区设置机械排烟系统，有的还与生产工艺设备排气系统共用；④在下技术夹层设机械排烟系统，见图 1.3.6。如在芯片制造、TFT-LCD 生产的大空间、大体量洁净厂房中，有的工厂仅在下技术夹层设置机械排烟系统，排烟口设在洁净生产区的多孔地板下。在某一芯片制造用洁净厂房内，在其洁净生产区大空间内分区设置机械排烟系统，该系统有的与生产设备的排气系统共用，即排气系统同时兼作机械排烟用。据了解，台湾的芯片制造用洁净厂房中也有此类机械排烟的装设方式。又如另一芯片制造用洁净厂房，在当地消防部门的要求和配合下在洁净厂房内设置了机械排烟系统。该工厂的洁净生产区面积约 11000m²，洁净室高度 4.0～4.2m，设有机械排烟机 6 套，每套排烟量 160000m³/h，总计排烟量 960000m³/h，排烟口设在吊顶上部，即所谓的上排烟方式。

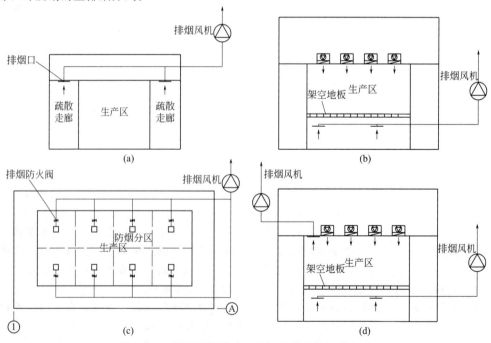

图 1.3.6　电子工厂洁净厂房机械排烟的几种方式

（2）洁净厂房防排烟设施的一般规定　《洁净厂房设计规范》（GB 50073）是通用的洁净厂房设计的国家标准，适用于各种类型工业企业（事业）新建、扩建和改建的洁净厂房设计。由于各类洁净厂房内产品的生产工艺不同，要求的洁净环境存在差异，因此对于洁净厂房的防排烟设施也应考虑其"通用性"。为此，在修订后的国家标准《洁净厂房设计规范》（GB 50073）中对洁净厂房中的排烟设施作了如下规定：洁净厂房的疏散走廊，应设置机械排烟设施；洁净厂房设置的排烟设施应符合现行国家标准《建筑设计防火规范（2018 年版）》（GB 50016）的有关规定。据修订中的调查表明，自 GB 50073—2001 版发布实施以来，我国各行各业的洁净厂房设计建造中都按规定在疏散走廊设置了机械排烟设施，所以在修订版中将此规定确定为一款强制性条文，应在洁净厂房设计中严格执行。由于各行各业设计建造的洁净厂房内产品及其生产工艺、运行条件、要求和厂房布置等都存在着较大的差异，在"规范"中很难做出统一的"设置排烟设施的规定"，因此在新修订的 GB 50073 中作了"应符合 GB 50016 的有关规定"的推荐性规定。在现行国家标准《医药工业洁净厂房设计规范》（GB 50457）中也对医药工业洁净厂房中的防排烟设施作了类似的规定。

3.4.2　消防灭火设施

① 消防灭火设施是洁净厂房公用安全设施的重要组成部分，它的重要性不仅是因为其工艺设备及建筑工程造价昂贵，更是因为洁净厂房是相对密闭的建筑，有的甚至为无窗厂房。洁净室内通道不仅窄且曲折，致使人员疏散和救火都较困难，为了确保人员生命财产的安全，在设计中应贯彻"以防为主，防消结合"的消防工作方针，除了采取有效的防火措施外，还必须设置必要的灭火设施。实践证明水消防是最有效、最经济的消防手段，因此《洁净厂房设计规范》中规定"必须设置消防给水设施"。国内外的资料表明，洁净厂房火灾事故时有发生，如上海、沈阳及台湾等地都发生过洁净厂房火灾事故。由于厂房内有大量的化学物质（包括建筑材料），失火后产生大量有害气体，甚至是有毒气体，人员很难进入，教训是极其深刻的。但洁净厂房与一般厂房不同，设置消防灭火设施应根据其生产工艺的特点、对洁净度的不同要求以及生产的火灾危险性分类、建筑耐火等级、建筑物体积和当地经济技术条件等因素确定。除了水消防外，还应设置必要的灭火设备。根据《建筑设计防火规范（2018 年版）》（GB 50016）关于室内消火栓用水量的规定，高度小于等于 24m、体积小于等于 1000m³ 的厂房，其消防用水量为 5L/s。根据洁净厂房的特点此值偏小，所以在 GB 50073 标准中规定了室内消火栓给水的用水量不得小于 10L/s，并规定同时使用水枪数不少于 2 支，水枪充实水柱长度应不小于 10m。另外，还强制性规定了洁净室的生产层及上下技术夹层（不含不通行的技术夹层）应设置室内消火栓。

② 洁净厂房内通常设有很多精密设备和仪器，并且生产过程中还将使用多种易燃、易爆、有腐蚀性、有毒的气体和液体，其中一些生产部位的火灾危险性属于丙类（如集成电路芯片厂房的氧化扩散、光刻、离子注入等），也有的属于甲类（如部分芯片厂房的外延及化学气相沉积等）。另外洁净厂房密闭性强，一旦失火人员疏散和扑救都较困难，其造价高、设备仪器贵重，一旦失火经济损失巨大。基于上述特点及近年来消防灭火技术的发展，洁净厂房对消防的要求，除了必须设置消防给水系统及灭火器外，在 GB 50073 中作了"洁净厂房内设有贵重设备、仪器的房间设置固定灭火设施时，除应符合《建筑防火设计规范（2018 年版）》（GB 50016）的规定外，当设置自动喷水灭火系统时，宜采用预作用式；当设置气体灭火系统时，不应采用卤代烷 1211 以及能导致人员窒息和对保护对象产生二次损害的灭火剂"的规定。

鉴于目前我国电子工业洁净厂房设计、建造中洁净室（区）的消防设施有的采用了自动喷水灭火系统，也有的没有采用自动喷水灭火系统，在洁净厂房中储存、分配或使用易燃、易爆气体、化学品的部位设有气体灭火系统等实际状况，为了确保电子工厂洁净厂房中洁净室（区）的安全运行，一旦出现火情，减少经济损失，即时进行扑救，在各种条件具备时推荐在电子工厂洁净厂房设计时，采用固定灭火设施——自动喷水灭火系统或气体灭火系统等。这里根据我国经济发展水平和近年来电子工业洁净厂房消防设计的实践，并参照美国消防协会发布的《半导体制造设施消防标准》（NFPA 318）中有关规定，在《电子工业洁净厂房设计规范》（GB 50472）中作出了如下规定：设置的自动喷水灭火系统应符合国家标准《自动喷水灭火系统设计规范》（GB 50084）的有关规定。设置的气体灭火系统，应符合现行国家标准《气体灭火系统设计规范》（GB 50370）和《二氧化碳灭火系统设计规范（2010年版）》（GB 50193）的有关规定。

无特殊要求的洁净室（区）设置的自动喷水灭火系统，宜采用湿式系统，这与NFPA 318及国外有关洁净室自动喷水灭火系统的选择是一致的。关于喷水强度和作用面积：我国近年建成的部分电子工业洁净厂房其喷水强度均按 $8L/(min \cdot m^2)$ 进行设计，作用面积有的为 $160m^2$，有的为 $280m^2$；美国 NFPA 318 规定洁净室自动喷水灭火系统的喷水强度为 $8L/(min \cdot m^2)$，作用面积为 $280m^2$；结合我国的现行国家标准《自动喷水灭火系统设计规范》（GB 50084）中的规定，在 GB 50472 中规定的自动喷水灭火系统喷水强度为 $8L/(min \cdot m^2)$，作用面积为 $160m^2$。目前在电子工厂洁净厂房中，所有存放可燃类特种气体钢瓶的特气柜中均设有自动喷水喷头；在 NFPA318 中的相关条文中规定"存放有可燃气体钢瓶的贮柜中必须安装自动灭火喷水喷头"。

在硅集成电路芯片生产用洁净厂房中需使用大量的、多品种的特种气体和危险化学品，这些工艺介质通常具有不同的物化性质，如可燃、易爆、自燃、腐蚀、强氧化等特性，所以硅集成电路芯片生产用洁净厂房应设置可靠的、有效的灭火设施。自动喷水灭火系统是这类工厂洁净厂房最为有效的灭火设施，一旦发生火情，该系统的自动喷水装置能即时开启喷水，可有效地控制火情并扑灭火灾，所以在现行国家标准《硅集成电路芯片工厂设计规范》（GB 50809）中规定：芯片生产厂房洁净生产层及洁净区吊顶和技术夹层内，均应设置自动喷水灭火系统，其设计参数宜按表 1.3.15 确定。但该"规范"同时又做了如下规定：洁净区的建筑构造材料为非可燃物且该区域内也无其他可燃物存在时，该区域可不设自动喷水灭火系统。因此在进行硅集成电路芯片工厂洁净厂房设计时，应根据所采用的生产工艺、厂房的布置以及建筑结构设计等具体条件确定是否设置自动喷水灭火系统。

表 1.3.15　自动喷水灭火系统的设计参数

设计区域	设计喷水强度	设计作用面积	单个喷头保护面积	喷头动作温度	灭火作用时间
洁净区域	$8.0\ L/(min \cdot m^2)$	$280m^2$	$13m^2$	$57\sim77℃$	60min

由于在硅集成电路芯片生产用洁净厂房的净化空调系统实际运行中，洁净室的送风自上而下，因此一旦发生火情若送风系统仍处于运行状态，将导致自动喷水灭火喷头不能及时感受到热气流的热量。为了使喷头能在出现火情时及时动作，所以在垂直单向流的洁净区和洁净区域应采用快速响应喷头。

国内外硅集成电路芯片工厂洁净厂房设计建造的工程实践表明，在厂房内用于排放含有可燃气体且等效管道内径大于或等于 250mm 的金属或其他非可燃材质的排风管道，应在管内设置自动喷水的喷头，其喷水强度不得小于 $1.9\ L/(min \cdot m^2)$。风管内自动喷水灭火系统的设计流量应满足最远端 5 个喷头的出水量，单个喷头的出水量不应小于 76L/min；水平风管内喷头的距离不得大于 6.1m，垂直风管内喷头的最大间距不得大于 3.7m。为排风风管内喷头供水的干管上应设置独立的信号控制阀，并且在这些设有喷头的排风管道内应设置避免消防喷水蓄积的排水措施。

③ 灭火器是扑灭初期火灾的最有效手段。据统计，60%～80%的初期火灾都是在消防队到达之前靠灭火器扑灭的，因此在洁净厂房的有关规范中都规定洁净厂房应按《建筑灭火器配置设计规范》（GB 50140）设置灭火器。应注意的是，洁净室采用的灭火器不应因误喷等而破坏洁净环境，也就是说避免使用各种类型的干粉灭火器，同时应避免使用蛋白泡沫灭火器（该灭火器喷完后会散出臭味）。洁净厂房内通常采用 CO_2 灭火器。由于手提式二氧化碳灭火器较重，使用不便，因此较多采用设置在通道上的推车式 CO_2 灭火器。图 1.3.7 是微电子洁净厂房中消防灭火设施设置状况的示意图。图（a）是在洁净生产区、下技术夹层或回风静压箱设置温感探测器、消火栓、灭火器和高灵敏度烟感探测器（VESDA）等的设置位置大致示意；图（b）是 VESDA 和温感

探测器的设置位置示意图。

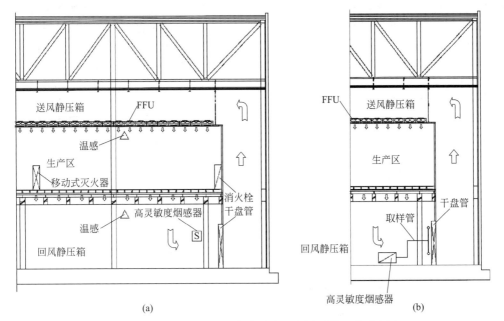

(a)   (b)

图 1.3.7　微电子洁净厂房中消防灭火设施设置的示意图

3.4.3　安全报警设施

（1）安全报警设施的设置　洁净厂房是一种密闭性建筑，为确保正常生产、安全生产，在洁净室（区）内设置各类通信设施，是加强内外联系和实现科学管理的重要手段。在各行各业的洁净厂房内应设置的通信设施有：洁净室内外联系的通信设施，主要指建立内外语音和数据通信。由于洁净室内的工作人员是主要的污染源，人员走动时的发尘量是静止时的 5~10 倍，因此为了减少洁净室内人员的走动，保证室内洁净度，在每个工位应设有一个有线语音插座。若洁净室（区）设有无线通信系统，宜采用功率小的微蜂窝无线通信等系统，以避免对生产设备造成干扰。洁净室内的生产工艺大多采用自动化操作，需要网络来支持；现代化生产管理，也需要网络来支持，因此需在洁净室（区）设置局域网的线路及插座。为减少洁净室（区）内人员的活动，最大限度地减少不必要人员进入，通信配线及管理设备不应设置在洁净室（区）内。

1）火灾自动报警系统。随着洁净厂房广泛地应用在电子、生物制药、宇航、精密仪器制造及科研各个行业中，它的重要性越来越多地被人们认识。鉴于新建和改建的洁净厂房数量不断增加，大多数洁净厂房内设有贵重设备、仪器，且建造费用昂贵，一旦着火损失巨大；同时洁净厂房内人员进出的通路迂回曲折，人员疏散比较困难，火情不易被外部发现，消防人员难以接近，防火有一定困难。因此设置火灾自动报警系统十分重要。洁净厂房应设置火灾报警系统已成为各行各业设计建造此类设施的共识，在 GB 50073 中作了明确的规定。在对近年来设计、建成的洁净厂房的调查中，90％以上的洁净厂房装有火灾自动报警装置，这种状况说明洁净厂房装设火灾报警装置已得到各行各业的重视和认同，也说明消防意识的不断提高。随着火灾报警装置产品的质量提高、价格合理，各种型式的报警装置正得到广泛的应用。目前我国生产的火灾报警探测器种类较多，常用的有感烟式、紫外线感光式、红外线感光式、定温感温式、差定温复合式等。

洁净厂房内火灾探测器选择时，应充分考虑洁净室（区）的环境条件及房间构造特点，如高度、面积、空气流向、流速、有无对火灾探测器的干扰等，以及火灾探测器的特性和技术指标。选用智能型探测器可比较可靠地探测火灾。在电子工业的一些芯片制造和六代以上液晶显示器生产用洁净厂房，洁净生产区的面积较大，防火分区的面积大大超过现行国家标准《建筑设计防火规范（2018 年版）》（GB 50016）规定的最大容许建筑面积，为加强消防技术措施，在 GB 50472 中明确规定：在洁净室（区）内净化空调系统混入新风前的回风气流中，应设置高灵敏度早期烟雾探测器，把着眼点放在不可见烟雾的探测，尽早发现火情，把火灾消灭在萌发阶段，以避免事态扩大。据了解，近年来这类大体量、大面积的洁净厂房均在回风气流中安装了高灵敏度早期报警火灾探测器，虽然费用较高及安装、维护要求严格，但仍然得到用户和消防部门的认可。

电子工业洁净厂房内火灾探测器的设置应根据生产工艺布置和公用动力系统的装设情况确定，通常洁净生产区、技术夹层、机房、站房等均应设置火灾探测器。其中，洁净生产区、技术夹层应设置智能型探测器；在硅烷储存、分配间（区），应设置红外线-紫外线火焰探测器，在洁净生产区、走道和技术夹层（不包括不通行的技术夹层），应设置手动报警按钮和声光报警装置。

2）气体报警装置。在一些电子产品的生产过程中常使用品种多样的易燃、易爆、有毒气体，如 SiH_4、SiH_2Cl_2、NH_3、C_4F_6、AsH_3、PH_3、Cl_2 等。这些气体一旦泄漏，可能产生火灾或爆炸或危及操作人员安全或对设备造成损害。因此必须设置有效、安全、可靠的气体报警（探测）和控制系统，防止因气体泄漏造成事故。气体探测器按原理可分为电化学型、半导体型、热传导型、催化燃烧型、红外技术和光致电离型等，按采样方式分为泵吸式和扩散式，应根据所监测的气体物化特性和使用环境特点合理选用。表 1.3.16 是常用气体检（探）测器的技术性能。

表 1.3.16 常用气体检（探）测器的技术性能表

项目	催化燃烧型检（探）测器	热传导型检（探）测器	红外气体检（探）测器	半导体型检（探）测器	电化学型检（探）测器	光致电离型检（探）测器
被测气的含氧要求	$O_2 > 10\%$	无	无	无	无	无
可燃气体测量范围	≤爆炸下限	爆炸下限～100%	0～100%	≤爆炸下限	≤爆炸下限	≤爆炸下限
不适用的被测气体	大分子有机物	—	H_2	—	烷烃	H_2,CO,CH_4[①]
相对响应时间	与被测介质有关	中等	较短	与被测介质有关	中等	较短
检测干扰气体	无	CO_2,氟利昂	有	SO_2,NO_x,HO_2	SO_2,NO_x	[②]
使检测元件中毒的介质	Si,Pb,卤素,H_2S	无	无	Si,SO_2,卤素	CO_2	无
辅助气体要求	无	无	无	无	无	无

① 为离子化能级高于所用紫外灯能级的被测物；
② 为离子化能级低于所用紫外灯能级的被测物。

在现行国家标准《特种气体系统工程技术标准》（GB 50646）中，对特种气体泄漏探测系统做出了详细的规定，这些规定对确保电子工业洁净厂房的安全、可靠运行十分关键、不可或缺。具体如下：储存、输送、使用特种气体的下列区域或场所应设置特种气体探测装置。

① 自燃、可燃、有毒、腐蚀性、氧化性气体的使用场所、技术夹层等可能发生气体泄漏处；
② 自燃、可燃、有毒、腐蚀性、氧化性气体间；
③ 自燃、可燃、有毒、腐蚀性、氧化性气体气瓶柜和阀门箱的排风管口处；
④ 生产工艺设备的可燃、自燃、有毒、腐蚀性、氧化性气体接入阀门箱及排风管内；
⑤ 生产工艺设备的特种气体的废气处理设备排风口处；
⑥ 惰性气体房间。

特种气体探测系统可燃、自燃、有毒气体检测装置应设置一级报警或二级报警。一级报警后，即使气体浓度发生变化，报警仍应持续，只有经人工确认并采取相应的措施后才能停止报警。自燃、可燃气体的探测宜采用催化燃烧型、半导体型、电化学型探测装置；有毒气体的探测宜采用电化学型检测装置。根据特种气体使用场所的不同选择不同的采样方式，一般可采用扩散式、单点或多点吸入式等。

自燃、可燃、有毒气体检测装置报警设定值应符合下列规定：

① 自燃、可燃气体的一级报警设定值小于或等于 25％可燃气体爆炸浓度下限值，二级报警设定值小于或等于 50％可燃气体爆炸浓度下限值；

② 有毒气体的一级报警设定值小于或等于 50％空气中有害物质的最高允许浓度值，二级报警设定值小于或等于 100％空气中有害物质的最高允许浓度值。

自燃、可燃、有毒气体检测装置的检测报警响应时间应符合下列规定：

① 自燃、可燃气体检测报警：扩散式小于 20s，吸入式小于 15s；

② 有毒气体检测报警：扩散式小于 40s，吸入式小于 20s。

当特种气体的相对密度小于或等于 0.75 时，特种气体探测器应同时设置在释放源上方和厂房最高点易积气处；相对密度大于 0.75 时，特种气体探测器应设置在释放源下方离地面 0.5m 处。

3）化学品泄漏探测器。在电子工厂的洁净厂房中一些产品的生产过程需使用多种化学品，如集成电路、液晶显示器件和太阳能光伏电池等。已经发布实施的国家标准《电子工厂化学品系统工程技术规范》（GB 50781）中对电子工厂化学品供应系统、化学品回收系统及其配套装置的工程设计、施工及验收作出了规定，其中有关监控与安全系统的规定有：电子工厂中储存、输送、使用化学品的如下区域或场所应设置化学品液体或气体泄漏探测器，并应在发生泄漏时发出声光报警信号。

① 使用化学品的生产工艺设备。

② 化学品的供应单位、化学品的补充单位、化学品的稀释单元设备箱柜。

③ 化学品供应系统的阀门箱。

④ 化学品储罐的防火堤、隔堤。

电子工厂中储存、输送、使用化学品的如下区域或场所应设置溶剂化学品气体探测器，并应在发生泄漏时发出声光报警信号：供应溶剂化学品的箱柜、排风口及其房间；使用溶剂化学品的生产工艺设备、排风口及其房间；供应溶剂化学品的阀门箱、排风口及其房间。

化学品监控和安全系统报警设定值为：易燃易爆溶剂化学品气体一级报警设定值应小于或等于可燃性化学品燃烧着火浓度下限值的 25％，二级报警设定值应小于燃烧着火浓度下限值的 50％；酸碱化学品一级报警值应小于等于空气有害物质最高允许浓度值的 50％，二级报警设定值应小于或等于空气中有害物质最高浓度值的 100％。

在电子工厂洁净厂房内设置的化学品泄漏报警的安全控制系统应该做到：当化学品泄漏探测器检测到化学品泄漏时，应启动相应的事故排风装置，并应关闭相应部分的切断阀，同时应能接受反馈信号；若化学品泄漏探测器确认化学品泄漏，应将报警信号传递至安全显示屏；当所在地区或企业设置的地震探测装置报警时，化学品监控系统应能启动现场的声光报警系统。

（2）安全设施的联动控制

1）火灾自动报警及消防联动控制系统。燃烧的产物，除了对人员和设备有危害外，它产生的烟和粒子污染物还会污染洁净室、工艺设备和产品。一个设计、安装和维护都完好的烟雾控制系统能够减少污染物的扩散传播，因此作为安全保护措施之一的火灾报警及联动控制系统是重要且不可忽视的。电子厂房洁净区域的火灾报警及联动控制系统设置除应遵循《火灾自动报警系统设计规范》外，还有一些特殊要求应在电子行业洁净室的安全保护设施中予以充分考虑。其中有：应根据探测区域内可燃烧物质初期火灾的形成和发展过程产生的物理学特性、环境条件（如高度、面积、空气流向、流速等）及火灾探测器的特性和技术指标来选择探测器。洁净室内的火灾与普通火灾相似，其燃烧过程一般要经历不可见烟雾、可见烟雾、可见光和剧烈燃烧四个阶段。如果能够及早发现火情，检测到不可见烟雾并报警，就可能阻止火灾发生，避免巨大损失。因此在洁净区域应立足于对不可见烟雾的检测报警。极早期烟雾探测预警系统，采用激光散射和离子统计技术，灵敏度极高，比传统探测器高几个数量级，可提前4～11h报警；一般安装在高架地板下或回风夹道的新风混入前的位置，适合在洁净室风口密、气体流速快的环境下早期探测火情。

由于洁净区域送风方式都是上送下回或侧回，吊顶上送风口或空气过滤单元机组（FFU）较多，洁净度要求十分严格的垂直单向流区域的气流使烟雾无法到达顶棚，普通点式烟感探测器是无法探测到烟雾的，而且选用普通点式烟感探测器，也无法满足《火灾自动报警系统设计规范》中要求的探测器距送风口边1.5m以上，距多孔送风顶棚孔口0.5m以上。因此在国家标准《电子工业洁净厂房设计规范》（GB 50472）中规定：在点式探测器不能满足要求时，在洁净室（区）内净化空调系统混入新风前的回风气流中应设置灵敏度小于等于0.01% obs/m的早期烟雾报警探测器。

在联动控制中首先应核实火灾报警并确认，然后才可在消防值班室对相关部分进行手动控制，以防止误报造成不必要的损失。这是因为一旦停止送风、启动排烟系统，洁净区的环境就会遭到破坏，恢复起来需要一定的代价和时间。应在洁净区域入口外或疏散出口设置送风机、排烟机紧急控制按钮，当确认火灾后，由现场或消防中心人工启动来操作净化空调送风和排风机、新风机以及排烟系统。采用人工启动方式，应做到：

报警系统必须要有专业人员24h值班；应急处理人员或者其他有权启动排烟控制系统的人员应该能够及时到位；详细的控制应急措施应该记录在案并且经常预习。这些措施包括关闭危险气体、关闭空调送风机、打开排烟风机等。

对洁净区空调、FFU等各类设备用电以及生产用电的控制应慎重对待，只有当火灾确认后，必须切断非消防电源时，才应由人工手动来操作，以免带来不必要的损失。应在洁净区域内适当的地方设置消防专用电话机，这是因为如果有火灾报警时，外面的人要进入洁净区域内核实是否发生火灾有一定困难，用消防专用电话来核实是比较可靠的。

2）可燃、易爆、有毒气体探测和控制系统。电子工厂洁净厂房的洁净室（区）在工艺生产过程中会使用多种可燃、易爆和有毒气体，特别是集成电路芯片、液晶显示器件和光伏电池生产用洁净室，应按GB 50472等规范的规定设置安全、有效、可靠的气体探测和控制系统，用以探测、控制可燃、易爆和有毒气体的泄漏，防止因泄漏引发安全、火灾事故。

气体探测器的设置位置：气体探测器应该监视相关环境以及生产工艺设备等的有害气体泄漏，以集成电路芯片厂为例，应该在洁净厂房内的危险气体柜、危险气体阀门箱（VMB）以及这些箱、柜的排风管处设置气体探测装置。下面是微电子产品生产的洁净室中气体探测器（采样品）的设置位置示例。

① 气瓶柜气体泄漏探测器的采样点位置。气体箱（柜）内的气瓶阀门、减压阀、切换阀等连接处容易产生气体泄漏，而气瓶柜内采用强制排风系统，所以如果有气体泄漏，泄漏的气体会被吸入排风管内，因此采样点应设置在排风管口处。泄漏的气体密度可能比空气重或轻，虽然泄漏的气体大部分被排风管直接排出，但还是可能有少量气体聚集到气瓶柜内，所以应该在气体容易聚集的地方增设探测采样点。

② 刻蚀设备等气体泄漏探测器的采样点位置。在这类设备的可燃、有毒气体管道连接处、阀门的密封处、流量控制器集中处等容易泄漏气体的部位和设备阀门柜的排风管处以及给设备供气的双层结构管道的套管内设置探测器的采样点。

③ 离子注入设备气体泄漏探测器的采样点位置。在离子注入设备更换气瓶时，因阀门不紧、接口和阀门受腐蚀或连接不牢固等原因而产生气体泄漏，当气瓶装入离子注入机后，在其排风管上设置采样点来检测气体泄漏。对于配置的废气处理装置，在清洗器的排气管上设置探测点，还可用来检查废气处理功能是否符合要求。

④ 生产线气体探测器的安装位置。洁净厂房的洁净生产区内探测器一般安装在洁净间的下技术夹层，采用泵吸式采样，将采样管的进气口装在上层洁净间的设备气体容易泄漏处。气体发生泄漏时，通常被回风从上层携带到下技术夹层。由于氢气比空气轻，可能滞留在活动地板邻近处，

需要在相应位置安装氢气泄漏检测器。

⑤ 可燃、易爆和有毒气体的储存分配间以及洁净室内这类气体的输送管道邻近处均需设置气体探测器，其设置要求应符合 GB 50646 的有关规定。

特种气体报警联动控制系统：被检测的气体浓度会显示在每个气体监测报警器的显示屏上，当气体泄漏的浓度超过报警点时，就会发出报警信号，并且触发报警接点动作，使连接的报警灯发出声光报警及控制阀门等其他设备动作。如关闭相应特气柜上的管道阀门，关闭相应阀门箱上的管道阀门，关闭工艺设备上的供气管道阀门，打开相应的事故排风机等。特气报警系统应与火灾报警及广播系统、门禁系统、TV 系统建立通信链路，以便进行相应的监视和警报措施。

一个微电子洁净厂房中火灾自动报警及消防联动控制系统的装设通常应具有如下功能：

① 在生产厂房（大部分为洁净室）、办公区、综合动力站以及化学品库等，根据各个生产区、生产支持区、各种功能区的不同场所设置的光电感烟探测器或感温探测器，在有防爆要求的区域内应设置防爆型的探测器。在消火栓箱内设置消火栓按钮和开启消防水泵信号灯，并在箱旁设置手动报警按钮。为确保生产厂房洁净室（区）的设备及人员安全，在洁净室（区）的回风夹道内采用空气采样早期火灾高灵敏系统，对洁净室（区）进行连续的早期监测报警。此系统与火灾报警系统联动控制。火灾报警系统与消防水系统、防排烟排风系统、防火门、电梯、广播系统、门禁系统等进行消防联动控制。

② 火灾应急广播系统。在洁净室（区）、支持区以及动力公用系统的站房、储存分配间等均设置广播扬声器，即时传播安全、消防信息。

③ 消防专用电话。在消防值班室设置消防专用电话总机及直通城市的外线电话；在消防水泵房、应急备用发电机房、变配电室、排烟风机室、各重要值班室或控制室等所有与消防联动控制相关的场所及消防灭火装置控制设备处均设置消防专用固定电话。

④ 特种气体安全报警装置。在工厂内各种特种气体储存分配间、特种气体柜和阀门箱、工艺设备使用点等易泄漏气体的处所均应设有气体探测器，这些气体探测器报警后将关断相应供气管道上的切断阀。特种气体报警系统与火灾报警系统联动控制。

⑤ 化学品泄漏报警装置。对产品生产过程中使用的刻蚀液、酸碱和有机溶剂等化学品的储存容器及输送管道（包括废液回收）的液体泄漏进行检测、报警，并将报警信号传送至消防/保安中心。

⑥ 可燃气体报警装置。与特种气体类似，在氢气、天然气等可燃气体的储存容器、输送管道易泄漏处都设有泄漏报警装置，并与消防联动控制系统连接。

（3）空气采样早期烟雾探测系统　火灾自动报警系统，是人们为了及早发现通报火灾，并及时采取有效措施控制和扑灭火灾设置在建筑物内或其他场所的一种自动消防设施。在国家标准《电子工业洁净厂房设计规范》（GB 50472）中规定：电子工业洁净厂房设置火灾自动报警系统，其防护等级应符合现行国家标准《火灾自动报警系统设计规范》（GB 50116）的规定。对于丙类生产的电子工业洁净厂房，如芯片制造厂等的防火分区面积常常超过现行国家标准《建筑设计防火规范（2018 年版）》（GB 50016）规定的最大建筑面积，为此在 GB 50472 中作了如下规定：在关键生产设备设有火灾报警和灭火装置以及回风气流中设有灵敏度小于等于 0.01% obs/m 的高灵敏度早期火灾报警探测系统后，其每个防火分区的最大允许建筑面积可按生产工艺要求确定。据调查表明，目前我国的集成电路芯片、TFT-LCD 液晶显示器件生产用洁净厂房均设置了高灵敏度早期火灾报警探测系统。空气采样烟雾探测系统是一种优良的高灵敏度早期探测装置，其灵敏度可满足上述要求，近年来已在我国的微电子产品生产洁净厂房中推广应用。

1）系统介绍：空气采样早期烟雾探测系统又称高灵敏度早期烟雾探测系统（very early smoke detection apparatus，VESDA）或吸气式烟雾探测火灾报警系统（aspirating smoke detection fire alarm system）或空气采样式烟雾探测系统（a sampling type smoke detection system）。该系统一般由空气采样管道、探测器及显示控制单元组成，通过布置在被测区域的采样管道上的采样孔，将被探测的空气样品抽吸到探测报警器内进行分析，不仅能做到早期/即时、高灵敏地报警，还能在较高气流速度状态进行探测报警。图 1.3.8 是空气采样烟雾探测系统简图。由图可见，从环境空气中采集的样品经采样管道上的采样点吸入，通过探测器（含吸气泵、过滤器、激光探测腔和处理、显示模块等）进行处理报警。表 1.3.17 是 VESDA 与普通烟雾探测器的比较。

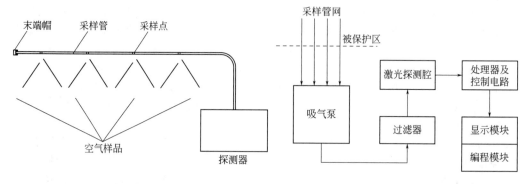

(a) 探测系统示意图   (b) 探测器工作原理框图

图 1.3.8 空气采样烟雾探测系统简图

表 1.3.17 VESDA 与普通烟雾探测器的比较

项目	空气取样探测系统	传统典型烟雾探测系统	
		离子型	光电型
取样方式	主动抽取环境的空气，只要空气中有烟雾，就能及时报警，属于主动式探测	环境烟雾扩散至探测器内，并达到一定浓度才能探测并报警，属于被动式探测	
探测原理	激光散射	电离方式	红外散射方式
探测范围	各种类型材料的烟雾，探测范围宽，被测粒子直径 0.001～20μm	天然物质的烟雾，被测粒子直径 0.01～0.1μm	合成材料的烟雾，被测粒子直径 1～0μm
灵敏度	0.005%～20% obs/m（每米遮光率）连续可调	5%～9%obs/m（每米遮光率）	5%～9% obs/m（每米遮光率）
探测部件	高稳定、高强度激光源，三个光接收器	α 放射源，一个收集器	红外发光管，一个光接受管
测量方式	绝对测量	相对测量	
显示功能	20 段光柱图，并即时显示环境烟雾含量	只显示达到值的报警信息，末端值的状况不显示	
报警方式	可设定四级报警值	一般只设一个报警值	
报警时间	火灾形成前数小时，早期预警	火灾形成前数分，预警	
事件记录	事件、时间、地点、报警、故障原因详细	记录火警和故障	
安装方法	标准型、回风口、毛细管等多种取样形式可横向、纵向安装	天花板下安装，不可水平安装，没有回风口和毛细管取样方式	
使用维护	一次工厂校准，可十年不维护	每两年清除、校准一次	
应用场合	可用于潮湿、粉尘、高速气流、电磁干扰、大空间的场合	不适合粉尘、潮湿的场合	
		离子型不适合风速大于 5m/s 的场合	光电型不适合电磁干扰强的场合

2）适用场所：空气采样早期烟雾探测系统主要适用场所有，如具有高空气流速的场所；具有高大开敞空间的场所；低温场所；需要进行隐蔽探测的场所；肮脏/多灰尘区的恶劣场所；需要进行火灾早期探测的关键场所；人员高度密集的场所；有强电磁波产生或不能被电磁干扰的场所；人员不易进入的场所等。

3）系统设计要求：空气采样烟雾探测报警系统的每个采样孔都应视作一个点式感烟探测器，采样孔的间距不应大于相同条件下点式感烟探测器的布置间距。在单独的房间内设置采样孔时不应少于 2 个。采样孔的开孔方向应垂直于面对气流及烟雾运动的方向。一台探测器的采样管总长不宜超过 200m，单管长度不宜超过 100m。采样孔总数不宜超过 100 个，单管上的采样孔数量不宜超过 25 个。如超过此数值，应进行特别验算和测试。当采样管道采用毛细管方式时，毛细管长度不宜超过 4m。

采样管道可以水平或垂直布置。当结构梁凸出顶棚的高度超过 600mm 时，应采用带弯头的手杖式立管对梁间区域进行探测。对于可能存在烟雾分层的高大空间，应在多个高度进行采样。可采取在多个水平高度布置采样管道的形式，也可在顶部布置一层水平采样管道的同时，再向下垂直布置纵向采样管道。当管道布置形式为垂直采样时，每 2℃温差间隔或 3m 间隔（取最小者）应设置一个采样孔，采样孔不应背对气流方向。

非高灵敏型空气采样烟雾探测器的采样管道安装高度不应超过 16m，高灵敏型空气采样烟雾探测器的采样管道安装高度可以超过 16m，但至少应有 2 个采样孔被布置在 16m 以下区域。

在回风气流口或空气换气率大于等于 20 次/h 的场所采样应选用高灵敏型探测器。当采用回风口采样方式时，每个采样孔的最大保护面积不宜超过 $0.36m^2$。由于空气过滤器对烟雾颗粒有过滤作用，不宜在净化空调系统的送风口设置采样管。

图 1.3.9 是某电子工业洁净厂房的 VESDA 布置实例图。图中设有 3 套空气采样早期报警装置，布置在 9000mm×30000mm 的回风道内；每套设有 4 根管道，每根管道长度约 20m。

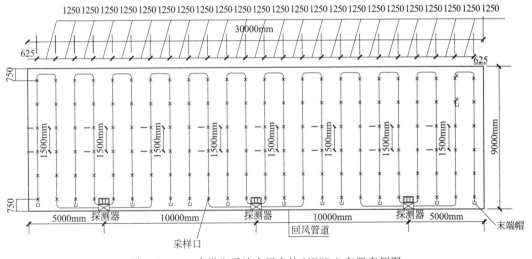

图 1.3.9　一个微电子洁净厂房的 VESDA 布置实例图

参考文献

[1] 符洛湘，等.洁净室建筑.北京：中国建筑工业出版社，1986.

第 4 章 洁净室建筑

4.1 洁净室与建筑设计

4.1.1 洁净建筑设计的特点

在洁净厂房的设计中，建筑设计是一个重要的组成部分。洁净厂房建筑设计要综合考虑产品生产工艺要求及生产设备特点、净化空调系统和室内气流流型以及各类公用动力设施及其管线系统安装安排等因素，进行建筑物的平面和剖面设计，在满足工艺流程要求的基础上，合理地处理洁净用房和非洁净用房以及不同洁净等级用房之间的相互关系，创造最优综合效果的建筑空间环境。洁净建筑设计的主要特点如下。

① 洁净室建筑设计所依据的洁净技术是一门多学科的综合性较强的技术。应该对洁净厂房所涉及的各类产品生产工艺的技术特点、厂房建造的各种技术要求、产品生产过程的特征等进行了解，这样才能较好地解决在工程设计中遇到的各种各样的、具体的技术问题。如对洁净室的微污染控制机理，污染物的诱入、产生、滞留过程进行研究，涉及物理、化学和生物学等基础学科；对洁净室的空气净化和水、气、化学品的纯化技术，各类高纯介质储运技术进行了解，涉及的技术学科也十分广泛；洁净室的防微振、噪声治理、防静电和防电磁波干扰等涉及多种学科，所以说"洁净技术"确是一门多学科的综合性的技术。

② 洁净室建筑设计具有很强的综合性。它与一般的工业厂房建筑设计不同的是要着重解决各专业技术在平面和空间布局上出现的矛盾，以合理的造价，获得最好的空间与平面的综合效果，并较好地满足生产所需要的洁净生产环境。这里特别要综合处理好洁净室建筑设计与洁净室工艺设计、空气净化设计之间相互协调的问题，诸如顺应生产工艺流程、安排好人流与物流，洁净室的气流组织、建筑的气密性和建筑装饰的适用性等。

③ 洁净厂房内除了设有洁净房间之外，通常还应配置产品生产所需的生产辅助房间、人员净化和物料净化用房间、公用动力设施用房等。因此洁净室建筑设计必须协调好、安排好洁净建筑内各类房间的平面、空间布置，尽量做到最大限度的平面、空间的利用。

洁净室通常为无窗厂房或设有少量的固定密闭窗；洁净室内为防止污染或交叉污染，设有必要的人净、物净设施和房间，一般平面布置曲折，增加了疏散的距离。因此，洁净室建筑设计必须严格遵守相关标准、规范中有关防火、疏散等方面的规定。

④ 洁净室内的生产设备一般价格昂贵；洁净室建筑造价也较高，并且建筑装饰复杂、要求严密性好，对选用的建筑材料和构造节点都有较严格的要求。

4.1.2 洁净厂房的组成

洁净厂房一般包括洁净生产区、辅助生产区或支持区、洁净辅助间（包括人员净化用室、物料净化用室和部分生活用室等）、管理区（包括办公、值班、管理和休息室等）、公用动力设施区（包括净化空调系统用房间，电气用房，高纯水和高纯气、特种气、化学品用房，冷热设备用房等）。图 1.4.1 是洁净厂房的主要组成。

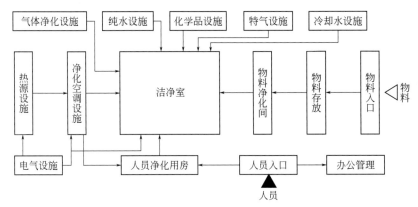

图 1.4.1　洁净厂房的主要组成示意图

① 洁净生产区，这是洁净厂房的主体部分。洁净生产区的空气洁净度等级应根据产品生产工艺要求确定，这是洁净建筑设计的主要依据。为做好洁净生产区的建筑设计还应了解该产品生产的各种设计条件，如温度、湿度、压力要求，气流流型要求，生产所需的原辅料性质和水、电、气的要求，对噪声、振动、静电等环境条件的要求等。

② 洁净辅助间，这是洁净厂房不可缺少的房间。这些房间的空气洁净度等级除了业主有特殊要求外，都应按《洁净厂房设计规范》（GB 50073）中的规定进行设计，在本书有关章节中已有叙述。洁净辅助间对洁净厂房的平面布置有重要影响，在进行洁净厂房设计时应高度重视，这是因为这部分房间的布置合适与否关系到投产后能否满足产品生产的需要以及能否可靠地防止生产过程的污染或交叉污染。

③ 管理区，这是洁净厂房内产品生产过程的生产管理、技术管理用房和必要的操作人员休息、福利用房，通常应与业主共用协商确定。

④ 公用动力设施区，包括净化空调系统、公用动力系统等用房。这部分房间是洁净厂房的重要组成部分，在具体洁净室工程中应在洁净厂房中设置哪些房间、面积多少等都与洁净厂房的产品生产有关，微电子产品与药品生产用洁净室的公用动力设施区用房差异很大。在洁净厂房设置这类用房与具体工程的总体规划有关，但是目前在洁净厂房设计中常常将净化空调设备，供冷供热（不含锅炉）设备，高纯气、特气、化学品和水、电设施布置在洁净厂房中，这样做既方便管理，又可减少管线长度等。

在具体的洁净工程设计中，根据产品生产用原辅料的性质、数量和成品的情况，有时将仓储用房与洁净室及辅助用房组合为一幢建筑，统一进行布置。

4.1.3 洁净室建筑设计要点

（1）满足生产工艺对建筑设计的要求，实现高性能的制造空间与设施

① 在对工业洁净厂房进行总图设计、平面布置、剖面设计时，必须充分考虑场地的合理利用和满足工艺生产的要求。

② 在对洁净室的建筑进行设计时，必须处理好洁净区域与其相关各类辅助区的关系。

（2）实现能够经济运行的设施，节约能源、易于维护、降低造价

① 在对洁净室建筑进行设计时，必须对用于生产工艺、净化空调以及公用动力设施的空间组成实现合理、有效利用，做到节省面积、减少能量消耗和防止污染或交叉污染等。

② 洁净室建筑设计，必须确保洁净室内清洁、易清扫，防止内部污染及微粒产生、滞留和积存。

（3）应使用可靠性高的运行设施

① 洁净室建筑设计，应确保建筑物内各类设施/设备的安全可靠运行，一旦出现事故，确保人员、财产安全。

② 主体结构应具备同洁净室内的工艺装备水平、建筑处理和装饰水平相适应的等级水平，洁净厂房的耐久性、耐火能力、装修应与装备水平相互协调，使洁净室建设投资长期发挥作用。

（4）应实现能够适应将来变化的设施

① 洁净厂房的建筑平面和空间布局应具有灵活性，为生产工艺的调整创造条件。

② 主体结构宜采用大空间及大跨度柱网，不应采用内墙承重体系。这样在不增加面积、高度的情况下，就可进行工艺和生产设备的调整。

4.2　建筑平面和空间布置

4.2.1　布置要求

洁净室建筑平面布置要注意平面形状的简洁、功能分区明确、管线隐蔽空间的合理分布、生产工艺和设备更新的灵活性以及防火疏散的安全性等问题。

洁净厂房建筑的平面组合形式常采用贴邻、块状、围合等组合方式，根据不同的跨度、高度和柱网来组织空间。图1.4.2是洁净建筑的几种平面形式。

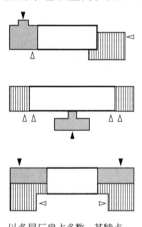

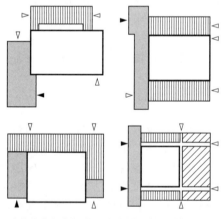

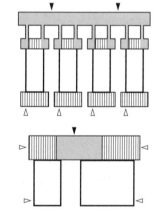

以多层厂房占多数，其特点：
1. 建筑占地少，能有较好的建筑体形
2. 可直接或间接采光
3. 由于进深受到限制，平面灵活性差，各层之间产生相互干扰
4. 管道走向较复杂

由单跨或连跨单层与局部多层组成，其特点：
1. 洁净区与洁净辅助区、洁净动力区相贴，有利于保温与防尘
2. 空调净化机房靠近负荷中心，管线布置较合理
3. 工艺布置紧凑，缩短运输距离。内部布置的灵活性大
4. 洁净生产区上部便于设技术夹层
5. 占地相对较大，厂房内部得不到自然采光，防火疏散要妥善处理

由几幢窄形单层与多层相连组合而成，其特点：
1. 可直接或间接采光
2. 内部没有柱子，工艺布置方便灵活
3. 有利于改建或分期扩建，相互不干扰
4. 因外形复杂，占地面积大。外墙面积大不利于保温、节能与防尘

(a) 窄矩形平面　　　　　　(b) 宽矩形平面　　　　　　(c) 梳形平面

□ 洁净生产区　▨ 洁净辅助区　▥ 公用动力区　▨ 非洁净生产区　▲ 主要入口　△ 次要入口

图1.4.2　洁净厂房的几种平面形式

在具体平面布置时要考虑下列情况。

(1) 洁净室与一般生产室分区集中布置　对于洁净厂房来说,有空气洁净度要求的生产房间(区)往往仅为大部分或部分工序或者部分部件的生产区,即使是全部产品生产区要求具有不同等级的洁净室(区),但洁净厂房内还有生产辅助用房、公用动力和净化空调机房等为非洁净环境(或称一般环境),所以洁净厂房内部往往兼有洁净生产环境和一般生产环境。各类产品生产用洁净室要求的空气洁净度等级是决定洁净生产区平面布置的主要因素。在进行综合性厂房的平面布局时,一般应将洁净室(区)与一般生产环境的房间分区集中布置,以利于人流、物流的安排和防止污染或交叉污染以及净化空调系统及其管线的布置和减少建筑面积等。

对兼有洁净生产和一般生产的综合性厂房,在考虑其平面布局和构造处理时,应合理组织人流、物流运输及消防疏散线路,避免一般生产对洁净生产区带来不利的影响。当防火方面与洁净生产要求有冲突时,应采取措施,在保证消防安全的前提下,减少对洁净生产区的不利影响。

在洁净生产区常常有洁净度要求严格的洁净区和要求不严格的洁净区,在进行平面布局时,在顺应工艺生产流程和防止交叉污染的前提下,应尽可能按类集中分区布置。其实例见图1.4.3。这样,有利于净化空调系统和各类管线系统的合理组织;并且有利于防火分隔以及在正常生产运转条件下的管理。

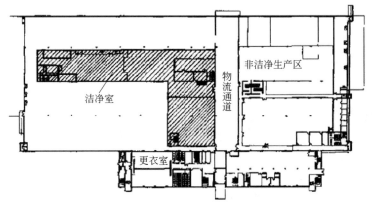

图 1.4.3　某洁净厂房分区集中布局

(2) 洁净室及其公用动力设施的布置　安装净化空调系统,水与气体、化学品的纯化、储存、分配装置以及电气装置等的各类用房是洁净厂房的重要组成部分,它们的面积在洁净厂房建造中占有一定比例。这些机房的规模、设备特征、位置及其相关管路系统的安排,在很大程度上影响着洁净厂房建筑的空间组合与尺度,需要解决好它们同生产工艺相互间的布局关系,以取得使用安全可靠和经济合理、降低能源消耗的良好效果。

各类机房主要通过各种管道线路同洁净生产区相联系,因此它们既能同所服务的洁净室组合建在一幢厂房内,也可单独建设。组合建在一幢厂房内时,可以缩短管道长度,减少管道接头和相应的渗漏污染机会,降低能源消耗,并且节约用地、减少室外工程和外墙材料消耗;当机房位于洁净室的外侧时,还可减少洁净室的外墙面积,降低洁净室围护结构的散热量。但在一些技术改造工程中为了利用原有房屋,或者受到特殊条件限制,也可单独建造净化空调机房等,并同洁净厂房保持一定的距离。此外,若洁净室工程对于防微振有特殊要求时,根据需要也可将机房与厂房脱开布置。

当净化空调机房等位于洁净厂房内时,应根据各洁净室的空气洁净度等级、面积、生产工艺特点、防止污染或交叉污染的要求与运行时间、班次等因素,考虑系统的合理划分,确定相应的机房布局。

① 集中设置。这类机房在厂房内位置的安排,主要着眼于生产工艺布置的特点、要求和送、回风管道的长短等因素。当厂房面积不大、系统简单、管线交叉不多时,可将送回风干管布置在

上部技术夹层；当厂房面积较大、较长，或者系统划分较多时，宜沿厂房长边布置机房，每个系统可以直接与所服务的洁净室对应排列；当在洁净生产区顶部设技术夹层时，送、回风干管走向与屋顶承重构件方向相平行，可以充分利用空间。有的洁净室工程，将机房设置在技术夹层的顶部，不仅缩短了风管长度，而且节省了用地。图1.4.4是这类布置的实例。图1.4.5是机房布置的另外几种形式。

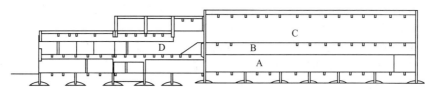

图 1.4.4　净化空调动力用机房布置在上技术夹层顶部
A—洁净室；B—技术夹层；C—机房；D—管理用房等

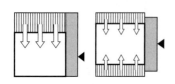 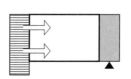 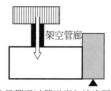

管道联系短捷，系统划分较灵活，减少洁净区外墙面，对防尘恒温有利。但机房的振动与噪声对洁净区的影响较大，应进行技术处理

机房的振动与噪声对洁净区影响较小，但洁净区平面很长时风压不易均匀；当风量大而系统较多时，管道交叉，技术夹层高度增大

机房的风管通过管道廊与洁净区相连。机房的振动与噪声对洁净区影响小。该形式增加管道长度，系统较多时管道布置困难

(a) 机房紧贴洁净区　　　(b) 机房仅靠洁净区窄端　　　(c) 机房与洁净区脱开

 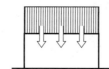 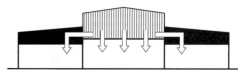

该形式可减少管道长度，系统划分具有较大灵活性，亦节省用地。但机房的振动与噪声应进行技术处理

(d) 机房布置在洁净区的下方或顶上

□ 洁净生产区　　▨ 洁净辅助区　　▥ 空调净化机房　　■ 技术夹层或夹道　　▲ 主要入口

图 1.4.5　机房布置的另外几种形式

② 分散设置。厂房面积较大或者洁净生产区过于分散，集中设置机房使布置困难时，在经过技术经济比较后，也可分设几处机房。在技术改造工程中，往往由于原有房屋空间条件限制，需将净化空调设备分散设置在各洁净室的附近。分散设置方式的分管短、布置灵活，较能适应和利用原有空间，但在实际应用时应充分考虑噪声与振动对产品生产可能带来的影响。

③ 混合设置。在某些工程中，既对大部分洁净生产区使用集中式的净化空调机房，又对待定局部空间使用分散式的净化空调装置，满足生产工艺的需求。它兼有集中式与分散式的特点，更加经济灵活，适应产品生产的需求。

近年来，在大规模集成电路生产、TFT-LCD液晶显示面板制造用洁净厂房中常常采用集中新风处理和风机过滤单元（FFU）送风方式，各类机房的布置基本采用"混合设置"的方式，即新风处理机集中设置，FFU或循环空气机组分散设置。图1.4.6是近年来应用较多的三层洁净厂房即洁净室＋上技术夹层＋下技术夹层的集中新风＋干表冷＋FFU送风系统。由集中设置的新风处理机组送新风至上技术夹层或回风夹道，洁净室回风经下技术夹层、回风夹道、干表冷器至上技术夹层，由FFU对洁净室送风；图（a）、（b）的FFU送风方式十分类似，只是干表冷器放置位置不同。图（a），室内空气经设置在回风夹墙内的干表冷器冷却处理后与新风混合，再由设在房间顶部的FFU加压、过滤送入房间；图（b），室内空气与新风混合，经设置在吊顶上的干表冷器冷却处理后，再由设在房间顶部的FFU加压、过滤送入房间。图1.4.7是一种隧道送风方式的洁净室。

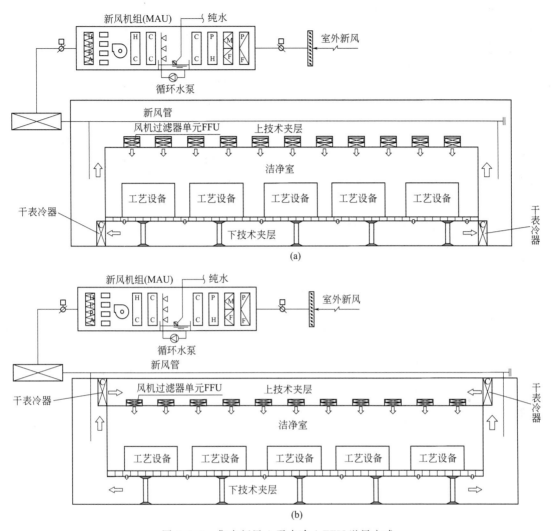

图 1.4.6　集中新风＋干表冷＋FFU 送风方式

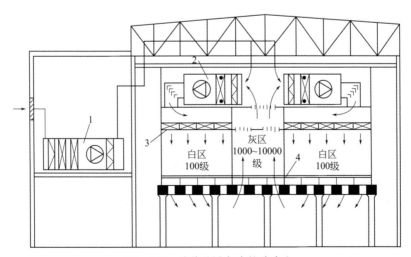

图 1.4.7　隧道送风方式的洁净室
1—新风处理机组；2—循环空调机组；3—高效过滤器；4—活动地板

(3) 洁净室在布置时，应尽量避开变形缝，以利维护结构的密闭性　为了保证洁净室围护结构的气密性（不透气性），避免产生裂隙，除需注意围护结构的选材和构造外，还需注意主体结构应具有抗地震、控制温度变形和避免地基不均匀沉陷的良好性能。在地震频繁地区应使主体结构具有良好的整体性和足够的刚度，尽量使洁净室部分的主体结构受力均匀，并且应尽量避免厂房的变形缝穿过洁净区。在可能因沉陷而开裂的构造部位如墙体与地面交接处等宜采用柔性连接。不同洁净度等级洁净室之间的隔墙也同样需要考虑其构造上的气密性。当在实际工程中洁净室确实无法避免穿越变形缝时，应采取可靠的技术措施。虽然目前仍无可靠的防止产尘的穿越变形缝的技术措施，但在一些工程实践中曾做过一些尝试，如采用后浇施工板带伸缩缝，即选择剪力较小的跨度中间范围，预留 800～1000mm 的后浇施工板带，梁板结构中的钢筋不切断，且配适量的加强钢筋，待后浇施工缝两侧浇完混凝土 28 天后，选有利于后浇施工缝时进行浇灌，并加强养护。

4.2.2　人净物净用室的布置

(1) 人净用室的布置　人员净化是保证室内空气洁净度的一个重要措施，应着重考虑设施的选择和路线的明确及合理的布置。人员净化的目的是防止工作人员携带室外大气中的尘粒进入洁净室内，同时也防止洁净室内工作人员活动时散发出大量的尘粒。对于前者，一般通过采取换鞋、更衣、盥洗和空气吹淋等一系列技术措施来解决；对于后者，一般通过选用合适的洁净工作服、减少工作人员的数量和活动以及选择适宜的建筑装修材料来解决。

人员净化室主要包括雨具存放间、管理室、换鞋室、盥洗室、洁净工作服室、空气吹淋室、洗衣间、工作服干燥间等，具体洁净室设计时根据需要设置上述有关人员净化用室。人员净化用室一般与生活用室（厕所、淋浴室、休息室、就餐室等）按人员净化程序组合在一起。

由于人净用室是根据生产需要控制人体污染的重要手段，因此设计中特别注意人净用室的排列顺序，以使工作人员不致行走顺序上的逆转而造成交叉污染。但是人净用室的组成并非一成不变，会因生产与洁净室的不同特点而增减调整。

人员的净化绝不是洁净的级别越高，处理就越复杂。如前所述，单向洁净室本身具有较强的自净能力，所以人员净化反而可以简化处理。此外，净化效果往往与管理制度的严格与否有密切关系。

人净用室的设置：人净用室的入口一般是通往洁净生产区的人流主要入口。对于那些主要用作洁净生产的整幢厂房来说，人净入口往往也就是厂房的主要入口。但是人净用室与吹淋设备的布置往往使走路线迂回，一般不能满足防火紧急疏散的要求，因此，有时还需要设置一个直通洁净生产区的紧急疏散口。

从人净用室进入洁净生产区后，通常应根据洁净厂房的规模、生产工艺要求进行布置。对于洁净室面积较大的厂房，大多是经洁净通道再分散进入各洁净生产用室；厂房面积不大时，人净用室集中布置有利于面积使用和日常管理。但若厂房内有多种洁净度等级的洁净室，或者厂房中按工艺要求兼有一般性生产和洁净生产时，可以将其中的换鞋、脱存外出服等集中设在厂房的总入口附近，而将吹淋室、穿洁净工作服室等分别紧靠所服务的洁净生产区。需要指出的是：人净室中的洁净工作服室、吹淋室或气闸室必须毗邻洁净生产区布置，以避免更换后的工作服受到污染。

人员净化用室在建筑中的组合位置：多数情况下人净与生活用房的净高同厂房的生产部分比较接近，平面尺寸也较灵活，同生产用室容易组合，为建筑设计的灵活布局创造了有利条件；洁净生产区为无窗区的情况下，应使人净用室与生活用室在厂房的组合布局中，能充分借景于室外的庭园与自然风光，以创造良好的劳动条件，提高劳动效率。

(2) 物料净化用室的布置　物料净化主要是针对原材料、半成品、工具设备等的运输和传递过程对其进行的清洁处理。物料出入口与人员出入口应分别独立设置。

物料在物料净化间或清洁准备间内经过清洁后，应该如何继续输送下去呢？主要取决于产品生产工艺流程的要求，它直接影响着清洁准备间的位置选择。物料一般应经过气闸间或传递窗进入洁净室（区），气闸间往往和洁净室（区）相毗邻或者就在洁净区内，所以气闸间与洁净室的空气压力应保持一个合理的压差，以使净化空气从洁净生产区流向物料净化间。

如果车间内产品生产流水性强或为了防止不同等级的洁净室（区）间相互污染或交叉污染或生产工艺要求防止不必要的交叉污染，物料应按照规定的生产流程通过传递窗或者其他装置进行传递。

为了适应产品、中间产品在工序之间进行物料传递的不同情况，使用的传递窗也有不同的类型。一般多为两道平开门式的箱式传递窗，往往将两道门做成机械联锁开关，即一道门处于关闭状态时，另一道门才能开启；也有的简化为非联锁式，依靠使用人员自行管理；在药品生产工厂，在箱体内部设置紫外灯用于对传递物的灭菌；在开关频繁或者开启较长时间的情况下，有的还在箱体内设置有高效过滤器的空气幕。

无菌洁净室中经常使用通过式灭菌设备来传递物料。此类设备大多为电热或蒸汽加热，设备一端从有菌区开门，输入物料后经过一段加热灭菌再从无菌室内开启另一端门取出物料。

此外，流水作业时，有的需要在洁净室隔墙上开孔，以不断穿墙输出物料等，于是孔洞处即成为室内净化的一个薄弱环节。一般的处理办法是增加室内正压，或者同时在孔洞上方设置气幕装置；当运输小件物品时，例如无菌室的分装药瓶，也可以在保证室内正压的情况下将传送带分别设在孔洞的两侧，洞口设紫外线灯。

总之，在物净的区划设计中需要使其与工艺流程、净化空调系统的布置以及物料的传递特点等有机结合起来。同时物净路线应简洁、明确；避免往返、交叉；空间尽量敞开通顺，并应与安全出入口和参观线路等一起考虑。

4.2.3　管线组织

洁净厂房内往往敷设了大量的风、水、各类气体和液体、各类电气线路以及其他的工业管线，它们纵横交错地密布在洁净厂房各部分，需要设计人员从管线布局的合理、生产使用的方便与安全、对洁净室气流的影响、观瞻的整齐、检修的便利等方面进行认真的综合安排。在总体方案设计阶段对于管线的敷设进行统筹安排，并采取不同程度的隐蔽措施，这就是通常所说的"管线组织"。它也是洁净厂房建筑设计工作内容的一大特点，在这项工作中，建筑设计需要围绕洁净生产区或洁净室的上下左右划分出一些可以敷设和隐蔽管线的辅助空间。这些空间如何构成、是否合理，是评价洁净厂房建筑设计是否成功的基本因素之一。

（1）管线敷设的技术特点

① 净化空调系统。净化空调机房的位置、净化空调系统的划分、气流流型，三者决定着风管布置方案。洁净室与净化空调机组或机房之间通常连接着众多的送、回风管道，研究机房与洁净生产区的相对位置关系实际上就须同时考虑送、回风干管的走向与隐蔽方式。当机房与洁净生产区位于同层时，连接于两者之间的风管大体上多是水平走向；若不在同一层时，就还要增加竖向风管。送、回风管断面很大，根据风量的不同其干管断面的边长可以从 60mm 直到 1200mm 以上，它们对建筑总体方案设计的影响很大。集中式净化空调系统因服务面积大、机房规模大、输送的风量大，风管的断面必然大、分支必然多，风管之间以及与其他管线之间在敷设上的矛盾比分散式要突出。所以系统如何划分和机房如何布局不仅是空气净化设计本身需要考虑的一个方面，同时也是从管线组织的建筑空间处理上需要考虑的一个重要方面。

洁净室气流流型不同，洁净室的建筑平面、剖面布置也不相同。对于非单向流洁净室，其送风大体上有上送、上侧送或者侧送，回风大体上有下回、下侧回或者侧回。当采用上送下回方式时，往往须在洁净室的顶棚以上和地板以下分别布置包括风口在内的水平送、回风管道；对于单向流洁净室如使用较多的垂直单向流洁净室，一般洁净室顶棚为高效过滤器满布，顶棚以上需要较大空间敷设尺寸很大的风管或设送风静压箱，在洁净室下部通常应设回风格栅地板，一般设有下技术夹层作为回风静压箱。图 1.4.8 为垂直单向流洁净室的剖面图。如图 1.4.9 所示，非单向流洁净室采用侧送、侧回风方式时需要将送、回风管分别设置在洁净室的顶棚以上、回风夹道内。

洁净室空气系统还包括局部排风与尾气排放。局部排风用于排除工艺操作过程中散发的有害气体，需要利用风罩、管道通过排风机抽至屋顶部位等经处理后排入大气。另外，在这些生产工艺中，例如集成电路制作中的扩散外延等工序还会排放称为尾气的反应气体或运载气体，这种尾气中常常含有一定量的可燃、有毒或有害气体，通常应经处理达标后才能排入大气。局部排风与尾气排放这两种管道敷设的特点，都是与工艺设备所在位置直接相关。

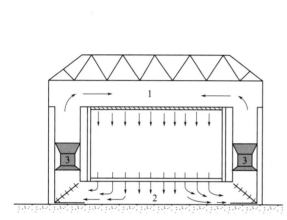

图 1.4.8　垂直单向流洁净室的剖面图
1—送风静压箱；2—回风静压箱；3—循环风机

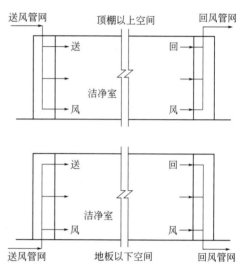

图 1.4.9　非单向流洁净室侧送侧回示意图

② 水系统。水系统分为压力管道、重力管道和消防管道。压力管道中，包括一般的自来水、工艺设备冷却用软化水和生产使用的纯水、超纯水和药品工厂的注射用水等。由于洁净室内有管道隐蔽要求，所以其布线的特点往往是从总入口进入厂房后，先被引入顶棚以上的空间或下技术夹层进行布置，然后再接至使用点。特别是纯水部分，出于保持纯度的要求，厂房内干管形成一个环形网路，而后再引支线进入后处理装置或直达使用点；超纯水、注射水管道虽然为压力管道，但为防止微生物生长，应避免盲管出现。管道的布置要考虑周围的空间便于管道的安装以及清洗、试压与维修。

水平压力管网如何接至使用点，这一段竖向管道如何处理，要根据工艺设备所在的不同位置、洁净室对管道隐蔽的不同要求以及生产上变动的可能性，采取不同的敷设方式。一般可以敷设在隔墙内或自顶棚部位预留的管嘴衔接管通至设备。

重力管道中的污水排水和软化水回水管等管道一般均为埋地敷设，当厂房的下部有下技术夹层时，两者都可以明敷。应注意这类管道需要一定的排水坡度。

③ 气体配管系统。输送的大部分是有一定纯度的气体，甚至多数是高纯气体。第一，要求气体管路尽量短捷，以减少输送过程中高纯气体受到的污染。第二，输送的大部分是可燃气体、有毒或腐蚀性气体，助燃气体或者惰性气体，当管道发生泄漏使环境中达到一定气体浓度时，可能引发燃烧或爆炸造成人员、财产的伤害，惰性气体泄漏至环境中达到一定浓度时，会造成人员窒息。因此对于管线布置及其周围环境都要考虑到防火防爆以及气体泄漏后的排除。

气体管道是直径较小的压力金属管，一般不设坡度，通常可以同水系统的压力管道共用支架，但是须与电气线路有一定的隔离。

在洁净厂房内，由于环境的净化要求，即使使用高纯气瓶，也不允许直接放在洁净室内生产设备近处，而应设置集中供气气源室以减少搬运以及对洁净室的污染和减小危险。从厂房内的气体入口室或气体纯化站送出的气体系统的干管，进入所需房间顶棚以上的空间或者经过竖井进入所在多层厂房各层洁净室顶棚以上的空间进行水平布线，再分支向下送到用气点或者用气点附近的过滤装置。

④ 电气系统。电气系统涉及的内容较多，线路组织比较繁杂。强电部分包括供电、电力和照明；弱电部分包括综合布线、通信、电话、广播和火灾报警等。从厂房内终端变电所的低压开关柜到车间的动力配电箱和照明配电箱，这一段布线有明敷电缆、接插式母线、绝缘线穿钢管。一般从配电室的地沟内引出后先沿内墙延伸至非洁净区内适当位置，然后再进入洁净室顶棚以上的水平技术夹层。首先与夹层内的动力配电箱或照明配电箱连通，然后再根据用电设备和照明器的所在位置进行布线。

动力配电箱是将来自低压配电室的电源分别送给车间内各项用电设备的枢纽，虽然箱体不大，但设备较重，往往落地放置；可以根据用电设备的位置把配电箱布置在负荷中心，使线路尽量短直，减少线材与电耗。水平布设的电缆采用电缆桥架敷设，这些桥架可以沿墙固定，可以悬吊，也可以自带小柱。

当采用不能上人的轻质吊顶或者由于其他原因不便利用顶部夹层时，也可将动力配电箱设在车间同层的技术夹道或廊道内，这种方式管理方便。

车间照明电源用导线，从厂房的低压配电室引出后先送至照明配电箱。这一段干线的材料与敷设基本同动力布线，从照明配电箱引出的支线再去连通开关及灯具。照明配电箱由于灯具的所在位置，往往设在顶棚以上的技术夹层或技术夹道内。箱体的尺寸不大，通常挂墙固定。设在顶棚以上的夹层容易接近负荷中心，水平布线简短，利于隐蔽。

电气系统的弱电设备往往由在全厂统一考虑单独设置，弱电线路从室外架空或埋地进入室内经分线盒后布线。报警线路与电话电缆多布置在顶棚以上的空间，分别接通火警探测器或下给电话插座。

电力、自控、照明等布线可以在顶棚以上统一安排，为了避免干扰，当电线无屏蔽时，弱电布线须与强电隔开一定距离。在水平布线中，一般敷设在其他管道特别是水管的上方较为安全，可防止水管漏水造成漏电。无论蒸气管道与电气线路的相对位置关系如何，都要求蒸气管道有良好的保温和防漏措施，以免造成电线温升影响其载流量。电线敷设还要求远离爆炸性气体管道。在水平管线的综合布置中，虽然理论上宜将电气部分敷设在最上部位，但往往因风管断面较大，为了便于导线的维修只得敷设在风管的下方。

(2) 管线敷设方式　所谓"隐蔽"敷设管线实际上是指不暴露在需要净化的环境内。为了生产环境的净化应对敷设在洁净厂房内的管线进行不同程度的隐蔽，但在实际工程中如何把握尺度才能达到实用和经济的目的，仍然是一项需要针对不同对象认真对待的问题。一般认为，水平敷设管线，特别是断面很大的干管，会有较明显的积灰、遮挡气流与照明、影响观瞻等；一些沿墙通往终端装置或工艺设备的竖向管线，也会积尘和妨碍清扫，通常把它们分别隐蔽在水平技术夹层或夹道内。在大面积甚至超大面积的微电子产品生产用洁净厂房内，若采用三层或多层厂房主体结构时，一般大部分管线布置在下技术夹层，根据需要少量布置在上技术夹层。在洁净室内有相当数量非沿墙布置的工艺设备，同它们相连接的水、气、电管线往往不易隐蔽，其处理方式就要取决于生产对于隐蔽这类管线的严格要求程度。如果经济条件允许，可将接至生产工艺设备的水、电、气管线敷设在被称为"管道柱"或"能源柱"的不锈钢外壳装饰用材中，并可根据洁净室内工艺设备布置的情况对各类管线进行集中，以减少"柱"的数量。当洁净厂房内设有下技术夹层时，可将重力排水管、废气管、部分电气管线均布置在下技术夹层内。

4.2.4　技术夹层/夹道

按照隐蔽管线用空间的所在位置尺度以及容纳管线的主要走向，这类"空间"大体上又可以分为技术夹层、技术夹道或竖井两类。通常的理解，技术夹层主要是以水平构件分隔构成的辅助空间，例如位于洁净生产区顶棚以上或地板以下的技术夹层、轻质吊顶以上的空间等；就其位置与空间尺度特点来说，用来容纳水平走向的管线或作为净化空调系统的送风静压箱或回风静压箱，技术夹道或技术竖井则主要是以垂直构件分隔构成的廊道或竖井，后者明显供容纳竖向特别是越层竖向的管线之用。但廊进式空间的情况则比较复杂，随其所在位置及空间尺度的变化，可以成为一种综合性的多功能空间。它既可容纳水平管线又可容纳竖向管线，还可兼作其他用途。例如，可容纳真空泵等不宜安装在洁净室内的辅助生产设备，可作为维修通道或参观走廊等。技术夹层与技术夹道也可经设计安排，在保持洁净的前提下被当作建筑风道来使用，如作为送回风通道或送风、回风静压箱。此时，应注意设计所选的建筑材料和装饰要求。

（1）上、下技术夹层　图1.4.10是一个多层洁净厂房的剖面示意。某层洁净室的上技术夹层也可以兼作上一层洁净室的下技术夹层，既供下层洁净室管线敷设，又布置了上层洁净室的回风管。其技术夹层净高一般为2～2.5m。

如前面图1.4.7所示的隧道式洁净室，它是单层厂房设上、下技术夹层，下技术夹层顶部设有回风格栅地板，其下为多孔混凝土板。下技术夹层是回风静压箱（回风道），并敷设排风管，尾气管，气体管道，纯水循环管，冷冻水管，热水管，给排水管道，电力、照明弱电管线等；上技术夹层是送风静压箱，布置有循环风处理装置或FFU装置、高效过滤器以及部分电力、通信管线等。

对于某些用途的单层洁净厂房来说，采用上、下技术夹层与采用上技术夹层、下地沟的主要区别在于地下室或半地下室与地沟的比较。以地下室或半地下室作为下技术夹层明敷多种管道较地沟更适应工艺的调整变化，便于维护管理，还可以兼作他用。其造价可能比地沟高，但是根据产品生产工艺要求，各种类型的管道较多，尤其是可燃、有毒和腐蚀性气体、液体管道时，从运行安全和实际造价综合考虑，采用2～2.5m的半地下的下技术夹层是可行的。若在下技术夹层敷设管线不多、工艺调整的可能性不大的情况下，采用地沟回风方案仍不失为一种经济可行的办法。

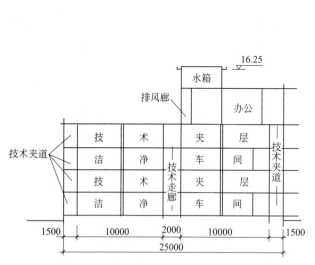

图1.4.10　多层洁净厂房剖面示意

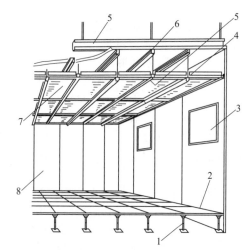

图1.4.11　架空格栅地板
1—支撑柱；2—格栅地板；3—窗；4—灯具；
5—钢架；6—框架；7—超高效过滤器；8—墙板

还有一种在洁净室内设架空地板形成较小高度的下技术夹层的方案，常用作某些垂直单向流洁净室的回风静压箱，如图1.4.11所示。用于垂直单向流洁净室的架空格栅地板，由于一般是以短柱支承预制地板的四角，限于单元板的面积和支座的高度，夹层空间高度不能很大，支座分布也较密，笨重的设备尚需做单独基础。不过，这种方案用在洁净区内的部分区域，特别是多层厂房的楼层时，可以既不改变主体结构的标高，又比较灵活，具有一定的优越性。

（2）技术夹道与技术竖井　位于车间上下夹层内的水平管线，都要转向为竖向管线才能送至送回风口或使用点。这些竖向管线，部分电气线路可以敷设在套管中暗埋在墙体内，其余的气体管、水管、风管由于断面太大或安全方面的因素以及大部分管线出于适应工艺变动的灵活性要求等，都需要明敷在隐蔽的空间中。由于洁净室与各辅助机房在位置上的组合不同，且洁净区生产特点和工艺设备位置也各不一样，因而竖向管线的隐蔽方式虽然总的来说都是以垂直构件分隔构成的技术夹道或竖井，但仅技术夹道来说，在具体工程中会出现多种多样的建筑方案。

① 技术夹道。一般洁净厂房中的技术夹道与洁净室相毗邻，不仅在其中明敷竖向管线，而且还敷设水平管线，有时还放置不宜放在洁净室内的一些辅助生产设备，如电源稳压装置、配电箱、真空泵等，甚至还可以把全部技术夹道作为回风系统的一段管道或静压箱使用。这种技术夹道按照其所在位置的不同，有的可以引入天然光线、布置消防设备以及供其他活动使用。技术夹道的宽度和高度视不同使用要求而定。图1.4.10为多层厂房使用技术夹道的一个例子，该工程除设置了技术夹层外，洁净生产层沿外墙处设置了宽1.5m的技术夹道，其中敷设回风以及其他管道、工艺设备用排气真空泵等。夹道的外墙有采光窗，内墙设观察窗，既可用来使洁净室间接获得天然光线，又可以从夹道观看洁净室生产情况。这种夹道不是洁净区内部交通走廊，但可供检修人员或参观人员通行。若只按敷设与检修管道考虑，廊宽还可适当缩减。

② 技术竖井。其隐蔽管线的功能和夹道完全一样。无非是因为它具有越层的特点，往往用在多层厂房内，尺度上变为细高的井式空间，所以称为竖井。竖井的作用多是把来自某一层的管线引往各层洁净室的同层夹道或上下夹层内，或者把各层有关的管线从夹层或夹道内引来送出屋顶。后一种情况往往包括局部排风、尾气放，防爆气体管道及排空管，保证水封的透气管等。从防火要求考虑，为了防止各层空间的串通，除井壁材料须符合防火要求外，管道安装完毕后要在层间或隔层楼板处用耐火极限不低于楼板的非燃烧体封闭。检修工作分层进行。检修门须为防火门。当竖井内局部排风管道通向屋顶后，往往把排风机等集中设在屋顶上，有时用敞廊遮护，管道由此排出。这种做法便于管理、维修，也减少振动与噪声。容纳易燃易爆气体管道的竖井须注意排气措施，建筑构造上应特别强调为了防止因楼层分隔物或结构突出物遮挡而积蓄易燃易爆气体，要埋通气导管使气体随时通过导管排除。

4.2.5 发展的灵活性

如何使建筑物在一定限度内适应生产工艺的发展变化，是洁净厂房总体方案设计中另一个需要考虑的重要方面。特别是工艺多变的行业，如集成电路制造等生产，更要求厂房具有发展的灵活性。希望建筑物从主体结构、空间布局直到管线安排，不仅能够适应小的工艺变动，而且最好在较大的工艺变动时，仍有技术改造的可能性，而不致造成很大妨碍。一般来说，厂房的布局宜采用大通间、构配件宜选用轻质材料、构造上尽量装配化，这样就会为厂房适应工艺变化提供较大的灵活性。

（1）采用大柱网，增大厂房宽度　随着科学技术和生产的不断发展与变革，各类厂房的室内空间要求具有较大的应变能力，以适应创新和发展的需要。现代工业要求厂房向大跨度、大柱距、大宽度的方向发展。采用大柱网可以提高厂房的使用面积，增加生产使用上的灵活性。据技术经济分析，一般来说，柱网为18.0m×6.0m的多层厂房，在生产面积的利用上比6.0m×6.0m柱网的厂房要经济12%，比9.0m×6.0m柱网的厂房经济8%。因此扩大了的柱网可以在较大范围内适应生产工艺变动的需求，同时其综合经济效果也较明显。采用大柱网能较好地适应生产技术改造和生产工艺创新的需要，能在不扩建厂房的情况下，提高劳动生产率。另外，增大厂房的宽度同样也是工业厂房发展的一个趋向。研究证明，方形或接近正方形的平面，其有效面积最大、外墙面积最小，造价也较为经济；此外生产布置的灵活性较大，厂房内部的运输路线较为便捷。但是增大厂房的宽度常需增加人工照明。

（2）大空间、大通间　建筑空间的灵活性主要是指建筑空间的扩展和调整，包括建筑平面尺寸及剖面高度尺寸的扩展、调整。为了适应这种扩展、调整，建筑设计采用大空间、大通间的布置与装配化的内墙顶棚体系相结合。在建筑结构形式、墙体和顶棚的材质选择以及构造设计方面采取必要措施，就能够在洁净厂房进行改造时，将原有的装配化墙体、顶棚拆卸或挪动，短时期的停产就可能实现。由于采用大柱网和大空间、大通间的建筑设计，当进行产品生产工艺（包括工艺设备）变更时，如工艺设备的增高或增大，一般情况下都是可以适应的。除非生产工艺设备变化过大，超出实际可能。

（3）结构形式与灵活性　当采用框架梁板结构时，平面隔墙位置可以灵活变化；在采用技术夹层或装配式顶棚时，只要建筑设计时留有余地，建筑空间高度尺寸就可做必要的调整。但这种结构形式柱网的经济跨距有一定范围，所以这种形式仅适宜变化不大的洁净厂房。

当采用大柱网、大跨度的混凝土梯形屋架或钢屋架结构时，其建筑空间无论是平面尺寸还是剖面尺寸都大大超过框架梁板结构。一般跨度可做到18.0～36.0m，有时可做到40.0～50.0m。这种结构形式所创造的平面尺寸较大，若与内墙、顶棚体系的装配化相结合可以很好地满足各种工艺生产要求的灵活性，也能满足洁净厂房技术改造的灵活布置要求。在屋架结构的高度内还可以安装风管、工业配管、电缆桥架甚至是净化空调机组等。图1.4.12是多层布置的洁净厂房剖面。

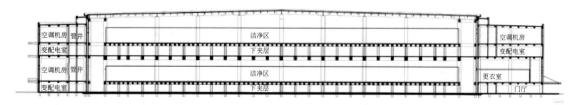

图1.4.12　多层结构的洁净厂房剖面

4.2.6　建筑造型

（1）洁净厂房的建筑造型　洁净厂房建筑创作除了遵循建筑设计（原理、方法、技巧）一般规律外，还有其特殊规律，需满足生产工艺的要求，具有多学科的专业基础知识等。

建筑造型必然要遵循形式构图的规律，就是说造型形式构成诸要素的对立统一规律，形式中的对立统一关系，就是对造型形式的评价依据。它的集中表现是和谐，和谐的本质不是形式要素间的消极的、简单的协调与统一，而是对立的斗争，相互排斥的东西有机地结合在一起。一个优美的形式，如果缺少对比，就必然单调、平庸和乏味；相反，若缺少统一，则必然杂乱无章。

洁净厂房的造型基本上都是由内部的生产工艺决定的，建筑造型的原则规定了设计整体性方法，即"整体—部分—细部—整体"的原则。首先必须从整体意向效果出发，其次才是各个部分的具体设计。外部造型在构成上，一般成规则式、等跨、等高等，很少有复杂的进退变化，体现了它的秩序性。造型的处理也反映了具有理性的逻辑。

洁净厂房同所有工业建筑一样，并不需要过多的附加装饰，往往根据自身的体形组合、材料的合理选择，再加以恰如其分的简洁装饰，充分体现了工业建筑特有的个性。

（2）洁净厂房建筑中的环境设计和综合处理　由于生产环境不仅影响操作人员的健康，也影响生产效率，因此国外在厂房设计中，十分重视厂房内部的空间处理和色彩设计。它包括厂房的室内装修材料和色彩设计，设备和敷设的电气线路、管道、通风设施、灯具、安全标志等的布置、外观和色彩处理，作业人员休息室的布置以及绿化处理和建筑小品的设计等，也就是说要重视工业建筑的环境设计和综合处理问题。这方面主要包括环境的总体规划，建筑的外部空间设计，建筑与周围环境的设计，室内空间的环境设计与室内声、光、热和色的物理环境的综合设计。

这一发展趋势要求设计者应该站在更高的高度去考虑人的劳动空间问题，尽可能创造出最好的劳动环境，并最大限度地满足人们生产和生活的需要。

景观设计是创造优美建筑环境最活跃的因素，绿化、建筑小品、水池、广场、雕塑、绘画、标志、构筑物装饰应与生产工艺特点、功能要求密切结合，并应使空间序列与艺术序列相结合，起到"画龙点睛"的作用。

4.3 洁净室的建筑装饰

4.3.1 洁净室建筑装饰特点和要求

现今各种用途的洁净室对其建筑装饰的构造、表面质量以及材料的选用均有不同的、较为严格的要求。洁净厂房建造投入运行后，应满足洁净室内空气洁净度等级的要求以及避免微生物污染或化学污染物污染；应避免洁净室使用过程的磨损或撞击带来的污染；应满足耐受洁净室的清洁、消毒需要；应能承受产品生产或使用过程中的化学品、微生物侵蚀与腐蚀等，因此洁净室的建筑装饰具有与一般建筑装饰不同的、较为严格的要求和特点。

洁净建筑装饰构造和材料的选择应按不同的洁净度等级、洁净室形式和室内建筑设计的要求进行，而最为重要的是应确保建筑装饰的气密性和表面不发尘、不滞留微粒、不积尘以及防静电等要求。建筑装饰表面及其材料散发的尘粒、微生物和分子（化学）污染物是一种不可忽视的污染源，实验证明，即使在无碰撞的情况下，建筑材料表面也在不断地向周围空间散发微粒等污染物，而这些都和材料的物性、使用状态、质量、老化程度等有关。由于洁净室内的装修用料一般均含有高分子合成材料，而洁净室内作业人员穿着的各种合成纤维织物和绝缘材料制成的工作服、工作鞋，在动摩擦下均会产生静电，因此对于洁净室的室内装修设计，特别是地面设计的防静电措施应予以极大的关注。

洁净室（区）内顶棚、墙壁和地面的设计与建造均应满足洁净生产或使用过程中的正常运行，或维护时建筑装饰表面的清洁、消毒要求，并不得引发粗糙或多孔，滞留粒子、化学污染物和繁殖微生物等。所有洁净室（区）的内表面均应做到光滑、无孔、无裂纹、无凹凸不平等。

室内装修应选用经济、合理的面层材料和构造，同时要求基层不产生裂缝。洁净厂房的围护结构和室内装修应选用气密性良好，且在不同温度、湿度下变形小的材料，洁净室装饰材料及密封材料不得采用散发对生产的产品品质有影响的污染物的材料。装饰材料的烟密度等级不应大于50，其烟密度等级应符合国家标准《建筑材料燃烧或分解的烟密度试验方法》（GB/T 8627）的有关规定。表1.4.1是对洁净室（区）用装饰材料的主要要求。

表 1.4.1 对洁净室（区）用装饰材料的主要要求

	墙体、顶棚	地面
特性	1.表面平整、光滑 2.耐磨性好 3.耐久、耐撞击性好 4.不易产生静电 5.隔热性良好、吸声性好 6.不易吸附尘，易清洁 7.不吸湿、不霉变 8.易进行加工 9.破损、剥离等不易发尘 10.不释放有害气体	1.耐磨、耐冲击 2.耐火、耐侵蚀（水、酸、碱等）性好 3.不脱落、不易破损 4.不易产生静电 5.无接缝施工，接缝少 6.易清扫、防滑 7.不起尘、不易吸附尘 8.不释放有害气体
材料举例	金属壁板、干法施工、表面涂料等	水磨石、环氧树脂、聚氨酯、聚酯等

当墙面内装修需附加构造骨架和保温层时，材料应采用不燃烧体。室内的色彩宜淡雅柔和，室内各表面材料的光反射系数，顶棚和墙面宜为 0.6～0.8，地面宜为 0.15～0.35。洁净室的室内装修若采用砌筑墙抹灰墙面时，应采用干操作业，抹灰时应采用高级抹灰标准。抹灰后应刷涂料面层，并应选用不易燃、不开裂、耐腐蚀、耐清洗、表面光滑、不易吸水变质发霉的涂料。踢脚不应突出墙面。技术夹层的墙面和顶棚应平整、光滑。如需在技术夹层内更换高效过滤器时，宜增刷涂料饰面。地面、回风地

沟和位于地下的技术夹层应采取防水或防潮、防霉措施。

① 洁净室顶棚结构材料分为硬顶及轻型吊顶。顶棚底面需布置与安装高效过滤器送风口、照明灯具、烟感报警器以及喷头、扬声器等。部分公用动力管线需隐蔽在顶棚内，设计时应统一规划布置，以满足各专业要求。垂直单向流洁净室的顶棚以上是上技术夹层，常作为送风静压箱，顶棚上安装送风口等。洁净室顶棚应有足够的刚度以免下垂，在材料及构造选择上应采用表面整体性好、不易开裂和脱落掉灰的材料。当顶棚上作为技术夹层时，应考虑各种荷载及架空走道。为保持洁净室内正压和防止尘粒掺入，顶棚的密封极为重要。轻型吊顶为确保顶棚的气密性，面板宜采用双层，上下层的拼接缝应错位布置并用胶带或压条密封。洁净室中顶棚是防火的薄弱环节，吊顶材料应为非燃烧体，其耐火极限不应低于 0.4h。常用的顶棚面层材料见表 1.4.2。

表 1.4.2 常用的顶棚面层材料

类别	名称	类别	名称
轻型吊顶	纸面石膏板	硬吊顶	钢筋混凝土，面层按洁净度要求装修
	水泥纤维板	承重复合板	岩棉芯金属面复合板
	釉面水泥板		硬质聚氨酯金属面复合板
	低播焰柔光塑料贴面板		聚苯乙烯金属面复合板
	金属面石膏板		难燃蜂窝状纤维金属面复合板

② 洁净室的墙壁在人体高度范围内存在承受摩擦和撞击的机会。墙面材料应采用硬度较大、表面坚实光滑、耐磨不易起尘、易于清洁的材料。水平单向流洁净室的墙壁上有送风及回风功能要求时，由金属细孔板、高（粗）效过滤器、安装过滤器的金属骨架、多叶调节阀等组成送（回）风夹墙，其设计与安装质量直接影响室内的空气洁净度。洁净室的内隔墙不宜采用砌筑墙。墙壁与墙壁及顶棚交接之阴角宜做成圆弧。各种管线穿越墙壁均应预留沿口或预埋套管，不得在安装管线时现凿，管线与墙洞或套管之间的空隙应采用有效的密封措施；当穿过洁净生产区与一般生产区之间的不燃烧体隔断时，其穿墙管线周围的空隙应采用防火或耐火材料紧密填堵。图 1.4.13 是非单向流洁净室用轻钢龙骨吊顶与隔墙示意图，洁净室常用的墙面材料见表 1.4.3。

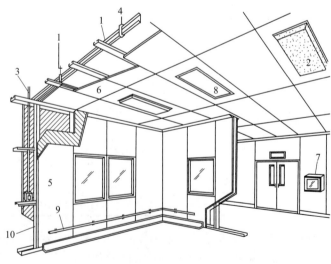

图 1.4.13 轻钢龙骨吊顶与隔墙示意图

1—轻钢吊顶龙骨；2—送风扩散板；3—顶埋插座；4—金属支架；5—墙面板；6—吊顶板；
7—传递窗；8—照明灯具；9—墙体保护栏杆；10—轻钢隔墙龙骨

表 1.4.3　常用的墙面材料

类别	名称	类别	名称
轻钢龙骨隔墙	纸面石膏板	硬吊顶	岩棉芯金属面墙板
	水泥纤维板、釉面水泥板	装配式复合墙板	硬质聚氨酯金属面复合板
	金属面石膏板		木质纤维芯塑料贴面复合板
	低播焰柔光塑料贴面板		聚苯乙烯金属面复合板
中空玻璃隔断	铝合金中空玻璃隔断	砌筑墙	砖、空心砖、加气混凝土等，面层按洁净度要求装修，高级抹灰
	镀锌彩板中空玻璃隔断		

4.3.2　洁净室的气密构造

洁净室（区）与相邻房间之间包括不同洁净度等级的洁净室（区）之间、洁净室（区）与非洁净室（区）之间以及洁净室（区）与室外环境之间，根据洁净室特性均应保持规定的静压差。但洁净厂房同其他建筑一样可能有很多构造上的缝隙，若不对这些缝隙采取技术措施达到要求的严密性，缝隙两侧空气压力的差异，将会造成洁净空气的泄漏或外界脏空气渗漏污染，严重时洁净室不能达到预期的洁净度等级。洁净空气的泄漏还会造成能量消耗的增加、运行成本的增大，所以洁净室的围护结构和门窗等的气密性是洁净室设计、建造的重要条件之一。

洁净室的围护结构有很多构造上的缝隙，如墙壁或顶棚的板材安装缝、高效过滤器送风、灯具的安装缝；门、窗、回风口的安装缝以及管线穿孔等，这些缝隙的存在都将会使洁净室（区）在运行过程引发洁净空气的泄漏或污染空气诱入，所以洁净室建筑装饰设计、建造的重要性就是应以优良的气密性满足不同空气洁净度等级的要求，洁净厂房工程实践表明，洁净室（区）仅仅采取"静压差"的技术措施不能很好地防止污染或交叉污染。洁净建筑装饰的主要目的就是尽力减少构造缝隙，提高洁净室（区）的气密性。

（1）洁净室的围护结构构造　围护结构构造对洁净室的造价和净化空调系统运转费用是否经济起着重要作用。洁净厂房围护结构的材料选择应满足保温、隔热、防火、防潮、少产尘或不产尘等要求。围护结构的隔热保温，主要是选择合适的保温材料和合理地确定传热系数、热惰性指标。围护结构的隔气防潮是为了使围护结构保持天然含湿状态，以免围护结构及其保温材料受潮后增加材料的导热性，从而降低保温性能。围护结构受潮后，易使材料变质和腐烂及由于冬季冻结而遭破坏，以致影响围护结构的耐久性和保温性能。

防止内表面产生凝结水的主要措施是提高内表面温度，降低室内空气湿度。对洁净室来说，室内的湿度是根据产品生产工艺确定的，一般不能随意改变，所以应增加围护结构的热稳定性和增强保温措施。若室内空气温度在正常情况下仍出现凝结水，则说明围护结构的保温性能不良，此时应设法增加围护结构总热阻，提高围护结构内表面的表面温度。为此，除了选择合适的隔热材料外，还应合理设计保温层/隔气层的构造，根据洁净室的特点和具体工程地点的气象条件，妥善选择保温层/隔气层的层数、厚度和构造，以确保室内表面不结露、无凝结水，并注意避免"冷桥"现象发生。

洁净室的特点是冬季室内气温高于室外气温，夏季室内气温低于室外气温，冬夏两季水蒸气扩散渗透的方向相反。因此，应根据不同地区的气候特征，比较冬夏两季中哪一季室内外温差大，哪一季室内外水蒸气压力的压差大，宜按温差大、压差大的季节设置外围护结构的隔气层。

洁净室的墙体、吊顶的各类接缝以及在墙体、吊顶上安装的电气设施、高效过滤器送风口、管道穿管、消防报警探测器和水喷头等的安装缝，门窗和回风口的安装缝等，这些缝隙在不同部位，具有各种各样的形状，如果构造设计不当或者施工质量不到位，造成这类缝隙不严密、气密性差一旦洁净室投入运行，由于洁净室之间、洁净室与相邻房间之间均具有一定的压差，就必然发生洁净室内的净化空气对外泄漏或相邻房间的未净化空气渗入造成污染，甚至导致不能产出"合格产品"。因此，洁净室的墙体、吊顶等围护结构的气密构造设计和施工质量的优化、确保，既可减少或避免洁净室的漏风降低能耗，又可防止洁净室内外的交叉污染降低洁净度，洁净室建筑装饰的围护结构气密性构造是洁净建筑的关键技术环节。

（2）门窗的气密构造　洁净室的门窗既要气密性好，又要使用方便。金属门窗耐候性好、自然形变少、制作尺寸误差小，容易控制缝隙，一般均采用金属门窗。洁净室（区）门窗的密封材料通常为橡胶条、硅橡胶、密封胶等。

洁净室一般不设外窗。当洁净室（区）和人净用室设外窗时，应采用双层玻璃固定窗，并应有良好的气密性。

洁净室内的门窗气密构造主要取决于各处缝隙的处理。门窗的缝隙通常有固定缝隙、活动缝隙两类。对固定缝隙采取可靠的气密构造和选择品质优良的密封材料，便可能达到较好的气密性。洁净室内的窗应采用固定窗，仅在产品生产确需活动时才采用活动窗，并严格控制开窗面积。洁净室内的门较多的是活动缝隙，门的开启扇、框、五金、密闭条等的材料选择、作用方式等因素的综合考虑，使它们在构造上和受力状态上相互协调，达到密封的目的。

开启门扇和框料相互搭接的槽口尺寸与槽口形式，是活动缝隙密封设计中必须注意的重要问题。应该特别指出，门扇比窗扇大而且重，密封压紧时施力要大得多，特别是平时总在不断启闭旋转，所以还应从控制门扇下垂和保证门扇刚度等方面考虑五金选用问题。

平开式密闭门是洁净厂房中选用最多的门类型，平时供通行或者运输，火灾时供紧急疏散，都很方便。一般选用成型断面的弹性材料作为密闭条固定密封在缝隙处。常用门的洞口宽度，双扇内门多在1800mm以下，双扇外门多在2100mm以下；洞口高度大抵在2400mm以内。

密闭条应沿活动缝隙的周边连续敷设，以便在门关闭后形成一圈封闭环形的密封线。当密闭条被分别设置在门楼和门扇两处时，就必须注意两者有很好的衔接，尽量减小密闭条在门缝处的中断间隙。一般情况下，内门往往只沿门缝设置一圈密闭条。但物料入口处的外门和洁净厂房生产区直接通向室外的外门，为了可靠地防止室外空气侵入，除设有气闸和双重门之外，通常采用两道密闭条，形成两道密封防线。

为使密闭条适应断面小、受力后压缩量大又能与压紧构件有足够的接触和良好的密封条件，通常把它们做成不同种类的橡胶制空腹薄壁异型管材，并且多为模具成型商品。配合不同的嵌固位置和方式，有多种断面形式。密闭条的断面越小，越适合用在构件制作与安装误差小的门上。为了便于更换而又不破坏门的构件表面，一般在门构件上设置沟槽来卡紧固定密闭条，而不宜粘贴固定。

从净化与受力的要求考虑，选用的密闭条材料应不起尘、不积尘、抗水、防霉变、耐磨、富有弹性、不易老化。目前通常采用实体橡胶材料的各种制成品。

由于门的尺寸与断面较大，缝隙周边的密闭条须较大的压力才能使门扇关紧密封，所以门的五金应配合适当才能取得理想效果。铰链是门五金中重要的零件。开启或旋转门扇时，门扇的重量全部由它承担，关闭后密闭条产生的反弹力也须由执手与铰链来分担。门扇与门槛之间的缝隙密封在很大程度上依靠铰链的良好工作状况。铰链的轴芯往往容易磨损而导致门扇下垂，虽然对于一般重量的门无须采用轴承，但须特别注意保证芯柱、芯套有足够的刚度、硬度、光洁度以及在制作公差方面的精密配合。洁净厂房内门一般不采用单面或双面弹簧铰链。

密闭门五金的另一重要部分为压紧执手。门扇部位的执手舌簧与门接部位的槽口之间有准确的定位配合并且构造牢固，才能满足密闭条压紧的需要。一般洁净厂房内门可以选用高质量的市售执手门锁，能满足一般硬度的橡胶密闭条压紧要求。

（3）墙板、吊顶板的气密构造　通常所说的洁净室围护结构——墙板、吊顶板的构造缝隙，包括的部分比较繁杂，既有建筑构配件的安装缝，例如金属壁板等板材的拼接、壁板或顶棚配件的组装等；也有同其他专业技术装置的接缝，例如各类管道的穿孔、灯具的安装；还有工艺、电气、通风等有关装置的悬挂、镶嵌等造成的缝隙。这些缝隙的情况又往往随具体条件的不同而产生各种变化。

对于轻质骨架顶棚或隔墙的面板，为了防止空气从板材接缝处内外穿透，必须把缝隙密封起来。根据板材质量、装修水平以及防火标准等不同要求，复面板可以由单层、双层甚至多层板材组成。一般洁净室使用的板材大多不超过两层。当为两层板材时，基层板与面层板可以按照骨架间距把拼缝错开布置，对于密封有利。这种情况下，基层板缝须采用同板材特性相适应的腻子填嵌处理，并用穿孔纸裱糊封闭。双层板的表层板缝处理，一般多采用金属压条与不成型硅橡胶填嵌两种措施相结合的方式，即沿表层板面的短边方向做成窄缝，用硅橡胶填嵌，沿表层板面的长边方向采用金属压条固定，这样便于调整缝隙位置，避免压条的双向交叉。顶棚与墙面的交接阴角，沿室内一圈均设压条，压条与墙面之间用硅橡胶填嵌。压缝条应具有较小的断面尺寸和较大的刚度，且大部分的压缝条都应该兼备盖缝和固定板材两项功能，故往往制成专用的铝合金薄壁型材。凹槽形在外观上虽然增加一些变化，但不如工字形的简单平滑，更适应洁净室的特点。

（4）高效过滤器、灯具等的安装密封构造　高效过滤器的安装和密封情况直接影响洁净室的洁净效果。高效过滤器的安装密封方法主要有：①密封垫法，使用闭孔型海绵橡胶板作密封垫；②液槽密封法，液槽中灌注密封液，液面高度为 2/3 槽深，利用液封实现洁净室内外的密封；③负压密封等。图 1.4.14 是高效过滤器的几种安装形式。图（a）～（d）均为密封垫法的吊顶上安装——上装式或吊顶下部安装的下装式；图（e）为液槽安装的一种形式。

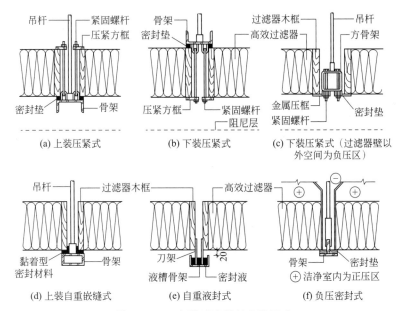

图 1.4.14　高效过滤器的安装形式

灯具的安装密封因灯具不同而异。单向流洁净室常采用泪珠式灯具，其安装和密封构造应与顶棚构件和高效过滤器的安装密封统一协调，设计合理的结构。非单向流洁净室常采用吸顶型、嵌入型灯具，灯具安装缝隙应用可靠的密封措施；密封一般采用密封垫法，并增涂密封胶密封。

通常洁净厂房中都设有各种类型的气体、水、化学品以及电气管线等，不少管线均需穿越洁净室的隔墙、吊顶或地面，为保持洁净室的气密性，这些穿越洁净室（区）的管线均应设有密封措施。图 1.4.15 是管道穿越的密封示意图。

（5）嵌填用密封材料　洁净室密封嵌缝措施能够防止空气渗透、送风短路以及缝隙处和不同材料交接处的尘粒散落，是保持室内静压和提高空气洁净度的必要措施。

① 使用条件与性能要求。缝隙的部位、形式、界面材料、使用与维修条件不同，对密封材料的要求也不完全一致。总的来说，洁净厂房使用的缝隙嵌填密封材料，在保证气密性的前提下，应具备如下性能：

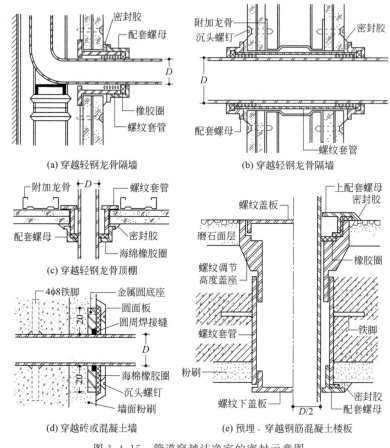

图 1.4.15　管道穿越洁净室的密封示意图

●对于钢材、铝材、木材、玻璃、陶瓷、混凝土、水磨石以及弹性橡胶材料等都要有良好的黏结力，在缝隙窄而基层光滑的情况下，能长期牢固地附着在界面上。

●要便于仰缝和竖缝的施工，不致严重流淌或下坠。

●厂房大部分无窗，现场材料的调制不宜使用明火或大量掺加易燃物，要能在冷操作下完成施工。施工后，要能在通风不良、比较潮湿的常温条件下快凝。

●用于外窗，要能适应室外气象条件；用于灯孔，要能经受灯管长期烘烤，故选用的材料应耐寒、耐热、耐日照、不脆裂、不易老化。

●要有一定的弹性，以适应缝边配件可能产生的变形及一定的冲击荷载（如敲打管线、开关门扇等），不致开裂，保持气密。

●要容易从基层上剔除，以便更换配件。

●无毒、无臭，色泽外观与室内外装修协调。

② 常用的密封嵌缝材料有：a.专用密封胶；b.各种规格的工业橡胶；c.各种缝隙专用密闭橡胶条；d.乳胶海绵。

压条有木制压条、铝压条（表面氧化处理）、钢压条表面镀铬以及模压塑料板等。

硅橡胶除了塑料材质外，几乎对其他所有材料都有较好的黏结性和气密性，耐老化、耐高低温，在 $-70 \sim +150 \,^{\circ}\!C$ 范围内使用仍能保持弹性，在紫外线和臭氧作用下不变硬、变脆和发黏，材料无色透明、无臭，操作简便，在室温下固化，但抗剥离性能较差，并有毒。硅橡胶作为密闭材料的优越性很多，不仅可作为补漏措施，也可直接作密封嵌缝材料，不必再用其他的密闭垫材料。与橡胶海绵等相比，硅橡胶作密闭材料具有简化构造、节省材料、加快施工进度的优点。

4.3.3　洁净室的装配化

（1）洁净室装饰的装配化　随着建筑材料的日新月异和洁净室建造"干法"作业的广泛应用，洁净厂房越来越多地采用内装饰装配化的方式建造。洁净室围护结构的装配化是充分利用厂房的主体结构作为洁净室围护结构的支承物，将洁净室的顶棚、隔墙、门窗等配件和构造纳入洁净厂房的内装修而实现装配化。

洁净室的内装修装配化是在厂房的主体结构与外围护结构完工后，为加快建设进度，采用以金属壁板或轻钢骨架和饰面石膏板等组成的顶棚与隔墙系统进行施工建造。它们的配件尺寸同厂房主体模数之间一般没有相关性，仅与金属壁板或金属骨架或饰面板材的尺寸模数密切相关，一种方式是在制造工厂按照洁净厂房设计图纸进行二次设计，然后对板材、骨架（含门窗开孔及处理）进行加工，运至现场进行组装；另一种方式是在现场根据二次设计对板材、骨架等进行切割拼接，并完成组装。这种内装修的装配化方式，建设周期短，板材、配件品质优良和施工安装精心，可以建造出高质量的洁净室。

目前在装配化的洁净室建造中一般采用金属壁板（彩钢夹芯板或简称彩钢板）组装墙板、顶棚，对这类洁净室用建筑部件的技术要求或技术规定，已有一些相关的规范或标准。洁净室及相关受控环境内的围护结构（包括墙板、顶棚等）使用的夹芯板，可参照已发布的国家标准《洁净室及相关受控环境围护结构夹芯板应用技术指南》（GB/T 29468）中的有关要求。该标准中所定义的夹芯板是由双金属面和黏结于两金属面之间的绝热芯材组成的自支撑的复合板材，这类板材的厚度有 30mm、40mm、50mm、80mm、100mm、120mm、150mm，宽度为 900～1200mm，或由供需方协商确定。金属面板可以是彩色涂层的钢板，也可根据需要采用不锈钢板或铝板；若采用热镀锌板时，锌层双面质量不得小于 $120g/m^2$。芯材应为轻质隔热材料，如硫氧镁（BTPI）、玻镁板、铝蜂窝、石膏板、岩棉板、玻璃棉板等。

夹芯板的外观应符合表 1.4.4 的要求，其传热系数应满足表 1.4.5 的规定，并在应用过程中不得发生冷桥和结露现象。洁净室用夹芯板应具有规定的抗弯承载力，隔墙用金属面夹芯板挠度为 $L_o/250$（L_o 为支座间的距离）时，其抗弯承载力应不小于 $0.5kN/m^2$；吊顶用金属面夹芯板挠度为 $L_o/250$ 时，其抗弯承载力应不小于 $1.2\ kN/m^2$。

金属面夹芯板应为不燃材料（包括芯材），其燃烧性能应达到国家标准《建筑材料及制品燃烧性能分级》（GB/T 8624）中规定的 A1 级要求，并应符合国家标准《材料产烟毒性危险分级》（GB/T 20285）中规定的安全一级 AQ1 级要求。

表 1.4.4　夹芯板的外观要求

项目	要求
面板	板面平整,无明显凹凸、挠曲、变形;表面清洁、色泽均匀、无胶痕、无油污;无明显划痕、磕碰伤痕等
切口	切口平直、切面整齐、无毛刺;面材与芯材之间粘接牢固,芯材密实
芯板	芯板的切面整齐,无大块剥落,块与块之间接缝无明显间隙

表 1.4.5　夹芯板的传热系数

标称厚度/mm	30	40	50	80	100	120	150
传热系数/[W/(m²·K)]	≤1.0	≤1.0	≤0.95	≤0.6	≤0.5	≤0.45	≤0.35

在 ANSI/FMRC FM 4910 中对洁净室及相关受控环境中材料（包括夹芯板等装修材料）一旦发生火灾受到烟尘的损害程度，以烟尘损害指数进行表达。烟尘损害指数（smoke damage index，SDI）定义为炭烟产率与 FM 火蔓延指数（fire propagation index，FPI）的乘积，表征火灾产生的烟尘对洁净室与相关受控环境的损害程度，单位为 $(m/s^{1/2})/(kW/m)^{2/3}$。在 ANSI/FM RC FM4910 中规

定烟尘损害指数（SDI）应小于等于 0.4，在国家标准《洁净室及相关受控环境围护结构夹芯板应用技术指南》（GB/T 29468）的附录 A 中对洁净室材料的可燃性测试方法、测试结果和烟尘损害指数（SDI）的计算提出了相关要求。

目前国内外相关制造厂家生产的金属壁板品种很多，但能符合我国现行防火规范和《洁净厂房设计规范》规定的彩钢夹芯板主要有彩钢岩棉夹芯板、彩钢石膏夹芯板、彩钢蜂窝夹芯板、彩钢酚醛夹芯板等。这类夹芯板的厚度一般为 50～100mm，两面钢板的厚度 0.6～1.2mm，板宽 900～1200mm。各制造厂家因设计、加工设备不同，有不同的尺寸，但其主要技术性能基本上能满足有关规范、标准的要求，可以说目前国内此类产品的制造厂（包括合资、独资工厂）生产的金属壁板能满足各类洁净厂房建造的需要。

但不论哪个地区或制造厂家生产的金属壁板，均应严格按国家标准《洁净厂房设计规范》（GB 50073）的规定进行选择，特别是应关注在该规范中规定的"洁净室的顶棚、墙板及夹芯材料应为不燃烧体，且不得采用有机复合材料"。下面简要介绍几种洁净厂房中广泛采用的彩钢夹芯板，供洁净室装修选材时参考。

① 无机彩钢夹芯板。这是由彩钢板与无机板经过加热、加压用高强度黏合剂复合制成，具有表面平整度好、保温、隔热、隔声等性能。图 1.4.16 是无机彩钢夹芯板构造简图。无机彩钢夹芯板的长度可按设计要求加工，一般不大于 3m，宽度一般为 980mm，厚度为 50mm，耐火极限为 80min。

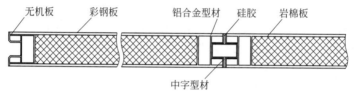

图 1.4.16　无机彩钢夹芯板构造图

② 彩钢石膏夹芯板。这是由彩钢板经过一次成型后与石膏板用高强度黏合剂复合制造，可根据设计要求的厚度选用不同规格的彩钢石膏夹芯板，还可根据耐火等级的不同要求，在石膏板中间充填岩棉等耐火材料。彩钢石膏夹芯板具有保温、隔声、耐火性能好、安装拆卸方便等特点。图 1.4.17 是彩钢石膏夹芯板的构造图。彩钢石膏夹芯板的长度一般为 30m 以下，宽度为 968mm；双面彩钢石膏夹芯板厚度有 75mm、100mm、120mm，单面为 40mm。

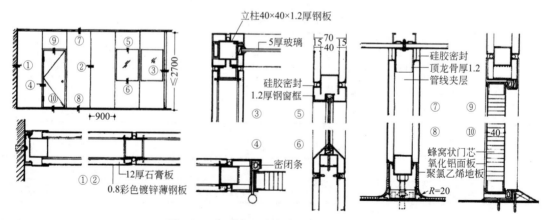

图 1.4.17　彩钢石膏复合板（单位：mm）

③ 彩钢岩棉夹芯板。这是由双面彩钢板与长纤岩棉经专用设备用高强度黏合剂复合制造，这种夹芯板的耐火极限一般为 900mm。图 1.4.18 为岩棉夹芯板构造图。

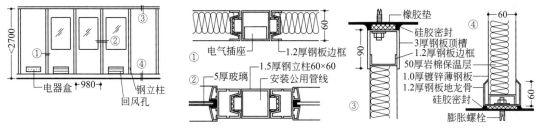

图 1.4.18　彩钢岩棉夹芯板（单位：mm）

④ 彩钢酚醛夹芯板。这是由双面彩钢板中间填充硬质 PF 防火发泡酚醛的夹芯板。此种夹芯板长度（高度）可按需要选择，一般可为 3.0m，具有平整度良好、保温、隔热、隔声等性能。

各种类型的彩钢夹芯板除了因夹芯材料不同具有不同的耐火性能外，还同彩钢夹芯板采用的钢板厚度、构造等密切相关。因此，在洁净室工程建造时所订购的彩钢夹芯板应由制造厂家提供"耐火极限"检验报告，且该检验报告应由具有国家消防装备质量监督检验资质的单位提交。下面列举几种符合上面规定的实例：上海某公司生产的酚醛彩钢夹芯板，双面 0.6mm 镀锌钢板，试样为 3000mm×3000mm×50mm，耐火极限为 30min；双面 0.6mm 镀锌彩钢岩棉石膏夹芯板，厚度 100mm，耐火极限 1.47h；双面 0.6mm 彩钢纸蜂窝夹芯板，厚度 60mm，耐火极限 0.63h，厚度 50mm 的对称结构纸蜂窝夹芯板，耐火极限 0.33h 等。

由彩钢夹芯板组装的墙板、顶棚具有如下特点：

① 板材规格标准化，方便设计施工。

② 板面平整度好，不易积尘、易清洗，用于洁净室内隔墙、顶棚，其接缝大大减少，无需面层二次装修。一般在组装、填缝后，撕去保护薄膜即可清洁使用。

③ 彩钢板具有一定的抗压抗剪强度，一般彩钢夹芯板顶棚可不再铺设检修走道，顶面平整、开孔方便，高效风口、灯具等安装方便。

④ 可做到快速安装，无需湿作业。板厚仅为砖墙的一半左右，增加了使用面积。

⑤ 彩钢夹芯板已完全可胜任作为一般洁净厂房内隔墙、顶棚及与之配套使用的不同材质的配件使用，密封材料已有成品系列等优势，得到了电子行业、医药行业等各类洁净厂房设计、建造的广泛采用。但目前国内彩钢夹芯板产品十分繁杂、良莠不齐，在具体工程设计、建造时，应严格按相关规范要求、规定进行选用，以确保洁净室的消防安全和所需的空气洁净度等级要求。

（2）墙板和顶棚　洁净室的装配化适应了越来越多的各行业洁净厂房建造需要，它主要是以在制造工厂批量生产的各种类型的金属壁板作为墙板、顶棚（吊顶板），在施工现场进行组装。如前所述洁净室的装配化首先应正确、合理地选择金属壁板的类型，确保其性能、耐火性等符合相关标准规范的规定。近年来洁净室设计建造的工程实践表明，洁净室内装修用墙板、顶棚均应具备基本要求。对金属壁板墙板的主要要求是：①表面应平整、光滑，能以清洗剂清洁；②墙板接缝气密性能好；③墙体结构应具有良好的隔热、隔声性能；④用于微电子行业的墙板要求具有防静电措施，用于制药行业的墙板要求具有防止微生物滋生、繁殖的功能；⑤墙体结构应便于安装和拆除；⑥墙体结构应具有一定的灵活性，并应能适应不同表面材料、门窗构造的需要。

对金属壁板顶棚的主要要求是：①顶棚结构应能适应各种空气洁净度等级洁净室的需要，满足安装各种类型的空气过滤器或过滤机组的要求；②顶棚接缝气密性能好；③能适应安装各种消防安全器件、灯具、电气布线等的需要；④便于安装、拆除；⑤微电子行业用顶棚应考虑隔振的要求等。这些基本要求的实现，既包括在工程设计时正确选型之内，也包含在进行工程施工前的"建筑装饰的装配化二次设计"以及施工过程的严格管理和正确实施相关标准规范的规定或要求内，并以工程施工完成后的质量检测确保其设计建造的工程质量。

洁净室的装配化设计建造时，不仅所采用的金属壁板其自身质量至关重要，而且金属壁板墙板、吊顶板（顶棚）的整体构造和气密性也是确保建造质量的关键环节；金属壁板的整体性除了板与板之间的雌雄槽应紧密组合外，还应做到上下马槽与板之间的严密结合，使洁净室形成一个完整的匣体。壁板之间的接缝应以硅橡胶等密封材料嵌缝密封，它的作用是防止灰尘在停机时由此进入室内，同时使洁净室在正常工作时易于保持所需的正压，减少能量的损耗。此外，洁净室的关键密封部位是高效过滤器本身或高效过滤器与其安装骨架之间的缝隙，一定要具有良好的密封性能。目前国内使用的密封方法很多，如液槽密封、机械压垫密封等，但必须做到涂抹或填嵌方便、操作简单，而且还要考虑更换高效过滤器时方便拆装。总之，没有经过高效过滤器过滤的空气是不允许直接进入洁净室的。洁净室顶棚轻质壁板应具有一定的承重能力，以便施工、运行维护时人员行走。

图1.4.19是一些厂家的金属壁板墙板构造图，图1.4.20是顶棚构造图。这里需说明的是关于阴阳角的作法。目前国内洁净厂房建造中大多采用装设阴阳角的方式，当初各洁净室装设它的本意是防止积尘、减少污染，但工程实践和洁净室的使用实践表明，如果施工质量差或材质选择不当，都将出现缝隙、针孔等，那么便会"藏污纳垢"。所以在GMP和《洁净厂房设计规范》（GB 50073—2013）中的规定是："洁净室（区）的内表面应平整光滑、无裂缝、接口严密、无颗粒物脱落、避免积尘、便于有效清洁，必要时应当进行消毒。洁净室内墙壁和顶棚的表面应平整、光滑、不起尘、避免眩光、便于除尘，并应减少凹凸面。"

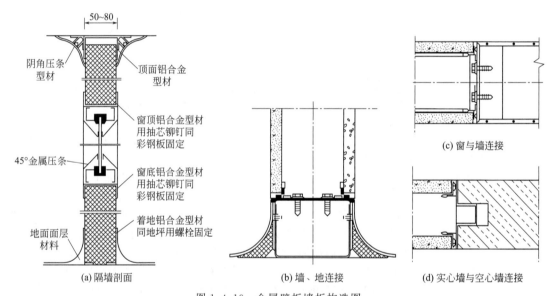

图1.4.19　金属壁板墙板构造图

近年来在超大规模集成电路生产用洁净室中对洁净度的要求极为严格，一般芯片工厂前工序用洁净室采用"三层"结构形式。洁净生产区在中层；下部为下技术夹层（高约5.0m），主要作为回风静压箱和安装水、气、电管线及部分公用动力设备；上部为上技术夹层，主要作为送风静压箱或送风过滤机组或循环空气处理装置等。这类洁净室通常都采用装配化结构，洁净室的顶棚由金属骨架（铝合金或不锈钢）空气过滤器、盲板以及与屋顶钢架或混凝土屋盖附加的钢结构组成。顶棚结构覆盖了整个洁净生产区，挂在钢结构上可以根据要求调整水平等；顶棚尺寸按所采用的空气过滤器或过滤机组、盲板尺寸确定，而过滤器、盲板则按工艺要求的洁净室分隔进行布置；若工艺要求分隔进行调整、变更时，过滤器、盲板可以方便地随之变化。根据工艺要求的洁净室洁净度等级，可调正过滤器、盲板的布置以及随之按要求实现不同的室内气流流型。

洁净室的分隔板（墙）将洁净厂房中的工艺核心区与服务区分开，其分隔系统由框架结构、单层或双层玻璃墙和门单元组成。框架一般为铝合金制作，典型的墙板是涂有导电漆的钢板，玻璃墙板由导电的透明玻璃、型材及其密封装置构成；有玻璃窗的门的四周及地面均设密闭条；金属板表面必须光滑、可清洁、耐冲击且不掉尘。

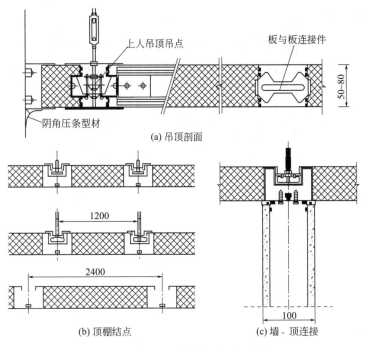

(a) 吊顶剖面

(b) 顶棚结点

(c) 墙、顶连接

图 1.4.20　金属壁板顶棚构造图

（3）高大洁净室墙板的加固　随着科学技术和工业产品制造技术的发展，为满足芯片制造、液晶显示面板制造和某些特种用途的需要，高大洁净厂房的建设日益增多，其层高可达 8～12m，甚至更高。这类高大洁净室基本都采用彩钢夹芯板装配化构造，由于单个彩钢夹芯板的高度已不能满足高大洁净室高度的要求，可能需要两个以上的金属壁板分段施工、连成整体，因此应对多段的金属壁板墙体进行加固。图 1.4.21 是金属壁板墙体与厂房主体结构之间固定构造的工程实例示意图。该例采用支撑件将金属壁板同主体结构墙连接固定，一般可在横向板缝下 100mm 左右处设支撑，支撑材料采用角钢或槽钢或铝型材。若金属壁板与厂房主体结构之间在 600～1200mm时，应以横向方钢管在横向板缝下 100mm 左右处作支撑进行固定，并在每块金属壁板的竖缝处用支撑与横向方钢管连接固定。横向方钢管一般采用的尺寸为 50mm×50mm 或 50mm×100mm，间距为 3～4m，见图 1.4.22。此例可供使用者参考。

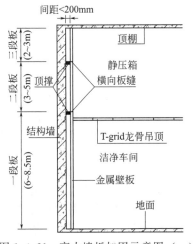

图 1.4.21　高大墙板加固示意图（一）

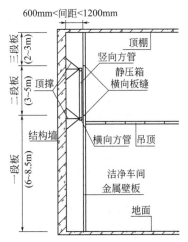

图 1.4.22　高大墙板加固示意图（二）

4.3.4 洁净室门窗

洁净厂房在应用的初期曾称为"无窗厂房"或"密闭厂房",可见洁净厂房对门窗的设置和门窗的构造均有十分严格的要求,以确保洁净室所需要的洁净度和防止运行过程中污染物从门窗渗漏。为此在现行的国内外标准规范中均对门窗进行相应的规定和要求,这些规定和要求主要有:当洁净室(区)和人员净化用室设置外窗时,应采用双层窗,并应有良好的气密性,同时应采取防结露措施;洁净室(区)的门窗应满足使用功能的要求,其构造和施工缝隙应采用密闭措施;洁净室内或不同等级之间的窗不宜设窗台,医药洁净室的窗宜与内墙面齐平,无菌洁净室的窗宜采用双层玻璃;医药洁净区域的门、窗不宜采用木质材料,需采用时应经防腐处理,并应有严密的覆面层;医药工业洁净厂房的无菌洁净室(区)其门窗不应采用木质材料;洁净室内的密闭门应朝向空气洁净度较高的房间开启,并加设闭门器,无窗洁净室的密闭门上宜设观察窗。医药洁净室(区)的门不宜设置门槛,以避免室内灰尘在地面缝隙积聚,另外也可便于生产过程中运输车辆的出入。但是若没有门槛也可能造成洁净室内外的空气通过门框与地面间的缝隙流通,导致污染物的漏入,所以"规范"只规定"不宜",实际应用中应根据空气洁净度等级要求和需要确定是否设置门槛。工程实践表明满足生产工艺以上规定在洁净室的建造中是可行的,并为满足各行各业合格的洁净室建筑装修提供了依据。

洁净厂房的门窗首先应具有优良的气密构造,在本书第1篇4.3.2中已对门窗的气密构造进行了较多的阐述,除此之外,洁净室的门窗应具备使用方便、耐气候变化、自然变形少以及制作误差较小、容易控制缝隙等优良性能。洁净室门窗的制作材质宜选用金属制品,门窗的密闭材料主要有橡胶条、硅橡胶、密闭胶及单、双面压敏胶带等。

测试资料表明,双层窗与单层窗相比漏风量确有显著的差异;为减少泄漏风量或降低污染概率,特别是沿外墙设置的窗,选择双层窗是有利的。这里要说明的是即使在单层窗扇上装双层玻璃其漏风量也类似于单层窗,完全不同于双层窗,不仅在扇与框的搭接部位具有类似于单层窗的缺点,而且在断面构造上增加了槽口的复杂性。

若仅从控制环境污染的角度考虑,当厂房内若干洁净室具有的相同空气洁净度等级,且相互间没有空气静压差的要求时,在此类洁净室的隔断上的门窗也就无需计较空气漏入或漏出的相互影响问题,对于缝隙也可不作严格的密封处理。但若不同洁净室的生产工艺要求不得有相互交叉污染或污染时,应严格进行气密处理。除此之外,当与洁净室相邻环境的空气洁净度不同并需在洁净室内采取静压措施时,内门、内窗以及隔断等缝隙均应进行密封处理。

近年来各类洁净室的墙体、顶棚多采用装配化的金属壁板建造,这类洁净室的内门、内窗一般均由金属壁板制造商提供,但其尺寸和制造要求应双方商定,并应在制作前具有使用单位认可的二次设计详图,包括门、窗的气密构造等。图1.4.23是洁净室壁板墙体上气密门构造的示例。图(a)(c)是单开气密门和横截面构造示意图,在门框与板框之间均应嵌填密封压条等气密材料;图(b)(d)是双开气密门和横截面构造示意图,并有一个双开气密门门框气密构造放大图;图(e)是气密门的纵截面构造示意图。

图1.4.24是洁净室气密窗构造的示例。其中图(a)(b)是洁净室(区)墙体上连续设置的玻璃气密窗及其截面构造示意图,窗玻璃应根据洁净室内产品生产工艺的要求选择,如微电子的光刻等工艺对光照有特殊要求,应选用黄色玻璃,玻璃厚度一般应大于等于5mm;图(c)(d)是洁净室(区)墙体上非连续设置的普通玻璃气密窗。

在洁净厂房内物料净化用室与洁净室(区)之间以及不同洁净度等级的洁净室之间或者为防止交叉污染的洁净室之间,为了不因物料(包括工具、器具)的搬入或传递过程引起交叉污染、空气洁净度的变化,通常应采用传递窗。传递窗应做到气密性好、易于清洁,两侧机械联锁开启,根据使用要求可设有紫外消毒或空气过滤等。传递窗一般为不锈钢材质,使用单位按传递物品尺寸进行订购制造,在洁净室建筑装饰后进行安装。图1.4.25是传递窗的照片。

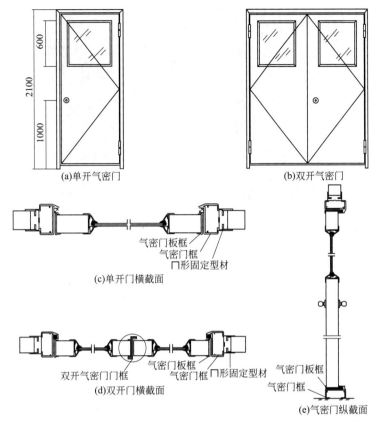

(a)单开气密门

(b)双开气密门

气密门板框
气密门框
冖形固定型材
(c)单开门横截面

双开气密门门框 气密门板框
气密门框 冖形固定型材
(d)双开门横截面

气密门板框
气密门框
(e)气密门纵截面

图 1.4.23　洁净室气密门构造图

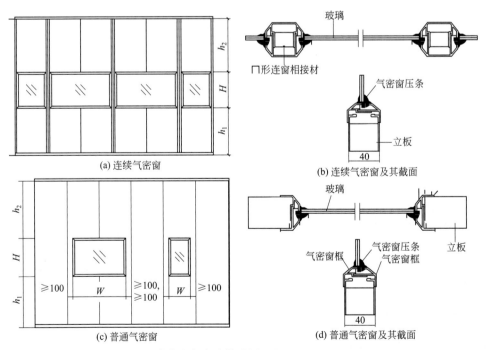

(a)连续气密窗

玻璃
冖形连窗相接材
气密窗压条
立板
40
(b)连续气密窗及其截面

(c)普通气密窗

玻璃
气密窗框 气密窗压条
气密窗框
立板
40
(d)普通气密窗及其截面

图 1.4.24　洁净室气密窗构造图 $h_1 \geqslant 900\mathrm{mm}$，$h_2 \geqslant 200\mathrm{mm}$

(a)

(b)

图 1.4.25　传递窗

4.3.5　地面装修

　　洁净室地面的基本要求是不产尘、不积尘、易于清洗，并应满足洁净室内产品生产工艺的要求。在我国已发布实施的几项洁净厂房设计规范中对洁净室内地面的设计进行了大同小异的具体规定，这些规定的主要内容是：洁净室地面应符合生产工艺要求，应平整、耐磨、易清洗、不开裂，且不易积聚静电，地面垫层宜配筋，潮湿地区垫层应有防潮措施等。各种洁净度等级和洁净厂房内各功能区的地面工程其材料选择可参照表 1.4.6。由于电子工业洁净厂房中的某些洁净室（区）设有大型设备或有的设备对于微振控制要求严格，因此规定洁净室地面应满足电子产品生产工艺和设备安装要求。如芯片制造用洁净厂房，一般均采用垂直单向流，洁净室地面通常采用回风活动地板，且在洁净室（区）的不同部位因生产工艺和设备安装的需要，应选用承载能力、规格型号各不相同的活动地板；在医药工业用洁净室中的地面，除了强调应满足药品生产工艺的要求外，还要求洁净室做到整体性好、平整、不开裂、耐磨、耐撞击和防潮，并应不易积聚静电且易于除尘清洗等。目前，各行各业的洁净室地面有多种多样的形式，常用的有水磨石地面、涂布型地面、粘贴型地面、各类活动地板和金属格栅通风地板等。

表 1.4.6　地面工程材料选择表

材料面层	洁净度等级				洁净区走道	人员净化室	备注
	5 级	6 级	7 级	8 级			
现浇高级水磨石			√	√	√	√	①
聚氯乙烯塑料卷材		√	√	√	√	√	
半硬质聚氯乙烯塑料板			√	√	√	√	
聚氨基甲酸酯涂料	√	√	√				
环氧树脂砂浆、胶泥	√	√	√				耐腐蚀
聚酯树脂砂浆、胶泥	√	√	√				耐腐蚀耐氢氟酸
聚氨酯胶泥	√	√	√				
马赛克						√	
铸铝、工程塑料格栅	√						②

①　嵌条材料需按生产工艺要求选用。

②　这类材料宜用于垂直单向流洁净室的地面。

（1）水磨石地面　水磨石地面具有整体性好、光滑、耐磨、不易起尘、容易清洗、可防静电、无弹性等特点。在洁净室的实际工程中是否采用水磨石地面，说法不一，但由于这种地面具有上述特点，目前在药品、食品生产用洁净室工程中常有采用，在一些洁净室技术资料中也有推荐，在国内有关防静电地面的标准规范中对其也有相关规定和要求。表 1.4.7 是在洁净厂房建筑构造的图集中摘录的两种水磨石地面，这 2 种地面都适合在 ISO 7～9 级的洁净室内应用。水磨石面层应采用水泥和石粒的拌合料，铺设面层厚度除特殊要求外，一般为 12～18mm，水泥与石粒的体积比宜为 1∶1.5～1∶2.5（水泥∶石粒）；水泥标号不应低于 425 号，石粒应洗净无杂物、大小均匀、色泽基本一致，粒径除特殊要求外，宜为 4～14mm；水磨石面层应采用磨石机分遍磨光。水磨石面层的分格条（嵌条）可采用玻璃条、铜条或塑料条，其宽宜为 3～5mm、高为 10～15mm。玻璃条可采用普通平板玻璃裁割；铜条可用工字形铜条，其表面应做绝缘处理，绝缘材料的电阻值应不小于 $1.0×10^{12}$ Ω；塑料条可用聚氯乙烯板裁割。防静电水磨石地面的导静电泄放构造宜采用厚度不小于 0.5mm、宽度不小于 25mm 的钢板铺设为网络，也有采用 $\phi4～6mm$ 的钢筋制成的导电地网；网格的分布应与水磨石面层的分格条位置错开，并与防静电接地系统连接。

表 1.4.7　水磨石地面构造　　　　　　　　　　　单位：mm

名称	简图	构造做法		说明
		地面	楼面	
现浇水磨石楼地面	地面　　楼面	1.10 厚 1∶2.5 水泥彩色石子(小八厘)地面,表面磨光打蜡 2.20 厚 1∶3 水泥砂浆结合层,干后卧铜条分格(铜条打眼穿 22 号镀锌碳钢卧牢,每米 4 眼) 3.150 厚 C20 混凝土,随打随抹平 4.150 厚粒径 5～32 卵石(碎石)灌 M2.5 混合砂浆振捣密实或 3∶7 灰土夯实抹平 5. 素土夯实,夯实系数≥0.90	3. 水泥浆一道(内掺建筑胶) 4. 现浇钢筋混凝土楼板	1.适用于空气洁净度等级 ISO 7～9 级的洁净室地面 2.地面面积较大时,应适当加厚混凝土垫层的厚度,并须按照《建筑地面设计规范》的要求分仓浇筑或留缝,分格不应超过 6000×6000
防静电水磨石楼地面	地面　　楼面	1.10 厚 1∶2.5 防静电水磨石面层 2.防静电水泥浆一道 3.30 厚 1∶3 水泥砂浆找平层,内配防静电接地金属网,表面抹平 4.150 厚 C20 混凝土垫层,随打随抹平 5.0.6 厚聚乙烯薄膜防潮层 6.150 厚粒径 5～32 卵石(碎石)灌 M2.5 混合砂浆振捣密实或 3∶7 灰土夯实抹平 7.素土夯实,夯实系数≥0.90	4. 水泥浆一道(内掺建筑胶) 5. 现浇钢筋混凝土楼板	1.适用于有防静电要求的空气洁净度等级 ISO 7～9 级的洁净室地面 2.防潮层选用材料仅为示意,应由设计人自行选定,可采用 0.6 厚聚乙烯薄膜或 1.5 厚聚氨酯涂层等,亦可选用其他做法 3.静电地面面层、找平层、结合层材料内需添加导电粉(石墨粉、炭黑粉、金属粉、金属骨料、高分子防静电剂),并应经导电试验,成功后方可确定配方采用,由专业公司施工。水磨石面层分隔条采用玻璃条(非导电材) 4. 地面体积电阻率为 $1.0×10^4$～$1.0×10^{11}$ Ω,表面电阻率为 $1.0×10^5$～$1.0×10^{12}$ Ω;接地电阻不大于 9Ω

（2）涂布型地面　涂布型地面是以聚氨酯、环氧树脂、交联丙烯酸和乙烯基树脂等为涂料的地面工程。洁净厂房的涂布型地面大多为防静电树脂涂层地面,此类涂层地面包括垫层、底漆层、找平层、导静电地网、导静电层、接地端子、防静电面层,对于具体工程应依据洁净室内产品生

产工艺的要求设计确定所需的涂布型地面构造。环氧树脂涂布自流平地面厚度应为底涂层、找平层、导电层和面层厚度的总和，并且不应小于2mm。环氧树脂涂布地面的基础地坪含水率应不大于7%，混凝土强度等级不小于C30，表面平整度不大于2mm；底涂层一般应满足封底、黏结桥、绝缘隔离层的要求，导电层应敷设接地用金属箔带网格，并以导电黏胶与上面层黏结，导电黏胶的电阻值应小于面层材料的电阻值。防静电树脂涂层地区面层的导电材料应按防静电的等级选择，一级防静电工作区的地面面层导电材料的表面电阻、对地电阻应为$2.5\times10^4\sim2.5\times10^6\Omega$，摩擦起电电压不应大于100V，静电半衰期不应大于0.1s；二级防静电工作区的地面面层导电材料的表面电阻、对地电阻应为$1.0\times10^6\sim1.0\times10^9\Omega$，摩擦起电电压不应大于200V，静电半衰期不应大于1.0s；三级防静电工作区的地面根据产品生产工艺要求，可选用静电耗散材料或低起电材料，其静电耗散材料的表面电阻值等技术指标应符合上述二级防静电工作区的要求。面层应采用具有导静电或静电耗散性能的树脂面层涂料，厚度不宜小于0.8mm，树脂涂层自流平地面各层结构的凝胶材料应为同一性能的材料，涂料的耐磨性、附着强度和涂膜硬度应符合《防静电地坪涂料通用规范》（SJ/T 11294）的有关要求。

树脂涂层自流平地面的导电层接地金属箔带网格，一般可选用紫铜箔带，规格为宽10～20mm、厚0.03～0.10mm；网格大小宜为600mm×600mm，网格引出的铜箔带应与洁净室内接地平线焊接。树脂涂层地面的构造示例见表1.4.8。

表1.4.8　树脂涂层地面构造示例　　　　　　　单位：mm

名称	简图	构造做法		说明
		地面	楼面	
防静电环氧自流平地楼面	地面　楼面	1. 2～3厚防静电环氧自流平 2. 铺设导电铜箔并接地 3. 环氧稀胶料一道		1. 适用于有防静电要求的空气洁净度等级 ISO 1～9 级的洁净室地面 2. 防潮层选用材料仅为示意，应由设计者自行选定，可采用0.6厚聚乙烯薄膜或1.5厚聚氨酯涂层等，亦可选用其他做法 3. 地面面积较大时，应适当加厚混凝土垫层的厚度，并须按照《建筑地面设计规范》的要求分仓浇筑或留缝，分格不应超过6000×6000
		4. 200厚C30细石混凝土内配$\phi8\times150$双向钢筋，随打随抹平，强度达标后表面磨平 5. 20厚1:3水泥砂浆保护层 6. 0.6厚聚乙烯薄膜防潮层 7. 150厚粒径5～32卵石（碎石）灌M2.5混合砂浆振捣密实或3:7灰土夯实抹平 8. 素土夯实，夯实系数≥0.90	4. 现浇钢筋混凝土楼板随打随抹平，强度达标后表面磨平	
防静电聚氨酯楼地面	地面　楼面	1. 1～3厚防静电聚氨酯自流平 2. 铺设导电铜箔并接地 3. 聚氨酯底涂一道		1. 适用于有防静电要求的空气洁净度等级 ISO 1～9 级的洁净室地面 2. 防潮层选用材料仅为示意，应由设计者自行选定，可采用0.6厚聚乙烯薄膜或1.5厚聚氨酯涂层等，亦可选用其他做法 3. 地面面积较大时，应适当加厚混凝土垫层的厚度，并须按照《建筑地面设计规范》的要求分仓浇筑或留缝，分格不应超过6000×6000
		4. 200厚C30细石混凝土内配$\phi8\times150$双向钢筋，随打随抹平，强度达标后表面磨平 5. 20厚1:2.5水泥砂浆，压实赶光 6. 0.6厚聚乙烯薄膜防潮层 7. 150厚粒径5～32卵石（碎石）灌M2.5混合砂浆振捣密实或3:7灰土 8. 素土夯实，夯实系数≥0.90	4. 现浇钢筋混凝土楼板随打随抹平，强度达标后表面磨光	

（3）贴面型地面　洁净厂房的贴面也称粘贴型地面，是以塑料软板和半硬质板铺贴而成的。

塑料软板主要采用聚氯乙烯加工成型的卷材，使用方法有两种：一种是沿洁净室（区）的长向铺设卷材，铺贴的纵缝以焊接缝合，周边沿墙翻起固定在墙脚处形成踢脚；另一种是将塑料卷材按需要的尺寸截切为板块，粘贴在水泥砂浆基层上，再将板块之间的拼缝进行焊接形成整体。这种地面具有一定的弹性，比较耐磨、不起尘、耐腐蚀，但不耐硬物划伤。

聚氯乙烯半硬质板的贴面型地面，一般是以聚氯乙烯、醋酸乙烯-氯乙烯共聚物等为主料，加入填充料和增塑剂制成板材，将其粘贴在经处理后的水泥砂浆基层上。这种地面具有一定的硬度、强度，耐清洗，常用于洁净度等级较低的洁净室。

洁净厂房内也有采用陶瓷地砖地面的，使用这种地面时应根据洁净室内产品生产工艺与空气洁净度的要求选择合适的地砖材质和形状、尺寸，采用符合相关标准的产品和应用相应的施工方法，以确保地面质量。

洁净厂房内防静电贴面型地面的构造一般由基础地坪、基层、导电层、面层组成，基础地坪、基层、导电层等的要求与前述的防静电树脂自流平地面大致相同。

（4）活动地板和金属格栅通风地板　根据国家标准《电子工程防静电设计规范》（GB 50611）中对防静电活动地板的有关规定，在进行洁净室内活动地板的设计时，首先应合理选择活动地板的材质和支撑方式。按活动地板的支撑方式不同可分为四周支撑式和四角支撑式，见图 1.4.26。四周支撑式活动地板一般由地板面板、可调支撑、横梁、缓冲垫等组成；四角支撑式通常由地板面板、可调支撑、缓冲垫等组成。活动地板的防静电贴面板应选用导静电型、静电耗散型材料，其性能参数要求应符合本篇第 12 章的表述。活动地板及其配件的技术性能和材质应符合行业标准《防静电活动地板通用规范》（SJ/T 10796）的有关规定。

活动地板支撑的底部一般均应设绝缘衬垫。活动地板的接地连接导线应采用截面不小于 $1.5mm^2$ 的多股塑铜线，若在活动地板下敷设洁净室内接地干线时，应与地面绝缘。活动地板的高度、机械性能——均布载荷、集中载荷应根据具体工程的使用要求确定。

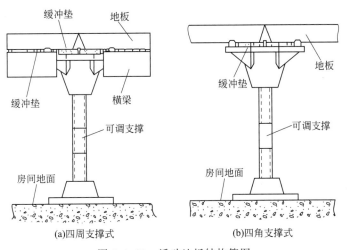

图 1.4.26　活动地板结构简图

金属格栅通风地板用于垂直单向流洁净室活动地板的面板。格栅通风地板由支撑结构、格栅多孔面板等组成，应用时由若干活动的单元穿孔面板拼接而成，配置于相应的支承结构上。多孔面板的数量、开孔率和安装位置应根据单向流洁净室的气流速度、风量确定。多孔面板有多种，图 1.4.27 是三种不同开孔率的格栅地板。

图 1.4.28 是装设通风格栅地板的洁净厂房剖面示意图。这种形式的洁净厂房常用于现代的微电子生产厂房中采用垂直单向流的芯片制造前工序用洁净室、TFT-LCD 液晶显示器面板制造用洁净室，一般采用"三层"布置。在通风格栅地板下面的空间作为回风静压箱，通常称为下技术夹层，洁净生产区的回风通过设在通风地板下的多孔现浇钢筋混凝板（华夫板）进入下技术夹层；

华夫板的表面装饰要求防潮、防霉、不开裂、方便清扫，并不易产生静电。一般该下技术夹层除作为净化空调系统的回风静压箱外，还是安装洁净厂房中的所需各种动力公用管线的场所。

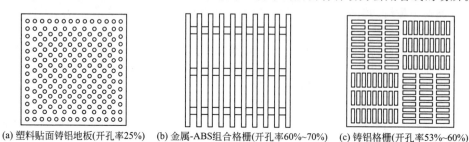

(a) 塑料贴面铸铝地板(开孔率25%)　(b) 金属-ABS组合格栅(开孔率60%~70%)　(c) 铸铝格栅(开孔率53%~60%)

图 1.4.27　三种不同开孔率的格栅地板

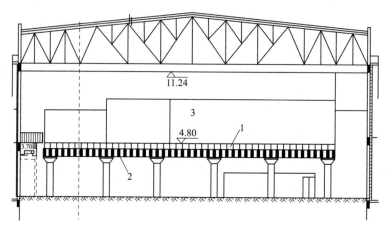

图 1.4.28　带通风格栅地板的洁净厂房剖面示意图

1—通风格栅地板；2—钢筋混凝土多孔板（华夫板）；3—洁净生产区

◈ 参考文献

［1］符济湘，等.洁净技术与建筑设计.北京：中国建筑工业出版社，1986.

［2］许峰.洁净厂房后浇施工板带.医药工程设计，1996，2：39-41.

［3］W. whyte，Cleanroom Design. Second Edition. New Jersey：John Wiley & Sons Ltd，1999.

［4］［日］早川一也.洁净室设计手册.邓守廉，等译.北京：学术书刊出版社，1989.

［5］中国建筑学会.建筑设计资料集.第7分册.3版.北京：中国建筑工业出版社，2017.

［6］肖红梅.薄膜晶体管液晶显示器 TFT-LCD 洁净室净化空调系统初探.第 18 届国际污染控制学术会议，北京，2006.

［7］王天堂，龚巍，等.符合 GMP 要求的环氧自流平涂料技术探讨.洁净与空调技术，2003，1：49-51.

［8］王国栋.高大空间洁净室金属夹芯墙板的结构加固做法.洁净与空调技术，2018，2：104-110.

第5章 空气净化

5.1 污染源及污染物质

5.1.1 气溶胶与粒状污染物

空气净化的主要任务是根据各种产品的生产工艺、不同工序、各类房间的空气洁净度等级需求，采取空气过滤的技术措施将送入洁净室的空气中悬浮的粒状或化学分子污染物降低到允许的浓度以下。

空气中悬浮的粒状污染物质由固体或液体微粒子组成。含有分散相——悬浮微粒子的空气介质是一种分散体系，称为气溶胶。所谓气溶胶是指沉降速度可以忽略的固体微粒子、液体微粒子或固体和液体粒子在气体介质中的悬浮体。

以分散相处于悬浮状态的粒子称为气溶胶粒子。在日常生活的环境中，不含悬浮物质的理想洁净空气是不存在的，人们所接触的空气都是处于气溶胶状态。

空气污染是指空气被污染物的混入、黏附和作用，使其受到不良影响或处于不良状态。污染物是指存在于气体或液体或固体中的任何不希望存在的固态、液态或气态物质。污染物也可以定义为：在错误的时间出现在错误的地点的物质（固态、液态或气态）或物理状态引起空气污染的污染物质。按其产生的机理，可分为自然污染物和人为污染物。所谓的自然污染物有风砂、火山灰、悬浮微生物、花粉等；人为污染物有工业、交通和人类日常生活产生的污染物质，如燃烧生成物，化学反应物，矿尘，粉尘，烟雾，材料粉碎、搅拌、过筛的产尘等。

室内的空气污染一般简称为"空气污染"，而将室外的空气污染简称为大气污染。空气污染与污染物的关系可用图 1.5.1 表述。

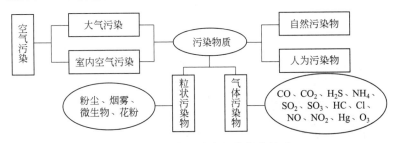

图 1.5.1 空气污染与污染物的关系

大气颗粒物的来源和形成过程、在大气中的迁移转化、输送和清除过程及其物理化学性质均与粒径有着直接的关系。大气颗粒物通常呈三模态分布，即粒径小于 $0.08\mu m$ 的爱根（Aitken）核模态、粒径在 0.08~2μm 之间的积聚模态（accumulation mode）和粒径大于 2μm 的粗粒子模态（coarse particle mode），如图 1.5.2 所示。爱根核模态颗粒物主要由污染气体经过复杂的大气化学反应转化而成，或者由高温下排放的过饱和气态物质冷凝而成；粗粒子模态的颗粒物主要由工业源与生活源燃烧排放、机械粉碎过程和交通运输等产生的一次颗粒物和各种自然界产生的颗粒物组成；积聚模态颗粒物主要由爱根核模态颗粒物通过碰并、凝聚、吸附等物理效应长大生成，也可由挥发性组分凝结或通过气粒转化生成。通常将爱根核模态和积聚模态的颗粒物称为细颗粒物，大气颗粒物中大部分硫酸、硫酸氢铵、硫酸铵、硝酸铵、黑炭和有机碳（OC）均存在于这一粒径范围内。不同文献对细颗粒物分界的规定稍有差异，通常以 1.0~3.5μm 之间的粒径为分界线，目前大多数国家、地区均以 2.5μm 为分界线（PM2.5 为细颗粒物）。不同粒径的颗粒物在大气中的传输距离与滞留时间相差很大，小于 2.5μm 的细颗粒物与其前体物 SO_x、NO_x 以及 O_3 在大气中具有相似的历程，比起粗颗粒物在大气中滞留时间更长、传输距离更远，因而其影响范围更大、持续时间更长。

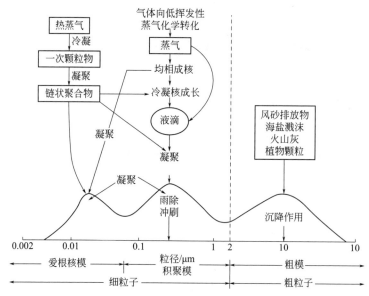

图 1.5.2　气溶胶形成过程与粒径

大气颗粒物主要来源于固定排放源和移动排放源。固定排放源可用燃煤锅炉燃烧产生的颗粒物作为代表，这种颗粒物具有很宽的粒径范围，可从纳米级至 100μm；在工业实际使用的除尘设备进口处测试所得的颗粒物粒径分布通常呈双峰状态，分别集中在 0.1~0.2μm 和 10~20μm 的粒径区间。以机动车排放为代表的移动排放源，这类颗粒物一般由高度凝聚的固态含碳物质、灰分、VOC 和硫酸盐等组成。固态碳是在局部富燃区域产生的，其中大部分在随后的氧化过程中被氧化成 CO 或 CO_2，剩余的没有被氧化的部分以颗粒物的形式随尾气排出。挥发的燃料和润滑油在颗粒物中所占的比例也很大，通常称为可溶性有机部分（soluble organic fraction，SOF），主要包括一

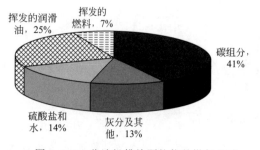

图 1.5.3　柴油机排放颗粒物的燃气组成

些 PAHS（多环芳烃类）。PAHS 大部分都是有毒物质。在燃烧过程中，燃料中的大部分硫被氧化为 SO_2，也有一小部分被氧化成 SO_3，进而转化为硫酸和硫酸盐。燃料和润滑油中的金属成分则形成颗粒物中的一小部分无机灰分。图 1.5.3 给出了一台普通的柴油机用美国重型车瞬时测试法测得的排放颗粒物典型组成。机动车排放颗粒物的粒径主要以三种形态存在：成核态、聚积态和粗颗粒态。成核态颗粒物（nuclei mode），5nm<D_p（粒径）<50nm，主要是排放尾气稀释和冷却过程中由 VOC 和硫酸盐冷

凝成核作用形成的颗粒，成核态颗粒物只占总质量的 $1\%\sim2\%$，但可能占颗粒物总数的 90% 以上；聚积态颗粒（accumulation mode 或 soot mode），$100nm < D_p < 300nm$，主要是燃烧过程的黑炭颗粒及其表面吸附的一些挥发性物质；粗颗粒（coarse mode），$D_p > 1\mu m$，主要是沉积在气缸或排气管内壁上又重新混合进排气中的聚积态颗粒物。

粒子在空气中的悬浮状态取决于沉降速度，影响其重力沉降速度的主要因素是粒子的尺寸和密度。粒子的尺寸增加，重力沉降速度加大，不易形成气溶胶；相反小尺寸的粒子受分散介质的黏附或空气分子布朗运动的影响，容易在空气中扩散，如果扩散速度大于沉降速度，粒子就处于悬浮状态。气溶胶粒子的尺寸范围大约是 $1nm\sim100\mu m$。其中微小粒子常常由于相互间的碰撞而凝聚，当尺寸增大到一定程度，就可能沉降下来。

5.1.1.1　气溶胶粒子的粒径

气溶胶粒子的性质取决于粒子的组成、形状、相对密度、尺寸大小与分布等物理因素及气溶胶粒子的化学成分。其中，粒子的大小与分布是空气净化一直关心的特性。

空气中的悬浮粒子除了微小液滴成球形外，其他粒子为结晶状、片状、块状、针状、链状等，形状各异，很难从几何形状上度量其尺寸。关于这些粒子的大小尺寸，为了给出一个可比较的概念，根据所采用的不同测试方法，通常以"粒径"表示微粒的大小。显然所谓的粒径并不是真正球体的直径。在洁净技术中，粒径的意义是指微粒的某个长度量纲，并不含有规则几何形状的意义，只是便于比较粒子大小的一种"名义尺寸"。

粒径的确定可分为两大类，一类是按微粒的几何性质直接进行测定和定义的，如显微镜法确定的粒径；另一类是按微粒的某种物理性质间接进行测定和定义的，如采用光电法、沉降法确定的直径，实际上是一种当量直径或等价直径。

采用显微镜法测得的颗粒粒径叫显微镜粒径或统计粒径。当微粒在载物片上规则移过物镜时，透过目镜可依次观测载物片上的微粒；根据目镜测微尺对微粒投影尺寸的不同测量方法，可以得到定向直径（又称为格林直径，Green diameter）、定方向等分直径（又称为马丁直径，Martin diameter）、切向直径等几种不同的微粒直径。所谓定向直径，即目镜测微尺固定位置，在观测中不转动，载物片上的微粒按固定方向依次通过，目镜测微尺两平行刻度线间的微粒投影宽度，如图 1.5.4 所示。

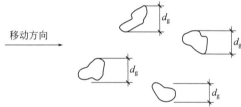

图 1.5.4　定向直径测量示意

所谓的定方位等分直径是沿一定方向上二等分粒子投影面积的尺寸。通常可在互为 $90°$ 角的两个固定方向上，分别测得粒子的两个不同尺寸，如图 1.5.5 中的长径 L 及短径 W，取其平均值 $[1/2 (L+W)]$ 作为该微粒的定方位等分直径。切向直径与定向直径的不同之处在于测量微粒时，要旋转目镜测微尺；以测微尺两平行刻度线与载物片上的粒子外轮廓相切的最大尺寸，作为该粒子的切向直径，见图 1.5.6，美国常采用此法。上述三种测试方法，结果有一定的差异。习惯上同一研究项目对样品采用同一测量方法。

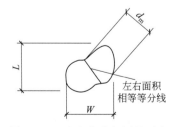

图 1.5.5　定方位直径测量示意

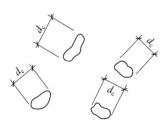

图 1.5.6　切向直径测量示意

采用光散射法尘粒计数器测定气溶胶中的悬浮微粒时，通过散射腔内平行光束的被测粒子，与标准球形粒子有同等的散射光强，则以该球形粒子的直径作为被测粒子的粒径。这是目前国内外使用最广泛，也是最快捷的一种确定气溶胶中悬浮粒子尺寸和数量的方法。

5.1.1.2 平均粒径

气溶胶粒子是粒径不等的粒子集合体，由于微粒的形状各不相同，为了简便地反映所研究的粒子群全部粒子的粒径特征，通常用"平均粒径"的概念。它是用特殊的方法表示粒子群全部粒子某种特征的一个假定的粒子直径，设实际微粒的粒径为 d_1、d_2、$\cdots$、d_n（图 1.5.7），它们的某种特性用 $f(d_1)$、$f(d_2)$、$\cdots$、$f(d_n)$ 表示，则这群微粒所有的这种特性 $f(d)$ 和各个微粒的特性 $f(d_1)$、$f(d_2)$ $\cdots$ 应有如下关系。

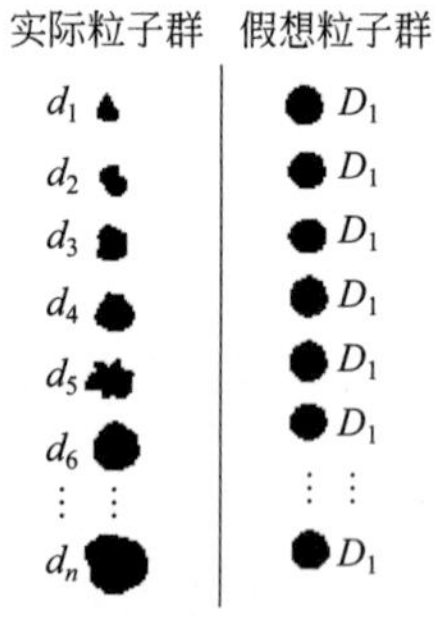

$$f(d) = f(d_1) + f(d_2) + \cdots + f(d_n) \tag{1.5.1}$$

假设另有一群具有同一粒径（D）的微粒，同实际的微粒群有相同的某种特性，则应有式（1.5.2）的关系。

$$f(d) = f(D) \tag{1.5.2}$$

粒径（D），就是针对某种特性的这群粒子的平均粒径。通常是将假想的微粒群看作一群大小相同的球，其直径的总长度的特性和实际的微粒群全部的总长度的特性相同，按（1.5.2）的定义可写出式（1.5.3）。

$$\sum n_i d_i = \sum n_i D_i = \sum n_i D_1 = n_i D_1$$

$$D_1 = \sum n_i d_i / \sum n_i \ \text{或} \ \frac{\sum n_i d_i}{n} \tag{1.5.3}$$

式中　n_i——每一种粒径（d_i）的粒子数；

　　　d_i——用任意方法测得的粒径；

　　　n——微粒总数；

　　　D_1——算术平均直径。

以同样的方法可以求出其他平均粒径，微粒的面积可考虑用圆形（球形）或方形；也可根据粒径频率分布确定一些平均粒径，现将这些平均粒径列在表 1.5.1 中。

图 1.5.7 假想的粒子群与平均粒径

実际粒子群　假想粒子群

实际粒子群	假想粒子群
d_1	D_1
d_2	D_1
d_3	D_1
d_4	D_1
d_5	D_1
d_6	D_1
$\vdots$	$\vdots$
d_n	D_1

表 1.5.1　微粒的平均直径

符号	名称	意义	算式
D_{mod}	模型直径（或众径）	标本或式样中比例最大的微粒的直径,是所有借频率分布算出的直径中最小的	从粒径频率分布曲线最高点求得
D_{50} 或 D_m	中值（或中位）直径	大于此直径的微粒数恰好等于小于此直径的微粒数,为粒数中值直径;大于此直径的微粒质量恰好等于小于此直径的微粒质量,为质量中值直径。和粒数有关的直径均小于和质量有关的直径	从粒径频率分布曲线上 50% 的微粒数（或质量）处求得
D 或 D_1	算术（或粒数）平均直径	是一种算术平均值,也是习惯上最常使用的粒径。但是由于作为气溶胶的微粒群中小颗粒常占多数,即使质量很小,也能大大降低算得的平均值,因此在反映微粒群中微粒的真实大小和该微粒群的物理性质上有很大的局限性	$D_1 = \dfrac{\sum n_i d_i}{\sum n_i}$ n_i 为各粒径的粒数 $\sum n_i$ 为总粒数
D_2	比长度（或长度平均）直径	是各微粒的投影面积除以相应的直径的加和,即单位长度的平均直径	$D_2 = \dfrac{\sum n_i d_i^2}{\sum n_i d_i}$
D_3	比面积（或面积平均）直径	是各微粒的总体积除以相应的断面面积的加和,即单位面积的平均直径	$D_3 = \dfrac{\sum n_i d_i^3}{\sum n_i d_i^2}$

符号	名称	意义	算式
D_4	比质量（或质量平均、体积平均）直径	基于单位质量的表面积而得，即单位质量（体积）的平均直径，比其他各径都大	$D_4 = \dfrac{\sum n_i d_i^4}{\sum n_i d_i^3}$
D_S	平均面积直径	是按微粒粒数平均面积的直径	$D_S = \sqrt{\dfrac{\sum n_i d_i^2}{\sum n_i}} = \sqrt{D_1 \times D_2}$
D_V	平均体积（或质量）直径	是按微粒粒数平均体积（或质量）的直径	$D_V = \sqrt[3]{\dfrac{\sum n_i d_i^3}{\sum n_i}} = \sqrt[3]{D_1 \times D_2 \times D_3}$
D_R	几何平均直径	是对数直径的平均值或几个数值乘积的 n 次方根或对数正态分布时频率最高的粒径，等于中值直径。总是等于或小于算术平均直径	$\lg D_g = \overline{\lg d_i} = \dfrac{\sum\limits_i^n n_i \lg d_i}{\sum n_i}$ • 用自然对数表示： $D_g = \exp\left(\dfrac{\sum\limits_i^n n_i \ln d_i}{\sum n_i}\right)$ • 对非分组数据： $D_g = \left(\prod\limits_i^n d\right)^{1/n}$ • 对分组数据： $D_g = \left(\prod\limits_i^n d_i^{n_i}\right)^{1/n}$ $\therefore \lg D_g = \left(\sum\limits_i^n n_i \lg d_i\right)/n$ 或者 $\lg D_g = \overline{\lg d_i} = \dfrac{\sum\limits_i^n n_i \lg d_i}{\sum n_i}$ • 从对数正态分布曲线的最高点求得

不同方法计算所得的平均粒径分别代表了粒子群的不同性质，例如利用光散射性质来研究粒子群时，关心的是粒子的表面积或体积，这是因为光散射强度与粒子的表面积或体积有关，因此可采用与粒子群表面积相关的平均面积粒径 D_S 来表示粒子群的特征。同样，涉及粒子群的重量时，就采用其体积或质量平均直径来表示粒子群的特征。

5.1.1.3　尘粒的分布

关于大气中微粒/尘粒的统计分布关系，德国的荣格（Junge）最早指出，大气尘中微粒的数量随着粒径的增大而显著减少。

空气中的粒子分布可以用数量的比例或粒数浓度来表达，也可以用质量的比例或质量浓度来表达。如图 1.5.8 所示，大气颗粒物"金字塔"说明空气中粒子的数量比例（图中右侧）和质量比例（图中左侧）。若以过滤器对空气进行粒子的滤除，按质量比例可滤除 97% 的粒子，而按数量浓度仅可滤除全部粒子的 2%。这在一些实测资料中也得到证实。如图 1.5.9 所示是理想状态下柴油机尾气颗粒物粒数和质量的粒径分布。从粒数浓度分布看，其形态为单峰的对数正态分布，90% 粒数的颗粒物集中在成核态。从质量浓度分布看，则为三峰的对数正态分布，虽然大部分颗粒物质量集中在聚积态区域内，但在成核区和粗颗粒区也出现了 2 个小峰。以往在机动车尾气颗粒物排放的研究中，大多数关注的是颗粒物质量排放。随着机动车排放标准的逐渐严格和控制技术的不断进步，尾气颗粒物排放得到了大幅削减。亚微米颗粒物在尾气颗粒物的总质量中通常只占很小的比例，但在总粒子数中却占其大部分。澳大利亚昆士兰理工大学对 2 台压缩的天然气点燃式发动机尾气排放的研究表明，尽管气态污染物排放达到规定的"低排放"水平，但粒径在

$0.015\sim0.7\mu m$ 的超细颗粒物粒数浓度最高可达 $10\times10^{6}\,cm^{-3}$ 左右，从细颗粒物的粒数浓度观察与重柴油机的排放处于相当级别。

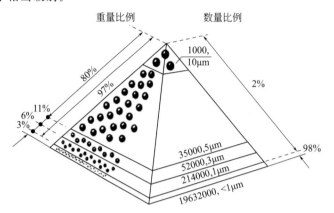

图 1.5.8　大气颗粒物"金字塔"

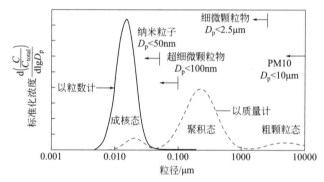

图 1.5.9　柴油机尾气颗粒物粒数和质量的粒径分布

表 1.5.2 中列出了大气尘按数量和质量的分布数据。从表中数据可见，亚微米的微粒数量所占比例接近 100%，但其质量仅占 2%～3%。表中所列数据证实了大气尘粒径增大、数量减少的规律。

表 1.5.2　大气尘按数量和质量的分布

粒径区间 /μm	平均粒径 /μm	数量/%		质量/%		相对颗粒数
		全部	0.5μm 以上为 100	全部	0.5μm 以上为 100	
0～0.5	0.25	91.68	—	1	—	1.828×10^{6}
0.5～1	0.75	6.78	81.49	2	2.02	1.352×10^{6}
1～3	2	1.07	12.86	6	6.06	2.14×10^{5}
3～5	4	0.25	3	11	11.11	0.5×10^{5}
5～10	7.4	0.17	2	52	52.53	0.35×10^{5}
10～30	20	0.05	0.65	28	28.28	0.01×10^{5}

这从一些实测资料中也可得到证实，如图 1.5.10 城市大气悬浮微粒分布所示。图 1.5.11 是国内外一些城市微粒粒径分布图，从图中可见，有一部分曲线在粒径 2～5μm 之间斜度变缓，表明大粒径的尘粒比例增加，其原因可能与采样有关。由这些曲线可导出关系式（1.5.4）。

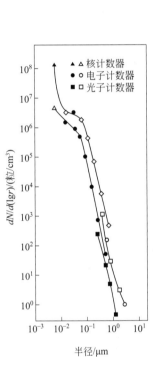

图 1.5.10 大气尘粒径分布

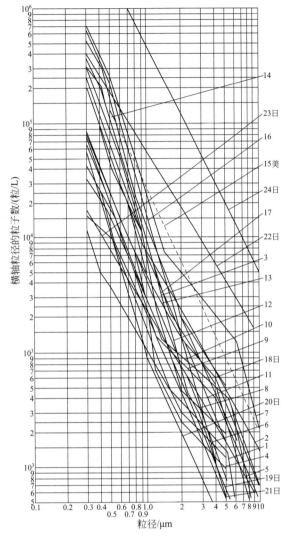

图 1.5.11 城市大气悬浮微粒分布的测定例[1]

1—北京沙河；2—西北临潼；3，10—北京北郊；4—北京昌平；
5—无锡；6—汉中；7~9—北京；11，12，16—上海；13—鄠邑区；
14，17—天津；15—美国工业大气；18—日本都内大田区；
19—日本兵库县郊区；20—日本名古屋郊外；21—日本神奈川县中心区；
22—日本东京平均污染区；23—日本千叶县清洁区；24—日本东京烟雾时

$$R_{\mathrm{d}} = \left(\frac{d}{d_0}\right)^n \tag{1.5.4}$$

式中　R_{d}——粒径$\geqslant d$ 的微粒数对粒径$\geqslant d_0$ 的微粒总数的百分比，即以 d_0 为基准的筛上分布，％；

d——粒径，μm；

d_0——粒径（以$\geqslant d_0$ 的微粒总数作为100%），μm；

n——分布指数。

分布指数 n 一般在 $2\sim2.3$ 之间变化，如果测出了作为标准的粒径$\geqslant d_0$ 的微粒总数，就可预测粒径$\geqslant d$ 的微粒总数。

5.1.1.4 粒状污染物的分类

（1）按微粒的大小分类 气溶胶粒子的尺寸范围很宽，为 $1nm\sim100\mu m$；随着微粒大小、来源的变化，其物化性质都将发生变化。

① 超显微微粒：在超显微镜或电子显微镜下所能观察到的微粒，微粒直径小于 $25\mu m$，如炭黑、金属氧化物。

② 显微微粒：在普通显微镜下可观察到的微粒，微粒直径为 $0.25\sim10\mu m$。

③ 可见微粒：肉眼可见，微粒直径在 $10\mu m$ 以上。

通过电子显微镜观察，可得到颗粒物形貌直观的、详细的信息。观察中发现颗粒物形态各异、千姿百态，有的是有规则的球形、棒形、立方晶体、三角形、条状和泡状颗粒，也有各种无定形的颗粒、有形的矿物，还有不同形态的细菌、藻类、花粉等；大气颗粒物的尺寸大小也差异很大，有纳米级的细颗粒，也有几微米甚至更大粒径的大颗粒物。

（2）按微粒的形成过程分类

① 分散性微粒：固体或液体在粉碎、气流、振荡等作用下变成悬浮状态而形成。其中固态分散性微粒是形状不规则的粒子，或是由集结不紧、凝并松散的粒子组合形成的球形粒子。

② 凝集性微粒：通过燃烧、升华和蒸汽凝结以及气体反应可形成凝集性微粒。其中，固态凝结性微粒由数目很多的、具有晶体形状或球状的原生粒子聚集的松散集合体组成；液态凝集性微粒由比液态分散性微粒小很多的微粒组成。表1.5.3是按形成过程分类的一种方法。

表 1.5.3　按形成过程分类的一种方法

分类	名称	粒径/μm	生成过程
固态	粉尘	$100\sim1$	固体物质的粉碎
	凝结固体烟雾(fume)	$1\sim0.1$	燃烧、升华、蒸发或化学反应产生的蒸汽的凝结
	烟(smoke)	$0.3\sim0.001$	燃料燃烧
液态	霭(mist)	$100\sim1$	蒸汽凝结、化学反应、液体喷雾
	雾(fog)	$50\sim5$	水蒸气凝结

（3）其他分类疗法 空气中微粒可分为自然源、人为源和大气化学反应形成，或以大气中颗粒物形成的气溶胶状态分为一次气溶胶（primary aerosol）和二次气溶胶（secondary aerosol）。

空气中微粒来源于自然现象，如风化和地震等；人类生产、生活发生的人为污染源，如工业生产、交通运输以及清扫的二次飞尘等；以燃烧、化学反应方式产生微粒的发生源同样也可分为自然界的火山爆发、山火等来源和人为的发生源，如火力发电、采暖用化石燃料燃烧、垃圾、焚烧和机械粉碎、汽车等燃烧过程和各种化工生产过程。人为发生源可分为固定发生源和移动发生源两类。所谓固定发生源就是微粒污染物产生于固定装置或设施，如火力发电、金属熔化炉、焚烧炉、粉碎机等，这些设备产生的污染物，通过大气扩散，成为空气中的悬浮粒状污染物质；所谓移动发生源主要是指汽车、火车、飞机等交通工具，在它们的运动及行进中化石燃料燃烧排出的废气中的颗粒物和所扬起的灰尘等构成了移动的污染源。在太阳光照射下大气中的 SO_x、NO_x 等化学物质，在适宜的温度下由于光化学反应可生成硫酸盐、硝酸盐、铵盐等，大气中的臭氧（O_3）等也会与某些化学物氧化反应生成不同形态的化学物质；在强烈光照下，一些一次硫酸盐、硝酸盐和一次有机碳等还会演变为形态不同的二次硫酸盐、硝酸盐和二次有机碳，如二次有机碳是由大气中具有反应活性的有机气体通过光化学反应生成半挥发性产物经气粒转化、非均相氧化等途径形成的颗粒态产物。图1.5.12描绘出了气溶胶微粒的大小和范围。

5.1.2　微生物及其他生物粒子

大气悬浮有机物粒子中的生物粒子包括有微生物，植物的花粉、花絮及绒毛等。微生物一般

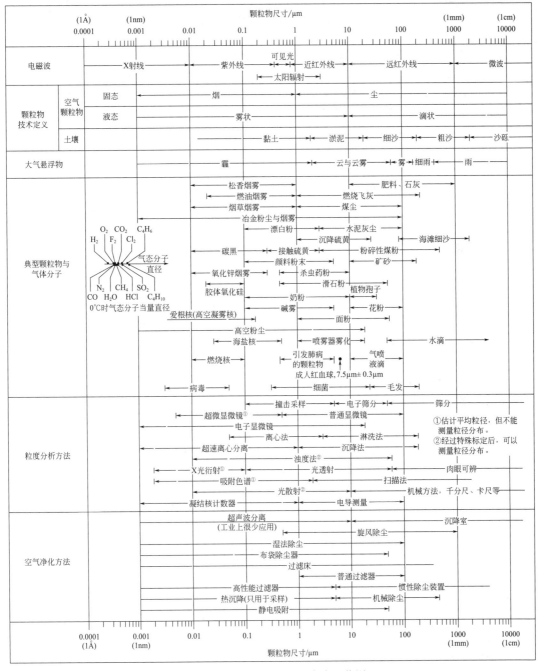

图 1.5.12　气溶胶微粒的大小和范围

包括病毒、立克次体、细菌、菌类（如真菌）、原生虫及藻类，其中与空气净化关系较直接的是细菌和菌类。微生物不仅可在空气中生存，而且在水中、土壤中及植物、动物的体表面和体内都可以生存，可以说在自然环境中无所不在。据有资料介绍土壤中的微生物数量约为 $10^4 \sim 10^{10}$ pc/g，水中约为 $10 \sim 10^4$ pc/g，空气中约为 $10^4 \sim 10^6$ pc/g，人体皮肤上约为 $10 \sim 10^5$ pc/g；空气中的微生物主要附着在粒状颗粒物上。微生物的主要特点之一是具有生长、繁殖及延续生物学全过程的能力，只要条件适宜，就会通过细胞分裂繁殖生长，这是与空气中其他粒状污染物根本不同的特性。微生物有极强的繁殖能力，以细菌为例，在温度、湿度适宜的条件下，一般 $1/3 \sim 1/2$h 可分裂繁殖一次，其

一昼夜的繁殖量达 $2^{16} \sim 2^{24}$ 个，数量巨大。细菌的生存能力极强，这也是它们的重要特征，一些细菌对恶劣环境有极强的抵抗力，能耐高温、高寒，还能抗宇宙辐射和太阳紫外线等；长期使用某一杀菌剂后，细菌还会自生耐药性。

各种微生物的粒径范围很宽、种类繁多，有 50 多万种，所形成的微生物气溶胶粒径范围，大约 2.0nm $\sim$ 30μm。对环境中的微生物气溶胶粒子大小进行测定的单位、人员很多，得出的结果各不相同，有的测定结果称大气中的带菌粒子大多为 1$\sim$5μm；有的则认为带菌粒子较大，多数在 18μm 以上。表 1.5.4 是伦敦公共卫生中心试验室 Noble 的测定结果。表 1.5.5 是天津地区一些场所的实测数据。

表 1.5.4 某些病毒与细菌的单体尺寸 单位：μm

细菌种类	采样地点	环境状况	菌落计数	气溶胶粒子等效中值直径	内四分位数范围
总菌落数	办公室	低度通风	>15000	7.7	4~11
(37℃)生长	办公室	通风良好	>8000	10.0	5~15
	医院病房	中度活动	>50000	12.8	7~18
	医院病房	相当量的活动	>30000	13.0	8~18
	手术室	空房	>30000	12.3	7~18
口腔链球菌总数	办公室	低度通风	>800	10.0	4~16
	办公室	通风良好	>300	12.4	6~18
唾液链球菌	办公室	低度通风	>500	11.0	4~18
	办公室	通风良好	89	14.4	7~(22)
乙型溶血链球菌	办公室	低度通风	29	11.4	8~15
	办公室	通风良好	22	12.5	8.5~16.5
肠球菌	办公室	低度通风	83	11.0	6~16
	办公室	通风良好	50	10.8	4~17
金黄色葡萄球菌	医院病房	轻中度活动	>6000	13.3	8~18
	医院病房	铺床干扰	>7000	14.8	10~(19)
	医院病房	铺床	>2000	15.7	11~(20)
芽孢杆菌	医院病房	中度活动	>300	(3.0)	(2)~8
韦氏梭菌	外界空气	潮湿天气	186	11.0	5.5~16.5
	外界空气	干燥天气	>500	17.2	10~(24)
	医院病房	中度活动	299	11.4	4~18

注：内四分位数范围是指上 25% 与下 25% 之间的颗粒直径范围；根据外推法估计的直径 <4μm 和 >18μm 者不计在内；括号中数据表示粒径的上限；办公室的样本取自几个月时间内不同的房间，医院的样本取自不同的医院。

表 1.5.5 不同场所的菌浓情况

采样地点	浮游菌浓/(cfu/m³)	备注
天津北宁公园	620~1340	处在铁路、工厂、住宅包围中
天津卫生防疫站	400~1740	处在居民区中
天津工人医院	1640~2760	城郊接合部
天津中原公司	1680~3800	市商业中心区
天津火车站广场	5120~13600	人员密度大

病毒是目前已知的最微小的微生物，尺寸在 $0.005 \sim 0.8 \mu m$ 之间，其次是立克次体。它们同属超微生物，用光学显微镜一般难以观察。病毒一般是寄生于其他细胞不能单独存在的生物。某些病毒与细菌等的单体尺寸见表 1.5.6。

表 1.5.6　某些病毒与细菌等的单体尺寸　　　　　　单位：μm

名称		粒径	名称		粒径
藻类		$3 \sim 100$	菌类（如真菌）		$0.7 \sim 80$
原生虫		$1 \sim 100$			
病毒	天花病毒	$0.2 \sim 0.3$	细菌	水种菌	$5 \sim 10$
	呼吸道融合病毒	$0.09 \sim 0.12$		结核菌	$1.5 \sim 4$
	腺病毒	0.07		肠菌	$1 \sim 3$
	鼻病毒	$0.015 \sim 0.03$		化脓杆菌	$0.7 \sim 1.3$
	脊椎灰质炎	$0.008 \sim 0.03$		伤寒杆菌	$1 \sim 3$
	肝炎	$0.02 \sim 0.04$		大肠菌	$1 \sim 5$
	乙型脑炎	$0.015 \sim 0.03$		白喉菌	$1 \sim 6$
	腮腺炎	$0.09 \sim 0.19$		乳酸菌	$1 \sim 7$
	副流感	$0.1 \sim 0.2$		破伤风菌	$2 \sim 4$
	麻疹	$0.12 \sim 0.18$		肺炎杆菌	$1.1 \sim 7$
	狂犬病	0.125		枯草菌	$5 \sim 10$
	肠道病	0.3		炭疽杆菌	$0.46 \sim 0.56$
	立克次氏体	$0.2 \sim 2$		金黄色葡萄球菌	$0.3 \sim 1.2$

花粉、花絮及树叶的绒毛，以至动物的皮屑、毛发等都可能散发并扩散到空气中，成为悬浮在空气中的粒状污染物。在城市的街道、庭院、工厂厂区内种植树木、花草等进行绿化可以较好地改善环境，使各种粒状污染物得到降低，空气得到一定程度的净化。但若所种植的树木花草选择不当，厂区环境很可能受植物自然生成、散发的粒状物污染，花粉就是其中数量最大的粒状污染物。花粉是种子植物雄蕊生成的微粉，通常以风或昆虫为媒介，附在雌类柱头上使其受粉。由于受粉概率低，因此植物通常生长大量花粉，但多数花粉的尺寸较大，飞散到大气中的花粉虽然很多，其沉降速度偏高，悬浮于空气中的时间较短。

5.1.3　化学污染物

空气中的化学污染物或重金属物质对产品质量和人员健康均是有害的甚至是危险的，所以正日益受到人们的高度关注和重视。空气中能够危害产品质量、引起产品成品率降低的化学污染物质又称为"分子级污染物（airborne molecular contamination，AMC）"，分子污染物的类别有酸性、碱性、生物毒物（biotoxic）可凝结物、掺杂物、有机物、氧化剂等。在 ISO 14644-8 标准中将 AMC 分为 13 级，详见本篇第 1 章。

分子污染主要来源于室外空气、洁净室建造材料、交叉污染、人员、运行和维护、产品生产用工艺介质和设备等，现分别简述如下。

（1）室外空气　我们生活的大气环境，由于经济发展和人民生活水平的提高，大气中污染物的种类和浓度随多年积累与不断排放持续增加，许多污染物质不仅使我们生活的环境质量降低，危及人类生存环境，也危害着某些产品生产的正常进行或产品质量。据研究表明大气中的分子污染物质有 NO_x、SO_x、Na、H_2S、Cl、NH_3、Hg 以及一些重金属。这些污染物质的浓度随地区、季节、气象条件和人类的活动状况等变化很大，如在燃煤火电厂、交通干道附近，NO_x、SO_x 浓度很高，NO_x 可达 60×10^{-9}，SO_x 约 150×10^{-9}；在钢铁厂、化工厂附件，可能 H_2S、NO、Cl 的浓度较高，如某钢铁厂 H_2S 达 10^{-6} 级；在海边 Na、K 的浓度较高，雨后大气中的分子污染物质会大为降低；主导风下风侧或非主导风下风侧，其分子污染物质浓度均不相同。

（2）洁净室建造材料　围护结构（墙体、吊顶、地面）及其表面装饰材料和新风、循环风接触的材料均会释放气态分子污染物质。表 1.5.7 是部分洁净室建造材料可能释放的分子污染物质。各类建造材料释放的分子污染物质多少、浓度、类别与环境内温度及其变化、相对湿度等有关，并且随时间呈不同程度的衰减。表 1.5.8 我国相关标准对室内装饰材料中有害物质的限值标准。

表 1.5.7　部分建造材料释放的分子污染物

污染源	污染物质
过滤器滤料（玻璃）	B
软塑料（过滤器）	DOP
油漆	金属离子、甲苯、二甲苯
混凝土	Ca、NH_3
密封材料	硅氧烷
防静电材料（地面、墙）	PH_3、PF_3、Na、NO_2、Ca、Fe、K、CO

表 1.5.8　室内装饰装修材料中有害物的限值标准

标准名称、编号	涉及有害物质种类
《室内装饰装修材料 人造板材及其制品中甲醛释放限量》（GB 18580）	甲醛
《建筑用墙面涂料中有害物质限量》（GB 18582）	游离甲醛、重金属、挥发性有机化合物
《室内装饰装修材料 胶粘剂中有害物质限量》（GB 18583）	游离甲醛、苯、甲苯、二甲苯、甲苯二异氰酸酯、挥发性有机物
《室内装饰装修材料 聚氯乙烯卷材地板中有害物质限量》（GB 18586）	氯乙烯、可溶重金属、挥发物

（3）交叉污染　各洁净室（区）之间以及各种产品工序之间和洁净室（区）内设备之间，由于生产环境条件的改变，如压力变化、气流组织变化等，可能引起交叉分子污染。以集成电路芯片生产为例，从硅片进料开始到做出芯片成品，需反复经历淀积、氧化、光刻、金属化、离子注入等数十至数百道工序，而每一道工序又需使用多种不同性质的高纯气体、化学品等，为防止洁净室（区）内各种设施、传输系统和工序间半成品、成品转换之间或生产环境条件变化引起的交叉污染，应在洁净室设计时充分考虑和设置如隔离、封闭或对半成品、产品或工序进行特殊保护等防止交叉污染的措施。

（4）人员　洁净室（区）内各类操作人员、巡查人员等都会带入或散发各种类型的分子污染物质。人体在新陈代谢过程中，会产生大量化学物质，据有关资料介绍可达 500 多种。其中呼吸道排出 140 多种，如 CO、NH_3 等；人体皮肤代谢作用，包括毛发、指甲、皮脂腺等，排泄的废物达 270 种以上，排出汗液 150 多种，包括 CO_2、CO、丙酮等。人体散发的气体污染物及发生量见表 1.5.9。即使是现代高科技洁净厂房中许多产品生产工序已在密封状态下进行制造，人员带来的污染程度降低，但是在药品、保健品、化妆品、食品、精密机械等产品生产中人员污染所占的比例仍然是主要的。人体以液体形式含有高浓度的钠（如在唾液、眼泪、汗液中），钠分子污染在硅片加工中应严格控制。如果人员违规涂抹化妆品、香水和护发用品及在洁净室（区）或邻近处吸烟、吃食品或药物，将带来严重的分子污染，所以越是要求严格的高科技产品生产过程越应通过严格的规章制度对进入洁净室（区）的各类人员进行分子污染源的控制。表 1.5.10 是香烟散发的污染物及其发生量。

表 1.5.9　人体散发的气体污染物种类及发生量　　　单位：$\mu g/(m^3 \cdot 人)$

污染物	发生量	污染物	发生量	污染物	发生量
乙醛	35	一氧化碳	10000	三氯乙烯	1
丙酮	475	二氯乙烷	0.4	四氯乙烷	1.4
氨	15600	三氯甲烷	3	甲苯	23
苯	16	硫化氢	15	氯乙烯	4
丁酮	9700	甲烷	1710	三氯乙烷	42
二氧化碳	32000000	甲醇	6	二甲苯	0.003
氯代甲基蓝	88	丙烷	1.3		

表 1.5.10　香烟散发的气体污染物种类及发生量　　　单位：$\mu g/支$

污染物	发生量	污染物	发生量	污染物	发生量
二氧化碳	10～60	丙烷	0.05～0.3	氨	0.01～0.15
一氧化碳	1.8～17	甲苯	0.02～0.2	焦油	0.5～35
氮氧化物	0.01～0.6	苯	0.015～0.1	尼古丁	0.05～2.5
甲烷	0.2～1	甲醛	0.015～0.05	乙醛	0.01～0.05
乙烷	0.2～0.6	丙烯醛	0.02～0.15		

（5）运行和维护　在洁净室的正常运行、维护中必须做到：进入洁净室的人员应按规定穿着洁净工作服、帽、鞋、手套等；送入洁净室的各类物料或输出的半成品、成品均应按规定运用各种类型的包装器具、包装材料进行包装；根据产品生产工艺要求，洁净室应采用不同类型的清洁剂、清洁与消毒材料定期进行清洁；洁净室内的生产工艺设备、运输机械等，根据其性能和使用特点，应定期进行维修等。以上这些活动及所使用的材料、物质均应按规定或各种产品生产工艺要求进行选择，但即使这样所选的洁净服、清洁材料、储运工器具等，也不可避免地有分子污染物释放，给产品生产的某些工序带来分子污染，因此应在洁净室的各种规章制度中或设施中采取必需的防止分子污染的措施。表 1.5.11 是洁净服、清洁用品等可能散发的分子污染物。

表 1.5.11　洁净服、擦拭材料、储运工具等可能散发的分子污染物

类别	可能散发的分子污染物
洁净服、手套、帽子	黏结剂、清洗剂
擦拭布等	表面活性剂、Na
储运盒等工器具	黏结剂、金属离子、可凝结物
生产设备	使用的各种化学品的泄漏

（6）产品生产用工艺介质和设备　洁净室内不同产品的生产需用多种的不同工艺介质，包括各种特种气体、化学品等，这些工艺介质既是产品生产不可缺少的，但也是引起分子污染的主要来源之一；产品生产设备，同样既是产品生产的主体，也是可能引起分子污染的主要来源之一。如在集成电路芯片生产过程中所使用的一氧化碳气体是改进各种硅片工艺的附加气体，CO 能与不锈钢中的 Ni、垫圈等材质起反应，形成 Ni 的四碳基化物颗粒分布在硅片表面，导致器件缺陷增加；危害芯片质量的典型金属杂质的碱金属（Na、K、Li）是许多化学品中常见的杂质；在芯片生产中的离子注入工艺是由气体带着要掺杂的杂质，如砷（As）、磷（P）、硼（B）在注入机内离子化，采用高电压和磁场控制并加速离子化，使高能杂质离子穿透硅片上的涂胶至硅表面。离子注

入机见图 1.5.13，由离子源、质量分析器、工艺腔等组成。它是半导体工艺中最复杂的设备之一。离子注入是一个物理过程，每一次掺杂对杂质浓度和深度都有特定的要求，应能重复控制其杂质浓度和深度。据有关资料介绍此工艺过程表现了最高的金属沾污，达 $10^{12} \sim 10^{13}$ 原子/cm^2。离子注入的终端台可能的沾污源有：终端台制作材料、来自光刻胶的碱性金属沾污、法拉第杯的铅沾污、使用相同注入机时其他杂质元素的交叉污染等。

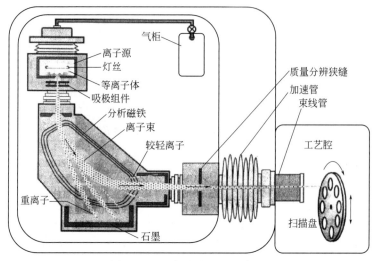

图 1.5.13　离子注入机示意图

（7）其他污染源　除了上述 6 种污染源外，在洁净室内各种类型的产品生产过程中还会有各种各样的消耗品，如仪器仪表上的记录纸，不可避免的一些"办公用品"——纸张、笔、光盘等，这些物品都会带来产品生产不希望的化学元素，如可凝结物、金属离子（Fe、Pb、Zn、Cn）、NH_3、VOC 等。

由于各类洁净厂房的产品和生产工艺不同，各种化学污染物（分子污染物）对产品质量或生产工艺的影响差异很大。表 1.5.12 是部分可能影响产品或工艺的常见化学污染物及分类。

表 1.5.12　可能影响产品或工艺的常见化学污染物及分类（部分）

CAS 登记号	物质	结构式	污染物类别									
			ac	ba	or	bt	cd			cr	dp	ox
							H	M	L			
7664-41-7	氨	NH_3		×		×			×	×		
141-43-5	2-氨基乙醇	$CH_3NH_2CH_2OH$		×	×				×			
35320-23-1	2-氨基丙醇	$CH_3NH_2C_2H_4OH$		×	×				×			
128-37-0	BHT；(t-乙酸丁酯)二羟基甲苯	$H_3CC_6H_3(t\text{-}C_4H_9)_2OH$			×				×			
85-68-7	邻苯二甲酸丁苄酯（BBP）	$H_9C_4OCOC_6H_4COOCH_2C_6H_5$			×			×				
7637-07-2	三氟化硼	BF_3	×						×			×
1303-86-2	氧化硼	B_2O_3				×			×			×
108-91-8	环己胺	$C_6H_{11}NH_2$		×	×				×			
—	环聚二甲基硅氧烷	$(-Si(CH_3)_2O-)_n$			×			×				

CAS 登记号	物质	结构式	ac	ba	or	bt	H	M	L	cr	dp	ox
							cd					
106-46-7	对二氯苯	ClC_6H_4Cl			×	×	×					
100-37-8	二乙氨基乙醇	$(C_2H_5)_2NC_2H_5OH$		×	×					×		
117-84-0	邻苯二甲酸二辛酯	$C_6H_4(C{=}OOC_8H_{15})_2$			×		×					
84-66-2	邻苯二甲酸二乙酯	$C_6H_4(C{=}OOC_2H_5)_2$			×		×					
84-74-2	邻苯二甲酸二丁酯	$C_6H_4(C{=}OOC_4H_9)_2$			×		×					
117-81-7	邻苯二甲酸二(2-乙基己)酯	$C_6H_4(C{=}O \cdot OCH_2CHC_2H_5C_4H_9)_2$			×		×					
84-61-7	邻苯二甲酸二环己酯	$C_6H_4(C{=}OOC_6H_{11})_2$			×		×					
103-23-1	己二酸二(乙基己基)酯	$C_4H_8(C{=}OOCH_2CHC_2H_5C_4H_9)_2$			×		×					
84-76-4	邻苯二甲酸二壬酯	$C_6H_4(C{=}OOC_9H_{19})_2$			×		×					
84-77-5	邻苯二甲酸二癸酯	$C_6H_4(C{=}OOC_{10}H_{21})_2$			×		×					
541-02-6	十甲基环五硅氧烷	$(-Si(CH_3)_2O-)_5$			×		×					
540-97-6	十二甲基环五硅氧烷	$(-Si(CH_3)_2O-)_6$			×		×					
04-76-7	2-乙基己醇	$CH_3(CH_2)_3C_2H_5CHCH_2OH$			×			×				
50-00-0	蚁醛	$HCHO$			×	×			×			
142-82-5	庚烷	C_7H_{16}			×				×			
66-25-1	己醛	$HC_6H_{12}O$			×	×			×			
7647-01-0	盐酸	HCl	×			×			×	×		
766-39-3	氟化氢	HF	×			×			×	×		
10035-10-6	溴化氢	HBr				×			×			
7783-06-4	硫化氢	H_2S	×			×			×			
999-97-3	六甲基二硅胺烷	$(CH_3)_3SiNHSi(CH_3)_3$			×			×				
541-05-9	六甲基环三硅氧烷	$(-Si(CH_3)_2O-)_3$			×			×				
67-63-0	异丙醇	$(CH_3)_2CHOH$			×	×			×			
10102-43-9	一氧化氮	NO	×			×			×	×		
10102-44-0	二氧化氮	NO_2	×			×			×	×		
872-50-4	N甲基吡咯烷酮	$-CHNCH_3CHCH_2CO-$		×	×				×			
644-31-5	臭氧	O_3				×				×		×
556-67-2	八甲基环四硅氧烷	$(-Si(CH_3)_2O-)_4$			×			×				
7803-51-2	磷化氢	PH_3				×			×		×	
7446-09-5	二氧化硫	SO_2				×			×			

注：ac——酸；ba——碱；bt——生物毒素；cd——可凝结物；cr——腐蚀剂；dp——掺杂物；or——有机物；ox——氧化物。

H：高凝性，沸点 $T_b > 200℃$；M：中凝性，$200℃ \geqslant T_b \geqslant 100℃$；L：低凝性，$100℃ > T_b$。

5.1.4 外部污染物

5.1.4.1 大气尘

（1）大气尘是空气净化的直接处理对象 大气尘可分为狭义大气尘和广义大气尘。早期关于大气尘的概念是指大气中的固态粒子，即真正的灰尘，这就是狭义的大气尘。大气尘的现代概念既包含固态微粒也包含液态微粒的多分散气溶胶，专指大气中的悬浮微粒，粒径小于 $10\mu m$，这就是广义的大气尘。这种大气尘在环境保护领域被称作可吸入颗粒物或叫作飘尘，以区别于在较短时间内即沉降到地面的落尘。所以空气洁净技术中大气尘的概念和一般除尘技术中灰尘的概念是有所区别的。空气洁净技术中广义大气尘的概念也是和现代测尘技术相适应的，因为通过光电的办法测得的大气尘相对浓度或者个数，是同时包括固态微粒和液态微粒的。

我国《大气环境质量标准》中所称的"总悬浮微粒（TSP）"，则既包括 $10\mu m$ 以下的悬浮微粒，又包括 $10\sim100\mu m$ 的沉降微粒。

（2）产生大气尘的有自然发生源和人为发生源 在自然发生源中，有因为海水喷沫作用而带入空气中的海盐微粒；有风吹起的土壤微粒；有森林火灾时放出的大量微粒；有火山喷发过程中产生的微粒；有来自宇宙空间的流行尘；还有植物花粉等。

在人为发生源中，近代工业技术发展造成的大气污染占据主体。从 14 世纪西方国家用煤代替木材作为能源便开始了大气污染时代，这属于煤烟型。在燃料中煤的灰分最大，一般占总量的 20% 以上，石油的灰分很少，以石油代煤后，煤烟少了。但随着石油工业的进一步发展和汽车数量的增多，排出的光化学氧化剂急剧上升，这是燃烧排出的氮氧化合物与碳氢化合物之间发生一系列复杂反应而生成的臭氧、过氧酰基硝酸盐和其他一些物质。这些物质经过太阳紫外线照射而产生一种有毒的雾，这就形成了大气污染的光化学烟雾时代。燃烧煤、石油、固体废弃物、天然气等的大气污染物固定源和燃用汽油、柴油等的大气污染物移动源（内燃机），是造成大气环境中烟尘、烟雾、光化学烟雾、NO_x、SO_x、HC 等一次污染物的主要人为原因。在人为污染源中还有由一次污染物在大气中互相作用或与大气的正常组分发生种种化学反应产生的二次污染物，如均相气体反应、催化反应、气液反应、固体颗粒表面反应、光化学反应等产生的新化学污染物。这些新污染物大多为气溶胶，颗粒很小，一般为 $0.01\sim1.0\mu m$，一般有硫酸盐、硝酸盐和含氧碳氢化物等。

我国的能源供应结构以化石燃料为主，其中煤占 70% 左右，石油占 20%～30%，天然气仅占 2% 左右，燃烧过程特别是以汽车排放物为代表的移动污染源，将会造成我国大气环境中微粒的日益增加。目前我国主要城市的空气质量其主要影响因素是可吸入颗粒物，即粒径小于 $10\mu m$ 的微粒，据有关资料介绍，排放量估计达近亿吨。

（3）大气尘的组成 大气尘主要由以下部分组成。

1）无机性非金属微粒 大气尘中的无机性微粒主要有矿物（包括砂土）的碎屑、煤粉、炭黑和金属。图 1.5.14 是有代表性的工业城市大气尘（冬季）的电子显微镜照片，其组成是砂土、炭黑和结晶性固体物质以及少量纤维。照片中的丝絮状微粒就是煤、油等燃烧不完全时产生的炭粒子，这些微粒粒径通常仅在 $0.01\sim1.0\mu m$。

2）金属微粒 大气尘中的金属成分与工业发展水平、产品种类都有很大关系。这些年工业发达国家的大气尘中发现金属特别是重金属（铅、镉、铍、锰、铁等）的含量高，在铁锰工厂附近的大气尘中，铁和锰的浓度很高；汽车废气和铅熔炼厂、铅蓄电池厂都排出铅和锌。在北京市大气尘中重金属如铜、锌、铅、镍、铬、镉、铍等主要分布在小颗粒微粒中，60%～80% 分布在粒径<$3\mu m$ 的颗粒中，30%～60% 分布在<$1.0\mu m$ 的颗粒中。对于工业产品来说，大气尘除了具有一般尘粒所有的危害作用之外，特别是金属微粒的危害更大。例如轻金属钠，对半导体器件十分有害，在做半导体器件的硅片表面如果每平方厘米沾污上的钠量达到 3.6×10^{11} 钠原子以上，就会对器件电性有影响；一颗 $70\mu m$ 的 NaCl 微粒，就包含足以在整个硅片表面产生一个单层钠污染的

成分。在临海城市建设洁净厂房特别要注意这一点，这种地区 NaCl 微粒对大气尘的贡献可以高达 20%。大气尘中重金属的影响更广泛，重金属对彩色显像管的质量是不利的，当生产显像管涂敷用荧光粉沾污重金属杂质后，将使显像管的发光特性发生变化。这是因为侵入荧光粉结晶的重金属产生新的能级，成为新的发光中心，若所激发的光带在可见光部分，荧光粉就会变色，若不在可见光部分，就会使亮度下降。

3）有机性微粒 大气尘中属于自然的有机性微粒主要有植物花粉、纤维，动物毛、皮屑和排泄物等。在产棉和纺织工业区，大气尘中棉纤维的数量就显著高于别的地区。有机性微粒更多的是属于人为发生的，主要是各类燃料燃烧过程的排放污染物及其反应物，有各种污染排放的碳氢化合物以及橡胶、塑料等粉粒。其中对人类健康影响最大的多环芳烃类（PAHS）、二噁英类（PCDD/Fs）等有机物，尤其应受到重视。据有关资料介绍多环芳烃类主要分布在小颗粒大气尘中，约 90% 分布在 <$3\mu m$ 的微粒中，50%～80% 分布在 $1\mu m$ 的微粒中。

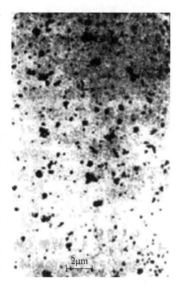

图 1.5.14 工业城市大气尘的电子显微镜照片（上方：一般观察到的；下方：用电子束强烈照射后观察到的）

这里着重提一下花粉。花粉在发生季节，其发生量是很多的，所以在洁净厂房的环境绿化方面，对于树种应有一定的要求，要选择绿化效果快、产生花粉少和不产生花絮的树种。

实际上，大气尘中的各种颗粒、微粒、微生物都不是单独存在的，它们都因其来源不同、排入大气后的流动状态不同、气象条件不同、凝聚是否发生等影响因子而变化，所以大气尘的组成将会随着排放源、所在地方的地形地貌、季节气象条件等的变化有差异或很大的差异。图 1.5.15 是一个柴油机排放微粒的组成。由图可见，柴油机排放的总微粒 TPM（total particulate matter）由固体炭粒（SOL）（起始的固体炭球其直径为 $0.01\sim0.08\mu m$，由它们组成固体质点并凝聚碳氢化合物生成 $0.05\sim1.0\mu m$ 的 SOL，又在 SOL 外面吸收了一层可用有机溶剂溶去的碳氢化合物，称为可溶有机成分）以及可溶于水的硫酸盐组成。

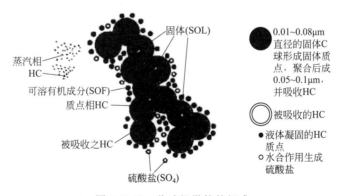

图 1.5.15 柴油机微粒的组成

5.1.4.2 大气中的微生物

微生物是无所不在的物种，它悬浮于空气中可形成各种各样的微生物气溶胶；微生物的种类达数十万种，空气中的微生物主要来源于土壤、江河湖海、动物、植物和人体。空气中的花粉、孢子和某些细菌来源于植物，在围场小麦上方空气细菌浓度可达 $6500cfu/m^3$。曾有报道植物表层的病毒可由风力吹走或借助其他外力进入空气，动物极易污染环境造成许多传染病的流行，71%

的狗带金黄色葡萄球菌，牛和羊可从胃中排出大量微生物；人类是许多场合特别是公共场所空气中微生物的重要来源，一个正常人在静止状态下每分钟可向空气排放 $500\sim1500$ 个菌粒，人在活动时每分钟向空气中排放的菌粒多达数千至数万，每次咳嗽或打喷嚏可排放高达 $10^4\sim10^6$ 个带菌粒子；空气中许多的微生物来源于各种类型的生产活动（农业、林业、畜牧业和工业），如工业生产的发酵、制药、食品、制革等都会造成空气微生物污染；自然界中有大量的微生物，在诸如人力、风力、水力等的作用下大量释放入大气中。

大气中的自然微生物主要是外病原性的腐菌。据报道各种球菌占 66%，芽孢菌占 25%，还有真菌、放线菌、病毒、蕨类孢子、花粉、微球藻类、原虫及少量厌氧芽孢菌等。在不同场所的大气中其微生物差异很大，在人员集中的公共场所、在患者集中的医院、在某些工业产品的生产车间，除了存在各种常见的自然微生物外，还因特定条件存在着各种特有的微生物。如医院就有细菌类微生物 160 多种，如结核杆菌、肠杆菌、沙门菌、葡萄球菌等；真菌类微生物 600 多种，如隐球菌、曲霉和青霉、毛霉等；病毒类微生物数百种，如鼻病毒、腺病毒、流感、风疹病毒等；还会有支原体、衣原体、立克次体等微生物。不同医院空气中的微生物含量及种类也不相同，它与医院内患者带菌的情况直接相关。

大气中微生物的多少是空气质量的重要标志之一。近年来国内外较为重视空气微生物及其污染问题的研究，这对于采取必要技术措施防止洁净厂房微生物污染是十分有利的。

5.1.5 室内污染源

洁净室内的污染源主要来自四个方面：①大气中含尘、含菌，净化空调系统中新风带入的尘粒和微生物；②作业人员发尘；③建筑围护结构、设施的产尘，这里包括墙、顶棚、地面和一些裸露管线产生、滞留的污染物；④设备及产品生产过程产生、滞留的污染物。作业人员的发尘量、设备及生产过程的原料、辅助材料、各种工艺介质和生产过程产生的污染物越来越引起人们的关注，且在各种污染源中所占的比例呈上升趋势。室内空气的主要污染物质如表 1.5.13 所示。

表 1.5.13　室内空气的主要污染物质

污染发生源	粒状污染物	有害气体	备注
人体	粉尘、皮屑、污垢、细菌、纤维、化妆品	体臭、CO_2、氨、水蒸气	
吸烟	粉尘(焦油、尼古丁等)、二甲基硝酸铵等	CO、CO_2、NO、NO_2、甲醛、丙烯醛、碳氢化合物	在洁净室内禁止吸烟，在一般空调房间内也不宜吸烟
办公设备	纸张、家具的纤维及尘粒	臭氧、氨、溶剂类(VOC)	
机械运转设备	转动设备磨损的粉尘、纤维、碳化油脂等	润滑油挥发物	
燃烧器具	烟尘	CO、CO_2、NO、NO_2、SO_2、碳氢化合物等	
建筑材料	细菌、霉菌、壁虱、石棉纤维、病历纤维、粉尘等	甲醛、氡气、溶剂、粘接剂中的有机溶剂挥发物(VOC)	
清洗、灭菌材料		喷射剂(氟化碳氢化合物)、杀菌剂、防霉剂、溶剂、洗涤剂的挥发物	

在本节前面叙述了大气中的含尘、含菌情况，这里不再说明。

作业人员的发尘量与作业人员的动作，洁净工作服（包括鞋）的材料、形式和房间内的人员数有关。作业人员的发尘量见表 1.5.14。在洁净室包括洁净辅助用室内均不准作业人员吸烟，因为吸烟时将有大量的尘粒产生，具体见表 1.5.15。

表 1.5.14　作业人员的发尘量（≥0.5μm）　　　　　　单位：粒/（min·人）

序号	人员动作	动作	
		坐（四肢、头部自由活动）	走动
1	全套型粗织尼龙工作服	$38.3×10^4$	$322×10^4$
2	分套型密织尼龙工作服	$18.1×10^4$	$128×10^4$
3	分套型密织尼龙工作服内衬的确良工作服	$7.2×10^4$	$73.8×10^4$
4	棉的确良工作服	$20.5×10^4$	$108.0×10^4$
5	电力纺工作服	$101.0×10^4$	$677×10^4$
6	普通服装	$210.0×10^4$	$300×10^4$

表 1.5.15　吸烟时的产尘量

指标	产尘量	测试者
颗粒数	0.3～0.5μm 尘粒　　$4.0×10^{10}$ 粒/支 0.5～1.0μm 尘粒　　$2.1×10^{10}$ 粒/支 1.0～5.0μm 尘粒　　$2.1×10^{10}$ 粒/支	藤井正一
质量	7～8mg/支	藤井正一
	主流烟尘 7.7～12.6mg/支，非主流烟尘 6.3～7.8mg/支	楢崎正也
	主流烟尘 10.3～33.8mg/支，非主流烟尘 9.4～16.2mg/支	木村菊二
	平均 20mg/支	吕俊民

　　关于建筑围护结构、设施的产尘情况，与建造洁净室所采用的建筑材料、施工安装方法有关。近年来由于建筑装修材料的不断改善，特别是各种贴塑喷涂面材、金属壁板、仿搪瓷漆墙面、塑料地面等的应用，使来自建筑表面的产尘量日益减少，其所占室内总产尘量的份额已经较低。目前洁净室内的管线一般均采用暗装，少数裸装管线通常采用不锈钢板（管）加以局部封闭，尽力减少产尘。

　　洁净室内生产设备和产品生产过程的产尘量主要取决于产品生产过程的特点、选用的设备状况及其采取的技术措施、选用的原料辅料、工艺介质的纯度及其输送系统等。近年来，由于采取了各种技术措施，降低了这类产尘量。如采用封闭隔断及局部排风措施等，使产尘区域相对于周围空间有一定的负压，防止粉尘扩散开来危害其他工序的洁净度；采取排风罩等措施将工艺产尘排走，尽可能减少扩散到生产车间的粉尘量。车间机械设备的轴承、齿轮、传动皮带等运动部件在工作过程中，由于润滑油升温炭化及机械磨损等原因而散发到空气中的尘埃，越来越引起某些高洁净度等级工艺的关注。在集成电路生产中，随着集成度的提高，要求生产环境控制 0.1μm 尘粒达到更高的洁净度，为了减少洁净室建造费用并可靠地达到高级别要求，目前许多大规模集成电路工厂采用了微环境技术和生产工艺自动化技术，使用机械手、机器人，从而减少了室内人员等因素，使室内产尘总量下降。在此情况下，这些机械运动设备的产尘量和生产过程的产尘量所占份额就不断提高。但一般洁净室在通常情况下，室内最主要的污染源仍然是人。

　　对于生物洁净室，包括制药工业，往往更关注人体的散发菌量。室内空气中的微生物主要附着在微粒上和由人体鼻腔和口腔喷出的飞沫中。表 1.5.16 是人体各部位的带菌数。

表 1.5.16 人体各部位的带菌数

身体部位	细菌	身体部位	细菌
手	$100\sim1000$ 个/cm^2	鼻液	10^7 个/g(mL)
额	$10^4\sim10^5$ 个/cm^2	尿液	约 10^8 个/g(mL)
头皮	约 10^6 个/cm^2	粪便	$>10^8$ 个/g
腋下	$10^6\sim10^7$ 个/cm^2		

由表 1.5.17 列出的数据可以看出，人的不同动作人体细菌散发量不同。我国高等院校对人体发菌量进行了研究，表 1.5.17 是在专门设计的实验箱体内测试的数据。踏步的频率是 90 次/min，起立坐下为 20 次/min，抬臂为 30 次/min。被测人员身着半新手术内衣、长裤、外罩手术大褂，头戴棉布帽，手戴手术手套，脚穿尼龙丝袜和拖鞋；衣、裤等均进行高温灭菌。

表 1.5.17 着手术服时的人体散发细菌量

动作	温度/℃	湿度/%	浮游菌数	沉降菌数	附着菌数	人体散发菌量/[个/(min·人)]	平均值/[个/(min·人)]
踏步	29.8	70	1573	509	188	2270	2391
	27.4	85	2753	389	330	3472	
	25.8	67	1770	407	212	2 389	
	25.4	84	1750	156	232	2138	
	26.0	65	1376	329	165	1870	
	21.4	30	982	160	118	1260	
	20.0	29	2556	479	306	3341	
起立坐下	26.0	68	179	182	141	1502	1172
	25.2	63	786	134	94	1014	
	23.4	65	740	84	140	964	
	21.4	31	393	312	47	752	
	20.0	28	1375	86	165	1627	
抬臂	25.2	62	589	63	70	722	681
	25.2	63	408	114	55	577	
	20.0	28	609	76	60	745	

5.1.6 空气含尘浓度与含菌浓度

5.1.6.1 大气含尘、含菌浓度

（1）大气含尘浓度 大气尘浓度的表示方法一般有计重浓度、计数浓度和沉降浓度三种。计数浓度是以单位体积空气中含有的微粒个数表示（pc/L）；计重浓度是以单位体积空气中含有的微粒质量表示（mg/m^3）；沉降浓度是以单位时间单位面积上自然沉降下来的微粒数或质量表示 [pc/(cm^2·h) 或 t/(km^2·月)]。在洁净技术中采用大气尘的计数浓度，但是大气尘计重浓度也有一定的参考价值。

大气尘计重浓度一般用于环境卫生、工业卫生和空调技术中。大气尘计重浓度标准的制定，主要考虑了对人的健康特别是对呼吸系统的影响，为此世界卫生组织和各国均制定了大气中悬浮

微粒的计重浓度规定。世界卫生组织（WHO）在《空气品质指南》中规定的空气中 PM2.5 的年平均浓度为 $35\mu g/m^3$。我国国家标准《环境空气质量标准》（GB 3095—2012）规定的环境空气污染物的浓度限值是：粒径小于等于 $10\mu m$ 的颗粒物（PM10），24h 平均为 $50\mu g/m^3$（一级）、$150\mu g/m^3$（二级），年平均为 $40/70\mu g/m^3$；粒径小于等于 $2.5\mu m$ 的颗粒物（PM2.5），24h 平均为 $35\mu g/m^3$（一级）、$75\mu g/m^3$（二级），年平均为 $15\mu g/m^3$（一级）、$35\mu g/m^3$（二级）。工业区、居住区等应执行二级规定。

从世界范围看，大气尘计重浓度在逐年降低，近年来我国大气环境控制日益受到关注，空气中 PM2.5、PM10 浓度正逐年下降。表 1.5.18 是近几年国内主要城市环境中 PM2.5 的实测平均浓度变化。实际上每个城市不同区域、不同时段、不同季节的大气含尘浓度都是不同的。图 1.5.16 是 2018 年国内几个城市（广州、合肥、西安、成都）不同月份（1～12 月）的月平均 PM2.5、PM10 浓度变化状况。

表 1.5.18　近年来国内主要城市大气环境 PM2.5 实测平均值的变化情况　单位：$\mu g/m^3$

年份	北京	天津	哈尔滨	沈阳	上海	青岛	厦门	重庆	西安
2013 年	90	96	81	78	62	66	36	70	105
2014 年	86	83	72	74	52	59	37	65	76
2015 年	81	70	70	72	53	51	29	57	57
2016 年	73	69	52	54	45	45	28	54	71
2017 年	56	60	57	49	39	38	26	44	73
2018 年	50	50	38	40	36	34	24	37	62

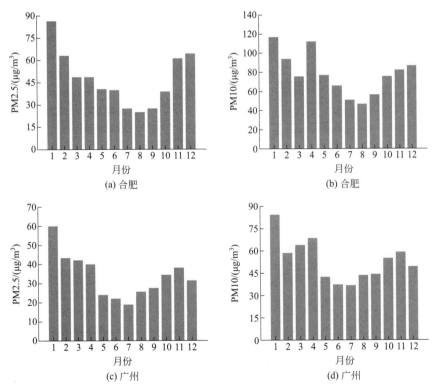

图 1.5.16

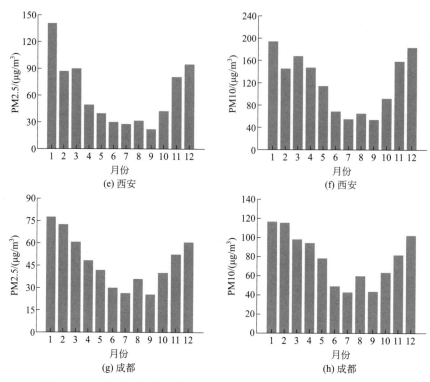

图 1.5.16　几个城市在一年各月的 PM2.5、PM10 浓度平均值变化

表 1.5.19 是 2019 年我国几个城市（区）在 7 月的一天中不同时间的 PM2.5/PM10 实际监测数据。由表中数据可见不同城市或相邻城市在不同时间点的 PM2.5/PM10 实际监测平均浓度均不完全相同，但是相邻城市有时由于气候、风力、温湿度等相似，可能出现实测数据相近的状况。

表 1.5.19　几个城市（区）7 月的一天内不同时间的 PM2.5/PM10 变化　单位：$\mu g/m^3$

城市/城区	8:30	14:30	18:30	22:00
北京市昌平区	105/169	76/124	58/99	111/169
北京市	126/195	90/147	66/109	149/224
天津市	107/158	92/136	67/99	111/162
石家庄市	110/161	72/108	90/136	121/181
上海市	112/162	63/91	32/46	49/71
常州市	80/115	73/106	59/85	83/120
广州市	24/37	31/46	32/46	41/60
深圳市	21/38	31/49	25/41	28/45
西安市	56/94	26/48	18/35	60/113
成都市	146/209	60/86	58/83	104/149
绵阳市	84/124	48/70	51/75	89/128

注：表中 PM2.5/PM10 的监测数据为 2019 年 7 月 14 日不同时间的数据。

各地区的大气计数浓度差别很大，即使是同一地区在不同季节、不同时间其差别也很大。自我国开展洁净技术科研以来，许多从事洁净技术研究的单位均进行了大气中含尘浓度的实测工作，表 1.5.20 是一些地区或一些城市的大气含尘计数浓度实测值，表 1.5.21 是天津市某地段不同季节室外含尘浓度的实测值。

表 1.5.20 我国一些地区大气的含尘浓度

序号	单位名称	含尘浓度出现的最大值≥0.5μm		工厂位置		
		pc/L	持续时间	市区	郊区	农村
1	北京沙河某厂	10.6×10^4			√	
2	北京某大学	22.0×10^4			√	
3	北京某半导体厂	$(7\sim22)\times10^4$			√	
4	北京某厂	35.7×10^4	12min	√		
5	北京某研究所	27.2×10^4	12min	√		
6	上海某大学	$(20\sim29)\times10^4$		√		
7	上海某无线电厂	30×10^4	4h	√		
8	上海某研究所	15×10^4	4h	√		
9	天津某厂	18.8×10^4		√		
10	天津某医院	14.0×10^4	5min	√		
11	天津某厂	18.5×10^4		√		
12	西北某研究所	7.1×10^4	30min			√
13	临潼某厂	3.8×10^4				√
14	洛阳某厂	6.0×10^4			√	
15	无锡某厂	8.0×10^4			√	

表 1.5.21 不同季节室外大气含尘浓度的实测值

季节	时间	环境温湿度		含尘浓度/(pc/m³)	
		温度/℃	相对湿度/%	≥0.5μm	≥5.0μm
夏(阴、雨后)	9:00	26.1	89	8.20×10^7	3.23×10^5
	10:00	27.0	86	8.35×10^7	3.58×10^5
	11:00	27.4	82	8.35×10^7	4.20×10^5
	12:00	28.8	79	7.25×10^7	2.95×10^5
	13:00	29.8	73	7.21×10^7	2.81×10^5
	14:00	29.6	73	7.42×10^7	3.36×10^5
	15:00	30.6	70	7.60×10^7	4.82×10^5
	16:00	30.2	70	6.81×10^7	4.81×10^5
	17:00	30.2	76	8.30×10^7	5.50×10^5
秋(晴、无风)	8:00	14.0	64	1.21×10^8	2.21×10^6
	9:00	16.2	54	1.32×10^8	2.03×10^6
	10:00	19.0	42	1.31×10^8	1.80×10^6
	11:00	21.1	39	1.23×10^8	2.01×10^6
	12:00	22.4	34	1.43×10^8	1.83×10^6
	13:00	23.0	29	7.94×10^8	8.70×10^6
	14:00	24.2	37	1.03×10^8	1.04×10^6
	15:00	23.5	39	1.12×10^8	2.10×10^6

续表

季节	时间	环境温湿度		含尘浓度/(pc/m³)	
		温度/℃	相对湿度/%	≥0.5μm	≥5.0μm
冬(晴)	8:00	−6.1	51	5.4×10^7	3.9×10^5
	9:00	−4.5	44	6.6×10^7	4.0×10^5
	10:00	−2.8	40	7.5×10^7	7.7×10^5
	11:00	−0.8	28	5.9×10^7	4.1×10^5
	12:00	1.2	24	3.7×10^7	4.1×10^5
	13:00	2.3	16	2.4×10^7	4.3×10^5
	14:00	3.6	14	2.9×10^7	4.6×10^5
	15:00	3.6	14	2.7×10^7	5.1×10^5
	16:00	3.5	22	3.2×10^7	9.3×10^5
	17:00	3.0	25	5.3×10^7	12.4×10^5

(2) 大气含菌浓度 大气中存在着细菌、真菌、病毒等各种微生物，大气含菌浓度和大气含尘浓度一样，随不同地区、不同的人群活动场所、气象条件等不同情况在较大的范围变化。表1.5.22是不同场所空气中的细菌总数。从表中可以看出空气中确实存在着许多有生命的微粒——微生物，如细菌，在商场广场、交通干道为最多，这可能是因为这些场所人员活动频繁、车辆往来较多，增强了细菌的发生和积聚。表1.5.23列出了空气中真菌的含量随季节、一天内不同时间的变化，7月、10月和每天中的14:00真菌浓度较高。表1.5.24是在天津某校园内不同季节室外含菌浓度的实测值。

表 1.5.22 不同场所空气中的细菌总数   单位：个/m³

地点	范围	中位数
场区		
交通干道	4941～39154[①]	11496
小巷	0～4724[①]	2874
车站广场	1594～8839	2500
商场广场	3248～21102	12303
影院广场	2618～11043	5610
公园草地	2303～33247	2894
公园树林	906～3091	1280
公园水面	846～2185	1280
乡村		
交通干道	4744～52677	22205
小巷	512～6535	2697
田野	630～1476	906
水面	1201～1969	1634

①为雨后采样。

表 1.5.23 空气中真菌含量的变化

采样时间	不同月份空气中真菌平均含量/(cfu/m³)			
	1 月	2 月	3 月	4 月
8:00	54	496	908	1034
14:00	161	962	2561	2456
20:00	80	732	1478	1471

表 1.5.24 校园中细菌浓度的变化情况

日期	温、湿度		气象情况	浮游菌数/(cfu/m³)		沉降菌值/[cfu/(皿·h)]	
	温度/℃	相对湿度/%		范围	平均	范围	平均
7 月 24 日	26.1~30.2	70~89	阴,雨后	314~1686	884	36~192	117
7 月 29 日	26.0~32.5	52~88	阴,无风	229~1657	708	72~840	217
7 月 30 日	27.2~32.7	43~52	晴,无风	371~2886	1436	102~1008	495
9 月 2 日	29.4~32.4	33~49	晴,雨后	629~2171	1171	192~822	455
9 月 3 日	24.2~30.2	50~62	晴,无风	886~1657	994	156~732	410
9 月 7 日	20.6~30.2	25~63	晴,无风	429~1257	651	90~450	124
9 月 24 日	22.4~26.0	25~51	多云转晴,有风	714~3457	1998	516~2298	1375
10 月 4 日	12.8~17.0	24~45	晴,2,3 级风	343~1600	702	72~840	356
10 月 8 日	14.0~24.2	29~64	晴,无风	286~1657	928	24~198	82
10 月 9 日	14.4~21.8	42~69	晴转多云,雨后	314~1571	673	24~114	64
10 月 10 日	14.2~22.0	44~69	晴转多云	171~857	482	36~420	122
10 月 14 日	12.8~17.0	39~69	阴,无风	171~1286	453	24~156	52
10 月 16 日	10.4~19.4	29~88	晴,雨后	200~829	447	—	—
12 月 23 日	−6.0~3.6	14~51	晴	600~1600	1131	24~150	74
12 月 24 日	−4.0~6.0	38~76	晴	286~1571	1000	54~300	139

5.1.6.2 室内含尘浓度与含菌浓度的关系

空气中存在的微生物,大多是附着在可供给其所需养分、水分的尘粒上,来自人体的微生物主要是附着在 $12~15\mu m$ 的微粒上,空气中的含尘浓度低,其含菌浓度必然较低。从洁净技术的发展历程来看,将较高级别的工业洁净室(industrial clean room,ICR)应用于要求无菌环境的医疗、制药等生物洁净室(biological clean room,BCR),正是依据了这种认识。早在 20 世纪 60 年代初,美国宇航局(NASA)就利用室内含尘浓度很低的 100 级工业洁净室进行了随宇航器进入太空的动物解剖实验,从应用角度证明了无尘环境也是无菌环境的实例。反之大气含尘浓度高,其含菌浓度一般也很高,一般认为大气含菌浓度与大气含尘浓度正相关。图 1.5.17 和图 1.5.18 是在北京西单测定的大气细菌浓度与大气微粒浓度之间的相关关系。图 1.5.17 是大气中细菌浓度分别与 $\geqslant0.5\mu m$ 等 9 个不同微粒浓度的相关系数,随着大气微粒粒径的增大,相关系数也随之增大。图 1.5.18 是一天内不同时间的大气细菌浓度与粒径大于 $0.5\mu m$ 的微粒浓度之间的相关系数,各阶段的相关系数是不同的,1:00 相关系数最大,有明显的相关性,13:00 最小。

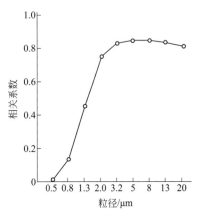

图 1.5.17　不同粒径的大气微粒浓度
与细菌浓度的相关系数

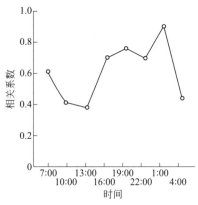

图 1.5.18　不同时间的大气微粒浓度
与细菌浓度的相关系数

　　一般地说，大气微粒浓度与细菌浓度的相关性随季节、地点等有所不同，虽然这样，但到现在为止，还没有测定数据可以说明它们的浓度之间的确定性关系。空气中含尘浓度与含菌浓度比值的不确定性，在局部环境或室内表现得尤为突出，某些房间、车间中空气含尘浓度可能很高，而含菌浓度未必一定高，最典型的是医院手术室，制药厂的压片、包衣、称量、过筛和粉碎等工艺。以手术室为例，由于采取了多方面的消毒、灭菌措施，飘浮在空气中由药棉、纱布等敷料所携带的尘粒、纤维数量很多，但浮游菌数并不多。

5.2　空气净化方法

5.2.1　空气净化处理

　　为保证产品生产环境或其他用途的洁净室所要求的空气洁净度，要采取多种综合技术措施才能达到要求。这些综合技术措施包括：应采用产生污染物少的生产工艺及设备，或采取必要的隔离和负压措施防止生产工艺产生的污染物质向周围扩散，采用产尘少、不易滋生微生物的室内装修材料及工器具；减少人员及物料带入室内的污染物质；维持生产环境相对于室外或空气洁净度等级要求低的邻室有一定的正压，防止室外或邻室的空气携带污染物质通过门窗或其他缝隙、孔洞侵入；加强洁净室的管理，按规定进行清扫、灭菌等。

　　除上述种种技术措施之外，重要的技术措施是需要送入足够量的经过处理的清洁空气，以替换或稀释室内在正常工作时所产生的被污染物质污染的空气。洁净室的空气净化处理就是根据房间不同的洁净度等级要求，采用不同方式送入经过处理的数量不等的清洁空气，同时排走相应数量的携带有在室内所产生的污染物质的脏空气，靠这样的动态平衡，使室内环境维持在所需的空气洁净度等级。

　　通常所指的空气污染物质主要有以下三类。

　　① 悬浮在空气中的固态、液态粒子，包含附着在粒子上的分子污染物；

　　② 霉菌、细菌等悬浮在空气中的微生物；

　　③ 各种对人体或生产产品有害的气体。

　　根据空气含有的污染物质不同，采用相应的净化处理方法。空气中主要污染物质的净化方法如表 1.5.25 所列。

表 1.5.25 空气中主要污染物质的净化方法

污染物类别	主要净化方法
悬浮微粒	过滤法、洗涤分离法、静电沉积法、重力沉降法、离心力和惯性力分离法
细菌等微生物	过滤法、紫外线杀菌法、消毒剂喷雾法、加热灭菌法、臭氧杀菌法、焚烧法等
有害气体、化学污染物	吸附法、吸收法、过滤法、焚烧法、催化氧化法等

目前洁净室对送入空气的净化方法，最重要和使用最广泛的方式是空气过滤法。送入洁净室的清洁空气，主要靠在送风系统的各部位设置不同性能的空气过滤器，用以除去空气中的悬浮粒子和微生物。近年来，根据一些工业产品生产的微细化、精密化和高纯要求，还需去除空气中浓度极微的化学污染物或分子污染物，如超大规模集成电路生产、生物制品的生产等。为此，在洁净室的送风系统中应增设各种类型的化学过滤器、吸附过滤器、吸收装置等。

5.2.2 空气过滤机理

5.2.2.1 基本过滤过程

（1）过滤分离的两大类别　从洁净室技术以净化空气为主要目的来看，空气中微粒浓度很低（相对于工业除尘系统）、微粒粒径很小甚至极小，并且应确保达到末级过滤效果的严格要求，所以主要采用带有阻隔性质的过滤分离方法去除气流中的微粒和微生物，根据需要也可采用吸附、吸收或电力分离的方法。阻隔性质的微粒过滤器按微粒被捕集的位置可分为两大类，一为表面过滤器，二为深层过滤器。

表面过滤器有金属网、多孔板、化学微孔滤膜等形式，空气中的微粒在表面被捕集。其中微孔滤膜表面带有大量静电荷，均匀地分布着 $0.1\sim10\mu m$ 的小孔，孔径可在制膜过程控制；比孔径大的微粒被截留在表面，一般认为滤膜截留的最小微粒粒径为平均微孔直径的 $1/10\sim1/15$。近年来，微孔滤膜研发成果累累，具有很高的过滤效率，除广泛用于液体过滤外，还主要用于小气量如采样过滤器，有时也用于特殊要求的无菌、无尘的末端过滤。

深层过滤器又分为高填充率和低填充率两种，微粒捕集发生在表面和过滤层内。目前广泛应用的是低填充率的过滤器，包括纤维填充层、无纺布和滤纸过滤器。虽然这类过滤器内部纤维配置很复杂，但由于空隙率大，允许将构成过滤层的纤维孤立地看待，从而可简化研究步骤；并且此类过滤器阻力不大，效率很高，具有极好的使用价值，特别在洁净技术领域应用极广。

（2）过滤过程的两大阶段

① 第一阶段称为稳定阶段。在这个阶段里，过滤器对微粒的捕集效率和阻力不随时间而改变，而是由过滤器的固有结构、微粒的性质和气流的特点决定；过滤器的结构由于微粒沉降等原因而引起的厚度上的变化是很小的。对于过滤微粒浓度很低的气流，例如在空气洁净技术中过滤室内空气，这个阶段对于过滤器就很重要了。

② 第二阶段称为不稳定阶段。在这个阶段里，捕集效率和阻力不是取决于微粒的性能，而是随时间的变化而变化，主要是随着微粒的沉积、气体的侵蚀、水蒸气的影响而变化。尽管这一阶段和上一阶段相比要长得多，并且对一般工业过滤器有决定意义，但是对空气洁净技术中的高效空气过滤器则意义不大。

5.2.2.2 五种效应

根据目前对纤维过滤器的研究得出的结论，在纤维过滤器的第一阶段过滤过程中，过滤层捕集微粒的作用效应主要有 5 种。

（1）拦截效应　在纤维层内纤维错综排列，形成无数网络。当某一尺寸的微粒沿着气流流线刚好运动到纤维表面附近时，假使从流线（也是微粒的中心线）到纤维表面的距离等于或小于微粒半径（$r_1 \leqslant r_i + r_p$），微粒就在纤维表面被拦截而沉积下来，这种作用称为拦截效应（图1.5.19）。筛子效应也属于拦截效应（图1.5.20），有时被称为过滤效应。但是，拦截效应或筛子效应不是纤维去除器中过滤微粒的唯一的或者主要的效应，更不能将纤维过滤器像筛子一样看待。通常筛子仅能筛去大于其孔径的微粒，而在纤维过滤器中，并不是所有小于纤维网格网眼的微粒都能穿透过去，最容易穿透的仅是某一定粒径的微粒。微粒也并不都是在纤维层表面被筛分——沉积，如果是这样，过滤器的阻力将由于微粒把网眼堵塞而迅速上升，但实际情况并不是这样。在纤维过滤器内微粒一般都深入到纤维层内，所以说在纤维过滤器的过程中，微粒被捕集还有其他各种效应起作用。

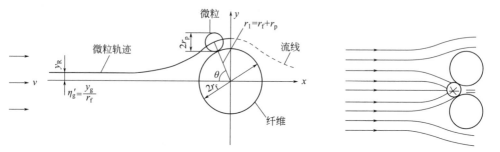

图1.5.19　拦截效应　　　　　　　　图1.5.20　拦截效应之一的筛子效应

（2）惯性效应　　由于在纤维过滤器内纤维排列复杂，因此当气流在纤维层内穿过时，其流线要屡经激烈的拐弯。当微粒质量较大或者速度（可以看成气流的速度）较大，在流线拐弯时，微粒由于惯性来不及跟随流线绕过纤维，因此脱离流线向纤维靠近，并碰撞在纤维表面而沉积下来（图1.5.21中位置A）。因惯性作用，微粒如果没有正面撞在拦截效应范围之内（图1.5.21中位置B），则微粒被截留就是靠这惯性效应和惯性拦截效应的共同作用了。

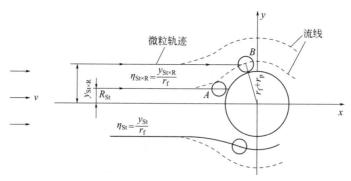

图1.5.21　惯性效应（A）和惯性拦截效应（B）

（3）扩散效应　　由于气体分子热运动对微粒的碰撞而产生的微粒的布朗运动，对于粒径越小的微粒越显著。常温下的微粒每秒钟扩散距离达$17\mu m$，比纤维间距大几倍至几十倍，这就使微粒有更多的机会运动到纤维表面被沉积下来（图1.5.22中位置A）；对粒径大于$0.3\mu m$的微粒其布朗运动减弱，一般不足以靠布朗运动使其离开气流流线碰撞到纤维上面去。

（4）重力效应　　微粒通过纤维层时，在重力作用下发生脱离气流流线的位移，也就是因重力沉降而沉积在纤维上（图1.5.23、图1.5.24）。由于气流通过纤维过滤器特别是通过滤纸过滤器的时间远小于1s，因此对于粒径小于$0.5\mu m$的微粒，当它还没有沉降到纤维上时就已通过了纤维层，所以重力沉降完全可以忽略。

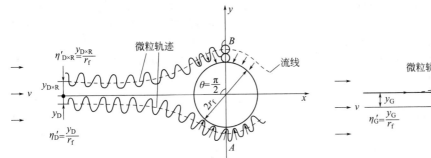

图 1.5.22　扩散效应（A）和扩散拦截效应（B）

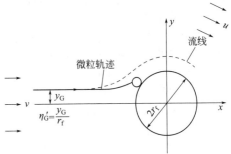

图 1.5.23　重力效应（重力与气流方向平行）

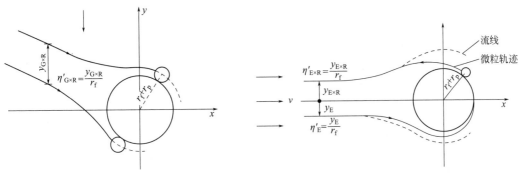

图 1.5.24　重力效应（重力与气流方向垂直）　　　　图 1.5.25　静电和静电接触效应

（5）静电效应　由于种种原因，纤维或微粒都可能带电荷，产生吸引微粒的静电效应，见图
1.5.25。但除了有意识地使纤维或微粒带电外，若是在纤维处理过程中因摩擦带上电荷，或因微
粒感应而使纤维表面带电，这样的电荷既不能长时间存在，且电场强度也很弱，产生的吸引力很
小，可以忽略。

5.2.2.3　影响过滤效率的因素

影响纤维过滤器过滤效率的主要因素有微粒直径、纤维粗细、过滤速度和填充率等。

（1）微粒形状、尺寸的影响　多分散性微粒
通过空气过滤器时，由于各种效应的作用，粒径
较小的微粒在扩散效应的作用下，在滤材上沉
积，当粒径由小到大时，扩散效率逐渐下降；粒
径较大的微粒在拦截和惯性效应的作用下在纤维
上沉积，当粒径由小到大时，拦截、惯性效率逐
渐增大。所以与微粒粒径有关的效率曲线就有一
个最低点，在此点的总效率最低或穿透率最大，
这一点被称为最易穿透粒径或最大穿透粒径
（most penetrating particle size，MPPS）或最低效
率直径。许多实验证明，对于不同性质的微粒、
不同的纤维滤层、不同的过滤速度，最低效率粒
径是变化的，在大多数情况下，纤维过滤器的最大穿透粒径为 0.1～0.4μm。图 1.5.26 是纤维过
滤效率与微粒粒径的典型关系。

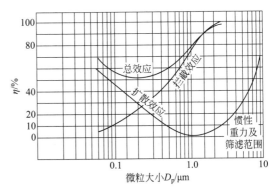

图 1.5.26　效率与粒径的关系

图 1.5.27 是国产常规玻璃纤维滤纸的 DOP 穿透率，图 1.5.28 是美国超高效滤料的 DOP 透

率，图 1.5.29 是一种超高效过滤器的穿透率随粒径变化的曲线。过滤器的最大穿透粒径（MPPS）是一个十分重要的性能参数，得到了 MPPS 效率的数据，并使过滤器具有保证这点粒径的捕集效率，则对其余粒径的微粒就能可靠地捕集了。欧洲标准委员会（CEN）在 1999 年制定并颁布了 EN 1882 标准，该标准是基于 MPPS 效率的高效过滤器（HEPA）和超高效过滤器（ULPA）扫描测试与分级的广泛应用标准。

通常空气中微粒的形状是不规则的，而对纤维过滤的实验或进行理论计算时常常采用球形微粒，由于球形微粒与纤维滤料接触时的接触面积比不规则形状微粒要小，因此实际的不规则形状的微粒沉积概率较大，球形粒子具有较大的穿透率，所以，实际过滤效率会略高于实验或计算值。

（2）纤维尺寸和形状的影响　较小的纤维直径具有较高的捕集效率，所以在选择滤料时一般都希望选用较细的纤维。但由于纤维直径越细，通过纤维滤层的气流阻力越大，因此这是需要慎重考虑的。通常认为纤维断面形状对过滤效率影响不大。

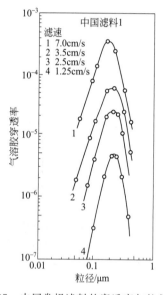
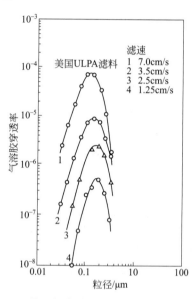

图 1.5.27　中国常规滤料的穿透率与粒径的关系　　图 1.5.28　美国超高效滤料的穿透率与粒径的关系

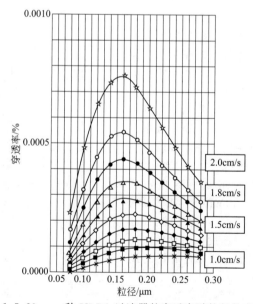

图 1.5.29　一种 ULPA 过滤器的穿透率随粒径的变化

（3）过滤速度的影响 每一种过滤器都具有最大穿透粒径，同样每一种过滤器也有自身的最大穿透滤速。一般随着过滤速度的增大，扩散效率下降，惯性和惯性效率增大，总效率则先下降，随后上升。从前面列出的图 1.5.27 和图 1.5.28 中可以看出，滤速在 2.5cm/s 时，过滤效率会提高近一个数量级，但是过滤器的过滤面积则需增大 1 倍或流过的风量需减少一半。

（4）过滤器纤维层填充率的影响 若增大纤维滤料的填充率，则纤维层的密实度随之增大，流过的气流速度提高，扩散效率下降，惯性和拦截效率增加，总效率得到提高，但过滤器阻力降增大。一般不采用增大填充率来提高过滤效率。

（5）气体温度、湿度的影响 流过纤维过滤层的气体温度升高时，扩散效率增大，但因温度升高，气体黏度增大，微粒的沉降率下降，并且阻力降增加。实验表明，当流过的气体湿度提高时，微粒容易穿透纤维滤层，过滤效率下降。

（6）容尘量的影响 随着纤维表面沉积的微粒增多，容尘量增大时，通常过滤效率随之提高，但是由于积尘的阻碍，过滤器的阻力增大。实际上，现在过滤器的应用中均按未积尘时的过滤效率考虑。

5.2.3 空气过滤器的特性

5.2.3.1 面速和滤速

面速是指过滤器断面上通过气流的速度，一般以 m/s 来表示。面速反映过滤器的通过能力和安装面积，采用的过滤器面速越大，安装过滤器所需的面积越小。所以过滤器的面速是反映其结构特性的主要参数之一，通常用式（1.5.5）来表达。

$$u = \frac{Q}{F \times 3600} \tag{1.5.5}$$

式中 Q——风量，m^3/h；

F——过滤器截面积即迎风面积，m^2。

滤速是指滤料面积上通过气流的速度，一般以 $L/(cm^2 \cdot min)$ 或 cm/s 表示。过滤器的滤速反映滤料的通过能力，特别是反映滤料的过滤性能，过滤器采用的滤速越低，越可获得较高的过滤效率。滤速可用式（1.5.6）或式（1.5.7）来表达。

$$v = \frac{Q \times 10^3}{f \times 10^4 \times 60} = 1.67 \frac{Q}{f} \times 10^{-3} [L/(cm^2 \cdot min)] \tag{1.5.6}$$

或

$$v = \frac{Q \times 10^6}{f \times 10^4 \times 3600} = 0.028 \frac{Q}{f} (cm/s) \tag{1.5.7}$$

式中 f——滤料净面积，即去除黏结等占去的面积，m^2。

过滤器的滤速量级范围见表 1.5.26。高效或超高效过滤器的滤速一般为 2～3cm/s，亚高效过滤器为 5～7cm/s。

表 1.5.26 过滤器的滤速范围

种类	粗效过滤器	中效、高中效过滤器	亚高效过滤器	高效过滤器
滤速量级	m/s	dm/s	cm/s	cm/s

对于特定的过滤器结构，统一反映过滤总面速、滤速的是其额定风量。在相同截面积情况下，希望允许的额定风量越大越好，但过滤器在低于额定风量下运行时，效率将得到提高，阻力降低。

5.2.3.2 效率和穿透率

当被过滤气体中的含尘浓度以计重浓度来表示时，则效率为计重效率；以计数浓度来表示时，则为计数效率；以其他物理量作相对表示时，则为比色效率或浊度效率等。

最常用的表示方法是用过滤器进出口气流中的含尘浓度表示的计数效率：

$$\eta = 1 - \frac{N_1}{N_2} \qquad (1.5.8)$$

式中 N_1，N_2——过滤器进出口气流中的含尘浓度，pc/L。

在过滤器的性能试验中，人们关心的不仅是过滤器捕集到多少微粒，还关注经过过滤器后仍然穿透多少微粒，常常用效率的反义词穿透率来表示。习惯上用 K（％）表达穿透率，见式（1.5.9）。

$$K = （1-\eta）\times 100\% \qquad (1.5.9)$$

理论计算和实践证明，同类型过滤器串联，第一道以后的串联过滤器效率应该降低，这是因为经过前一道过滤器后微粒的分布发生了变化，由于对不同微粒的过滤作用不同，从而引起后一道过滤器对各种粒径的总效率略有下降。但是这种总效率降低是很小的，第二道过滤器的透过率仅增加一倍，以后的过滤器变化更小，所以串联总效率 η 可用式（1.5.10）表达。

$$\eta = 1 - （1-\eta_1）（1-\eta_2）\cdots（1-\eta_n） \qquad (1.5.10)$$

上式说明将高效过滤器串联使用时，其过滤效率降低很小，因此，在要求洁净度等级严格的洁净室中可以采用这种串联方式用于新风处理系统，在某些要求极低排放标准的排气系统中安装一道高效过滤器不能满足要求，可以采用 2 级以上串联的形式。

计数效率和粒径有密切关系，目前一些高效过滤器制造厂家的出厂效率通常以 $0.3\mu m$ 的 DOP 效率标注，即采用单分散的邻苯二甲酸二辛酯微粒（DOP 法）进行检测、鉴定，但现在大多数洁净厂房设计者已习惯用≥$0.5\mu m$ 微粒的控制及其数量的概念，为此，需对高效过滤器的效率进行换算。按文献［1］的介绍，得出了一个高效过滤器穿透率和粒径的经验式［式（1.5.11）］。这一经验公式仅适用于 $0.3\mu m$ 级的高效过滤器，对于 $0.1\mu m$ 级的高效过滤器等不能套用。

$$K_2 = \frac{K_1}{e^{（d/d_{0.3}）^2}} \qquad (1.5.11)$$

式中 K_1，K_2——$0.3\mu m$ 的微粒和大于 $0.3\mu m$ 的某粒径微粒的穿透率；

$d_{0.3}$，d——$0.3\mu m$ 的微粒和大于 $0.3\mu m$ 的某粒径微粒的粒径。

5.2.3.3　阻力

空气过滤器的阻力由两部分组成，一是滤料的阻力（Δp_1），二是过滤器结构的阻力（Δp_2）。

纤维过滤的滤料阻力是由气流通过纤维层时的迎面阻力造成的，该阻力的大小与在纤维层中流动的气流状态（层流或紊流）有关。一般因为纤维极细，滤速很小，雷诺数（Re）很小，此时纤维层内的气流属于层流。根据理论计算、实验数据的研究分析，一些文献给出了多种滤料阻力的表达公式，其中较为简单的公式见式（1.5.12）。

$$\Delta p_1 = \frac{120\mu v H \alpha^{m_2}}{\pi d_{\mathrm{f}}^2 \phi^{0.58}}（\mathrm{Pa}） \qquad (1.5.12)$$

式中 μ——动力黏度，Pa·s；

v——滤料的滤速，m/s；

H——滤料的厚度，m；

α——充填率，％；

m_2——与 d_f 有关的系数；

d_f——纤维的直径，m；

ϕ——纤维的断面形状系数。

对于一个过滤器，其滤料已确定，则 H、α、d_f、ϕ 都是一定的，可以将公式（1.5.12）简写为式（1.5.13）。

$$\Delta p_1 = Av \qquad (1.5.13)$$

式中，A 为结构系数，它与纤维层的结构特性有关。对于一定的微粒，在相当的滤速范围内，滤料阻力与滤速成正比。图 1.5.30 是中国建筑科学研究院空调研究所得到的几种滤纸（布）的阻力与滤速关系的实验结果。

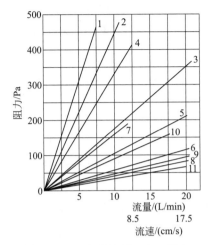

图 1.5.30　各种滤纸（布）阻力

1—国外 AEC 滤纸；2—2.5 丝玻璃纤维滤纸；3—合成纤维滤纸；4—20 丝玻璃纤维滤纸；5—φΠΠ15 滤布；
6—合成纤维Ⅳ号滤纸；7—8 丝玻璃纤维滤纸；8—合成纤维Ⅰ号滤纸；9—合成纤维Ⅱ号滤纸；
10—5 丝玻璃纤维滤纸；11—化学微孔滤膜

纤维过滤器的结构阻力是气流通过由过滤器的滤材和支撑材料构成的通路时产生的阻力，以面风速为代表，一般达到 m/s 的量级，通常比通过过滤层时的滤速要大。此时 Re 较大（一般 $Re>1$），气流特性已不是层流，所以阻力与速度不是直线关系。过滤器的结构阻力 Δp_2 可由式（1.5.14）表达。

$$\Delta p_2 = Bu^m \tag{1.5.14}$$

式中　B——实测的阻力系数；

　　　u——过滤器的面风速，m/s。

纤维过滤器的全阻力可由式（1.5.15）表示。

$$\Delta p = \Delta p_1 + \Delta p_2 = Av + Bu^m \tag{1.5.15}$$

若以滤速 v 来统一表示，则全阻力可表示为式（1.5.16）。

$$\Delta p = Cv^m \tag{1.5.16}$$

对于国产高效过滤器，C 值在 3~10 之间，m 在 1.1~1.36 范围。图 1.5.31 是对国产高效过滤器实验所得的阻力曲线之一。

空气过滤器的初阻力是指新制作的过滤器在额定风量状态下的空气流通阻力。这里需要说明的是在进行工程设计时，选用空气过滤器的风量一般都小于额定风量，这样可使过滤器实际运行时的流通阻力较小，从而可减少能量消耗，还可延长使用寿命，只有在特殊的少数情况下才采用大于额定风量。

5.2.3.4　容尘量

各类过滤器的容尘量是和使用寿命和更换周期有直接关系的指标。所谓容尘量是过滤器在运行中，其阻力因积尘的增加增长至终阻力时，在过滤器上积留的灰尘质量，过滤器的终阻力一般为初阻力的 1~2 倍；或者过滤器效率下降到初始效率的 85% 以下时（一般对于粗、

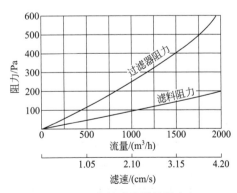

图 1.5.31　高效过滤器的阻力与
流量（滤速）的关系

中效过滤器来说）过滤器上沉积的灰尘质量，作为该过滤器的容尘量。

当风量为 $1000\mathrm{m}^3/\mathrm{h}$ 时，一般折叠形无纺布过滤器的容尘量为100g左右，玻璃纤维过滤器为 $250\sim300\mathrm{g}$，高效过滤器为 $400\sim500\mathrm{g}$。同类过滤器若尺寸不同，容尘量也不同。过滤器的容尘量与滤料面积并不是呈简单的正比关系，各过滤器的单位滤料面积容尘量都不相同。

5.2.3.5 空气过滤器的滤菌效率

单个细菌虽然尺寸很小，但是在大气中它常常以群体形式存在，并且经常与为其提供养料、水分的尘粒共存。病毒的尺寸更小，但是它通常都寄生在各种微生物中，所以空气中携带病毒的微粒，一般要比病毒本身的尺寸大1～2个量级，有时还要更大。由于上述情况，空气过滤器对细菌、病毒应有更高的过滤效率，国内外的大量实验证实了这个结果。表1.5.27、表1.5.28是日本市售的各种空气过滤器对葡萄球菌气溶胶和沙门菌的过滤效率测定数据，其滤菌效率均高于这些过滤器产品的DOP效率或NBS效率。

表 1.5.27　对葡萄球菌气溶胶的过滤效率（喷菌液浓度 $10^5\sim10^6$ 个/mL）

过滤器种类	实验次数	滤菌效率/%	滤速/(m/s)
高效过滤器 DOP 99.97%（Cambridge）	20	100	0.13
高效过滤器 DOP 99.97%（Flanders）	20	100	0.13
高效过滤器 DOP 99.97%（Oshitari）	20	100	0.13
高中效过滤器 NBS 95%（Flanders）	20	100	0.13
高中效过滤器 NBS 85%（Flanders）	20	99.951±0.055	0.13
中效过滤器 NBS 75%（Flanders）	20	99.801±0.170	0.13
粗效过滤器 X-2149（Dexter）	20	91.750±3.831	0.13
X-2149 及无纺布	20	42.6±10.7	0.13
K 型过滤器（粗效）（Toyoto）	20	56.28±10.6	0.13
K 型过滤器及无纺布	20	66.5±6.5	0.13

表 1.5.28　对沙门菌的过滤效率（喷菌液浓度 1.1×10^7 个/mL）

过滤器种类	实验次数	滤菌效率/%	滤速/(m/s)
DOP 99.97%	20	99.996±0.0024	0.025
DOP 95%	17	99.989±0.0024	0.025
DOP 75%	20	99.88±0.0179	0.05
NBS 95%	20	99.85±0.0157	0.09
NBS 85%	18	99.51±0.061	0.09
DOP 60%	20	97.2±0.291	0.05
NBS 75%	19	93.6±0.298	0.09
DOP 40%	20	83.8±1.006	0.05
DOP 20%～30%	18	54.5±4.903	0.20

天津大学建立了细菌过滤效率测试台，对各类过滤器和滤材进行了实验测试，获得了大量的测试数据。表1.5.29是多种滤材的滤菌、滤尘效率。

表 1.5.29 多种滤材的滤菌、滤尘效率

滤料名称	类别	计数效率 (≥0.5μm)			滤菌效率		计重效率	
		滤速/(m/s)	阻力/Pa	效率/%	滤速/(m/s)	效率/%	滤速/(m/s)	效率/%
无号 1	粗效	0.83~2.04	24~84	30.7~42.8	1.65~2.04	31.5~41.0	4.5	58.5
无号 2							2.04	78.5
FB-2	中效	0.57~1.75	20~138	66.5~94.5	0.85~1.18	71.0~76.3	0.85	97.3
FB-3	粗效	0.61~1.65	50~200	63.4~83.3	0.834~1.20	32.4~81.6	1.20	93.5
FB-4	粗效	0.9~2.0	303~100	30~43	0.88~1.18	37.1~56.5	1.18	95.1
FB-6	粗效	0.8~2.1	102~408	20~40	1.68~2.08	31.3~50.0	1.68	71.6
FB-7	粗效	1.0~2.2	26~70	40~55	1.65~2.06	41.7~47	1.65	70
TL-2-14	中效	0.33~0.7	115~400	87~96	0.15~0.57	86.1~93.8	0.42	100
TL-2-16	中效	0.1~0.69	12~156	60.0~90.9	0.1~0.69	64.3~88.8	0.69	99.4
FTL-3	亚高			100	0.05~0.43	94.7~100	0.31	100
复合滤料	中效	0.1~0.81	16~104	41.4~81.5	0.31~0.70	50~78.6	0.58	98.35
新风中效	中效	0.11~0.65	14~128	70.5~93.9	0.11~0.65	78.1~100	0.65	98.3
单面滤布							0.5	80

5.2.4 空气过滤器

5.2.4.1 空气过滤器的分类和配置

(1) 洁净室用空气过滤器分类　根据过滤器不同的使用目的、不同的过滤材料、不同的过滤效率和不同的结构形式，空气过滤器有各种不同的分类方法或不同的称谓。

洁净室的过滤器按使用目的不同划分如下：

① 新风处理用过滤器。用于净化空调系统的新风即室外新鲜空气的处理，通常采用粗效、中效、高中效、亚高效，有时还采用高效过滤器处理新风。若产品生产要求去除化学污染物时，还需设化学过滤器等。

② 室内送风用过滤器。通常用于净化空调系统的末端过滤，通常采用亚高效、高效、超高效或 ULPA＋化学过滤器或 HEPA＋化学过滤器等。

③ 排气用过滤器。为防止洁净室内产品生产过程中产生的污染物（包括各种有害物质如有害气体、微生物——病毒、细菌或致敏物质等）对大气环境的污染，常常在洁净室的排气管道上设置性能可靠的排气过滤器，排气经过滤处理达到规定的排气标准后才能排入大气。一般采用亚高效、高效或高效＋化学过滤器等。

④ 洁净室设备内装过滤器。这是指洁净室内通过内循环方式达到所需的空气洁净度等级使用的空气过滤器，一般采用高效、超高效或 HEPA＋化学过滤器或 ULPA＋化学过滤器。

⑤ 制造设备内装过滤器。这是指与产品制造设备组合为一体的空气过滤器，通常采用 HEPA、ULPA 或 HEPA＋化学过滤器或 ULPA＋化学过滤器。这些过滤器与制造设备密切相关，而制造设备的要求差异很大，所以一般均为"非标准型"过滤器。

⑥ 高压配管用空气过滤器。通常用于压力＞0.1MPa 的气体输送过程用过滤器。此类过滤器与上述过滤器在滤材、结构形式上等均有很大差异，本章不进行讨论，可参见本篇第 9 章的有关叙述。

按过滤材料不同，过滤器分类如下。

① 滤纸过滤器。这是洁净技术中使用最为广泛的一种过滤器，目前滤纸常用玻璃纤维、合成纤维、超细玻璃纤维以及植物纤维素等材料制作。根据过滤对象的不同，采用不同的滤纸制作 $0.3\mu m$ 级的普通高效过滤器或亚高效过滤器，或做成 $0.1\mu m$ 级的超高效过滤器。

② 纤维层过滤器。这是用各种纤维填充制成过滤层，所采用的纤维有天然纤维，是一种自然形态的纤维，如羊毛、面纤维等；化学纤维，采用化学的方法改变原料的性质制作的纤维；人造纤维（物理纤维），采用物理的方法从原材料中分离出的纤维，其原料性质没有改变。纤维层过滤器属于低填充率的过滤器，阻力降较小，通常用作中等效率的过滤器，如应用无纺布工艺制作的纤维层制造的过滤器。

③ 泡沫材料过滤器。泡沫材料过滤器就是一种采用泡沫材料的过滤器，此类过滤器的过滤性能与其孔隙率关系密切。但目前国产泡沫材料的孔隙率控制困难，各制造厂家制作的泡沫材料孔隙率差异很大，制成的过滤器性能不稳定，所以现在很少使用了。

按过滤器的结构状况分类，仅以滤纸过滤器为例，目前便有多种结构形式和多种分类方法。有折叠形、管状，而折叠形滤纸过滤器可按有无隔板分类为有隔板、斜隔板和无隔板，应用较多的是无隔板和有隔板两种；按过滤微粒对象粒径 $0.3\mu m$、$0.1\mu m$ 划分；以外框材料（木板、塑料板、铝合金板、普通钢板和不锈钢板）进行分类；以外形可分为平板形、V 形等。

根据过滤器的过滤效率分类，通常可分为粗效、中效、高中效、亚高效、高效空气过滤器和超高效空气过滤器等。按过滤效率分类的方法是人们比较熟悉和常用的方法，现简述如下：

① 粗效空气过滤器。从主要用于净化空调系统的新风首道过滤器考虑，它应该截留大气中的大粒径微粒，过滤对象是 $2\mu m$ 以上的悬浮性微粒以及各种异物，防止其进入系统。所以粗效过滤器的效率以过滤 $2\mu m$ 的微粒为准，通常为计重效率不低于 50% 或计数效率不低于 $10\%\sim50\%$。一般粗效过滤器采用易于清洗和更换的粗中孔无纺布滤料等。

② 中效过滤器。由于其前面已有预过滤器截留了大粒径微粒，因此它又可作为一般空调系统的最后过滤器和净化空调系统中高效过滤器的预过滤器，所以主要用于截留 $0.5\sim10\mu m$ 的悬浮性微粒。它的效率以过滤 $0.5\mu m$ 的微粒为准，为计数效率 $20\%\sim70\%$ 的过滤器。

③ 高中效过滤器。可以用作一般净化程度系统的末端过滤器，也可以为了提高净化空调系统的净化效果，更好地保护高效过滤器，而用作中间过滤器，所以主要用于截留 $0.5\sim5\mu m$ 的悬浮性微粒。它的效率也以过滤 $0.5\mu m$ 的微粒为准，为计数效率不低于 70% 但不高于 95% 的过滤器。

④ 亚高效过滤器。既可以作为洁净室末端过滤器使用，根据要求达到一定的空气洁净度等级；也可以作为高效过滤器的预过滤器，进一步提高和确保送风的洁净度；还可以作为净化空调系统新风的末级过滤，提高新风品质。所以和高效过滤器一样，它主要用于截留 $0.5\mu m$ 以上的微粒。其效率应以过滤 $0.5\mu m$ 的微粒为准，为计数效率不低于 95% 但不高于 99.9% 的过滤器。

⑤ 高效过滤器。它是洁净室最主要的末级过滤器，以实现各级空气洁净度等级为目的，在试验风量下其 MPPS 效率不低于 99.95%。其效率习惯以过滤 $0.3\mu m$ 的微粒为准。

⑥ 超高效过滤器。主要用于洁净度要求严格的洁净室终端过滤器，以实现产品生产工艺对空气洁净度的需求，在试验风量下其 MPPS 效率不低于 99.999%。超高效过滤器通常简称为 ULPA 过滤器。

（2）空气过滤器的选用和配置　洁净室的净化空调系统根据大气含尘浓度、大气中各种污染物浓度和产品生产工艺特点及要求配置各类空气过滤器——粗效、中效、高中效、亚高效和高效、超高效以及化学过滤器等。具体净化空调系统中空气过滤器的配置和选用应根据洁净室的空气洁净度等级和产品生产工艺的特殊要求（当工艺无特殊要求时，一般都是按空气洁净度等级配置），对于 6 级（1000 级）和比 6 级洁净度差的洁净室净化空调系统通常采用三级空气过滤，即粗效、中效和高效过滤器；粗效、中效（或中高效）过滤器，通常设在空气处理装置（AHU）内，且设在正压段；高效或亚高效过滤器一般设在洁净室内净化空调系统的末端，也有的将高效过滤器集中设在集中的空气处理装置（AHU）内，但此时应对送风管道提出严格的清洁要求，以避免净化后的空气被污染。对于 5 级（100 级）和更严格的洁净室净化空调系统中空气过滤器的配置，应根据洁净室的总体设计方案及采用的净化空调系统的要求，比如有的集成电路生产用 4 级（0.1μm）和更严要求的洁净室采用新风集中处理，为了严格去除大气中的微粒和各种污染物，通常在新风处理装置中设置粗效、中效（中高效）、亚高效甚至高效过滤器和化学过滤器或水喷淋装置等；在洁净室的循环风系统中还设有高效、超高效和化学过滤器等；有的集成电路生产用洁净室还在生产过程的某些生产区、生产工序或工艺设备上设有微环境装置，以确保产品生产所需的空气洁净度等级要求。近年来，由于大气质量的下降，特别是除大气尘以外的一些化学污染物或微生物等的增加，某些工业产品生产环境的要求更为严格，在许多情况下仅仅采用"三级过滤器"的空气净化处理概念已不能满足需要，因此在进行洁净室的净化空调系统设计时，应认真了解产品生产工艺要求和当地的大气质量情况，实事求是地进行空气过滤器的配置。

空气过滤器的额定风量是在一定的滤速下，其效率和阻力合理选择时的风量。所以在确定空气过滤器的型号规格时，一般应按小于或等于额定风量选用。有时在具体工程设计中经过技术经济比较和实际可能，常常小于额定风量选用过滤器，使阻力降低，可使净化空调系统的运行能量消耗下降。图 1.5.32 是过滤器阻力与运行能耗的关系曲线。据资料介绍，若采用模压法制作过滤器可将其阻力进一步降低，有利于降低净化空调系统的能耗。

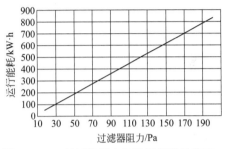

图 1.5.32　过滤器阻力与运行能耗的关系

中效过滤器宜集中设在系统的正压段，这是考虑到若设在负压段时，易使没有经过中效空气过滤器过滤的污染物较多的空气漏入系统中，增加后续的高效过滤器等的负荷，缩短高效过滤器等的使用寿命。净化空调系统中的高效过滤器作为末端过滤器时，宜设在净化空调系统的末端，一般设在洁净室的顶棚上；对可能产生有害气体或有害微生物的洁净室，其高效过滤器的设置应尽量靠近洁净室，以防止这些有害污染物污染管道或由于管道漏风使未经过滤的脏空气污染生产环境；超高效过滤器必须设置在净化空调系统的末端，以确保洁净室所需的空气洁净度等级；为便于洁净室内风量分配及室内平面风速场的调整，一般将阻力、效率相近的高效过滤器安装在同一洁净室或洁净区，使系统阻力容易平衡。

洁净室设计者在进行空气过滤器的选型时，最为关注的是过滤器在额定风量下的效率、阻力等主要性能参数，这些性能参数在各个国家地区均有各自的标准规定及相应的检测方法，各过滤器生产厂家也根据这些标准制定自己的产品标准提供给用户。其中过滤器效率的标准、试验方法各不相同，欧洲在 20 世纪 70 年代便推出了 EU 系列空气过滤器标准，从 EU1～EU14 共 14 个等级；20 世纪 90 年代又推出了 G-F-H-U 的分级标准，共有 17 个等级；1996 年，美国也推出了 C1～C4、L5～L7、M9～M12、H13～H16、UH17～UH20 的过滤器效率分级标准；1999 年欧洲标准委员会（CEN）又以 EN 1822-1 发布了 MPPS（最易穿透粒径）的测试方法和分级标准，现行版本为 EN 1822-1：2019。下面介绍我国制定的空气过滤器和高效空气过滤器国家标准的情况，过滤器效率分级为粗效、中效、高中效、亚高效、高效过滤器和超高效过滤器等。

5.2.4.2　空气过滤器

① 空气过滤器的种类繁多，一般可按其性能、应用场所或使用目的、结构形式、过滤材料分类等。按性能分为粗效过滤器、中效过滤器、高中效过滤器、亚高效过滤器、高效过滤器和超高效过滤器；按应用场所或使用目的的分类时，在洁净厂房中可有新风处理用过滤器、室内送风用过滤器、排风用过滤器、设备内装过滤器等，也可按应用行业分为微电子产品生产用过滤器、核工业用过滤器、药品生产和生物实验用过滤器、燃气轮机和离心式空气压缩机用过滤器；按过滤材料划分为纸过滤器、纤维层过滤器、泡沫材料过滤器、活性炭过滤器等；按结构形式有无隔板过滤器、有隔板过滤器、折褶式过滤器、袋式过滤器、卷绕式和筒式过滤器等。

如前所述，我国洁净厂房的设计研究随着电子、医药等行业的洁净室建设迎来了快速发展，洁净厂房建造中不可缺少的空气过滤器，从20世纪70年代后期至80年代中期进行了许多有效的工作和进展，并且制定了空气过滤器和过滤材料试验方法的国家标准GB/T 6165—85、GB 12218—89，后来又发布了有关过滤器分类和制造要求的GB/T 13554—92、GB/T 14295—93以及核级过滤器标准GB/T 17939—1999。21世纪以来，随着国内外各行各业洁净厂房、洁净室建设的高速发展，微电子产品和药品、生物制药以及生物安全实验室等迅速发展，为此，在各方面的努力下，特别是从事空气过滤器及其有关材料的制造单位和科技人员的辛勤劳动，目前我国空气过滤器的国家标准和行业标准主要有：国家标准《空气过滤器》（GB/T 14295—2019）、国家标准《高效空气过滤器》（GB/T 13554—2020）、国家标准《高效过滤器性能试验方法 效率和阻力》（GB/T 6165—2021）、行业标准《空气过滤器 分级与标识》（T/CRAA 430—2017）、行业标准《高效率空气过滤器 第1部分：分级、性能试验、标识》（T/CRAA 431.1—2017）、行业标准《高效率空气过滤器 第2部分：气溶胶发生、测量装置、粒子计数统计学方法》（T/CRAA 431.2—2017）、行业标准《高效率空气过滤器 第3部分：滤纸试验》（T/CRAA 431.3—2017）、行业标准《高效率空气过滤器 第4部分：过滤器检漏——扫描法》（T/CRAA 431.4—2017）、行业标准《高效率空气过滤器 第5部分：过滤器实验方法》（T/CRAA 431.5—2017）、行业标准《一般通风过滤器试验方法》（T/CRAA 432.1—2017）。

在国家标准《空气过滤器》（GB/T 14295—2019）中将通风、空调和空气净化系统或设备用空气过滤器按效率级别分为粗效过滤器（$C_1 \sim C_4$）、中效过滤器（$Z_1 \sim Z_3$）、高中效过滤器（GZ）、亚高效过滤器（YG），按结构形式又可分为平板式（PB）、折褶式（ZZ）、袋式（DS）、卷绕式（JR）、筒式（TS）、极板式（JB）、蜂巢式（FC）。各种过滤器在额定风量下的效率和阻力见表1.5.30。在该标准的附录A（规范性附录）中对空气过滤器的阻力、计数效率和PM_x净化效率测试方法进行了规定；附录B（规范性附录）对空气过滤器的计重效率和容尘量试验方法做出了规定。

表1.5.30　空气过滤器额定风量下的效率和阻力

性能类别	代号	迎面风速/(m/s)	额定风量下的效率(E)/%		额定风量下的初阻力(ΔP_i)/Pa	额定风量下的终阻力(ΔP_f)/Pa
亚高效	YG	1.0		$99.9 > E \geqslant 95$	$\leqslant 120$	300
高中效	GZ	1.5		$95 > E \geqslant 70$	$\leqslant 100$	
中效1	Z_1	2.0	计数效率(粒径$\geqslant 0.5\mu m$)	$40 > E \geqslant 20$	$\leqslant 80$	
中效2	Z_2			$60 > E \geqslant 40$		
中效3	Z_3			$70 > E \geqslant 60$		
粗效1	C_1	2.5	标准尘计重效率	$50 > E \geqslant 20$	$\leqslant 50$	200
粗效2	C_2			$E \geqslant 50$		
粗效3	C_3		计数效率(粒径$\geqslant 2.0\mu m$)	$50 > E \geqslant 10$		
粗效4	C_4			$E \geqslant 50$		

② 空气过滤器的过滤材料，对于粗、中效过滤器主要有玻璃纤维无纺布、化纤无纺布、聚丙烯超细纤维滤料以及泡沫材料等。玻璃纤维无纺布是粗效、中效和高中效过滤器中性能优越的过滤材料，应该广泛推广使用。几种过滤器简介如下。

a. 袋式过滤器　过滤效率有粗效或中效型，过滤材料常采用化纤滤料，有无纺布、纤维毡等形式，特点是可更换水洗、阻力小、结构简单、安装方便等。表1.5.31、图1.5.33、图1.5.34是国产两种类型的袋式过滤器。

表 1.5.31　袋式无纺布过滤器

类别	型号	风量 /(m³/h)	阻力/Pa		外形尺寸/mm			计数过滤效率/%			
			初	终	B	H	E	0.5μm	1.0μm	2.0μm	5.0μm
初效	YCW-1	2200	35	100	520	520	610	7.5	12	28	56
		5000	75	150				5.5	15	48	75
	YCW-2	1500	35	100	440	470	700	7.5	12	28	56
		3500	75	150				5.5	15	48	75
中效	YZW-1	2000	70	200	520	520	610	10.5	35	65	88
		3150	125					12.0	46	78	90
		3550	140					26.0	65	85	95
	YZW-2	1950	70	200	440	470	700	10.5	35	67	88
		3050	125					12.0	46	78	90
		3450	140					26.0	65	85	95

图 1.5.33　袋式过滤器外形

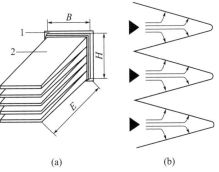
图 1.5.34　袋式过滤器结构示意图
1—框架；2—滤袋

图 1.5.35　板式多褶型过滤器

　　b. 板式过滤器　过滤效率有粗效、中效两种，采用玻璃纤维薄毡，外框为硬纸板，具有质量轻、结构紧凑、通用性强等优点。图 1.5.35 为康斐尔公司生产的板式多褶型过滤器，有粗效、中效型，滤料为化纤无纺滤料或棉纤/化纤混合无纺滤料，人工尘计重法平均过滤效率为 90%～92%。

　　c. 密褶式过滤器　这是国内一家制造工厂研制的中效、高中效、亚高效过滤器，其特点是有效过滤面积大、阻力小、结构紧凑、占用空间小；采用超细聚丙烯纤维滤料和玻璃纤维滤纸；外框采用塑料、镀锌钢板，分隔物为热溶胶；工作温度在 -20～80℃。表 1.5.32 是这种过滤器的规格性能。

表 1.5.32　密褶式中效过滤器的规格性能表

型号	效率规格	外形尺寸 (W×H×D)/mm	过滤面积/m²	初阻力/Pa/风量/(m³/h)		
化纤滤料						
MZ/P66-F7	F7	592×592×292	18.8	50/2500	85/3600	145/5000
MZ/P36-F7	F7	287×592×292	8.4	50/1250	85/1800	145/2500
MZ/P66-F8	F8	592×592×292	18.8	70/2500	100/3600	175/5000

型号	效率规格	外形尺寸 ($W \times H \times D$)/mm	过滤面积/m^2	初阻力/Pa/风量/(m^3/h)		
MZ/P36-F8	F8	287×592×292	8.4	70/1250	100/1800	175/2500
MZ/P66-F9	F9	592×592×292	18.8	80/2500	130/3600	200/5000
MZ/P36-F9	F9	287×592×292	8.4	80/1250	130/1800	200/2500
玻纤滤料(进口)						
MZ/G66-F6	F6	592×592×292	19.0	35/2500	65/3600	110/5000
MZ/G36-F6	F6	287×592×292	8.5	35/1250	65/1800	110/2500
MZ/G66-F7	F7	592×592×292	19.0	50/2500	90/3600	140/5000
MZ/G36-F7	F7	287×592×292	8.5	50/1250	90/1800	140/2500
MZ/G66-F8	F8	592×592×292	19.0	65/2500	100/3600	165/5000
MZ/G36-F8	F8	287×592×292	8.5	65/1250	100/1800	165/2500
MZ/G66-H10	H10	592×592×292	19.0	130/2500	215/3600	280/5000
MZ/G36-H10	H10	287×592×292	8.5	130/1250	215/1800	280/2500

d.管式高中效过滤器、亚高效过滤器 图1.5.36是国产管式高中效过滤器,采用滤管结构,由面板(塑料、五合板)和滤管组成;滤管直径75mm,结构简单,更换滤管方便。该过滤器可独立安装,也可插入管道安装。图1.5.37为低阻亚高效过滤器。其滤管比高中效过滤器用滤管小得多,除具有前述特点外,它不用胶、无异味、无污染;在外形尺寸为484mm×484mm×220mm,额定风量为1000m^3/h时,对≥0.5μm大气尘的计数效率约为99%,阻力≤49Pa。

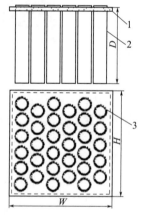

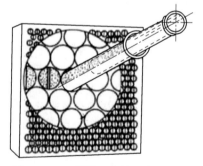

图1.5.36 管式高中效空气过滤器
1—面板(可方可圆);2—滤管;3—塑料套管

图1.5.37 低阻亚高效空气过滤器

5.2.4.3 高效空气过滤器

随着洁净技术的发展,高效空气过滤器无论是过滤材料、结构形式、密封材料、外框材质还是检测方法变化发展都很快,尤其是集成电路生产的日新月异,要求生产环境达到控制微粒直径为0.05μm,空气洁净度等级1级甚至更为严格,并且还要控制生产环境中的分子级化学污染物、重金属污染物等。为了满足各种工业产品微细化、高精密度的要求,除了从洁净室的布置、围护和室内装饰以及净化空调系统的形式、气流流型等方面采用可靠的技术措施外，关键技术措施之一便是选用符合要求的高效空气过滤器（HEPA）、超高效空气过滤器（ULPA）。在这方面国内外的科研、设计和制造厂家都做了大量研究开发工作，取得了许多可用的成果，国产高效过滤器产品与国际先进产品的品种、质量和检测技术逐渐接近。

① 在国家标准《高效空气过滤器》（GB/T 13554—2020）中将常温条件下送风机排风净化系统及设备使用的高效空气过滤器（G）和超高效过滤器（CG）分为九类，其中高效过滤器分为 35、40、45 三类，超高效空气过滤器分为 50、55、60、65、70、75 六类。各类过滤器的性能见表 1.5.33 和表 1.5.34。该标准规定各类高效空气过滤器的过滤效率应按 GB/T 6165 的要求进行检验，可采用计数法和钠焰法。

表 1.5.33　高效空气过滤器效率

类　别	额定风量下的效率/%
35	≥99.95
40	≥99.99
45	≥99.995

表 1.5.34　超高效空气过滤器效率

类　别	额定风量下的效率/%
50	≥99.999
55	≥99.999 5
60	≥99.999 9
65	≥99.999 95
70	≥99.999 99
75	≥99.999 995

在 GB/T 13554—2020 中对高效空气过滤器标记、规格型号、代号的规定见图 1.5.38、表 1.5.35。

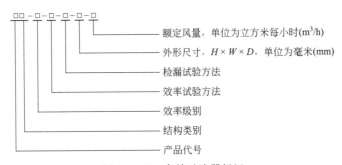

图 1.5.38　高效过滤器标记

表 1.5.35　高效过滤器规格型号代号

序号	项目名称	含义	代号
1	产品代号	高效过滤器	G
		超高效过滤器	CG

续表

序号	项目名称	含义	代号
2	结构类别	有隔板	Y
		无隔板	W
3	效率级别	高效过滤器	35、40、45
		超高效过滤器	50、55、60、65、70、75
4	效率试验方法	计数法	J
		钠焰法	N
		油雾法	Y
5	检漏试验方法	扫描法	S
		其他方法	—

示例1：有隔板高效过滤器，效率级别为40，效率试验方法为钠焰法，采用非扫描方法进行检漏试验，外形尺寸为484mm×480mm×220mm，额定风量为1000m³/h，标记为：GY-40-N-484×4800×220-1000。

示例2：无隔板超高效过滤器，效率级别为65，效率试验方法为计数法，采用扫描方法进行检漏试验，外形尺寸为610mm×1220mm×80mm，额定风量为2400m³/h，标记为：CGW-65-J-S-610×1220×80-2400。

在GB/T 13554—2020中规定高效过滤器出厂时，应对每台过滤器进行外观、尺寸偏差、检漏、效率和阻力的主项检测，其余为次项，主项是必测项。高效过滤器扫描检漏测试过程确定扫描速度和漏点判定的计数器期望读数等时，均需由表1.5.36查出局部透过率限值。表1.5.37、表1.5.38为有、无隔板过滤器常用规格。

表1.5.36　过滤器局部透过率允许限值

效率级别	额定风量下过滤器整体过滤效率及透过率限值/%		额定风量下过滤器局部过滤效率及透过率限值/%	
	效率	透过率	效率	透过率
35	≥99.95	≤0.05	≥99.75	≤0.25
40	≥99.99	≤0.01	≥99.95	≤0.05
45	≥99.995	≤0.005	≥99.975	≤0.025
50	≥99.999	≤0.001	≥99.995	≤0.005
55	≥99.9995	≤0.0005	≥99.9975	≤0.0025
60	≥99.9999	≤0.0001	≥99.9995	≤0.0005
65	≥99.99995	≤0.00005	≥99.99975	≤0.00025
70	≥99.99999	≤0.00001	≥99.9999	≤0.0001
75	≥99.999995	≤0.000005	≥99.9999	≤0.0001

按过滤器滤芯结构可分为有隔板过滤器和无隔板过滤器，见图1.5.39。

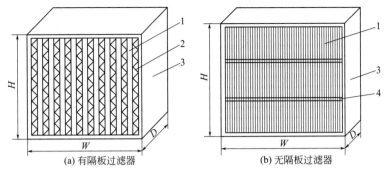

图 1.5.39 有隔板过滤器和无隔板过滤器结构示意图
1—滤料；2—分隔板；3—框架；4—分隔物；H—高度；W—宽度；D—厚度

表 1.5.37 有隔板过滤器常用规格表

序号	常用规格($H \times W \times D$)/mm	参考额定风量/(m³/h)	序号	常用规格($H \times W \times D$)/mm	参考额定风量/(m³/h)
1	320×320×150	300	11	610×915×292	3000
2	320×320×220	400	12	610×1220×150	2000
3	484×484×150	700	13	610×1220×292	4000
4	484×484×220	1000	14	630×630×150	1000
5	484×726×150	1050	15	630×630×220	1500
6	484×726×220	1500	16	630×945×150	1500
7	484×968×150	1400	17	630×945×220	2250
8	484×968×220	2000	18	630×1260×150	2000
9	610×610×150	1000	19	630×1260×220	3000
10	610×610×220	1500	20	610×610×292(密褶型)	3400

表 1.5.38 无隔板过滤器常用规格表

序号	常用规格($H \times W \times D$)/mm	参考额定风量/(m³/h)	序号	常用规格($H \times W \times D$)/mm	参考额定风量/(m³/h)
1	305×305×69	250	13	610×915×90	1850
2	305×305×80	300	14	570×1170×69	1750
3	305×305×90	300	15	570×1170×80	2150
4	412×412×110	500	16	570×1170×90	2200
5	575×575×110	1000	17	610×1220×69	2000
6	610×610×69	1000	18	610×1220×80	2400
7	610×610×80	1200	19	610×1220×90	2500
8	610×610×90	1250	20	1 220×1220×50	2000
9	696×696×110	1500	21	1 220×1220×69	2000
10	610×610×292(W型)	3400	22	1 220×1220×90	2500
11	610×915×69	1500	23	1 470×720×50	1500
12	610×915×80	1800	24	1 470×720×69	1500

　　这里需要说明的是现在国内的高效过滤器制造厂家正在逐步按国家标准要求进行生产，但是仍有一些工厂未按标准的要求标注高效过滤器的性能规格，在实际选用时应予注意。表1.5.39所列为国内某制造厂生产的无隔板高效过滤器性能表。此类过滤器的滤材采用玻璃纤维滤纸，外框采用铝合金，分隔物为热熔胶（工作温度70℃）、纤丝线（工作温度120℃），密封胶为聚氨酯；形式有通用型和刀口形，见图1.5.40。

表1.5.39　无隔板高效过滤器性能

型　号	外形尺寸/mm	过滤面积/m²			风速0.45(m/s)时初阻力			建议风量/(m³/h)
		H13	H14	U15	H13	H14	U15	
W$_Q$Ge 305×305	305×305×70	2.5	2.8	3.2	120	135	160	100～250
W$_Q$Ge 305×610	305×610×70	5.0	5.6	6.4	120	135	160	300～500
W$_Q$Ge 610×610	610×610×70	10.2	11.2	12.9	120	135	160	600～1000
W$_Q$Ge 762×610	762×610×70	12.7	13.9	16.1	120	135	160	750～1250
W$_Q$Ge 915×610	915×610×70	15.4	16.8	19.4	120	135	160	900～1500
W$_Q$Ge 1219×610	1219×610×70	20.7	22.4	25.9	120	135	160	1200～2000
W$_Q$GeE 305×305	305×305×90	3.2	3.5	4.1	85	100	120	100～200
W$_Q$GeE 305×610	305×610×90	6.5	7.0	8.1	85	100	120	300～500
W$_Q$GeE 610×610	610×610×90	13.1	14.1	16.5	85	100	120	600～1000
W$_Q$GeE 762×610	762×610×90	16.2	17.7	20.7	85	100	120	750～1250
W$_Q$GeE 915×610	915×610×90	19.7	21.3	24.8	85	100	120	900～1500
W$_Q$GeE 1 219×610	1219×610×90	26.5	28.5	33.1	85	100	120	1200～2000

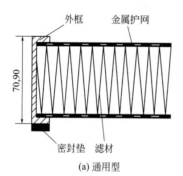
(a) 通用型

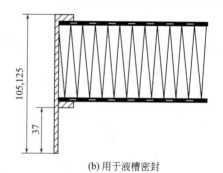
(b) 用于液槽密封

图1.5.40　无隔板高效过滤器

　　e-PTFE过滤器（无隔板）是某公司采用不含硼（B$_2$O$_3$）的膨体聚四氟乙烯过滤材料制作的高效过滤器。e-PTFE滤料不含挥发性物质，耐化学腐蚀、强度好、不易破损、阻力小。表1.5.40是e-PTFE过滤器的部分规格性能。表中MD/e-PTFE的滤芯厚度为45mm，MX/e-PTFE的滤芯厚度为68mm；外框材料有表面阳极处理的铝合金、镀锌钢板、不锈钢板等；工作温度＜90℃，相对湿度100％（70℃）。这种过滤器适合于以集成电路生产为代表的微电子洁净室使用。e-FTFE过滤器还具有强度高、不浸水和耐酸、耐碱、耐有机溶剂、耐紫外线等优点。该公司还有低硼石英玻璃纤维滤料的过滤器产品，玻璃纤维中的B$_2$O$_3$含量＜0.05％（质量分数）。该过滤器的结构形式有通用型即采用干式垫片密封，刀口型即采用液槽密封，风口型即采用干式垫片密封和风管连接。该公司还有耐高温的铝隔板高效过滤器、耐高温无隔板高效过滤器，滤材为玻璃纤维滤纸，外框材料为不锈钢或复合陶瓷材料，密封胶为陶瓷材质，密封垫为玻璃纤维或陶瓷材质，最高温度可达 350℃，适合于药品、化工产品生产所需的耐高温末端高效过滤器。

表 1.5.40 e-PTFE 过滤器的规格

型 号	外形尺寸(W×H×D)/mm	风速(0.45m/s)时初阻力(Pa)	
		U15	U16
MD/e-PTFE 305×610	305×610×66	125	135
MD/e-PTFE 610×610	610×610×66	125	135
MD/e-PTFE 1290×610	1290×610×66	125	135
MD/e-PTFE 1290×914	1290×914×66	125	135
MD/e-PTFE 1290×1290	1290×1290×66	125	135
MX/e-PTFE 305×610	305×610×90	100	110
MX/e-PTFE 610×610	610×610×90	100	110
MX/e-PTFE 1290×610	1290×610×90	100	110
MX/e-PTFE 1290×914	1290×914×90	100	110
MX/e-PTFE 1290×1290	1290×1 290×90	100	110
过滤器效率/%		99.9995	99.99995

注：过滤器效率 EN 1882 标准的 MPPS 效率测试。

② 在 T/CRAA 430—2017 中明确指出，该标准适用于通风与空调领域以及洁净室、核工业、制药工业等场所使用的空气过滤器。按过滤效率对过滤器进行分级，该标准中的计数效率或质量浓度效率均简称"效率"。该标准不适用于计重效率低于 50% 的过滤器件。该标准为自愿性标准，旨在方便用户、制造商和设计师之间的交流，"标准的用户"可将其作为供需双方协议的依据。空气过滤器按其过滤效率分为 6 组：G 组——粗效过滤器、M 组——中效过滤器、F 组——中效过滤器、Y 组——亚高效过滤器、H 组——高效过滤器（HEPA）、U 组——超高效过滤器（ULPA）。粗效与中效过滤器按 T/CRAA 432—2017/EN 779：2012 规定的计数法和计重法试验后，按表 1.5.41 进行分级；亚高效过滤器按 T/CRAA 431.5 或 GB/T 6165 规定的方法试验后，按表 1.5.42 进行分级；高效与超高效过滤器按 T/CRAA 431.4 或 T/CRAA 431.5 规定的方法试验后，按表 1.5.43 进行分级。若采用 GB/T 6165 规定的钠焰法试验后，按表 1.5.44 进行分级。

表 1.5.41 粗效与中效过滤器分级

级别	终阻力/Pa	负荷尘平均计重效率 A_m/ %	对 0.4μm 粒子的平均效率 E_m/ %
G1	250	$50{\leqslant}A_m{<}65$	—
G2	250	$65{\leqslant}A_m{<}80$	—
G3	250	$80{\leqslant}A_m{<}90$	—
G4	250	$90{\leqslant}A_m$	—
M5	450	—	$40{\leqslant}E_m{<}60$
M6	450	—	$60{\leqslant}E_m{<}80$
F7	450	—	$80{\leqslant}E_m{<}90$
F8	450	—	$90{\leqslant}E_m{<}95$
F9	450	—	$95{\leqslant}E_m$

注：F7、F8、F9 为最低效率，是消静电效率、初始效率、容尘试验中所有效率的最低值。

表 1.5.42 亚高效过滤器分级

过滤器级别	计数法		钠焰法	
	效率/%	穿透率/%	效率/%	穿透率/%
ISO 15 Y	≥95	≤5	≥99	≤1
ISO 20 Y	≥99	≤5	≥99.5	≤1
ISO 25 Y	≥99.5	≤0.5	≥99.9	≤0.1
ISO 30 Y	≥99.9	≤0.1	≥99.95	≤0.05

注：若用浊度计法试验，供需双方可协议确定分级所用的效率（穿透率）指标。

表 1.5.43 计数法高效过滤器与超高效过滤器分级

过滤器级别	总值		局部值*	
	效率/%	透过率/%	效率/%	透过率/%
ISO 35H	≥99.95	≤0.05	≥99.75	≤0.25
ISO 40H	≥99.99	≤0.01	≥99.95	≤0.05
ISO 45H	≥99.995	≤0.005	≥99.975	≤0.025
ISO 50 U	≥99.999	≤0.001	≥99.995	≤0.005
ISO 55 U	≥99.9995	≤0.0005	≥99.9975	≤0.0025
ISO 60 U	≥99.9999	≤0.0001	≥99.9995	≤0.0005
ISO 65 U	≥99.99995	≤0.00005	≥99.99975	≤0.00025
ISO 70 U	≥99.99999	≤0.00001	≥99.9999	≤0.0001
ISO 75 U	≥99.999995	≤0.000005	≥99.9999	≤0.0001

* 在供需双方的协议中，局部穿透率值可能低于表中所列数值。

表 1.5.44 钠焰法高效过滤器分级

过滤器级别	效率/%	穿透率/%	用户有要求时测量20%额定风量下的效率/%
ISO 35H	≥99.99	≤0.01	≥99.99
ISO 45H	≥99.999	≤0.001	≥99.999

注：若用浊度计法试验，供需双方可协议确定分级所用的效率（穿透率）指标。

中国制冷空调工业协会提出并归口的 T/CRAA 430～T/CRAA 433 系列"空气过滤器"标准非等效采用了欧洲标准 EN 779《一般通风过滤器——过滤性能的测定》中有关过滤器分级的内容以及 ISO 29463.1～5《高效率空气过滤器及滤材》的 5 个部分。空气过滤器系列标准包括：综合标准——T/CRAA 430《空气过滤器 分级与标识》；高效率空气过滤器——T/CRAA 431.1～5《高效率空气过滤器及滤材 第 1 部分：分级、性能试验、标识》《高效率空气过滤器及滤材 第 2 部分：气溶胶发生、测量装置、粒子计数统计学方法》《高效率空气过滤器及滤材 第 3 部分：滤纸试验》《高效率空气过滤器及滤材 第 4 部分：过滤器捡漏——扫描法》《高效率空气过滤器及滤材 第 5 部分：过滤器试验方法》；一般通风过滤器——T/CRAA 432《一般通风过滤器试验方法》；滤纸综合性能试验方法——CRAA 433《空气滤纸性能试验方法》。

在 T/CRAA 431.1《高效率空气过滤器 第 1 部分：分级、性能试验、标识》中对试验条件的规定是试验风道中的空气应该满足下述条件：温度 23℃±5℃，相对湿度＜75％；温度和湿度应在较长时间里保持恒定。应有适当的预过滤来保证试验空气的洁净度，在未注入气溶胶时，计数法测量的粒子计数浓度＜350000 粒/m³。试验样品的温度应与试验空气的温度相同。同时对试验用气溶胶的规定是：应采用液态或固态气溶胶。可用的液态气溶胶物质为 DEHS、DOP、液体石蜡（低黏度），固态气溶胶物质为 PSL、SiO_2 等，但并不局限于这些物质。详细解释参见 T/CRAA 431.2 的有关说明。

注：当不同意使用 T/CRAA 431.1 规定的气溶胶物质时，供需双方协商使用其他替代物作为人工气溶胶。

　　试验期间，试验气溶胶的浓度和粒径分布应稳定。在过滤器的扫描试验和效率试验中，试验气溶胶粒子的计数平均粒径需对应滤料的最易透过粒径（MPPS）。最易透过粒径是计径效率曲线最低点对应的粒径。在试验条件下，空气过滤器效率曲线的最低点，即对应于 MPPS 处的效率值被称为最低过滤效率（MPPS 效率）。

　　在 T/CRAA 431.1 中对试验方法的描述是：按照该标准试验高效、超高效和亚高效过滤器，其全过程包括三个步骤，其中每个步骤都可看作一项独立试验。首先，测定额定滤速下滤料样品对某一粒径范围粒子的过滤效率，根据效率与粒径关系曲线，确定过滤效率最低处对应的最易透过粒径（MPPS）。其次，使用与 MPPS 相对应的试验气溶胶，在额定风量下以扫描法进行过滤器检漏试验，扫描判定过滤器上无渗漏。最后，使用相同的试验气溶胶，在额定风量下测定过滤器的总效率。根据试验测得的局部效率值（扫描试验）和总效率值，过滤器按 1.5.43 规定的效率级别分级。这种分级与被试过滤器所处的试验条件相对应。

　　上述三个步骤，既可采用单分散气溶胶，也可采用多分散气溶胶；粒子计数方法可以是总计数法（凝结核计数器 CPC），也可以是包含粒径分析的方法（光学粒子计数器 OPC）。

　　试验结果评价是通过对五件样品的测量，用曲线图表示效率与粒径的关系（图 1.5.41），利用该曲线确定效率最低点的位置和具体数值。对下列数据取算术平均值：最低效率；最低效率对应的粒径（MPPS）；阻力。应将此 MPPS 粒径作为之后过滤器检漏试验和效率试验气溶胶的平均粒径。

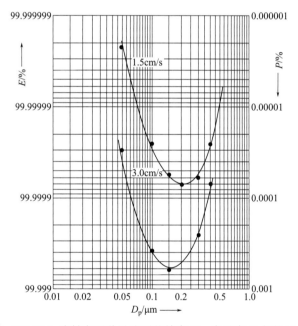

图 1.5.41　超高效（ULPA）滤料在两种风速下的效率 E、穿透率 P 与粒径 D_p 的关系（实例）

　　由中国制冷空调工业协会提出并归口的 CRAA 430～433—2008 系列空气过滤器标准，是根据欧洲标准 EN 1822 和 EN 7791 修改制定的，自颁布以来得到了各国空气过滤与洁净室工程技术界的好评和采用。虽然在 EN 779 中的标准方法不同于各国曾经长期使用的美国 ASHKEA 52.1 规定的比色法，但所得结果与比色法基本相同，可以取代比色法。CRAA 标准将两项标准中的分级合成了一个分级标准，这样做是为工程技术人员、制造商等提供方便，使之可在一个综合性标准中得到基本的信息。T/CRAA 430～432—2017 是依据国内外空气过滤技术的发展状况，非等效采用 EN779、ISO 29463 的内容制定的，替代了 2008 版。下面介绍几个国际知名的过滤器标准。表 1.5.45 是欧洲标准分级。表 1.5.46 是美国环境科学与技术学会（IEST）对高效空气过滤器和超高效过滤器的分级。按性能分为 A～K 共 11 个等级，按构造分成 6 个等级。CRAA 430～433 系列标准的执笔者、专家组组长蔡杰博士绘制的常见效率规格比较图（2011版），对国内外有关标准中过滤效率规格的相关规定进行了表达，可供参考，见图 1.5.42。表 1.5.47 是过滤器选用指南，是 T/CRAA 430 中的资料性附录。它给出了选用空气过滤器时的大致概念，实际选用时应根据现场需求和过滤器的供货情况以及实际使用条件和要求、经济甚至习惯等因素综合考虑。

表 1.5.45　欧洲过滤器效率（E）分类

标准	EN 779：2012		EN 1822-1：2009
规格	计重法/%	计数法(0.4μm 平均)/%	最易透过粒径(MPPS)法/%
G1 G2 G3 G4	$50{\leqslant}E{<}65$ $65{\leqslant}E{<}80$ $80{\leqslant}E{<}90$ $90{\leqslant}E$		
M5 M6		$40{\leqslant}E{<}60$ $60{\leqslant}E{<}80$	
F7 F8 F9		$80{\leqslant}E{<}90$,消静电${\geqslant}35$ $90{\leqslant}E{<}95$,消静电${\geqslant}35$ $95{\leqslant}E$,消静电${\geqslant}35$	
E10 E11 E12			$85{\leqslant}E{<}95$ $95{\leqslant}E{<}99.5$ $99.5{\leqslant}E{<}99.95$
H13 H14			$99.95{\leqslant}E{<}99.995$ $99.995{\leqslant}E{<}99.9995$
U15 U16 U17			$99.9995{\leqslant}E{<}99.99995$ $99.99995{\leqslant}E{<}99.999995$ $99.999995{\leqslant}E$

注：1. 当试验终阻力为 450 Pa 时，对 0.4μm 处的平均计数效率值相当于比色法效率值。
　　2. 由于是发尘试验，平均计数效率值高于中国现行标准测出的初始效率值。

表 1.5.46　IEST 分级及试验方法

过滤器 性能等级	穿透率试验		扫描试验[②]		备注	最低额定效率
	方法	气溶胶	方法	气溶胶		
HEPA-A 级	MIL-STD282	热 DOP	无	无		99.97%
HEPA-B 级	MIL-STD282	热 DOP	无	无	双风量检漏	99.97%
HEPA-C 级	MIL-STD282	热 DOP	浊度计	多分散 DOP 或 PAO		99.99%
HEPA-D 级	MIL-STD282	热 DOP	浊度计	多分散 DOP 或 PAO		对 0.3μm 的粒子 99.999%
HEPA-E 级	MIL-STD282	热 DOP	无	无	双风量检漏	99.97%
ULPA-F 级	IEST-RP-CC007	未规定	粒子计数器浊度计[③]	未规定		对 0.1～0.2μm 或 0.2～0.3μm 的粒子 99.999%

续表

过滤器性能等级	穿透率试验		扫描试验[②]		备注	最低额定效率
	方法	气溶胶	方法	气溶胶		
超级 ULPA-G 级	IEST-RP-CC021[①]	未规定	粒子计数器	未规定		对 0.1～0.2μm 或 0.2～0.3μm 的粒子 99.9999%
HEPA-H 级	IEST-RP-CC007	未规定	浊度计	多分散 DOP 或 PAO		对 0.1～0.2μm 或 0.2～0.3μm 的粒子 99.97%
HEPA-I 级	IEST-RP-CC007	未规定	无	未规定	双风量检漏	对 0.1～0.2μm 或 0.1～0.2μm 的粒子 99.97%
HEPA-J 级	IEST-RP-CC007	未规定	粒子计数器浊度计	多分散 DOP 或 PAO		对 0.1～0.2μm 或 0.2～0.3μm 的粒子 99.99%
ULPA-K 级	IEST-RP-CC007	未规定	粒子计数器浊度计	多分散 DOP 或 PAO		对 0.1～0.2μm 或 0.2～0.3μm 的粒子 99.995%

① 制造过滤器前先测定滤材的最易透过粒径（MPPS）。此级别过滤器不进行总穿透率试验。
② 对 C、D、F、G 级过滤器可使用两种扫描方法中的任意一种，或买卖双方商定的其他方法。
③ 此级（F 级）过滤器可使用浊度计或粒子计数器进行扫描检漏试验。在现场进行手工扫描检测时，需对稀释和计数统计问题予以特别关照。

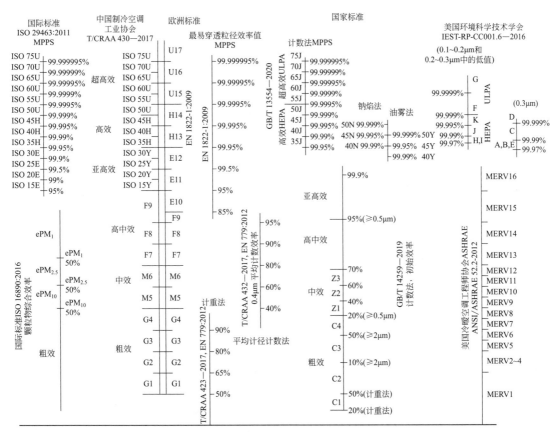

注：正如原图作者（蔡杰）指出，由于缺少严格的试验对比，本图不能作为专业依据，仅作为读者阅读的一个粗略参考。

图 1.5.42　过滤效率常见规格比较图

表 1.5.47　过滤器选用指南

效率等级	效率	典型控制污染物	应用实例	典型过滤器类型
ISO 75 U ISO 65 U ISO 55 U	MPPS,≥99.999 995% MPPS,≥99.999 95% MPPS,≥99.999 5%	所有颗粒物	ISO 1～4 级洁净室 微电子洁净室 高洁净度要求洁净工作台	无隔板式平板过滤器
ISO 45H ISO 35H	MPPS,≥99.995% MPPS,≥99.95%	所有颗粒物 所有空气微生物	ISO 5～8 级洁净室 核级高效过滤器 国防工业高效过滤器 生物安全实验室送排风 洁净手术室 洁净工作台 永久性 ULPA 的预过滤	无隔板式平板过滤器 有隔板过滤器 风道内 W 形无隔板过滤器
ISO 25 Y ISO 15 Y	MPPS,≥99.5% MPPS,≥95%	粒径 0.1～1.0μm 空气微生物 香烟烟雾	ULPA 与 HEPA 的预过滤 中国 GMP30 万级厂房 要求很高的非洁净环境	无隔板式平板过滤器 有隔板过滤器 风道内 W 形无隔板过滤器
F9 F8 F7 M6 M5	平均计数,≥95% 平均计数,90%～95% 平均计数,80%～90% 平均计数,60%～80% 平均计数,40%～60%	粒径 0.1～10μm 一般粉尘 大多数微生物 大多数粉尘 焊接烟 花粉	较好的公共建筑 较好的住宅、车间 病房、诊疗室 HEPA 的预过滤(F8) 保护空调系统 油漆车间棚进风 燃气轮机与空压机入口空气过滤(F7) 化学过滤器的预过滤	袋式过滤器 W 形无隔板过滤器 有隔板耐高温过滤器 有隔板过滤器 自清洁式过滤器 静电过滤器
G4 G3 G2 G1	计重法,≥95% 计重法,≥80% 计重法,≥65% 计重法,≥50%	粒径>5μm 清扫扬尘 花粉、螨虫 沙尘 喷漆 纤维尘、杨柳絮	F 组过滤器的预过滤 最低过滤要求 要求不高的公共建筑 住宅 保护空调系统 化学过滤器的预过滤	廉价可清洗袋式过滤器 一次性平板过滤器 自动卷绕式过滤器 静电过滤器

　　表 1.5.47 给出的是过滤器选用的大致概念,现场需求和过滤器供货情况千差万别,选用时应根据实际需求、现场条件、最终用户要求、经验、习惯、供货渠道的方便等选用适当的过滤器。

5.2.4.4　新型空气过滤器

　　随着科学技术的发展,尤其是超大规模集成电路生产技术的飞跃发展,在洁净室中除了要求控制微粒、微生物的浓度外,化学污染物或重金属物质对产品质量和人员健康的影响也日益受到关注。空气中能够危害产品生产质量、引起产品成品率降低的化学污染物质被称为"分子级污染物(AMC)"。空气中的 AMC 包括多种有害气体和金属离子,属于酸性 AMC 的化学腐蚀性气相物质有氟化氢(HF)、二氧化硫(SO$_2$)、氯化氢(HCl)、氮氧化物(NO$_x$)等;碱性 AMC 主要有氨(NH$_3$)、甲胺(CH$_3$NH$_2$)等;可凝性 AMC 是指在常温常压下能在干净表面凝结的气相物质,如有机气体、碳氢化合物等;掺杂性 AMC 是指能够改变半导体材料性能的化学物质,如硼(B)、磷(P)、钾(K)、钠(Na)、钙(Ca)和各种金属离子等。

　　为了控制洁净室内空气中各类化学污染物的浓度,应采用多种污染物控制技术措施,包括洁净室建造材料污染物控制、人员污染物控制、原辅材料污染物控制、生产工艺方法污染控制、室外和室内空气污染物控制等。对洁净室净化空调系统,应根据要求装设化学过滤器或在洁净室内设置局部超净设备或微环境隔离易受 AMC 污染危害的生产工艺或生产设备。目前国内外都在研究开发各种类型的化学过滤器，国外已有化学过滤器系列产品出售。表 1.5.48 是日本一家公司生产的化学过滤器技术数据。

表 1.5.48 化学过滤器技术数据

商品名	CLEAN SORB- Ⅰ				CLEAN SORB- Ⅱ							
					CM 系列				CH 系列			
基材	活性炭	活性炭	吸附剂	活性炭	高纯碳纤维				高纯碳纤维			
药名	$KMnO_4$	H_3PO_4	$CaCO_3$	—	H_3PO_4	K_2CO_3	K_2CO_3	—	H_3PO_4	K_2CO_3	K_2CO_3	—
主要气体	SO_x	NH_3	SO_4	TOC	NH_3	SO_4	SO_4、H_2S	TOC	NH_3	SO_4	SO_4、H_2S	TCC
用途	处理新风·大风量·高浓度				处理新风·大风量·低浓度				工艺设备			
过滤器 型号	PF-400		PF-590		CM-FL-N		CM-FL-NN		CH-N-		任意尺寸	
过滤器 形式	抽屉式				V 式				蜂窝式			
过滤器 外框	烤漆钢板				镀锌钢板				钝化铝板			
过滤器 尺寸/mm	610×610×460,610×610×660				610×610×292				610×610×155			
过滤器 质量/kg	约 90		约 162		10		12		6			
风量/(m³/min)	28		56		28		56		10			
阻力/Pa	170		170		70		140		36			
性能	$SO_2 (10\sim30)\times10^{-9}\rightarrow1.0\times10^{-9}$				$NH_3\ 5\times10^{-9}\rightarrow1.0\times10^{-9}$				$NH_3\ 1\times10^{-9}\rightarrow0.5\times10^{-9}$			
后过滤器	中效				高效				高效			

国内某公司生产多种类型的化学过滤器，如与洁净室循环系统内 FFU 配套使用的 F 型过滤器，如图 1.5.43 所示。其规格见表 1.5.49，适用于高风速（2.5m/s）新风机组和循环系统空调机组。低压损、轻量、高效率、长寿命之 C 型及 V 型化学过滤器，其外形如图 1.5.44 所示，规格见表 1.5.50 和表 1.5.51。

图 1.5.43 F 型化学过滤器外形

表 1.5.49 F 型化学过滤器的规格

产品参数	PF-PCN	PF-PAA	PF-GAC	PF-PHD
标准名义尺寸（长×宽×高）/mm	1000×800×70		1000×800×70	
额定风量/(m³/h)	0~2400		0~2400	
阻力/Pa	<25(0.35m/s 时)		<25(0.35m/s 时)	
滤材面积/m²	8.5	8.5	8.5	8.5
过滤器箱体材质	镀锌板,铝			
护面网材质	铝(阳极材料),镀锌铁			
垫片厚度/mm	5	5	5	5
目标气态分子污染物	酸性气态分子（F^-,Cl^-,NO_x,SO_x,H_2S）	碱性气态分子（NH_3）	可凝性气态分子（VOC）	掺杂剂（Boron,Phosphorus）

(a) C型   (b) V型

图 1.5.44　C型、V型化学过滤器

表 1.5.50　C型化学过滤器的规格

产品参数	PC-PCN	PC-PAA	PC-GAC	PC-PHD
标准名义尺寸 (长×宽×高)/mm	595×595×292		595×595×292	
额定风量(CMH)	3400		3400	
阻力/Pa	<120@2.5m/s		<120@2.5m/s	
滤材面积/m²	11.2	11.2	11.2	11.2
过滤器箱体材质	镀锌板,铝			
护面网材质	铝(阳极材料),镀锌铁			
垫片厚度/mm	5	5	5	5
目标气态分子 污染物	酸性气态分子 (F^-,Cl^-,NO_x,SO_x,H_2S)	碱性气态分子 (NH_3)	可凝性气态分子 (VOC)	掺杂剂 (Boron,Phosphorus)

表 1.5.51　V型化学过滤器的规格

产品参数	PF-PCN	PF-PAA	PF-GAC	PF-PHD
标准名义尺寸 (长×宽×高)/mm	592×592×292		592×592×292	
额定风量(CMH)	3400		3400	
阻力/Pa	<90@2.5m/s		<90@2.5m/s	
过滤器箱体材质	塑料		塑料	
垫片厚度/mm	5		5	
目标气态分子 污染物	酸性气态分子 (F^-,Cl^-,NO_x,SO_x,H_2S)	碱性气态分子 (NH_3)	可凝性气态分子 (VOC)	掺杂剂 (Boron,Phosphorus)

　　对于高浓度、高风速的室外空气或高污染环境,采用高含碳量、低压损、高效率的T型和CT型筒式化学过滤器,其外形见图1.5.45、图1.5.46,规格见表1.5.52、表1.5.53。

图 1.5.45　T 型化学过滤器　　　　　图 1.5.46　CT 型筒式化学过滤器

表 1.5.52　T 型化学过滤器的规格

型号	Puro-T 外形尺寸（长×宽×高）/mm		额定风量（CMH）	阻力/Pa	吸附剂体积/ft³
	框架	托盘（元件）			
PT-20W-8tray	610×610×610	590×600×45	3400	<180@2.5m/s	4.1
PT-20WH-8tray	610×305×610	590×295×45	1700	<180@2.5m/s	2.0
PT-20W-10tray	610×610×610	590×600×30	3400	<150@2.5m/s	3.4
PT-20WH-10tray	610×305×610	590×295×30	1700	<150@2.5m/s	1.7
PT-20	610×610×420	410×600×36	3400	<120@2.5m/s	2.2
PT-20H	610×305×420	410×295×36	1700	<120@2.5m/s	1.1
PT-10	610×610×210	205×600×33	1700	<80@2.5m/s	1.0
PT-10H	610×305×210	205×295×33	850	<80@2.5m/s	0.5

注：1. Puro-T 外框材质：不锈钢、冷轧钢板喷塑、镀锌。
2. 阻力不含 G4，阻力大小取决于吸附剂种类。

表 1.5.53　CT 型筒式化学过滤器的规格

型号	框架长度 W/mm	框架宽度 H/mm	炭筒深度 D/mm	额定风量（CMH）	阻力/Pa	滤床深度/mm	炭筒数量
CT16-450	610	610	450	3400	<150@2.5m/s	26	16
CT8-450	305	610	450	1700	<150@2.5m/s	26	8
CT4-450	305	305	450	850	<150@2.5m/s	26	4
CT16-600	610	610	600	3400	<150@2.5m/s	26	16
CT8-600	305	610	600	1700	<150@2.5m/s	26	8
CT4-600	305	305	600	850	<150@2.5m/s	26	4

参考文献

［1］许钟麟.空气洁净技术原理.上海：同济大学出版社，1998.

［2］涂光备.医药工业的洁净与空调.北京：中国建筑工业出版社，1999.

［3］许钟麟.大气尘计数效率与计重效率的换算方法.洁净与空调技术，1995，1：16-20.

［4］于玺华.现代微生物学.北京：人民军医出版社，2002.

［5］蒋德明.内燃机燃烧与排放学.西安：西安交通大学出版社，2001.

［6］赵荣义.简明空调及设计手册.北京：中国建筑工业出版社，2000.

［7］吴志军，胡敏，等.北京城市大气颗粒物数谱分布.第18届国际污染控制学术会议，北京，2006.

［8］林忠平，范存养.折褶形无隔板亚高效空气过滤器的优化设计.洁净与空调技术，1998，2：6-10.

［9］［美］Michael Quirk.半导体制造技术.韩郑生，等译.北京.电子工业出版社，2006.

［10］电子工业部第十设计研究院.空气调节设计手册.3版.北京：中国建筑工业出版社，2017.

［11］范存养，徐文华，林忠平.微电子工业空气洁净技术的若干进展.2001全国室内空气净化工程与技术发展研讨会论文集，北京，2001.

［12］蔡杰.空气过滤ABC.北京：中国建筑工业出版社，2002.

［13］王唯国.超大规模集成电路生产环境化学污染及控制.洁净与空调技术，2000，1：20-23.

第6章 净化空调系统设计

6.1 净化空调系统的划分与配置

6.1.1 净化空调系统的特征与划分

（1）净化空调系统的特征　洁净室用净化空调系统与一般空调系统相比有如下特征。

① 净化空调系统所控制的参数除一般空调系统的室内温、湿度之外，还要控制房间的洁净度和压力等参数，并且温度、湿度的控制精度较高，有的洁净室要求温度控制在±0.1℃范围内等。

② 净化空调系统的空气处理过程除热、湿处理外，必须对空气进行预过滤、中间过滤、末端过滤等，有的高级别的洁净室为了有效、节能地对送入洁净室的空气进行处理，采用集中新风处理，仅新风处理系统便设有多级过滤。当有严格要求需去除分子污染物时，还应设置各类化学过滤器。

③ 洁净室的气流分布、气流组织方面，要尽量限制和减少尘粒的扩散，减少二次气流和涡流，使洁净的气流不受污染，以最短的距离直接送到工作区。

④ 为确保洁净室不受室外污染或邻室的污染，洁净室与室外或邻室必须维持一定的压差（正压或负压），最小压差在5Pa以上，这就要求一定的正压风量或一定的排风。

⑤ 净化空调系统的风量较大（换气次数一般10次至数百次），相应的能耗就大，系统造价也就高。

⑥ 净化空调系统的空气处理设备、风管材质和密封材料根据空气洁净度等级的不同都有一定的要求；风管制作和安装后都必须严格按规定进行清洗、擦拭和密封处理等。

⑦ 净化空调系统安装后应按规定进行调试和综合性能检测，以达到所要求的空气洁净度等级；对系统中的高效过滤器及其安装质量均应按规定进行检漏等。

（2）净化空调系统的划分　洁净室的净化空调系统除了控制受控环境的温度、相对湿度外，更重要的是要控制洁净室（区）内的空气洁净度、压力或静压差。净化空调系统的空气处理过程包括热、湿处理和净化处理（经粗效、中效或亚高效、高效或超高效过滤器过滤），有的洁净室还要根据产品生产工艺要求设置去除化学污染物的化学过滤器或淋水器等。净化空调系统送风、回风的气流组织应有利于减少尘粒的扩散、二次污染的涡流，避免洁净气流受污染，以确保输送至洁净工作区的空气洁净度。净化空调系统所采用的净化空调设备、风管及其附件、密封材料的材质按洁净度等级的不同有严格的要求。洁净厂房的净化空调系统一般风量较大、风压较高，能耗较大、运行费用高，在系统安装后，应按规定进行严格的调试、性能测试，并经性能评价达到合格要求。

洁净厂房净化空调系统的划分应考虑满足产品生产工艺要求、适应生产工艺特点的需要，防止产品生产过程的交叉污染和由此对产品质量或工作人员身体健康的影响，有利于产品生产过程的安全运营，避免可能诱发不安全因素的形成，方便运行管理，降低系统整体或全部运行能量消耗，减少设备、管路投资等多种因素。在国家标准《电子工业洁净厂房设计规范》(GB 50472) 中对净化空调系统划分的规定是：具有下面情况之一者，净化空调系统宜分开设置。

① 运行班次或使用时间不同；

② 生产过程中散发的物质对其他工序、设备交叉污染，对产品质量或操作人员健康、安全有影响；

③ 对温、湿度控制要求差别大；

④ 洁净室（区）内工艺设备发热相差悬殊；

⑤ 净化空调系统与一般空调系统；

⑥ 系统风量过大的净化空调系统。

在《医药工业洁净厂房设计标准》(GB 50457) 中除了与上述规定相似的内容外，还规定灭菌与非灭菌生产区洁净空调系统应分开设置等。

在洁净厂房设计规划时，由于洁净室（区）的各个洁净室运行班次或使用时间不同，即使几个洁净室相邻布置且每个洁净室的面积也不是很大，其中一个洁净室按生产工艺或生产安排需整天昼夜连续生产时，夜间其余洁净室停机不生产时空调送风口未关闭或关闭不严均会带来漏风损失，引起能量消耗增加。此种实例在具体工程项目中常常会出现，如某药品生产工厂扩建一次包装间时，由于生产工艺的需要设有 6 个一次包装间毗邻布置，每个洁净室面积约 100m^2，因药品类型不同和生产安排的要求，生产班次、时间可能均是不同的，为此业主要求一次包装间各自独立设置净化空调系统，以利于灵活进行生产组织和减少洁净室的能量消耗，这样即使增加了建设投资，但以长远的洁净室运行来考量也是合适的。

6.1.2 净化空调系统的配置

（1）净化空调系统的设置方式　洁净厂房中的净化空调系统有集中设置方式和分散设置方式。集中设置方式是将空气处理机组（AHU）集中设在空调机房内，在空调机组内集中进行初效、中效或亚高效空气过滤净化和热、湿处理，然后由送风管道输送至洁净室的吊顶上部，经过设在洁净室顶棚上的末端高效空气过滤器或高效过滤器送风口进行终端净化送入洁净室，实现产品生产工艺对洁净度、温度、相对湿度和压力的要求。洁净室回风经回风口、回风管再返回至空调机房的空调机组内与新风混合，重复进行热、湿处理和净化处理。这类集中式系统可有全新风（直流系统）方式，一次回风方式和一、二次回风方式以及 MAU+RAU 方式等。图 1.6.1 为全新风净化空调系统流程，用于洁净室（区）不允许回风的直排系统。图 1.6.2 是一次回风的净化空调系统流程，主要用于消除洁净室内热、湿负荷所需的送风量大于或等于洁净送风量（按洁净度等级要求计算的送风量）的非单向流洁净室。

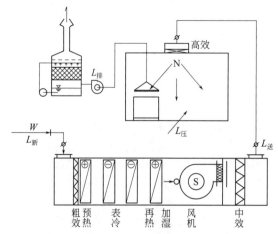

图 1.6.1　全新风净化空调系统流程示意图

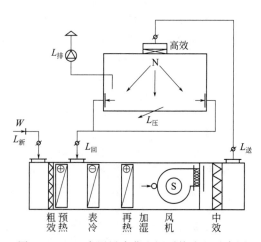

图 1.6.2　一次回风净化空调系统流程示意图

图 1.6.3 是一、二次回风的净化空调系统流程图。为了节能、消除空气热湿处理过程中的冷热相互抵消，当洁净送风量大于消除热、湿负荷的空调送风量时，最好采用一、二次回风系统，将二次混合点设计在系统送风点上，这是节能、经济的净化空调系统。图 1.6.4 是 MAU＋RAU 的净化空调系统流程图。当多个洁净室的洁净度，温、湿度要求不同，各洁净室内的产热量和产湿量也不尽相近时，为了确保每个洁净室的洁净度，温、湿度及其精度的要求应设置多个循环机组（RAU）；循环机组的送风量是净化送风量，并且在机组内设置必要的热、湿处理设备，用来补充新风机组热、湿处理的不足和保证洁净室温、湿度精度的微调节。由于循环机组设在洁净室的吊顶上面，循环机组的送风余压相对都较小，机组体积和机组噪声、振动也较小，送回风管也比较短小。新风机组（MAU）设在空调机房内，这些洁净室的新风全部由 MAU 提供热、湿和净化处理，然后输送至各循环机组与回风混合。

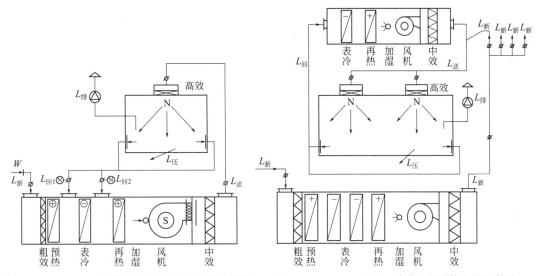

图 1.6.3　一、二次回风净化空调系统流程示意图　　　图 1.6.4　MAU＋RAU 净化空调系统流程示意图

图 1.6.5 是几种分散式净化空调系统的典型示例。几种形式各具特点和适用性，在实际应用中，应根据具体工程项目的洁净室规模、空气洁净度等级和产品生产工艺特点及其要求确定，同时应考虑运行经济和降低能量消耗。

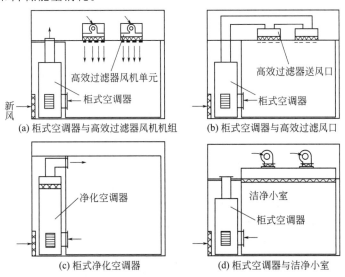

图 1.6.5　分散式净化空调系统的示例

（2）送风方式　在电子工厂洁净厂房，尤其是规模较大的集成电路芯片生产和 TFT-LCD 生产用洁净厂房其送风方式主要有集中送风、隧道送风和风机过滤器单元送风等类型，各种送风方式各具特点和适用性。图 1.6.6 是各种送风方式的示意图。图(a) 是集中送风系统（central system），室外新风经新风处理装置（MAU）后，与经表冷器降温和风机增压的洁净室（区）回风混合，通过高效过滤器送至洁净生产层。图(b) 是隧道送风系统（tunnel system），洁净室（区）的回风经维修区与新风处理装置（MAU）处理后的新风混合，由循环空气处理装置送入送风静压箱，通过空气过滤器送入洁净生产层。图(c) 是 FFU 系统（fan filter unit system），洁净室（区）的回风经表冷器降温后与处理后的新风混合，通过 FFU 增压、过滤送入洁净生产层。三种系统各有利弊，其选择主要与电子产品生产工艺、能量消耗、建设投资等有关，有时也与业主的意愿有关。近年来在集成电路和 TFT-LCD 洁净厂房中，采用 FFU 系统者日益增多。

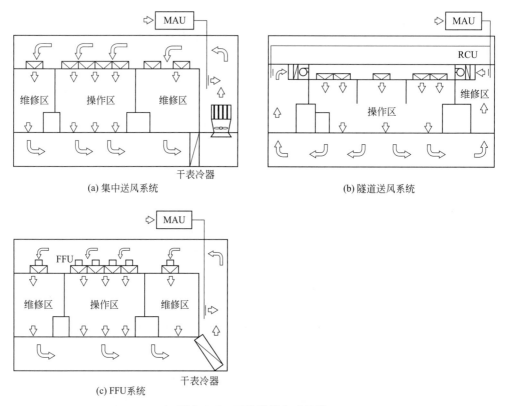

图 1.6.6　三种送风方式示意

1）集中送风方式　采用数台大型新风机组和净化循环机组集中设置在空调机房内，空调机房可位于洁净室的侧面或顶部。经过温度、湿度处理和过滤后的空气由离心风机或轴流风机加压通过风管送入送风静压箱，再经由高效过滤器或超高效过滤器过滤送入洁净室。回风经格栅地板系统流入回风静压箱，再回到净化空调系统的循环系统，如此反复循环运行。集中送风方式的结构形式见图 1.6.7、图 1.6.8。

2）隧道洁净室送风方式　这种送风方式一般把洁净室划分为生产核心区、维护区。生产核心区要求高洁净度等级和严格的温、湿度控制，设在单向流送风区内；维护区要求较低，设置生产辅助设备或无洁净要求的生产设备尾部和配管配线等。生产区为送风区，维护区为回风区，构成空气循环系统。一般隧道式送风由多台循环空气系统组成，所以其中一台循环机组出现故障不会影响其他区域的生产环境洁净度等级，并且各个循环系统可根据产品生产需要进行分区调整控制。隧道送风方式的结构形式见图 1.6.9。

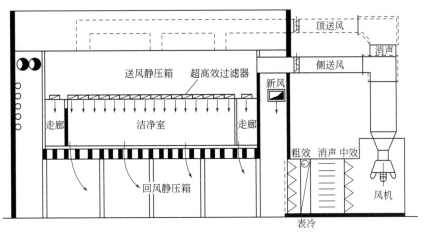

图 1.6.7 集中送风方式（空调机在侧面，轴流风机送风）

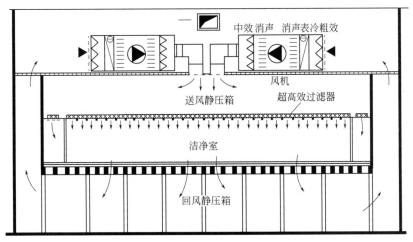

图 1.6.8 集中送风方式（空调机在顶部）

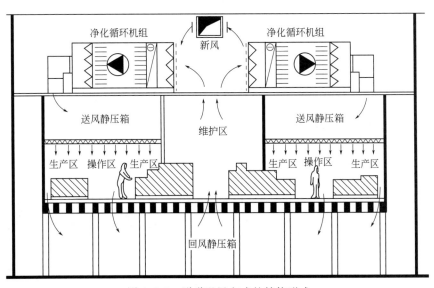

图 1.6.9 隧道送风方式的结构形式

3) 风机过滤单元送风方式　这是在洁净室的吊顶上安装多台风机过滤单元机组 (fan filter unit，FFU)，构成净化循环机组，不需要配置净化循环空调机房，送风静压箱为负压。空气由 FFU 送到洁净室，从回风静压箱经两侧夹道回至送风静压箱；根据洁净室的温度调节需要，一般在回风夹道设置干式表冷器。新风处理机组可集中设在空调机房内，处理后新风直接送入送风静压箱。因送风静压箱为负压，有利于高效过滤器顶棚的密封，但由于 FFU 机组台数较多，在满布率较高时，一般投资较大，运行费用亦多。有的 FFU 噪声较大，选用时需要注意。FFU 送风方式见图 1.6.10。

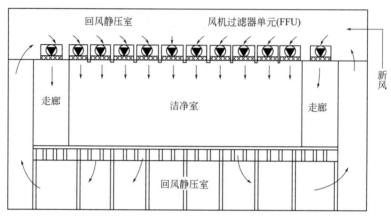

图 1.6.10　风机过滤器单元送风方式（FFU）示意图

4) 模块式风机单元送风方式　它是送风机安装在 HEPA 或 ULPA 之上，1 台送风机可配数台高效过滤器的空气循环系统。这种模块式风机单元 (fan module unit，FMU) 循环系统是无风管道方式，空气输送速度较低，送风机和过滤器维修较方便，能量消耗较少。这种循环方式见图 1.6.11。

5) 微环境＋开放式洁净室的送风方式　这种方式是为了确保生产环境要求极为严格的半导体芯片生产的关键工序或设备的微环境控制达到高洁净度等级（如 $0.05 \sim 0.1 \mu m$，ISO 1 级），而其周围的开放式大面积洁净环境仅保持在相对较差的洁净度等级（如 ISO 5 级或 ISO 6 级），微环境内控制洁净度严格的单向流洁净环境，而开放式洁净室为单向流或混合流洁净室。这种方式的能量消耗较少，工艺布置灵活性好，建设投资和运行费用都可以降低。图 1.6.12 为微环境洁净厂房示意图。

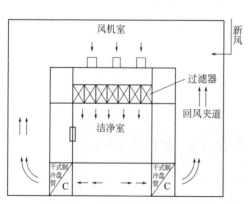

图 1.6.11　FMU 送风方式示意图

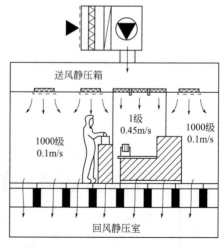

图 1.6.12　微环境洁净厂房示意图

（3）合理利用回风　洁净厂房净化空调系统设计时，若能在满足工作人员必需的新鲜空气量前提下使洁净室（区）的回风基本得到合理利用，是最佳的运行方式。这样可以大大降低新风处理所需的加热、冷却用能量和输送用能量，是洁净室设计中最佳的节能措施，所以在洁净室的相关标准规范中均对此作了相应的规定。在国家标准《电子工业洁净厂房设计规范》（GB 50472）中规定：除了在生产过程中向车间内散发的有害物质超过规定时，采用局部处理不能满足卫生要求时，对其他工序有危害或不能避免交叉污染时不得回风外，其余均应进行回风。

在国家标准《医药工业洁净厂房设计标准》（GB 50457）中依据医药工厂产品生产工艺的要求和药品的特性，规定下列情况的净化空调系统的洁净室（区）空气不得循环使用。

① 生产过程散发粉尘的洁净室（区），其室内空气如经处理仍不能避免交叉污染时。

② 生产中使用有机溶媒，且因气体积聚可构成爆炸或火灾危险的工序。

③ 病原体操作区。

④ 放射性药品生产区。

⑤ 生产过程中产生大量有害物质、异味或挥发性气体的生产工序。

在工艺生产过程中不产生有害物时，净化空调系统在保证新鲜空气量和保持洁净室压差的条件下，为了节约能源，应尽量利用回风。而单向流洁净室的换气次数大，当机房距单向流洁净室较远时，可以使一部分空气不回机房而直接循环使用。

当生产工艺过程中产生大量有害物质，局部排风又不能满足卫生要求，并对其他工序有影响时，才能采用直流式净化空调系统。因为当车间内的有害物质不能全部排除时，如再使其循环使用，则会造成车间内的有害物浓度越来越大，对人员健康及生产有影响，故应采用直流式净化空调系统。

净化空调系统应合理利用回风，但在药品生产过程中，如固体物料的粉碎、称量、配料、混合、制粒、压片、包衣、灌装等生产工序或房间，常会散发各种粉尘、有害物质等，为了防止通过空气循环造成药物的交叉污染，送入房间的空气应全部排出。在固体物料的生产中，因大部分生产工序均有粉尘散发，所以净化空调系统需要较大的新风比，甚至高达60%～70%，能耗很大。若能对空调回风中的粉尘等物质进行充分和有效的处理，使之不再因此而造成交叉污染，利用回风也就成了可能。图1.6.13为某固体制剂车间对回风中粉尘处理后利用的示例。由于减少了净化空调的新风比，明显降低了运行费，也降低了初步投资费用。由于回风系统增加了中、高效空气过滤器（亚高效空气过滤器），运行中虽节省了冷、热负荷，但增加了更换过滤器的费用，也增加了系统的阻力，所以是否经济合理应做技术经济比较而定。

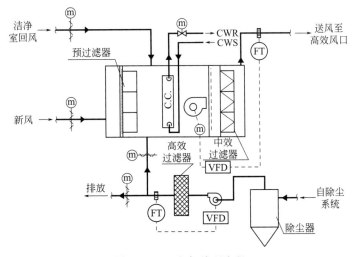

图1.6.13　空气处理流程

6.1.3　新风集中处理

当有多套净化空调系统同时运行时，可以采用新风集中处理，再分别供给各套净化空调系统的方式。因为净化空调系统的新风比一般不会很高，所以每个系统均设新风预处理段，就不如集中处理更节省设备投资和空调机房面积；并且还可以按产品生产要求，在新风处理系统内将室外新鲜空气中的化学污染物去除。新风集中处理的净化空调系统示意图如图 1.6.14 所示。

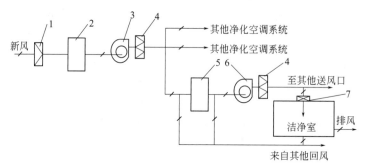

图 1.6.14　新风集中处理净化空调系统示意图

1—粗效过滤器；2—新风温湿度处理装置；3—新风风机；4—中效过滤器；
5—混合风温湿度处理装置；6—送风机；7—高效过滤器

当采用新风集中处理方式时主要具有下列特点：

① 将空气净化处理过程的功能分开，即将洁净室送入空气的净化、热湿处理分离，有利于降低能源消耗；

② 有利于消除冷热抵消；

③ 有利于强化对室外新鲜空气的处理。

在微电子、光电子生产用洁净室（区）的送风中，不仅要求控制微粒、温度、相对湿度等，还要求去除影响产品质量或降低成品率的化学污染物，如 Na、SO_x、NO_x、Cl、B 等，这些污染物主要来自室外大气，为此，这类洁净厂房的净化空调系统需对室外吸入新鲜空气进行严格处理，常采用淋水法去除大气中的 SO_x、NO_x 和 Cl；采用化学过滤器和活性炭过滤器，利用物理吸附和化学吸附的原理，将低浓度的化学污染物去除到规定的浓度要求。图 1.6.15 是某微电子工厂洁净厂房的新风处理装置示意图，采用了多个功能段——两级加热、两级表冷、淋水、四级过滤。

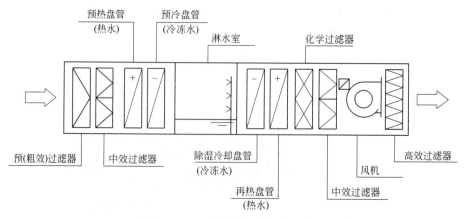

图 1.6.15　新风处理装置的示意

6.2 气流流型及送风量

6.2.1 气流流型(air pattern)

洁净室气流流型应该做到:避免或减少涡流,减少二次气流,有利于有效、迅速地排除污染物;应尽量限制、减少室内污染源散发的微粒的扩散,满足室内生产环境对空气洁净度等级的要求;同时保持产品生产所要求的室内温度、湿度、压力以及工作人员的舒适度。

洁净室的气流流型分为三类:非单向流(nonunidirectional airflow)、单向流(unidirectional airflow)、混合流(mixed airflow)。单向流是指沿单一方向呈平行流线,且横断面上风速一致的气流;非单向流是指不符合单向流定义的气流;混合流是指由单向流和非单向流组合的气流流型。三种流型如图1.6.16所示。

单向流的气流是从室内的送风侧平行地流向相对应的回风侧,将室内污染源散发出的尘粒等污染物在未向室内扩散之前压出室外;送入的洁净空气对污染源起到隔离作用,隔断尘、菌污染物向室内扩散。图1.6.17是单向流洁净室防止污染物扩散的示意图。

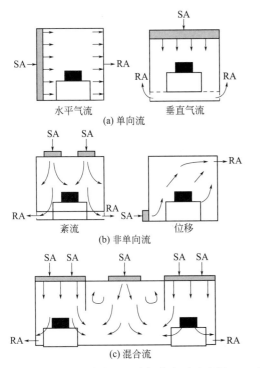

图1.6.16 洁净室三种气流流型示意图
SA—送风;RA—回风

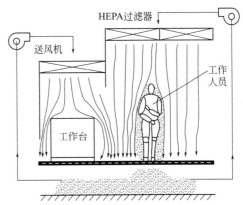

图1.6.17 单向流洁净室防止污染物扩散的示意图

单向流流型分为水平单向流和垂直单向流。水平单向流是送入洁净室的洁净空气沿水平方向均匀流向回风侧,一般是在洁净室的一面侧墙上满布高效过滤器送风口送风,在相对的侧墙布满回风格栅(或过滤器)回风,如图1.6.18所示。水平单向流流型的特点是:洁净室层高较小,便于布置灯具,高效过滤器安装、维修容易,但洁净室两端长度较长,沿气流方向

图1.6.18 水平单向流示意图
1—送风静压小室;2—高效过滤器;3—格栅;
4—回风静压小室;5—新风

的洁净度不同，下风侧的空气受上风侧设备、人员的污染等。

（1）垂直单向流　是在洁净室的顶棚满布高效过滤器送风口送风，格栅地板或侧墙下部回风；洁净空气由上而下垂直平行流经工作活动区，将携带室内污染源散发的微粒等污染物的脏空气穿过格栅地板，经回风静压箱至回风管。通常垂直单向流顶棚上高效过滤器的满布率大于60％，但说法不一，有的认为应大于80％。垂直单向流的主要特点是：能达到很高的洁净度，室内气流相互干扰、污染少；在工作活动区被污染的空气可被迅速排出，防止微粒扩散，地面不会积尘；几乎不产生微粒二次飞扬；洁净室内任何地方都能达到所要求的空气洁净度等级，有利于工艺设备的方便布置；自净能力强，可以简化人员净化设施；但顶棚、地面结构较复杂，高效过滤器数量多，造价、运行费用高。图1.6.19是垂直单向流示意图，图（a）是从顶棚送风经格栅地板由回风静压箱或下技术夹层回风，图（b）是从顶棚送风经两侧的回风口回风。

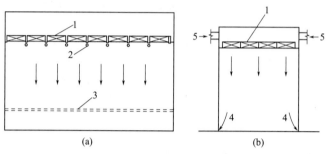

图 1.6.19　垂直单向流示意图
1—高效过滤器；2—照明灯具；3—格栅地板；4—回风口；5—送风

（2）非单向流流型　曾称为乱流流型（turbulence airflow），它是一种不均匀的气流分布方式，气流速度、方向在洁净室内的不同地点是不同的。非单向流是利用送入的洁净空气将室内的污染物冲淡稀释，然后排出脏空气来维持室内所需的空气洁净度等级。所以非单向流洁净室所需的换气次数将随着要求的洁净度等级和室内污染物的扩散情况不同而有所不同。

非单向流气流组织形式按高效过滤器送风口和回风口的安装位置不同有顶送下回、顶送侧下回、侧送侧回、顶送顶回等，其中以顶送侧下回的形式应用较为广泛。图1.6.20是常见的非单向流气流流型。

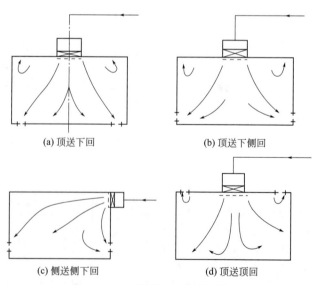

(a) 顶送下回　　　　　　　　(b) 顶送下侧回

(c) 侧送侧下回　　　　　　　(d) 顶送顶回

图 1.6.20　非单向流的常见形式

带扩散孔板风口顶送、下侧回的非单向流洁净室，经高效过滤器的洁净空气由扩散板送出，工作区气流分布比较均匀，其空气洁净度明显优于周围，而周围区域由于送风进入室内后不断卷入室内污染空气，洁净度较差；在相邻送风口之间或洁净室四角、边沿等送风气流不能覆盖的部位，洁净度会更差些。所以在布置顶送风口时，为使洁净室内各处洁净度尽可能地均匀，在总送风量一定的条件下应适当多设送风口或均匀布置送风口，尽可能让相邻送风口气流在工作区高度上衔接，确保工作区要求的洁净度。有时为了满足生产工艺关键部位的空气洁净度等级，在不影响洁净室顶板、灯具布置或不太损害整体美观的情况下，可按工艺设备布置调整送风口位置，采用不均匀布置的方式。若采用高效过滤器风口顶送时，送风气流扩散角小，送风速度较大，会直接吹到地面，使工作区气流分布不均匀，所以这种送风方式的单个送风口送风量不宜大，需用多个送风口弥补气流不均的现象。回风口气流呈汇流状态，它对整个房间的气流流型影响较小；回风口的布置只要适当均布即可，数量不宜过少，一般回风口的间距在 6～12m 范围内。

图 1.6.21 是对局部发尘量大的非单向流洁净室的气流组织方案。如前所述非单向流洁净室内的尘、菌污染物可扩散到室内的任何地方，局部的设备或操作的大量发尘将会影响整个系统、房间，这对净化空调系统十分不利。但即使增加换气次数也不一定取得预期效果，在实际工程中通常是采用局部处理的方法，将发尘量大的排气由排气罩和排气管道经袋式除尘器等除尘装置集中处理后再循环使用；若排气量不大或循环使用不经济或排气中含有对产品、人体有害的尘、菌时，不应循环使用，而应经处理达到国家规定的排放标准后排入大气。

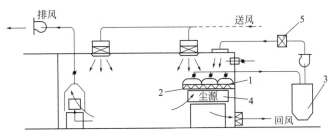

图 1.6.21　大发尘量的气流方案

1—排风罩；2—预过滤器；3—袋式过滤器；4—尘源；5—亚高效过滤器

非单向流洁净室主要用于 ISO 6～9 级范围，广泛应用在各类产品生产用洁净厂房中，但不能用于空气洁净度十分严格的洁净室。其室内换气次数为 10～60 次/h；洁净室房间宽度＜6m，若必须大于 6m 时宜双侧布置回风口；造价、运行费用比单向流低。

（3）混合流流型　将非单向流流型和单向流流型在同一洁净室（区）内组合使用。混合流的特点是对要求洁净度严格的生产活动部位采用单向流流型，其他部位采用非单向流流型。这种方式既满足了产品生产对空气洁净度等级的要求，也可以降低造价、运行费用。

图 1.6.22 为一个混合流洁净室的气流流型。A 区为非单向流区，B 区为单向流区。B 区上方安装带加压风机的单向流洁净罩，保证该区域为单向流流型，A 区依靠高效过滤器送风口顶送风维持低级别的洁净度要求。这种气流流型在一些产品生产工艺仅有个别工序或个别设备要求高级别的空气洁净度等级时被经常采用，如药品生产工厂的注射剂灌装间、冻干产品的灌装间或分装间均要求在 5 级（100 级）的生产环境中操作，因此在工程设计中在操作区装设单向流洁净罩（即常说的层流罩）。整个房间仍为非单向流气流流型。

隧道式混合流洁净室如图 1.6.23 所示。它是由两侧的垂直单向流洁净区——产品生产区（工作区），中间的非单向流洁净区——走道、运输通道和辅助设备或要求较低的生产区组合的混合流气流流型的洁净室。一般单向流部分的空气洁净度等级为 ISO 5 级或要求更严的洁净室（区），非单向流部分为 ISO 6～7 级；单向流气流和非单向流气流的混合回风经维修区或管道间，一部分回至集中净化空调系统的空调机，另一部分至单向流洁净罩（层流罩）。这种混合流的气流流型，使洁净室内的不同区域有不一样的空气洁净度等级，利用不同气流流型的特点可满足产品生产过程、

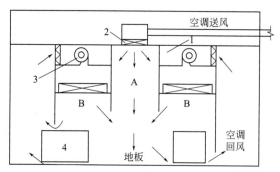

图 1.6.22 混合流气流流型
1—层流罩；2—高效过滤器；3—风机；4—工作台

操作过程对空气洁净度的要求。单向流工作区的范围、宽度可根据产品生产工艺要求或生产工艺设备确定，通常要求空气洁净度严格的生产过程在单向流区完成，人员活动、物料运输和要求不严格的生产操作等可在非单向流区进行。这样既满足产品生产要求，又能使操作人员的活动舒适及维修区或管道间利用回风保持一定的空气洁净度，既减少了污染又使整个洁净室的送风量减少，降低洁净室建造费用、能源消耗和运行费用。如果产品生产过程或生产设备要求较多地增大单向流区的宽度，采用层流罩已不能满足需要时，可采用多台风机过滤单元（FFU），构成所需宽度的单向流洁净区。此时为解决风机过滤单元循环风的冷量平衡问题，应在 FFU 的送风静压箱内按计算需要增设干式表冷器对送风进行冷却，调节送风温度。

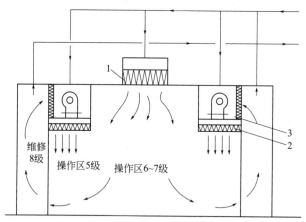

图 1.6.23 隧道式混合流洁净室
1—高效送风口；2—HEPA/ULPA 过滤器；3—层流罩

表 1.6.1 是一些电子工厂洁净厂房的气流流型。由表可知，空气洁净度等级为 1～5 级时，基本上采用单向流或混合流；空气洁净度等级为 6～9 级时，基本上采用非单向流。近年的洁净技术工程实践表明，混合流流型可应用于各种空气洁净度等级的洁净室，包括电子工业洁净厂房、医药产品用洁净室等。

表 1.6.1 一些电子工厂洁净室的气流流型

工厂类别	产品类型	空气洁净度等级	气流流型	建设时间
集成电路芯片制造(1)	6in	5	单向流	1996 年
集成电路芯片制造(2)	8in	1.5/7	单向流	1999 年
集成电路芯片制造(3)	6in/8in	3/5	混合流	2003 年

续表

工厂类别	产品类型	空气洁净度等级	气流流型	建设时间
TFT-LCD(1)	3.5 代	5	单向流	1998 年
TFT-LCD(2)	5 代	4/5	混合流	2004 年
TFT-LCD(3)	8.5 代	4.5	混合流	2010 年
医药产品制造	片剂	7/8	非单向流	1997 年
医药产品制造	注射剂	7/5(局部)	非单向流	2001 年

在国家标准《洁净室及相关受控环境 第4部分：设计、建造、启动》(GB/T 25915.4—2010 / ISO 14644-4)中列出了医药产品、电子产品生产用洁净室的实例（表1.6.2、表1.6.3），对各种空气洁净度等级的气流流型和洁净送风量——平均气流速度或换气次数提出了要求，并对应列出应用实例，可供参考。

表 1.6.2　医药卫生产品无菌操作洁净室实例

动态[①]空气洁净度等级 (ISO 等级)	气流形式[②]	平均风速[③] /(m/s)	应用实例
5(≥0.5 μm)	U	>0.2	无菌操作[④]
7(≥0.5 μm)	N 或 M	不适用	直接保障无菌操作的其他操作区
8(≥0.5 μm)	N 或 M	不适用	无菌操作的辅助区，包括受控的准备区

① 在制定优化设计条件前，应事先确定并认同 ISO 洁净度所对应的占用状态。
② 表中所列的气流形式表示该等级洁净室的气流特性。U=单向流；N=非单向流；M=混合流（U 与 N 的组合）。
③ 单向流洁净室通常规定其平均风速。对单向流风速的要求由具体的应用因素决定，例如温度、受控空间的配置、被保护的项目。置换风速一般大于 0.2m/s。
④ 对于因操作危险材料而需要保证操作人安全的场所，考虑使用隔离方式或采用合适的安全柜等安全装置。
注：具体应用洁净度等级要求时还要考虑遵守相关法规。

表 1.6.3　微电子洁净室实例

动态[①]空气洁净度等级 (ISO 等级)	气流形式[②]	平均风速[③] /(m/s)	换气次数[④] /[m³/(m³·h)]	应用场所举例
2	U	0.3~0.5	不适用	光刻，半导体加工区[⑤]
3	U	0.3~0.5	不适用	工作区，半导体加工区
4	U	0.3~0.5	不适用	工作区，多层掩膜加工，光盘制造，半导体服务区，公用设施区
5	U	0.2~0.5	不适用	工作区，多层掩膜加工，光盘制造，半导体服务区，公用设施区
6	N 或 M[⑥]	不适用	70~160	公用设施区，多层掩膜加工，半导体服务区
7	N 或 M	不适用	30~70	服务区，表面处理
8	N 或 M	不适用	10~20	服务区

① 在制定最佳设计条件前，应事先确定并认同 ISO 洁净度所对应的占用状况。
② 表中所列的气流形式表示该等级洁净室的气流特性。U=单向流；N=非单向流；M=混合流（U 与 N 的组合）。
③ 单向流洁净室通常规定其平均风速。对单向流风速的要求，是由几何形状和热力等现场参数决定的，它不一定是过滤器出风面的风速。
④ 非单向流和混合流洁净室通常规定其每小时换气次数。表中建议的换气次数对应的是 3.0m 高的洁净室。
⑤ 考虑无渗透的屏障技术。
⑥ 污染源和被保护区之间要有效隔离，可用物理屏障，也可用气流屏障。

近年来，一些 8in、12in 集成电路芯片生产用洁净厂房中主要生产设备配置微环境装置时，洁净室多采用 Ballroom＋微环境的形式。其洁净厂房内洁净区的空气洁净度等级为 5 级或 6 级，气流流型为混合流，洁净生产区送风一般选用 FFU，吊顶上 FFU 的满布率为 25％左右；微环境内的空气洁净度等级为 2～4 级，均采用单向流。在 TFT-LCD 生产用洁净厂房空气洁净度等级一般为 4.5～5.5 级，气流流型为混合流，洁净区的送风采用 FFU；有的 TFT-LCD 生产用洁净厂房设有 2 个洁净生产层，如图 1.6.24 是该类洁净室的典型剖面图。在成盒洁净生产层、阵列洁净生产层均分别设有上技术夹层、下技术夹层，分别作为洁净生产层的送风静压箱、回风静压箱。

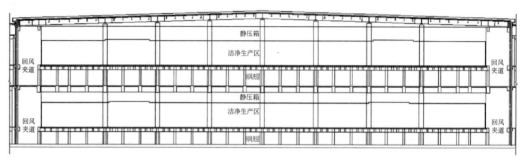

图 1.6.24　TFT-LCD 液晶显示器面板厂洁净厂房剖面图

医药洁净室（区）的气流流型与送、回风形式密切相关。对于空气洁净度 10000 级、100000 级、300000 级的洁净室（区），应优先采用顶送下侧回的送、回风形式。从空气净化的原理而言，顶送下侧回优于侧送下侧回、顶送顶回风等形式。采用顶送下侧回的送、回风形式，达到同样的空气洁净度等级所需要的风量可低于其他几种形式。而顶送顶回风形式的最大优点是工程简单、造价低，但此种气流流型空气中尘粒沉降的方向与回风的上升气流相逆，影响空气中的尘粒尤其是大颗粒尘埃的及时排出，所以它不适用于空气洁净度等级高的医药洁净室（区）。对于生产中有粉尘散发或存在重度大于空气的有害物质的房间，即使空气洁净度等级不高，也不能采用顶送顶回风形式。

气流的送、回风形式除了应满足医药洁净室（区）的净化要求外，还需根据工艺生产情况确定。如空气洁净度 10000 级的医药洁净室（区）室内散发溶媒气体或水蒸气时，宜采用上下排风方式，以免上述气体在房间上部积聚。

散发粉尘和有害物的医药洁净室（区）若采用走廊回风，走廊必将成为尘埃沉降和有害物集中的空间，随着人流、物流的流动，对与走廊相连的各个房间很容易造成交叉污染，不能符合 GMP 的要求。对于易产生污染的工艺设备，应在其附近设置排风（排尘）口，并且在不影响操作的情况下，应使排风口尽可能靠近污染源，以使污染物尽快排走。

6.2.2　洁净室的送风量

洁净室的送风量是确保室内空气洁净度等级的主要条件。洁净室的送风量不同于一般空调房间的送风量，这是因为送入洁净室的洁净空气不仅要满足室内温度、湿度的需要，更重要的是排除、稀释室内产生的各种污染物，以维护室内的空气洁净度等级和必须的压差要求。非单向流洁净室洁净送风量的计算本可以按冲淡稀释室内污染物（发尘量）所需的空气量进行，但在实际工程设计中采用此项计算方法进行换气次数的计算是困难的，所以一般均采用经验数据的换气次数计算洁净送风量。单向流洁净室的洁净送风量与断面风速直接相关，一般均以断面风速（气流速度计算洁净送风量）计算。

（1）国家标准《洁净厂房设计规范》（GB 50073—2013）中的规定　洁净室的送风量应取下列三项中的最大值：为保证空气洁净度等级的送风量或洁净送风量；根据热、湿负荷计算确定的送风量；向洁净室内供给的新鲜空气量即新风量。为保证空气洁净度等级的洁净送风量，可按表

1.6.4 中有关的数据进行计算或按室内发尘量进行计算。洁净室的断面气流平均风速与换气次数的相关性，可参见表1.6.5。

表1.6.4 气流流型和送风量

空气洁净度等级	气流流型	平均风速/(m/s)	换气次数/(次/h)
1～3	单向流	0.3～0.5	—
4、5	单向流	0.2～0.4	—
6	非单向流	—	50～60
7	非单向流或混合流	—	15～25
8～9	非单向流或混合流	—	10～15

注：1. 换气次数适用于层高小于4.0m的洁净室。
2. 根据室内人员、工艺设备的布置以及物料传输等情况采用上下限值。

表1.6.5 洁净室的平均风速与换气次数

等级	气流流型	平均风速/(m/s)	换气次数/(次/h)
ISO 8(100000)	N/M	0.005～0.04(1～8)	5～48
ISO 7(10000)	N/M	0.005～0.07(10～15)	60～90
ISO 6(1000)	N/M	0.125～0.2(25～40)	150～240
ISO 5(100)	U/N/M	0.2～0.4(40～80)	240～480
ISO 4(10)	U	0.25～0.45(50～90)	300～540
ISO 3(1)	U	0.3～0.45(60～90)	360～540
高于 ISO 3(1)	U	0.3～0.5(60～100)	360～600

注：括号中的数值单位为 ft/min。

(2) 按含尘浓度计算的洁净送风量 洁净厂房内的光源主要是作业人员、建筑围护结构产尘和产品生产设备以及生产过程的产尘等。一般情况下，穿洁净工作服的作业人员发尘量为 $(3～5)×10^5$ 个/(min·人)。据有关资料介绍，建筑围护结构包括洁净室隔墙、顶棚、地面和裸露的管线等所散发的尘粒污染物约为 $0.8×10^4$ 个/(min·m²)。产品生产工艺设备和生产过程的产尘与产品类型及生产工艺密切相关，且差异较大，随着科学技术的发展，各种工业产品生产过程的自动化程度提高，作业人员呈现减少的趋势，作业人员的产尘占比降低，而生产设备和生产过程可能产生的尘粒污染越来越引起人们的关注。表1.6.6 所列为半导体生产中微粒污染物的变化，可见人员、环境等的占比逐年下降。

表1.6.6 半导体生产中微粒污染源的变化

污染源	1985 年	1990 年	1995 年	2000 年
环境	20%	10%	5%	5%
人员	30%	10%	5%	5%
设备	30%	40%	30%	10%
生产过程	20%	40%	60%	80%

按洁净室内的发生尘量计算洁净送风量时，可采用式 (1.6.1)，但是在一般情况下室内产尘量 (G) 很难确定，所以在工程项目设计时均不用公式计算洁净送风量，通常均采用表1.6.4 的数据。

$$L_净 = \frac{60G×V×10^3}{C[1-S(1-\eta_H)]-M(1-S)(1-\eta_X)} (m^3/h) \quad (1.6.1)$$

式中 G——洁净室内单位容积产尘量，个/(L·min)；

V ——洁净室的容积，m^3；

C ——洁净室稳定的含尘浓度（$\geqslant 0.5\mu m$），个/L；

M ——室外新风的含尘浓度（$\geqslant 0.5\mu m$），个/L；

S ——回风量与送风量之比；

η_H——回风通路上过滤器的总效率；

η_X——新风通路上过滤器的总效率。

（3）洁净室按热、湿负荷计算的送风量　按洁净室（区）内生产工艺及其工艺设备和作业人员、围护结构等的热、湿负荷计算确定送风量时，应先计算洁净室（区）的热、湿负荷，再计算热、湿负荷送风量。洁净室的热负荷应包括围护结构传热的热负荷、作业人员的热负荷、室内照明和设备的热负荷等。

1）洁净室的热负荷计算

① 洁净室围护结构传热的热负荷（$Q_传$）按式（1.6.2）计算。

$$Q_传 = \sum K_i F_i \Delta t \ (kW) \tag{1.6.2}$$

式中　K_i——围护结构的传热系数，W/m^2；

F_i——洁净室围护结构的面积，m^2；

Δt——洁净室内外温差，℃。

② 室内人员的热负荷按式（1.6.3）计算。

$$Q_人 = nq_显 + nq_潜 \ (kW) \tag{1.6.3}$$

式中　n——洁净室内的人数，人；

$q_显$——每个人的显热负荷，kW/人，见表1.6.7。

$q_潜$——每个人的潜热负荷，kW/人，见表1.6.7。

表 1.6.7　不同温度条件下成年男子的散热、散湿量

劳动强度	热湿量	不同温度条件下的热湿量										
		18℃	19℃	20℃	21℃	22℃	23℃	24℃	25℃	26℃	27℃	28℃
极轻劳动	显热/W	100	97	90	85	79	75	70	65	61	57	51
	潜热/W	40	43	47	51	56	59	64	69	73	77	83
	全热/W	140	140	137	136	135	134	134	134	134	134	134
	散湿量/(g/h)	59	64	69	76	83	89	96	102	109	115	123
轻劳动	显热/W	106	99	93	87	81	76	70	64	58	51	47
	潜热/W	79	84	90	94	100	106	112	117	123	130	135
	全热/W	185	183	183	181	181	182	182	181	181	181	182
	散湿量/(g/h)	118	126	134	140	150	158	167	175	184	194	203
中度劳动	显示/W	134	126	117	112	104	97	88	83	74	67	61
	潜热/W	102	110	118	123	131	138	147	152	161	168	174
	全热/W	236	236	235	235	235	235	235	235	235	235	235
	散湿量/(g/h)	153	165	175	184	196	207	219	227	240	250	260

③ 室内照明的热负荷按式（1.6.4）计算。

$$Q_灯 = \eta_0 \eta_1 \eta_3 N \ (kW) \tag{1.6.4}$$

式中　N——照明设备的功率，kW；

η_0——整流器消耗的功率系数，取 $1.0 \sim 1.2$；

η_1——安装系数，明装=1.0，暗装=$0.6 \sim 0.8$；

η_3——照明设备的同时使用系数。

④ 室内设备的热负荷按式（1.6.5）计算。

$$Q_{设备} = N_{电热} \eta_1 \eta_2 \eta_4 + N_{电动} \eta_1 \eta_2 \eta_3 \qquad (1.6.5)$$

式中　$N_{电热}$——电热设备的功率，kW；

$N_{电动}$——电动设备的功率，kW；

η_1——安装系数，取 $0.7 \sim 0.9$；

η_2——负荷系数，取 $0.3 \sim 0.7$；

η_3——同时使用系数；

η_4——通风保温系数，见表 1.6.8。

表 1.6.8　通风保温系数

保温情况	排风情况	
	有局部排风时	无局部排风时
设备无保温	$0.4 \sim 0.6$	$0.8 \sim 1.0$
设备有保温	$0.3 \sim 0.4$	$0.6 \sim 0.7$

- FFU 的产热量（kW），Q_{FFU} 按不同产品给出。
- 洁净室总热负荷（Q）按式（1.6.6）计算。

$$Q_{显} = \sum Q_{传} + Q_{人} + Q_{灯} + Q_{设备} + Q_{FFU} (kW) \qquad (1.6.6)$$

2）洁净室的湿负荷计算

① 室内人员的产湿量（$W_{人}$）按式（1.6.7）计算。

$$W_{人} = n w_{人} (kg/h) \qquad (1.6.7)$$

式中　$w_{人}$——每个人的湿负荷（表1.6.7），kg/(h·人)。

② 室内设备的产湿量（$W_{设}$）按式（1.6.8）计算。

$$W_{设} = F W_{设} (kg/h) \qquad (1.6.8)$$

式中　F——产湿设备的水蒸发面积，m^2；

$W_{设}$——产湿设备单位面积的水蒸发量，kg/(m^2·h)。

③ 洁净室总湿负荷（W）按式（1.6.9）计算。

$$W = W_{人} + W_{设} \qquad (1.6.9)$$

3）洁净室热、湿负荷送风量的计算　热负荷送风量按式（1.6.10）计算，湿负荷送风量按式（1.6.11）计算，两者之和为热、湿负荷送风量。

$$L_{热} = Q_{显} / c \cdot \gamma \cdot \Delta t = Q_{全} / \gamma \cdot \Delta i (m^3/h) \qquad (1.6.10)$$

式中　$Q_{显}$，$Q_{全}$——洁净室的显热和全热负荷，kJ/h；

c——空气的比热容，1.01kJ/(kg·℃)；

γ——空气的密度，1.2kg/m^3；

Δt——洁净室的送风温差，℃；

Δi——洁净室的送风焓差，kJ/kg。

$$L_{湿} = \frac{1000W}{\gamma \Delta d} (m^3/h) \qquad (1.6.11)$$

式中　W——洁净室的湿负荷，g/h。

γ——空气的密度，1.2kg/m^3。

Δd——送风的绝对含湿量差，g/kg。

（4）洁净室新风量　在洁净室中，如果新风量不足，工作人员可能出现气闷、头晕等不舒适的症状。为了满足工作人员的卫生要求，保证工作效率，洁净室中要供给足量的新风。为了补充洁净室中的工艺设备排风，洁净室需要补充相应的新风。为了保证洁净室的洁净度免受邻室或外界的污染以及防止洁净室中的产品或产品生产过程的致敏性物质等对邻室的影响，洁净室需要维持一定的压差值，这也需要新风的补充。因此洁净室所需的新风量应满足：①满足作业人员健康要求所需的新鲜空气量不小于 $40m^3/(h\cdot人)$。②保持静压差所需的新风量与补充各排风系统的排风量所需新风量之和，并取两项中的最大值。

① 满足作业人员健康要求所需的新风量。洁净室内作业人员的自然新陈代谢，不断地呼出二氧化碳及散发各种气味、水分、热量和微粒等，各种产品的生产过程也可能产生上述物质，因此若不即时补充新鲜空气，洁净室内以二氧化碳为代表的不利人员健康的物质浓度将会不断增大，作业人员在室内长期停留、活动将会气闷、怠倦以至头晕等。为确保作业人员的健康，在国家颁布的有关标准规范中均有新鲜空气量的规定。在《工业企业设计卫生标准》（GB 21—2010）中规定："每名工人所占容积小于 $20m^3$ 的车间，应保证每人每小时不少于 $30m^3$ 的新鲜空气量……"

国家标准《工业建筑供暖通风与空气调节设计规范》（GB 50019）中规定："空气调节系统的新风量应符合下列规定：生产厂房应按补偿排风、保持室内正压或保证每人不小于 $30m^3/h$ 的新风量最大值确定。"按每人每小时所需的新鲜空气量统计：美国为 $30m^3$，英国为 $42m^3$，日本为 $35m^3$。

在国家标准《洁净厂房设计规范》（GB 50073）中规定：每人每小时的新鲜空气量不小于 $40m^3$。有学者建议，一个净化空调系统供给多个房间时，若其最不利房间的二氧化碳浓度应不高于仅供一个房间时的二氧化碳浓度，即可经过分析比较采用以二氧化碳浓度不超过规定值计算所需的新风量。但由于各类产品生产过程的劳动强度不同，人体在不同状态下呼出的二氧化碳是不同的，如安静时的 CO_2 发生量为 $0.013m^3/(h\cdot人)$，轻作业时为 $0.03m^3/(h\cdot人)$，中等作业时为 $0.046m^3/(h\cdot人)$，重作业时达到 $0.074m^3/(h\cdot人)$，差异较大，因此若以 CO_2 浓度为代表计算新风量，尚需积累测定资料，以便准确地计算。

② 维持洁净室静压差所需的新风量，在本篇 6.3 节"静压差的控制"中有详细叙述。

③ 补充排风所需的新风量。在各类洁净厂房中各种产品的生产过程，因生产工艺的特点，可能会产生、泄漏、挥发一些易燃、易爆或有毒有害气体、物质或粉尘等，而在药品、生物制品生产用生物洁净室中还可能会有致敏性物质、活微生物或病毒等产生、泄漏、扩散，所以为确保洁净厂房的安全生产和防止生产过程的交叉污染，必须采取技术措施，将洁净室空气中的上述各种物质、气体控制在允许浓度范围以下。工程上一般采用两种方式：

a. 对某些工艺生产设备设置局部排风系统抽吸排除各种有毒有害物质。

b. 如果室内空气中的平均有毒有害物质浓度可能超过相关标准规定的允许浓度，必须设置全室排风系统，将室内空气中的有毒有害物质浓度降低至允许浓度以下，并在排风系统中根据排气中所含的有害物质性质、浓度设置相应的处理设备。对于洁净厂房排风系统的设计在本篇第 7 章进行了详细表述。

6.3 静压差的控制

6.3.1 静压差的作用及规定

所谓静压差就是使洁净室与其周围的空间必须维持一定的压力差，对厂房外环境、洁净度不同的洁净室之间或洁净室与一般房间之间保持适当的压差值。其目的是为了保证洁净室在正常工作或空气平衡暂时受到破坏时，洁净室的洁净度免受邻室的污染或污染邻室。洁净室与邻室维持正的静压差（简称正压）是较为常见的情况，实际工程中的工业洁净室和一般生物洁净室都是维持正压。但对于使用有毒、有害气体或使用易燃易爆溶剂或有高粉尘操作的洁净室，生产致敏性药物、高活性药物的生物洁净室以及其他有特殊要求的生物洁净室需要维持负的静压差（简称负压）。通常应根据产品生产工艺要求确定静压差为正压差还是负压差。

不同空气洁净度等级或产品生产工艺性质不同的房间之间应按规定维持一定的静压差，若压差值选择过小，则洁净室的压差很容易被破坏，其洁净度就会受到影响。压差值选择过大或因建造等原因带来缝隙，将会引起如图 1.6.25 所示的不应该出现的被污染空气的泄漏，严重时可能造成洁净室气流紊乱，还会使净化空调系统的新风量增大，空调负荷增加，同时使中效、高效过滤器使用寿命缩短。另外，当室内压差值高于 50Pa 时，门的开关就会受到影响。所以洁净室（区）之间的静压差范围宜为 5～10Pa，并应采取可行的技术措施控制洁净室（区）之间的静压差。

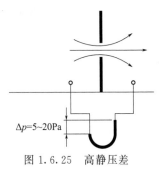

图 1.6.25　高静压差

试验研究的结果表明洁净室正压值受室外风速的影响，室内正压值要高于室外风速产生的风压力。当室外风速大于 3m/s 时，产生的风压力接近 5Pa，若洁净室内正压值为 5Pa，室外的污染空气就有可能渗漏到室内。但根据我国《工业建筑供暖通风与空气调节设计规范》（GB 50019）编制组提供的全国气象资料统计，全国 203 个城市中有 74 个城市的冬夏平均风速大于 3m/s，占总数的 36.4%。所以，洁净室与室外相邻时其最小的正压值应该大于 5Pa。因此，洁净室与室外环境的最小静压差应为 10Pa。

我国洁净厂房的设计建造经验表明，已经在我国各行各业建设的数百万平方米的各类洁净度等级的洁净室，经过多年的实际运行考验均能满足各种产品生产的要求，因此我国洁净厂房设计规范中有关洁净室与邻室之间静压差的规定是合适的、可行的。在国家标准《洁净厂房设计规范》（GB 50073）中有关洁净室（区）压差控制的规定主要是：洁净室与周围的空间必须维持一定的压差，并应按生产工艺要求决定维持正压差还是负压差。不同等级的洁净室之间压差应不小于 5Pa，洁净区与非洁净区之间的压差不小于 5Pa，洁净区与室外的压差应不小于 10Pa。

在现行国家标准《医药工业洁净厂房设计标准》（GB 50457）中规定，下列医药洁净室（区）应与其相邻医药洁净室（区）保持相对负压：生产过程中散发粉尘的医药洁净室（区）；生产过程中使用有机溶媒的医药洁净室（区）；生产过程中产生大量有害物质、热湿气体和异味的医药洁净室（区）；青霉素等特殊药品的精制、干燥、包装室及其制剂产品的分装室；病原体操作区；放射性药品生产区。不同空气洁净度等级的医药洁净室（区）之间以及医药洁净室（区）与非洁净室（区）之间的空气静压差应不小于 5Pa，医药洁净室（区）与室外大气的静压差应不小于 10Pa。

6.3.2　压差风量及控制

（1）压差风量　国内外洁净室压差风量的确定，多数是采用房间换气次数估算的。通常采用缝隙法或换气次数法确定压差风量。

缝隙法计算渗漏风量，既考虑了洁净室围护结构的气密性又考虑了室内维持不同的压差值所需的正压风量。因此，缝隙法相比按房间的换气次数估算的方法较为合理和精确。

单位长度缝隙的渗漏风量用公式计算是比较困难的，一般根据不同形式的门、窗多次试验的数据统计后得出。表 1.6.9 国内洁净室中 20 多种常用的门、窗在实验室进行大量的试验，取得的数据。虽然近年来洁净室门窗的材料和形式有很大的发展，但目前还有部分洁净室仍然采用钢制密封门窗，故表中数据仍可供设计时参考。通常采用缝隙法计算洁净室压差风量可按式（1.6.12）进行。

$$L_w = \alpha \sum ql \qquad (1.6.12)$$

式中　L_w——维持洁净室压差值所需的压差风量，m^3/h；

α——根据围护结构的气密性确定的安全系数，一般可取 1.1～1.2；

q——当洁净室为某一压差值时，其围护结构单位长度缝隙的渗漏风量（表 1.6.9），$m^3/$（h·m）；

l——洁净室围护结构的缝隙长度，m。

表 1.6.9　围护结构单位长度缝隙的渗漏风量　　单位：m³/(h·m)

压差/Pa	非密闭门	密闭门	单层固定密闭钢窗	单层开启式密闭钢窗	传递窗	壁板
5	17	4	0.7	3.5	2.0	0.3
10	24	6	1.0	4.5	3.0	0.6
15	30	8	1.3	6.0	4.0	0.8
20	36	9	1.5	7.0	5.0	1.0
25	40	10	1.7	8.0	5.5	1.2
30	44	11	1.9	8.5	6.0	1.4
35	48	12	2.1	9.0	7.0	1.5
40	52	13	2.3	10.0	7.5	1.7
45	55	15	2.5	10.5	8.0	1.9
50	60	16	2.6	11.5	9.0	2.0

当采用换气次数法时，可参考表 1.6.10 提供的数据确定换气次数，也可采用经验数据进行估算，即当洁净室的压差值为 5Pa 时，压差风量相应的换气次数为 1~2 次/h，当压差值为 10Pa 时，相应的换气次数为 2~4 次/h。因为洁净室压差风量的大小是与洁净室围护结构的气密性及维持的压差值有关，所以在选取换气次数时，对于气密性差的房间可以取上限，气密性好的房间可以取下限。

表 1.6.10　洁净室压差值与房间换气次数的关系　　单位：次/h

室内压差值/Pa	有外窗、气密性较差的洁净室	有外窗、气密性较好的洁净室	无外窗、土建式洁净室
5	0.9	0.7	0.6
10	1.5	1.2	1.0
15	2.2	1.8	1.5
20	3.0	2.5	2.1
25	3.6	3.0	2.5
30	4.0	3.3	2.7
35	4.5	3.6	3.0
40	5.0	4.2	3.2
45	5.7	4.7	3.4
50	6.5	5.3	3.6

（2）静压差控制　不同洁净度等级之间和洁净室与非洁净室之间的静压差可以用各种气流平衡技术确定，所谓气流平衡技术包括自动/手动或主动/被动的方式，各种方式可通过调整风量、回风量或排风量或余压阀排气量或漏损量等进行。在国家标准《洁净厂房设计规范》（GB 50073）中对洁净室静压差的联锁控制规定是：送风、回风和排风系统的启闭应联锁。正压洁净室联锁程序为先启动送风机，再启动回风机和排风机；关闭时联锁程序应相反。负压洁净室联锁程序与上述正压洁净室相反。洁净室的压差控制可通过下面几种方式实现：回风口控制、余压阀控制、差压变送器控制、微机控制等。回风口控制是通过调节回风口上的百叶可调格栅或阻尼层改变其阻

力来调整回风量，以实现控制洁净室压差的目的；余压阀控制是通过调节安装在洁净室余压阀上的平衡压块，从而改变余压阀的开度，实现室内正压控制。图 1.6.26 是余压阀控制正压流程。

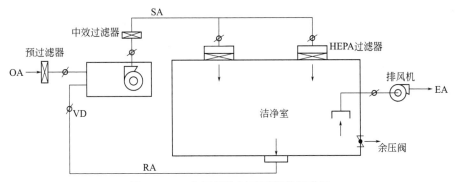

图 1.6.26　余压阀控制正压流程示意图
OA—新风；SA—送风；RA—回风；EA—排风；VD—风阀

差压变送器控制是用差压变送器检测室内压力，自动控制必要的送风量或回风量。其送风（OA）和回风（RA）管路上设有电动风阀（调节阀），系统流程如图 1.6.27 所示。微机控制：在对压差值各不相同的多个房间进行压差控制时，采用微压差变送器检测室内静压，利用微机和电动风阀控制不同房间的送风或回风，可使控制系统简单化。图 1.6.27 是一种自动控制静压压差系统原理图，根据洁净室内设定的压差值经微压差变送器—电压调节器—电动执行机构—电动调节阀控制回风量。

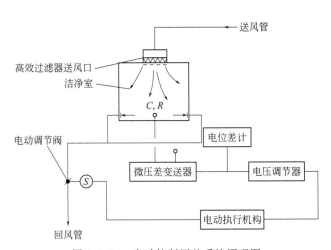

图 1.6.27　自动控制压差系统原理图

6.4　净化空调处理

6.4.1　计算参数的选择

（1）计算参数　室外计算参数：洁净室空调室外计算参数可根据工程所在地区、城市从《工业建筑供暖通风与空气调节设计规范》中的附表查到其相应的数值。如果工程所在地区、城市未在附表中，可参考与之相邻并且已知室外计算参数的城市相关数据，从而确定所需的室外计算参数。

室内计算参数：洁净室内的设计计算参数应符合《洁净厂房设计规范》（GB 50073）中的规定，洁净室的温、湿度范围应符合表1.6.11中的规定。

表 1.6.11　洁净室的温、湿度范围

房间性质	温度/℃		相对湿度/%	
	冬季	夏季	冬季	夏季
生产工艺有温、湿度要求的洁净室	按生产工艺要求确定			
生产工艺无温、湿度要求的洁净室	20～22	24～26	30～50	50～70
人员净化及生活用室	16～20	26～30		

电子工业洁净厂房设计时，应符合国家标准《电子工业洁净厂房设计规范》（GB 50472）对洁净室（区）温度和相对湿度的要求，见表1.6.12。医药工业洁净厂房设计时，应符合国家标准《医药工业洁净厂房设计标准》（GB 50457）的规定：生产工艺对温度和相对湿度无要求时，空气洁净度100级、10000级的医药洁净室（区）温度应为20～24℃，相对湿度应为45%～60%；空气洁净度等级100000级、300000级的医药洁净室（区）温度应为18～26℃，相对湿度应为45%～60%。生产工艺对温度和湿度有特殊要求时，应根据工艺要求确定。人员净化及生活用室的温度，冬季应为16～20℃，夏季应为26～30℃。

表 1.6.12　洁净室（区）的温度和相对湿度要求

房间类别	温度/℃		相对湿度/%	
	冬季	夏季	冬季	夏季
生产工艺有温、湿度要求的洁净室	按具体生产工艺要求确定			
生产工艺无温、湿度要求的洁净室	≤22	约24	30～50	50～70
人员净化及生活用室	约18	约28		

（2）冷负荷计算　洁净室的冷负荷与产品生产工艺和洁净室的建筑围护结构等密切相关，有一些资料介绍了在进行洁净厂房规划设计时，可采用洁净室冷负荷估算数据，但在进行洁净厂房施工图设计时，则应根据洁净室内产品生产工艺要求、生产设备和生产过程以及所拟采用的净化空调系统进行详细的冷负荷计算。现以同样的规模、洁净度等级、生产工艺、室内温湿度参数等，对北京、上海、深圳三地三种不同净化空调系统的案例进行介绍。

① 该洁净厂房的原始技术条件如下。

a. 洁净室面积3500m²，吊顶高度3m，洁净度等级6级。

b. 净化空调系统的送风量为600000m³/h，换气次数57次/h；新风量为90000m³/h（其中工艺设备排风量75000m³/h，正压排风量15000m³/h）。

c. 洁净室的温度为23℃±1℃，相对湿度为50%±5%，室内正压≥5Pa；室内显热负荷为904kW(258W/m²)，送风温差为4.5℃。

d. 洁净室的空调热湿比 $\varepsilon=8500$cal/kg（1cal=4.1868J）。

e. 一次回风系统中，回风量为510000m³/h；二次回风系统中，一次回风量为194210m³/h，二次回风量为315790m³/h。

f. 新风机组的风机温升为1℃，净化空调机组的风机温升为1.5℃。

② 该洁净厂房分别建在北京、上海、深圳三个地区，它们的空调室外计算参数见表1.6.13。

表 1.6.13　空调室外计算参数

空调室外计算参数名称	北京地区	上海地区	深圳地区
夏季空调计算干球温度	33.2℃	34℃	33.5℃
夏季空调计算湿球温度	26.4℃	28.2℃	28℃
冬季空调计算干球温度	−12℃	−4℃	5℃
夏季最热月平均相对湿度	78%	83%	83%
冬季最冷月平均相对湿度	45%	75%	70%
夏季计算风速、风向频率	1.9m/s、N9%	3.2m/s、ES15%	1.8m/s、EN14%
冬季计算风速、风向频率	2.8m/s、N13%	3.1m/s、NW15%	2.4m/s、N27%
夏季计算大气压力	998.6hPa	1005.3hPa	1004.5hPa
冬季计算大气压力	1020.4hPa	1025.1hPa	1019.5hPa

③ 三地洁净室不同净化空调系统的冷量计算及比较。

a. 新风＋干盘管＋FFU 净化空调系统的冷量计算。

$$Q_{总1} = Q_新 + Q_{干盘管} \qquad (1.6.13)$$

$$Q_新 = \gamma \Delta i_新 L_新 \qquad (1.6.14)$$

$$Q_{干冷} = c\gamma \Delta t_{干盘管} L_{FFU} \qquad (1.6.15)$$

式中　$Q_{总1}$——新风＋干盘管＋FFU 净化空调系统的计算总冷量，kW；

$\quad Q_新$——新风处理的冷量，kW；

$\quad Q_{干盘管}$——干盘管温降的冷量，kW；

$\quad \Delta i_新$——新风处理的焓差，cal/kg；

$\quad L_新$——新风量，m^3/h；

$\quad \Delta t_{干盘管}$——干盘管降温温差，℃；

$\quad L_{FFU}$——FFU 循环风量，m^3/h。

b. 二次回风净化空调系统的冷量计算。

$$Q_{总2} = \gamma \Delta i_2 L_2 \qquad (1.6.16)$$

式中　$Q_{总2}$——二次回风净化空调系统的计算总冷量，kW；

$\quad \Delta i_2$——二次回风空调处理焓差，cal/kg；

$\quad L_2$——新风量＋二次回风量之和，m^3/h。

c. 一次回风＋再热净化空调系统的冷量计算。

$$Q_{总3} = Q_1 + Q_{再热} \qquad (1.6.17)$$

$$Q_1 = \gamma \Delta i_1 L_送 \qquad (1.6.18)$$

$$Q_{再热} = c\gamma \Delta t_{再热} L_送 \qquad (1.6.19)$$

式中　$Q_{总3}$——一次回风＋再热净化空调系统的计算总冷量，kW；

$\quad Q_1$——一次回风表冷的计算冷量，kW；

$\quad Q_{再热}$——一次回风再热的计算再热量，kW；

$\quad \Delta i_1$——一次回风的处理焓差，cal/kg；

$\quad L_送$——净化空调系统的总送风量，m^3/h；

$\quad \Delta t_{再热}$——再热的升温温差，℃。

同一洁净室分别建在三地的冷量计算结果见表 1.6.14。由表可知，分别建在北京、上海、深圳三个地区的洁净室夏季空调耗冷量的计算结果不同，上海、深圳的耗冷量比北京高，这是因为上海和深圳夏季的室外热焓值比北京高，空气处理消耗的能量也要多。

表 1.6.14　同一洁净室建在不同地区的耗冷量计算结果表

空调处理方案	北京			上海			深圳		
	冷量/kW	冷指标/(W/m²)	百分比/%	冷量/kW	冷指标/(W/m²)	百分比/%	冷量/kW	冷指标/(W/m²)	百分比/%
新风＋干盘管＋FFU	2305	658	100	2544	727	110	2506	716	109
二次回风	2260	646	100	2498	714	110	2459	702	109
一次回风＋再热	4253	1215	100	4504	1287	106	4420	1263	104

6.4.2　空调处理方案

洁净室的空调处理方案主要有以下几种形式：一次回风系统，是在回风可以循环利用的情况下，先将回风与新风混合，再经过处理，送入洁净室。这是比较常用的系统形式。二次回风系统，是在回风可以循环利用的情况下，先将部分回风与新风混合，经过处理后再与剩余的回风混合处理，送入洁净室。这种系统形式常用于高级别、较小工艺发热量的洁净室，二次回风的利用，节省了部分再热热量和部分制冷量。全新风系统或直流系统，新风经过处理后，送入洁净室，然后不回风直接排入大气。这是用于回风不可以循环利用的情况，如动物房、生物安全洁净室、药品生产工厂的某些药品生产车间或某些工序或室内有可燃、有毒等有害气体不允许回风的洁净送风系统。由于全新风系统是直接将室外新风处理到室内送风状态，回风不循环使用，因此是耗能大的系统形式。从节能角度出发，在采用全新风系统时，可考虑在系统中增设能量回收装置。送风系统＋室内设空调机组可以满足具体洁净室对洁净度等级、温湿度的更严格要求，如 MAU＋RAU 的净化空调系统、MAU＋FFU 的净化空调系统、MAU＋RAU＋FFU 和 MAU＋FFU＋DC 的净化空调系统等。

(1) 空调送风和净化送风联合的方案　将净化空调机组（AHU）集中设置在空调机房内，全部的净化空调送风均在净化空调机组内进行净化和热、湿处理，然后由送风管道将全部的送风输送到洁净室的吊顶上部，再经过设在洁净室吊顶上的终端高效过滤器送风口过滤后送到洁净室内，实现洁净室生产工艺所需要的温度、湿度、洁净度和房间的压差；洁净室的回风经回风口、回风管再回到空调机房的净化空调机组内，与新风混合后重复进行净化和热、湿处理。这种方式可分为全新风送风或直流系统，一次回风方案，一、二次回风方案和 MAU＋FFU 方案等四种不同的净化空调处理方案。这是当前洁净室特别是非单向流洁净室应用最广泛的方案，它具有系统划分明确，风量和温、湿度控制调节都单一的优点。但是洁净度级别较高、送风量较大时，存在着空调机房占地面积大，送、回风管体积大，占用空间大，送、回风管道长，送风机的余压高，噪声大，风量输送耗电量大等缺点。因此，这类送风方案较适用低级别的非单向流洁净室的送风。

① 全新风的净化空调空气处理方案（直流系统）。这是用于特殊的不允许回风的洁净室的送风，如洁净室内工艺生产类别为甲、乙类火灾危险等级或工艺过程产生剧毒等有害物不允许回风的洁净送风系统。

② 一次回风的净化空调空气处理方案。多用在洁净室内的发热量或产湿量很大，消除室内余热或余湿的送风量大于、等于或近于净化送风量的低洁净度等级的非单向流洁净室中。其原理图、焓湿图和空气处理过程见图 1.6.28。

③ 一、二次回风的净化空调空气处理方案。为了节能、消除空气热湿处理过程中的冷热相互抵消，在洁净室净化送风量大于消除余热、余湿的空调送风量时，最好采用一、二次回风方案，将二次混合点设计在系统送风点上。该方案是最节能、最经济的送风方案。其原理图、焓湿图和空气处理过程见图 1.6.29。

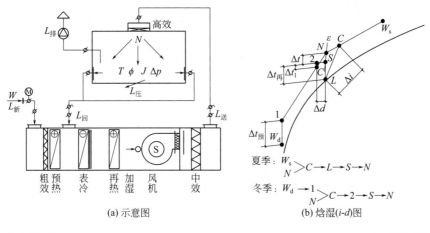

(a) 示意图 (b) 焓湿(*i-d*)图

冷量、热量、加湿量计算：

式中 $L_送$——送风量，m³/h；

$\Delta t_再$——再热温差，℃；

夏季：冷量 $Q = L_送 \rho \Delta i$（kW）

$L_新$——新风量，m³/h；

$\Delta t_预$——预热温差，℃；

再热量 $Q_再 = L_送 c\rho\Delta t_再$（kW）

ρ——空气密度，1.2kg/m³；

Δt_1——加热温差，℃；

冬季：预热量 $Q_预 = L_新 c\rho\Delta t_预$（kW）

c——空气比热容，1.01kJ/kg；

Δd——含湿量差，g/kg。

加热量 $Q_R = L_送 c\rho\Delta t_1$（kW）

Δi——表冷焓差，kJ/kg；

加湿量 $W = \dfrac{L_送 \rho \Delta d}{1000}$（kg/h）

图 1.6.28 空调机组（AHU）一次回风空气处理方案示意图及焓湿图
Δt 为送风温差，℃

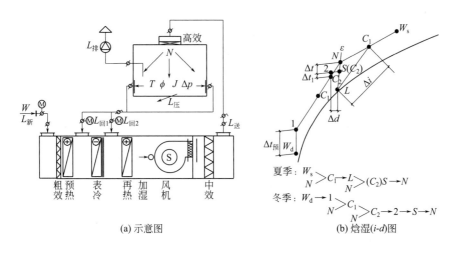

(a) 示意图 (b) 焓湿(*i-d*)图

冷量、热量、加湿量计算：

式中 $L_送$——送风量，m³/h；

$\Delta t_预$——预热温差，℃；

夏季：冷量 $Q = (L_新 + L_{一回})\rho\Delta i$（kW）

$L_新$——新风量，m³/h；

Δt_1——加热温差，℃；

冬季：预热量 $Q_预 = L_新 c\rho\Delta t_预$（kW）

$L_{一回}$——一次回风量，m³/h；

Δd——含湿量差，g/kg；

加热量 $Q_R = L_送 c\rho\Delta t_1$（kW）

ρ——空气密度，1.2kg/m³；

Δi——表冷焓差，kJ/kg。

加湿量 $W = \dfrac{L_送 \rho \Delta d}{1000}$（kg/h）

c——空气比热容，1.01kJ/kg；

图 1.6.29 空调机组（AHU）一、二次回风空气处理方案示意图及焓湿图
Δt 为送风温差，℃

④ MAU+RAU 的净化空调空气处理方案。多用于多个洁净室，其洁净度，温、湿度要求不同，洁净室内的产热量和产湿量也不尽相近，为了满足每个洁净室的洁净度和温、湿度及其精度的要求，应设置多个循环机组，循环机组的送风量是净化送风量；并且在机组内设置必要的热、

湿处理设备，用来补充新风机组热、湿处理的不足和保证该洁净室温、湿度精度的微调节。由于循环机组设在洁净室的吊顶上面，循环机组的送风余压相对都较小，机组体积和机组噪声、振动也较小，送、回风管也比较短小。但是要注意循环机组的凝结水排放问题，往往这种方案的问题都出在凝结水排放的处理上。这些洁净室所需的新风全部由新风机组（MAU）进行净化和热湿的集中处理，此方案的新风机组设在空调机房内。新风机组的新风量不仅仅要补充各洁净室的排风，还要保证每个洁净室的正压。新风机组的热湿处理最好到某洁净室空气的机械露点上。如果新风处理点低于洁净室的机械露点，则新风不仅承担新风本身的湿负荷，而且还将洁净室的湿负荷也消除掉，此时循环机组内的表冷器可为干式表冷器。

（2）净化送风和空调送风分离的方案 空调送风解决洁净室的温、湿度，净化送风保证洁净室的洁净度。为节省运行时的能耗，将消除洁净室内余热、余湿的空调送风量（通常大大地小于洁净室的净化送风量），由设在空调机房内的新风机组（MAU）进行净化和热湿处理，而占总送风量50％～90％的保证洁净室洁净度的净化送风量由设在洁净室附近的循环机组进行净化和补充的热、湿处理，或直接采用吊顶上的FFU（风机过滤器机组）和干冷盘管（DCC）解决洁净室的洁净度等级和温度调节问题。这种净化送风与空调送风相分离的送风方案，不仅可节省运行的能耗，而且可减少空调机房的面积，省掉了庞大的送、回风管道，降低了洁净室的空间高度。这种净化空调处理方案可分为：空调机组（AHU）＋风机过滤器机组（FFU）方案、新风机组（MAU）＋循环机组（RAU）＋（FFU）方案、新风机组（MAU）＋风机过滤器机组（FFU）＋干冷盘管（DCC）方案。

① AHU＋FFU的净化空调处理方案。空调机组净化空调系统的热、湿负荷（洁净室内产生的热、湿负荷及新风的热、湿负荷）全部由设在空调机房内的空调机组来承担，空调机组的送风量是消除本系统余热、余湿的空调送风量（其中包括全部新风和部分回风，但远远小于保证洁净室洁净度等级的净化送风量），它应确保洁净室内的温度和相对湿度恒定；而洁净室的洁净度由设在吊顶上的风机过滤器机组（FFU）将净化送风量就地循环过滤来保证。方案中应注意的是，FFU运行过程中所产生的热量也应由空调机组来承担。此方案更适合用在大面积非单向流洁净室内有局部的垂直单向流的混合流洁净室中。其原理图、焓湿图和空气处理过程见图1.6.30。

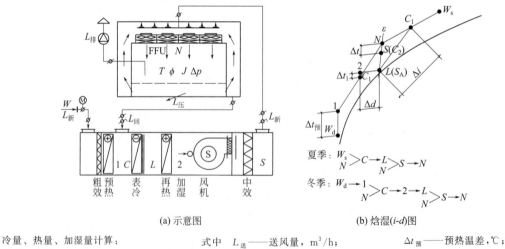

(a) 示意图   (b) 焓湿（i-d）图

夏季：$\dfrac{W_s}{N} > C \to L > S \to N$

冬季：$W_d \to 1 \atop N \to C \to 2 \to L > S \to N$

冷量、热量、加湿量计算：

夏季：冷量 $Q = L_{送} \rho \Delta i$ （kW）

冬季：预热量 $Q_{预} = L_{新} c \rho \Delta t_{预}$ （kW）

加热量 $Q_R = L_{送} c \rho \Delta t_1$ （kW）

加湿量 $W = \dfrac{L_{送} \rho \Delta d}{1000}$ （kg/h）

式中 $L_{送}$——送风量，m³/h；

$L_{新}$——新风量，m³/h；

ρ——空气密度，1.2kg/m³；

c——空气比热容，1.01kJ/kg；

Δi——表冷焓差，kJ/kg；

$\Delta t_{预}$——预热温差，℃；

Δt_1——加热温差，℃；

Δd——含湿量差，g/kg。

图 1.6.30 AHU＋FFU 空气处理方案示意图及焓湿图
Δt 为送风温差，℃

② MAU＋RAU＋FFU 的净化空调处理方案。多用于多个洁净室，其洁净度，温、湿度要求不同，室内的产热量和产湿量也不尽相近，为了满足每个洁净室的洁净度，温、湿度及其精度的要求，就要设置多个循环机组，循环机组的送风量是净化送风量；并且在机组内设置热、湿处理设备，用来补充新风机组热、湿处理的不足和保证洁净室温、湿度精度的调节。由于循环机组设在洁净室的吊顶上面，循环机组的送风余压相对都较小，机组体积和机组噪声、振动较小，送、回风管也比较短小，但应注意循环机组的凝结水排放问题。新风机组设在空调机房内，这些洁净室所需的新风全部由新风机组（MAU）进行净化和热湿的集中处理。新风机组的新风量不仅仅要补充各洁净室的排风，还要保证每个洁净室的正压。

当多个洁净室中有若干个严于 5 级的高洁净度级别的垂直单向流洁净室时，为了减少循环机组（RAU）的负担和送、回风管道的断面，此时循环机组仅解决该单向流洁净室的空调送风量，以保证洁净室的温度、相对湿度和洁净室的正压；而 90％ 以上的送风量由设在洁净室吊顶上的 FFU 来负担，以保证洁净室的高洁净度级别。其原理图、焓湿图和空气处理过程见图 1.6.31。

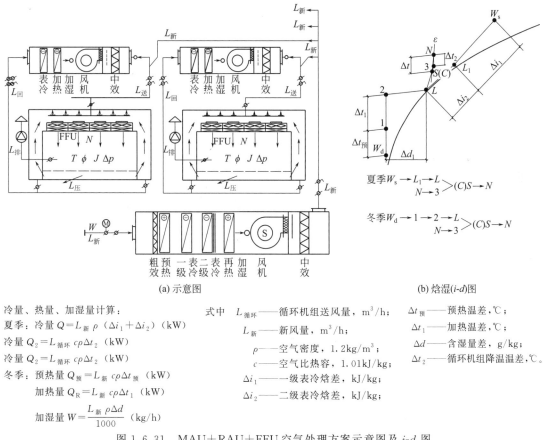

(a) 示意图　　　　　　　　　　　　(b) 焓湿(i-d)图

冷量、热量、加湿量计算：

夏季：冷量 $Q = L_{新} \rho (\Delta i_1 + \Delta i_2)$ （kW）

　　　冷量 $Q_2 = L_{循环} c\rho \Delta t_2$ （kW）

　　　冷量 $Q_2 = L_{循环} c\rho \Delta t_2$ （kW）

冬季：预热量 $Q_{预} = L_{新} c\rho \Delta t_{预}$ （kW）

　　　加热量 $Q_R = L_{新} c\rho \Delta t_1$ （kW）

　　　加湿量 $W = \dfrac{L_{新} \rho \Delta d}{1000}$ （kg/h）

式中　$L_{循环}$——循环机组送风量，m^3/h；

　　　$L_{新}$——新风量，m^3/h；

　　　ρ——空气密度，$1.2kg/m^3$；

　　　c——空气比热容，$1.01kJ/kg$；

　　　Δi_1——一级表冷焓差，kJ/kg；

　　　Δi_2——二级表冷焓差，kJ/kg；

　　　$\Delta t_{预}$——预热温差，$℃$；

　　　Δt_1——加热温差，$℃$；

　　　Δd——含湿量差，g/kg；

　　　Δt_2——循环机组降温温差，$℃$。

图 1.6.31　MAU＋RAU＋FFU 空气处理方案示意图及 i-d 图

Δt 为送风温差，$℃$

③ MAU＋FFU＋DCC 的净化空调处理方案。新风机组将新风处理到洁净室热湿比（ε）线与相对湿度 95％ 线交点以下，不仅将本身的湿负荷消除，而且还负担洁净室内产生的湿负荷，应确保洁净室所要求的相对湿度；而新风机组消除热负荷不足部分的冷负荷由设在洁净室吊顶上或夹道内的干表冷器来补充。干表冷器所弥补的冷负荷被循环空气带到洁净室内，由新风机组处理过的新风用管道以最能与 FFU 循环空气均匀混合的方式送到洁净室的送风静压箱内。

FFU 布置在洁净室的吊顶上，与新风混合的循环风经 FFU 被高效过滤器过滤后送到洁净室内，以保证洁净室的洁净度。FFU 的余压≥120Pa，噪声≤50dB(A) 为好。干表冷器的盘管一般由双排组成，阻力损失应为 $30\sim40\mathrm{Pa}$，循环风通过干盘管的面风速 $<2\mathrm{m/s}$，最好为 $1.5\mathrm{m/s}$。进入干盘管冷水的进水温度应高于洁净室露点温度 $2\,℃$，通常采用中温冷冻水。

这种 MAU+FFU+DCC 的净化空调处理方案，目前在国内外微电子（集成电路）工业、光电子（TFT-LCD、LCD、LED 等）工业大面积、高洁净度等级的洁净厂房中广泛应用。它具有调节方便、节能显著的优点，不但适应工艺的更新换代，并且大大地节省了非生产面积和非生产空间。而且，随着洁净技术和洁净设备的不断发展和进步，FFU 风机效率不断提高，耗电量不断降低，整体价格不断下降，其初投资也与其他类型的送风方案基本持平，但运行费用却大大节省。其原理图、焓湿图和空气处理过程见图 1.6.32。

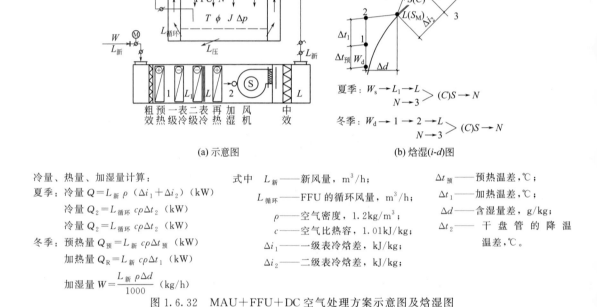

(a) 示意图　　　　　　　　　　(b) 焓湿(i-d)图

夏季：$W_\mathrm{s} \rightarrow L_1 \rightarrow L$
$N \rightarrow 3$ $> (C)S \rightarrow N$

冬季：$W_\mathrm{d} \rightarrow 1 \rightarrow 2 \rightarrow L$
$N \rightarrow 3$ $> (C)S \rightarrow N$

冷量、热量、加湿量计算：

夏季：冷量 $Q = L_{新} \rho (\Delta i_1 + \Delta i_2)$（kW）

冷量 $Q_2 = L_{循环} c\rho \Delta t_2$（kW）

冷量 $Q_2 = L_{循环} c\rho \Delta t_2$（kW）

冬季：预热量 $Q_{预} = L_{新} c\rho \Delta t_{预}$（kW）

加热量 $Q_\mathrm{R} = L_{新} c\rho \Delta t_1$（kW）

加湿量 $W = \dfrac{L_{新} \rho \Delta d}{1000}$（kg/h）

式中　$L_{新}$——新风量，$\mathrm{m^3/h}$；

$L_{循环}$——FFU 的循环风量，$\mathrm{m^3/h}$；

ρ——空气密度，$1.2\mathrm{kg/m^3}$；

c——空气比热容，$1.01\mathrm{kJ/kg}$；

Δi_1——一级表冷焓差，kJ/kg；

Δi_2——二级表冷焓差，kJ/kg；

$\Delta t_{预}$——预热温差，℃；

Δt_1——加热温差，℃；

Δd——含湿量差，g/kg；

Δt_2——干盘管的降温温差，℃。

图 1.6.32　MAU+FFU+DC 空气处理方案示意图及焓湿图

Δt 为送风温差，℃

6.4.3　特殊净化空调系统的空气处理

在药品、生物制品等产品生产用洁净室中，常有要求室内温度较低（低温）或湿度较低（低湿）的洁净室，在其他的工业产品生产用洁净室中有时也有这类要求。这些洁净室常用在生产工艺的关键工序，所要求的温度及相对湿度基准参数比起一般的洁净室要低，称为低温或低湿洁净室。

（1）低温净化空调系统　在设计过程中，我们会遇到某些产品的生产，不仅要在洁净的环境下，同时还需要在特定的空调参数环境中进行。例如，在血液制品生产中，其超滤间、反应罐室等，温度要求为 $-5\,℃$，净化级别为 8 级（10000 级）。净化空调系统如图 1.6.33 所示，各房间的空气洁净度由层流罩来保证；室内温度由小压缩冷凝机组及冷风机来控制。KX-1～3 为房间的 3 级串联新风处理系统，为了避免结冰，串联第 2 级采用除湿机除湿，KX-3 中设一级直接蒸发式冷却盘管，其冷媒为氟利昂，蒸发温度为 $-13\,℃$，新风出口温度控制在 $-7\,℃\pm1\,℃$。

（2）低湿净化空调系统　空气降湿的方法有升温降湿、冷却降湿、吸收或吸附除湿三类。由于各种工业产品的要求多种多样，有时单一的除湿方法不能满足要求，因此需要应用多种除湿方法联合除湿。图 1.6.34 为某低湿洁净室净化空调系统，其空气处理过程、i-d 图见图 1.6.35。

如室内外一次混合点 C_1 在 d_L 线右侧，则空气处理机组与除湿机就需要进行串联运行除湿，如图 1.6.34 所示；当 C_2 在 d_L 线左侧时，就不需要冷水盘管冷却降湿了，而只要除湿机单独除湿即可。

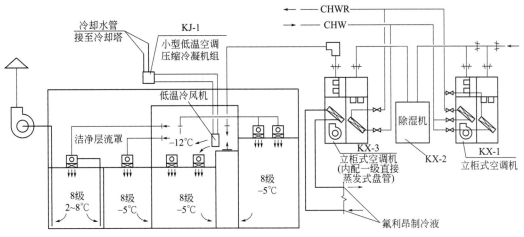

图 1.6.33　低温净化空调系统

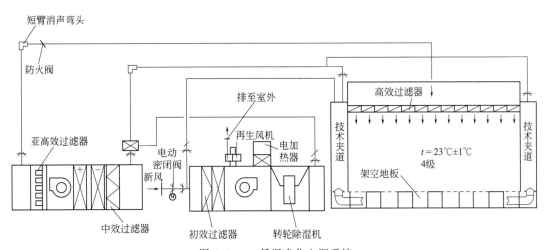

图 1.6.34　低湿净化空调系统

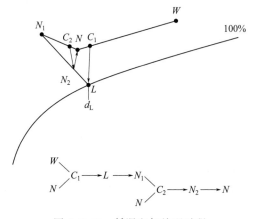

图 1.6.35　低湿空气处理过程

6.5 空气净化设备

6.5.1 风机过滤机组

各种空气过滤器都具有一定的功能，其功能就决定了其作用和使用范围。对其选用正确、使用合理，就能充分发挥其功能，起到应起的作用；如果选用不当、使用不合理，不仅不能发挥其作用，有时还会产生相反的后果。各类空气过滤器的功能和作用主要是：粗效过滤器的功能是去除≥$5\mu m$的尘埃粒子，在净化空调系统中作为预过滤器；其作用是保护中效、高效过滤器和空调箱内的其他配件，以延长它们的使用寿命。中效过滤器的功能是去除≥$1.0\mu m$的尘埃粒子，在净化空调系统中作为中间过滤器；其作用是减少高效过滤器的负荷，延长高效过滤器和空调箱内配件的使用寿命。高中效过滤器的功能是去除≥$1.0\mu m$的尘埃粒子，在净化空调系统中作为中间过滤器，在一般通风系统中可作为终端过滤器使用。亚高效过滤器的功能是去除≥$0.5\mu m$的尘埃粒子，在净化空调系统中作为中间过滤器，在低级别净化系统中可作为终端过滤器使用。高效过滤器是净化空调系统中的终端过滤器，它的功能是去除≥$0.3\mu m$的尘埃粒子，达到净化的目的，是洁净室必备的净化设备。超高效过滤器的功能是去除≥$0.1\mu m$的尘埃粒子，是建造高级别洁净室（$0.1\mu m$洁净室）的必备净化设备，是该洁净室的终端净化设备。化学过滤器的功能是去除可能存在于洁净室新风或循环风中的化学污染物，是一些电子产品生产用洁净厂房应设在空调机组或末端的空气过滤设备。

有关空气过滤器的分类、性能等在本篇第5章已有叙述，本节着重介绍风机过滤机组（FFU）在我国开始应用以来的开发研制历程及其技术性能、产品状况等。风机过滤单元（机组）是将风机和过滤器（高效过滤器HEPA或超高效过滤器ULPA）箱体、控制单元等组合在一起构成的自身能提供动力的末端净化设备。过去在洁净工程中常用的带风机的高效过滤器的送风口、自净器、层流罩等都是FFU的相似装置，但现在所说的FFU是具有标准模数尺寸，能按模数组合起来实现2级、4级、5级、6级等高级别洁净室的净化单元设备。

目前，国内外常用的模数有1200mm×600mm（4ft×2ft）、1200mm×900mm（4ft×3ft）、1200mm×1200mm（4ft×4ft），其厚度多在200~400mm。FFU一般由以下四部分组成：风机、过滤器、机壳、控制单元，见图1.6.36。高效率、低噪声、高余压、运行稳定、寿命长的小风机是FFU的

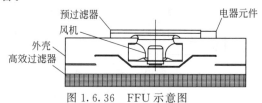

图1.6.36 FFU示意图

核心设备。FFU采用的风机可分为：外转子后倾板形或扭曲形叶片的小风机；内转子前倾多叶片的小风机。两者各有其优缺点。风机的电动机又有单相和三相多速交流电动机和直流电动机之分，一般直流电动机调速方便、节能且价格昂贵，而交流电动机调速性能较差。一般使用电压可为220V和380V的电源。过滤器包括FFU吸入口的预过滤器和终端的高效过滤器（HEPA）或超高效过滤器（ULPA）。这些过滤器最好采用低阻高效的产品。生产厂家在机壳内做了各种形式的消声和气流分配研究，以求降低内阻、提高余压、减少噪声。电器控制单元是实现FFU自动化、节能化和维护管理方便的重要配件。

FFU的性能参数主要有：风量（通常以断面风速表示）、余压、能耗、效率、噪声和控制方式等。

FFU性能中的风量、余压、噪声、效率等参数之间是相互关联和相互制约的，提高某一性能参数，就可能降低另一部分性能参数。一般情况下，FFU的风量是用FFU断面风速来表示的。依使用要求断面风速应为0.35~0.45m/s较为合理，对于1200mm×600mm的FFU其风量为910~1150m³/h。为了保证FFU的正常使用，余压最好为100~130Pa。这是因为双排干表冷阻力为30~50Pa，回风夹层和回风夹道的阻力也有20~40Pa。回风夹道的宽度不能太窄，并且还要保证FFU一定的运行寿命。

为了降低FFU的噪声，很多生产厂商做了很多努力，有的在箱体流道消声结构上进行了改进，还有的在风机叶轮的流体力学方面采取技术措施。噪声问题还是FFU满足应用要求的重要研究课题，这是因为使用FFU不是一台、两台，而是数十台、数百台甚至数万台在一个洁净室内使用，因此，降低FFU的噪声不仅是各生产厂家的努力方向，也是设计和使用FFU人员重视的性能参数。《洁净厂房设计规范》（GB 50073）中规定"洁净室内的噪声级（空态），非单向流洁净室不应大于60dB(A)，单向流、混合流洁净室不应大于65dB（A）"，在洁净室采用多台FFU时，要保证噪声满足规范要求具有一定难度的。据了解，目前采用FFU方式的大面积单向流、混合流洁净室其噪声不少都超过65dB(A)，因此希望单机FFU的噪声小于50dB(A)。FFU送风方式的控制可分为FFU的台数控制、送风断面风速的控制等。

FFU送风断面风速的控制一般有三种：第一种，对风速控制要求不高时，交流电动机通常采用手动多挡开关进行调速，这种调速不是无级的而是有限的。第二种，对于交流电动机可采用变频调速，可节能，但初投资很高。第三种，对直流电动机进行智能化控制，具有节能功能，还可采用遥控方式进行监测和控制。采用FFU送风方式洁净室的温、湿度控制，FFU送风方式难以实现在大面积洁净室中有局部区域的温、湿度条件不同的要求。如果对局部区域的温、湿度要求非常严格，则必须对该局部进行单独隔断，再设置一套独立的空调系统进行独立的温、湿度控制。采用FFU送风方式时，往往不是单台设备而是数十台、数百台甚至数万台FFU布置在吊顶上，因此给维护管理带来一定的难度。所以，在选择FFU产品时除了应考虑高效空气过滤器的更换方便以及风机的可靠性、稳定性和长寿命外，还应重视FFU的启、停控制。据了解，目前FFU的生产厂家可配套供应台数控制装置。

风机过滤机组在洁净厂房正逐渐推广应用，进口、国产的FFU品牌很多，而且不同品牌、不同厂家生产的FFU其性能差别也非常大。因此，在选用FFU时，应根据工程的具体情况和使用要求选择适合工程需要的、性能价格比高的产品。表1.6.15是对国内市场上销售的美国、法国、中国台湾等一些厂家生产的FFU进行测试的数据。虽然，试验不一定全面，但也反映了市场上一些产品的状况。近年来国内FFU的生产厂家日渐增多，但产品性能、规格和技术参数各不相同，洁净厂房设计建造时应根据使用要求、规模等选用适合自身特点的节能和噪声、振动等优良的产品。表1.6.16是国内某公司生产的FFU规格、性能参数。

表1.6.15 不同厂家的FFU机组性能实测结果

产品编号		A			B			C			D		
转数(r/min)		1180			1250			1140			925		
风速/(m/s)	风量/m³	余压/Pa	噪声/dB(A)	能耗/kW	余压/Pa	噪声/dB(A)	能耗/kW	余压/Pa	噪声/dB(A)	能耗/kW	余压/Pa	噪声/dB(A)	能耗/kW
0.35	856	105	57	0.153	132	58	0.176	93	59	0.17	125	54.5	0.33
0.356	870	100	57	0.154									
0.368	900										100	54.5	0.343
0.39	955				100	58.5	0.179						
0.40	978	69	58	0.157	93	58.5	0.181	60	60	0.173	60	54.5	0.35
0.41	1002	60	58	0.159									
0.417	1020	55	58		78	58.5	0.182	48	59	0.174	20	54	0.357
0.442	1080				60	59.5	0.187						
0.45	1100	31	59	0.164	52	59.5	0.19	27	57.5	0.174			
0.462	1130	20	59	0.165	43	59.5	0.19	20	57	0.174			
0.49	1200				22	60	0.192						

注：1.产品的模数尺寸均为1200mm×600mm。

2.表中风压均为机外余压。

3.FFU断面面积按0.68m²计算。

4.A、B、C、D为美国、法国、中国台湾等不同生产厂家产品的代号。

表 1.6.16　某公司的 FFU 规格、技术性能参数

型号	$W \times L$/mm	H/mm	风速/(m/s)	静压/Pa	功率/W	噪声/dB(A)	振动/(mm/s)
交流电动机							
F-22AL	600×900/575×875	250	0.45	250	80	50	0.7
F-23AL	600×1200/575×1175	250	0.45	220	110	51	0.8
F-24AL	600×1200/575×1175	250	0.45	210	120	52	1.2
F-24AM	900×1200/875×1175	275	0.45	310	155	53	1.2
F-34AM	900×1200/875×1175	275	0.45	250	175	53.5	1.2
F-34AM1	900×1200/875×1175	275	0.45	275	225	53	1.2
F-44AM1	1200×1200/1175×1175	275	0.45	205	245	55	1.3
F-44AH	1200×1200/1175×1175	275	0.45	285	305	53.5	1.4
直流电动机							
F-22EL	600×600/575×575	250	0.45	270	55	53	0.7
F-23EL	600×900/575×875	250	0.45	250	70	50.5	0.8
F-24EL	600×1200/575×1175	250	0.45	210	85	51.5	1.2
F-24EM	600×1200/575×1175	275	0.45	415	90	51	1.2
F-34EM	900×1200/875×1175	275	0.45	320	120	53	1.2
F-34EH	900×1200/875×1175	275	0.45	430	125	52.5	1.2
F-44EH	1200×1200/1175×1175	275	0.45	360	180	53.5	1.4

注：1. 表中风速为过滤器下方 0.15m 处的测试值；
　　2. 表中 FFU 功率为初始工况下的功率；
　　3. 噪声测点为过滤器出风面中心下方 1.5m 处。

　　国内早在 2012 年就发布了行业标准《风机过滤器机组》(JG/T 388)，在该标准中对风机过滤器机组的分类、标记、性能参数要求、试验方法、检验规则等提出了要求，为我国统一 FFU 的技术参数、试验和检验要求作出了规定，为广泛应用 FFU、提高质量、减少能耗和试验、检验提供了依据。表 1.6.17 是 FFU 在额定风量下的基本性能参数。

表 1.6.17　风机过滤机组在额定风量下的基本性能参数

序号	性能参数		额定风量下基本要求			
			600mm×600mm	1200mm×600mm	1200mm×900mm	1200mm×1200mm
1	额定风量/(m³/h)		500	1000	1500	2000
2	机外静压/Pa	标准型	≥50			
		高静压型	≥120			
3	输入功率/W	标准型（机外静压 50Pa 时）	≤150	≤200	≤260	≤330
		高静压型（机外静压 120Pa 时）	≤180	≤250	≤300	≤450
4	噪声/dB(A)	标准型（机外静压 50Pa 时）	≤50	≤52	≤55	≤57
		高静压型（机外静压 120Pa 时）	≤54	≤56	≤58	≤60

序号	性能参数	额定风量下基本要求			
		600mm×600mm	1200mm×600mm	1200mm×900mm	1200mm×1200mm
5	送风均匀性	风速相对标准偏差 $\beta_v \leqslant 15\%$			
6	高效（或超高效）过滤器检漏	经扫描检漏无泄漏			
7	泄漏电流	机组外露的金属部分与电源线之间的泄漏电流不应大于 1.5mA			
8	接地电阻	可触及金属表面与设备接地端子之间的电阻值不应大于 0.1 Ω			
9	耐电压（电气强度或介电强度）	机组带电部件与非带电金属部件之间应能耐受 1500 V 的电压（时间 60 s）			
10	绝缘电阻	机组带电部分与非带电部分之间的绝缘电阻不应小于 2.0MΩ			

注：其他规格机组的基本参数参照本表，其额定风量、输入功率（标准型）、噪声（标准型），可按照模数尺寸的比值，结合本表数据进行插值计算得到。

FFU 电源分为直流和交流两种形式。交流式一般设 3～5 挡调节电压来调节电动机的转速，以满足 FFU 出口处风速的需要。由于控制元件为 FFU 自带，分布在洁净室吊顶内的各个位置，因此作业人员必须在现场通过拨挡开关来调节 FFU，控制起来极不方便，而且 FFU 的风速可调范围有限。虽然可以采用变压器群控、单台可控硅削峰调速、可控硅变压器群控等方式进行群控，但不能对 FFU 进行单独控制和管理。而直流式 FFU，每台 FFU 配一个直流调速器，电动机无电刷，噪声小，直流电动机的转子是永磁的，节省了三相异步电动机的转子电流消耗。同交流 FFU 相比，可有效降低电能消耗。表 1.6.18 是某公司的无刷直流电动机与单相交流电动机输入功率比对。

表 1.6.18　无刷直流电动机与单相交流电动机输入功率比对

项目	力矩/(N·m)	转速/(r/min)	输出功率/ W	输入功率/W	输入功率差/W
单相 AC 电动机	0.2	1477	30.9	163.8	112.3
BLDC 电动机	0.2	1477	30.9	51.5	
单相 AC 电动机	0.3	1471	46.2	175.5	109.5
BLDC 电动机	0.3	1471	46.2	66.0	
单相 AC 电动机	0.4	1465	61.4	189.4	105.3
BLDC 电动机	0.4	1465	61.4	84.1	
单相 AC 电动机	0.6	1453	91.3	207.4	91.9
BLDC 电动机	0.6	1453	91.3	115.5	
单相 AC 电动机	0.8	1442	120.8	228.5	80.1
BLDC 电动机	0.8	1442	120.8	148.4	
单相 AC 电动机	1.0	1432	149.9	250.3	67.6
BLDC 电动机	1.0	1432	149.9	182.7	
单相 AC 电动机	1.2	1409	177	279.5	68.5
BLDC 电动机	1.2	1409	177	211	
单相 AC 电动机	1.4	1394	204.4	327.3	80.8
BLDC 电动机	1.4	1394	204.4	246.5	

无刷直流电动机有很多种类型，并各具特点，与单相交流电动机相比，具有高效、节能、可控和智能化管理等优点，可实现遥控方式对每台 FFU 进行监测和控制。如可方便显示各 FFU 的运

行状态及故障 FFU 的位置；可针对每台 FFU 进行参数测定；FFU 错误信息可以通过打印机、EMAIL、手机短信等形式输出；主网关的信号、输出/输入信号，可以输送到用户的自控或火警系统。图 1.6.37 是某公司一套万台左右的直流电动机 FFU 监控系统示意图。据了解，近年来建设的一些微电子产品生产用洁净厂房，例如液晶显示面板生产洁净厂房其 FFU 装置数量均达到数万台，甚至 10 万台左右，为确保调试、运行顺利、正常运行，大多数采用智能控制系统。依据产品生产工艺要求，每层或每个洁净室不是装设一套，而是多套智能控制系统；控制系统按洁净室（区）内不同区域或隔间的洁净度等级和温度、湿度、压力要求，分别设置了各个独立可监控数十台或数百台 FFU 的智能控制装置。从控制、管理、节能等方面考虑，采用直流无刷式 FFU 可降低能耗。表 1.6.19 是交流、直流 FFU 的能耗、投资对比。

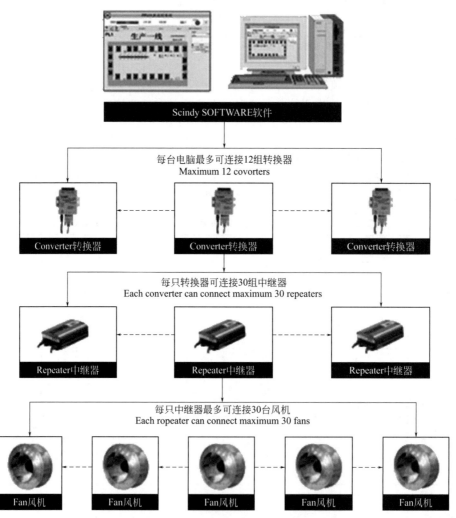

图 1.6.37　直流电动机的 FFU 智能控制示意图

表 1.6.19　交流和直流 FFU 投资能耗的比较

序号	项目	直流	交流
1	单台 FFU 自身消耗功率/W	149.0	250.0
2	单台 FFU 消耗空调功率/W	9.9	37.5
3	单台 FFU 合计消耗功率/W	158.9	287.5

续表

序号	项目	直流	交流
4	单台 FFU 耗电/(kW·h/年)	1354	2450
5	单台运行费用/(元/年)	1083	1960
6	与 AC-Glass 节能差/(元/年)	876	0.0
7	基本价格(仅供参考)/元	4500	3200

6.5.2 表冷器

表冷器或干冷盘管（dry cooling）是新风机组＋干冷盘管＋FFU 净化空调控制温度的关键换热设备，设置在洁净厂房回风夹道的下部或上部。对表冷器的性能要求为防止正常运行时干冷盘管产生结露现象，因此通过干冷盘管的进水水温要高于室内空气露点 1～2℃；为了排除洁净厂房空调系统启动时产生的冷凝水，干冷盘管系统还应设置滴水盘和排水系统。表冷器安装在 FFU 的上游，为降低 FFU 的噪声值应设法减小干冷盘管的阻力；干冷盘管的排数宜采用双排，且当空气通过时阻力不能太大，其铝翅片的间距宜为 3mm。为减少空气通过干冷盘管的阻力，通过盘管的风速应＜2m/s。干冷盘管的水管采用并联方式连接。

根据 FFU 降低噪声的要求，需要控制 DCC 的阻力，若采用了椭圆管换热器的技术，可有效地解决部分阻力的问题；圆形管换热器，空气流在管后分离，产生涡流，空气阻力较大，而椭圆管换热器由于是椭圆管状，降低了空气阻力，如图 1.6.38 所示。

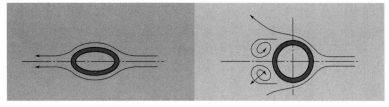

(a) 椭圆管   (b) 圆形管

图 1.6.38　换热器

表 1.6.20 是在通过表冷器的风量、处理的温度参数相同的情况下，面积为 40000m² 的洁净室，使用椭圆管 DCC 和圆形管 DCC 的比较。结果可以看出使用椭圆管 DCC 的阻力只有圆形管 DCC 的一半左右，且耗电量降低，一年可减少用电量 937200 kW·h。

表 1.6.20　椭圆管 DCC 和圆形管 DCC 的性能对比

项目	面风速/(m/s)	2 排阻力(翅片间距 3mm)/Pa	风量/[m³/(h·台)]	输送动力/(kW/台)	DCC 数量	输送动力/kW	年消耗/(kW·h)
圆管 DCC	2.5	29	27000	0.302	703	212	1806240
椭圆管 DCC	2.5	15	27000	0.156	703	110	937200

6.5.3 空气吹淋室和气闸室

（1）空气吹淋室　空气吹淋室是人身或物料用净化设备，它是利用高速（≥25m/s）的洁净气流吹落并清除拟进入洁净室人身服装或物料表面上附着粒子的小室。由于进出吹淋室的门是不同时开启的，因此可以兼起气闸作用，防止外部空气进入洁净室，并使洁净室维持正压状态；吹淋室除了有一定净化效果外，它作为人员进入洁净区的一个分界，还具有警示作用，有利于规范洁净室人员在洁净室内的活动。

空气吹淋室按结构分为小室式和通道式（或通过式）两类。小室式吹淋过程是间歇的，通道式吹淋过程是连续的。洁净厂房内常常采用"单人"或"双人"小室式吹淋室，在国家标准《洁净厂房设计规范》（GB 50073）中规定："单人吹淋室按最大班人数每 30 人设一台。""当最大班使用人数超过 30 人时，可将两台或多台单人吹淋室并联布置。"但小室式吹淋室设置的数量不能过多，一般人员吹淋的时间约为 30 s/人；若需通过吹淋的人数很多时，可考虑设置通道式吹淋室。图 1.6.39 为单人吹淋室，图 1.6.40 为通道式吹淋室。

空气吹淋室在一定的风速、一定的吹淋时间，并进行不断拍打的条件下，对清除人员身上的灰尘有明显的效果。吹淋速度一般在 25～35m/s 之间，吹淋室温度在 30～35℃之间，并设置自动控制和无风断电保护装置。某公司空气风淋室技术性能参数见表 1.6.21，通道式风淋室见图 1.6.41。

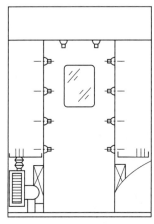

图 1.6.39　单人吹淋室

图 1.6.40　风淋室实景照片

表 1.6.21　某公司空气风淋室技术性能参数表

指标	1	2	3	4	5
适用人数	单人	双人	三人	四人	通道式
风淋时间	风淋时间:1～60s,可调　　　　　循环风时间:1～60min,可调				
喷嘴数量	16(两侧)	32(两侧)	48(两侧)	64(两侧)	80(两侧)
喷嘴口直径	ϕ30mm				
喷嘴出口风速	22～28m/s				
过滤器效率	对于粒径≥0.3μm 的尘埃过滤效率≥99.9%(钠盐法)				
风淋区尺寸 (宽×深×高) /mm	770×900×1960	770×1900×1960	770×2900×1960	770×3900×1960	770×4900×1960
外形尺寸/mm	1500×1000×2130	1500×2000×2130	1500×3000×2130	1500×4000×2130	1500×5000×2130
电源	AV,3N,380V,50Hz				
最大功耗/kW	1.5	3	4.5	6	7.5
重量/kg	500	1000	1500	2000	2500
高效过滤器尺寸/mm	915×610×69,2 个	915×610×69,4 个	915×610×69,6 个	915×610×69,8 个	915×610×69,10 个

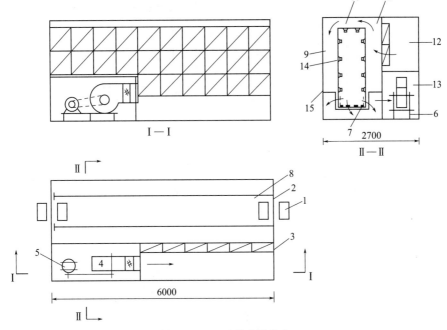

图 1.6.41　通道式风淋室

1—橡皮地毯传感元件；2—自动门；3—高效空气过滤器；4—风机；5—电动机；6—弹簧减振器；7—预过滤器；8—通道；9—左静压箱；10—顶静压箱；11—右静压箱；12—高效空气过滤器安装室；13—风机室；14—喷嘴；15—壁板

（2）气闸室　气闸室或称气锁（air lock），是设在洁净室的出入口，阻隔室外或邻室污染气流或控制压差的缓冲间，有的也称"缓冲间"，也常常用于不同洁净度等级房间之间的分界。气闸室应具有两扇不能同时开启的门，其作用是在人员通过时阻断两个不同洁净环境的空气，避免不同洁净度等级房间之间环境空气引发交叉污染。图 1.6.42 是一个制药洁净室内的气闸室平面图。

6.5.4　洁净工作台

洁净工作台是一种设置在洁净室内或一般房间内，在操作台上保持高洁净度的局部净化设备，主要由预过滤器、高效过滤器、风机机组、静压箱、外壳、台面和配套的电器元器件组成，应根据产品生产要求或其他用途的要求进行选型。

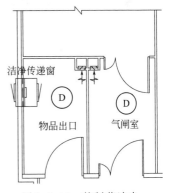

图 1.6.42　某制药洁净室内的气闸室平面图

从气流形式对洁净工作台进行分类，通常分为水平单向流和垂直单向流；从气流再循环角度上分为直流式和循环式；按用途分类，可分为通用型和专用型等。图 1.6.43 为普通型洁净工作台结构，通常控制粒径和洁净度级别为 $0.3\mu m$ 或 $0.5\mu m$，5 级（100 级）。

因洁净工作台内的污染物不会排向室内，所以这类工作台使用广泛。近年来国内的洁净工作台产品种类多样，在实际应用中应根据用途的不同进行选择。图 1.6.44 是一种标准型或通用型的洁净工作台，采用水平单向流流型、开放式台面，广泛用于电子、航空航天、制药、医疗、精密仪器等行业；图 1.6.45 是一种医用型洁净工作台，采用垂直单向流流型、"准闭合式"台面，可避免外部气流透入，可应用于医疗卫生、制药、化学实验室等。表 1.6.22 是某公司的洁净工作台技术参数。

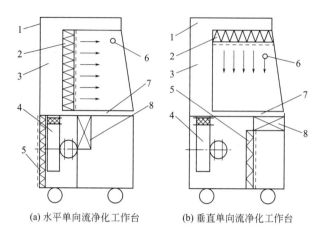

(a) 水平单向流净化工作台　　　　(b) 垂直单向流净化工作台

图 1.6.43　普通型洁净工作台

1—外壳；2—高效过滤器；3—静压箱；4—风机机组；5—预过滤器；6—日光灯；7—台面板；8—电器元件

图 1.6.44　标准型洁净工作台

图 1.6.45　医用型洁净工作台

表 1.6.22　某公司洁净工作台技术参数

参数		SW-CJ 标准型洁净工作台		SW-CJ 医用型洁净工作台	
		SW-CJ-1B(U)	SW-CJ-1C(U)	SW-CJ-1F(D)	SW-CJ-2F(D)
洁净等级		100 级/ISO 5 级			
菌落数		≤0.5 个/(皿·h)(φ90mm 培养平皿)			
平均风速		0.3~0.6m/s(可调)			
噪声		≤60dB(A)			
振动/半峰值		≤5μm			
照度		≥300lx			
电源		AC,单相,220V/50Hz			
最大功耗		0.4kW	0.8kW	0.4kW	0.8kW
重量		100kg	150kg	100kg	150kg
工作尺寸	宽×深×高	820mm×450mm×600mm	1710mm×450mm×600mm	870mm×700mm×500mm	1360mm×700mm×520mm
外形尺寸		900mm×700mm×1450mm	1760mm×700mm×1450mm	1030mm×735mm×1650mm	1520mm×735mm×1650mm

续表

参数	SW-CJ 标准型洁净工作台		SW-CJ 医用型洁净工作台	
	SW-CJ-1B(U)	SW-CJ-1C(U)	SW-CJ-1F(D)	SW-CJ-2F(D)
高效过滤器规格及数量	820mm×600mm× 70mm×1	820mm×600mm× 70mm×2	820mm×600mm× 70mm×1	680mm×600mm× 70mm×2
荧光灯/紫外线灯规格及数量	20W×1\20W×1	40W×1\ 40W×1	20W×1\20W×2	20W×2\20W×2
备注	单人单面	双人单面	单人	双人

6.5.5　生物安全柜

生物学安全柜是一种特殊类型的洁净工作台，是专门处理危险性微生物所用的箱型空气净化负压安全装置，其作用主要是保护操作人员避免受到操作对象的生物危害。生物安全柜分为Ⅰ、Ⅱ、Ⅲ三个等级，其中Ⅱ级又分为Ⅱ级 A1 型、Ⅱ级 A2 型、Ⅱ级 B1 型、Ⅱ级 B2 型。Ⅰ级生物安全柜的工作窗开口向内吸入负压气流用以保护人员的安全，排出的气流经高效过滤器过滤以保护环境不受污染。图 1.6.46 是Ⅰ级生物安全柜气流流向状况示意图。Ⅱ级 A1 型生物安全柜的工作窗口吸入气流和工作区垂直气流混合后进入安全柜上部的箱体，其中一部分气流经高效过滤器过滤后再送至工作区，另一部分气流经高效过滤器过滤后排至所在房间或通过排风管道排至室外。图 1.6.47 是Ⅱ级 A1 型生物安全柜气流状况示意图。Ⅱ级 A2 型生物安全柜的工作窗口吸入气流和工作区垂直气流混合后进入安全柜上部的箱体，与Ⅱ级 A1 型一样混合气流分为两部分分别返回工作区、排出安全柜。A2 型与 A1 型的不同处是 A2 型的污染空气部位均为负压区域或被负压区域包围，而 A1 型的污染空气部位为正压区域，所以 A2 型的安全性优于 A1 型。

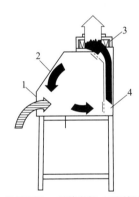

≡房间空气　■污染空气　□高效过滤器过滤后的空气

图 1.6.46　Ⅰ级生物安全柜气流流向状况示意
1—前段开口；2—视窗；
3—排风高效过滤器；4—排风道

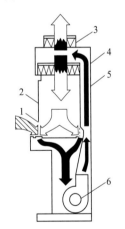

图 1.6.47　Ⅱ级 A1 型生物安全柜气流流向状况示意
1—前段开口；2—前段视窗；3—排风高效过滤器；
4—送风高效过滤器；5—后部风道；6—风机

Ⅱ级 B1 型生物安全柜的工作窗口吸入气流与工作区垂直气流混合后送入安全柜上部的箱体，气流的一部分经送风高效过滤器（HEPA）过滤后再送至工作区，另一部分气流经排风 HEPA 过滤后通过排风管道排至室外；安全柜内的所有污染部位均为负压区域或被负压区域包围。图 1.6.48 是Ⅱ级 B1 型生物安全柜示意图。Ⅱ级 B2 型生物安全柜的前窗操作口流入气流和经高效过滤器过滤的来自实验室或者室外空气（即安全柜为全排风，排出气体不循环使用）的下降气流混合后，全部经 HEPA 排风过滤器过滤排至室外；所有污染部位均处于负压状态或者被直接排气（不在工作区循环）的负压通道包围。图 1.6.49 是Ⅱ级 B2 型生物安全柜的气流示意图。

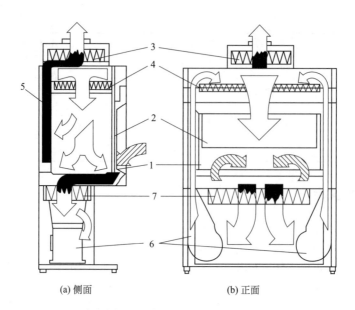

(a) 侧面　　　　　　　　　(b) 正面

▥室内空气　■污染空气　□高效过滤后的空气

图 1.6.48　Ⅱ级 B1 型生物安全柜

1—前端开口；2—工作视窗；3—排风高效过滤器；4—送风高效过滤器；5—正压排风道；6—风机；7—附加的送风高效过滤器

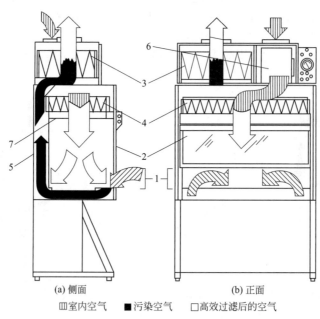

(a) 侧面　　　　　　　　　(b) 正面

▥室内空气　■污染空气　□高效过滤后的空气

图 1.6.49　Ⅱ级 B2 型生物安全柜

1—前端开口；2—工作视窗；3—排风高效过滤器；4—送风高效过滤器；5—正压排风道；6—风机；7—过滤器网

　　Ⅲ级生物安全柜是全封闭、不泄漏结构，作业人员通过与生物安全柜密闭连接的手套进行操作。送风经高效过滤器过滤后进入安全柜，用以保护柜内的实验物品；排风应经两道 HEPA 过滤后或通过一道 HEPA 过滤后再经焚烧处理，以保护环境。图 1.6.50 是单体型Ⅲ级生物安全柜。

　　目前涉及生物安全柜的国内行业标准有 YY 0569 和 JG 170，标准中对各类生物安全柜的分类以及性能及其参数的要求基本一致。表 1.6.23 是生物安全柜的分类。为了让本书读者了解国内生物安全柜的产品性能，现摘要某公司生产的部分Ⅱ级生物安全柜技术参数列于表 1.6.24。

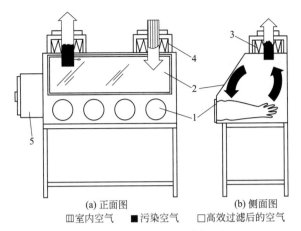

(a) 正面图   (b) 侧面图

▦室内空气   ■污染空气   □高效过滤后的空气

图 1.6.50 Ⅲ级生物安全柜原理

1—手套及手套固定口；2—工作视窗；3—排风高效过滤器；4—送风高效过滤器；5—双扇灭菌锅或传递窗

表 1.6.23 生物安全柜的分类

型式	类型	排风	循环空气比例/%	柜内气流	工作窗口平均风速/(m/s)	保护对象
Ⅰ级	—	可向室内排风	—	乱流	≥0.4	使用者和环境
Ⅱ级	A1 型	可向室内排风	70	单向流	≥0.4	使用者、受试样品和环境
	A2 型	可向室内排风	70	单向流	≥0.5	
	B1 型	不可向室内排风	30	单向流	≥0.5	
	B2 型	不可向室内排风	0	单向流	≥0.5	
Ⅲ级	—	不可向室内排风	0	单向流或乱流	无工作窗进风口，一只手套筒取下时，手套口风速≥0.7	主要是使用者和环境，有时兼顾受试样品

表 1.6.24 某公司Ⅱ级生物安全柜技术参数表

参数	1000-Ⅱ-A2	1000-Ⅱ-B1	1000-Ⅱ-B2	1600-Ⅱ-A2	1600-Ⅱ-B1	1600-Ⅱ-B2
洁净等级	100 级 ISO 5 级/10 级 ISO 4 级					
菌落数	≤ 0.5 个/(皿·h)(φ90mm 培养平皿)					
气密度	500Pa 压力下泄漏量≤ 10%(30min 内)					
噪声	≤ 60dB(A)					
振动/半峰值	≤5μm					
照度	≥ 650lx					
电源	AC,单相,220V/50Hz					
最大功耗	0.8 kW					
送风风速	0.25～0.45m/s					
吸入风速	≥ 0.5m/s					
重量	250kg			300kg		
送风过滤器	1040mm×445mm×50mm			1640mm×445mm×50mm		
排风过滤器	665mm×410mm×50mm	665mm×410mm×70mm	665mm×410mm×90mm	1265mm×410mm×50mm	1265mm×410mm×70mm	1265mm×410mm×90mm

参数		1000-Ⅱ-A2	1000-Ⅱ-B1	1000-Ⅱ-B2	1600-Ⅱ-A2	1600-Ⅱ-B1	1600-Ⅱ-B2
工作区尺寸	宽×深×高	\multicolumn{3}{}{1000mm×600mm×620mm}			\multicolumn{3}{}{1600mm×600mm×620mm}		
外形尺寸		1200mm×780mm×2160mm	1200mm×780mm×2380mm		1800mm×780mm×2160mm		
荧光灯/紫外线灯规格及数量		30W×3/30W×1			40W×3/40W×1		
备注		30%排风	70%排风	100%排风	30%排风	70%排风	100%排风

6.5.6 层流罩等装置

（1）层流罩 层流罩是垂直单向流的局部洁净送风装置，局部区域的空气洁净度可达 5 级（100 级）或更高级别的洁净环境，洁净度的高低取决于高效过滤器的性能。层流罩按结构分为有风机和无风机、前回风型和后回风型；按安装方式分为立（柱）式和吊装式。其基本组成有外壳、预过滤器、风机（有风机的）、高效过滤器、静压箱和配套电器、自控装置等。图 1.6.51 是有风机层流罩示意图。有风机单向流（层流）罩的进风一般取自洁净厂房，亦可取自技术夹层，但其构造有所不同，设计时应予注意。图 1.6.52 是无风机层流罩，主要由高效过滤器和箱体组成，其进风取自净化空调系统。

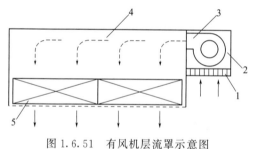

图 1.6.51 有风机层流罩示意图
1—预过滤器；2—负压箱；3—风机；4—静压箱；5—高效过滤器

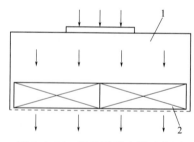

图 1.6.52 无风机层流罩示意图
1—箱体；2—高效过滤器

层流罩的出风速度多数在 0.35~0.5m/s，噪声≤62dB(A)。其单体外形尺寸一般为 700mm×1350mm~1300mm×2700mm，层流罩可单体使用，也可多个单体拼装组成洁净隧道或局部洁净工作区，以适应产品生产的需要。图 1.6.53 为单向流（层流）罩的结构形式。在洁净室的实际工程中由于生产工艺的差异，有的要求在生产设备顶部或邻近周边或作业人员操作区域达到 ISO 5 级时，常常在其局部按所需范围，依据要求的面积或尺寸定制层流罩。图 1.6.54 是一个药品生产设备顶部设置的层流罩。

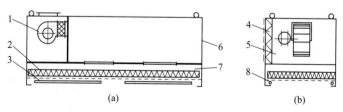

(a)   (b)

图 1.6.53 层流罩结构形式
1—风机机组；2—高效过滤器；3—保护网；4—预过滤器；5—负压箱；6—外壳；7—正压箱；8—日光灯

（2）余压阀　余压阀（图 1.6.55）是为了维持一定的室内静压而设置的，它是一个单向开启的风量调节装置，按静压差来调整开启度，用砝码的位置来平衡风压。通过余压阀的风量一般在 5～20m³/min 之间，维持压差在 5～40Pa 之间。余压阀对急剧的静压变化有很好的适应性，一般宜设置在静压差不同的洁净室之间下风侧的外墙上，并不得设在明显地影响下游侧的室内气流的场所。

图 1.6.54　一个安装在生产设备顶部的层流罩

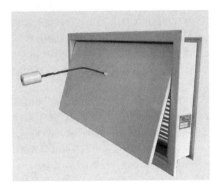

图 1.6.55　余压阀

余压阀的选择与安装：
① 余压阀的结构应能正确地动作，可动部分加工精度满足要求；
② 静压差急剧变化时反应灵敏；
③ 构造上不易积灰；
④ 设置在防火分区墙上时，应采用可靠的不燃材料制作；
⑤ 按计算的漏风量可以排出的原则决定大小及设置台数，其排出风速不应明显地影响下游侧室内气流状态。

（3）传递窗　传递窗（图 1.6.56、图 1.6.57）是洁净室内与外面传递物品时，防止污染或交叉污染的装置，主要用于洁净室之间、洁净室（区）与非洁净室（区）之间小物件的传递，可减少洁净室的开门次数，也有利于洁净室的压力保持等。传递窗分为三大类：电子联锁传递窗、机械联锁传递窗与自净传递窗。传递窗的制作材料分为不锈钢和冷板喷塑，表面应做到平整光洁；传递窗两边门配备拉手，方便开关。电子联锁传递窗，窗门采用电子联锁装置的方式开启与联锁，窗内装有紫外线灯；机械联锁传递窗，窗门采用机械联锁装置的方式开启与联锁，窗内装有紫外线灯、风机和高效过滤器等净化装置。传递窗的尺寸有多种，例如工作区尺寸为 600mm×600mm×600mm、600mm×800mm×600mm、800mm×1000mm×600mm 等，也可根据实际需要定制。

图 1.6.56　传递窗

图 1.6.57　对讲机传递窗

☞ 参考文献

［1］赵荣义.简明空调设计手册.北京：中国建筑工业出版社，1998.

［2］沈晋明.洁净厂房的送风模式.洁净与空调技术，2001，4：2-7.

［3］秦学礼.某厂空调净化工程设计.洁净与空调技术，1998，1：6-12.

［4］许钟麟.洁净室设计.北京：地震出版社，1994.

［5］贺继行，等.空气环境控制//《电子工业生产技术手册》编委会.电子工业生产技术手册第 17 卷.北京：国防工业出版社，1992.

［6］涂光备，等.制药工业的洁净与空调.北京：中国建筑工业出版社，1999.

［7］秦学礼.8″、12″集成电路厂房洁净室设计探讨.洁净与空调技术，2004，3：45-50，34.

［8］W. Whyte. Cleanroom Design Second edition. New Jersey：John Wiley & Sons Ltd，1999.

［9］路延魁.一个空调或净化系统供应多房间时新风量的确定.洁净与空调技术，2000，2：23-25，26.

［10］张利群.FFU 的应用.洁净与空调技术，2003，3：46-49.

［11］张敏，等.无刷直流电机在 FFU 领域的应用及前景展望.首届中日韩污染控制高峰论坛，苏州，2019.

［12］许钟麟，王清勤.生物安全实验室与生物安全柜.北京：中国建筑工业出版社 2004.

［13］电子工业部第十设计研究院.空气调节设计手册.2 版.北京：中国建筑工业出版社，1995.

第7章 洁净厂房的排气设施

7.1 排气设施的特点

　　洁净厂房内的各种产品生产过程中不可避免地会有各类粉尘、有害气体、有害物质的排出，防止它们在洁净室内发散、污染的有效方法是将有害物质在产生的源头——生产设备处采取局部排风方式经排气系统排至室外，为此在国家标准《洁净厂房设计规范》（GB 50073）中规定：洁净室内产生粉尘和有害气体的工艺设备，应设局部排风装置。根据各类工艺设备产生的粉尘、有害气体、有害物质的不同性质、不同浓度等因素设置局部排风装置。由于各类洁净厂房内生产的产品不同，按工艺设备排气中的有害物质不同划分为不同的排气系统，生产工艺设备排出的含有不同有害物质的废气（主要组分是空气）经必要处理后才能排入大气。每套排气系统根据排气中的有害物质性质、浓度以及大气环境要求设置相应的排气处理装置，达到所在地区或国家规定的排放标准后排入大气；排气系统中的排风机一般设在排气系统的末端，并设置在洁净厂房的屋面或邻近的室外或厂房内的辅助生产区内开敞布置的房间内。洁净厂房内还应依据洁净室内产品的特点和相关国家标准的规定设置防排烟系统，以确保洁净室（区）一旦发生火情作业人员的安全疏散。洁净厂房内的生活辅助设施还应遵守有关国家标准的要求设置必要的排风设施，如卫生间等应设置正常排风等。

7.1.1 排气特点

　　（1）排气中含有的污染物/有害物差异大、种类多　各行各业的洁净厂房内因生产的产品不同、产品的生产工艺不同，产品生产过程中排出的排气或传统称为废气中的污染物差异很大，包括污染物的种类、浓度、形态等均与产品种类、生产工艺及其设备和所在工序及其工艺状态、运行参数等密切相关。近年来在我国已建成或正建设的洁净厂房中占比最大的微电子产品生产用洁净室和光伏电池、LED生产用洁净室排气有害物、有毒物种类最为繁多、组分复杂、危害性较大，已受到有关环保部门的高度关注。在集成电路晶圆片的生产过程中，主要的生产工序，如化学气相沉淀（CVD）、离子注入（implant）、刻蚀（etch）、扩散（diffusion）等均需使用各类特性的特种气体和化学品，这些工艺介质在生产过程中除了参加反应生成所需的掺杂物、薄膜等，还会产生大量的有害气体、有毒气体以废气（排气）的形态经处理后排入大气。表1.7.1是电子产品典型生产工序排出废气的主要成分，表1.7.2是晶圆制造过程废气中的污染物及其来源。从表中所列可知废气污染物具有酸性、碱性、毒性（有的还是剧毒）、可燃性（有的还是自燃物，如硅烷等）、腐蚀性等，这些有毒有害物质中大部分对人类的生存环境具有非常大的危害性。如含酸废气未经有效的处理排入室外会造成大气污染，车间内的浓度超标会对操作人员器官造成损伤；而特种气体中的烷类物质毒性则最大，如砷烷（AsH_3）、乙硼烷（B_2H_6）、磷烷（PH_3）均为第一类

A 级剧毒物，其平均暴露许可浓度分别为 0.05×10^{-6}、0.1×10^{-6} 和 0.3×10^{-6}。对于 AsH_3，任何微小的泄漏都可能造成人员生命的危害；而空气中的 PH_3 浓度为 $10mg/m^3$ 时，人接触 6h 就会有中毒症状，如浓度达到 $409mg/m^3$，$0.5 \sim 1h$ 就可能发生人员死亡。烷类物质如处理不充分就排至室外则对大气的污染危害性极大。

表 1.7.1　电子产品典型生产工序排出废气的主要成分

生产工序	废气组成
外延	三氯氢硅、氢气
清洗	硫酸、硝酸、双氧水、氢气、盐酸、氟化氢、磷酸、氟化铵、氨水、臭氧、异丙醇、二氧化氮、乙酸、丙酮、氢氧化钾
光刻	四甲基氢氧化铵、六甲基二硅胺、异丙醇、醋酸丁酯、丙二醇甲醚醋酸酯、氟化物、乙酸丁酯、丙酮、氨、臭氧
化学机械抛光	过氧化氢、乙酸
化学气相沉积	硅烷、四氟化硅、硼烷、磷烷、三氟化氮、氧化二氮、氨气、六氟化物、四氯化锑、正硅酸乙酯、臭氧、乙二醇、二氯二氢硅
扩散、离子注入	三氟化硼、硼烷、砷烷、磷烷、二氯氢硅、三氯氧磷、溴化硼、氯化硼、氯化氢、氟化物、乙硼烷、二氧化氮
焊接	锡和锡化合物、铅和铅化合物等
电路板清洗	硫酸、盐酸
烘干	二甲苯、甲苯、苯、酯类、酮类、醇类等
干法刻蚀	四氟化碳、氯气、三氟化氮、三氟甲烷、氟化硼、氢氟酸、氟化铵、三氯化硼、二氧化氮、六氟化硫、溴化氢、磷化氢
湿法刻蚀	氟化氢、氟化铵、磷酸、醋酸、硝酸、硫酸、草酸
数控钻孔、层压	酚醛树脂、环氧树脂等

表 1.7.2　晶圆制造过程废气中的污染物及其来源

工艺区域	废气种类	污染物成分	污染源
薄膜区、蚀刻区	酸、碱性气体	酸性废气：HF、HCl、HNO_3、H_2SO_4、CH_3COOH、H_3PO_4、$H_2Cr_2O_7$ 碱性废气：NH_3、NaOH	氧化、掩膜板、蚀刻、氧化炉与扩散炉炉芯管清洗、CVD
黄光区、蚀刻区	有机溶剂废气	二氯甲烷（CH_2Cl_2）、氯仿（$CHCl_3$）、丁酮、甲苯、乙苯、丙酮、苯、二甲苯、4-甲基-2 戊酮 [$(CH_3)_2CHCH_2COCH_3$]、乙酸丁酯、三氯乙烷、异丙醇、四甲基胺、氯醛、四氯乙烯、乙基苯、亚甲基二氯、丁基苯、E-1,2-二氯乙烯等	光刻胶清洗、显影液清除、蚀刻液清除、硅片清洗
薄膜区、扩散炉区、蚀刻区	毒性、腐蚀性气体	AsH_3、PH_3、SiH_4、B_2H_4、B_4H_{10}、P_2O_5、SiF_4、CCl_4、HBr、BF_3、$AlCl_3$、B_2O_5、As_2O_3、BCl_3、$POCl_3$、Cl_2、HCN、SiH_2Cl_2 等	氧化、掩膜板、蚀刻、扩散、CVD、离子注入
薄膜区、扩散炉区	燃烧性气体	SiH_4、AsH_3、PH_3、BF_3、H_2、SiH_2Cl_2 等	离子注入、CVD、扩散

（2）对排气中含有的污染物/有害物均有严格的限值规定　洁净厂房排气中的污染物/有害物种类多，且因用途、工序或设备和产品制造过程"作用"不同，在不同排气点的污染物/有害物其

浓度、形态都是不同的，但大多排气点处的排气均对周边环境造成污染或严重污染，并对周边和企业内人员的健康造成伤害甚至严重伤害，为此，必须依据我国现行国家、地方、行业标准对废气中污染物的排放限值规定进行可靠的"净化"处理。由于目前我国各地方的大气污染物排放和治理具有差异，我们引用北京市、上海市的大气污染物排放标准作简介。表 1.7.3 是《大气污染物综合排放标准》（DB 11/501—2017）中对部分涉及半导体生产工艺废气污染物的排放限值规定，表 1.7.4 是上海市地方标准《半导体行业污染物排放标准》（DB 32/3747-2020）。

表 1.7.5 是国家职业卫生标准《工作场所有害因素职业接触限值 第 1 部分：化学有害因素》（GBZ 2.1）中规定的"工作场所空气中部分有害物质容许浓度"。表 1.7.6 是在国家标准《电子工业废气处理工程设计标准》（GB 51401—2019）中列出的电子工业常用高毒物品的立即危害生命和健康浓度（IDLH）。

表 1.7.3　部分涉及半导体生产工艺废气大气污染物的排放限值

序号	污染物	最高允许排放浓度/(mg/m^3)	
		Ⅰ 时段	Ⅱ 时段
1	SiO_2 粉尘	20	—
2	氟化物（以 F 计）	5.0	3.0
3	氯气	5.0	3.0
4	硫酸雾	5.0	5.0
5	氯化氢	30	10
6	氮氧化物	200	100
7	甲苯	25	10
8	二甲苯	40	10
9	苯	8.0	1.0
10	非甲烷总烃	80	20

表 1.7.4　半导体企业大气污染物排放限值

序号	污染物	最高允许排放浓度/(mg/m^3)	最高允许排放速率	
			排气筒高度/m	排放速率/(kg/h)
1	硫酸雾	10	15	1.5
			20	2.6
			30	8.8
2	氯化氢	15	15	0.26
			20	0.43
			30	1.4
3	氟化氢	1.5	15	0.1
			20	0.17
			30	0.59
4	氨	—	15	4.9
			20	8.7
			30	20
5	挥发性有机物（VOCs）	100	—	—

表 1.7.5　工作场所空气中部分化学有害因素职业接触限值

序号	中文名	英文名	容许浓度/(mg/m³)			临界不良健康效应
			MAC	PC-TWA	PC-STEL	
1	氨	ammoonia	—	20	30	眼和上呼吸道刺激
2	苯	benzene	—	6	10	头晕、头痛、意识障碍;全血细胞减少;再生障碍性贫血;白血病
3	丙酮	acetone	—	300	450	呼吸道和眼刺激;麻醉;中枢神经系统损害
4	臭氧	ozone	0.3	—	—	刺激
5	氮氧化物	nitrogen dioxides	—	5	10	呼吸道刺激
6	氟化氢(按 F 计)	hydrogen fluoride, as F	2	—	—	呼吸道、皮肤和眼刺激;肺水肿;皮肤灼伤;牙齿酸蚀症
7	过氧化氢	hydrogen peroxide	—	1.5	—	上呼吸道和皮肤刺激;眼损伤
8	环氧乙烷	ethylene oxide	—	2	—	皮肤、呼吸道、黏膜刺激;中枢神经系统损害
9	甲醇	methanol	—	25	50	麻醉作用和眼、上呼吸道刺激;眼损害
10	甲醛	formaldehyde	0.5	—	—	上呼吸道和眼刺激
11	磷化氢	phosphine	0.3	—	—	上呼吸道刺激;头痛;胃肠道刺激;中枢神经系统损害
12	氯	chlorine	1	—	—	上呼吸道和眼刺激
13	氯化氢及盐酸	hydrogen chloride and chlorhydric acid	7.5	—	—	上呼吸道刺激
14	氢氧化钾	potassium hydroxide	2	—	—	上呼吸道、眼和皮肤刺激
15	氢氧化钠	sodium hydroxide	2	—	—	上呼吸道、眼和皮肤刺激
16	三氯氢硅	trichlorosilane	3	—	—	眼和上呼吸道刺激
17	三氯氧磷	phosphorus oxychloride	—	0.3	0.6	上呼吸道刺激
18	砷化氢(胂)	arsine	0.03	—	—	强溶血作用;多发性神经炎
19	溴化氢	hydrogen bromide	10	—	—	上呼吸道刺激
20	二硼烷	diborane	—	0.1	—	上呼吸道和眼刺激;头痛
21	异丙醇	isopropyl alcohol(IPA)	—	350	700	眼和上呼吸道刺激;中枢神经系统损害
22	磷酸	phosphoric acid	—	1	3	上呼吸道、眼和皮肤刺激
23	四氢化锗	germanium tetrahydride	—	0.6	—	溶血;肾损害

注：1. 表中 MAC 是最高容许浓度，在一个工作日内任何时间、工作地点有害因素均不应超过的浓度。

2. PC-TWA 是时间加权平均容许浓度，是以时间为权数规定的 8h 工作日、40h 工作周的平均容许接触浓度。

3. PC-STEL 是短时间接触容许浓度，在实际测得的 8h 工作日、40h 工作周平均接触浓度遵守 PC-TWA 的前提下，容许劳动者短时间（15min）接触的加权平均浓度。

4. 临界不良健康效应是用于确定某种职业性有害因素容许接触浓度大小，即职业接触值时所依据的不良健康效应。

表 1.7.6　电子工业常用高毒物品的立即危害生命和健康浓度（IDLH）

毒物名称	IDLH/10^{-6}	毒物名称	IDLH/10^{-6}
氨	300	苯	500
苯胺	100	二氧化氮	20
氟化氢	30	氟及其化合物（不含氟化氢）	250mgF/m³
铬及其化合物	金属铬 250mgCr/m³ 铬二价化合物 250mgCr(Ⅱ)/m³ 铬三价化合物 25mgCr(Ⅲ)/m³ 铬酸和铬酸盐 15mgCr(Ⅵ)/m³	汞	汞化合物[除(有机)烷基]10mgHg/m³ 汞(有机)烷基化合物 2mgHg/m³
甲醛	20	磷化氢	50
硫化氢	100	氯、氯气	30
氰化物（按 CN 计）	25mg(CN)/m³	砷化氢	3
砷及其无机化合物	5mgAs/m³	硝基苯	200
氰化氢（按 CN 计）	50	—	—

（3）对排气/排风系统的有害物质进行可靠控制和净化处理　在洁净厂房设计、建造时应对排气/排风系统进行精心设计、精心施工，首先在各种废气排出的源头——产品生产工艺及工艺设备开始处应对排出废气的有害污染物进行控制，据了解目前电子工程的废气种类多，物化性质差异较大，为此在国家标准《电子工业废气处理工程设计标准》（GB 51401—2019）中规定：工艺设备应根据废气污染物的性质分类设置排出口；生产过程中不宜使用极毒、剧毒物质，当不可避免使用上述有害物质时，应采取自动化设备，并应采取密闭、隔离和负压作业措施；工艺设备中产生有毒有害物质的腔体应采取排风措施，并应保持产品生产工艺的负压值。表 1.7.7～表 1.7.9 是某 8.5 代 TFT-LCD 工厂 LED 芯片工厂、12in IC 工厂排气工艺设备排出口负压设定值。

在 GB 50472 中明确规定：产品生产过程排出的含有有害物质的废气，当确认所含的有害物质浓度超过排放标准时，应采取有效处理措施，达到国家规定排放标准后才能排入大气。并以强制性条款规定：对排风系统中含有毒性、爆炸危险性物质的排气管路，应保持相对于路由区域一定的负压值。对于排气系统的可靠安全控制和净化处理将在下面详细介绍。

表 1.7.7　一个 8.5 代线 TFT-LCD 工厂排气工艺设备负压设定值

序号	排风种类	设备排出口负压/Pa	工艺设备
1	挥发性有机物排气	−200	光刻机、湿蚀刻
2	酸性排气	−80	湿刻蚀、返修设备
3	碱性排气	−200	光刻显影设备
4	特殊排气	−80	干刻蚀、等离子增强化学气相沉积、特气供应室
5	挥发性有机物排气	−200	光刻机、湿蚀刻
6	酸性排气	−150	湿刻蚀、返修设备
7	碱性排气	−150	光刻显影设备

注：序号 1～4 为阵列工序、序号 5～7 为成盒工序的工艺设备。

表 1.7.8　一个 LED 芯片工厂排气工艺设备负压设定值

序号	排风种类	设备排出口负压/Pa	工艺设备
1	挥发性有机物排气	−200	光刻机、湿蚀刻
2	酸性排气	−150	湿蚀刻、返修设备
3	碱性排气	−200	光刻机
4	特殊排气(有毒)	−200	干刻蚀、等离子增强化学气相沉积、特气柜

表 1.7.9　一个 12in IC 工厂排气工艺设备负压设定值

序号	排风种类	设备排出口负压/Pa	工艺设备
1	挥发性有机物排气	−200	涂胶、湿法刻蚀、化学机械抛光
2	酸性排气	−150	光刻机、离子注入、金属溅镀、炉管、化学气相沉积
3	碱性废气	−200	涂胶、湿法刻蚀、化学机械抛光
4	粉尘	−200	金属溅镀、等离子增强化学气相沉积

(4) 洁净厂房排气处理工程设计的基本要求　洁净厂房排风/排气设施工程的准确设计，对于电子工业洁净厂房和医药工业洁净厂房都是十分重要的。首先是确保洁净室内的洁净度等级，其次由于各类排气中含有的有害污染物/有害物质会对作业人员和周边环境、相关人员造成伤害，并且一些易燃易爆物质还是洁净厂房安全、可靠运行事故的引发源，因此洁净厂房的设计建造应从十分关注排气/废气设施的精准设计开始，并应切记上面所说的"首先""其次"的重要性，它们不是第一、第二，而是同等的重要。要做到这些，请读者仔细阅看下面涉及洁净厂房排气处理工程设计的基本要求。

1) 排气系统的设置：在 GB 51401—2019 中规定和要求有"排风系统应按废气种类和不相容原则设置"。这里所说的"不相容"是指化学物质经由非故意的结合，可能产生剧烈的反应或无法控制的状况，其释放的能量可能引起危险。洁净厂房的排气处理系统设计的下列情况之一时，应单独设置排风系统：

① 不同排风点不同的有害物质混合后能引起燃烧或爆炸；
② 混合后能产生或加剧腐蚀性或毒性；
③ 混合后易使蒸汽凝结并聚积粉尘；
④ 散发极毒和剧毒物质的房间与设备；
⑤ 排风中含有燃烧爆炸性气体。

洁净厂房排气处理的设计中实施的排风系统划分的原则是为了防止不同种类和物化性质的有害物质混合后引起燃烧或爆炸事故，避免形成新的具有毒性、腐蚀性的混合物或化合物，或生成毒性、腐蚀性更大的混合物或化合物，对人体造成危害或腐蚀设备及管道。为防止或减缓蒸汽在风管中凝结聚积粉尘，从而增加风管阻力甚至堵塞风管，影响通风系统的正常运行。避免极毒或剧毒物质通过排风管道及风口窜入其他房间，如将放散砷烷、磷烷、乙硼烷、铅蒸气、汞蒸气和氰化物等极毒或剧毒物质的排风与其他房间的排风设为同一系统时，当系统停止运行时，含有极毒或剧毒的排气可能通过风管窜入其他房间。极毒物质是指车间空气中有害物质的最高允许浓度小于 $0.1mg/m^3$ 的物质；剧毒物质是指车间空气中有害物质的最高允许浓度达 $0.1 \sim 1mg/m^3$ 的物质。

在排风系统中当个别排风工艺设备要求压力较高时，为减少能量消耗，不应将此排风系统的压力提高，为此在排气系统设计时；当排风点需求压力相差 250Pa 以上，且所需压力绝对值的较大值出现在系统后三分之一管路时，宜分别设置排风系统。

设计排风系统时，对于含有燃烧爆炸性物质的局部排风系统应按物理化学性质采取相应的防火防爆措施；并且当排风中的污染物浓度或排放速率超过国家和地区的污染物排放标准时，应进行净化处理。做出这样的要求是为了防止在设有有毒燃烧爆炸性物质的局部排风系统可能对所在厂房的安全和人员健康造成的危害。在电子工业洁净厂房如芯片制造生产设备的局部排风系统中有毒有害物质主要有：酸碱类、氢氟酸（HF）、盐酸（HCl）、硫酸（H_2SO_4）、硝酸（HNO_3）、氨（NH_3）等；有机类，异丙醇（IPA）、三氯甲烷（$CHCl_3$）、六甲基二硅胺（HMDS）、丙酮等；特种气体，砷烷（AsH_3）、硅烷（SiH_4）、磷烷（PH_3）、硼烷（B_2H_6）、三氟化氮（NF_3）、六氟化钨（WF_6）、三氯氢硅（$SiHCl_3$）、四氟化碳（CF_4）、六氟化硫（SF_6）、一氧化二氮（N_2O）等。这些物质大部分对人类的生存环境具有巨大的危害性，因此要求根据国家和地区污染物排放标准进行净化处理。

废气处理系统的设备符合下列条件之一时，应采用防爆型：

① 直接布置在有爆炸危险区域内；

② 排除、输送或处理甲、乙类物质，其浓度为爆炸下限10%及以上；

③ 排除、输送或处理有燃烧或爆炸危险的粉尘、纤维物质，其含尘浓度为其爆炸下限的25%及以上。

当排风中含有的燃烧或爆炸危险物质可能出现的最高浓度超过爆炸下限值的10%时，废气处理系统的风管和配件应采用金属材料制作，设备和风管均应采取防静电接地措施；当风管和配件的法兰密封垫或螺栓垫圈采用非金属材料时，应采取法兰跨接措施。

各个排气系统应按最大产能时的各工艺设备排气量计算，并以此确定废气处理系统的风量和排风管尺寸。对于排除有燃烧爆炸危险物质的局部排风系统风量，应按在正常运行和事故情况下风管内燃烧爆炸性危险物质的浓度不大于爆炸下限的50%计算；若经计算达不到"计算值"时，应根据具体情况设置稀释措施满足上述要求，以确保运行安全、可靠。

有爆炸危险的厂房、车间发生事故后，火灾容易通过排风管道蔓延扩大到建筑物的其他部位，所以在GB 51401中规定：此类建筑内的排风管道严禁穿过防火墙和有爆炸危险的车间隔墙。对于洁净厂房中含有有毒有害物质或含有爆炸危险性物质的局部排风系统，其排出的气体应排至建筑物的空气动力阴影区和正压区外。进行上述要求是为了使排风系统中含有的有毒有害物质以及局部排风系统中排出的有较高浓度的爆炸危险性物质得以在大气中扩散稀释，以免降落到建筑物的空气动力阴影区和正压区内，污染周围空气或导致向车间内倒流。所谓"建筑物的空气动力阴影区"，是指室外大气气流撞击在建筑物的迎风面上形成的弯曲现象及由此屋顶和背风面等处由于静压减小而形成的负压区；"正压区"是指建筑物迎风面上由于气流的撞击作用而使静压高于大气压力的区域。一般情况下，只有当建筑物和风向的夹角大于30°时，才会发生静压增大，即形成正压区。

2）排气筒、排气风管：洁净厂房排气筒的高度不仅要符合国家及地方环境保护的相关规定，还要满足本项目环境影响报告书的相关要求。实际工程情况表明，后者规定的排气筒高度往往远大于前者的要求。

这是考虑到有毒有害物质虽然经废气处理系统进行了处理，并达到了排放标准，但并不能表明是无害的。为了避免废气未经充分扩散、稀释而沉降到地面被人员吸入，所以应对最低的排气筒高度及较高的排放速度做出规定。废气系统排气筒应远离新风吸入口，以避免空调系统新风被废气污染。为此，在GB 51401中对废气处理系统的排气筒设计进行如下规定：

① 排气筒的高度不应低于15m，且应符合环境影响评价文件的要求；

② 排气筒的高度不能达到要求时，应按其高度对应的排放速率标准值大于50%执行；

③ 排放氯气、氰化氢以及含有其他极毒物质废气的排气筒高度除应符合前两条要求外，还不应低于25m；

④ 排气筒的出口风速宜为15~20m/s；

⑤ 排气筒上应设置用于检测的采样孔，并应设置相应的监测平台；

⑥ 一定区域内同种污染物的废气系统，其排气筒宜合并设置；

⑦ 排风口与机械送风系统进风口的水平距离不应小于 20m，当水平距离不足 20m 时，排风口应高出进风口，并不应小于 6m。

废气处理系统风管的防腐性能应与所接触的腐蚀性介质相适应，在实际工程中如废气中含有 HF，当采用普通玻璃钢风管时，其骨架材料玻璃丝布就不能抵御 HF 的腐蚀，投入运行不久可能就需要更换。另外，即使同为玻璃钢，但不同的树脂对各种酸性介质的抗腐蚀性能也是不一样的。经调研发现，近几年集成电路前工序工厂和平板显示器面板工厂相继发生的几次火灾，虽然起因基本与产品生产工艺有关，但多数情况火势沿着非不燃材料的排风管道扩散、蔓延，引起更大范围发生火灾，造成巨额财产损失，且有几起火灾甚至造成部分电子产品供应中断，引发市场价格波动。所以规定集成电路前工序工厂和平板显示器工厂的排风管应采用不燃材料制作。

废气处理系统风管材料的选择应满足如下要求：

① 风管材料的防腐蚀性能，应与其所接触的腐蚀性介质相适应；

② 集成电路前工序工厂和平板显示器工厂的排风管应采用不燃材料制作；

③ 风管内的风速应符合生产环境对防微振的要求；

④ 室外安装的排风管道应采取耐腐蚀措施，并应设置固定装置；

⑤ 穿过沉降缝时应设置软连接，其材质应与所接触的介质特性要求相适应；

⑥ 风管的支吊架应根据风管的尺寸及重量进行设计。

废气处理系统的风管穿过沉降缝时，输送高温烟气的金属风管以及线膨胀系数不小于 $50 \times 10^{-6} \, ℃^{-1}$，且直段连续长度大于 20m 的非金属风管等均应采取补偿措施。

洁净厂房安装在室外的废气处理系统的风管及配件，若输送的废气中含有遇冷形成凝结物堵塞或腐蚀风管的物质，如苯蒸气、硼蒸气等，将影响废气处理系统的正常工作。除尘系统的风管内表面结露时粉尘将会沉积，并堵塞管道；高温排气系统的风管如不采取绝热措施，有烫伤作业人员的危险。

对于设置在洁净室（区）内的排风管，如直接采用产尘的绝热材料，一方面在施工过程中，保温材料的纤维会在空气中飞扬，难以清除；另一方面有些排风系统的管道在将来，难免需要增设接口或拆开检修等工作，从而对洁净空气造成污染，影响室内洁净度等级，且缩短送风末端过滤器的使用寿命。所以符合下列条件之一的风管及配件应采取绝热措施：

① 室外安装的废气处理系统，其排风被冷却而可能形成凝结物堵塞或腐蚀风管；

② 除尘风管内可能有结露时；

③ 所输送废气的温度大于等于 60℃。

废气处理系统排风管的绝热应做到：安装在洁净室（区）内排风管的隔热应采用不产尘的绝热材料，当使用产尘的绝热材料时，应为双层板夹绝热材料构造的成品绝热风管；集成电路前工序工厂和平板显示类工厂的排风管应采用不燃绝热材料进行隔热。

3）医药工业洁净厂房的排气/排风系统：医药工业洁净厂房的排气/排风系统，对于确保医药洁净室内的空气洁净度等级、环境卫生和安全具有重要作用。医药工厂洁净室排出的废气特点除了因生产的药品产品种类不同，当生产特殊性质药品时，在排气中不可避免地会含有对人身健康有伤害或引发某些疾病的物质外，其余同前述的电子工厂洁净厂房的排气类别大致相似，特别是易燃易爆物质具有一定的相似，如要使用一些溶剂类、可燃气体等；还有疫苗和生物制品类药品生产用洁净室的排风也有其特殊的严格要求。在国家标准 GB 50457 中对医药工业洁净厂房排风系统/装置的设计做了有关规定。

医药工业洁净厂房排出的废气中有害物质浓度超过国家或地方排放标准时，废气排入大气前应采取处理措施；排放含有易燃、易爆物质气体的局部排风系统，应采取防火、防爆措施。

医药工业洁净厂房中排风/排气系统应单独设置的主要有：排放介质毒性为现行国家标准《职业性接触毒物危害程度分级》（GBZ 230—2010）中规定的中度危害以上的区域；排放介质混合后会加剧腐蚀、增加毒性、产生燃烧和爆炸危险性或发生交叉污染的区域；排放可燃、易爆介质的甲类、乙类生产区域等。

生产青霉素等特殊药品生产区排风系统的空气均应经高效过滤器过滤后排放，其空气过滤器宜采用袋进袋出安全型高效过滤器。这里所指特殊性质药品主要有：青霉素类等高致敏性药品；卡介苗类和结核菌类生物制品、血液制品、β-内酰胺结构类药品；性激素类避孕药品；放射性药品；某些激素类药品、细胞毒性类药品、高活性化学药品；强毒微生物和芽孢菌制品等。这是因为特殊性质药品生产区排出的空气中含有特殊药性质药物的微粒，若散发到室外大气会给环境带来污染，严重时甚至影响人的生命安全，为此应经高效空气过滤器过滤达到规定要求后排放。此处装设的过滤器应定期进行更换，为防止过滤器滤材沉积的污染物/有害物质对作业人员造成伤害，推荐采用袋进袋出安全型高效空气过滤器，确保过滤器安装、更换时均在 PVC 袋保护下进行；过滤器不与周围空气接触，保证了作业人员和环境的安全。

7.1.2　排气系统类型

在电子产品生产用洁净室、药品生产用洁净室中，常常在产品生产过程中使用或产生各种酸性和碱性物质、挥发性有机物和易燃气体、特种气体等；在特殊性质药品和高致敏性药物、某些甾体药物、高活性药物、有毒性药物生产过程中还会有相应的有害物质微粒排出或泄漏入洁净室内，为此对于上述产品生产用洁净室内可能排出各种有害物质、气体或粉尘的生产工艺设备或工序设置局部排风装置或全室排风装置。按生产工艺过程排出的废气类型可将排风装置大体划分为下列几种类型。

（1）一般排风系统　在生产辅助用室、生活用室，如值班室、卫生间等排出的一般废气，大多数情况下不需要进行特殊处理即可直接排入大气。

（2）挥发性有机物排风系统　挥发性有机物（volatile organic compounds）是指沸点在 50～250℃之间，温度在 20℃（293.15K）时蒸发压大于等于 0.01kPa 或者能以气态分子形态排放到空气中的所有有机化合物，但不包括甲烷。在产品生产中使用各类有机物质、溶剂作为原辅材料或清洗剂时，都会在相关的场所或设备处散发有机物质、溶剂的气体等，如在集成电路晶圆生产、TFT-LCD 显示器面板等电子产品生产中常有 IPA（异丙醇）、MEA（C_2H_7ON）、NMP（C_5H_4NO）、乙酸乙酯（$C_4H_8O_2$）等挥发性有机废气排出。对这类场所或设备均应设置排风装置。在一般情况下，挥发性有机物排风系统中的有机气体浓度是很低的，若能达到国家排放标准规定的大气排放标准时可直接排入大气，不需要设置废气处理装置；当排风系统中有机气体的浓度超过排放标准规定时，应设有机气体处理装置经处理达标后才能排入大气。有机排气的净化处理有吸附法、浓缩吸附法和催化氧化法等，活性炭吸附法主要用于中小流量的不含粉尘、胶黏物质的苯类、汽油类有机排气的处理。

（3）酸性气体排风系统　酸性废气（acid contaminated exhaust）是企业内燃料燃烧和产品生产过程中产生的酸性污染物气体，通常溶于水中会反应生成弱酸，如 SO_2、H_2S、氟化物、氯、氯化氢、磷酸、硝酸、硫酸等。在电子产品生产中的湿法化学腐蚀、酸液情洗、实验室内均有酸性气体排出，在这类酸性气体的排风系统中通常设置填料湿式洗气塔，处理后排入大气。实际设计时应根据酸性气体的类型、浓度选用合适的吸收液和吸收塔形式。在微电子产品生产过程中某些生产工艺设备可能有高浓度酸性废气排出，为满足有效处理要求，一般在产生高浓度酸性废气的生产工艺设备邻近处设置尾气处理装置（POU），进行现场处理后再排入集中的酸性处理系统，处理达到规定的排放标准后排入大气。

（4）碱性气体排风系统　碱性废气（alkaline contaminated exhaust）是产品生产工艺过程中产生的能与酸作用生成盐类化合物的气体，如氨、胺类化合物、氢氧化钠等。碱性废气/碱性气体排风系统与酸性气体排风系统类似，通常采用填料湿式洗气吸收塔，处理后排入大气。近年来由于大气排放标准越来越严格，需对含有碱性物质（或酸性物质）浓度较低的排气进行净化处理才能达到排放标准，为此可采用专用吸附剂对碱性排气（或酸性排气）进行处理。此种吸附剂一般为一次性的，使用后应进行集中处理，通常作为固体废弃物由城市垃圾处理场集中处理。

（5）特种气体排气系统　特种废气（special contaminated exhaust）是电子产品生产过程中化

学气相沉积、扩散、外延、离子注入、干法刻蚀等生产工艺设备排出的含有毒性、腐蚀性、氧化性、自燃性、可燃性、窒息性等污染物质的废气，主要的污染物质有硅烷、磷烷、锗烷、乙硼烷、氯气、氯化氢、全氟化物（PFC）、三氟化氮（NF_3）、三氟化硼（BF_3）、三氯化硼（BCl_3）、二氯硅烷（SiH_2Cl_2）、三氯硅烷（$SiHCl_3$）、三氟化氯（ClF_3）、氨等。通常当生产工艺设备排放浓度较高时，应在生产工艺设备邻近处设置POU（point of use）尾气处理设备现场处理设备将大部分有害物质去除后再由风管送集中的湿法喷淋装置处理达标后排放。

在电子工业洁净厂房内一些生产工艺设备均可能排出含有氢气、甲烷等可燃气体的废气，排出废气中可燃、易燃物质的浓度与生产的产品品种和生产的工艺有关。若工艺设备排放浓度较高时，可在邻近处设置POU废气处理设备去除大部分有害物质，再经二级处理装置处理达标后排入大气。

（6）热气体排风系统　或称一般排气系统。生产过程中的各种炉子、高温灭菌设备等均有热气排出，由于排气温度较高，有时可采用热回收等方式进行处理；若排气量较小或不便进行处理时，在采取必要的隔热措施后直接排入大气。

（7）含粉尘的排风系统　鉴于产品品种不同、生产工艺过程不同，排气中的粉尘性质、浓度均不同，应根据其排气中的粉尘性质、浓度选用各类除尘装置。一般采用布袋除尘器、带过滤元件的过滤装置，此类装置都可以采取拍打反吹或更换过滤器元件的方式，使除尘装置可较长期地使用。对于某些含尘浓度很高的排风系统根据工程具体情况有时尚需设置二级除尘装置将大部分粉尘去除后再送入前述的布袋或过滤除尘装置，这样做才能满足大气排放标准的要求和稳定、经济地运行。

药品生产中有害、有毒的排风系统，在生产或分装青霉素等强致敏性药物、某些甾体药物以及高活性、有毒药物的房间，二类危险度及其以上病原体操作区的排风口，应安装高效过滤器，使这些药物引起的污染危险降低至最低限度。并且此类排风系统排入大气的排风口与其他药品生产用净化空调系统的新风进风口应相隔一定距离。

在洁净厂房工程实践中，各种生产工艺的排风或排气系统的类型可能比上述分类还要复杂、多样，有的生产工艺排气的性质远超出上述7类，有的排气中有害物质是"跨界"的，如含有硅烷的排风系统，按硅烷的物化性质既是有毒气体又是自燃气体，危险性极大，砷烷、磷烷、乙硼烷等烷类气体也既是有毒甚至剧毒气体又是可燃易燃气体。所以上述分类仅为大体上的划分。

7.1.3　排气系统组成

（1）简述　洁净厂房的排气系统一般由排气管道、排气处理装置、排气风机等组成，排气处理装置根据产品生产工艺设备排气中的有害物质或有毒物质的物化性质与浓度高、低应设置现场处理装置/尾气处理装置（POU）和集中处理装置或只需设置集中处理装置。对于生产工艺设备的排气系统传统称谓是局部排风系统，一般是从生产工艺设备的排风口接出管道至排气支（干管），并在其设备出口处理设置关断网、控制阀；排气系统应根据排放物质的物化性质、生产工艺设备使用时间的差异、排气点的压力要求等因素分系统设置或单独设置。

在GB 50073中规定属于下列情况之一的排风系统应单独设置：①排气中介质混合后能生成或加剧腐蚀性、毒性、燃烧爆炸性和发生交叉污染；②排风介质中有毒与无毒，毒性相差很大；③易燃、易爆排风与一般排风。当生产工艺设备排放口有害介质的浓度较高、危险较大时，应在邻近排放口处设置尾气处理装置、现场处理装置（POU）将大部分有害介质去除，然后再由排风系统输送至集中的湿法喷淋装置，处理达标后才能排放。

在医药工业洁净厂房中更应十分注意防止"交叉污染"，这是因为医药洁净室内的产品是涉及生命安全、人身健康的药品，这是特殊的生产过程，一旦发生不同物质或不同工序间可能发生的交叉污染均会导致严重的后果，这可能不仅是药品质量问题，尤其是过敏性药品或在药品生产过程中涉及生物活性的差异或毒性差异时，更应严格防止交叉污染的发生。此类洁净室的排风系统在规范中有十分严格的规定。

　　排气系统中的处理装置、排风机等应根据排气中的有害物质类型、性质和浓度不同，设置在洁净厂房的不同位置。如在集成电路生产用洁净厂房内"扩散"生产工序的设备排气中通常含有一定浓度的磷烷（PH_3）或乙硼烷（B_2H_6）、氢气等，且在同一洁净厂房中设有多台扩散设备，除了在工艺设备邻近处设置现场处装置（POU）外，一般集中设置排气处理装置，由一套或按生产工艺安排设多套排气系统经洁净厂房生产区的排气管道至设置在屋面或邻近室外场地的废气处理装置、排风机。

　　工艺排气系统排气管道的路由与洁净室类型、排气处理装置的位置等有关。各类产品生产用洁净厂房因产品及其生产工艺不同，空气洁净度等级是不相同的。对于洁净度要求十分严格的集成电路芯片生产用洁净室一般采用垂直单向流洁净室，通常设有一层或二层下技术夹层，对于三层或多层的洁净厂房，工艺排气管道有时部分或大部分经由下技术夹层排至集中废气处理装置。洁净厂房通常设有用作回风静压箱的下技术夹层及其下面一层的生产辅助区，在生产辅助区布置各种动力主管线和生产辅助设施等。图 1.7.1 是设在下技术夹层的排气管。在空气洁净度等级为 6～9 级的洁净厂房内，洁净室一般采用非单向流，通常是将工艺排气管道设置在洁净厂房的上技术夹层内，药品生产用洁净厂房基本上采用这种方式。由于工艺排气系统的排风机设在排气管的末端，因此排气系统基本均为负压，所以排气系统的排气管线不宜过长，并应控制排风机单位风量的耗电功率，以有利于降低排风系统的电力消耗量。

图 1.7.1　设在垂直单向流洁净厂房下技术夹层的排气管道

　　对于各类排出有害气体、粉尘和排热的产品生产设备，均应设置局部排风（气）装置。各类局排装置的排气罩吸风口位置、面积或尺寸应按生产工艺设备的有害物质排风口确定，排风速度应选择适当、合理，并宜采用密闭式结构。

　　排气系统的组成应设置相应的安全可靠的技术措施，既确保排气系统安全可靠运行，也为洁净厂房的安全可靠运行创造条件，这也是确保洁净室（区）空气洁净度等级的必要条件。这些技术措施主要包括：应防止室外气流倒灌，避免影响洁净室（区）的气流组织或洁净度等级；对含有可燃、易爆物质的排气系统，应根据其介质的物化性质、浓度等设置相应的防火、防爆措施；对排气中含有水分或凝结物的排风系统，应按布置状况设置坡度和可靠的排放口，防止液态物在管路积聚，带来泄漏或危害安全的事故发生。为确保连续不断可靠排气，每个排风系统的排风机和废气处理装置均应设一台备用，即系统排风机和废气处理装置应为 $N+1$ 配置方式；排风机应选用变频风机，平时 $N+1$ 台风机低速运行，其中有一台风机出现故障时，该风机吸入口的风阀自动关闭，N 台风机自动投入高速运行。排风机应设置备用电源系统，以防止突然断电造成排风系统停止工作，若一旦停机不仅会使有毒有害物质不能及时排出散发进入车间，而且还会对生产过程造成影响。这是因为有些工艺生产设备如果设备内的排气负压低于规定数值时，将自动中断有毒的反应气体注入并停止生产。排风系统的管道及配件也应做到安全可靠，在集成电路晶圆生产用洁净厂房内排风量大、排风点及废气种类多，通常分别设计为不同的排风系统，各种排气系统根据排出废气中所含污染物、有害物质的不同，其排风管道所用材质各异，如热排风系统管道一般用镀锌钢板制作，挥发性有机废气排风系统管道一般用不锈钢制作，氨排风系统管道一般用PVC制作。酸性排风系统则比较复杂，因为实际工程中通常在烷类等特种废气的排出工艺设备邻近处设置的尾气装置（POU）去除大部分有害物质后，送入集中的酸性排风系统处理达标后排入大气。烷类排风系统既是防腐蚀系统又是防爆系统，排风管道也就不能用PVC，均采用不锈钢制作，这是因为PVC不能满足防火防爆的要求，而不锈钢即使采用SUS316L也不能抵御HCl的腐蚀，所以应视经尾气处理装置中脱除反应过程生成物的状况，确定应采用何种材质。工程实际表明，这类排风系统的管道制作国内外目前比较流行的方法是用涂四氟乙烯的不锈钢板制作或先用不锈钢板将风管制作好，安装前再浸PVC（或PE）。另外这类排风系统中有些物质会在管道内沉淀积聚，如SiH_4、SiH_2Cl_2、$SiCl_4$遇空气会生成SiO_2粉尘沉积，天长日久会引起排风管道的堵塞，影响排风系统的正常工作，国内就曾发生过这类排风管道因堵塞而引起的爆炸事故，因此排风系统的管道应定期检查清理，并在排风管道的适当位置（如拐弯和上升处）设置检修口或观察窗。

（2）酸性废气、碱性废气系统的组成　酸性废气、碱性废气系统基本采用填料洗涤式处理设备。在电子产品生产的酸性废气系统，根据生产工艺设备排气特点会有含氮氧化合物废气排出，如含有二氧化氮（NO_2）、一氧化氮（NO）的废气，此类排气通常应单独设置废气处理系统，并宜采用多级喷淋处理方式。还有高浓度废气排出的生产工艺设备宜在其邻近处设置尾气处理设备（POU）进行处理，之后再进入集中或中央酸气处理系统，处理达标后排入大气；若不能设置（POU）时，应采用独立设置的多级喷淋处理的废气处理系统。

填料洗涤式酸性、碱性废气处理系统应由排风管道、处理设备、排风机、排气筒、吸收液储存及输送系统、加药装置和控制系统等组成。图1.7.2是某集成电路芯片制造过程中产生的酸性废气处理流程。生产设备产生的酸性废气通过酸排气管至入口的静压箱，经过洗涤塔，除去酸性物质后，经出口静压箱排风管至排气风机排放到大气中。洗涤塔设有循环泵、循环水流量计、pH计、液位计等，采用氢氧化钠作为中和的化学品，通过测定循环水的pH控制氢氧化钠的注入量。经过排气处理的排水集中排放至工厂的废水处理系统处理，达到工业排放标准后排入大气。该酸性废气处理系统H_2SO_4、HNO_3入口浓度均为$20mg/m^3$，出口浓度均为$1mg/m^3$，HF和HCl入口浓度分别为22.4×10^{-6}和12.3×10^{-6}，出口浓度分别为1.12×10^{-6}和0.62×10^{-6}，处理效率可达95％左右。在此流程中风机设计在处理装置后，风机的轴承与腐蚀性废气不接触，不易被腐蚀，并且可以确保装置连接处不因正压导致漏风。

（3）挥发性有机废气系统的组成　根据生产工艺设备排出的挥发性有机废气种类、浓度流量等的差异，可采用吸附、吸附浓缩、催化氧化或蓄热氧化或它们的组合等方法进行有机废气处理。因此采用不同的挥发性有机废气处理方法，其处理系统的组成是不同的，即使是同一方法也会因"废气"中有机物种类、浓度、流量的差异，采用不一样的"系统组成"以达到最有效的处理效果或减少能源消耗，获得更好的技术经济效益。例如一个转轮浓缩热氧化处理系统由转轮浓缩吸附装置、热氧化装置（燃烧装置）、换热装置（数个换热器）、风机（多台）、排气筒以及控制系统等组成。图1.7.3是某集成电路晶圆制造洁净厂房的有机废气处理系统流程。该系统由高温转轮装置和活性炭吸附装置构成。有机废气通过预过滤器，除去灰尘颗粒，通过原气体冷凝器，除去高沸点有机物甲基乙基酮MEA，保护高温转轮装置内的吸附剂；通过加热器，加热冷凝后的有机废气至30℃左右，这样可以提高有机物吸附率；接着通过G-AC过滤器，再次过滤去除高沸点有机物。废气送风机将有机废气送入高温转轮装置进行吸附。高温转轮分为前后二室，并装有一个大转盘，转盘上装有纸质活性炭过滤器。有机废气过滤和吸附后排入大气中，吸附后的转盘转入另一室内，通入150℃左右的热空气进行对活性炭的解吸，解吸出来的浓缩气体通过过滤器、冷凝器、加热器、G-AC过滤器等设备，被浓缩气体送风机送入颗粒活性炭吸附筒处理，吸附后排放到大气中。吸附筒的活性炭通过水蒸气及压缩空气控制吸附桶上下挡板动作来完成对活性炭的解吸，解吸后的水蒸气经冷凝后变成浓缩液回收。该系统设计的有机废气含异丙醇、醋酸丁酯、二甲基

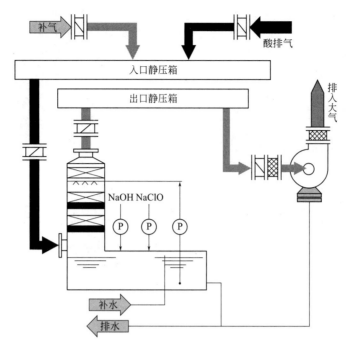

图 1.7.2　某集成电路芯片制造的酸性废气处理流程图

亚砜、苯类等有机气体，浓度为 65×10^{-6}，经高温转轮装置处理后，平均去除率可达 90% 以上，排放到大气中的有机气体浓度小于 6.5×10^{-6}；浓缩气体的体积约为原废气的 1/15，浓度为原废气的 12～13 倍左右，活性炭吸附装置平均去除率可达 95% 以上。实际数据表明其非甲烷总烃排放浓度为 1.55～90mg/m³，均能达到相应的排放标准，其运行处理效果良好。

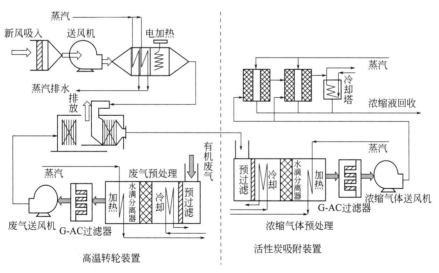

图 1.7.3　某集成电路晶圆制造洁净厂房的有机废气处理流程图

（4）特种废气系统的组成　特种废气系统在电子工业洁净厂房，尤其是集成电路制造、TFT-LCD 面板显示器制造、太阳能光伏电池生产等洁净厂房内使用十分广泛，且会生产的产品不同、工艺设备不同、工艺技术不同，以及所使用的特种气体品种、品质要求（包括浓度、混合配比等）均存在差异，具体工程项目中的生产工艺设备排出废气中气体种类、浓度等各具特点。因为特种废气中的污染物质/有害物大多具有毒性、可燃易爆性、腐蚀性，所以根据工艺设备生产过程中产生的污染物性质和浓度等因素，大多应在工艺设备邻近处设置不同类型的尾气处理装置或现场处理设备（POU）。图1.7.4是在工艺设备邻近处设置尾气处理设备的示意图。图中工艺设备在楼上，楼板下的下技术夹层设置尾气处理设备/现场处理设备（local scrubber），直接以排气管相接。特种废气经尾气处理装置现场处理后，应接入集中/中央废气处理达标后排入大气。

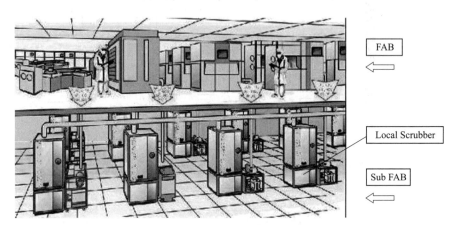

图 1.7.4　在工艺设备邻近处设置尾气处理设备的示意图

依据特种废气的特点，特种废气系统或装置类型较多，其废气系统或装置的组成也差异较大。例如烷类废气中硅烷（SiH_4）、锗烷（GeH_4）的处理系统一般采用热氧化和喷淋洗涤两级处理方式，而乙硼烷（B_2H_6）的处理系统一般采用喷淋洗涤方式，砷烷（AsH_3）废气处理系统一般采用干式吸附的方式。全氟化物（perfluorocompounds，PFCs）是具有高全球变暖潜能（GWP）的氟化合物，包括全氟化合物和氢氟碳化物，如四氟化碳（CF_4）、六氟乙烷（C_2F_6）、八氟丙烷（C_3F_8）、三氟化氮（NF_3）、六氟化硫（SF_6）、三氟甲烷（CHF_3）等。全氟化物废气处理一般采用热裂解和喷淋洗涤两级处理方式，并应将废气处理系统的排水排入企业的含氟废气处理装置进行处理，达到排放标准才能排出。

（5）除尘系统的组成　除尘系统一般可分为集中式、分散式、就地安装等方式。当尘源较多，但无不相容物质，且位置相对较为集中时，宜采用集中除尘系统；当距离较远，只有个别或距离较近的数处尘源时，宜采用就地安装方式，或数个尘源分散时可相对统一设置除尘系统。通常对于具体工程项目应根据污染源的性质、数量、分布状况和产生污染物的时段等因素经技术经济比较确定采用集中式还是分散式。

除尘系统通常由污染源收集装置、除尘管道、除尘器或净化装置、风机、排气筒、卸灰和输灰装置等组成。除尘系统可分为吸入系统和压入系统。吸入式除尘系统是工艺设备等排出的含尘废气由集尘罩→除尘器→风机→排气筒，经除尘器排出的尘粒、灰由卸灰输灰装置运出；压入式除尘系统与之不同的是风机设置在除尘器前。若采用压入式系统含尘气体未经除尘器净化先流过风机增压，风机的叶轮、机壳易被粉尘磨损，且增压后的含尘气体在排风管易于发生粉尘泄漏，污染周边环境，所以建议采用吸入式除尘系统；压入式除尘系统只适用于含尘废气的含尘浓度小于 $3g/m^3$，颗粒物粒径小于 $10\mu m$，且粉尘磨损性弱的场合。

7.2　排气处理设备

7.2.1　排气处理设备类型

根据各行业洁净厂房的产品种类不同、生产工艺不同、生产工艺设备不同，它们所排出的所谓局部排风（气）中含有的物质差异很大，排放浓度也各不相同。为将排气处理达到标放标准，需采用不同类型的排气处理设备。若按排气类型可分为酸性废气、碱性废气、有机废气、特种废气或可燃易爆气体废气、医药产品生产的有害或有毒废气、含粉尘废气等，若按处理方法的不同可分为干法、湿法、吸附法、热氧化法、催化氧化法、过滤法等类型。为应用方便，现以排气类型进行介绍。

（1）酸性废气处理　酸性废气一般采用干法吸附或湿法中和的方法进行处理。干法吸附采用专门的固体吸附剂吸附去除各种酸性物质。干法吸附处理设备可按废气中有害物质的成分装填不同的吸附剂，被吸附酸性物质在吸附体内反应生成无害的产物，当吸附剂吸附容量达到饱和后应进行再生或一次性更换。这类处理装置结构简单、运行方便，且设在室外没有冻结的危险；但阻力较大，且处理装置的初、终阻力相差较大，会造成排风系统风量的不稳定，这对保证排风系统的正常运行以及洁净室的正压和洁净度带来不利影响。湿法中和是设置湿式洗气吸收塔，排气经过喷淋等方式与不同浓度的液体 NaOH 中和，达到去除废气中的酸性物质目的；有些有害物质虽然不和 NaOH 起中和反应，但能溶解于水或与水发生反应，从而也能达到去除目的。湿法处理设备的喷淋填料洗涤是通过循环泵加压并不断从喷嘴喷出的 NaOH 溶液与废气中的酸性物质发生中和反应，从而达到净化处理目的；装置中的填料使气流与溶液增加接触面积，提高去除效率，阻力小且运行比较稳定，已在电子工厂中得到广泛应用。图 1.7.5 是几种洗气吸收塔的示意图。实际应用时应根据酸性气体的类型、浓度和使用要求，选择合适的洗气吸收塔类型。

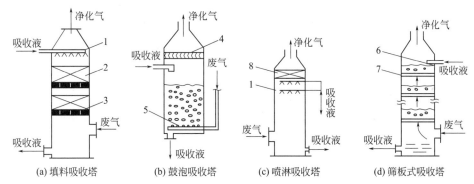

图 1.7.5　几种洗气吸收塔的示意图
1—喷淋装置；2—填料；3—填料支撑板；4—雾沫分离器；5—气体分布管；6—进液管；7—筛板；8—除雾器

一般酸性废气系统设备的设计建造要求与碱性废气处理设备相似，其所采用的填料洗涤式处理设备可根据本节前述要求、规定实施。对于集成电路芯片、平板显示面板制造过程排出的含氢氧化物和高浓度酸性废气处理在 GB 51401 中作了相应的规定，其中对含有 NO 和 NO_2 混合的 NO_x 除应进行酸碱中和处理外，还应进行氧化、还原反应去除 NO_x 一般当二氧化氮（NO_2）含量超出排放标准时，应采用还原处理；当一氧化氮（NO）含量超出排放标准时，应采用氧化、还原处理。其综合处理效率不应低于 90%，并且处理过程中产生的副产物排放浓度不应超过排放标准。

由于酸液喷淋清洗型设备、加热的酸清洗槽等排出高浓度酸性废气，普通的酸性废气处理装置已不能满足要求，因此宜在产生高浓度酸性废气的工艺设备附近设置尾气处理设备，处理后再进入中央处理系统。若条件限制不能设置尾气处理设备时，应独立设置废气处理系统，并应采取多级喷淋处理方式。

（2）碱性废气处理　碱性废气包括氢氧化钾、氢氧化钠、氨、胺等碱性物质的排气，若与酸性排气相混合会产生结晶沉淀物，造成排气系统堵塞，为此碱性废气处理应单独设置。碱性废气处理装置一般均采用湿法填料喷淋洗涤方式，如在集成电路晶圆生产线的显影工序等氨废气处理装置即属此类；其所采用的循环喷淋液一般为 10% 左右的稀硫酸溶液。氨气经喷淋洗涤后溶解在循环液中，循环液按处理状况定期排放至企业的废水处理站处理达标后排放，而氨废气处理装置排出的废气还应送至酸废气处理装置处理达标后排放。

对碱性废气处理系统所用的填料洗涤式处理设备在国家标准 GB51401 中作了有关要求,主要有:填料洗涤式废气处理设备应包括塔体、填料、循环泵、喷淋管道、喷头、集水槽、补排水管路、除雾器和自动控制系统等。处理设备塔体应由耐酸碱腐蚀的材料制作,并能承受系统工作压力,在工作压力下变形量不应大于 1/200;塔体上应设置观察窗和检修口。填料塔的填料应具有耐腐蚀、低阻力、抗变形、比表面积大的特性。应根据处理设备的入口废气浓度、出口废气浓度、空塔速度、喷淋强度、填料技术参数计算确定填料层数和厚度。填料的设计使用寿命不应低于5 年。

每套处理设备的循环喷淋泵均应设置备用,以确保当循环泵发生故障时,能即时投入备用泵,防止喷淋塔停止运行,致使废气处理系统不能达到连续运行要求。循环喷淋泵流量不应小于计算流量的 1.25 倍,喷头设计供液压力不应低于工作压力的 1.2 倍。循环喷淋泵入口应设置过滤器。喷淋管道应为耐腐蚀管道,管道及配件承压不应低于 1.0MPa。喷头应由耐腐蚀材料制作并均匀布置。集水槽应为整体构件,有效容积不应小于循环管路容积及填料持液量之和的 2 倍。除雾器对大于 $10\mu m$ 粒径的水雾除雾效率不应低于 99%。

填料洗涤式废气处理设备应设置日用加药罐和加药泵,集中设置的加药泵应设置备用。日用加药罐应采用耐酸碱腐蚀材质制作,并应根据碱性废气成分、浓度、风量确定罐体容积。日用加药罐应设置液位探测计,输出液位报警信号,并应设计可目视的液位计。加药泵宜采用计量泵,泵体应采用耐酸碱腐蚀的材质。加药管道应采用双层管道,避免酸类物泄漏,引起人员和设备、管道损害。

填料洗涤式废气处理设备的自动控制装置应设置循环液 pH、电导率、液位、填料压差和循环喷淋泵出口压力监控装置,并应设置 PLC 就地控制装置,自动控制加药、排水、补水以及风机状态监视;监控信号应上传至工厂中央监视控制系统。

处理设备及加药装置四周应设置围堰或防渗集液盘,并应设置漏液监测装置。

(3)有机废气处理 由于各行各业洁净厂房产品生产过程的差异,排出有机废气中所含物质的成分较为复杂,如集成电路晶圆制造过程产生的有机废气大部分由涂胶和清洗工序等排出,废气中含有异丙醇、苯、甲苯、非甲烷总烃等成分;在药品生产过程也有各类溶剂、异丙醇等组分的有机废气排出。

有机废气的处理方法通常有吸附法、浓缩吸附、催化氧化和蓄热氧化、冷凝法等。吸附法通常是利用活性炭吸附废气中的有机物,将生产过程中产生的有机废气收集后导入活性炭吸附装置内,使废气中的有机物被活性炭吸附。活性炭吸附饱和后采用较高温气体将被吸附的有机物加热脱附再生,加热再生后的活性炭循环使用。由于吸附所采用的吸附剂——活性炭等的吸附性能都对吸附过程的温度、相对湿度具有要求,因此温度不宜超过 40℃,相对湿度不宜超过 80%,以确保吸附剂的吸附容量达到规定的设计值,并做到稳定、可靠的运行。若生产工艺设备排出的挥发性有机废气的温度、相对湿度超过规定值,一般可混入低温、低湿的空气以满足要求,必要时还可设置冷却器进行降温、除湿处理,但除湿后可能还需复热达到要求的相对湿度。

氧化法是在高温下将有机物质和空气中的氧气结合生成无害的 H_2O 和 CO_2,有直接氧化、催化氧化和吸附浓缩等。直接氧化是有机废气直接送入氧化炉处理达标排放。催化氧化是在催化剂的作用下使有机物质在一定温度下氧化反应去除,与直接氧化法相比氧化反应温度降低,节省能源。

吸附浓缩是利用分子筛或称人造沸石的吸附作用吸附有机气体,然后以高温气体加热脱附再生,恢复吸附性能。脱附再生排出的高浓度有机气体经氧化变为 CO_2 和 H_2O 排入大气。

沸石转轮(zeolite rotor)浓缩-焚烧装置是目前在电子工业洁净厂房中应用的有机废气处理装置,人造沸石对许多低沸点的极性溶剂(如异丙醇、丙酮)及高沸点溶剂(如二甲苯、乙二醇醚)均具有吸附功能,并且可承受较高的脱附再生温度。沸石转轮是以陶瓷材料做成蜂窝状圆盘,转轮表面涂覆分子筛吸附剂。

据了解,目前在微电子产品生产过程中排出的挥发性有机物废气排放浓度大体为 $100\sim1000mg/m^3$

（甲烷计），属低度至中度浓度范围，但排风量通常很大。废气中浓度在 $50mg/m^3$（甲烷计）以下的挥发性有机物废气，有的已基本可满足近一段时间相关大气排放标准的要求，但为确保洁净厂房内产品生产的稳定运营，且不会由于生产过程短时的废气中有机物浓度的不稳定，造成环境污染，因此建议采用活性炭吸附法进行处理后排放。对于浓度不高于 $1000mg/m^3$ 的有机物废气的处理，若采用直接氧化或蓄热氧化的方式需大量耗用辅助燃料，运行成本高，因此在 GB 51401 中推荐转轮浓缩和热氧化工艺；应采用转轮浓缩至 1/5～1/15，既提高有机物浓度，又减少需氧化处理的风量，热氧化工艺包括热氧化及热回收系统和蓄热氧化系统。当挥发性有机物废气的浓度大于 $1000mg/m^3$ 时，推荐采用蓄热氧化的方式进行直接处理；一方面是因为蓄热氧化的热回收效率可达 95%，另一方面是可简化流程，较大程度地节约了系统的投资费用。旋转蓄热氧化是蓄热氧化装置中热回收效率和焚烧效率均较好的装置，蓄热催化氧化工艺则通过催化剂在较低的温度下进行热氧化作用，同时也具有很高的蓄热换热效率。下面介绍应用较多的几种挥发性有机物处理装置。

1) 活性炭吸附装置：对于低浓度挥发性有机物废气的一次性活性炭吸附法或抛弃工艺，一般采用投资最少的固定床工艺，通过接触时间确定吸附床层厚度，固定床中吸附剂与气体的接触时间通常为 0.5～2s；所用活性炭的四氯化碳吸附率（质量分数）宜大于 60%，以确保活性炭具有一定的吸附能力；活性炭颗粒的直径影响固定床层阻力且还影响活性炭的充分利用，因此建议采用 3mm 以下的粒径。由于吸附为放热过程，同时活性炭含有的一些金属及金属氧化物杂质具有一定的催化作用，活性炭床在吸附高浓度气体、吸附饱和或外界高温的情况下可能会出现自燃危险，因此活性炭吸附塔附近需配备消防系统或放置灭火器。

2) 转轮浓缩＋热氧化系统：由转轮吸附浓缩系统、热氧化系统和自动控制系统等组成。工艺排气在进入浓缩转轮前会分流一定比例的废气通入转轮冷却区作冷却用气，其余的废气进入吸附处理区经吸附处理达标后可直接经排气筒排至大气。部分工艺排气作为转轮冷却用气可以减少吸附处理气体的流量。

冷却转轮并使转轮恢复吸附功能的废气进入换热器，通过与热氧化炉膛内抽出来的一定流量烟气换热升温至 180～220℃，并不得超过 300℃，返回进入转轮的脱附区将吸附浓缩在转轮上的 VOCs 脱附，形成高倍浓缩的废气气流。浓缩后的废气再通过换热器加热进入直燃式热氧化器被高温热裂解为二氧化碳与水的达标废气，与前述经吸附处理区的达标废气合并后，由排气筒排放至大气。转轮浓缩＋热氧化废气处理装置流程示意图见图 1.7.6。

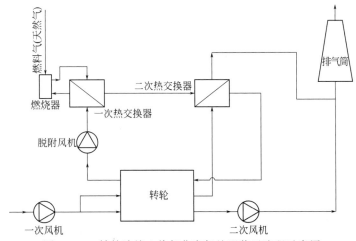

图 1.7.6　转轮浓缩＋热氧化废气处理装置流程示意图

目前挥发性有机物排放限值比较严格的行业或地区要求在 $50mg/m^3$ 以下，浓缩后气体在热氧化系统处理入口可能达到 $5000mg/m^3$ 以上，因此要求净化效率不小于 99%。在保证热氧化条件合理的情况下，99％的热氧化效率是完全可以做到的。

由于氮氧化物也是目前我国纳入总量控制的污染物，因此要求在控制挥发性有机物污染的热氧化过程中应防止出现氮氧化物的二次污染，为此在 GB 51401 中规定热氧化反应器后排气中氮氧化物的浓度不应大于 $16mg/m^3$。

转轮吸附浓缩装置采用疏水性的吸附材料担载于蜂窝基材表面形成的吸附材料。转轮吸附设备的选择应根据其对处理气体的吸附、脱附性能以及吸附区的设计面风速、转轮厚度和转速等综合因素进行。转轮吸附装置通常划分为吸附区、再生脱附区和冷却区，吸附区的设计面风速不宜大于 3m/s；转轮厚度不宜小于 400mm，转速宜为 2～6r/h；"三个区域"之间应密封隔离，漏风率不应大于 1％。尽管转轮本身不具有可燃性，但也曾出现过吸附在转轮上的挥发性有机物焖烧的情况，因此对于部分应用场合（尤其是含有酮类物质的挥发性有机物气体）通常配置氮气自动充气及消防水自动喷洒装置，并设置 PLC 转轮温度联锁控制系统，以防止异常或停机时出现转轮焖烧的危险。

挥发性有机物气体直接热氧化的净化效率取决于燃烧温度、停留时间、供氧量及气流紊动混合程度，因此要求气体热氧化温度应控制在 730～800℃，停留时间一般不小于 0.75s 的下限条件。从节能和安全的角度考虑，热氧化设备设置的绝热层应确保炉体外表面温度不大于 60℃，通常炉体绝热材料的厚度不小于 150mm。换热器的换热效率不宜小于 65％，由于是气气换热，因此推荐采用管壳式换热器以确保换热效果。

3）转轮浓缩＋蓄热氧化系统：由转轮吸附浓缩系统、蓄热氧化系统和自动控制系统等组成。由于两塔式蓄热氧化布置方式在气流方向切换时存在泄漏的可能性，因此对切换阀门的速度和密封性均要求严格。从确保热氧化效率的角度考虑，推荐采用三塔式或旋转式的工艺布置方式。根据技术经济的需要，蓄热氧化系统的热效率不应小于 90％。蓄热材料因湍流换热的需要，往往阻力较大，造成运行电耗增加；综合换热和气流阻力的因素，要求蓄热材料压力损失不宜大于 3500Pa。转轮浓缩＋蓄热氧化工艺流程图见图 1.7.7。

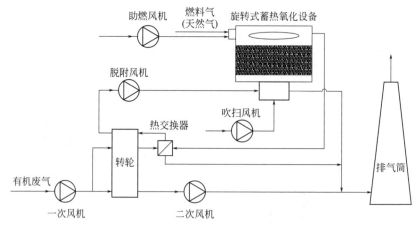

图 1.7.7　转轮浓缩＋蓄热氧化工艺流程图

挥发性有机物气体蓄热氧化的净化效率取决于氧化温度、滞留时间、供氧量及气流紊动混合程度，因此要求蓄热氧化设备气体氧化温度控制在 780～880℃，滞留时间一般不小于 0.75s 的下限条件。蓄热的断面风速和填装高度是蓄热热回收率的重要影响因素，蓄热层的断面风速一般为 1.1～1.5m/s（标准工况下），蓄热材料的高度一般控制在 0.8～1.6m 范围。为保证蓄热氧化的净化效率，气流切换阀门的泄漏率不应超过 0.5％。蓄热氧化设备设置的超温强制排风措施应包括 PLC 温度联锁、高温排气阀和烟气混合腔室等。从节能和安全的角度考虑，蓄热氧化设备的绝热层应确保炉体外表面温度不大于 60℃。炉膛绝热层的要求如下：陶瓷纤维棉，厚度不小于

250mm，耐热温度不小于1250℃。炉体绝热层的厚度不小于150mm。由于蓄热床内频繁出现温度变化，因此通过选择膨胀系数不大于6×10^{-6}m/(m·℃)的蓄热材料来避免因蓄热材料风化而导致的故障或换热效率下降。

旋转蓄热氧化设备（RRTO）较普通蓄热氧化设备增加了旋转阀和清洗功能，其进出气配向阀采用圆形连续式旋转，克服了传统式蓄热氧化设备背压波动、阀门泄漏的问题；由于增设废气吹扫区，可在吸放热切换时将蓄热床未热氧化的残余废气吹入炉腔氧化，较好地克服了VOCs去除效率波动的问题，见图1.7.8。旋转蓄热氧化设备根据风量不同一般划分为6个以上的偶数区（$2n$，$n\geqslant3$），其中$n-1$个区为进气区，$n-1$个区为出气区，一个区为吹扫区，一个区为待机区。吹扫风量不小于总风量的1/6。吹扫风由吹扫风机提供压力，静压不小于3500Pa。床层厚度根据蓄热效率确定。

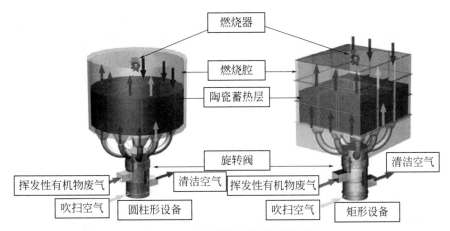

图1.7.8　旋转蓄热氧化设备示意图

与其他类型的蓄热氧化设备一样，旋转式蓄热氧化设备要设置过热状态时热气体旁路排放控制系统，以有效控制炉腔过温问题。当炉腔温度超过温度设定点时，开启热气体旁路控制风门，让炉体热量不经过蓄热床，直接通过排气筒排放至大气，从而有效降低和控制炉腔温度。该设备能有效扩大氧化设备进气浓度的允许操作范围，同时在系统发生故障时，亦能有效降低炉温。

4）冷凝过滤废气处理：对于含高沸点挥发性有机物的废气推荐采用冷凝过滤处理方式，如体积浓度大于1%、沸点＞150℃的剥离液挥发性有机物废气一般采用冷凝净化进行预处理。常见的去光阻剥离液、去光阻工艺所涉及的挥发性有机物种类和物化特性见表1.7.10。冷凝净化过程的出口浓度主要取决于出口气体的温度，因此建议冷凝冷却器采用5～8℃的冷却水，通过合理确定的冷却器换热面积确保冷凝净化系统的最终排气温度不大于12℃，以控制排气中的气态VOCs浓度。冷凝器后设置的末端过滤除雾器用来将气体中小于$10\mu m$的雾滴去除，并应将冷凝液体排放至指定的安全容器内。

表1.7.10　去光阻工艺产生的主要VOCs种类和物化特性

溶剂	化学式	密度/(g/mL)	沸点/℃	水溶性	亨利常数/[mol/(kg·bar)]	AALG/(g/m³)
DMSO	$(CH_3)_2SO$	1.095	189.0	高	＞50000	—
MEA	C_2H_7NO	1.014	171.1	高	6100000	25
BDG	$C_8H_{18}O_3$	0.904	231.2	高	—	—
DMDS	$(CH_3)_2S_2$	1.057	109.9	低	0.91	—
DMS	$(CH_3)_2S$	0.850	38.0	低	0.48	—

溶剂	化学式	密度 /(g/mL)	沸点 /℃	水溶性	亨利常数 /[mol/(kg·bar)]	AALG /(g/m³)
丙酮	C_7H_8	0.865	110.7	低	0.15	1420
IPA	$(CH_3)_2CHOH$	0.783	82.4	中低	88~170	19600
甲苯	$(CH_3)_2CO$	0.786	57.2	中低	30	—

注：1bar=10^5Pa。

(4) 含粉尘排气处理　各行业洁净厂房中因产品不同、生产工艺过程和设备不同，排气中粉尘的种类、浓度、危害性差异较大，如固体制剂药品生产洁净室中的粉碎、称量、配料、混合、制粒等工序或房间常散发各种粉尘、有害物质，应按排气中粉尘的种类、浓度选用相应的除尘设备或过滤设备。对于某些含尘浓度较高或粉尘的粒度分布特点、细颗粒浓度较高等排风系统，根据具体工程情况还要设二级除尘装置，以确保经除尘后的排风达到排放标准或达到回用的要求。洁净室排风除尘装置一般采用布袋除尘器、带过滤元件的过滤装置，若要回用应设置高效过滤器。图1.7.9是带过滤元件的除尘装置。当生产工艺设备排出的废气中含炽热颗粒物或火星、废气温度高于滤料连续使用的最高耐温限值、废气含尘浓度超过滤料的处理上限、粉尘需要分级回收等时，这类排气在进入袋式除尘器前，应设有相应的预处理装置。袋式除尘器的过滤风速应小于1.8m/min；滤筒式除尘器的过滤风速应小于1.2m/min。

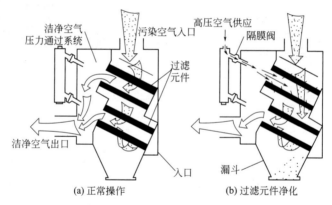

(a) 正常操作　　　　　　　　(b) 过滤元件净化

图1.7.9　带过滤元件的除尘装置

除尘器的类型应根据排气中粉尘的物化特性、粒径、浓度等因素选择。表1.7.11是常用除尘器的类型与性能。

表1.7.11　常用除尘器的类型与性能

形式	除尘作用力	除尘设备种类	适用范围			
			粉尘粒径 /μm	浓度 /(g/m³)	温度 /℃	阻力 /Pa
干式	重力	重力除尘器	>15	>10	<400	200~1000
	惯性力	惯性除尘器	>20	>100	<400	400~1200
	离心力	旋风除尘器	>5	>100	<450	800~1500
	静电力	电除尘器	>0.05	>30	<300	200~300
	惯性力、扩散力与筛分	袋式除尘器 振打清灰 脉冲清灰 反吹清灰	>0.1	<50	<260	1200~2000
	惯性力、扩散力与凝聚力	滤筒除尘器	>0.1	≤15	<130	600~1500

续表

形式	除尘作用力	除尘设备种类	适用范围			
			粉尘粒径 /μm	浓度 /(g/m^3)	温度 /℃	阻力 /Pa
湿式	惯性力、扩散力与凝聚力	自激式除尘器 喷雾除尘器 文氏管除尘器	>1	<100 <10 <100	<400 <400 <800	800～3000 2000～60000
	静电力	湿式电除尘器	>0.05	<100	<400	300～400

当采用滤料过滤方式处理粉尘时，滤料的选择应做到：滤料的连续使用温度应高于除尘器进口气的温度及粉尘温度，并应根据排气和粉尘的物化特性确定滤料材质和结构；选择滤料时应考虑除尘器的清灰方式；对含湿量大、粉尘易潮结和板结、粉尘黏性大的排气，宜选用表面光洁度高、憎水性的滤料，且除尘器应设置加热、保温措施；对于微细粒子高效捕集、车间内空气净化回用、高浓度含尘气体净化等场合，可采用高精度滤料或增加末端高效过滤模块。

排气中含有爆炸性粉尘时应采用抗静电滤料；腐蚀性废气的滤料应进行防腐处理；当滤料有耐酸、耐氧化、耐水解的要求时，可采用复合材料。

当排气温度小于130℃时，可选用常温滤料；当排气温度高于130℃时，应选用高温滤料；当排气温度高于260℃时，应对排气进行预冷却处理等。

（5）特种废气排气处理　在电子工业洁净厂房中电子产品生产过程中化学气相沉积（CVD）、离子注入、刻蚀等工序的工艺设备排出的含有毒性、腐蚀性、氧化性、自燃性、可燃性、窒息性等物质的废气，被电子行业称为特种废气，具有代表性的有硅烷（SiH_4）、磷烷（PH_3）、砷烷（AsH_3）、硼烷（B_2H_6）等烷类和含氟化合物（PFC）等特种气体废气。各种特种气体通常在生产工艺设备邻近处或组合为整体的"气体检制阀箱"注入反应室，经高温反应后一部分形成各类氧化物、化合物沉积在硅表面，较大的部分由真空泵抽出，一般称为尾气或废气；排出尾气中含有的"特气"浓度较高且毒性很大、危害性高，所以排入大气前必须进行有效的处理。一般这类尾气排出生产工艺设备后应进入现场处理设备（local scrubber）将其转化为较安全的形态。

现场处理装置又称使用点（point of use，POU）处理装置，在POU进行尾气处理具有如下特点：①在高浓度低流量的状态进行处理可得到较高的处理效率；②尾气中仅含有单一生产工艺设备的反应气体和反应产物，有利于获得处理设备的最佳操作条件；③不同工艺设备产生的尾气进行单独处理，可避免不能兼容的化学物质相互混合，消除因此可能发生的安全事故。尾气通常由现场处理设备处理后再排入酸废气排风系统中，此时尾气的成分将包含处理衍生的产物如盐酸气、二氧化硅微粒等。

含硅烷、磷烷、砷烷等烷类的尾气从生产工艺设备排出后，通常接至燃烧/热裂解或化学吸附类现场处理装置；含有氟化合物 CF_4、CHF_3、BF_3、SF_6、NF_3 等从干法刻蚀和CVD工序排出的尾气，由于这类氟化合物在自然环境中的生命周期长达数万年之久，并且这些气体分子对红外线的吸收能力极强，是造成全球温室效应的主要污染物之一，已经成为全球环境的关键问题。对含有氟化合物尾气常用的处理方法有催化剂裂解法，是利用化学吸附、氧化及水洗方式，将有毒、有害气体与物质裂解、去除；高温燃烧裂解法，是将有害废气加热至高温，使其化合物的化学键断裂分解，达到处理的目的；等离子处理法，是利用局部高温将全部或部分分子键裂解，再经化学重组将氟化合物转换成其他较易处理的化合物。

在国家标准《电子工业废气处理工程设计标准》（GB 51401）中对特种废气处理进行了相关规定，主要有：特种废气宜在使用特种气体的工艺设备附近进行处理，并应根据工艺生产过程中产生的污染物性质和浓度等因素，选择尾气处理设备/现场废气处理装置（POU）的形式；由于尾气处理装置处理后的排气中还含有污染物，所以特种废气经尾气设备就地处理后，应接入集中/中央废气处理系统进行再处理。中央废气处理系统应根据污染因子特性进行设计。从尾气处理设备出口至中央废气处理设备的管路应保持负压状态。特种废气的排风管道及附件应采用不燃材料制作；安装在室外的尾气处理装置以及管道的材质应采取防腐、防紫外线措施。当特种废气的尾气处理设备产生粉尘时，系统的设置应做到：废气排入大气前应进行除尘处理；除尘器宜靠近尾气处理设备；若尾气处理设备采用淋洗方式时，不宜采用干式除尘法；尾气处理设备与除尘器之间的管路应按除尘系统的要求进行设置。

(6) 医药产品生产洁净室的有害、有毒排气处理 药品是有关人类健康和治疗疾病的特殊产品，为确保药品质量、避免或降低生产过程中的污染和交叉污染，并且也为了保护药品生产作业人员的健康，在《药品生产质量管理规范（2010 年修订）》中规定了生产特殊性质的药品，包括高致敏性药品（如青霉素类）或生物制品（如卡介苗或其他用活性微生物制备而成的药品），某些激素类、细胞毒性类、高活性化学药品等的生产工序或设备排出的废气必须经过净化处理符合要求后才能排放，其排风口应远离净化空调系统的进风口。在国家标准《医药工业洁净厂房设计标准》（GB 50457）中规定：青霉素等高致敏性药品、β-内酰胺结构类药品、避孕药品、激素类药品、抗肿瘤类药品、强毒微生物及芽孢菌制品、放射性药品、有菌（毒）操作区等特殊药品生产区的空气均应经高效空气过滤后排放。二类危险度以上的病原体操作区及生物安全室，应将排风系统的高效空气过滤器安装在洁净室（区）内的排风口处。对于医药洁净室的排风系统应单独设置的有：不同净化空气调节系统、散发粉尘或有害气体的区域；排放毒性介质的区域；排放介质混合后会加剧腐蚀、增加毒性、产生燃烧和爆炸危险性或发生交叉污染的区域；排放易燃、易爆介质的区域。

对于安装在生物制药、生物制品研究、遗传与生物实验室、动物疾病研究试验室排风系统的高效过滤器应具备使用气密袋安全进行更换的条件，这是因为这类高效过滤器是用来去除排气中有害、有毒物质的，为避免这些有害、有毒物质对周围环境的影响和保护人员健康，高效过滤器在使用过程中应定期进行更换滤芯或整体更换。目前为保护维修人员免受积存在滤芯的有毒、有害物质的危害，在 GB 50457 中规定宜采用安全型袋进袋出的高效过滤器（bag-in/bag-out filter housing 或 state change filter housing）。维修人员在进行排风"高效过滤器"的更换时都在 PVC 袋保护下进行，过滤单元不与外界空气接触，确保人员不会与有害、有毒物质接触。袋进袋出过滤器类似于"组合式空调器"，由过滤器、高效过滤器/吸附器、检测单元等组成。一般可根据用途和功能要求确定组成的设备、单元，但其主要特点是安装、更换、检测过滤器均应在 PVC 袋保护下进行，过滤单元完全不与外界空气接触。袋进袋出过滤器的安装、更换过程主要是：初次安装过滤器时，将新的过滤单元沿轨道直接推入过滤箱体内锁紧；然后将 PVC 袋子安装在特殊设计的法兰口上，并使用安全带扎紧，确保 PVC 袋与法兰之间密封；最后将 PVC 袋叠好，封闭检修门，这样 PVC 袋和过滤单元就一起封闭在了袋进袋出箱体内。更换过滤单元时，工作人员打开检修门，将双手伸入 PVC 袋上的手套里，松开过滤单元的锁定装置，将使用过的过滤单元滑入 PVC 袋内，然后在中间扎紧袋子将包含过滤单元的部分剪下，这样废弃的过滤单元就通过 PVC 袋子从箱体中移出了。接着把新过滤单元装入新的 PVC 袋子，再将新的 PVC 袋子套在法兰口上扎紧，取下法兰上残余袋口，放入新袋子的手套里，扎紧后将其剪下，再把新袋子卷好，关闭检修门并压紧，即完成更换过程。图 1.7.10 是安装中的袋进袋出过滤器。

(7) 事故排风处理 在工业产品生产过程中不可避免地会发生有毒有害物质的泄放，所以设置事故通风设施是保证安全生产和保障人民生命安全的一项重要措施。在各行各业的洁净厂房中根据产品生产工艺状况和可能出现的有毒、可燃

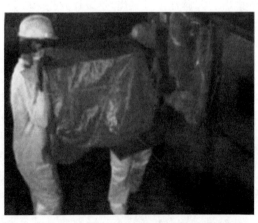

图 1.7.10　袋进袋出过滤器安装示意

和有害物泄放，基本均设有事故排风系统。在 GB 51401 中对事故排风的处理的规定主要如下。

事故排风的风量通常依据产品生产工艺要求通过计算确定，但换气次数不得小于 12 次/h。对于高大厂房，按整个车间 12 次/h 换气计算事故通风量时，事故通风系统庞大，且此风量不一定合理，因此应以 6m 高度为界：当房间高度小于或等于 6m 时，按房间实际容积计算；当房间高度大于 6m 时，按 6m 的空间体积计算。并且通过合理布置吸风口，可以让事故通风系统发挥最大的作用。

有毒有害物质的事故排风系统宜采用稀释方式达到排放浓度要求，当经技术经济比较采用稀释方式不适宜时，应采用吸附、洗涤、焚烧、冷却等处理方式达到排放浓度要求。依据事故排风系统排出口有害物质的浓度不得高于立即危害生命和健康浓度值的 50%，最经济的方法就是稀释排放，但有些有毒物质允许的立即危害生命和健康浓度值较低，当最大事故泄漏量较大时，如采用稀释排放，则所需的稀释风量巨大，明显不经济，且极毒和剧毒物质对人体的危害很大，因此应采用吸附或洗涤等方式净化处理后高空、高速排放。由于砷烷和磷烷难溶解于水，采用淋洗方式几乎无效，因此一般采用吸附方式净化处理；而微电子厂房使用的乙硼烷可采用吸附法，也可采用洗涤方式处理。

采用稀释方式处理事故排风时，如果稀释排风系统中带有多个有毒有害物质储存和输配系统，此时系统的稀释风量要满足系统中任意一个储罐和相关的输配系统发生事故时所需的稀释风量，所以系统的稀释风量要取各种有毒有害物质稀释至立即危害生命和健康浓度（LDHL）的 50% 所需空气量的最大值。当采用稀释方式处理事故排风时，应从有毒、有害物质泄漏处进入稀释空气，这是安全、有效的方式，可使系统中大部分空气均处于立即危害生命和健康浓度值以下。

当采用吸附方式处理事故排风时，应根据被吸附物质的性质、浓度、温度、吸附材料特性、系统风量等因素设置吸附处理系统；采用固定床吸附设备时，吸附材料的装填量应满足完全吸附系统中任意一个储罐最大储存量的有毒有害物质；吸附系统的吸附速率应满足完全吸附其系统内任意一个储罐的有毒有害物质最大泄漏量。

采用淋洗方式处理事故排风宜采用直立填料洗涤式废气处理设备。废气处理设备的洗涤液循环泵，若平时不运行，在事故排风点与处理设备之间的距离较短，在启动事故排风系统后，可能事故排风达到处理设备时，填料洗涤设备中大部分填料还未湿润，将会降低处理效果，甚至达不到排放要求，为此该循环泵平时应保持低速运行，事故排风时应高速运行；当事故排风启动后，废气到达处理设备的时间长于处理设备内填料润湿时间时，洗涤液循环泵可仅在发生事故时运行；当有毒有害气体经洗涤液处理后产生雾状有害物时，废气处理设备后应设置除雾器，以防止有害雾状物排入大气，达不到应有的处理效果。

（8）某工程项目废气处理效果实例　在薄膜晶体管液晶显示器面板（TFT-LCD）制造用洁净厂房中产品生产工艺及其排出的废气与集成电路晶圆生产工艺及其排出的废气（排气）大体相似，但排气中的有害污染物种类较少，排气量较大。如一个 8 代 TFT-LCD 制造用洁净厂房的洁净室面积约 $250000m^2$，各类排气量共约 $420000m^3/h$（未包括一般废气约 $60\times10^4 m^3/h$），在产品生产过程中产生的主要污染物有磷烷（PH_3）、氟化物、氯气（Cl_2）、硫酸雾（H_2SO_4）、磷酸雾（H_3PO_4）、硝酸雾（HNO_3）、氯化氢（HCl）、氨（NH_3）、二氧化氮（NO_2）、碳氢化物等。该 8 代线年消耗 SiH_4 约 70t，在 CVD 中反应消耗约 21t，未反应的 SiH_4 高达近 50t，在 POU 设备中燃烧氧化去除约 46t，排入大气约 4000kg/a。在工程设计中对各类废气设置了较为可靠的处理设备，经处理后由排气筒排入大气的排放浓度均可达到标准的规定。表 1.7.12 是某 8 代 TFT-LCD 工程项目废气处理前后的排放情况。

表 1.7.12 某 TFT-LCD 工程废气处理前后的排放浓度（部分）

废气种类	污染物名称		处理前排放浓度/(mg/m³)	处理后排放浓度/(mg/m³)	处理措施
酸性废气	HCl	一级	30	6.00	二级湿式洗涤塔
		二级	6.00	1.20	
	NO_x	一级	75	37.50	
		二级	37.50	18.75	
	H_2SO_4	一级	95.7	19.14	
		二级	19.14	4.79	
	H_3PO_4	一级	2145.96	85.84	
		二级	85.84	4.29	
	HNO_3	一级	243.82	29.26	
		二级	29.26	3.51	
碱性废气	NH_3		15.000	2.50	湿式洗涤塔
有毒废气	Cl_2		92.72	4.18	POU 焚烧+湿式洗涤塔
	NH_3		85.53	11.24	
	HCl		16	2.40	
	F		156.1	2.75	
	NO_x		80	40.00	
	PH_3		0.014	0.002	
有机废气	非甲烷总烃		352	17.60	VOC 吸附装置焚烧处理

表 1.7.13 是某 5 代 TFT-LCD 工程的废气处理检测数据。该工程的废气总排放量约 $16×10^4 m^3/h$，酸性、碱性废气均采用湿法喷淋洗涤，有毒废气、有机废气处理系统示意见图 1.7.11。

表 1.7.13 废气处理实际检测数据

项目	污染物种类	排放参数	3月	4月	5月	6月	7月	8月	9月	10月	11月	12月	平均值
有机废气	非甲烷总烃	进口浓度/(mg/m³)	637	1091	931	1143	710	494	605	555	179	151	649.6
		出口浓度/(mg/m³)	33	21	22	37	49	29	32	25	18	2.3	26.8
		去除效率/%	94.8	98.1	97.6	96.8	93.1	94.1	94.7	95.5	89.9	98.5	95.3
酸性废气	HCl	进口浓度/(mg/m³)	7.2	2.1	17	14	29	13	19	4.2	3.4	1.9	11.1
		出口浓度/(mg/m³)	2.5	0.96	0.28	0.39	3.3	1.9	1.4	0.79	0.84	0.073	1.2
		去除效率/%	65.3	54.3	98.4	97.2	88.6	85.4	92.6	81.2	75.3	97.2	83.5
	NO_x	进口浓度/(mg/m³)	47	47	35	38	32	41	30	25	18	41	35.4
		出口浓度/(mg/m³)	32	23	31	35	31	4	25	15	15	37	24.8
		去除效率/%	31.9	51.1	11.4	7.9	3.1	90.2	16.7	40.0	16.7	9.8	29.9

续表

项目	污染物种类	排放参数	3月	4月	5月	6月	7月	8月	9月	10月	11月	12月	平均值
碱性废气	氨气	进口浓度/(mg/m³)	0.8	0.9	0.8	1.8	1.5	1.4	1.3	0.4	0.7	0.9	1.1
		出口浓度/(mg/m³)	0.1	0.1	0.1	0.3	0.4	0.5	0.4	0.07	0.1	0.3	0.2
		去除效率/%	87.5	88.9	87.5	83.3	73.3	64.3	69.2	82.5	85.7	66.7	78.9
有毒气体	氯气	进口浓度/(mg/m³)	13	15	11	37	23	16	28	65	45	12	26.5
		出口浓度/(mg/m³)	3.2	4.4	2.8	2.7	11	9.2	14	2.4	7.6	0.67	5.8
		去除效率/%	75.4	70.7	74.5	92.7	52.2	42.5	50	96.3	83.1	94.4	73.2
	HCl	进口浓度/(mg/m³)	5.1	7.7	4.7	14	13	35	24	35	16	3.2	15.8
		出口浓度/(mg/m³)	1.1	0.77	0.82	0.39	1.2	3	2.2	2	1.2	1.4	1.4
		去除效率/%	78.4	90	82.6	97.2	90.8	91.4	90.8	94.3	92.5	56.3	86.4
有毒气体	氟化物	进口浓度/(mg/m³)	1.6	2	9.8	4.7	34	5.1	4	3.2	7.1	4.7	7.6
		出口浓度/(mg/m³)	1.3	1.5	3.8	3.7	3.6	3.4	3.1	1.9	3.6	1.6	2.8
		去除效率/%	18.8	25	61.2	21.3	89.4	33.3	22.5	40.6	49.3	66	42.7
	氨气	进口浓度/(mg/m³)	0.8	0.9	0.9	2.1	2	1.2	1.4	0.7	0.6	0.8	1.1
		出口浓度/(mg/m³)	0.2	0.2	0.3	0.2	0.2	0.1	0.2	0.2	0.2	0.1	0.2
		去除效率/%	75	77.8	66.7	77.2	90	91.7	85.7	71.4	66.7	87.5	78.9

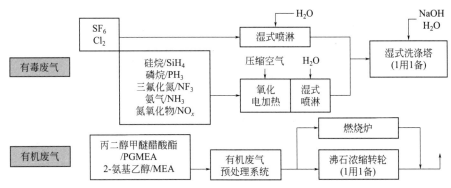

图 1.7.11　有机废气、有毒废气处理系统示意图

7.2.2　现场处理装置

在电子工业厂房中的集成电路晶圆制造和 TFT-LCD 生产用洁净厂房内，由于一些工序或设备排出的废气中有毒、可燃物质浓度较高，为确保洁净厂房安全运行，一般在生产工艺设备邻近处设置现场废气处理装置（local scrubber）或称尾气处理装置，有的也作为生产工艺设备的附属装置。尾气处理装置设置在生产工艺设备的工艺排气排出口相邻处，用来处理去除排气中未完全反应的特种气体和反应产物等有毒、有害组分。

对于电子工业洁净厂房中特种废气处理系统的设置，依据电子工厂特种废气的特点和要求，特种废气一般宜在使用设备的附近进行现场处理。通常应根据生产工艺设备在产品生产过程中产生的污染物质的物化性质和浓度等因素，选择尾气处理设备/现场废气处理设备装置（POU）的形式。特种废气的尾气处理装置包括干式吸附、热氧型、淋洗型、等离子式以及它们的组合方式等。生产设备与POU之间的管道连接方式依据生产工艺设备的不同要求有多种方式，通常特种气体在工艺设备的腔体内参与反应，并从腔体排出废气。生产工艺设备与尾气处理设备之间的管道连接，当工艺设备使用的气体不相容时，工艺设备与尾气处理设备应一一对应；工艺设备的排出口与尾气处理设备的进入口应一一对应，不宜合并使用。图1.7.12～图1.7.15是不同工艺设备及同一工艺设备的不同腔体使用的特种气体相容时，可采用的管道连接方式。工艺设备的不同腔体使用不相容气体时，应采用图1.7.14的连接方式；工艺设备的废气排出口与尾气处理设备的进入口，应一一对应的连接方式见图1.7.12～图1.7.14，在真空泵后管道连接的接头易造成堵塞，所以一般不推荐采用，尤其是特种废气含有颗粒物时不宜采用。

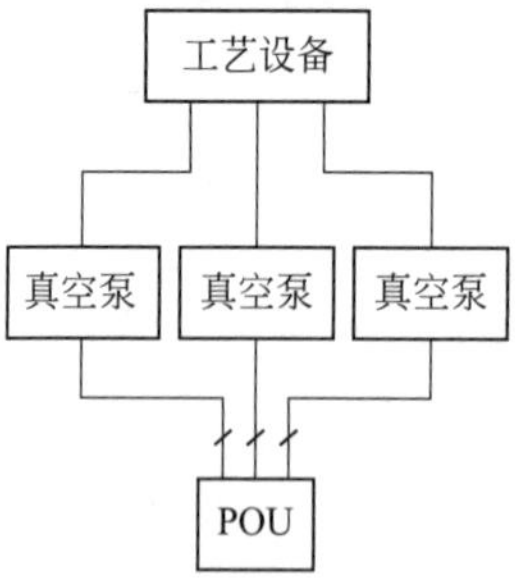

图1.7.12　设备排出口合用POU

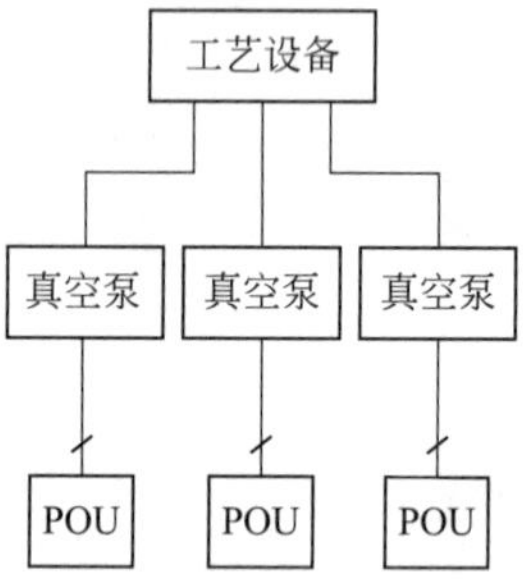

图1.7.13　设备排出口与POU一一对应

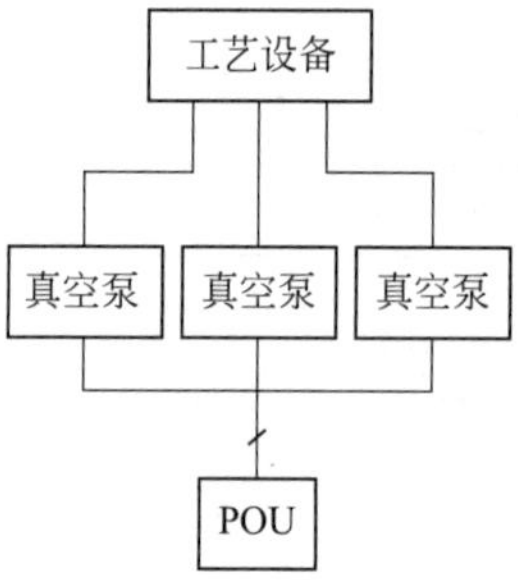

图1.7.14　设备排出口合并后连接POU

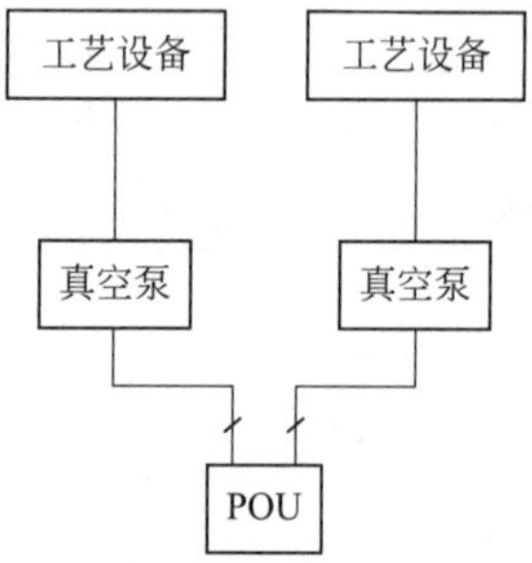

图1.7.15　不同设备排出口合用POU

特种废气处理系统中的尾气处理装置（POU）与生产工艺设备之间的连接方法依据生产工艺要求的不同而异，在集成电路、液晶显示器面板等生产工艺中一般是将所需的特种气体送入工艺设备的反应腔体，按生产工艺要求进行相应的“反应”形成相应组分、浓度的特种废气，然后通常以真空泵抽吸排出，实现反应腔体及其相连接的特种废气管道保持低压/负压状态。尾气处理设备（POU）与真空泵之间的连接管道应减少变径、弯头和接头，以减小管道阻力和避免反应生成的颗粒物、冷凝液聚积，并可减少易燃、易爆、有毒气体的泄漏概率，有利于安全运行。

特种废气的尾气处理装置（POU）应根据工艺设备生产过程产生的污染物性质、浓度等因素进行选择，对于可燃类尾气处理装置中的硅烷（SiH_4）、锗烷（GeH_4）宜采用热氧化和洗涤两级处理方式，用于磷烷（PH_3）的尾气处理装置宜采用热氧化、催化氧化和洗涤两级处理方式或干式吸附方式，处理乙硼烷（B_2H_6）的尾气处理装置宜采用洗涤方式，而处理砷烷（ASH_3）的尾气处理装置宜采用干式吸附方式。在集成电路生产中的外延设备排出的废气中含有氢气等可燃、易爆物质，所以外延设备装置应按防爆要求设置，并配置防护设施。对于三氟化硼（BF_3）、三氯化硼（BCl_3）、三氯硅烷（$SiHCl_3$）、二氯硅烷（$SiHCl_2$）的尾气处理装置宜采用等离子和淋洗两级方式，用于三氟化氯的尾气处理装置宜采用热氧化和淋洗两级方式。

目前在电子工厂中应用的尾气装置/现场废气处理装置（POU）种类较多，制造厂家也很多，国内外制造厂家有数十家，但就其废气处理过程和原理大体可分为热氧化/燃烧热处理、湿式处理（淋洗、水洗）、吸附式（干式）处理、等离子处理、混合处理等方式。

(1) 热处理方式　一般是利用电力、气体燃料等加热分解或燃烧，将排气中的有害、毒性、可燃物质进行氧化反应，如对排气中的 SiH_4、PH_3、AsH_3、GeH_4、NH_3、B_2H_4、H_2 等进行氧化反应；也可用于处理排气中含有的氟化物（PFCs）、氟气（F_2）等，例如某公司生产的用于处理 SiH_4、PH_3 等易燃、有毒气体的现场处理装置，利用天然气等气体燃料将排气中的易燃、有毒气体氧化燃烧，并经水洗后排入排风管路系统。这类设备较为复杂，维护管理也较难，且反应生成物复杂，通常还应将废水处理后才能排放。

(2) 湿式处理（wet）或液体洗涤式处理　它是使用中和剂、氧化剂等化学药液或用水，利用填料、滤料等增大化学药液、水与废气的接触表面积，或者以喷淋的形式形成薄雾状态，这样可使液体与废气充分反应。这种处理方式对于一些水溶性的酸碱性气体，如盐酸（HCl）、氢氟酸（HF）、氟气、溴化氢（HBr）、氨气等有较好的处理效果；也可用于如 TEOS、TCS、DCS、$SiCl_4$ 等特种废气的排气处理，但应使用相对应的化学药液进行处理，其处理成本相对较高。现场湿式处理装置较多用于酸性、碱性排气处理。图 1.7.16 是一种电热液体洗涤式现场处理装置。

图 1.7.16　电热液体洗涤式现场处理装置　　　图 1.7.17　一种催化＋水洗的现场废气处理装置

(3) 干式处理或吸附式处理　它是利用活性炭等吸附剂去除排气中的有害物质，或通过过滤材料利用筛分、惯性、撞击等原理滤除有害的颗粒物，或者利用上述方法的组合方式。作为现场尾气处理的干式装置常做成"桶状"，可在吸附剂等饱和失效后方便地进行"整体"更替。

(4) 催化氧化处理　它是利用合适的催化剂的催化作用，使排气中的有毒或可燃组分反应生成无害的气态或固态物质，再采用液体洗涤等方式去除；达到排放标准的废气可经排气筒排放，通常可与热处理方式混合使用或与湿法二级联合使用。图 1.7.17 是一种催化加水洗的现场废气处理装置。根据废气中含有的气体不同组分选择相应催化剂，在催化作用下的反应式，如 $SiH_4 + 2O_2 \rightarrow SiO_2 + 2H_2O$，$2PH_3 + 4O_2 \rightarrow P_2O_5 + 3H_2O$ 等，催化反应生成物按尾气中含有的物质不同可生成固态、气体、液态的酸性、碱性物质，所以通常催化处理后均应设有后续处理装置并进一步去除有害物质，达到排放标准后才能排放至大气。

(5) 等离子型处理装置　利用电能对废气中的待去除物质等离子化后达到处理的要求，常用于一些全氟化合物（PFCs）等的尾气处理。

现场废气处理装置采用混合处理可发挥各个处理方式的优点并可结合废气中有害物质的物化特性，选择有效的混合处理组合获得较满意的处理效果，如在集成电路制造过程中的 CVD 工序用多种特气，其中有水溶性气体、烷类气体或者高温燃烧后是水溶性气体等，采用混合方式进行尾气处理是合适的。常见的混合处理方式有电热吸附式、电热水洗式、氧化/燃烧水洗式、催化氧化处理、等离子破坏处理等，现以 CDO（controlled decomposition oxidation）＋湿式洗涤的尾气处理装置为例说明处理的过程。图 1.7.18 为该装置的内部构造。首先通入一定量的压缩空气与进入氧化反应部位的某些工艺废气发生氧化作用，以减轻下游反应腔体的处理负荷。加热反应部位包括连续加热元件以及直筒式反应器。温度控制器显示的是热传感器感知到的反应腔反应温度，并可将腔体温度控制在规定的温度，以使各类特殊气体在此温度下发生热分解和氧化反应；冷却洗涤部位分为一级和二级冷却洗涤，可将通过反应后的废气冷却至低于 50℃，同时对废气进行洗涤去除颗粒状、水溶性气体。最后经水雾分离进一步去除残留微粒和水汽，然后以通入的压缩干燥空气驱使处理后的废气排入排气系统。

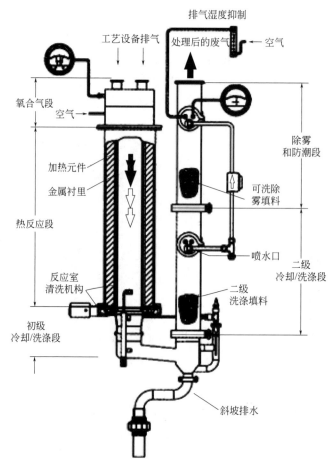

图 1.7.18　CDO＋湿法洗涤的尾气处理装置

7.3　安全技术措施

7.3.1　基本要求

由于电子工业洁净厂房各类工艺排气中的组分十分复杂，有的工序或设备的工艺排气中有害物质的浓度还可能较高，因此在国家标准《电子工业洁净厂房设计规范》（GB 50472）中对排风系统设计作了如下规定："排风介质中含有剧毒物质时，其排风机和处理设备应设备用，并应设置应急电源。""排风介质中含易燃、易爆等危险物质或工艺可靠性要求较高时，其排风机应设备用，并应设置应急电源。""排除有爆炸危险的气体和粉尘的局部排风系统，其风量应按在正常运行和事故情况下，风管内这些物质的浓度不大于爆炸下限的 20％计。""排除有爆炸危险的气体和粉尘的局部排风系统，应设置消除静电的接地装置。""对排风系统中含有毒性、爆炸危险性物质的排气管路，应保持相对于路由区域一定的负压值。"

　　上述规定是依据近年来电子工业洁净厂房工程的设计实践和已经投入运行的相关工程项目的安全可靠运营的经验总结，并且参照了国外相关标准的技术要求。在美国消防协会（NFPA）2018年版的《半导体制造的消防标准》（NFPA 318）中要求："排风系统应设有自动应急电源；应急电源工作时，应达到不低于排气系统50％的容量；使用可燃、易燃气体或化学品的设备，应设有可燃、易燃气体或蒸汽浓度低至爆炸下限20％以下的排气系统。"据了解，国内已经建成投运或正在建设的微电子生产用洁净厂房内有爆炸危险的可燃、易燃气体或蒸汽和粉尘的排风系统，为确保洁净厂房的安全可靠性、排风系统的排风量均应达到在正常运行或事故情况下，排风管内这些有害物质的浓度不得大于该物质爆炸下限的20％计。为此在排风系统设有吸入房间空气的自动装置，并在排风管内设有气体浓度报警装置，当排风系统中的有害物质浓度超过规定值时，在进行报警的同时，自动开启吸入空气降低排风中有害物质的装置，使排风系统总是不会因意外火源引发着火事故。

　　洁净室（区）及其上、下技术夹层均具有气密性良好的要求，如果在洁净厂房中含有有毒、可燃、易燃物质的排气系统一旦发生泄漏事故将会带来十分严重的安全隐患，一旦超出规定限值可能使作业人员中毒甚至发生着火事故，所以相关规范中规定含有毒和易燃、易爆等危险物质的排风系统的排风机、处理设备均应设置备用电源、备用风机，以防止排气系统不正常停机事故的发生；并且这类排风系统内应保持相对于风管路由区域一定的负压值，以避免发生泄漏事故。不仅如此，在相关规范中还规定在使用有毒、可燃、易燃、有爆炸危险物质的生产工艺设备的"气体分配箱"、排风管道连接处和相应的洁净室（区）的室内环境设有气体泄漏报警装置，为避免因危险物质的泄漏超过规定限值引发安全事故的发生，并应设置气体报警装置与排风风机的自动连锁控制。

　　洁净厂房排气（废气）系统的设计建造安全技术措施主要有如下基本要求。

　　① 排气系统应具有连续不断运行的功能，这是确保洁净厂房安全稳定运行的重要条件之一，也是保持洁净室的洁净度等级和产品生产过程不被玷污的必需的技术措施。如果洁净厂房内某一排气系统因安全技术措施出现故障导致其中断运行，将会使该排气系统涉及的洁净室（区）及其范围内生产工艺设备产品生产发生的有害物质散发到相关房间内，其严重后果是不言而喻的。因此，"连续运行"是洁净厂房排气系统首要的安全技术措施基本要求。

　　② 洁净厂房中各类排气应严格遵守"不准混排"或应按废气种类和不相容原则分类、分系统设置。这里所指的"不相容"（incompatible）是化学物质经由非故意的结合，可能产生剧烈的反应或无法控制的状况，其释放的能量可能引起危险。在电子工业集成电路、液晶显示器面板等产品生产中，由于其生产过程需用数十种不同物化性质的化学品、特种气体，因此在这类洁净厂房内的排气系统必须十分严格执行"不准混排""按不相容原则分类、分系统"，以确保洁净厂房的安全稳定运行。例如在 GB 51401 中明确规定：氮氧化物废气、高浓度酸废气应单独设置废气系统；外延尾气处理系统应单独设置等。

　　③ 各类排气系统设计建造和运行应具有可靠的防止泄漏/渗漏的技术措施。鉴于各类排气系统中排出的介质分别或同时具有易燃易爆、毒性、腐蚀性、氧化性和窒息性等，一旦从排风系统泄漏到所涉及的环境，将可能引发火灾、爆炸、中毒等危及生命财产的重大灾难性事故，因此防泄漏/渗漏是排气系统安全技术措施的重要基本要求。

　　④ 依据排气系统排出废气的有害物质，例如有火灾、爆炸、有毒等危及生命财产安全的物质，在生产工艺设备排出口或在现场排气处理装置（POU）等排出口，进入排风管道处的有害浓度应有严格限制，以确保排风管道至排入大气的排气筒的路由管道、设备及其周围环境的安全。在标准规范中明确规定的有：烷类尾气处理系统处理后的燃烧爆炸性气体浓度应保持在其燃烧范围下限值的25％以下，为防止运行过程中排气管道内"超过限值"，通常应设有稀释措施；当采用转轮浓缩处理挥发性有机物废气时，浓缩后的挥发性有机物废气浓度不应大于燃烧范围下限值的50％等。

7.3.2　安全技术措施

在电子工业洁净厂房中各种类型的排气系统都会涉及安全技术措施。其中集成电路、液晶显示器面板制造的洁净厂房不仅排气系统种类多，且排气量大，有的工艺设备排气口的废气排出浓度还较高等，为了确保电子工业废气处理系统的安全可靠运行，在国家标准《电子工业废气处理工程设计标准》（GB 51401—2019）中作出了有关废气处理系统的安全技术措施规定，现摘录一部分供涉及相关工程的设计、建造者实施执行。

① 排风中含有燃烧爆炸性、毒性物质时，排风系统设计应满足下列要求：

a. 燃烧爆炸性、毒性物质未经处理的排风管路，应保持相对于路由区域的负压值；

b. 中央废气处理系统应按一级负荷供电，一级负荷供电的电量应保证系统排风量不小于正常运行时系统排风量的 50%；

c. 排风中含有燃烧爆炸性物质时，排风机应设置备用；

d. 排风中含有极毒或剧毒物质时，排风机和处理设备均应设置备用。

依据生产工艺要求，产品生产过程必须使用极毒、剧毒物质时，应采用自动化设备并应采取密闭、隔离和负压作业等措施；生产工艺设备中产生有毒有害物质的腔体应采取排风措施，并应满足生产工艺要求的负压值。

挥发性有机物废气排风系统应配置备用风机，且排风机应按一级负荷供电，使用一级负荷供电的风机风量应大于系统排风量的 50%。经处理后的工艺设备排出的挥发性有机物废气不应循环使用。当采用转轮浓缩处理挥发性有机物废气时，浓缩后的挥发性有机物废气浓度不应大于燃烧下限的 50%。

在美国消防标准 NFPA 318 中对半导体产品制造洁净厂房排气管路的消防安全措施作了相关规定，如设在洁净厂房内的用于排放含有可燃、易燃物质的排风管道的直径或等效直径大于或等于 250mm 时，排风管内应设喷头，其自动喷水灭火系统的设计喷水强度不得小于 $1.9L/(min \cdot m^2)$，风管内自动喷水灭火系统的设计流量应满足最远端 5 个喷头的出水量，单个喷头的出水量不应小于 76L/min；水平风管内喷头的距离不得大于 6.1m，垂直风管内喷头的间距不应大于 3.7m；设有喷头的风管设置的喷头应便于定期维护检修。对于可燃、易燃、有毒的工艺排气系统不得设置防火阀等。

对于有毒有害物质的排气系统，经废气处理后的污染因子浓度应在 PC-TWA 值以下。

排除或输送有燃烧或爆炸危险物质的排气系统的风管，不应穿过防火墙和防火隔墙。其余酸性、碱性、挥发性有机物和特种废气系统的风管不宜穿越防火墙或防火隔墙，当必须穿越时，排风系统的防火阀设置应遵守下列规定：不应设置熔片式防火阀；含有极毒和剧毒物质的排风系统不应设置防火阀，但紧邻建筑构件其中一侧的排风管应采用与建筑构件耐火极限相同的构造进行保护。

② 碱性废气系统处理设备宜设置备用，排风机应设置备用。电子工业洁净厂房的碱性废气系统处理设备和排风机应按一级负荷供电，使用一级负荷供电的碱性系统处理设备和排风机风量应大于系统排风量的 50%。

设计排风管路系统时，应避免风管内的挥发性有机物蒸气积聚。设置自动喷淋系统的排风管，应避免喷淋排水回流到工艺设备，风管支撑系统应能承载喷淋时风管系统的重量。挥发性有机物废气排风管的设计不宜选用易出现气体泄漏的管道密封形式或管件。

③ 挥发性有机物废气处理系统应配置备用风机，且排风机应按一级负荷供电，使用一级负荷供电的风机风量应大于系统排风量的 50%。

VOC 废气处理系统应配置风量或风压低于设定值的报警装置；炉膛超温时高温烟气从炉膛直排烟道的应急排放管；处理系统的监测、日常操作及保养所需的辅助设施及控制系统失效情况下的紧急安全处理措施等安全保护装置。

④ 事故排风系统风机的供电负荷等级不应低于相关工艺设备的供电负荷等级，并应分别在室内及靠近外门的外墙上设置电气装置。

设置有事故排风的场所不具备自然进风条件时，应设置补风系统，补风量宜为排风量的 80%，补风机应与事故排风机联锁。

含有剧毒和较毒物质的事故排风系统其排气筒高度不应低于 15m，含有极毒物质的事故排风系统其排气筒高度不应低于 25m。排气筒出口处的有毒有害物质浓度应低于立即危害生命和健康浓度的 50%。电子工业常用高毒物品的立即危害生命和健康浓度可见表 1.7.6。

需要设置事故通风的场所，宜设置有毒、有害或燃烧爆炸性气体检测及报警装置，报警后联动开启事故通风装置。

7.4 洁净厂房的防排烟设施

（1）基本规定 洁净厂房为无菌或固定窗的生产厂房，各洁净室房间的密闭性均较好时，按规定设置防排烟设施是确保作业人员安全疏散的重要条件之一。但是通常根据净化空调系统的要求和产品生产工艺的需要，洁净室一般均设有上技术夹层、技术夹道、技术竖井，有的还设有下技术夹层等，并且在技术夹层等空间内设有送、回风管，排风管，各种气体管路，水管路，各种电气管线等，如果再设置具有高温特性的机械排烟管道存在一定的困难；而为了确保洁净室（区）作业人员在出现火情后，有能力及时疏散、逃逸至安全地带，所以在国家标准《洁净厂房设计规范》（GB 50073—2013）中规定："疏散走廊应设置机械防排烟设施。洁净厂房疏散走廊除应设置机械排烟设施外，其余均应符合 GB 50016 的有关规定。"在国家标准《医药工业洁净厂房设计标准》（GB 50457）中也有相似的规定。

在国家标准《电子工业洁净厂房设计规范》（GB 50472）中，根据近年来国内外电子工厂洁净厂房的工程实践，特别是集成电路晶圆制造、TFT-LCD 液晶显示面板制造、太阳能光伏电池制造等洁净厂房的特点和已经采取的各类安全技术措施，主要规定有："洁净厂房的疏散走廊，应设置机械排烟设施。""洁净厂房排烟设施的设置应符合现行国家标准《建筑设计防火规范（2018 年版）》（GB 50016）的有关规定，当同一防火分区的丙类洁净室（区）人员密度小于 0.02 人/m² 且安全疏散距离小于 80m 时，洁净室（区）可不设机械排烟设施。"据了解，目前电子工厂洁净厂房中的洁净室主要有三种基本类型：单向流洁净室、非单向流洁净室和混合流洁净室。在各类洁净厂房的设计建造中，其共同的特点是公用动力管线多，且由于送风量大，一般风管尺寸较大；即使对于非单向流洁净室送风量相对较小（其送风量比公共建筑仍然要大数倍以上），但因一般只有上技术夹层或技术夹道，所以管线布置仍然难度很大。单向流和混合流洁净室，气流速度大，且气流自上而下从洁净区的吊顶流向活动地板，在此种情况下如何设置机械排烟系统？对洁净生产区是否设机械排烟？目前各个高科技工厂的做法各不相同，归纳起来电子工厂洁净厂房中的防排烟方式有：①洁净生产区设机械排烟系统；②洁净厂房疏散走廊设机械排烟系统；③在洁净生产区内分区设置机械排烟系统，有的与生产工艺设备排气系统共用；④在下技术夹层设机械排烟系统等。

在美国 NFPA 标准《半导体制造设施消防标准》（NFPA 318）中有如下规定："空气处理系统的设计应配备排烟系统或设专用的烟控系统。"在条文解释中有如下的说明："半导体生产用洁净厂房设置的烟控系统不会阻止污染，但能限制污染物的传播和浓度。专用的烟控系统最好能自动启动，但一些企业愿意手动启动，应认真做到：①应有合格的人员对烟控系统每天 24h 监控；②应急抢救组或有权手动启动者，应迅速接到通知；③应制定详细的烟控应急程序，包括危险气体切断、空气循环风机停机、排烟风机启动等。排烟系统的容量最小为 3ft³/(min·ft²)〔52m³/(h·m²)〕，对于危险较高的区域应该为 5ft³/(min·ft²)〔85m³/(h·m²)〕。"

在我国现行的国家标准《建筑设计防火规范（2018 年版）》（GB 50016）中有如下规定："下列场所应设置排烟设施：丙类厂房中建筑面积大于 300m² 的地上房间；人员、可燃物较多的丙类厂房或高度大于 32m 的高层厂房、长度大于 20mm 的疏散走道；任一层建筑面积大于 5000m² 的丁类厂房。"并在条文说明中解释如下："工业建筑中，因生产工艺的需要，房间面积超过 300m² 的地上丙类厂房比比皆是，有的无窗或设有固定窗，如洁净厂房等，有的平面面积达到数万平方米，如电子、纺织、造纸厂房，钢铁与汽车制造厂房等。丙类厂房中人员较多，过去一直没有要求设置排烟的规定，发生火灾时给人员疏散和火灾扑救带来一定隐患……"按此条规定大面积、大空间的高科技洁净厂房，均应设机械排烟设施，因为洁净厂房是密闭性厂房不可能设自然排烟，房间面积均大于 300m²，但是高科技洁净厂房的生产工艺自动化程度高，所以操作人员少，一个上万平方米的洁净厂房最大班人数仅数十人，人员密度大多小于 0.5 人/100m²，这与"建规"所述"丙类厂房中人员较多"是完全不同的；再如前述电子工厂洁净厂房中气流速度大、自上而下的实际状况和技术夹层中管线多、敷设排气管线的难度大等因素。为了使电子工厂洁净厂房一旦出现火情，确保人员安全疏散，所以 GB 50472 中规定洁净室（区）应设排烟设施。但洁净室（区）内人员密度小于 0.02 人/m²，且安全疏散距离小 80m 时，洁净室（区）可不设机械排烟设施。

（2）国家标准规定　洁净厂房机械排烟系统设计的风量、排烟口位置、风机等的选择应满足现行国家标准《建筑设计防火规范（2018 年版）》（GB 50016）及《建筑防烟排烟系统技术标准》（GB 51251）的有关规定，相关内容主要有："除地上建筑的走道或建筑面积小于 500m² 的房间外，设置排烟系统的场所均应设置补风系统，且风量不应小于排烟量的 50%。""防烟分区的最大允许面积及其长边最大允许长度应符合表 1.7.14 的规定。"

表 1.7.14　防烟分区的最大允许面积及其长边最大允许长度

空间高度 H/m	最大允许面积/m²	长边最大允许长度/m
$H \leqslant 3.0$	500	24
$3.0 < H \leqslant 6.0$	1000	36
$H > 6.0$	2000	60；具有自然对流条件时，不应大于 75

注：1. 公共建筑、工业建筑中的走道宽度不大于 2.5m 时，其防烟分区的长边长度不应大于 60m。
　　2. 当空间净高大于 9m 时，防烟分区之间可不设置挡烟设施。

1）机械排烟系统的排烟量

① 排烟系统的设计风量不应小于该系统计算风量的 1.2 倍；当采用机械排烟方式时，储烟仓的厚度不应小于空间净高的 10%，且不应小于 500mm。同时储烟仓底部距地面的高度应大于安全疏散所需的最小清晰高度。

② 走道、室内空间净高不大于 3m 的区域，其最小清晰高度不宜小于其净高的 1/2。其他区域的最小清晰高度应按下式计算：

$$H_q = 1.6 + 0.1H'$$

式中　H_q——最小清晰高度，m；

　　　　H'——单层空间取排烟空间的建筑净高度，多层空间取最高疏散楼层的层高，m。

③ 建筑空间净高小于或等于 6m 的场所，其排烟量应按不小于 60m³/(h·m²) 计算，且取值不小于 15000m³/h；空间净高大于 6m 的场所，其每个防烟分区的排烟量应根据场所内的热释放速率计算确定，且不应小于表 1.7.15 中的数值。

表 1.7.15　公共建筑、工业建筑中空间净高大于 6m 场所的计算排烟量

空间净高 /m	厂房、其他公共建筑的计算排烟量/10⁴(m³/h)	
	无喷淋	有喷淋
6.0	15.0	7.0
7.0	16.8	8.2
8.0	18.9	9.6
9.0	21.1	11.1

④ 当一个排烟系统负担多个防烟分区排烟时，系统排烟量的计算应符合下列规定：a. 当系统负担具有相同净高的场所时，建筑空间净高大于6m的场所，应按排烟量最大的防烟分区排烟量计算；建筑空间净高为6m及以下的场所，应按防火分区中任意两个相邻防烟分区排烟量之和的最大值计算；b. 当系统负担具有不同净高的场所时，应采用上述方法对系统中各场所的排烟量进行计算，取其最大值作为系统排烟量。

2）机械排烟系统中排烟口、排烟阀和排烟防火阀的设置

① 排烟口或排烟阀应按防烟分区设置，并应与排烟风机连联。当任一排烟口或排烟阀开启时，排烟风机应能自行启动；当排烟口或排烟阀平时为关闭时，应设置手动和自动开启装置。

② 排烟口应设置在储烟仓（位于建筑空间顶部，由挡烟垂帘、梁或隔墙等形式构成的用于蓄积火灾烟气的空间。储烟仓高度即设计烟层厚度）内，但走道、室内空间净高不大于3m的区域，排烟口可设置在其净空高度的1/2以上；当设置在侧墙时，吊顶与其最近边缘的距离不应大于0.5m。

③ 设置机械排烟系统的场所，除建筑面积大于50m^{2}的房间外，排烟口可设置在疏散走道。

④ 防烟分区内的排烟口距最远点的水平距离不应超过30.0m；排烟支管上应设置当烟气温度超过280℃时能自行关闭的排烟防火阀。

⑤ 排烟口的风速不宜大于10.0m/s。

排烟风机的设置应符合的规定有：排烟风机的全压应满足排烟系统最不利环路的要求。其排烟量应考虑10%～20%的漏风量；排烟风机可采用离心风机或排烟专用的轴流风机；排烟风机应能在280℃的环境条件下连续工作不少于30min；在排烟风机入口总管处应设置当烟气温度超过280℃时能自行关闭的排烟防火阀，该阀应与排烟风机连联，当该阀关闭时，排烟风机应能停止运转。当排烟风机及系统中设置有软接头时，该软接头应能在280℃的环境条件下连续工作不少于30min。排烟风机和补风机应分别设置在专用机房内。

参考文献

[1] 刘天齐.三废处理工程技术手册（废气卷）.北京：化学工业出版社，1999.
[2] 刘建勋.高科技制造业工艺设备用废气处理装置.洁净与空调技术，2013（3）：83-91.
[3] 秦学礼.集成电路生产中废气的污染与治理.洁净与空调技术，2006（1）：19-22.
[4] 陈霖新.微电子洁净厂房的气体供应和排气设施.首届中日韩污染控制高峰论坛论文集，苏州，2019.
[5] 朱海英，黄其煜.浅谈集成电路的废气处理.洁净与空调技术，2008（2）：59-61.
[6] 李顺.袋进袋出过滤器的特点与使用.洁净与空调技术，2008（1）：46-48.

第8章 洁净厂房的给水排水设施

8.1 概述

8.1.1 给水排水设施简况

在洁净技术应用日益广泛的今天，洁净厂房内生产的产品种类日益繁多。由于洁净室及相关受控环境的目的是控制微粒或微粒和微生物或微粒和化学污染等各类污染物，通常洁净室内的生产工艺为精密、微细加工或要求无菌无尘的环境，因此在洁净厂房内的给水排水设施与一般工业厂房相比各项要求相对比较严格，首先应按洁净室内产品生产工艺的要求设置相应的给水、排水系统，包括生产、生活用水系统、消防给水系统、产品生产工艺用水，各类循环冷却水、纯水供应系统以及生产和生活排水系统、排水或废水处理系统等。各类产品洁净厂房因产品生产工艺要求不同，其生产用水、纯水供应系统、废水处理系统差异较大。表1.8.1是以集成电路芯片制造、TFT LCD液晶显示面板制造为代表的微电子产品生产用水的用途和水质要求。表1.8.2是以控制微粒、微生物为代表的生物制品、药品生产用水的用途和水质要求。

表1.8.1 微电子产品生产用水的用途及水质要求

类别		用途	水质要求
一般生产用水		1. 一般洗涤用水 2. 部分动力设备冷却水系的补充水 3. 制取软化水、纯水的原水	符合《生活饮用水卫生标准》(GB 5749—2006)
软化水		1. 工艺生产设备冷却水系统的补充水 2. 部分动力设备冷却水系统的补充水 3. 锅炉用水补充	硬度<0.1mmol/L
纯水	初级纯水	1. 工艺生产设备冷却水系统的补充水 2. 空调加湿用水 3. 锅炉用水补充	电阻率>0.5MΩ·cm(25℃)
	超纯水	1. 硅片清洗 2. 化学剂配制	电阻率>18MΩ·cm(25℃)等
工艺设备冷却水		工艺系统冷却水设备冷却用循环水	电阻率0.1~1MΩ·cm，经10μm过滤
空压机、制冷系统冷却水		1. 各类气体压缩机用循环冷却水 2. 制冷系统用循环冷却水	符合《工业循环水冷却设计规范》(GB/T 50102—2014)

表 1.8.2　生物制品、药品生产用水的用途及水质要求

类别	用途	水质要求
饮用水	1. 制药设备的初洗 2. 各种医用水的原料水	符合《生活饮用水卫生标准》（GB 5749—2006）
纯化水	1. 口服剂配料、洗瓶 2. 注射剂、无菌冲洗剂初洗瓶子 3. 非无菌原料药精制 4. 生产注射用水的原料水	参照《中华人民共和国药典》蒸馏水质量标准，电阻率 $>0.5M\Omega \cdot cm(25℃)$
注射水	以纯化水为原水，采用蒸馏法制备的水配制注射剂的溶剂、无菌冲洗剂配料和溶剂最后洗瓶水（需经 $0.45\mu m$ 膜过滤）	符合《中华人民共和国药典》注射水质量标准
灭菌注射水	灭菌粉末的溶剂或注射液的稀释剂	符合《中华人民共和国药典》灭菌注射水质量标准

由于各种等级的洁净室（区）内对洁净度均有基本的要求，洁净厂房内各种管道的敷设方式直接影响洁净室的空气洁净度，因此在国家标准《洁净厂房设计规范》（GB 50073—2013）中规定："洁净厂房内的给水排水干管应敷设在技术夹层或技术夹道内，也可埋地敷设。洁净室内的管道宜暗装，与本房间无关的管道不宜穿过。""管道外表面可能结露时，应采取防护措施。防结露层外表面应光滑易于清洗，并不得对洁净室造成污染。""管道穿过洁净室的墙壁、楼板和吊顶时应设套管，管道和套管之间应采取可靠的密封措施。无法设置套管的部位也应采取有效的密封措施。"首先要求管道尽量在洁净室外敷设，以最大限度地减少洁净室内的管道。目前，洁净厂房的管道布置一般是各类干管布置在技术夹层、技术夹道、技术竖井内。对设有上下技术夹层的洁净厂房，给水排水干管大都设在下技术夹层内；暗装立管可布置在墙板、异型砖、管槽或技术夹道内；支管由干管或立管引入洁净室，通常从技术夹层引入 20～30cm 与设备二次接管相连；在技术夹道内的管道及阀件，可明装也可以暗装。

洁净室（区）均为恒温恒湿房间，而生产工艺需要的给水、排水管道又有不同的水温要求，管内外的温差使管外壁结露，影响室内温湿度。因此，对于有可能结露的管道应采取防结露措施。防结露层外表面应采用镀锌铁皮或铝皮作外壳，便于清洗并不产生灰尘。

穿管处的密封是保证洁净室空气洁净度的重要措施，不仅防止未净化空气渗入室内，且不会让洁净空气向外渗漏造成能量浪费。实在无法做套管的部位（如软吊）也应采取严格的密封措施，密封可采用微孔海绵、有机硅橡胶、橡胶圈及环氧树脂冷胶等。

8.1.2　给水系统

由于各行业洁净厂房的产品种类不同，设置的给水系统各不相同，但大体可分为三大类：生产给水系统、生活给水系统、消防给水系统。厂区道路喷洒和绿化用水一般是用回收水或再生中水供应。消防给水系统已在本篇第 3 章中表述，生活给水系统在其他书籍中多有详述，本节只叙述生产给水。为满足洁净室内产品生产的要求，设有各类品质、温度、压力参数不同的给水系统，以微电子产品为代表的电子工业洁净厂房中常设有纯水和超纯水供应系统、工艺冷却水系统、动力公用设备用循环冷却水系统等，医药工业洁净厂房中常设有循环冷却水系统、纯化水系统、注射水系统，有的还设有无菌注射水系统等。

各行业洁净厂房中为满足产品生产工艺设备对冷却水的要求和动力公用系统对冷却水的要求，通常在洁净厂房或其辅助厂房内设有工艺循环冷却水系统和循环冷却水系统。前者用于产品生产设备所需冷却水的供应，这类工艺循环冷却水的水温、水压和水质要求，应根据生产工艺条件或生产设备的要求确定；当水温、水压、运行特点等的要求差异较大时，还应分别设置不同参数的工艺循环冷却水系统以满足生产工艺的要求。图 1.8.1 是典型的工艺循环冷却水流程框图。通常

工艺循环冷却水装置包括循环水泵、换热器、过滤器、水箱（罐）和控制装置。工艺循环冷却水一般应设有备用泵，以确保连续供应生产设备用冷却水。由于生产设备所需冷却水量可能会随生产能力或生产条件等的变化而变化，因此循环水泵宜采用变频调速控制装置。工艺循环冷却水系统循环水泵的供电形式宜采用双回路供电，或采用大功率不间断电源（UPS）装置供电。工艺循环冷却水系统应设置过滤器，同时过滤器宜设置备用。过滤器的过滤精度应根据工艺设备对水质的要求确定。工艺循环冷却水系统的换热设备宜设置备用，通常采用板式换热器，以减少占地面积。循环水箱的有效容积不应小于总循环水量的10%，且应设置低位报警装置和大流量自动补水系统。工艺循环冷却水系统的分配管路应满足水力平衡的要求，并应设置必要的泄水阀（泄水口）、排气阀（或排气口）和排污口。工艺冷却水管道的材质应根据生产工艺的水质要求确定，宜采用不锈钢管、给水 UPVC 管或 PP 管，管道附件与阀门宜采用与管道相同的材质。非保温的不锈钢管与碳钢支吊架之间的隔垫应采用绝缘材料，保温的不锈钢管应采用带绝热块的保温专用管卡。

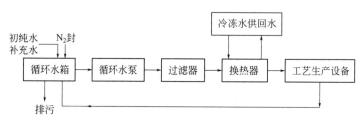

图 1.8.1　典型的工艺循环冷却水流程框图

　　工艺循环冷却水的水质是根据洁净室（区）内的产品生产工艺和生产设备技术参数等因素确定的。某 TFT-LCD 液晶显示面板制造洁净厂房内的工艺循环冷却水系统的水质要求如表 1.8.3 所示。

表 1.8.3　某 TFT-LCD 液晶显示面板制造厂房工艺循环冷却水的水质要求

序号	项目	单位	指标
1	总溶解固体	mg/L	＜4.5
2	电导率	μs/cm	≤50
3	硬度($CaCO_3$)	mg/L	≤0.5
4	铜	mg/L	≤0.02
5	磁化物	mg/L	≤1.0
6	SiO_2	mg/L	＜0.05
7	砷	mg/L	＜0.05
8	pH	—	7～8
9	过滤精度	μm	10

　　电子行业的工艺循环冷却水水质要求一般比经二级反渗透膜过滤 RO 水的水质标准低，所以通常采用 RO 水作为工艺循环冷却水。RO 水由纯水站制取。
　　动力公用设备循环冷却水系统通常用于各类气体压缩机排气的冷却和制冷机冷凝器中制冷剂的冷却冷凝，通常根据具体工程的气象条件确定系统的供水、回水温度，一般为 30℃/35℃。循环冷却水系统一般采用敞开式，由冷却塔、集水池或集水型塔盘、循环水泵以及水处理装置等组成。这类系统的冷却水水质应符合国家标准《工业循环冷却水处理设计规范》（GB/T 50050—2017）的要求，若采用闭式循环冷却水系统宜符合表 1.8.4 中的水质要求。循环冷却水系统在洁净厂房中均有采用，主要用于制冷站的制冷系统用冷却水。鉴于各行业洁净厂房的规模、洁净室面积大小的差异，制冷站规模差异较大，对于大面积、大体量微电子产品生产用洁净厂房的制冷站其制冷机多达十几台甚至更多，单台制冷量常在千冷吨以上。如某 TFT-LCD 液晶显示器生产洁净厂房的制冷站设有 11 台千冷吨以上的离心式制冷机，循环冷却水总水量近 $1.5×10^4 m^3/h$，设置 38 台机械通风逆流式冷却塔（其中 1 台备用）；为确保循环冷却水的水质，设有旁滤装置和加药装置。旁滤装置共有 5 台，对总循环水量的 5% 进行处理，去除循环水中的悬浮物及颗粒物等。加药装置加入阻垢剂、杀菌剂类化学药品，以去除藻类、细菌和控制 pH。该循环冷却水流程框图见图 1.8.2。各类气体压缩机循环冷却水系统与之相似，但一般规模小，冷却水量与压缩机排气能力有关。由于压缩机排气温度在 100℃ 左右，因此近年来一些电子工厂常将压缩机排气热回收利用。

表 1.8.4　闭式循环冷却水的水质要求

项目	单位	冷却水的水质			补充水的水质标准
		标准值	趋势		
			腐蚀	结垢	
pH(25℃)	—	6.5～8.0	＋	＋	6.5～8.0
电导率(25℃)	μs/cm	＜800	＋		＜200
Cl⁻	mg/L	＜200	＋		＜50
SO_4^{2-}	mg/L	＜200	＋		＜50
总铁 Fe	mg/L	＜1.0		＋	＜0.3
总碱度	mg/L	＜100		＋	＜50
总硬度	mg/L(以 $CaCO_3$ 计)	＜200		＋	＜50
S^{2-}	mg/L	测不出	＋		测不出
NH_4^+	mg/L	＜1.0	＋		测不出
SiO_2	mg/L	＜50		＋	＜30

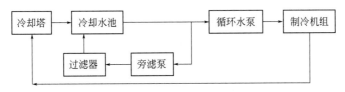

图 1.8.2　某制冷站循环冷却水流程图

洁净厂房室内各类给水系统的管道材质和接口常规选用见表 1.8.5。

表 1.8.5　洁净厂房内各类给水系统的管道材质和接口方式

系统	缩写	管道部位	管材	接口
生产生活加压给水系统	J1	室内架空管道	薄壁不锈钢管	法兰连接/卡箍
工艺循环冷却水系统	PCWS/PCWR	室内架空管道	不锈钢管道 SUS304	氩弧焊接
冷冻机、空压机循环冷却水系统	CWS/CWR	室内架空管道	DN＜200 的焊接钢管	焊接
			DN≥200 的螺旋缝钢管	焊接
纯水系统	DI/DIR	室内架空管道	PVDF 或 CPVC	热熔承插或粘接
初级纯水(RO)系统	RO	室内架空管道	不锈钢钢管 SUS304	氩弧焊接

8.1.3 排水系统

各种类型洁净厂房的排水系统因生产产品不同、生产工艺不同或生产过程排出的生产废水所含有害物质的种类、浓度不同，相应的排水系统差异较大，但各企业大体可分为生活排水系统、生产排水系统和其他用途排水系统。半导体、面板和医药生产企业还需要将可能与物料、半成品、成品等接触的消防排水汇集，排至生产废水处理装置处理达标后才能排至城市水体。生活排水系统的设计和建造在相关书籍中多有详述，本书不再赘述。生产废水系统种类繁多，处理过程差异较大且十分复杂，在本篇8.3节表述，本小节只对洁净室（区）内的排水管道敷设及消防事故废水系统设置等进行介绍。

（1）洁净室（区）内的排水管道敷设　洁净室（区）内的排水管道及其附件设置是否合适或是否满足产品生产工艺的要求以及维持洁净室（区）内的空气洁净度和相关技术指标是极其重要的。如重力排水系统的水封和透气装置的正确设置，除了类似一般厂房防止臭气逸入外，对于洁净室若不能保持水封的密封作用会产生室内外的空气对流。在正常工作时，室内的洁净空气将会通过排水管向外渗漏；若通风系统停止工作，室外的非洁净空气不定期会向室内倒灌，影响洁净室（区）的洁净度、温湿度，并使洁净室消耗的能量增加。为此在 GB 50073—2013 中对设在洁净室（区）内的排水管道及其附件的设置作了如下规定："洁净室（区）内的排水设备以及与重力回水管道相连接的设备，必须在其排出口以下部位设水封装置，排水系统应设有完善的透气装置。""洁净室内地漏等排水设施应做到：空气洁净度等级高于 6 级的洁净室内不应设地漏；6 级洁净室内不宜设地漏，如必须设置时，应采用专用地漏；洁净度等级等于或高于 7 级的洁净室内不宜设排水沟；等于或高于 7 级的洁净室内不应穿过排水立管，其他洁净室内穿过排水立管时不应设检查口。"

由于医药工业洁净室内除了对微粒有控制要求外，同时对微生物也有污染控制要求，因此对交叉污染有更为严格的要求。若洁净室内排水设施的水封不能保持，会产生室内外的空气对流，使空气被污染或交叉污染，为此，在 GB 50457—2019 中对医药洁净室内的排水设施作了如下规定："医药洁净室内的排水设备以及与重力回水管道相连的设备，必须在其排出口以下部位设水封装置，水封高度不应小于 50mm。排水系统应设置完善的透气装置。""排水立管不应穿过空气洁净度 A 级、B 级的医药洁净室；排水立管穿越其他医药洁净室时，不应设置检查口。""医药洁净室内地漏的设置，在空气洁净度 A 级、B 级的医药洁净室内不应设置地漏；空气洁净度 C 级、D 级的医药洁净室内宜少设置地漏，需要设置时，地漏材质应不易腐蚀，内表面光洁，易清洗，有密封措施，并应耐消毒灭菌。""医药洁净室内不宜设置排水沟。""排水管道应选用建筑排水塑料管及管件，也可采用不锈钢管及管件和柔性接口机制排水铸铁管及管件；当排水温度大于 40℃ 时，应选用金属排水管或耐热塑料排水管。"

（2）消防事故废水系统设置　半导体和面板类企业化学品库或洁净厂房内的化学品储存分配间等，其所存放的各种化学品物质在发生泄漏事故或消防事故时，会产生事故废液或废水。为避免废水对环境产生危害，根据我国相关的法律法规及工程建设规范标准要求，需要设置事故废水的拦截储存措施，如《中华人民共和国水污染防治法》第七十八条：企业事业单位发生事故或者其他突发性事件，造成或者可能造成水污染事故的，应当立即启动本单位的应急方案，采取隔离等应急措施，防止水污染物进入水体，并向事故发生地的县级以上地方人民政府或者环境保护主管部门报告；《突发环境事件应急管理办法》（环境保护部令第34号）第九条：企业事业单位应当按照环境保护主管部门的有关要求和技术规范，完善突发环境事件风险防控措施。前款所指的突发环境事件风险防控措施，应当包括有效防止泄漏物质、消防水、污染雨水等扩散至外环境的收集、导流、拦截、降污等措施。

《建设项目环境风险评价技术导则》（HJ 169—2018）第10.2.2条：事故废水环境风险防范应明确"单元—厂区—园区/区域"的环境风险防控体系要求，设置事故废水收集（尽可能以非动力自流方式）和应急储存设施，以满足事故状态下收集泄漏物料、污染消防水和污染雨水的需要，明确并图示防止事故废水进入外环境的控制、封堵系统。应急储存设施应根据发生事故的设备容量、事故时消防用水量及可能进入应急储存设施的雨水量等因素综合确定。应急储存设施内的事故废水，应及时进行有效处置，做到回用或达标排放。结合环境风险预测分析结果，提出实施监控和启动相应的园区/区域突发环境事件应急预案的建议要求。

在电子工程类项目中，化学品库和化配房间内主要通过设置围堰或集液坑来收集泄漏的废液并后续委托有资质的单位收集处理。在火灾事故时，大量消防水与化学品物质混合形成事故废水，室内设置的围堰或坑内容积无法满足收集储存全部事故废水的要求，应在室外建筑散水邻近设置废水拦截沟并通过管道重力排放至室外的地下式事故废水池。同时事故过程中废水沟也会收集该区域雨水作为事故废水一并排入事故废水池。事故废水池收集的事故废水将提升至厂区废水处理站集中处理。

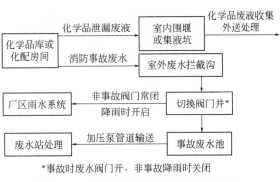

图 1.8.3　事故废水收集处理流程框图

非事故时的降雨，雨水也会进入废水拦截沟内，此时需要通过管道经阀门切换，将非事故雨水排至厂区雨水管道内。事故废水收集处理的流程如图 1.8.3 所示。

8.2　纯水供应系统

8.2.1　纯水水质

传统的纯水以电导率为表征，主要关注去除水中的电解质。随着集成电路工业、液晶显示器、太阳能产业和 LED 的迅猛发展，带动了纯水制备系统的飞速发展。与传统的纯水相比，当代电子工业纯水不仅关注去除水中的溶解电解质，还关注去除水中的有机物、溶解氧、细菌以及微小颗料等杂质。特别是随着集成电路的集成度不断提升，越来越多的硅片等要求多次重复清洗，对作为清洗介质的纯水要求越来越严格。如果纯水品质达不到要求，将引发器件污染，又何谈清洗？在电子工业纯水系统的设计工作必须遵守工程建设的基本原则，应做到技术先进、安全可靠、经济合理和操作方便。技术先进，是要求纯水系统设计科学，采用的制水工艺和设备先进、高效、成熟；安全可靠，是要求纯水系统运行稳定可靠，满足生产需求；经济合理，则是要在保证安全可靠、技术先进的前提下，节省工程投资费用和日常运行维护成本；操作方便，是要满足日常操作运行、检修维护的便利快捷需求。

在电子工厂洁净厂房的设计中纯水供应是十分重要的内容之一，各种电子产品的生产工艺对纯水的水质、水量要求均不相同。在中国电子级水的技术指标中，仅电阻率一项指标（EW-Ⅰ级水为 18MΩ·cm 以上，而 EW-Ⅳ级水只有 0.5MΩ·cm），就相差 36 倍。在美国材料与试验学会（ASTM）的标准 ASTMD 5127-2013 对电子及半导体工业用纯水水质的要求中 E-1 级、E-4 级的电阻率指标也是这样，并且对各等级纯水中离子浓度的要求相差更大，如钠离子，E-1 级 $0.05\mu g/L$、E-1.2 级 $0.005\mu g/L$、E-1.3 级 $0.001\mu g/L$、E-3 级 $5\mu g/L$、E-4 级 $1000\mu g/L$，E-1 级与 E-4 级相差 20000 倍。各种电子产品生产用水量的差异也是很大的，一些电子产品组装厂或电子元件工厂的纯水用量在 50t/h 上下，而大型芯片代工厂和 TFT-LCD 洁净厂房的纯水用量达 500～1500t/h。表 1.8.6 是中国电子级水的技术指标，表 1.8.7 是 ASTMD 5127-2013 的电子及半导体工业用水水质要求。在一些具体工程项目设计中，产品生产工艺对所采用的超纯水有着各自的要求。表 1.8.8，

表 1.8.9 是几个芯片制造生产线用超纯水的水质指标和实测值。

表 1.8.6　中国电子级纯水技术指标

项目		技术指标			
		EW-Ⅰ	EW-Ⅱ	EW-Ⅲ	EW-Ⅳ
电阻率(25℃)/MΩ·cm		≥18 (5%时间不低于 17)	≥15 (5%时间不低于 13)	≥12	≥0.5
全硅/(μg/L)		≤2	≤10	≤50	≤1000
微粒数/(个/L)	0.05~0.1μm	500	—	—	—
	0.1~0.2μm	300	—	—	—
	0.2~0.3μm	50	—	—	—
	0.3~0.5μm	20	—	—	—
	>0.5μm	4	—	—	—
细菌个数/(个/mL)		≤0.01	≤0.1	≤10	≤100
铜/(μg/L)		≤0.2	≤1	≤2	≤500
锌/(μg/L)		≤0.2	≤1	≤5	≤500
镍/(μg/L)		≤0.1	≤1	≤2	≤500
钠/(μg/L)		≤0.5	≤2	≤5	≤1000
钾/(μg/L)		≤0.5	≤2	≤5	≤500
铁/(μg/L)		≤0.1	—	—	—
铅/(μg/L)		≤0.1	—	—	—
氟/(μg/L)		≤1	—	—	—
氯/(μg/L)		≤1	≤1	≤10	≤1000
亚硝酸根/(μg/L)		≤1	—	—	—
溴/(μg/L)		≤1	—	—	—
硝酸根/(μg/L)		≤1	≤1	≤5	≤500
磷酸根/(μg/L)		≤1	≤1	≤5	≤500
硫酸根/(μg/L)		1	1	5	500
总有机碳/(μg/L)		20	100	200	1000

表 1.8.7　美国 ASTMD 5127-2013 的电子及半导体工业用纯水水质要求

项目		E-1 级	E-1.1 级	E-1.2B 级	E-1.3B 级	E-2 级	E-3 级	E-4 级
线宽/μm		1.0~0.5	0.35~0.25	0.18~0.19	0.065~0.032	5.0~1.0	>5.0	—
电阻率(25℃) /(MΩ·cm)		18.1	18.2	18.2	18.2	16.5	12	0.5
总有机碳 TOC/(μg/L)在线检测<10ppb		5	2	1	1	50	300	1000
溶解氧 DO /(μg/L)在线检测		25	10	3	10			
蒸发残渣/(μg/L)		1	0.5	0.1	—	—	—	—
微粒 (SEM 检测)	0.1~0.2μm	1000	700	<250	N/A	—	—	—
	0.2~0.5μm	500	400	<100	N/A	3000	—	—
	0.5~1.0μm	100	50	<30	N/A	—	10000	—
	10μm	<50	<30	<10	N/A	—	—	100000

续表

项目		E-1 级	E-1.1 级	E-1.2^B 级	E-1.3^B 级	E-2 级	E-3 级	E-4 级
微粒 (在线检测)	<0.05μm				500			
	0.05~0.1μm		1000	200		—	—	—
	0.1~0.2μm	1000	350	<100		—	—	—
	0.2~0.5μm	500	<100	<10		—	—	—
	0.5~1.0μm	200	<50	<5		—	—	—
	>1.0μm	<100	<20	<1		—	—	—
细菌/cfu	100mL,试样							
	1L,试样	5	3	1	1	10	50	100
	10L,试样			10	1			
硅/(μg/L)	总硅	5	3	1	0.5	10	50	1000
	溶解硅	3	1	0.5	0.5	—	—	—
离子 /(μg/L)	NH$_4$				0.050			
	Br				0.050			
	Cl				0.050			
	F				0.050			
	NO$_3$				0.050		—	
	NO$_2$	0.1	0.10	0.05	0.050	—	—	
	PO$_4$	0.1	0.05	0.02	0.050		10	
	SO$_4$	0.1	0.05	0.02	0.050	1	—	—
	Al	0.1	0.05	0.03	0.001	—	5	1000
	Sb	0.1	0.05	0.02	0.001	1		
	As	0.1	0.05	0.02	0.001	—	5	500
	Ba	0.1	0.05	0.02	0.001	1	5	—
	B	0.1	0.05	0.02	0.05	1	—	500
	Cd	0.05	0.02	0.005	0.010	—	—	500
	Ca				0.001	—	—	
	Cr				0.001	—	—	
	Cu	0.05	0.02	0.001	0.001	—		
	Fe	0.3	0.1	0.05	0.001	—	2	
	Pb				0.001	1	—	
	Li	0.05	0.02	0.002	0.001			500
	Mg	0.05	0.02	0.002	0.001	—	2	—
	Mn	0.05	0.02	0.002	0.001	1		
	Ni	0.05	0.02	0.002	0.001	—	—	500
	K	0.05	0.03	0.005	0.001		—	
	Na	0.05	0.02	0.003	0.001			
	Sr	0.05	0.02	<0.002	0.001			
	Sn	0.05	0.02	0.002	0.010	1	2	500
	Ti	0.05	0.02	0.002	0.010	2	5	500
	V	0.05	0.02	0.005	0.010	1	5	1000
	Zn	0.05	0.02	0.005	0.001			
温度稳定性/K		0.05	0.02	0.001	±1			
温度梯度/(K/10min)					<0.1			
溶解氮 On-line/(mg/L)					8~18	1	5	500
溶解氮稳定性/(mg/L)		0.05	0.02	0.002	±2			

表 1.8.8　海峡两岸三个 12in 晶圆生产线的超纯水水质要求

序号	项目 超纯水水质	单位	A	B	C
1	水温	℃		20±1	20±1
2	电阻率(25℃)/MΩ·cm	MΩ·cm	18.2	18.2	18.2
3	颗粒数(≥0.05μm)/(个/L) 颗粒数(≥0.03μm)/(个/L)	pcs/L pcs/L	— 	— 	—
4	细菌/(cfu/L)	cfu/L	0.01	0	0
5	总有机碳/(μg/L)	μg/L	0.5	1	1
6	总硅/10^{-9}	ppb	0.1	0.1	0.1
7	溶解硅/10^{-9}	ppb	0.5	0.5	0.5
8	溶解氧/10^{-9}	ppb	1	3	3
9	Na/10^{-9}	ppb	0.005	0.005	0.005
10	K/10^{-9}	ppb	0.005	0.005	0.005
11	Cu/10^{-9}	ppb	0.005	0.005	0.005
12	Zn/10^{-9}	ppb	0.005	0.005	0.005
13	Cl/10^{-9}	ppb	0.01	0.01	0.01
14	B/10^{-9}	ppb	0.01	0.01	0.01
15	Fe/10^{-9}	ppb	0.03	0.03	0.03
16	SO_4^{2-}/10^{-9}	ppb	0.01	0.01	0.01
17	Ca/10^{-9}	ppb	0.005	0.005	0.005
18	Mg/10^{-9}	ppb	0.005	0.005	0.005
19	PO₄/10^{-9}	ppb	0.01	0.01	0.01
20	NO₃/10^{-9}	ppb	0.01	0.01	0.01
21	Br/10^{-9}	ppb	0.01	0.01	0.01
22	Cr/10^{-9}	ppb	0.005	0.005	0.005
23	Ni/10^{-9}	ppb	0.005	0.005	0.005
24	Mn/10^{-9}	ppb	0.005	0.005	0.005
25	Ti/10^{-9}	ppb	0.005	0.005	0.005
26	F/10^{-9}	ppb	0.01	0.01	0.01
27	NH/10^{-9}	ppb	0.01	0.01	0.01

注：1. 本表为超滤装置出口的超纯水水质。

2. 超纯水水质除柱注外均为小于或等于（≤）。

表 1.8.9　某芯片生产用超纯水精处理系统的技术指标

序号	项目	设计值		实测值
		进水参数	出水	
1	电阻率(25℃)/(MΩ·cm)	≥17.0	≥18.0	≥18.2
2	微粒数(≥0.1μm)/(个/mL)	≤20	≤1	1.0
3	微粒数(≥0.05μm)/(个/mL)		≤5	
4	活菌/(cfu/L)	≤2	≤1	≥未检出

续表

序号	项目	设计值		实测值
		进水参数	出水	
5	总有机碳 TOC $/10^{-9}$	$\leqslant 50$	$\leqslant 5$	<3
6	可溶 $SiO_2/10^{-9}$	$\leqslant 5$	$\leqslant 1$	<1.0
7	溶解氧 DO $/10^{-9}$	$\leqslant 50$	$\leqslant 10$	$\leqslant 0.1$
8	$Na^+/10^{-9}$	$\leqslant 0.2$	<0.05	<0.05
9	$Cl^-/10^{-9}$	$\leqslant 0.2$	<0.05	<0.1
10	水温/℃		23 ± 2	$22\sim25$

医药工业洁净厂房用纯水的水质要求,电阻率没有电子行业要求严格,一些传统的制药企业认为只要电阻率大于 $0.5M\Omega\cdot cm$(25℃)就可满足需要,但对纯水中的微生物、热原则要求十分严格,对水的性状和一些金属离子等均有一定的要求。其中,尤其是水质指标中的"热原"(pyrogen)是特有的。它是针对注射用水特别是用于大输液制备用水的严格要求。虽然注射用水中的细菌被杀灭了,但细菌的尸体及其释放出来的内毒素仍在溶液中,注射后能引起发热。由于热原很小(病毒 $15\sim150nm$,细菌 $500\sim1000nm$),一般过滤器难以截流,大多采用高温加热的工艺方法去除。表 1.8.10 是美国、日本药典的水质指标。

表 1.8.10 美国、日本药典的水质标准

控制项目	美国		日本	
	纯水	注射用水	纯水	注射用水
性状	无色的透明液体,无臭、无味	无色的透明液体,无臭、无味	无色的透明液体,无臭、无味	无色的透明液体,无臭、无味
pH	$5.0\sim7.0$	$5.0\sim7.0$	$5.0\sim7.0$	$5.0\sim7.0$
$Cl^-/(mg/L)$	0.5	0.5	<0.1	<0.1
$SO_4^{2-}/(mg/L)$	0.5	0.5	检不出	检不出
$NH_4^+/(mg/L)$	0.3	0.3	0.05	0.05
$Ca^{2+}/(mg/L)$	0.5	0.5	—	—
$CO_2/(mg/L)$	4	4	—	—
$N-NO_3/(mg/L)$	—	—	检不出	检不出
$N-NO_2/(mg/L)$	—	—	<0.001	<0.001
重金属/(mg/L)	0.5	0.5	—	—
总固体/(mg/L)	10	10	<10	<10
可氧化物($KMnO_4$ 消耗量)/(mg/L)	需要时试验	需要时试验	<3.6	<3.6
无菌试验				保存的场合试验合格
细菌	100 个/mL	10 个/100mL		
热原/(EU/mL)	—	0.25	—	试验水浓缩30倍热源阴性
电阻率(25℃)/M$\Omega\cdot$cm	—	—	—	>10
$SO_2/(mg/L)$	—	—	—	0.1

在《中华人民共和国药典》2020 版规定了注射用水、纯化水的指标要求、来源、性状等，明确规定注射用水的细菌内毒素（热原指标）不得超过 0.25EU/mL（与美国药典中的要求是一致的），应为无热原的蒸馏水，见表 1.8.11。

表 1.8.11　中国药典注射用水、纯化水指标

检测项目	水质指标	
	注射用水	纯化水
来源	本品为纯化水经蒸馏所得的水	本品为蒸馏法、离子交换法、反渗透法或其他适宜的方法制得的水
性状	无色澄明液体,无臭,无味	
酸碱度	pH＝5.0～7.0	符合规定
氨	0.2μg/mL	0.3μg/mL
电导率(25℃)	≤1.3μS/cm	≤5.1μS/cm
重金属	≤0.5μg/mL	—
硝酸盐	≤0.06μg/mL	—
亚硝酸盐	≤0.02μg/mL	—
总有机碳	≤0.05mg/mL	—
不挥发物	≤10mg/mL	—
细菌内毒素	<0.25Eu/mL	
微生物	采用薄膜过滤法处理后≤10cfu/mL	采用薄膜过滤法处理后≤100cfu/mL

在电子工业、制药工业洁净厂房中为获得满足生产要求的纯水水质，纯水供应系统的设计、运行正确与否十分重要。经过几十年的工程实践我国洁净厂房内纯水、超纯水等的制备、输送已取得了必要的经验，在国家标准《电子工业纯水系统设计规范》（GB 50685）中对纯水制备工艺、纯水输送及分配等作出了相应的规定和要求。

8.2.2　纯水系统

（1）纯水系统构成　纯水系统包括制备、储存、输送分配的设备及管路附件、自控装置等，其设备的配置除应满足产品生产所需的水量和水质外，还应做到运行灵活、安全可靠，便于操作管理，运行费用低等要求。纯水的制备、储存和输送系统，应符合产品生产工艺的要求，且纯水的制备、终端处理设备的选型和制造材料的选择，应满足供水水质、终端水质的要求；纯水储罐、输送设备的选型和制造材料的选择，应确保水质污染少，密封性好，不得有渗气现象；纯水制备、储存、输送的设备应有效防止水质降低，避免微生物滋生。纯水系统应采用循环供水方式，根据具体要求，宜采用单管式循环供水系统或设有独立回水管的双管式循环供水系统。

纯水系统的原水水质因各地区、城市的水源不同相差很大，有的城市以河水为水源，即使是河水，其河水的源头和沿途流经地区的地质、地貌不同，水体污染的状况不同，水质也是不同的，尤其是水中污染物质差异更大；有的城市以井水为水源，井的深度不同、地域不同、地质构造不同、周围环境污染不同均会千差万别；现在不少城市的水源包括河水、湖水、井水等，有的城市各个区、段供水水质也不相同。所以洁净厂房纯水系统的选择应根据原水水质和产品生产工艺对水质的要求，结合纯水系统的水量以及当时、当地的纯水设备、材料供应等情况，综合进行技术经济比较确定；首先是技术可行、供水水质可靠满足要求，然后在此前提下，选用建设投资较少、运行费用低或建设投资回收年限较短的纯水系统。图 1.8.4 是典型的电子产品生产用超纯水系统框图。

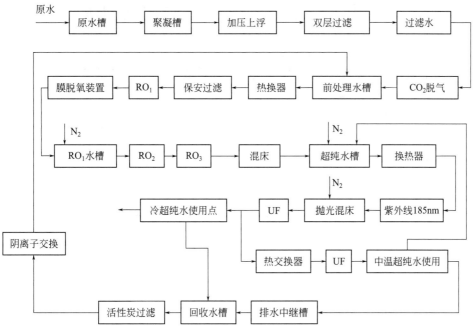

图 1.8.4 典型的电子产品生产用超纯水系统框图

图 1.8.5 是无锡某集成电路制造工厂实际使用的超纯水系统框图，图 1.8.6 是上海某集成电路制造工厂 300m³/h 的超纯水系统框图，图 1.8.7 是医药工业洁净厂房中的典型注射用水系统框图。

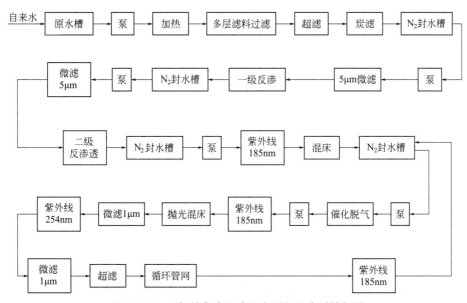

图 1.8.5 无锡某集成电路生产用超纯水系统框图

（2）废水回收处理 通常集成电路、液晶面板等电子工厂的纯水用水量都比较大，因此大部分都设计有废水回收和处理装置，废水经处理后再重复利用。图 1.8.8 为某电子工厂水量平衡图。一般是在主厂房内将废水按品质分类收集，其中水质污染较少的进行初级处理，对 SS、有机物和阴阳离子初步去除后送至纯水制备系统前端作为系统源水。另外根据水质分类将部分废水处理

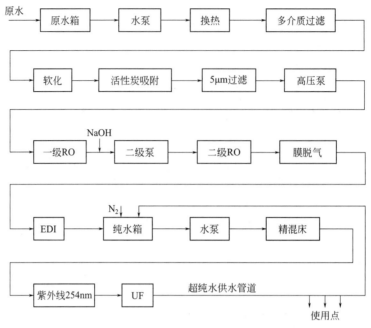

图 1.8.6 上海某集成电路生产用超纯水系统框图

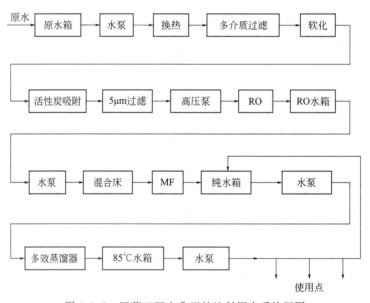

图 1.8.7 医药工厂中典型的注射用水系统框图

达到水质要求后作为中水回用,部分作为厂区酸碱、有机废气处理塔的循环水补充,以及其他绿化等中水使用点。根据国内硅集成电路芯片工厂的运行经验和国外同类工厂的回收技术,对于6in 的硅集成电路芯片工厂的工艺废水回收率不应低于 50%,8~12in 的硅集成电路芯片工厂的工艺废水回收率不应低于 75%。在 GB 50685 中规定应用于集成电路的超纯水系统,其纯水回收率不宜低于 75%,应用于薄膜晶体管液晶显示器(TFT-LCD)生产线的超纯水系统的纯水回收率不宜低于 50%。据有关资料介绍,在有的工业园区要求新建的微电子工厂工艺废水的回收率达到 85%。

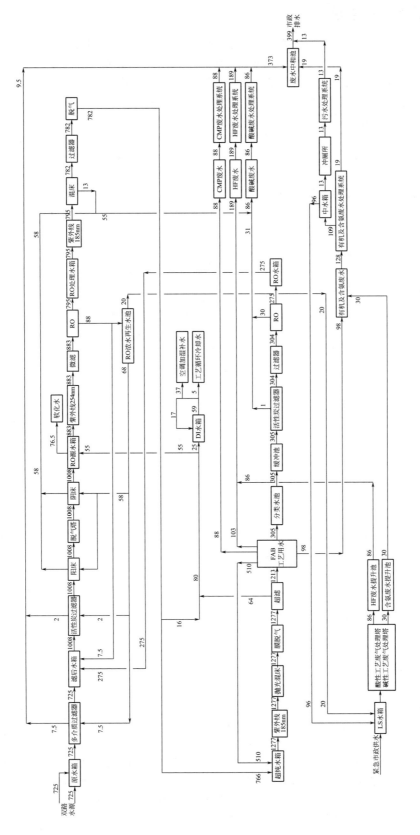

图 1.8.8 某集成电路工厂水量平衡图（单位：m³/h）

8.2.3 纯水制备系统

纯水制备系统通常由预处理、脱盐及深度处理和精处理组成，各阶段的划分和处理方式是经过多年的工程实践经验逐渐形成的；在预处理阶段的出水水质应满足脱盐装置进水水质的要求，而脱盐及深度处理阶段的出水水质应接近纯水系统最终产水水质的要求，在精处理阶段则应保证不间断地满足最终产水水质和水量、水压等要求。

（1）预处理　预处理系统应达到的出水水质指标通常应根据所选用的脱盐装置类型及其进水水质要求确定，一般可参照表1.8.12的要求确定；通常纯水系统的预处理单元设备有多介质过滤、凝聚过滤、活性炭吸附、阳离子交换软化、pH调节、紫外线（254nm）杀菌、超滤等。当脱盐处理采用反渗透工艺时，预处理系统应根据水质特点采取有效防止结垢等化学污染以及生物、有机物及铁锰金属离子等污染的措施。随着电子工业纯水水质的不断提高和反渗透的普遍使用，除浊度成为电子工业纯水系统预处理的首要任务。原水采用低浊度自来水的系统主要采用微絮凝过滤去除水中胶体达到反渗透进水的要求，原水采用城市自来水时宜采用微絮凝过程、微滤或超滤等处理工艺。近年来超滤用于预处理除浊度有很大的发展，经过超滤处理后出水的淤泥密度指数（SDI）基本稳定在小于1。目前超滤的造价不断降低，其占地小、操作简单的优点逐渐呈现，但初投资仍高于多介质过滤＋活性炭方式。

表1.8.12　离子交换、电渗析、反渗透及电除盐装置进水水质要求

项目		离子交换	电渗析	反渗透	电除盐
SDI		—	＜5	＜5	—
浊度	对流再生	＜2	＜1.0	＜1	—
	顺流再生	＜5			
水温/℃		5～40	5～40	5～35	5～40
pH		—	—	2～11	5～9
COD$_{Mn}$/(mg/L)		＜2	＜3	＜3	＜0.5(TOC计)
游离氯(以Cl$_2$表示)/(mg/L)		＜0.1	＜0.3	＜0.1	＜0.05
含铁量(以Fe表示)/(mg/L)		＜0.3	＜0.3	＜0.05	＜0.01
含锰量(以Mn表示)/(mg/L)		—	＜0.1	—	(两项合计)
总硬度(以CaCO$_3$表示)/(mg/L)		—	—	—	＜1
总含盐量/(mg/L)		—	—	—	＜10～25
二氧化硅/(mg/L)		—	—	—	＜0.5

注：1. 强碱Ⅱ型树脂、丙烯酸树脂的进水水温不应大于35℃。
2. 指对凝胶型强碱阴离子交换树脂的要求。

纯水系统的预处理设计一般应做到：过滤器的设计产水量应包括后续处理装置要求的供水量及过滤器的自身耗水量。过滤器台数不宜少于2台；过滤器的过滤周期应根据进出口水质、滤料截污能力等因素确定。每台设备每昼夜反洗次数宜为1～2次，絮凝剂的选用和加药量应根据进水浊度、水温、pH及碱度等因素确定，也可根据相似水质的纯水系统运行经验或试验资料，经技术经济比较后确定。絮凝剂投加点宜设置在原水加压泵吸入段或在进入过滤器前设置静态混合器，微絮凝聚过滤的过滤器设计参数可根据表1.8.13的要求选用，过滤器采用气水反洗时设计参数可根据表1.8.14的要求选用。采用微滤、超滤除浊时，应采取完善的自动反洗和化学清洗措施。微滤、超滤前宜设置预过滤器，其过滤精度可根据所选用的微滤和超滤产品的进水水质要求确定。微滤、超滤和活性炭过滤并用时，活性炭过滤应置于微滤、超滤之后。活性炭过滤器应根据进水

水质、处理要求和活性炭的种类进行设计。活性炭过滤器的设计参数可按表 1.8.15 的要求确定。活性炭过滤器用于去除游离余氯时，可取较高滤速；去除有机物时，可取较低滤速。

表 1.8.13　微絮凝聚过滤器的设计参数

序号	过滤器类别		滤料			滤速 /(m/h)	反洗	
			粒径 /mm	不均匀系数 K_{80}	床高/m		强度 /[L/(s·m²)]	历时 /min
1	级配石英砂		$d_{min}=0.35$ $d_{max}=0.5$	<2.0	0.7~0.8	≤6.5	14~15	6~8
2	双层滤料	无烟煤	$d_{min}=0.8$ $d_{max}=1.2$	<1.5	0.4	7~9	15~16	7~8
		石英砂	$d_{min}=0.4$ $d_{max}=0.8$	<1.5	0.4			
3	均质石英砂		$d_{min}=0.9$ $d_{max}=1.2$	1.3~1.6	1.1~1.2	7.5~8.5	14~15	6~8

表 1.8.14　气水反洗过滤器的设计参数

序号	过滤器类别	先气冲洗		气水同时冲洗			后水冲洗	
		强度 /[L/(s·m²)]	历时 /min	气强度 /[L/(s·m²)]	水强度 /[L/(s·m²)]	历时 /min	强度 /[L/(s·m²)]	历时 /min
1	级配石英砂	12~18	3~1	12~18	3~4	4~3	7~9	7~5
2	双层滤料	15~20	3~1	—	—	—	6.5~10	6~5
3	均质石英砂	13~17	2~1	13~17	3~4	4~3	4~8	8~5

表 1.8.15　活性炭过滤器的设计参数

项目	滤料粒径 /mm	滤层高度 /mm	滤速 /(m/h)	反洗强度 /[m³/(m²·h)]	反洗历时 /min
参数	0.8~1.2	900~2000	8~16	20~24	5~15

投加阻垢剂、离子交换和调节 pH 等方法是防止反渗透膜结垢的 3 种基本方法，设计时应根据原水水质和技术经济等因素选定。投加阻垢剂简单易行，目前阻垢剂的性能不断提高，价格降低，是中小系统普遍采用的方法，应根据反渗透浓水的计算暂时硬度来确定加药的品种和加药量。采用钠离子交换软化或复床式离子交换降低原水的硬度和碱度时，离子交换器可采用顺流再生式和逆流再生式；顺流再生式离子交换器的设计参数可按表 1.8.16 的要求选用，逆流再生式离子交换器的设计参数可按表 1.8.17 的要求选用。采用调节 pH 降低碳酸盐硬度时，宜采用盐酸。

表 1.8.16　顺流再生式离子交换器的设计参数

交换器类型		阳离子交换器		阴离子交换器		再生式混合床 离子交换器	钠离子 交换器
		强酸	弱酸	强碱	弱碱		
运行滤速/(m/h)		20~30				40~60	20~30
反洗	流速/(m/h)	15		6~10	5~8	10	15
	历时/min	15	15	15	15~30	15	15

交换器类型		阳离子交换器		阴离子交换器		再生式混合床离子交换器		钠离子交换器
		强酸	弱酸	强碱	弱碱			
	再生剂品种	HCl	HCl	NaOH	NaOH	HCl	NaOH	NaCl
再生	耗量/(g/mol)	70~80	40	100~120	40~50	80kg/m³	100kg/m³	100~120
	浓度/%	2~4	2~2.5	2~3	2	5	4	5~8
	流速/(m/h)	4~6	4~5	4~6	4~5	5	5	4~6
置换	流速/(m/h)	8~10	4~6	4~6	4~6	4~6		5
	历时/min	25~30	20~40	25~40	40~60			
正洗	水耗/(m³/m³树脂)	5~6	2~2.5	10~12	2.5~5	正洗前用压缩空气混合 空气压力:0.1~0.15MPa 混合时间:0.5~1min		3~6BV
	流速/(m/h)	12	15~20	10~15	10~20			15~20
	历时/min	30	10~20	60	25~30			30

注：1.运行滤速上限为短时最大值，对于强酸阳离子交换器和强碱阴离子交换器，当进水水质较好或采用自动控制时，运行滤速可按30m/h计算。

2.硫酸分步再生时的浓度、酸量的分配和再生流速，可根据原水中钙离子含量占总阳离子含量比例的不同，经计算或试验确定。当采用两步再生时，第一步浓度0.8%~1%，再生剂用量不应超过总量的40%，流速7~10m/h；第二步浓度2%~3%，再生剂用量为总量的60%，流速5~7m/h。采用三步再生时，第一步浓度0.8%~1%，流速8~10m/h；第二步浓度2%~4%，流速5~7m/h；第三步浓度小于4%~6%，流速4~6m/h；第一步用酸量为总用酸量的1/3。

表 1.8.17　逆流再生式离子交换器的设计参数

交换器类型			强酸阳离子交换器	强碱阴离子交换器	钠离子交换器
运行滤速/(m/h)			20~30		20~30
小反洗		流速/(m/h)	5~10		5~10
		历时/min	15		3~5
顶压	气	压力/MPa	0.03~0.05		
		流量/[m³/(m²·min)]	0.2~0.3		
	水	压力/MPa	0.05		
		流量/(m³/h)	再生液流量的0.4~1倍		
再生		再生剂品种	HCl	NaOH	NaCl
		耗量/(g/mol)	50~55	60~65	80~100
		浓度/%	1.5~3	1~3	5~8
		流速/(m/h)	4~6	4~6	4~6

注：1.大反洗的间隔时间与进水浊度、周期制水量等因素有关，宜10~20天进行一次。大反洗后可根据具体情况增加再生剂量50%~100%。

2.顶压空气量以上部空间体积计算，宜为0.2~0.3m³；压缩空气应有稳压装置。

3.应避免再生液将空气带入离子交换器。

4.再生、置换（逆洗）应用水质较好的水，如阳离子交换器用除盐水、氢型水或软化水，阴离子交换器用除盐水。

5.进再生液时间不宜过短，宜达到30min；如时间过短，可降低再生液流速或适当增加再生剂量。

对于目前常用的反渗透复合膜进行预处理时，要求对进水含氯量进行严格控制（趋于零）。当原水经氧化处理或原水含氯量超过后续处理装置的进水水质要求时，应采用活性炭吸附或投加还原剂等方法进行脱氯处理。

反渗透膜的透水量随着水温的降低而减少，大约每降低1℃透水量降低2.7%，故为了减少反渗透膜组件的数量，一般冬季将原水加热至 20~25℃。通常当冬季原水水温较低时，进入反渗透装置前需设置换热系统提升水温，应根据制水量、产品水的水温要求、热源供应及加热成本等因素综合比较确定。当选择换热设备时，宜采用板式换热器，其设置位置应根据预处理各单元装置对水温的要求确定。

（2）脱盐及深度处理　脱盐及深度处理的目标是将水中的溶解盐类、TOC、SiO_2、DO 等处理至精处理阶段进水水质的要求，主要采用的方式为反渗透（一级或两级）、离子交换（复床或混床）、EDI、膜脱气、紫外线（185nm）除有机碳 TOC 和紫外线（254nm）杀菌等。反渗透用于纯水系统最初只是为了降低离子交换装置的进水含盐量以减少再生剂的耗量，但随着纯水对 TOC、颗粒、细菌、二氧化硅等指标的要求不断提高，反渗透的作用从脱盐扩大为对几乎超纯水各项指标都起到良好的去除作用，成为超纯水系统不可缺少的单元处理装置。反渗透一般根据水量设计为并联的若干个独立的单元，独立单元包括保安过滤、高压泵、反渗透组件及相应的管道系统和自控系统。反渗透需要定期停机清洗或更换膜元件，因此为保证连续供水一般不宜少于 2 套；当供水量较小且可以间歇运行或反渗透后的水箱中能够供应清洗、更换期间的水量时，可以设置一套。反渗透装置应设置过滤精度不小于 $5\mu m$ 的保安过滤器，并应设置清洗设施。反渗透膜运行初期透水量较大要求的运行压力较小，随着运行时间延长，膜被压实，膜面被污染透水量逐渐减小，运行压力升高。一般高压泵的扬程是按膜运行末期的运行压力设计的，因此高压泵宜采用变频控制，以保持流量的恒定。反渗透出水的背压应根据膜制造商提供的数据确定，一般不超过 0.1MPa。

反渗透装置应有流量、压力、温度等控制措施。反渗透高压泵进口应设置低压保护开关，出口应设置止回阀和高压保护开关。反渗透高压泵宜采用变频启动或在水泵出口设置电动慢开阀门等稳压装置。多台反渗透装置出水并联连接时，每台装置的出水管均应设置止回阀。

反渗透装置在线化学清洗应能逐段单独进行。在线清洗装置宜设置加热装置。保安过滤器、反渗透高压泵宜选用不锈钢材质。采用两级反渗透时，进入第二级反渗透之前宜进行 pH 调节。

离子交换脱盐技术历史悠久，尤其是常用的固定床比较成熟。电子工业纯水系统初期以离子交换为主要工艺，随着膜分离技术的发展其在系统中的比例逐渐缩小，近来只有混合床使用频率仍很高。为了提高反渗透水的回收率，有的系统在预处理阶段采用离子交换，取得了较好的效果，使反渗透水的回收率提高到 90% 以上，出水水质也有明显提高，所以在超纯水系统中仍然不能忽视离子交换的使用。纯水系统中设置离子交换装置的要求主要有：当水质较稳定、出水量不大时，初级处理系统中阳、阴离子交换器应采用单元制串联系统，且阴离子交换器的树脂装填量应为计算值加 10%~15% 的裕量；当进水水质变化较大、出水量大时，初级处理系统中阳、阴离子交换器宜采用母管并联制系统，每台离子交换器进口均应设置手动隔离阀。离子交换除盐系统中顺流再生固定床、逆流再生固定床、浮动床、双层床和满室床的选用，应根据处理水量、进水水质条件和出水水质要求进行技术经济比较后确定。浮动床宜用于制水量大、连续运行的系统。

使用强酸、强碱离子交换树脂的初级复床除盐，有关床型适用的进出水水质，可按表 1.8.18 的要求确定。采用弱型树脂与强型树脂串联工艺或用双层床组成复床时，系统进水水质的条件可放宽，具体适用的进水水质条件应通过技术经济比较确定。弱酸、弱碱离子交换树脂的使用应根据进水水质的条件合理选择。当碳酸盐硬度较高、碳酸盐硬度与总阳离子之比大于 0.5 时，宜采用弱酸阳离子交换树脂；当强酸阴离子含量大于 2mmol/L、强酸阴离子与弱酸阴离子之比大于 2或有机物含量高时，宜采用弱碱阴离子交换树脂。离子交换树脂的工艺性能数据应根据设计工况条件，按树脂生产厂家提供的产品性能参数或类似设计工况条件下的实际运行资料确定，必要时也可通过模拟试验确定。阳、阴离子交换器的工作周期宜为每昼夜再生 1~2 次，采用强酸、强碱离子交换树脂的固定床交换器，其再生方式应经技术经济比较确定。当进水总含盐量大于 150mg/L、总阳离子含量大于 100mg/L（$CaCO_3$）、强酸阴离子含量大于 100mg/L（$CaCO_3$）时，宜采用逆流再生方式。离子交换器的交换树脂层高，应通过计算确定，树脂层高度不大于 1.0m。混合离子交换器的阳、阴树脂比例宜为 1:2。无石英砂垫层的离子交换器出口应设置树脂捕捉器。

表 1.8.18　初级复床离子交换器的进出水水质

设备名称	进水水质			出水水质
	含盐量/(mg/L)	总阳离子/[mg/L(CaCO$_3$)]	强酸阴离子/[mg/L(CaCO$_3$)]	电导率/(μS/cm)
顺流再生固定床	<150	≤100	≤50	≤10
逆流再生固定床	<500	≤350	≤200	<5
浮动床	300～500	100～200	50～125	<5

　　电脱盐（electrodeionazation，EDI）是一种利用装填的阳、阴混合离子交换树脂或离子交换无纺布，在直流电场作用下连续去除水中的离子而不需要专门再生的除盐装置。它是在电渗析淡室的选择性离子交换膜之间填充混合离子交换树脂，在电力作用下利用离子交换膜的选择透过性和离子交换树脂的交换作用达到深度脱盐的目的；树脂再生所需的 H^+ 和 OH^- 是由水电解作用产生的，所以可以连续脱盐不需要停机进行再生。实际上它是集电渗析、混床离子交换和再生于一体的脱盐设备。纯水系统中电脱盐装置的设置要求如下：电脱盐装置应根据进水水质要求确定设备，缺乏资料时可按表 1.8.19 的要求确定。在满足进水水质的条件下，EDI 装置的出水水质可达 16MΩ·cm（25℃）。电脱盐装置不宜少于 2 套，其浓水宜回收至反渗透系统进水。但有单位实际运行后认为：EDI 装置应设法延长寿命和降低设备使用，增强竞争力。深度脱盐混床离子交换器，宜采用氮气混合离子交换树脂。膜脱氧设备和纯水储罐气封氮气的纯度，不应低于 99.999%。紫外线灭菌器后应设置灭活细菌过滤器，过滤精度不宜低于 0.45μm。TOC UV 后应设置混床离子交换器或抛光混床离子交换器。

表 1.8.19　电脱盐（EDI）装置的进水水质要求

项目	数值	项目	数值
pH	5～9	游离氯	<0.05mg/L（建议检不出）
电导率	2～10μS/cm，最大 50μS/cm	臭氧(O$_3$)	<0.02mg/L（建议检不出）
硬度	<0.5mg/L(CaCO$_3$)	Fe、Mn、H$_2$S	<0.01mg/L
活性 SiO$_2$	<1.0mg/L	总的可交换阴离子(TEA，包括 CO$_2$)	<25mg/L(CaCO$_3$)
总有机碳(TOC)	<0.5mg/L	进水水压	0.2～0.7MPa

　　（3）精处理　电子工业或相近的产业对使用点的纯水水质有十分严格的要求，纯水系统的精处理阶段要求达到工艺所需的纯水水质，并在纯水输送分配过程中保持水质稳定，所以精处理通常与用水车间内的供水管道构成循环供水系统。纯水系统的循环供水方式有单管式和有独立回水管的双管式两大类。一般单管式可用于用水量较少或用水量比较集中的系统，当纯水管线主管管径小于 DN50 且用水点少于 15 个，又对纯水水质要求不高或用水设备无回水要求时，宜采用单管纯水循环方式。双管式又可分为同程式循环系统和异程式循环系统。对于大、中型纯水循环系统，水质要求较高但用水点对供水水压稳定性要求不严格，或用水点数不多且便于手动调节时，宜采用异程式纯水循环输送系统。对于大、中型纯水循环输送系统，用水点对水质要求较高，且对供水压力稳定性要求严格，或用水点较多且不便于手动调节时，宜采用同程式纯水循环输送系统。图 1.8.9 是纯水循环输送系统示意图。目前集成电路晶圆制造工厂、TFT-LCD 液晶显示面板工厂多采用同程式纯水循环输送系统。

　　在纯水循环输送系统的管路设计时，应准确计算生产设备满负荷运行时的纯水用水量；并且结合以往实践经验、工程项目的用水实际情况以及产品生产线可能的发展或更新换代的需要，纯水循环输送系统应设有附加循环水量，一般附加循环水量应为使用水量的 20%～70%。为确保纯水循环系统能长期稳定运行，减少甚至消除纯水在输送过程中的污染，应保持纯水系统供水管、

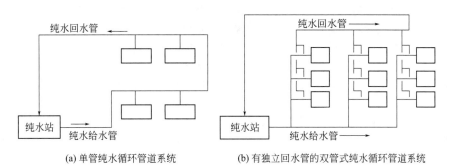

(a) 单管纯水循环管道系统　　　　(b) 有独立回水管的双管式纯水循环管道系统

图 1.8.9　纯水循环供水管路示意图

回水管内的最小流速和尽量减少管路系统出现盲管段死水区，减少纯水在管道内的停留时间，减少管道及其附件的微量溶出物（即使采用品质优良的管材、配件也会有微量物质溶出），同时在较高流速下连续运行还可以避免细菌微生物的滋生。通常要求纯水供水管道的流速不宜小于 1.5m/s，回水管道的流速不宜小于 0.5m/s。

纯水系统的精处理阶段又被称为"抛光"。依据"流水不腐"的传统观念将精处理（抛光）与纯水输送管网构成不可分割的整体，最终可保证用水点的纯水水质要求。精处理混合床离子交换器应采用非再生式离子交换树脂，离子交换器的滤速宜为 40～60m/h，并应根据具体的水质要求选择相应的离子交换树脂。非再生式混床离子交换器设置在精处理（抛光）阶段的最后部位，它是满足纯水电阻率和微量电解质指标要求的最后工序，所以抛光混床既应最终去除微量电解质，又不能发生新的微污染物。为确保纯水系统的最终供水水质，在精处理阶段的最终出水管上设置在线水质监测仪表或备有水质采样口。

（4）纯水管路及附件　纯水是一种极好的溶剂，为了确保在纯水系统的制备、输送过程中纯水水质下降最小，必须选择化学稳定性极好的材料，这些材料在纯水中的溶出物最少。所选各类材料的溶出物多少应以材料的溶出实验确定，主要包括金属离子、有机物的微量溶出。管道及其附件的内壁应光洁度好，若内壁有微小的凹凸，会造成微粒的沉积和微生物的繁殖，导致微粒和细菌两项指标不合格。不锈钢内壁的光洁度可达几微米至几十微米，PVDF 管道内壁的光洁度可达 1μm 以下。管道及其附件的接头处应平整、光滑，以防止产生流水的涡流区，是避免污染物积聚的重要措施。

在选择纯水系统的管道及其阀门等附件材质时，应选用化学稳定性好、管道内壁光洁度好、无渗气的材质。目前，电子产品生产洁净厂房中纯水系统管道的材质，根据所需纯水水质的不同，一般采用低碳不锈钢、聚氯乙烯（UPVC、CL-PVC）、聚偏二氟乙烯（PVDF、PVDF-HP）等材质的管材。PVDF 具有强韧性、低摩擦系数、耐腐蚀性强、耐老化、耐气候、耐辐照性能等特点。在集成电路芯片生产用纯水系统中，一般在反渗透装置（RO）前的管道材质采用 C-PVC，而 RO 装置之后一般采用 PVDF-HP，循环供水系统的回水管路一般采用 PVDF。对于纯水系统的阀门、附件应选择与管道相同的材质。为防止阀门可能发生渗气现象，影响纯水的水质，应选用密封好、结构合理的阀门。目前在集成电路芯片生产等对纯水水质要求严格的电子产品生产工艺用纯水系统中，一般采用隔膜阀。

纯水管路内不应有"死水区""存水弯"等可能形成不流动的"死角""盲点"等，避免发生死水滞留，引发水质降低、微生物滋生等。若死水滞留不可避免时，不循环支管等滞留段长度不宜大于三倍管径。根据医药洁净室设计建造的实际经验，在纯水、注射用水的循环系统中，从循环主管边至使用点支管长度 L 与支管直径 D 之比不得大于 3，见图 1.8.10。

纯水系统管路中需要清洗、杀菌的部位，应设有检查口、清洗口，

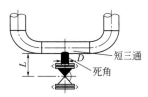

图 1.8.10　纯水、注射用水使用点支管长度示意图

便于设备进行定期检查、清洗，防止长期运行内壁产生沉积物及微生物积聚使水质下降。

纯水系统供、回水管上设置的流量计，宜采用超声波流量计和转子流量计。鉴于纯水的导电性差、黏度低、流速高、雷诺数高（通常大于 2×10^4）的特点，选择流量计时应考虑这些特殊性。通常流量计的选择是根据仪表性能、流体特性、安装条件、环境条件和经济因素等条件综合考虑进行的。作为过程控制连续监测的仪表，一般要求要有良好的可靠性及重复性（精密度）。从流体特性考虑，由于输送的是纯水，要求检测元件尽量与水少接触，以减少不纯物质的析出和细颗粒的产生；同时与纯水直接接触的检测元件要避免滞水区域的形成，并且能够耐受管路系统高温灭菌和化学清洗的要求。超声波流量计与电磁流量计同为非接触式仪表，具有检测器件内无阻碍物、压力损失小等特点，但是电磁流量计只能用于测量导电性流体的流量，对于电导率低于测量值的流体会产生测量误差，甚至不能测量。超声波流量计是通过检测流体的流动对超声束（或超声脉冲）的作用来测量流量的仪表。20 世纪 80 年代以来超声波流量计新品种不断涌现，已经成为新型流量计的主要品种之一。超声波流量计可以测量非导电性流体，对纯水的水质无影响且造价基本与管径大小无关，因此它在纯水系统中的应用比电磁流量计等其他流量计要广泛得多。

洁净厂房内的纯水管路敷设时，为了最大限度地减少管道对洁净室空气洁净度的影响，要求管道尽量在洁净区外敷设。为此，纯水管道无论是在技术夹层、技术夹道、技术竖井内，还是在纯水站房内，均要求采用架空敷设，同时要做到安全可靠、方便操作和维护。纯水管道穿越洁净室（区）的墙体、楼板时，穿管处的密封是保证洁净室空气洁净度的重要环节；否则洁净室外未净化的空气将渗入室内，同时洁净室内的洁净空气也会向外渗漏造成能量的浪费，甚至影响室内的洁净度，实践证明采用套管方式是行之有效的。实在无法做套管的部位也必须采取严格的密封措施，主要的密封方法有微孔海绵、有机硅橡胶、橡胶圈及环氧树脂冷胶等。

目前洁净厂房内的纯水多采用工程塑料管道，但塑料管材的热胀数较大，是钢管的十余倍甚至二十倍。塑料管因温度变化，引起的伸缩量特别大，尤其是热水管道，所以应重视纯水管道因温度变化引起的伸缩变形。纯水管路因为纯度的考虑不宜采用金属波纹管等形式的补偿器来补偿伸缩变形，所以在管路设计过程中应考虑尽量利用管路自身的柔性来满足补偿要求。

在纯水管路系统设计时应综合考虑管路系统的类型、流量控制原则、管路平衡技术和压差控制方法。纯水管路系统采用独立设置的供、回水管路时，应保证每个用水点都具有适当的压差。管路系统恒定压差的实现可以通过同程式以及放大管径的异程式回水循环系统等方式来完成。

8.2.4　纯水制备系统的主要设备

（1）反渗透　反渗透是利用半透膜（反渗透膜）将溶液中的溶质部分或全部分离出，实现浓、淡分离。在分离过程中没有相变，所以反渗透具有效率高、能耗低和操作方便的优点，广泛应用于水的脱盐。渗透、反渗透的基本原理如图 1.8.11 所示。当膜两侧溶液的浓度和静压力相等时，即 $C_1=C_2$、$p_1=p_2$，系统处于平衡状态。假定膜两侧静压力相等，$p_1=p_2$，但浓度 $C_1>C_2$，所以

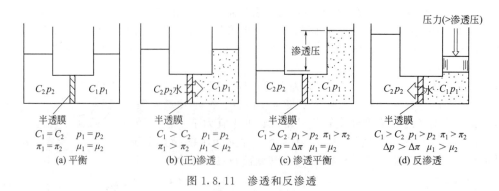

图 1.8.11　渗透和反渗透

渗透压 $\pi_1 > \pi_2$，则溶剂将从稀溶液侧透过膜到浓溶液侧，这就是以浓度差为推动力的渗透现象。如果两侧溶液的静压差等于两种溶液间的渗透压即 $\Delta p = \Delta \pi$ 时，则系统处于动态平衡。当膜两侧的静压差大于浓液的渗透压即 $\Delta p > \Delta \pi$ 时，溶剂将从浓溶液侧透过膜流向浓度低的一侧，这就是反渗透（reverse osmosis）现象。所以要实现反渗透应满足两个条件：一是必须有一种高选择性和高透过率的透过膜；二是操作压力必须大于溶液的渗透压。

反渗透膜通常是表面与内部构造不同的不对称膜和复合膜。如图 1.8.12 所示，膜的表层为脱盐层，厚度极薄，为 $0.04 \sim 0.1 \mu m$，微孔支撑层和纤维支撑层为其膜厚度的基本部分，一般反渗透膜的厚度约为 $100 \mu m$。纯水制备用反渗透膜主要是醋酸纤维膜（CA 膜）、芳香聚酰胺膜（PA 膜）和复合膜（TFC 膜）等。CA 膜和 PA 膜的表层、支撑层的制作材料均为同一材质，可由一次加工制造。复合膜的截面模式如图 1.8.12 所示，其表层、支撑层采用两种或三种材质制作，经分别加工制造复合而成。通常复合膜具有良好的渗透性、高脱盐性能，且还有优良的耐压实性能，目前在电子工业的高纯水制备系统中得到广泛的应用。

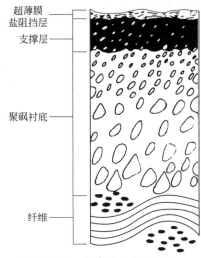

图 1.8.12　复合膜的截面模式

反渗透膜对水中杂质的去除能力如表 1.8.20 所示。从表中数据可看到，反渗透膜去除各种杂质的能力具有一定的规律性：离子价越高，排除率越高，$Al^{3+} > Fe^{3+} > Mg^{2+} > Ca^{2+} > Li$；碱金属离子，在周期表下方的离子排除率小，$Li^+ > Na^+ > NH_4^+ > K^+$；阴离子的排除顺序为 $PO_4^{3-} > SO_4^{2-} > F^- > Cl^- > NO_3^-$。

对于许多低分子非电解质，含有氯、氨、二氧化碳、硫化氢等气体的水溶液以及硼酸等弱酸，排除率低，如对 CO_2 的排除率为 $30\% \sim 50\%$。有机物的排除率受分子量、分子结构以及与反渗透膜的亲合性影响，分子量小、水溶性好、在水中不易解离（或离解度小）的有机物（如尿素、有机弱酸等）排除率低，高分子量有机物的排除率大于低分子量有机物的排除率。醋酸纤维膜根据亲和力大小的排除率次序为：醛＞醇＞胺＞酸；柠檬酸＞酒石酸＞醋酸；丙三醇＞正丙醇。

表 1.8.20　反渗透膜对杂质的去除能力

离子	去除率/%	离子	去除率/%	离子	去除率/%
Mn^{2+}	95～99	SO_4^{2-}	90～99	NO_3^-	50～75
Al^{3+}	95～99	CO_3^{2-}	80～95	BO_2^-	30～50
Ca^{2+}	92～99	$PO_4^{3-}, HPO_4^{2-}, H_2PO_4^-$	90～99	微粒	99
Mg^{2+}	92～99	F^-	85～95	细菌	99
Na^+	75～95	HCO_3^-	80～95	有机物	99
K^+	75～93	Cl^-	80～95	（分子量＞300）	
NH_4^+	70～90	SiO_2	75～90		

反渗透膜组件的基本形式有四种，即平板式、管式、中空纤维式和卷式。平板式是应用最早的膜组件，其构造与传统的过滤装置相似，以若干膜、膜支撑板、隔板等叠压在两个端板之间，以压紧螺杆固定；由于其膜过滤面积有限，且易堵塞，现已不再使用。管式组件又有内压式、外压式以及单管、管束等多种，这类膜组件是将反渗透膜置于管内或管外，加压后的液体从管内或管外流过，水透过膜流向管外或管内；不仅需用承压外壳，且进水流动状态不佳，目前也已很少采用。中空纤维或组件在构造上与毛细管相似，只是纤维更细小，通常外径为 $50 \sim 100 \mu m$，内径为 $15 \sim 45 \mu m$；它是将数万甚至数十万根纤维与进水中心管捆绕在一起，端部以环氧树脂密封，再

装设在承压容器中。卷式膜组件是目前国内外应用最为广泛的反渗透膜组件，其组件的构造如图1.8.13所示：首先在两个反渗透膜之间设有一层多孔支撑材料，然后将两个膜片的三边密封，再铺设一层隔网后用多孔管卷绕多层材料，最后将膜组件装入圆筒状承压容器中，将多个卷式膜组件串联为卷式反渗透器。表1.8.21是对卷式膜组件和中空纤维式膜组件的性能比较。从表中可见，中空纤维式膜组件易堵塞、难清洗，制造难度高，而复合膜性能优良，且水通量大适合于产水量大的高纯水系统，所以近年来在电子工厂洁净厂房等需较大流量的高纯水系统中广泛应用。

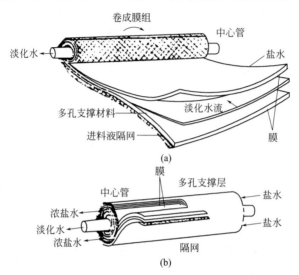

图 1.8.13　卷式反渗透膜组件的构造示意图

表 1.8.21　反渗透膜组件的性能比较

项目	卷式		中空纤维式
	CA	TFC	PA
操作压力/MPa	1～3	1～3	1～3
脱盐率/%	>90	>95	>95
单组件回收率/%	10	10	50～75
pH 范围	3～6	3～11	4～11
使用温度/℃	35	45	35
细菌生长	易	不易	易
稳定性	稍差	好	好
清洗难易	易	易	难
主要特点	制造材料成本低、易水解、易受细菌侵蚀、易压实	水通量大、脱盐率高、耐侵蚀性好	透水和脱盐性能好、性能稳定、不易压实；制造困难，易堵塞、难清洗，对进水余氯要求严格

　　反渗透膜组件应根据产水量、原水水质等因素组合配置为各种系统，目前应用较多的是一级多段和两级或多级多段的反渗透系统。图1.8.14是一种一级多段连续式反渗透系统示意图。这类系统较为适合产水量大的使用场所，并可获得较高的水回收率和减少浓缩液量。在一级、多级反渗透系统中，随着段数的增加，每段中的膜组件数量逐渐减少；也可根据系统内流动压力降的增加，必要时设置高压水泵进行增压。图1.8.15是两级反渗透系统示意图。在纯水制备系统中采用两级反渗透系统的目的是为了进一步提高脱盐率，并可获得较高的透过水水质。一般在两级反渗

透系统中的第一级多采用多段式系统,当反渗透装置后设有电脱盐装置(EDI)时通常采用两级反渗透系统。

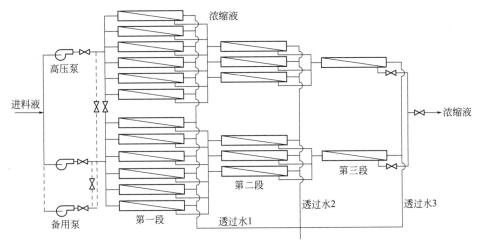

图 1.8.14 一级多段反渗透系统示意图

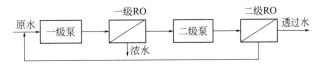

图 1.8.15 两级反渗透系统示意图

反渗透组件的主要性能参数有:产水量或组件透过水流量(Q_p)、操作压力(p_t)、背压(p_p)、脱盐率(S_R)、水回收率(Y)、膜通量(F)等。操作压力为组件原水进口处的水压,纯水系统通常为 $1.4 \sim 2.8$MPa,背压为透过水出口水压。脱盐率(S_R)一般为 $85\% \sim 99\%$,可用式(1.8.1)计算:

$$S_R = (1 - C_p / C_f) \times 100\% \tag{1.8.1}$$

式中 C_p——透过水含盐量,mg/L;

C_f——原水含盐量,mg/L。

水回收率(Y)一般为 $50\% \sim 85\%$,可用式(1.8.2)计算:

$$Y = Q_p / Q_f \times 100\% \tag{1.8.2}$$

式中 Q_p——透过水流量,m³/h;

Q_f——原水流量,m³/h。

膜通量(F)可由式(1.8.3)计算:

$$F = Q_p / \omega \, [\text{L/(m}^2 \cdot \text{d)}] \tag{1.8.3}$$

式中 ω——有效膜面积,m²。

(2)离子交换 离子交换是一类特定的固体吸附交换过程,它是利用离子交换树脂在电解质溶液中吸取某种阳离子或阴离子,而将自身所含的另一种带相同电荷的离子等量进行交换去除电解质的过程。采用阳、阴离子交换树脂对水中阳、阴离子的交换作用去除水中电解质的离子交换法,具有脱盐效率高、系统工艺成熟、操作运行容易等优势。离子交换反应是一种可逆过程,离子交换树脂失效后可以再生,使树脂在较长时期内可以反复使用,显示出离子交换树脂使用效率高、运行成本低的特点。

高纯水制备用的离子交换树脂是带有离子交换基因(功能基因)的有机合成的高分子交联聚合物;树脂为颗粒状小球,粒径为 $0.3 \sim 1.2$mm($16 \sim 50$ 目)。离子交换树脂一般可分为两大类——阳离子交换树脂和阴离子交换树脂；依据其酸碱性的强弱差异，还可分为强酸、弱酸阳离子交换树脂和强碱、弱碱阴离子交换树脂，如强酸阳离子交换树脂的功能基因为磺酸基—SO_3H，弱酸阳离子交换树脂为羟基-COOH，而强碱阴离子交换树脂的功能基因为三甲基胺基—$N(CH_3)_3$或二甲基羟胺基，弱碱阴离子交换树脂为伯胺-NH_2、仲胺-NHR、叔胺 NHR_x 等。表 1.8.22 是各类离子交换树脂的主要性能。各种用途不同类型的离子交换树脂，具有不一样的性能指标。表 1.8.23 是纯水制备应用的 001×7 强酸性苯乙烯系阳离子交换树脂（钠型）技术指标。

表 1.8.22　各类离子交换树脂的主要性能

酸碱性	类型	粒度/mm	密度/(g/mL)		全交换容量/(mmol/g)	含水率/%	允许使用温度/℃	举例
			湿视密度	湿真密度				
强酸	凝胶	0.3～1.2	0.75～0.85	1.2～1.3	≥4.5	40～50	120	（中国）001×7,732 （美国）IR-120 （日本）Diaion SK
	大孔	0.3～1.2	0.75～0.85		≥4.5	50～55	120	（中国）D001,742 （美国）Amberlite 200 （日本）Diaion PK
弱酸	凝胶	0.3～0.8	0.70～0.80	1.1～1.2	9～10	40～60	120	（中国）110,724 （美国）IRC-50 （日本）Diaion WK20
	大孔	0.3～0.8	0.70～0.80	1.1～1.15	9～10	40～60	120	（中国）151,720 （美国）IRC-84 （日本）Diaion WK-10
强碱Ⅰ型	凝胶	0.3～1.2	0.65～0.75	1.0～1.1	3～4	40～50	60～100	（中国）201,717 （美国）IRA-400 （日本）Diaion SA-10A
	大孔	0.3～1.2	0.65～0.75	1.06～1.18		40～50	<100	（中国）D290 （美国）IRA-900 （日本）Diaion PA
强碱Ⅱ型	凝胶	0.3～1.2	0.65～0.75	1.0～1.1	3～4	40～50	60～100	（中国）711 （美国）IRA-410 （日本）Diaion SA-20
	大孔	0.3～1.2	0.65～0.75	1.0～1.1	5～9	40～60	80～100	（中国）001×7,732 （美国）IRA-910 （日本）Diaion PA404
弱碱	凝胶	0.3～1.2	0.65～0.75	1.0～1.1	5～9	40～60	80～100	（中国）311,704 （美国）IRA-45
	大孔	0.3～1.2	0.70～0.75	1.0～1.1	6.5	55～65		（中国）D370,D390 （美国）IRA-93 （日本）Diaion WA-20

表 1.8.23　除盐用 001×7 强酸性苯乙烯系阳离子交换树脂（钠型）的技术指标

项目	001×7	001×7FC	001×7MB
全交换容量/(mmol/g)	≥4.5		
体积交换容量/(mmol/mL)	≥1.90		≥1.80
含水量/%	45～50		
湿式密度/(g/mL)	0.78～0.88		
湿真密度/(g/mL)	1.25～1.29		

项目	001×7	001×7FC	001×7MB
有效粒径①/mm	0.40~0.70	0.50~1.0	0.55~0.90
均一系数①	≤1.6		≤1.4
范围粒度①/%	≥95(0.315mm~1.250mm)	≥95(0.450mm~1.250mm)	≥95(0.500mm~1.250mm)
下限粒度①/%	≤1.0(<0.315mm)	≤1.0(<0.450mm)	≤1.0(<0.500mm)
磨后圆球率②/%	≥90.0		

① 有效粒径、均一系数和范围粒度、下限粒度测定用钠型。
② 磨后圆球率测定用原样树脂。
注：表中 FC 用于浮动床，MB 用于混合床。

离子交换脱盐装置有单级离子交换器（单床）、复合离子交换器（复床）和混合离子交换器（混床）三种方式。单床方式是以单一的阳离子交换树脂或阴离子交换树脂装填的离子交换器，被称为阳床或阴床；经阳床的水可去除阳离子，阴床去除阴离子。复床方式是以阳离子树脂、阴离子树脂分别装填的离子交换器串联组合的离子交换脱盐装置，水先经过阳床去除金属离子，形成酸性水，再通过阴床去除酸根离子。当原料水中碱度较高时，应在阳、阴床之间增设二氧化碳脱气塔。复床一般作为纯水制备系统的初级脱盐。复合离子交换器内可以分别装填弱酸或强酸阳离子交换树脂和弱碱或强碱阴离子交换树脂。可根据原料水中含盐量的不同，采用不同的复合方式，如当水中重碳酸盐含量较高、强酸盐含量低（水的碱度大）时，宜采用弱酸阳床→强酸阳床→脱气塔→强碱阴床的复合床装置；当水中重碳酸盐含量低、强酸盐含量高（水的碱度小）时，宜采用强酸阳床→脱气塔→弱碱阴床→强碱阴床的复合床装置。混床方式是将阳、阴离子交换树脂按一定比例混合装填在一个离子交换器内，可以认为是无数个复合床的串联组合。由于混床中的阳、阴离子交换树脂相互充分均匀混合，因此阴、阳树脂的交换反应几乎是同时进行的，一般可达到很高的脱盐效率，使产品水电阻率达到或接近理论纯水的电阻率（25℃时，18.2TΩ·cm）。此外，常用两个或三个混床串联使用。在实际纯水制备系统中为提高混合床的周期产水量，在混合床之前设置复床或反渗透或电渗析等方式作为预脱盐。

离子交换器内的树脂失效后，需以酸、碱进行再生，恢复离子交换树脂的交换能力。对于复床式离子交换器的再生方式可采用顺流再生和逆流再生，顺流再生时再生溶液流向与交换工作时水流方向相同，通常顺流再生时再生溶液从离子交换器上部注入，上层交换树脂再生程度较高，越到下部再生程度越低，所以存在再生剂使用效率不高和产水水质较差的缺点；逆流再生是再生溶液流向与交换工作时水流方向相反，通常是将再生溶液从离子交换器下部注入，先与失效程度不高的树脂接触进行再生，已部分失效的再生液上升到顶层接触失效程度最高的树脂，可提高再生剂的使用效率、减少再生剂用量，由于交换器的产出水在顶层通过再生程度最高的树脂后引出，因此可确保和改善产出水水质，但逆流再生的设备构造和操作程序均比顺流再生复杂，所以在具体工程选用再生方式时应根据原料水质、产水量等进行技术经济比较后确定。

对混合床的树脂再生可采用两种方法：一是分步再生，如图 1.8.16 所示，先将已失效的混合床用水或盐水反洗，阴离子交换树脂较轻上浮与阳离子交换树脂分开；再由混床顶部引入碱再生剂，再生废碱液从阴阳树脂分界面排液管引出，为防止碱液向下进入阳离子树脂层，在碱再生剂引入的同时，以原水自下而上通过阳离子树脂层作为支持层。阳离子树脂再生时，酸再生剂从混床底部引入，废酸液从阴阳树脂分界面排液管引出，为防止酸液进入阴离子树脂层，应自上而下通入纯水。在分别再生完成后，从上、下两端同时引入纯水清洗树脂，最后用压缩空气或高纯氮气将两种树脂再充分混合。二是将酸液、碱液同时引入两个树脂层进行再生，如图 1.8.17 所示，称为对流再生法，可减少再生时间。对小型的混合床也可采用体外再生，即将树脂移至一清洁的容器中，以酸（HCl）、碱（NaOH）进行再生；体外再生树脂易受到污染、损耗，且再生后的树脂清洗较为繁复。

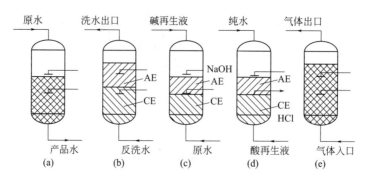

图 1.8.16 混床分步再生过程

AE—阴离子交换树脂; CE—阳离子交换树脂

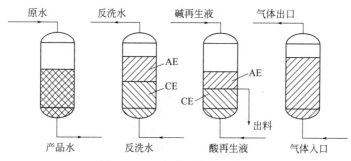

图 1.8.17 混床对流再生过程

（3）电渗析（ED）与电脱盐（EDI 或 CDI）

1）电渗析：在直流电场作用下利用离子交换膜对水中阳离子、阴离子的选择透过性，将水中的电解质去除的方法称为电渗析脱盐，如图 1.8.18 所示。在电场作用下水中阳离子、阴离子分别向负极、正极迁移，淡室中的阳离子、阴离子分别透过阳离子交换膜、阴离子交换膜进入浓室，而浓室中的阳离子、阴离子分别被阴离子交换膜、阳离子交换膜阻隔返回。从淡室引出的水为脱盐水。因电渗析脱盐的水回收率较低，目前在高纯水制备中已很少采用。

2）电脱盐：在电渗析脱盐的淡室内装填阳、阴离子交换树脂，将电渗析、离子交换和电再生技术进行综合应用的方法称为电脱盐，其工作原理见图 1.8.19。淡室内的混合离子交换树脂将水中的微量阳离子、阴离子交换，并在电场作用下将阳离子、阴离子分别透过离子交换膜，同时电脱盐（EDI）的离子交换树脂的再生是在电场作用下连续将水离解为 H^+ 和 OH^- 的再生过程，而在混床的树脂是采用酸碱溶液间断再生。EDI 与混合床的比较见表 1.8.24。

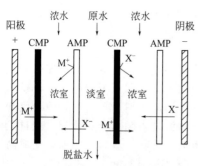

图 1.8.18 电渗析原理

CMP—阳离子交换膜；AMP—阴离子交换膜；
M^+—水中阳离子；X^-—水中阴离子

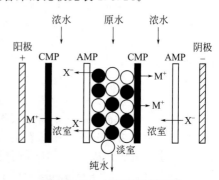

图 1.8.19 EDI 脱盐原理图

●—阳离子交换树脂；○—阴离子交换树脂；CMP—阳离子交换膜；
AMP—阴离子交换膜；M^+—水中阳离子；X^-—水中阴离子

表 1.8.24　EDI 与离子交换混合床的比较

比较内容	EDI	混合床
化学品使用	不使用、不需再生、环保清洁	需用酸碱再生
制水过程的连续性	连续运行	需周期性停运、再生
出水水质	稳定且可调节	基本稳定,再生前水质下降快
排放废水	较少	较大
操作状况	程序控制,人员干预少	再生程序较复杂,需人员监控
设备模块化	易	较难
占地面积	较小	较大
安装调试	方便	较复杂

（4）膜过滤或超过滤及精密过滤　在高纯水制备系统中应用膜分离技术的单元设备主要有超过滤（UF）、微孔过滤（MF）、反渗透（RO）、电渗析（ED）和纳滤（NF）等，它们的共同特性是利用高分子半透膜实现对水中杂质的去除。其中电渗析是杂质（离子）透过膜，其余都是水透过膜，杂质不能透过被截留。表 1.8.25 是几种水处理用膜分离方法的比较。

表 1.8.25　水处理用膜分离方法的比较

项目		微孔过滤 MF	超过滤 UF	纳滤 NF	反渗透 RO	电渗析 ED
工作原理		表面筛滤	表面筛滤	渗滤及表面筛滤	压力作用下的渗滤	电场作用下的离子迁移
截留粒子尺寸/μm		0.01	0.001	0.001	0.0001	0.0001
工作压力/MPa		0.05~0.3	0.04~0.4	0.5~1.0	1.0~3.0	
水流方向		与膜面垂直	与膜面平行	与膜面平行	与膜面平行	与膜面平行
水的回收率/%		100	约90	约90	约75	50~90
去除水中杂质的功能	电介质	×	×	√	√	√
	溶解硅	×	×	√	√	×
	细菌	√	√	√	√	×
	微粒	√	√	√	√	×
	有机物	×	√	√	√	×
	溶解气体	×	×	×	×	×

1）超过滤（UF）：在压力推动下根据超过滤膜的孔径分离去除水中的杂质或大分子，超过滤膜主要截留去除分子量 500~50000 的杂质。各个厂家的超过滤膜可能具有不同的特性，如某公司生产的不同膜孔径截留效率 90% 的分子量（分子量限值）是：孔径 21Å-500，24Å-1000，38Å-10000，47Å-30000，66Å-50000；而另一公司生产的不同膜孔径的分子量限值是：孔径 39Å-25000，62Å-100000，133Å-300000（1Å=10^{-10} m）。高纯水制备系统采用的超滤膜材料主要有醋酸纤维膜和聚砜膜。其中聚砜膜不仅具有优良的化学稳定性、较宽的 pH 应用范围（pH 为 2~12）和良好的耐热性能（可在 0~100℃范围内应用），还具有较高的抗氧化、抗细菌侵蚀能力，是目前应用较为广泛的过滤膜材料。

超滤膜组件有平板式、管式、卷式和中空纤维式等四类。平板式是在工程塑料压铸成型的滤板两面铺以多孔板后再贴超滤膜，也有的产品是在多孔板上直接刮浆成膜。由于板式膜要求膜应具有较好的机械强度成本较高，且结构不紧凑，因此应用较少。管式超滤膜组件有内压式和外压式两种，内压式的滤膜表层在多孔金属管内壁，外压式的滤膜表层在管外壁，也有的是以工程塑

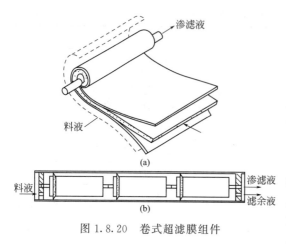

图 1.8.20　卷式超滤膜组件

料或陶瓷质的多孔管内壁或外壁直接刮浆成膜再装配成组件的；管式膜组件可采用药液对膜表面进行清洗，但其装填密度比卷式和中空纤维式小。卷式超滤膜组件是以平面膜卷制而成的，其构造与电渗析卷式组件相似。卷式膜组件封装在耐压筒内，如图 1.8.20 所示。中空纤维式超滤膜组件可分为内压式、外压式，内压式超滤膜组件的管内流过原液，管间汇集滤过液，外压式与之相反；中空纤维式超滤膜组件可在同等设备体积内获得较大的膜表面积，且不需支撑体可在组件内装设几十万甚至百万根中空纤维，装填密度大、产水量高，但膜表面清洗较困难，一旦损坏更新难，且过滤水的压力损失较大。表 1.8.26 是各种超滤膜组件的特性比较。

表 1.8.26　各类超滤膜组件的特征比较

类型		膜的装填密	支撑体结构	堵塞程度	易清洗程度	膜的更换
平板式		中	复杂	易堵	容易	很容易
圆管式	管内	小	简单	不易堵塞	很容易	较容易
	管外	小	较复杂	不	较复杂	较难
螺旋卷式		较大	简单	易堵	较复杂	不可能
中空纤维式		很大	不需要	很容易堵	相当复杂	不可能

2) 微孔过滤（MF）：是在静压差的驱动下利用"膜"的筛分作用的膜分离技术。微孔滤膜通常具有较为整齐、均匀的多孔构造，每平方厘米滤膜中大约有千万甚至上亿只小孔，可将小于膜孔径的各种粒子通过滤膜，但比孔径大的各种粒子被拦截在滤膜上，所以又称为膜过滤或精密过滤。在高纯水制备系统中微孔过滤用于去除微米和亚微米的微小悬浮粒子、微生物、细菌和胶体物质等杂质。微孔滤膜由醋酸纤维素膜（CA）、硝酸纤维素膜（CN）、聚四氟乙烯（PTFE）、聚偏氟乙烯（PVDF）等材料制作，在纯水制备系统中常用的微孔滤膜其孔径有 $0.1\mu m$、$0.22\mu m$、$0.45\mu m$、$0.8\mu m$、$1.2\mu m$ 等，应依据在系统中的位置和使用目的或要求进行选择。

微孔过滤器有表面型（surface filter）和深层型（depth filter）两种。表面型过滤器主要依赖过滤材料表面对各种颗粒物进行捕捉，滤网、滤膜是典型的表面型滤材。深层型不仅将各种颗粒物捕捉于滤材表面，而且主要捕捉于"深层"中。通常深层型过滤器的杂质捕捉量大于表面型，但深层型不易清洗属于一次性使用，表面型可进行清洗多次使用。高纯水系统常用褶皱式滤芯筒状微孔过滤器，滤膜为褶皱状可使过滤器单位体积具有较大的膜面积，大中型微孔过滤器可采用 20 根或更多的过滤芯管组成；这类过滤器的优点是过滤效率高、操作维护方便、占地面积少，以相同规格（外径 70mm、长度 749mm）的褶皱状管式过滤器和普通管式相比，前者膜面积约为 $9200cm^2$，后者仅为 $8cm^2$。图 1.8.21 为褶皱式微孔过滤器的构造图。

（5）去除溶解气体　为脱除在高纯水制备过程中溶解于水的二氧化碳、氧等气体，通常采用真空脱气装置、膜脱气装置等。

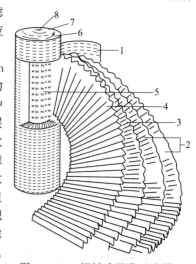

图 1.8.21　褶皱式微孔过滤器
1—预滤膜；2—微孔滤膜；3—支撑网；
4—支撑弯；5—集水管；6—端封盖；
7—垫片；8—滤后出水

① 真空脱气装置简图见图 1.8.22，上段为填料部分，填料增大水的表面积有利于气体的逸出；下部为储水部分。塔的总高为 8～9m，布置时需要较高的空间。

② 膜脱气装置的膜接触器是以憎水微孔中空纤维膜作界面制成的气液分离设备，可使水中溶解氧降至 0.5×10^{-9} 以下。它是根据道尔顿定律（混合气体的总压力等于混合气体中各种气体的分压之和）、亨利定律（水中某种气体的分压与气体溶解度成比例），通过改变气体的分压力，去除水中的溶解性气体。由于接触器中的膜为憎水微孔中空纤维膜，因此水不易通过膜上的小孔，但气体包括水中的溶解性气体可以通过。膜的一侧通过水，另一侧通过吹脱气或抽真空，水气对流，达到脱除水中气体或增加水中气体的目的。一般用高纯氮气作为吹脱气去除水中的氧气。膜接触脱氧装置的结构见图 1.8.23。

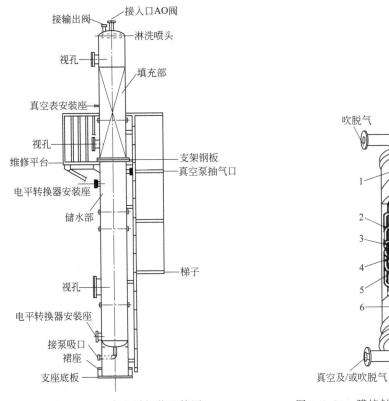

图 1.8.22　真空脱气装置简图　　　　图 1.8.23　膜接触脱氧装置结构图
1—外壳；2—收集管；3—隔板；4—中空纤维膜；5—分配器；6—滤芯

膜接触器的用途在半导体制造中主要为：溶解氧的控制、显影液微泡的去除、制备 CO_2 离子水、制备特殊功能水等。前两种用途是脱除水中的气体，减少对硅片的污染，后两种用途是增加水中的气体。膜接触器可应用在半导体制造的纯水制备和生产工艺设备使用点。在工艺设备使用点设置膜接触器有三方面原因：①工艺使用点需要含更低溶解氧的纯水。②去除工艺用温热纯水中的溶解氧，温热纯水中的溶解氧会随水温升高而增多，它会侵蚀硅片的加工表面。③增加水中的气体，如 CO_2，增加水的侵蚀性，增强水在清洗时的清洗能力，减少清洗水用量。

膜接触器在制水阶段可替代真空脱气塔。它具有设备占地少，室内安装，不影响建筑外观；设备模块化、整体化，安装、调试、维护方便，便于扩建；运行稳定，费用低等特点。

（6）微生物的去除　在高纯水制备过程中虽然营养成分稀少，但由于微生物极强、极快的生长繁殖能力，对高纯水的水质影响很大。实践表明高纯水制备系统中存在着微生物的生长繁殖，且微生物——细菌的存在对高纯水的品质危害很大，可以说被微生物污染的装置不可能制备出符合质量要求的高纯水，因此在高纯水制备系统中必须设置去除微生物的杀菌单元设备，以防止微生物的生长繁殖。去除微生物的方法有药剂、加热、膜过滤和紫外线（254nm）等，对于高纯水制备的各类装置及相关管路可采用不同类型的杀菌剂对霉菌、微生物等进行良好的去除，常用的药剂有甲醛、双氧水、次氯酸钠、臭氧等；在医药洁净厂房中常常采用蒸汽或热水进行加热灭菌，如在注射用水的制备和输送中需加热至 $65 \sim 80℃$ 进行循环和保温，以确保微生物不会超过规定的限值。微孔过滤、超滤、纳滤和反渗透等膜分离方法均具有良好的截留细菌功能，高纯水制备过程中常常采用 $0.2\mu m$ 的微孔过滤（MF）用于滤除微生物及其尸体。紫外线杀菌装置是高纯水制备系统近年来常用的杀菌方法，这是因为这种方法无需加入多余的化学药剂，且没有加热杀菌需采用的耐热材质和消耗的加热、冷却能量。

紫外线杀菌是因为波长为 $240 \sim 280nm$ 时具有杀灭微生物的作用，通常以波长为 $253.7nm$ 的紫外线进行杀菌。当微生物被紫外线照射时，其细胞的核酸生物活性因吸收紫外线可能改变，从而引起菌体内蛋白质和酶的合成障碍，导致结构变异、功能遭受破坏，使微生物死亡；紫外线的杀菌能力是根据 $253.7nm$ 的紫外线强度（$\mu W/cm^2$）和照射时间决定的照射量确定的。杀死各种微生物所需的紫外线照射量是不同的，如以水中常见的大肠埃希菌为例，若需获得 99%、99.9% 和 99.99% 的杀菌效率时，照射剂量分别为 $6000\mu W \cdot S/cm^2$、$9000\mu W \cdot S/cm^2$ 和 $12000\mu W \cdot S/cm^2$。有规定认为用于高纯水系统的紫外线杀菌最小照射量为 $16000\mu W \cdot S/cm^2$。紫外线的杀菌效果与紫外线强度直接相关，而可获得的紫外线强度除与紫外线灯管的功率、性能有关外，还与处理的水质、被照射点与灯管的距离、灯管周围介质的温度以及使用点时间等有关。紫外线杀菌装置由外筒、石英套管和紫外灯管以及电气装置等组成，杀菌紫外灯具一般采用高强度低压汞灯，灯管寿命通常不低于 10000h；灯具设置在石英套管内，被处理水在套管与外筒之间流动，外筒通常采用内表面处理过的低碳不锈钢（SUS316L）制作，以防止对水质的影响和保持必需的照射率。图 1.8.24 为紫外线杀菌装置，其中图（a）是紫外线杀菌装置的构造简图。为提高照射效率装置内设有石英套管的清洗部件/清洗盘，清洗盘采用 PTFE 材质，可采用手动或气动方式。紫外线杀菌设备的电气装置通常包括电源、稳压、灯管显示、报警以及开关等。流水式紫外线杀菌装置应满足的基本要求有：杀菌效率应超过 99.9% 以上，纯水流过装置的电阻率降低值不大于 $0.5M\Omega \cdot cm$（25℃），灯管寿命（指合格的 $253.7nm$ 波长的紫外线强度）应大于 10000h，灯管、石英套管、搅拌板等拆装清洗方便，外筒、石英套管承压应符合"高纯水系统"要求的工作压力等。

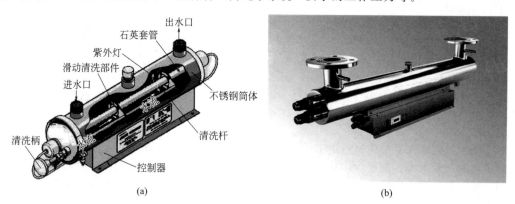

图 1.8.24　紫外线杀菌装置

（7）有机物的脱除　在高纯水制备系统的精处理阶段，为脱除有机物（TOC）达到产品生产工艺要求，常利用波长为 185nm 的紫外线。一般在精混床前设置脱除有机物的紫外线装置。在 GB 50685—2011 中规定：对高纯水水质要求 TOC 小于 $20 \sim 50\mu g/L$ 时，应设置紫外线装置除有机物。一些集成电路芯片制造工厂的高纯水制备系统的运行实践表明此项规定是有效、适宜的。图 1.8.25 是一套产水量 $250m^3/h$ 的高纯水制备系统示意图，经过实际运行效果良好，在该系统的混床前和精处理阶段精混床（抛光床）前均采用了去除有机物的紫外线装置。

（8）纯水箱、纯水泵　为了维持高纯水的电阻率稳定在高位值及防止二氧化碳溶入水中或有

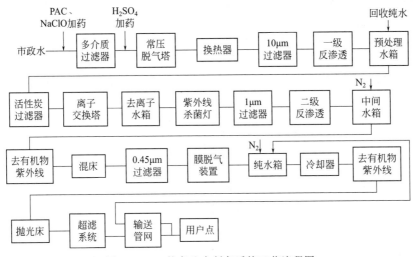

图 1.8.25　某高纯水制备系统工艺流程图

溶解氧要求时，高纯水制备系统中设置的纯水箱应设置氮气保护。氮封保护装置的氮气压力宜为 0.005～0.01MPa，氮气量应大于或等于对应的水泵组输水量，供应补充的氮气纯度宜大于 99.999%。设有氮封装置水箱的溢流口应设有隔绝空气的措施，如水封装置等。

纯水箱的制造材质应确保水箱内的水质不会被污染，通常采用玻璃钢或玻璃钢内衬 PVDF，但玻璃钢内衬 PVDF 的水箱不适于储存加热后的纯水或采用热水灭菌的装置。

高纯水制备系统的纯水泵内与纯水接触的部件其材质应选择不会给水质带来污染、降低水质指标的材料，应根据所输送纯水水质特别是允许杂质组分及允许含量的要求进行选用，通常泵体结构应气密性好，宜选用低碳不锈钢材质。纯水供水泵宜采用变频调节的水泵。医药工业洁净厂房中的纯水泵、注射用水泵一般应采用低碳不锈钢（SUS316L）等制作。

8.2.5　纯水制备系统的控制和检测

（1）监控系统

① 通常在高纯水制备系统设计时，应根据产水量、出水水质、制备工艺流程、设备配置等技术条件，并结合使用单位的经济因素、运行管理要求等选择相应水平的自动监控系统，一般在设置自动监控的同时还宜设置手动控制操作。目前，对于产水量小、出水水质要求不高的纯水制备系统，一般由纯水设备供应厂家提供相应配套的监控装置或专用控制器的成套设备，并同时设有自动和手动的工作模式。产水量较大的大、中型高纯水制备系统大多采用集散型计算机监控系统，并优先选用现场总线型控制系统。

高纯水制备系统的集散型监控系统应根据预处理、脱盐处理、精处理设备及其处理过程测量与控制单元的选型等情况，采用"分布、集中"集散型控制系统模式设计，并选配相应的现场控制系统和集中监控系统。一般现场控制装置应采用可编程序控制技术，对纯水制备系统的有关设备进行现场实时运行控制、测量、调节、联锁以及通信等功能。集中监控系统通常具有整体系统的集中监控、运行管理，并与全厂的动力系统运行管理的协调配合等。高纯水制备系统应按所采用的工艺流程和产水量、压力、温度、水质等控制参数及其指标要求，分区或分段设计现场监控装置。目前此类装置一般均采用可编程序控制器（PLC）对各类设备的运行状态进行控制、检测与监视、运行参数设定和调控以及故障和超限报警、数据传输通信等功能，以满足高纯水制备的现场控制要求。可编程序控制技术具有操作简便、技术成熟和运行稳定等特点。

② 仪表配置要求主要有离子交换除盐系统的单元制串联除盐系统，阴离子交换器出口应安装电导率表，阳、阴离子交换器应分别安装累计流量计监控失效终点；母管制并联除盐系统，阳、

阴离子交换器出口应分别安装监控失效终点的仪表。阴离子交换器出口应安装电导率表，每台离子交换器出口应安装累计流量计监控失效终点；混合离子交换器出口宜安装电导率表、累计流量表监控失效终点。需要采用硅表监控失效终点时，可采用多通道式硅表用于多台离子交换器；酸、碱、盐再生稀释水管道上应设置流量计，水箱、储存槽、计量箱及废水池应设置液位计。

反渗透装置的产水和浓水应设置流量表，大型系统的进水也应设置流量表；反渗透装置的进水和产水应设置电导率表；反渗透系统进水设有加酸装置时，进水总管应设置 pH 值表；第二级反渗透装置进水加碱时，也应设置 pH 值表；反渗透系统进水应设置氧化还原电位表或余氯表。电脱盐装置进水、产水和浓水应设置电导率表和压力表。

（2）水质检测　高纯水的检测内容主要有电阻率（电导率）、微粒、细菌、有机物或总有机碳（TOC）、溶解气体或溶解氧以及各种离子如 Na^+、K^+、Ca^{2+}、Fe^{3+}、Cl^- 和 SiO_2 等。纯水站的水质检测方式有在线检测和实验室水质分析两种。由于现代科技的进步，实验室仪器、仪表发展迅速，实验室水质分析技术书籍较多，本书对此不作介绍。纯水站的在线控制主要有电阻率、微粒、总有机碳、溶解氧、SiO_2、Na^+ 等。下面列举目前在高纯水制备系统中常用的一些在线检测仪器供参考。几种常用检测仪器见图 1.8.26。

(a) 在线电导仪　　　(b) 总有机碳分析仪　　　(c) 颗粒度计数器

图 1.8.26　几种检测仪器

① 电阻率（电导率）在线仪器：FAM Rescon U 型电导率/电阻率测量仪（测量范围：0.01～20MΩ·cm，精度 0.5%）、FAM Rescon up 型双路电导率测量仪（这两种均为瑞士 SWAN 公司生产），FORXBORO 型在线电导率仪，THORNTON 型在线电导率仪等。

② 微粒在线测量主要采用激光粒子计数法和光散法，常用的仪器有：PMS 高灵敏度在线液体粒子计数器，HSLIS-M50-DI-SYSTEM 型，检测精度 $0.05\mu m$；RION 在线液体粒子监控系统，测量灵敏度 $0.01\mu m$。

③ 总有机碳（TOC）在线测量仪器：ANATAL A 1000XP 型，最低检测限 0.02×10^{-9}，分辨率 0.001×10^{-9}。

④ 溶解氧（DO）在线检测仪表：SWAN FAM OXYTRACE 型，检测范围 $0\sim200/2000\mu g/L$，$0\sim20mg/L$；SWAN SCLD OXYTRACE 型，检测范围同前；Leeds&Northrup 7021 型，在 $0\sim20\times10^{-9}$ 量程内的最低检出限 0.01×10^{-9}；DKK OBM-100 型，检测范围 $0\sim50/100/200/500\mu g/L$。

⑤ SiO_2 在线检测仪表：HACH 5000 型，最低检出限 0.01×10^{-9}；DKK SLC-1650 型，检测范围 $0\sim10/500\mu g/L$；SWAN CORRA Silica-4 型（四通道），检测范围 $0.5\sim500$ 通道。

⑥ 钠离子在线检测仪：SWAN Soditrace 型，最低检出限 0.001×10^{-9}；SCLD Sodicm 型，检测范围 $0.01\sim10000\mu g/L$（全自动）。

8.3　生产废水处理及回收

由于以集成电路芯片制程技术为代表的微电子产品生产技术高速发展，其生产过程所应用的化学品和特种气体种类日渐增多，所产生的工艺生产废水种类和复杂程度均发生变化，同时随着全国上下环境保护意识的不断提升，对污染物排放控制的力度逐年加强，集成电路芯片和大型TFT-LCD显示器面板厂的生产废水处理达标排放扮演了越来越重要的角色。

为达到良好的废水处理效果，最终排放水质达到国家和当地的排放标准，首先应该将各类废水分流，进行分类收集，特别是半导体集成电路工厂和TFT-LCD面板厂的工艺废水。由于生产过程中所使用的化学品和特气种类繁多，化学性质差异较大，因此需要分类收集分类处理，同时根据全厂各类设备用水水质的要求，制定相应的用水平衡方案，部分类别的废水经处理后可以回用，能够大大减少集成电路芯片和TFT-LCD面板厂的用水量。半导体和面板厂的废水类别及成分见本章8.3.2"废水处理系统"。

8.3.1 生产废水排放标准

高科技洁净厂房主要是指电子工业洁净厂房和医药工业洁净厂房，这类厂房的产品生产过程中都会应用一些化学品、有机溶剂和特种气体作为反应物质或清洗用物质，之后均还会采用清水、纯水等进行洗涤，排出各种性质不同的生产废水。各行各业的产品生产废水中有害有毒污染物差异很大，且成分十分复杂，如有的生产废水污染物浓度较高，若不进行处理直接排放，将对环境造成污染，另外许多有害有毒污染物对人体的健康危害也很大。在微电子洁净厂房中排出的生产废水一般含有氟化物、IPA、HF、HCl、NH_3-N 等污染物，药品生产的洁净厂房中排出的生产废水一般依据药品的种类不同差异很大，通常含有 COD、BOD 以及清洗溶剂，生产致敏性药品或生物制品的工艺还会排出相应的致敏性物质或活性生物类物质等。从以上简述可见，高科技洁净厂房的生产废水比一些传统工业的生产废水成分复杂，处理难度更大。因此这类高科技洁净厂房设计中都十分重视对生产废水的收集处理。对于废水量较大时，还应十分关注经处理后能达到回用的使用要求，这样既减少排放量又可节约用水。

为控制水体污染，保护水资源，保障人民身体健康，维护生态平衡，促进国民经济的持续发展，在国家标准《污水综合排放标准》（GB 8978—1996）中对废水污染物的最高允许排放浓度做出了规定，并根据污染物的毒性及对人体、动植物、水环境的影响和控制方式，将工矿企业等排放的污染物分为两类。第一类污染物，是指会在环境或动植物体内积累，对人体健康产生长期不良影响的污染物，如重金属、类金属砷、苯并（a）芘、放射性物质等，这类污染物必须达到标准规定的最高允许排放浓度才能排放；第二类污染物，其长远影响小于第一类污染物，如 SS、COD、BOD_5 等，按其排放水域的使用功能以及企业为新、扩、改或现有的状况，分为一级、二级排放标准值。表1.8.27 为第一类污染物的最高允许排放浓度，表1.8.28 是部分第二类污染物的最高允许排放浓度。

表 1.8.27　第一类污染物的最高允许排放浓度　　　　　　　　单位：mg/L

序号	污染物	最高允许排放浓度	序号	污染物	最高允许排放浓度
1	总汞	0.05	8	总镍	1.0
2	烷基汞	不得检出	9	苯并(a)芘	0.00003
3	总镉	0.1	10	总铍	0.005
4	总铬	1.5	11	总银	0.5
5	六价铬	0.5	12	总α放射性	1Bq/L
6	总砷	0.5	13	总β放射性	10Bq/L
7	总铅	1.0			

表 1.8.28　第二类污染物的最高允许排放浓度　　　　　单位：mg/L

序号	污染物	一级标准	二级标准	三级标准	序号	污染物	一级标准	二级标准	三级标准
1	pH	6～9	6～9	6～9	8	氟化物	10	10	20
2	悬浮物(SS)	70	200	400	9	甲醛	1.0	2.0	5.0
3	BOD₅	30	50	300	10	苯胺类	1.0	2.0	5.0
4	COD	100	150	500	11	总铜	0.5	1.0	2.0
5	碳化物	1.0	1.0	2.0	12	三氯乙烷	0.3	0.5	1.0
6	氨氮	15	25	—	13	四氯化碳	0.03	0.05	0.5
7	甲苯	0.1	0.2	0.5	14	TOC	20	30	—

在国家标准《污水排入城镇下水道水质标准》（GB/T 31962—2015）中规定的污染物最高允许浓度见表 1.8.29。

表 1.8.29　污水排入城市下水道水质标准

序号	项目名称	单位	最高允许浓度	序号	项目名称	单位	最高允许浓度
1	pH		6.0～9.0	19	总铅	mg/L	1
2	悬浮物	mg/L	150(400)	20	总铜	mg/L	2
3	易沉固体	mg/(L·15min)	10	21	总锌	mg/L	5
4	油脂	mg/L	100	22	总镍	mg/L	1
5	矿物油类	mg/L	20	23	总锰	mg/L	2.0(5.0)
6	苯系物	mg/L	2.5	24	总铁	mg/L	10
7	氰化物	mg/L	0.5	25	总锑	mg/L	1
8	硫化物	mg/L	1	26	六价铬	mg/L	0.5
9	挥发性酚	mg/L	1	27	总铬	mg/L	1.5
10	温度	℃	35	28	总硒	mg/L	2
11	生化需氧量(BOD₅)	mg/L	100(300)	29	总砷	mg/L	0.5
12	化学需氧量(COD_Cr)	mg/L	150(500)	30	硫酸盐	mg/L	600
13	溶解性固体	mg/L	2000	31	硝基苯类	mg/L	5
14	有机磷	mg/L	0.5	32	阴离子表面活性剂(LAS)	mg/L	10.0(20.0)
15	苯胺	mg/L	5	33	氨氮	mg/L	25.0(45.0)
16	氟化物	mg/L	20	34	磷酸盐(以P计)	mg/L	1.0(8.0)
17	总汞	mg/L	0.05	35	色度	倍	80
18	总镉	mg/L	0.1				

注：括号内数值适用于有城市污水处理厂的城市下水道系统

一些地方标准对污染物排放浓度做了较为严格的规定，如表 1.8.30 是北京市《水污染物综合排放标准》（DB 11/307—2013）中排入地表水体的水污染物排放限值，其中排入北京市Ⅱ、Ⅲ类水体及其汇水范围的排水执行 A 排放限值，排入Ⅳ、Ⅴ类者执行 B 放限值。排入公共污水处理系统的水污染物排放限值应执行表 1.8.31 的规定。

表 1.8.30　北京市排入地表水体的水污染物排放限值（部分）

序号	污染物名称	A 排放限值	B 排放限值	序号	污染物名称	A 排放限值	B 排放限值
1	pH	6.5～8.5	6～9	19	总铬	0.2	0.5
2	水温/℃	35	35	20	六价铬	0.1	0.2
3	色度/倍	10	30	21	总砷	0.04	0.1
4	悬浮物(SS)	5	10	22	总铅	0.1	0.1
5	五日生化需氧量(COD_5)	4	6	23	总镍	0.05	0.4
6	化学需氧量(COD_{Cr})	20	30	24	总铜	0.3	0.5
7	总有机碳(TOC)	8	12	25	总锌	1.0	1.5
8	氨氮	1.0(1.5)*	1.5(2.5)*	26	总锰	0.5	1.0
9	总氮	10	15	27	总铁	2.0	3.0
10	总磷(以 P 计)	0.2	0.3	28	总硒	0.02	0.02
11	石油类	0.05	1.0	29	甲醛	0.5	0.5
12	动植物油	1.0	5.0	30	甲醇	3.0	5.0
13	阴离子表面活性剂(LAS)	0.2	0.3	31	四氯化碳	0.002	0.02
14	挥发酚	0.01	0.1	32	二氯甲烷	0.2	0.2
15	总氰化物质(以 CN 计)	0.2	0.2	33	三氯甲烷	0.06	0.3
16	硫化物	0.2	0.2	34	苯	0.01	0.05
17	氟化物	1.5	1.5	35	甲苯	0.1	0.1
18	总镉	0.2	0.5	36	硼	2.0	2.0

注：* 12 月 1 日～3 月 31 日执行括号内的排放限值。

表中单位除标注者外，均为 mg/L。

表 1.8.31　排入公共污水处理系统的水污染物排放限值

序号	污染物或项目名称	排放限值	序号	污染物或项目名称	排放限值
1	pH	6.5～9	20	总镉	0.02
2	水温/℃	35	21	总铬	0.5
3	色度/倍	50	22	六价铬	0.2
4	易沉固体/[mL/(L·15min)]	10	23	总砷	0.1
5	悬浮物(SS)	400	24	总铅	0.1
6	五日生化需氧量(BOD_5)	300	25	总镍	0.4
7	化学需氧量(COD_{Cr})	500	26	总铜	1.0
8	总有机碳(TOC)	150	27	总锌	1.5
9	氨氮	45	28	总锰	2.0
10	总氮	70	29	总铁	5.0
11	石油类	10	30	总硒	0.02
12	动植物油	50	31	甲醛	5.0
13	阴离子表面活性剂(LAS)	15	32	甲醇	10
14	挥发酚	1.0	33	四氯化碳	0.5
15	总氰化物(以 CN 计)	0.5	34	二氯甲烷	0.3
16	硫化物	1.0	35	三氯甲烷	1.0
17	氟化物	10	36	苯	0.5
18	总汞	0.002	37	甲苯	0.5
19	烷基汞	不得检出	38	硼	3.0

注：表中单位除标注者外，均为 mg/L。

近十年来，上海市水环境污染及保护形势发生了很大变化，随着水环境污染形势日趋严峻，原地方标准由于部分技术指标宽松、未将新型污染物纳入管理范围、部分检测方法与标准落后等，已不能满足当前形势的要求，根据环境管理的需要对原标准进行了修订，新标准《污水综合排放标准》（DB 31/199—2018）于 2018 年执行。该标准延续原标准中实行的分类分级管理：一类污染物共 17 项，在车间排放口或生产设施排放口采样监测；一类污染物不分污水排放方式，其监控位置与排放浓度实行统一执行。二类污染物 92 项，在排污单位总出口采样检测；二类污染物根据去向分为三级，排入特殊保护水域的执行特殊保护水域标准，排入Ⅲ类水及二类海域的执行一级标准，向非敏感水域直接排放水污染物的排污单位执行二级标准，间接排放水污染物的则执行三级标准。另外水污染物排放除执行该标准所规定的排放限值外，还应达到污染物排放总量控制限值。若一个排污单位的排污口排放两种或两种以上的混合污水，且各种污水若单独排放时执行不同的排放标准，则该排污口排放的混合污水按其中最严格的排放标准执行。当排污单位以密闭管道的形式向设置污水处理厂的工业园区排水系统排放污水，且污水处理厂具备处理此类污水的特定工艺和能力并确保达标排放时，可协商。第一类污染物不得协商排放。

天津市地方标准《污水综合排放标准》（DB 12/356—2018）共有污染控制项目 75 项，其中第一类污染物 13 项，与国标一致；第二类污染物 62 项，较国标增设了苯系物总量、三氯苯、总铁等 6 项指标，涵盖了全部国标的污染控制项目。该标准中提出了化学需氧量、生化需氧量、氨氮、总磷以及悬浮物 5 种污染物的排放限值和部分最高允许排放水量共 6 项指标。该标准调整了污染物排放限值，按污水不同的排放去向分为 3 级，一级、二级为直接排放标准，三级为间接排放标准。其中直接排入地表水环境的排放标准中主要指标的排放限值可以达到相应地表水环境质量标准的要求，间接排入公共污水处理系统的污水执行三级标准与现行国家《污水排入城镇下水道水质标准》（GB/T 31962—2015）一致。对于直接排入水环境的污水，该标准的一级和二级限值较现行国家污水综合排放标准有了较大幅度的提高。此外，该标准还增加了协商排放的规定，规定"排放的废水全部为生活废水"等两种情形的企业，可与工业园区污水处理厂商定排放限值。这一举措既可以降低污水处理厂和企业的处理成本，又可以提高污水处理厂的运行效率、减少能耗。

表 1.8.32 是《生物工程类制药工业水污染物排放标准》（GB 21907—2008）中规定的现有企业排放限值。该标准适用于采用现代生物技术方法（主要是基因工程技术等）制备作为治疗、诊断等用途的多肽和蛋白类药物、疫苗等药品的制造企业。若为新建企业，其水污染物排放限值更为严格；如色度为 50、悬浮物为 50mg/L、BOD_5 为 20mg/L、COD_{Cr} 为 80mg/L、动植物油为 5mg/L。当生物工程制药企业拟向城镇设置的污水处理厂排放废水时，其污染物的排放控制要求由企业与污水处理厂商定或执行相关标准。

表 1.8.32　生物工程类制药工业水污染物排放限值

序号	污染物项目	排放限值	序号	污染物项目	排放限值
1	pH	6～9	9	总氮	50
2	色度（稀释倍数）	80	10	总磷	1.0
3	悬浮物	70	11	甲醛	2.0
4	五日生化需氧量（BOD_5）	30	12	乙腈	3.0
5	化学需氧量（COD_{Cr}）	100	13	总余氯（以 Cl 计）	0.5
6	动植物油	10	14	粪大肠菌群数*/（MPN/L）	500
7	挥发酚	0.5	15	总有机碳	30
8	氨氮（以 N 计）	15	16	急性毒性（$HgCl_2$ 毒性当量）	0.07

注：＊消毒指示微生物指标.
表中单位除序号 1、2、14 外，均为 mg/L。

8.3.2　废水处理系统

工业产品生产排放废水的污染物十分复杂，因产品不同、生产工艺或生产设备不同而差异很大，大体包括重金属、难降解有机物、植物营养物、耗氧有机物（BOD、COD）、悬浮物、无机有害物、病原体等。重金属污染水体后主要通过食物链进入人体，在人体内积累造成慢性中毒或致癌，如汞中毒后的主要症状为神经中枢失调、语言障碍、步态失调、听觉和视觉障碍，最终导致全身瘫痪、痉挛、吞咽困难甚至死亡。类金属砷和砷化物等污染物主要通过消化道、呼吸道和皮肤进入人体，砷在人体的蓄积性强，长期持续低剂量摄入，其发病潜伏期较长，可长达十几年甚至数十年；砷慢性中毒主要表现为神经末梢症状，如肌肉萎缩、头发变脆易脱落、皮肤色素高度沉着等，并且还可引发皮肤癌和肺癌。难降解有机物是指难以被微生物降解的有害有毒有机物，如有机氯化物、芳香胺类化合物、有机重金属化合物等，它们的毒性较强、化学性能稳定，通过食物链在人体内积蓄，导致慢性中毒或致癌等。植物营养物是指含有氮、磷的无机化合物或有机化合物，其主要危害是引起流速缓慢或更新期长的湖泊等地表水富营养化，造成藻类及其浮游生物迅速繁殖；另外富营养化的水体溶解氧含量下降，会引发鱼类与其他生物大量死亡。耗氧有机物（BOD、COD）是指碳水化合物、蛋白质、油脂、氨基酸、脂类、脂肪酸等有机物，虽然这些有机物没有毒性，但在水中易被微生物分解，将会消耗水中的溶解氧；水中的溶解氧含量下降将影响水体功能，若水中的溶解氧被耗尽时，有机物将厌氧分解产生甲烷、硫化氢、胺和硫醇等使水体黑臭、水质恶化。无机有害物主要是指酸、碱和氰化物、氟化物等有害有毒物质，酸碱废水排入水体会使 pH 发生变化，当 pH 小于 6.5 或大于 8.5 时，将会将低水体的自净能力，破坏水生生态系统影响渔业生产，用于农业灌溉时会影响农作物生长等，水体酸化还会腐蚀桥梁、船舶等；氟化物可通过呼吸道、消化道和皮肤进入人体，若饮用水中氟含量超过 1.5mg/L，人体对氟化物的摄入量大于 4～5mg/d 时，将会在体内积蓄引起慢性中毒，主要表现为上呼吸道慢性炎症、骨骼和牙齿受损害——氟骨症、酸蚀症、氟斑牙等。

8.3.2.1　半导体类生产废水处理系统

（1）半导体类生产废水的分类与来源　以集成电路芯片制造为代表的半导体产业是国民经济和社会发展的战略性、基础性和先导性产业，是高新技术产业发展的核心，已经渗透到国民生活、生产以及国防安全等各个领域。集成电路芯片生产工艺复杂，工艺步骤高达 300 余步，其主要生产工序包括：硅片清洗、氧化/扩散、化学气相沉积（CVD）、光刻、去胶、干法刻蚀（DE）、湿法腐蚀（WE）、离子注入、金属化（溅射镀膜）、化学机械抛光（研磨）CMP、检测等。芯片生产中使用了多种化学品、化学溶剂和特种气体等，其排出的生产废水有多种类型，且因产品和生产工艺的不同而异。集成电路芯片制造过程中排出的生产工艺废水有含氨废水，其污染物有氨氮、氟化物、COD、SS、pH 等；含氟废水，其污染物有氟化物、COD、磷酸盐、SS、pH 等；酸碱废水，其污染物有酸、碱、浓缩盐、SS、pH 等；含铜废水，其污染物有铜、COD、SS、pH 等；研磨废水，其污染物有 SiO_2 粉末、COD、少量 Cu 等；有机废水，其污染物有酮、醇、酯类有机物。集成电路芯片等企业的工艺废水分类及来源见表 1.8.33。

表 1.8.33　集成电路芯片等企业的工艺废水分类与来源

废水类别	主要工艺来源	主要污染物
含氟废水	清洗、刻蚀	氟化物、酸等
氨氮废水	刻蚀、清洗、去胶	氨氮、双氧水
CMP 废水	化学机械研磨	SiO_2 和金属氧化物粉末
有机废水	光刻、均胶	有机物（酮、醇、酯类等）

废水类别	主要工艺来源	主要污染物
含铜废水	电化学镀膜	铜离子、其他重金属离子
酸碱废水	清洗、光刻、去胶、纯水制备再生	硫酸、硝酸、氢氧化钠等

TFT-LCD 液晶显示器面板制造过程排出的生产废水有酸碱废水,其污染物有 NH_3-N、COD、BOD_5、磷酸盐、SS、pH 等;含氟废水,其污染物有 F、NH_3-N、COD、BOD_5、磷酸盐、SS 等;含磷废水,其污染物有磷酸盐、COD、BOD_5、NH_3-N、SS、pH 等;有机废水,其污染物有 COD、BOD_5、NH_3-N、磷酸盐、SS、pH 等。依据各类产品生产过程中排出的生产废水污染物种类、浓度等,不同企业采用不同的废水处理系统进行处理,达到当地的排放标准或国家规定的排放标准后才能排放至当地环保部门指定的水体或城市污水管道。

(2) 不同废水的处理工艺 目前我国的芯片企业都投入巨资对生产工艺废水进行处理,大多采用化学反应、生化处理、物理沉淀等方法,处理后达标排放。下面以实例介绍芯片制造企业的生产工艺废水处理状况。

实例 1:某 300mm 芯片制造工厂的生产废水总产生量约为 $12250m^3/d$,在生产车间内按照主要污染物的不同将废水分类收集,经提升泵站输送至厂内污水处理站,针对每一类废水的主要污染物特点,分别进行处理达标后再通过市政管网排放至该工业园区污水处理厂进一步处理。该企业生产废水的水量和处理前水质以及总出水口限值标准情况见表 1.8.34。

表 1.8.34 生产废水水量和处理前水质以及总出水口限值标准

废水种类	水量 /(m³/d)	pH	COD /(mg/L)	氨氮) /(mg/L)	SS /(mg/L)	氟化物 /(mg/L)	总铜 /(mg/L)
酸碱废水	2500	2~10	75	—	—	—	—
含氟废水	2500	2~3	90	—	—	750	—
含铜废水	440	7~8	40	—	240	—	16
有机废水	810	5~9	1600	—	—	—	—
氨氮废水	690	10	30	640	120	—	—
CMP废水	560	7~8	40	—	260	—	—
纯水再生和反洗废水	4750	—	—	—	—	—	—
总出水口限值标准		6~9	300	30	200	20	0.3

1) 含氟废水处理工艺:含氟废水是由芯片生产工序中的刻蚀工序等使用氢氟酸、氟化铵以及用高纯水清洗产生的。含氟废水的处理方法一般有:化学沉淀法、吸附法、混凝沉淀法、反渗透法、离子交换法等。

该工程项目处理前含氟废水的氟化物浓度为 750mg/L,处理后排放水应达到 20mg/L 以下。选择二级化学混凝沉淀工艺,首先调节含氟废水的 pH 至碱性(8.5~9.5),然后投加过量的钙盐($CaCl_2$),让溶液中的氟离子与钙离子结合,形成氟化钙沉淀。CaF_2 沉淀是一种细微的结晶物,沉降速度很小,因此需要投加 30% 浓度的混凝剂 PAC(聚合氯化铝)和 0.5% 浓度的絮凝剂 PAM(聚丙烯酰胺),使生成的 CaF_2 形成矾花;通过吸附作用在斜板沉淀槽内进行泥水分离,分离出来的上清液经在线仪器检测合格后进入放流池排放,不合格的则回到含氟废水调节池。斜板沉淀槽污泥斗收集的污泥通过气动泵输送到含氟污泥浓缩槽浓缩后,进入板框压滤机压成泥饼外运处理。含氟废水的处理流程如图 1.8.27 所示。

2) CMP 废水和含铜废水处理工艺:化学机械研磨主要是使用研磨剂通过化学和机械共同作

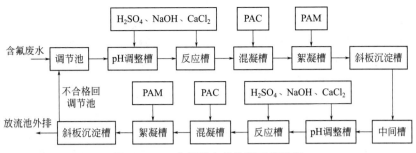

图 1.8.27 含氟废水的处理工艺流程

用将硅片表面凸起的多层金属化互连结构中的介质和金属层磨去。研磨剂是一种由磨料、腐蚀剂和钝化剂组成的混合液，因此研磨后需用纯水来冲洗硅片表面上残留的研磨液和从硅片上磨下来的颗粒。所以 CMP 废水中含有大量纳米级颗粒悬浮物（平均粒径在 $70 \sim 165\mathrm{nm}$ 之间）、各种金属氧化物和化学试剂，悬浮物浓度高且稳定性好。可根据研磨表面类型的不同，将 CMP 废水分为"氧化层研磨废水"和"金属层研磨废水"。国内外对 CMP 废水的处理及回用方法主要是物理化学法，包括化学混凝法、气浮法、膜法和电化学法等。

含铜废水的处理方法主要有沉淀法、离子交换法、生物法、电解法、蒸发回收法等。芯片企业的含铜废水主要来自晶圆制造和加工过程中的电化学镀膜（ECP）与化学机械研磨工序，主要重金属污染物为铜离子、银离子、镍离子，其氢氧化物的溶解度都可以满足排放标准的要求，因此采用加碱沉淀法合并一起处理，同时利用共沉淀原理还可以降低碱量。各种金属离子去除的最佳 pH 控制在 $8.5 \sim 9.5$ 之间，使 Cu^{2+} 和其他金属离子形成氢氧化物沉淀，再投加重金属捕捉剂，使剩余的金属离子与重金属捕捉剂螯合成更稳定的螯合物。重金属捕捉剂螯合性强，其反应可以在常温和很宽的 pH 条件范围内进行，且不受重金属离子浓度高低的影响，在短时间内与重金属离子进行反应并迅速生成不溶性、低含水量、容易过滤去除的絮状沉淀，最后投加混凝剂和絮凝剂进行混凝沉淀而去除。

某集成电路 300mm 的晶圆制造中含铜废水量波动较大，对排水铜离子浓度要求较高，应低于 $0.3\mathrm{mg/L}$，因此在处理工艺末端增加多介质过滤器进一步去除铜和其他金属的沉淀物。多介质过滤器采用全自动型，碳钢衬胶材质，滤料选用石英砂和活性炭。多介质过滤器反冲洗水回流至含铜废水调节池。CMP 废水和含铜废水的处理流程如图 1.8.28 所示。

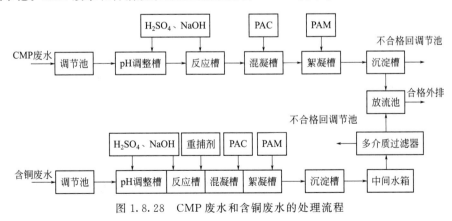

图 1.8.28 CMP 废水和含铜废水的处理流程

3）有机废水和氨氮废水处理工艺：集成电路晶圆制造过程中很多步骤都会用到有机溶剂，尤其是在黄光区光阻液清洗、显像液清除、蚀刻液清除及晶圆清洗中使用大量的有机溶剂，包括丙酮、丁酮、甲醇、乙醇、丙醇、苯、二甲苯、乙酸甲酯，以及一些氯化物，包括二氯甲烷、三氯甲烷、三氯乙烷、二氯乙烯、三氯乙烯等。芯片制造过程中排放的废水一般都有较高浓度的氨氮废水，主要处理方法有吹脱法和生化法相结合的办法。

首先将氨氮废水的 pH 调节为 11.5 左右，然后提升进入吹脱塔，吹脱出氨气后再进入有机废水调节池与有机废水一起进行生化处理，利用有机废水中的碳源等进行硝化和反硝化处理，从而降低废水中的氨氮浓度。吹脱出的氨气在氨气吸收塔内与硫酸发生反应生成硫酸铵副产品。

影响吹脱塔吹脱氨效率的因素有 pH、温度、水力负荷和气液比等，此外与塔的类型、高度及填料也有关系。为了避免冬季温度过低对吹脱塔的影响，一般采用二级吹脱塔工艺，采用 FRP 材质的填料塔形式，气液比控制在 $3600m^3/m^3$；经过吹脱预处理的氨氮废水和有机废水在有机废水调节池混合，经过 pH 调整池把废水的 pH 调整为弱碱性（pH 在 8 左右），然后进入二段 AO 生化反应区。一段 AO 生化反应池，其中厌氧段起水解作用，将高分子有机物水解为大分子和小分子有机物，有利于好氧段内微生物分解吸收利用；好氧池主要以去除 COD 为主，硝化池以转换氨氮为硝态氮为主。二段 AO 和一段 AO 的功能大体相同，都是处理和降解 COD、氨氮，但一段 AO 的负荷高，二段 AO 的负荷低一些。

膜生物反应器（MBR）是膜过滤工艺与传统活性污泥法的有机结合，它在有效截留废水中的 SS 时，可高效降解 COD 和 NH_3-N，且出水水质稳定，几乎不受进水水质波动和污泥沉降性能的影响。MBR 具有处理效率和机械强度高、耐污染、耐化学品性高、孔隙率和透过性高、可在线清洗和占地面积小等优点。膜片可采用 PVDF 材质，膜组件为不锈钢 304 材质，采用浸没过滤方式。氨氮废水和有机废水的处理工艺流程如图 1.8.29 所示。

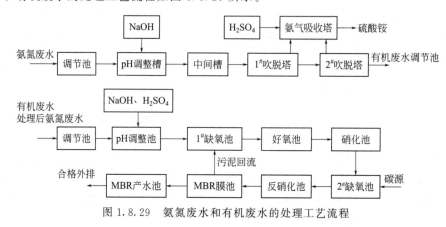

图 1.8.29　氨氮废水和有机废水的处理工艺流程

4）酸碱废水处理工艺：芯片厂生产过程中排放的酸碱废水、超纯水制备过程中的反洗和再生废水以及废气洗涤塔排放的废水，其主要污染物为酸和碱性物质，因此其处理工艺主要是加入酸或碱，调节其 pH 至中性达标排放即可。另外生产车间的冲洗地面废水和废水站地坑收集的废水（根据收集废水的情况）也可以进入酸碱调节池一并处理。在各类生产废水存放和处理的过程中，有机及无机废水都会释放出不同程度的臭味，因此玻璃钢（FRP）桶槽和钢筋混凝土水池均采取密封设计；同时设置废气收集管路，利用废气风机将桶槽和水池液位上部的臭气抽进废气洗涤系统进行处理。一般废气洗涤系统采用二段卧式洗涤塔，并配备循环泵、加药泵、液位计、废气风机、电控系统、排气烟囱等。废气洗涤系统所需的酸和碱液由废水站酸碱循环加药系统供给，产生的酸碱废水输送至废水处理站酸碱废水调节池处理。

5）总结：该工程项目中各类废水处理系统均能达标排放。各类废水处理末端的在线监测仪表记录数据如下。

含氟废水：氟化物 8～10mg/L；

含铜废水：总铜 0.1～0.2mg/L，SS 15～25mg/L；

有机废水和氨氮废水：COD 60～85mg/L，氨氮 12～25mg/L；

CMP 废水：SS 25～30mg/L；

酸碱废水：pH 7.2～7.5。

废水站放流池总排口的在线监测数据如下：

pH：7.1～7.5；COD：20～35mg/L；SS：10～15mg/L；氨氮：12～17mg/L；氟化物：4～8mg/L；总铜：0.03～0.1mg/L。

以上在线监测数据表明，各废水处理系统和废水站总排出口的出水水质波动较小且满足排放要求，运行稳定。

实例2：上海某集成电路芯片制造工厂的生化活性污泥法氨氮废水处理系统小时处理水量为100余吨，处理前废水水质见表1.8.35，处理后水质达到 pH6～9、NH_4^+-N＜15mg/L、COD＜100mg/L、BOD＜30mg/L。生化法处理集成电路芯片制造过程的氨氮废水实际运行效果良好，除得益于系统设计合理外，更取决于运行管理的智慧和多项在线检测装置对运行数据的监控、分析处理。

表1.8.35 某芯片厂氨氮废水处理前的水质

污染物	单位	氨氮废水水质	TMAH废水水质
pH	—	5～8	12
NO_3^--N	mg/L	50	—
NH_4^+-N	mg/L	136	—
H_2O_2	mg/L	＜50	—
COD	mg/L	50	1000
TMAH	mg/L	—	3700
F	mg/L	20	—

集成电路芯片制造工厂排出的氨氮废水中还可能含有双氧水（H_2O_2）、氟离子、硫酸、磷酸和显影废水（TMAH），所以其处理工艺流程与传统的生化废水处理流程是不同的，在选择处理流程时应充分考虑掺混在废水中的有机废液，并将废液中对生化系统有害有毒物质的影响降低到最小限度。该生化处理系统采用两组并列进水的流程，主要设备包括氨氮废水中和槽、氨氮废水中继槽、活性炭塔、1级脱氮槽、硝化槽、2级脱氮槽、再曝气槽和生物沉淀槽、最终pH调节槽和监视槽以及相配套的搅拌机、曝气风机和输送泵等。该系统采用甲醇作为碳源、废磷酸作为营养液，使用氢氧化钠、硫酸调整pH。该系统的流程示意图见图1.8.30。

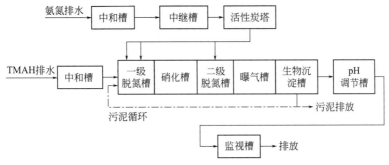

图1.8.30 某芯片厂生化污泥法氨氮废水处理系统流程示意图

生化污泥法氨氮废水处理主要由硝化和反硝化（脱氮）两个基本反应过程构成，硝化反应是废水中的氨氮在硝化菌的作用下转化为硝态氮，反应式为 $NH_4^+ + 2O_2 \longrightarrow NO_3^- + H_2O + 2H^+$；废水中的硝态氮在厌氧条件下通过反硝化作用反应生成氮气，达到脱氮的目的，反应式为 $NO_3^- + 5(H) \longrightarrow 0.5N_2 + 2H_2O + OH^-$。从芯片制造过程中排出的氨氮废水相继排入中和槽、中继槽，以减轻生产过程排水负荷的不均衡和调节pH以保持处理时pH的稳定，然后再经过活性炭塔以降低废水的 H_2O_2 等有害物质的含量，确保生化处理正常进行。两种来源的生产废水分别送入一级脱氮槽，脱氮槽应具有密封性好、保护良好的厌氧环境，并设置搅拌器对生产废水、污泥、药剂等进行搅拌混合，以确保反硝化作用正常进行，从而达到除氮和去除 BOD 的目的。

硝化槽是氨氮废水处理的主要设备，硝化反应在这里进行，使废水中的氨氮在硝化菌的作用下不断转化为硝态氮。硝化槽的构造与传统曝气池相似。为保持生物菌的活性，反应自动控制注入 NaOH 以维持 pH 在规定值。为使硝化槽保持较充分的溶解氧，设置优良曝气装置以维持硝化反应所需要的氧量。硝化反应后的生产废水送入二级脱氮槽或再脱氮槽，在厌氧条件下进行反硝化反应脱除氮气。其构造与一级脱氮槽类似，但不需要生物污泥的循环加注，只加注碳源——甲醇，且加注量会多于一级脱氮槽。之后被处理的生产废水送入曝气槽或称再曝气槽（硝化槽也可称为曝气槽的相对称谓）。再曝气槽的功能是将脱氮生成的氮气从混合液中充分吹除排出，并进行 BOD、COD 的降解，以避免在后续的生物沉淀池内污泥膨胀现象发生。生物沉淀槽（池）是对处理后的生产废水进行泥水分离，上清液作为处理后水送去 pH 调节槽，经过 pH 调节达标后经监视槽排放至城市排水管道。生物污泥经排泥泵循环回流至一级脱氮槽，部分多次循环的老泥按规定时间进行排放。

生物污泥法或活性污泥法正逐渐成为集成电路芯片制造生产中含氨氮废水处理的重要方法，它与将含氨氮废水由氢氧化钠和硫酸经吹脱吸收为硫酸铵的吹脱法相比，因吹脱法生成的硫酸铵处理越来越受到环保部门的管理控制，生物污泥法日益得到关注和应用。在生物污泥法的运行管理中"污泥的驯养"十分重要，掌握初期的"驯养"和运行过程的活性保持均是实现稳定运行、确保处理效果的重要条件。该企业氨氮废水的活性污泥法运行实践表明，其处理过程中碳、氮、磷是不可缺少的，氮源无需担忧，但是碳源、磷源均不足需要补充，并且还需补充一些微量元素。碳源可采用甲醇，它可被生物菌群充分分解和利用，也可考虑利用企业中含有异丙醇（IPA）的排放废水（废液）；磷源——磷酸的添加量应慎重控制，以避免污泥膨胀问题。

（3）液晶面板生产废水处理系统 液晶显示器面板制造过程中排出的废水与集成电路芯片制造大体相似，但还是有所不同。如某 TFT-LCD 工厂的生产废水处理系统有含磷废水、含氟废水、有机废水和酸碱废水，其中酸碱废水占废水总量的 50% 左右。TFT-LCD 工厂的生产废水处理系统中各类废水量都较大，如一个 8 代面板工厂的日生产废水处理量约三万吨，经处理达标的年废水排放量约千万吨。由于这类工厂生产废水排水量大，且废水中各类污染物种类多，一旦超标排放将给所在地区水体甚至所在城市水体和环境带来严重影响，因此 TFT-LCD 工厂设计建造中受到高度关注，投产运行后更是严格管理确保工厂排出的处理后"废水"达到标准。表 1.8.36 是一个 5 代 TFT-LCD 生产线生产多年后 2008 年生产废水总排口监测结果的统计数据。

表 1.8.36　一个 5 代线 2008 年生产废水总排口监测结果的统计　　　单位：mg/L

监测因子	平均值	最大值	最小值	5 代线执行标准
pH	7.0	7.4	6.6	6～9
氟化物	3.8	6.6	2.5	10
COD	121.4	170	68.6	500
BOD	27.8	43.2	7.82	300
SS	13.7	18	9.8	400
NH_3-N	9.2	20	1.3	35
磷酸盐*	2.5			8

注：＊磷酸盐统计数据为 2009 年 4 月的实测数据。

下面以 TFT-LCD 面板制造企业的生产废水处理的设计建造状况进行介绍。

实例 1：某 8 代 TFT-LCD 面板制造工厂的生产废水总量约 28000t/d，包括酸碱废水、含氟废水、含磷废水和有机废水。面板制造生产线排出的各类废水排水量、污染物浓度见表 1.8.37。

表 1.8.37 各类生产废水的排水量和污染物

废水类别	排放量 /(t/d)	pH	COD /(mg/L)	BOD /(mg/L)	NH₃-N /(mg/L)	磷酸盐 /(mg/L)	SS /(mg/L)	F /(mg/L)
酸碱废水	14880	1～11	150	60	8	0.005	20	—
含磷废水	3800	2～3	1400	800	—	1177	60	—
含氟废水	4800	3～8	150	50	32	0.005	200	65
有机废水	8050	2～5	4196	1667	15	46	203	—

1）酸碱废水处理：酸碱废水采用中和法处理。生产过程中产生的各种酸碱废水，经管道收集后流入废水处理系统的酸碱废水收集罐；然后依次进入一次中和池和二次中和池，并投加适量药剂；反应池内设 pH 测量和酸碱投药装置，可以根据反应池内的废水中和情况，自动控制投加药剂，在强力搅拌下进行混合、反应。

经中和处理后的废水进入检测槽，经检测合格后（pH 达到 6～9 范围内）排入生产废水排水管道，再经全厂废水总排口排放。不合格的废水返回废水收集罐进行再处理。

2）含磷废水处理：TFT-LCD 面板制造过程的湿法刻蚀工序使用 ITO 刻蚀液之后的清洗排水中，含有的主要污染物为磷酸、硫酸、硝酸等。含磷废水采用氯化钙（$CaCl_2$）絮凝沉淀分离法进行处理，先将从生产线排出的含磷废水以重力流方式输送至废水处理系统的含磷废水集水池（储存池），再以提升泵送至含磷废水反应槽中加入 NaOH 等调整酸碱度（pH）到 10～11 左右，然后向含磷废水中投加 $CaCl_2$，反应生成无害的磷酸钙 $[Ca_3(PO_4)_2]$ 沉淀，最后投加混凝剂（PAC）、絮凝剂（PAM）进行混凝沉降，总除磷效率可达 80% 以上。含磷废水的处理流程见图 1.8.31。

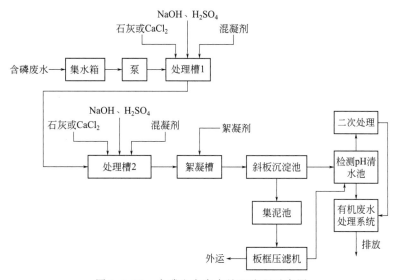

图 1.8.31 含磷生产废水处理流程示意图

3）含氟废水处理：液晶显示面板制造过程中的含氟废水主要是在干法刻蚀工序连续排放的含 F、NH₃-N、COD、BOD₅ 等污染物的生产废水，还有来自 CVD 工序有毒废气喷淋洗涤处理的含有氟化物的废水等。含氟废水采用投加 $Ca(OH)_2$、混凝、絮凝和沉淀分离的方法进行处理。含氟废水由管道汇集，在重力作用下流入含氟废水收集池，再由提升泵送入含氟处理系统进行处理。

调节含氟废水的 pH 至 12 左右，向废水中投加 $Ca(OH)_2$，Ca^{2+} 与废水中 F^- 反应生成 CaF_2，加入适量絮凝剂使废水中的氟化钙形成便于分离的絮状物；在絮凝反应之后进行泥水分离，沉淀池底部的污泥由污泥泵抽至污泥浓缩池，浓缩后污泥经压滤机压成泥饼；上清液送去中和池，出水检测合格后可排放，若水质不合格应返回进行二次处理。氟化钙絮凝沉淀法的处理效率高，含氟废水中氟离子的去除率一般可达90％以上。

4）有机废水处理：TFT-LCD面板制造过程的有机废水主要来自阵列工程中剥离工序的清洗废水，污染物有乙醇胺、二甲基亚砜等有机物；各光刻工序显影后的清洗废水，污染物有光刻胶、固着剂、四甲基氢氧化胺等，在彩膜的光刻工序显影后的清洗废水还含有染料，具有一定的色度。

有机废水由于含有部分染料废水，通常采用混凝＋厌氧/好氧生物处理方法。首先采用混凝沉淀的方法去除染料废水中的色度，然后再汇入有机废水处理系统，采用厌氧/好氧生物法去除废水中的有机物。

图1.8.32是有机废水处理流程图。有机废水和彩膜含染料废水分流从生产线排出后，彩膜有机废水先采用混凝沉降法脱色，送入有机废水调节池，以均化水质水量，然后再用污水泵提升至中和槽，并通过鼓风机进行空气搅拌均化。均化后的废水由提升泵提升到有机废水中和池，通过pH检测仪表反馈控制投加硫酸和氢氧化钠来调节废水的pH，为生化反应提供适宜的pH环境，然后自流入厌氧池。在厌氧池中，通过穿孔管曝气对废水进行搅拌，并根据入水水质情况通过控制穿孔管曝气来调节厌氧池中的废水为厌氧或兼氧状态，使厌氧或兼氧微生物降解有机污染物，并提高废水的可生化性。

厌氧池的出水流入好氧池1中进行好氧生化处理，好氧池1为完全混合好氧生物接触氧化池。在好氧池1中，高浓度的有机废水初步进行分解。好氧池1的出水自流入好氧池2，好氧池2为推流式好氧生物接触氧化池，其目的是深度吸附并降解废水中的有机物。在好氧池中安装有大量生物填料，好氧池内采用微孔薄膜曝气器进行曝气，附着在上面的微生物吸附并降解废水中的有机物。去除了有机物的废水流入有机废水混凝池和絮凝池，通过PAC加药泵和PAM加药泵向这两个池中投加PAC和PAM形成矾花，然后进入有机废水沉淀池中进行沉淀，上清液流入排放池，在中和处理系统经进一步处理后经厂区废水总排放口排放；产生的污泥部分回流到好氧池，其余污泥用污泥泵打到污泥浓缩池，污泥脱水后外运，由有危险废物资质的单位处置。

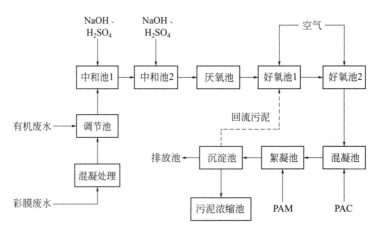

图1.8.32　有机废水处理流程示意图

实例2：某电子液晶显示器科技有限公司8.5代薄膜晶体管液晶显示器件生产线的生产废水进行了分类收集、分质处理，以达到实现生产废水回用的目的。根据原水水质特性，将生产线排出的生产废水归纳为三类，即酸碱废水（AWW）、含氟废水（FWW）和有机废水（OWW）。生产线排出的三类生产废水水质见表1.8.38。其中，有机废水和含氟废水经预处理、物化处理、生化处理和深度处理后，出水指标需达到《地表水环境质量标准》（GB 3838—2002）Ⅳ类要求，作为冷却塔补水，回用于周边企业，实现区域中水回用。酸碱废水经pH调整处理后，与RO浓水混合，尾水排放至市政污水管网。

表 1.8.38　三类生产废水水质

项目	FWW	OWW	AWW
pH	1.4～2.7(2.2)	1.4～10.5(6.1)	1.9～12.6(7.7)
BOD$_5$/(mg/L)	<227.52	<819.6	
COD/(mg/L)	<753.48	<2000	<63.6
SS/(mg/L)	<21.6	<12	<68.4
TN/(mg/L)	<121.32	<63.6	
NH$_3$-N/(mg/L)	<77.64	<40.68	
TP/(mg/L)	<17.52		
F/(mg/L)	<71.76		
Cu/(mg/L)	<7.98		

该项目采用混凝沉淀＋水解酸化＋同步脱氮除磷（Bardenpho）＋膜生物反应器（MBR）＋RO 组合工艺处理薄膜晶体管液晶显示器生产线排出的生产废水，其工艺流程如图 1.8.33 所示。

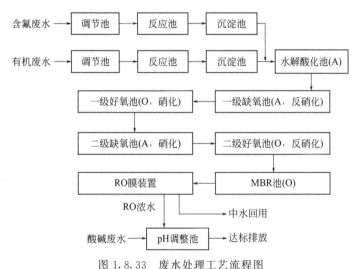

图 1.8.33　废水处理工艺流程图

该项目的废水，含有大量对微生物有抑制作用的物质，如具有良好杀菌性能的季铵盐、具有强烈微生物抑制作用的 TMAH 等。如果选择采用高效厌氧反应器，虽然反应效率高，但运行稳定性不易保证，运行管理操作要求水平较高。因此，厌氧生物处理工艺采用耐毒性能力强、运行性能稳定、安全性能高、对水质有改善作用的水解酸化工艺；采用 Bardenpho 工艺与 MBR 工艺进行组合。Bardenpho 工艺脱氮能力强，与 MBR 工艺组合，可进一步提高生化段的脱氮除磷能力，强化有机污染物的去除效率，从而保证了出水水质的稳定。

同步脱氮除磷（Bardenpho）工艺由两级缺氧/好氧（A/O）工艺串联而成，共有 4 个反应池。在第一级 A/O 工艺中，回流混合液中的硝酸盐氮在反硝化菌的作用下，利用原废水中的含碳有机物作为碳源在第一缺氧池中进行反硝化反应，反硝化后的出水进入第一好氧池后，含碳有机物被氧化，含氮有机物实现氨化和氨氮的硝化作用，同时在第一缺氧池中反硝化产生的 N$_2$ 在第一好氧池经曝气吹脱释放出去。在第二级 A/O 工艺中，由第一好氧池而来的混合液进入第二缺氧池后，反硝化菌利用混合液中的内源代谢物质进一步进行反硝化，反硝化产生的 N$_2$ 在第二好氧池经曝气吹脱释放出去，改善污泥的沉淀性能，同时内源代谢产生的氨氮也可在第二好氧池得到硝化。因此，Bardenpho 工艺具有两次反硝化过程，脱氮效率可以高达 90%～95%。

在本项目中，由于总出水水质对总氮和氨氮的要求非常严格（浓度低于 1.5mg/L），因此选择 RO 膜工艺作为深度处理工艺。

8.3.2.2 印制电路板（PCB）生产废水处理系统

印制线路板（PCB）的生产过程会产生大量的有毒有害废水，其种类繁多、成分复杂、可生化性差、有机物浓度高，如直接排放将造成严重污染。PCB 生产废水的性质不同且含有多种重金属及络合剂，故针对不同废水需按照"分质分类"原则处理，使废水达到相应的排放标准。下面以某印制电路板工厂为例介绍（PCB）生产废水处理系统。

某印制电路板生产企业的主要产品为高阶高密度互连积层板（HDI）。HDI 板的制作过程是多个双面板的重复制作，主要生产工艺包括：下料、内层板制作、压层、钻孔、沉铜、板镀、外层制作、丝印阻焊油墨、字符印刷、镀镍金、热风平整、防氧化处理、铣外形等。根据工艺特征可将生产废水分为八类：一般混合废水（W1），主要包括淋洗废水、纯水制备排浓水等污染物含量较低的废水，一般混合废水的污染因子为 pH、总铜、COD_{Cr}、氨氮等；此类废水水量较大，COD_{Cr} 浓度较低。高浓度有机废水（W2），主要来自显影、退膜、除油、防氧化、除胶等工序，上述工序使用了甲酸等有机溶剂；此外，由于部分阻焊油墨和高分子感光胶膜溶解后转移到了废水中，因此废水中 COD_{Cr} 浓度高。一般有机废水（W3），主要来自显影、退膜等工序的清洗废水，废水中 COD_{Cr} 浓度相对较高。酸碱废水（W4），主要来自生产线清洗容器的酸碱废液，其污染因子为 pH、COD_{Cr} 等。含铜废水（W5），主要来自微蚀、浸酸、棕化、酸洗等工序，其废水含铜量相对较高，主要污染因子为总铜和 COD_{Cr} 等。络合废水（W6），主要来自沉铜工序，该工序使用一定量的络合铜，废水中含有很强的金属离子络合物（如 EDTA）；络合废水的污染因子为总铜、COD_{Cr} 等。含镍废水（W7），主要来自镀镍废液及镀镍第一道工序漂洗水作为危险废物处置，其余漂洗水进入预处理系统进行处理；此类废水主要的污染因子为 pH、COD_{Cr}、总镍。含氰废水（W8），主要来自镀金工序，镀金药液含有氰化亚金钾，镀金的第一道水洗，使用槽内的非流动水漂洗，当漂洗水中所含的氰化物达到一定浓度时，与含氰电镀废液送交有资质的单位进行处置（可回收金），其余的漂洗废水送往预处理设施处理；此类废水的主要污染因子为 pH、COD_{Cr}、总镍。

某印制电路板生产线各类废水的水质指标见表 1.8.39。

表 1.8.39 某印制线路板厂各类废水水质指标

废水分类	pH	COD_{Cr}	氨氮	总氮	石油类	总镍	总氰化物	总铜
W1 一般混合废水	≤5	≤250	≤5	≤10	—	—	—	≤25
W2 高浓度有机废水	≥10	≤1600	≤10	≤15	≤15	—	—	≤5
W3 一般有机废水	≥9	≤500	≤9	≤10	—	—	—	≤5
W4 酸碱废水	≥10	≤200	—	—	—	—	—	≤5
W5 含铜废水	≤3	≤200	—	—	—	—	—	≤100
W6 络合废水	≤9	≤200	≤9	≤12	—	—	—	≤50
W7 含镍废水	≤7	≤100	—	—	—	≤30	—	≤5
W8 含氰废水	≥10	≤100	—	—	—	—	≤10	≤1

注：表中除 pH 外其他项目的单位均为 mg/L。

由于各类废水水质差异较大，该企业的废水处理工艺采取"分类收集—分质预处理—综合处理"的设计思路。根据（PCB）生产线排出的八类废水水质特征，配套建设了五套预处理系统和一套综合处理系统。各股生产废水在生产车间分流后，自流进入各处理系统废水储存池，再经各处理系统废水提升泵提升进入各预处理设施进行处理，最后经综合废水处理设施处理后达标排放。

废水处理系统的工艺流程见图 1.8.34。

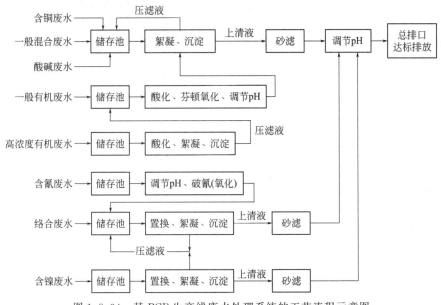

图 1.8.34　某 PCB 生产线废水处理系统的工艺流程示意图

① 一般混合废水：如图 1.8.34 所示，一般混合废水与小批量酸碱废水、含铜废水引入储存池混合后进行处理，主要去除废水中的金属离子和少量有机物，处理工艺为：絮凝→沉淀→砂滤→调节 pH。其处理过程为：首先加入硫酸亚铁（可起置换和混凝作用），然后调节 pH 至 10 左右，将废水中的重金属离子（Cu^{2+}）形成氢氧化物进行去除；然后废水进入絮凝容器中添加絮凝剂 PAM 进行絮凝处理，处理后的废水进入斜板沉淀池中进行沉淀泥水分离；其上层清水溢流至清水缸中，然后通过泵进入砂滤器进行过滤处理，进一步降低出水中的悬浮物含量，过滤处理后的废水进入最终 pH 调节池中经 pH 调节至 6～9 后排放。

② 高浓度有机废水：此废水中 COD_{Cr} 浓度高。其预处理工艺为酸化→沉淀。其处理过程为：先添加酸化剂调整 pH 至 5 左右，再添加聚合氯化铁，使废水中的油状有机物凝聚成可进行固液分离的大颗粒粒子；然后投加适量的高分子絮凝剂 PAM，再通过压滤使固液成分分离；最后将压滤液定量平均加入到一般有机废水预处理设施中与一般有机废水混合进行深度处理。

③ 一般有机废水：主要来自显影、退膜等工序清洗废水，废水中 COD_{Cr} 浓度相对较高。一般有机废水与经过预处理的高浓度有机废水混合后一起进行深度处理，其深度处理工艺为酸化→芬顿氧化。氧化过程以双氧水作为高效氧化剂，硫酸亚铁作为催化剂，酸性条件下二价铁盐分解双氧水，使之生成游离氢氧自由基；氢氧自由基有极强的氧化性能，将废水中的有机物最终氧化成二氧化碳和水。反应完成后调节 pH 至 10～11，再用泵定量平均加入到一般混合废水系统中进一步处理。

④ 酸碱废水：主要来自生产线洗缸的酸碱废液，其主要污染因子为 pH、COD_{Cr} 等。酸碱废水分开收集后，定量平均加入到一般混合废水系统中进一步处理。

⑤ 含铜废水：主要来自微蚀、浸酸、棕化、酸洗等工序，其废水含铜量相对较高，主要污染因子为总铜和 COD_{Cr} 等。将微蚀工序含铜量较高的废水单独进行铜回收处理，铜回收后的废水定量泵送至一般混合废水系统中进一步处理；而浸酸、棕化、酸洗等工序含铜量较少的废水则直接定量泵送至一般混合废水系统中进行处理。

⑥ 络合废水：主要来自沉铜工序，该工序使用一定量的络合铜，废水中含有大量的金属离子络合物（如 EDTA）。络合废水的污染因子为总铜、COD_{Cr} 等，其预处理工艺为：置换→絮凝→沉淀→砂滤。其处理过程为：调节 pH 至 3～4 后加入硫酸亚铁，可有效地把以络合物形式存在的金

属离子置换出来，再添加氢氧化钠调节 pH 至 10 左右，将可溶的络合铜转化成难溶的铜盐，然后加入絮凝剂 PAM 进行絮凝反应，使用高分子絮凝剂来吸附污水中的氢氧化铜悬浮粒子，形成易于沉淀的颗粒较大的絮凝体；通入斜板沉淀池进行沉淀，沉淀下来的污泥排出后，上清液经过砂滤器过滤进入滤液收集池，再定量进入一般混合废水处理系统 pH 调节池中经 pH 调节至 6～9 后排放。

⑦ 含镍废水：含镍废水的处理工艺为置换→絮凝→沉淀→砂滤。其处理过程为：调节 pH 至 3～4 后加入硫酸亚铁，可将大部分以络合物形式存在的镍离子置换出来，加碱调节 pH 至 10 后形成氢氧化镍沉淀，然后加入絮凝剂 PAM 进行絮凝反应，以使废水中的氢氧化镍悬浮小颗粒生成易沉降的大颗粒，再进入斜板沉淀池中进行沉淀使泥水分离；絮凝沉淀过程去除大部分镍离子，同时对废水中的络合物有一定的净化作用，从而降低废水中的 COD_{Cr}。沉淀下来的污泥排出后，上清液根据含镍的情况选择性加入少量的破络剂，进一步破坏络合物，使络合的镍离子释放出来，便于形成沉淀；经过砂滤器过滤处理后进入滤液收集池，最终进入一般混合废水处理系统 pH 调节池中经 pH 调节至 6～9 后排放。

⑧ 含氰废水：主要来自镀金工序，镀金药液含有一定量的氰化亚金钾，镀金的第一道水洗，使用槽内的非流动水漂洗，当该槽漂洗水中所含的金氰成分达到一定浓度时，与含氰电镀废液送交有资质的单位进行处置（可回收金），其余的漂洗废水送往预处理设施处理。其预处理工艺为调节 pH→破氰（氧化）。其处理过程为：先使用氢氧化钠调节 pH 至 10，再投加次氯酸钠生成碱性氯化物，最终将氰化物（CN^-）氧化为二氧化碳（CO_2）和氮气（N_2）。反应后的废水定量平均地泵送至络合废水储存池进一步深度处理，去除废水中的金属离子。

8.3.2.3 生物制药生产废水处理系统简介

制药工业洁净厂房的产品生产排水较复杂，少量的生产排水可经简单冷却或过滤后直接排入雨水系统，大多数生产排水因含有不同的污染物，应根据其污染物类别、浓度等采用可靠的处理方法处理达到排放标准后才能排至规定的水体或排水系统。虽然制药行业的生产废水排放总量不大，但由于药品生产的产品种类繁多、使用的原料种类多、数量大、生产工艺差异较大，产生的生产废水中组分复杂，有的污染危害严重，还有有的还具有致敏性生物活性、毒性等，对生态环境、人体健康危害十分严重。医药行业的生产废水中常规的污染物有 COD、BOD、SS、色度、氨氮、总磷和氰化物等，且有机污染物种类较多，不少污染物的毒性大，有的难生物降解。由于药品生产排出的生产废水之间差异较大，因此难于归纳出分类型的废水处理系统。下面介绍几个药品生产企业废水的处理系统供读者参考。

① 某药业有限公司主要从事医药原料药及关键中间体生产，其废水主要来自产品生产过程的工艺废水、清洗废水、水环泵废水、吸收塔废水等。该制药企业的废水中主要污染物为四氢呋喃、二异丙胺、异丁醇、二甲酚、苯乙烯、溴氯丙烷、氯酯、石油醚、甲酸乙酯、丙酮、甲苯、3-硝基-4,5-二羟基苯甲醛、N,N-二乙基氰基乙酰胺、哌啶、3-甲氧甲酰-4-苯基-2-吡咯烷酮、1,1-环己基二乙酸单酰胺等。其废水总量为 400m^3/d，其中浓废水 130m^3/d，稀废水 270m^3/d。企业排出水执行《污水综合排放标准》（GB 8978—1996）三级排放标准及《工业企业废水氮、磷污染物间接排放限值》（DB 33/887—2013）。设计的生产废水排出水水质及排放标准限值见表 1.8.40。

表 1.8.40　生产废水水质及排放标准

项目	pH	COD	BOD_5	氨氮	TDS
浓废水	3～9	20000	4500	120	12000
稀废水	6～9	2000	500	50	1500
排放标准限值	6～0	≤500	≤300	≤35	—

注：除 pH 外其他项目的单位均为 mg/L。

经对企业废水污染源进行分析，确定在生产车间对四氢呋喃、二异丙胺等含量较高的低沸物进行常压蒸馏与减压蒸馏方式分离回收，对离心母液等高盐组分进行蒸发浓缩并对前馏分收集并纳入回收溶剂范畴；经以上处理后的工艺排水汇入浓废水调节池，由此减少废水中生物毒性及抑制物的比例。

对于工艺浓废水不做车间预处理部分直接汇入浓废水调节池。因部分成盐中含有硝基苯结构，采用微电解分解在技术可靠性与运行成本上具有明显的优势。对于清洗废水、水环泵废水、吸收塔废水、生活污水等，因污染物浓度较低、水量较大，采取与浓废水分离，流入稀废水调节池的方法，具有节约投资、占地与运行成本的优势。

经分质分流后的浓废水、稀废水分别流入浓废水调节池、稀废水调节池，池内前段均设格栅与隔油设施，并通过设置空气搅拌装置，起到均质均量、稳定温度等目的。对于浓废水前段物化采用 Fenton—微电解—加药初沉工艺。利用 Fenton 中的 OH 自由基强氧化性，破坏废水中杂环化合物、长链化合物等有机体，减轻后续处理负荷；利用微电解的 Fe-C 颗粒之间形成的原电池，在酸性电解质的水溶液中发生电化学反应，将废水中所含有机物的硝基、亚硝基、卤代基等基团进行还原或脱卤，对有毒废水进行解毒和分解，提高废水的可生化性；出水经中和絮凝沉淀，完成前段物化处理工序。

经前段物化处理后的浓废水可生化性明显提高，该废水与稀废水一并进入后续生化系统，生化采用复式兼氧池—活性污泥池—二沉池工艺。复式兼氧池采用局部微氧和局部厌氧水解酸化的组合工艺，在同一空间实现了不同的处理工艺，一些在好氧状态下难以降解的有机物在复式兼氧条件下较容易分解，通过水解酸化菌的作用，能有效地提高废水的可生化性，并降解有机物；池内末端设有泥水分离设施，污泥回流至前段，上清液流入活性污泥池。考虑到废水中盐分较高，好氧池挂膜会因积盐无法使用，因此池内不设固定生物膜，采用活性污泥法；池型采用廊道式多格分布，利用流化态的好氧菌吸附及代谢反应将废水中的有机物去除，同时利用水中的硝化菌硝化作用去除水中的氨氮；出水进入二沉池，泥水分离后，污泥回流至复式兼氧池及活性污泥池。

二沉池出水水质基本符合排放标准，但为避免因瞬间水质波动造成出水不稳定，末端设置气浮池，通过投加药剂进行末端物化处理，保障出水水质稳定达标外排。某药业有限公司的废水处理工艺流程见图 1.8.35。

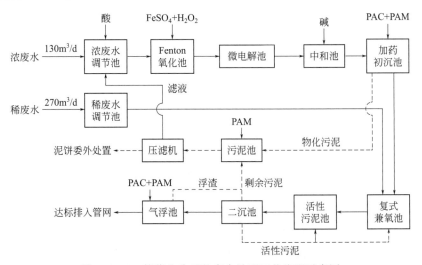

图 1.8.35 某药业公司的废水处理工艺流程示意图

② 抗生素生产主要有以粮食和糖蜜为原料的微生物发酵法以及合成法。微生物发酵法生产抗生素的过程产生的废水是高浓度的有机废水，其中 BOD_5、COD 的浓度均在数千甚至上万毫克每升，悬浮物浓度高以及还会有硫酸盐、难生物降解物质等，这类废水处理工艺主要有好氧生物处

理、厌氧生物处理和厌氧-好氧组合处理工艺。图 1.8.36 是高浓度抗生素废水组合处理工艺的基本流程。该流程中采用的生物水解酸化、沉淀、絮凝、过滤等前处理，主要是将废水中物料的理化性状适合于后续厌氧消化工艺的需要，不仅可调节、稳定水质、水量，还可去除生物抑制物质，提高废水可生化性。厌氧处理是利用高效厌氧工艺容积负荷高、COD 去除效率高、耐冲击负荷的特点，减少和稀释水量并且较大幅度地消减 COD 及回收沼气；厌氧段还有脱色作用，高色度抗生素废水得到有效的处理。厌氧工艺应优先采用 UASB 以及 UASB＋AF 复合反应器，也可采用普通厌氧消化工艺，但基建投资和占地面积均会增加。针对抗生素废水一般都含有高浓度硫酸盐及生物抑制物的特点，厌氧段应采用二相工艺，以利用水解酸化或硫酸盐还原的生物作用达到去除抑制物或硫酸盐的目的。好氧处理是为了保证厌氧出水（COD 为 1000～4000mg/L）经处理后达标排放。同时，对于氨氮、COD 含量高的废水，通过厌氧好氧组合工艺还可达到脱氮的目的。推荐采用生物接触氧化、好氧流化床和序批式间歇反应器（SBR），这些工艺的优点是污泥不回流且剩余污泥少，运行稳定且成本低于其他好氧工艺。表 1.8.41 为抗生素废水厌氧好氧生物处理工艺及运行参数。

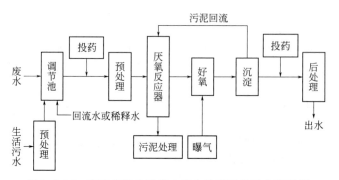

图 1.8.36 高浓度抗生素废水组合处理工艺基本流程图

表 1.8.41 抗生素废水厌氧好氧生物处理工艺及运行参数

厌氧工艺	好氧工艺	废水类型	COD		COD 容积负荷 /[kg/(m³·d)]
			进水 /(mg/L)	去除率 /%	
普通厌氧消化工艺	活性污泥法	青霉素	46000	96	4.2
	活性污泥法	四环素	2400	93	1.51
	活性污泥法	混合废水	21200	98	0.7
	生物接触氧化	土霉素、麦迪霉素	25000	80	5
	生物接触氧化	粘霉素	30000	96	—
厌氧滤池	好氧沉化床	核糖霉素	<40000	85	5
升流式厌氧污泥床	两极接触氧化	青霉素、土霉素、四环素	2500	65	3.7
	生物接触氧化	粘霉素	21575	99.6	—
折流式厌氧污泥床过滤器	生物流化床	庆大霉素、金霉素	14218	97.5	

表 1.8.42 是某生物制药公司的生产废水采用厌氧折流板反应器（ABR）和膜生物反应器（MBR）组合工艺试验研究的处理后水质。某生物制药公司的生产废水成分为：pH 7.3、悬浮物（SS）21mg/L、COD_{Cr} 2533mg/L、BOD_5 594mg/L、NH_3-N 150mg/L。其废水处理流程为：废水→化学混凝处理及 pH 调节→厌氧折流反应器（ABR）→膜生物反应器（MBR）→出水。试验研究表明 ABR 反应器和 MBR 膜生物反应器的特点是污泥停留时间与水力停留时间（HRT）完全分离，使反应器容积大为减少，提高了处理能力，是一种有发展前途的节能型生物反应技术。

表 1.8.42　**ABR-MBR 联合工艺 COD 出水水质及去除率**　　　　单位：mg/L

污染物项目	进水 COD	ABR 出水 COD	去除率/%	MBR 出水 COD	总去除率/%
1 号水样	2637	536	79.7	18.7	99.3
2 号水样	2355	513	78.2	22.9	99.0
3 号水样	2586	489	81.1	17.7	99.3
4 号水样	2532	547	78.4	20.5	99.2
5 号水样	2554	564	78.0	25.3	99.0

③ 在某些生物制品生产过程、生物安全实验室等的生产、实验中可能排出含有高致病性病原微生物的活毒废水，为防止病原微生物经废水的排放导致感染因子侵入周围环境，危及相关人员或周围人群的健康，活毒废水应经灭活、灭菌处理（有高温高压方式、化学药剂处理方式）。高温高压处理方法应确保设定的压力、温度，以保证病原微生物全部灭活，处理达标后才能排放。活毒处理系统的管路及其阀门附件、仪器仪表及其传输设施均应安全可靠，并应设有安全可靠的控制系统、报警装置等。活毒废水的灭活温度应根据处理的媒介要求而定，一般可在 90～141℃；灭菌时间应根据灭菌效果确定，一般应超过 20min。活毒废水处理系统由废水收集管道、罐体和冷却、排放三部分组成，收集管道及其阀门附件应耐高温、耐酸碱，并采用不易泄漏、堵塞的阀门附件；罐体包括预热罐、灭活罐、冷却罐等，罐体的数量应按处理方式——连续式、序批式确定。通常灭活罐等均应设有备用罐，以确保安全运行。罐体设有温度、液位显示、控制和排气及其高效过滤器等安全保护装置。图 1.8.37 是收集罐（预热罐）、灭活罐、冷却罐两套互为备用的活毒废水处理装置。

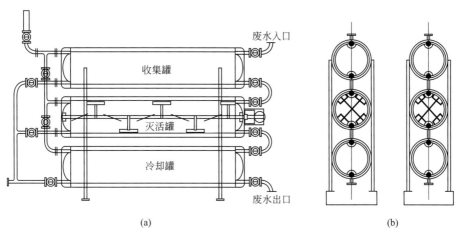

(a)　　　　　　　　　　　　　　　　(b)

图 1.8.37　活毒废水处理收集罐、灭活罐、冷却罐示意图

参考文献

[1] 汪林德，樊勋昌.纯水的制取与输送//《电子工业生产技术手册》编委会.电子工业生产技术手册：第 17 卷.北京：国防工业出版社，1992.
[2] 闻瑞梅，王在忠.高纯水的制备及检测技术.北京：科学出版社，1999.
[3] 第十设计院，等.纯水制备.北京：国防工业出版社，1972.
[4] 樊勋昌.膜分离技术与现代超纯水.洁净空与空调技术，1999（1）：3-6.
[5] 沈健.集成电路与超纯水.洁净与空调技术，2002（2）：22-26.
[6] 林耀泽.深深亚微米技术中的超纯水.洁净与空调技术，2000（2）：14-20.
[7] 杨朝辉.薄膜晶体管彩色液晶显示器厂生产用纯水制备系统论述.洁净与空调技术，1999（4）：34-38.

［8］林耀泽.超纯水精处理系统与水质评价.洁净与空调技术，2001（2）：2-6，32.

［9］张琳.半导体工业中超纯水制备工艺的特点与发展.洁净与空调技术，2001（4）：32-37.

［10］许保玖，龙腾锐.当代给水与废水处理原理.2版.北京：高等教育出版社，2001.

［11］钟鸣.集成电路生产废水氨氮处理工艺.洁净与空调技术，2013（3）：68-71.

［12］曹军华.半导体工厂废水氨氮处理的运行控制和工艺优化.洁净与空调技术，2013（4）：25-30.

［13］尹晓峰，刘金玲，韩志强，等.300mm 芯片半导体废水处理工程实例.《环境工程》2019 年全国学术年会.北京，2019.

［14］于鲲，张海军，李锦生.混凝沉淀＋水解酸化＋Bardenpho＋MBR＋RO 组合工艺处理 TFT-LCD 生产废水.给水排水，2017（3）：68-73.

［15］邹义龙，吴永明，万金保.印刷线路板生产废水处理的应用研究.工业废水处理，2019，39（4）：100-103.

［16］周瑜，丁少华.ABR-MBR 联合工艺在生物制药废水处理中的应用研究.医药工程设计，2012，33（3）：55-57.

［17］吴新洲，张亦静.浅谈高级别生物安全实验室活毒废水处理系统.洁净与空调技术，2008（3）：40-43.

第 9 章 气体供应设施

9.1 概述

各行各业洁净厂房的产品生产过程中均需应用不同纯度、不同洁净度的常用气体（大宗气体，bulk gas）、特种气体（特殊气体，specialty gas）以及不同压力等级、不同洁净度的压缩空气和干燥压缩空气（CDA）。其中电子工业集成电路芯片制造工厂、TFT-LCD 液晶显示器面板工厂等的产品生产过程所需气体品种最多，纯度和杂质允许含量要求十分严格；在药品生产洁净厂房中常常要求供应无菌压缩空气、干燥压缩空气以及氮气，以确保药品产品质量，防止微生物对人体健康的危害；在精密机械、精细化工产品洁净厂房中通常需用一些常用气体（O_2、N_2、Ar）和干燥压缩空气等。本章主要以气体品种需用最多的集成电路芯片制造工厂、液晶显示器面板工厂为例进行叙述，基本上可以包容各行业洁净厂房中对不同气体品种、不同纯度和不同洁净度的要求。

9.1.1 气体品种和品质

以半导体集成电路芯片制造工厂和液晶显示器面板工厂为代表的高科技微电子产品生产洁净厂房所需的气体品种最多，气体品质要求十分严格，且根据产品生产工艺和专有技术的不同所需使用的气体品种以及纯度、杂质含量是不同的。半导体产品生产所需的高纯气体有普通气体（或称大宗气体）和特种气体，普通气体有 H_2、N_2、O_2、Ar、He 等，特种气体主要用于半导体产品制造过程的成膜、掺杂、刻蚀等所用气体，表 1.9.1 是半导体用气体的种类和用途。

表 1.9.1　半导体用气体的种类及用途

用途		气体名称
硅片制造		SiH_4、SiH_2Cl_3、$SiCl_4$、H_2
成膜	Si	SiH_4、SiH_2Cl_2、SiH_2Cl_3、$SiCl_4$、H_2
	SiO_2	SiH_4、SiH_2Cl_3、N_2O、CO_2
	Si_3N_4	SiH_4、SiH_2Cl_2、NH_3、N_2
	PSG	SiH_4、$SiHCl_2$、PH_3
掺杂	扩散	AsH_3、PH_3、BCl_3、PF_3、HF_3
	离子注入	AsH_3、PH_3、BCl_3、PF_3、

用途		气体名称
刻蚀	Si	CF_4、CF_4+O_2、$CBrF_3$、$CClF_3$、SF_6、NF_3
	SiO	CF_4、CF_4+O_2、CHF_3、C_2F_6、CF_4+H_2、C_3F_8
	Si_3N_4	CF_4、CF_4+O_2、CF_4+H_2、SiF_4、CH_2F_2、CH_3F
	PSG	CF_4、CF_4+O_2、CHF_3、C_2F_6、CF_4+H_2、C_3F_8
	Al	CCl、CCl_4+Cl_2、BCl_3、BCl_3+CCl_3F、$SiCl_4$
	Cr	CCl_4、Cl_2
	Mc	CCl_2F_2、CCl_4、CF_4、$CCl_2F_2+O_2$、CF_4+O_2
	W	CF_4、SF_6、NF
	GaAs	CCl_2F_2、CCl_3F、CCl_4
载气、保护气体		N_2、H_2、O_2、Ar、He

表 1.9.2 是三类电子产品所需的气体品种。其中以集成电路芯片制造工厂所需的气体品种最多，主要用作硅基芯片（晶圆）的硅片制造、成膜、掺杂、刻蚀等制造过程的反应气体、掺杂气体、刻蚀气体以及载气、保护气体等；其次是 TFT-LCD 液晶显示器面板工厂，用作反应气体、刻蚀气体以及载气、保护气体等；使用气体品种较少的太阳能光伏电池生产过程，用作反应气体、成膜气体以及保护气体等。这些气体包括常用气体（N_2、O_2、H_2、Ar、He）、特殊气体（如 SiH_4、AsH_3、B_2H_6、HCl、NH_3 等）。各类电子产品生产过程中均需应用一定压力的压缩空气，大部分均需要清洁的干燥压缩空气，主要用于气动工具、设备和气动元件的驱动，也用于产品生产过程中零、部件或设备的清扫吹除等。有的电子工厂洁净干燥压缩空气的使用量还很大，常常需装设每分钟排气量达数百立方米的空气压缩机多台才能满足供应，且需连续的昼夜供应。

表 1.9.2 三类电子产品生产过程所需的气体品种

序号	气体种类	性质	集成电路芯片制造工厂	TFT-LCD 制造厂	太阳能电池制造工厂
1	$F_2/Kr/Ne$	腐蚀性	√		
2	NF_3	毒性、强氧化性	√	√	√
3	Cl_2	毒性、腐蚀性	√	√	√
4	HBr	毒性、腐蚀性	√		
5	BCl_3	毒性、腐蚀性	√		
6	WF_6	毒性、腐蚀性	√		√
7	SiF_4	毒性、腐蚀性	√		
8	ClF_3	腐蚀性、强氧化性	√		
9	C_5F_8	腐蚀性	√		
10	CH_4	可燃性	√		√
11	NH_3	可燃性	√	√	√
12	CH_2F_2	可燃性	√		
13	$POCl_3$	腐蚀性	√		√
14	SiH_4	毒性、可燃性	√	√	√

序号	气体种类	性质	集成电路芯片制造工厂	TFT-LCD制造厂	太阳能电池制造工厂
15	PH_3	毒性、可燃性	√	√	√
16	CHF_3	惰性	√	√	
17	CO	毒性、可燃性	√		
18	SiH_2Cl_2	毒性、可燃性	√		
19	Kr/Ne	惰性	√		
20	C_2F_6	惰性	√		
21	C_4F_8	惰性	√		
22	CF_4	惰性	√	√	√
23	CH_3F	可燃性	√		
24	SF_6	惰性	√	√	√
25	CO_2	惰性	√		
26	$SiCl_4$	腐蚀性	√		√
27	N_2O	氧化性	√		
28	HCl	腐蚀性		√	
29	$GeCl_4$	腐蚀性			√
30	AsH_3	毒性、可燃性	√	√	
31	B_2H_6	毒性、可燃性	√	√	
32	PH_2	可燃性	√	√	
33	PO_2	氧化性	√	√	
34	UPN_2	惰性	√	√	√
35	PN_2	惰性	√	√	
36	PAr	惰性	√	√	
37	PHe	惰性	√	√	√

　　集成电路芯片制造所需的各类气体按使用时的危险性不同，可分为：可燃、自燃性气体，毒性气体，氧化性气体，腐蚀性气体和惰性（窒息性）气体。可燃气体在存在助燃气体（氧化性气体）的条件下，在一定的浓度范围即燃烧着火，可燃气体在其燃烧着火范围内当具有着火源时燃烧爆炸；常见的氢气、甲烷均为可燃气体，氢气在空气中的燃烧范围是 4％～74％，甲烷在空气中的燃烧着火范围是 5％～15％。硅烷（SiH_4）是典型的自燃性气体，硅烷遇到空气或氧化性气体会自行燃烧，其自燃温度说法不一，但均在 0℃以下，有资料介绍为 −60℃，而美国联合碳化物公司（VCC）曾经做过实验，硅烷的自燃温度低于 −160℃；还有资料介绍硅烷在空气中的燃烧着火范围为 1.37％～96％，硅烷在一氧化氮（NO）中的燃烧着火范围为 2.14％～92.7％，硅烷在水蒸气（H_2O）中的燃烧着火范围为 1.9％～87.1％等。毒性气体一般是指经呼吸道吸入或皮肤吸收等进入人体内，可引起人员中毒的气体。如砷化氢（AsH_3）通过呼吸道进入人体，在血液中很快与红细胞结合，引起溶血形成砷血红蛋白复合物和砷的氧化物，然后随血液分布到人体内各脏器，引起各种功能障碍。砷化氢中毒，轻者表现为全身无力、恶心、呕吐、腰部酸痛、尿色深暗；较重者除上述症状外，还有寒战、体温升高、明显酱油色尿、尿量减少但无闭尿、黄疸加深；最严重可致全身症状较重，体温升高、尿量明显减少并出现闭尿、头痛、呕吐、腹泻、水肿、心动过速、

高血压、昏迷，可由于急性心力衰竭和尿毒症而死亡。表1.9.3是部分半导体用气体对人的毒性。

表1.9.3　部分半导体用气体对人的毒性

气体	毒性	允许浓度/10^{-6}
硅烷	由于吸入而刺激呼吸系统,急性时有强烈的局部刺激作用,但未发现对全身以及慢性影响	0.5
磷烷	急性:引起头痛、胸部不适、呕吐、恶心、横膈部位疼痛 慢性:消化系统病变,黄疸,刺激鼻和咽喉,口腔炎,贫血	0.3
乙硼烷	如果吸入会刺激肺,引起肺水肿、肝炎、肾炎、咳嗽、窒息、胸痛、呕吐	0.1
砷烷	急性:与血红蛋白结合,呈现强烈的溶血作用。头痛、恶心,头晕眼花 慢性:逐渐破坏红细胞,尿中含蛋白质	0.05
三氯化硼	由于水蒸气而水解生成盐酸和硼酸,损伤皮肤和黏膜,刺激肺和上呼吸道,引起肺气肿	0.6
二氯硅烷	吸入强烈刺激上呼吸道,导致呛咳,与眼、皮肤和黏膜接触时引起烧伤	0.6
氢	吸入引起呼吸道水肿、声带痉挛,引起窒息,而且对皮肤、黏膜有刺激性和腐蚀性	25
锑烷	与砷对人的毒性相似,过多接触会导致血尿	0.1
氢化硒	刺激结膜,呼吸异常,肺水肿,恶心、呕吐,口腔有金属臭,头晕,呼吸有大蒜臭,四肢无力	0.05
氯化氢	损伤皮肤和黏膜,有强烈痛感,引起烧伤。如果接触眼睛有强烈的刺激感,如果吸入刺激呼吸道,有窒息感,可致肺气肿、喉痉挛	5

　　氧化性（助燃性）气体一般具有氧化剂或强氧化剂的性能,它遇到可燃物质,一旦达到可燃物质的燃烧着火温度立即燃烧着火。氧气是典型的氧化性气体,在氧气的存放容器和输送管道内,若存在可燃物质或泄漏后被可燃物质吸附,一旦有静电火花等即可引起燃烧着火,发生不同程度的人身伤亡、设备损坏事故。

　　腐蚀性气体是指在一定条件下金属或非金属材料与其接触后发生腐蚀的气体,如氯化氢（HCl）。无水氯化氢无腐蚀性,但遇水时具有强腐蚀性;在实际使用过程中各种金属和合金与不同形态的氯化氢相容性是不同的,有资料介绍铜在氯化氢干燥气体状态、低于100℃时是适用的,但在氯化氢水溶液状态是不适用的,每年因腐蚀损失>1mm。

　　惰性气体是无毒的不活泼气体,典型的有氮气。氮气是空气中的主要成分,N_2对人体无害,但空气中若含量增高,则氧浓度降低,会对人体产生窒息作用,所以氮气在密闭空间使用时,应注意空气中的氧浓度不能低于18%,以避免窒息性事故的发生。在工业生产中使用的各种气体不仅惰性气体是窒息性气体,一些可燃气体、氧化性气体等也可能是窒息性气体,只是由于它们的可燃性、氧化性的危害性更为明显受到监控。表1.9.4是部分电子工业用气体的物化性质,表1.9.5是部分电子工业用气体的危险性质。

表1.9.4　电子工业用气体的主要物化性质

项目			气体的危险性质				气体的物理性质				
分子式	气体状态 (70°F)	气体压力 (70°F)	LC_{50} /10^{-6}	TLV-TWA /10^{-6}	空气中 LFL	空气中 UFL	分子量	相对密度 (空气=1)	比体积 /(ft³/lb)	临界温度 /°F	临界压力 /psi
C_2H_2	G	250	—	—	2.5%	100%	26.04	0.91	14.76	97.0998	890.209
NH_3	L	114	7338	25	15%	28%	17.03	0.59	22.48	269.8	1621.3
Ar	G	2640	—	—	—	—	39.95	1.38	9.67	−188.7	691.067
AsH_3	L	203	20	0.05	5.1%	78%	77.95	2.70	4.91	211.49	985.3
BBr_3	L	−13.7	380	1	—	—	250.54	2.64	8.60	571.67	1072.8
BCl_3	L	5.20	2541	5	—	—	117.17	4.04	3.30	353.84	546.6

续表

项目			气体的危险性质				气体的物理性质				
分子式	气体状态 (70°F)	气体压力 (70°F)	LC$_{50}$ /10^{-6}	TLV-TWA /10^{-6}	空气中 LFL	空气中 UFL	分子量	相对密度 (空气=1)	比体积 /(ft^3/lb)	临界温度 /°F	临界压力 /psi
CO_2	L	838	—	—	—	—	44.01	1.53	8.74	87.5596	1056.3
CO	G	2000	3760	25	12%	75%	28.01	0.97	13.80	−220.744	470.85
Cl_2	L	83.7	293	0.5	—	—	70.91	1.57	5.38	290.87	1103.7
ClF_3	L	5.80	299	0.1	—	—	92.50	3.14	4.20	345.2	823.2
B_2H_6	G	2100	80	0.10	0.8%	88%	27.70	0.95	14.05	62.1	566.1
SiH_2Cl_2	L	9.5	314	5	4.7%	96%	101.00	3.47	3.84	348.8	678.2
CF_4	G	2000	—	—	—	—	88.00	3.04	4.38	−50.5203	528.46
CHF_3	L	611	—	—	—	—	70.01	2.44	5.47	78.3298	686.72
CH_2F_2	L	232	—	—	14%	31%	52.02	1.80	7.43	173.2	830.9
CH_3F	L	538	—	—	—	—	34.03	1.18	11.36	112.2	837.7
C_2F_6	L	417.5	—	—	—	—	138.01	4.82	2.77	67.5	417.5
C_5F_8	L	−2.5	1124	2	—	—	212.04	6.33	2.11	322.6	415.9
F_2	G	400	185	1	—	—	38.00	1.31	10.17	−200.24	741.7
GeH_4	G	638	571	0.2	8.0%	30%	76.60	2.65	5.02		
He	G	2640	—	—	—	—	4.00	0.14	96.65	−450.638	18.291
H_2	G	2640	—	—	4.0%	75%	2.02	0.07	191.90	−400.71	372.786
HBr	L	301	2860	3	—	—	80.92	3.50	4.74	193.67	1225.7
HCl	L	614	3120	5	—	—	36.50	1.19	10.55	124.52	1185
HF	L	0.9	1300	3	—	—	20.01	0.99	13.47	574	2939.3
H_2S	L	249	712	10	4.3%	46%	34.08	1.19	11.26	212.479	1291.77
CH_4	G	2400	—	—	5.0%	15%	16.04	0.56	24.06	−116.5	658.391
NO	G	400	115	25	—	—	30.01	1.04	12.88	−135.551	934.661
N_2	G	2640	—	—	—	—	28.01	0.97	13.80	−232.78	477.641
NF_3	G	1450	6700	10	—	—	71.00	2.46	5.43	−38.8001	632.2
N_2O	L	737	—	50	—	—	44.01	1.53	8.74	97.2793	1038.57
O_2	G	2640	—	—	—	—	32.00	1.11	12.08	−182.15	714.402
PH_3	L	479	20	0.30	1.6%	98%	34.00	1.17	11.30	124.55	933.21
SiH_4	G	1260	19000	5	1.4%	97%	32.12	1.11	11.97	25.46	687.8
$SiCl_4$	L	−10.7	750	5	—	—	169.90	5.89	2.28	452.6	529.053
SiF_4	G	1000	450	—	—	—	104.08	4.67	3.69	6.19995	524.6
SO_2	L	34.6	2520	2	—	—	64.06	2.25	5.94	315.2	1127.3
SF_6	L	295	—	1000	—	—	146.05	5.11	2.61	113.7	530.5
$SiHCl_3$	L	−5.2	1040	5	7.0%	83%	135.50	4.67	2.84	402.5	590.1
WF_6	L	2.44	217	3	—	—	297.84	10.67	1.26	337.4	604.6
Xe	G	645	—	—	—	—	131.30	4.56	2.93	61.5498	832.38

注：1. LC$_{50}$：毒性物质使受试生物死亡一半所需的浓度。

2. TLV-TWA：员工在无限长时间内每天工作 8h，不会受到伤害作用的最高浓度。

3. LFL：可燃烧物质在空气中的最低着火温度。

4. UFL：可燃烧物质在空气中的最高着火温度。

表 1.9.5　电子工业用气体的危险性质

化学名	分子式	气体状态 (70°F)	气体压力 (70°F)	惰性	氧化性	腐蚀性	毒性	可燃性	自燃性	水反应性	健康等级	燃烧等级	反应等级
乙炔	C_2H_2	G	250					F			0	4	3
氨气	NH_3	L	114			C	LT	F			3	1	0
氩气	Ar	G	2640	I							0	0	0
砷化氢	AsH_3	L	203				HT	F			4	4	2
三溴化硼	BBr_3	L	−13.7			C	T			W	3	0	2
三氯化硼	BCl_3	L	5.20			C	T				3	0	1
二氧化碳	CO_2	L	838	I							0	0	0
一氧化碳	CO	G	2000				LT	F			3	4	0
氯气	Cl_2	L	83.7		O	C	T				4	0	0
三氟化氯	ClF_3	L	5.80		O	C	T			W	4	0	3
乙硼烷	B_2H_6	G	2100			C	HT	F	P	W	4	4	3
二氯二氢硅	SiH_2Cl_2	L	9.5			C	T	F		W	4	4	2
F-14	CF_4	G	2000	I							0	0	0
F-23	CHF_3	L	611	I							0	0	0
F-32	CH_2F_2	L	232					F			0		4	0
F-41 （氟化甲基）	CH_3F	L	538					F			0	4	0
F-116 （六氟乙烷）	C_2F_6	L	417.5	I							0	0	0
F-C418 （八氟化五碳）	C_5F_8	L	−2.5				T				3	1	0
氟气	F_2	G	400		O	C	HT			W	4	0	4
锗化四氢	GeH_4	G	638				T	F	P		4	4	3
氦气	He	G	2640	I							0	0	0
氢气	H_2	G	2640					F			0	4	0
溴化氢	HBr	L	301			C	T				3	0	0
氯化氢	HCl	L	614			C	LT				3	0	1
氟化氢	HF	L	0.9			C	T				4	0	1
硫化氢	H_2S	L	249				T	F			4	4	0
甲烷	CH_4	G	2400					F			0	4	0
一氧化氮	NO	G	400		O		HT				3	0	0
氮气	N_2	G	2640	I							0	0	0
三氟化氮	NF_3	G	1450		O		LT				2	0	1
氧化二氮	N_2O	L	737		O								
氧气	O_2	G	2640		O						0	0	0
磷化氢	PH_3	L	479				HT	F	P		4	4	2
硅烷	SiH_4	G	1260					F	P		2	4	3
四氯化硅	$SiCl_4$	L	−10.7			C	T			W	3	0	2
四氟化硅	SiF_4	G	1000			C	T			W	3	0	
二氧化硫	SO_2	L	34.6			C	T				3	0	0
六氟化硫	SF_6	L	295	I							1	0	0
三氯氢硅	$SiHCl_3$	L	−5.2			C	T	F		W	3	4	2
六氟化钨	WF_6	L	2.44			C	T				4	0	2
氙气	Xe	G	645	I							0	0	0

注：1. P：自燃性；F：可燃性；O：氧化性；T：毒性，LT：低毒性，HT：高毒性；C：腐蚀性；W：水反应性。
2. 表中气体的 LC_{50}、TLV-TWA、空气中 LFL、空气中 UFL 参数见表 1.9.4。

电子信息技术的高速发展要求提供品质优良的集成电路芯片，随着集成电路产品的迅速发展，根据摩尔定律每个集成电路上可容纳的晶体管数量，约每隔 18 个月增加一倍，性能也将提高一倍。集成电路芯片制造工艺发展很快，以线宽来区分有较早的 $5\mu m$ 到最新的 10nm 以下的生产工艺，以加工硅片直径来区分有 4in、6in、8in、12in 以及发展中的 18in。集成电路芯片特征尺寸（线宽）不断减小，芯片加工过程所需的高纯气体中污染物（杂质）浓度对产品质量、产品优良率的敏感度日益增加，从而对供应的气体品质要求日益严格。表 1.9.6 是某 $0.35\mu m$ 的 ULSI 生产线所应用的部分高纯气体、特种气体的品质指标，气体纯度基本上为 6N 或 7N，气体中颗粒物控制 $>0.1\mu m$。

表 1.9.6　0.35μm ULSI 生产线的部分高纯气质量指标

项目		N_2	Ar	H_2	O_2	Cl_2	He	SF_6	CF_4
纯度/%		99.9999	99.999	99.999	99.8	99.999	99.99998	99.999	99.999
杂质含量/10^{-9}	O_2	$\leqslant 10$	$\leqslant 10$	$\leqslant 10$		$\leqslant 2\times 10^{-6}$	$\leqslant 10$	$\leqslant 3\times 10^{-6}$	$\leqslant 5\times 10^{-6}$
	CO	$\leqslant 10$	$\leqslant 10$	$\leqslant 10$	$\leqslant 10$	$\leqslant 2\times 10^{-6}$	$\leqslant 20$	$\leqslant 1\times 10^{-6}$	$\leqslant 1\times 10^{-6}$
	CO_2	$\leqslant 10$	$\leqslant 10$	$\leqslant 10$	$\leqslant 10$	$\leqslant 2\times 10^{-6}$	$\leqslant 20$	$\leqslant 1\times 10^{-6}$	$\leqslant 1\times 10^{-6}$
	H_2	$\leqslant 10$	$\leqslant 10$	—	$\leqslant 10$		$\leqslant 100$		$SF_6 < 1\times 10^{-6}$
	$THC(CH_4)$	$\leqslant 10$	$\leqslant 3$	$\leqslant 10$		$\leqslant 2\times 10^{-6}$	$\leqslant 20$	$\leqslant 1\times 10^{-6}$	$\leqslant 1\times 10^{-6}$
	H_2O	$\leqslant 10$	$\leqslant 10$	$\leqslant 10$		$\leqslant 4\times 10^{-6}$	$\leqslant 10$	$\leqslant 5\times 10^{-6}$	$\leqslant 1\times 10^{-6}$
	N_2			$\leqslant 10$	$\leqslant 10$	$\leqslant 2\times 10^{-6}$	$\leqslant 20$	$\leqslant 7\times 10^{-6}$	$\leqslant 10\times 10^{-6}$
$>0.1\mu m$ 微粒/(pc/m^3)		<0.3	<0.3	<0.3	<0.3	<0.3	<0.3	<0.3	<0.35

近年来，国内外集成电路芯片制造的线宽已达 10nm 或小于 10nm，要求供应的高纯大宗气体纯度应为 8N（99.999999%）以上，其杂质含量均应小于 1.0×10^{-9}。表 1.9.7 是一个集成电路芯片制造工厂的高纯大宗气体品质要求。在 TFT-LCD 液晶显示器面板工厂生产过程中所需的高纯大宗气体品质要求没有芯片制造工厂严格，但随着各种制造生产工艺的差异，也有各自十分严格的要求，其纯度通常要求为 5N（99.999%）、7N（99.99999%），其各项杂质含量一般应小于 1.0×10^{-6}。表 1.9.8 是一个 8.5 代 TFT-LCD 工厂的高纯大宗气体品质要求。

表 1.9.7　一个集成电路 12in 晶圆制造工厂的高纯大宗气体品质

杂质	PO_2	PN_2	PH_2	PAr	PHe
$H_2O/10^{-9}$	<1	<1	<1	<1	<1
$O_2/10^{-9}$		<1	<1	<1	<1
$CO/10^{-9}$	<1	<1	<1	<1	<1
$CO_2/10^{-9}$	<1	<1	<1	<1	<1
$H_2/10^{-9}$	<5	<1	<1	<1	<1
$N_2+Ar/10^{-9}$	<5	<1	<1	<1	<1
$C_mH_n/10^{-9}$	<1	<1	<1	<1	<1
压力/bar	5.5	8	5.5	5.5	7
$\geqslant 0.02\mu m$ 颗粒/(个/m^3)			<176		
$\geqslant 0.05\mu m$ 颗粒/(个/m^3)			<35		
$\geqslant 0.1\mu m$ 颗粒/(个/m^3)			<0		

表 1.9.8　1 个 8.5 代 TFT-LCD 液晶显示器面板工厂的高纯大宗气体品质

气体种类	允许最大杂质含量/10^{-9}							使用压力/MPa	纯度	$\geqslant 0.1\mu m$ 颗粒/(个/ft³)
	N_2	H_2O	O_2	H_2	CO	CO_2	THC			
GN_2		80	80	80	80	80	100	0.7	5N	$\leqslant 20$
PN_2		5	5	5	5	5	100	0.7	7N	$\leqslant 10$
PO_2		50		5	5	5	10	0.7	5N	$\leqslant 10$
PH_2	500	50	5	5	5	5	1000	0.7	5N	$\leqslant 10$
PAr	500	50	5	5	5	5	10	0.7	5N	$\leqslant 10$

目前我国的工业气体国家标准中所规定的高纯大宗气体纯度及杂质含量均不能达到前述电子工厂的要求，所以一般均在这类电子产品生产用洁净厂房中设置气体纯化装置对所需的大宗气体进行纯化，达到生产工艺要求后由专用管线送至生产设备。表 1.9.9 是国家标准中纯氢、高纯氢和超纯氢的气体品质，表 1.9.10 是国家标准中纯氧、高纯氧、超纯氧的气体品质。

表 1.9.9　纯氢、高纯氢和超纯氢的技术要求（GB/T 3634.2—2011）

项目	指标		
	纯氢	高纯氢	超纯氢
氢气(H_2)纯度(体积分数)/10^{-2}	$\geqslant 99.99$	$\geqslant 99.999$	$\geqslant 99.9999$
氧(O_2)含量(体积分数)/10^{-6}	$\leqslant 5$	$\leqslant 1$	$\leqslant 0.2$
氩(Ar)含量(体积分数)/10^{-6}	供需商定	供需商定	
氮(N_2)含量(体积分数)/10^{-6}	$\leqslant 60$	$\leqslant 5$	$\leqslant 0.4$
一氧化碳(CO)含量(体积分数)/10^{-6}	$\leqslant 5$	$\leqslant 1$	$\leqslant 0.1$
二氧化碳(CO_2)含量(体积分数)/10^{-6}	$\leqslant 5$	$\leqslant 1$	$\leqslant 0.1$
甲烷(CH_4)含量(体积分数)/10^{-6}	$\leqslant 10$	$\leqslant 1$	$\leqslant 0.2$
水分(H_2O)含量(体积分数)/10^{-6}	$\leqslant 10$	$\leqslant 3$	$\leqslant 0.5$
杂质总含量(体积分数)/10^{-6}	—	$\leqslant 10$	$\leqslant 1$

表 1.9.10　纯氧、高纯氧、超纯氧标准（GB/T 14599—2008）

项目	指标		
	纯氧	高纯氧	超纯氧
氧(O_2)纯度(体积分数)/10^{-2}	$\geqslant 99.995$	$\geqslant 99.999$	$\geqslant 99.9999$
氢(H_2)含量(体积分数)/10^{-6}	$\leqslant 1$	$\leqslant 0.5$	$\leqslant 0.1$
氩(Ar)含量(体积分数)/10^{-6}	$\leqslant 10$	$\leqslant 2$	$\leqslant 0.2$
氮(N_2)含量(体积分数)/10^{-6}	$\leqslant 20$	$\leqslant 5$	$\leqslant 0.1$
二氧化碳(CO_2)含量(体积分数)/10^{-6}	$\leqslant 1$	$\leqslant 0.5$	$\leqslant 0.1$
总烃含量(体积分数)(以甲烷计)/10^{-6}	$\leqslant 2$	$\leqslant 0.5$	$\leqslant 0.1$
水分(H_2O)含量(体积分数)/10^{-6}	$\leqslant 3$	$\leqslant 2$	$\leqslant 0.5$

我国半导体器件制造工厂所需的特种气体正逐渐由国内气体制造企业供应，但据了解目前集成电路芯片制造工厂、TFT-LCD 面板厂等所需的特种气体多数品种仍由国际知名的气体制造公司供应，各类特种气体的品质基本还是执行国际半导体设备与材料协会（SEMI）的品质标准或气体公司的标准。近年来我国已开始制订一些特气标准，表 1.9.11 是部分 SEMI 的特种气体品质，表 1.9.12 是国内部分特种气体的品质。

表 1.9.11　部分 SEMI 半导体用气体质量标准

名称	砷烷	氯化氢	磷烷	硅烷	氨	一氧化氮	氯	二氯硅烷
分子式	AsH_3	HCl	PH_3	SiH_4	NH_3	N_2O	Cl	SiH_2Cl_2
状态	瓶装	瓶装	瓶装	瓶装	瓶装	瓶装	瓶装	瓶装
纯度/%	99.9467	99.9940	99.9814	99.9417	99.9986	99.9974	99.9961	97.0000
CO	>2			>10		1	1	Al×10^{-9}（质量分数）
CO_2		10	10			2	10	As 0.5×10^{-9}（质量分数）
H_2	500	10	100	500			1	B 0.3×10^{-9}（质量分数）
N_2	10	16	50		5	10	20	C 10×10^{-9}（质量分数）
O_2	5	4	5	10	2	2	4	Fe 50×10^{-9}（质量分数）
THC（以 CH_4 计）	1	5	4	1	1	<1		P 0.3×10^{-9}（质量分数）
HC(C_1~C_3)				10			Ni<20×10^{-9}（质量分数）	S 0.5×10^{-9}（质量分数）
PH_3	10					NH_3 5	Fe<200×10^{-9}（质量分数）	
AsH_3			15				Cr<200	氯烷 3%
稀有气体		5			Ar+He 40			
$SiCl_4$	总硫 1			10		NO 1 NO_2 1		
H_2O	4	10	2	3	5	3	3	
重金属	* *		* *	* *				
微粒	* *		* *	* *			* *	
小计	533	60	186	583	14	26		

注：杂质含量/10^{-6}。

* * 协商确定。

表 1.9.12　国内部分特种气体的品质指标

项目	SiH_4	PH_3	N_2O	NH_3	BF_3	NF_3	PF_3	SF_6	HCl
纯度/%	99.9999	99.997	99.999	99.999	99.999	99.995	99.99	99.999	99.9995
CO	≤0.05	≤0.5	≤0.1	≤1		≤0.5	总碳 20	≤0.5	≤0.5
CO_2	≤0.05	≤0.5	≤0.5		≤1	≤1.0		≤0.5	≤1
氟化物	≤100					—		CF_4 1	
H_2	≤20					—			
N_2	≤0.5	≤1	≤3	≤1	≤2	≤5	≤15	≤2	≤2
O_2	≤0.05	≤0.5	≤0.5	≤1	≤1	≤3	≤5	≤2	≤0.5
H_2O	≤0.5	≤1	≤1.0	≤3		≤1		≤3	≤0.5
(C_1~C_3)	≤0.1	≤0.2	≤0.1	≤1	酸度（以 HF 计）1			≤1	≤0.5
AsH_3	$Si_2H_6$③ 0.3	≤0.1			CO 1	SF_6 1	SO_2 20	CH_4 0.5	Fe④ 0.1
NO	CH_4 0.05		≤1		CF_4 1	N_2O 1	SiF_4 20	酸度② 0.1	其他金属④ 0.1
NO_2			≤1		SiF 5	CF_4 20			

注：杂质含量①/10^{-6}。

① 表内除说明者外的各项指标均为"体积分数"。
② SF_6 指标中酸度（以 HF 计）为质量分数，还有可水解氟化物（以 HF 计）含量≤0.8×10^{-6}（质量分数）。
③ SiH_4 指标还对氯硅烷（二氯二氢硅、三氯氢硅、四氯化硅）含量<0.1×10^{-6}。
④ HCl 的两项指标为 mg/L。

在现代高科技洁净厂房中干燥、洁净压缩空气是不可缺少的动力元，由于此类洁净压缩空气常用于生产设备、辅助动力设施、安全保障设施的驱动气体、仪器仪表用气体等，所以在集成电路芯片制造厂、TFT-LCD面板工厂中均需供应含水分很低的洁净压缩空气，通常露点为$-70 \sim -73℃$、粒径大于等于$0.1\mu m$的颗粒不得超过$1pc/ft^3$甚至为"0"，供气压力为$0.7 \sim 0.9MPa$，有的工厂干燥、洁净压缩空气供气量达每分数百立方米，并要求昼夜连续不间断供气。对于压缩空气的污染物净化等级在国家标准《压缩空气 第1部分：污染物净化等级》（GB/T 13277.1—2008）中做出了规定，见表1.9.13～表1.9.15。

表1.9.13 压缩空气的固体颗粒净化等级

等级	每立方米中最多颗粒数				颗粒尺寸/μm	浓度/(mg/m³)
	颗粒尺寸 d/μm					
	≤0.10	0.10<d≤0.5	0.5<d≤1.0	1.0<d≤5.0		
0	由设备使用者或制造商制定的比等级1更好的严格要求					
1	不规定	100	1	0	不适用	不适用
2	不规定	100000	1000	10		
3	不规定	不规定	10000	500		
4	不规定	不规定	不规定	1000		
5	不规定	不规定	不规定	20000		
6	不适用				≤5	≤5
7	不适用				≤40	≤10

注：1. 与固体颗粒等级有关的过滤系数（率）β是指过滤器前颗粒数与过滤器后颗粒数之比，它可以表示为$\beta = 1/P$，其中P是穿透率，表示过滤后与过滤前颗粒浓度之比，颗粒尺寸等级作为下标。如$\beta_{10} = 75$，表示颗粒尺寸$10\mu m$以上的颗粒数在过滤前比过滤后高75倍。

2. 颗粒浓度是在20℃、0.1MPa（绝压）和相对湿度为"0"状态下的值。

表1.9.14 含油净化等级

等级	总含油量(液态油、悬浮油、油蒸气)/(mg/m³)
0	由设备使用者或制造商制定的比等级1更高的要求
1	≤0.01
2	≤0.1
3	≤1
4	≤5

注：总含油量是在20℃、0.1MPa（绝压）和相对湿度为"0"状态下的值。

表1.9.15 含水量净化等级

等级	压力露点/℃
0	由设备使用者或制造商制定的比等级1更高的要求
1	≤-70
2	≤-40
3	≤-20
4	≤+3
5	≤+7
6	≤+10

压缩空气中固体颗粒物、含水量和含油量的检测方法在 GB/T 13277 的相关部分进行了要求，该规范是参照国际标准 ISO 8273 的有关部分制定的。由于该规范是用于各行业应用的压缩空气的通用标准，因此对于电子工业使用的干燥洁净压缩空气的严格要求仅供参考。

9.1.2　气体供应方式

（1）高纯大宗气体的供应方式　目前我国的电子工业等行业用高纯大宗气体的供应方式有三种类型：其一是现场设制气装置，由管道输送气体至用气车间；其二是外购液态气体，由集中的气体制造厂生产的液态气体充装入液态气体槽车，槽车至使用企业充装至现场的液态气体储罐，经汽化后由管道输送至用气车间，这种类型主要用于氧气、氮气、氩气等的供应；其三是外购气态高压气瓶、集装格、长管拖车，在现场降压后用管道输送至用气车间。具体一个企业采用哪种气体供应方式，通常应先了解所在地区的交通运输条件以及各类气体的供应状况、供气特点、气体品质和技术经济状况，再根据企业的设计或未来的规模、各种气体的消耗量和气体品质要求等，经过认真的、实事求是的技术经济比较后确定。表 1.9.16 是三种供气类型的比较。由于各种类型的产品生产工厂各种气体的用气量不同，用气品质要求也不相同，因此常常不是采用一种供气方式，而是不同气体分别采用不同的方式。比如某个集成电路芯片制造工厂由设在该企业邻近的一座集中的气体制造工厂供应大宗气体——N_2、O_2、Ar、H_2、He 和干燥洁净压缩空气，该气体制造厂设有以空气为原料的低温法空气分离系统，因为氮气用量较大，所以制取高纯度的氮气和高纯液态氧气、高纯液态氩气，氮气和经汽化后的氧气、氩气以管道输送至芯片制造工厂；氢气、氦气的用气量均较小，该气体制造厂也未设制气设备，而是外购氢气、氦气，由长管气瓶拖车、液态氦或钢瓶集装格等方式运至该气体制造厂后经降压以管道输送至芯片制造工厂；该气体制造工厂设有空气压缩站，对芯片工厂供应干燥洁净压缩空气。该集中的气体制造工厂除对芯片工厂供气外，还对外销售医用液态氧气、液态氩气等气体产品，是独立经营的气体工厂。

表 1.9.16　三类气体供应方式的比较

供气方式	主要优缺点	适用范围
设现场制气设备管道供气	1. 输送气体量大 2. 输送过程污染少 3. 使用方便灵活，稳定可靠 4. 耗电少成本较低 5. 建设投资较大，占地多 6. 操作人员多	1. 工厂用气量大 2. 离制气厂远 3. 邻近几家工厂统一集中供气或区域性供气站
液态气供气	1. 输送气体量较大 2. 与钢瓶运输相比，输送费低 3. 输送过程污染较少 4. 使用较方便 5. 耗电多，成本高 6. 输送储存中，均有损耗	1. 工厂有一定的用气量 2. 可方便、价格适宜地得到液态气体供应
气体钢瓶供气*	1. 用气量少，投资少，使用方便 2. 耗电及制气成本较液态低 3. 运费高，劳动强度大 4. 输送过程易污染	仅在工厂用气量少时采用

* 当使用长管式钢瓶车供气时，可用于气量较大的用户，特别适于氢气用量较大时使用。

图 1.9.1 是一个 TFT-LCD 面板工厂的气体供应系统。它是外购液态氮气、液态氧气、液态氩气储放在各自的液体储罐内，然后经设在液态气体储罐旁的汽化器，将液态气体汽化为气态后以管道输送至用气车间。集成电路芯片工厂、TFT-LCD 面板厂的生产洁净厂房内通常均设有氮、氧、氢等的终端纯化器，将 5N（99.999％）的气体纯化至 6N（99.9999％）～8N（99.999999％）甚至更为纯净的气体，以满足产品生产工艺的要求。图 1.9.2 是一个电子工厂采用的高纯大宗气体的一种供应方式。氮气由现场设置的低温法空分装置制取气态氮和备用液态氮，

图 1.9.1 一个液态气体储存系统

氮气经质子流量计（FM）计量送入设在产品生产洁净厂房内的纯化间，经纯化和过滤后送至用气设备；氧气由外购 LO₂ 储入液氧储罐，经汽化器汽化后，再经计量（FM）送至纯化间，纯化和过滤后送至用气设备；氩气与氧气供应相同；氢气是外购，由长管气瓶拖车运至企业暂存，经降压后计量送至纯化间，经纯化和过滤后送至用气设备。

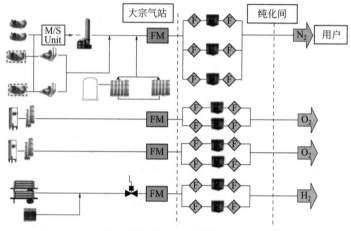

图 1.9.2 电子工厂高纯大宗气体供应类型流程示意图

（2）特种气体的供应 电子工厂的特种气体供应，由于品种多、每种气体的用量不多，因此至今几乎都是以气体钢瓶的方式由不同的特气制造厂或配气厂供应；个别用气量较大的特种气体，如硅烷可能采用罐车供应。特种气体一般采用高压气体钢瓶，根据各种特种气体的特性又可分为气态和液态钢瓶，大多为气态钢瓶，只有低蒸气压的特种气体采用液态充填于钢瓶内供应。企业内通常有特气储存间、特气储存分配间或两者合而为一，主要根据特气品种、用气量的多少等因素确定。对于可燃、易燃、有毒、氧化性和腐蚀性特种气体，通常是将特气钢瓶设置在气瓶柜（gas cabinet）内，由此经过特气管路输送至设在用气设备邻近处的阀门箱（valve manifold box，VMB），再送至用气的生产工艺设备。有的产品生产工艺设备还设有独立的气体控制盘，对供气流量、压力及其变化进行准确的控制。图 1.9.3 是可燃、有毒特种气体——硅烷供气系统的流程示意图。

（3）干燥洁净压缩空气的供应 各行各业的洁净厂房均需使用不同品质的干燥洁净压缩空气，为此通常在设有洁净厂房的企业内都设有规模不等的压缩空气站，只有当企业邻近处设有区域性或集中的大宗气体（生产 N₂、O₂）空分装量时，由于空分装置的原料空气压力与干燥洁净压缩空气压力十分接近，且压缩空气用量较大时可将压缩空气站与空分装置的原料空气压缩机统一规划设置。图 1.9.4 是常用的几种干燥洁净压缩空气的流程示意图。根据产品生产工艺对干燥洁净压缩空气品质——露点、含油量、含尘量的要求选择不同的供气系统，为确保这类压缩空气的品质要求通常应采用无油空气压缩机，否则应设置可靠的除油过滤器。压缩空气干燥器应依据供气系统的规模、露点要求等选择，通常要求露点严于 -60℃或者单台处理能力超过 $20m^3/min$ 时，应选用加热再生吸附干燥器；微电子行业要求去除 $0.1\mu m$ 的微粒时，应采用 5 号供气系统，医药工业洁净厂房一般对微生物有严格的要求，应采用 6 号供气系统。

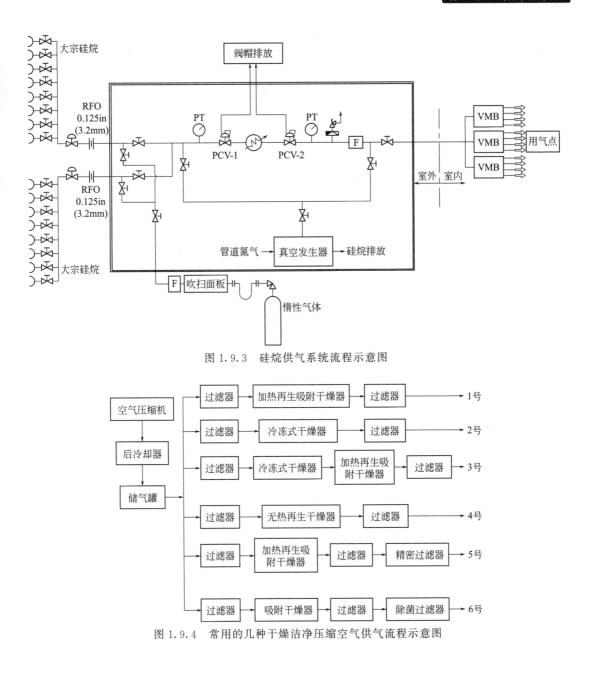

图 1.9.3 硅烷供气系统流程示意图

图 1.9.4 常用的几种干燥洁净压缩空气供气流程示意图

9.2 高纯大宗气体系统

9.2.1 系统的设置和纯化站

目前国内外大宗气体（N_2、O_2、H_2、Ar、He）的制气方法及设备大体相同，氮气、氧气、氩气均以空气为原料气，采用低温法和常温法制取。由于高科技洁净厂房所需的高纯大宗气体纯度大多要求在 5N（99.999%）以上，因此一般均采用低温法空分装置制取氧气、氮气、氩气，且根据需要可同时制取单一产品或多种气体产品。鉴于电子工厂的氮气用量较大，且采用多种纯度等级，因此常常按具体项目和制气规模将空分装置设计为制取 4N～5N 纯度等级的产品氮气，据了解较多的是采用低温法空分装置制取 5N 的纯氮气或同时制取氧气、氩气。通常可采用水电解法制氢或天然气转化制氢以及含氢气体采用变压吸附法提纯氢气，鉴于电子工业产品生产对高纯氢气中允许杂质含量的要求十分严格，较多地采用水电解法制取氢气；同时还可制取只含有氢杂质等的电解氧气，有利于进一步纯化获得电子产品所需的高纯氧气。氦气一般是以气瓶充装供应。

在电子产品生产尤其是以集成电路芯片制造和 TFT-LCD 面板生产为代表的微电子产品生产过程中需用 5N～8N 或 9N 的高纯大宗气体，所以在这类生产的洁净厂房中常常设置气体纯化站及其相应的输送管道供应高纯大宗气体。

(1) 大宗气体纯化系统的设置　目前国内外电子工厂的大宗气体纯化系统大体分为催化吸附型、金属吸气剂型、低温吸附型和钯膜纯化等类型。这些气体纯化系统由于采用了不同的提纯原理、纯化用材料、单元设备及其附件，可分别用于去除大宗气体中的一种或多种杂质组分，从而提高了气体纯度可满足不同电子产品生产工艺的要求。各种纯化设备都具有各自的特点和不同的用途。在具体工程项目选择气体纯化系统时，一般应综合考虑如下的影响因素：所能得到的纯化前原料气体纯度、杂质组分及其含量、输入的气体压力，电子产品生产工艺对纯化后的大宗高纯气体纯度、杂质组分及其含量和用气设备所需气体压力的需求；电子产品生产工艺对高纯气体的使用要求，包括最大/平均耗量、负荷变化情况、连续性要求等；拟采用的纯化用材料的品种、特性、活化/再生方法和参数要求等。综合上面的各项影响因素进行技术经济比较后确定大宗气体纯化方式。

由于企业能够获得的大宗气体的纯度、杂质含量不同或在工程项目现场或邻近处可能得到价格低廉的普通纯度的大宗气体或者由于产品生产工艺对同一种气体的纯度、杂质含量有不同要求，例如仅有一部分可能有十分严格的要求，因此从技术经济性考虑，需要对同一气体采用不同的纯化方法，有时还需要采用二级气体纯化装置。如某一电子工厂采用水电解制氢方法制取纯度为 99.7% 的普通氢气，而该厂产品的生产工艺需要两种纯度的氢气，其一为纯度 5N (99.999%)、露点 -60℃、其余杂质含量小于等于 $3×10^{-6}$，其二为纯度 8N (99.999999%)、露点 -73℃、其余杂质含量小于等于 $1.0×10^{-9}$。所以在该厂首先采用催化吸附型氢气纯化装置对水电解普通氢气进行纯化，得到满足 5N 级的纯氢，然后再以此纯氢为原料气进入第二级氢气纯化装置，此级氢气纯化可采用钯膜纯化装置或金属吸气剂型纯化装置获得 8N 级的高纯氢气；第二级氢气纯化装置通常应设置在邻近用气设备处，以避免高纯氢气在管道输送过程中被污染。再比如某一电子工厂邻近处已建设有能生产 99.5% 普通氮气的空分装置，供气能力也可满足需求时，为了获取该厂所需的纯度 5N (99.999%)、露点 -60℃ 的纯氮气和纯度 7N (99.99999%)、露点 -70℃、总杂质含量 $10×10^{-9}$ 的高纯氮气，该厂设置了二级氮气纯化装置；第一级采用催化吸附型，所需氮气全部经过纯化后，大部分纯氮气送至 5N 级用气设备，较少的一部分进入第二级纯化装置——金属吸气剂型，提纯后的 7N 级气体送至用气设备。

(2) 大宗气体纯化站　据了解，目前国内的各种大宗气体纯化站设置在制气站、供气站内或与使用高纯大宗气体的生产车间毗连布置。如氢气纯化站一般设置在氢气站内，常常与氢气压缩机间或制氢间的相邻房间内，有时也与采用氢气活化/再生的氮气纯化装置合建在一个纯化站内；氧纯化站常与非氢气活化/再生的惰性气体纯化站合建或单独设在氧气制气间相邻的房间内；当大宗气体纯化站与用气车间毗连布置时，应在建筑物的首层靠外墙或端部布置，且尽可能地与用气车间的大宗气体入口室合建。由于氢气是可燃、易爆气体，一旦氢气纯化装置发生氢气泄漏，将可能引发燃烧爆炸事故，因此当氢气纯化站或采用氢气活化/再生的惰性气体纯化站与用气车间毗连布置时，氢气纯化站不得设置在人员密集场所和重要生产部位、部门的邻近处以及主要通道、疏散口的两侧；氢气纯化站不得与该建筑物内的相邻房间直接相通，且与氢气纯化站毗连的生产厂房耐火等级不应低于二级。

根据国家标准《大宗气体纯化及输送系统工程技术规范》(GB 50724) 的规定：氢气纯化站和氢气活化/再生的惰性气体纯化站的火灾危险性类别应为甲类，氧气纯化站的火灾危险性类别应为乙类，非氢活化/再生的惰性气体纯化站的火灾危险性类别为戊类。大宗气体纯化站的耐火等级不应低于二级。氢气纯化站等有爆炸危险房间的设计，应采用钢筋混凝土柱承重的框架结构或排架结构。当采用钢柱承重时，钢柱应设有防火保护，其耐火极限不得于小 2.0h。氢气纯化站等有爆炸危险的房间应按有关国家标准的规定设置泄压设施，如轻质屋面、轻质墙体以及门、窗等泄压结构；其泄压面积不得小于站房的屋顶面积或最长一面墙的面积。氢气纯化站内有爆炸危险房间与无爆炸危险房间之间应采用无门窗洞的耐火极限不低于 3.0h 的不燃烧体隔墙分隔。当需要设置门斗相通时，应采用甲级防火门，该门的耐火极限不应低于 1.50h。若有爆炸危险的氢气纯化站房间与相邻的无爆炸危险房间之间必须穿越管线时，应采用不燃材料填塞空隙。

气体纯化站的门窗都应向外开启，以利于一旦发生气体泄漏，即时方便开启门窗进行换气，避免事故的发生。纯化站内有爆炸危险房间的地面、门窗应采用撞击时不产生火花的材料制作。由于氧气是典型的强氧化性气体，一旦有可燃物存在遇火即易燃烧，因此氧气纯化站与毗连房间之间应采用耐火极限不低于 2.0h 的不燃烧体隔墙分隔，该隔墙上的门应为甲级防火门。

在 GB 50724 中还规定了：为防止氢气等轻于空气的可燃气体在房间内积聚，氢气纯化站的房间上部空间应通风良好，其顶棚的内表面应平整，且应避免存有死角。各类气体纯化间均不得采用明火采暖，即使采用集中供暖时也应采用易于清除灰尘的散热器，这是因为散热器积存的灰尘中可能含有可燃物，容易引发着火事故。为即时排除纯化站内设备、管道可能泄漏的气体，避免积聚后诱发着火等事故，在氢气纯化站和采用氢气活化/再生的惰性气体纯化间均应设置自然通风和事故通风；自然通风的换气交数不得少于 3 次/h，事故排风的换气次数不得少于 12 次/h，并应与氢气检漏报警装置联锁。通风排气装置应设在房间顶部。氧气和非氢气活化/再生的惰性气体纯化间也均应设置自然通风和事故排风，其换气次数宜与氢气纯化间相同。

通常在电子工业洁净厂房中设置的氢气纯化站、采用氢气活化/再生的惰性气体纯化站等有爆炸危险的房间，一般建筑面积均不是太大，房间高度也在 4.0m 左右。图 1.9.5 是一个设在洁净厂

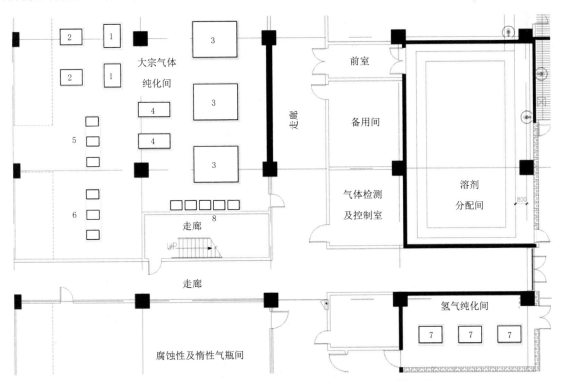

图 1.9.5　一个设在洁净厂房中的气体纯化站平面布置

1—氧气纯化器；2—氧气过滤器组；3—氮气纯化器；4—氮气过滤器组；5—氩气纯化器（配带过滤器组）；

6—氩气纯化器（配带过滤器组）；7—氢气纯化器（配带过滤器组）；8—连续在线监测系统（CQC）

房内的气体纯化站平面图。按 GB 50724 的规定设有氢气纯化装置的房间电气设施的爆炸危险设防等级为 2 区，为防止这些房间的照明设计时，照明灯具选择不当或灯具安装位置不合理，在运行作业时因各类因素发生氢气泄漏，引发着火甚至爆炸事故，所以规定了氢气纯化间应采用防爆灯具，且应装设在房间的较低处，并不得设置在氢气释放源的正上方。在各类气体纯化间内的气体纯化装置及管路、附件，通常均设有较多的各种形式连接附件或连接点，在实际作业中均可能发生气体泄漏，为了确保气体纯化设施的安全、稳定运行及为电子产品生产设备在全时段连续供应高纯大宗气体，在氢气纯化间和氢气活化/再生的惰性气体纯化间内应设置氢气检漏报警装置，并应与相应的事故排风机联锁控制。当空气中的氢气浓度达到 0.4％（体积分数）时，事故排风机应自动开启，此规定限值是目前国内外均已认同的限值，它是按氢气在空气中的燃烧着火下限的大约 10％确定的；据了解在一些具体的工程项目设计中，也有以空气中氢气的浓度为 0.2％（体积分数）时报警并启动排风机，在空气中氢气的浓度继续升高达 0.4％时停止运行，检查氢气泄漏点、查明原因，并改正后按运行规程恢复运行。在空气中氧气的正常浓度为 21％，若在氧气纯化间或非氢气活化/再生的惰性气体纯化间内发生氧气或惰性气体泄漏，可能使房间内氧气浓度高于或低于正常值，从而会因窒息损害作业人员的健康或氧气遇可燃物引发着火事故。为此在 GB 50724 中规定：氧气纯化间和非氢气活化/再生的惰性气体纯化间内宜设置氧气浓度报警装置，并应与相应的事故排风机联锁，当空气中氧气的浓度低于 18％（体积分数）或高于 25％（体积分数）时，事故排风机应自动开启。

9.2.2 气体纯化设备

9.2.2.1 气体纯化设备的类型

据了解，目前在电子工业等行业所用的大宗气体纯化设备主要有催化吸附型、金属吸气剂型、低温吸附型和钯膜纯化装置等类型。在工程应用中进行气体纯化设备的选型时，依据如下三个方面进行技术经济比较后确定：其一应实事求是地确定进入纯化设备的原料气或待处理气体的纯度、杂质组分和浓度；其二应确认用气设备对所供应的大宗气体的用途、使用状况、品质要求和气体消耗量及其负荷变化情况；其三对可能选用的气体纯化装置的特性、技术参数和活化再生方法等进行详细的了解和比较。通常可选用 1 种气体纯化设备类型或选用 2 种或 2 种以上类型的气体纯化设备，通常对于气体纯度和杂质浓度要求十分严格的用户宜选用 2 种或 2 种以上的气体纯化装置才能得到较好的技术经济效益。例如集成电路芯片制造工厂只能获得 99.99％以下纯度的原料大宗气体时，常采用催化吸附型和金属吸气剂型或其他类型气体纯化设备组合为二级气体纯化系统。

鉴于各类气体纯化设备的特性都能适应用气设备耗气量的变化，并可保持纯化后气体品质的稳定供应，目前在电子工业等行业对大宗气体纯化后的高纯气体一般不再设置储气设备。所以大宗气体纯化设备的处理能力应以用气设备的最大小时耗气量确定，若具体工程项目的各类用气设备具有可靠的设备之间的小于 1.0 的同时使用系数，应以所有用气设备的最大小时耗气总量乘以同时使用系数确定。由于气体纯化设备基本上以静置的容器等组成，一般仅需在运行中按设备说明书要求更换纯化材料、附件和进行定期维修，因此一般都是同一种气体只设 1 台同一纯化等级的纯化装置，不设备用。若具体工程项目中因产品生产工艺要求或其他因素确需设置 2 台或 2 台以上的气体纯化装置时，宜采用相同类型的气体纯化设备，以利于运行操作和维护检修。

（1）催化吸附型气体纯化设备 以各种类型的催化剂去除气体中的杂质组分，比如从氢气或惰性气体中脱除氧杂质，从氧气中脱氢、烃类杂质等，气体经催化反应一般可将其中的杂质组分从 10^{-2} 等级提纯至 10^{-6} 甚至 10^{-8}。通常催化反应生成水分或 CO、CO_2 等，一般应在催化反应器之后设置吸附器利用不同类型的吸附剂去除 H_2O、CO_2 等，常用的吸附剂是硅胶、活性氧化铝、分子筛或活性炭等，经吸附器可将气体中的水分含量去除至露点 $-60 \sim 70℃$。

据了解，目前国内外常用于气体纯化的催化剂有铜系、镍系、银系、钯系等。国内以氧化铜担载在硅藻土类载体上制成的铜催化剂，在 20 世纪 60 年代、70 年代用以脱除气体中的氧杂质，工作温度为 180～240℃，脱氧后的氧杂质为 $(5～10)×10^{-6}$，且尚需定期对催化剂进行活化还原以保持所要求的活性，所以目前已基本不再使用。担载在各种载体上的钯催化剂是目前用于气体纯化的常用催化剂，主要有活性氧化铝镀钯、钯分子筛、钯碳纤维等，据了解应用较为广泛的是活性氧化铝镀钯，它是一种可用于去除气体中的氧杂质和氧化性气体中的氢、烃类杂质的高活性催化剂；根据担载的钯量不同和制作方法的差异，可获得不一样的催化活性，但只要制作后的钯催化剂活化还原充分，其工作温度一般为常温或低于 80℃，只要催化反应前气体温度高于其露点温度 10～15℃，即可在不加热的状态下进行催化反应，气体中的氧杂质经催化反应可去除，达 $0.1×10^{-6}～1.0×10^{-6}$。表 1.9.17 是活性氧化铝镀钯的脱氧效果。表中数据表明在原料氢纯度为 99.7％以上、氢压力较低的工况下，脱氧剂在不同空速下脱氧效果均较好；用于氮气加氢脱氧时应根据用途控制纯化后氮气中的剩余氢量，一般剩余氢量可控制在 0.5％甚至更低。表 1.9.18 是活性氧化铝镀钯用于不同氧浓度时加氢脱除惰性气体中的氧杂质情况。由表中数据可见，在较高空速下也可获得较好的脱氧效果；原料气体中含氧量高达 3％～4％时，在一定温度下仍可获得较好的脱氧效果。

表 1.9.17 活性氧化铝镀钯的脱氧效果

序号	纯化气体	空速/h^{-1}	温度/℃		残氧量/10^{-6}	脱氧后余氢量/％
			脱氧前	脱氧后		
1	H$_2$	395		36	1.45	
2	H$_2$	1570		38	1.3	
3	H$_2$	4200	加热	52*	1.4	
4	N$_2$	6000	26	34	2.4	1.2
5	N$_2$	8000	28	33	5.2	2.7

* 表示除氧器的工作温度。

注：1. 原料氢纯度为 99.7％以上和氧杂质含量 $<15×10^{-6}$ 两种类型。

2. 氮气加氢脱氧时，压力 $<0.1kg/cm^2$，原料氮纯度在 99.7％以上。

表 1.9.18 惰性气体应用活性氧化铝镀钯的脱氧

纯化气体	原料气中的氧含量/％	空速/h^{-1}	催化剂层温度/℃	残氧量/10^{-6}	脱氧后余氢量/％
N$_2$	2.2	2700	310	0*	1.3
N$_2$	4.6	27000	560	0	0.5
Ar	0.5	12000	45	0.81	0.2
Ar	2.3	12000	139	0.81	0.6
Ar	4.0	12000	212	0.81	1.0

* 表中残氧量为人工分析，有一定误差，实际上不会是"0"。

图 1.9.6 是一个氢气催化吸附型纯化装置的流程图。纯化前的氢气经流量计后在气水分离器中去除液滴送入脱氧器，在设置的催化剂床层催化作用下氢、氧反应生成水去除氧杂质等；根据原料氢中的含氧浓度不同脱氧生成热不同，脱氧后氢气温度会有所提升，一般含氧量 1％时氢气温度可升高约 80℃，所以脱氧后氢气应通过冷却器冷却至常温（约 30℃）再送入吸附干燥器；经装填的吸附剂吸附水分，得到干燥的氢气经过滤器送出。吸附干燥器通常宜采用加热再生法对吸附水分饱和后的吸附剂进行解吸，再生加热温度按选用的吸附剂确定；采用分子筛时，再生加热温度一般为 300℃左右，而采用活性氧化铝或硅胶时，再生加热温度一般为 150～200℃。从吸附干燥器排出的热再生气体应经冷却器冷却至常温后排至大气或回收利用。若采用产品氢气即已脱除水分后的干燥氢气进行吸附剂再生，这种方法可获得很好的吸附剂再生效果，从而获得很好的氢气干燥深度。由于产品氢气再生方式可获得深度干燥含水量很小的目标，通常可用于第二级纯化或终端纯化，在运行周期较长的状况下，降低再生氢气占比。为使氢气催化吸附型纯化装置获得很

好的纯化效果、减少"珍贵"的氢气消耗，吸附干燥器的再生流程或再生方法（气体）可采用多种形式，目前在各行业实际使用的还有工作气循环再生方式、再生气体增压方式等。

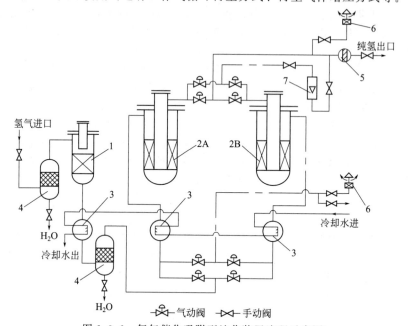

图 1.9.6　氢气催化吸附型纯化装置流程示意图

1—脱氧器；2A,2B—吸附干燥器；3—冷却器；4—气水分离器；5—过滤器；6—阻火器；7—流量计

催化吸附型氮气纯化装置的原料氮气纯度低于 99.99%，经加氢纯化装置氮气的纯度可超过 99.999%。这类装置与图 1.9.6 的差别是增设了加氢装置和产品纯氮中余氢量监测的控制，以控制加氢量。图 1.9.7 是氮气纯化装置流程图。

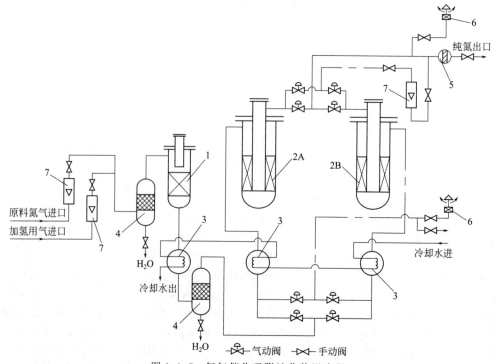

图 1.9.7　氮气催化吸附纯化装置流程

1—脱氧器；2A,2B—吸附干燥器；3—冷却器；4—气水分离器；5—过滤器；6—阻火器；7—流量计

（2）金属吸气剂型纯化装置 金属吸气剂型纯化装置是采用在一定温度下对不同气体中的杂质组分具有较高活性的吸气剂（getter），将大宗气体（H_2、N_2、He、Ar）中的CO、CO_2、N_2、CH_4、O_2、THC等杂质纯化至10^{-9}级甚至更低；金属吸气剂的合金粒子经活化后的多孔活性表面在较高温度（如400℃以下）可与杂质组分进行反应，不可逆地形成不同的金属化合物，使大宗气体的纯度达8N（99.999999%）级甚至更高纯度。它是目前电子工业中芯片晶圆制造工厂、TFT-LCD液晶显示器面板工厂经常用于大宗气体的终端纯化装置。由于吸气剂（getter）的不可再生性能，因此通常要求进入吸气剂反应器的气体中各种杂质含量尽可能低，一般要求低于（1~2）×10^{-6}，通常使用寿命可达3~5年。图1.9.8是用于氢气纯化的吸气剂型纯化装置流程示意图。这是某公司生产的$10m^3/h$的吸气剂型氢气纯化装置，在吸气反应器内去除氢气中的各种杂质，反应器以电加热器加热保持在300~350℃，去除杂质后经空气冷却器冷却送出。进出口氢气中各种杂质的含量见表1.9.19。

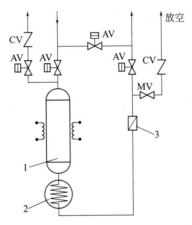

图 1.9.8 吸气剂型氢气纯化装置流程示意图
1—吸气反应器；2—空冷器；3—气体过滤器；
AV—气动隔膜阀；MV—手动阀；CV—单向阀

表 1.9.19 吸气剂型氢气纯化装置进、出口的杂质含量实例

杂质名	装置进口/10^{-9}	装置出口/10^{-9}
O_2	<2000	<1
N_2	<2000	<1
H_2O	<2000	<1
CO	<200	<1
CO_2	<200	<1
CH_4	<200	<1
颗粒物>0.01μm		<10 个/ft^3

图1.9.9是某公司一套复合型氢气纯化装置的流程示意图。这种纯化装置是将催化/吸附型与吸气剂型纯化反应器复合为一套装置，利用其各自的特点，原料氢气在催化/吸附器内去除氢气中的CO、CO_2、H_2O、O_2杂质，然后进入吸气剂反应器在电加热升温下去除N_2、CH_4等杂质。该纯化装置进、出口的杂质含量见表1.9.20。这种复合型氢气纯化装置由于采用了高效纯化材料，可使运营成本降低。据了解国内大连某公司也生产了类似这种的复合型氢气纯化装置，并已在某微电子研究所实际应用，取得了很好的纯化效果；纯化后氢气纯度达7N（99.99999%），有时可达8N（99.999999%）。

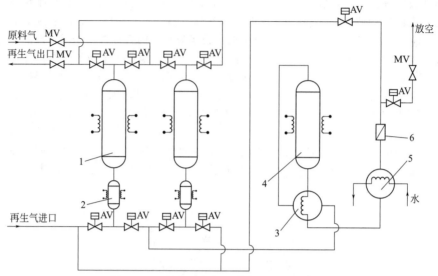

图 1.9.9　复合型氢气纯化装置流程示意图

1—催化吸附器；2—再生加热器；3—换热器；4—吸气剂反应器；5—水冷却器；
6—气体过滤器；AV—气动隔膜阀；MV—手动阀

表 1.9.20　复合型氢气纯化装置进出口的杂质含量实例

杂质名	装置进口/10^{-9}	装置出口/10^{-9}
O_2	<2000	<1
H_2O	<5000	<1
CO	<100	<1
CO_2	<100	<1
CH_4	<100	<1
N_2	<5000	<1

　　惰性气体中痕量杂质的去除，同样可以采用金属吸气剂反应器并可达到 8N 甚至更纯。某公司生产的 PS5 型气体纯化装置就是目前国内外电子工业广泛应用的氮气、氩气和其他惰性气体纯化装置，纯化去除 O_2、H_2、CO、CO_2、CH_4、N_2、H_2O 等杂质，氮气纯化用吸气剂反应器通常可使用 2～3 年（每天 24h 连续使用）。表 1.9.21 是惰性气体用吸气剂型纯化装置的典型性能。图 1.9.10 是复合型氮气、氩气纯化装置的流程示意图。这种用于惰性气体的纯化装置与前述的复合型氢气纯化装置流程存在明显的区别，这是由于惰性气体的组分及杂质含量的差异，使之在气体纯化过程的吸气反应和催化反应中各类组分不均衡，所以惰性气体纯化装置与氢气纯化装置的区别是：其一是吸气反应器设置在上游，在此利用氧化反应去除 CO、H_2、CH_4 等杂质；其二是可能氧气不能满足氧化反应需要、影响吸气效果，所以在进入吸气反应器前的原料气中应加入必要的氧气；其三是在催化/吸附器中的催化材料因惰性气体中的氢已极少甚至已在吸气反应器中均衡反应，所以应定期进行加氢活化提高催化活性，因此流程中设有加氢系统。

表 1.9.21　惰性气体典型纯化装置的性能

杂质名	装置进口/10^{-9}	装置出口/10^{-9}
O_2	<1000	<1

杂质名	装置进口/10^{-9}	装置出口/10^{-9}
H_2	<1000	<1
H_2O	<3000	<1
CO	<2000	<1
CO_2	<2000	<1
CH_4	<1000	<1

注：系列吸气剂纯化该装置处理能力为 $100\sim1500m^3/h$，装置出口杂质含量可达$<0.1\times10^{-9}$。

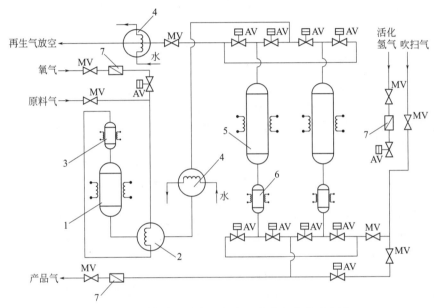

图 1.9.10 复合型氮气、氩气纯化装置流程示意图
1—吸气反应器；2—换热器；3—预热器；4—水冷却器；5—催化吸附器；6—再生加热器；7—气体过滤器；
AV—气动隔膜阀；MV—手动阀

（3）钯膜纯化装置 钯合金膜氢气纯化装置在国内外为电子产品生产提供高纯氢、超纯氢已有数十年的历史，我国在 20 世纪 60 年代末已有钯管氢气纯化器的制造应用，应用较多是在 20 世纪 70～80 年代。小型的钯合金膜氢气纯化装置一直应用于色谱分析仪等提供分析用高纯氢，近年来在集成电路生产中有的晶圆制造工厂、LED 制造厂均有采用。由于钯合金膜具有只能透过氢的选择性渗透性，其他气体分子不能透过，因此利用钯合金膜纯化氢气可获得极高的氢气纯度，大约可达 9N 甚至更纯。钯合金膜透氢经历的步骤是：在原料氢侧（高压侧），氢被钯合金化学吸附（1），氢分子离解（2）为氢原子，氢原子电离为氢质子和电子，并溶解（3）在钯合金中；氢质子按浓度梯度方向穿过钯合金膜，扩散（4）至纯氢侧（低压侧）；在纯氢侧，氢质子和电子重新键合（5）为氢原子，氢原子重新键合为氢分子，氢分子从钯合金表面脱附（6），如图 1.9.11 所示。原料氢中的气体杂质不能穿过钯合金膜仍留在原料氢侧，在纯氢侧可得到纯度极高的氢气。

在钯合金膜的透氢过程中，透氢速率受前面所述的各个步骤控制，在实际纯化装置中可能是质子的浓度扩散是整个透氢过程的控制步骤。实践表明，目前常用的钯银合金膜透氢速率的影响主要有：温度对透氢率的影响。氢扩散透过钯合金膜需要消耗一定的能量，所以提高温度使透氢率增加；在实验条件下温度每升高100℃，透氢率增加10%～20%。但是温度过高，合金晶粒迅速

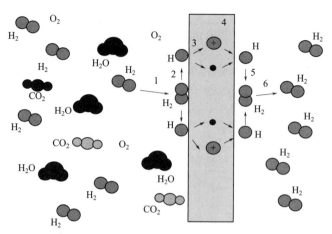

图 1.9.11　钯合金膜透氢过程示意图

1—吸附；2—离解；3—溶解；4—扩散；5—键合；6—脱附

增大，膜的强度减少。在低温时，钯吸收大量氢，形成 β-PdH 相变，使薄膜变脆，使用中很易碎裂，所以除了寻求优良的抗 β 相生成的合金外，在 300℃ 以上才能通入氢气（当工作温度在 300℃以下接触氢气时，仍有可能部分吸收氢气，产生 β 相变），在开、停车的升温和降温过程中，应抽真空或用惰性气体置换。

氢气的分压差对透氢率的影响：氢气分压差是指原料气侧氢和纯氢的压力差，它是氢气透过钯合金膜的推动力，所以分压差越大，透氢率越大。在 $\Delta P = 0.1 \sim 0.5$MPa 时，工作温度为 $300 \sim 400℃$ 的状况下，Q（透氢量）与 ΔP（压力差）成正比。钯合金膜厚度对透氢率的影响：透氢率与膜厚成反比。由于钯合金膜的材质不同，随着膜厚变化，透氢率变化也是不同的。实验表明随着膜两侧压力差的增大，膜厚对透氢率的影响会逐渐变小。废气排气率对透氢率的影响：钯合金膜纯化器低压侧排出的未透过气体杂质和少量氢气被称为废气，废气排气率对透氢率的影响与纯化器的结构和原料氢的组成有关。对于已经选用的纯化器结构应按制造厂家对原料氢的要求，在满足纯氢产品纯度、杂质允许含量的状况下，由制造厂家给出废气排气率的相应数据或系列数据，供使用单位实际运行参考。一般情况下应尽量降低废气排气率，以提高钯合金膜纯化器的运行经济性。

钯合金膜氢纯化装置，国内外都有定型产品应用于电子制造业等行业，在 20 世纪 70 年代国内就有管式、膜式两种类型的钯合金扩散氢纯化装置生产出售。图 1.9.12 是 Johnson Masthey 公司近年生产的 PSH 系列钯合金膜氢纯化装置中的 PSH-30 型。据了解该系列产品有 PSH-10、PSH20、PSH30、PSH40、PSH50、PSH60，在正常状况下氢气流量分别为 $10m^3/h$、$20m^3/h$、$30m^3/h$、$40m^3/h$、$50m^3/h$、$60m^3/h$，原料氢气压力为 25bar；纯化装置对原料氢的品质要求是：纯度 $\geqslant 99.9\%$，气体杂质的最大允许含量 $O_2 < 500 \times 10^{-6}$、$H_2O < 1000 \times 10^{-6}$、$CO < 10 \times 10^{-6}$、不饱和碳氢化合物 $< 0.5 \times 10^{-6}$、硫化物 $< 0.2 \times 10^{-6}$、卤素 $< 0.2 \times 10^{-6}$、$Hg < 0.01 \times 10^{-6}$、其他金属杂质 $< 0.1 \times 10^{-6}$。PSH 系列钯纯化装置设有催化吸附预纯化器，用以去除大部分氧杂质和水汽等杂质，然后送入钯合金膜纯化器将氢气中的杂质去除至极低的浓度，氢气纯度可达 9N（99.9999999%），总杂质含量 $< 15 \times 10^{-9}$。图 1.9.13 为 PSH 钯合金膜纯化装置的压力降变化状况。

图 1.9.12　PSH-30 型钯合金膜氢纯化装置

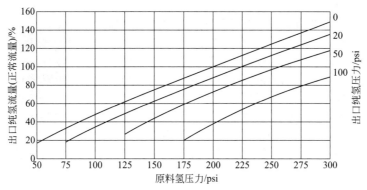

图 1.9.13　PSH 钯合金纯化装置的压力降

9.2.2.2　高纯大宗气体设备简介

这里仅介绍大宗气体纯化设备，且只介绍高纯氮气、高纯氧气、高纯氢气和高纯氩气设备。由于我国目前氦气资源不多，且提纯方式不同和品质各异，因此不作介绍；电子工业用特种气体的制取、提纯较为复杂，许多特种气体都是某些化学产品生产的副产品或经化学品提纯制取，本节也不作介绍。

（1）高纯氮气　目前制取氮气的方法主要是低温空气分离和非低温空气分离。非低温分离有变压吸附法和膜法制氮，膜法制氮制取的氮气纯度＜99％时是经济的、适用的，但要制取 99.9％～99.999％纯度的氮气时，应根据其实际使用条件进行认真的技术经济比较，若确实技术上可行，各项费用（含建造费和运行费）低于低温空分装置时，方可采用。低温空气分离设备广泛用于制取纯度＞99.99％的氮气。图 1.9.14 是一套制取纯度为 99.999％氮气的低温空分装置流程。该装置与一般纯氮装置的不同之处在于纯化器之前设有催化反应器。该反应器是在催化剂的作用下将空气中的碳氢化合物转化为 CO_2、H_2O，以便在纯化器中去除，可获得高质量的纯氮。若可方便、经济地获得纯度为 99％左右的普氮时，也可采取如前所述的加氢催化吸附法提纯获得纯度为 99.999％的纯氮。

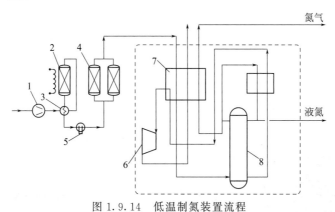

图 1.9.14　低温制氮装置流程

1—空压机；2—反应器；3—换热器；4—纯化器；5—冷却器；6—膨胀机；7—主热交换器；8—分馏塔

（2）高纯氧气　所谓高纯氧气，在本章中列举的 $0.35\mu m$ ULSI 集成电路用高纯氧气其允许杂质含量 $CO+CO_2 < 10 \times 10^{-9}$、$THC < 16 \times 10^{-9}$；在我国的高纯氧标准中纯度应为 99.999％。上述高纯氧气的制取方法主要是由低温分离装置获得，目前还没有采用非低温分离装置获取的实例。国内有工厂采用水电解制氢装置获得副产氧，在经过催化、吸附纯化处理后制取高纯氧气，也得到一些电子企业的应用。

　　为获得上述的高纯氧气，可采用低温空分装置制取纯度≥99.2%的普通氧气或液态氧气，然后经过吸附催化型氧气纯化设备或在低温空分装置上增设高纯氧塔制取。图1.9.15为吸附催化型氧气纯化装置的流程图。原料氧经气-气换热器初步冷却催化反应后送入催化反应器，在300℃左右的温度下将CO、CH_4、H_2催化转化为CO_2、H_2O；然后经气-气换热器、水冷却器冷却至常温，进入分子筛吸附器，在常温状态下由分子筛吸附去除氧气中的杂质。吸附饱和后的分子筛由部分纯化后的氧气作为再生气加热再生，恢复分子筛的吸附能力。此类氧气纯化装置既可作为空分氧或水电解氧的初级纯化，也可以作为各种具有一定纯度氧气的末端纯化装置。当按末端氧气纯化装置进行设计、制造时，第一在催化剂、分子筛吸附剂的选择方面应予以严格筛选，必须选用能够达到预期纯化要求的纯化材料；第二对氧气纯化装置所有与氧气接触的容器、管路及其附件的材质都要求采用电抛光不锈钢SS316L.EP，焊缝及焊接均应符合高纯气体的要求；第三氧气阀门采用不锈钢隔膜阀等。此类末端氧气纯化装置纯化后的高纯氧气可达到下列指标：

氧气中杂质	装置入口	装置出口
CO	1.0×10^{-6}	$<10 \times 10^{-9}$
CO_2	1.0×10^{-6}	$<10 \times 10^{-9}$
CH_4	30.0×10^{-6}	$<10 \times 10^{-9}$
H_2	2.0×10^{-6}	$<10 \times 10^{-9}$
H_2O	1.0×10^{-6}	$<10 \times 10^{-9}$

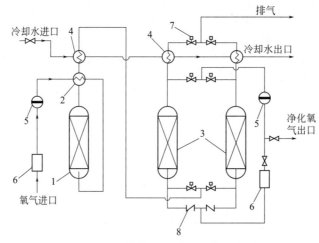

图1.9.15　氧气纯化装置流程示意图

1—催化反应器；2—气-气换热器；3—吸附器；4—水冷却器；5—过滤器；6—流量计；7—自控阀；8—止回阀

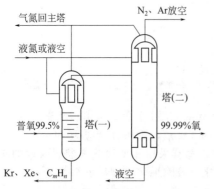

图1.9.16　低温精馏法制高纯氧流程示意图

　　图1.9.16是在低温空分装置上增设高纯氧塔（或称低温精馏法）制高纯氧的流程示意图。在低温空分装置上附加一个或两个高氧塔，以主塔生产的普通氧气为原料，利用主塔的冷源，采用低温精馏法提纯普通氧气。从主塔送来的普通氧气，在第一高氧塔中去除低沸点杂质——氮气，然后塔顶气送至第二高氧塔，在此去除高沸点杂质——烃类、二氧化碳等，从第二高氧塔的塔下部获得高纯氧。为了提高获得的高纯氧纯度，更好地去除氧气中的烃类杂质，还需在低温精馏系统中增设催化脱烃反应器，使烃类转化为二氧化碳，再送高氧塔去除。低温精馏法获得的高纯

氧纯度可达 99.99％以上。

（3）高纯氢气　氢气的工业制取方法通常有水电解、天然气转化、从含氢气气体中分离以及甲醇或氨分解（裂解）等多种。目前工业制氢中大部分都是采用化石燃料——煤或石油类产品经气化或部分氧化和天然气转化制氢；为得到工业产品生产所需的高纯氢气，通常采用水电解制氢或由各种方法获得的含氢气体经变压吸附提纯或膜法与变压吸附法联合制氢，也有的采用甲醇、氨分解获得 CO_2+H_2 或 N_2+H_2 混合气经变压吸附法制氢。目前国内的电子工厂多采用水电解制取的氢气，经过初级的催化吸附型纯化装置可获得纯度为 99.999％纯氢/高纯氢，再在企业内设第二级/末端纯化可获得所需纯度和允许杂质含量的高纯氢/超高纯氢；冶金行业等采用变压吸附法提纯获得 99.99％～99.999％的氢气，氢气用量较小的企业也有的采用水电解制氢经催化吸附型纯化装置提纯。

近年来，随着以超大规模集成电路为代表的微电子产品生产迅猛发展，对于高纯氢气中的杂质含量控制要求十分严格，经过一般氢气纯化获得的纯度为 99.999％的氢气还需进行"精纯化"。氢气精纯化装置主要有低温吸附法、钯膜纯化器、金属消气剂纯化装置和金属氢化物净化装置等。

低温吸附法是利用吸附剂在液氮温度下，对氢气中各种杂质的选择吸附作用进行提纯；低温吸附法的纯化深度与吸附剂的性能、原料氢中杂质的种类及浓度、再生方法、装置的结构和附件质量等因素有关；由于低温吸附时是多种杂质的共吸附过程，因此吸附容量的确定比较复杂，通常应根据模拟试验数据或按已实际使用的相似装置的运行数据确定。低温吸附过程以液氮作为冷源，保持所需的低温，其液氮消耗量取决于吸附过程的各项冷量消耗或冷损，通常与杂质的含量及浓度、吸附器的尺寸、纯化装置的结构、运行条件有关；纯化器较大时，液氮消耗量较少，小于 $0.2L/m^3$ 纯氢，纯化器较小时，液氮消耗量较大。该纯化方式早已在液态氢气生产中应用，作为产品的低温吸附法氢气纯化装置是在 20 世纪 70～80 年代在日本出现的，并逐渐应用在一些电子工厂中。

低温吸附型氢气纯化装置可去除 O_2、N_2、CO、CO_2、CH_4、H_2O 等杂质，氢气纯度达到 7N（99.99999％）以上。图 1.9.17 是日本某公司的 THLP 低温吸附型氢气纯化装置流程图。一般在低温吸附纯化器前设置有催化吸附型纯化装置，在脱氧器中常温去除 O_2 杂质，在常温吸附器内去除 H_2O、CO_2 杂质；据了解目前也有催化吸附过程设置在同一个纯化器内进行的，即在纯化器中装填催化剂、吸附剂。经预纯化处理后的较高纯度的氢气进入低温吸附器，在此以液氮温度（77K）主要去除氢气中的 N_2、CO、CH_4 等杂质。

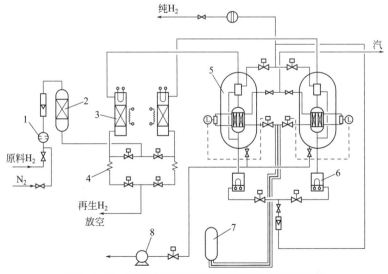

图 1.9.17　THLP 低温吸附型氢气纯化装置流程图

1—过滤器；2—脱氧器；3—常温吸附器；4—冷却器；5—低温吸附器；6—电加热器；7—液氮罐；8—真空泵

　　钯合金纯化装置、消气剂氢气纯化装置在前面已有表述，下面介绍利用金属氢化物储氢合金对氢的可逆、选择性吸收特性和储氢合金-氢系的压力-温度特性进行氢气纯化，即在一定的压力、温度下吸氢之后改变压力、温度，从金属氢化物中放出纯氢，可使氢气的纯度达 99.9999%，杂质含量为 $(0.1 \sim 1) \times 10^6$ 左右；可将氢气中的 N_2、烃类杂质去除。图 1.9.18 是金属氢化物纯化装置流程示意图。

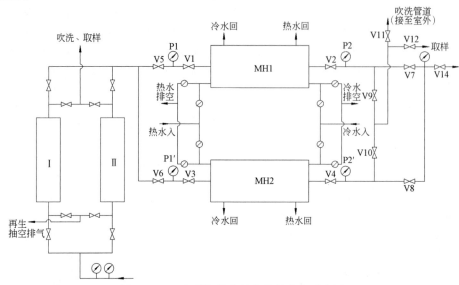

图 1.9.18　金属氢化物纯化装置流程示意图
Ⅰ，Ⅱ—预处理干燥器；MH1，MH2—贮氢合金氮纯化器

　　（4）高纯氩气　氩气通常采用低温空分装置，从空气中提取或从合成氨等化工生产过程的尾气中回收提取。按我国目前的高纯氩气国家标准，分为 3 级，纯度分别为 99.999%、99.9993%、99.9996%。为了获得超大规模集成电路生产所需的高纯氩气，一般还应采用精纯化装置进行提纯；通常氩气纯化方法可采用催化反应法、吸附法，其装置大体与氮气纯化装置相似，主要是去除氩气中的杂质氧、二氧化碳、水分。若要去除烃类杂质，其纯化过程较复杂，能源消耗大、投资大，且不能去除氩中的氮杂质。因此若产品生产要求去除氮杂质时，只能选用金属吸气剂法，不仅可以去除氮杂质，还可获得 10^{-9} 级的高纯氩气。其特点与前述的金属消气剂氢气纯化装置相似。图 1.9.19 是此类氩气净化装置的工艺流程图。

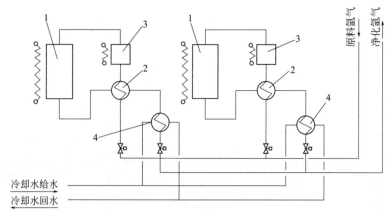

图 1.9.19　氩气纯化装置工艺流程图
1—消气剂反应器；2—气-气换热器；3—电加热器；4—气-水换热器

9.2.3 气体过滤

洁净厂房中的各类气体均需根据洁净室的洁净度等级和颗粒物控制粒径的要求，采取相应的气体过滤措施，如前所述在集成电路芯片制造工厂中对供应至洁净室内的高纯大宗气体、干燥压缩空气等均需控制粒径 $0.01\mu m$，单位体积（m^3）允许粒子数 <1 个甚至检测不出。对于这类要求在供气中颗粒物控制严格的用气设备，不仅应在洁净厂房气体入口处设置高精度气体过滤器，而且还应在邻近用气设备处设置满足用气设备要求的高精度气体过滤器，这是因为即使在洁净厂房内的高纯气体管道采用了高质量的管材和附件，但仍有可能发生各种金属或其氧化物微粒（一般粒径为 $<0.1\mu m$ 的粒子）的污染，而这些微粒一旦带入晶圆制造过程的用气设备内将会严重影响产品质量，可能会出现成批的废品或次品。所以气体过滤是洁净厂房内气体输送过程中不可缺少，且技术要求十分严格的设备或附件。

高纯气体中微粒产生的原因多种多样，各种因素产生的微粒粒径范围也各不相同，比如机械摩擦、研磨或粉碎产生的微粒粒径一般都大于 $1.0\mu m$，甚至达数百微米；加热金属管道，由蒸发-冷凝原理形成的金属或氧化物微粒，其粒径一般小于 $0.1\mu m$ 等。随着半导体集成电路制造工艺的飞速发展，在制造过程中微粒的污染已被公认为影响产品质量、成品率的主要因素之一，工艺生产所需的各种高纯气体中微粒污染对微电子产品质量的影响，有时可能会更加直接且为"致命性"的。

大宗气体中的颗粒污染物主要源于气体制造过程、充装和气体钢瓶以及管道输送过程。表1.9.22是不同气体钢瓶充装气体中的粒子浓度测试数据。表中数据表明瓶装氢气的颗粒浓度变化为 $4406\sim12550pc/L$，瓶装氮气为 $648\sim2347pc/L$；该测试采用的凝聚核粒子计数器（CNC3020）所测数据表明，$\geq0.02\mu m$ 的粒子浓度比 $\geq0.12\mu m$ 的粒子污染高几个数量级。高纯气体输送管路中的微粒浓度，据有的单位检测大体在 $204\sim810pc/L$（$\geq0.3\mu m$）。

表 1.9.22　钢瓶装高纯大宗气体中的粒子浓度测定数据

气体种类	激光粒子计数器测粒子数/(pc/L)						凝聚核粒子计数器测粒子数（$\geq0.02\mu m$）/(pc/L)
	$0.12^{①}$ / 0.17	0.17 / 0.27	0.27 / 0.42	0.42 / 0.62	0.62 / 0.87	总数	
氧气	878	2672	757	188	0.6	4496	652000
	1072	3349	1207	402	6	6036	643000
	276	842	224	50	0	1392	224000
	830	2597	774	216	0.3	4417	614000
氮气	313	940	275	79	0	1607	162000
	497	1353	397	99	0	2346	276000
	502	1563	473	101	0.3	2639	261000
	135	387	110	25	0	657	113000
氩气	2240	6890	2552	864	3	12549	
	2048	6562	2279	877	6	11772	
	1255	4159	1562	545	2	7523	
	1079	2541	680	105	0	4405	

① 粒径单位均为 μm。

去除气体中颗粒污染物的常用方法是机械过滤法，其过滤原理是利用筛分、拦截、撞碰和扩散的作用，将气体中携带的颗粒物去除。对于气体中微细颗粒物的去除主要的或者说最重要的是扩散作用，可能不是人们最易理解的筛分作用；所谓的扩散作用是由于布朗运动使颗粒物偏离流线（布朗运动是由气体中分子的热运动对微粒的影响而生成的），这种偏离的微粒被滤材从气体中去除的可能性，随着微颗粒物粒径和气体流速的减小而增加。用于气体过滤的滤材主要有陶瓷、尼龙四氟塑料、烧结不锈钢和烧结镍等，工程塑料可做成不同性能的合成膜如PVDF过滤膜或纤维状，但尼龙类的滤材由于不能承受较高温度，因此在半导体制造行业已很少使用，尤其是不能用于氧气等氧化性气体。烧结不锈钢等金属类过滤材料，因为可以承受 $300℃$ 以上高温，所以可以用于各类气体的过滤,据了解采用这类滤材的高精度气体过滤器可使≥0.01μm 微粒的过滤效率达9 个"9"以上,有资料称可达15 个"9"。表 1.9.23 是国内某专业制造厂家生产的几种气体过滤器的主要技术性能。

表 1.9.23　几种气体过滤器的主要技术性能

类型	滤芯	过滤精度/μm	过滤效率/%	初始压差/MPa	工作温度/℃	残余含油量/(mg/m³)	特点
预过滤器(PEF)	烧结聚乙烯	1	>98	0.01	<80	—	用于气固、气液分离,保护精密过滤器
预过滤器(SBF)	烧结青铜	5	>98	0.005	<120	—	用于气固、气液分离,并适合高压、高温
预过滤器(SSF)	烧结不锈钢	10	>98	0.008	<200	—	用于气固、气液分离,并适合高温、高压、耐腐
预过滤器(SFF)	烧结不锈钢毡	10	>98	0.003	<200	—	用于气固、气液分离,并适合高温、高压、耐腐、容尘量大
精密过滤器(FF)	细滤滤芯	0.01	99.999	0.005	<80	0.1	除水、除尘、除油
精密过滤器(MF)	精密滤芯	0.01	99.99998	0.008	<80	0.03	除水、除尘、除油
精密过滤器(SMF)	超精滤芯	0.01	>99.99999	0.012	<80	0.01	超精密过滤,除水、除尘、除油
精密过滤器(MF+AK)	精密加活性炭滤芯	0.01	>99.99999	0.016	<40	0.005	精密过滤,除水、除尘、除油、除气味
精密过滤器(SMF+AF)	超精密加活性炭滤尘	0.01	>99.99999	0.020	<40	0.003	精密过滤,除水、除尘、除油、除气味
除菌过滤器(SRF)	硅硼超细纤维		99.99999	0.012	<200	—	精密过滤,除水、除尘、除菌

在洁净厂房内高纯大宗气体或洁净干燥压缩空气的输送系统中,不仅应根据产品生产工艺对气体的洁净程度要求(包括对颗粒污染物的控制粒径和允许的粒子数量以及除油、除菌要求),选择气体过滤器的类型、设置处所和过滤精度等,还应考虑设置气体过滤器的供气系统的流量、压力、允许压力降等因素。当气体中颗粒污染物较多或产品生产工艺要求十分严格时,通常应设置二级或二级以上的气体过滤器,一般在洁净厂房的气体入口处设置一级以上的气体过滤器。为避免厂房内气体输送管道中管材、附件可能引起的颗粒物污染,在产品生产工艺要求十分严格时常在邻近用气设备处设置末端高精度气体过滤器。图 1.9.20 是高精度气体过滤器的外形。若在电子工业洁净厂房内设有气体纯化设备时,气体纯化设备进、出口未设有气体过滤器,为避免在气体纯化过程中可能引起的颗粒物污染,应在气体纯化站引出的气体管道上设置满足产品生产工艺要求的气体过滤器;在医药工业洁净厂房中通常应按相关规范或产品生产工艺要求,在洁净干燥压缩空气的供气系统中设有满足工艺要求的无菌过滤器。

(a)　　　　　　　　　(b)

图 1.9.20　高精度气体过滤器

9.2.4　管路及附件

高纯气输送配管技术是高纯气体制取、输送的重要组成部分，说得严重一点，能否将合格的高纯气输送至用气点末端并仍保持质量合格的状态，取决于高纯气配管技术，它包括配管系统的正确设计、配管及附件的选用和施工安装及试验检测等内容。近年来，由于一些工业产品，尤其是以大规模集成电路为代表的微电子产品生产工艺对高纯气体的纯度和杂质含量提出了日益严格的要求，输送高纯气体的配管技术日益受到洁净厂房建设者的重视。

（1）高纯大宗气体输送系统管路的敷设　在洁净厂房内的高纯氢气、高纯氧气管道应架空敷设，厂区内室外的高纯氢气、高纯氧气和窒息性惰性气体管道也可采用直接埋地敷设，这里必须着重说明，高纯氢气、氧气和窒息性惰性气体管道均不得采用地沟敷设，以确保安全稳定运行和管路检修；高纯大宗气体管道采用架空敷设或直接埋地敷设时，均应遵守相关国家标准中有关气体管道敷设的要求，如国家标准《氢气站设计规范》（GB 50177）、《氧气站设计规范》（GB 50030）等。在洁净厂房内的高纯氢气、高纯氧气管道敷设时，若因条件所限必须穿过不使用此类气体的房间时，应以钢套管保护，并应对套管内采取通风排气措施，防止此类气体泄漏至房间内，引发事故；高纯氢气、高纯氧气管道穿过墙壁或楼板时，应敷设在套管内，且套管内的管道不得设有焊缝，套管与管道之间应以不燃材料进行封堵。

大宗高纯气体（包括氢气、氧气、氮气、氩气）管道的末端或最高点均应设置放散管，以便在高纯气体管路系统启用、检修前后和长期停止使用的前后等时刻，对管路系统进行吹扫置换，确保高纯气体质量和安全稳定运行。高纯氢气系统的放散管应在管口邻近处设置阻火器；高纯氢气、高纯氧气的放散管应引至室外高出屋脊 1.0m 以上，高纯惰性气体的放散管也宜引至室外。氢气、氧气的放散管应分开布置，两者之间的距离应大于 4.5m。各类气体的放散管管口均应采取防止雪、杂物侵入和堵塞的措施。

大宗高纯气体管道在洁净厂房内布置时，应根据气体纯化间的位置和产品生产工艺用气设备的分布状况合理进行设置，通常高纯大宗气体输送管道的布置不得过长，宜尽可能地短；若条件合适时可采用不封闭的环行管网，也可在管路系统的末端连续不断地排放少量气体，以便高纯气体管道中总是有气体流动，不发生所谓的"死气"状态，使高纯气体被污染。高纯气体管路中应减少不流动气体的"死空间"，不应设有"盲管"；为确保高纯气体管路系统的吹扫置换效果和检测吹扫置换过程的排气中杂质浓度是否达到气体品质、安全要求，应在合适位置设置吹扫口和取样口。

（2）高纯气体管道材质选样　高纯气体管道的管径应根据设计气体流量、工作压力或生产设备要求进行计算确定，有的高纯气体干管或支管管径可能较小，但其外径不宜小于 6mm，壁厚不宜小于 1.0mm。

高纯气体管道的材质、洁净处理方法以及配置的阀门类型、材质选择，应根据管内输送的高纯气体纯度和杂质含量等因素确定，一般所选择的阀门材质及表面洁净处理方法应与管道相一致。半导体芯片制造工厂前工序的高纯气体配管材料（包括阀门、附件）应选用电抛光不锈钢 316L（EP）、光亮退火不锈钢 316L（BA），管道连接应采用焊接或平面密封接头；阀门应采用隔膜阀、波纹管阀。

高纯气体管路用材质应选用渗透性小、出气速率低、吸附性差的材料，以防止杂质气体的渗透、污染；一般将气体从压力（或分压）高的一侧透过材料向低的一侧流入的现象称为渗透，气体渗透量与材料两侧的压差（或分压差）和材料的表面积成正比。高纯气体中的水分含量、氧杂质含量均为 10^{-12}、10^{-9} 或 10^{-6} 级，若输送管道的材料选择不当就会使管外空气中大于管内若干数量级的氧分压、水分压，造成氧、水分等渗透现象，使高纯气体被污染，这一情况已被实践和试验证实。表 1.9.24 为不同材料的氧渗透实测数据。

表 1.9.24　不同材料的氧渗透

材料	大气中氧的渗透/10^{-6}	材料	大气中氧的渗透/10^{-6}
不锈钢管	0	聚乙烯	11
铜	0	聚四氟乙烯	13
有 $20\mu m$ 孔的金属管	20	聚乙烯化合物	27
聚氯乙烯	0.6	天然橡胶	40
氯丁橡胶	7		

目前集成电路生产前工序的高纯气体输送系统管材采用低碳不锈钢管（SS316L）或不锈钢管（SS304）。为提高管内表面光洁度、降低粗糙度，通常采用机械喷砂、化学溶液清洗钝化、化学抛光、电抛光等方法对配管内表面进行处理，若要求严格控制气体中的杂质含量时，通常采用经过电抛光的低碳不锈钢管（SS316L、EP）。表 1.9.25 是电抛光处理前后的表面粗糙度比较。

表 1.9.25　电抛光处理前后的表面粗糙度

机械加工方式	电抛光前 $Ra/\mu m$	电抛光后 $Ra/\mu m$
钻	0.34～7.20	0.30～5.99
钻和绞	0.29～2.29	0.22～1.82
钻、绞、轧制、研磨	0.20～1.16	0.10～0.42
钻、绞、精密加工	0.56～1.50	0.30～0.96
钻、绞、轧制、研磨、精密加工	0.12～0.86	0.24～0.34
车削	0.24～1.60	0.14～0.72
车削、精密加工	0.20～2.00	0.10～0.43

选用吸附性能差的材质，由于水分等杂质是极性分子，吸附性很强，橡胶、塑料或一些粗糙的表面均易吸附水分等杂质，因此使用吸附性能好的材料输送高纯气体易被污染。表 1.9.26 为不同管道材料的吸附性、渗透性比较。为使高纯气体免受污染，凡是与高纯气体接触的部分均不得使用橡胶、塑料制品。

表 1.9.26　不同管道材料的渗透性、吸附性比较

管道材质	渗透性	吸附性	管道材质	渗透性	吸附性
不锈钢	无	弱	真空橡胶	较小	强
紫铜	无	对水吸附性强	乳胶	大	强
聚四氟乙烯	很小	弱			

在国家标准《大宗气体纯化及输送系统工程技术规范》（GB 50724）中规定：高纯气体纯度低于 99.99%、露点低于 −40℃ 的气体管道，宜采用 AP 管或 BA 管，阀门宜采用不锈钢球阀。高纯气体纯度大于或等于 99.99%、小于 99.999%，露点低于 −60℃ 的气体管道，应采用 BA 管或 EP 管，阀门应采用同等级的低碳不锈钢波纹管阀或隔膜阀。高纯气体纯度大于或等于 99.999%、露点低于 −70℃ 的气体管道，应采用 EP 管，阀门应采用同等级的低碳不锈钢隔膜阀或波纹管阀。表 1.9.27 是 EP 不锈钢管的技术要求，表 1.9.28 是 BA 不锈钢管技术要求。

表 1.9.27　EP 不锈钢管技术要求

序号	项目	内容/指标
1	规格	1. 英制管:外径×壁厚 　规格:1/4in × 0.035in;　3/8in × 0.035 in;　1/2in × 0.049in;　3/4in × 0.065in;　1in × 0.065in; 　1½in×0.065in;2in×0.065in;3in×0.065in;4in×0.083in;6in×0.109in 2. 公制管:DN(mm) 　规格:8、10、15、20、25、32、40、50、65、80、100、125、150 3. 长度:4~6m/根
2	技术 要求	1. 内表面粗糙度:$Ra \leqslant 0.25\mu m$ 2. 熔炼方式:AOD、VOD、VIM、VAR、ESR 等的一种或结合 3. 锰含量:≤2.00%;硫含量:0.005%~0.012%(无缝管),0.005%~0.017%(焊接管) 4. 制作过程:冷延→热处理→冷拉→光亮热处理→脱脂→一般水洗(7级洁净环境)→电解抛光→碱 中和→钝化处理→一般水洗→冷纯水水洗(7级洁净环境)→温纯水水洗(7级洁净环境)→纯氮吹扫 (5~6级洁净环境)→检查→包装(压帽氮封及外包装充气保护) 注:热处理:在露点−40℃的干燥氢气中,或 $10\mu mHg$ 真空下,加热到1000℃,然后快速淬火 钝化处理:20%~50%硝酸溶液,≥30min
3	检测 要求	1. 外观检查、真圆度检查、尺寸检查、紫外光油质擦拭检查等 2. 表面粗糙度检查 3. 氦检漏:内向检漏法 $\leqslant 1 \times 10^{-9}$ mbar·L/s,或外向检漏法$\leqslant 5 \times 10^{-6}$ mbar·L/s 4. 颗粒(可选):$\geqslant 0.10\mu m$,且$\leqslant 0.036$ 颗/L 5. 不纯物测试(可选):水分 0.5×10^{-6};氧分 0.5×10^{-6};总碳氢 0.5×10^{-6} 6. 铬铁比(可选):1.5:1 7. 氧化层厚度(可选):2×10^{-3} μm 8. 表面缺陷(可选):放大 3500 倍,40 处
4	包装 要求	1. 应在 7 级洁净环境内包装 2. 包装前采用清洁氮气吹扫 3. 两端用厚度为 45μm 的聚乙烯塑料膜覆盖后,再用管帽封堵 4. 密封包装在厚度为 150μm 的聚乙烯塑料袋内

表 1.9.28　BA 不锈钢管技术要求

序号	项目	内容/指标
1	规格	1. 英制管:外径× 壁厚 　规格:1/4in × 0.035in;　3/8in × 0.035in;　1/2in × 0.049in;　3/4in × 0.065in;　1in × 0.065in; 　1½in× 0.065in;2in×0.065in;3in×0.065in;4in×0.083in;6in×0.109in 2. 公制管:DN(mm) 　规格:8、10、15、20、25、32、40、50、65、80、100、125、150 3. 长度:4~6m/根
2	技术 要求	1. 内表面粗糙度:$Ra \leqslant 0.7\mu m$ 2. 熔炼方式:AOD、VOD、VIM、VAR、ESR 等的一种或结合 3. 锰含量:≤2.00%;硫含量:0.005%~0.012%(无缝管),0.005%~0.017%(焊接管) 4. 制作过程:冷延→热处理→冷拉→光亮热处理→脱脂→水洗(7级洁净环境)→纯氮吹扫(6级洁净环 境)→检查→包装(压帽氮封及外包装充气保护) 注:热处理:在露点−40℃的干燥氢气中,或 $10\mu mHg$ 真空下,加热到1000℃,然后快速淬火 清洗:应采用 16MΩ 以上去离子水进行水洗,再用纯度为 99.999%,经 0.01μm 过滤的60℃热氮气吹干
3	检测 要求	1. 外观检查、真圆度检查、尺寸检查、紫外光油质擦拭检查等 2. 内表面粗糙度检查 3. 氦检漏:内向检漏法 $\leqslant 1 \times 10^{-9}$ mbar·L/s,或外向检漏法$\leqslant 5 \times 10^{-6}$ mbar·L/s 4. 颗粒:$\geqslant 0.10\mu m$,且$\leqslant 0.036$ 颗/L 5. 不纯物测试(可选):水分 0.5×10^{-6};氧分 0.5×10^{-6};总碳氢 0.5×10^{-6}

序号	项目	内容/指标
4	包装要求	1. 应在 7 级洁净室环境内包装 2. 包装前采用清洁高纯氮气吹扫 3. 两端用塑料管帽封堵 4. 密封包装在厚度为 $150\mu m$ 的聚乙烯塑料袋内

高纯气体输送系统的阀门、附件的严密性是影响高纯气体输送质量、减少污染甚至无污染的重要条件，所以国内外均十分重视准确地选择阀门、附件。通常应根据高纯气体输送系统输送的高纯气体品质、允许的杂质含量选用阀门、附件，阀门形式有隔膜阀、波纹管阀和球阀。波纹管阀的严密性优于球阀，当气体流过波纹管阀时没有与外环境接触的填料；隔膜阀的严密性与波纹管阀相同，并且阀体内"死空间"小，易于吹除、污染少，所以隔膜阀、波纹管阀适用于气体纯度和杂质含量要求十分严格的场所；如大规模集成电路前工序的高纯气体管道都采用这两种阀门。

为确保高纯气体管道的严密性、避免污染，高纯气体管道的连接都采用保护气体对接焊，只有在与生产工艺用气设备或阀门连接时采用不锈钢金属软管或严密性好、不易渗漏的连接件。平面密封连接件（如 VCR 等）为纵向压力进行压紧，并选择质量优良的金属垫等，可以做到气密性好、不渗漏、污染少。

9.2.5 高纯气体的测试、检测

（1）高纯气体输送系统的试验、测试 为确保高纯气体输送系统工程的施工安装质量，使该系统在投入运行后所输送的高纯气体不会受到污染、降低气体品质，通常均应在施工安装完成后按规定进行试验和测试。在 GB 50724 中规定了高纯气体管道系统的强度试验、气密性试验和泄漏性试验的试验范围、试验压力、试验介质和试验合格的要求。对于集成电路芯片制造等产品用高纯气体要求纯度、杂质含量十分严格，推荐采用氦检漏法进行系统泄漏量检查；氦检漏时，应按系统分别单独进行，并应对易泄漏点/部件逐个检查。高纯气体管道氦检漏的方法简述如下：通常宜采用内向检漏法、阀座检漏法、外向检漏法。内向检漏法（喷氦法）是采用在高纯气体管道内部抽真空，外部喷氦气的方法进行检漏。阀座检漏法是采用在测试管段切断阀门上游充氦气，下游抽真空的方法检漏。外向检漏法（吸枪法）是采用在高纯气体管道内部充氦气或氦氮混合气，外部用吸枪检查可能泄漏点的方法检漏。

氦检漏仪表应采用质谱型氦检测仪，其检测精度不得低于 1×10^{-10} mbar • L/s。高纯气体系统氦检漏的泄漏率合格要求是：内向检漏法测定的泄漏率不得大于 1×10^{-9} mbar • L/s；阀座检漏法测定的泄漏率不得大于 1×10^{-6} mbar • L/s；外向检漏法测定的泄漏率不得大于 1×10^{-6} mbar • L/s。

高纯气体管道氦检漏发现的泄漏点经修补后，应重新进行气密性试验，合格后再按规定进行氦检漏。

洁净厂房中高纯气体管道系统在试验合格后，应按要求以高纯氮气等进行吹扫置换，然后以所输送的气体介质再进行置换，甚至达到所输送的气体品质后应按规定进行"纯度测试"。

高纯气体系统测试的内容主要有气体中的颗粒物测试、微水测试和微氧测试。颗粒物测试应采用高纯氮气作为测试气体，以等速采样管采样，并以粒子计数器进行检测；测试前应将系统中的气体过滤器拆除，并对所有管路进行变压循环吹除至少 30 次以上；测试过程中应采用橡胶棒轻敲管壁；测试应连续进行 3 次确认是否合格，以每立方米检测气体中大于或等于 $0.1\mu m$ 的颗粒少于或等于 35 粒为合格。

高纯气体管道微水测试时，测试气体的速度应低于管道工程设计流速的 10%，且应小于 3m/s；测试时首先应测试管路系统气源中的微水浓度与工程设计值相近，然后才能进行测试；微水测试的水分增量应符合设计要求或使用单位的要求。测试合格后，应保持稳定或无下降趋势 20min 方可结束。

微氧测试基本与微量水测试相似，也是采用微量氧增量方法进行。当测试气体的微量氧增量

小于 10×10^{-9} 时，继续记录 30min，并确认记录数据值没有上升趋势，方可结束。测试时，管路不得加装过滤器，接头宜采用金属面密封（VCR）接头，不得使用聚四氟软管。

（2）高纯气体检测 为确保高纯气体输送中气体的品质，应在线或定期进行高纯气体允许杂质含量的控制。对微电子产品用高纯大宗气体通常应检测的杂质气体是：O_2、H_2O、CO、CO_2、H_2、N_2、HCl、微粒和某些金属离子，检测精度一般为 $10^{-7} \sim 10^{-12}$ 级，其检测仪器、分析方法主要是各种类型的色谱分析和在线专用分析仪器等。高纯气体中微量杂质的检测方法见表 1.9.29。

表 1.9.29 微量杂质的检测方法

被测杂质	分析方法	被测杂质	分析方法
微量氧	气相色谱法 铜氨比色法 原电池法 黄磷发光法	氢、氮、甲烷	气相色谱法
		一氧化碳 二氧化碳	转化气相色谱法
微量水分	露点法 电解法 电容法 气相色谱法	微粒	滤膜法 光散射法

气相色谱是以气体作为流动相的分离技术。气相色谱仪器随着对高纯气体中杂质分析精度的提高发展很快，检测量已从 10^{-6} 发展到现今的 10^{-9}、10^{-12}。色谱仪型号繁多、性能各异，但其构造基本相似，主要由载气控制系统、进样系统、分离系统（色谱柱）和检测系统（包括检定器和同检定器相连的电气部分）等部分组成。通常被测气体由进气系统进入色谱柱，由于柱内的吸附剂对高纯气体中的各杂质组分的吸附顺序、能力的不同，各杂质组分按先后顺序彼此分离进入检定器，便产生一定的信号，经电气部分输入计算机进行数据处理，并用记录仪记录色谱图；每个杂质组分在色谱图上都有一个完整的色谱峰，以峰的位置进行定性，以峰的面积或峰的高度进行定量。为确保分析的精度和准确性，除了要有一台质量优良、分析精度满足要求的色谱仪外，还应具有可靠的比对用标准气、样气。该标准气、样气应为有资格的标定机构确认的合格产品，如高纯氢中的 CO、CO_2、甲烷、氮等可采用氦离子化气相色谱法进行测定。图 1.9.21 是配备气路切割、脱氧柱和柱切换装置的氦离子化气相色谱仪的气路流程示意图。

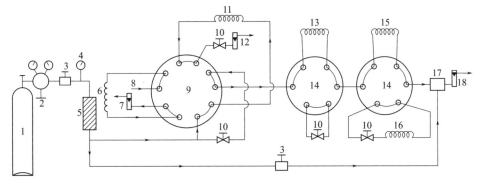

图 1.9.21 气路流程示意图

1—高纯氦载气钢瓶；2—钢瓶减压器；3—载气稳压阀；4—压力表；5—载气净化器；6—定体积进样管；7—样气流量计；
8—样气入口；9—十通阀；10—气路平衡调节阀；11—预分离柱；12—切割路载气流量计；13—脱氧柱；
14—六通切换阀；15—色谱分析柱1；16—色谱分析柱2；17—氦离子化检测器；18—检测器路载气流量计

气相色谱（GC）-质谱（MS）联用仪，随毛细管气相色谱法的广泛使用，已成为分析多组分混合物不可缺少的有效工具。在CGC-MS联用技术中，质谱仪相当于气相色谱仪的一个检测器，而气相色谱仪又成为质谱仪的进样装置。当一个多组分强合样品经毛细管色谱柱分离后，被分离的各个组分按其流出次序与载气一起进入质谱仪的离子源，将各组分分子电离成离子，再经质量分析器将离子按质量大小进行分离；收集并记录这些离子及其强度，从而获得样品中各组分的质谱图，由图可得到有关相对分子质量和结构方面的信息，可确切对混合样品的定性和定量组成做出鉴别。

在 CGC-MS 联用技术中接口装置是一个重要的组成部分，它起到 CGC 和 MS 之间适配器的作用；计算机系统交互地控制气相色谱、接口装置和质谱仪，进行质谱图的数据采集，并与谱图库中的标准质谱图进行比较、鉴别，计算机系统是 CGC-MS 的中央控制单元。

高纯气体中微氧的分析，除采用气相色谱法检测外，常常采用在线的专用微氧分析仪，对高纯气体中的微氧杂质进行连续的监测。此种微氧分析仪一般安装在高纯气体制取或纯化设备出口，有时常常安装在高纯气体输送管路的始、末端，用以监测高纯气体输送过程的污染状况。目前在 10^{-9} 级微氧检测中常采用 DF 系列微氧分析仪，铂系列氧分析仪是目前先进的微氧分析仪，它采用一个非消耗型电化学传感器，类似于库仑计的过程，在电化学池内氧量被降低了。铂系列测氧时对传感器的任何部分都没有化学变化和分解，它不像可更换的电池型传感器那样使用一个可消耗的阳极。DF-560 型微氧分析仪的微氧检测范围是 $(0\sim2)\times10^{-9}$，可对 N_2、He、H_2 和 Ar 等气体中的微量氧进行在线检测。

高纯气体中微水的分析方法较多，目前常用的分析方法主要有：气相色谱法、露点法、电解法、电容法等。目前在电子工业洁净厂房高纯气体系统通常用电解法、电容法。电解法是根据法拉第电解定律，利用吸湿电解直接测定气体中的微量水分，可自动指示、连续测定、速度快、灵敏度高；被测气体中含水量太高时不宜通入分析系统，间断分析时要防止空气进入电解池造成本底偏高；常用于氮、氩、氦、空气等不在电极上聚合的各种气体中微量水分的分析，气体中不应含有机械杂质、油污等，可检测的含水量达 $10^{-6}\sim10^{-9}$ 级。电容法的湿敏元件是以铝和金膜为两极多孔氧化铝层为介质的电容器，水分子透过金膜，被氧化铝孔壁吸附，与元件周围空间中的水分压达成动态吸附平衡，引起元件电容值的变化，测其值即可得气体中的水含量；该仪器结构简单、测量迅速、灵敏度高，可自动指示、连续分析，湿敏元件不宜长期暴露在空气中；电容法是一个相对测湿方法，需以标准方法进行校准，常用于氮、氩、氦、空气等非腐蚀性气体中微量水分的分析，被测气体中严禁含有油蒸气和污物，可检测气体对含水量范围为 $-110\sim+60℃$，$-80\sim+20℃$。MICRO DOWSER MZ 型微水分析仪是一种电解式微水分析仪，它采用覆盖法将专用的吸湿材料覆盖薄膜电极，当电极加上电压时，水分被分解在电极之间产生电流，检测电流由微处理器转换为 10^{-6}、10^{-9} 或露点。该仪器的检测水分范围有 $(0\sim300)\times10^{-9}$、$(0\sim3)\times10^{-6}$ 等。仪器内设有吸气剂型气体纯化器，用以进行零点校正和量程校正。

针对半导体气体的高纯度特性，所发展出的极微量分析技术也日趋多元化，影响分析结果准确度的因素也日趋复杂，除了分析本身的灵敏度及仪器操作误差之外，分析环境的洁净度控制、样品处理步骤、取样程序监控以及样品容器材质的选择，都可能对分析结果产生决定性的影响。随着半导体大宗气体供应系统分析技术的日益发展，对于主要气态不纯物已可做离线（off-line）或在线（on-line）检测，且检测极限均可达到 10^{-9} 甚至 10^{-12} 的水准，主要分析方法包括气相色谱分析法（gas chromatography，GC）、痕量氧气分析仪（trace oxygen analyzer）、水分分析仪（moisture analyzer）、大气压离子化质谱仪（API-MS）和颗粒仪（particle counter）。其中大气压离子化质谱仪（API-MS）的检测极限可达 10^{-12} 水准，其工作原理是气体分子在仪器的 3000V 高压仓内发生离子化（以检测 N_2 为例），各种带电离子在高压仓内因各自的质量不同，导致飞行到靶子的时间不同，由此就可把各种带电离子拉开，分别检测输出信号，得出各种杂质含量。以上海某集成电路工厂为例，在气体公司与半导体工厂的交接点设有 CQC（continue quality control，连续质量控制）。表 1.9.30 为氮气在线检测分析仪器及其检测极限。因氮气和氢气、氩气共用一台API-MS 分析仪器，故只能进行 8h 切换检测，而对于水分及氧气杂质含量则配备了 24h 连续检测的分析仪器。表 1.9.31 为氧气在线检测分析仪器及其检测极限。

表 1.9.30　氮气在线检测分析仪器及其检测极限

管理项目	分析仪器	检测极限	分析仪器	检测极限
	24h 连续检测		8h 切换检测	
$H_2O/10^{-12}$	Delta F	1	API-MS	0.1
$O_2/10^{-12}$	Ametek 5900	1～5	API-MS	0.5
$H_2/10^{-12}$	—	—	API-MS	0.05
$CO/10^{-12}$	—	—	API-MS	0.2
$CO_2/10^{-12}$	—	—	API-MS	0.22
$THC/10^{-12}$	—	—	API-MS	1
颗粒($\geqslant 0.1\mu m$)/(pc/ft³)	HPGP-101	1	—	—

表 1.9.31　氧气在线检测分析仪器及其检测极限

管理项目	分析仪器	检测极限
$H_2O/10^{-12}$	Ametek 5910	0.7
$H_2/10^{-12}$	Ametek ta7000R	1
$CO/10^{-12}$		1
$CO_2/10^{-12}$	Ametek ta7000F	2
$THC/10^{-12}$		2
$N_2/10^{-12}$	Valco 5002	5
颗粒($\geqslant 0.1\mu m$)/(pc/ft³)	HPGP-101	1

上海某 12in 集成电路工厂已配备了新型号的 Quattro APIMS 分析仪器，可实现 N_2、H_2 和 Ar 等气体 24h 连续在线检测。图 1.9.22 为某集成电路工厂内的 APIMS 分析仪器。

图 1.9.22　某集成电路工厂的 APIMS 分析仪器

9.3　特种气体供应系统

9.3.1　特种气体工艺系统

特种气体供应系统是电子工厂中最为危险的设施或场所之一，只要有任何的疏漏或失误，一且发生特种气体的泄漏都将可能造成人员、厂房、设备的严重伤害、损毁。尤其是特种气体中的自燃、可燃、有毒气体，如硅烷（SiH_4）是自燃性气体，一旦泄漏即与空气中的氧气发生剧烈反应，着火燃烧；又如砷烷（AsH_3）为剧毒性气体，即使微量的泄漏也可能造成作业人员的生命危害，因此特种气体供应系统设计、建造的安全性要求十分严格。在国家标准《特种气体系统工程技术标准》（GB 50646）中对特种气体系统的设计、建造等都作了相应的规定，必须严格遵守。

（1）特种气体工艺系统的设置　特种气体工艺系统的设置应满足产品生产工艺设备对气体流量、压力、温度以及气体品质（包括组分）等工艺参数严格的要求，为此在供气端应配置高精度的流量计、压力变送器、温控器、电子秤等。通常特种气体工艺系统应设置有：储存、供气的气瓶柜、气瓶架、集装格，气体分配用阀门箱、阀门盘，辅助氮气吹扫系统和排风以及尾气处理装置等。

电子工厂中特种气体系统大体可分为大宗特种气体系统、液态特种气体系统和大宗硅烷系统。通常将储存量大于500L的特种气体储存和送气系统称为大宗特种气体系统，集成电路制造厂中的SiH_4、N_2O、C_2F_6、NH_3、AsH_3、PH_3等，5代以上TFT-LCD液晶显示器工厂中的SiH_4、NH_3、NF_3等，光纤预制棒制造工厂的$SiCl_4$、$POCl_3$等，LED制造工厂的NH_3、AsH_3、SF_6、Cl_2等，太阳能光伏制造工厂的SiH_4、NH_3、CF_4、$POCl_3$等特气系统均属于大宗特种气体系统。液态特种气体系统是指以液态输送、分配，在用气的各终端进行汽化的特气系统。大宗硅烷系统是指容器水容积超过250L的硅烷系统，包括钢瓶集装格、Y钢瓶、长管拖车、ISO标准集装瓶组［按国际标准化组织（ISO）要求，允许安装在架子上的多个水容积不超过1218L的储罐或长管气瓶的总称］以及数量超过7个的独立小钢瓶系统。

大宗特种气体系统应设置独立的气（液）瓶、储罐或长管拖车以及其压力指示或钢瓶称重装置、连接回型管、气流控制的气体面板、吹扫氮气单元、电气控制柜等装置。系统的气体供应能力由气源瓶的供气压力变化和气体输送管道及其附件引起的压力损失等因素确定，其供应能力与所供特种气体的物化特性有关，应与相应的热力学、流体力学进行计算核实。液态气体瓶的大宗特气系统应配置合适的钢瓶加热与保温装置，以实现对特种气体进行预加热。由于液态特种气体的物化性质需要，为确保在装卸过程的安全、稳定，通常应以洁净的惰性气体为驱动气体将液态气体从大型的槽罐转送至供液柜内的小型槽罐，或由供液柜内的小型槽罐以驱动气体压力压送至用户用气设备，并在用气设备处设鼓泡器或蒸发器，液态气体蒸发为气态形式输送至生产设备。图1.9.23是液态气体供应系统示意图。

（2）特种气体输送系统　目前电子工厂中特种气体输送系统一般都是采用气体钢瓶的方式，通常将特种气体钢瓶设在气瓶柜（gas cabinet）内，由此通过输送管道供应至用气设备邻近处的阀门箱（valve manifold box，VMB），再由VMB送至生产设备的使用点（point of use，POU）；进入生产设备内使用气体的腔体之前，常设有气体控制柜（gas box，GB）与生产设备控制装置联动，一般以质子流量计或质子流量控制器（mass flow controller，MFC）对流入腔体的流量和各类进气的混合比例进行控制。图1.9.24是可燃性/毒性特种气体输送系统的案例，图中所示"案例"是"集中式"特种气体输送系统。这是一种多品种特气供应系统，它采用将多种特种气体设置在同一特气供气站内的设置方式，若其中一类特气系统出现差错，可能造成所有使用这些特气的用气生产设备停止运转，甚至会中断整个生产线的运行。而另一种特种气体的供应方式是所谓的"分散式"，这是按使用特种气体的生产设备所需的各种不同品种的特种气体，分别设置几台不同的满足产品生产要求的特种气体品种及其混合比例特气的气瓶柜在生产设备邻近处对其供气。这种"分散式"主要适用于特气用量较小的电子工厂，但这种方式可能会由于洁净厂房内布置的因素，不利于有效地进行相关安全防护措施的设置，并且会增加特种气体钢瓶的更换、搬运等维护管理工作，还可能增多特种气体气瓶柜的数量，所以"分散式"只能适用于使用特种气体品种较少、使用流量较小的产品生产车间。据了解目前在微电子洁净厂房内应用较多的是"集中式"。

图1.9.25是一个集成电路芯片制造用洁净厂房中的可燃特气间/ClF_3特气间对洁净室的特气供气系统，特气管道由特气间经下技术夹层分配至生产工艺设备。

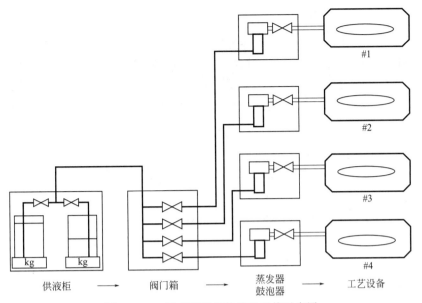

图 1.9.23　液态特种气体输送系统示意图

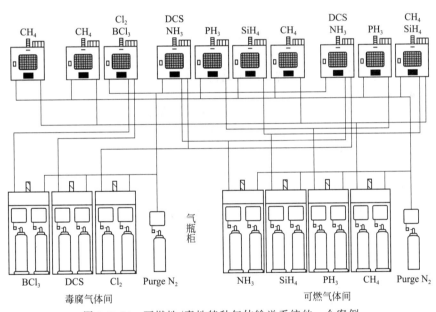

图 1.9.24　可燃性/毒性特种气体输送系统的一个案例

为确保特种气体供应系统安全、可靠和稳定地运行，根据不同类型特气的要求，特种气体供应系统均应按相关标准规范的规定设置吹扫、排气系统和尾气处理装置。对于自燃性、可燃性、毒性、腐蚀性特种气体系统均应设置吹扫氮气，吹扫氮气应与独立的氮气源连接，不得与公用氮气或工艺氮气系统相连；具有不相容性的特种气体的吹扫氮气不得共用同一氮气源，以避免吹扫氮气被本质特种气体污染，引起着火、中毒或损坏设备的事故。在特种气体系统的吹扫氮气管线上必须设置止回阀。吹扫氮气系统应设置吹扫氮气的气体面板，该面板上应设有压力调节阀、排气管、高低压截止阀、高低压压力指示装置和安全阀，以确保特种气体系统安全和气体质量。

　　特种气体系统设置的辅助真空装置通常采用氮气作为引射气源，该氮气可由厂房内的公用普通等级的氮气供给；对于自燃性、可燃性、毒性和腐蚀性特种气体系统抽真空后排出的尾气中有害气体浓度超过限值时，其排出尾气应经过设置的排气管道送去相应的尾气处理装置，处理达标

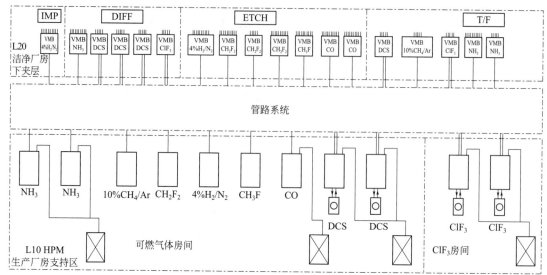

图 1.9.25　可燃气体间/ClF₃ 间特气系统图

后才能排至规定的场所。

特种气体系统的排气管应设置氮气稀释和连续吹扫装置，以避免空气倒流造成污染。对于可燃性、自燃性、有毒和腐蚀性特种气体的排气，必须经过废气处理装置处理达标。特种气体系统的尾气处理装置应根据所处理排气中特气的物化性质和可能达到的浓度值等进行选择，一般特种气体的尾气处理方法有干式吸附处理、湿式洗涤、加热分解处理、燃烧处理、等离子分解处理、稀释处理以及上述两种或两种以上方法的组合处理等。如砷烷（AsH_3）等特种气体的尾气通常采用干式吸附法处理，特种气体 NH_3、NO_x、HCl 等的尾气较适合采用湿法洗涤处理，而热分解法、燃烧法比较适于 SiH_4、CF_4、SF_6、PH_3 等特种气体排气的尾气处理。为了防止某些特种气体因不相容的物化特性，发生反应引起事故，对于不相容性特种气体的排放尾气应分别采用不同的尾气处理装置进行处理。从安全生产、运行管理以及环境保护等方面考虑，特种气体系统排气的尾气处理装置应与特种气体系统的气瓶柜、气瓶架等排出"尾气"的特种气体设备近距离布置，这类尾气处理装置详见本篇第 7 章的排气处理装置。

9.3.2　特种气体站房

（1）特种气体站房的设置和布置　特种气体站房是指设置在独立建筑物和构筑物、空旷区域或生产厂房专用房间内的特种气体储存、分配设施的统称。设置在独立建筑物和构筑物、空旷区域内的特种气体站房，通常采用气瓶集装格、卧式气瓶、ISO 标准集装瓶组、长管拖车等进行储存、分配，并向产品生产线供应特种气体。这里所称的卧式气瓶是指用于储存较多特种气体的气瓶，一般单瓶容积为 500L、100L。设置在生产厂房内的特种气体间，通常按所储存、分配的特种气体的物化性质和安全特性进行分类与规划设计，一般可分为可燃性特种气体间、毒性特气间/腐蚀性特气间、惰性和氧化性特气间等；按照特气的性质可将特种气体间的生产火灾危险性类别划分为，可燃性特气间为甲类，毒性、腐蚀性和氧化性特气间均为乙类，惰性特气间为戊类。硅烷、氨气等大宗特气的储存、分配设施应设置在独立的特种气体站内。

在国家标准《特种气体系统工程技术标准》（GB 50646）中规定，设置在生产厂房中特种气体间内的特种气体最大允许储存量不得超过表 1.9.32 的规定；当特种气体的储存量超过表中规定的数量时，应增设特气间或设置独立的特种气体站房。图 1.9.26 是一个独立建设的特气站平面图。生产厂房内的各类特种气体间应集中布置在其厂房一层靠外墙或端部的区域；低蒸气压特种气体供应设施应靠近生产工艺设备布置；为避免两种气体相遇发生化学反应引发安全事故，对于不相容特种气体的气瓶柜等应布置在不同的房间内，当确需布置在同一房间内时，气瓶柜等之间的距离应大于6m。

表1.9.32　生产厂房内特种气体的最大允许储存量

序号	气体种类	气体总量/m³
1	可燃性气体	56.0
2	毒性气体	92.0
3	剧毒性气体	1.1
4	自燃性气体	2.8(57.0)
5	氧化性气体	170
6	腐蚀性气体	92

注：1. 气体总量是标准状态下的气体体积量。
2. 自燃性气体若达到括号内的数据应设置独立的特种气体站。

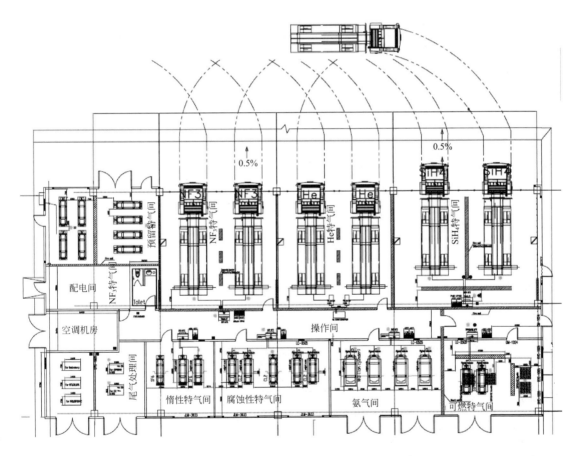

图1.9.26　一个独立建设的特气站平面图

布置在生产厂房中的特种气体间内，通常采用气瓶柜、气瓶架、卧式气瓶、气瓶集装格等设备向生产设备供应特种气体；特种气体储存分配设备和尾气处理装置等宜靠墙布置，且应将具有相同或相近物化性质的特气设备布置在邻近处。特气间内应设有不得小于2.0m的通道，特气设备与墙体和设备之间应预留有维护管理用的间距。特种气体系统用的电气控制柜、仪表控制盘等应布置在特种气体间相邻的控制室内，隔墙上可设置防爆密闭观察窗。该控制室应以耐火极限不低3.0h的隔墙和不低于1.5h的楼板与特气间分隔，穿越隔墙的管道孔隙应以防火材料填堵。

关于特种气体储存分配间的布置或在特种气体储存、使用房间内允许的最大存放数量，在国际上各个国家的消防部门或气体公司都有相关的标准规范作出了相应规定，在美国消防标准 NFPA 55-2020 版《压缩气体和低温流体规范》（Compressed Gases and Cryogenic Fluid Code）的第 6 章中规定了在建筑物或建筑物的局部区域的每个控制区内对压缩气体的最大允许量等，并规定压缩气体储存量超过限值后应设置独立建筑。表 1.9.33 和表 1.9.34 是部分摘录该标准中规定的每个控制区的气体最大允许量和独立式建筑的压缩气体限值。

表 1.9.33　每个控制区危险材料的最大允许量

原　料	危害等级	高危保护等级	储存量			使用量		
			固体（磅）	液体（加仑）	气体①（立方英尺或磅）	固体（磅）	液体（加仑）	气体①（立方英尺或磅）
易燃气体	气态	2	NA	NA	1000④,⑤	NA	NA	1000④,⑤
	液态	2	NA	NA	(150)④,⑤	NA	NA	(150)④,⑤
	低压	2	NA	NA	(300)⑥	NA	NA	(300)
惰性气体	气态	NA	NA	NA	NL	NA	NA	NL
	液态	NA	NA	NA	NL	NA	NA	NL
氧化性气体	气态	3	NA	NA	1500④,⑤	NA	NA	1500④,⑤
	液态	3	NA	NA	(150)④,⑤	NA	NA	(150)④,⑤
自燃性气体	气态	2	NA	NA	50④	NA	NA	50④
	液态	2	NA	NA	(4)④	NA	NA	(4)④
不稳定（反应性）气体	气态 3 或 4 爆炸性	1	NA	NA	10④	NA	NA	10④
	3 非爆炸性	2	NA	NA	50④,⑤	NA	NA	50④,⑤
	2	3	NA	NA	750④,⑤	NA	NA	750④,⑤
	1	NA	NA	NA	NL	NA	NA	NL
不稳定（反应性）气体	液态 3 或 4 爆炸性	1	NA	NA	(1)④	NA	NA	(1)④
	3 非爆炸性	2	NA	NA	(2)④,⑤	NA	NA	(2)④,⑤
	2	3	NA	NA	(150)④,⑤	NA	NA	(150)④,⑤
	1	NA	NA	NA	NL	NA	NA	NL
腐蚀性气体	液态	4	NA	NA	810④,⑤	NA	NA	810④,⑤
	气态		NA	NA	(150)④,⑤	NA	NA	(150)④,⑤
剧毒气体	液态	4	NA	NA	20⑤	NA	NA	20⑤
	气态		NA	NA	(4)⑤,⑦	NA	NA	(4)⑤,⑦
毒性气体	液态	4	NA	NA	810④,⑤	NA	NA	810④,⑤
	气态		NA	NA	(150)④,⑤	NA	NA	(150)④,⑤

① 在通常状态［70°F（20℃）和 14.7 psi（101.3 kPa）］下测量。

② 除非按照本规范的规定，在气体间或经批准的气体柜或排气外壳中储存或使用，否则不允许在无喷淋设施的建筑中使用。

③ 带有压力泄放装置，用于可直接排放至室外或带排气罩通风的固定或便携式容器。

④ 如果该材料妥善地储存在批准的柜体、气瓶柜、排气罩、气体室中储存或使用时，该数量可增加 100%。如果脚注⑤也适用，则允许将两个脚注中的数量累加。

⑤ 根据 NFPA 13，在配备自动喷水灭火系统的建筑物中，最大数量允许增加 100%。如果脚注④也适用，则允许累计两个脚注中的数量。

⑥ 额外的存储位置需要至少间隔 300 英尺（92m）。

⑦ 仅允许在满足本规范规定的气体间或批准的气体柜或排气罩中储存或使用。

注：NA—不适用。

NL—数量不受限制。

表 1.9.34　独立式建筑的压缩气体限值

气体危险	级别	材料数量	
		m³	ft³
不稳定反应性气体（易爆气体）	4 或 3	需特殊考虑气体的数量限值*	
不稳定反应性气体（非易爆气体）	3	57	2000
不稳定反应性气体（非易爆气体）	2	283	10000
自燃气体		57	2000

* 可参见表 1.9.33。

（2）特气站房的工程设计

① 设置在生产厂房内的甲类、乙类特种气体间的耐火等级不应低于二级，有爆炸危险的特气间建筑承重结构宜采用钢筋混凝土或钢的框架、排架结构，并应符合相关标准规范的规定；有爆炸危险的特种气体间与无爆炸危险的房间之间，由于一旦着火其燃烧过程释放热量大，应采用耐火极限不低于 4.0h 的不燃烧体防护墙分隔，其隔墙上不得开设门窗洞口；当设置双门斗相通时，门位应错开布置，门的耐火极限不得低于 1.2h。有爆炸危险的特种气体站房专用房间应遵守相关标准规范的规定设置泄压设施，以确保一旦发生事故特气间主体结构完整无损，避免特种气体设施损坏等引起继发的更危险的事故。有爆炸危险的特气间应设置不少于 2 个的安全出口，且应分散布置，相邻 2 个安全出口最近边缘之间的水平距离不应小于 5m，其中 1 个安全出口应直通室外，以利于一旦发生事故作业人员顺利逃逸到达安全处；只有当特气间面积小于或等于 100m²，且同一时间房间内的作业人员数量不超过 5 人时，方可设置一个直接通往室外的出口。由于惰性气体的特性，惰性特种气体间设置 1 个安全出口的面积控制要求要适当放宽至 150m²，其他与前述要求相同。

② 鉴于特种气体种类较多，按其物化特性特种气体与空气相比的相对密度有小于或等于 0.75 和大于 0.75 的差异。比空气轻相对密度小于或等于 0.75 的可燃特种气体容易积聚在房间的上部，可能诱发火灾事故，为避免泄漏气体在上部死角处积聚、不易排出导致形成爆炸混合气体，所以要求在可燃特种气体相对密度小于或等于 0.75 的特气间顶棚应平整、避免死角，且应通风良好。但比空气重的特种气体，则容易积聚在房间的下部空间靠近地面或地坑、地沟内，为防止可燃特种气体因地面等场所摩擦诱发着火以及避免因地面、墙面凹凸不平积聚粉尘，因此要求相对密度大于 0.75 的可燃性特种气体间，应采用不产生火花的地面，并应做到平整、避免死角、耐磨、防滑；当采用绝缘材料作整体地面面层时，应采取防静电措施。这类特气间内不得设有地坑、地沟，若必须设置时，其盖板应严密，并应做到通风良好，防止可燃特种气体积聚。

特种气体间是储存、分配自燃性、可燃性、毒性、氧化性、腐蚀性或窒息性特种气体的房间，为避免因特气设备、管道及阀门泄漏，在房间内积聚特种气体诱发事故，因此在特气间内设置连续的机械通风和自然通风。在特气间内的气瓶柜等设备，为了及时排除可能泄漏的气体，均应设有局部排风装置；特气间的通风量应满足这些特气设备的排风量需求，并应满足特气间最小通风换气次数不低于 6 次/h 的要求。

特种气体站房的排风系统应按下面的要求分别设置：为防止不同类别、性质的特种气体混合后引发着火、燃烧爆炸，要求两种或两种以上的特种气体混合后可能着火燃烧时，应分别设排风系统；若特种气体混合会发生化学反应，形成更大危害性或腐蚀性的混合物、化合物，应分别设置排风系统；为防止在排风管中，因特种气体混合形成粉尘、积聚粉尘，使风管阻力增加甚至造成风管堵塞，应分别设置排风系统。

特种气体站房应设置事故排风装置，及时排除可能泄漏、聚集的特种气体。事故排风量应按特气的物化、危险性质和可能发生的事故泄漏量计算确定，但特气间的事故排风换气次数不应小于 12 次/h。

特气间的排风系统管道及附件应采用不燃材料制作，特种气体的气瓶柜、阀门箱的排风口与主排风管道的连接支管应采用刚性风管，不得采用柔性风管或软管，以提高其耐用性和避免因易损坏发生泄漏事故；特气站房内的排风口位置应根据所排气体的类别确定，排放特气的相对密度小于或等于 0.75 轻于空气时，排风口应设置在房间上部，当相对密度大于 0.75 时，排风口应设置在房间的下部近地面处。

为确保特种气体站房安全稳定运行，防止因不能及时排除泄漏的特种气体，引发各种事故，特气间的通风装置均应设有备用机组，并应配置有备用应急电源。可燃性、氧化性特种气体间的排风管应设置防静电接地装置；特气站房的排风系统不得与火灾控制系统联动控制，一旦火灾发生，严禁关闭特气站房的排风系统，以有利于作业人员的疏散和救援人员的正常工作。

③ 特气站房的给水排水设计，应防止给水管道结露、设置必要保护措施；特气间排出的废水均应排放至工厂的废水处理设施进行处理；毒性、腐蚀性特种气体间内应设置紧急洗眼器，及时对可能接触这些气体的作业人员进行健康保护。

根据特气站房储存分配的特种气体类型及其特性设置消火栓、灭火器，一般在特气站房内应设置自动喷水灭火系统，其喷水强度应大于 $8L/(min \cdot m^2)$，保护面积不应小于 $160m^2$；当特气气瓶柜带有自动喷水冷却装置时，在厂房内设置的自动喷水灭火系统应为该装置预留管道和信号阀，但当特种气体站房内储存的特种气体与水可能发生剧烈反应时，严禁采用水消防系统。

④ 可燃性、自燃性、毒性和腐蚀性特种气体站房的电力负荷应为一级，特气站房爆炸性气体环境内的电气设施包括照明，均应按 1 区设防，并应按相关标准规范规定选择防爆型电气设备、线缆等。特种气体站房的防雷保护等级不应低于第二类防雷建筑，并应采取防直击雷、防雷电感应和防雷电波侵入的措施；排放有爆炸危险气体的放散管、排风管管口均应处于接闪器的保护范围内；架空敷设的可燃性特种气体管道，在进出建筑物处应与防雷电感应的接地装置相连，距建筑物 100m 内的特气管道宜每隔 20m 接地一次，其冲击接地电阻不应大于 20Ω；自燃性、可燃性、氧化性特种气体设备和管道应设有防静电接地装置，在进出建筑物处、不同分区的环境边界处、管道分岔处以及直管段每隔 50～80m 均应设置防静电接地。

（3）硅烷站

① 硅烷在电子工业的半导体器件和集成电路、TFT-LCD 液晶显示器面板、太阳能光伏电池、光纤预制棒等产品的生产过程中广泛应用，有的电子产品制造工厂所需的硅烷量较大，如 TFT-LCD 液晶显示器面板制造厂，因此一般独立设有硅烷站。硅烷（SiH_4）的相对分子量为 32.117、气体密度为 $1.35kg/m^3$（1atm、20℃，1atm＝101325Pa），为自燃性有毒气体，在气态 25℃ 时，其燃烧热为 4437kJ/kg。硅烷遇到空气或氧就会自行着火燃烧，这是由微量杂质（如其他高阶硅烷、水蒸气或某些不稳定杂质）引发的。而干燥硅烷与氧混合在 1atm 下，含有 50%（体积分数）的硅烷还不会起燃。它的最低着火温度已知是在室温以下约－50℃，但据美国联合碳化物公司（UCC）曾经做过的有关实验，硅烷自燃温度可低于－160℃。稀释的硅烷气体在空气中自燃是有下限的，有研究认为，硅烷的自燃下限在 1.55%～3%，而稀释气体的种类、环境状况（温度、湿度）、硅烷喷口的孔径大小和气流速度等都对是否着火有影响。低于 1.5% 的硅烷在空气中一般不会出现明火，只是出现一些白烟；1.5%～5% 的硅烷自行燃烧时，火焰呈橙色，燃烧温度较低；大于 10% 的硅烷燃烧时，会出现白灼光，燃烧温度较高。

硅烷爆炸行为的机制人们还了解不多，它不像其他易燃易爆气体都有明显的爆炸上限和下限，学术上对硅烷在空气和氧气中的爆炸上限与下限都还没有一个明确的、令人信服的定论。如有的研究资料报道，硅烷的爆炸下限为 0.8%，上限为 98%；也有的研究资料说硅烷在空气中的爆炸下限为 1.37%，上限并未确定。在氧气中也没有具体数据，这可能是因为硅烷与氧或者硅烷与空气发生燃烧爆炸是一个无需点火，而又相当复杂的过程。硅烷在与空气或氧形成均匀的燃烧爆炸气团之前，就已经开始局部地燃烧或局部地爆炸；硅烷与氧或空气发生剧烈爆炸不仅仅是硅烷与氧的行为，而且伴有氢的参与。由于这两种原因，要测定硅烷在空气、氧中的燃烧爆炸范围确实非常困难。

硅烷有毒，但毒性比砷烷、锗烷、磷烷等弱。有人把老鼠放进 126×10^{-6} 硅烷的容器中，1h后并未发现老鼠有中毒症状。大量吸入硅烷会引起头痛、恶心、呼吸道刺激等症状，由于硅烷与氧作用生成 SiO_2 粉末，长期大量地吸入也会引发硅沉着病。室内允许的极限浓度美国和日本的标准是 5×10^{-6}，英国的标准是 0.5×10^{-6}。

② 鉴于硅烷的自燃、有毒等特性，在国家标准《特种气体系统工程技术标准》（GB 50646）中对硅烷站的设置、布置、工程设计、安全措施等作了明确的规定。在电子工厂内硅烷站应布置在工厂常年最小频率风向的下风侧，并应远离有明火或散发火花的地点；不得布置在人员密集地段或主要交通要道邻近处；硅烷站应设置不燃烧体的实体围墙，其高度不应小于2.5m；大宗硅烷系统设备必须布置在独立的开敞式建筑或空旷区域，不得有地下室。当采用开敞式建筑结构形式时，硅烷站墙面遮挡部分的面积不大于建筑外围面积的25％。四周如果有障碍物，硅烷站与障碍物的距离应大于障碍物高度的2倍；硅烷站的设置应方便运输车辆卸货或更换和消防车辆的进出；硅烷站的储存分配区域应设有防止车辆撞击保护措施。硅烷站的储存、分配区域应设有防止被车辆撞击的保护措施。硅烷站与工厂建筑物、构筑物的防火间距，不应小于表1.9.35的规定。

表 1.9.35 硅烷站与其他建筑物、构筑物、道路的防火间距 单位：m

名称			硅烷站储量	
			≤5t	>5t
重要公共建筑			50	
甲类仓库			20	
民用建筑、明火或散发火花地点			30	40
其他建筑	一、二级耐火建筑		15	20
	三级耐火建筑		20	25
	四级耐火建筑		25	30
电力系统电压为35～500kV且每台变压器容量在10MV·A以上的室外变、配电站工业企业的变压器总油量大于5t的室外降压变电站			30	40
厂外铁路线中心线			40	
厂内铁路线中心线			30	
厂外道路路边			20	
厂内道路路边	主要		10	
	次要		5	

注：1. 防火间距应按相邻建筑物、构筑物的外墙、凸出部分外缘、气瓶集装格外缘的最近距离计算。
2. 固定容积的硅烷气罐，总容积按其水容积（m^3）和工作压力（绝压）的乘积计算。
3. 与高层厂房的防火间距，应按本表相应增加3m。

硅烷站应根据电子产品工艺要求、当地气候状况、硅烷设备状况选择采用封闭式、开敞式或露天形式进行布置。硅烷站可采用具有一定坡度的屋顶，其最低处宜大于4.5m；若为比空气轻的硅烷混合气的硅烷站应采用坡屋顶，并应在屋顶的最高处保持通风良好，及时排除可能泄漏的硅烷混合气。硅烷或硅烷混合物的气瓶应存放在洁净厂房建筑外的储存区内。储存区应至少三面是敞开的，气瓶应固定在钢制框架上；气瓶或气瓶组与周围构筑物或围栏的间距应大于3.0m；储存区顶棚的高度应大于3.5m。图1.9.27是美国消防协会发布的NFPA 318《半导体制造设施的消防标准》中有关硅烷混合气体储存区设置在洁净厂房建筑外规定的示意图，并在相关说明中要求：储存区必须是三面敞开的，气瓶应以钢制框架保护；气瓶与周围构筑物及围栏最小的间距应大于95ft（约2.7m）；当储存区设有雨篷时，其净高应为12ft（约3.7m）。

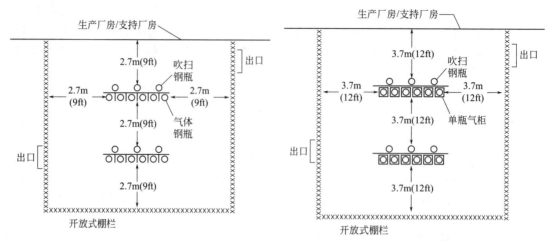

图 1.9.27　设在洁净厂房建筑外的硅烷混合气储存区布置示意图

根据硅烷的自燃性、毒性特性，硅烷站的疏散逃生安全出口不得少于两个，硅烷站的面积小于 $19m^2$ 时，可设一个安全出口；硅烷站内任何地点到最近安全出口的距离不得大于 23m。硅烷站的疏散门应采用快开式推杆锁，不得采用其他形式的锁具；疏散门应采用平开门，朝向为疏散方向。露天布置的硅烷站内大宗容器之间以及容器与工艺面板之间的距离不应小于 9m，若此距离达不到 9m 时，应采用 2h 以上的防火隔断。防火隔断的设置不应影响自然通风。

亚洲工业气体协会标准 AIGA 052/08《硅烷和硅烷混合物的储存和操作》根据 CGA G-13—2006 的要求，为了防止硅烷泄漏的火焰破坏邻近钢瓶和设备，每个气瓶柜只能放 2 支硅烷钢瓶，且钢瓶之间应采用 6mm 厚的钢板隔离。钢板应延伸到阀门出口中心线上方 150mm、下方 460mm 处。若采用气瓶柜时，钢板厚度应在 2.5mm 以上，并应采用自动闭锁门。大宗硅烷钢瓶之间以及与硅烷控制面板之间也应采用 2h 防火隔断（可用 6mm 厚的钢板），或以 9m 距离分隔。

③ 硅烷站的工艺系统应根据硅烷站的规模，硅烷的物理化学性质，当地硅烷供应的充装、运输状况与用户对硅烷纯度、压力和负荷变化的要求等因素确定。硅烷输送工艺系统应设有硅烷容器、气体面板、阀门箱以及相应的连接管道。典型的硅烷气体面板应包括减压过滤、吹扫/排气、安全控制等功能。图 1.9.28 是典型的硅烷气体面板示意图。在硅烷系统启用、维修前后，均应以惰性气体吹扫。为防止硅烷气体对吹扫气体的污染，硅烷系统应采用独立的惰性气体钢瓶进行吹扫，不得采用公用管道的惰性气体吹扫。鉴于硅烷的物理化学性质和安全运行要求，硅烷阀门箱（VMB）是将主管道分成多个支路对用气设备进行供气。阀门分配箱支路在开启前后，均应使用惰性气体进行吹扫。鉴于硅烷的自燃性质，规定硅烷阀门分配箱应设置气体泄漏探测器和火焰探测器，在箱内管路及附件一旦发生泄漏，及时发出报警信号采取应急措施。

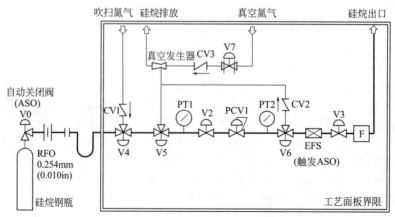

图 1.9.28　硅烷气体面板示意图

为防止硅烷气体在排风系统内引发着火和爆炸或可能与排风系统中的相关物质发生化学反应引发着火事故，所以硅烷系统的硅烷放空不得排入排风系统，应直接排至大气；若排气中的硅烷浓度较高（如高于0.34％时），应采用燃烧式尾气处理装置处理后排入大气。为了安全运行应采用氮气对排气管道连续吹扫，吹扫氮气流速不得小于0.3m/s。

由于硅烷气体暴露在大气中会发生自燃，因此不能使用带垫片的阀门，硅烷输送系统应采用金属膜片的波纹管阀、隔膜阀、调压阀。为了防止管路断裂造成硅烷大量泄漏，大宗气源的硅烷输送系统应配置直径小于3.175mm的限流孔板（RFO），而非大宗气源的硅烷小钢瓶应配置直径小于0.25mm的限流孔板。从安全操作的角度出发，硅烷钢瓶出口应设置常闭式紧急切断阀，且至少有一个紧急切断按钮距离气源不少于4.6m。每个硅烷站入口外均应设置手动紧急切断按钮。硅烷气体输送系统应配置过流开关（EFS），并与紧急切断阀门联锁。由于硅烷的焦耳-汤姆森效应非常明显，因此对于大流量输送系统，调压阀会出现结霜现象，严重时会造成膜片变脆，无法调节压力，可通过对气体进行加热来解决。

鉴于硅烷气体的物化特性，硅烷站一旦发生火灾，在没有关闭泄漏气体的钢瓶之前，严禁扑灭硅烷火焰，以防止在未切断泄漏硅烷的气源时，可能会有大量的硅烷气体泄漏、聚集形成更强大的爆燃或爆炸，造成更大的危险和损失，若不能切断就让钢瓶燃烧直至熄灭。

④ 室外硅烷站的雨淋冷却系统是用来冷却硅烷钢瓶、储罐等设备的，一旦发生火灾，应以喷水等措施冷却钢瓶及相关设备，避免因过热引发爆炸事故，造成更大的损失。在涉及硅烷站的国内外标准中对室外硅烷站的雨淋系统设置要求是：为保护大宗硅烷输送系统，应提供手动雨淋消防系统，在火灾情况下，如果气源不能关闭，应冷却大宗硅烷气源，防止因为容器破裂导致硅烷持续渗漏而可能产生的爆炸。雨淋系统的喷水强度和持续时间是确保消防效果的重要条件，为此雨淋灭火系统应能提供最小0.30gal/(min·ft^2) [12L/(min·m^2)]的喷淋密度，至少能持续2h，覆盖容器表面区域（应包括硅烷气瓶、大宗容器和硅烷气瓶柜）。喷水将直接喷向容器壁、阀门和管道接口进行降温。消防系统主要是冷却硅烷系统用，如果采用橡胶等作为密封材料的沟槽连接，易导致管路损坏。所以要求消防系统应采用金属管材，在站房边界15m范围内的管道不得采用以橡胶为密封材料的沟槽式连接方式。

硅烷站应设有室外消火栓，若室外消火栓距离硅烷钢瓶太远将起不到扑救的作用，但若距离钢瓶过近，一旦发生火情，不利于扑救消防人员使用，为此，应将室外消火栓设置在距大宗硅烷钢瓶30~46m的范围内。当独立的硅烷站设有屋顶等防雨措施时，应设有自动喷水灭火系统，并应按国家相关标准中严重危险Ⅱ级进行设置；设计喷水强度不得小于16L/(min·m^3)，保护面积不应小于260m^2。

在洁净厂房内储存、分配和使用硅烷的房间均应设置自动喷水灭火系统，该系统应按不低于严重危险Ⅰ级进行设置；设计喷水强度不得小于12L/(min·m^3)，保护面积不应小于260m^2。在所有的硅烷气瓶柜内均应设置带有冷却作用的自动喷水灭火喷头，且应为快速反应喷头。

⑤ 硅烷站开敞式布置时，应通风良好，并且一旦发生硅烷泄漏应能及时排除，不发生积聚；封闭的硅烷站应设置机械事故排风，排风量应根据事故泄漏量计算确定，但换气次数不得小于12次/h，排风系统应设置备用机组和应急电源。封闭式硅烷站内严禁采用循环空气调节系统。硅烷站内的排风系统排风量和硅烷气瓶柜式阀门箱等设备设置的排风装置排风量，应根据站内、房间内或设备内的泄漏量计算，并应以可能达到的最大硅烷气体压力计；排风量计算还应满足房间内或设备内硅烷的体积浓度小于0.4％的要求。

硅烷站的电气控制室应设在独立的房间内，若与硅烷气瓶间等有爆炸危险的房间相邻布置时，应以耐火极限不低于3.0h的隔墙分隔，隔墙上不得设有门窗、洞口。室外大宗硅烷系统的钢瓶区域内应设置紫外、红外火焰探测器，室内硅烷输送系统应设置火焰探测器或感温探测器。所有设置的火焰探测器或感温探测器均应与报警系统和硅烷气源的紧急切断阀联动联锁。硅烷排风管道的硅烷气体探测器报警设定值，应小于等于硅烷爆炸下降值的25％，并与硅烷气源的自动切断阀联锁；硅烷站环境的硅烷气体探测器报警设定值应小于等于$5×10^{-6}$，报警时不应切断硅烷输送系统。

9.3.3 特种气体设备

电子工厂特种气体供应系统的设备主要有气瓶柜、气瓶架、阀门箱（盘）、气瓶集装格、气瓶、氮气吹扫装置以及尾气处理设备等。目前由于各类电子产品制造工厂所用的特种气体几乎都是采用特种钢瓶输送的方式，因此一般将可燃性、毒性和腐蚀性特种气体的钢瓶设置在气瓶柜（gas cabinet）内，通过特种气体管路经由阀门箱（valve manifold box，VMB）分配至生产工艺设备用气点，而惰性特种气体一般是以开放式的气瓶架（gas rack）、阀门盘（valve manifold panel，VMP）进行供应。

（1）气瓶柜、气瓶架

① 气瓶柜是特种气体使用的封闭式气瓶放置与气体输送设备，气瓶架是特种气体使用的开放式气瓶放置与气体输送设备。气瓶柜是一个金属密闭的箱体，它可以提供局部排气通风以保护特气柜防止气瓶泄漏引发着火事故，也可防止气瓶柜外的着火火焰引发和扩大火势及阻隔气瓶柜的着火扩展至周围环境，限制着火在其内部。为此气瓶柜应具备防护箱体、强制通风、安全防护措施等，以避免一旦气瓶等的着火火焰蔓延，还可将火源扑灭的功能。气瓶架是一个简单的固定特气钢瓶及其相关管道、附件的开放支架，没有防护箱体。

特种气体供应系统气瓶柜的配置方式可采用单个气瓶外置吹扫氮气（源）瓶的单瓶式、双气瓶外置吹扫氮气（源）瓶的双瓶式、双气瓶内置吹扫氮气（源）瓶的三瓶式等多种形式。不相容气体瓶严禁放置在同一气瓶柜内，以防止不相容气体在非正常状态下相遇发生反应，引发事故或着火。

气瓶柜应设置作业用气体面板，通过气体面板实现气体的供气、切断、事故紧急处理和气体监测、管理等作业。为避免特气瓶柜内气体泄漏，引发事故和伤害作业人员，所以应保持气瓶柜总是在负压下运行。气瓶柜闭门时应保持不低于 100Pa 的负压，其排风换气次数不得低于 300 次/h。自燃、可燃、毒性、腐蚀性气瓶柜应在排风出口设置气体泄漏探测器，以及时地探测这些有害气体的泄漏情况，实时地采取相应措施，防止事故的发生。气瓶柜门应具备自动关闭功能，并配备防爆玻璃观察窗；地脚螺栓的设计应满足当地地震烈度的要求。

当气瓶柜放置在有爆炸和火灾危险的环境内时，其设计应符合现行国家标准《爆炸危险环境电力装置设计规范》（GB 50058）的规定。

特种气体系统的气瓶架与气瓶柜相似，也可采用单瓶式、双瓶式或三瓶式等多种形式，性质不相容的特种气体钢瓶，与气瓶柜有相同的要求——严禁放置在同一气瓶架中；特种气体气瓶架也应设置气体面板，以实现特种气体的供气、停气和事故处理等运行作业。

因为可燃性特种气体自燃、可燃和可能发生爆炸危险，所以对这类气瓶柜应设有更为严格的技术要求。硅烷气瓶柜的排风换气次数不得低于 1200 次/h，且气瓶柜的负压状况应进行连续监控；自燃特种气体的气瓶柜应设置紫外、红外火焰探测器；可燃特种气体的气瓶柜应设置水喷淋系统；自燃特种气体的气瓶柜应在气瓶之间设置隔离钢板。图 1.9.29 是特种气体气瓶柜和气瓶架的外观。

特种气体气瓶柜、气瓶架的气体面板是作业管理控制装置，应具有运行和安全所需的功能，主要的要求有：自燃、可燃、毒性、腐蚀性气体面板应设有紧急关断阀门，并应为常闭气动阀门，位置应靠近气瓶；特种气体气瓶

(a)　　　　　　　　(b)

图 1.9.29　特种气体气瓶柜、气瓶架

压力大于 0.1MPa 的自燃、可燃、毒性、腐蚀性气体面板应设有过流开关，当气体流量超过限定值时，发出开关信号；自燃、可燃、毒性、腐蚀性气体面板应设有惰性气体吹扫、辅助抽真空装置，真空管路应设止回阀；各种特种气体面板均应设置工艺气体排气口。

② 气瓶柜、气瓶架按不同用途、特气类别划分为 I ～ V 五类。其中 I 类用于高压燃烧性气体 (high-pressure flammable gas)，如 SiH_4、B_2H_6、PH_3、CH_4、H_2、AsH_3 等，通常装设有相关的消防设备，如紫外/红外火焰探测器、喷淋头、气体泄漏探测器等；因具有较高压力的压缩气体，可使用检测供应压力的方式计算钢瓶剩余的气体量。II 类用于中压液态燃烧性气体 (mid-pressure liquid flammable gas)，如 NH_3、HBr、HCl、Cl_2 等，该类型除消防设备需要装设外，还以电子重量磅秤来检测钢瓶剩余的气体量；若对供气的流量有较大的需求时，还需设置相关的加热设备。III 类用于低蒸气压气体 (low vapor pressure gas)，如 BCl_3、DCS、ClF_3、WF_6 等，除使用电子秤与加热装置外，由于是非高压的钢瓶且供应流量较小，可以不设置高压泄漏检测与过流量保护装置。IV 类用于液态惰性气体 (liquid inert gas)，如 C_4F_8、CHF_3、C_2F_6、N_2O、SF_6 等，只需相关的电子秤检测钢瓶剩余的气体量。V 类用于惰性气体 (inert gas)，如 CF_4、Ar、He 等。

由于特种气体性质不同，V 类气瓶柜需依其使用的气体种类设计相关的气瓶柜/架功能。如 I ～ III 类为危险性气体，均需装设自动旋转式关断器 (valve shutter)，一旦出现紧急状况即可将钢瓶上的第一道出口旋转阀关闭。只要运行过程中特气钢瓶未出现破损，在关断器功能正常时就可保证供应的安全性。I、II 类气瓶柜/架是有可能过流量供应的气体，应采用过流量关闭装置，以避免异常流量输出，引发事故。表 1.9.36 是各种类型特气瓶柜/架的功能选用表。

表 1.9.36 各种类型特种气体气瓶柜/架的功能选用表

类型	氮气钢瓶	加热装置	过流开关	电子秤	关断器	高压检漏
I 类	√	×	√	×	√	√
II 类	√	△	√	√	√	△
III 类	△	√	×	√	√	×
IV 类	△	×	×	√	×	×
V 类	△	×	×	×	×	×

注：表中√为选用，△为可选用，×为不选用。

气瓶柜内的钢瓶为单瓶时，常用于研究机构或实验室等，由于特种气体使用量小，现场可随时协调停机进行钢瓶更换；其优点为简单、节省空间、成本低，但需日常管理与协调以避免中断供气，造成损失。双瓶与三瓶型，常用于产品生产工厂的生产供气不允许停机时，当一只钢瓶中的特气使用完后，另一只待机的钢瓶将自动上线供应，并发出更换钢瓶的报警信号；双瓶、三瓶两种的差别主要是设有吹扫用的纯化氮气，可以采用纯氮钢瓶或集中公共管路供应。当吹扫用的 PN_2 统一由集中管路供应时，特种气体供应系统（不管是否兼容）将会因吹扫管路的存在，形成事实上的连接状态，形成较高的风险，一旦集中供应的 PN_2 中断，又未发出任何警报，若此时又有二种不相容的特气钢瓶在使用吹扫的管路，极可能发生爆炸事故，这样的意外亦有发生过的纪录。因此，采用"三瓶式"时应设置必需的安全措施，并应加强安全管理。三瓶式气瓶柜的主要缺点为设置的空间较大，成本较高，但据了解，目前双瓶与三瓶的购置成本已无太大的差异，所以若非空间上有无法克服的困难，对于危险性气体以三瓶式气瓶柜为优先选择。若为惰性气体使用的气瓶架，由集中供应 PN_2 或现场使用独立的钢瓶皆可。对于双瓶以上的气瓶柜均设有自动切换的功能以实现连续供应特气，通常以压力传感器探测供应的压力计算钢瓶剩余的气体量；若为低蒸气压气体，以电子重量磅秤来测量钢瓶剩余的气体量。

③ 气瓶柜/架的日常操作功能可分为全自动、半自动、手动三种方式。通常气瓶柜的操作动作有：预吹扫 (pre-purge)，利用普通氮气 (GN_2, general N_2) 流过真空发生器造成管路内的负压，抽出气瓶柜盘面管路内的特气，再通入 PN_2 稀释管壁内残存的微量特气，反复进行预吹扫与稀释，

同时以负压检测真空发生器的性能，确保管路不泄漏。后置吹扫（post purge），通以 PN$_2$ 维持一定压力进行保压测试管路是否泄漏，并确认钢瓶接头与管路的连接是否良好，如此进行 PN$_2$ 的反复吹扫，将更换钢瓶时渗入的污染物去除。上线冲吹（process purge），将 PN$_2$ 清除并送入特种气体上线，此时需反复利用特种气体进行吹扫，将清洁用的 PN$_2$ 彻底地去除。

气瓶柜内特气钢瓶的更换时间，通常是当气瓶内特种气体的余量约为 10％ 或气瓶内的特种气体达到使用年限时进行更换。据了解实际运行中是以特气的使用记录为依据进行判断，以得到最佳的更换时间点，并应充分考虑气瓶内的特种气体可能会对钢瓶形成微量腐蚀、污染气体。更换钢瓶的操作通常由预吹扫、换气瓶、后置吹扫和上线吹扫等四个步骤完成，为实现预吹扫、前置吹扫等项功能，特种气体气瓶柜的管路与阀件的设置较为复杂，如图 1.9.30 所示。各厂家气瓶柜的功能都会存在差异，选用时除应考虑厂家的技术能力与维护人力外，还应以系统稳定性和市场占有率进行考量。若采用手动方式，人员的操作需相当小心谨慎，任何步骤的疏忽皆可能严重影响供气的质量和造成危险。所以对危险性气体通常采用自动吹扫（auto-purge）的功能，当自动方式无法顺利运作时才改为半自动的方式。

若为惰性气瓶架，虽然没有危险性，人为操作不当也有可能污染管路，每一步骤的反复动作次数可能高达 30～50 次，不但需要耗费相当长的时间，而且需集中精力认真进行作业，因此为确保供气的质量，即使是惰性气瓶架亦应该具备自动操作的功能及压力指示装置；各气体支路应设有独立的压力控制调节阀、过滤器、过流开关，并应设有独立的进出口隔离阀；各气体分支路应设立独立的吹扫氮气或惰性气体装置、辅助抽真空装置等。惰性及氧化性特种气体系统的阀门盘为开放式结构，通常应设有进气管路隔离阀及压力指示单元；各气体支路应设有独立的压力控制调节阀、过滤器，并应设有独立的进出口隔离阀门。

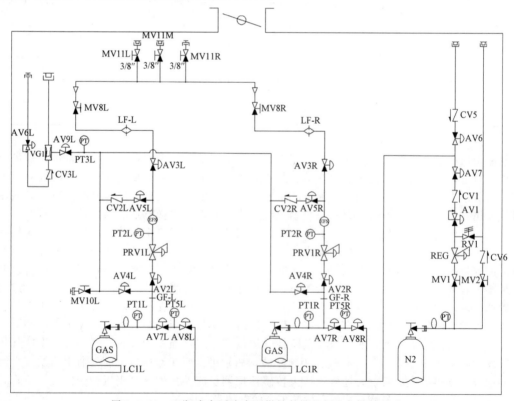

图 1.9.30　三瓶式中压液态可燃性气瓶柜阀盘与管路示意

AV—气动隔膜阀；MV—手动阀；REG—调节阀；CV—单向阀；PT—压力传感器；
EFS—过流开关；ESOV—紧急切断阀；GF—气体过滤器；VG—真空发生器；LF—在线过滤器

（2）阀门箱（盘）　特种气体输送系统中的阀门箱与气瓶柜相类似，应具有封闭的防护箱体，可以提供强制排气、气体泄漏报警、紧急自动或手动关断气源、惰性气体吹扫等功能，通常是以手动阀实现供气量调节，气动阀进行紧急切断气源。阀门箱主要设置于自燃、可燃、毒性、腐蚀性特种气体输送系统，所以这类阀门箱的设置主要有下列要求：自燃、可燃、毒性、腐蚀性特种气体阀门箱应设置进气管路隔离阀及压力指示装置；各气体支路应设有独立的压力控制调节阀、过滤器、过流开关，并应设有独立的进出口隔离阀；各气体分支路应设立独立的吹扫氮气或惰性气体装置、辅助抽真空装置等。

惰性及氧化性特种气体系统的阀门盘为开放式结构，通常应设有进气管路隔离阀及压力指示单元；各气体支路应设有独立的压力控制调节阀、过滤器，并应设有独立的进出口隔离阀门。

（3）特种气体钢瓶　电子工业产品生产所需的各类特种气体一般数量不多，其主要供应方式几乎均采用钢瓶的形式。特气钢瓶有高压气态钢瓶、液态钢瓶，容量较大的有卧式钢瓶，可储存较多的特种气体，一般水容积为 500L、1000L；还有 ISO 标准集装瓶组，它是按国际标准化组织（ISO）的要求，允许安装在架子上的多个的容积不超过 1218L 的储罐或长管气瓶。

鉴于电子产品生产对特种气体的纯度及其杂质含量均有严格要求，所以用来输送、储存特种气体的钢瓶应具有低污染甚至不污染所存放气体的特性。有实验表明，气瓶内表面经洁净和电化学抛光后，可大大减少粒子污染，对于 $0.02\mu m$ 级粒子可比未经处理者低一个数量级。一些特种气体公司相继制造生产新的特气钢瓶，如美国 Mathesen 公司推出的 ULTRA-LiNE 钢瓶，据介绍气瓶内壁消除氢键、无颗粒物脱落，其气瓶材料有不锈钢、铝、镍等，气瓶内壁采用了化学处理、机械处理、电抛光处理和涂层等方法，对气瓶的检测主要有水分、粒子和表面粗糙度。据介绍铬钼气体钢瓶充装的特种气体有：SiH_4、PH_3、AsH_3、B_2H_6、SiH_2Cl_2、BCl_3、BF_3、Cl_2、HCl、HBr、NF_3、SiF_4、CF_4、SF_6、NH_3、N_2O 等，镍制钢瓶可用于充装 WF_6、HF 等。

经特殊处理后的特气钢瓶用于储存不同特种气体的有效时间一般为两年，据了解，储存 B_2H_6 的气瓶只有 6 个月，而储存 NF_3、N_2O、SiH_4、SF_6 的气瓶可达 3 年。实际上特气钢瓶的有效储存时间与气瓶处理技术及其处理质量密切有关，应依据气瓶制造厂家及其处理技术确定。图 1.9.31 是 Y 形气瓶的外形。Y 形瓶是两端设有阀门的钢质无缝大容量气瓶，一端装液相阀，另一端装气相阀，十分适于充装高压/低压液态气体，也可用于充装高压气体或混合气；一般一支 Y 形瓶水容积 440L，最大工作压力 25MPa。图 1.9.32 是 T 形气瓶的外形。T 形瓶是焊接的低压特气瓶，设有液相阀、气相阀各 1 支；水容积有 400L、430L、650L、900L，最大工作压力为 3.0MPa。

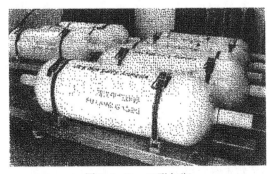

图 1.9.31　Y 形气瓶

图 1.9.32　T 形气瓶

（4）吹扫和排气装置　特种气体系统均应设置吹扫装置，吹扫介质应采用氮气，自燃、可燃、毒性、腐蚀性特种气体系统的吹扫氮气应采用独立的氮气源，不得与公用氮气或工艺氮气系统相连；不相容特种气体系统的吹扫氮气应分别设立氮气源，不得共用同一氮气源；吹扫氮气管线应设置止回阀。吹扫氮气的气体面板应设有：压力调节阀、排气管、高低压截止阀、高低压压力指示、安全阀。图 1.9.33 是氮气吹扫气体面板示意图。

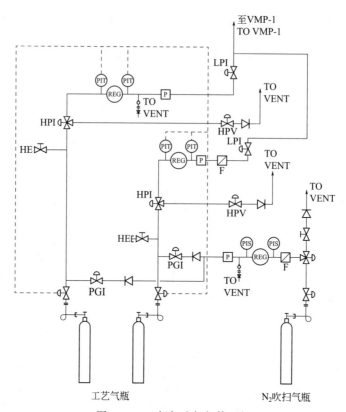

图 1.9.33　氮气吹扫气体面板

HPI—高压隔离阀；HPV—高压排气阀；LPI—低压隔离阀；HE—氦气检漏；
REG—调压阀；P—纯化器；F—过滤器；PGI—吹扫隔离阀；VENT—排气

　　在自燃、可燃、毒性、腐蚀性特种气体的气体面板上一般均设有辅助抽真空发生器，用来在预吹扫抽真空时使系统达到负压。由于电子工厂常有氮气供应，且氮气价格低廉、性能稳定，因此特种气体系统的真空发生器一般采用氮气引射抽真空；由于抽真空过程不会污染公用气体系统，因此抽真空用氮气可由公用氮气供应。

　　自燃、可燃、毒性、腐蚀性特种气体系统在抽真空或吹扫过程中排出的超过规定浓度的特种气体和特种气体混合气会对环境与人体造成着火、中毒和损害设备、管路等安全危害，所以应将这类排除的特种气体及其混合气通过排气管道送入尾气处理装置进行处理，达到规定浓度后才能排入工厂的排气系统。特种气体系统的排气管应设有氮气稀释和连续吹扫，避免空气倒流造成污染和腐蚀；不相容特种气体的排气不得连接进入同一排气主管。

　　尾气处理装置的设置是特种气体系统的重要组成部分，不仅涉及特种气体储存、输送系统的安全运行，也涉及生产厂房、周围环境的安全以及人员健康。特种气体尾气处理装置的类型主要有：干法吸附式、湿法洗涤式、加热分解处理、燃烧处理、等离子分解法、稀释处理以及两种以上方法的组合等。特种气体的尾气处理装置在本篇第7章中有介绍。

9.3.4　特种气体管路系统

　　特种气体输送系统通常包括特种气体的储存分配管路、生产工艺设备和尾气处理系统的管道以及管件、阀门、过滤器、减压装置、压力释放装置、压力表（传感器）等部件。在洁净厂房内如何合理布置、敷设特种气体输送系统的管道以及合理选择特种气体管路系统的管材、附件等是确保投入运行后安全、稳定的重要条件，也是洁净厂房建造中不可忽视的重要内容。

　　（1）特种气体管道的敷设　　在洁净厂房内特种气体管道的主干管，应敷设在技术夹层或技术夹道内；若与水、电等管线共架时由于各类特种气体具有不同的危害特性，相对密度小于或等于 0.75 的特种气体管道宜敷设在水、电管线下部，而为了防止这类气体泄漏后积聚引发着火等事故，应将相对密度大于 0.75 的特种气体管道敷设在水、电管线上部。可燃和毒性特种气体管道应明敷，为了防止这类气体泄漏后积聚引发着火等事故，应将穿过生产区墙壁与楼板处的管段设置在套管内；套管内的管道不得有焊缝，套管与管道之间应采用密封措施。可燃、毒性、腐蚀性等危险、有害气体管道的机械连接处可能发生泄漏，应将这些部位设置在排风罩内。可燃、毒性特种气体管道不得穿过不使用此类特种气体的房间，当必须穿过时应设套管或双层管。特种气体管道严禁穿过生活间、办公室。特种气体管道不得出现不易吹除的盲管等死区，避免出现 U 形弯，以防止在特气管路系统启用或维修时，因不易做到对管路进行吹扫置换，诱发安全事故或污染特种气体，致使气体品质、杂质浓度达不到规定要求。在洁净厂房外的特种气体管道应采用架空敷设。

（2）特种气体管路设计和管材、附件

① 由于电子工厂应用的特种气体品种多，且每种气体的使用量较小的实际情况，特种气体管道系统的管道设计中应充分考虑所输送的流体品种及其特性以及电子产品生产工艺所要求的压力、流量等参数。目前，国内多数特气管道的管材采用 ASME B36.10 标准的 Sch 5S 或 Sch 10S 进口管道，但设计时应符合我国现行国家标准《工业金属管道设计规范》（GB 50316）的有关规定。由于电子产品生产设备所需特种气体的用量较小、压力较低，按照流量进行设计计算，大多数特种气体管道的管径均较小，多数不超过 DN20，且电子工厂使用的特种气体要求具有较高的纯度，因此对输送管道的材质有严格的要求，目前主要是采用美国材料与试验协会标准的低碳不锈钢管。表 1.9.37 是美国材料与试验协会标准《无缝和焊接奥氏体不锈钢管标准规格》（ASTM A312）和美国机械工程师协会标准《无缝和焊接奥氏体不锈钢管》（ASME SA312）中的不锈钢管道数据表。

表 1.9.37　焊接不锈钢管道数据表

外径	公称尺寸	实际外径/in	公称壁厚/in	最小外径/in	最大外径/in	最大椭圆度/in	最小壁厚/in	每英尺重量/lb	爆裂压力/psi	工作压力/psi
1/8in	Sch 5S	0.405	0.035	0.395	0.413	0.006	0.031	0.136	12963	3241
	Sch 10S	0.405	0.049	0.395	0.413	0.006	0.043	0.184	18148	4537
	Sch 40S	0.405	0.068	0.395	0.413	0.006	0.060	0.239	25185	6296
1/4 in	Sch 5S	0.540	0.049	0.530	0.548	0.006	0.043	0.253	13611	3403
	Sch 10S	0.540	0.065	0.530	0.548	0.006	0.057	0.333	18056	4514
	Sch 40S	0.540	0.088	0.530	0.548	0.006	0.077	0.408	24444	6111
3/8 in	Sch 10S	0.675	0.065	0.665	0.683	0.006	0.057	0.427	14444	3611
	Sch 40S	0.675	0.091	0.665	0.683	0.006	0.080	0.543	20222	5056
1/2 in	Sch 5S	0.840	0.065	0.830	0.848	0.010	0.057	0.543	11607	2902
	Sch 10S	0.840	0.083	0.830	0.848	0.010	0.073	0.643	14821	3705
	Sch 40S	0.840	0.109	0.830	0.848	0.010	0.095	0.808	19464	4866
3/4 in	Sch 5S	1.050	0.065	1.040	1.058	0.010	0.057	0.690	9286	2321
	Sch 10S	1.050	0.083	1.040	1.058	0.010	0.073	0.820	11857	2964
	Sch 40S	1.050	0.113	1.040	1.058	0.010	0.099	1.079	16143	4036
1 in	Sch 5S	1.315	0.065	1.305	1.323	0.010	0.057	0.875	7414	1854
	Sch 10S	1.315	0.109	1.305	1.323	0.010	0.095	1.327	12433	3108
	Sch 40S	1.315	0.133	1.305	1.323	0.010	0.116	1.590	15171	3793

在实际工程应用中，特种气体管道采用的小尺寸管材壁厚应符合表 1.9.38 的要求。

表 1.9.38　小尺寸管道壁厚要求

管道外径	壁厚要求
6～10mm(1/4～3/8in)	0.89mm(0.035 in)
15mm (1/2in)	1.24mm(0.049 in)
20～25mm (3/4～1in)	1.65mm(0.065 in)

半导体制造工厂的工程实践表明，特种气体管路系统（包括相关的吹扫置换管道）的常用材料一般均为不锈钢管 SS304、SS316、SS316L 等。普通不锈钢只进行初级熔炼，常用的熔炼方式有氩氧脱碳 AOD（argon oxygen decarburization）、真空感应熔炼 VIM（vacuum induction melt），为避免特种气体管道腐蚀和易发生污染，管道材料应采用经过二次精炼工艺以及真空电弧重熔 VAR（vacuum arc remelt）工艺等的奥氏体不锈钢或镍基合金无缝钢管。特种气体管道及吹扫管道通常采用 AP、BA、EP 不锈钢管材，所谓 AP 管（acid polished pipe）是经过酸洗去除表面残存颗粒的钝化无缝不锈钢管；BA 管（bright annealing pipe）是经加氢或真空状态高温热处理，消除内部应力并在管道表面形成一层钝化膜的光亮无缝不锈钢管；EP 管（electro polished pipe）是经电化学抛光，使表层实际面积得到最大限度的减少，表面产生一层较厚的封闭的氧化铬膜的电化学抛光无缝不锈钢管。经过处理后的不锈钢管内表面的粗糙度对确保特种气体输送过程的品质不被污染和避免使用过程腐蚀现象的发生至关重要，也是考核此类管材进行内表面处理后质量的主要标志，EP 管道的表面粗糙度 Ra_{max} 为 0.3～0.8μm，BA 管道 Ra_{max} 为 3～6μm。

② 双层管路的设置。由于自燃性、剧毒性和强腐蚀性气体一旦泄漏，危害性极大，将会造成较大的人身伤亡和财产损失，目前在电子工厂中较多地采用双层管道输送这类特种气体。属于这类特种气体的主要有：SiH_4、B_2H_6、ClF_3、ASH_3、PH_3 等。输送特种气体的双层管的内管材质应依据管内输送介质的特性进行选用。外管材质一般是采用 SS304 AP 不锈钢管，其外管首先是用来保护内管，防止内管受到外力撞击损坏；然后是避免特种气体从内管泄漏释放至洁净厂房中积聚，诱发事故和危害作业人员健康，通常在外管/内管间设置气体检漏装置及时检漏报警或检测管间压力变化进行报警。双层管的管间有所谓开放式或封闭式，开放式是将管路两端开放于相关的特气气瓶柜内，存在泄漏的特种气体外溢的可能，风险较大已很少采用。目前封闭式常用的有正压和负压两种方式，管间负压是将外管/内管间抽真空，正压是在管间充灌氮气维持一定的压力，并检测外管/内管间的压力变化感知内管的特气泄漏状况，按设定值进行报警。一些特种气体采用双层管敷设时，虽有利于及时发现特气泄漏、报警，确保特种气体的输送安全、稳定和洁净厂房的安全、作业人员健康，但安装施工麻烦，建造成本较高和发现外管/内管之间特气泄漏后查找泄漏点困难，检修、维护难度较高，且管路的扩充也较困难。所以从特气气瓶柜至阀门箱的管路较长时，宜分段设置双层管路，以便分段检查、发现可能的特种气体泄漏点，减少管路维护的工作量。

③ 特种气体管路系统的阀门应采用隔膜阀或波纹管阀，不得采用球阀、旋塞阀等阀门。这是因为隔膜阀和波纹管阀都具有良好的密封性，且不易产生颗粒；而球阀、旋塞阀等阀门，因采用填料密封密封性较差，易发生泄漏，且阀门开关时有部件摩擦，易产生颗粒，不能满足特种气体输送过程的严格要求。隔膜阀是利用褶皱式不锈钢膜片作为开关元件，且对阀体内表面进行了电抛光（EP），对高压气体可增加膜片数提高承压能力，对用于腐蚀性气体（如 Cl_2、HCl 等）的阀件，还应对内表面和膜片进行耐蚀处理，日益广泛用于各种特种气体；不足之处是由于膜片褶皱空间的限制，阀内腔体较小，气体流量较大时不宜选用，一般隔膜阀的直径在 3/4in 以下，3/4in 以上一般采用波纹管阀。图 1.9.34 是部分隔膜阀的外形，图 1.9.35 是隔膜阀的构造示意图。

波纹管阀是以波纹管作为开关元件，阀体内表面进行了电抛光和耐腐蚀处理。图 1.9.36 是波纹管阀的构造示意图。波纹管阀有大口径和小口径之分,小口径波纹管阀主要用于低蒸气压的特种气体,在气体流量较大且同尺寸的隔膜阀不能满足时使用。如 WF_6、BCl_3、C_5F_8 等,此类气体饱和蒸气压较低,在钢瓶中呈黏滞性较强的液体状,在输送管道中遇冷时会重新凝结,甚至堵塞管道,采用波纹管阀较不易堵塞。大口径波纹管阀主要用于气体流量较大的管路。图 1.9.37 是波纹管阀的外形。

图 1.9.34　隔膜阀

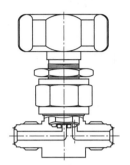

图 1.9.35　隔膜阀构造示意图

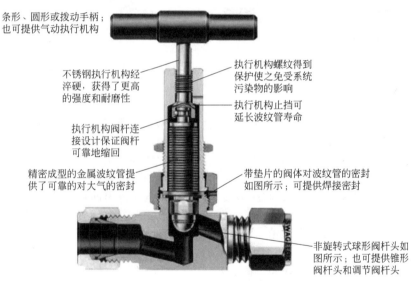

图 1.9.36　波纹管阀结构图

图 1.9.37　波纹管阀

特种气体管道的连接应采用焊接,为防止气体泄漏和确保管道焊接质量,应采用全自动轨道焊接设备在氩气保护下进行焊接。特种气体管路系统的阀门、管件与管材的连接应采用径向密封连接,不得采用螺纹或法兰连接。一般所谓径向密封连接的接头是 VCR (vacuum coupling retainer) 接头。图 1.9.38 是 VCR 的构造示意图。它是以轴向压力进行压紧,一般均采用质量优良的不锈钢垫片,可做到气密性好、不渗漏、不易污染,常用于危险程度高的特种气体管路。SWG (Swaglok) 卡套接头应用广泛,这类接头的气密性、渗透率均低于 VCR,但连接较简单、价格低,不需要焊接和垫片,所以主要用于不具有危险性的惰性特种气体管路。制造质量较优良的不锈钢连接接头还有 Dockweller、Hamlet、TK 等企业的产品,它们在国内均有应用。选择质量优良的管道连接件是确保特种气体输送系统安全可靠运行的重要条件。图 1.9.39 是各类管件接头的外形。

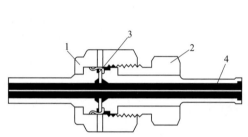

图 1.9.38　VCR 连接件的构造示意图
1—压盖螺纹;2—密封压盖;3—垫片;4—接头

图 1.9.39　各种管件接头

(3) 特种气体管道系统的试验　各种特种气体管道系统除应与大宗高纯气体管路一样进行强度试验、气密性试验和泄漏量试验外,还应进行包括颗粒物测试、水分测试、氧分测试在内的纯度试验。对于可燃、自燃、毒性、氧化性和腐蚀性特种气体在压力试验合格后,应进行氦检漏试验,以保证管路系统接近无渗漏的严格要求。

氦检漏宜顺序采用内向检漏法、阀座检漏法、外向检漏法。内向检漏法(喷氦法)是采用管道内部抽真空,外部喷氦气的方法进行检漏,测试管路系统的泄漏率;阀座检漏法是采用在阀门上游充入氦气,下游抽真空的方法进行检漏,测试管路系统的泄漏率;外向检漏法(吸枪法)是采用管道内部充氦气或氦氮混合气,外部用吸枪检查漏点的方法检漏,测试管路系统的泄漏率。氦检漏仪表应采用质谱型氦检测仪,其检测精度不得低于 $1×10^{-10}$ mbar·L/s。特种气体系统氦检漏的泄漏率要求是:内向检漏法测定的泄漏率不得大于 $1×10^{-9}$ mbar·L/s,阀座检漏法测定的泄漏率不得大于 $1×10^{-6}$ mbar·L/s,外向检漏法测定的泄漏率不得大于 $1×10^{-6}$ mbar·L/s。氦检漏发现的泄漏点经修补后,应重新经过气密性试验合格后,然后再进行氦检漏。特种气体系统测试完毕,应充入高纯氮气或氩气进行吹扫。

纯度试验:为了确保特种气体管道投入运行后,不会因为管道内存在污染物或管道内壁吸附的污染物质逐渐释放或管道附件、阀门渗漏污染物,使特种气体受到污染,达不到电子产品生产所要求的纯度,所以应在特种气体氦检漏试验合格后进行纯度试验。根据所输送的特种气体种类和物理化学性质采用不同的试验气体,特种气体系统的颗粒物测试、水分测试、氧分测试等纯度试验均采用增量法进行评价,即从被测试特种气体管道的测试气体引入端获取引入气体的颗粒、水分、氧分含量,同被测试管道排出口测试气体的相关杂质含量进行比较,若增量值未超过规定值,判断为试验合格。纯度试验用仪器应根据增量规定值的要求选用相应检测精度的分析仪器。

特种气体系统颗粒测试时,其气体流量应根据管道直径确定;测试气源的颗粒数在规定的颗粒粒径状态应为零；测试气体中大于 $0.1 \sim 0.3 \mu m$ 的颗粒数应小于等于 3.5 颗/m³；连续 3 次达标为合格。

特种气体系统水分测试时，气体速度应低于设计流速的 10%，且小于 3m/s；测试气源的水分应小于 1.0×10^{-9}，测试气体的水分增量应小于 20×10^{-9}，测试结束后，至少保持 20min 稳定在规定值以下为合格。

特种气体系统氧分测试时，气体速度低于设计流速的 10%，且小于 3m/s；测试气源的氧分应小于 1×10^{-9}，测试气体的氧分增量应小于 20×10^{-9}，测试结束后，至少保持 20min 稳定在规定值以下为合格。

（4）特种气体标识　在一些洁净厂房中设置有多种特种气体，而各类特气的物化性质不同，为了在特种气体的使用过程中便于辨识管道内输送的特气类别，防止事故发生，也为了在使用过程中一旦发生泄漏等事故，能使作业人员、安全管理人员、现场救护人员迅速识别特种气体管道的内容介质、危险性，所以特种气体管必须设有"管道标识"，有关特气管道的标识见第 3 篇第 6 章。

9.3.5　安全防护技术

① 近年来在电子工业的集成电路芯片制造工厂、TFT-LCD 液晶显示器面板工厂等类型的电子工厂，多数在生产过程中使用不同种类的特种气体，这些气体各自或同时具有可燃性、毒性、腐蚀性、氧化性和窒息性等危险特性，为了使设有多种特种气体的储存、分配和输送管路的这类工厂的洁净厂房安全稳定运行，确保其财产、人身安全和作业人员的健康，据了解，这类工厂多数都设置了"特种气体管理系统"；该系统大多采用可编程逻辑控制器方式，也有一些采用单台报警控制主机或二次仪表控制，有条件的企业是独立设置特种气体管理系统。鉴于这样的实际情况和这类工厂的安全防护需要，在国家标准（GB 50646）中对此作了明确的规定：特种气体管理系统应配置特种气体的连续检测、指示、报警、分析功能，并进行记录、存储和打印，宜为独立的系统，应具有特种气体探测系统、应急处理系统、工作管理系统、监视系统、数据输送与处理系统。特种气体管理系统宜与工厂设备管理控制系统和消防报警控制系统通过数据总线相连。特种气体管理系统应设在全厂动力控制中心，在消防控制室和应急处理中心宜设报警显示单元和集中应急阀门切断控制盘。特种气体气瓶柜、气瓶架、阀门箱、阀门盘的可编程控制器的通信接口应与气体管理控制系统连接。

② 特种气体探测系统的设置，主要是如何选择和确定设置探测装置或探测传感器的位置，选用何种探测装置以及其报警设定值、报警响应时间等。因为可燃性、毒性特种气体一旦在储存、分配和生产使用过程中发生泄漏甚至聚集，超过报警设定值后将会造成极严重的危害，所以有关标准规范要求对可燃、自燃气体，有毒气体检测装置应设置一级报警或二级报警。其中常规的检测报警仅需一级报警，当需要联动控制时，检测装置应具有一级报警和二级报警。在二级报警的同时，输出接点信号至一级报警联动控制系统。一级报警后，虽然气体浓度发生变化，但报警仍需继续，只有经人工确认并采取相应的措施后才能停止报警。这里所称的一级报警是常规的气体泄漏警示报警，提示操作人员应及时对现场进行巡查；当可燃、有毒气体浓度达到二级报警值时，要求操作人员采取紧急处理措施。当采用联动控制保护时，二级报警信号应接入控制保护系统。

特种气体探测装置主要有催化燃烧型、电化学型、半导体类型等，一般可根据特种气体的特性和实际使用状况进行选择；可燃性特气宜选用催化燃烧型或半导体型或电化学式检测器，毒性气体宜选用电化学检测装置。GB 50646 中对特种气体的储存、输送、使用区域、场所应设置特气探测装置的规定是：自燃、可燃、毒性、腐蚀性、氧化性气体的使用场所、技术夹层等可能发生气体泄漏处；自燃、可燃、毒性、腐蚀性、氧化性气体间；自燃、可燃、毒性、腐蚀性、氧化性气体气瓶柜和阀门箱的排风管口处；生产工艺设备的可燃、自燃、毒性、腐蚀性、氧化性气体接入阀门箱及排风管内；生产工艺设备的特种气体的废气处理设备排风口处。

惰性气体房间为避免形成窒息性环境，应设置氧气探测器检测房间内的氧浓度不能低于规定值。

当特种气体的相对密度小于或等于0.75时，特种气体探测器应同时设置在释放源上方和厂房最高点易积聚气体处；当相对密度大于0.75时，特种气体探测器应设置在释放源下方离地面0.5m处。

特种气体检测装置的报警设定值要求为：自燃、可燃特种气体的一级报警设定值小于或等于25%爆炸浓度下限值，二级报警设定值小于或等于50%爆炸浓度下限值。毒性特种气体的一级报警设定值小于或等于50%空气中有害物质的最高允许浓度值，二级报警设定值小于或等于100%空气中有害物质的最高允许浓度值。

自燃、可燃、毒性特种气体检测装置的检测报警响应时间要求是：自燃、可燃气体检测报警；扩散式小于20s，吸入式小于15s；毒性特种气体检测报警，扩散式小于40s，吸入式小于20s。

在洁净厂房中设置的特种气体探测系统一旦确认有特种气体泄漏，为确保作业人员的生命安全、及时进行安全撤离和生产厂房、特种气体系统的安全防护，应利用各项联动控制系统装置启动、显示、记录等功能，切断气源、进行事故排气、关闭相应的防火门和发出声光报警等。

在相关标准规范中对"联动控制"的规定有：特种气体探测系统确认气体泄漏时，自动启动相应的事故排风装置，自动关闭相关部位的气体切断阀，并应接受反馈信号；应自动启动泄漏现场的声光报警装置，该声光报警应有别于火灾报警装置，并应自动启动应急广播系统。气体探测系统确认气体泄漏后，应自动关闭有关部位的电动防火门、防火卷帘门，自动释放门禁门，可联动闭路电视监视系统，启动相应区域的摄像机，并自动录像。气体探测系统确认气体泄漏时，泄漏信号应传至安全显示屏，并用文字提示现场人员。

地震探测装置探测到里氏5级以上地震，且两台地震探测装置同时报警时，特种气体管理控制系统确认收到的信号后，启动现场的声光报警装置；同时应关闭气瓶柜、气瓶架及阀门箱、阀门盘的切断阀门。据了解，近年来在我国多处发生5级以上的地震，给人民财产、人身安全造成很大的损伤，人们对地震发生时的危害性日益关注、重视。由于在电子工业洁净厂房中设有特种气体的储存、输送和使用系统，并具有可燃性、毒性等危险，因此地震仪成为特种气体系统相关的配置，在相关标准规范中规定：在地震多发地区，使用特种气体的主要生产车间宜设置地震探测装置，信号接入气体探测系统。特种气体站房内地震探测装置应在气瓶柜的基座上设置一台，以气体站房为基准点，等距离三角形延伸至厂区内另两点设置地震探测装置。地震探测装置不得设置在人员进出频繁的地点，且应避免受外力干扰而造成误动作。

③ 为确保洁净厂房及其设置的特种气体系统安全稳定运行，对于自燃、可燃、毒性气体的储存、分配和使用场所应设置闭路电视监控摄像机、门禁装置，并且在厂房入口处、气瓶柜间入口处、使用此类特气的洁净室内，宜设置安全管理显示屏。据了解，安全管理显示屏一般安装在洁净室内或洁净室入口服务台处或气瓶柜间的入口处等不同的位置，安全显示屏显示的内容为阻止作业人员等接近危险区域以及采取切断气源阀门等应急措施。以网络联机方式连接至洁净室入口服务台的服务器。由于自燃、可燃、毒性气体一旦出现泄漏事故，就可能对厂房内的生产设施和作业人员造成极大危害，因此在这类特种气体的使用场所内及相关建筑主入口、内通道等处均应设置明显的灯光闪烁报警装置；并且灯光颜色还应与其他灯光报警装置有所不同，以警示作业人员等采取必要的安全防范措施。为了在紧急状况下及时切断特种气体的供应，避免安全事故的扩大、蔓延，在自燃、可燃、毒性气体的储存、分配和使用场所入口处应设有紧急手动按钮；因为工厂的应急处理中心室通常都设有专人值班，所以在该室也设置紧急手动按钮。

特种气体站房应配置防毒面具、自吸式防毒面具等安全防护设施，在进行相关危害性较高的作业人员应按规定佩戴防毒面具等，以保护作业人员的生命安全。

9.4 干燥压缩空气供应系统

9.4.1 供气系统

　　干燥压缩空气供应系统是电子工厂中的一种重要动力源，它是用于许多电子产品生产工艺设备气动设备或仪器仪表的动力气源，常被称为洁净干燥压缩空气（clean dry air，CDA）供应系统。一旦供气量不足或供气品质下降，将影响产品生产过程的正常进行，严重时还将停产，所以电子工厂洁净厂房中的干燥压缩空气供应系统应根据各类电子产品生产工艺对其品质的要求、供气量及其供应稳定的要求进行合理配置，供气系统的供气能力应按生产工艺、公用动力系统对于干燥压缩空气消耗量确定。为确保生产工艺供气的安全、可靠、稳定，应留有合理的富余量。当产品生产过程要求不能中断供气或中断供气会引起安全事故时，应设置一定的备用供气装置等。由于电子产品生产过程对干燥压缩空气的含水量（或露点）、含油量、微粒控制粒径及其浓度的要求较为严格，应十分关注具体电子产品的品质要求，才能正确选择供气系统。表1.9.39是一些电子产品生产工艺对干燥压缩空气品质的主要要求。在电子产品或医药产品生产过程中所需的干燥压缩空气大多要求严格控制含油量甚至无油，为了确保供应的干燥压缩空气的品质，应选用能耗少、噪声低的无油润滑空气压缩机。对于干燥压缩空气供气量较大，如单台空气压缩机流量大于或等于$20m^3/min$的供气系统以及要求供应的干燥压缩空气含量十分严格，如在$-60℃$（露点）以下的供气系统，应选用不同再生方式的加热再生吸附干燥装置。

表1.9.39 一些电子产品对干燥压缩空气品质的主要要求

品质指标	集成电路芯片制造	TFT-LCD制造	光伏电池制造
含水量(露点)/℃	$-80\sim-90$	$-70\sim-80$	-60
微粒限控粒径/μm	$0.01\sim0.1$	$0.1\sim0.2$	$\geqslant0.3$
微粒控制浓度/(个/ft^3)	$1\sim10$	$10\sim30$	$10\sim30$
含油量	n	n	n

注：n表示不容许含油。

　　图1.9.40是各类干燥洁净压缩空气供气系统的典型流程示意。其中1、2号流程只是设置不同类型的气体过滤器去除压缩空气中的颗粒污染物，以满足相关应用行业产品生产过程的要求；6号既可作为3～5号的经干燥后压缩空气的除菌（微生物）的过滤，也可作为不需要干燥的压缩空气的过滤去除颗粒物和微生物类污染物的洁净（干燥）压缩空气的流程；3～5号是对有空气干燥要求的压缩空气洁净干燥流程，对于要求十分严格的微电子产品生产洁净厂房基本均采用5号的流程。压缩空气干燥装置大多采用加热再生吸附干燥装置，既可使干燥后的压缩空气含水量达到要求（露点$-70℃$甚至更高），又可减少再生的能量消耗，有的企业在节能改造中已从无热再生干燥装置改为加热再生干燥装置。

　　虽然目前供气系统有吸附干燥装置多种再生方法和冷冻干燥装置配置方式的不同，实际应用中有所差异，但其基本的供气系统是相似的。据了解，实际应用中干燥压缩空气供气系统较少采用每台空气压缩机单机配置干燥装置的方式，只有在利用压缩机的排气热量进行吸附干燥器再生时才采用这种方式；通常在压缩空气站中设有多台压缩机时，一般是经压缩机后冷却器得到常温压缩空气汇集于主干管，然后接至压缩空气储气罐进行稳压，再接至并联设置的2台或2台以上的压缩空气干燥装置；有时也有根据具体工程特点或许可，只设一台空气干燥装置的状况。通常在空气干燥装置前后均应设有气体过滤器，以初步去除压缩空气中的颗粒污染物。这些颗粒污染物既有来自设备、管道及其阀门附件的，也有来自吸附干燥器等的。

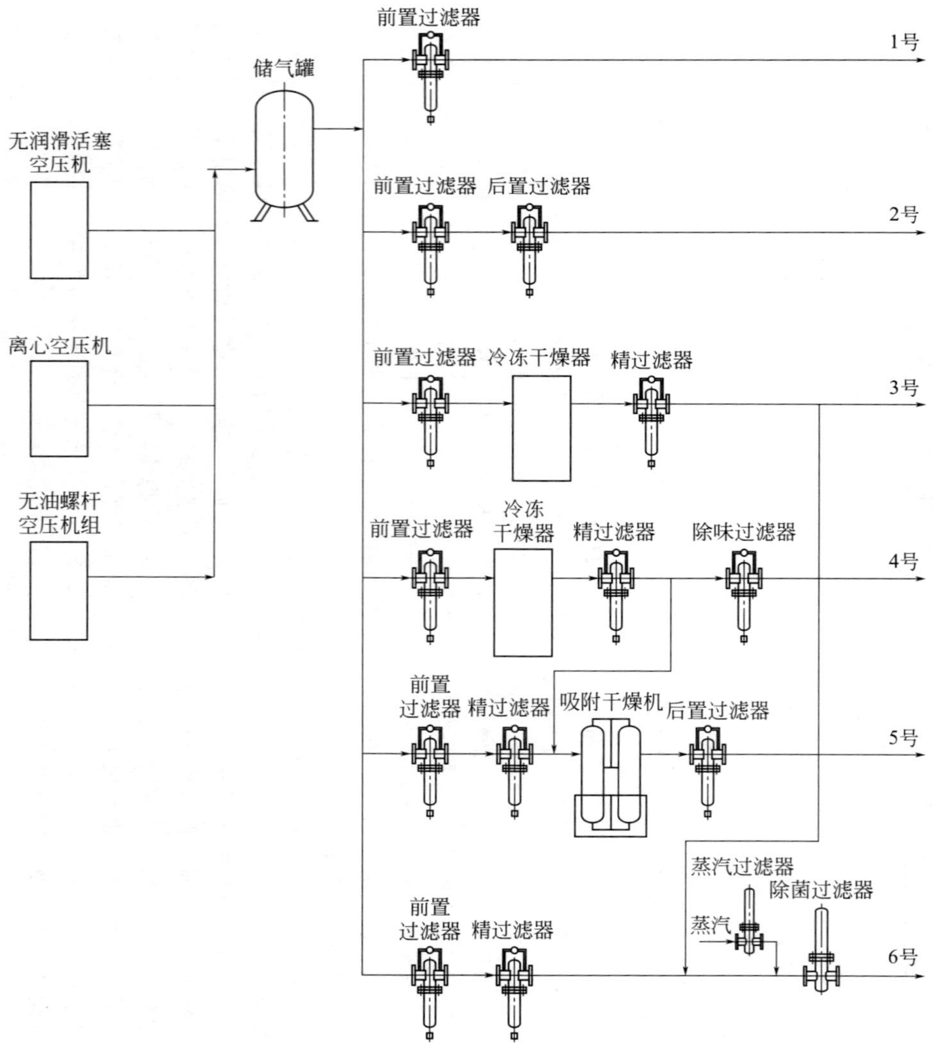

系统号	压缩空气质量	压缩空气中的不纯物			应用
		水气	颗粒	油	气味	

系统号	压缩空气质量	水气	颗粒	油	气味	应用
1号 前置(预)过滤器	有微量灰尘、水分存任	有微量液态水分	5μm	无油	—	零件清洗,吹扫一般车间用气
2号 前置、后置过滤器	几乎所有灰尘和液态油、水气溶胶都被去除	相对湿度100%	1μm	无油	—	空气搅拌、颗粒品输送,食品、饮料加工,一般气动元件
3号 精前置过滤器、冷冻干燥器	不含灰尘、油、水,较干燥	常压露点-17℃以下	0.01μm	无油	—	粉状产品输送,精密气动技术应用
4号 精前置、精过滤器、除气味器、冷冻干燥器	不含灰尘、油、水,较干燥,无气味	常压露点-17℃以下	0.01μm	无油	无气味	呼吸用气,药品、食品、饮料配置,罐装,洁净室,高压氧舱
5号 前置后置过滤器及精过滤器、除菌过滤器、吸附干燥	不含灰尘、油、水,深度干燥	压力露点-40℃以下	0.01μm	无油	—	控制仪表、电子印刷、胶片,工业空气制冷、高级喷涂,空气轴承
6号 前置后置过滤器及精过滤器、干燥器蒸汽过滤器、除菌过滤器	不含灰尘、油、水细菌和噬菌体,有一定程度干燥	相对湿度60%以下	0.01μm	无油	视工艺要求而定	制药工业、生物工程、啤酒酿造工业、牛奶、食品加工,医疗、牙科器械

图1.9.40 干燥压缩空气供气系统流程示意图

9.4.2　压缩空气干燥设备

压缩空气干燥设备的选择应根据空气压缩机或气源的压力、温度和含湿量等参数以及需处理的压缩空气流量和干燥压缩空气用气设备对含水量（露点）、压力等品质的要求确定。目前应用于压缩空气干燥的设备类型主要有冷冻干燥型和吸附干燥型两大类，而吸附干燥型又可分为变温吸附类、变压吸附类，或可分为加热再生类、无热再生类、微热再生类、压缩热利用类等，在实际应用中还可将上述两种或两种以上方式串联使用。在具体工程应用中或制造厂为用户提供优良压缩干燥设备的依据或合理选择设备类型或组合方式的出发点是：第一应满足用户对压缩空气品质——干燥度（露点）的要求；第二是减少能量消耗，降低运行费用；第三是运行维护方便。尤其是大中规模压缩空气干燥设备的选择，越来越关注前两个因素，即品质要求和能量消耗的降低。据了解近几年一些大中型压缩空气干燥供气系统逐渐对前些年建成的无热再生干燥装置实施节能改造为加热再生干燥装置，通常可实现降低供气系统吸附再生的能量消耗 80% 左右，节能效果明显，且可降低常年运行费用。

(1) 压缩空气冷冻干燥设备　这一类是利用冷媒（低温水或制冷剂）对湿压缩空气进行间接冷却，将压缩空气中的水汽冷却、冷凝为冷凝水，然后经气液分离器去除冷凝水，达到降低压缩空气中的含水量实现"干燥"的目的。为防止此类设备因冷凝水结冰堵塞而中止运行，通常压缩空气冷冻干燥设备的压力露点控制在 $+2\,℃$ 以上，常压露点大约为 $-20\,℃$。压缩空气冷冻干燥设备对进入设备的湿含量没有限制，所以对环境温度较高地区的压缩空气干燥具有一定的优越性。由于这类设备具有处理高湿量和干燥后含水量（露点）较高的特点，常采用压缩空气冷冻干燥设备与吸附干燥装置串联的供气系统，可减少吸附干燥装置的湿负荷和降低再生能量消耗、运行费用。

(2) 压缩空气变温吸附干燥设备　这是压缩空气吸附干燥工艺最早应用的传统装置，经过不断改进、完善，正成为十分具有发展前景的压缩空气干燥设备。吸附干燥工艺属于固气两相的传质过程，由吸附、再生两个基本阶段组成。实践表明，吸附干燥装置所选用的吸附剂再生工艺方法、参数和再生效果，直接决定了处理后压缩空气的含水量（露点）、装置的运行能耗和运行费用，它是合理选择压缩空气干燥装置的首要因素或条件。

压缩空气变温吸附干燥设备具有处理能力、压力参数适应范围较宽的特点，实际上这类装置的单台（套）处理能力上限可达 $200\,\mathrm{m^3/min}$ 或更大，只要吸附器的运输无障碍均可行；装置的工作压力有的已高达 $20\sim30\,\mathrm{MPa}$。变温吸附装置是在常温下吸附水分达到饱和后再以加热方式在高温下对吸附剂进行再生解析已吸附的水分，使吸附剂恢复吸附干燥能力，即吸附-解析过程是在不同的温度下进行的，所以称为"变温吸附"。图 1.9.41 是双塔加热再生压缩空气干燥设备的流程示意图。图中一个塔进行吸附，另一塔进行加热再生，吸附剂的活化再生热源一般采用电加热方式等。加热再生吸附干燥装置的工作周期一般在 8h 以上，吸附、再生等的切换方式可采用手动、自动两种方式。这类装置的吸附容量较大、工作周期长，设计得当可制取很低露点的干燥压缩空气和降低能量消耗，所以近年来又得到广泛应用；并且一些厂家在热源装置设计、再生基本过程不断改进、完善，出现了多种形式的加热再生吸附干燥设备新产品、新流程。加热再生的再生气体可有多种方式，如少量产品气、外设风机、利用压缩机压缩热等，一般加热再生气量为处理气量的 5%～10%。

加热再生法空气干燥装置的实际工作过程分吸附、再生、吹冷、均压四个阶段。吸附床在常温下吸附水分，在加热条件下脱除吸附的水分，然后吹冷吸附床，使其恢复到吸附状态。在吸附时床层温度略有上升。再生时吸附床层温度随加热的再生气的送入被逐渐升高，开始的床层温度升高较快，吸附剂吸附的水分同时被加热，但未被大量脱除；当床层温度上升到某一数值时，温度不再上升，并持续一段时间，此时吸附剂上吸附的水分被大量脱除；当水分被基本脱除后，床层温度又急剧上升，此时吸附剂加热再生结束。吸附干燥装置的吸附过程要想获得很好的吸附深度或很低的含水量（很低的露点），应做到吸附剂活化再生彻底和吹冷过程不被水分"污染"，或者说经过再生、吹冷后的吸附剂中残留水分很少，从而在转入吸附过程后才可获得很好的吸附深

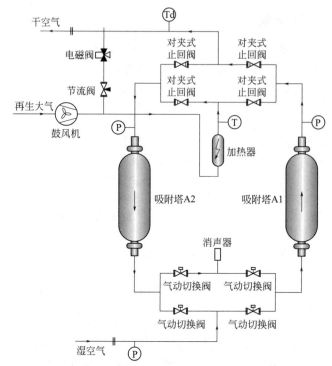

图 1.9.41 双塔加热再生压缩空气干燥设备流程

度。影响变温吸附效果的主要因素是：吸附容量、吸附热和再生温度、再生气量、吹冷方式等。

吸附剂的吸附容量有静态吸附容量和动态吸附容量两种。静态吸附容量可以从吸附剂的等温线上求取，为平衡吸附容量，动态吸附容量是穿透吸附容量，即流出吸附剂床层的气流中吸附质达到穿透浓度时每单位吸附剂的吸附量；它与静态吸附容量的不同之处是有相当于吸附传质区长度的一部分吸附剂不能被吸附质饱和，一般比静态吸附容量小得多。吸附过程是一个放热过程，伴随着吸附过程的热效应称为吸附热。吸附过程中的吸附热相应于液化热或凝聚热。吸附过程中不断地放出热量，该热量的一部分加热吸附床层，使之温度升高，另一部分被气流带走。由于吸附床温度升高引起吸附剂的吸附容量下降，因此在干燥装置中，特别是用硅胶、活性氧化铝的吸附干燥装置中应设置水冷管排除吸附热；否则将降低吸附容量，恶化出口气体的露点。

吸附剂再生时温度越高，吸附剂的再生越完全，残余水量越少，越利于增大吸附容量和制取低露点的干燥空气。但是，实际操作中吸附剂的再生温度是不能任意提高的。由于吸附剂的物化性能限制，再生温度过高将使吸附剂过热或局部过热，导致吸附性能下降，甚至失去吸附作用。实际操作中一般使用的再生温度为：硅胶 150～200℃；活性氧化铝 250～300℃；分子筛 300～350℃。

（3）压缩空气变压吸附干燥设备或无热再生干燥设备　利用吸附剂（分子筛、硅胶、活性氧化铝）对水的吸附容量与被处理的压缩空气中的水汽分压力的关联性，即在水汽分压力高时吸附容量大、水汽分压力低时吸附容量小的特性，改变运行压力，在较高压力下进行吸附，而在常压下或真空状态下进行吸附剂再生，这种压缩空气干燥方法被称为变压吸附法或无热再生干燥法。图 1.9.42 是无热再生空气干燥设备的流程示意图。一般采用双塔式，一塔吸附时另一塔再生。压缩空气通过吸附塔时被干燥，大部分干燥空气作为产品气送往用户，部分干燥空气返流入另一塔，吹除塔中的吸附剂在前一个周期中吸附的水分。由于工作周期很短，必须采用自动操作。这类装置体积小、制造简单、操作自动，但是对压缩空气中的油分特别敏感，因此要求被干燥的压缩空气应该是"无油"的。

无热再生空气干燥装置的实际工作过程由吸附、再生、均压三个阶段组成。图 1.9.42 中压缩空气通过 A 塔，空气中的水分被吸附得到干燥；大部分干燥空气送往用户，部分干燥空气降压进入 B 塔再生吸附剂，然后经排气消声器排放到大气中。均压是使 B 塔中的压力恢复到吸附状态。无热再生空气干燥装置正常运行的基本要求是：吸附、再生两个阶段中，通过塔的各自压力下实际体积流量在理论上应该相等，即两个阶段中通过塔的气体体积之比等于压力之比。用式（1.9.1）表示为

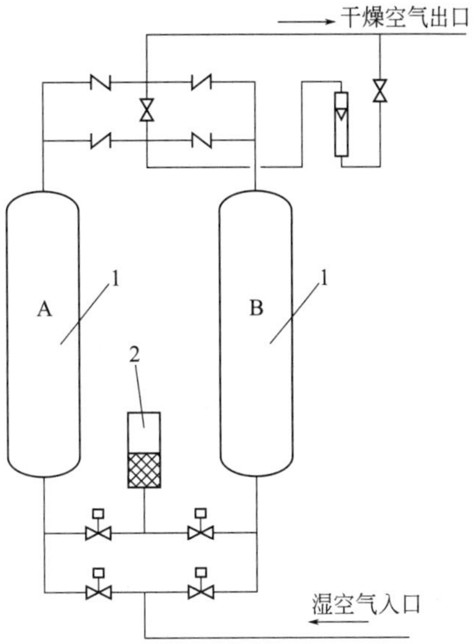

图 1.9.42 无热再生空气干燥
设备流程示意图
1—吸附器；2—排气消声器

$$\frac{V}{V_1} = \frac{p}{p_1} \ \text{或} \ \frac{V_1}{p_1} = \frac{V}{p} \qquad (1.9.1)$$

式中　V——吸附塔进气流量，m^3/h；

　　　V_1——吸附塔再生气流量，m^3/h；

　　　p——吸附塔内气体绝对压力（吸附时），MPa；

　　　p_1——吸附塔内气体绝对压力（再生时），MPa。

利用式（1.9.1）可计算出最小再生气耗量。再生气的实际体积流量和原料气的实际体积流量比等于 1 时为最小再生气耗比。实践表明最小再生气耗比时吸附剂的再生是不完全的，将使吸附剂中残余的水分逐渐积累，最终使吸附过程无法进行下去。这是因为吸附、再生不是一个可逆过程，吸附过程中放出的热量不可能都蓄积在吸附剂床层中，也就满足不了再生脱附过程需要的热量。因此必须有效地将吸附热蓄积起来，用于再生脱附，也就是将吸附床层视作一个蓄热器，尽量使吸附热不散失，不被产品气带走。所以应尽量缩短吸附、再生循环周期，无热再生法的工作周期通常采用 5～10min。

设计选用压缩空气无热再生干燥装置时，主要应考虑的因素是：工作周期、再生气量、气体干燥度、原料气含湿量、接触时间和空塔线速度等。无热再生干燥装置吸附压力与再生压力之比，一般宜大于 4，吸附塔的空塔线速度一般应为 0.1～0.5m/s；气体与吸附剂的接触时间取决于吸附剂床层高度与气体线速度，并与所采用的吸附剂有关，通常吸附剂采用分子筛时为 3～5s；采用活性氧化铝时为 5～8s。无热再生法干燥设备的气体干燥度为 −20～−50℃（露点）。再生气量大小是无热再生空气干燥装置的一项主要经济、技术指标。再生气耗比大于 1，干燥装置才能正常工作。实践证明加大再生气量能提高气体干燥度，见图 1.9.43。但是再生气耗比的提高并不和干燥度的提高成正比，亦不能无限地提高气体的干燥度。另外，由于加大再生气量必然减少产品气量，增加了获取干燥压缩空气的能量消耗，提高运行成本，这是不经济的。在一个电子工厂气体供应系统的节能改造中，选择了加热再生压缩空气干燥装置替代运行多年的无热再生干燥装置，每年可减少电能消耗近 $2 \times 10^6 kW \cdot h$，其压缩空气干燥装置的再生气耗仅为原有无热再生干燥装置的 20% 左右，节能改造增加的投资费用三年左右可得到回收，获得了较好的节能、经济效益。

（4）压缩空气微热再生吸附干燥设备　这是为降低无热再生干燥设备的再生气耗量而发展的一种吸附干燥装置，它是对吸附—再生过程中的再生气体进行适当加热，提高再生气温度至 40～50℃。图 1.9.44 是微热再生压缩空气干燥装置的流程示意图。这种装置的再生气耗比无热再生少，虽然加热需用能量，但是总的再生能耗还是低于无热再生法；工作周期一般采用 30～60min。三种吸附干燥装置的再生方法比较见表 1.9.40。

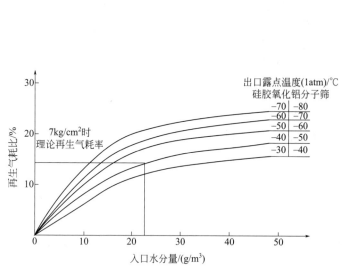

图 1.9.43 无热干燥法的再生气耗与干燥度

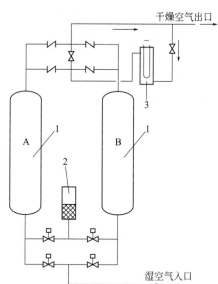

图 1.9.44 压缩空气微热再生吸附
干燥设备流程示意图
1—吸附器；2—排气消声器；3—电加热器

表 1.9.40 三种再生方法的比较

技术指标	加热再生法	无热再生法	微热再生法
吸附塔体积比	1.0	3/4～1/2	1/2
吸附剂	硅胶、活性氧化铝分子筛	同左	同左
处理气量/(m³/h)	100～15000	1～1500	1～3000
工作压力/MPa	0～3*	0.5～1.5	0.3～2
含水量/℃	20～40(饱和)	20～30(饱和)	20～40(饱和)
工作周期/min	360～480	5～10	30～60
出口露点/℃	−20～−70	−40 以下	−40 以下
再生温度/℃	150～200	20～30	40～50
再生气耗比/%	0～8	15～20(0.7MPa)	4～8(0.7MPa)
再生能耗	小	大	较小

* 目前已有 20MPa 的加热再生气体干燥装置。

9.4.3 干燥压缩空气管路及附件

（1）洁净厂房内洁净干燥压缩空气管道的敷设　一般采用架空敷设，并与大宗气体管路共架敷设，但应遵守相关国家标准中对共架敷设气体管道的有关规定。为了确保洁净干燥压缩空气供气系统输送到用气点的气体品质，在供气管路的末端或最高点应设有放散口，用于洁净干燥压缩空气管路系统启用、检修或长期停用时进行吹扫置换；为防止吹扫置换过程排放的"不洁空气"对洁净厂房洁净度的影响，宜将放散口接至室外或洁净区外。

高洁净度、高干燥度要求的洁净干燥压缩空气管路宜与高纯大宗气体管路的布置要求类似，管路系统应根据用气点的分布状况尽量缩短管线长度，并应减少或避免出现气体不流动的"死空间"，也不得设有"盲管"等易引发对洁净干燥压缩空气造成"颗粒污染或水分污染"的潜在危险。

（2）管道及附件的材质选择　洁净厂房内洁净干燥压缩空气管路及附件的材质、洁净处理方法和阀门、附件的选择与高纯大宗气体系统类似，应根据管内所输送的气体品质、洁净度要求等因素确定，通常所选阀门、附件的材质、洁净处理方法应与管道相一致。在国家标准《电子工业洁净厂房设计规范》（GB 50472）中规定：干燥压缩空气管道内输送露点低于−76℃时，应采用内壁电抛光低碳不锈钢管或内壁电抛光不锈钢管；露点低于−40℃时，宜采用不锈钢管或热镀锌无缝钢管。阀门宜采用波纹管阀或球阀。洁净干燥压缩空气管道连接宜采用焊接，不锈钢管应采用氩弧焊；对含水量露点严于−40℃的管道连接用的密封材料，宜采用金属垫或聚四氟乙烯垫。当采用软管连接时，宜采用金属软管。

参考文献

[1] ［美］卡尔 L. 约斯. Matheson 气体数据手册. 7 版. 陶鹏万，黄建彬，朱大方译. 北京：化学工业出版社，2003.

[2] 陈霖新. 半导体用高纯气体供气方式的商榷. 1983 年北京机械工程学会动力分会年会论文集. 北京：1983.

[3] ［日］铃木道夫，等. 大规模集成电路工厂洁净技术. 陈衡，等译. 北京：电子工业出版社，1990.

[4] 原田光，康显澄. 半导体工艺中使用的特种气体. 低温与特气，1984（2）：1-18.

[5] 陈霖新. 高纯气体供应系统的杂质污染及防治. 洁净与空调技术，1995（4）：14-18.

[6] 张鸿雁. 室内高纯气管路系统的洁净技术［J］. 洁净与空调技术，2001（4）：38-42.

[7] 章光护. 超大规模集成电路气体净化工艺. 洁净与空调技术，1998（4）：2-9.

[8] 陈霖新. 空气干燥装置的配置和选择. 压缩机技术，1989（4）：28-29，37.

[9] 陈霖新，等. 纯气的制取与输送// 《电子工业生产技术手册》编委会. 电子工业生产技术手册：第 17 卷. 北京：国防工业出版社，1992.

[10] 黄建彬. 工业气体手册，北京：化学工业出版社，2002.

[11] 李寿权，陈长聘. MHPC-21（4）/13 型高压高纯氢生产装置，工厂动力，2000（4）：23-26.

[12] 林秉乐，徐立大. 高纯瓶装气体的过滤. 洁净与空调技术，1996（3）：25-28.

[13] Donald L. Tolliver. Handbook of Contamination Control in Microelectronics. Park Ridge：Noyes Pablications，1988.

[14] 电子工业部第十设计研究院. 氢气生产与纯化. 哈尔滨，黑龙江科学技术出版社，1983.

[15] 朱海英，张晓枫. 半导体工厂的大宗气体供应系统的工程实践. 中国动力工程学会工业气体专业委员会 2013 年会暨工业气体供应技术论坛论文集，上海，2013.

[16] 李骥. 特气供气系统的设计. 工厂动力，2000（3）：60-65.

[17] 廖国期，安志星. 微电子工厂的大宗气供应系统的设计建造. 中国动力工程学会工业气体专业委员会 2013 年会暨工业气体供应技术论坛论文集，上海，2013.

[18] 周向荣，安志星. 集成电路芯片制造用大宗气体、特种气体供应. 中国动力工程学会工业气体专业委员会 2013 年会暨工业气体供应技术论坛论文集，上海，2013.

[19] 中国气体工业协会. 中国工业气体大全. 大连：大连理工大学出版社，2008.

[20] 刘炜炜，蔡体杰. 大容积气瓶在气体储运和使用中的优势浅谈. 中国动力工程学会工业气体专业委员会 2013 年会暨工业气体供应技论坛论文集，上海，2013.

[21] 李大明，李彩琴. 吸附干燥器的运行与选型，压缩机技术，1997（2）：29-32.

第 10 章 洁净厂房的电气设计

10.1 概述

电气设施是洁净厂房的主要组成部分，是任何一类洁净室正常运转、确保安全都不可缺少的重要公用动力设施。

洁净厂房是现代科学技术发展的产物，随着科学技术日新月异，新技术、新工艺、新产品不断出现，产品精密度日益提高，对空气洁净度提出了越来越严格的要求。目前，洁净厂房已广泛应用于电子、生物制药、宇航、精密仪器制造等高科技产品的制造、研究。洁净厂房的空气洁净度对有净化要求的产品质量有很大影响，因此，必须保持净化空调系统的正常运行。据了解，在规定的空气洁净度下生产的产品合格率可提高 10%～30%。一旦停电，室内空气会很快被污染，严重影响产品质量。

洁净厂房是相对的密闭体，投资大、产品成本高，且要求连续、安全稳定运行。洁净厂房内电气设施停电会造成送风中断，室内的新鲜空气得不到补充，有害气体不能排出，对工作人员的健康是不利的，即使短时的停电引起短期停产也会造成巨大的经济损失。在洁净厂房内对供电有特殊要求的用电设备通常设置不间断电源（UPS）供电。所谓对供电有特殊要求的用电设备主要是指采用备用电源自动投入方式或柴油发电机组应急自启动方式仍不能满足要求者；一般稳压稳频设备不能满足要求者；计算机实时控制系统和通信网络监控系统等。近年来，国内外一些洁净厂房中一级用电负荷因雷击及电源瞬时变动而引起停电事故频繁发生，造成了较大的经济损失，其原因不是主电源断电，而是控制电源失电造成保护系统失灵。电气照明在洁净厂房设计中也很重要。从洁净室内产品生产工艺性质来看，洁净室内一般从事精密视觉工作，需要高照度高质量照明。为了获得良好和稳定的照明条件，除了解决好照明形式、光源、照度等一系列问题外，最重要的是保证供电电源的可靠性和稳定性；由于洁净室的密闭性，因此洁净室不仅要求电气照明的连续性、稳定性，从而确保洁净室设施的安全可靠运行和一旦出现突然事件，确保人员顺利安全疏散，还必须按规定设有备用照明、应急照明、疏散照明。

以微电子产品生产用洁净厂房为代表的现代高科技洁净厂房，包括电子、生物医药、航空航天和精密机械、精细化工等产品生产用洁净厂房，不仅空气洁净度要求日益严格，而且要求洁净室面积大、空间大、跨度大，许多洁净厂房采用钢结构；洁净室内产品生产工艺复杂，连续性昼夜不停地运转，许多产品生产过程使用多种、多类的高纯物质，有的属于易燃、易爆和有毒的气体或化学品；洁净厂房内净化空调系统的风管、生产设备的排气和排风管道以及各种气体、液体等管线纵横交错，一旦发生火情将会经由各类风管迅速蔓延，同时由于洁净室的密闭性，产生的热量不易散失，火情将会快速扩散，引起火灾迅速发展；高科技洁净厂房内通常设有大量的昂贵的精密设备、仪器，且洁净区域因人净、物净等的要求，一般通道曲折、疏散较困难等，为此洁净厂房内安全保护设施的正确配置，日益受到洁净厂房设计、施工和运行的高度重视，也是建造洁净厂房的业主重视、关注的建设内容。我国在近年发布的洁净厂房设计规范中对于安全保护设施均有详细的规定，如通信系统的设置、火灾报警系统及消防控制的设置、各类气体报警系统的设置等。据了解，目前在集成电路芯片制造工厂、液晶显示器面板工厂用洁净厂的建设中，均设有生命保障系统和消防报警控制系统等，将在本章的后续内容中详细介绍。

为了保证洁净厂房对洁净生产环境的控制要求，一般应设置集散式的计算机监控系统或自动控制系统，对净化空调系统、公用动力系统以及各种高纯物质的供应系统的各种运行参数、能量消耗等进行显示、调节和控制，以满足洁净室的产品生产工艺对生产环境的严格要求，同时实现以尽量少的能量消耗（节能）实现保质保量的规定产品生产。

本章所述的电气设备包括：强电系统的变配电设备、备用发电设备、不间断电源（UPS）、变流变频设备和输配线路等；通信安全系统的电话设备、广播设备、安全报警设备、防灾设备、中央监视设备、综合布线系统以及照明系统。

洁净厂房的电气设计人员，应用现代电气新技术、现代工程控制技术和计算机智能监控技术，不仅能为洁净厂房提供连续可靠的电源，还可能为建设自动化洁净厂房的生产、指挥、调度、监控创造良好的条件，以确保洁净室内的生产设备和辅助生产设备正常运转，防止各种灾害发生，并营造良好的生产、工作环境。

10.2　洁净厂房的供配电设计

10.2.1　基本要求

（1）高可靠的电源系统

① 在洁净室设备运转过程中，供配电系统、电气设备发生故障造成停电，可能会出现下列问题。

a.使生产线上传送着的半成品、产品成为次品或废品；

b.已供给生产线的中间产品的原材料变成废料，要更换；

c.由于上述两项，搬掉生产线上的次品、废品和重新投料需要时间，要中断生产；

d.在调查停电原因和采取措施方面需要时间和人员；

e.恢复由于停电而被破坏的室内洁净环境，需消耗更多的能量和时间；

f.生产装置的调整、试运转需要时间和人员。

不仅有上述各项一次性损失，而且还会发生下述二次性损失。

a.由于推迟交货期，失去信誉；

b.由于终止了时效变化或老化试验，造成试验返工。

上述问题的产生造成了用金钱和劳动力无法挽回的损失：轻微停电造成时间、劳动力、成本等直接性损失以至于失去信誉的间接性损失。

② 确认建设单位要求和运行体制，主要包括如下内容。

a.供给各类设备的电源质量，如电源电压和频率的稳定度；

b.用电设备的负荷等级要求；

c.工艺生产变化频度和发展预留情况；

d.电气线路可靠性；

e.维修体制和定期维修时允许停电的时间。

③ 备用电源设置原则如下。

a.供电方式（高、低压系统接线方案，备用电源）；

b.变压器的选型和台数；

c.直流电源设备、稳压稳频（CVCF）设备、自动调压（AVR）设备、不停电电源（UPS）设备的配置。

（2）高可靠的电气设备

1）洁净室内电气设备可能发生的灾害，以其特殊性考虑，有下述各种风险。

① 在制造半导体、磁带、胶片和药品、生物制品等制造工厂的洁净室内，使用各种各样的有毒气体（硅烷系气体、砷系气体等）、有机溶剂（酒精、香蕉水等）及微粒材料（磁铁粉、粉末药品等），这些气体、溶剂、材料有泄漏的危险性。

② 为了除去洁净室内的灰尘、细菌，需要送入大量的空气，而多数设计空气是从顶棚向地板单方向流动，所以即使发生火灾，在火灾初期也很难用设置在顶棚的探测器探测到，因此具有危险性。

③ 在洁净室内使用的建筑材料、生产设备，从轻量化、批量生产、强度、美观、成本等方面考虑都可能使用塑料（高分子化合物）和玻璃纤维、化学纤维等。由于洁净室内有温、湿度要求，有的房间湿度较低，容易蓄积静电。如果静电蓄积到一定程度，则发生放电，产生火花，会使生产中使用的气体、有机溶剂、微细粉尘燃烧，甚至有着火爆炸的危险性。

④ 因为洁净室与管理和辅助用房都通过更衣室、空气吹淋室等隔离开，同时在洁净室内，往往只有少数人操作，所以在这样的状态下，一旦操作人员因某种事故或疾病倒下，有不能及时发现的危险性。

2）洁净室内电气设备的保护安全措施：因为洁净室有上述各种危险性，所以必须对可能发生的危险采取稳定可靠的安全措施。

① 有毒、可燃气体：用气体探测器检查出泄漏后，应关闭阀门、启动局部排风系统等。

② 有机溶剂：在使用点使用有机溶剂时应同时启动排风系统；在构造上考虑停电时应不流出溶剂。

③ 漏水：在必要处，设置漏水监控措施。

④ 静电：抑制静电产生，将静电导除；各种设备和构件的金属外壳之间进行电气连接，使之形成等电位连接，并予以接地；对湿度条件进行控制与评价。

⑤ 电磁干扰：选择的电气设备应符合相关电磁兼容（EMC）标准，并采取防电磁干扰（EMI）的措施；选择配电系统的接地形式；作等电位连接。

⑥ 火灾：为了早期发现火灾，不仅在顶棚面上设置探测器，而且要在排风口或回风管内设置探测器；电气线路接地故障装设漏电保护。

⑦ 操作人员监视：为了与操作人员联络和监视，便于生产指挥，设置工业电视摄像机、传呼设备等。

（3）采用节能型电气设备　节能在洁净厂房的设计中显得十分重要。为确保恒温、恒湿和规定的洁净度等级，洁净室需大量送入经净化空调处理过的空气，包括不断供给的新鲜空气，而且一般需24h连续运行，所以它是能耗特别大的设施。应根据具体工程项目的生产工艺要求、当地环境状况制定制冷、供热、空调系统节能措施，把能耗运行成本降下来。

在这里，必须注意的是不仅要制定节能的计划和做法，遵守国家关于节能的有关法规，而且还要掌握节能的计量方法。采用节能型电气设备要关注如下几个方面。

1）供电系统的合理设计

① 选择合理的供电电压和供电方式。

② 变电所的位置要接近负荷中心，减少变压级数。

③ 正确选择变压器的容量和台数。

④ 提高供配电系统的自然功率因数。

⑤ 抑制配电系统中的高次谐波。

2）电能转化为其他能的优化

① 合理选择传动装置的电动机。

② 合理选择电动机的启动方式和调速方式，负载变动大的泵、风机、提升与输送设备等传动电动机采用变频调速装置。

③ 提高电热设备、电化学设备的效率。

3）合理照明的设计

① 合理的照度标准。

② 选用高效光源和节能灯具及其节能配件。

③ 照明的节能控制。

（4）重视电气设备的适应性　生产系统由于时间的流逝，其机能会陈旧、老化而需要改造。现代企业由于产品的不断更新，生产流水线经常变动，需要重新整合。伴随着这些问题，为了产品的先进、高质量化、微细化、精密化，则要求洁净室具有更高的洁净度而进行建筑设备的改造。因而，即使建筑物的外观不变，其内部也经常进行更新换代。近年来，为了提高生产，一方面谋求设备的自动化、无人化；另一方面，通过设置微环境设施等局部净化措施来谋求不同洁净度要求、严格要求目的的洁净空间，从而生产出高质量的产品，并同时达到节能的目的。

为了适应上述变化，需要有日新月异发展的与生产设备相应的电气设备。电气设备的适应性，应从设置空间的保证、线路选择、适应标准化配电网络的先进设备等角度加以考虑。选择的某一种设备，可能暂时有富余量或用不上，是超前投资，但在改造时可提供其有利条件，所以从项目策划和设计的最初阶段开始，必须和业主进行充分商洽，实现供配电方式的灵活性，设计电气设备（变、配电设备，特殊电源设备，干线设备等）的富余量、电气室的大小及电源设备容量的富余量都给予充分考虑。

（5）采用节约人力的电气设施　节约人力措施大致有下述几种。

① 减少各类操作人员。

② 节约办公管理部门的人员。

③ 减少各类维修管理部门的人员。

如果从新技术发展动向来看，操作人员的减少主要是通过采用各类设备、系统的自动化（FA）灵活的制造系统（FMS）；节约办公管理部门的人员主要是通过采用办公自动化（OA）；减少维修管理部门的人员主要是通过采用计算机控制管理的中央监控设备。

在建筑电气设备中，由于采用了计算机控制的中央监控设备，因此可以实现主要维修人员的合理化安排。合理化往往要削减人员，但是由于设置了中央监控设备，就可以给削减下来的人员合理安排其他工作。

计算机控制的中央监控设备通常应具有以下功能：①对各类生产设备进行实时自动监测、控制和管理；②对环境参数、能源消耗、运行状态制作日报表、月报表等管理资料；③空调设备、给排水设备、气体动力设备的自动控制、程序控制、节能控制；④预防灾害及受灾后的恢复处理；⑤数据的收集、分析。

（6）营造良好环境的电气设备　洁净室是一个封闭的空间，所以应特别关心环境方面对操作人员的影响。下面主要介绍有关电气设备的视觉环境和听觉环境。

1）视觉环境：在洁净室中，不可能期望自然采光，主要采用人工照明。在进行洁净室照明设计时，重点要掌握房间的使用要求、制约条件等，应充分考虑下述内容：①照度水平；②光源和灯具的选择；③炫光限值；④配置（镇流器、补偿电容器和滤波器等）方法；⑤维修方法，维修方面除考虑方便维修外，还必须特别注意在换灯管灯泡、清扫灯时不能使灰尘降落或飞扬。

2）听觉环境：一般来说，能够清晰地听到声音是很重要的，但是在动物饲养房或精密计量室等洁净室中，没有声音才是良好的环境，所以不能一概而论。

另外，在背景噪声高的工厂，利用声音来传递信息是不合理的，对与信息无关的人来说会感到噪声加大了，所以可考虑采用光、文字、图像等信息传递方法。

因为洁净室规定要经过一次更衣、二次更衣、吹淋等各种去除污染物的程序，才能进入洁净室，所以作为信息传递的方法，采用无线电、有线电、文字、光等设备系统，对于提高生产效率、消除操作人员的不安情绪（在封闭洁净空间内的孤独感）是有益的。

洁净厂房内有较多的电气设备是单相负荷，存在不平衡电流。而且环境中有荧光灯、晶体管、数据处理以及其他非线性负荷存在，配电线路中存在高次谐波电流，致使中线性流有较大的电流。而 TN-S 或 TN-C-S 接地系统中有专用不带电的保护接地线（PE），因此安全性好，所以洁净厂房低压配电设计应采用 220V/380V。带电导体系统的形式宜采用单相二线制、三相三线制、三相四线制。系统接地的形式宜采用 TN-S 或 TM-C-S 系统。

在洁净厂房中，各类产品生产工艺设备和公用动力设备用电的负荷等级应根据其生产工艺特点以及对供电可靠性的要求确定。同时，它又与为净化空调系统正常运行的用电负荷，如送风机、回风机、排风机等有密切的联系。对这些用电设备的可靠供电是保证生产的前提。电子工厂洁净厂房中的产品生产用主要工艺设备，一般都是电子生产线的关键设备、核心设备，它们的正常、连续运转对确保生产线的正常运转至关重要，所以近年来的一些电子产品生产用主要设备都要求由专用变压器或专用低压馈电线路供电。随着科学技术的发展，电子产品生产的精细化、微型化、高质量和高可靠性要求日益严格，对洁净室（区）的空气洁净度等级要求严格及连续运转、高纯物质（高纯水、高纯气、高纯化学品）供应应可靠和连续，这些都对洁净室（区）的电力供应提出了连续甚至不间断供应和电压稳定性要求。据不完全统计，近年来设计的大规模集成电路芯片制造工厂、TFT-LCD 制造工厂中，均要求电力供应中设置备用发电机组。有特殊要求的生产工艺设备和公用动力设备（包括高纯气、特种气体、化学品等供应系统，部分净化空调系统）等所需电力，应急发电机供应电力的能力占全厂装设功率的 2%～15%，不间断电源（UPS）的电力供应能力占全厂装设功率的 1%～15%；一些大规模集成电路芯片制造工厂的应急发电装置设有 8～12 台，单台发电能力 1500～2000kW。为此，在国家标准《电子工厂洁净厂房设计规范》（GB 50472）中规定：电子产品生产用主要工艺设备，应由专用变压器或专用低压馈电线路供电。对电源连续性有特殊要求的生产设备、动力设备，宜设置不间断电源（UPS）或备用发电装置。在洁净室（区）内宜设独立的检修电源。电子工厂洁净厂房的净化空调系统（含制冷机），应由变电所专线供电等。

洁净室（区）中电气设备的设置、选用必须充分考虑洁净生产环境的特点，保持洁净室（区）的空气洁净度是确保产品高质量、提高成品率的基本条件，为此所有装设在洁净室（区）的电气设施均应遵守不产生尘粒、不滞留尘粒、不带入尘粒的要求。在 GB 50472 中规定："洁净室（区）内的配电设备，应选择不易积尘、便于擦拭的小型、暗装设备，不宜设落地安装的配电设备。当下技术夹层高度大于 3m 时，配电设备宜设在下技术夹层，并在顶部设挡水措施。""洁净厂房的电气管线宜敷设在技术夹层或技术夹道内，宜采用低烟、无卤型电缆，穿线导管应采用不燃材料。洁净生产区的电气管线宜暗敷，电气管线管口及安装在墙上的各种电器设备与墙体接缝处应有可靠的密封措施。"近年来，在集成电路芯片制造、液晶显示器面板制造的洁净厂房中，大多采用垂直单向流的多层布置的洁净厂房，下技术夹层高度一般均大于 4.0m，配电系统的配电箱等基本上布置在下技术夹层内。由于各种洁净度等级的洁净室（区）均为密闭空间，一旦出现火情烟气不易排出，为确保工作人员的安全和健康，宜采用低烟、无卤型电缆，避免电缆燃烧产生的烟雾和卤素毒气危及工作人员的安全。为保证洁净生产区的洁净度，不积聚尘埃，电缆不宜在洁净生产区明敷。为防止污染物从接缝渗漏入洁净室（区），对各种接缝、电气管线口应进行密封处理。

10.2.2 洁净室的电气设备

（1）工业洁净室电气设备 近年来，以电子设备为代表的高技术产业飞速地向前发展，在这些最先进的技术领域中，不断地进行着技术革新，并把产品的微细化、高质量化、超精密化作为目标，而且为了谋求生产的高效率、高质量而建造高质量的洁净室。

用于超大规模集成电路（ULSI）、精密机械、光学仪器及电子仪器等制造、加工或装配的各类洁净室，根据生产用途不同，而使用各种各样的高精设备。超大规模集成电路芯片制造工厂的洁净厂房，因为有如消耗电力大，防微振，防静电，防电磁波干扰，需要实行特殊接地，需要不停电电源，使用应电压波动、频率变化小，需要特殊电压等要求，所以必须精心设计、精心施工。

在洁净室的电气设备中，特别重要的问题是为确保产品的质量和成品率的提高，而应把作业空间的洁净度稳定地维持在一定的水平上。为此，必须遵守不产生灰尘、不滞留灰尘、不带入灰尘的三原则。

1）不产生灰尘

① 电机、通风机的皮带等旋转部分应选用耐磨性好、表面不产生剥离的材料。

② 电梯等垂直运输机械或水平机械的导轨、钢丝绳的表面应不产生剥离。

2）不滞留灰尘

① 墙面上安装的配电盘、控制盘、开关等应尽量做成暗装式，尽量采用凹凸少的形状。

② 配线管等以暗装为原则，在必须明装的情况下，无论如何也不要在水平部分明装，只能在垂直部分明装。

③ 在配件必须明装的情况下，外表棱角要少且光滑，以便清扫。

④ 根据消防法规定设置的安全口指示灯、疏散标志灯，需要采取不易积尘的结构。

⑤ 墙壁、地板等因为人或物的移动、空气的反复摩擦会产生静电而吸附灰尘，所以必须采取防静电地板、防静电装修材料和接地等措施。

⑥ 照明灯具因为换灯管灯泡要定期地进行维修，所以在构造上要考虑更换灯管灯泡时使灰尘不致落入洁净室内。

3）不带入灰尘

① 在施工中使用的电线管、照明灯具、探测器、插座、开关等应充分清洁后再使用。另外，必须特别注意对电线管的保管和清洁。

② 安装在洁净室顶棚、墙壁上的照明灯具、开关、插座等周围的贯通部位必须密封，使之不侵入不洁的空气。贯通于洁净室的电线、电缆的保护管在穿墙、穿地面和穿顶棚处必须密封。

鉴于现代高科技洁净厂房电力消耗量巨大以及用电生产工艺设备的连续不间断要求，为适应洁净室的特点——洁净生产环境中要求不产尘、不积尘土和不带尘，所有设置在洁净室（区）的电气设备均应该做到洁净、节能。洁净就要求不产生尘粒，电机旋转部分应选用耐磨性好、表面不产生剥离的材料；配电箱、开关箱、插座以及设在洁净室内的 UPS 电源等的表面应不产生尘粒，易于清洁。

（2）生物医药类洁净室的电气设备　由于这类洁净室主要用于药品、生物制品、食品、化妆品和动物实验设施等领域，因此不仅要对空气中的微粒进行控制，更重要的还应对空气中的微生物（包括细菌、病毒等）进行控制。生物医药类洁净室的电气设备原则上与上述的电子类洁净厂房类似，采用类似的洁净措施，但由于生物制药类洁净厂房按国内外 GMP 的要求，在药品生产过程中为消除微生物的滋生和污染应按规定进行灭菌、消毒，因此设置在这类洁净室（区）内的电气设施均应具有对"灭菌、消毒"药剂等的耐受力，所以在电气设施的材质选用时应考虑相应的防腐措施等。洁净厂房常常是电力消耗巨大的生产车间，所以电气设施的节能设计自然是主要的课题和目标。首选应合理地选择供电系统，实事求是地采用满足产品生产工艺设备和公用动力系统的供电电压等级和供电方式，将变电站设在靠近负荷中心场所，正确选择变压器容量和台数以及形式，降低电能损失，提高供配电系统的自然功率因数，抑制配电系统中的高次谐波；其次根据各类产品生产过程的特点、公用动力系统各类设备的实际使用状况、变负荷状况等，合理选择电动机的启动方式、调速方式，对于使用过程中负荷变化较大的风机、泵等的电动机采用变频调整装置；然后根据产品生产工艺要求，合理采用洁净室（区）的照度标准，选用高效光源和节能灯具以及相关配件，对于大面积、多用途的洁净室（区）实施照明的节能控制；最后根据洁净厂房内产品生产设备及其生产过程需要和使用的各种工艺介质特点，并结合为供应产品生产工艺要求和洁净生产环境控制要求以及消防、安全生产、能量参数检测、控制等所需自动控制、监测控制系统的合理选择、配置等。

（3）洁净厂房内防爆电气设施 在微电子洁净厂房、生物医药洁净厂房中，根据产品生产要求常常使用多种多类型的易燃、易爆、有毒气体、化学品等，在一些产品生产过程中会有固体粉碎、粉末运送等可能产生粉尘爆炸的危险性，所以在洁净厂房中常常需要在储存分配和使用易燃易爆、有毒气体、化学品的房间内按规定设置防爆电气设施。具有防爆性能的电气设备、仪器与普通设备、仪器相比体积大，而且很少可能暗装，且容易积尘。因此，如果对各个房间的要求了解得不充分，不能准确地划分房间的爆炸危险性等级，则不仅会大量地增加设备费用，而且还会影响洁净度。当然对于安全性必须优先考虑，所以应正确地分析房间爆炸危险环境区域及其等级的划分和采取相应的防爆措施，采用符合电气防爆规范的电气设备。与电气设备防爆有关的另一个重要问题是防静电措施。静电不仅是引起爆炸的重要原因，而且还是吸附灰尘从而污染环境的重要因素。因为它不仅会导致安全性问题，而且还会降低产品的可靠性，所以应按规定对有爆炸危险的洁净室（区）设置可靠的防静电措施。

（4）特殊设备的 UPS 供电 近年来在高科技洁净厂房内，因为产品生产过程的连续性、高精度、微细化、自动化，包括实时监控的要求日益增多，所以采用交流不停电电源（UPS）供电的各类设备越来越多。UPS 供电对象主要是传统的备用电源自动投入方式或应急发电机自启动方式不能满足要求者，或一般稳压设备不能满足需求者，或采用计算机实时监控系统和通信网络系统等。

近年来，国内外一些洁净厂房中一级用电负荷因雷电过电压和电源系统操作过电压，造成电源系统瞬时变动或电磁干扰等引起的停电事故较频繁发生，从而造成了较大的经济损失。分析造成事故的原因，一般还不是主电源断电，而是控制电源失电致使保护系统失灵。所以，一些洁净厂房中产品生产线的计算机实时控制系统、关键动力设备、消防安全设备的控制电源和企业生产、安全、经营和质量管理用的计算机网络设备均采用了 UPS 供电设施。近年来在高科技洁净厂房中 UPS 供电的装设容量可达总电力负荷的 $1/20 \sim 1/10$，常常需多套 UPS 并联运行，还要与应急电源和市电网的备用电源等均成多元备用，以确保可靠供电。目前应用中的 UPS 供电装置有静态 UPS（statics uninterruptible power supply system）和动态 UPS（dynamic uninterruptible power supply system）。

① 静态 UPS 供电装置由可控硅整流器、逆变器、交流静态开关和蓄电池等组成。单台 UPS 供电系统框图见图 1.10.1。UPS 按其工作方式可分为在线式和后备式。在线式 UPS 正常运行时，由城市交流电源经可控硅整流器整流为直流，对蓄电池组进行充电，同时经逆变器输出优质的交流电源对重要负荷供电。当城市电网突然停电时，它能自动转换到蓄电池组，利用蓄电池放电经逆变器对重要负荷供电。后备式 UPS 供电装置是在电网正常供电时，由电网直接向重要负荷供电；当电网供电中断时，蓄电池才对 UPS 的逆变器供电，并由逆变器向负载提供交流电源，即 UPS 的逆变器总是处于对负荷提供后备供电状态。

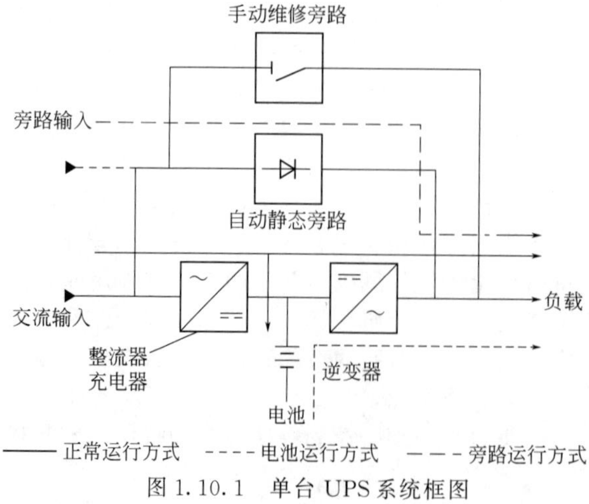

根据重要负荷的容量大小，经计算可以选择不同规格容量的静态 UPS 供电装置。通常 UPS 供电装置可划分为大、中、小型，其容量分别为：a. 小型 UPS，1000V·A 及以下；b. 中型 UPS，$2 \sim 15kV·A$；c. 大型 UPS，20kV·A 以上。

根据用电可靠性、连续性、稳定性和电源参数质量的要求，静态 UPS 可采用不同形式的 UPS 供电系统。目前主要有单一式 UPS 系统、并联式 UPS 系统、冗余式 UPS 系统。

洁净厂房内 UPS 容量和 UPS 系统的选择均应考虑留有适当的余量，UPS 机房还应考虑留有发展余地。通常 UPS 供电装置所需的

手动维修旁路

旁路输入

自动静态旁路

交流输入

负载

整流器
充电器

逆变器

电池

—— 正常运行方式　- - - - 电池运行方式　— - — 旁路运行方式

图 1.10.1 单台 UPS 系统框图

工作条件是：a.应用场所宜在海拔高度 1000m 以下（有些产品可工作在 2000m 以下）；b.设有 UPS 电源的室内环境温度为 0～40℃，相对湿度不大于 85％～90％（以不结露为前提）；c.设有 UPS 电源的场所应无剧烈振动、冲击，垂直倾斜度不超过 5°，无易燃、导电尘埃，无腐蚀性气体及无爆炸危险。

　　静态 UPS 系统组成中有可控硅整流元件，输入输出电流含有较多的谐波成分，必要时输入输出回路中加隔离、屏蔽和滤波设备。同时输入、输出线路的中性线截面应适当放大，至少应将中性线截面选得不小于相线截面。

　　② 动态 UPS 供电装置主要包括作为电力调节系统的同步电动机/发电机、用作应急备用系统的柴油机组、飞轮（Flywheel）以及同步电动机/发电机与柴油机组耦合连接用电磁离合器，还有一个自动旁路回路。飞轮可以实现动态能量存储的功能，用于短时电力中断时的供电，以确保应急柴油机组在电力长时间中断时有足够的启动时间。图 1.10.2 为典型的动态 UPS 供电系统。动态 UPS 供电系统正常运行状况时，开关在正常运行情况下，开关 D1 和 D2 合上（D3 断开），市电通过电抗器 B 向负载供电，同步电动机/发电机 M/G 以同步电动机方式运行，驱动飞轮旋转，储存能量。M/G 和柴油机组 D 之间

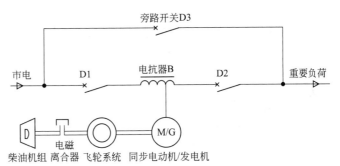

图 1.10.2　典型的动态 UPS 系统

通过电磁离合器连接，这保证了市电不会给柴油机组传送突然的外力。此时，动态 UPS 中主要是电力调节系统在起作用，以改善电源质量。

　　消除电力短时中断，减少柴油机组的启动次数；调节输出电压，确保在宽范围内有稳定的电压输出，使设备免受电压波动的影响；耦合电抗器使市电和负载之间实现电气隔离，并能有效抑制市电侧或负荷侧的谐波电流，限制短路电流；改变同步电动机的励磁可以调节电动机的功率因数，通过使同步电动机处于过励状态从电网吸收电容性无功功率，从而提高电网的功率因数。

　　应急运行时，当市电失电或电力中断超过系统的容许范围时，D1 断开。同步电动机/发电机转变为发电方式运行，动态 UPS 的应急备用系统投入运行。飞轮通过惯性作用释放动能，使发电机运转，确保所带重要负载不中断且不引起电压波动；系统还通过连续监测负荷端的频率，在预先设定的范围内调节发电机的转速，以保证供给负荷的电源频率稳定。由于能量的消耗，飞轮的转速开始下降，同时，柴油机组也已开始启动并逐步加速，经过一段时间后（一般不超过 15s），柴油机组即可达到正常转速。此时，柴油机组和发电机经电磁离合器自动耦合，由柴油机组带动发电机运转，继续供给负载电源。

　　动态 UPS 的能量支撑时间（市电失电后，柴油机组投入供电前，系统保证电源不间断供给时间）通常与机组的容量有关。表 1.10.1 是某品牌动态 DPS 的支撑时间。

表 1.10.1　动态 UPS 的能量支撑时间

机组容量/kV·A		储能系统输出功率/kW	最大支撑时间 （对应 3600r/min 飞轮转速）/s
400V 50Hz	480V 60 Hz		
150		133	122
330		292	57
420		373	45

机组容量/kV·A		储能系统输出功率/kW	最大支撑时间 （对应 3600r/min 飞轮转速）/s
400V 50Hz	480V 60 Hz		
	500	444	38
625		548	31
	750	658	25
800		688	24
	1000	860	19
1100		946	17
	1300	1118	15
1650		1404	11

　　动态 UPS 与静态 UPS 相比，系统运行效率高，在正常运行时动态 UPS 供电系统无需经交流转换直流和再从直流转换为交流的整流、逆变过程。由于动态 UPS 系统设有柴油发电机持续稳定地供电，因此动态 UPS 系统不会出现"静态系统"因受蓄电池容量影响供电时间较短的限制。动态 UPS 供电装置的装设环境只需设有必要通风量的通风换气，即能满足要求，而静态 UPS 供电系统中设置蓄电池储能装置的场所环境温度要求为 20～25℃，以确保其充放电力和保持相应的使用寿命。据有关资料介绍，设置蓄电池的场所环境温度每超过许可温度 10℃，其蓄电池的使用寿命将可能降低一半，并且蓄电池装置的维护、保养和更换也较繁杂，更换下来的蓄电池应妥善处理，否则还会造成环境污染。

　　目前在一些高科技洁净厂房中由于产品生产工艺设备的高可靠、稳定供电和保持必需的洁净生产环境（包括空气洁净度、工艺介质供应）要求，对电力的稳定、可靠、不间接供应要求的供电容量呈增大趋势。UPS 电源设置的容量可占总用电负荷的 1/20～1/10，一般需数百至数千伏安、数套 UPS 并联运行，不仅要并联冗余运行，还应从应急电源或另一路市电引入旁路备用电源，以多重备用保证供电可靠性。下面以某 8in 集成电路晶圆制造工厂洁净厂房装设的动态 UPS 供电系统为例，介绍洁净厂房中设置这类系统的状况。该工厂的洁净室面积约为 11000m²，空气洁净度等级为 5 级（0.3μm），部分生产工艺设备和动力设备的用电负荷等级为一级，从城市电网引入两回路 220kV 电源，经降压后采用中压电压等级作为主配电电压等级，采用分段单母线。为确保供电一级负荷相关设备的供电质量，供配电系统选用了 8 套 1700kV·A、400V 的动态 UPS 系统，经 8 台升压变压器升压后，以工厂主配电电压等级输出供电。动态 UPS 系统的中压配电母线采用两段分段单母线，每段母线装设 4 套并列运行的动态 UPS 系统，经 CB1、CB2 向配电所供电，每段母线上均设手动旁路开关和自动旁路开关，见图 1.10.3。正常运行时，由城市电网经动态 UPS 的两段配电母线向配电所供电，这时各动态 UPS 的电力调节系统分别改善所在配电母线上输出电源的质量，保证供给生产设备的电源稳定、"干净"。当某一套或几套动态 UPS 需要检修或维护时，就让该装置退出运行。每段母线上设一套公用旁路开关，以保证在对动态 UPS 进行检修或维护时不间断对负载的供电。如果因负荷需求大于系统的容量或者因某一套或几套动态 UPS 装置需要检修或维护退出运行，而使动态 UPS 系统发生过载，当负荷超过 100% 系统容量 5min 时，SCADA（自动数据采集与监视控制）系统自动将开关 CB1（或 CB2）和与之同母线的自动旁路开关 CB1S（或 CB2S）并联运行，然后打开 CB1（或 CB2），实现下游负载的转移切换。同时，SCADA 控制系统自动合上母联开关 CB12，将两段母线并列运行，继续输出电源。市电失电后，各动态 UPS 的应急备用系统投入运行。如果动态 UPS 系统发生过载，会向 SCADA 系统发出信号，SCADA 系统将根据预设的优先等级自动卸载。

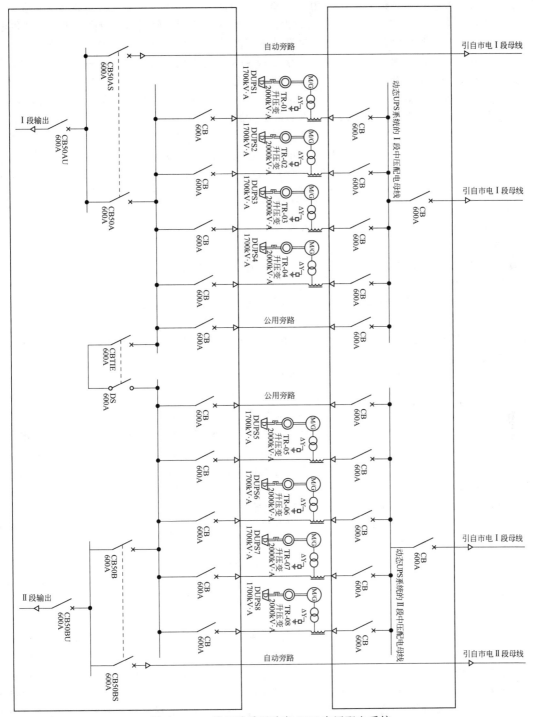

图 1.10.3 某工程采用动态 UPS 中压配电系统

10.2.3 洁净厂房供配电设计

（1）洁净厂房的用电负荷等级和供电要求 洁净厂房的用电负荷等级和供电要求，应根据现行国家标准《供配电系统设计规范》（GB 50052）的有关规定和洁净室的产品生产工艺要求确定。

通常情况下，主要生产工艺设备应由专用变压器或专用低压馈电线路供电，有特殊要求的工作电源宜设置不间断电源（UPS）；净化空调（含供冷设备）用电负荷、照明负荷应由变电所专线供电。

近年来，我国以集成电路芯片制造和薄膜晶体管液晶显示器（TFT-LCD）为代表的微电子产品用洁净厂房建设发展迅速，这类洁净厂房建设规模大、投资大、面积大、体量大，有的产品生产工艺需使用多种类型的有毒、可燃、腐蚀性物质，且产品生产过程多自动传输、连续（昼夜不停）生产，一旦停电，将会造成经济损失，甚至可能引发严重的安全事故，为此，在我国的有关现行国家标准中对供电系统作出了较为严格的规定。例如在《硅集成电路芯片工厂设计规范》（GB 50809—2012）中规定：硅集成电路芯片工厂用电负荷等级应为一级，其供电品质应满足芯片生产工艺及设备要求；芯片制造用洁净厂房的供电系统应将生产工艺设备与动力设备的供电分设，生产工艺设备宜采用独立的变压器供电，并采取抑制浪涌的措施；对于有特殊要求的工艺设备，应设不间断电源（UPS）或备用发电装置。据调查表明，目前我国已建或正在建设的集成电路芯片制造用洁净厂房等微电子产品生产用洁净厂房，根据产品生产工艺要求和建设地区的具体条件等因素，大多不仅设置有规模不等的不间断电源（UPS），还设有不同规模、不同类型的备用发电装置，以确保微电子产品正常、稳定和连续的生产。

（2）洁净厂房低压配电设计　洁净厂房低压配电设计应采用220V/380V。带电导体系统的形式宜采用单相二线制、三相三线制和三相四线制。通常在洁净厂房内有较多的电子设备是单相负荷，存在不平衡电流，且在环境中有荧光灯、晶体管、数据处理设备以及其他非线性负荷存在，配电线路中会存在高次谐波电流，致使中性线上流有较大电流；而 TN-S 或 TN-C-S 接地系统中有专用不带电的保护接地线（PE），所以安全性好，有利于抑制电磁干扰。为此，洁净厂房低压配电系统接地的形式宜采用 TN-S 或 TN-C-S 系统。

洁净室（区）内的配电设备，为了防止或减少产生、积存微粒，并方便清洁，应选用不易积尘、便于擦拭的小型、微型设备，不宜设置落地安装的配电设备。一般在具有上技术夹层/下技术夹层的洁净厂房内，宜将配电设备设置在下技术夹层，并应在上顶部设挡水措施。

（3）洁净厂房内电气管线的敷设　洁净厂房内根据气流组织和各种管线的敷设以及净化空调系统送回风口、照明灯具、报警探测器等的布置要求，通常设置在上技术夹层、下技术夹层、技术夹道或技术竖井内等。洁净厂房的电气管线宜敷设在技术夹层或技术夹道内，宜采用低烟、无卤型电缆，穿线导管应采用不燃材料。洁净生产区的电气管线宜暗敷，电气管线管口及安装在墙上的各种电器设备与墙体接缝处应有可靠的密封措施。

在洁净厂房内的上部配电方式：低压输配电线路一般采用两种方式，即电缆桥架敷设至配电箱、配电箱至用电设备的配电方式；或封闭式母线槽＋插接箱（插孔不用时封堵），由插接箱至生产设备或生产线的电控箱。后一种配电方式只用于洁净度要求不高的电子、通信、电工器件及其整机厂房中，它可为生产产品多变，生产流水线更新变动，生产设备移位、增减等带来极大方便，不需要对车间配电设备、干线做改造，只要将母线插接箱移位或利用备用插接箱引出电源线缆即可。

洁净厂房上技术夹层配线：在洁净室上部设有技术夹层或洁净室上部设有吊顶时应用。吊顶可分为钢筋混凝土夹层和金属壁板等结构形式，洁净厂房普遍采用金属壁板型吊顶。在洁净厂房上技术夹层的配线方式同上述的配电方式没有多大差异，但要强调的是电线、电缆管线穿过吊顶处时应进行密封处理，防止吊顶内灰尘和细菌等进入洁净室，并维持洁净室的正（负）压。对于只设有上技术夹层的非单向流洁净室的上夹层，通常敷设有空调通风管道、气体动力管道、给水管道、电气和通信强弱电管线及桥架、母线等，常常管道纵横交错，十分复杂，设计时需进行综合规划，制定"交通规则"，画出管道综合剖面图，使各种管道布置井然有序，方便施工维修。在通常情况下，强电电缆桥架要避让空调风管，其他管线要避让封闭式母线。洁净室吊顶上的夹层较高时（如2m及以上），吊顶内须设照明和维修插座，按规范规定还须设置火灾报警探测器等。

在洁净厂房的下技术夹层配线：近年来大规模集成电路芯片制造、液晶显示器面板制造用洁净厂房,通常采用多层布置的多层洁净厂房,在洁净生产层的上部、下部设置上技术夹层、下技术夹层,其层高均在 4.0m 以上,通常将下技术夹层作为净化空调系统的回风静压室,根据工程设计需要,电气管线、电缆桥架和封闭式母线可以敷设在回风静压室内。低压配电方式与前述方式没有多大差异,只是回风静压室是净化系统的组成部分,敷设在静压室内的管线、电缆、母线安装敷设前要事先进行清洁处理,并便于日常清洁。下技术夹层电气配线方式送电至洁净室的用电设备,输送距离短,洁净室内电气管线少或没有明敷管线,对提高洁净度有益。多层洁净厂房的洁净室下夹层和上下层电气配线示意图分别见图 1.10.4、图 1.10.5。

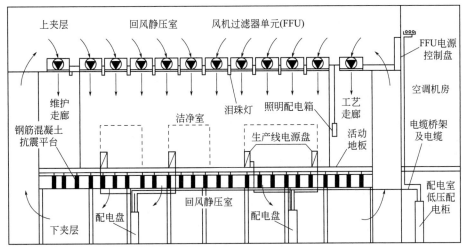

图 1.10.4　洁净室下技术夹层电气配线示意图

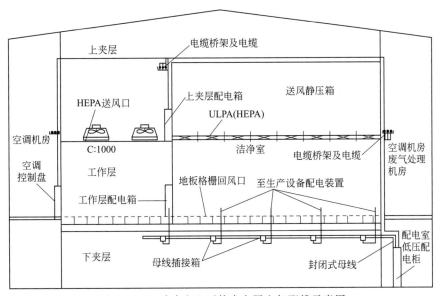

图 1.10.5　洁净室上下技术夹层电气配线示意图

在采用隧道式洁净室的洁净厂房内或设有技术夹道、技术竖井的洁净厂房内,由于通道式洁净室布置时设有洁净生产区和辅助设备区,并在辅助设备区内设置真空泵、控制箱(柜)等辅助设备及公用动力管线、电气管线、电缆桥架、封闭式母线和配电箱(柜)大多设在其中,从辅助设备可较为方便地将电力线、控制线接至洁净生产区的用电设备;洁净室设有技术夹道或技术竖井时，一般根据生产工艺设备布置状况可将电气配线等敷设在相应的技术夹道、技术竖井内，但应注意留有必要的安装、维修用空间，并应充分考虑设在同一技术夹道或竖井内其他管线及其附件的布置和安装、维修空间，应统筹布置、综合协调。

（4）洁净室（区）内终端电器的设置　洁净室内的终端电器是指小型动力、照明箱、就地操作箱、电气操作柱（室内明装）、插座箱、插座、终端开关等，较大的配电屏、配电箱一般不应设在洁净区内，而安装在技术夹层或技术夹道内，电气线路的接线盒或拉线盒应安装在洁净室毗邻的对洁净度无要求或要求相对较低的区域。

洁净室的电源进线（不包括消防用电）应设置切断装置，为便于管理，切断装置宜设在洁净区外便于管理的地方。

洁净室内的终端电器箱为防止积尘、便于清扫常采用暗装。暗装的终端电器箱的面板应美观整齐，与建筑装修标准、墙体颜色相协调。

进出终端电器的线缆管应采用镀锌钢管，管道穿墙处必须进行密封处理。洁净室内露出的线缆管端口应进行封堵处理，防止水汽进入，以利于维持洁净室的压差。

（5）辅助生产设备的配电　为洁净厂房服务的辅助生产设备或生产支持区，有化学品供给系统、纯水制备系统、气体净化系统、特种气体系统、净化空调系统、废气处理系统、排风系统等。要使洁净厂房正常运转，上述辅助生产设备正常运转是至关重要的，这些设施中有的属于甲类、乙类生产环境，有的是保证产品质量、确保作业人员健康以及洁净厂房安全、稳定、连续运行的重要条件。

① 洁净厂房的空气洁净度对有净化要求的产品质量有很大的影响，因此，必须保持净化空调系统（含制冷机）的正常运行。通常在规定的空气洁净度下生产的产品合格率可提高10％～30％。一旦停电，室内空气会很快被污染，影响产品质量，合格率下降。

② 洁净厂房是个相对的密闭体，由于停电造成送风中断、排风停止、废气处理停运，使室内新鲜空气得不到补充，有害气体不能排出，对工作人员的健康是有害的，甚至会造成人员中毒和污染环境的后果。

③ 某些洁净厂房（如制药车间）的不同工作间之间要维持一定的压差，防止交叉污染。而工作间之间的压差是靠送、排风量来维持的，一旦送排风的配电系统发生故障，如果没有好的防范措施，这个压差被打乱，会使产品质量降低，甚至影响作业人员的健康。

④ 设在生产支持区的甲、乙类房间以及洁净厂房的供水、供气、化学品供给等设施/设备等一旦停电，将会直接影响洁净室内产品生产线的正常运行，甚至停产或引发安全事故。

由上述可知，洁净厂房内辅助生产设备的可靠供电是保证正常生产的前提，《洁净厂房设计规范》规定净化空调系统用电负荷应由变电站专线供电，并尽可能使变压器低压母线进行联络，以提高其供电的可靠性。对于某些有毒、可燃气体、化学品的处理装置在终端切换的双路电源还需设置互投装置，避免由于电气故障酿成中毒、着火事故。

（6）配电系统的自动化　洁净厂房为封闭式建筑，生产、管理人员进出很不便，人员与产品原材料进入厂房均须经过净化处理。因此，此类工厂的电气自动化水平一般都很高，生产线由许多机械手操作，原材料、元器件由自动化供料系统供给，仓储采用立体式自动化仓库管理系统，现场工作人员很少，所以配电系统实现自动化是十分必要的。此类洁净厂房的工程设计中，配电系统应适应现代化工厂的管理水平，在按计划开通某条生产线时，操作人员一按按钮，厂房内照明点亮，生产线各设备及检测仪表电源接通，工艺生产按计算机设定的程序进行工作，所以配电系统的计算机控制与监测必不可少；计算机网络的信号线与电源线要分开敷设，并保持一定的距离。如果计算机网络信号线采用非屏蔽双绞线，双绞线电缆与电磁干扰源之间的最小推荐距离（电压≤380V）见表1.10.2。监控室、综合布线设备间布线时，电力线应用屏蔽线或穿金属管屏蔽或采用金属屏蔽电缆；并应做好各种功能接地（包括安全保护接地、防雷保护接地、防静电接地和屏蔽接地等）和交、直流工作接地，防止电磁干扰，保证自动化系统运行正常。

表 1.10.2　双绞线电缆与电磁干扰源之间的最小距离　　　　　单位：mm

走线方式	<2kV·A	2~5kV·A	>5kV·A
接近于开放或无电磁隔离的电力线或电力设备	127	305	610
接近于接地金属导体通路的无屏蔽电力线或电力设备	64	152	305
接近于接地金属导体通路的封装在接地金属导体内的电力线	38	76	152
变压器和电动机	800	1000	1200
日光灯	305		

注：1.表中最小距离指双绞线电缆与电力线平行敷设距离。垂直走线，除考虑变压器、大功率电动机的干扰外，其余干扰可忽略不计。

2.电压大于 380V，且功率大于 5kV·A 时，需进行工程计算确定电磁干扰与非屏蔽双绞线电缆的分隔距离。

10.3　洁净厂房的电气照明

10.3.1　基本要求

鉴于洁净厂房的密闭性，洁净厂房内无论是洁净生产区还是辅助生产用房基本上都采用人工照明，所以洁净厂房内电气照明设计的重要性"不言而喻"。洁净厂房的照明可以为工作人员创造一个明亮、舒适的光环境，提高工作效率，降低视觉疲劳，保护工作人员的视觉健康。为获得优良的光环境，必须确定合理的照度，选择配光合理的灯具，选择适当的室内各表面反射比，使室内各部分亮度和照度均获得合理的分布，眩光得到控制，并有良好的光色和显色指数。同时，还应考虑经济性和美观。作为洁净室的照明设计要求的非常重要的一点就是要考虑灯具选择和安装中的气密性、防尘封堵措施。

为了准确地确定洁净室（区）的最低照度值，根据对电子、医药等行业 100 多个洁净室的调查和实测照度值的数据表明：洁净室（区）的最低照度峰值出现在 150~200lx 之间，见图 1.10.6。照度平均值的峰值出现在 250lx 左右，见图 1.10.7。

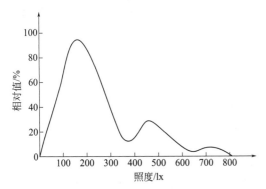

图 1.10.6　洁净车间工作面上的最低照度

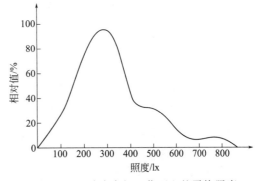

图 1.10.7　洁净车间工作面上的平均照度

国外洁净厂房的照度标准普遍较高，通常在 300~800lx 范围内。表 1.10.3 为国外一些洁净厂房不同级别的洁净室对照度的要求值。国际照明委员会（CIE）发布的《室内照明指南》规定，无窗厂房照度最低不能小于 500lx，供参考。

表 1.10.3 国外一些洁净室的照度要求值

洁净室等级	5 级(100 级)	7 级(10000 级)	8 级(100000 级)	大于 8 级(100000 级)
照度/lx	600～800	600～800	300～500	300～500

洁净室（区）的照度标准和电气照明的设计要求在现行国家标准《洁净厂房设计规范》（GB 50073）、《电子工厂洁净厂房设计规范》（GB 50472）和《医药工业洁净厂房设计标准》（GB 50457）中都作了相应规定："无采光窗的洁净室（区）生产用房间一般照明的照度标准值，宜为 200～500lx，辅助用房、人员净化和物料净化用室、气闸室、走廊等宜为 150～300lx。""洁净室内一般照明的照度均匀度不应小于 0.7。洁净厂房内应设置备用照明；备用照明宜作为正常照明的一部分；备用照明应满足所需场所或部位进行必要活动和操作的最低照度。"

"电子工厂洁净厂房的洁净室（区）主要生产用房间一般照明的照度值宜为 300～500lx；辅助工作室、人员净化和物料净化用室、气闸室、走廊等宜为 200～300lx。""对照度有特殊要求的电子产品生产部位应设置局部照明，其照度值应根据生产操作的要求确定。""洁净室（区）内应设置备用照明。备用照明宜作为正常照明的一部分，且不低于该场所一般照明照度值的 20%。备用照明的电源宜由变电所专线供电。"

"洁净厂房内应设置供人员疏散用的应急照明，其照度不应低于 5.0lx。在安全出入口、疏散通道或疏散通道转角处应按现行国家标准设置疏散标志。在专用消防口设置红色应急照明指示灯。""医药工业洁净室（区）内应选用外形简单、不易积尘、便于擦拭、易于消毒灭菌的照明灯具。""医药洁净室（区）内的照明灯具宜吸顶明装，灯具与顶棚接缝处应采用密封措施；需嵌入顶棚暗装时，安装缝隙应密封，其灯具结构应便于清扫，以及便于在顶棚下更换灯管及检修。""紫外线消毒灯的控制开关应设在洁净室（区）外。""医药洁净室（区）的照度值应根据生产工艺要求确定，主要工作室一般照明的照度值宜为 300lx；辅助工作室、走廊、气闸室、人员净化和物料净化用室的照度值不宜低于 150lx。""对照度有特殊要求的生产部位可设置局部照明。"

上述三个"规范"对洁净厂房电气照明设计的要求基本相似，但因产品生产要求和作业人员的视觉可能存在的差异，所以稍有不同。因为 GB 50073 是国内洁净厂房设计的通用性规范，所以有关要求较为宽松或给出了较大的范围，以便于具体洁净工程的实施。洁净厂房内电气照明的照度标准是参照国家标准《建筑照明设计标准》（GB 50034—2013）中的规定确定的。表 1.10.4 是该"规范"中涉及电子工业、制药工业和食品及饮料工业的部分房间或场所的照度标准值。另外据调查表明，近年来设计、建造的一些大规模集成电路芯片制造工厂、TFT-LCD 制造工厂的洁净室（区）照度值大多采用 500lx，也有的采用 300lx；更衣室、支持区和化学品储存分配间等，大多采用 300～500lx，也有的采用 150～200lx。表 1.10.5 是部分电子工业洁净厂房内一些洁净室（区）的照度值实测数据。

表 1.10.4 部分工业建筑一般照明的标准值

房间或场所		参考平面及其高度	照度标准值/lx	UGR	U_0	R_a	备注
电子工业							
整机类	整机厂	0.75m 水平面	300	22	0.60	80	—
	装配厂房	0.75m 水平面	300	22	0.60	80	应另加局部照明
元器件类	微电子产品及集成电路	0.75m 水平面	500	19	0.70	80	—
	显示器件	0.75m 水平面	500	19	0.70	80	可根据工艺要求降低照度值
	印制电路板	0.75m 水平面	500	19	0.70	80	—
	光伏组件	0.75m 水平面	300	19	0.60	80	—
	电真空器件、机电组件等	0.75m 水平面	500	19	0.60	80	—

续表

房间或场所		参考平面及其高度	照度标准值/lx	UGR	U_0	R_a	备注
电子材料类	半导体材料	0.75m 水平面	300	22	0.60	80	—
	光纤、光缆	0.75m 水平面	300	22	0.60	80	—
酸、碱、药液及粉配置		0.75m 水平面	300	—	0.60	80	—
制药工业							
制药生产(配制、清洗灭菌、超滤、制粒、压片、混匀、烘干、灌装、轧盖等)		0.75m 水平面	300	22	0.60	80	—
制药生产流转通道		地面	200	—	0.40	80	—
更衣室		地面	200	—	0.40	80	—
技术夹层		地面	100	—	0.40	40	—
食品及饮料工业							
食品	糕点、糖果	0.75m 水平面	200	22	0.60	80	—
	肉制品、乳制品	0.75m 水平面	300	22	0.60	80	—
	饮料	0.75m 水平面	300	22	0.60	80	—

注：表中 UGR 为统一眩光值，U_0 为照度均匀度，R_a 为显色指数。

表 1.10.5　部分电子工业洁净厂房内洁净室（区）的照度实测数据

序号	房间名称	空气洁净度等级	照度/lx	
			设计值	实测值
1	抛光间	6 级	300	287
2	黏结清洗间	6 级	300	472
3	检验室	6 级	300	592
4	镀膜间	6 级	300	486
5	测试间	6 级	300	401
6	光学镀膜间	7 级	300	403
7	部品保管室	7 级	300	328
8	实验室	7 级	500	802
9	合室	7 级	500	788
10	质量验证	8 级	500	853
11	电参数检测间	8 级	300	478
12	高低温时效间	8 级	300	534
13	键合	8 级	500	950
14	光刻清洗	5 级	300	254
15	扩散间	5 级	300	321
16	扩散清洗	5 级	300	356
17	刻蚀去酸	5 级	300	374
18	PECVD	5 级	300	541

续表

序号	房间名称	空气洁净度等级	照度/lx	
			设计值	实测值
19	光刻	4 级	300	355
20	外延	4 级	500	750
21	外延测试	4 级	500	864
22	石英部品清洗	4 级	500	592

洁净厂房的走道、休息室要考虑与生产车间的明暗适应，照度高低不能相差很大，不然人的眼睛视觉适应不了这种明暗的反差；其照度值不应低于150lx，减少工作间与走廊内的照度级差，可使人走入休息室和走廊后感觉明快、舒畅。

洁净厂房的照明设计应使室内空间尽量开阔明朗，对空间照度的要求相比一般车间有所提高。为减少工作人员在无窗洁净室内沉闷密闭的感觉，加大混合照明中一般照明的比例是提高空间照度的有效办法。国外无窗厂房一般照明占混合照明照度的 20%～30%，而我国为了节能，一般照明占混合照明照度的 15%左右，在 GB 50472 中规定为 20%。

洁净厂房内应设置备用照明，备用照明是应急照明的组成部分，用来确保正常照明失效时能够继续工作或暂时继续进行正常活动。为防止洁净厂房的正常照明因电源故障而熄灭，不能进行必要的操作处置导致生产流程混乱，加工处置的贵重零部件损坏，或由于不能进行必要的操作处置而引起火灾、爆炸和中毒事故，备用照明应满足所需场所、部位进行各项工作或活动所需的最低照度值。一般备用照明的照度不应低于正常照明照度标准的 1/10。消防控制室、应急发电机室、配电室、电话机房及中央监控室等房间的主要工作面上，备用照明的照度不宜低于正常照明的照度水平。

疏散照明也是应急照明的组成部分。洁净厂房是一个相对的密闭体，室内人员流动路线复杂、出入通道迂回，为便于事故情况下人员的疏散及火灾时能救灾灭火，所以在 GB 50073 中规定："洁净厂房应设置供人员疏散用的应急照明。在安全出入口、疏散口和疏散通道转角处应按现行国家标准设置疏散标志。在专用消防口处应设置红色应急照明灯。"以便于疏散人员有效地辨认方向，迅速撤离现场。我国有关消防规范规定，疏散标志灯应设在安全出入口上方或疏散通道及转角处距地面高度 1m 以下的墙面上，走道上的指示标志间距不宜大 20m，疏散用应急灯照明的照度不应低于 5.0lx。

10.3.2　灯具的选择与布置

（1）洁净室（区）的光源和灯具的选择　鉴于荧光灯具有光效高、寿命长、光线柔和、光色好和表面温度低等特点，因此，洁净室的照明光源，宜采用高效荧光灯。若工艺有特殊要求或照度值达不到要求时，也可采用其他形式的光源。

洁净室的照明灯具除应满足照度要求外，还应具备如下特点：气密性好，不仅是灯具的气密性，而且在顶棚上安装灯具的构造及密封方法均应可靠；灯具材料不易产生静电；灯具表面应光滑，为凹凸面少的外形，对突出安装在顶棚下的灯具，不应干扰气流流型和不易积尘；根据洁净室内产品生产的特点，有的要求灯具有良好的耐腐蚀性，而有的要求采用黄色光源或黄色灯罩等；洁净室的灯具还必须安装、维修方便。《洁净厂房设计规范》（GB 50073）中规定："洁净室（区）内宜采用吸顶明装、不易积尘、便于清洁的洁净灯。空气洁净度等级严于或等于 5 级的洁净室（区）灯具宜采用泪珠型灯具等。当采用嵌入式灯具时，其安装缝隙应有可靠性密封措施。洁净室（区）的灯具布置，应不影响气流流型，并与送风口协调布置。"

灯具的选择应充分考虑洁净室的要求和运行过程容易维护，从洁净室内或从顶棚里更换灯管和清扫灯具的工作应该做到操作简单易行。表 1.10.6 为洁净室用灯具及其构造做法。吸顶类灯具

(一)、吸顶类灯具(二)通常都可以在洁净室(区)内定期进行清扫维护和更换灯管,由于是裸露在洁净室内因此应十分注意灯具及其各种附件的平整光滑,避免积存、滞留颗粒物等污染物,其中吸顶灯具(一)的外露部分较多,表面曲折,一般只能用于空气洁净度等级为8级、9级的洁净室(区),而吸顶灯具(二)可用于空气洁净度等级为6级、7级等的洁净室(区),如图1.10.8、图1.10.9所示;嵌入式灯具(一)(二)都是将灯具嵌入安装在洁净室(区)顶棚内,通常均在顶棚上对灯具进行清洗、更换,两者构造的差别是嵌入型灯具(一)只是以灯具自重压紧橡胶密封垫,而嵌入型灯具(二)是以滚花螺钉进行拧紧加固,所以密封性能较好,可用于空气洁净度等级为6级、7级的洁净室(区),嵌入型灯具(一)通常只能用于空气洁净度等级为8级、9级的洁净室,如图1.10.10、图1.10.11所示。在具体工程应用中,无论是吸顶式还是嵌入式,由于制造厂家不同、业主要求不同,灯具的构造形式均有变化和改进。

表 1.10.6　洁净室照明灯形式、构造

照明灯具形式	构造做法
吸顶型(一)	在有照明灯具安装孔,电源孔等骨架上,全部加垫橡胶垫,以防止来自天棚的尘埃侵入
天棚嵌入型(一)	构造:将天棚切口的周边,与照明灯具凸缘之间,灯罩下部透明玻璃支托的凸缘上,全部用橡胶垫封住
吸顶型(二)	在有照明灯具安装孔,电源孔等骨架上,全部加垫橡胶垫,以防止来自天棚的尘埃侵入
天棚嵌入型(二)	天棚切口周边与灯具本体之间间隙,在安装时,用填缝材料作现场密封处理,为使透明玻璃罩框架与本体组合密封更可靠,用滚花螺丝拧紧加固
泪珠型	采用泪珠形灯具,安装于高效过滤器铝合金框架上

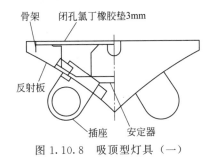

图 1.10.8　吸顶型灯具(一)　　　　图 1.10.9　吸顶型灯具(二)

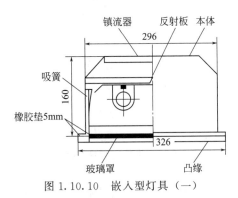
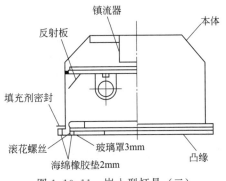

图 1.10.10　嵌入型灯具(一)　　　　图 1.10.11　嵌入型灯具(二)

(2)灯具的布置和安装　洁净室内的灯具应使照明无阴影,均匀布置;根据洁净室的房间尺寸、照度要求和工艺设备布置或操作要求,灯具可采用连续光带形、不连续条形等形式布置。图1.10.12是洁净室典型的布灯方案。洁净室内顶棚上部一般设有净化空调送风口、排风口,有的还

有回风口，为确保洁净室所必需的气流流型，通常优先安排风口，然后再安排灯具的布置或灯具布置应充分与净化空调、建筑结构密切配合，在满足照度要求的情况下适当兼顾美观。

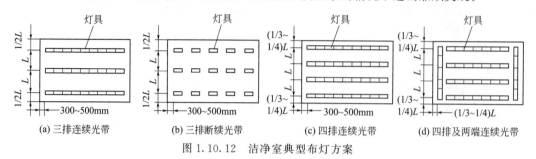

(a) 三排连续光带 (b) 三排断续光带 (c) 四排连续光带 (d) 四排及两端连续光带

图 1.10.12　洁净室典型布灯方案

由于洁净室要求洁净的特殊性，灯具的选型也具有自身的特点。灯具的选型和安装上宜选用吸顶式，与顶棚接缝处应用密封胶密封。在洁净室内，不宜采用嵌入式灯具，如采用时顶棚结构为软吊顶，一般采用顶棚下维修，灯具的结构必须便于清洗及便于在顶棚下开启灯罩，调换灯管及检修。当顶棚结构为硬金属板吊顶时，灯具可采用上开启式，在顶棚上进行更换灯管或维修。灯具在顶棚上无论是采取下开启还是上开启方式，灯具安装缝隙均要采用可靠的密封措施，防止顶棚内的非洁净空气漏入室内。为了保证洁净度，洁净室应禁用无封闭罩格栅式灯具。

洁净度 ISO 1～5 级的洁净室空调送风系统的气流流型采用垂直单向流，顶棚密布了高效过滤器（HEPA）或超高效过滤器（ULPA）或风机过滤单元（FFU），灯具的安装几乎没有空间位置。目前较多地采用泪珠式荧光灯，在高效过滤器专用铝型材框架下侧安装，这种灯具对气流影响较小。根据顶棚模数不同，可选择不同长度的灯具。泪珠式灯具与高效过滤器安装大样剖面图见图 1.10.13。泪珠式灯具安装的局部放大见图 1.10.14。

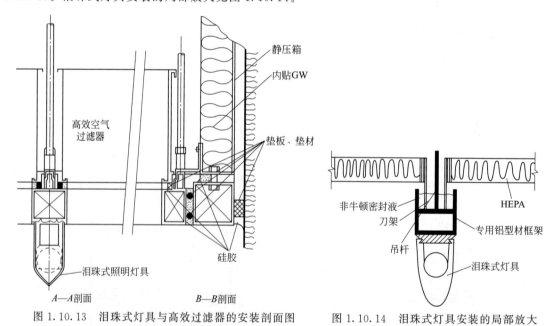

图 1.10.13　泪珠式灯具与高效过滤器的安装剖面图　　图 1.10.14　泪珠式灯具安装的局部放大

（3）照度计算　洁净厂房的照明设计，经过光源灯具选择和初步灯具布置后，应根据已确定的照度值及其他有关已知条件，准确地进行照度计算。照度计算方法有多种，包括点光源/线光源/面光源的点照度计算，平均照度计算的利用系数法、概算曲线法等。表 1.10.7 是部分照度计算方法在工程应用中的使用说明。

表 1.10.7　部分照度计算方法的使用说明

类别	计算法名称	特点	适用范围	使用注意事项
点光源的点照度计算	（1）点光源的点照度计算法	照明计算的基本公式	工程计算中常用高度 h 的计算公式。距离平方反比定律多用于公式推导	
	（2）倾斜面照度计算法			注意倾斜面的光方向。θ 是背光面与水平面夹角
	（3）等照度曲线法	使用等照度曲线直接查出照度，计算简便	适用于计算某点的直射照度	求等照度曲线之间的中间值时注意内插的非线性
线光源的点照度计算	（1）方位系数法	将线光源不同的灯具纵向平面内的配光分为五类，推算出方位系数进行计算	将线光源布置成光带、逐点计算照度时适用。室内反射光较多时则降低准确度	要先分析线光源在其纵向平面内的配光属于哪一类，以选择正确的方位系数
	（2）不连续线光源计算法	乘以修正系数，视为连续的线光源计算	适用于线光源间隔不大的场所	要正确选用修正系数
	（3）等照度曲线法	将线光源布置成长条并画出等照度曲线分布，可以直接查出照度，计算简便	适用于逐点计算直射照度	
面光源的点照度计算	面光源的点照度计算法	将面光源归算成立体角投影率，进行计算	适用于计算发光顶棚照明	由于发光顶棚的材质不同，亮度分布不同，因此应注意选用合适的经验系数
平均照度的计算	（1）利用系数法	此法为光通法，或称流明法。计算时考虑了室内光的相互反射理论。计算较为准确简便	适用于计算室内外各种场所的平均照度	当不计光的反射分量时，如室外照明，可以考虑各个表面的反射率为零
	（2）概算曲线法	根据利用系数法计算，编制出灯具与工作面面积关系曲线的图表，直接查出灯数，快速简便，但有较小的误差	适用于计算各种房间的平均照度	当照度值不是曲线给出的值时，灯数应乘以修正系数
单位容量的计算	单位容量计算表法	将灯具按光通量的分配比例分类，进行计算，求出单位面积所需照明的电功率	适用于初步设计阶段估算照明用电量	应正确采用修正系数，以免误差过大

在工业厂房照明设计通常采用系数法进行照度计算，对某些特殊场所或特殊设备（如空调机房、变配电所等）的水平面、垂直面或倾斜面上的某点，可采用逐点法进行计算。

（4）紫外线杀菌灯应用与设计　在洁净厂房的照明设计中，一个不可忽视的内容就是是否考虑设置紫外线杀菌灯。紫外线杀菌是表面杀菌，在杀菌过程中无声、无毒、无残留物，且经济灵活、方便，所以适用范围广泛。在工业方面，可用于制药行业分装车间的无菌室、动物房和需要灭菌的试验室，食品行业的包装和灌装车间；在医疗卫生方面，可用于手术室、特殊病房等场合的杀菌处理。制药工业的洁净厂房中，可根据业主需求确定是否安装紫外线杀菌灯。紫外线灭菌与其他加热灭菌、臭氧灭菌、放射线灭菌、药剂灭菌等方法相比，有其自身优点：a.紫外线对所有菌种都有效，是一种广谱杀菌措施；b.对灭菌对象（被照射物）几乎没有影响；c.能连续进行灭菌，在有工作人员的场合亦可进行灭菌；d.设备投资低，运行费用低，使用简便。

1）紫外线的杀菌作用：细菌是微生物的一种，微生物体内都含有核酸，核酸吸收紫外线照射的辐射能后会引起光化破坏作用，从而杀死微生物。

紫外线是一种比可见的紫光波长还要短的不可见电磁波，波长范围在 $136 \sim 390 \mathrm{nm}$。其中 $253.7 \mathrm{nm}$ 波长的紫外线最具杀菌力，杀菌灯即基于此，产生 $253.7 \mathrm{nm}$ 的紫外线，而核酸的最大辐射吸收波长恰为 250～260nm，所以紫外线杀菌灯具有一定的杀菌作用。但紫外线对大部分物质的穿透能力很弱，只能用于物体的表面杀菌，对没有照射到的部分没有杀菌作用。对于用具诸类物品的灭菌，必须对其上下左右各个部位都照射，而且紫外线灭菌效果不能长久保持，因此必须根据具体情况定期进行杀菌。

2）辐射能量与杀菌效果：辐射能量用辐射输出（μW）、辐射强度（μW/cm^2）和辐射量（μW·min/cm^2）表示。辐射输出为单位时间内由辐射体辐射的能量，相当于荧光灯管的光通量；辐射强度为单位面积的辐射输出；辐射量为辐射强度与辐射时间的乘积。

辐射输出能力随着其使用环境温度、湿度、风速等因素的不同而有所变化。环境温度低时输出能力也低。湿度增加其杀菌效果也会有所降低，紫外灯通常以接近相对湿度的 60％ 为基准进行设计，当室内湿度增加时，由于杀菌效果降低，其照射量也应相应增加。例如，当湿度为 70％、80％、90％ 时，为达到同样的杀菌效果，辐射量需分别增加 50％、80％、90％。风速大小对输出能力也有影响。此外，由于紫外灯的杀菌作用随菌种不同而不同，因此对于不同菌种，紫外线照射量应有所变化，如杀霉菌的照射量要比杀杆菌大 40～50 倍。

紫外灯的辐射强度随照射距离的增加而减弱，以一支 30W 紫外线灯管的测试数据为例，辐射距离为 1m 时辐射强度为 72μW/cm^2，距离为 2m 时为 19.5μW/cm^2，距离为 3m 时为 8μW/cm^2。因此在考虑紫外线杀菌灯的灭菌效果时，不能忽略安装高度对其影响。

紫外线杀菌灯的杀菌力随时间的增加而衰减，以开启 100h 的输出功率为额定功率，把紫外线灯开到 70％ 额定功率的使用时间定为平均寿命，当紫外灯的使用时间超过平均寿命时，就达不到预期的效果，此时必须更换。一般国产紫外灯的平均寿命为 2000h。

紫外线的杀菌效果由其辐射量决定（紫外线杀菌灯的辐射量也可称为杀菌线量），而辐射量总等于辐射强度乘以辐射时间，因此要提高辐射效果，就必须增加辐射强度或延长辐射时间。紫外线杀菌灯的技术数据见表 1.10.8。

表 1.10.8　紫外线杀菌灯的技术数据

型号	额定电压/V	功率/W	工作电压/V	预热电流/A	工作电流/A	紫外线峰值/nm	平均寿命/h	外形尺寸（直径×长度）/mm	灯头型号
ZW8		8	56		0.15			$\phi(15\sim16)\times302.4$	G5
ZW10		10	50	0.35	0.20			$\phi(25\sim26)\times346.0$	
ZW15		15	58	0.50	0.30			$\phi(25\sim26)\times451.6$	
ZW20	220	20	71	0.55	0.31	253.7	2000	$\phi(25\sim26)\times604.0$	G13-A
ZW30		30	96	0.58	0.36			$\phi(25\sim26)\times908.8$	
ZW40		40	106	0.65	0.42			$\phi(25\sim26)\times1190.9$	

注：表中数据为上海市南翔灯泡厂产品数据。

3）空气杀菌

① 一般用途房间的空气杀菌。

a. 用紫外线杀菌灯照射室内空气，能起到防止细菌污染及彻底杀菌的效果。对于一般用途房间，可采用单位体积空气以 5μW/cm^2 的辐射强度辐射 1min 来杀菌，一般对杂菌的杀菌率可达 63.2％。通常用于以预防为目的的杀菌线强度可采用 5μW/cm^2，对于洁净度要求严格，或湿度大、条件恶劣的环境，杀菌强度需要增大 2～3 倍。

b. 紫外线杀菌灯的安装及使用方法。杀菌灯放射的紫外线与太阳放射的紫外线相同。在一定的照射强度下经过一段时间的照射，将使皮肤晒黑，如直接照射在眼球上，会引起结膜炎或角膜炎。因此，强杀菌线不应照射在裸露的皮肤上，也不允许直接观看开启的杀菌灯。

一般制药车间的工作面离地面高度在 0.7～1m 之间，人的高度大多在 1.8m 以下，因此在有人停留的房间，宜对房间进行部分辐射，即照射 0.7m 以下和 1.8m 以上的空间，经过空气的自然循环达到全房间的空气杀菌。

对于室内有人停留的房间，为避免紫外线直接照在人的眼睛和皮肤上，可安装向上辐射紫外线的吊灯 [图 1.10.15（a）]，灯具距地面 1.8～2m，也可安装图 1.10.15（b）所示的侧灯。在经常无人的房间和可以在工作人员工作完毕退出后再进行消毒的房间，可采用全房间辐射，即紫外灯安装在顶棚上 [图 1.10.15（c）]，此种安装方式的杀菌效果最佳。为使工作方便，还可采用活动的可倾斜杀菌灯，在有人时只照射 1.8～2m 以上空间，无人时则全房间辐射，如图 1.10.15（d）所示。为防止细菌从入口处侵入洁净车间，可在入口处或通道上安装高辐射输出的杀菌灯，形成一个杀菌阻挡层，使带细菌的空气经过辐射消毒后再进入洁净室，如图 1.10.15（e）所示。

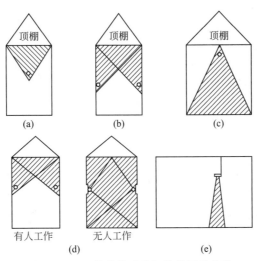

图 1.10.15　紫外线杀菌灯的使用及安装

② 无菌室的空气杀菌。根据国内一般习惯，制药厂制剂车间和食品厂无菌室的杀菌灯开闭程序如下。在上班前半小时由值班员打开，上班后工作人员经淋浴更衣进入洁净室时关杀菌灯，开一般照明的荧光灯；下班后工作人员离开无菌室时关荧光灯、开杀菌灯，半小时后由值班人员断开杀菌灯总开关。按照这样的操作程序，在设计时就要求将杀菌灯和荧光灯的电路分开，总开关则设在洁净区的入口处或值班室内，在洁净区内每个房间门口设分开关。当杀菌灯和荧光灯的分开关设在一起时，应以不同颜色的跷板进行区分。

为了增加紫外线的外射，紫外灯宜尽量靠近顶棚，同时还可以在顶棚上加装反射率高的抛光铝反射板，以加强杀菌效率。

一般制剂车间和食品制造间的无菌室都有吊顶，吊顶离地面的高度为 2.7～3m，如果房间为顶部送风，灯具的布置必须和送风口的布置相协调，此时可采用荧光灯和紫外线灯组合装配的成套灯具。

一般无菌室的杀菌率要求达到 99.9%（杀菌线量需达到 $34.5\mu W \cdot min/cm^2$）。目前，由杀菌率来精确计算所需的紫外线数，尚有一定难度（实际计算很复杂，涉及房间的换气次数、顶棚、壁面、地板表面的反射率及操作室中的人数等多方面因素）。根据使用单位经验，可以每 7～10m² 安装一支 30W 的杀菌灯。但有一点需要特别注意，洁净室在经过检验达到无菌要求后，房间的人数不能再随意增加，以免影响杀菌效果。

10.3.3 照明节能

为落实"资源开发与节约并举，把节约放在首位"的方针，我国制定了"中国绿色照明工程"实施方案。

改革开放以来我国电力发展很快，但电力供应不足和用电效率低的现状依然比较严峻，这在今后相当长一段时期内将继续存在。推行"中国绿色照明工程",实行照明节能措施具有十分重要的意义。

据估计,我国照明用电量约占总发电量的10%,且以低效照明为主,是终端节电的主要对象之一。照明用电大都属于高峰用电,照明节能具有节约电能和缓解高峰用电的双重作用。

(1) 照明节能所遵循的原则 必须在保证有足够的照明数量和质量的前提下,尽可能节约照明用电。照明节能主要通过采用高效节能照明产品、提高质量、优化照明设计等手段,达到受益的目的。现将国际照明委员会(CIE)所提的原则叙述如下。

① 根据视觉需要,决定照明水平。

② 得到所需照度的节能照明设计。

③ 在满足显色性相宜色调的基础上采用高光效率光源。

④ 采用不产生眩光的高效率灯具。

⑤ 室内表面采用高反射比的装饰材料。

⑥ 照明和空调系统散热的合理结合。

⑦ 设置不需要时能关灯或调光的可变照明装置。

⑧ 人工照明同天然采光的综合利用。

⑨ 定期清洁照明器具和室内表面,建立换灯和维修制度。

(2) 照明节能的主要措施

① 推广使用高效光源。为节约电能要合理选用光源,其主要措施如下。

a.尽量不用白炽灯。

b.推广使用细管径荧光灯和紧凑型荧光灯。表1.10.9是紧凑型荧光灯取代白炽灯的节电效益,表1.10.10是直管形荧光灯升级换代的节电效益。

c.逐步减少荧光高压汞灯的使用量。

d.积极推广高效、长寿命的高压钠灯和金属卤化物灯。

表 1.10.9 紧凑型荧光灯取代白炽灯的效益

普通照明白炽灯/W	紧凑型荧光灯/W	节电效果/W	节电率/%
100	21	79	79
60	13	47	78.3
40	10	30	75

表 1.10.10 直管形荧光灯升级换代的效益

灯种	镇流器形式	功率/W	光通量/lm	光效/(lm/W)	替换方式	节电率/%
T12(38mm)	电感式	40	2850	71	—	—
T8(26mm)	电感式	36	3350	93	T12→T8	23.6
T8(26mm)	电子式	32	3200	100	T12→T8	29
T5(16mm)	电子式	28	2800	100	T12→T5	29

② 采用高效率节能灯具。

③ 推广电子镇流器和节能型电感镇流器。荧光灯用电子镇流器与传统电感镇流器相比,具有启动电压低、噪声小、温升低、重量轻、无频闪等优点,综合电输入功率降低18%～23%。节能电感镇流器与电子镇流器相比,其售价低、谐波成分低、无高频干扰、可靠性高、寿命长。节能电感镇流器与传统镇流器相比,镇流器自身功耗下降约50%,但价格只有传统电感镇流器的1.6倍左右。

④ 照明设计节能。

a.选取合理的照度标准值。

b.选用合适的照明方式，照度要求较高的场所采用混合照明方式；少采用一般照明方式；适当采用分区一般照明方式。

⑤ 照明节能控制。

a.合理选择照明控制方式，根据照明使用特点，可分区控制灯光和适当增加照明开关点。

b.采用各种类型的节电开关和管理措施。

c.公共场所照明、室外照明可采用集中遥控管理的方式或采用自动控光装置。

⑥ 充分利用天然光节约电能。

a.利用各种集光装置进行采光，如光导纤维方式、光导管方式。

b.从建筑方面考虑充分利用天然光，如开大面积的顶部天窗采光、利用天井空间采光。

⑦ 开创节能的照明方式。洁净厂房通常都设置净化空调系统，因此，照明灯具布置与建筑、设备专业的协调尤为重要。灯具与火灾报警探测器以及空调送、回口（很多场合配备高效过滤器）在顶棚上的布置必须统一安排，才能保证布置美观、照度均匀、气流组织合理；可利用空调回风冷却灯具，回用热量。

10.4　通信与安全设施

10.4.1　洁净厂房的通信设施

鉴于各行各业的洁净厂房均具有密闭性、规定的洁净度等级，为实现洁净厂房内洁净生产区与其他生产辅助部门、公用动力系统和生产管理部门之间的正常工作联系，均应设置厂房内外联系的通信装置，并宜设置生产对讲电话等。在《电子工业洁净厂房设计规范》中，对设置的通信设施还要求：洁净室（区）内每个工序宜设有线语音插座；洁净室（区）内设置的无线通信系统，不得对电子产品生产设备造成干扰，并应根据生产管理及电子产品生产工艺的需要设置数据通信装置；通信线路宜采用综合布线系统，其配线间不应设在洁净室（区）内。这是因为一般电子工业洁净厂房内对洁净要求较为严格，而洁净室（区）内的工作人员是主要的尘源之一，人员走动时的发尘量是静止时的5～10倍，为了减少洁净室内人员的走动，保证室内洁净度，在每个工位均应设一个有线语音插座。若洁净室（区）设有无线通信系统时，宜采用功率小的微蜂窝无线通信等系统，以避免对电子产品生产设备造成干扰。电子工业尤其是微电子工厂洁净室的产品生产工艺大多采用自动化操作，需要网络来支持；现代化生产管理，也需要网络来支持，因此需在洁净室（区）设局域网的线路及插座。为减少洁净室（区）内人员的活动，最大限度地减少不必要人员进入，通信配线及管理设备不应设置在洁净室（区）内。

各行各业的洁净厂房按生产管理要求和产品生产工艺需要，有的洁净厂房设置各类功能闭路电视监视系统，对洁净室（区）内的作业人员行为和配套使用的净化空调以及公用动力系统的运行状态、等进行显示、保存。洁净厂房内根据安全管理、生产管理等的需要，有的还设有应急广播或事故广播系统，以便一旦出现生产事故或安全事故，利用广播系统及时地启动相应的应急处理措施和安全地进行人员疏散等。

10.4.2　洁净厂房的消防安全设施

① 洁净厂房正在我国各个地区日益广泛地应用于电子、生物制药、航天航空、精密机械、精细化工、食品加工、保健品和化妆品生产以及科研等各行各业，洁净生产环境、洁净实验环境和洁净使用环境营造的重要性越来越被人们认知或认同，在大多数洁净室内均设有不同程度、使用各种工艺介质的生产设备、科研实验设备，其中许多均为贵重设备、贵重仪器，不但建造费用昂

贵，而且常常使用一些易燃易爆、有危害性的工艺介质；同时洁净厂房内根据人净、物净要求，洁净室（区）的通道一般迂回曲折，人员疏散较为困难，且由于其具有的密闭性，一旦出现火情不易被外部发现，消防人员也较难以接近、进入，所以一般认为洁净厂房内消防安全设施的设置十分重要，可以说是保障洁净厂房安全的头等大事，是防止或避免因火情的出现造成洁净厂房重大经济损失、人员生命安全损害最重大的安全措施。经过从事洁净厂房设计、建造的科技人员的努力和工程实践，在洁净厂房内设置火灾报警系统及其各类装置已经成为共识，更是不能缺少的安全措施，所以目前新建、改建和扩建的洁净厂房内均设置了"火灾自动报警系统"。

在国家标准《洁净厂房设计规范》（GB 50073）中强制性规定："洁净厂房的生产层、技术夹层、机房、站房等均应设置火灾报警探测器。洁净厂房生产区及走廊应设置手动火灾报警按钮。""洁净厂房应设置消防值班室或控制室，并不应设在洁净区内。消防值班室应设置消防专用电话总机。""洁净厂房的消防控制设备及线路连接应可靠。控制设备的控制及显示功能，应符合现行国家标准《火灾自动报警系统设计规范》（GB 50116）的有关规定。"

GB 50073 要求在洁净室（区）内火灾报警应进行核实，并应进行下列消防联动控制：应启动室内消防水泵，接收其反馈信号。除自动控制外，还应在消防控制室设置手动直接控制装置；应关闭有关部位的电动防火阀，停止相应的空调循环风机、排风机及新风机，并应接收其反馈信号；应关闭有关部位的电动防火门、防火卷帘门。应控制备用应急照明灯和疏散标志灯燃亮。在消防控制室或低压配电室，应手动切断有关部位的非消防电源；应启动火灾应急扩音机，进行人工或自动播音；应控制电梯降至首层，并接收其反馈信号。"

鉴于洁净厂房内产品生产工艺的要求和洁净室（区）应维持必需的洁净度等级，所以洁净厂房内强调在火灾探测器报警后，应进行人工核实和控制，当确认是真正发生火灾后，按规定设置的联动控制设备进行操作并反馈信号，以避免造成较大损失。洁净厂房内的生产要求与普通厂房不同，对于洁净度要求严格的洁净室（区），若一旦关断净化空调系统即使再恢复也会影响洁净度，使之达不到工艺生产要求而造成损失。

② 根据洁净厂房的特点，在洁净生产区、技术夹层、机房等房间内均应设置火灾探测器。依据国家标准《火灾自动报警系统设计规范》（GB 50116）的要求，在选择火灾探测器时一般应做到：对火灾初期存在阴燃阶段，产生大量的烟和少量的热，很少或没有火焰辐射的场所，应选用感烟火灾探测器；对火灾可能发展迅速，可产生大量热、烟和火焰辐射的场所，可选用感温火灾探测器、感烟火灾探测器、火焰探测器或是它们的组合；对火灾发展迅速、有强烈的火焰辐射和少量烟、热的场所，应选用火焰探测器。由于现代企业生产过程和建筑材料的多元化，难于对房间内的火灾发展趋势和烟、热、火焰辐射等进行准确的判别，此时，应根据被保护场所可能发生火灾的部位及对燃烧材料、物质的分析，进行模拟燃烧试验，并按试验结果选择适宜的火灾探测器。火灾探测器保护场所的房间高度不同时可依据表 1.10.11 选用相应的探测器类型。从表中可见，感温火灾探测器的类别选用与房间高度影响明显。表 1.10.12 为感温火灾探测器的分类。表中典型应用温度是探测器安装后在无火灾状况下长期运行所期望的环境温度。

表 1.10.11　对不同高度的点型火灾探测器的选择

房间高度 h/m	点型感烟火灾探测器	点型感温火灾探测器			火焰探测器
		A1,A2	B	C,D,E,F,G	
$12 < h < 20$	不适合	不适合	不适合	不适合	适合
$8 < h \leqslant 12$	适合	不适合	不适合	不适合	适合
$6 < h \leqslant 8$	适合	适合	不适合	不适合	适合
$4 < h \leqslant 6$	适合	适合	适合	不适合	适合
$h \leqslant 4$	适合	适合	适合	适合	适合

表 1.10.12　点型感温火灾探测器的分类

探测器类别	典型应用温度/℃	最高应用温度/℃	动作温度下限值/℃	动作温度上限值/℃
A1	25	50	54	63
A2	25	50	54	70
B	40	65	68	85
C	55	80	84	100
D	70	95	99	115
E	85	110	114	130
F	100	125	129	145
G	115	140	144	160

感烟火灾探测器通常有离子型、光电型，不同类型的感烟火灾探测器有不同的适用场所。这是因为探测器的响应行为与其工作原理密切相关，不同可燃物燃烧后生成的烟、烟尘粒径都是不一样的。离子型感烟火灾探测器是以电离方式进行检测的，所以可探测任何类型的烟，且对粒子尺寸没有限制，只是响应敏感程度有所不同，但光电感烟火灾探测器对烟雾粒子的大小较为敏感，一般对小于 $0.4\mu m$ 的粒子响应较差，所以在洁净厂房内宜选用离子型感烟探测器。通常情况下，感温火灾探测器对火灾检测的灵敏性不及感烟类型探测器，感温火灾探测器对阴燃火情没有响应，只能在火焰达到一定程度后才会响应，因此感温火灾探测器不适用于保护可能由小火造成不能许可损失的场所，但感温火灾探测比较适宜直接探测物体温度变化场所的预警。火焰探测器，只要有火焰的辐射就会响应，在出现火情时伴有明火的场所，火焰探测器的快速响应优于感烟和感温火灾探测器，所以在易发生明火燃烧的场所如有可燃气体作业的场所大多采用火焰探测器。

③ 在国家标准《医药工业洁净厂房设计标准》（GB 50457）中对通信、火灾报警设施也作了类似的规定，但要求设置在医药洁净室（区）内的电话等应具有易于消毒灭菌的性能。

鉴于以微电子产品生产洁净厂房为代表的电子工业洁净厂房可能具有大面积、大体量、大跨度的特点，并且在集成电路芯片制造、液晶显示器件面板制造、光电产品制造用洁净厂房中常常需用多种易燃易爆、有毒的工艺介质，所以在《电子工业洁净厂房设计规范》（GB 50472）中对有关火灾报警等消防安全设施做了较多的规定。

电子工业洁净厂房多数属于丙类生产厂房，应划入"二级保护等级"。但对于芯片制造、液晶显示器件面板制造等类型的电子工业洁净厂房，由于这类电子产品生产工艺复杂，有些生产过程需要使用多种易燃、有毒化学溶剂和易燃、有毒气体，特种气体，洁净厂房又是密闭性空间，一旦发生火灾，热量无处泄漏，火情扩散速度较快，通过风管或风道彼此串通，烟火会沿着风管或风道迅速蔓延，且厂房中的生产设备又很昂贵，因此加强对洁净室的火灾报警系统设置是非常必要的，所以规定在防火分区面积超过规定时，应将保护等级提升为一级。同时有关规范还规定，在此类洁净厂房内的净化空调系统混入新风前的回风气流中应设置灵敏度严于 0.01% obs/m 的早期烟雾报警探测器。在本篇第 3 章已对高灵敏度的早期烟雾报警探测装置进行了表述。

10.4.3　高科技洁净厂房的生命安全系统

① 在以微电子产品生产用洁净厂房为代表的高科技洁净厂房内，根据产品生产工艺要求，常常需使用多种类型的易燃、易爆、有毒的工艺介质，包括可燃气体、特种气体和化学品。典型的有 H_2、CH_4、SiH_4、SiH_2Cl_2、AsH_3、PH_3、Cl_2、异丙醇等，这些气体或化学品一旦泄漏，将可能引发火灾或爆炸或危及作业人员生命安全，对产品生产、设备和厂房设施造成损害，带来巨大的经济损失、损害作业人员的健康，所以在这类高科技洁净厂房如集成电路芯片制造、液晶显示器面板制造工厂的洁净生产厂房内必须设置安全、有效、可靠的生命安全系统或紧急应变系统

（中心），包括特种气体管理系统、特种气体探测系统等，并与消防（火灾）报警系统、广播系统、门禁系统、闭路电视系统组合为工厂的紧急应变中心。对上述安全系统的设置要求，在国家标准《电子工业洁净厂房设计规范》中规定有："洁净厂房内应设置气体泄漏报警装置的场所是易燃、易爆、有毒气体的储存分配间（区）。易燃、易爆、有毒气体的气瓶柜和分配阀门箱的箱体内。工艺设备的易燃、易爆、有毒气体接入阀门箱及排风管内。"

"洁净厂房内气体报警装置联动控制的规定是，应自动启动相应的事故排风装置；应自动关闭相关部位的进气阀；报警信号应发送至消防控制室和气体控制室；应自动启动泄漏现场的声光警报装置和应急广播；应自动关闭有关部位的电动防火门、防火卷帘门。""洁净厂房内易燃、易爆、有毒气体泄漏的报警值应为其爆炸下限值或允许浓度值的20％。"电子工业洁净厂房内所需相关气体、化学品的爆炸范围见表1.10.13。

表1.10.13　部分可燃物质的燃烧极限

序号	中文名	英文名	分子式	空气中燃烧极限/%		备注
				下限	上限	
1	氨	ammounia	NH_3	15	28	
2	氢	hgdrogen	H_2	4	76	
3	一氧化碳	carbon monoxide	CO	12	74	
4	环氧乙烷	ethylene oxide	C_2H_4O	2.6	100	
5	甲醇	methanol	CH_4OH	5	44	
6	磷化氢	phoshine	PH_3	1.3	98	
7	三氯氢硅	trichloro silane	$SiHCl_2$	1.2	90	
8	二氯二氢硅	dichloro silane	SiH_2Cl_2	4.1	98.8	
9	甲烷	methane	CH_4	5	15	
10	硅烷	silane	SiH_4	0.8	98	
11	乙硼烷	diborane	B_2H_6	0.8	98	
12	砷化氢	arsine	AsH_3	0.8	98	
13	氢化锗（锗烷）	germaniam hydride	GeH_4	0.8	98	

② 在用于电子工厂特种气体系统工程的设计、施工和验收国家标准《特种气体系统工程技术规范》（GB 50646）中对生命安全系统（包括特种气体管理系统、特种气体泄漏探测系统等）作了强制性和推荐性规定。近年来我国各地区相继建成的集成电路芯片制造、液晶显示器面板制造的洁净厂房中多数设有特种气体管理系统，此类系统通常设置有特种气体的连续检测、显示、报警、分析功能，并对报警信号进行记录、存储和打印；通常该管理系统应设在全厂动力检测中心，并可在消防控制室（值班室）和应急处理中心设报警显示和应急阀门切断控制等功能。对特种气体泄漏的探测，在GB 50646中有如下规定："储存、输送、使用特种气体的下列区域或场所应设置特种气体探测装置：自燃、可燃、毒性、腐蚀性、氧化性气体的使用场所、技术夹层等可能发生气体泄漏处；自燃、可燃、毒性、腐蚀性、氧化性气体间、气瓶柜和阀门箱的排风管口处；生产工艺设备的可燃、自燃、毒性、腐蚀性、氧化性气体接入阀门箱及排风管内和废气处理设备排风口处；惰性气体房间（氧气探测器）。"

"特种气体探测系统可燃、自燃气体，有毒气体检测装置应设置一级报警或二级报警，其中常规的检测报警仅需一级报警，当需要联动控制时，检测装置应具有一级报警和二级报警。在二级报警的同时，输出接点信号至一级报警联动控制系统。""自燃、可燃、毒性气体检测装置的报警设定值应按下列要求设置：自燃、可燃气体的一级报警设定值小于或等于25％可燃气体的爆炸浓度下限值，二级报警设定值小于或等于 50% 可燃气体的爆炸浓度下限值。毒性气体的一级报警设定值小于或等于 50% 空气中有害物质的最高允许浓度值，二级报警设定值小于或等于 100% 空气中有害物质的最高允许浓度值。""自燃、可燃、毒性气体检测装置的检测报警响应时间应符合下列规定：自燃、可燃气体检测报警，扩散式小于 20s，吸入式小于 15s。毒性气体检测报警，扩散式小于 40s，吸入式小于 20s"。

当相对密度小于或等于 0.75 时，特种气体探测器应同时设置在释放源上方和房间顶易积气处；当相对密度大于 0.75 时，探测器应设置在释放源下方离地面 0.5m 处。在 GB/T 50493—2019 中有如下规定："可燃气体与有毒气体同时存在的场所，可燃气体浓度可能达到 25% 爆炸下限，有毒气体浓度也可能达到最高允许浓度时，应分别设置可燃气体和有毒气体检（探）测器。""既属于可燃气体又属于有毒气体，只设有毒气体检（探）测器。""同一级别的报警中，有毒气体的报警优先。"

气体报警探测器选择时，应根据所需报警探测的气体理化性质，报警探测器的技术性能、特点以及设置场所的环境特点等因素确定，常用的气体报警探测器类型有催化燃烧型、红外气体型、电化学、半导体型、热导型、光致电离型等。电子工厂用特种气体中的自燃、可燃气体检测宜采用催化燃烧型检测装置、半导体检测装置、电化学检测装置。毒性气体检测宜采用电化学检测装置。还应根据使用场所的不同选择特种气体的采样方式，应正确选用扩散式检测装置、单点或多点吸入式气体检测装置。

③ 以集成电路芯片制造用洁净厂房为代表的微电子产品生产用洁净厂房的建设发展十分迅速，依据这类洁净厂房设计建造的特点，国内外的建设工程实践表明，确保这类洁净厂房建成后能够实现安全可靠稳定运行的重要条件之一是具有完善的环境安全卫生监控设施或称生命安全系统。国际上，如国际半导体设备与材料协会标准 SEMI、美国消防协会的 NFPA、美国工业联合协会标准 FM 等均对此类"高科技洁净厂房"的环境安全卫生方面做出了较为严格的规定。近年来在我国制定的相关规范标准，例如《硅集成电路芯片工厂设计规范》（GB 50809—2012）中明确要求：8~12in 硅集成电路芯片工厂宜在靠近生产区入口处设置专人全天职守的紧急应变中心，应具有/设置防灾及卫生安全监控系统，应制定紧急应变程序，应配备紧急应变器材等。紧急应变中心应同时兼具消防系统、气体侦测系统、广播系统、门禁系统、闭路电视系统等紧急应变的相关系统的监视、管理和操作功能；相关系统报警后在紧急应变的同时应有声光报警显示；应配备完整的紧急应变设施，包括消防系统的应急手动操作设备、便携式空气中气体浓度侦测设备、紧急应变救灾设备、医疗救助设备/仪器等；应具有直接通向生产厂房及安全出口的通道；并应有备用的第二套紧急应变中心，且应设置在不同的建筑物内。

8~12in 硅集成电路芯片工厂宜设置健康中心，应具备工伤急救和一般医疗、转诊以及咨询的设施。

10.5 自动控制

洁净厂房内应设置一套较完整的自动控制系统/装置，这对确保洁净厂房的正常生产和提高运行管理水平十分有利，但建设投资需增加。各类洁净厂房内包括洁净室空气洁净度、温度和湿度的监控，洁净室的压差监控，高纯气体、纯水的监控，气体纯度、纯水水质的监控等要求、技术参数是不同的，并且各行各业的洁净室（区）规模、面积也差异很大，所以自动控制系统/装置的功能应视洁净工程具体情况确定，宜设计成各种类型的监测、控制系统，只有相当规模的洁净厂房才设计成集散式计算机控制和监控系统。以微电子工厂洁净厂房为代表的现代高科技洁净厂房的自控监控系统是一门集电气技术、自动化仪表、计算机技术和网络通信技术等为一体的综合系统，只有正确合理地运用各门技术，系统才能达到所需的控制、监管要求。为了保证电子工厂洁净厂房对生产环境控制的严格要求，公用动力系统、净化空调系统等的控制系统首先应具有高可靠性。其次对于不同的控制设备仪器，要求具有开放性，以适应实现全厂的联网控制要求。电子产品生产工艺技术发展迅速，电子工厂洁净厂房的自控系统设计应具有灵活性、扩展性，以满足洁净厂房控制要求的变化。集散式网络结构具有良好的人机交互界面，能较好地实现对生产环境、各类动力公用设备实施检测、监视和控制，可适用于采用计算机技术进行的洁净厂房控制。当洁净厂房的参数指标要求不是很严格时，也可采用常规仪表进行控制。但无论采用何种方式，控制精度都应满足生产要求，并能做到稳定、可靠运行，并可实现节能减排。

10.5.1 洁净厂房的控制要求

各行各业的洁净厂房因产品生产工艺要求不同，随着科学技术的发展和设备仪器现代技术的不断提高，在产品生产过程所需的生产环境控制、工艺介质品种、纯净度、使用参数日益严格、繁多，所以洁净厂房内对空气洁净度等级、温湿度、压力差以及净化空调所需冷源、热源的供应系统等实现显示、调节、联锁、联动、记录、报警功能；有的洁净厂房还有各种高纯介质和高纯气体、高纯水等的供应系统，微电子产品生产过程常常需使用数十种特种气体、化学品，这些物质不少具有易燃易爆、毒性甚至自燃的特性，所以安全、报警、流量等技术参数的显示、控制、联锁、联动均十分重要。因此洁净厂房的自动控制系统应正确设置及设备、仪器应正确选用，为此应了解保证洁净厂房正常、稳定运行的基本控制要求及技术参数。表1.10.14是某液晶显示器面板工程的供冷系统等的控制要求，对于不同类型的洁净厂房还有更多的要求。这里需要特别说明的是：现代高科技洁净厂房内的各种产品生产工艺设备或公用动力系统/装置或工艺介质供应系统/装置等，都依据自身的工艺过程、操作特点和要求设有控制装置如PLC装置等，只是用整个产品生产线和洁净厂房整体环境控制、生产管理、安全管理的要求，应在全厂或洁净厂房的控制系统/监控系统显示、监控某些数据、指标或获取指令等。

表1.10.14 某液晶显示器面板工程的供冷系统等的控制要求

系统	被控对象	被控对象节能运行基本原理(简述由哪些条件控制)
低温制冷机	一次泵	流量控制:冷水温度差→流量,原则上定格流量控制
	冷却泵	可变流量制御:冷冻机冷却水入口温度15℃未满时,冷冻机冷却水出口温度15℃流量控制及温度差一定控制,冷却水温度低下→冷冻机COP UP
	冷机主机	送水温度差→台数控制、修正控制:SEQ控制
	冷却塔	冷却塔出口温度可变控制:外气WB→最适冷却水温度控制,设定冷却塔风机,冷却水温度最低温化
中温制冷机	一次泵	流量控制:冷水温度差→流量,原则上一定流量控制
	冷却塔	冷却塔出口温度可变控制:外气WB→最适冷却水温度控制,设定,CT Fan,冷却水温度最低温化
	冷却泵	可变流量制御:冷冻机冷却水入口温度、冷冻机冷却水流量控制及供回水温度差控制,冷却水温度低下→冷冻机COP UP
	冷机主机	送水温度差→台数控制、修正控制:SEQ控制
热回收中温制冷机	一次泵	流量控制:冷水温度差→流量,原则上定格流量控制
	冷却塔	冷却塔出口温度可变控制:外气WB→最适冷却水温度控制,设定,CT Fan,冷却水温度最低温化
	冷却泵	可变流量制御:冷冻机冷却水入口温度15℃未满时,冷冻机冷却水出口温度15℃流量控制及温度差一定控制,冷却水温度低下→冷冻机COP UP
	冷机主机	送水温度差→台数控制、修正控制:SEQ控制

10.5.2　自控系统

随着科学技术的发展和装备制造科研成果的应用，洁净厂房中产品生产工艺过程及管理的控制数据、实时监测和洁净生产环境控制数据、实时显示、调节、检测执行等，依靠传统的人工巡察、记录或仪表传输的监控方式，已被许多企业的实践证明，既费时费力、准确度差，还不能满足现代化生产的需要。比如目前在大面积/超大面积的微电子洁净厂房中少则装设有数百台高效过滤机组（FFU），多数集成电路芯片制造或液晶显示器面板洁净室（区）装设数千甚至数万台高效过滤器（FFU），不可想象这些确保洁净室（区）空气洁净度等级的高效送风装置的开、停和风量、风压调节、控制能以单个或分片（区）相对集中采用传统方式进行控制，目前基本采用了集散式的计算机群控方式，并以通信网络系统与洁净厂房的空气洁净度等级监控、洁净室（区）压力监控、新风和温湿度控制相结合。为了让读者了解现代洁净厂房的自控系统，现以实例进行介绍。

（1）集成电路芯片制造工厂的远程监控系统　集成电路芯片制造工厂的洁净厂房中产品生产过程工序多、工艺设备自动化水平高、加工过程微细化和精密度高，并且在晶圆生产过程中需用数十种大宗气体、特种气体、化学品以及高纯水、温度控制严格的工艺用水等，通常具有的特点是：要求空气洁净度十分严格的生产环境所需各类工艺介质的高纯度和严格参数要求；洁净室（区）面积大，有的空间也较大；洁净厂房的能耗大，是一般工业厂房的数倍甚至数十倍。为了满足产品生产工艺要求，在芯片制造工厂洁净厂房内一般设置的公用动力系统主要有：净化空调系统、工艺排气系统、一般热排风系统、普通空调系统；工艺冷却水（PCW）、工艺真空（PV）/清扫真空（HV）系统；冷冻机、冷冻水供应系统；蒸汽及热水分配系统、天然气供给系统；一般给排水系统；超纯水制备处理系统（UPW）；废水处理系统（WWT）；特殊气体及大宗气体供应系统；化学品配送系统；电力配送系统等。公用动力系统较多，且控制对象复杂，各控制子系统既要求独立运行，提高系统的可靠性，又要要求互相通信协调全厂整体信息便于监控管理和降低能量消耗。为了满足芯片生产工艺以及各公用动力设施的现代化管理需要，应采用自动化与智能化程度高的中央监控与通信系统，对生产工艺设备与配套设施的有关参数、状态等实现过程控制，保证生产线的良好运行。

现代企业已不能满足于办公自动化和孤立的控制装置，采用远程监控系统（facility monitoring control system，FMCS）将使控制系统与工厂管理有机地结合起来，通过汇总全厂各公用动力设备子系统的实时或历史数据并进行监视、记录、计算、报告等方法，提供能源计量管理和设备管理，对生产过程进行全面的、有效的监测，优化管理，协助和支持进行物流的平衡计算与协调、生产成本分析、提高生产管理和调度计划水平等，进而实现减少能耗，提高产品质量和生产率。

某 8in 集成电路芯片制造的 FMCS 是基于局域网络的分布式远程监控系统，由多类仪器仪表和设备组成。它是采用分层的分布式结构的监控系统，分为四层结构：底层为现场仪器、设备层，包括各类传感器、探测器、仪表和执行机构等；第二层为现场总线控制层，主要完成现场控制器、PLC 等对底层设备的数据采集，下发控制命令，采用总线协议具有实时性要求；第三层为子系统监控操作层，主要完成各子系统的监视和操作、HMI 人机界面、现场数据的提取，并作为集成系统的 OPC Server 数据源，是确保各子系统独立运行的基础；上层为监视和管理中心，负责整个系统协调运行和综合管理，采用和遵循标准的以太网 TCP/IP 协议，以通用数据库为基础，通过ODBC（开放式数据库互联驱动）标准接口、SQL 结构化查询语言进行数据提取和交换。FMCS 的特点主要是：系统的核心是总线协议，即总线标准；系统的基础是数字智能现场装置；系统的本质是信息处理现场化。

各公用动力系统采集参数主要有：

纯水系统：通信模块抓取现场设备讯号，超低液位（现场硬接线方式）。

冷冻机系统：进出水管温度、运行状态、故障状态；冷冻水一次泵的运行状态、故障状态、启停控制；二次泵的运行状态、故障状态、启停控制、变频器频率控制；冷冻机冷却水泵的运行状态、故障状态、启停控制。

真空系统：真空泵运行状态、故障状态、启停控制。

冷却水系统：冷却水泵的运行状态、故障状态、启停控制、变频器频率控制；冷却水板换的电动阀控制。

净化空调系统：干盘管循环泵的压力、运行状态、故障状态、启停控制、变频器频率控制；干盘管板换的水管温度、电动阀控制；MAU 的风管温度、露点温度、静压、电动阀、运行状态、故障状态、风压差、滤网差压、启停控制、阀门开闭；MAU 水洗泵的电动阀控制；冷却塔的水管温度、电动阀、运行状态、故障状态、启停控制。

空压机系统：空压机的运行状态、故障状态；冷却水泵的运行状态、故障状态、启停控制；空压罐的露点温度。

生产上水系统：运行状态、故障状态、启停控制。

生活上水系统：运行状态、故障状态、启停控制。

温水系统：运行状态、故障状态、启停控制。

软水系统：运行状态、故障状态、启停控制。

热回收系统：运行状态、故障状态、启停控制。

化学品供应系统：通信模块抓取现场设备讯号。

洁净室系统：干盘管、FFU 的运行状态、故障状态、启停控制；室内温度、室内湿度、室内静压；一般排气机的静压、风管压差、运行状态、故障状态、启停控制、阀门开闭、变频器频率控制。

废气处理系统：洗涤塔的运行状态、故障状态、启停控制；循环泵的运行状态、故障状态；加药泵的运行状态、故障状态；吸附塔的运行状态、故障状态、启停控制。

废水处理系统：通信模块抓取现场设备讯号。

电力配送系统：6000V 高压柜三相电流信号；变压器三相温度信号；400V、200V 低压进线柜相电压、相电流；进线开关状态；进线回路故障报警；电容器补偿柜内功率因数信号；馈电回路相电流、开关状态、故障报警、漏电保护；联络回路相电流、开关状态、故障报警；根据低压进线回路电压、电流和功率因数计算的有功功率和无功功率。

特气供给系统：易燃性气体的通信模块抓取现场设备讯号；毒性气体的通信模块抓取现场设备讯号；腐蚀性气体的通信模块抓取现场设备讯号；惰性气体的通信模块抓取现场设备讯号；氧化性气体的通信模块抓取现场设备讯号。

在集成电路制造工厂的具体实施方案是各公用动力设施控制器设计为冗余热备结构或单控制器结构，相关网均为双冗余结构。设有 FMCS 工程师站、多用户终端站、DATESEVER 和网络设备；FMCS 的系统软件、组态软件、用户软件等；现场控制子系统（SCADA）的软件及硬件；PLC 控制器（含软件和硬件）、控制盘；现场仪器、仪表；连接电缆；气控管路及控制执行组件等。

FMCS 的构架见图 1.10.16。多个 PLC 控制子系统可以通过工业以太网连接到 FMCS。FMCS 的操作界面为一个高水平的数据采集监控系统（SCADA）。中央控制室内设置多用户显示操作终端、工程师站、数据服务器及打印机。采用了现场监控与远程监控并存的方式，利用现场总线技术将分布于各个设备的传感器、监控设备等串联起来，连接到现场监控计算机，各个子系统的现场监控计算机再通过局域网络与管理层远程监控计算机及监控数据服务器连接起来，这样就实现了从单一独立的监控系统向集成化的统一的监控系统转化。由于建立了快速的以太网络信息传输结构，在系统内实现了资源和信息的共享，有利于资源的合理化分配。通过使用现场总线，可以大量减少现场接线，用单个现场仪表可实现多变量通信，不同制造厂生产的装置间可以完全互操作，增加现场一级的控制功能，系统集成大大简化，并且维护十分简便。传统的过程控制仪表系统中每个现场装置到控制室都需使用一对专用的双绞线，以传送 4～20mA 的信号；现场总线系统中，每个现场装置到接线盒的双绞线仍然可以使用，但是从现场接线盒到中央控制室仅用一根双绞线完成数字通信。

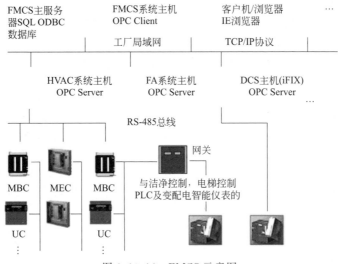

图 1.10.16　FMCS 示意图

集成电路制造芯片工厂远程监控系统的功能主要如下。

① FMCS 对生产过程的各种模拟或数字量进行检测、采样和必要的预处理，以一定的形式输出，如打印报表、显示屏等，给运行管理人员提供翔实的数据，帮助他们进行分析了解生产情况。将检测到的实时数据、运行管理人员在生产过程中输入的指令数据分别作为实时数据和历史数据加以存储。将采集到的实时数据与预设的高低位数据进行比对，以声音、显示屏显示等方式发出对故障和突发事件的报警，在实时监测采集到的数据基础上，根据事先决定的控制策略形成控制输出，直接作用于生产过程。

② 系统可提供全部被监视信号在最近半年或一年过程值的连续记录，并可以通过连续曲线图表现在历史查询画面中；每个画面中均有一个或几个曲线图窗口，窗口包括过程值的数值坐标、时间坐标、在当前时间坐标内的变化曲线，并有趋势图设置菜单条，包括模板调整、时间范围设定、局部放大等功能。

③ 监控系统为用户提供了及时与详尽的故障报警，分级显示。例如报警共分为三个等级，按照故障的主次程度排列，与生产关系最紧密的设备故障或最重要的过程值超过设定值被列为一级报警。二级、三级报警依次类推。对于一级报警，系统除在报警画面中作出相应提示外，还以警铃与警灯提醒用户报警的严重性。如果发生二级报警，系统除在报警画面中作出相应提示外，还以警灯提醒用户这是次一级的报警。对于三级报警，系统只在报警画面中作出相应提示。

目前的远程监控系统结构大多比较复杂，分布距离远，而且还存在着不同的局域网、不同的平台，甚至在同一局域网中的操作平台以及编程语言也可能有不同的问题，这就要求集成网络中的不同平台，实现相互之间的通信，而这些问题采用传统方法是难以解决的。由于工业生产过程控制要求的高环境适应性、高实时性和高可靠性等特点，自动控制与监控技术领域所使用的通信技术都自成体系，许多通信协议不通用，而且大多数系统都是面向单台或单一类型的设备。集成电路制造工厂公用动力系统设备的多样性决定了上述叙述的通信方式、通信协议的多样性问题都存在于 FMCS 中。

（2）风机过滤机组（FFU）的多台控制　近年来建设的一些芯片制造、液晶显示器面板制造用洁净厂房中，由于大多数要求具有 4.5～5 级洁净度等级的洁净室，常常在大面积或超大面积的洁净室（区）大量应用风机过滤机组（FFU），有的甚至数千台或数万台。对于这样大量的 FFU 必须采用集中的、群体控制的方式，才能达到方便地进行 FFU 的开、停和风量调节等，以满足洁净室（区）内产品生产工艺和室内生产环境的要求。有关 FFU 集中的、群体控制的装置开发研究，十几年前已在国内一些制造厂家进行研发研制，据了解，已有不少生产 FFU 的企业都能同时提供这类控制装置或控制系统。

FFU 集中的、群体的控制方式主要有多挡开关控制、无级调速控制、遥控器控制和计算机控制等，控制方式各具特点。多挡开关控制器是在 FFU 盒内设置一个调速开关和电源开关，结构简单、人工操作、造价低，但操作不方便只适用于数量较少的 FFU；目前有对多挡开关控制器进行改进，可将控制器集中设在洁净室内的控制柜中集中控制；有的将台数较多的 FFU 多挡开关控制集中设置一个独立的挡位控制器（柜），对 FFU 进行开关和风量调节，还可实时显示运行 FFU 的风速挡位。无级调速一般是采用可控硅调节器连续调节 FFU 的风机风速，但可控硅运行过程中在洁净室内产生令人心烦的噪声，且在电流较高时因发热多消耗能量，所以在洁净厂房中较少应用。遥控器发出指令对 FFU 实现开、停和风量调节，通常是采用红外信号或射频信号指令对 FFU 实现开、停和风量调节以及进行传送、下达指令；红外信号一般较弱，可控距离只有 10 m 以内，多台 FFU 的操作很不方便；射频信号传输距离较大，若洁净室（区）内的产品生产过程或生产设备对电磁信号敏感时，则不宜采用。

计算机控制 FFU 的开、停和风量调节是近年来大规模、大面积的洁净厂房中应用较广泛的控制方式。集散型计算机 FFU 集中监控系统可实现单台、多台和分区监控，并可实现减少能耗的智能化管理，也能根据需要预留通信接口，实现与上位机或网络通信的连接。图 1.10.17 是风机过滤机组（FFU）交流 5 速智能群控系统示意图。这种控制系统以计算机为主控机，由 RS 232/485 转换接口经主路由器（9 台以上）至第四层的总路由器控制各个 FFU 控制模块，每台总路由器可控制 31 台 FFU 控制模块，一台主机可最多控制约 7905 台风机过滤机组。目前各个 FFU 的制造厂家均推出了各种不同的群控装置，并已在一些大面积洁净厂房中应用，取得了良好的经济效益，也具有操作方便、灵活控制的功能。

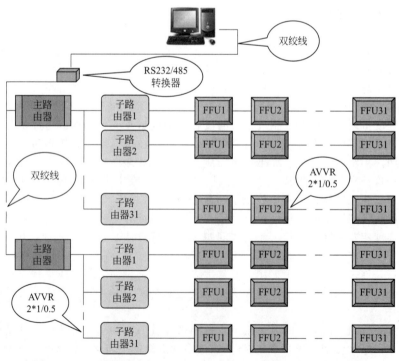

图 1.10.17　风机过滤机组（FFU）交流 5 速智能群控系统示意图

⊙ **参考文献**

[1] [日]早川一也.洁净厂房设计手册.邓守廉，等译.北京：学术书刊出版社，1989.

[2] 张富贵.适用于大型 IC 工厂的一种新型的不间断电源——动态 UPS.洁净与空调技术，2005（1）48-52.

[3] 万铜良.高科技制度工厂供配电系统探讨.洁净与空调技术，2010（3）42-46.

[4] 北京照明学会.照明设计专业委员会.照明设计手册.3 版.北京：中国电力出版社，2016.

[5] 涂光备.制药工业的洁净与空调.北京：中国建筑工业出版社，2003.

[6] 蒋乃军，耿佐力.FFU 应用及其群控管理技术.洁净与空调技术，2008（3）：58-61.

[7] 徐炳强.远程监控在集成电路芯片制造工厂中的应用.工厂动力，2011（3）：71-76.

[8] 严勤丰，陈中权.关于交流 5 速群控 FFU 控制系统探讨.洁净与空调技术，2008（3）：86-90.

第11章 洁净厂房的化学品供应

11.1 概述

以电子工业中的集成电路芯片制造工厂、平板显示器件制造工厂、太阳能电池工厂等为代表的高科技洁净厂房中大部分生产工艺均需使用化学品，据资料称，芯片制造首要的是一种化学工业，或者说是一系列的化学工艺，高达20％的工艺步骤是清洗和晶圆表面处理。半导体制造工厂消耗大量的酸、碱和溶剂，生产过程中会不可避免地引入微量杂质污染，为确保产品生产过程不被污染应多次采用化学品进行表面清洗。为此，依据产品生产工艺常常需要使用多种化学品或高纯化学品。表1.11.1是具有代表性的两种电子产品生产洁净厂房内所使用的部分化学品及其危害。这些化学品分别具有可燃性、毒性、腐蚀性、氧化性等，其中异丙醇（IPA）为无色透明的有机溶剂，属于易燃甲类火灾危险的溶剂，沸点80℃，其蒸气与空气混合为易燃易爆混合物，遇明火、高温即引发着火燃烧爆炸，燃烧产物有一氧化碳、二氧化碳等；异丙醇有毒，作业人员接触高浓度蒸气会出现头痛、中枢神经系统抑制以及眼、鼻、喉刺激症状，误食口服可导致恶心、呕吐、腹痛、腹泻等症状。双氧水（H_2O_2）具有强氧化性，其火灾危险为乙类，受热或遇有机物易分解释放氧气，其本身虽不能燃烧，但分解放出的氧气能强烈助燃，遇铬酸、高锰酸钾、金属粉末等会发生剧烈的化学反应、甚至爆炸。有的显影液如RD50，按其组成的物化性质其火灾危险性属于甲类。所以在这类洁净厂房的设计建造中均要涉及化学品供应系统安全保护设施的设计建造。表1.11.2是部分化学品的主要物化特性。

目前在我国现行的国家标准中与电子工业化学品供应设施有关的标准规范主要有：《电子工业洁净厂房设计规范》（GB 50472）、《电子工厂化学品系统工程技术规范》（GB 50781）、《化学品分类和危险性公示 通则》（GB 13690）、《常用危险化学品贮存通则》（GB 15603）等。

表1.11.1 两类电子产品生产用洁净厂房所使用的化学品及其危害

序号	化学品名称	集成电路芯片制造厂	TFT-LCD器制造件厂	危害分类			
				腐蚀性	毒性	可燃性	氧化性
1	H_2SO_4	●		●			
2	HF	●		●	●		
3	H_2O_2	●					●
4	NH_3	●		●	●		
5	HCl	●	●				
6	HNO_3	●	●		●		●

序号	化学品名称	集成电路芯片制造厂	TFT-LCD 器制造件厂	危害分类			
				腐蚀性	毒性	可燃性	氧化性
7	HPO₃	●	●	●			
8	氢氟酸硝酸混合液	●		●	●		
9	研磨液（抛光液）	●		●			
10	显影液	●	●	●			
11	醋酸			●			●
12	铬刻蚀液		●	●			
13	铝刻蚀液		●	●			
14	ACN		●				
15	Thinner	●	●			●	●
16	OAP(HMDS)	●	●	●			
17	异丙醇	●	●				●
18	剥离液	●	●	●		●	●

表 1.11.2　部分化学品的主要物化性质

序号	化学品名称	物化性质	闪点/℃	25℃时的物理性质	
				黏度/厘泊	相对密度
1	96％H₂SO₄	酸性腐蚀品,透明的油状液体		24	1.84
2	49％HF	酸性腐蚀品		1.2	1.16
3	BOE	氢氟酸、氟化铵的混合物,pH4.5～6.5		1.9	1.17
4	H₃PO₄	酸性腐蚀品		47	1.69
5	HNO₃	酸性腐蚀品,强氧化剂		2	1.2
6	HCl	酸性腐蚀品		1.8	1.18
7	KOH	碱性腐蚀品		1	1
8	CH₃COOH	有机酸性腐蚀品,爆炸上限 17％、爆炸下限 4％	39		1.05
9	29％NH₄OH	碱性腐蚀品,强烈刺激性臭味		1.1	0.9
10	DEV-1	2.3％氢氧化四甲基铵		2	1.01
11	H₂O₂	酸性氧化剂		1.09	1.13
12	C260	有机溶剂	47.7	2	1.01
13	EKC270	羟氨、单乙醇胺、异丙醇胺等的混合物,有机溶剂	110	16	1.1
14	NMP	有机溶剂	91	1.7	1.03
15	OK73	丙二醇甲醚、丙二醇单甲醚乙酸酯的混合物,有机溶剂	34	1.17	0.93
16	A515	主要成分环戊酮有机溶剂	26	0.8	0.95
17	IPA	有机溶剂,爆炸上限 12.7％、爆炸下限 2％	12	2.43	0.79

在电子工业用洁净厂房内一般将各种生产工艺设备使用的酸碱化学品、溶剂化学品和研磨液化学品系统统称为化学品系统,在集成电路晶圆制造和平板显示器件制造工厂中,一般将化学品系统分为化学品供应系统、化学品回收系统。化学品供应系统是为电子产品生产线 24h 不间断地

分别供应各种化学品的系统，通常设有不同种类的化学品储存、分配间以及相应的化学品储存设备、供应设备和输配管道、附件等。为确保洁净厂房安全、可靠地运营，对各类化学品供应设施均应根据其物化性质、使用状况，遵循相关标准规范的要求设置必需的安全保护、报警监管装置；鉴于腐蚀性化学品、溶剂化学品的物化特性，目前在电子工厂洁净厂房中输送这类化学品的主供应管道均采用双套管（双层管），其输送管道的内管采用四氟乙烯共聚物（perfluoro-alkoxy，PFA）管材或电抛光低碳不锈钢管材（SUS316L EP），外管采用透明聚氯乙烯管（clear polyvinyl chloride，Clear-PVC）或不锈钢管（SUS304），以确保这些化学品输送过程的运行安全及运行人员的人身安全。为防止化学品储存、输送过程一旦发生渗漏、泄漏引发设备、管路事故或人身伤害事故，化学品系统除了设置必需的报警监控装置外，还根据电子产品生产设备及其化学品使用状况设置了各种类型的"阀门箱"等。化学品回收系统是为电子产品生产线 24h 不间断地收集和处理各类设备排出的废化学品，并达到回收循环应用或经处理满足排放标准排放，现场不能处理的废液外运委托有资质的单位处理。根据所使用的不同品种的化学品，回收系统大致可分为废液回收利用系统和排水处理系统。

11.2 化学品供应设施的设置

11.2.1 化学品储存、分配间

在洁净厂房内根据产品生产工艺需要和化学品物化性质分别设置不同类型的化学品储存、分配间，以输送管道向所需化学品的生产设备供应相应的化学品。洁净厂房内的化学品储存、分配间通常设在生产支持区（辅助生产区），一般设在靠外墙的单层或多层的底层房间。各类化学品应按其物化特性分类储存，不相容的化学品应布置在不同的化学品储存、分配间内，房间之间应以实体隔墙进行分隔；危险性化学品应储存在单独的储存间或储存分配间内，与相邻房间的隔墙耐火极限不应小于 2.0h，并应布置在生产厂一层靠外墙的房间内。

在电子工厂洁净厂房内通常设有酸类和碱类化学品储存分配间、可燃溶剂类化学品储存间。在酸类储存分配间内一般设置硫酸、磷酸、氢氟酸、盐酸等储存、分配系统，在碱类储存分配间内一般设置氢氧化钠、氢氧化钾、氢氧化铵、氢氧化四甲基胺等储存、分配系统；可燃溶剂的储存分配间内一般设有异丙醇（IPA）等有机溶剂的储存分配系统。在集成电路晶圆制造工厂洁净厂房内还设有研磨液储存分配间。在集成电路晶圆、平板显示器件制造洁净厂房中，通常是将化学品储存分配间布置在靠近洁净生产区或贴邻洁净生产区一侧的辅助生产区或支持区，一般是设置在一层并能直接通往室外的布置。图 1.11.1 是一个化学品储存分配间的平面布置，图 1.11.2 是一个化学品储存分配间的实例。

化学品储存分配间内根据产品生产所需的化学品种类、数量和使用特性设有不同容量的储存用桶槽或储罐。按标准规范的规定，化学品应分类分别储存，所采用的桶槽或储罐的容量应为此类化学品 7 天的消耗量；并应设置日用桶槽或储罐，日用桶槽的容量应为产品生产所需化学品 24h 的消耗量。

可燃溶剂化学品、氧化性化学品的储存分配间应分别设置，并与相邻房间之间设置耐火极限为 3.0h 的实体防火隔墙分隔，若布置在多层建筑的一层时，应以耐火极限不小于 1.5h 的不燃烧体楼板与其他部分分隔；洁净厂房内的化学品安全及监探系统集中控制室应设置在单独的房间内。

洁净厂房内化学品储存分配间的高度应根据设备和管道布置的要求确定，一般不宜低于 4.5m；若布置在洁净厂房辅助生产（支持区）部分内时，化学品储存分配间的高度宜与所在部分的厂房高度一致。

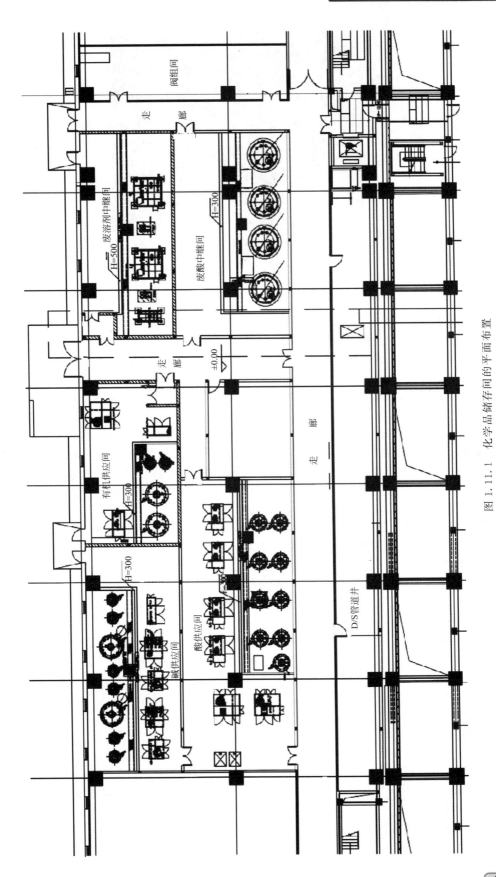

图 1.11.1 化学品储存间的平面布置

图 1.11.2　化学品储存分配间实例

11.2.2　对相关专业技术的要求

（1）建筑结构　洁净厂房内设置的甲、乙类化学品储存分配间耐火等级不得低于二级。建筑结构构件的耐火极限应按照现行国家标准《建筑设计防火规范（2018 年版）》（GB 50016）的有关规定进行选择。化学品储存间的地面、门窗、墙体及墙面应按所存放的化学品种类及其物化性质进行设置，通常应采取防腐蚀措施。

鉴于易燃易爆溶剂化学品和氧化性化学品的物化特性，这类危险化学品的储存分配间与其他房间（包括其他化学品房间）之间，应以耐火极限为 3.0h 的实体防火隔墙和耐火极限不低于 1.5h 的不燃烧体的楼板与其他相邻部分进行分隔，在分隔用的实体防火隔墙上不得开设门窗洞口；当此类房间之间确需要相通时，应设置双门斗连通，并且门应错位布置，该相通的门应采用甲级防火门。易燃易爆溶剂化学品的储存分配间应采用不燃烧体的轻质屋盖、轻质墙体或易于泄压的门、窗等作为泄压设施，此类泄压设施的泄压面积应依据所储存化学品的物化性质确定，并应符合有关国家标准的规定。为确保易燃易爆溶剂化学品储存分配间的可靠、安全运行和一旦出现火情人员、物资的安全疏散，在进行这类房间的设计时，应认真做到：房间的安全出口不得少于两个，并应设在不同的方向，其出口门的开启方向应与疏散方向一致；相邻两个安全疏散出口边缘之间的水平距离不得小于 5.0m，其中一个安全疏散口应直通室外；当易燃易爆溶剂化学品储存分配间的面积小于或等于 100m²，且同一时间的生产人员不超过 5 人时，可只设置一个直接通往室外的安全出口；易燃易爆溶剂化学品房间的门窗应采用撞击时不会产生火花的材料制作，地面应采用不产生火花的防静电地面。

依据对一些电子工业洁净厂房内设有危险化学品储存、分配间的调查表明，储存化学品的储罐一般设置在一层±0.00 或一层下沉区域内，通常位于化学品供应系统的最低处，在各种类别的化学品储罐之间按有关标准规范规定设有隔堤或保护堤或防火堤，通常保护堤用作储罐泄漏或检修时的液体围堰，防止化学品外溢，引发事故；防火墙、隔墙是用于甲、乙类化学品在出现火情时对可能泄漏的化学品进行分隔，防止化学品泄漏后相互接触引起化学反应、诱发事故，或对化学品储罐进行分隔。在现行国家标准《电子工厂化学品系统工程技术规范》（GB 50781）中对化学品储存、分配的液体储罐设置的溢出保护设施作出了规定。有关溢出保护设施的要求主要如下。

① 可燃溶剂储罐区应设置防火堤，其防火堤的容积应大于堤内最大储罐的单罐容积。

② 酸碱类化学品、腐蚀性化学品的液体储罐区，应设置防护堤，其防护堤的容积应大于堤内最大储罐的单罐容积。

③ 氧化性化学品或腐蚀性化学品的液体储罐与可燃溶剂储罐之间、相互接触会引起化学反应的可燃溶剂储罐之间均应设隔堤，隔堤容积应大于隔堤内最大储罐单罐容积的 10%。

④ 防火堤、防护堤及隔堤应能承受所容纳液体的静压，且不得渗漏；若有管道穿过时应采用不燃材料密封。防火堤、防护堤的高度不应低于 500mm，隔堤的高度不应低于 400mm，并应在堤的适当位置设置人员进出的踏步。

⑤ 防火堤、防护堤、隔堤的四周应设置泄漏收集沟，沟内应设置泄漏收集坑，不同物化性质的化学品收集沟不应连通。

（2）暖通空调　洁净厂房内的化学品储存分配间一般设有空调系统，为化学品储存、分配设施提供适宜的工作环境。室内的温度、相对湿度设计参数应满足所存放化学品的要求，当无具体要求时，室内的温度宜为 23℃±3℃，相对湿度宜为 30%～70%。化学品储存分配间的空调系统宜设置备用机组，也可根据实际条件，采取适当措施以确保在空调机组维护或发生故障时，房间内能得到必要的通风。空调机组的电源应设有应急电源，以确保化学品间内的通风平衡和稳定。对于可燃溶剂化学品储存分配间的空调系统不得采用循环空气系统，以防止可燃化学品积聚形成可燃混合物引发着火爆炸事故。空调系统的风管应采用不燃材料制作，保温材料应采用不燃材料或难燃材料，空调风管应设置防静电接地装置，防止静电积聚；空调风管不应穿越各化学品储存分配间的隔墙，当必须穿越时，按规定设置防火阀。

洁净厂房内的化学品储存分配间应设有连续的机械通风或自然通风装置，其排风量应满足化学品桶槽的排风要求，并应满足房间内最小通风换气次数不低于 6 次/h 的基本要求，以防止可燃性、氧化性、腐蚀性化学品泄漏在房间内积聚引发事故。

洁净厂房内化学品房间的排风系统应根据各种不同化学品的物化性质进行合理划分，分别设置各自的排风系统，以防止两种或两种以上不同种类或不同性质的化学品挥发气体混合后引起燃烧、爆炸事故；避免化学品挥发气体混合后发生化学反应形成毒性更大或腐蚀性的混合物或化合物，对人体造成危害或设备和管道腐蚀；防止混合后形成粉尘在风管中积聚，从而使风管阻力增大甚至造成风管堵塞，影响排风系统的正常运行。

化学品的储存分配间应根据存放的化学品物化性质、危害程度和发生事故时可能泄放的化学品数量以及有关规定等经计算确定事故排风量，且房间的换气次数不得少于 12 次/h。通风系统应设置备用应急电源，并在化学品储存分配间外设置事故通风紧急按钮，以备紧急事故情况下在储存分配间外开启事故排风系统，排除泄漏的化学品挥发气体。

化学品柜和阀门箱内通常均设有用于控制分配、输送化学品的阀门、仪表和管道等，且阀门等都会设有较多的接口，具有发生化学品泄漏的可能性，为即时排除泄放出的化学品，避免有害化学品在柜内、阀门箱内积聚引发事故，在化学品柜和阀门箱内应设置局部机械排风装置。图 1.11.3 是化学品柜的排风装置。根据化学品的物化性质及其危害程度按有关规定要求，在局部排风装置内设置化学品泄漏报警装置并与排风机联锁控制。

化学品储存分配间的排风系统按排风中的化学品浓度和危害程度设置有害化学品处理装置，经处理达到国家排放标准后才能排入大气。

化学品储存分配间的排风管道应采用不燃材料制作。为防止因摩擦产生静电积聚，引起燃烧、爆炸事故，排放含有可燃性、氧化性化学品的排风管道应设置防静电接地装置。

（3）电气装置　洁净厂房内的化学品储存分配间是供应产品生产所需的各类化学品"中枢"供应源，一旦发生停电中断化学品供应，将可能对企业的产品生产造成巨大的经济损失，产品出现次品或废品，因此除了属于小批量生产、试验性生产或科研用的洁净厂房内化学品间外，各类化学储存分配间的供电负荷等级均应与所服务的生产线供电负荷等级相同。化学品间的检测和控制系统为一级负荷，其供电中断时间一般为毫秒级，需由两个电源供电，并应设有不间断电源 UPS。洁净厂房内的化学品通常具有不同程度的腐蚀性，为此化学品间内的电气装置应按防腐蚀要求设计配置；设置易燃易爆溶剂化学品的储存分配间内电气装置应按 2 区设防，并应符合 GB 50058 的有关规定。

洁净厂房内排放易燃易爆溶剂化学品挥发气体的排风管管口应位于防雷电接闪器的保护范围内；架空敷设的易燃易爆溶剂化学品管道，在进出建筑物处应与防雷电感应的接地装置相连；易燃易爆溶剂化学品、氧化性化学品的设备和管道，应采取防静电接地措施，在进出建筑物处、不同分区的环境边界、管道分岔处及直管段每隔 50～80m 处均应防静电接地一次；防静电接地为单独接地时每组接地电阻不应大于 100Ω。

（4）给排水和消防　由于洁净厂房内化学品储存分配间存放的化学品种类较多，为杜绝因穿越化学品间的给水排水管结露、滴水影响化学品的正常存放、分配和输送，所以要求给水排水管均应设有隔热防结露措施。化学品间在正常运行情况下是没有废水排出的。若依据化学品的物化性质要求化学品柜的排气处理采用湿法处理装置时，就会有废水排出；还有某些化学品泄漏时需采用水进行清除处理，此时会有废水排出；当化学品间采用水消防时，一旦发生火灾也会有带不同浓度化学品的"消防排水"。因此化学品间排出的这些废水不能直接排入排水系统，必须排放至工厂设置的废水处理站，经处理达到排放标准后才能排入排水系统。

放有腐蚀性化学品的化学品储存分配间内，为保护工作人员的人身安全，均应设置紧急沐浴器和洗眼器。图 1.11.4 是紧急淋浴器、洗眼器的外形。

图 1.11.3　化学品柜的排风装置

图 1.11.4　紧急淋浴器、洗眼器

化学品储存分配间应根据存放的化学品特性，设置消防设施——消火栓、灭火器，并应符合现行国家标准《建筑设计防火规范（2018 年版）》（GB 50016）、《建筑灭火器配置设计规范》（GB 50140）的有关规定。易燃易爆溶剂化学品的储存分配间内，为避免因此类化学品的泄漏引发燃烧、爆炸事故，应设置自动喷水灭火系统，一旦发生火情用于及时扑灭火苗和冷却设备、管道。按国家标准《电子工厂化学品系统工程技术规范》（GB 50781）的规定，易燃易爆溶剂化学品储存分配间应设置固定式灭火系统，其喷淋强度不应小于 $8.0L/（min \cdot m^2）$，保护面积不应小于 $160m^2$，并应符合现行国家标准《自动喷水灭火系统设计规范》（GB 50084）的有关规定。由于化学品种类较多、性质各异，因此应根据储存分配的不同化学品采用不同的消防方式。表 1.11.3 是部分化学品应采用的消防灭火方式。

表 1.11.3　部分化学品应采用的消防灭火方式

序号	化学品	消防方式
1	H_2SO_4	用干砂及二氧化碳扑救
2	49%HF	用雾状水、干砂及二氧化碳扑救
3	KOH	水、砂土
4	HF 100：1	用雾状水、干砂及二氧化碳扑救
5	2%HF	用雾状水、干砂及二氧化碳扑救
6	BOE 50：1	喷水、火场中容器应用水降温
7	BOE 200：1	喷水、火场中容器应用水降温
8	H_3PO_4	雾状水保持火场容器冷却，大量水灭火

序号	化学品	消防方式
9	HNO$_3$	用雾状水、砂土、二氧化碳扑救,不能使用高压水。戴防毒面具
10	HCl	用水、砂土、干粉扑救
11	H$_2$O$_2$	用雾状水扑救
12	29%NH$_4$OH	用雾状水扑救
13	DEV-1*	二氧化碳、化学干粉、酒精泡沫灭火剂,喷水冷却暴露在火场的容器
14	C260*	二氧化碳粉末、泡沫灭火器
15	NMP*	水、二氧化碳、化学干粉
16	OK73*	干砂泡沫材料、二氧化碳、化学干粉灭火器
17	A515*	二氧化碳粉末、泡沫灭火器
18	IPA	喷水保持火场容器冷却,灭火剂有抗溶剂泡沫、干粉、二氧化碳、砂土

* 表示一些电子产品生产中应用的"专用化学品",如"BOE"是氢氟酸、氟化铵的混合液体化学品,混合比例按需要确定;又如"OK73"是丙二醇甲醚、丙二醇甲醚醋酸乙酯以 7:3 的比例混合的有机溶剂等。

11.3　化学品系统及设备

在电子工业洁净厂房中的化学品系统主要有酸碱化学品、溶剂化学品和研磨化学品系统,在医药工业洁净厂房中常用的化学品有酸碱类、溶剂类和作为原料的化学品等。电子工业洁净厂房中使用化学品较多的主要是集成电路晶圆制造工厂和平板显示器件制造工厂,在早期低世代产品的制造工厂因化学品使用量较少,大多数工厂均采用人工搬运方式将化学品直接运至生产设备倒入化学品槽罐中;而当今的晶圆或面板制造工厂因使用的化学品品种、数量增多,大多集中设置储存分配间由输送管路(含阀门箱等)给生产工艺设备供应所需的化学品,在各类生产工艺过程中用于产品生产的各类工序,如晶圆片或平板显示器件的刻蚀、光刻、掺杂、清洗等。化学品使用后通常还需进行回收再利用或送回制造厂或相关处理工厂进行回收处理再利用,既是"资源"的再利用,又可减少排放对环境的污染,所以洁净厂房中通常设有化学品供应系统和化学品回收系统。下面按化学品供应系统和化学品回收系统进行介绍。

11.3.1　化学品供应系统及设备

化学品供应系统通常由供应源、混合或稀释单元、供应单元、监控装置等构成。化学品供应源或称化学品补充单元通常是指化学品桶槽(罐)、化学品槽车,一般根据产品生产过程所需化学品的数量选择不同的供应源;对于化学品用量不大时常采用桶装(drum)供应,化学品用量较大时常采用固定式桶槽(罐)或槽车(lorry)的供应方式。

近年来在集成电路芯片制造工厂、TFT-LCD 液晶显示器件制造工厂中使用的化学品种类和数量都较多,虽然两者无论在种类还是数量上均有差异,但其化学品供应系统仍基本相似。图 1.11.5 是这类企业中化学品供应系统的基本方式。洁净厂房内的化学品供应系统通常由化学品供应柜(箱)、化学品输送管道系统和化学品监控系统组成,在化学品供应柜(箱)内通常设有日用储罐、阀门、管路等,化学品输送系统主要是管路及其分配阀门箱等。

目前随着我国微电子制造业的快速发展,在集成电路晶圆制造、平板显示器件制造的洁净厂房建设中,已有较多的各类化学品系统建造投入运行,满足了各企业产品生产工艺对各类化学品

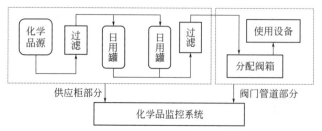

图 1.11.5　化学品供应系统的基本方式

品质和数量的要求。图 1.11.6 为某企业的一套 2.45％HF 系统流程图。该系统包括氢氟酸稀释混合系统，外购的符合电子产品生产工艺品质要求的 HF 经储罐、阀门箱与纯水送入稀释罐，按规定与纯水混合为 2.45％HF 的浓度后，送至 2.45％HF 供应单元内的供应罐（日用罐），再由日用罐交替供应，由化学品管道送至阀门箱（VMB）控制供给使用设备。

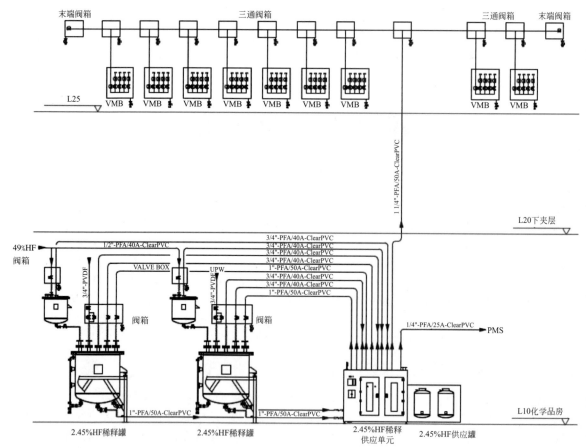

图 1.11.6　2.45％HF 系统流程图

①　根据产品生产过程所需化学品的使用量不同，化学品供应系统可分为大型和小型。图 1.11.7 是一种小型化学品供应系统，由设有小型储液桶（如 60L）的化学品供应柜、日用罐（supply tank）、阀门箱（VMB）或分配阀箱及其管路组成，通过管道送至化学品使用设备（point of use，POU）。该系统由设在化学品供应柜中的动力输送装置将储液桶罐中的化学品压送至使用点或日用罐中，当储罐中的化学品用完后更换放在供应柜中的小型化学品桶罐。在化学品供应柜上设有监测报警装置、排风系统、安全保护系统等。

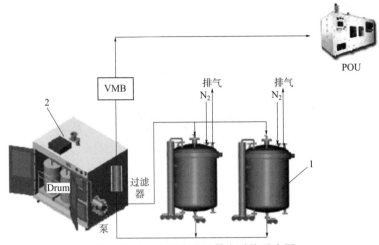

图 1.11.7　小型化学品供应系统示意图

1—日用罐（两只）；2—化学品供应柜

　　图 1.11.8 是一种用量较大的化学品供应系统，由化学品液体槽车（tank lorry）、快速接口箱（ACQC）、液体储罐（storage tank）、日用罐（supply tank）、化学品供应柜（CDM）、阀门箱（VMB）、管路系统、监测报警、设置、排风系统、安全保护系统等组成。一般由化学品生产厂家的液体槽车将所需化学品运送至工厂，以设在化学品储罐间内或在其房间外墙上的快速接口箱输送至液体储罐，然后再经化学品供应柜、过滤器、日用罐、阀门箱等输送至化学品使用设备（POU）。根据国家标准《电子工厂化学品系统工程技术规范》（GB 50781）的规定，化学品储存分配间应设有化学品储存桶槽或储罐，其容量应为该化学品七天的消耗量；化学品储存分配间应设日用桶槽，其容量应为该化学品 24.0h 的消耗量。这类化学品供应系统除了可用于化学品用量较大的企业外，还可减少化学品工艺柜内桶槽的更换次数或不进行更换，从而可提高操作运行的安全性，确保所供应化学品的品质稳定，还可减少化学品被污染的机会。

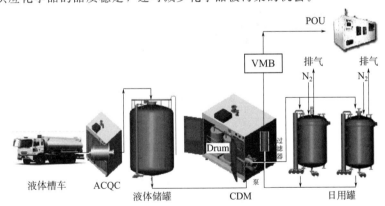

图 1.11.8　大用量化学品供应系统示意图

　　② 在集成电路芯片制造工厂、平板显示器件工厂中，有些生产设备所需的化学品具有不同浓度的要求，且由于在生产设备处进行现场化学品稀释保证浓度精确性较为困难，因此需在化学品储存分配间内设置相应的混合/稀释系统。如在产品生产过程中需用不同浓度的氢氟酸（HF），且常常要求以生产工艺所要求的浓度输送至使用设备处，所以在有的化学品储存分配间设有氢氟酸混合/稀释系统（mixing/dilution），在集成电路芯片工厂、平板显示器件工厂还常设有显影液、刻蚀液等的混合/稀释系统。图 1.11.9 是化学品混合/稀释系统示意图。在混合装置中分别加入化学

品液体和纯水，再经稀释混合化学品柜搅拌混合达到所需要的浓度（质量分数）并检测，其混合精度一般小于±0.05%（质量分数）；应根据化学品特性、浓度和精度要求选用相应的浓度计。化学品混合/稀释系统应按使用量和浓度、精度等分别选用连续式或批次式系统。

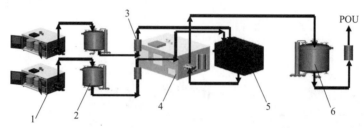

图 1.11.9　化学品混合/稀释系统示意图

1—化学品柜；2—储罐；3—过滤器；4—稀释混合化学品柜；5—混合装置；6—混合化学品储罐

③ 化学品供应系统的输送动力源主要是泵抽送或真空泵抽送或氮气压送，为满足化学品供应数量、品质的要求，做到品质和流量稳定，通常采用氮气压送或泵抽送。采用氮气压送时应采用两个压力罐交替工作，实现化学品的连续输送，并应在化学品储罐设爆破膜、安全阀等泄压装置；当采用泵抽送时，应采用两组泵并联设置，且为防止泵体内直接与化学品接触的部分因腐蚀发生化学品泄漏，宜采用氟材料制作。氮气压送时，只要采用纯氮就不会对化学品产生污染，确保了化学品的品质要求，但通常输送量不大，不适于化学品使用量大的系统。图 1.11.10 是氮气压送化学品的示意图。

图 1.11.10　氮气压送化学品的示意图

④ 化学品供应单元的设备、管路及其附件均设置在化学品柜内。化学品柜一般由不锈钢或聚氯乙烯（polyvinyl chloride，PVC）制作，柜顶安装有高效空气过滤器，并应与柜门有自动联动功能，还应设有排气连接口；一般应对排气处理达到排放标准，又因该柜排气量较小，通常按排气特性与相应的排气处理装置连接。化学品柜内常被分隔为两个以上的空间，一个空间装设化学品桶罐，另外的空间装设空气过滤器、泵、阀门等设备，管路及其附件；化学品桶罐一般采用两个配置，每个罐顶均设有氮气密封，以避免化学品与空气接触被污染，使用时两个桶罐应自动切换；化学品柜应设置紧急停止按钮和监控系统及显示运行状态的三色指示灯，当紧急按钮启动时应发出声光报警信号，若系统流量过大或不符合生产工艺要求时，应自动停机，并发出声光报警信号。化学品柜中的桶罐应设置液位探测器和高低液位报警装置，同时宜设置可目视的液位计。图1.11.11 是化学品柜的外形。化学品柜在洁净厂房中通常是设置在化学品储存分配间内，有的根据化学品使用状况或化学品种类较少也设置在使用设备的邻近处。图 1.11.12 是储存分配间的化学品柜设置实例。

图 1.11.11　化学品柜的外形

图 1.11.12　储存分配间的化学柜设置实例

⑤ 化学品储罐通常为圆形立式罐，是在电子工业洁净厂房中用于储存化学品的大容积容器，一般固定设置在化学品储存分配间内。储罐按罐内的化学品物化性能采用不同的材质制作，储罐材质选择时，所有与化学品直接接触的罐体材质均不得与所储存的化学品发生化学反应，并不得向化学品释放微量有害物质或污染介质。有实验表明，若化学品储罐/配管及其附件的材质采用不当，将会使储存/输送的化学品中的颗粒物金属离子等污染物明显出现或增加。为此，用于化学品储罐/管道及附件的材质均应符合有关规定/满足生产工艺要求。各类化学品的储罐材质选用见表 1.11.4。

表 1.11.4　各类化学品的储罐材质选用

化学品类别	酸碱化学品	腐蚀性溶剂化学品	非腐蚀性溶剂化学品
化学品储罐	内衬 PFA 或 PTFE 的 SUS304 储罐/内衬 PFA 或 PTFE 的碳钢储罐/内 PFA 或 PTFE 的 FRP 储罐	内衬 PFA 或 PTFE 的 SUS304 储罐/内衬 PFA 或 PTFE 的碳钢储罐	SUS316L EP
化学品桶槽	内衬 PFA 或 PTFE 的 PE 桶槽/内衬 PFA 或 PTFE 的 SUS304 桶槽	内衬 PFA 或 PTFE 的 SUS304 桶槽/内衬 PFA 或 PTFE 的碳钢桶槽	SUS316L EP

注：PFA（polyfluoroalkoxy），四氟乙烯-全氟烷基乙烯基醚共聚物；PTFE（poly tetra fluoroethylene），聚四氟乙烯；SUS316L EP（electro-polish pipe），电化学抛光低碳不锈钢管。

化学品储罐应根据其容积大小设置检修口，并宜设有检修用不锈钢爬梯；化学品储罐应采用氮气密封，并应设有安全阀、爆破膜等安全泄压装置。图 1.11.13 为化学品储罐的外形。

(a)　　　　　　　　　　(b)

图 1.11.13　化学品储罐的外形

化学品储罐应设置液位探测器，并应设有高高、高、低、低低液位报警，一般设置电子液位计和玻璃可视液位计；储罐均设有必要的管路出入口和排放口及其排放阀，并在罐体外部显著位置设有能表明化学品名称、编号等的明显标志。

化学品桶槽是用于化学品的小容积容器，一般放在化学品柜内。图 1.11.14、图 1.11.15 是 2.5L、20L 和 200L 的化学品桶罐。它们用于将生产过程需用的化学品送至工位或化学品柜，200L 的化学品桶罐上可依据使用要求设有各种管道接口；通常装设在化学品柜内，换桶时用条码扫描器确认后，按要求安装在化学品柜内。

(a) 2.5L塑料瓶　　　　　　　　(b) 20L塑料瓶

图 1.11.14　2.5L、20L 化学品桶

200L不锈钢桶　200L蓝HDPF桶　200L灰HDPE桶　200L化学桶

图 1.11.15　200L 化学品桶

快速接口箱（ACQC），用于在最短的时间内将液态化学品从运送槽车充灌至化学品储存罐内。为防止腐蚀，转送化学品的液体管道、附件均应采用氟材料制作；箱门装设锁定装置，防止误操作出现接触危险物质的可能性。图 1.11.16 是快速接口箱的外形。

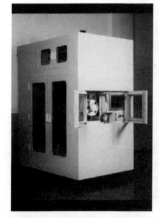

图 1.11.16　快速接口箱的外形

化学品供应系统中设置的阀门箱（VMB）是用于化学品供应管道可同时供应两台或两台以上生产设备的阀门操作箱，根据电子工业生产厂房中化学品供应管道布置的需要，还可在供应系统中设置分支阀箱，用于对两个或两个以上的阀门箱供应化学品。阀门箱的设置是为了确保稳定安全运行和作业人员、相关设施免受伤害，并满足各生产设备化学品使用点对品种、数量的要求，确保化学品液体在输送过程不泄漏。为此，阀门箱内支管的数量应根据产品生产工艺需要确定，并宜预留扩充的接头，在每一支管上均应设置切断阀（手动、自动）、排液阀；在阀门箱底部应设泄漏或维修用的排液阀；阀门箱应设有排气口，并连接至相应的排气处理装置；由于阀门箱门盖需经常打开进行操作维护，在门盖上宜设置易于开启的弹簧扣环，通常从安全和充入氮气的需要考虑阀门箱应能承受 0.01MPa 的压力。图 1.11.17 是一个阀门箱的外形，图 1.11.18 是阀门箱的管路示意图。

图 1.11.17　阀门箱的外形

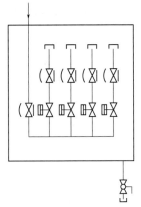

图 1.11.18　阀门箱的管路示意图

11.3.2　化学品回收系统及设备

在电子工业洁净厂房中，以芯片制造、平板显示器件制造为代表的生产过程需用多种化学品，尤其是芯片生产过程所需的化学品（包括特种气体）都要求非常高的纯度和特殊的反应机理，晶圆越大，洁净度要求越高，产品生产所消耗的各种品种化学品总计的成本就高，据有关资料介绍化学品的成本占晶圆总制造的成本达 40%；虽然不同的产品生产工艺具有各自的特点，但是都需设置不同的化学品回收系统，据了解，化学品回收系统有回收利用、收集委托处理和回收处理后排放等方式。化学品回收系统应根据排出废液的不同性质确定，不得将可能发生化学反应的两种或多种化学品合并为一个系统进行回收。在集成电路芯片工厂和液晶显示器面板工厂内的化学品回收系统均连续不间断地收集和处理从产品生产过程排放的化学品废液。

化学品废液回收系统按其物化性质分别收集和处理，如有机废液回收系统——从生产设备连续排出的异丙醇、剥离液、光刻胶经过管道排放到废液回收储罐，等待处理；酸碱回收处理系统——从生产设备排放的酸碱废液、氨水废液等经过管道排放至回收罐，一般经中和处理达到排放标准后排放；在平板显示器件的制造过程中使用的铝（Al）、铬（Cr）的刻蚀液属于重金属废液，一般也是经管道排放至回收储罐，等待处理等；化学品废液收集后应严格按化学品类别回收利用或委托专门企业处理或回收处理达到排放标准后排放等。据了解，在集成电路芯片工厂光刻胶、剥离液一般是委托有资质的厂家进行处理后再利用，在芯片工厂内设有回收储罐及其管路系统，从生产工艺设备排放的废液通过重力流至收集回收储罐，定期由泵抽送至液体槽车外送至处理工厂。

① 化学品回收储罐一般设在洁净厂房内的辅助生产区，并宜采用集中布局的方式，但溶剂化学品回收系统应与酸碱化学品回收系统分区域设置。化学品回收用桶罐的储存容量宜大于或等于 7 天的废液量，回收桶槽应设置备用桶槽，桶槽数量不得少于 2 支；并设有桶槽自动切换装置，按桶槽的液位计实现自动切换，回收桶槽的液位计应有高位指示、报警和联锁功能。

化学品回收系统的设备应设置在防护堤内，防护堤的容积应大于防护堤内最大回收储罐的单罐容积；防护堤内应设有泄漏废液收集沟，并应在收集沟内设置废液收集池；对于不同性质的化学品回收桶槽应布置在不同的防护堤，避免因泄漏排入的两种或两种以上的化学品发生化学反应，引发事故。

化学品回收系统的桶槽等设备的材质选用应与相应的化学品供应系统的要求相同。

② 洁净厂房中化学品回收系统管道的布置应满足产品生产操作、设备管道安装及维护检修的要求，一般化学品回收管道均采用架空敷设，通常按化学品回收系统的流向自上而下通过重力流至回收桶罐；若排放的生产设备与化学品回收系统之间无法实现重力流排放时，应按厂房内设备、管道的实际布置状况增设中间储罐，并从中间储罐采用泵抽送化学品废液至化学品回收系统的最

终回收储罐。

化学品回收系统管道的设置、管道及附件的材质选用等均与相应的化学品供应系统的要求相同。

11.4 管路及其附件

11.4.1 管路布置及管材

洁净厂房中化学品系统的管道布置应满足生产操作、安装及维修的要求，化学品系统的管路系统应采用架空敷设。化学品储存分配间一般设在洁净厂房一层靠外墙的辅助生产区内，使用化学品的生产工艺设备均在洁净生产区内，包含化学品阀门箱的化学品输送管路通常布置在洁净厂房的生产支持区或下技术夹层内。如图 1.11.19 所示是化学品输送系统及管路在洁净厂房内的敷设示意图。由于化学品管路敷设在洁净厂房下技术夹层、洁净生产区（FAB）相关层，并跨越各层的不同空间，为保持这些空间环境不被污染要求化学品输送管道不得发生泄漏，因此，输送酸碱类、研磨液、腐蚀性溶剂化学品的管道应为双层管；双层管系统的阀门和三通、异径管、转接头等焊接部位均应设置在箱体内；非腐蚀性溶剂类化学品宜采用不锈钢管材质，管道连接应采用氩弧自动焊接，非焊接连接点的部位应设置在箱体内。化学品系统管路的材质选用见表 1.11.5。

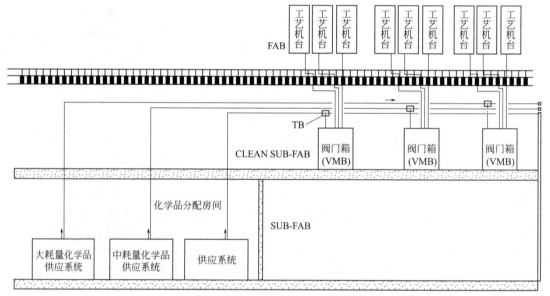

图 1.11.19　洁净厂房内化学品输送系统及管道敷设示意图

表 1.11.5　化学品输送系统管道的材质选用

化学品类别	酸碱化学品	腐蚀性溶剂化学品	非腐蚀溶剂化学品
管路	PFA＋透明 PVC 双套管	PFA＋SUS304	SUS316L EP 管
阀门	PPA(外壳)/PTFE(膜片)	SUS316 EP(外壳)/PTFE(膜片)	SUS316 EP(外壳)/PTFE(膜片)
过滤器	PFA(外壳)/PTFE 或 PE(滤芯)	SUS316(外壳)/PFTE 或 PE(滤芯)	SUS316(外壳)/PFTE 或 PE(滤芯)
接头	PFA/PTFE/PVDF	SUS316	SUS316

化学品供应管道系统的设计流向应从下往上，化学品输送系统与生产设备的使用点为同一高度，且在管路最高点存在死角时，应设置除气装置。化学品输送管道与设备、阀门连接时，应采

用与设备、阀门所配置的相同连接方式。由于研磨液化学品的黏度较大，输送过程的阻力较大，因此应尽量缩短研磨液供应设备至使用点的距离，并尽量减少弯头的数量。

11.4.2　双层管道

为防止化学品输送管道的三通、大小头、各种转换接头和焊接等连接点部位发生泄漏，引起设备、管路损坏或人身伤害，要求酸碱类、研磨液和腐蚀性溶剂化学品输送管路应采用双层管（双套管）。在国家标准《电子工厂化学品系统工程技术规范》（GB 50781）中还具体规定了：酸碱类化学品的供应管道应采用内管为四氟乙烯共聚物（perfluoro alkoxy，PFA）外管为透明聚氯乙烯（clear polyvinyl chloride，Clear-PVC）的双套管，隔膜阀应采用 PFA 材质；非腐蚀性溶剂化学品的供应管道应采用电抛光低碳不锈钢管（SUS316L EP）；腐蚀性溶剂化学品的主供应管路应采用内管为 PFA、外管为 SUS304 不锈钢管的双层管，隔膜阀应采用 SUS316L 材质。图 1.11.20 是敷设在下技术夹层的双层管。

化学品系统的双层管道安装时，通常均先安装外套管，外套管安装时应按表 1.11.6 的要求确定外套管支架间距、管端间距等；支架安装应牢固，并应在每 20m 直管段处及转弯处设置固定支架；外套管在支架上固定时，应选用厚度大于 2.0mm 的橡胶皮或衬垫缠绕固定处。

为确保 PFA 管在 Clear-PVC 外套管内顺利通过，并降低化学品液体输送过程的阻力，外套管的最小弯曲半径应符合表 1.11.7 的要求；外套管的连接应采用承插粘接法，并应采用速干型透明胶水，粘接面不应出现气泡，粘接压紧时间不得少于 30s。

图 1.11.20　下技术夹层敷设的双层管

外套管安装后应进行压力试验，试验压力应为 0.1MPa；试验可采用瓶装氮气，保压时间应大于 1.0h，以压力不下降为合格。

表 1.11.6　外套管支架间距

外套管规格 DN	40	50	65～80	100 及以上
支架间距/m	1.4	1.5	1.7	2
内外层间距/mm	150	150	200	200
管端间距/mm	＞20	＞20	＞20	＞20

表 1.11.7　外套管最小弯曲半径

管径/mm	15	20	25	40	50
弯曲最小半径/mm	200	250	300	350	450

外套管试压合格后方可进行 PFA 内管安装。化学品供应系统用 PFA 内管的直径一般为 1/4～1.0in，并通常采用长度为 100m 的卷材；PFA 内管穿设安装时应用一根整管贯穿，中间不得设有接头；两根 PFA 内管之间的接口应设置在三通箱、阀门箱或设备连接箱内。

PFA 管材在低温下会变脆，并易产生静电，为此当 PFA 管材拆除包装后宜在环境温度为 10～35℃的洁净间内进行安装准备或安装。为防止灰尘颗粒物进入管内，安装前应处于封堵状态；内管施工人员应佩戴洁净的手套，内管穿管前应采用未生锈且无污染的干净切管器将管口前端切出 150～200mm 的斜面，并应在管内塞入可有效防止灰尘进入管内的物体及拉管绳，之后应在管材外部缠上塑料胶带后进行拉管施工。

拉管时施工人员应互相联系，待拉管绳完全通过外套管后再进行拉管。拉管绳应不产尘且结实牢固、受力变形小，宜在外套管的另一端用吸尘器的负压将拉管绳引出。送管员应在确认 PFA

管道无折损后再进行送管，拉管员应配合实施拉管作业，并应以送管为主动力，送管员在送管的同时，应采用纯水湿润的洁净布擦拭管道；如发现外套管连接处影响送管前进时，可以轻拍外套管或从前部尚未粘接的接头处将外套管拉出后继续进行，当内管穿出外套管 600mm 后停止穿管；当内管穿出后，应在外套管管口处保留 200mm，将多余部分割去，进行管道与相关阀门箱等设备接口的连接。PFA 内管的连接宜采用专用加热器加热扩管方式或 PTFE 管接头植入的方式。

11.4.3　化学品系统及管路检测

化学品系统安装施工后应按规定或甲乙方的合同要求进行系统及其管路的检测，其检测内容应根据具体工程项目的产品生产工艺要求或双方合同的规定确定。化学品系统工程的检测内容或项目通常包括强度试验、严密性试验、泄漏性试验、洁净度测试、电气性能测试以及合同要求的测试。化学品管路的强度试验、严密性试验和泄漏性试验要求见表 1.11.8。

表 1.11.8　化学品管路的强度试验、严密性试验和泄漏性试验要求

测试内容	强度试验		严密性试验		泄漏性试验	
	介质	试验压力	介质	试验压力	介质	试验压力
酸/碱	N_2	1.5p	N_2	1.5p	—	—
易燃易爆溶剂	N_2	1.5p	N_2	1.5p	N_2	1.0p
研磨液	N_2	1.5p	N_2	1.5p	—	—
外管	—	—	N_2	0.10MPa	—	—

注：1. 表中 p 为设计压力；
2. 氮气做强度试验时，应制定并具备可靠的安全防护措施；
3. 强度试验保压时间为 0.5h，以无压降、无泄漏为合格；
4. 严密性试验保压 24h，以压力变化在 2% 以内、无泄漏为合格；
5. 易燃易爆溶剂的泄漏性试验保压时间为 24h，泄漏率以平均每小时小于 0.5% 为合格；
6. 用肥皂水对管道、法兰、焊缝、阀门的连接处进行泄漏检查，以不发生气泡泄漏为合格。

试验合格后应采用纯水对化学品系统冲洗，冲洗应沿化学品流动的方向进行，从阀门箱出口排放到临时化学品储存桶；纯水冲洗后，还应采用氮气对系统进行吹扫。冲洗、吹扫应符合具体项目的产品生产工艺设备的要求。

化学品管道洁净度测试应在对管道系统进行冲洗、吹扫后进行。洁净度测试是通过取样阀取样，测试单位容积内的颗粒数，其测试的颗粒浓度应符合产品生产工艺的要求；如没有特殊要求时，以粒径 0.1μm 的颗粒物浓度小于 5pc/mL 为合格。

化学品系统电气设施的绝缘性能应符合现行国家标准《建筑电气工程施工质量验收规范》（GB 50303）的有关规定。易燃易爆溶剂化学品输送管道的防静电接地电阻检测值不得大于 100Ω。

11.5　安全技术措施

11.5.1　基本要求

① 电子工业洁净厂房中的化学品系统应设置监控和安全系统，其主要功能是对化学品系统的运行状态、化学品使用参数数据、化学品的泄漏报警以及相关设备、安全装置的联锁控制，并与厂房或企业的消防安全、生命保障系统连接，并作实时显示等，以保证化学品系统安全、可靠地运行，并为企业的厂房、设备和人员的安全、健康提供保障条件。

② 电子工业生产企业所使用的化学品大多具有腐蚀性、毒性、可燃性、氧化性，一旦在储存、分配、输送过程中发生泄漏，均可能对相关设施、人员造成破坏、损伤或引发火灾等安全事故，

所以在这类企业的化学品系统有关设施、设备和场所环境内应设有化学品泄漏探测器,确保在化学品系统运行过程中,因各种不同的因素引起的"化学品泄漏"均能及时发现,并将可能引发的不安全事故"因素"消除在"初始阶段"。

③ 电子工厂的化学品系统设置的泄漏探测器的报警信号,应与监控安全系统进行可靠的联锁,确保化学品系统的泄漏能及时准确地发现,并及时启动相应的处理设施,防止某一种化学品泄漏扩大,消除和避免因某一种化学品泄漏可能带来的设施、人员的破坏、伤害等状况,从而实现化学品系统正常可靠地运行及化学品稳定地供应。

④ 对于使用化学品的企业,应根据所使用化学品的种类、数量以及其物化性质,在工厂的安全监管部门或使用化学品的生产厂房设置专门的化学品安全监管房间以及值班人员,并按规定配置有关设备,包括人员防护、通信信息等,实现全天候化学品的安全监管。

据了解,目前在集成电路芯片制造工厂、平板显示器件制造工厂中,大多在核心生产的洁净厂房内独立设有化学品系统的监控系统,并与工厂设备管理控制系统和消防报警控制系统通过数据总线相连。化学品监控系统应设可编逻辑控制器及两台或两台以上计算机作为数据监控与采集系统的操作接口,并应配备打印机。数据监控系统计算机应设置在化学品控制室内,并应配置数据存储设备。

11.5.2　监控及安全系统

① 目前,我国的电子工厂尤其是芯片制造工厂、平板显示器件制造工厂等的生产过程均需要应用多种化学品,这类工厂多数设有化学品监控系统且化学品监控系统在有条件的工厂均应独立设置,并与工厂设备管理控制系统和消防报警系统通过数据总线相连。为便于集中管理,通常化学品监控安全系统设置在主厂房独立房间或全厂动力控制中心,并在消防控制室和应急处理中心设有化学品报警显示单元。这种方式有利于工厂了解化学品系统的应急工况,在危急情况下能够统一协调,即时处理避免引发事故的发生。化学品监控系统设置的设备应具备的功能有:

a. 化学品系统运行状态图,应包含压力、液位高度、阀门开关及泵的状态;

b. 化学品泄漏检测及其相关设备位置图;

c. 化学品的小时日、周、月使用量瞬时、累计的记录;

d. 各类化学品的 pH 值、相对密度、浓度等的数据记录;

e. 酸、碱及有机溶剂化学品排气状况监视;

f. 化学品供应系统出口阀与 VMB 各支管出口阀,每日开关次数与时间;

g. 记录运行状态改变的系统警报,事件的时间、日期、位置;

h. 信息输出打印。

根据现有电子工业洁净厂房的运行管理经验,化学品监控系统一般均配置了化学品系统的连续检测、显示、报警、分析功能,并能记录、存储和打印。

② 洁净厂房内化学品的储存、输送、使用过程均有可能发生泄漏、渗出,为此在储存、输送、使用化学品的有关区域或场所均应按规定设置化学品泄漏探测器。在储存、输送、使用化学品的下列区域或场所应设置化学品液体或气体泄漏探测器,并应在发生泄漏时发出声光报警:

化学品使用的供应设备箱/柜、桶槽和阀门箱,化学品的双层管线,化学品储罐的防火堤、隔堤等是化学品容易发生泄漏及易积聚处,因此,在这些位置应设置化学品泄漏探测器,并在发生泄漏时发出声光报警;溶剂化学品使用的供应设备、应急排风口及其房间,溶剂化学品桶槽、阀门箱、溶剂化学品双层管线内,是化学品容易发生泄漏、易积聚处,因此,在这些位置应设置有机化学品可燃蒸气探测器,并在发生泄漏时发出声光报警。

根据有关标准规范的规定,对化学品监控系统的报警设定值有如下要求。

a. 易燃易爆溶剂气体一级报警设定值应小于等于可燃性化学品爆炸浓度下限值的 25%,二级报警设定值应小于等于可燃性化学品爆炸浓度下限值的 50%;

b. 酸碱化学品一级报警设定值应小于等于空气中有害物质最高允许浓度值的 50%,二级报警设定值应小于等于空气中有害物质最高允许浓度值的100%。

③ 为确保对生产工艺设备的化学品供应，化学品系统应设有化学品连续不间断供应的监控系统。各类化学品连续不间断供应系统应具有现场控制盘，应将控制模块连接至设备流程，至少包含系统状态、设备的紧急停止运转、化学品供应系统报警（包含桶槽已空）等信息；现场控制盘上的监控显示屏应能监视化学品桶槽、储罐的液位高度。

鉴于目前电子工业洁净厂房工程的实际情况，在使用化学品系统的生产厂房大多设置有安全监控系统，包括：闭路电视监控摄像机和门禁系统；在洁净室入口处设置安全管理显示屏，其显示内容可为阻止人员接近危险区域以及切断相关阀门等提供依据；若一旦发生危险化学品泄漏的事故，将对电子产品生产和人员带来重大伤害，所以在化学品使用场所内及相关建筑主入口、内通道等处应设置灯光闪烁报警装置，其灯光颜色应与其他灯光报警装置的灯光颜色相区别。

④ 在电子工厂洁净厂房内设置的化学品泄漏报警的联动控制系统在确认化学品泄漏后，为确保生产车间和化学品系统的安全、作业人员安全撤离，应采取各项联动控制，启动显示、记录功能；一旦化学品泄漏，切断阀、排风装置应与化学品探测器联动，自动启动相应的事故排风装置、关闭切断阀，切断化学品来源。

为了保护人员的生命安全，当化学品泄漏检测系统确认化学品泄漏后，应启动泄漏现场的声光报警装置，警示作业人员采取应急措施和迅速离开事故现场。

为了保障生命安全，在化学品泄漏探测系统确认化学品泄漏后，安防系统应关闭有关部位的电动防火门、防火卷帘门、自动释放门禁门，可联动闭路电视监控系统，启动相应区域的摄像机，并自动录像。

为了保护人员的生命安全，并考虑工厂生产不会因为地震仪的误动作造成不必要的恐慌而影响生产，规定只有当其中任意两组同时检测到里氏5级以上的地震并报警时，才应启动现场的声光报警装置，并将警报讯号传送至工厂设备管理控制系统，立即执行联锁控制功能。国外的电子工厂地震探测装置运用较普遍，一般设置三组地震探测装置，其设置位置根据地震仪的特性及现场环境因素确定。

图1.11.21是某电子工厂一个化学品供应系统的泄漏探测器设置位置示意图，可供参考。

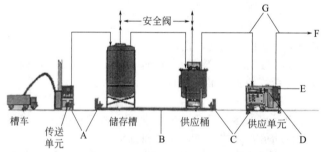

图1.11.21　一个化学品系统的泄漏探测器设置位置示意图
A—泄漏探测器；B—储罐防火堤或隔堤；C—漏液探测器；D—紧急切断开关（EMO）；
E—流量传感器与过量开关；F—使用化学品生产设备（配置泄漏探测器）；G—双层管供液管

参考文献

[1] ［美］James D. Plummer，［美］Michael D. Deal，［美］Peter B. Griffin. 硅超大规模集成电路工艺技术——理论、实践与模型. 严利人，王玉东，熊小义，等译. 北京：电子工业出版社，2005.
[2] ［日］铃木道夫，等. 大规模集成电路工厂洁净技术. 陈衡，等译. 北京：电子工业出版社，1990.
[3] 吴秀娟. 电子工厂化学品供应回收系统设计概述. 大众科技，2013（4）：67-70.
[4] ［美］Peter Van Zant. 芯片制造——半导体工艺制程实用教程. 6版. 韩郑生译. 北京：电子工业出版社，2015.
[5] 朱海英. 集成电路的化学品供应系统探讨. 洁净与空调技术，2008（4）：47-50.

第12章 洁净厂房的静电防护

12.1 静电的产生与危害

12.1.1 静电的产生、消散

（1）静电的产生 静电现象是物质所带的电荷处于静止或缓慢移动的相对稳定状态，动电现象与此相反。所以在静电状态下，因电荷静止不动或运动十分缓慢，静电引起的磁场效应比起电场效应的作用可以忽略。静电可由多种原因产生，如物体之间的摩擦、电场感应、带电微粒附着等物理过程均会产生静电。静电与工业用电相比，其主要差异是：一般工业用电是由电磁感应原理产生的，而静电主要由两个物体接触、摩擦或分离起电；静电在空间积蓄的能量密度一般不超过 $45J/m^2$，而工业用电的电磁感应设备空间积蓄的能量密度很容易就达到 $10^6 J/m^3$，两者相差达 10^5 倍；静电电位常常可达几千伏甚至几万伏，而工业用电常用电压为 220V/380V；静电流很小，通常仅为毫微安（$10^{-9}A$），而工业用电常常在几安培、数十安培或更大的电流；工业用电的电路符合欧姆定律，而静电的泄漏和释放途径除物体内部与表面外，还有空间，并随物体及其周围的状态而变化，所以常常不适合用欧姆定律来计测静电泄漏电流和泄漏电阻。

静电的产生或起电方式主要有接触摩擦分离起电，在各行各业的作业中和日常生活中，到处存在着两种不同的物体相互接触摩擦分离，均可能产生数量相同、极性相反的电荷。任何物体接触、摩擦、分离起电均可视为三个过程，即两种物体接触后就可能产生电荷转移，在接触的界面形成所谓的"双电层"，它们的厚薄大小与材料的电阻率大小有关。摩擦起电，由于摩擦、机械力等的作用，将会使部分电子或离子从"双电层"中分离出来，电荷平衡受到破坏，摩擦的两个物体将各自带上极性相反的电荷。分离——电荷积累呈带电状态，两个物体分离时，极性相反的电荷就会相互吸引、再结合、进行中和，另外产生的电荷会从物体表面或空间泄漏、消散。由于物质的不同特性，一些物质的这种中和、泄漏是很快的，而有些物质却很慢，会造成电荷过剩，当产生的电荷比泄漏、中和的电荷多时，就引起电荷的积累形成带电。任意两种固体接触并将其分离摩擦，都会产生大小相等、极性相反的电荷，且其电量、极性均由固体材料种类、性质和环境条件决定，许多科学家在不同年代对此作过研究、实验，一些科研单位或标准化组织都发表了相关实验结果或在标准资料中列出了静电序列。表 1.12.1 就是一些材料摩擦起电序列的示例。此表中材料所带电荷的极性是在常温常压和大体相同的测试条件下摩擦获得的测试结果，仅反映了各种材料的静电序列趋势，从前至后是从（＋）到（－），两种物质在表中的位置相距越远，摩擦后产生的电位差越大。另外，不同社会团体或科研单位、科学家发布的"摩擦起电序列"材料种类、名称和顺序等会存在差异，所以此表仅供参考。

表 1.12.1　摩擦起电序列示例

正（＋）	人手 兔毛 玻璃 云母 人发 尼龙 羊毛 毛皮 铅 丝绸 铝	正（＋）	纸 棉布 钢 木板 琥珀 封蜡 硬橡胶 镍，铜 黄铜，银 金，铂 硫黄	正（＋） 负（－）	醋酸人造纤维 聚酯 明胶 奥纶 聚氨酯 聚乙烯 聚丙烯 聚氯乙烯 聚三氟氯化乙烯聚合体 硅 聚四氟乙烯

　　一般物体带有正、负两种电荷，且呈电中性状态。但是，两种不同的物体接触时，在其边界处产生电荷的移动，如果使两个物体分离，则在每个物件上带有等量的正、负过剩电荷，也就产生了静电。如图 1.12.1 所示，两种物体接触、分离而产生静电。例如，物体的摩擦、剥离、破坏、冲撞，流体的流动、喷出等。

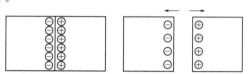

(a) 物体接触时电荷的移动　(b) 伴随着物体分离的电荷分离

图 1.12.1　物理接触、分离产生静电

　　自然界中的静电现象主要有：①固体带电，塑料、板胶、胶片、纸张、纤维织物、化纤等在生产、使用过程中的脱模、烤压、收卷、传送、切割等作业均会产生带电现象。②液体带电，各种油品、试剂等在装卸或运输过程中的带电现象。③气体带电，各种压力气体在排出口、泄漏喷出口均会产生带电现象，水蒸气、蒸汽雾和管道内流动的气体也会产生带电现象。④粉体带电，塑料粉、药粉、火药粉、粮食粉、巧克力粉、奶粉等的粉碎、筛分，气流输送、装卸等作业均会产生带电现象。⑤人体带电，人体生理变化或运动，身体各器官组织也会表现出带电性，如人体细胞膜的静止电位约为 100mV。⑥生物带电，自然界中许多生物都是带电的，如蜜蜂脚毛采集花粉时，能将花粉吸附紧密粘在脚毛上，就是因为脚毛带有 6～7V 的静电。洁净室及相关受控环境中典型的静电荷来源见表 1.12.2。

表 1.12.2　典型的静电电荷来源

物体或工艺	材料或活动
工作表面	打蜡表面、漆面、清漆面 某些塑料
地面	水泥 打蜡、涂表面饰层的木制品 100％乙烯地砖或地板革
服装	化纤、天然纤维、混纺 非导电性的鞋
椅子和家具	有饰层的木制品 塑料包覆的物品 玻璃纤维
包装和装运材料	塑料袋、缠材和封包 气泡包装材料、泡沫塑料 塑料盘、塑料包装箱 玻璃瓶和零件箱 胶带（封口，加固缠绕）

物体或工艺	材料或活动
装配、清洁、试验 和维修区	喷雾清洁装置 塑料焊料析出物 焊头未接地的烙铁 刷子(合成硬毛) 利用液体或蒸发清洁和干燥 烘箱 低温喷雾 加热枪和电热风 静电复印机

固体物质起电：是指两个固体物质接触，当间距小于 25×10^{-8} cm 时，两个物质的接触面上即出现偶电层。电子从能井深度较浅的一侧流向较深的一侧，于是，获得电子的物质带负电，失去电子的物质带正电。所以，两个固体物质接触、分离即产生静电。洁净厂房与其他一般生产场所一样，固体接触起电主要有：导体接触起电，如机电设备运转的主轴和套轴间摩擦；绝缘体与导体接触起电，如装配线上导板与滚轮、传送带上皮带与滚轮间的摩擦；绝缘体与绝缘体接触起电，如人员走动时，鞋与地面的摩擦。

液体流动起电：液体在管道内流动，构成液相与固相接触与分离，在液-固界面处形成双电荷层，见图1.12.2。双电荷层分布是不均匀的，紧贴固体的表面是负极性电荷层，在液体一边是呈扩散状态的正极性电荷层。当液体流动时，靠固体内层被束缚的负电荷，一般不容易运动；呈扩散状态的正电荷，随液体一起流动形成电流。如管道接地，则接地途径上就有相应的电流流过；如管道由绝缘材料制成，或者对地绝缘，则管道上会聚积静电。

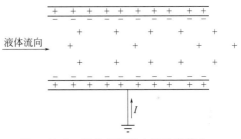

图 1.12.2　液体在管道内流动带静电

气体带电：气体中一般都含有一定的尘粒、水汽等杂质。气体流动时，由于这些杂质碰撞和分离，即产生静电。在洁净室及相关受控环境内空气中的悬浮粒子会在一定温度、相对湿度下因静电力(库伦力)沉积在物体表面上，有资料表明，洁净室在一定湿度下运行24h后的建筑结构件带电状况如表1.12.3所示。

表 1.12.3　洁净室内的建筑构件带电电位

构件	自然状态	滑动片引起的摩擦	有无接地	材料和表面处理
天花板框架(a)	+2V	+62V	有	铝基板，下记的被覆膜和喷涂
天花板框架(b)	+1V	+1V	有	阳极氧化膜(氧化铝)9.0μm
天花板框架(c)	+3V	+71V	无	丙烯树脂电喷涂7.0μm
天花板	+2V	+2V	有	钢基板，聚乙烯被覆膜
间壁(a)	+2V	+3V	有	钢基板，聚乙烯被覆膜
间壁(b)	0V	0V	有	铝基板，氧化铝被覆膜
简易间壁	−120V	+3.4kV	—	聚碳酸酯，无抗静电处理

人体带电，人是一种特殊的导体，且具有不确定的"活动性"。在洁净室及相关受控环境中，各类人员与各种物体之间发生接触、分离和自身的活动，均会导致静电的产生，并蕴藏着许多的

不确定因素，例如接触面积、表面状况、着装状况和行为动作等。人体的带电或产生静电的方式多种多样，例如摩擦起电主要有：人在作业过程的行为动作、肢体活动，图1.12.3描述了人体活动的起电状况；作业人员在操作中将会使所穿的洁净工作服、帽子手套等相互之间或与设备、工器具之间摩擦而产生静电，并且通过传导和/或感应，会使人体各部位呈带电状态；人体带电状况与所穿服装的质料等有关，图1.12.4表示了人体服装质料、相对湿度与人体电位的关系；人体的静电位与所穿鞋、袜的关系见表1.12.4。

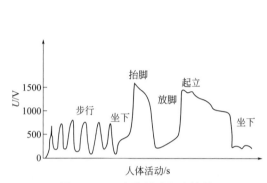

图1.12.3　人体活动起电结果

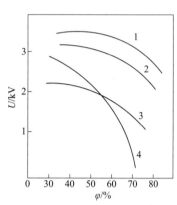

图1.12.4　服装质料、相对湿度与人体电位的关系
1—尼龙；2—的确良（旧的，洗净）；3—新的的确良；4—棉布

表1.12.4　鞋、袜和人体带电的关系　　　　　　　　　　单位：kV

鞋	赤脚	厚尼龙(100%)袜	薄毛(100%)袜	导电袜
橡胶底运动鞋	20.0	19.0	21.0	20.0
皮鞋(新的)	5.0	8.5	7.0	6.0
防静电鞋($10^7\Omega$)	4.0	5.5	5.0	4.0
防静电鞋($10^6\Omega$)	2.0	4.0	3.0	3.5

　　（2）静电的消散　　静电的起电与消散是同时发生与进行的。静电的积累及其到达稳定的数值和时间，通常与接触材料的性质、摩擦情况、环境条件及防护措施等有密切关系。接触材料的绝缘电阻值越高，电荷消散越慢，静电越易积累，消散的时间也越长；电阻值越低，电荷消散越快，静电越不易积累，消散的时间越短。

　　静电消散的途径主要是：

　　① 向周围空气中消散。静电通过空气中的电子或离子进行消散。由于空气中的电子或离子量少，消散速度缓慢，一般不易察觉。

　　② 向大地消散。消散的速度主要取决于消散时间常数 τ，见式（1.12.1）。

$$\tau = \varepsilon\rho = RC \tag{1.12.1}$$

式中　ε——绝缘体的介电常数，F/m；

　　　ρ——绝缘体的电阻率，$\Omega \cdot m$；

　　　R——泄漏电阻值，Ω；

　　　C——带电体对地电容，F。

　　气体、液体、固体的介电常数和电阻率，见表1.12.5和表1.12.6。

表 1.12.5 气体、液体介质的相对介电常数和电阻率

名称	相对介电常数	电阻率/Ω·m	名称	相对介电常数	电阻率/Ω·m
空气	1.00059	10^{16}	异丙醇	25	2.8×10^5
二氧化碳	1.00098		乙烷	1.9	1×10^{18}
氢	1.00026		庚烷	2.0	4.9×10^{11}
苯	2.3	4.2×10^{12}	水	80.4	2×10^5
甲苯	2.4	1.1×10^{12}	变压器油	2.1~2.2	$10^{10} \sim 10^{14}$
甲醇	33.7	$3.3 \sim 10^6$	汽油	1.9~2.0	$10^{10} \sim 10^{14}$
乙醇	25.7	7×10^7	硅油	2.5~2.6	$10^{10} \sim 10^{15}$

表 1.12.6 固体介质的相对介电常数和电阻率

名称	相对介电常数	电阻率/Ω·m	名称	相对介电常数	电阻率/Ω·m
酚醛塑料	3~6	$10^8 \sim 10^{12}$	丁苯橡胶	2.9	10^{13}
聚苯乙烯	2.4~2.7	$10^{14} \sim 10^{15}$	氯丁橡胶	7.5~9.0	$10^8 \sim 10^9$
聚酰胺	2.5~3.6	$>10^{12}$	氯化聚乙烯	7~10	$10^{10} \sim 10^{11}$
聚甲基丙烯酸甲酯	3.0~3.7	5×10^{14}	硅橡胶	3.0~3.5	$10^9 \sim 10^{11}$
聚甲醛	3.7~3.8	$>10^{12}$	酚醛层压布板		$10^8 \sim 10^9$
聚氯乙烯	5~6	$10^{11} \sim 10^{13}$	酚醛层压纸板		$10^{10} \sim 10^{11}$
聚乙烯	2.3	$>10^{14}$	白云母	5.4~8.7	$10^{12} \sim 10^{14}$
聚丙烯	2.2	$>10^{14}$	石蜡	2~2.5	$10^9 \sim 10^{13}$
聚四氟乙烯	2	$>10^{15}$	瓷	5.5~6.5	$10^{11} \sim 10^{12}$
天然橡胶	2.3~3.0	$10^{13} \sim 10^{14}$			

③ 环境的相对湿度不仅与静电产生和积累有关，也与静电消散相关，相对湿度大静电消散快，静电电位低；反之电位高。不同的物质，受湿度的影响也不同，吸湿性大的物质受相对湿度影响大，吸湿性小者影响小。静电电位与相对湿度的实测值见表 1.12.7。

表 1.12.7 静电电位与相对湿度

控测	静电电压/V	
	相对湿度 10%~20%	相对湿度 65%~90%
人在地毯上行走	35000	1500
人在聚乙烯板上走动	12000	250
人在工作台操作	6000	100
翻阅聚乙烯封套的工作文件	7000	600
从工作台上拿起聚酯塑料袋	20000	1200
使用带泡沫聚氧酯坐垫的椅子	18000	1500
塑料薄膜放卷(例如在包装区的操作)	40000	2800

12.1.2 静电效应与危害

（1）静电效应 物体产生静电会在下列状况易引起静电积累，例如洁净生产环境采用高分子聚合材料进行建筑装修，当作业人员走动时鞋底与地板、工作服与内衣、人体及工作服与聚合材料制作的椅子之间接触和分离，以及穿、脱衣服等均易产生并积累静电。其中，尤其以鞋底与地板、工作服与椅子摩擦产生的静电最为严重。在不同环境条件下人体带静电电位，与鞋的电阻值、人体静电电容的关系，见表1.12.8。

表1.12.8 人体带电与鞋的电阻、人体电容的关系

环境温湿度	鞋电阻值/Ω	人体静电电容/pF	人体带静电电位/V	
			在绝缘板上	在接地板上
19℃　25%	8.1×10^8	147	719	500
18℃　21%	7.8×10^8	159	1340	500
22℃　27%	1.2×10^9	235	1274	500

注：人体带电电位是指被测对象在椅子上轻轻摩擦后背、起立步行几步后测量的平均值。

固体物质的大面积摩擦，如传送橡胶带与皮带轮或滚轮的摩擦、电视机装配线的传送导板与滚轮之间的摩擦、复印机的纸与辊的摩擦、设备移动的摩擦等，均产生并积累静电；物体邻近带电体时，易感应带电；强电场下绝缘体的极化作用，会使其表面或内部出现带电现象。

低电导率液体在管道中流速超过1m/s，或喷出管口、注入容器发生冲击、冲刷、飞溅时，易产生静电。气体在管道中高速流动或由管口高速喷出时，易产生静电。破碎、研磨固体物质时，易产生并积累静电。

物体产生静电后，在其周围形成静电场。位于静电场中的任何其他带电体都会受到电场力的排斥或吸引作用。当两种物体所带电荷的极性不同时，两电荷之间产生吸引；电荷极性相同时，两电荷之间产生排斥。在一般情况下，物体产生静电，其静电力可达几牛顿每平方米。这个静电力虽然仅为磁铁作用力的万分之一，但对毛发、纸片、尘埃、纤维的吸附作用非常明显，这就是所谓的静电荷产生的力学效应。

1）放电效应，当某些电介质、导体上带静电荷后，尽管所带电荷量不大，但由于自身对地分布电容非常小，使得静电电位较高。当垂直于带电物体表面的静电场梯度较大时，可发生静电放电现象。在放电的同时，由于放电通道有电子电流流动，会产生焦耳热和声响，且产生宽带电磁辐射。静电放电可以出现在两个静电电位不同的物体之间，也可发生在物体表面静电荷直接向空气放电。这种静电放电现象或静电放电效应随着空间条件、介质情况不同，有着很大差别。静电放电形式常见的有电晕放电、刷形放电、火花放电、表面放电等。

① 电晕放电。多发生在电极相距较远，带电体或接地体表面上有突出针尖或刀刃状部位。电晕放电时，在尖端附近伴有微弱发光和微弱的嘶嘶声。电晕放电既可能是连续放电，也可能是脉冲放电。放电形态见图1.12.5。负电晕放电的起晕电位低，放电能量小。

② 刷形放电。这种放电是发生在导体与非导体之间，从非导体上多点发出短小火花的放电行为，放电呈刷子状；在带电量大的非导体与表面平滑接地金属间的气相空间，容易产生刷形放电。放电时，放电通路呈树枝状发光，见图1.12.6。刷形放电成为引火源和静电电击的概率比电晕放电高，但单位空间释放的能量很小，一般不超过4mJ。

③ 火花放电。是发生在导体之间的放电行为，导体之间的电场强度超过一定值后就会产生火花放电。火花放电产生明亮的放电通路，且放电通路有明显的集中点；放电时伴有强烈的发光和爆裂声，见图1.12.7。火花放电的能量大，极易产生电击或成为引火源。

④ 表面放电。是带电量特别大的非导体背面邻近处有接地时，沿着非导体表面产生树枝状发光的放电现象，见图1.12.8。放电能量与火花放电相同，会成为引火源。

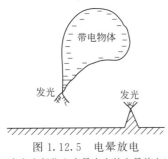

图 1.12.5　电晕放电
（在突出部位上容易产生的电晕放电）

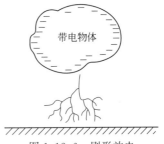

图 1.12.6　刷形放电
（由电晕放电进展为刷形放电）

图 1.12.7　火花放电
（在形状平滑、放电距离小时容易产生的火花放电）

图 1.12.8　表面放电
（在带电薄膜表面上产生的表面放电）

2）静电感应效应：当带电体附近存在被绝缘的导体时，在该导体表面会出现感应电荷的现象。静电感应带电和一般的静电带电从效果上看是相同的，也会发生如上所述的力学效应和放电效应及其相应的影响。

（2）静电的危害

1）吸尘，空气中的悬浮粒子在物体表面的沉积或吸附主要是因为静电力，两个物体之间的接触、摩擦、分离作用产生的静电对粒径 $2\mu m$ 以下的空气悬浮粒子的吸附或沉积影响超过布朗扩散，更易被吸附/沉积到物体表面。在洁净室及相关受控环境的各类产品生产过程中，由于静电力的作用，尘粒更易被吸附/沉积到产品/中间产品或工具/器具、设备表面，影响产品质量，造成故障。

2）静电放电（electro static discharge，ESD）是指静电电位不同的物体，因接近或接触导致的静电荷转移。例如，电晕放电的能量，一般在 $3\sim12\mu J$ 之间，并往往伴随着电晕噪声。电晕噪声频带很宽，对收音机、通信机、微电子设备都会造成干扰。电晕噪声对 MOS 电路和双极性集成电路的影响情况见表 1.12.9。

表 1.12.9　电晕噪声对电路的影响程度

电路名称	影响程序	
	轻度	重度
MOS	1. 漏电流增加 2. 阀值电压降低 3. 输入电容限降低	1. 电路性能不佳 2. 输入端开路
双极性	1. 漏电流增加 2. 耐压降低 3. 电流放大率减少 4. 杂音指数增加	电路性能不佳

3）引起火灾或爆炸，表面放电、刷形放电、火花放电能量较大，其中尤以火花放电能量最大，可能成为易燃、易爆气体、液体或粉尘及其混合物的引火源，或导致爆炸。静电放电引起燃烧、爆炸的基本条件主要是：

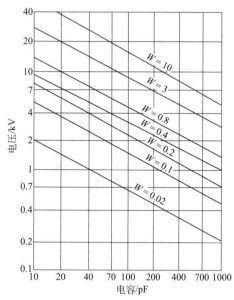

图 1.12.9　静电能量曲线

① 静电电场强度超过绝缘体的击穿场强时，产生火花放电，其能量超过混合物的最小引燃能量；

② 存在易燃易爆混合物，其浓度在燃烧爆炸极限范围内。

当两个条件同时具备时，即引起燃烧、爆炸。

静电放电能量、火花放电能量，可按式（1.12.2）计算或者按该式绘制的静电能量曲线（图 1.12.9）查得。

$$W = \frac{1}{2}CU^2 = \frac{1}{2}QU = \frac{Q^2}{2C} \qquad (1.12.2)$$

式中　W——火花放电能量，J；

　　　Q——静电电量，C；

　　　C——静电电容，pF；

　　　U——静电电压，V。

带电体为导体时，静电放电的危险电压和危险电量按式（1.12.3）、式（1.12.4）计算。

$$U = \sqrt{\frac{2W_{min}}{C}} \qquad (1.12.3)$$

$$Q = \sqrt{2CW_{min}} \qquad (1.12.4)$$

式中　C——带电导体的电容，pF；

　　　W_{min}——混合物的最小引燃能量，J；

　　　U——静电电压，V；

　　　Q——静电电量，C。

带电体为绝缘体时，由于其电荷不能一次放电全部消失，其静电场所储存的能量也不能一次集中释放。要准确确定绝缘体的危险电压较为困难。当最小引燃能量为数百微焦，静电电压大于 5kV 而电荷密度大于 10^{-6}C/m² 时，较为危险。表 1.12.10 为部分可燃气体、液体的最小引燃能量和爆炸极限。

表 1.12.10　部分可燃气体、液体的最小引燃能量和爆炸极限

名称	最小引燃能量/mJ	爆炸极限（体积分数）/%		名称	最小引燃能量/mJ	爆炸极限（体积分数）/%	
		下限	上限			下限	上限
丁酮-2	0.29	1.8	11.5	甲醛		7.0	73
甲烷	0.28	5.0	15.0	异丙醇		2.0	12
正戊烷	0.28	1.4	7.8	甲苯		1.2	7.0
丙烷	0.26	2.1	9.5	苯	0.2	1.2	8.0
乙烷	0.25	3.0	12.5	乙醚	0.19	1.7	36
正丁烷	0.25	1.5	8.5	环丙烷	0.17	2.4	10.4
正己烷	0.24	1.2	7.4	丁二烯1,3	0.13	1.1	10
环己烷	0.22	1.2	8.3	乙炔	0.019	1.5	82
丙酮	0.6	2.5	13.0	氢	0.019	4.0	75.6
氨		15	28				

部分气体、固体和液体的击穿场强，见表 1.12.11。

表 1.12.11　部分气体、固体和液体的击穿场强

气体	击穿场强/(kV/cm)	固体	击穿场强/(kV/cm)	液体	击穿场强/(kV/cm)
空气	35.5	云母	50~150	乙醇	700~800
氢	15.5	铅玻璃	5~20	四氯化碳	1600
氧	29.1	长石瓷	30~35	二硫化碳	1400
氮	38	电缆纸	6	丙酮	640
二氧化碳	26.2	纤维纸板	1~10	苯	1500
一氧化碳	45.5	蜡纸	7~12	硝基苯	1300
氯	56.7	橡胶	20~25	甲苯	1300
甲烷	22.3	聚乙烯	18~24	二甲苯	1500
丙烷	37.2	聚氯乙烯树脂	12~16	三氯甲烷	1000
乙炔	75.2	电木	8~30	变压器油	1000

注：气体击穿强度与气压、间隔距离、温度、电极形状、极性、电压波形等因素有关。

4）电击，人体带电接近接地体时，会因静电放电产生冲击电流，通过人体某一部位引起电击。电击时人体的感知反应程度与人体积聚的静电能量有关，人体静电电容越大、电位越高则电击感知反应越强烈。人体静电电容为 90pF，人体对静电电击的反应见表 1.12.12，人体静电电容为 470pF 的静电电击的反应见表 1.12.13。

表 1.12.12　人体对静电电击的反应

静电电位/kV	放电能量/mJ	人体反应程度	备注
1.0	0.045	完全没有感觉	
2.0	0.18	在手指的外侧有感觉，但不疼痛	产生微弱的放电声音(察觉电压)
2.5	0.281	放电的部位有针刺感、轻微冲击感，但不疼痛	
3.0	0.405	有轻微和中等刺痛感	
4.0	0.72	在手指上有轻微疼痛，有较强的刺痛感	见到放电、发光
5.0	1.125	手掌至前腕有电击的疼痛感	由指头延伸出放电、发光
6.0	1.62	手指剧痛、手腕后部有强烈电击感	受电击后，手腕感到沉重
7.0	2.205	手指、手掌剧痛，有麻木感	
8.0	2.88	手掌至前腕有麻木感	
9.0	3.645	手腕剧痛、手部严重麻木	
10	4.5	整个手剧痛，有电流流过感觉	
11	5.445	手指剧烈麻木，整个手有强烈电击感	
12	6.48	由于高电压，整个手有强烈打击感	

注：人体静电容量为 90pF。

表 1.12.13　静电电击人体的生理反应

静电电压/kV	静电放电能量/mJ	人体电击生理反应	静电电压 kV	静电放电能量 mJ	人体电机生理反应
1	0.37	没有感觉	2	1.48	稍有感觉
5	9.25	刺痛	10	37.0	剧烈刺痛
15	83.2	轻微痉挛	20	148.0	轻微痉挛
25	232.0	中等痉挛			

带电体为导体时引起电击，发生静电电击的界限与人体静电电容的关系见图 1.12.10。图中斜线表示发生静电电击的界限。在斜线上方，静电向人体放电时，人体只需 $(2\sim3)\times10^{-7}$C 以上的

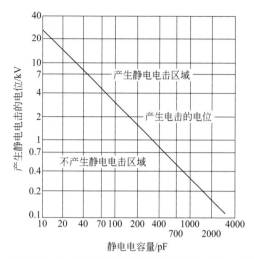

图 1.12.10　静电电容量与产生静电电击的电位关系

电荷量，即会受到电击。

带电体为非导体时引起电击，通常以带电电位为 10kV、带电电荷密度为 $10^{-5}\mu C/m^2$ 作为电击的界限。但当不均匀带电或带电体内或附近有接地时，电击的界限将有变化。实际生产过程中，静电引起的电击，一般不直接使人致命。但静电电击造成的二次事故，需要有足够的重视。

（3）静电对电子产品的危害　静电放电或静电感应，对电子器件及仪器的危害通常有：静电库仑力的危害、静电放电的危害、电击引发的危害、绝缘击穿、产品报废，静电干扰引起误动作，引发各类危害，最严重的是静电放电引起着火、爆炸事故。

电子行业对静电的危害及其防护均十分关注。静电放电是当带静电物体表面的场强超过周围介质的绝缘击穿场强时，因介质电离而使带电体上的电荷部分或全部消失的现象，静电放电对电子器件的损伤早已受到相关企业科技人员的重视和采取了必要措施进行防护。尤其是当今半导体器件和集成电路生产过程的微细化、新工艺不断发展，更易受到静电放电的影响、危害。在半导体器件和集成电路生产过程中静电产生的原因有：作业人员穿着工作服、塑胶底鞋缓慢在洁净室的地面上走动时，就可能产生数百甚至几千伏的静电；玻璃纤维制作的装料盒在聚丙烯台面滑动时，容易产生 kV 级的静电；在电子工业洁净厂房中各种地面、建筑构件等均会有静电产生；塑料地面的静电电位可能有 500～1500V，金属网格地面也可能有 500～1000V，瓷砖地面有 500～1500V，塑料墙面约 700V，铝板送风口和回风口可能有 500～1000V 的静电。表 1.12.14 是某电子工厂洁净室的静电电位测试值。

表 1.12.14　某电子工厂洁净室的静电电位测试值

房间名称		扩散间、蒸发间	清洗间	光刻间	走道
送风方式		顶送侧回	顶送侧回	垂直单向流	顶送侧回
干球温度/℃		21.22	20	25	
相对湿度/%		45.42	48	54	
测点静电电位/V	塑料地面	500～1500	0～1500	500～1000	100
	瓷砖地面		0～1500		
	铝网格地面			500～1000	
	水磨石地面				100
	塑料墙纸墙面	0～500～700		0	
	油漆墙面				100～200
	塑料墙纸顶棚	0～100		0	
	铝孔板送风口	−500～−700			200～300
	高效过滤器下侧			0	
	铝板网回风口	500～1000			200
	金属门把手	100～500	500		
	设备	0～500～2000	500～1000	0	
	工作台	500～2000	500～1000		
	金属活动椅子	500～6000	1000～2000	0	1000
	穿尼龙服人体	1000～3000			
	穿塑料拖鞋人走动时	−2000～3000	1000～2000		1000～2000
	人在地面上较长时间摩擦	3000～5000			
	人静止时	−200～500			

由于各种原因物体产生静电后,在其周围形成电场,位于静电场中的不同带电体均可能受到电场力的排斥或吸引作用,如对毛发、微粒、纤维的吸附作用十分明显。人体是导体,穿着衣服和鞋、帽在行走作业等过程中将产生静电并积累,静电电位有时会高达数百甚至上千伏(但能量小),人体会成为对电子产品危害性很大的静电源。

静电放电(ESD)对电子器件、集成电路等的危害、损伤,主要是带静电的物体或人体接触器件等引起的,或者是带静电的器件与地短路或者器件在强电场中感应放电等因素引起。静电放电对器件等的损伤通常有电压型和功率型,其中电压型损伤是静电源对器件放电瞬间产生的静电电位引起器件介质击穿、氧化膜(层)穿通等造成器件失效;功率型是静电电流对器件放电时,器件的某一端对地短路,或者已带静电荷的器件直接对地短路,产生电流脉冲,由于焦耳热导致铝丝熔断、硅片局部区域熔化引起器件失效。静电放电(ESD)有时还伴随着电磁波发射,会引起各种危害。MOS 集成电路等可能被静电放电(ESD)击穿或半击穿,MOS 场效应管其栅极是从氧化膜引出的,栅极与衬底间隔着一层氧化膜,当栅极与衬底间的电压超过一定值时,氧化膜便被击穿,器件就会失效报废。表 1.12.15 是各类绝缘膜的电压耐压值,表 1.12.16 是一些元器件典型的耐静电电压值。

表 1.12.15　各类绝缘膜的耐压值

绝缘膜	绝缘耐压/(MV/cm)	介电常数
SO_2	10	4
Si_3N	10	7
Ta_2O_2	5~8	25
TeO_2	4	22~22
TiO_2	1	20~40
Nb_2O_2	5	30~100

表 1.12.16　一些器件类型的耐静电电压值

器件类型	耐放电压值/V	器件类型	耐静电放电电压值/V
VMOS	30~1800	运算放电器	190~2500
MOSFET	100~200	JEFT	140~1000
GaAsFET	100~300	SCL	680~1000
PROM	100	STTL	300~2500
CMOS	250~2000	DTL	380~7000
HMOS	50~500	肖特基二极管	300~3000
E/DMOS	200~1000	双极型晶体管	380~7000
ECL	300~2500	石英压电晶体器件	<10000

静电放电(ESD)对电子器件的损坏还将使整块电路板失效,引起或造成电子仪器或设备故障或误动作;静电放电不仅会产生瞬间较大的脉冲电流,还可能会产生数十兆赫兹甚至数百兆赫兹的强噪声,引起计算机、电子仪器或设备的误动作;若静电放电时产生的电波进入接收机,会产生杂音,干扰信号,将降低信息质量或引起信息误码等。表 1.12.17 是静电对电子器件、设备的危害。

表 1.12.17　静电对电子器件、设备的危害

器件或设备种类	危害状况
半导体器件	施加超过耐压能力的电场导致器件击穿、半击穿、性能劣化
磁带录像机	由于静电吸附灰尘，促使磁头磨损，磁带运转不良；由于制造时混入灰尘而漏失信息，产生噪声、颤音
电子计算机	静电放电引起的器件迫使系统停机、记录错误、漏失信息
计算机外围设备	由于静电力使卡片难于整理、磁鼓不良、机械性能不稳定
测量仪器类	零点变动，误信号

　　静电感应常常发生在高电压设备、线路邻近处，作业人员在进行焊接、搬动 MOS 器件或 MOS 电路时，极易引起人体对器件等的静电放电，损坏器件；若被静电感应的物体的电阻较小的良导体时，还会产生火花放电引发事故。

12.2　静电防护

12.2.1　简述

　　静电防护是电子工业洁净厂房工程中重要的内容之一，尤其是对静电放电敏感的电子元器件、组件、仪器或设备的制造和作业场所，作业场所包括制造、组装、传输、测试、包装以及与这些作业关联的活动；在电子工厂中的这些作业场所大多要求具有不同洁净度等级的洁净生产环境，各种类型的洁净生产环境都会存在不同类型的静电现象，静电的存在和防护均会影响洁净生产环境各项技术措施的制定和实施。在设置有对静电放电/感应敏感的电子仪器、设备的应用场所，如电子计算机房、各类实验室、监控室等，也应设置静电防护措施。所以在国家标准《电子工程防静电设计规范》（GB 50611）和《电子工业洁净厂房设计规范》（GB 50472）中对电子工厂的防静电环境或防静电工作区，按电子产品种类或生产工序（设备）进行了分级。防静电环境或防静电工作区内静电电位绝对值应小于电子产品的静电电位安全值，防静电环境或防静电工作区分为三级，一级标准应为防静电工作区内控制静电电位绝对值不大于 100V，二级不大于 200V，三级不大于 1000V。室内静电电位是指在设定的区域环境内，任一物体对地的静电电位差。表 1.12.18 是前述国家标准对电子工厂的防静电环境设计分级适用场所做出的规定。为使防静电环境工程设计时分级的可操作性，在国家标准 GB 50611 中对防静电工作区设计分级标准适用场所举例做出了明确要求，见表 1.12.19。该表中提供的防静电工作区举例不可能涵盖电子工业所有工程类别的"防静电工作区"，只能在具体工程项目设计时依据此表参照选用。

表 1.12.18　防静电环境设计分级适用场所

防静电级别	静电电位绝对值/V	适用场所
一级	≤100	1.半导体器件、集成电路、平板显示器制造和测试的场所 2.电子产品生产过程中操作 1 级静电敏感器件制造和测试的场所
二级	≤200	1.静电敏感精密电子仪器的测试和维修场所 2.静电敏感电子器件制造和测试的场所
三级	≤1000	除一级、二级场所以外的电子器件和整机的组装、调试场所

表 1.12.19　防静电工作区设计分级标准适用举例

防静电级别	适用场所
一级	1.电子电路制造和测试的场所 芯片制造：氧化、扩散、清洗、刻蚀、薄膜、离子注入、CMP、光刻、外延、在线检测,设备区等工序和场所 芯片封装：划片、粘片、键合、封装、测试等工序 TFT液晶显示屏制造：阵列板(薄膜、光刻、刻蚀、剥离)、成盒(涂覆、摩擦、液晶注入、切割、磨边)、模块等工序 彩色滤光片(C/F)制造 LED芯片制造 2.电子产品生产过程中操作一级静电敏感元器件的场所 硬盘制造(HDD)：制造区 等离子显像屏(PDP)：核心区 彩色显像管：表面处理工序 高密磁带制造 磁头生产：核心区
二级	1.静电敏感精密电子仪器的测试和维修场所 2.静电敏感元器件制造和测试场所 半导体材料制造：拉单晶、磨、抛等工序 太阳能硅片电池制造(扩散、刻蚀、镀膜、丝网印刷) STN液晶显示器制造 硬盘制造除制造区外的其他区 等离子显示屏(PDP)的支持区 锂电池制造：干工艺和其他区 彩色显像管制造：锥石墨涂覆、荫罩装配工序 印制板的成像、制版干膜工序 光导纤维制造：预制棒、拉丝工序 磁头生产：清洗区 片式陶瓷电容、片式电阻等制造：丝印、流延工序 声表面波器件制造：光刻、显影、镀膜、清洗、划片、封帽工序
三级	1.除上述范围以外的电子元器件和整机的组装测试场所 2.存在外部电磁干扰,必须对环境中的电子设备和设施提供最基本的防静电保护的场所

12.2.2　防静电材料及制品

　　防静电工作区内应采用静电耗散型或导静电型材料,静电耗散型材料是能快速耗散其表面或物体内部静电荷的材料,它的表面电阻或体积电阻应为 $1.0\times10^6\sim1.0\times10^9\Omega$;导静电型材料是表面或物体内部导电的材料,一般是表面电阻率小于或等于 $1\times10^5\Omega$、体积电阻率小于或等于 $1\times10^4\Omega$ 的材料,在有的标准中将表面电阻或体积电阻 $2.5\times10^4\sim1.0\times10^6\Omega$(不含 $1.0\times10^6\Omega$)的材料规定为导静电材料。绝缘材料是表面电阻或体积电阻大于 $1.0\times10^{12}\Omega$ 的材料,且绝缘材料不得作为防静电工程的饰面材料。在洁净厂房内的防静电环境或防静电工作区应根据防静电设计分级选用不同性能的防静电材料及制品,一级防静电工作区的地面和墙面、柱面应选用导静电材料。导静电型地面、墙面、柱面的表面电阻、对地电阻应为 $2.5\times10^4\sim1.0\times10^6\Omega$,摩擦起电电压绝对值不应大于 100V,静电半衰期不应大于 0.1s。所谓静电半衰期是指在外界作用撤除后,带电体上静电压或静电荷下降到初始的一半时所需的时间;而当下降到其初始值的 10% 时所需的时间则被称为静电衰减期。

　　二级防静电工作区的地面、墙面、柱面、顶棚和门表面、软帘应选用静电耗散材料。静电耗散型地面、墙面、柱面、顶棚和门表面的表面电阻、对地电阻应为 $1.0\times10^6\sim1.0\times10^9\Omega$,摩擦起电电压绝对值不应大于 200V,静电半衰期不应大于 1s,但软帘的摩擦起电电压绝对值可大于 300V。三级防静电工作区的地面、墙面、柱面视工艺技术要求可选用静电耗散材料或低起电材料,顶棚和门表面等可选用低起电材料。选用静电耗散材料的地面、墙面和柱面与第 2 级的技术指标相同;选用低起电材料的地面、墙面、柱面、顶棚和门表面等,应满足摩擦起电电压绝对值不大于 1000V 的要求。

防静电工作区内的防静电材料及制品应采用长效型防静电材料和制品,其防静电性能应与材料寿命同步,即在使用期限内防静电性能保持稳定,不得选用短效型防静电材料及制品。由几部分材料组合的防静电制品,其内部构造应具有导静电泄放功能,其防静电性能应由制品的表面电阻、对地电阻和摩擦起电电位等参数确定。

为确保防静电材料及制品的防静电性能在使用期限的稳定,应进行的检测鉴定有:环境湿度从 75% 变化到 30%,温度从 15℃ 变化到 35℃,当材料及制品的电阻变化在一个数量级范围内时,可视为稳定;测试电压绝对值从 100V 变化到 500V,材料及制品的电阻变化在半个数量级范围内时,可视为稳定;在温度为 25℃、湿度为 40%~65% 的条件下对试样施加放电,静电电位绝对值从 1000V 衰减到 100V,静电衰减时间不大于 1s,可视为稳定。

防静电环境中的产品不同,产品生产工序不同,对防静电材料及制品的需求存在差异,例如对于静电敏感器件的制造环境应必备的防静电用品(装备)有:静电安全识别标志、防静电地板、防静电工作台、防静电桌/地垫、防静电鞋、洁净室防静电服、防静电腕带、静电消除器、防静电墙面(涂料、纸)、接地装置、增湿器、防静电搬运工具(箱、车)、防静电存放架、静电电压表、高阻仪等;而防静电窗(门)帘、防静电袜等可以选配。

不同的某一类防静电材料及制品的静电性能要求也存在差异,例如地垫(板)的表面电阻≤$1×10^{10}$Ω,当鞋袜/地板系统作为人体主要的接地手段时,系统综合电阻不应超过 $3.5×10^7$Ω,其表面电阻和接地电阻的最小值由相关安全标准确定。腕带的对地或可能接地点的电阻大于等于 $7.5×10^5$Ω,小于等于 $3.5×10^7$Ω。

防静电安全工作台是防静电工作区配置的一种专用工作台,作业人员可在此工作台上安全地进行各类静电敏感元器件和电子仪器设备操作,在电子工业洁净厂房内应根据生产工艺需要设置防静电安全工作台、静电消除器等。防静电安全工作台是供对静电敏感的器件、组件及设备操作的具有静电泄放功能的安全工作台架,它可用于制造和应用静电敏感元器件的场所。在 GB 50611 中要求静电敏感元器件、组件和设备的操作,应在防静电安全工作台上进行,在一级、二级防静电工作区和有明确防静电要求的台式精密电子设备的三级防静电工作区,应按工艺要求配置防静电安全工作台。

防静电安全工作台应由工作台、防静电台面或台垫、腕带连接装置、限流电阻和接地引线等组成。在一级防静电等级的微电子制造和测试场所防静电安全工作台应采用硬质台垫及无表面涂覆的难氧化金属台架,其余的电子产品或整机产品的生产或调试场所防静电安全工作台的台面宜采用软质台垫,台架可采用木质或金属制作。硬质和软质防静电台垫的表面电阻和体积电阻范围应为 $2.5×10^4$~$1.0×10^9$Ω。防静电安全工作台设置的腕带连接装置的腕带应便于作业人员佩戴,并应进行接地。腕带连接装置一般都应布置在工位的左、右两侧。

12.2.3 防静电工程装饰

(1)防静电地面 洁净厂房的防静电工程装饰主要包括防静电地面、墙面和顶棚的防静电以及防静电工作区的门窗等。防静电环境地面应根据不同的产品工艺要求、土建结构基础条件和防静电要求合理进行不同防静电地面的选型,在国家标准《电子工业洁净厂房设计规范》(GB 50472)中要求:防静电地面的面层结构和材料的选择,应满足电子产品生产工艺的要求;防静电地面的表面应采用静电耗散型材料,其表面电阻率为 $1×10^5$~$1×10^{10}$Ω 或体积电阻率为 $1×10^4$~$1×10^9$Ω。通常可选用贴面地面、活动地板、树脂涂层自流平地面、水磨石地面和移动式地垫等。各种类型的防静电地面均应具有稳定、长效的导静电性能和可靠的静电泄放接地系统,一般防静电地面导电层的接地引出点不得少于 2 处,且点与点间的距离不应大于 25m。

① 贴面型防静电地面通常有塑料贴面块、砖、卷材和陶瓷地砖大理石板等类型,贴面地面的结构宜由基础地坪、底涂、导电层、面层组成。贴面地面的基础地坪应满足含水率不大于 8%,混凝土强度等级不小于 C30,表面平整度不大于 2mm 的要求;底涂宜满足封底、黏结桥、绝缘隔离

层的要求；导电层应铺设接地金属箔带网格，并用导电黏胶与上铺面层黏结，导电黏胶的电阻值应小于面层材料的电阻值；面层的材料和技术指标应按防静电工作区的分级符合相应的要求。接地金属箔带网格宜选用宽 10~20mm、厚 0.03~0.10mm 的紫铜箔带，网格大小可为 600mm×600mm，当贴面地面为卷材时，网格可为 1200mm×1200mm；网络引出铜箔带应与室内接地干线焊接；网格交叉点应锡焊或用导电黏结剂黏结。

② 防静电活动地板的安装方式可分为四周支撑式（bearing of four jamb）和四角（bearing of four corner）支撑式。四周支撑式由地板、可调支撑、横梁和缓冲垫（导电胶垫）等组成，这是将地板铺设在模梁上的安装方式；在室内温度为 23℃±2℃、相对湿度为 45%~55% 时，活动地板系统的电阻为：导静电型应小于 $1.0 \times 10^5 \Omega$，静电耗散型应为 $1.0 \times 10^6 \sim 1.0 \times 10^{10} \Omega$。活动地板电阻是指地板上表面至地板支撑底座的电阻总和。活动地板支撑的底部宜设置绝缘衬垫，接地连接导线（接地支线）应采用不小于 $1.5mm^2$ 截面积的多股塑铜线；洁净室内的接地干线在活动地板下敷设时，应与地面绝缘。

活动地板的基材有木基、复合基、铝基、钢基、无机质基，活动地板的结构有普通结构和特殊结构两大类。特殊结构地板有通风地板、走线地板和接线盒地板，而在洁净厂房应用较多的通风地板又可分为可调风口地板、旋风口地板和大风量地板。活动地板的承载能力类型有超轻型、轻型、普通型和重型。表 1.12.20 是活动地板的基材、承载能力分类。活动地板的机械性能、电性能等及其检测方法应符合行业标准《防静电活动地板通用规范》（SJ/T 10796）的有关规定，例如在该标准中对活动地板的电性能要求是：在室内温度为 (23±2)℃，相对湿度为 45%~55% 时，活动地板系统的电阻为：导静电型 $R < 1.0 \times 10^6 \Omega$，静电耗散型 $R = 1.0 \times 10^6 \sim 1.0 \times 10^{10} \Omega$。

表 1.12.20　活动地板的基材、承载能力分类

基板材料		边长尺寸/mm	厚度尺寸/mm	承载能力			承检水平	
代号	基材			代号	每平方米地板重量/kg	承重类型	代号	承检水平
M	木基		25	CQ	≤30	超轻型	D	仅承受规定的集中荷载、极限集中荷载、均布荷载检测
F	复合基	500	28	Q	≤40	轻型		
L	铝基	600	30	B	≤43	普通型	G	可承受全项荷载性能测试
G	钢基	610	35	Z	≤48	重型		
W	无机质基		40					

③ 树脂涂层自流平地面的结构应由基础地坪、底涂层、找平层、导电层和面层组成。树脂涂层自流平地面的厚度应为底涂层、找平层、导电层和面层厚度的总和，且不应小于 2mm。树脂涂层自流平地面的基础地坪、底涂层、导电层与贴面地面相应的结构层要求一致；找平层应满足补充底涂的封底、黏结桥、缓冲找平的要求；面层采用具有导静电或静电耗散性能的树脂面层涂料，厚度不宜小于 0.8mm；导电层接地金属箔带网格的结构、要求也与贴面地面相同。树脂涂层自流平地面各层结构的凝胶材料应为同一性能的树脂涂料，涂料的耐磨性、附着强度和涂膜硬度应符合《防静电地坪涂料通用规范》（SJ/T 11294）的有关规定。

自流平地坪涂料，是在水平基面上涂覆后能自身流动找平，一遍施工厚度在 0.5mm 以上的地坪涂料。采用多层涂料时，直接涂在地板基体上的涂料称为底涂（料），而涂在多层涂装最上层的涂料，则称为面涂（料）。面涂料可分为导静电型和静电耗散型，在《防静电地坪涂料通用规范》（SJ/T 11294）中将导静电型自流平防静电地坪涂料面涂以"TDZm"表达，具有弹性的静电耗散型自流平地坪涂料面涂以"THZmt"表达，静电耗散型普通防静电地坪涂料面涂以"THPm"表示，防静电地坪涂料底涂以"Td"表示。表 1.12.21 是自流平防静电地坪涂料面涂的技术要求，表 1.12.22 是防静电地坪涂料底涂的技术要求。

表 1.12.21　自流平防静电地坪涂料面涂的技术要求

序号	检验项目		指标
1	容器中状态		搅拌混合后无硬块
2	颜色及外观		涂膜平整光滑,颜色均一
3	干燥时间/h	表干	≤6
		实干	≤48
4	耐水性,48h		漆膜完整,不起泡、不剥落,允许轻微变色,2h后恢复
5	耐化学性	10%NaOH,48h	漆膜完整,允许轻微变色
		10%H_2SO_4,48h	
6	硬度(邵氏硬度计,D 型)		≥70
7	耐磨性(750g,500r),失重/g		≤0.03
8	耐洗刷性/次		≥10000
9	抗压强度/MPa		≥70.0
10	黏结强度/MPa		≥2.0
11	表面电阻、体积电阻/Ω	导静电型	$5\times10^4\sim1\times10^6$(不含 1×10^6)
		静电耗散型	$1\times10^6\sim1\times10^9$
12	阻燃性(水平燃烧法)		≤FH-2-45
13	环保性(有害物质含量)		见 GB 18581—2020

注:制板检测漆膜厚度及推荐施工厚度为1~2mm。

表 1.12.22　防静电地坪涂料底涂的技术要求

序号	检验项目		指标
1	固体含量/%		≥55
2	干燥时间/h	表干	≤4
		实干	≤24
3	附着力(划格法)/级		≤2
4	柔韧性/mm		≤2
5	表面电阻、体积电阻/Ω		≤1×10^6
6	打磨性(24h后,300#水磨砂纸,20 次)		易打磨,不粘砂纸
7	对面涂的适应性		无不良反应
8	环保性(有害物质含量)		见 GB 18581—2020

　　防静电聚氨酯自流平地面通常由面层、找平层、导静电封底层、导电地网、接地端子等构成,面层材料的体积电阻为 $1.0\times10^5\sim1.0\times10^8\Omega$,找平层材料的阻燃性为Ⅰ级,体积电阻为 $1.0\times10^5\sim1.0\times10^8\Omega$,导静电封底层材料的体积电阻为 $1.0\times10^4\sim1.0\times10^6\Omega$。导电地网见图1.12.11。导电地网用 $\phi1.2\sim2.0$mm 的导电金属丝(铜丝或镀锌铁丝)镶嵌在沟槽内,安装完成后以导电胶填平沟槽。聚氨酯自流平地面完全固化(大约需七天)后进行性能测试,其环境条件为:温度15~30℃,相对湿度应小于70%;电性能指标在行业标准《防静电地面施工及验收规范》(SJ/T 31469—2002)中,要求达到:系统电阻 $5.0\times10^4\sim1.0\times10^9\Omega$,表面电阻 $1.0\times10^5\sim1.0\times10^{10}\Omega$ (测量电极间距 900~1000mm),系统接地电阻应满足设计要求。

　　④ 水磨石防静电地面通常由面层、导静电泄放层和绝缘隔离层组成。防静电水磨石地面面层的厚度宜为 12~18mm。面层的石粒应采用粒径 4~10mm 的大理石、白云石或其他石料,拌和时

不得混入金属杂质。面层的水泥拌和料宜掺混一定比例的导电材料，水泥强度等级不应小于32.5。水泥和石粒的体积比宜为1：1.5～1：2.5。水磨石地面的导静电泄放层应采用$\phi4\sim6mm$的钢筋网，网格的间距宜为2m×2m，并应在网格交叉点阴角处焊接。网格的分布应与水磨石面层的分格条位置错开，并应与防静电接地系统连接。水磨石地面的底涂绝缘隔离层宜采用环氧树脂涂料底漆满涂两遍，厚度不宜小于0.1mm。在水磨石面层磨光后通常应采用防静电液体地板蜡罩面。

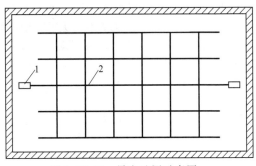

图 1.12.11　导电地网示意图
1—接地端子；2—导电地网

⑤ 移动式地垫可采用防静电塑胶地垫和防静电地毯。通常防静电塑胶地垫为三层结构，底层应为导电橡胶材料，中间是布，面层应为静电耗散型塑胶材料。防静电塑胶地垫下应敷设接地金属网，并应可靠接地。防静电工作区内防静电塑胶地垫的面层应选用长效型防静电材料。防静电地毯宜为三层结构，底层应为静电耗散型基材，中间应为导电胶，上层应为由导电纤维纺织或植绒的静电耗散型材料。防静电地毯下应敷设接地金属网，并应可靠接地。

不同等级的防静电工作区可选用适合工作区内产品生产工艺要求的防静电地面。表1.12.23是1～3级防静电工作区选用防静电地面类型的推荐参考。

表 1.12.23　防静电地面的选用

地面类型	一级	二级	三级
导静电型活动地板	☆	√	√
静电耗散型活动地板	√	☆	√
贴面地板	√	√	☆
树脂涂层地面	√	√	☆
水磨石地面	—	√	√
移动式地垫	—	—	√

注：表中☆为推荐使用，√为可以使用。

（2）防静电工作区的墙面、顶棚和门窗　洁净厂房中防静电环境或防静电工作区内墙面、柱面和顶棚、门窗等的防静电装饰目的是抑制颗粒污染物的带电吸附，以利于控制环境的洁净度；抑制静电噪声的空间传导及其与电噪声的耦合，净化防静电工作区的电场环境，得到的实际效果是控制防静电环境的静电电位。为此在国家标准《电子工业洁净厂房设计规范》（GB 50472）中规定洁净厂房防静电环境的吊顶、墙面和柱面的装饰设计，应符合下列要求：一级防静电工作区的地面、墙面和柱面应采用导静电型；导静电型地面、墙面、柱面的表面电阻、对地电阻应为$2.5\times10^4\sim1\times10^6\Omega$，摩擦起电电压不应大于100V，静电半衰期不应大于0.1s。二级防静电工作区的地面、墙面、柱面、顶棚、门和软帘应采用静电耗散型；静电耗散型地面、墙面、柱面和顶棚、门的表面电阻、对地电阻应为$1\times10^6\sim1\times10^9\Omega$，摩擦起电电压不应大于200V，静电半衰期不应大于1s，但软帘的摩擦起电电压不应大于300V。三级防静电工作区的地面、墙面和柱面宜根据生产工艺要求采用静电耗散型材料或低起电材料，顶棚、门等宜采用低起电材料；选用静电耗散型材料的地面、墙面和柱面，应达到二级防静电工作面的相关要求，选用低起电材料的地面、墙面、柱面、顶棚、门等摩擦起电电压不应大于1000V。

在国家标准《电子工程防静电设计规范》（GB 50611）中对防静电工作区的墙面、顶棚和门窗等的防静电设计做了明确的规定。对防静电工作区的顶棚和墙、柱面装饰有导电层要求时，应制定合理的导电层方案，并应采用十字形构造铜箔或设置多点间接接地的接点；当顶棚和墙、柱面装饰设置基层骨架时应选用金属材料，金属骨架应接地。接地连接点的设置每个房间不应少于4处，相邻连接点之间的距离不应大于18m。顶棚和墙、柱面装饰的罩面板应选用导静电型、静电耗散型材料，其性能应满足各等级防静电工作区的防静电参数要求，以利于静电的可靠、泄漏，确保静电电位绝对值不大于100V。一级防静电工作区的墙、柱面应设置导电层；二级防静电工作区的墙、柱面不设置导电层时，应涂刷防静电涂层或装饰静电耗散层，其性能应符合静电耗散材料的技术指标要求。洁净厂房内空气洁净度5级以上的洁净环境或严格限制静电吸附场所的顶棚和墙、柱罩面层的静电耗散技术指标，应根据产品生产工艺要求或试验确定。当使用导静电无机板材时，表面不应另覆涂层；表层使用金属面板时，应具有静电耗散性能的防静电面层。

一般抹灰墙面或使用水性涂料、天然或人造石材作为表层时，应涂刷具有静电耗散性能的涂层或做其他防静电处理；若所在场所环境湿度保持在45％～65％时，可不做防静电处理。

防静电工作区的门窗，在一、二级防静电工作区应选用静电耗散材料制作门或采用静电耗散材料贴面。三级防静电工作区可选用低起电材料。金属门窗表面应涂刷具有静电耗散性能的涂层，并应接地。选用静电耗散材料贴面的门及窗其外框应有导静电泄放的接地连接。二级防静电工作区的建筑外围有采光窗时，应设计为双层，其内层窗应满足上述有关要求。

防静电工作区内门窗与墙体周边应选用具有静电耗散性能的弹性密封材料填嵌。一、二级防静电工作区室内隔断和观察窗安装大面积玻璃时，其内表面应粘贴具有静电耗散性能的透明薄膜，或采用透明的防静电塑料板和具有防静电性能的玻璃板。

洁净厂房内防静电环境或防静电工作区的净化空调系统送、回风口和风管以及各种工业管道的进出口装置，应选用导电材料或表面涂刷防静电涂层，也可按工艺要求进行防静电处理。送、回风口和各种进出口装置与配管系统之间应有可靠的电气连接，并应接地。

防静电工作区的温度波动范围应满足工艺要求，宜为18～28℃。相对湿度及波动范围应满足工艺要求，宜为45％～65％。

12.2.4 防静电接地

防静电工作区均应设有防静电接地系统，通常应由接地体、接地干线和支线、接地端子板、接地网络或闭合铜排环等组成。防静电工作区中应含有不同功能要求的接地系统，各接地系统的设计都应符合等电位连接的要求，不同接地系统在接入等电位端子前不应混接。防静电接地宜选择联合接地方式，当选择单独接地方式时，接地电阻值不应大于10Ω，并应与防雷接地装置保持20m以上的间距。防静电工作区顶棚、墙面、地面的防静电接地及人体防静电接地、操作装置和仪器的防静电接地，应分别选择适当位置设置接地连接装置。接地连接装置可使用易于装拆的各种夹式连接器，但应保证电气连接可靠。在防静电工作区内应设置防静电接地端子板、接地网格，或截面积不小于100mm²的闭合接地铜排环。防静电接地引线应从防静电接地端子板、接地网格或闭合铜排环上就近接地，接地引线应使用多股铜线，导线截面积不应小于1.5mm²。

防静电接地系统在接地前应设置总等电位接地端子板、楼层等电位接地端子板、防静电接地端子板，从总等电位接地端子板或楼层等电位接地端子板上引出的接地主干线，其截面积不应小于95mm²，并应使用绝缘屏蔽电缆或绝缘导线穿金属管敷设。接地主干线引到防静电工作区时应与设置在该区域内的防静电接地端子板连接。防静电接地系统各个连接部位之间的电阻值不应大于0.1Ω。防静电接地主干电缆应避免与非屏蔽电源电缆长距离平行敷设，并应远离防雷引下线。防静电接地主干电缆的屏蔽金属层应两端接地。防静电接地连接应采用焊接或用连接器具连接的方式，连接器具应能与接地对象可靠连接。当接地对象采取间接接地时，应在接地对象上装设紧密结合的可靠的金属导体，并应在金属导体上引出接地导线。金属导体的紧密结合面积不应小于20cm²。防静电接地系统的典型布置见图1.12.12。

防静电工作区中不得有对地绝缘的孤立导体，所有金属结构件都应可靠接地。当两个以上的金属结构件相互绝缘时，应将各自的金属结构件进行接地，或在其相互之间连接跨接线，并应接地。

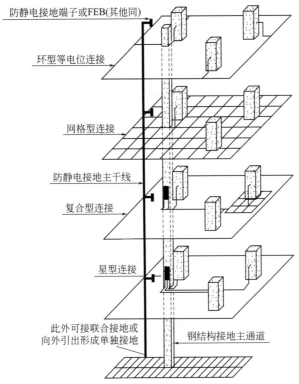

防静电接地端子或FEB(其他同)

环型等电位连接

网格型连接

防静电接地主干线

复合型连接

星型连接

此外可接联合接地或
向外引出形成单独接地

钢结构接地主通道

图 1.12.12　防静电接地系统的典型布置
FEB 为楼层等电位接地端子板

　　防静电工作区中空气调节系统的风管和各种工业管道均应采取接地措施，接地连接点之间的距离不应大于 30m，接地连接点的构造应符合设计要求；采用普通的法兰或螺栓连接，且中间存在非导体隔离时，应采取跨接措施。防静电工作区的配管系统中，使用部分绝缘性材质的配管时，应在配管表面安装紧密结合的金属网，并应将金属网接地；使用导电性非金属软管时，应在软管上安装与其紧密结合的接触面积不小于 $20cm^2$ 的金属导体，并应用接地引线与金属导体可靠连接接地。

　　电子产品生产用洁净厂房内的金属物体（包括洁净室（区）的墙面、门窗、吊顶的金属骨架）应与接地系统做可靠连接；导静电地面、活动地板、工作台面、座椅等应做静电接地。静电接地的连接线应有足够的机械强度和化学稳定性，主干线截面不应小于 $95mm^2$，支线截面应为 $2.5mm^2$；与人体接触的静电接地应串接限流电阻，限流电阻的阻值宜为 $1M\Omega$。

　　在洁净厂房的工程设计中，静电接地干线和接地体应与其他用途的接地装置综合考虑，统一安排。静电接地干线与专作防雷保护用的防雷装置应保持必要的距离，可利用电气保护接地干线作为静电接地干线，但应确保静电接地干线在建（构）筑物内与保护接地干线有两点相连。《电子工业洁净厂房设计规范》（GB 50472）中要求：对电子产品生产过程中产生静电危害的设备，流动液体、气体或粉体管道应采取防静电接地措施；可燃气体管道和氧气管道均应设置导除静电的接地设施；洁净厂房内可燃气体、液体及粉体的管道根据具体情况在适当的位置可利用抱箍或焊接作好接线端子，由接地端子引出接地线与厂房内的接地网相连接。在有钢支架或钢筋混凝土支架时，如条件合适，也可利用金属软线将管道与钢支架或钢筋混凝土支架的钢筋连通作为接地引下线。

　　几种防静电接地的典型方式见图 1.12.13～图 1.12.16。

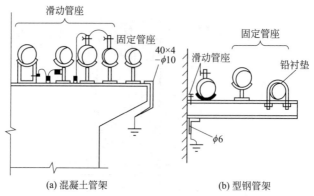

(a) 混凝土管架　　　　　　　　(b) 型钢管架

图 1.12.13　管架配管接地

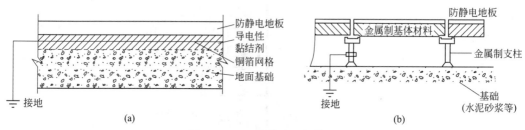

(a)　　　　　　　　　　　　　　(b)

图 1.12.14　防静电地板接地

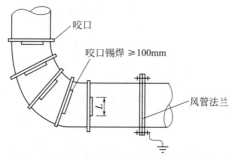

图 1.12.15　风管、保温层罩等的连接图

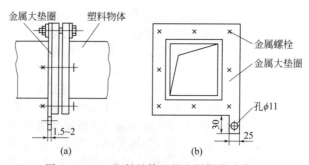

(a)　　　　　　　　　　　　　(b)

图 1.12.16　塑料风管上的金属螺栓连接图

12. 2. 5　静电消除器

① 静电消除的方法、方式多种多样，常用的主要有采取减少产生静电的控制措施、静电泄放/消散、接地以及中和等。控制静电产生常常采取的方法，如在可能产生静电的场所采用不易产生静电或产生静电后能迅速泄放的材料，应用不易产生静电形状的工器具、物体；在产品生产工艺或工程设计中，制定采取降低液体、气体、粉尘输送过程压力、流速的技术措施，避免或减少静电的产生；减少各类物体的摩擦、分离的频率。有关静电泄放/消散、接地的内容已在本章前面进行了表述，本小节着重介绍静电中和。

静电中和是利用带电体周围空气离子化后，带电离子在电磁场作用下发生迁移，带电体吸引异性电荷，从而达到中和而消除静电的。集成电路制造工厂等对静电敏感的电子产品制造工厂，可能因静电吸附尘埃和微生物而危害产品质量的洁净室以及有大量静电产生和积聚，还有可能因静电造成爆炸和火灾的场所等，均应设置离子化静电消除器。

② 离子化静电消除器（ionizing static eliminator）是为中和带电体上的表面异性电荷利用空气电离产生所需正负离子的静电消除装置。由静电消除器产生的电子和离子，与带电物体上符号相反的静电中和，从而达到消除静电的目的。绝缘体表面所带的静电与空气中的电荷，必须用静电中和的方法来消除。

在电子工业洁净厂房的产品生产过程中，常常会不断产生、积累静电，不同材料、物体因接触、分离、摩擦产生静电，电位不同的物体之间发生静电放电，在这些场所采用离子化技术中和静电电荷，已经被应用实践表明是行之有效的方法。在洁净室环境采用离子化空气控制静电有 4 类离子化应用方式或离子化静电消除系统，即全室离子化、单向流工作台、台面离子化和离子枪。全室离子化系统是洁净室和非洁净室的大面积静电中和系统，在靠近天花板的位置，通过电晕放电产生正负两种离子，通过电场的作用，离子扩散至洁净室的气流；气流既要慢得无旋涡出现，又要快得在离子消失前到达工作面。单向流工作台离子化系统靠气流提供局部区域的离子化。台面离子化系统用于控制工作站的过渡性静电（所处区域可能是洁净区，也可能是非洁净区），台面离子化设备包括工作台上部的离子鼓风机和离子发生器（洁净环境中的单向流状态和风速是关键参数，为了控制气流和离子扩散，应仔细布置离子风机；所采用的风机应符合洁净区的污染控制要求）。离子枪在中和表面静电的同时利用高压气体清除表面颗粒物，离子枪还可用于处理生产设备的内部。

在洁净厂房内应用的离子化静电消除器有多种类型，其作用原理、产品形式、消电效果、环境条件和寿命、成本差异较大，按空气离子化原理可分为自感应式、高压式、同位素式、光电子式等数种。自感应式静电消除器不需要外加电源，结构简单、容易安装，宜用于空间狭窄的场所，但消电效果弱。高压式离子化静电消除器分工频高压、高频高压、脉冲高压、直流高压多种形式。工频高压型发射密度高，一致性好，但消电效果较弱。高频高压型通过电容可较方便地实现间接耦合的电晕放电，针电极的短路电流小，防爆性能好。脉冲高压型对气流配合的要求低，一致性好，适用于室内环境上空设置的全离子化系统，也可应用于离子喷枪、离子风淋、离子净化工作台等设备的配套。直流高压型适用于需要加大消电作用距离的场合，但应具有电源输出电压升降和极性变化的控制装置。同位素式离子化静电消除器不需要外加电源，结构简单、维护方便；设计时应根据同位素的放射强度和半衰期以及射线的电离能力和穿透能力进行选择。光电子式离子化静电消除器消电效果好，可应用于某些要求高的场所。离子化静电消除器由高压电源、电晕放电器和通风系统三部分组成，设计时应充分考虑电源、风源和电晕放电器的合理配置。离子化静电消除器还可按结构形式分类，如台座式离子风机、管式离子风嘴、箱柜式离子风机、离子风枪、静电离子棒等；按应用场所分类，有机内层流罩式、洁净室式、空调房间式、工作台面式、压缩气体式等；按组合布置分类，有针、细棒、网格（格栅）、发射体、离子风等。

③ 电子工业洁净厂房内应根据具体的防静电工作区的条件，消除静电的控制目标，结合静电消除器的消电效能和综合性能等，依据不同应用场所、不同工艺要求，综合采用不同形式的离子

化消电方式，并应考虑离子化静电消除器本身产生的电晕放电、放电腐蚀、静电屏蔽等问题，以及由此产生的尘粒、臭氧、放射线、噪声等环境问题，尽可能避免离子化静电消除器的负面影响，从而达到较好的消电效能和综合有效性能。静电消除器的离子平衡度（亦称空间残留电压，指放置在离子化环境中的绝缘导电板，用充电金属板监测仪观测到的残留电压）、消电时间、臭氧发生量、噪声等技术参数是准确选择静地消除器的主要依据。

应用于房间的离子化系统，电压绝对值偏移小于 150V；应用于非房间的离子化系统，电压绝对值偏移小于 50V。消电时间是指在空气相对湿度 60% 的情况下，绝缘金属板的电压绝对值从 1000V 降至 100V 的时间。几类离子化静电消除器的消电时间见表 1.12.24。臭氧发生量一般不大于 $0.3mg/m^3$，噪声不大于 55dB（A）。表 1.12.25 是几种静电消除器的电性能。

表 1.12.24 离子化静电消除器的消电时间

使用场所	消电时间/s
层流罩	10～20
洁净室	20～60
空调房间	50～500
工作台面	2～20
压缩空气	0.1～5.0

表 1.12.25 离子化静电消除器的电性能要求

类型	级别	残余电压绝对值/V	消电时间/s
离子风机	A	＜5	＜20
	B	＜10	
	C	＜50	
离子风枪或风嘴	A	＜10	
	B	＜50	
离子棒	A	＜20	
	B	＜510	

电子工业洁净厂房中离子化静电消除器选择的主要要求有：一、二级防静电工作区设置的设备机台局部以及防静电安全工作台等对静电敏感元器件有明确防护要求的场所，均应选用离子化静电消除器，若洁净室的气流组织形式为单向流时，宜选择脉冲式高压静电消除器；对于易燃、易爆环境应选用自感应式静电消除器、高频高压型静电消除器以及具有防爆通风型结构的离子化静电消除器；空气洁净度等级 5 级和严于 5 级的洁净环境，不宜使用有风扇的离子化静电消除器，其他洁净环境的风扇式离子化静电消除器应具有自清扫功能。选用同位素式静电消除器时，应按现行国家标准《电离辐射防护与辐射源安全基本标准》（GB 18871）的有关规定进行防护设计，并应符合对射线屏蔽、人体防护的要求。选用高频高压型静电消除器时，电气间隙和基本绝缘试验电压等限值应符合有关标准的要求。

选用离子化静电消除器时，臭氧发生量的容许浓度值应符合国家现行有关工业场所有害因素职业接触限值的规定。离子化静电消除器的外壳应采用金属材质，其外壳及金属支承体应有可靠的保护接地。几种静电消除器的特点和适用范围见表 1.12.26。

表 1.12.26　几种静电消除器的特点和适用范围

种类		原理框图	特点	适用范围
自感应静电消除器		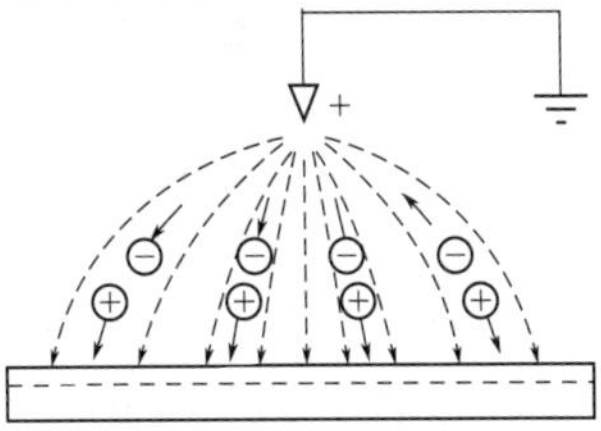	结构简单,制造、使用方便,不需电源,但效率低	适用于带电体电位 2.2～5.8kV;安装位置要合适,针尖与带电体距离要适当,一般以 5～20mm 为宜 可使用在易燃、易爆环境中
高压静电消除器	直流	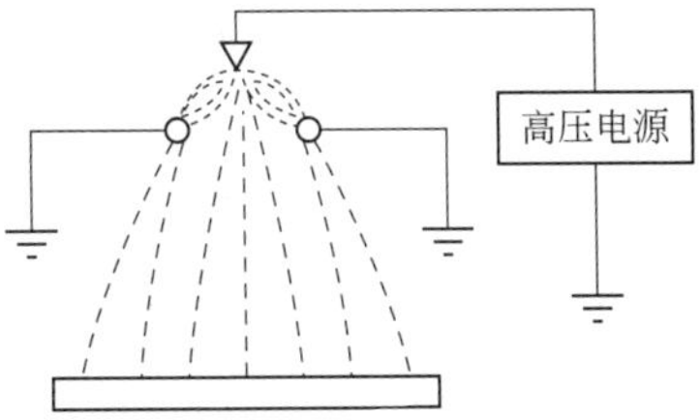	效率较高,但有单极性缺陷,往往有"消过头"现象	使用时需选择合适的电压升降和极性变化的可控装置
	交流		效率比直流低,设备较复杂 为控制空气中产生的臭氧浓度必须配有电压输出档次和极性的可控装置	与带电体距离以 25～35mm 为宜
	脉冲高频工频			
同位素静电消除器	α射线	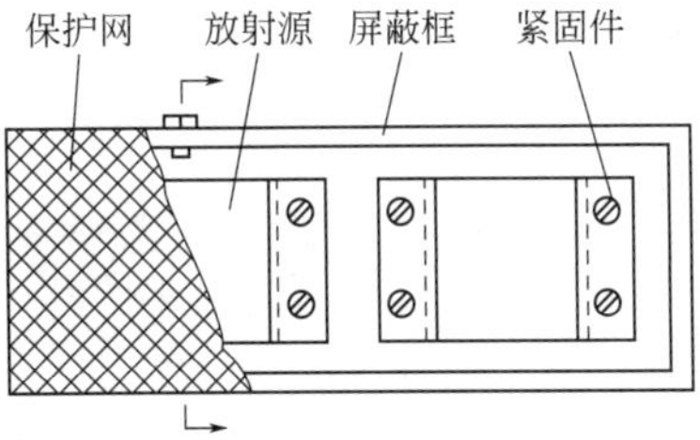	电离本领大,穿透能力弱-消电效能较差	必须注意防止放射线中和器可能出现的危害,放射源至带电体距离≤4～5cm,较多地用于油槽、搅拌器内可燃性物质的去电
	β射线		电离本领小,穿透能力强、消电效能较差	必须注意防止放射线中和器可能出现的危害,放射源至带电体距离≤40～60cm,较多地用于油槽、搅拌器内的可燃性物质的去电
离子流静电消除器		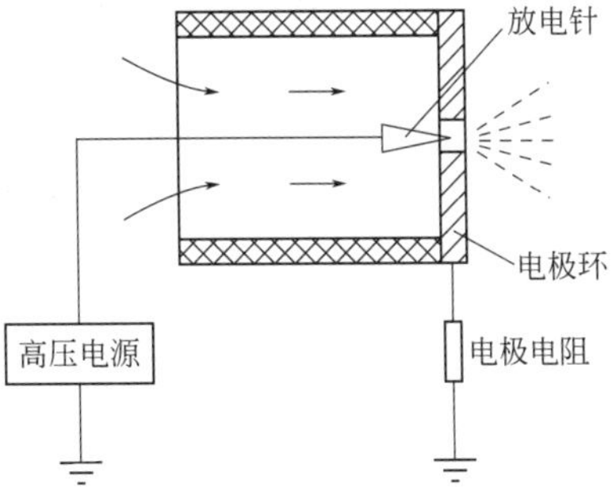	耗能少,为有源消电器的 1/10 结构比较复杂,空气需要净化、干燥,压力为 5.88～9.8Pa	安全性能好,可用于有爆炸危险的场所;不能用于消除液体静电

离子化静电消除器适宜的使用场所见表 1.12.27。

表 1.12.27　离子化静电消除器适宜的使用场所

型式	房间系统	层流罩	工作台面	压缩空气出口
同位素放射型	禁用	棒式	台顶	可用
交流型	网格	网格/棒式/台式	台顶/顶棚	可用
稳定直流型	网格/细棒	棒式	台顶/顶棚	可用
脉冲直流型	发射体/棒	棒式	慎用	不用

12.2.6 人体防静电

人体本身是导体，作业人员一旦穿着衣服、鞋、帽等在行走过程中就会由于摩擦产生静电积累，有时会高至数百伏甚至上千伏，虽然能量小，但人体会感应带电成为危险性很大的静电源。为了防止作业人员着装（包括工作服、鞋、帽等）的静电积累，应采用防静电织物作为面料制作的各类人体防静电器材；通常这类器材包括工作服、鞋、帽、袜、口罩、手腕带、手套、指套、鞋套等，应按不同的防静电工作区等级、场所的要求采用不同的人体防静电器材。

① 洁净厂房内作业人员的防静电洁净工作服是经过无尘清洗的在洁净室中使用的防静电工作着装，应具有防静电和洁净的性能；防静电工作服是为了防止服装上的静电积聚，以防静电织物为面料，按要求的款式和结构缝制的工作服。防静电洁净工作服分为分体式和连体式。图1.12.17为两种防静电洁净工作服的外形。从图中可见，连体式防静电洁净工作服是上衣和裤子、帽子等连成一体的服装，通常还包括技术要求相同的鞋套；其结构应安全、卫生，有利于人体正常生理要求和健康，并应便于穿脱、适应作业时肢体活动，要求领口紧、袖口紧并易于活动、穿脱。防静电工作服上不得使用金属材质的附件，若必须使用如纽扣、钩件、拉链等，其表面应加掩襟，金属构件不得外露；衬里应采用防静电织物，且防静电织物的衣袋、加固布的面积应小于防静电服装内表面积的20％。分体式由上衣、裤子、帽子组成，只适用于洁净度等级ISO 7～9级的洁净室。在防静电洁净工作服的有关标准中对防静电工作服的性能质量进行了分级，见表1.12.28。为确保洁净室内尘粒、离子含量的有效控制，对防静电洁净工作服的防静电性能、质量、尘粒、离子含量进行了分级要求，见表1.12.28～表1.12.30。

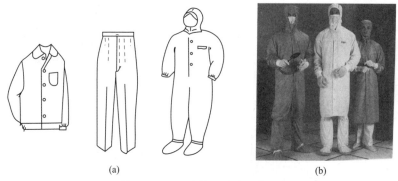

(a)   (b)

图1.12.17   防静电洁净工作服

表1.12.28   防静电工作服的防静电性能质量分级

级别	带电电荷量/(μC/件)
一级	≤0.1
二级	≤0.3
三级	≤0.6

表1.12.29   防静电洁净工作服的尘粒数质量分级　　　　　　　　单位：pc/cm²

级别	≥0.3μm 的尘粒数	≥0.5μm 的尘粒数
一级	<2000	<1200
二级	≥2000 且≤20000	≥1200 且≤12000
三级	≥20000 且≤200000	≥12000 且≤120000

表 1.12.30　防静电洁净工作服的离子含量质量分级　　　　　单位：ng/cm²

级别	Cl	SO_4^{2-}	Na^+	Ca^{2+}
一级	<100	<100	<100	<200
二级	<200	<200	<200	<300
三级	<300	<300	<300	<500

制作防静电洁净工作服的织物，应为具有防静电性能，且自身不易起尘的长丝型织物。防静电洁净工作服的织物应具有一定的透气性、透湿性，一般透气率不得低于 4.0mm/s，透湿量不得低于 1000g/(m²·d)。防静电工作服面料的点对点电阻应符合表 1.12.31 的要求。点对点电阻是在给定的时间内，对面料材料表面两个电极间施加规定的直流电压后，其直流电压与流过两点间的直流电流之比为点对点电阻。

表 1.12.31　面料的点对点电阻要求

测试项目	技术要求	
	A 级	B 级
点对点电阻/Ω	$1 \times 10^5 \sim 1 \times 10^7$	$1 \times 10^7 \sim 1 \times 10^5$

② 洁净厂房内防静电环境或防静电工作区的作业人员应依据安全操作要求配戴包括腕带、足带、鞋具等在内的防静电个人用品。腕带由接地带、导线和接点（搭扣）组成。腕带戴在手腕处，与皮肤直接接触。腕带应与手腕舒适接触，它的作用是将人员产生的静电迅速、安全地耗散接地，并保持人与工作表面相同的静电势。腕带上应带有一个起安全防护作用的方便的松脱接点，当佩戴者离开工作站时，可以方便地断开接点。地线接点（搭扣）与工作台或工作表面接通。应定期对腕带进行检测。

足带（腿带）是将人体携带的静电荷泄放至静电耗散型地面的一种接地装置。足带与皮肤接触的方式类似于腕带，不同之处在于，足带用于腿的下部或脚踝。足带的接地点位于穿戴者足部护具的底部。为了保证随时接地，两只脚均应配戴足带。进入控制区时一般要对足带进行检测。鞋带（后脚跟或脚趾）与足带类似，不同的是，与穿戴者接通的部分是插入鞋具的一条带子或其他物品。鞋带的接地点位于鞋具的脚跟或脚趾部分的底部，这与足带类似。为了保证随时接地，穿戴者的 2 只脚都要配戴鞋带。

洁净室或受控环境中穿戴的鞋具有 2 种：防静电鞋具，包括鞋罩、靴子和套在普通鞋外面的鞋套。靴子、鞋套由与防静电地面或地垫接触的鞋底和带有消除静电导电面料手段的鞋腰组成。所有布料的脱绒和脱尘特性都应符合洁净室的要求。鞋底的材料应使服装上的静电通过鞋腰传至鞋底，再从鞋底传至静电耗散型地面或地垫。另一种防静电鞋具是洁净室专用鞋或专用靴，这种鞋具在更衣室穿上，仅在洁净室内使用。鞋上有消除静电的通路，可以将人体上的静电电荷通过鞋传导至地面。专用鞋具所用的材料应具有将静电电荷从服装消散到地面的能力。在静电控制区，所有人员从脚到鞋具的底部表面都必须有一条低电阻通路。通过采用静电耗散型鞋具、静电耗散型鞋带、腿及靴的接地组件，可以实现低电阻通路。

③ 静电耗散型的防静电手套和指套，用于在干工艺和湿工艺中保护产品和工艺过程免受静电的伤害和作业人员的污染。佩戴手套或指套的作业人员可能偶尔不接地，所以应对防静电手套的储电特性和再次接地时的放电率进行确认。例如，接地通路可能会通过 ESD 敏感器件，因此，接触敏感器件时应采用缓慢释放静电的静电耗散型材料，而不是使用导电材料。在评估防静电手套的性能时，通常应关注手套表面与手套内的手不断接触可能产生的局部电荷，例如考虑是否出汗，干手与湿手对静电的影响不同，湿手能保持较好的电接触。

通常防静电手套和指套的制造材料可以是：含有平行或网格导电长丝的纺织或针织织物；在制造弹力聚合物的液体材料中加入导电添加剂；复合织物等。但应注意添加剂不应成为新的污染源，如颗粒物（例如炭黑脱落）、可析出物等。

12.3 防静电检测

12.3.1 一般要求

在有静电防护要求的洁净室（区）内，为了避免在洁净室运行过程中由于静电的产生影响产品生产或工作人员的正常作业，甚至造成设备、仪器或操作的中断运行和人员伤害，应在这类洁净室（区）内的防静电设施建造过程和/或使用过程中进行防静电检测，以确保洁净厂房的防静电设施满足产品生产工艺或使用的需求。通常检测的内容有洁净室（区）的接地系统、地面（地垫）、墙体和顶棚、工作台、台垫、工作椅、物料传递器具、人体静电防护用品、静电消除器等。静电测量主要是静电参数测量（如电压、电量、电流、火花放电能量等）和材料电气特性参数测量（如电阻率、介电常数、电阻、电容、半衰期等）。

（1）静电测量的特点

① 静电电流小。在静电带电情况下，物体的带电量和储存的能量通常是很小的，放电电流一般在皮安和微安范围内。为避免测量仪表的分流作用造成测量误差，仪表的输入阻抗要高。

② 静电电压高，一般在数百伏至数万伏范围。为此，测量仪表要满足高电压测量及其分挡的要求。

③ 高绝缘材料容易产生和积累静电。一般在静电测量中涉及的绝缘体电阻可达 $10^{18} \sim 10^{20}\,\Omega$，新的纤维测量仪表要适应高绝缘测量的要求。测量时，整个测量系统要保持高绝缘性能。

④ 基于上述特点，要求静电测量仪表的灵敏度高。

⑤ 静电测量受各种环境条件影响因素多（如温度、相对湿度、周围其他物体的性质、环境力学条件等），致使测量的重复性差，通常要求进行多点测量。

（2）测试技术指标　各行业洁净厂房内因生产过程或使用过程的差异对防静电环境的要求不同。其测试技术指标是不同的。在电子行业标准《电子产品制造与应用系统防静电检测通用规范》（SJ/T 10694-2006）中的部分测试技术指标见表 1.12.32。

表 1.12.32　测试技术指标

项目要求		表面电阻/Ω	体积电阻/Ω	点对点电阻/Ω	系统电阻/Ω	衰减期/s	摩擦电压/V	电荷量	静电屏蔽性能		电阻率/Ω
									V	Ω	
防静电接地电阻											<10
各类地面、地垫				$1\times10^{4} \sim 1\times10^{10}$	$1\times10^{4} \sim 1\times10^{9}$		<100				
各类工作台面、工作台垫				$1\times10^{5} \sim 1\times10^{9}$	$1\times10^{5} \sim 1\times10^{9}$		<100				
各类墙面		$1\times10^{5} \sim 1\times10^{10}$									
座椅和运转车表面				$1\times10^{5} \sim 1\times10^{10}$	$1\times10^{5} \sim 1\times10^{9}$		<100				
工作服				$1\times10^{5} \sim 1\times10^{10}$				<0.6μC			
手套、指套、帽				$1\times10^{5} \sim 1\times10^{9}$							
工作鞋型（鞋底）	静电耗散型		$1\times10^{5} \sim 1\times10^{9}$								
	导静电型		$<1\times10^{5}$								

续表

项目要求	表面电阻/Ω	体积电阻/Ω	点对点电阻/Ω	系统电阻/Ω	衰减期/s	摩擦电压/V	电荷量	静电屏蔽性能 V	静电屏蔽性能 Ω	电阻率/Ω
柔韧性包装类					$\leqslant 2$			<30		$p_s 10^6 \sim 10^{12}$ $p_s < 10^{12}$
周转容器 静电耗散型					$\leqslant 10$					
周转容器 导静电型					$\leqslant 2$					
防静电烙接地电阻										$\leqslant 2$
腕带穿戴状态下电阻			$7.5 \times 10^5 \sim 1 \times 10^7$							
腕带内表面对电缆扣电阻			$\leqslant 1 \times 10^5$							
腕带连接电缆两端电阻			$7.5 \times 10^5 \sim 1 \times 10^7$							
进入 EPA 人员的人体综合电阻			$1 \times 10^5 \sim 1 \times 10^9$							
防静电工具(刷)			$\leqslant 1 \times 10^9$							
存放架			$1 \times 10^5 \sim 1 \times 10^9$							
鞋束(袜)			$1 \times 10^5 \sim 1 \times 10^9$							
电离器(电子枪)					1000～100V 时不大于 20	$\leqslant \pm 50$ (残余电压)				
窗帘			$1 \times 10^5 \sim 1 \times 10^{10}$			<400				
工位器具及物流传送器具	$1 \times 10^5 \sim 1 \times 10^9$	$1 \times 10^5 \sim 1 \times 10^9$	$1 \times 10^5 \sim 1 \times 10^9$			<100				
防静电瓷砖、石材		$1 \times 10^5 \sim 1 \times 10^9$	$1 \times 10^5 \sim 1 \times 10^{10}$			<100				
防静电剂(液、蜡、胶)	$1 \times 10^5 \sim 1 \times 10^9$									
防静电传送带			$1 \times 10^5 \sim 1 \times 10^9$	$1 \times 10^5 \sim 1 \times 10^9$		<100				
集成电路防静电包装管						$\leqslant 50$	$\leqslant 0.05 \mu C$			

注: 1. 表中表面电阻、体积电阻的测试应用 IEC 61340-5-1 规定的三电极或 GB/T 31838.2 规定的三电极。如果已有产品专业标准对测试方法做了明确规定则应首先采用, 其他测试方法则不予考虑。

2. 测试点对点电阻、系统电阻时, 如果没有给定测试电极的尺寸, 采用柱状电极 [电极直径 60mm±3mm; 电极材料为不锈钢或铜; 电极接触端材料的硬度为 60HSD±10HSD (邵氏 A 级); 接触端材料的厚度 6mm±1mm, 其体积电阻小于 500Ω; 电极总重 2.25～2.5kg] 测试。

3. 检测产品时, 电极之间的距离相关标准没提出时, 点对点电阻测试采用柱状电极时, 电极之间的距离为 300mm; 地面工程检验时, 电极之间的距离则为 900～1000mm。

4. 表中所用电极的材质有关标准没指明时, 一律采用不锈钢或铜材。

5. 测试工位器具及物流传送用具时, 如尺寸不规范, 可用表中给出的任一指标判定, 并选用任一种合适的电极。

12.3.2 测试条件、测试仪器

（1）防静电的测试条件　环境温度为20～25℃，相对湿度（RH）为40%～60%。对于防静电用产品有明确测试标准的，应优先采用其规定的相应测试条件。

（2）测试仪器　测试仪器包括非接触式和接触式静电电压表、接地电阻测量仪、兆欧表及标准电极、静电电量表、腕带测试仪、人体综合电阻测试仪、离子平衡分析仪、摩擦起电机、法拉第筒、静电屏蔽测试仪、直流电压（流）表、直流电压源。所使用的仪器精度不低于5%，并应检定、计量合格和在有效期内，量程通常应大于实际测试范围20%。依据实际需要允许使用符合测试要求的同类仪表。常用的静电测试仪表见表1.12.33。

表 1.12.33　常用的静电测量仪表

测量对象		仪表形式	测量原理	测量范围	适用场所	特点	备注
静电电压	直接接触式	接触式静电电压表	利用静电库仑力的作用，使活动电极偏转来指示静电大小	数十伏至十万伏	实验室及生产场所	测头与带电体直接接触、不能分辨静电极性，只能得到大致数值	
	非接触式	感应式静电电压表	利用静电感应，经直流放大后指示电压数值	数十伏至数万伏	实验室及生产场所	测头与带电体不直接接触	
		振动电容式静电电压表	利用探极与被测带电体之间的电容周期性变化，在探极上产生交变电压讯号，经交流放大器放大后显示	毫伏至万伏	实验室	测头与带电体不直接接触	用于较精密的电压测量
		旋叶式静电电压表	利用电动机轴的动片，与被测带电体作用下感应出的持续交流电压，经放大显示	数十伏至数万伏	实验室及生产场所	测头与带电体不直接接触	为减少测量误差，探头与被测带电体之间，应保持一定的距离
		集电式静电电压表	利用放射性同位素电离空气，借以测量被测带电体对地电压	数十伏至数万伏	实验室及生产场所	测头与带电体不直接接触	为减少测量误差，探头与被测带电体应保持一定的距离
高绝缘电阻		振动电容式超高阻计	利用振动电容器，将微弱的直流电流变成交流信号，经放大后显示	$10^6 \sim 10^{14}\ \Omega$	实验室	适用于固体介质高绝缘测量	
微电流		复射式检验式		$< 1.5 \times 10^{-9}\ \mathrm{A}$	实验室		可测量$10^{-18}\ \mathrm{A}$的微弱电流
电容		万能电桥	电桥原理	数皮法至数十皮法	实验室		按$Q = CV$计算

测量对象	仪表形式	测量原理	测量范围	适用场所	特点	备注
电荷		借助法拉第原理,测得法拉第内外筒之间的电容和对地电压后,按 $Q=CV$ 计算	较宽	实验室		用来测量绝缘体带电量

12.3.3 各类防静电检测示例

（1）表面电阻（率）和体积电阻（率）的测量　对被测材料或产品进行测试时，需将产品（材料）放在绝缘台面或测试架上；绝缘台面的表面电阻、体积电阻分别大于 $1\times10^{13}\Omega$，其几何周边尺寸均大于被测材料10cm。

表面电阻、体积电阻测试电极组件由2个导电材料制作的同心环电极和1个直径 $70\sim85$mm、厚4mm的圆柱状反向电极（电极面层有3mm厚的导电材料，其邵氏硬度 $60HSD\pm10HSD$）组成，见图1.12.18；电极施以10V电压，在不锈钢、非腐蚀性金属板（不是铝）上测试时，接触电阻应小于 $10^3\Omega$。电极材料应在测量条件下抗腐蚀，并不与被测材料起反应。

测试程序：将被测材料放在1个光滑、平整的绝缘台面或测试架（或平面）上；当用500V电压进行测试时，其体积电阻和表面电阻应大于 $1\times10^{13}\Omega$。被测样品应未经化学、物理处理。电极与地面之间的泄漏电流对仪表的读数不应有重要的影响，并应注意在放电极和装样品时尽量减少电流泄漏，以免影响测量结果。

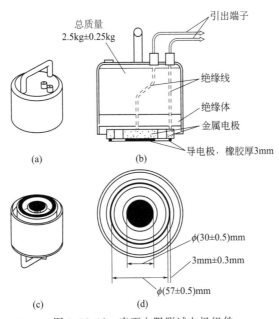

图1.12.18　表面电阻测试电极组件

样品的形状最好为片状，尺寸不小于 110mm$\times120$mm。通常应准备3块样品材料。电极应按图1.12.19与仪器连接，把电极组件放在样品距边缘至少10mm的距离处。对每个样品（材料），以不同点测试3次，以平均值为测试结果。

（2）防静电活动地板的电阻测试　按电子行业标准《防静电活动地板通用规范》（SJ/T 10796）的要求进行测试，测试环境的温度为 $23℃\pm2℃$，相对湿度 $45\%\sim55\%$。测试方法是将被测件的测量表面以中性洗涤剂擦拭洁净，并放置 48h 以上。测试时使活动地板处于安装状态，如图 1.12.20 所示。防静电活动地板系统的电阻测量 5 处，以其算术平均值为测量结果，导电型活动地板的电阻 $< 1.0 \times 10^6 \Omega$，静电耗散型地板的电阻 $1.0 \times 10^6 \sim 1.0 \times 10^9 \Omega$ 为合格。

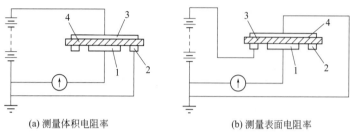

(a) 测量体积电阻率　　　　　　　　(b) 测量表面电阻率

图 1.12.19　表面电阻、体积电阻测试

1～3—电极；4—试样

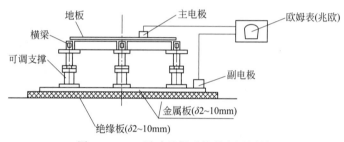

图 1.12.20　活动地板系统的电阻测量

（3）工作台台面的电阻测试　图 1.12.21 是工作台表面点对点电阻的测试。防静电表面点对点电阻的测试应符合相关标准的检测要求。工作台台面对地系统的电阻测试见图 1.12.22。

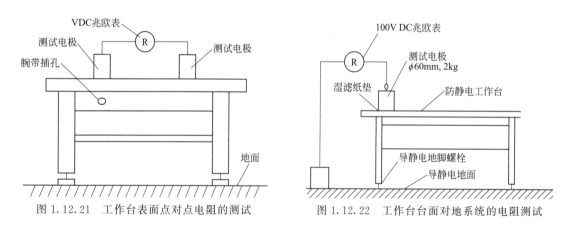

图 1.12.21　工作台表面点对点电阻的测试　　　　图 1.12.22　工作台台面对地系统的电阻测试

（4）腕带测试　腕带可通过 1 个兼容的插头终端，1 个能够保证良好接触、尺寸足够大的金属或导电的手触摸板来实现电源的连接。腕带测试有系统电阻、点对点电阻的测试。

腕带穿戴状态下电阻（系统电阻）的测试：操作者以正常方式戴上腕带，把线端插入测试仪器，压住手触摸板，直至仪器可以稳定地测量为止，见图 1.12.23。

腕带内表面对电缆扣电阻（点对点电阻）的测试：将两测试电极分别接触腕带内表面和电缆扣与测试仪连接测量，见图 1.12.24。

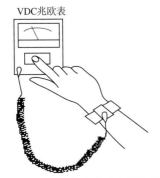

图 1.12.23　腕带穿戴下电阻的测试

图 1.12.24　腕带内表面对电缆扣电阻的测试

腕带接地电缆两端电阻（点对点电阻）的测试：用测试电极连接电缆两端测试，见图 1.12.25。

（5）座椅和地面的电阻测试　座椅的椅面与靠背之间点对点电阻的测试如图 1.12.26 所示。座椅的椅面与脚轮之间系统电阻的测试，在脚轮下应放置导电板，其尺寸为 200mm×200mm，且应良好接触，见图 1.12.27。

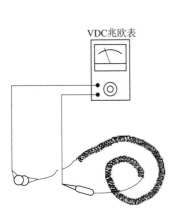

图 1.12.25　腕带连接电缆两端电阻的测试

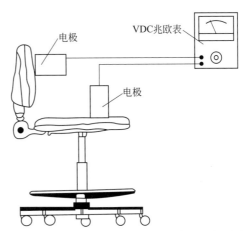

图 1.12.26　椅面与靠背之间点对点电阻的测试

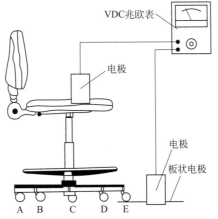

图 1.12.27　椅面与脚轮之间系统电阻的测试

地面、地垫点对点电阻的测试，应按图1.12.28进行。地面系统电阻的测试见图1.12.29。

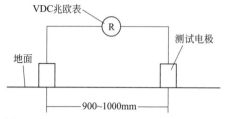

图1.12.28 地面、地垫点对点电阻的测试

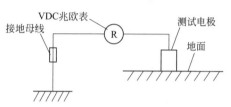

图1.12.29 地面系统电阻的测试

（6）人体综合电阻的测试 穿着工作鞋、工作服和手套（指套）的人员站在人体综合电阻测试仪的金属电极板上，手触摸板电极测试电阻，见图1.12.30。

（7）离子静电消除器的测试 全室离子化测试时，测试区域内应无物品，并不应存在任何大的金属物件，例如储藏架或设备架等；为稳定试验区域内的测试条件，测试前电离系统宜至少运行30min。测量数量应根据电离系统类型确认最少测点数，例如单极发射型直流系统最少为3个测点，见图1.12.31；脉冲或稳态直流发射系统最少为2个测点，见图1.12.32。

图1.12.30 EPA鞋类、人体综合电阻的测试

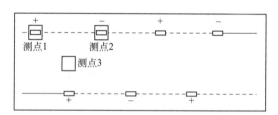

图1.12.31 单极发射直流系统实例（要求测量3个测点）

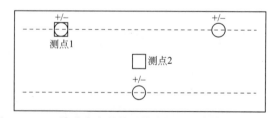

图1.12.32 脉冲直流发射系统实例（要求测量2个测点）

图1.12.33、图1.12.34是悬挂式离子风机的测试点。图1.12.35是台面离子化相对风机的测点。图1.12.36是压缩空气离子枪的测试位置。

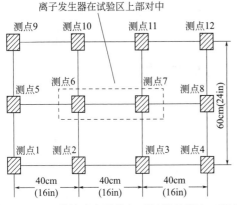

图 1.12.33 悬挂式离子化相对风机的测点（俯视）

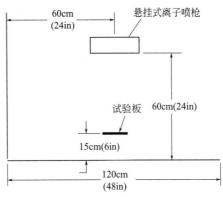

图 1.12.34 悬挂式离子化相对风机的测点（正视）

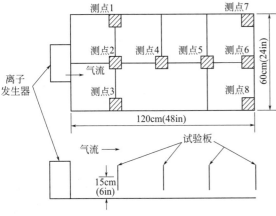

图 1.12.35 台面离子化相对风机的测点

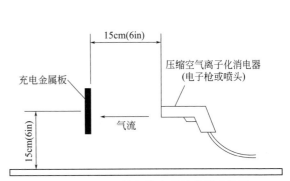

图 1.12.36 压缩气体离子枪的测试位置

参考文献

[1] 陈德水.静电防护//《电子工业生产技术手册》编委会.电子工业生产技术手册：第 17 卷.北京：国防工业出版社，1992.

[2] 孙延林.电子工业静电控制技术.北京：电子工业出版社，1995.

[3] [日] 早川一也.洁净室设计手册.邓守廉，等译.北京：学术书刊出版社，1989.

[4] 章宝铭，林文获.静电防护技术手册.北京：电子工业出版社，2000.

[5] 吴宗汉.静电技术与洁净工程.洁净与空调技术，1996（1）：29-32.

[6] 罗宏昌.静电防护专题讲座.洁净与空调技术，2002（3）：56-57；2002（4）：61-64；2003（2）：62-64；2003（3）：60-62；2003（4）：59-61，47；2004（2）：61-63，56.

[7] 管伟.半导体和 TFT 生产中的洁净室静电控制与空气电离.第 18 届国际污染控制学术论坛.北京：2006.

第13章 电磁干扰与防止

13.1 电磁干扰及危害

13.1.1 电磁干扰

电磁干扰（EMI）是指在电磁环境中，由发生源产生的无用电磁信号或电磁噪声，经传导、耦合、感应、辐射等传输途径，对有用电磁信号的接收或传输造成的不良影响或损害。

洁净厂房周围环境若有高压、超高压电力输电线路及其铁塔或广播电台、无线电台大功率发射天线时，通常在数百米范围内均会存在电磁干扰，所以在这类电磁环境及其附近（可能数百米甚至数千米）都不适合建设集成电路制造洁净厂房等类型的电子产品制造工厂。但是在洁净厂房内不同的电子产品依据产品生产工艺的不同需要，通常不可避免地会设有产生电磁场的生产设备和供应电力的变压器及其相应的不同电压等级的输电线路，这样也会产生场强不同的电磁干扰，为此，在洁净厂房内涉及对电磁干扰危害具有严格要求的场所、房间，在相关标准规范内做出了规定/要求。例如，在国家标准《硅集成电路芯片工厂设计规范》（GB 50809—2012）中规定：环境的电磁场强度超过生产设备和仪器正常使用的允许值的房间/场所应采取电磁屏蔽措施；生产设备和仪器所允许的环境电磁场强度值应以相关产品技术说明要求为依据；对需要进行电磁屏蔽的生产工序/设备，在满足生产操作和屏蔽结构体易于实现的条件下，宜直接对其生产工序/设备工作环境进行电磁屏蔽。一般情况可选择的电磁屏蔽措施有：直接对生产设备工作地环境进行屏蔽时，宜选择装配式的商品屏蔽室；对生产工序整体环境进行屏蔽时，宜选择非标设计和施工安装的屏蔽体；对仪表计量房间的电磁干扰进行屏蔽时，装配式的商品屏蔽室与非标设计和施工安装的屏蔽体均可采用。

环境电磁场场强宜以实测值作为电磁屏蔽设计依据。缺少实测数据时，可采用理论计算值加上 $6\sim8dB$ 的环境电平值作为电磁干扰场强。

对需要采取电磁屏蔽措施的区域/场所，屏蔽结构的屏蔽效能应在工作频段设有不少于 10dB 的富裕余量。屏蔽室的电磁屏蔽效能，通常可按表 1.13.1 的数值进行选择。

表 1.13.1 屏蔽室的电磁屏蔽效能

频段	简易屏蔽	一般屏蔽	高性能屏蔽	特殊屏蔽
10kHz～1GHz	<30dB	30～60dB	60～80dB	≥80dB
>1GHz	<40dB	40～80dB	≥80dB	≥100dB

13.1.2　电磁干扰的危害

干扰噪声会对各种电气和电子设备或系统(如通信、导航、雷达、电子计算机、无线电计量、电磁计量、电子医疗设施、电子扫描显微镜以及电视机、收音机等)产生干扰,使之不能正常工作,导致诸如通信信号错误、工厂自动控制操作失灵、计算和计量混乱、人造卫星难以控制等事故,给政治、经济、军事以及生产、科研等造成极大影响,甚至引发重大事故和巨大政治、经济损失。

电磁干扰的程度取决于干扰噪声强度以及被干扰产品生产过程/设备的电磁敏感度或抗电磁干扰能力。

电磁敏感度(EMS)是指在电磁干扰情况下,使设备产生不希望有的响应或性能下降的最小电磁干扰电平。

(1) 强电磁环境及其危害　强电磁环境是指在大功率无线电设备和发射机附近,由于发射天线的辐射及设备机壳、馈线等的电磁泄漏,使该环境存在较高的电磁场强或功率密度。一般为几十到几百伏每米或几百微瓦每平方厘米到几十毫瓦每平方厘米,脉冲功率密度可达几十瓦每平方厘米。强电磁的危害主要如下。

① 对可燃性气体或液体的危害:强射频电磁场可在两个导体之间引起火花。当这些导体是可燃性气体或液体的储存柜和输送管道时,就可以引起严重的火灾或爆炸。

② 对引爆装置的危害:强电磁辐射可能触发电引爆装置,引起爆炸或点燃火箭发动机,造成误引爆事故。

③ 对人体健康的影响:长期工作在一定强度电磁环境中的作业人员可能会引起头晕、乏力、记忆力减退和睡眠障碍等神经衰弱表现。若为平均功率密度大于 $100\mathrm{mW/cm^2}$ 的微波辐射,将会导致白内障等器质性损害。

(2) 环境电噪声　环境电噪声,按其发生源,可分为自然电噪声和人为电噪声两类。前者由自然界产生,后者由电气或电子设备产生。

1) 自然电噪声,自然电噪声主要有天电噪声、太阳噪声和宇宙噪声三种。

天电噪声是自然界在雷电活动时,由于大气层中积蓄电荷放电所产生的一种电磁辐射。其噪声频谱可以从极低频(ELF)延伸到 50Hz,其最强辐射能量密度分布在 100kHz 以下频段,通常在 5kHz 左右幅值最大,它是一种主要的自然电噪声。太阳噪声是太阳黑子活动所产生的一种电磁辐射。其噪声频谱可以从高频段(HF)延伸到 10kHz,是该频段主要的自然噪声。宇宙噪声是来自银河系的电磁辐射,其噪声频谱主要分布在超短波以上的分米波和厘米波段,噪声幅值较小。

2) 人为电噪声,由机器或其他人工装置产生的电磁噪声,称为人为电噪声。人为电噪声按其产生原因可分为:放电噪声(包括电晕放电噪声、火花放电噪声、弧光和辉光放电噪声)、持续振荡噪声、过渡状态噪声和等离子区域振荡噪声等四类。工作于单个频率的电子设备,属于宽带噪声源;放电噪声以及任何电流突变的设备,属于宽带噪声源。

在特定环境下,人为电噪声的强度将高于自然电噪声,成为主要的环境电噪声。表 1.13.2 为人为电噪声实例。

表 1.13.2　人为电噪声实例

电噪声源	噪声产生原因	设备或装置举例
小型电气设备(一般家用电器)	电接点式装置 用整流子型电动机的设备 放电管 用半导体的控制设备	放电噪声(火花、弧光) 放电噪声(辉光) 过滤状态噪声(相位控制噪声)	霓虹光、继电器、电磁开关、电冰箱、电熨斗、电钻、电动缝纫机、电吹风机、荧光灯、高压水银灯 可控硅整流调光器

电噪声源		噪声产生原因	设备或装置举例
高频设备	工业用高频设备 医疗用高频设备 超声波设备	持续振荡噪声	工业高频加热设备、高频焊接设备、超短波医疗设备、分米波医疗设备、电手术刀、控伤仪、测深仪、超声波清洗机
电力设备	电力线 电气化铁道	放电噪声(电晕、火花) 放电噪声(火花、弧光) 反射噪声	高压电力线 集电器离线 车体反射
内燃机	汽车	放电噪声(火花)	点火系统
无线电设备	大功率发射机接收机	持续振荡噪声	发射机、雷达 电视接收机、调频接收机、调幅接收机
核爆炸	电磁脉冲	等离子区振动噪声,它是由于在核爆炸周围产生电离化气体的影响,使地磁受到突然翘曲而处于消失状态,并产生100kV·A级的电磁脉冲	

13.2　洁净厂房内的电磁干扰

13.2.1　电磁干扰的类型

(1) 变压器的磁干扰　洁净厂房内依据用电负荷分布状况,为了减少供配电线路的损耗,通常将变压器尽量设置在用电负荷集中处或设置在洁净厂房的一侧靠外墙或下技术夹层内等。变压器即使进行了磁屏蔽,但还是会产生磁漏,产生磁干扰,特别是在变压器的四周,如果邻近处敷设有燃气、供水等管道,它的磁漏场一直传递至远处。

(2) 高频炉的电磁干扰　高频加热设备产生无线电干扰噪声,主要是由设备泄漏的高频电磁场引起的。它属于持续振荡干扰噪声,其噪声强度主要取决于设备的屏蔽和滤波效果以及负荷的匹配状况。工业用高频加热设备电路结构较简单,谐波丰富,会对周围空间造成严重干扰,常会成为产品生产厂房中一种主要的环境电噪声源。

设置在地面上或邻近于地面的工业高频加热设备其噪声电平随距离衰减的规律,与设备四周的土质、地形以及地面的构筑物等情况有着密切的关系。其中基波衰减较快,高次谐波衰减较慢。

一台30kW的高频感应加热设备,不同距离处的基波干扰噪声电平实测值($f=217.5\text{kHz}$)如图1.13.1所示。图中实线为30m距离,虚线为50m距离,点划线为100m距离。距该设备500m范围内的基波干扰噪声(实线)和10次谐波干扰噪声(虚线)的衰减特性见图1.13.2。从图中可看出10次谐波比基波衰减慢,基波噪声电平通常可按约$1/D^{22}$的规律衰减。

(3) 电气配线的电磁干扰　电气配线系统指厂房内部的各种电源线、设备与装置间的互联线、信号线等。这些配线有的采用绝缘导线穿管或采用电缆等。

当电气配线在混凝土板内埋设时,就会从这里产生漏磁场,使测量仪器产生误差。

电缆既是电磁干扰的发生器,也是一种接收器。作为发生器,它辐射电磁波,会使敷设在其附近的信号线产生附加电压引起干扰,造成信号失真。作为接收器,电缆也能敏感地接收从其邻近干扰源所辐射的电磁波。为此,要采取相应的防电磁干扰措施。

(4) 室内设备造成的电磁干扰　电磁开关、焊接机、电钻、荧光灯及其他气体放电灯、用整流子型电动机的设备等都会产生放电噪声,可控硅整流设备会产生相位控制噪声。这些噪声干扰也需在洁净厂房设计中考虑，如在某些电磁测量室内禁止使用荧光灯，微电子器件组成的印制电路板不能用电钻钻孔等。总之室内产生电磁场的设备要尽量使电磁辐射量减少，受电磁干扰的设备要尽可能做到受噪声干扰后不发生误动作。对计算机监控系统，要采用抗噪声干扰强的软件，或者在电路上装数字滤波器。

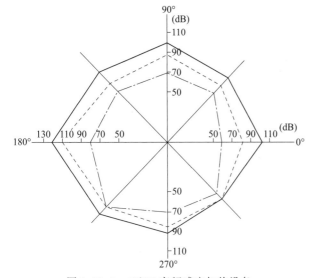

图 1.13.1　30kW 高频感应加热设备
的干扰噪声电平实测值

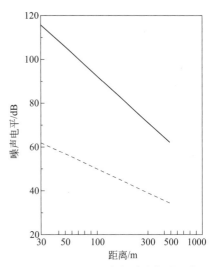

图 1.13.2　30kW 高频感应加热设备
的干扰噪声衰减特性

（5）静电放电噪声　静电放电的放电脉冲电压可高达数千伏甚至十几千伏，对人身和设备都会造成干扰和损害，它是一种人为的干扰源。

13.2.2　电磁干扰的控制

根据干扰源的特点和干扰波的辐射传播特性，电磁干扰的控制或防止途径主要有如下四种：降低对干扰源的耦合；减少设备的电磁泄漏；增大干扰波在传输过程中的衰减；加强空间电波管理。其中，第一、四种控制途径是通信工程研究和管理的范围，不在本书讨论的范围内。

（1）减少设备的电磁泄漏　对于大量不是以向空间辐射电波为目的的工业、科学研究、医疗用高频和微波设备，应尽量减少其电磁辐射和泄漏。根据具体情况应考虑以下几点措施。

① 对设备中产生辐射的主要器件，需采用局部屏蔽和隔离的措施。对其中电磁泄漏严重的部件，应采取增强屏蔽和吸收的措施。如微波设备的磁控管、高频设备的振荡器等，采取屏蔽和滤波措施，见图 1.13.3 和图 1.13.4。

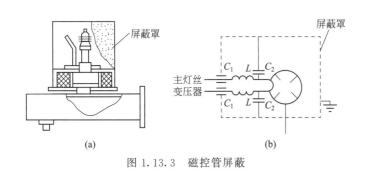

图 1.13.3　磁控管屏蔽

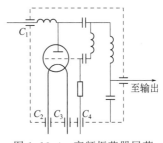

图 1.13.4　高频振荡器屏蔽

② 应尽量保证设备机壳在电气上连续，提高其屏蔽效能。

机壳上所有的连接缝，均应具有良好的电气接触。设备/仪表机壳上的孔洞，如通风散热孔、仪表安装孔等，均应进行电气滤波或隔离处理。仪表安装孔的屏蔽见图 1.13.5。

③ 设备电源线和输出、输入信号线等均应设置滤波器。设备单元连接线应采用屏蔽线或屏蔽双绞线或电磁屏蔽电缆。

电气配线为防止漏磁场的影响，其穿线管应采用厚壁钢管，钢管接头应采用螺纹接头连接，并宜拧 8 扣以上的丝扣，一直把螺纹拧到底，直到丝扣拧死为止。使用金属软管时，要尽量减少接头，并使接头嵌入深一些。总之，穿线管的接头除了采用螺纹式的以外，不得使用其他接头。这是因为接头部件若变成高磁通，失去屏蔽效果，并以此非连续接头部位产生的磁漏在室内形成磁场，导致各种干扰。

为了避免发生各种干扰，穿线管不应在地板内埋设，而采用架空敷设。配线方式尽量不作环形配线，应采用放射式配线方式，并应从一点引出各个分路，如图 1.13.6（a）所示。

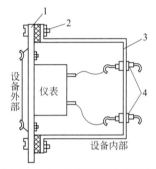

图 1.13.5　仪表安装孔的屏蔽
1—机箱外壳；2—折叠金属网或导电衬垫；
3—仪表屏蔽盒；4—穿心电容器

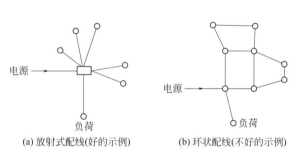

(a) 放射式配线(好的示例)　　(b) 环状配线(不好的示例)

图 1.13.6　防止电磁干扰的配线方式

屏蔽洁净室中电磁场干扰的控制措施包括电源滤波器的设置、空调风管等管线的屏蔽措施等，见图 1.13.7。

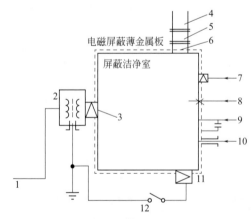

图 1.13.7　屏蔽洁净室防止电磁干扰的措施
1—电源线；2—绝缘变压器；3—电源滤波器；
4—空调风管；5—绝缘管道；6—屏蔽通风口；
7—滤波器；8—穿洞式电容器；9—旁路式电容器；
10—陷波器；11—接地滤波器；
12—接地开关（平时开路）

④ 设备应尽可能在匹配状态下工作。

（2）增大干扰波在传输过程中的衰减　增大电磁干扰波在传输过程中的衰减，是一种常用的有效电磁环境控制方法，主要包括滤波、屏蔽与隔离、吸收。

1）滤波，滤波是一种抑制传导干扰的有效手段。滤波方法常常采用滤波器。滤波器是一种特殊网络。其作用是允许一定频带内的信号很容易地通过，同时衰减或抑制其他频率信号通过。

为了抑制干扰波通过设备电源和信号线传导，可在设备电源线和信号线引入处装设滤波器，以增大干扰的传输衰减。

2）屏蔽与隔离，屏蔽是一种阻止或减少电磁能量辐射传输的有效手段。它是采用导电体或导磁体封闭面，对某空间进行电磁隔离，以增大干扰波的传输衰减，使屏蔽空间内部的设备或部件不受外界电磁场的影响；或者不让该空间的电磁场泄漏到外界空间，以避免造成环境电噪声。

带屏蔽层的隔离变压器是实现电路和电路之间电气隔离的有效手段。普通的隔离变压器对低频的共模干扰有抑制作用，而带屏蔽层的隔离变压器对低频与高频干扰中的较低频段干扰有抑制作用，其共模衰减量可达 60～80dB。多重屏蔽的超级隔离变压器，对从低频段到高频段的所有共模干扰都有抑制作用。

3）吸收，吸收也是一种阻止或减少电磁能量辐射传输的手段。它是将某种吸收材料介入到电波传输途径中，使部分或大部分电磁能量在这些材料中转变为热能消耗掉。吸收材料较多，根据用途不同，大致可分为屏蔽式电波吸收材料和减少反射或无反射式电波吸收材料两类。前者常用于微波防护和衰减不需要的辐射，后者常用于反雷达和微波暗室。

13.3　电磁屏蔽

13.3.1　电磁屏蔽的设计

（1）屏蔽的种类　电磁屏蔽按其作用机制可分为静电屏蔽、磁屏蔽和电磁屏蔽三类。

1）静电屏蔽，静电屏蔽主要是防止静电电场的耦合感应，其屏蔽机制是利用高电导率材料并通过接地，以消除两个电路之间的分布电容耦合影响。这种屏蔽要求接地良好。

2）磁屏蔽，磁屏蔽包括频率低于 10kHz 的甚低频（VLF）至低频（ELF）磁场屏蔽、准静磁场屏蔽和直流磁场屏蔽。对于直流磁场，其屏蔽机制是以低磁阻屏蔽体将磁力线分路，以保护被屏蔽空间，使之不被磁力线穿透。

3）电磁屏蔽，电磁屏蔽是指频率 10kHz～40GHz 的所有电波屏蔽，其屏蔽机制是遵循电磁感应定律。根据被屏蔽空间是否存在干扰源，电磁屏蔽又可分为有源屏蔽和无源屏蔽两种，其特点见表 1.13.3。

表 1.13.3　有源屏蔽和无源屏蔽的特点

类型	有源屏蔽	无源屏蔽
干扰源	干扰源在屏蔽体内部	干扰源在屏蔽体外部
分析方法（适用于屏蔽体的尺寸比波长大很多时）	屏蔽体内部按平面波处理，但必须考虑屏蔽体内表面反射产生的驻波	按平面波进行考虑
接地	需安全接地	对电磁屏蔽不需要接地
电波保护	对工作在屏蔽体内部空间的作业人员，在一定功率辐射情况下，要考虑电波防护	不考虑电波保护
双层屏蔽	外层：铁磁性材料 内层：非铁磁性材料	外层：非铁磁性材料 内层：铁磁性材料

（2）屏蔽设计　对洁净厂房的屏蔽设计首先应确定屏蔽要求，选择屏蔽方案，遵循下列顺序进行综合分析比较。

① 对电子设备和设施安装位置的电磁环境进行现场测量，应采用标定过的天线和专用的干扰场强仪或频谱分析仪等。这是因为所在场地及其周边的广播电台、电视台、雷达和通信发射机等所发射的信号场强，邻近医疗设施区域内的高频医疗和电灸器械及邻近工业和科研设施区域内的射频焊接设备、射频加热设备、微波加热炉等所发射的电磁干扰，邻近高压输电线路间隙的火花放电和电晕放电，以及邻近环境中安装的晶闸管和电磁开关等电气设备所产生的电噪声，都可能形成干扰源，必须进行测量鉴别。

② 调查待装设备和设施可能承受或引起的干扰程度。通过调查类似设备以往在其他相似电磁

环境下的性能分析，特别是需要分析待装设备的电磁干扰特性、干扰的耦合方式，以判断是否需要屏蔽和确定屏蔽面积。

③ 最大限度地利用建筑物的固有屏蔽，或实际测定建筑物与结构物各部位的电磁屏蔽效能，或按规范估算钢筋网对低频磁场和高频电场或平面波的屏蔽效能。

④ 确定屏蔽面积和屏蔽要求前对电子设备和设施进行合理的结构布局。为了降低屏蔽衰减要求，应预先确定各类潜在干扰源的位置，增大这些干扰源与潜在敏感设备和设施之间的间隔距离。当电子设备和设施的安装有几个位置可供选择时，设备的取向应将敏感一侧背对入射信号。应利用建筑结构固有的屏蔽特性，将最灵敏最关键的设备放置在建筑物中心附近，或屏蔽效能最佳的位置。通常钢筋混凝土框架结构的建筑，其中心附近部位的屏蔽效能最好。

当单个设备需要屏蔽时，应从改进该设备的屏蔽性能入手，或对安装该设备的那个房间进行屏蔽。

⑤ 屏蔽材料应选择屏蔽效能高、耐腐蚀性强、加工方便和价格便宜的材料。

a.屏蔽性能高。对高阻抗电场和平面波，应选用比反射损耗大的金属材料，即材料的 $\sqrt{\dfrac{G}{\mu_r}}$ （比反射损耗率）要大；材料厚度在满足低端频率的屏蔽效能前提下，应尽可能减少厚度。部分屏蔽材料的电气性能见表 1.13.4。

对低阻抗磁场，应选用比吸收损耗大的金属材料，即材料的 $\sqrt{G\mu_r}$ （比吸收损耗率）要大；并按屏蔽效能选用具有一定厚度的材料，必要时要采用多层屏蔽结构。既要屏蔽低阻抗磁场，又要屏蔽平面波的屏蔽材料，应按上述要求进行综合考虑。

表 1.13.4 部分屏蔽材料的电气性能

材料名称	相对电导率 G	相对磁导率 μ_r	比吸收损耗率 $\sqrt{G\mu_r}$	比反射损耗率 $\sqrt{\dfrac{G}{\mu_r}}$
银	1.05	1	1.02	1.02
铜	1.0	1	1	1
铝	0.61	1	0.78	0.78
锌	0.29	1	0.54	0.54
黄铜	0.26	1	0.51	0.51
低碳钢	0.17	200	5.83	0.029
铅	0.086	1	0.293	0.293
50%镍铁	0.0384	1000	6.197	0.0062
高导磁镍钢	0.0345	4500	12.48	2.77×10^{-3}
4%硅钢	0.029	500	3.867	7.6×10^{-3}
镍铁高导磁合金	0.0289	20000	24.042	1.2×10^{-3}
镍、铁、铝超导合金	0.023	100000	47.958	4.8×10^{-4}
不锈钢	0.02	200	2	1×10^{-2}

b.耐腐蚀性强。所谓腐蚀性是指在潮湿和盐雾气候条件下，屏蔽材料自身的锈蚀和屏蔽体中异种材料接触处的电化学腐蚀。屏蔽体中异种材料的接触应选用电化电位相邻的金属材料或采用镀层保护。

屏蔽体材料宜选用耐腐蚀性强的金属材料或有镀层保护的金属板，如镀锌钢板、镀铜钢板、电解铜箔、铝箔和不锈钢、金属网和导电布等。

c.加工方便。不宜选用不便加工或在加工过程中其电气性能会受到影响的材料。例如铝不易焊接，一般不宜采用；坡莫合金在热处理过程以及加工过程中会降低其 μ 值，一般不宜选用。

d.为降低造价，宜采用价格便宜且能确保质量的材料。

⑥ 限制开口（门、窗、通风口）和贯通孔（电源孔、信号孔、公用事业管线）对屏蔽效能的衰减影响。开口数量应有限制，尺寸应有选择，金属板穿孔的屏蔽效能由计算确定。应采用截止波导式的矩形或圆形贯通孔，补偿屏蔽不连续的影响。对于空气波导，要求波导长度与宽度之比或长度与直径之比等于或大于 3。圆形波导每厘米的衰减量 $A\approx32/d$(dB/cm)，矩形波导的 $A\approx$

$27.3/b(\text{dB/cm})$（注：d 为内径，b 为长边长）。

透光窗应采用屏蔽网和导电玻璃。门洞应安装金属门，门缝要与周围紧密均匀接触，应安装用导线编织的密封垫或梳状簧片。通风口应覆盖蜂窝通风窗。

13.3.2　屏蔽室的设置与安装

电磁屏蔽室是用于衰减、隔离来自内部或外部电场、磁场能量的专门房间或建筑空间体。屏蔽室的形式有多种，如可拆卸式、焊接式、装配式等，焊接式又可分为自撑式、自贴式等，通常可根据具体使用要求、建造目的、屏蔽对象、屏蔽衰减技术指标和所需面积等因素进行选择。

（1）屏蔽室位置的选择　屏蔽室应设置在较干燥、无强振动源的地方，并远离腐蚀性气体源。磁屏蔽室应距变电所 30m 以上。

有源屏蔽室应尽量远离小信号电路或低电平场强测试区；无源屏蔽室应尽量远离大功率辐射试验场。屏蔽室应尽可能设置在建筑物的底层。

（2）屏蔽体的安装　屏蔽体/屏蔽部件（屏蔽件）主要是指屏蔽门、滤波器、波导管、截止波导通风窗等构成屏蔽室或达到电磁屏蔽目的屏蔽件。这些屏蔽体的性能指标应满足或不低于屏蔽室的性能要求，且应做到安装检修方便。设置屏蔽室处的地坪应平整，其不平度应小于 1/1000。

① 屏蔽体应与建筑物电气绝缘。屏蔽室地板，可用一般建筑材料（如沥青、油毡等）使其与建筑地坪绝缘。对于需要与建筑物连接的屏蔽顶板或壁板，可采用专用绝缘连接构件（如绝缘吊钩等）进行固定。图 1.13.8 为绝缘吊钩。

② 屏蔽体的所有缝隙和接头都必须很好搭接，对于必须提供大于或等于 80dB 的高的射频屏蔽或预定用于电磁脉冲防护的封闭壳体应采用熔焊缝。当不可能熔焊时，应采用锡焊或金属编织线制成的密封衬垫（导电衬垫还有镶有弹性芯的金属网、嵌有金属丝的多孔硅酮及导电合成橡胶等）。有效的搭接应满足下述要求。

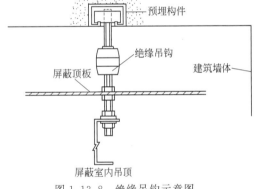

图 1.13.8　绝缘吊钩示意图

a.所有配接表面均应在搭接之前进行清洁处理。

b.搭接前对配接表面、待接部位比待接金属导电性差的所有防护涂层均应进行清除、洁净。

c.配接表面在除去防护层之后，应立即进行搭接处理，搭接处理后重新进行涂覆。

d.当必须用两种不同的金属搭接时，应选择电化序列中彼此接近的金属。

e.搭接连接应采用连续的对焊或搭接焊，不宜采用点焊。屏蔽体的焊接方式见图 1.13.9。

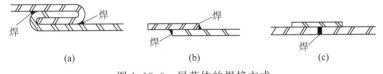

(a)　　　　　　　　(b)　　　　　　　　(c)

图 1.13.9　屏蔽体的焊接方式

可拆式屏蔽体拼接时采用压接式。常用方法是在连接处采用导电衬垫，通过螺栓和压条压紧，见图 1.13.10。

③ 窗口、门洞以及通风孔必须与墙体同时屏蔽，屏蔽网、导电玻璃和蜂窝通风窗都应可靠地搭接到开口周围的屏蔽体，接缝处应填放弹性金属衬垫。对于严格要求的屏蔽场合应采用截止波导开口，在截止波导孔内不应贯通金属件或导线；应在

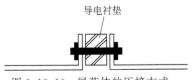

图 1.13.10　屏蔽体的压接方式

截止波导孔内加装绝缘管，或是把贯通的金属管道焊接在屏蔽体上。

④ 屏蔽洁净室的送风、回风。屏蔽室的洁净送风系统由送风总管、送风支管、波导窗、调节阀、软连接、高效静压箱组成，如图1.13.11所示。屏蔽室的洁净回风系统由回风总管、回风支管、调节阀、波导窗、百叶回风口组成，见图1.13.12。

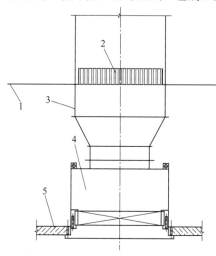

图1.13.11　洁净送风系统示意图
1—屏蔽壳体（顶面）；2—波导窗；3—连接风管；
4—原有高效送风口；5—洁净室天花吊顶

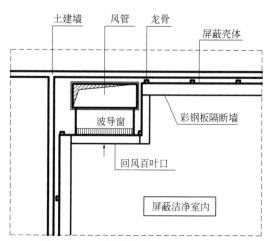

图1.13.12　屏蔽洁净室的回风示意图

⑤ 信号电缆、电源导线、公用动力导线和接地引入端必须有屏蔽连续性。电缆屏蔽层端部的连接应采用压接方法，或用连接器，不宜用锡焊端接屏蔽层。

进出电磁屏蔽室的信号传输线，凡不通过滤波器传输的必须接入信号接口板。

⑥ 屏蔽系统内的电源线应安装电源滤波器。电源滤波器是抑制电噪声通过电源线传导耦合造成电磁干扰和泄漏的有效措施。电源滤波器的安装，应符合以下原则。

a.应对进入屏蔽室的每根电源线（包括电源中性线，即N线）装设电源滤波器。

b.电源滤波器应装设在电源线馈入屏蔽室的引入处，靠近屏蔽室内的配电箱或直接进入配电箱，见图1.13.13（该图是双重屏蔽的例子）。

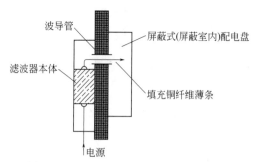

图1.13.13　电源线经滤波器直接进入配电箱的安装示意图

对有源屏蔽，滤波器应装在屏蔽体内侧；对无源屏蔽，滤波器应装在屏蔽体外侧。

c.应尽量减少滤波器输入端与输出端之间的杂散耦合。因此，应将滤波器外壳紧贴屏蔽体。其输出通过导管（或波导管）穿过屏蔽体，使滤波器输入端和输出端被隔离在屏蔽体两侧。

d.应保证滤波器外壳与屏蔽体之间低阻连接（焊接或压接并加导电衬垫），且在该处接地。图1.13.14为滤波器接入屏蔽体的几种方法，抑制电噪声的效果不一样，应采用最有效的接法。

（3）屏蔽室的接地　屏蔽室的接地有两种作用，即构成系统的基准电位和给电流回路提供通路。为了保证安全，所有的电气设备及电子设备均必须接地。但有时接地亦会对控制电磁干扰产生不利的影响。

① 屏蔽室接地，首先应分析接地对不同频段的屏蔽效能影响。

a.在高频以下频段，由于屏蔽体的感应干扰电压可以通过接地，为干扰电流提供通路，提高

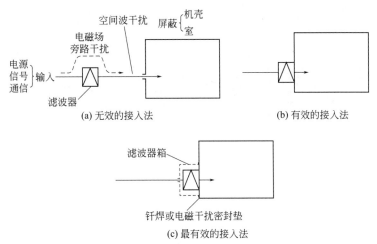

图 1.13.14 滤波器接入屏蔽体的方法

了屏蔽效能。

b. 在超短波以上频段，由于接地线呈现的感抗很大，起不到干扰电流的通路作用。另外，接地线还可能与屏蔽体的外部系统产生谐振，形成天线效应。在这种情况下，接地反而会降低屏蔽效能。

② 屏蔽室接地，应按如下原则进行。

a. 原则上应采用一点接地方式，即在安装电源滤波器处接地。单独接地时，接地电阻≤4Ω；采用建筑物公用接地时，接地电阻≤1Ω。

b. 为减少接地系统的感抗，接地线应采用扁状导体，如扁钢、钢带等。接地线的长度应尽量短，最好小于 1/20 波长；当接地线大于 1/20 波长时，需采取屏蔽措施，如穿钢管或选用屏蔽电缆。

c. 应避免接地线和电力线平行敷设。

d. 为减少阻抗耦合影响，对低频磁场屏蔽室应设置单独的接地系统。对有源屏蔽室和无源屏蔽室应分别设置接地线。

(4) 屏蔽室的工程施工验收 电磁屏蔽室施工及验收的主要内容应包括主体结构、关键部件（屏蔽门、截止波导通风窗、滤波器、信号传输接口板）、接地系统、辅助工程等。屏蔽室工程的施工验收应遵循国家行业标准《电磁屏蔽室工程施工及验收规范》（GB/T 51103）的有关规定。

电磁屏蔽室的屏蔽效能测试是屏蔽室工程验收的重要步骤，屏蔽室测试的所有测试仪器、仪表必须在有效期内，仪器的量程比实际测试值应有 6dB 以上的裕度，屏蔽室测试应委托具有相应测试资质的第三方进行。电磁屏蔽室的屏蔽效能测试应符合国家标准《电磁屏蔽室屏蔽效能的测试方法》（GB 12190）的有关规定。

参考文献

[1] 叶宗林，等.电磁环境控制//《电子工业生产技术手册》编委会.电子工业生产技术手册：17 卷.北京：国防工业出版社，1992.

[2] 汪洪军，龚霞明.屏蔽与洁净的结合实施.洁净与空调技术，2008（4）：44-46.

第14章 洁净厂房的噪声控制

14.1 噪声与噪声控制

14.1.1 噪声及其危害

声音按其性质可分为有用声和噪声两大类。有用声和噪声的区别全凭人的主观感受，噪声是指一切对人们的生活、工作和学习有干扰和妨碍的声音。噪声是听觉上的一种公害，它是一种不规则的、间歇的或随机的声振动，具有局部性、分散性以及暂时性的特征；各种不同频率和声强的声音无规律地组合，被称为噪声。噪声声源多种多样，例如经空气传播的空气噪声、经过固体传播的振动引起的噪声等。通常把噪声分为以下4类。

① 空气动力性噪声。由于气体压力变化或有涡流产生引起气体本身扰动而产生的噪声。

② 机械性噪声。由固体振动并通过自身传递而产生的噪声，如压缩机、泵等机械设备的轴承、齿轮传动系统、活塞和连杆以及管路上的止回阀等运动部件的摩擦、冲击、振动等均会产生噪声。

③ 电磁噪声。由电磁场脉动引起电气部件振动而产生的噪声。

④ 电动机噪声。主要由电动机冷却风扇的气流噪声、定子与转子之间的磁场脉动引起的电磁噪声以及轴承高速转动产生的机械噪声等组成，一般可达 $80\sim90dB$。

噪声带来的危害主要如下。

对听觉的损害。工作在高噪声环境下，持续不断地受到刺激，听觉器官受到损伤，产生听觉疲劳，使人听力降低，最终导致耳聋。

对健康的危害。噪声可能危害到人的神经、消化和心血管等系统，从而引起头昏、失眠、心慌、神经衰弱、消化功能减退、血压升高等表现，还可使孕妇腹中胎儿的发育受到影响。

对正常工作、生活的影响。交通噪声、工业噪声、施工机械噪声，干扰和影响人们的睡眠、谈话、学习，降低工作效率。

对厂房和仪器设备的损害。在特别强烈的噪声作用下，如飞机、导弹、火箭等空间运输工具的发射，都会使建筑物及其内部附属物品受到不同程度的损害；打桩机、风镐、爆破产生的噪声，会影响附近厂房车间内仪器设备的正常测试和运行。

在洁净厂房中由生产设备和公用动力设备等引发的机械噪声、电动机噪声、空气动力性噪声等，可能造成产品生产不能正常进行甚至造成产品质量事故；更为严重的是在较为安静的洁净室中由于突发性、暂时性的噪声会影响以致损害作业人员的健康、安全舒适，因此在洁净厂房中应设置必要的噪声控制设施，确保洁净室（区）的噪声等级保持在规定的范围内。

14.1.2 噪声控制参数

噪声控制是一门综合性技术，它需要了解标准和规范对所处环境的要求，并依据技术、经济等多方面综合考虑进行控制。噪声控制可以从不同的途径，采用不同的措施进行控制。例如，对于生产设备工艺生产过程引发的噪声声源，可以采用隔声罩等声源控制设施、设备实施分隔，降低噪声声压等级；在声音传播过程中可以应用隔声屏、吸声体、消声器等使噪声衰减的设备来降低噪声；在工作位置处可以采用隔声间来使操作人员免受噪声伤害等。通过多种噪声控制方法的技术经济比较，应采取能取得最佳效果的技术措施，使作业人员所处环境的噪声符合噪声控制标准的要求。

噪声控制的基本程序是：首先根据所需控制场所的环境状况、可能存在的噪声声源状况等准确地确定容许噪声标准或控制指标，并认真分析所处环境可能引发噪声的噪声源的特性，必要时测定声压级和频谱，对所处环境的噪声做出评价；然后制定噪声控制方案，实施相应的噪声控制措施；最终应检测噪声处理后的实际效果是否达到规定的要求。

(1) 噪声控制的基本参数 空气声是由声源直接向空间辐射的声波；固体声是声源振动通过固体构件传播与辐射的声波。在弹性介质空气中，当有物体运动时，相邻的空气就出现压缩膨胀、稀疏稠密的周期性变化，并由近到远交替向立体空间扩展，这样就产生了声波。除空气能传播声波外，液态、固态的弹性体都能发送和传播声波。

① 声速 (c) 声波在介质中的传播速度即声速。声波在空气中传播时的声速可按式(1.14.1)计算。

$$c = c_0 \sqrt{\frac{273+t}{273}} \tag{1.14.1}$$

式中 c——声速，m/s；

c_0——0℃时空气的声速，$c_0 = 331$ m/s；

t——环境温度，℃。

几种常见材料的声速值见表 1.14.1。

表 1.14.1 几种常见材料的声速值

材料名称	软橡皮	空气(0℃)	空气(20℃)	空气(13℃)	金	银	混凝土	冰
声速/(m/s)	70	331	344	1441	2000	2700	3100	3200
材料名称	铜	松木	砖	大理石	瓷器	钢	硬铅	玻璃
声速/(m/s)	3500	3600	3700	3800	4200	5000	5000	6000

② 周期 (T) 和频率 (f) 传递声波的介质或声源每完整振动一次，所历经的时间，称为周期 (T)，单位为秒 (s)。在单位时间内振动或交替的次数，称为频率 (f)，单位为赫兹 (Hz)；每秒振动一次，即为 1Hz。周期和频率互为倒数，即 $f = 1/T$。

人耳可听的频率范围是 20～20000Hz，小于 20Hz 为次声，大于 20000Hz 为超声，正常说话声的频率范围是 250～3000Hz。

③ 波长 (λ) 声波在一个周期中所传播的距离称为波长 (λ)。在工业噪声测量中，波长是估计机器噪声的特性及环境影响的重要参量。

$$\lambda = \frac{c}{f} \text{ 或 } c = \lambda f \tag{1.14.2}$$

式中 λ——声波的波长，m。

④ 声强 (I) 每秒内声波通过垂直于声波传播方向单位面积的声能量，单位为 W/m²。对于球面波或平面波的情况，如果介质密度为 ρ、声速为 c，则在一定的传播方向，声强与声压存在简

单的关系式：

$$I = \frac{p^2}{\rho c} \tag{1.14.3}$$

在讨论工业噪声时，ρ 为空气密度，如将标准大气压以及 20℃ 时的空气密度与声速值代入，得 $\rho c = 408$ 国际单位值，也叫瑞利，称为空气对声波的特性阻抗。

⑤ 声强级（L_1）　某一点的声强级是指该点的声强 I 与基准声强 I_0 的比值取常用对数再乘以 10 的值，单位为分贝（dB）。

$$L_1 = 10\lg\frac{I}{I_0} \tag{1.14.4}$$

式中　L——声强级，dB；

　　　I_0——基准声强，$I_0 = 10^{-12}\,\mathrm{W/m^2}$。

基准声强 I_0 是一般正常人的听觉对 1000Hz 的声音所能觉察到的最低声强。当一个 1000Hz 声音的强度为 $10^{-12}\,\mathrm{W/m^2}$ 时，它的声强级为 0dB，也就是 0dB 为人耳对 1000Hz 声音的最低可闻阈的声强级，低于这一声强级，人耳就感觉不到这一声音了。

⑥ 分贝（dB）　声学中将正比于声功率的两个同类量，例如两个声强或两个声压平方等之比（无量纲的数值），取以 10 为底的对数，习惯上命名为贝尔（bel），符号为 B。贝尔为一种级的单位，它的 1/10 称为 dB（分贝），所以 dB 也是级的一种单位。

在自然界，声音的强度变化幅值范围很大，轻微的树叶飘动的声功率约 $10^{-9}\,\mathrm{W}$，大型火箭发动机辐射的声功率约 $10^9\,\mathrm{W}$，两者相差 10^{18} 倍。即使在日常生活中，听觉能感受的声强变化范围——从可以听到声音的可闻阈，到感觉刺痛的痛阈，声强也差 10^{12} 倍之多，要对变化如此大的声音进行量度，用线性标度来描述是很不方便的。经生理研究表明，人们的听觉灵敏度与受声波刺激量之间的关系也不是线性的，而是接近对数的关系。因此，利用 dB 单位进行量度，既可对范围很大的声强等进行对数压缩，也符合人身对声音响应的灵敏度。

⑦ 声功率（W）　单位时间内，声波通过垂直于传播方向某指定面积的声能量。但在工业噪声测量中，所谓的声功率是指声源声功率，即某台机器所辐射的总声功率。如果将机器看作一个点声源，则分布在它四周球面 $4\pi r^2$ 上的声强 I 与总功率 W 之间可表示为：

$$I = \frac{W}{4\pi r^2} \tag{1.14.5}$$

式中　r——测试点到辐射中心的距离，m。

声功率在工业噪声测量中是仅次于声压级的重要参量。

⑧ 声功率级（L_W）　声功率级是指所讨论的声功率 W 与基准声功率 W_0 的比值取常用对数再乘以 10 的值，它的单位也为分贝（dB），即：

$$L_W = 10\lg\frac{W}{W_0} \tag{1.14.6}$$

式中　L_W——声功率级，dB；

　　　W_0——基准声功率，$W_0 = 10^{-12}\,\mathrm{W}$。

⑨ 声压（p）和大气压（p_s）　空气是各向同性的弹性介质，空气中原本就有比较恒定的静压力即大气压。只要在空气中发生微小的扰动，就可使平衡的大气压力产生波动，产生声压。

声压有瞬时声压和有效声压。瞬时声压指某瞬时介质中的压强相对无声波时的压强改变量，它的均方根值即为有效声压。如未加说明，声压一般均指均方根值，即有效声压。

⑩ 声压级（L_p）　某点的声压级是该点声压 p 与基准声压 p_0 之比取常用对数再乘以 20 所得到的值，单位为分贝（dB）。

$$L_p = 20\lg\frac{p}{p_0} \tag{1.14.7}$$

式中　L_p——声压级，dB；

p——某点的声压，Pa；

p_0——基准声压，$p_0 = 2 \times 10^{-5}\,\text{Pa} = 20\,\mu\text{Pa}$。

日常声压值与对应的声压级见表 1.14.2。

表 1.14.2　日常声压值与对应的声压级

声压 p/Pa	声压级 L_p/dB	相当事例	声压 p/Pa	声压级 L_p/dB	相当事例
100000	194	宇航飞船推进器	0.1	74	对话
10000	174	雷击周围	0.01	54	普通办公室
1000	154	大型喷气飞机	0.001	35	乡村静夜
100	134	小口径炮	0.0001	14	高级播音室静止时
10	114	织布车间	0.00002	0	可听阈
1	94	播音集会			

由此表可看出，用 dB 为单位经对数换算后的声压级，大大缩小了声波中声压变化所示的很宽范围；并且对数的分贝值可适应听觉的特点，这是因为人体的听觉对声信号强弱刺激的反应不是线性的，而是呈对数比例关系。声学测量中的电子仪表均用分贝值表达参数。

⑪ 声级　物理意义的声压级是线性测量结果，为了模拟人耳听觉对不同频率有不同的灵敏性，在以声级计为代表的噪声测量仪器内设置了特殊滤波器，叫计权网络。通过计权网络测得的声压级，已不再是客观物理量的线性声压级，而叫计权声压级或计权声级，简称声级。

常用的计权声级有四种，分别是 A、B、C、D 计权网络，其特性曲线见图 1.14.1。A 计权声级是模拟人耳对 55dB 以下低强度噪声的频率特性；B 计权声级是模拟 55～85dB 中等强度噪声的频率特性；C 计权声级是模拟高强度噪声的频率特性；D 计权声级专用于飞机噪声的测量。目前较广泛地使用 A 计权网络，即 A 声级作为评价噪声的标准。

⑫ 等效连续声级（L_{eq}）　声级是单一的数值，是噪声所有频率成分的综合反映，用它来评价宽频带噪声对环境的影响程度以及所造成听觉危害的程度等方面都有较好的相关性。但这仅反映了噪声影响与频率的关系，而噪声影响还与持续时间有关，特别是对于间断的或随时间变化的噪声，应该表达成随时间变化的噪声的等效量，称作"等效连续声级"。在国家标准《声环境质量标准》（GB 3096）中明确等效声级（equivalent continuous A-weighted sound pressure level）是等效连续 A 声级的简称，指在规定测量时间 T 内 A 声级的能量平均值，用 $L_{\text{Aeq}.T}$ 表示（简写为 L_{eq}）。根据定义，等效声级表示为式（1.14.8）。

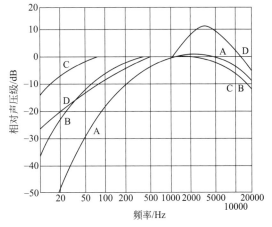

图 1.14.1　A、B、C、D 计权网络的特性曲线

$$L_{eq} = 10\lg\left(\frac{1}{T}\int_0^T 10^{0.1 L_A}\,\mathrm{d}t\right) \quad (1.14.8)$$

式中　L_A——t 时刻的瞬时 A 声级；

　　　T——规定的测量时间段。

（2）声压级的叠加

① 声压级、声强级和声功率级都是经过同类量对比的对数关系，并以分贝作为其单位，因此叠加方法都一样。分贝不像自然数那样可用算术方法直接相加减，而必须先将其还原为本来的声能量，如声强、声功率以及声压平方等，然后将它们相加得出总和，再取其分贝值，才是几个声

压级"叠加"而成的总声压级。因此，当某点有 n 个声音的声压级（分别为 L_{p1}、L_{p2}、L_{p3}、…、L_{pn}）时，总的均方声压 p_t^2 为

$$p_t^2 = p_1^2 + p_2^2 + \cdots + p_n^2$$
$$= p_0^2 (10^{0.1L_{p1}} + 10^{0.1L_{p2}} + \cdots + 10^{0.1L_{pn}})$$
$$= p_0^2 \left(\sum_{i=1}^{n} 10^{0.1L_{pi}} \right) \tag{1.14.9}$$

总声压级为

$$L_{pt} = 10\lg \frac{p_t^2}{p_0^2} = 10\lg \left(\sum_{i=1}^{n} 10^{0.1L_{pi}} \right) \text{（dB）} \tag{1.14.10}$$

式中　p_0——基准声压，取 20μPa。

例如，四个声源在某点产生的声压级分别为 70dB、75dB、78dB 以及 80dB，其总声压级为：

$$L_{pt} = 10\lg(10^{7.0} + 10^{7.5} + 10^{7.8} + 10^{8.0})$$
$$= 10\lg(1 \times 10^7 + 3.16 \times 10^7 + 6.31 \times 10^7 + 10 \times 10^7)$$
$$= 83.1 \text{（dB）}$$

② 应用图表叠加法，设两个声压级（声强级或声功率级）为 L_1 和 L_2，其中 $L_2 \geqslant L_1$，它们的总声压级，根据式（1.14.10）为

$$L_t = 10\lg(10^{0.1L_1} + 10^{0.1L_2})$$
$$= L_2 + 10\lg[1 + 10^{-0.1(L_2-L_1)}]$$
$$= L_2 + \Delta L \text{（dB）}$$

其中：
$$\Delta L = 10\lg[1 + 10^{-0.1(L_2-L_1)}] \text{（dB）} \tag{1.14.11}$$

将式（1.14.11）绘制成图 1.14.2，图的纵坐标 ΔL 为附加值，将它加在较大的声压级 L_2 上，便得到总声压级；横坐标为 $L_2 - L_1$ 的差值。

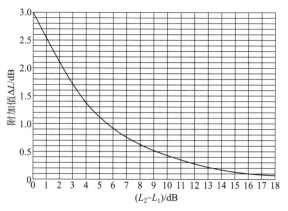

图 1.14.2　声压级的叠加

③ 查图法：在横坐标上查出相应两个声压级的差值坐标，沿此坐标的垂直线交于曲线上一点，此点相应的纵坐标值便是 ΔL；将此值加在较大的声压级 L_2 上，就是两声压级叠加的结果，即总声压级。

例如，两个声压级，一个是 80dB，另一个是 83.5dB，差值 $L_2 - L_1 = 3.5$（dB）。从图 1.14.2 的横坐标 3.5dB 上查得与之相对应的纵坐标 $\Delta L = 1.6$dB，得到的总声压级 $L_t = 83.5 + 1.6 = 85.1$（dB）。

从图 1.14.2 中的曲线可看出，两声压级相等，差值为 0，$\Delta L = 3$dB 为最大；随着 $L_2 - L_1$ 差值增大；ΔL 值逐渐减少，当 L_2 比 L_1 大 10dB 以上时，$\Delta L < 0.5$dB。两个声压级叠加，当一个声

压级比另一个声压级大 10dB 以上时，往往可以略去较小声压级的叠加影响，只取最大的一个声压级作为总声压级。

④ 声压级叠加计算。若有数台声源设备同时运行，其总声压级可按能量叠加原理进行计算。如两台声压级分别为 L_1、L_2 的机组，若 $L_1 > L_2$，则其叠加声压级可用式 (1.14.12) 计算。若噪声声源数量大于两个时，也可按式 (1.14.12) 采用两两逐步叠加从小到大的方法计算总声压级。式中修正值 α 见表 1.14.3 或直接从图 1.14.3 中查出。

$$L = L_1 + \alpha \tag{1.14.12}$$

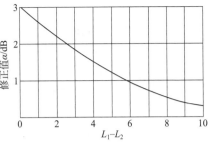

图 1.14.3　声压级的叠加的补正值

表 1.14.3　修正值 α

$L_1 - L_2$	0	1	2	3	4	5	6	7	8	9	10
α	3	2.5	2.1	1.8	1.5	1.2	1.0	0.8	0.6	0.5	0.4

【计算举例】　某压缩机站内设有 3 台压缩机，各台压缩机的声压级分别为 92dB（A）、90dB（A）、93dB（A），试求总声压级。

【解】　按两两逐步合成的方法计算总声压值：

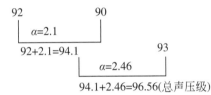

在现行国家标准《工业企业厂界环境噪声排放标准》（GB 12348—2008）中对排放标准时段作出的规定如下：夜间频发噪声的最大声级超过限值的幅度不得高于 10dB(A)，而夜间偶发噪声的最大声级超过限值的幅度不得高于 15dB(A)。所谓"夜间"是指 22：00 至次日 6：00 之间的时段，而"昼间"是指 6：00 至 22：00 的时段；频发噪声（frequent noise）是指频繁发生、发生的时间和间隔有一定的规律、单次持续时间较短、强度较高的噪声，如排气噪声、货物装卸噪声等；偶发噪声（sporadic noise）是偶然发生、发生的时间和间隔无规律、单次持续时间较短、强度较高的噪声，如短促鸣笛声、工程爆破声等。

（3）噪声的频谱　噪声通常包含很多频率成分，如分析噪声的频率特性，将噪声的声压级、声级或声功率级通过滤波器或数学运算，按频率顺序展开，使噪声强度成为频率的函数，并对谱形进行分析，这就是噪声频谱分析过程。频谱展开的方法是使噪声信号通过一定带宽的滤波器滤波或经频谱分析仪的数学运算后，各带宽对应的声压级、声级或声功率级的分贝值包络线，即是噪声频谱图。噪声测量仪器中所用的滤波器是等比带宽滤波器，其特点是滤波器的上、下限频率 f_2 和 f_1 之比以 2 为底的对数为某一常数，即：

$$\log_2 \frac{f_2}{f_1} = 1 \tag{1.14.13}$$

$$\log_2 \frac{f_2}{f_1} = \frac{1}{2} \tag{1.14.14}$$

$$\log_2 \frac{f_2}{f_1} = \frac{1}{3} \tag{1.14.15}$$

式中　f_1——下限频率，Hz；
　　　f_2——上限频率，Hz。

通常表示为 $\frac{f_2}{f_1} = 2^n$。当 $n = 1$ 时，1 倍频程；当 $n = 1/2$ 时，1/2 倍频程；当 $n = 1/3$ 时，1/3

倍频程。

噪声的频谱，通常使用1倍频程滤波器和1/3倍频程滤波器两种，每一种滤波器均有一组中心频率。中心频率 f_m 是滤波器上、下限频率的几何平均值，即：

$$f_m = \sqrt{f_1 f_2}$$

(1.14.16)

各类滤波器的中心频率是声学测量和设计中应优先考虑的常用频率。表1.14.4中给出了1倍频程和1/3倍频程的中心频率及上下限频率。

表1.14.4　1倍频程和1/3倍频程的中心频率及上下限频率

频段	1倍频程			1/3倍频程		
	下限频率/Hz	中心频率/Hz	上限频率/Hz	下限频率/Hz	中心频率/Hz	上限频率/Hz
低频	22	31.5	44	22.4	25	28.2
				28.2	31.5	35.5
				35.5	40	44.7
				44.7	50	56.2
	44	63	88	56.2	63	70.8
				70.8	80	89.1
				89.1	100	112
	88	125	177	112	125	141
				141	160	178
				178	200	224
中频	177	250	355	224	250	282
				282	315	355
				355	400	447
	355	500	710	447	500	562
				562	630	708
中频	710	1000	1420	708	800	891
				891	1000	1122
				1122	1250	1413
				1413	1600	1778
高频	1420	2000	2840	1778	2000	2239
				2239	2500	2818
				2818	3150	3548
	2840	4000	5680	3548	4000	4467
				4467	5000	5623
				5623	6300	7079
	5680	8000	11360	7079	8000	8913
				8913	10000	11220
				11220	12500	14130
	11360	16000	22720	14130	16000	17780
				17780	20000	22390

14.1.3　噪声控制要求

（1）噪声评价　噪声评价与人耳对不同频率声音的主观感受相关，人们对不同频率的声音，感觉的响度是不一样的。响度级为正常听力判断的纯音与1000Hz纯音同样响时的1000Hz的声压级单位为方（phon）。

人耳对声音的频率响应从20Hz到20000Hz，对声压的动态范围从 $20\mu Pa$ 的最低可闻阈直到感到耳痛的20Pa痛阈，相差 10^6 倍，而且还有极高的频率分辨能力。人耳虽然有如此奇妙的特性，但对各频率的响应并不完全一样。例如人耳能听出1000Hz纯音的声压为 $20\mu Pa$ ，而对其他频率的纯音就不是这一声压了，低于1000Hz的纯音响应灵敏度随频率降低而变低，高于1000Hz的纯音频率响应灵敏度相比 1000Hz 增高，到 4000Hz 最灵敏，不到 $20\mu Pa$ 的声压就能听到。图 1.14.4 是正常听力对各频率的纯音同 1000Hz 的纯音对比测试而得出的等响曲线，每一条曲线上各频率的纯音听起来都一样响，但其声压级则有很大的差异。例如，图中的 30phon 曲线，对于 200Hz 的纯音声压级要到 34dB，100Hz 的纯音要到 44dB，20Hz 的纯音要达到 85dB，三者听起来才与 30dB 的 1000Hz 纯音一样响，即它们的声压级虽然各异，但响度级则相同，都是 30phon。等响曲线是进行噪声主观评价量的基础。

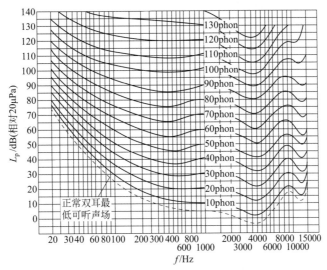

图 1.14.4　正常纯音等响曲线

语言干扰级 SIL 是语言交谈的清晰度的简化表达量，它以 500Hz、1000Hz、2000Hz 为中心频率的三个倍频程的算术平均声压级表示；更佳语言干扰级 PSIL，是语言干扰级（SIL）再加 3dB，它与讲话者声音大小、背景噪声级之间的关系，经测试结果如表 1.14.5 所示。表中列出的数据只能勉强保持有效的语言通信，干扰级是男性声音的平均值。测试条件是讲话者与听者面对面，用意想不到的词句，并假定附近没有加强声音的反射面。

表 1.14.5　更佳语言干扰级　　　　　　　　　　　　　　单位：dB

讲话者与听者间的距离/m	声音正常	提高声音	声音很响	非常响
0.15	74	80	86	92
0.30	68	74	80	86
0.60	62	68	74	80
1.20	56	62	68	74
1.80	52	58	64	70
3.70	46	52	58	64

在进行噪声对语言、通信与舒适度的影响评价时，如果当噪声在低频有较高声压级时，它向较高频率部分扩展可能会显著地影响清晰度，而在语言干扰级中只涉及可听声的部分频率范围，这样用语言干扰级就显得不够，需要对各个频带的声压级提出标准。通常采用频带声压级曲线，即噪声评价曲线，常用的有 NC 评价曲线、PNC 评价曲线、NR 评价曲线。最早研究的噪声评价 NC 曲线用于评价通风系统的噪声对室内的语言及舒适度的影响。如图 1.14.5 所示，可以看出该曲线是一组声压级与倍频带频率的关系曲线，类似于等响曲线。使用时，将测得噪声的各个频带的声压级与图上的纵坐标进行比较，就可以查出对应的 NC 号数，最大的号数值即为此环境噪声的评价值。

NC 曲线经过实用，发现有些频率与实际情况有差距，经过改进，提出了更佳噪声评价曲线（PNC），如图 1.14.6 所示。这些 PNC 曲线在中心频率 125Hz、250Hz、500Hz、1000Hz 四个倍频带的声压级比同样评价数的 NC 曲线低 1dB，在 63Hz 及最高的 3 个倍频带，它们的声压级均低 4~5dB。

　　为了能从频率域对同一 A 声级数值做出评价，目前国际标准化组织 ISO 推荐用 NR 噪声评价曲线作为环境噪声的评价标准。它的特点是强调了噪声的高频成分比低频成分更为烦扰人的特性，它是一组倍频程声压级由低频向高频下降的倾斜曲线，每条曲线在 1000Hz 频带上的声压级即该曲线的噪声评价数 NR，见图 1.14.7。所接近的曲线的 NR 值，即为环境噪声的 NR 值。例如，第一噪声倍频程频谱图上的最高点接近 NR＝70 的曲线，则说明该噪声的噪声评价数 NR 为 70。

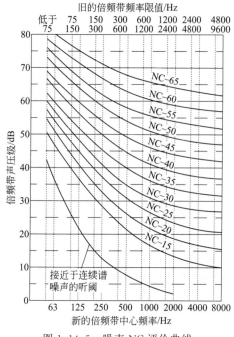

图 1.14.5　噪声 NC 评价曲线

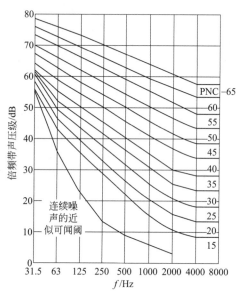

图 1.14.6　噪声 PNC 评价曲线

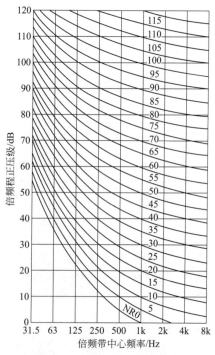

图 1.14.7　NR 噪声评价曲线

（2）噪声控制标准　目前我国在噪声控制、治理方面已陆续发布了一些标准，如国家标准《声环境质量标准》（GB 3096—2008）、《工业企业噪声控制设计规范》GB/T 50087—2013）等。在标准中对环境噪声限值的规定见表 1.14.6，对工业企业噪声限值的要求见表 1.14.7。工业企业厂界环境的噪声不得超过表 1.14.8 的规定，该表的数据源自国家标准《工业企业厂界环境的噪声排放标准》（GB 12348）。表 1.14.6 中将声环境功能划分为 0 类、1 类、2 类、3 类和 4a 类、4b 类，其中 0 类声环境功能区指康复疗养区等特别需要安静的区域；1 类声环境功能区指以居民住宅、医疗卫生、文化教育、科研设计、行政办公为主要功能，需要保持安静的区域；2 类声环境功能区指以商业金融、集市贸易为主要功能，或者居住、商业、工业混杂，需要维护住宅安静的区域；3 类声环境功能区指以工业生产、仓储物流为主要功能，需要防止工业噪声对周围环境产生严重影响的区域；4 类声环境功能区指交通干线两侧一定距离之内，需要防止交通噪声对周围环境产生严重影响的区域，包括 4a 类和 4b 类两种类型。4a 类为高速公路、一级公路、二级公路、城市快速路、城市主干路、城市次干路、城市轨道交通（地面段）、内河航道两侧区域；4b 类为铁路干线两侧区域。

表 1.14.6　环境噪声限值　　　　　　　　　　　　　　　　　　单位：dB

声环境功能区类别		昼间	夜间
0 类		50	40
1 类		55	45
2 类		60	50
3 类		65	55
4 类	4a 类	70	55
	4b 类	70	60

表 1.14.7　工业企业各类工作场所的噪声限值

工作场所	噪声限值/dB(A)
生产车间	85
车间内值班室、观察室、休息室、办公室、实验室、设计室室内背景噪声级	70
正常工作状态下精密装配线、精密加工车间、计算机房	70
主控室、集中控制室、通信室、电话总机室、消防值班室，一般办公室、会议室、设计室、实验室室内背景噪声级	60
医务室、教室、值班宿舍内背景噪声级	55

表 1.14.8　工业企业厂界环境噪声的排放限值　　　　　　　　　　单位：dB

厂界外声环境功能区类别	昼间	夜间
0	50	40
1	55	45
2	60	50
3	65	55
4	70	55

根据国家标准《工业企业噪声控制设计规范》（GB/T 50087—2013）的要求，工业企业总平面布置、生产车间内噪声控制的主要规定如下：立面布置应利用地形、地貌隔挡噪声，主要噪源宜低位布置，对噪声敏感的建筑宜布置在自然屏障的声影区中；这里所指的"低位布置"包括从地

形上和楼层上两方面考虑。洁净厂房中可能出现的"噪声源"主要有空气压缩机、制冷压缩机等，为防止这些对外部环境或厂房内对噪声敏感的生产设备产生影响，一般应将上述"压缩机"布置在洁净厂房的最低层或地下室内，在条件允许或压缩机站房面积较大时也可独立建筑，这已是目前洁净厂房设计中的"常态布置分式"。在满足生产流程要求的前提下，高噪声设备宜相对集中，并宜布置在车间的一侧，当对车间仍有明显影响时，应采取隔声等措施；在设备布置时，应预留配套的噪声控制设备——隔声罩、隔声屏或消声器的安装位置和维修所需空间；根据工程项目实际的情况可设置隔声室等技术措施。

在洁净厂房进行设计时，在满足生产要求的前提下一般应采用减少向空中排放高压气体的工艺或降低管道内的流速，且管道截面不宜突变，管道连接宜采用顺流走向；管道上的阀门应选用低噪声产品。厂房内的管道与振动强烈的设备连接，应采用柔性连接；振动强烈的管道的支撑，不宜采用刚性连接，辐射强噪声的管道，宜布置在地下或采取隔声、消声等措施，总之应设法降低管道系统的空气动力性噪声、湍流噪声等，同时隔离管道振动引起的固体声传播。

14.1.4　噪声测量

（1）测量仪器　噪声测量系统常使用的仪器有声级计、滤波器（检波器）、频率分析仪等。图1.14.8是噪声测量系统。此系统常被集成为声级计和记录仪等，声级计主要由传声器、前置放大器、衰减（放大）器、计权网络、检波电路、数值显示和电源等组成。它不同于电压表、频率计这样的客观电子仪器，声级计在将声信号转换成电信号时，模拟了人耳对声波反应速度的时间特性、对高低频有不同灵敏度的频率特性以及不同响度时改变频率特性的强度特性，所以声级计是一种主观性的电子测量仪器。

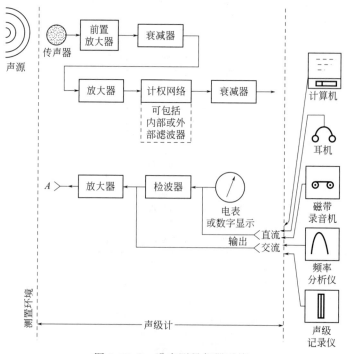

图 1.14.8　噪声测量仪器系统

声级计的整机灵敏度，是指它在标准条件下测量 1000Hz 的纯音时所表现出的精度。根据精度可分为 0 型、Ⅰ型、Ⅱ型和Ⅲ型四类，对应的测量精度分别为 ±0.4dB、±0.7dB、±1.0dB、±1.5dB。

声级计的频率范围，0 型和Ⅰ型为 20～12500Hz，Ⅱ型和Ⅲ型为 31.5～8000Hz。声级计可测量声级的上、下限，即动态范围，低可到 10dB 左右，高可到 170dB 以上。

声级计具有反映人耳听觉动态特性的"快"挡读数显示，有读起伏波动信号的"慢"挡读数显示，还有读取脉冲噪声的反应更快的"脉冲"挡读数显示。

声级计的频率响应特性，除用以反映全频程的客观噪声量线性挡外，还有为模拟人耳听觉在不同频率有不同灵敏性的四种计权网络，即 A、B、C、D 四种计权网络。

目前使用的声级计，每次测量的数据均可存储在声级计内，可同时得出声级的最大值、最小值、等效连续声级、瞬时声级等。一台声级计可以通过插换不同模块和操作面板，实现不同的测量要求，如混响测量、频率分析测量等。

这里所指的滤波器是与声级计联合使用的可插拔的滤波器。噪声测量时，应通过滤波器获得噪声和频谱；滤波器是将声信号中的声能按频率给予分离的仪器，操作时通过更换声级计上的模块和面板，插上滤波器，则声级计就具有频谱分析功能。滤波器通过换挡，实现 1 倍或 1/3 倍频程的频率分析，中心频率的上、下限可以任意设定。进行噪声控制设计时，一般取中心频率为 63Hz、125Hz、250Hz、500Hz、1000Hz、2000Hz、4000Hz、8000Hz 八个倍频程的声压级，每个中心频率的声级可以通过设定多次平均后得出。这种声级计较适合于稳态噪声的频谱分析。

频谱分析仪或称频率分析仪，一般分为恒定带宽和恒定百分带宽两种。随着计算机技术的迅猛发展，现在的频谱分析仪可以用计算机和频谱分析专业软件包来实现。将声级计采集到的信号，通过模数转换成数字信号后，存入计算机硬盘，可以随时调出回放或进行二次处理；1 倍频程或 1/3 倍频程频谱分析能用软件功能直接进行，大大提高了噪声信号频谱处理的效率，可以对现场进行噪声的实时分析。

传声器是将声压转换为电压的声电换能器，是声学仪器中必不可少的重要部件。任何噪声测量系统的测量精度在很大程度上都取决于所用的传声器。传声器可分为压强、压差以及压强和压差结合三种类型。声学仪器使用的都是压强类传声器，如电容传声器、驻极体传声器、陶瓷传声器等。选取传声器时，应十分关注：频率响应，它是传声器的输出电压与作用在传声器膜片上的声压之比，测试用传声器要求频率范围为 20～20000Hz，各频率响应为一平直线，频率响应越平直，表明特性越好。灵敏度，传声器的灵敏度是以 1000Hz 的纯音作用在传声器膜片上，1.0Pa 的声压在传声器输出端的开路电压，用 mV/Pa 表示，也可以采用 1V/Pa 为参考值的 dB 表示。如灵敏度为 1mV/Pa 的传声器，其灵敏度相对于 1V/Pa 为 60dB。灵敏度越高的传声器，可测量到的声压级越低，显示其性能越好。传声器的响应随温度、湿度和大气压而变的性能称为传声器的稳定性。所有性能好的测量传声器，灵敏度漂移都很慢，如维护良好又不暴露在恶劣环境下，其漂移度每年不大于 0.4dB。在室温条件下，灵敏度变化可按厂商提供的温度系数修正，如果经常在温度 50℃ 以上，则改变很快；大气压对传声器灵敏度的影响，除在高空飞机上有明显变化外，一般可不考虑；在一般相对湿度条件下，传声器的灵敏度变化不大，但在湿度比较高的环境中测量，传声器将产生较高的本底噪声，使对低声级噪声无法测量，特别明显的是电容传声器。除上述外，传声器的动态范围、指向性等声学性能也应在选择仪器时十分关注。

在室外测量应避免风对传声器的影响，较大的风速会在传声器周围引起空气湍流，致使传声器膜片产生高噪声级的类似振动，影响测量结果。利用防风罩可以降低这一影响。但其防风作用有一定的限度，当风速超过 20km/h 时，即使有了风罩，对测量不太高的声级，仍有影响。测量 A 计权声级，风速可以稍高于此值，这是因为风的噪声频率多在低频（低于 125Hz），所测量的噪声声压级越高，风速影响越小。一般防风罩的类型有两种：一类是圆球形钢丝骨架上网以细尼龙丝类的薄纱；另一类是互相贯通的多孔塑料圆球，两者均有能将传声器导入其中的圆孔。防风罩在测量时，也可保护传声器免受尘埃附在膜片，并免受碰伤的危险。

噪声测量仪器根据噪声的研究分析还可应用声级记录仪、实时分析仪、声强分析仪等。

（2）测量方法　室内和作业场所的噪声测量，在正常工作状态下，对有设备发出噪声的情况，根据保护操作人员的目的，应将测点布置在操作人员或其他工作人员的人耳处；在无声源情况下，应将平面作方格网划分，在交叉点上进行噪声测量。

机械设备的噪声，测量时传声器要正对机器表面，测点距设备外表面 1.0m，测点高度以机器半高为准，但距地面不得小于 0.5m，沿设备四周布置一定数量的测点，结果用最大值和平均值表示。噪声对操作人员有影响时，还要在操作人员的头部附近做测量。

测量空气动力设备进、排气的噪声，进气噪声的测点应选在进气口轴线上，距管口平面的距离等于管口直径；排气口噪声的测点，应在排气口轴线 45°方向上距管口平面 0.5m 或 1m 处。

厂界噪声的测量，其位置应在厂区周围墙上（或厂界），测量时避开建筑物和构筑物的遮挡。若在厂界和受该厂噪声危害的区域之间存在缓冲地域（街道、表面、水面等）时，可在缓冲地域外缘测量。测点间距一般为 10~20m。

（3）测量仪器使用的注意事项　声级计和声级校准器等测量仪器应每年到法定计量机构进行检定，检查声级计及其附件滤波器、打印机等的电池，保证电量充足并备用一份。长期不用时，应把电池取出；声级计每次测量前后都应进行一次声学校准。根据测量标准，选择正确的计权网络；根据噪声的变化情况，选择正确的"快""慢"或"脉冲"响应。测量时应手持声级计在一臂之外，或使用三脚架，避免身体反射或阻挡其他方向传来的声音。

进行室外噪声测量时，应使用防风罩。噪声测量时，注意避免或减少气流、电磁场、振动、温度和湿度等因素对传声器的影响。

对噪声源进行评价时，应确定本底噪声的影响程度，当噪声源的噪声级大于本底噪声级 10dB 以上时，本底噪声的影响可忽略不计；如果两者相差小于 3dB，则测量结果无意义。

14.2　噪声控制

14.2.1　洁净厂房的噪声源

洁净厂房的噪声主要来自两类设备，一是公用动力设备，如冷冻机、空压机、水泵、冷却塔、电气装置等；二是洁净室的生产设备、净化空调系统风机、风管等的噪声。

（1）通风机噪声　净化空调系统的主要噪声源是通风机。通风机的噪声大小与叶片形式、片数、风量、风压等因素有关。风机的噪声由叶片驱动空气产生紊流引起的宽频带气流噪声以及相应的旋转噪声组成，后者可由转速和叶片数确定其噪声频率。为比较各种风机的噪声大小，通常用声功率级表示。通风机的噪声水平应由制造厂提供，当缺乏完整数据时，可按式（1.14.17）计算总声功率级 L_w(dB)。

$$L_w = L_{wc} + 10\lg(Qp^2) - 20 \qquad (1.14.17)$$

式中　L_{wc}——通风机的比声功率级（定义为同一系列的风机在单位风量"m³/h"和单位风压"10Pa"的条件下所产生的总声功率级），dB；

Q——通风机的风量，m³/h；

p——通风机的全压，Pa。

注：同一台风机的最佳工况点，就是其最高效率点，也是比声功率级的最低点。一般中、低压离心通风机的比声功率级值在最佳工况点时可取 24dB。

图 1.14.9 为风机的声功率级估算图。当风机的转速 n 不同时，其声功率级可按式（1.14.18）换算。

$$(L_w)_2 = (L_w)_1 + 50\lg\frac{n_2}{n_1} \qquad (1.14.18)$$

轴流通风机的声功率级 L_w(dB)，可按式(1.14.19)确定。

$$L_w = 19 + 10\lg Q + 25\lg p + \delta \qquad (1.14.19)$$

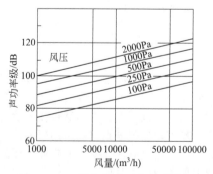

图 1.14.9　风机的声功率级估算图

式中　Q——风量，m^3/h；

　　　p——风压，Pa；

　　　δ——工况修正值，见表 1.14.9。。

表 1.14.9　轴流通风机的声功率级工况修正值

流量计		Q/Q_m						
Z	θ	0.4	0.6	0.8	0.9	1.0	1.1	1.2
4	15	—	3.4	3.2	2.7	2.0	2.3	4.6
8	15	−3.4	5.0	5.0	4.8	5.2	7.4	10.6
4	20	−1.4	−2.5	−4.5	−5.2	−2.4	1.4	3.0
8	20	4.0	2.5	1.8	1.9	2.2	3.0	—
4	25	4.5	2.0	1.6	2.0	2.0	4.0	—
8	25	9.0	8.0	6.4	6.2	8.0	6.4	

注：Z——叶片数；θ——叶片角度；Q_m——最高效率点的风量，一般应为 $Q/Q_m=1$。

（2）风道系统的气流噪声　风道内气流流速和压力的变化以及对管壁和障碍物的作用而引起的气流噪声。在高速风道中这种噪声不能忽视，而在低速风道内（指风管速度<8m/s），即使存在气流噪声但与较大的声源相叠加，可以忽略，因而从减少噪声考虑，应尽可能地采用较小的风速

① 直风管的气流噪声声功率级 L_W（dB），可按式（1.14.20）确定。

$$L_W = 10 + 50\lg v + 10\lg F \tag{1.14.20}$$

式中　v——风道内流速，m/s；

　　　F——风道的截面积，m^2。

② 分支管的气流噪声声功率级 L_W（dB），可按式（1.14.21）确定。

$$L_W = L_{NS} + 10\lg f + 30\lg D_b + 50\lg v_b \text{（dB）} \tag{1.14.21}$$

式中　L_{NS}——标准声功率（与倍频程频率、分支管直径、分支管风速 v_b 有关），dB；

　　　f——倍频程频率，Hz；

　　　D_b——支管直径，m；

　　　v_b——支管风速，m/s。

③ 风阀的气流噪声，它与风阀的面积、局部阻力系数和风速有关，其产生的气流噪声声功率级按式（1.14.22）计算。

$$L_W = 10 + 10\lg S + 30\lg \zeta + 60\lg v \text{（dB）} \tag{1.14.22}$$

式中　S——风阀断面积，m^2；

　　　ζ——局部阻力系数，$\zeta = 2\Delta p/\rho v^2$；

　　　v——气流速度，m/s；

　　　Δp——局部阻力损失，Pa。

（3）压缩机噪声　压缩机在运行时将气体介质压缩、输送及其膨胀，在此过程中会发出以低频为主的宽频噪声。噪声强度依据机器的功率、工作压力、排气量及转速不同是不一样的，一般声压级为 90～100dB，是工业噪声的主要污染源之一。表 1.14.10 介绍了几种压缩机的声压级。

表 1.14.10　几种压缩机的声压级　　　　　　单位：dB

机器类型		轴马力/排气量	1 倍频程声压级								声级	
			63Hz	125Hz	250Hz	500Hz	1000Hz	2000Hz	4000Hz	8000Hz	L_W	L_N
往复式压缩机	XL-20 型		107.8	108.0	104.8	104.4	96.6	80.8	73.5	63.3	104.6	121
	CO_2 压缩机	1950/—	88.0	89.0	89.0	90.0	89.0	91.0	84.0	74.0	96.0	98

续表

机器类型		轴马力/排气量	1 倍频程声压级								声级	
			63Hz	125Hz	250Hz	500Hz	1000Hz	2000Hz	4000Hz	8000Hz	L_W	L_N
离心式压缩机	101-J 空压机	8450/48259	75	91	90	86	91	98	90	80	100	100
	105-UJ 氮气循环机	270/16000	80	85	85	87	90	92	96	80	96	97

注：L_W 为总声功率级，L_N 为累计百分声级。

压缩机不论是往复式或离心式，所产生的噪声均很大，但由于机壳较厚而有较大的传声损失，因此经机壳向外辐射的噪声仅是较小的一部分，大部分经敞开的进气口传出。另外，机器的固体声是从机座和基础传出的，往复式压缩机的进气噪声是由压缩机活塞的往复运动引起进气口处间歇吸气，产生气流的压力脉动传播到大气中形成的。其大小为活塞运动的倍数，随负荷的增加而增高，也与进气阀的尺寸、转速和气门通道构造有关，尤以气缸止回阀片的冲击机械声比较突出。压缩机的进气噪声比其他部位的辐射噪声大约高出 5～10dB，占整机辐射噪声的主要成分。压缩机的多个部件运行时因摩擦、撞击等产生机械噪声。

离心式压缩机的噪声特性与离心式风机相似，主要是动叶片高速转动时与静叶片之间相互作用产生的分离频率噪声和旋涡流产生的宽频噪声。离心机的进气噪声因机型、使用状况而异，一般进气噪声还是比其他部位的辐射噪声大；机械噪声主要由联轴器和减速齿轮箱等产生。

如表 1.14.11 所示，列出了我国《螺杆式制冷压缩机》(GB/T 19410—2008) 规定的单级制冷压缩机及压缩机组在名义工况下的噪声值（总声压级的平均值）。按我国相关标准规定，螺杆式冷水机组及离心式冷水机组，应进行噪声声压级测量，并在样本中提供噪声值。当机组的噪声值超过有关标准的噪声限值时，应对机组进行隔声处理，其噪声声压级按处理后的测试值评估。

表 1.14.11　螺杆式单级制冷压缩机及压缩机组的噪声

阳转子转速/(r/min)	4400				2960											
阳转子公称直径/mm	100		125		100		125		160		200		250		315	
转子长径比	1	1.5	1	1.5	1	1.5	1	1.5	1	1.5	1	1.5	1	1.5	1	1.5
开启式噪声/dB(A)	82	84	86	88	80	82	84	86	88	89	91	93	96	99	101	104
半封闭式噪声/dB(A)	77	79	81	83	75	77	79	81	83	85	—					

(4) 电机噪声　电机噪声主要有电磁噪声、机械性噪声和空气动力性噪声。三种噪声中以空气动力性噪声最大，机械性噪声次之，电磁噪声最小。电机噪声 A 声功率级限值标准见表 1.14.12。

表 1.14.12　电机噪声 A 声功率级限值标准　　　　单位：dB (A)

功率/kW	风冷											
	内部	外部	内部	外部	内部	外部	内部	外部	内部	外部	内部	外部
	960r/min 以下		960～1320r/min		1320～1900r/min		1900～2360r/min		2360～3150r/min		3150～3750r/min	
1.1 及以下	71	76	75	78	78	80	80	82	82	84	85	88
1.1～1.2	74	79	78	80	81	83	83	86	85	88	89	91
2.2～5.5	77	82	81	84	85	87	86	90	89	92	93	95
5.5～11	81	85	84	88	88	91	90	94	93	96	97	99
11～22	84	88	88	91	91	95	93	98	96	100	99	102

功率/kW	风冷											
	内部	外部	内部	外部	内部	外部	内部	外部	内部	外部	内部	外部
	960r/min 以下		960~1320r/min		1320~1900r/min		1900~2360r/min		2360~3150r/min		3150~3750r/min	
22~37	87	91	91	94	94	97	96	100	99	103	101	104
37~55	90	93	94	97	97	99	98	102	101	105	103	106
55~110	94	96	97	100	100	103	101	105	103	107	104	108
110~220	97	99	100	103	103	106	103	108	105	109	106	110
220~630	99	101	102	105	106	108	106	110	107	111	107	112
630~1100	101	103	105	108	108	111	108	112	109	112	109	114

14.2.2 噪声控制措施

(1) 噪声控制相关标准规范　洁净厂房的工程实践表明，各类洁净厂房内的噪声主要是各种公用动力设备及其输送管道和产品生产工艺过程及其设备在运行使用中产生的噪声。虽然在洁净室内的噪声声压级不是很高，大多在 70dB（A）左右，但由于洁净室是具有恒温恒湿的洁净生产环境，大多要求在这些房间内为作业人员营造一个较为安静的环境，因此洁净厂房的设计、建造应认真进行噪声控制设施的设置，并应达到洁净厂房设计规范规定的标准。在国家标准《洁净厂房设计规范》（GB 50073）中规定：洁净室内的噪声级（空态），非单向流洁净室不应大于 60dB（A），单向流、混合流洁净室不应大于 65dB（A）。洁净室的噪声频谱限制，应采用倍频程声压级；各频带声压值不宜大于表 1.14.13 的规定。

表 1.14.13　噪声频谱的限制值（空态）　　　　单位：dB（A）

洁净室分类	63Hz	125Hz	250Hz	500Hz	1000Hz	2000Hz	4000Hz	8000Hz
非单向流	79	70	63	58	55	52	50	40
单向流、混合流	83	74	68	63	60	57	55	54

在"规范"中作出这样较为严格规定，主要考虑洁净室（区）是气密性控制严格的密闭空间，并与室外大气环境均保持正压的作业环境，为保护作业人员的身心健康和减少噪声烦恼效应、语言通信干扰以及提高工作效率等因素进行制定。在国家标准《洁净室及相关受控环境　第 4 部分：设计、建造、启动》（GB/T 25915.4—2010/ISO 14644-4：2001）中规定："应依据洁净室内人员的舒适和安全要求及环境（如其他设备）的背景声压级来选择适宜的声压级。洁净室的声压级范围一般为 55~65dB（A）。"有些场合可能要求较低级别或能容忍较高级别。

从收集的国内外洁净室噪声标准来看，有以下几个特点：洁净室的噪声标准一般均严于通常的保护健康的标准。在洁净室的环境下，噪声条件主要在于保障正常操作运行，满足必要的谈话联系，提供舒适的工作环境。绝大多数标准给出的允许值在 65~70dB（A）范围内，医疗行业则更低。现行的大多数标准均以 A 声压级作为评价指标，也有少数标准对各频带声压级提出了限制。有的标准按不同的空气洁净度等级分别给出了噪声容许值，而大多数标准对不同的空气洁净度等级洁净室提出了一个统一的容许值。根据"洁净厂房噪声评价与标准的研究"中得到的成果，我国已有的 59 个洁净厂房平均噪声级的分布、电子工业已有的 216 个洁净室的噪声分布状况和不同声级下各种效应的主观评价指标如图 1.14.10 所示。

由图 1.14.10 可见，若以 65dB（A）作为洁净室噪声允许值标准，工人感到高烦恼的百分率低于 30%，对集中精神感到有较高影响的百分率不到 10%，而对工作速度、动作准确性的影响则可

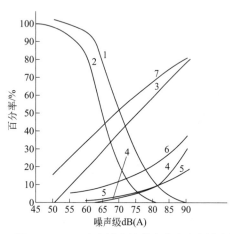

图 1.14.10　洁净厂房的噪声分布与评价图
1—59 个洁净厂房超过某一声级的百分率；
2—电子工业 216 个洁净室超过某一声级的百分率；
3—高烦恼率；4—准确性高影响率；
5—工作速度高影响率；6—集中精神高影响率；
7—交谈及电话通信高干扰率

忽略，从主观评价调查看，语言通信干扰可以属于轻微的等级。如按这一限值来衡量现有洁净室的噪声，则有 75%超过标准，就电子工业而言，也有 47%的洁净室超过标准。若以 70dB(A)为噪声允许值标准，工人感到高烦恼的百分率将达到 39%，对于集中精神感到有较高影响的百分率为 12.4%，对工作速度和动作准确性的影响仍不显著，对语言通信的干扰则属于较高的等级。如按 70dB(A)的限值来衡量现有洁净厂房的噪声，则多数可以满足标准。对国内几个行业不同气流流型洁净室的静态和动态噪声分析表明，不同气流流型的静态噪声有较大差异。非单向流的静态噪声实测值在 41～64dB(A)的范围，平均为 54dB(A)；单向流、混合流的静态噪声实测值在 51～75dB(A)的范围，平均为 65dB(A)。非单向流洁净室较之单向流洁净室的静态噪声平均值约低 11dB(A)。

（2）洁净厂房的噪声控制治理措施　动力设备噪声有机械噪声和气流噪声，噪声控制可采取的治理措施有隔声、吸声、消声、隔振等，可以对声源、传播途径进行有效控制；洁净室内，因装修材料表面平滑、坚固，噪声衰减少，噪声级很难降低，噪声控制的措施，宜采取消声的办法，即在净化空调系统内设置消声器，并尽量降低送回风管内的风速。

1）声源噪声的控制

① 选择先进的低噪声的生产设备和动力设备。

② 对设备定期进行保养和维修，更换磨损、松动的零部件。

③ 尽可能使用低速机器。

④ 采取可行的减振降噪措施。

⑤ 在设备的进气口或排气口加装进气或排气消声器。

2）传播途径中的噪声控制

① 使用隔声罩将声源封闭。

② 对大型声源采用隔声间，保护操作人员的健康。

③ 净化空调系统、排风系统设置消声器，并尽量降低风管内空气的流速。

④ 在声源外面加盖单层或复合结构的隔声板形成局部隔声屏障。

⑤ 动力站房的墙壁、顶棚进行吸声处理，空间可悬挂吸声体，对主要发声设备的四周可加设隔声屏。

3）操作人员的防护

① 缩短操作人员在强噪声环境中的连续工作时间。

② 采用个人防护用品，如耳塞、帽盔等。

③ 对集中控制室、休息室等采用隔声间的方法处理。

洁净厂房的平面和空间设计都应考虑噪声控制要求，例如洁净室的围护结构应有良好的隔声性能，洁净室内的各种设备均应选用低噪声产品，对于辐射噪声值超过洁净室允许值的设备，宜设置专用隔声或消声设施（如隔声间、隔声罩等）；净化空调系统的设备及管路的噪声超过允许值时，应采取隔声、消声、隔振等控制措施；洁净室内的排风系统除事故排风外应进行减噪设计。净化空调系统风管内的风速宜按下列规定选用：总风管为 6～10m/s，无送、回风口的支风管为 4～6m/s，有送、回风口的支风管为 2～5m/s。

控制洁净室的噪声应先从声源着手，设计时应选用低噪声设备。在某些情况下，由于技术或经济上的原因而难以做到时，应从噪声传播途径上采取降噪措施，例如把高噪声工艺设备迁出洁净室或隔离布置在隔声间内。与生产联系密切必须在洁净室（区）内的高噪声设备，亦可采用隔声罩（屏）等隔离降低噪声。国内现有的洁净厂房中，不少洁净室将真空泵一类的高噪声设备设置在洁净室外的房间或技术夹道内，洁净室内的噪声有明显的降低。

洁净室内的噪声主要是净化空调系统和局部净化设备或排风设施等的运行噪声，噪声的大小与洁净室的气流流型、送风量或换气次数等因素有关，但应十分关注净化空调系统的布置及合理的降噪措施，不合理的设计方案将导致较高的噪声。有关降低洁净室净化空调系统噪声的措施，国内外有关资料给出了一些有效的方案，如《现代洁净室概念》一书中强调"不仅应选择那种能满足气流要求的噪声最低的风机，还应该采用弹性减振基础"。关于消声器的使用，该书中称"管道消声器在中频和高频范围内降低噪声是有效的，当风管敷设长度在 50ft 以内时，就应考虑采用消声器"。关于风管的连接，书中又说"通风机和送风管道与回风管道之间，应采用柔性连接管隔开"，并且还要求"将通风机外壳、静压箱和管道等加上衬里"。如某研究所的洁净室回风管道在未处理前噪声高达 83.5dB(A)，经过加设衬垫处理后噪声降到 66.2dB(A)，使室内环境噪声平均下降了 7~9dB(A)。可见只要对风管系统采取消声和防止管道固体传声等措施，洁净室的噪声就可大幅度地降低。国内还有不少洁净室，由于系统设计合理，并采取了降噪措施，室内噪声得到了有效控制。排风系统的噪声对洁净室的影响极大，以集成电路生产为例，在生产过程中，外延、扩散、腐蚀、清洗等多种工序都需设置排风系统，近年来，对于洁净厂房排风系统的噪声治理日益受到重视，排风系统应注意选用低噪声风机等。

由于洁净室内的工作环境要求比较安静，洁净室的密封性能较好，噪声不易衰减，所以应按规定限制风管的风速；减小了净化空调系统的阻力，降低了风机压头和转速及风机的噪声，并能防止风速过大而产生附加噪声。

国家标准 GB 50073 发布实施以来各行各业的洁净室设计建造中按规定的控制治理措施进行噪声的控制，取得了有效的治理效果。表 1.14.14 是一些洁净室的噪声实测结果。表中数据表明大多数洁净室可达到或基本达到该规范的规定，仅有 4 例未达标。

表 1.14.14　一些洁净室的噪声实测数据

序号	房间名称	空气洁净度等级	气流类型	噪声/dB(A)	
				设计值	实测值
1	光刻间	4 级	单向流	≤65	67
2	扩散间	4 级	单向流	≤65	62.7
3	扩散间	4 级	单向流	≤65	63.2
4	外延间	4 级	单向流	≤65	64.3
5	外延间	4 级	单向流	≤65	64.7
6	石英部件清洗	4 级	单向流	≤65	64.3
7	光刻清洗间	5 级	单向流	≤65	66.5
8	扩散清洗间	5 级	单向流	≤65	67.5
9	退火炉间	5 级	单向流	≤65	65.5
10	PCEVD	5 级	单向流	≤65	66.3
11	清洗间	5 级	单向流	≤65	62.8
12	缓冲间	5 级	单向流	≤65	64.5
13	刻蚀去胶	5 级	单向流	≤65	65.5

序号	房间名称	空气洁净度等级	气流类型	噪声/dB(A)	
				设计值	实测值
14	抛光间	6 级	非单流	≤60	50.5
15	黏结清洗间	6 级	非单流	≤60	53.3
16	镀膜间	6 级	非单流	≤60	57.8
17	测试间	6 级	非单流	≤60	51.6
18	石英部品	6 级	非单流	≤60	51.2
19	部品保管室	7 级	非单流	≤60	52.5
20	洁净服洗净室	7 级	非单流	≤60	52.1
21	退火间	8 级	非单流	≤60	52.4
22	MOCVD	8 级	非单流	≤60	54.3
23	合金	7 级	非单流	≤60	55.9
24	薄膜	7 级	非单流	≤60	57.5
25	光学镀膜间	7 级	非单流	≤60	49.4
26	离合	8 级	非单流	≤60	59.6
27	磨片	7 级	非单流	≤60	66.5

14.3　隔声、消声和吸声

14.3.1　隔声

噪声的传播途径一般是空气传声和固体传声，本节主要介绍空气传声的阻隔措施。通常空气声的阻隔是利用隔声材料和隔声结构阻挡声能的传播，把声源产生的噪声限制在局部范围内，或在具有噪声的环境中隔离出相对安静的场所。空气声的阻隔通常是：对声源采用隔声罩；传播途径采用隔声屏或隔声墙；对受扰者采用隔声室。

声波在空气中传播，当遇到障碍物表面时，因其界面的声阻抗改变，一部分声能被障碍物表面反射回去，另一部分被吸收透过障碍物传至另一侧空间。

透射声能 E_τ 与入射声能 E 之比，称为透射系数 τ。

$$\tau = \frac{E_\tau}{E} \tag{1.14.23}$$

物体吸收的声能 E_a 与入射声能 E 之比，称为吸声系数 α。

$$\alpha = \frac{E_a}{E} \tag{1.14.24}$$

透射系数 τ 的大小，表明透过物体声能的大小；反之说明被物体隔除声能的大小，即隔声量 R。隔声量越大，隔墙的隔声效果越好。

$$R = 10\lg \frac{1}{\tau} (\text{dB}) \tag{1.14.25}$$

（1）隔气墙　单层匀质墙壁的隔声设计。单层匀质墙壁的隔声性能主要由它的质量、强度、阻尼和频率等决定。在说明墙的隔声特性时，不仅要指出其隔声量，同时要指出其对应的频率，通常取 125Hz、250Hz、500Hz、1000Hz、2000Hz、4000Hz 6 个倍频程的中心频率来表示它的隔声频率特性。常用材料和构造的隔声量见图 1.14.11。该图是根据质量定律绘制的，即构件的单位面积质量（m）或噪声的频率（f）增加一倍时，隔声量增加 6dB。实际工程中，通常用 100～3200Hz 的平均隔声量 $\bar{R}$ 来说明墙的隔声效果，其经验计算公式为：

$m > 200\text{kg/m}^2$ 时，$\bar{R} = 23\lg m - 9$（dB）

$m < 200\text{kg/m}^2$ 时，$\bar{R} = 13.5\lg m + 13$（dB）

提高单层匀质墙隔声量的措施主要有：选择合适的临界频率，控制阻尼，采用多层复合式墙板或双层墙体结构等。

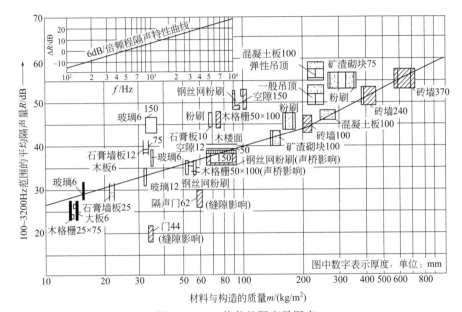

图 1.14.11　构件的隔声量图表

双层墙的隔声设计。单层匀质墙（板）的隔声性能主要遵循质量定律，若将板厚度（即质量）增大一倍，隔声量可提高 5dB 左右；若两块板分立，双层墙（板）加中间的空气层组成的双层墙板结构可提高隔声能力。双层墙能提高隔声能力的主要原因在于空气层的弹性作用。空气层附加的隔声量与空气层厚度有关，根据实验有图 1.14.12 所示的关系。图 1.14.13 是三种双层墙的空气层厚度与附加隔气量的关系。

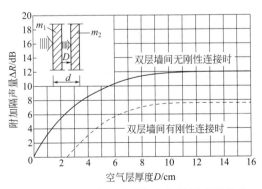

图 1.14.12　附加隔声量与空气层厚度的关系

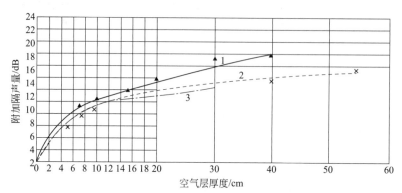

图 1.14.13　双层墙的空气层厚度和附加隔声量的关系

1—加气混凝土双层墙，$M=140kg/m^2$；2—无纸石膏板双层墙，$M=48kg/m^2$；3—纸面石膏板双层墙，$M=28kg/m^2$

双层墙的平均隔声量经验计算公式为：

$$m_1+m_2<200kg/m^2，\bar{R}=13.5lg(m_1+m_2)+13+\Delta R(dB)$$

$$m_1+m_2>200kg/m^2，\bar{R}=18lg(m_1+m_2)+8+\Delta R(dB)$$

双层墙的隔声在工程应用中需注意以下几方面的问题：

① 双层墙的隔声量受其共振频率的影响较大，当其共振频率低于一般的声频范围，即在 30～50Hz 时，其隔声效果才明显。如砖、混凝土等较重材料组成的双层墙，其共振频率一般不超过 15～25Hz，隔声效果优良。

② 用 $m<30kg/m^2$ 的胶合板或薄钢板组成的双层结构轻质墙体，其共振频率在 125～250Hz 的可听声范围，隔声效果就较差。一般通过增加两板之间的距离、增加重量和贴阻尼材料等措施，降低其共振频率，提高隔声效果。双层墙的共振频率为：

$$f_\rho=600\sqrt{\frac{m_1+m_2}{m_1m_2D}} \tag{1.14.26}$$

式中　　f_ρ——双层墙的共振频率，Hz；

　　　　D——两板之间的距离，cm。

③ 避免双层墙间出现刚性连接的"声桥"，否则会隔低 5～10dB 的隔声量。因此双层墙的结构最好做成双基础，地面到顶棚完全是分离的。

④ 在双层墙的空气层间悬挂或填充如矿棉板、玻璃纤维等多孔吸声材料，可使双层轻质墙的平均隔声量提高 3～7dB，也可防止因施工造成的刚性连接和改善隔声效果，现在工程中常用的夹芯金属壁板即是这样的结构。充填聚苯板的彩钢复合板在各个频率的隔声量见表 1.14.15。彩钢板厚度 0.6mm，聚苯板厚 100mm，复合板质量 13kg/m²。

表 1.14.15　彩钢复合板的隔声量

中心频率/Hz	125	250	500	1000	2000	4000
隔声量/dB	14	24	23	26	53	51

⑤ 由重质墙和轻质墙共同组成的双层墙结构，且空气层中填有弹性材料，应将轻质墙一面设在高噪声房间的一边。

采用双层窗构造增加隔声量。由于窗的主要构成部分玻璃不可能获得很高的隔声量，因此为了使窗户获得较高的隔声量，可采用特殊构造的玻璃及双层窗构造。双层窗的隔声性能取决于每一层窗的隔声和两层窗之间的距离及其中吸声处理的状况。双层窗的隔声机理与双层板相似，主要表现为：空气层附加隔声量和低频共振，双层窗的空气层能提高双层窗的隔声量。空气层的厚度越大，隔声量就越高，而由双层结构引起共振的共振频率就越低，为使双层窗的共振频率低于100Hz，空气层的厚度应大于100mm。有资料报道双层玻璃的厚度为（5+5）mm、空气层的厚度为200mm，在频段为200～3200Hz时，隔声量为34～48dB；空气层的厚度为150mm时，隔声量为30～42dB。

（2）隔声罩　隔声罩是设在生产车间内，对独立的强噪声源，在满足操作、维修以及必要的通风要求情况下控制声源噪声的有效方法。隔声罩通常可分为固定密封型、活动密封型、局部开敞型、带有通风散热消声器的隔声罩等，应根据不同形式隔声罩的插入损失，采用不同类型的隔声罩。插入损失（insertion loss）是指在插入噪声设备前后，某一测点位置的声压级差。隔声罩的插入损失数值，通常是由工程实践总结得出的，通常可按表 1.14.16 提供的插入损失范围进行选取。

表 1.14.16　隔声罩的插入损失

隔声罩类型	插入损失/dB（A）
固定密封型	30～40
活动密封型	15～30
局部开敞型	10～20
带通风散热消声器的隔声罩	15～25

固定密封型隔声罩的各组合部件均不可经常开启或装卸，且应具有良好隔声效果；活动密封型隔声罩是考虑被隔声设备的作业或检修需要，设置有易于开启并能密闭的门、窗的隔声罩，并具有良好的密闭性；而由被隔声的设备等的具体条件所限，或为了检修、通风散热、隔声结构装配等的需要，隔声结构局部不加封闭者，被称为局部开敞式隔声罩。

① 密封型隔声罩的实际隔声量按式（1.14.27）计算。

$$R_s = R + 10\lg \bar{a} \tag{1.14.27}$$

式中　R_s——实际隔声量，dB；

　　　R——隔声罩罩体结构的隔声量，dB；

　　　$\bar{a}$——罩内平均吸声系数。

② 需要通风散热的机器设备，宜采用非密封型隔声罩，其隔声量按式（1.14.28）计算。

$$R_s = R + 10\lg \bar{a} + 10\lg(1 + \frac{S_0}{S_1} \times 10^{0.1R}) \tag{1.14.28}$$

式中　S_0——孔洞面积，m^2；

　　　S_1——密封面面积，m^2。

隔声罩的设计应注意：隔声罩的设计须与设备外形、特征紧密配合，还要满足如进排气、通风散热、检修和监控等要求。为避免罩壁受声源激发产生共振，隔声罩的内壁面与机器设备之间应留一定空间，内壁面与声源设备的间距不小于10cm；隔声罩与声源设备不应有任何刚性连接。隔声罩应选择有隔声能力的罩壁材料，如钢板、铝板等，并带有阻尼层。阻尼层通常有石棉漆、石棉沥青膏、阻尼涂料、阻尼浆等，厚度是 0.5～2mm。阻尼层可涂在一面或双面，称自由阻尼涂层；另外是将阻尼层夹在两板之间，称约束阻尼涂层。隔声罩各结构的节点、连接处应设置防止缝隙孔洞漏气的措施。

（3）隔声室（间）　隔声室是保护操作人员即噪声接受者的一种有效方式，通常设置在车间内，以减少操作人员暴露在机器设备噪声中的接触时间。隔声室一般用于中心控制室、值班室等。对于隔声量要求较高的隔声室宜采用实心砖等建筑材料为主的隔声构造，必要时隔声室的墙体和顶棚宜采用双层隔声结构；隔声室的门窗等隔声构件宜采用有两道门的"声阱"和多层构造的隔声窗。隔声室所有的通风、散热和生产工艺用孔洞，均应设有消声措施或消声器，其消声量应与隔声室的隔声量相当。

隔声门窗应具有足够的隔声量，一般是在满足隔声要求的前提下采用定型产品。隔声门窗应避免缝隙漏声，并且门扇、窗扇的隔声性能应与缝隙处理的严密性相适应。当采用单层隔声门不能满足隔声要求时，可设置为具有两道隔声门的"声阱"。这里所称谓"声阱"（sound lock）是指具有大量声能吸收的小室或走廊，它是使"声陷"两边可以相通但声耦合很小，从而提高隔声能力。"声阱"的内壁面应具有较高的吸声性能，两道隔声门应错开布置。隔声室采用的单层隔声窗不能满足隔声要求时，应选用双层或多层隔声窗；具体工程有特殊要求时，宜采用专用的隔声门窗。

隔声室的降噪量，可按式（1.14.29）计算。

$$R = \bar{R} - 10\lg\frac{S_\text{w}}{S\bar{\alpha}} \tag{1.14.29}$$

式中　R——隔声室的降噪量，dB；

　　　$\bar{R}$——隔墙（包括门窗）的平均隔声量，dB；

　　　S_w——传声墙面积，m^2；

　　　S——隔声室内的总表面积，m^2；

　　　$\bar{\alpha}$——隔声室的平均吸声系数。

隔声室一般用于中心控制室、值班室等。隔声门、窗宜采取门、窗的隔声量比墙壁小 $10\sim15\text{dB}$，门、窗的构造应注意密封。隔声室的降噪量一般为 $20\sim50\text{dB}$。

（4）隔声屏　隔声屏是对噪声传播途径进行隔声处理的一种方法。隔声屏是一个打开的隔声罩，它对于小体积的高频噪声源有较显著的降噪效果，而对于大体积的低频噪声源，降噪效果不明显。隔声屏应尽量靠近噪声源或噪声的接受者，对声源的一侧应做高频吸声处理。

1）隔声屏的降噪原理，当一定波长的声波在空气中传播时，如果遇到障碍物，除了部分被反射、透射和吸收外，还会有一部分经过障碍物的边缘产生绕射。声波频率越低，这种现象越严重。根据声衍射原理，在正对噪声传播的途径上设立一道与声波波长相比有足够大小尺寸的隔声屏障时，声波很容易被反射回去。隔声屏障之所以能降噪，就是因为它可以把高频声反射回声源，在它背后的一定范围内，形成低声级的"声影区"。在生产车间内设置隔声屏障应做相应的吸声处理，以防止由于墙壁和顶棚的声反射形成混响声场，从而使隔声屏障的作用明显降低。从隔声原理上讲，若车间内墙壁、顶棚以及隔声屏障表面的吸声系数趋于零，室内隔声屏障的降噪量也等于零。

2）隔声屏降噪的近似计算方法，隔声屏的降噪量按式（1.14.30）计算，其中 $1\leqslant N\leqslant 10$。

$$\Delta L = 10\lg N + 13\,(\text{dB}) \tag{1.14.30}$$

$$N = \frac{2}{\lambda}(A + B - d) = \frac{2\delta}{\lambda}$$

式中　N——菲涅耳系数；

　　　λ——声波波长；

　　　A——声源至屏障顶端的距离；

　　　B——屏障顶端至接受点的距离；

　　　d——声源至接受点之间的直线距离；

　　　δ——$\delta = A + B - d$。

图 1.14.14 为菲涅耳系数 N 与降噪量 ΔL 的关系。

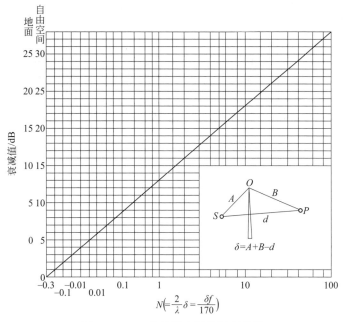

图 1.14.14 室外隔声屏的隔声效果

3）隔声屏示例，室内隔声屏的一些造型，见图 1.14.15，并简介了一台 300kW 直流发电机组采用的隔声屏和降噪效果。装设前噪声达 108dB/99dB，频率为 500Hz/1000Hz，在安装发电机组的房间内有关部位上空悬挂"浮云式"吸声板、垂直悬挂吸声板等形式的隔声屏后，实测噪声降至 80dB 左右，效果明显。

14.3.2 吸声

（1）吸声系数和吸声量 工业企业各种重量车间内的噪声可由两部分组成，即从生产设备（噪声源）发出的直达声和从室内各种壁面反射的反射声（或称混响声）。通常应对原有吸声较少、混响声较强的各类车间进行吸声降噪处理，吸声是声波通过某种介质或射到某介质表面时，声能减少或转换为其他能量的过程。由于吸声降噪处理通常只能降低混

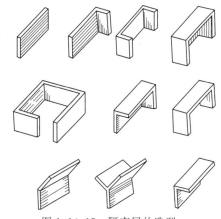

图 1.14.15 隔声屏的造型

响声，不能降低直达声，因此吸声处理对距离噪源较近处降噪效果不是很明显，而距离噪声源较远的场所因混响声有较大作用，吸声处理通常需使用较多的吸声材料及建设投资较大，但降噪量一般仅有 4～10dB（A），并不能如隔声、消声措施能够较容易地获得较明显的降噪效果，所以吸声处理主要是在某些混响声较严重的生产车间，且受到产品生产工艺和操作条件的限制，不适合采用其他噪声控制措施或有特殊要求时应用。吸声降噪措施的设置应满足防火、防腐、防潮、防尘等生产工艺、安全卫生的要求，并应满足采光、照明、通风及装修等的要求，为吸声材料设置的埋件，应满足施工方便、坚固耐用的要求。

室内吸声降噪处理是将吸声材料布置在壁面，包括墙面、地面和顶棚，或者在室内悬挂空间吸声体，使噪声源发出的噪声被这些材料部分吸收，从而达到降低噪声的目的。一种材料或一种吸声结构的吸声量大小，取决于壁面材料的吸声系数。吸声系数一般是在实验室条件下，通过驻波管法或混响室法测定获得的。吸声系数越大，吸声量越大。

吸声量（A）是吸收材料吸声系数为 α 的墙面面积为 S 对某一频段的吸声能力，可用下式计算：

$$A = S\alpha \tag{1.14.31}$$

同一墙面有几种不同的吸声材料时，则总的吸声量为：

$$A = S_1\alpha_1 + S_2\alpha_2 + S_3\alpha_3 + \cdots \tag{1.14.32}$$

实际工程中，经常用到室内平均吸声系数，其计算式为：

$$\bar{\alpha} = \frac{A}{S_1 + S_2 + S_3 + \cdots} \tag{1.14.33}$$

式中　A——吸声量，m^2；

　　　S——吸声材料的面积，m^2；

　　　α——吸声系数；

　　　$\bar{\alpha}$——平均吸声系数。

材料的吸声特性还和声音的频率有关，为了全面反映材料的吸声频率特性，工程上通常取 125Hz、250Hz、500Hz、1000Hz、2000Hz、4000Hz 等 6 个频率的吸声系数来表示材料的吸声频率特性。

在工程实践中，吸声处理后的降噪效果是针对整个房间噪声声级的降低，通常可以把直达声与反射声一起考虑。吸声处理后的噪声降低量可按式（1.14.34）计算。

$$\Delta L_P = 10\lg\frac{\bar{\alpha}_2}{\bar{\alpha}_1} = 10\lg\frac{A_2}{A_1} \tag{1.14.34}$$

式中　ΔL_P——噪声降低量，dB；

　　　$\bar{\alpha}_1$——吸声处理前的室内平均吸声系数；

　　　$\bar{\alpha}_2$——吸声处理后的室内平均吸声系数；

　　　A_1——吸声处理前的室内吸声量，m^2；

　　　A_2——吸声处理后的室内吸声量，m^2。

（2）吸声降噪的设计原则和步骤

1）吸声降噪的设计原则

① 吸声处理只能降低混响声，不能降低直达声，仅适用于混响声较强的车间。因此采用吸声处理来降噪有一定的局限性。

② 当采取吸声处理来降低室内噪声时，必须使吸声处理后的平均吸声系数或吸声量比处理前大两倍以上。吸声处理效果的好坏，还与处理前室内壁面反射声噪声级的提高量有相当大的关系。表 1.14.17 是室内壁面的反射声使噪声源产生的噪声级提高量。

吸声处理仅仅是降低噪声级的提高量，如果原壁面的吸声系数大，噪声级的提高量小，再作吸声处理是很难有好效果的。

表 1.14.17　壁面的吸声系数与噪声提高量的关系

房间情况	壁面平均吸声系数 $\bar{\alpha}$	声压级提高量/dB
一般未做吸声处理的车间	0.03~0.05	13~15
做过一般吸声处理的车间	0.20~0.30	5~7
做过特殊吸声处理的车间	>0.50	<3

③ 在直达声较强的位置，靠近设备处，吸声处理效果差；对于离设备较远处，混响声较强的位置，采取吸声处理，则会减弱噪声级，同时也减弱噪声向外传播的强度。

④ 当噪声源适于采取隔声措施，或采用隔声措施仍不能达到标准时，可采用吸声处理作为辅助手段。

2）工程中吸声降噪的设计步骤

① 吸声处理前实测或估算室内噪声级，并了解其频谱特性。

② 吸声处理前计算或实测室内的平均吸声系数 $\bar{\alpha}_1$ 或总吸声量 A_1。

③ 确定室内的容许噪声级，求出所需的噪声降低量 ΔL_P。

④ 根据 ΔL_P 值，由公式计算处理后应有的总吸声量 A_2 或平均吸声系数 $\bar{\alpha}_2$。

⑤ 由 $\bar{\alpha}_2$ 和室内可供布置吸声材料的面积，确定吸声面的相应吸声系数。

⑥ 由确定的吸声系数，选择合适的吸声材料或吸声结构。

（3）吸声材料和吸声结构

① 多孔吸声材料是主要的吸声材料，一般多孔柔软的材料如玻璃棉、泡沫塑料等都可以作为吸声材料。在选用吸声材料时，要注意材料的多孔性，气孔向外敞开，并互相连通。多孔吸声材料具有良好的中、高频吸声性能，但对低频声吸收效果较差。要提高吸声材料的吸声效果，应合理控制材料的密度。一般可根据吸声设计要求和经济性进行选用，对中高频噪声的吸声降噪可采用密度较小或薄的多孔吸声材料和玻璃棉板等。增加吸声材料的密度，能使低频吸声效果增加，工程实践表明，吸声常用的玻璃棉密度为 $24kg/m^3$、$48kg/m^3$ 等。增加材料的厚度增加能使吸声高频率特性向低频方向移动。当材料的厚度约为入射声波的 1/4 波长时，吸声效果最好。但实际应用中，多孔吸声材料的厚度，一般取 3~5cm。

在多孔材料后设置空气层，或在吸声材料和刚性壁面之间留有空气层，可以改善低频吸声效果，有利于展宽吸声频带。当空气层的厚度近似于入射声波的 1/4 波长时，吸声系数最大；等于 1/2 波长及其整数倍时，吸声系数最小。在建筑的吸声处理中空气层的厚度，一般为 5~10cm。

吸声系数不太高的吸声材料（如木质纤维板、矿棉板等）表面，钻很多不穿透的小孔穴，使材料暴露在声场中的总面积增加，可提高中高频的吸声效果。

采用成型的板材吸声材料，例如玻璃棉板等多孔吸声材料，需要时可设置穿孔板等扩面材料，各种吸声板材可直接吊在顶棚或附贴在墙壁上作为吸声层。各种吸声砖可直接砌筑在需要噪声控制的场所。对于多孔松散的吸声材料，为防止脱落，在材料表面用玻璃纤维布、细布、麻布、金属网和塑料纱网等作为罩面层。为了美观、便于清扫和防止机械损伤，应采用穿孔钢板、穿孔胶合板和穿孔硬质纤维板等作为护面层。穿孔护面板的穿孔率大于 20％时，对吸声性能没有影响。为增大低频吸声性能，可适当减小穿孔率，但不宜小于 10％。常用的穿孔胶合板和硬质纤维板，其穿孔孔径为 6mm 或 8mm，孔心距为 11cm、13cm、18cm、20cm 等。

② 共振吸声结构。利用各种打孔或不打孔的薄板，并在其后面设置一定深度的密封空腔，组成共振吸声结构，可以解决低频声的吸收问题。共振吸声结构分为薄板共振和穿孔板共振两种类型。

薄板共振吸声结构的共振频率一般在 86~300Hz 之间。若不考虑薄板本身的刚度所具有的弹性，其结构的共振频率 f_0 可按式（1.14.35）估算。

$$f_0 = \frac{600}{\sqrt{mh}} \tag{1.14.35}$$

式中　f_0——共振频率，Hz；

　　　m——板的面密度，kg/m^2；

　　　h——空气层厚度，cm。

只有当入射声波的频率与板振动系统的固有频率相同时，共振吸声结构才发生共振，声能才能得到最大的吸收。因此，薄板共振吸声结构的吸声频带较窄，吸声系数不高。为改善这种结构的吸声性能，在薄板结构的边缘上（即板与龙骨交接处）放置一些增加结构阻尼特性的软材料，如海绵条、毛毡等，或在空腔中设置多孔的矿棉或玻璃毡等吸声材料，也可采用不同单元大小的薄板和不同腔深的结构来展宽吸声频带的宽度。

穿孔板共振吸声结构一般是指在石棉水泥板、石膏板、硬质板、胶合板以及铝板、钢板等薄板上穿小孔，并在其后设置空腔，见图 1.14.16。穿孔板共振吸声结构的共振频率 f_0，可按式（1.14.36）计算。

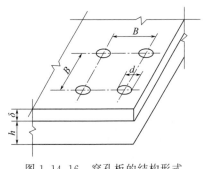

图 1.14.16　穿孔板的结构形式

$$f_0 = \frac{c}{2\pi}\sqrt{\frac{P}{SL_K}} \tag{1.14.36}$$

式中　f_0——共振频率，Hz；

c——声速，m/s；

P——穿孔率（穿孔面积与总表面积之比的百分数）；

S——单孔的截面积，m^2；

L_K——孔的有效径长，$L_K = \delta + \pi/(4d)$，m；

δ——板厚，m；

d——孔的直径，m。

一般穿孔板的设计尺寸：板厚 1.5mm，孔径 $2\sim15$mm，穿孔率 $0.5\%\sim5\%$，也可到 15%，腔深 $100\sim250$mm。

穿孔板共振吸声结构，在共振频率 f_0 附近具有最大的吸声性能，但吸声频带很窄。为扩大结构的吸声频带带宽，可将孔径设计得偏小些或在穿孔板后附贴一层透声性能好的薄布、玻璃布等纺织品，也可附贴一层薄的多孔吸声材料，以提高孔内阻尼。同时采用几种不同尺寸的共振吸声结构，也可使吸声的频带扩宽。

微穿孔板吸声结构：板厚及孔径均小于1mm，穿孔率为 $1\%\sim3\%$ 的金属微穿孔和空腔组成的复合吸声结构。板后空腔一般取 $5\sim10$cm。在实际工程中，常用两层不同穿孔率的微穿孔板，做成前后两个不同深度的空腔（一般前腔 80mm 深，后腔 120mm 深）。微穿孔板吸声结构不仅外表美观、易于清扫，而且适用于高温、高湿、有腐蚀性气体的特殊环境。但加工比较复杂，造价较高，使用中容易堵塞。若生产车间内有清洁要求或湿度较高时，吸声降噪可采用薄膜覆面的多孔吸声材料或单层、双层微穿孔板等吸声结构。薄膜覆面的多孔材料是将多孔材料吸声与薄膜共振吸声耦合，具有防尘、防潮湿和安装方便的特点。

空间吸声体：为了充分发挥多孔材料的吸声性能，提高吸声效果，节约吸声材料，常把吸声材料制成"空间吸声体"的吸声结构。空间吸声体的几何形状有立方体、圆锥体、平板体和球体等。空间吸声体通常用穿孔金属板制作，其内部填充多孔吸声材料，或在穿孔金属板的背后衬以多孔吸声材料。为了节约金属材料，也可用厚纸板、塑料片以及透声性能好的纺织品制作罩面。当采用穿孔板时，其穿孔率应大于 10%，以充分发挥吸声材料的作用。不同穿孔率罩面层的吸声系数变化见表 1.14.18。

表 1.14.18　不同穿孔率罩面层的吸声系数

穿孔率	倍频程中心频率/Hz					
	125Hz	250Hz	500Hz	1000Hz	2000Hz	4000Hz
1.65%	0.46	0.68	1.20	1.22	1.10	0.90
2.7%	0.37	0.59	1.25	1.42	1.15	0.94
5.6%	0.46	0.61	0.90	1.40	1.38	1.60
玻璃布	0.37	1.13	1.89	2.46	2.37	2.28

当车间面积较大，且所需的吸声降噪量较高时，空间吸收体的面积宜为房间屋顶面积的 40%；而层高较高、墙面面积相对较大时，宜为室内总面积的 15%。空间吸声体的布置距离噪声源近一些效果较好，但吸声体的悬挂高度在实际应用中应根据房间面积的大小、层高等条件确定。所需的吸声降噪量较高、房间面积较小时，宜对屋顶、墙面同时进行吸声降噪处理。噪声源集中在车间局部区域，而噪声会影响到整个车间时，宜在声源所在区域的屋顶和墙面做局部吸声处理，同时应设置隔声屏障。

（4）吸声结构的选择及布置原则

① 吸声结构可按下述情况选择。

a. 对于中、高频噪声，且在建筑装修要求不高的场所，可采用 2～5cm 厚的木丝板、甘蔗板等成型吸声板；对于宽频带噪声，可在多孔吸声材料后留 5～10cm 的空气层，或采用 8～15cm 厚的吸声层。

b. 吸声效果要求较高，而建筑装修要求一般的场所，可采用玻璃棉、矿渣棉吸声材料，外加玻璃纤维布及钢板网或塑料网做护面层。

c. 当吸声与装修均要求较高时，宜采用穿孔板护面的吸声结构，穿孔板的材料可用金属、塑料及木屑薄板。

d. 当声源呈显著低频时，应采用穿孔板共振吸声结构和薄板共振吸声结构。

e. 当吸声处理的场所具有较高湿度或有清洁要求时，宜采用微穿孔板吸声结构。

② 吸声结构按下述原则布置。

a. 吸声要求较高、房间面积较小时，宜对顶棚、墙面同时做吸声处理。

b. 吸声要求较高、车间面积较大时，尤其是扁平状大面积车间，一般只对顶棚做吸声处理。

c. 当声源集中在局部区域而噪声影响整个车间时，应在该声源区的顶棚及墙面做局部吸声处理。如能设置隔声屏障，则会获得更佳的效果。

d. 对于现有车间的噪声治理改造或新建大面积车间的吸声处理，采用空间吸声体吸声，能达到显著的技术效果。

14.3.3 消声

在洁净厂房中为降低空气动力机械辐射的空气动力性噪声或噪声源隔声结构散热通风口、工艺孔洞等辐射出的噪声，应采用消声处理降低噪声及其对环境的影响。通常消声设计除用于降低空气动力性噪声外，还用于降低空气动力机械或管道的辐射噪声，如通风机房、空调机房等均需设置进、出风管消声器。消声器通常是具有吸声衬里或特殊形状的气流管道，可有效地降低气流中的噪声。对消声器的性能进行评价的指标主要有：消声量（插入损失）、压力损失和气流再生噪声。三个方面应统一考虑以求获得较好的技术经济效果，若单纯地要求过高的消声量，常常会选择构造复杂的消声器，从而使消声器的压力损失和气流再生噪声增大，影响消声器的使用，且价格也会提高。另外消声器的长度增加到一定程度时，由于气流再生噪声等因素，其消声量不会再随长度增加而线性地增大。所以上述三项评价指标一定要统筹兼顾，不可一味地追求过高的消声量。气流再生噪声是指气流在管道或消声器中产生的噪声，其大小主要与气流速度和气流通过的管道或消声器的压力降低有关。消声器的气流速度增加，消声量会降低，压力损失会按平方规律增加，而气流再生噪声的功率则以六次方的规律增加，所以在消声设计时应将气流速度控制在一定限制值之内。在国家标准《工业企业噪声控制设计规范》（GB/T 50087）中对消声器中的气流速度作了如下规定：

① 空调系统主管道消声器内的气流速度不宜大于 10m/s。

② 鼓风机、压缩机、燃气轮机的进、出排气消声器内气流速度不宜大于 30m/s；内燃机的进、排气消声器内气流速度不宜大于 50m/s。

③ 高压排气放空消气器内的气流速度不宜大于 60m/s。

洁净厂房内的消声器应做到坚固耐用，并应满足防火、防腐、防潮、耐高温等的要求。在空间允许的情况下，消声器装设的位置通常应为：空气动力机械的进、排气口均不敞开，且管道经过空间的噪声不能满足要求时，应在进、排气口设置消声器；噪声源的隔声围护结构、隔声室的孔洞处应装设消声器，以消除辐射噪声。

（1）消声器的类型　消声器根据其消声原理的不同，可分为阻性和抗性两大类。这两类消声器具有不同的消声特性，阻性消声器主要消除中、高频噪声，抗性消声器主要消除中、低频噪声。工程中实际应用的消声器往往根据需要采用综合型的阻抗复式消声器。

阻性消声器是借助安装在管壁上的吸声材料，或按一定方式在管道中排列组合起来的吸声结构的吸声作用，使沿管道传播的噪声能量转化为热能而衰减达到消声的目的。抗性消声器的消声原理是：它不直接吸收声能，而是借助管道截面的突出扩张或收缩，或旁接共振腔，使沿管道传播的部分声波在突变处向声源方向反射回去而不通过消声器，从而达到消声的目的。

常用消声器的种类有：管式阻性消声器、片式阻性消声器、折板式阻性消声器、声流式阻性消声器、弯管式阻性消声器、迷宫式阻性消声器、蜂窝式阻性消声器、微穿孔板消声器、扩张式消声器、内接管扩张式消声器、共振腔消声器、阻性-扩张式复合型消声器、阻性-共振腔复合型消声器、降压扩容消声器等。各种类型消声器的特点及适用范围见表1.14.19。

表 1.14.19　各种消声器的特点及适用范围

型式		主要特点	适用范围
阻性消声器	管式阻性消声器	有良好的中、高频消声性能,阻力小	低压小风量风机
	片式阻性消声器	消声性能同上,但阻力稍大	低压大风量风机
	蜂窝式阻性消声器	有良好的中、高频消声性能,但阻力稍大	低压大风量风机
	折板式阻性消声器	消声性能较前三种好,但阻力大	鼓风机
	声流式阻性消声器	同上,但阻力略小于前一种	鼓风机
	弯管式阻性消声器	高频消声性能好	管路系统
	迷宫式阻性消声器	低、中频消声性能较好,但阻力大	气流流速低的管路
抗性消声器	扩张式消声器	低、中频消声性能好,但阻力大	柴油机、压缩机
	内接管扩张式消声器	低、中频消声频带较前一种更宽些	柴油机、压缩机
	共振腔消声器	消声频带窄,但对低频峰值噪声消声效果好	多与阻性消声器组合使用
	微穿孔板消声器	消声频带较共振消声器宽,阻力小,耐高温,不怕水蒸气和油雾,成本高	清洁度要求高的空调系统,气流速度较高的场合
阻抗复合型消声器	阻性-扩张式复合型消声器	消声频带宽	要求消声频带的宽管路系统进排气口
	阻性-共振腔复合型消声器	消声频带宽,低频消声性能有改善	要求消声频带的宽管路系统进排气口
其他	降压扩容消声器	利用节流原理降压并获得消声效果	高压容器或锅炉上

（2）消声器设计的基本要求

① 在较宽的频带范围内有较大的消声量。

② 体积小、造价低、结构简单、加工方便。消声器内所用的材料要能防火、防蛀、防腐、防潮、耐高温及在气流作用下不致使吸声材料被吹走。

③ 消声器对气流的阻力应小，装设消声器后增加的阻力损失要控制在机组正常运行容许的范围内。其构造形式和吸声材料的布置表面要平整，使气流通畅无阻。

④ 消声器的壳体要有一定的刚度并要考虑隔声（包括消声器检查孔），特别是当消声器设在机房中或设在有噪声源的地方时，更要考虑隔声。

⑤ 当消声器需做成若干米长时，最好分成2～3m一节的分段装置，以提高消声效果。

⑥ 风道长度较长时，风道长度方向为高频消声提供了较大的自然衰减量，为低频消声不足而设置的低频消声器宜装在出风口附近。

⑦ 设计选用阻性消声器时，应防止高频失效的影响。当管径小于300mm时，可选用直管式消声器；大于300mm时，应选用片式、蜂窝式、折板式或声流式等消声器。对于高温、高压、高速排气放空噪声，应设计和选用节流降压小孔喷注放空消声器。

（3）工程中几种典型消声器的使用

1）管式阻性消声器：阻性消声器是利用吸声材料来消声的，管式阻性消声器常用于直径不大于 300mm 的管道。吸声材料铺设在气流流动的管道内壁或按一定方式在管道中排列构成了阻性消声器。阻性消声器的静态消声量，取决于消声系数、消声器的长度、吸声材料饰面周长和消声器的通道截面积。在确定通道截面积的情况下，增加消声器的长度可提高消声量。但消声量不是随长度的增加而线性地增加。一般风机的消声器设计长度为 1～1.2m，特殊情况为 2～6m。

　　管式阻性消声器可以是圆管、方管和矩形管等，如图 1.14.17 所示。管式消声器一般只适用于风量较小、尺寸不大的管道，对于大尺寸消声效果明显降低。图 1.14.18 是内衬 50mm 聚氨酯泡沫吸声层的三种尺寸方形长 1m 管式消声器的特性变化。管式阻性消声器通常由风道内壁面衬贴以金属孔板、玻璃布或麻袋布为罩面的玻璃棉、矿棉、海草等松散的吸声材料组成，或由风道内壁贴纤维板、木丝板、泡沫塑料等吸声材料组成，其构造简单、尺寸小、压力损耗小（一般每米压力损失小于 10Pa）。

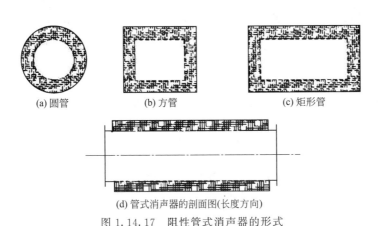

(a) 圆管　　(b) 方管　　(c) 矩形管

(d) 管式消声器的剖面图(长度方向)

图 1.14.17　阻性管式消声器的形式

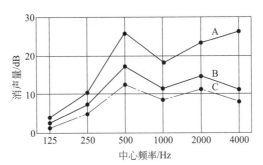

图 1.14.18　不同规格管式消声器的消声特性
A—法兰 200mm×200mm；B—法兰 375mm×250mm；C—法兰 600mm×300mm

　　2）蜂窝式消声器：蜂窝式消声器由许多平行的小的管式消声器并联而成，其消声原理与管式相似。但由于其通道断面较小，因此空气阻力较管消声器约大 2～3 倍。其宽度一般为 100～200mm，长度为 2～3m，构造形式见图 1.14.19，主要用于中、高频段消声。

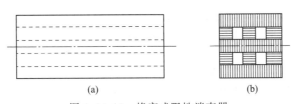

(a)　　　　(b)

图 1.14.19　蜂窝式阻性消声器

3）片式消声器：片式消声器是常见的一种阻性消声器，它的特点是构造简单、空气阻力小（一般每米 20～30Pa），其外壳可用砖、混凝土或铁板等制成，消声片可采用纤维板、木丝板、泡沫玻璃、微孔吸声砖、珍珠岩矿渣砖、水玻璃膨胀珍珠岩吸声砖、穿孔板（或麻袋、玻璃布等）内填玻璃棉、矿渣棉等材料。图 1.14.20 是几种片式消声器的形式。其片距、片厚常为 5～10cm；片高一般最好小于 1m，如超过 1m 最好分段制作。片式消声器采用 3m 左右一节的分段设置较合理。

（a）薄片式　　　　　（b）厚片式　　　　　（c）厚薄片复合式

图 1.14.20　几种片式消声器的形式

片式消声器对中高频的消声效果较好。当频率较高时，声能渐离壁面集中成声束状沿通道中央传递，而使声衰减量降低，如改用折板式消声器则能加宽消声频率范围，但空气阻力会稍许增加。

4）折板式消声器：为了进一步提高阻性片式消声器的性能，把吸声片做成折曲式，就成了折板式消声器。图 1.14.21 是三种折板式消声器的形式。由于声波入射角加大，从而增加了与吸声材料接触的机会，克服了声波在管式、片式消声器内因平行掠射而过，未能充分发挥材料的吸声效能缺陷，提高了中高频消声量，达到既可增大片距又可改善高频消声性能的效果。但空气阻力也相应增大，所以要求折角不宜过大，一般以保证视线不能穿过通道即可。表 1.14.20 是三种用于罗茨式风机配置的阻性折板式消声器实际测试的消声性能。

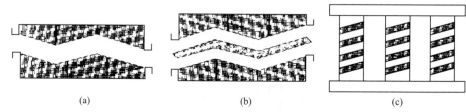

（a）　　　　　　　　　　（b）　　　　　　　　　　（c）

图 1.14.21　三种阻性折板式消声器的形式

表 1.14.20　D 型阻性折板式消声器实测的消声性能

型号	外形尺寸/mm	风速/(m/s)	倍频带消声量/dB								ΔL_A/dB（A）
			63Hz	125Hz	250Hz	500Hz	1000Hz	2000Hz	4000Hz	8000Hz	
D_4 型	φ450×1400	17	9	24	27	36	28	24	23	21	30
D_5 型	φ600×1600	19	7	29	29	36	29	27	24	27	33
D_7 型	φ900×1800	19	13	12	28	33	29	32	30	30	29

5）声流式消声器：声流式消声器是折板式消声器的改进形式，它是利用正弦波形、弧形或菱形等弯曲的吸声通道和沿通道吸声层厚度的连续变化来改善消声性能的。其消声性能较高、消声频带较宽，但结构较复杂，施工制作要求较高。图 1.14.22 是菱形声流式消声器，表 1.14.21 是其实测消声性能。当消声元件在构造上做成穿孔铁板的共振腔复合式时，它同时具有共振吸声作用，改善了低频的声衰减。这样，就使声流式消声器实际上起了复合式消声器的作用，从而可在宽频带范围内获得较好的消声效果。

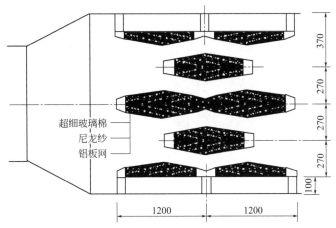

图 1.14.22 菱形声流式消声器的形式

表 1.14.21 菱形声流式消声器的实测消声性能

消声器长度/mm	风速/(m/s)	倍频带消声量/dB						压力损失/Pa
		125Hz	250Hz	500Hz	1000Hz	2000Hz	4000Hz	
2400	3	19	37.5	43	42.5	35.5	31	8
	5	17	27	34	32	30	25	20
	8	17	22	31	30	30	26	80

6）迷宫式消声器：迷宫式消声器选用的吸声材料与片式消声器相似，其形式如图 1.14.23 所示。这种消声器的声衰减特性与室的个数和大小、开孔面积及所采用的吸声材料等因素有关，要求空气通道面积与通风管道截面相等或稍大，并需使隔板有足够的隔声量，否则声音将通过隔板传到邻室，影响消声效果。同时隔板也必须具有一定的宽度，一般不应小于消声器宽度的三分之二。它具有安装简单、维修方便、消声性能较好等特点，但阻力较大，只适于在低风速管道中应用，风速不宜大于 5m/s，小室以 2~4 个为宜。

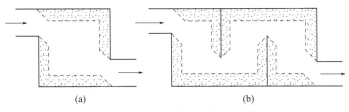

(a)　　　　　　　　　　　　　(b)

图 1.14.23 迷宫式阻性消声器

7）抗性扩张式消声器：扩张式消声器又称膨胀式消声器，它是利用管道中的声波在截面突变（扩大或缩小）处发生反射来衰减噪声的。扩张式消声器多用于消除低中频脉动噪声，如空压机、排气口和发动机管道等的噪声。通常扩张式消声器由扩张室和连接管组合构成。图 1.14.24 是几种扩张式消声器的形式。其中图（a）是典型的单室扩张式消声器，图中 S_0 为原管道截面积，S_1 为扩张室的截面积。我们将扩张室与原管道截面积之比称为膨胀比 m，此 m 值将决定单节典型扩张式消声器的最大消声量，见表 1.14.22。扩张式消声器的消声性能除了与膨胀比 m 有关外，还与扩张室的长度、插入管的形式及长度、扩张室的直径或当量直径及通过的气流速度等因素有关。

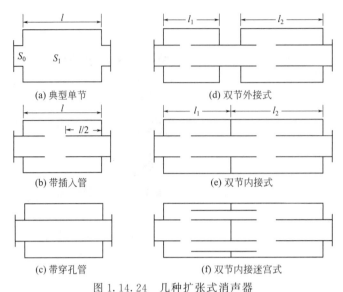

(a) 典型单节 (d) 双节外接式

(b) 带插入管 (e) 双节内接式

(c) 带穿孔管 (f) 双节内接迷宫式

图 1.14.24　几种扩张式消声器

表 1.14.22　最大消声量与膨胀比的关系

膨胀比 m	最大消声量/dB	膨胀比 m	最大消声量/dB
1	0	9	13.2
2	1.9	10	14.1
3	4.4	12	15.6
4	6.5	14	16.9
5	8.3	16	18.1
6	9.8	18	19.1
7	11.1	20	20.0
8	12.2	30	23.5

扩张室式消声器内管的管道直径超过 400mm 宜采用多管式；扩张室式消声器应在室内插入长度分别等于室长 1/2 与 1/4 的内接管，内接管宜采用穿孔率不小于 30% 的穿孔管连接起来；扩张式消声器的消声性能与扩张比（扩张室的截面面积与气流通道截面面积之比）和扩张室的长度有关。消声量随扩张比的增加而增加，在实际工程中扩张比一般取 9~16，最大不超过 20，最小不小于 5。扩张室的长度直接影响消声器的频率特性，长度增加，消声频率向低频方向移动。为了提高消声量，可把单室扩张式消声器串联起来使用。为了消除周期性通过频率的声波，各室的长度不应相等。扩张式消声器属于抗性消声器，具有良好的低频消声特性，耐高温，常在通风或高温排气消声器中使用。图 1.14.25 是两种用于空压机的进气消声器。

8）共振式消声器：共振式消声器通过管道开孔与共振器相连，以共振吸收的方式消除通过消声器的低中频噪声。单通道共振式消声器其通道直径不宜超过 250mm，对于大流量系统可采用多通道，每个通道的宽度为 100~200mm；共振式消声器的腔长、宽、深尺寸均宜小于共振频率波长的 1/3，穿孔应集中在共振腔的中部均匀分布，穿孔部分的长度不宜超过共振频率波长的 1/12。

9）微穿孔板消声器：微穿孔板消声器不使用多孔吸气材料，而是把微穿孔板吸声结构在消声器内进行适当组合与排列。微穿孔板消声器是利用微穿孔板结构本身的声阻和声抗来消除噪声的消声器，它具有阻性和共振消声器的特点。微穿孔板消声器在较宽的频带范围内具有较高的消声量，根据不同的设计，可以应用于低、中、高任何频带。它能在高温、湿度大、流速高的介质中应用，可耐受强气流冲击、短期火焰喷射，能在特殊条件下应用。其阻力损失较小，流速低时，其阻力损失甚至可忽略不计。微穿孔板消声器所用的微穿孔板是厚 1mm 的金属板，上面打上孔径小于 1mm 的小孔，穿孔率控制在 1%~3% 的范围内。为了加宽消声频带的宽度，一般采用双层微

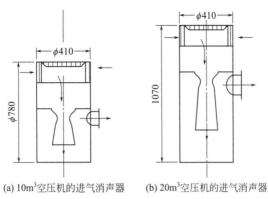

(a) 10m³空压机的进气消声器   (b) 20m³空压机的进气消声器

图 1.14.25   两种空压机的进气消声器

穿孔板消声器。图 1.14.26 是典型的双层微穿孔板消声器。表 1.14.23 是通道尺寸为 150mm 时在不同风道的矩形微孔板消声器的实测消声性能，通道为 250mm 时的实测数据与 150mm 时相近。例如，风速 7m/s 时的消声量为 12～25dB，20m/s 时为 6～20dB。

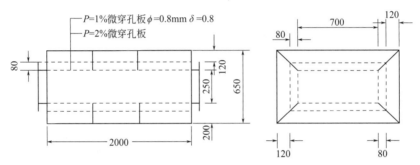

图 1.14.26   典型的双层微穿孔板管式消声器

表 1.14.23   矩形管式微穿孔板消声器的实测消声性能 (通道尺寸 150mm)

风速 /(m/s)	倍频带消声量/dB								压力损失/Pa
	63Hz	125Hz	250Hz	500Hz	1000Hz	2000Hz	4000Hz	8000Hz	
0	12	16	25	25	26	26	23	26	0
7	12	16	25	24	22	25	23	25	0.1
10	12	16	25	23	22	23	23	25	2.4
16	11	14	22	20	23	26	23	24	6.5
20	9	12	21	22	20	22	23	24	13.2
24	5	9	19	21	20	26	23	24	15.2
30	3	6	18	21	21	25	23	22	97

10）阻抗复合型消声器：阻抗复合型消声器由阻性和抗性消声器组合而成，如图 1.14.27 所示。即利用扩张室和吸声材料减少噪声，消声频带较宽。

11）消声弯头：在弯管内壁衬贴吸声材料即成消声弯头，其消声性能主要与弯头大小、形状、吸声材料和气流速度等有关，一般可作为系统的辅助消声措施或用于风量不大、风速不高的空调系统，尽可能选用内圆外方的直角

图 1.14.27   阻抗复合型消声器

消声弯头。当使用两个以上连续的消声弯头时，应使弯头之间的间距大于两倍风管截面的对角线长度。消声弯头内的气流速度宜小于 8m/s。

消声百叶与消声窗是既可以解决噪声干扰而又能通风和采光的降噪辅助措施。消声百叶的消声量为 5～10dB(A)，消声窗约为 10dB(A)。

12）高压排气放空消声器：在洁净厂房中常常使用各种一定压力的工业气体，其供气系统均需设置相应的排气放空管，当排放压力较高时就产生了排气放空噪声。常用的高压排气消声方式有节流减压、小孔喷注及节流小孔喷注复合等类型。节流减压消声器的节流级数应根据排气压力确定，一般宜为 2～5 级，对超高压的排气可采用 8 级或更多；小孔喷注消声器的孔径宜为 1～3mm，孔中心距应大于 5 倍孔径，总开孔面积应大于原排气口面积的 1.5～2 倍；节流减压小孔喷注复合消声器可由 1～2 级的节流减压与 1 级的小孔喷注叠加组合而成。

节流减压型排气消声器是利用多层节流穿孔板或穿孔管，分层扩散减压的，即将排出气体的总压通过多层节流孔板逐级减压，而流速也相应逐层降低，使原来的排气口的压力突变为通过排气消声器渐变排放，从而达到降低排气放空噪声的目的。节流减压排气放空消声器主要用于高压高温排气放空装置，其消声量一般可达 15～20dB(A)；若需要更高的消声量，则应在节流减压消声以后再加后续阻性消声器，或将阻性消声结合在节流减压消声器内部，形成一种节流减压与阻性复合型消声器。图 1.14.28 为几种节流减压排气放空消声器。

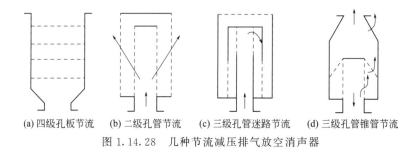

(a) 四级孔板节流　(b) 二级孔管节流　(c) 三级孔管迷路节流　(d) 三级孔管锥管节流

图 1.14.28　几种节流减压排气放空消声器

参考文献

[1] 马大猷.噪声与振动控制工程手册.北京：机械工业出版社，2002.

[2] 赵荣义.简明空调设计手册. 北京：中国建筑工业出版社，1999.

[3] 郑长聚.环境工程手册——环境噪声控制卷. 北京：高等教育出版社，2000.

[4] 马大猷.环境声学袖珍手册. 北京：科学出版社，1986.

[5] 章句才.工业噪声测量指南.北京：计量出版社，1984.

[6] 孙万钢，汪惠义.建筑声学设计. 北京：中国建筑工业出版社，1993.

[7] 董天禄.离心式/螺杆式制冷机组及应用. 北京：中国机械工业出版社，2001.

第15章 洁净厂房的微振控制

15.1 微振动控制

15.1.1 概述

高科技产品及其材料的高精度、高纯度和高可靠是科技发展的重要特点，高科技产品的微细加工组装和测试，对洁净环境、防微振、防静电、低噪声以及超纯水、超纯气体等均有严格的要求，由此产生和发展的（使用）生产环境控制学得到了人们的关注和迅速发展，微振动控制或防微振技术是它的一个重要分支学科。防微振技术在电子工业特别是微电子产品制造及应用中十分重要，甚至是关键控制技术之一。现今硅集成电路的晶圆直径已达 $300 \sim 450 \mathrm{mm}$，芯片特征尺寸（线宽）纳米级产品已批量生产，在晶圆片加工过程需经过数百道物理或化学的加工工序，晶圆在这些工序的制造过程中若被污染或因微振动发生偏差，就会影响产品质量，降低产品的成品率甚至不能生产出合格的产品。如光刻工序（这里需特别说明的是：在前工序的数百道工序中，可能仅光刻工序就有数十次之多），若因晶圆制造用洁净厂房工程设计不当，出现超过容许微振控制值的微振动可能使对焦不准、曝光后的线条模糊，降低产品质量，因此在集成电路制造的洁净厂房设计、建造中微振控制是十分重要甚至关键的内容之一。微振控制技术不仅在以微电子为代表的电子工业中得到迅速发展、应用，目前还应用于感光胶片生产过程的涂布工序。另外惯性制导技术、精密机械加工、光学器件检测、激光实验、超薄金属轧制以及理化实验等场所均需要对微振动进行控制。

人类的活动绝大多数是在地球上进行的，而在地球上找不到一个地方没有振动，但经常强烈的振动是极少的，大量的是微小的振动，其振幅大都在十至几微米以下。这些微小的振动足以影响精密设备及仪器的正常运行，因而研究与控制地球表面的环境振动极为重要。

地球表面的环境振动有两大类，即地面脉动和人类活动的近距离干扰振动。地面脉动是一种随机振动波，具有较低的振动频率，按其形成的因素，又可分为自然因素形成的第一类地面脉动和人为因素形成的第二类地面脉动。第一类地面脉动主要由风暴、台风、海浪击岸、高压气流及冷热空气团交汇形成。其振动频率为 $0.1 \sim 0.5 \mathrm{Hz}$，甚至更低，振幅为 $0.1 \sim 10 \mu \mathrm{m}$，且随季节不同而变化（冬季振幅较大，夏季较小）。第二类地面脉动主要由位于较远端的交通运输、厂矿机械及人员活动造成。其振动频率一般大于 $2 \mathrm{Hz}$，振幅为 $0.001 \sim 10 \mu \mathrm{m}$。第二类地面脉动的振动频率及振幅，不仅与振源有关，而且与地质构造有密切关系。在坚硬的岩层上，振动频率较高，振幅较小，而在一般的土壤层上则相反。

人类活动的近距离干扰振动，主要是飞机起降、轨道交通及汽车行驶、工厂各类机械运行以及风、雨等引发的振动。

人类活动的干扰振动分线振源振动及点振源振动两种。线振源振动,如火车、汽车、拖拉机在道路上行使及飞机在跑道上起降产生的振动;点振源振动,如锻锤、压缩机、冲床、通风机、风动工具等机械运动时产生的振动等。这类振动有较宽的振动频率及较大的振幅,对近距离的影响较地面脉动大。

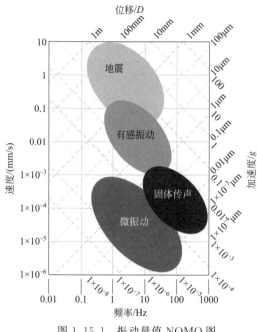

图 1.15.1　振动量值 NOMO 图

微振动(micro-vibration)是上述两大类振动对特定地点的影响,即该特定地点的环境振动是多个振源影响的叠加,虽然其振动幅值较低,但仍是可能影响精密设备及仪器正常运行的环境振动。

微振动是对很小量级振动的统称,关于对它的量化问题,国际上尚无确切的规定。究其原因,是因为随着科学技术的发展,如微细加工、测试和科学研究等,越来越精细,对微振动控制的量值也越来越微小,因此,对于微振动值的界定也只能是阶段性的。

国际上部分国家对微振动界定的范围大致是:微振动位移 100μm～1nm;振动速度 100～0.1μm/s;振动加速度 1mm/s² ～10μm/s²。其 NOMO 图见图 1.15.1。国家标准《电子工业防微振工程技术规范》(GB 51076)中对电子工业精密设备微振动值的界定见表 1.15.1。

表 1.15.1　微振动限值

振动物理量	振动位移/μm	振动速度值/(μm/s)	振动加速度值/(μm/s²)
频域振动幅值	≤0.50	≤50	≤2×10⁻¹
时域振动幅值	≤10	≤1000	—

随着科学技术的飞速发展,越来越多的行业都需要对精密装备的微振动进行控制,包括电子、航空、航天、精密制造、冶金、精密光学、天文、船舶、科学实验、军工、古建筑及文物保护等领域。只有将该类工程的环境微振动值控制在一定的限值内,才能确保其正常运行,因此,对微振动实施有效的控制已成为上述行业重要的环境控制内容。

国外发达国家对微振动控制的研究及工程实践起步较早,不仅研发了精密设备仪器隔振用被动控制及主动控制产品,并且均已系列化、商品化;在微电子、航天、惯性制导、精密光学、科学实验等领域的防微振工程,具有突出成就。以惯性制导工程为例,采用高刚性台座并配置无源及有源隔振装置及防倾斜有源控制装置,有效解决了微振动控制及微倾斜控制问题;在惯性约束聚变工程,以美国劳伦斯科弗莫尔实验室为例,采用周密的防微振方案,成功建成了 192 束激光系统低温靶室发射的国家点火装置(NIF);在电子工业如集成电路工程,采用对工程建筑结构、振源治理及光刻机等精密设备的微振隔振措施等,使集成电路线宽进入了纳米级水平;在总结及科研的基础上,美国 NIST 提出了精密设备容许振动分级标准,即 VC 曲线等。

我国在防微振技术研究及工程实践领域起步于 20 世纪 60 年代,在国家的大力支持下经过数十年的努力,取得了可喜的进展和成果,主要表现在如下方面。

① 科研:研发了防微振用的空气弹簧隔振装置,形成系列化;进行了结构模态识别研究;进行了以集成电路芯片制造洁净厂房为代表的防微振技术研究;进行了精密设备仪器高性能防微振台座防微振理论研究;进行了精密设备仪器容许振动值研究等。

② 工程实践:完成电子工程(集成电路、雷达、水声)等,航天工程(各类卫星、神舟、空

间站、登月各专项）、导弹工程（惯性制导）、精密光学（光栅刻划等）、天文（LAMOCT 天文望远镜工程），航海工程（潜艇），声学工程（声学建筑、消声室、播音室等），精密加工（冶金、机械等），海关无损检测，液晶显示器工程（完成数千台防微振台座），文物保护（龙门石窟文保防微振工程等多项），物理与化学实验室工程等。

③ 主编、参编多项国家标准的制定、修订，如《电子工业防微振工程技术规范》等，并编写了涉及微振控制的专著等。

防微振技术有着很强的综合性，它涉及机械学、力学及建筑结构学、工程控制以及精密测试和数学分析等，是一项多学科交叉的近代环境控制技术。随着近代科学技术的发展，微振动控制已成为环境控制学中一项重要的分支，将对高精密科技的发展提供有力的支撑。

15.1.2　微振动控制值的表述

微振动控制和表述的物理量有多种，常用的有振动加速度（m/s² 或 mg）、振动速度（m/s 或 mm/s）、振动位移（μm），有的在某个频段内采用振动加速度表述，而在另一频段内以振动位移表述。各类精密设备、仪器的制造厂家根据具体设备自身对某一振动物理量的敏感程度，会提出相应的微振动控制要求，并且同一制造厂家的不同类型精密设备仪器的振动物理量表述也可能是不同的。如集成电路晶圆制造过程使用的光刻机是微电子产品中对微振动控制要求十分严格的精密设备，美国 AEST 公司生产的光刻机要求在 0～120Hz 频域控制 X、Y、Z 轴的振动加速度，见图 1.15.2；日本某公司生产的光刻机要求在 1～100Hz 频域范围内分频段控制加速度和振动位移，见图 1.15.3。相关资料显示，荷兰 ASML 公司生产的光刻机是按集成电路的线宽在 1～100Hz 频域范围内采用加速度的功率谱密度进行微振动控制。

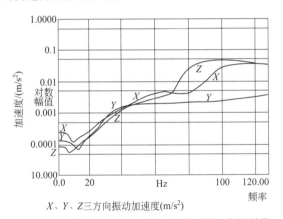

X、Y、Z三方向振动加速度(m/s²)

图 1.15.2　美国 AEST 公司的光刻机微振动控制值

目前在集成电路制造的洁净厂房中微振动控制值较多地采用振动速度表述，它是以振动敏感设备的通用振动标准曲线 [Generic Vibration Criterion（VC）Curves for Vibration-Sensitive Equipment-Showing also the ISO Guideline for People in Buildings] 表示。该标准曲线于 1983 年由美国 BBN 公司提出，即所谓的 VC 曲线，1993 年，美国环境科学与技术协会（Institute of Environmental Sciences and Technology）确认，称为 IEST 研究报告。由于电子工业的飞速发展，设备及工艺方法的快速更新，2007 年 IEST 又引入了纳米技术应用设备的容许振动限值，从而形成了一个比较完整的标准见图 1.15.4。曲线 VC-A～VC-E 表示了在 1～80Hz 频段内，频域 1/3 倍频程的振动速度均方根幅值，每一根曲线均对应于集成电路"线宽"或精密加工的"详细尺寸"。这组曲线因适用性强，得到了制造业和工程界的认可，现在已在国际上广泛采用。我们根据常用的 VC-A～VC-E 曲线，做了一些细化，得出了与国际上 VC 曲线基本吻合的光刻工序容许振动值，如表 1.15.2 所示。

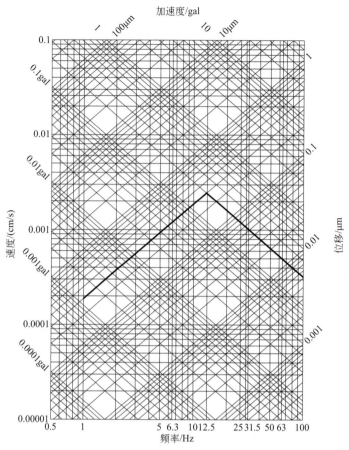

图 1.15.3 日本某公司的光刻机微振动控制值（1gal=1cm/s²）

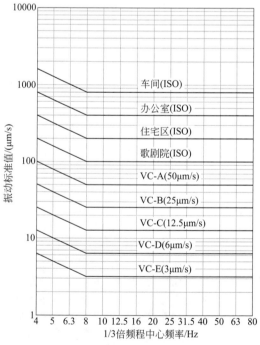

图 1.15.4 精密设备通用振动标准（VC）曲线

表 1.15.2　光刻工序容许振动值

线宽/μm	2～3	1.8	1.0～1.2	0.8	0.5～0.6	0.35～0.4	0.25～0.3	0.15～0.2	0.1～0.15
容许振动标准/(mm/s)	2.5×10^{-2} (VC-B)	1.8×10^{-2} (VC-C)	1.2×10^{-2} (VC-C)	9×10^{-3}	6×10^{-3} (VC-D)	4.5×10^{-3}	3×10^{-3} (VC-E)	2×10^{-3}	1×10^{-3}

15.1.3　微振动控制值的确定

精密设备、仪器是防微振的直接目标，当作用于精密设备、仪器的振动超过一定限度时，它就无法正常工作，这一界限，就是微振动的控制值，或称容许振动值。

精密设备、仪器受振动影响无法正常工作与其本身的结构动力特性有密切关系，它包括结构各阶的固有振动频率及阻尼值。当外界某种频率的干扰振动与结构某阶的固有振动频率相近（或一致）产生共振时，由于过大的位移（此时结构的阻尼值对位移大小起重要作用）使之难以正常工作，这是精密设备受振的主要机理，或者引起结构连续的自振也可能危及正常工作。精密设备、仪器的微振动控制值越来越倾向于频域表述方式，但有的精密设备、仪器的微振动控制值仍需采用时域表示。以感光胶片涂布为例，由于拖动系统的不稳定使涂布速度不恒定而产生周期性冲击引起涂布辊自振，使涂布辊与挤压嘴之间产生相对位移造成乳剂涂布厚度不均而产生横纹，影响胶片质量，这说明了频域表达振动控制值是科学的。

精密设备的微振动控制值应通过试验确定，这种试验的要点是：先采用激振法获得精密设备的动力特性，再在不同频率激振力的作用下，采集设备正常工作的振动物理量，最后采用统计分析的方法确定控制值。在条件不具备时，也可根据经验确定。另外，设备供应商也有可能提供数据。

精密设备及仪器的容许振动值应依据产品生产使用要求或设备制备厂家提供的容许振动值确定，当使用方（业主）或制造商未提供有关精密设备仪器的容许振动值时，可采用《电子工业防微振动工程技术规范》等国家标准中的相关规定。表 1.15.3 是电子工业、纳米实验室、物理实验室用精密设备及仪器在相应的频域范围内竖直向和水平向的容许振动值。表 1.15.4 是实验室用精密设备及仪器在频域范围内竖直向和水平向的容许振动值。

表 1.15.3　电子工业、纳米实验室、物理实验室用精密设备及仪器的容许振动值

级别	精密设备及仪器	容许振动速度/(μm/s)	容许振动加速度/(m/s²)	对应频段/Hz
1	纳米研发装置	0.78	—	1～100
2	纳米实验装置	1.60	—	1～100
3	长路径激光设备、0.1μm 的超精密加工及检测装置	3.00	—	1～100
4	0.1～0.3μm 的超精密加工及检测装置、电子束装置、电子显微镜（透射电镜、扫描电镜等）	6.00	—	1～100
5	1～3μm（小于 3μm）的精密加工及检测装置、TFT-LCD 及 OLED 阵列、彩膜、成盒加工装置、核磁共振成像装置	12.00	—	1～100
6	3μm 的精密加工及检测装置、TFT-LCD 背光源组装装置、LED 加工装置、1000 倍以下的光学显微镜	—	1.25×10^{-3}	4～8
6		25.00	—	8～100
7	接触式和投影式光刻机、薄膜太阳能电池加工装置、400 倍以下的光学显微镜	—	2.50×10^{-3}	4～8
7		50.00	—	8～100

注：振动速度、振动加速度为 1/3 倍频程均方根值。

表 1.15.4　实验室用精密设备及仪器的容许振动值

序号	精密仪器及设备	容许振动位移/μm	容许振动速度/$(\mu m/s)$
1	精度为 $0.03\mu m$ 的光波干涉孔径测量仪、精度为 $0.020\mu m$ 的干涉仪、精度为 $0.01\mu m$ 的光管测角仪	—	30
2	表面粗糙度为 $0.25\mu m$ 的测量仪	—	50
3	检流计、$0.2\mu m$ 的分光镜(测角仪)、立体金相显微镜	—	100
4	精度为 1×10^{-7} 的一级天平	1.5	—
5	精度为 $1\mu m$ 的立式(卧式)光学比较仪、投影光学计	—	200
6	精度为 $1\times10^{-5}\sim5\times10^{-7}$ 的单盘天平和三级天平	3.0	—
7	接触式干涉仪式、精度为 $1\mu m$ 的万能工具显微镜	—	300
8	六级天平、分析天平、陀螺仪摇摆试验台、陀螺仪偏角测验台、陀螺仪阻尼试验台	4.8	—
9	卧式光度计、阿贝比长仪、电位计、万能测长仪	—	500
10	台式光点反射检流计、硬度计、色谱仪、湿度控制仪	10.0	—
11	卧式光学仪、扭簧比较仪、直读光谱分析仪	—	700
12	示波检线器、动平衡机	—	1000

注：1.振动位移和振动速度为峰值；
2.表内同时列有容许振动位移及容许振动速度的精密设备及仪器，两者均应满足。

　　在标准产生的初期，由于当时的精密设备及仪器对于小于 4Hz 频段的振动不敏感，因此就不考虑其振动影响；对于 4~8Hz 频段，则反映对振动加速度的敏感性，因此采用振动加速度作控制指标。随着时间的推移，电子工业及以后出现的激光、纳米技术等，工艺精度越来越高，就需研发精度更高的精密设备及仪器。这类新研发的设备及仪器，自身带有空气弹簧隔振装置，而它们的固有振动频率往往在 1~3Hz，为了防止在这些频段的振动影响，将容许振动值的频段范围延至 1Hz，也即提高了对低频段的振动限值要求。

15.2　防微振工程设计

15.2.1　防微振工程设计程序

　　电子工业洁净厂房防微振工程设计的内容主要包括：建筑结构的防微振设计；动力设备及管道的隔振设计；精密设备及仪器的隔振设计等。防微振工程的设计与施工质量必须满足精密设备及仪器的容许振动标准要求，并应经专业测试单位测定，建设单位认可。

　　防微振工程的设计、施工以电子工业防微振工程为代表，通常的设计程序应为：确定精密设备及仪器的容许振动标准；场地工程地质、水文地质勘察及地基动力特性测试；场地环境振动测试及分析；场地综合评估及场地选择；防微振工程设计方案论证；防微振工程设计；防微振工程施工；工程主体建筑竣工，各类设备尚未安装时的建筑结构动力测试及分析；动力设备试运行时的环境振动测试及分析；试生产时的环境振动测试及分析；防微振工程验收等。这些程序是多年来国内防微振工程实践的总结，并已被证明是行之有效的。据了解国际上有关防微振工程的工作程序也基本类似。微振动是物体的微观运动，量值微小、可变因素多，难以用理论公式来描述不同场地、不同环境的振动。强调依靠在防微振工程各阶段的工程项目实测取得的真实数据，指导下一阶段的防微振设计。

对有防微振要求的环境振动测试一般分为四个阶段。

① 第一次防微振测试：即场地环境的振动测试，主要是通过实地测试查实拟建场地的环境振动参数，厂区周围公路、铁路等交通运输及附近厂矿生产产生的振动影响，为场地选择及综合评估提供依据，并根据实测参数选择合理的厂房结构基础形式。

② 第二次防微振测试：即工程主体建筑竣工，厂房内各类设备尚未安装前的环境振动对主体结构影响的测试，主要是测试建筑物主体结构的动力特性（固有振动频率、阻尼比等）以及主体结构在环境振动作用下的防微振性能，验证结构方案的合理性。必要时，可对其进行部分改进，提高其防微振能力；并可为厂房内各种振动设备的隔振设计提供技术依据。

③ 第三次防微振测试：是厂房内除精密设备及仪器外的包括空调、公用动力系统等在内的设备和工艺附属设备联机调试或试运转时，在精密设备及仪器安装位置处的环境振动测试，以考核外界环境振动对精密设备仪器安设场所的综合影响，评价是否满足精密设备及仪器的安装条件，为精密设备及仪器是否需进一步采取隔振措施提供依据；并对公用动力设备等的振动影响进行评价，必要时可进一步采取减弱振动影响的措施。

④ 第四次防微振测试：是精密设备及仪器安装完毕，工艺设备试生产时在精密设备及仪器安装位置处的环境振动测试，以考核外界环境及工艺设备振动对这些位置的综合影响，这是投产前的最终测试。测试分析结果可作为防微振工程验收的依据，亦可作为企业制定生产、运行、厂区环境管理规定的依据。

防微振工程的设计、施工程序可按图1.15.5进行。对于大型复杂、防微振要求严格的洁净厂房工程，依据实际需要还可适当增加测试次数，例如地面结构或底板完成时的微振动测试。对于一般性的防微振工程，根据具体工程特点和需要，其程序也可适当简化。

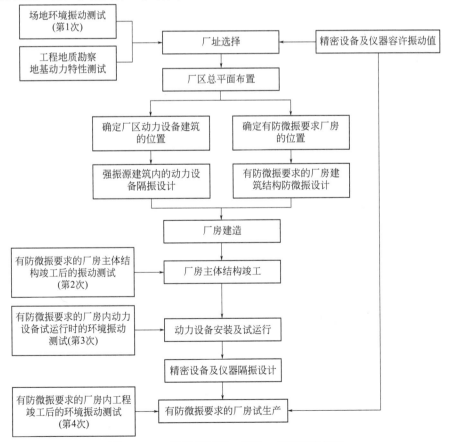

图 1.15.5　防微振工程、设计、施工程序框图

15.2.2 位置选择与防振距离

有防微振控制要求的洁净厂房的位置选择时，其场地应经振动测试和自然条件的综合评估后确定。有防微振控制要求的洁净厂房所在企业的场地选择时，不应在有强振源、强噪声、强风沙、强电磁辐射的区域及其邻近处选址；通常应避开江河湖泊、海岸沙滩、常年冰冻等区域，并宜选择抗震设防烈度不大于8度的地区，避开地震活动断裂带等不利地段等；一般应选择在地基土较坚硬或基岩埋藏较浅的地区，不宜选择在软土及填土等不良地质区域；若无法避开时，其工程设计应采取相应的处理措施。场地的环境振动与自然条件有关，环境振动包括地面脉动和人类活动的近距离干扰振动。表1.15.5为一些地区的第二类地面脉动值。

表 1.15.5 一些地区的第二类地面脉动值

测定地点	振动频率/Hz	振幅/μm
上海	1.5～3.0	1.00～2.50
北京	2.5～3.5	0.02～2.00
北京香山	3.0～4.0 4.0～5.0	0.006～0.02 0.002～0.007
长春	2.5～5.0	0.50～2.00
秦岭山脚	3.0～5.0 5.0～7.0	0.005～0.03 0.002～0.007

这种振动对特定地点的影响，需根据振源强弱、距离远近、工程地质、水文地质等因素确定。特别是当多个振源时，对特定地点的综合影响确定较为困难，一般应实测确定。电子工厂拟选场地的振动源通常有两类：外部振动源和内部振动源。外部振动源主要有：交通运输工具（如汽车、火车等）的行驶；厂区周围的厂矿企业，如运转的机器设备、施工中的工程机械等。内部振动源主要有：生产工艺设备、运行的相关动力设备、操作人员的行走等。

在土层地面，振动波随距振源距离的增加而减少，其衰减包括两个部分，即能量密度的衰减和阻尼的衰减。土层表面垂直向及水平向（对中小型振源）的振幅，可按式（1.15.1）计算。

$$A_{rj} = A_0 \beta_0 \sqrt{\frac{r_d}{r_j} \left[1 - \zeta_d \left(1 - \frac{r_d}{r_j} \right) \right]} e^{-f_0 a_0 (r_j - r_d)} \tag{1.15.1}$$

式中 A_{rj} ——距振源基础中心或已知测点 r_j 处地面上的振幅，mm；

A_0 ——振源基础振幅，mm；

f_0 ——振源干扰力频率（对冲击型振源，采用基础固有振动频率），Hz；

r_d ——圆形基础半径（矩形及方形基础的 r_d 值，可取当量半径，或振源到已知测点的距离）。

$$r_d = \mu_1 \sqrt{\frac{F}{\pi}} \tag{1.15.2}$$

μ_1 ——动力影响系数，当基础底面积 $F \leqslant 10m^2$ 时，$\mu_1 = 1$，当 $F > 20m^2$ 时，$\mu_1 = 0.8$，当 F 在 $10 \sim 20m^2$ 之间时，用插入法求 μ_1 值；

β_0 ——荷载影响系数，对于自然地面，$\beta_0 = 1$，对于受荷载地面，$\beta_0 = 0.3 \sim 0.6$；

ζ_d ——无量纲系数，按表1.15.6选用；

a_0 ——土壤的能量吸收系数，按表1.15.7选用。

表 1.15.6 系数 ζ_d 值

r_d	≤0.5	1	2	3	4	5	6	≥7
ζ_d	0.99～0.85	0.7	0.6	0.55	0.45	0.40	0.35	0.25～0.15

注：r_d 为中间值时，可用插入法求 ζ_d 值。

表 1.15.7　土壤的能量吸收系数

土的类别	a_0 /(s/m)	土的类别	a_0 /(s/m)
强风化硬质岩	$(0.375 \sim 0.625) \times 10^{-3}$	软塑的黏土和细密的中砂、粗砂	$(1.150 \sim 1.450) \times 10^{-3}$
硬塑的黏土和中密的块石、碎石	$(0.875 \sim 1.150) \times 10^{-3}$	淤泥质黏土和饱和松散细砂	$(1.500 \sim 1.750) \times 10^{-2}$
可塑的黏土和中密的粗砂、砾石	$(1.000 \sim 1.250) \times 10^{-3}$	新近沉积的黏土和非饱和松散砂	$(1.850 \sim 2.150) \times 10^{-2}$

注：同一状态的土壤，空隙比大者，a_0 取上限值，反之取下限值。

外部振源具有离散性和随机性，若有可能尽量选择远离这些振源的场地建厂，当无法选择时，可在工程设计中通过提高厂房的地基基础和建筑主体结构等的刚度来抵抗这类随机振动。内部振源中的工艺设备和动力设备通常是周期性振动设备，可以采取主动隔振措施，隔除这类设备对周围环境的振动影响。对于精密设备无论是外部振源还是内部振源，也不论是随机振动还是周期性振动，最终均会通过厂房的地基基础、梁、板、柱等传递到精密设备的安装位置处，对于这类振动源可采用被动隔振措施，隔除传递到其安装位置的振动。被动隔振措施一般情况下既能隔除随机性振动的影响，也能隔除周期性振动的影响。内部、外部振源的传播途径为：外部振源→地基基础→主体结构→精密设备。由此可以看出，厂房的主体结构和地基基础是防微振设计中的关键环节。如果有防微振要求的洁净厂房从整体设计方案制定时即已考虑防微振设计，那么很可能在后续的设计中不必对每类设备均采取相应的繁锁隔振措施就可达到既定的防微振目标。

场地环境振动是电子工厂设计前期应该重视的，因为它影响到防微振工程的设计方案，当然也影响到投资。因此在电子工厂洁净厂房方案设计前，应当对拟建场地进行实测和评估。例如某 IC 工厂建在城市边缘的开发区内，既有汽车又有火车等类振源的影响，在离开一定的距离以后，环境振动实测结果在 $0.0030 \sim 0.008$mm/s 之间，满足要求。振动测试的各种工况时域、频域波形见图 1.15.6。因此在进行电子工厂洁净厂房的防微振设计前均应认真对所选场地的环境振动进行测试、评估，经论证和综合评值比较后确定是否需要设有必要的防振距离。若在拟选场地周围的振源不清或无条件进行测试时，可参照表 1.15.8 的数据确定防振距离。该表中的防振距离是黏土类土体的数据，对于不同土体的防振距离应按式（1.15.3）进行计算。

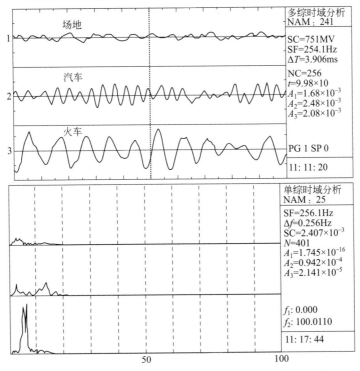

图 1.15.6　某 IC 工厂场地环境振动的实测时、频域波形

$$L = K_1 K_2 L_0 \tag{1.15.3}$$

式中　L_0——土体为黏土类的防振距离，见表1.15.8；

　　　L——无任何防振措施时的防振距离，m；

　　　K_1——不同土体的调整系数，见表1.15.9；

　　　K_2——不同类汽车的调整系数，见表1.15.10，其他振源 $K_2 = 1$。

表1.15.8　防振距离　　　　　　　　　　　　　　　　　　　　　　单位：m

容许振动速度/(mm/s)			0.003	0.005	0.01	0.02	0.03	0.05	0.10	0.20	0.3	0.5
稳态	空气压缩机	中型	250	150	100	65	52	38	26	17	14	10
	冷冻机	大型	100	82	64	50	42	35	28	21	18	15
		中型	80	65	50	37	32	26	19	15	12	10
		小型	50	40	30	22	19	55	11	8	7	6
	中型风机		55~65	46~56	33~44	28~34	25~30	20~25	16~20	12~15	9~11	7~9
	砂轮机		35	29	22	17	15	12	10	7.5	6.5	5
	水泵		30	25	18	14	12	10	6.5	5.5	5	4
瞬态	锻锤	1t	900	700	500	360	300	230	160	120	95	65
		0.4~0.75t	700	520	360	250	200	150	100	74	60	46
		≤0.25t	500	380	270	180	150	115	80	55	46	35
	冲床	315t	700	550	400	280	210	160	130	100	82	65
		160t	500	380	270	190	160	120	88	62	50	40
		63t	300	220	160	110	88	65	46	32	26	20
		50t	240	180	130	88	70	52	36	25	20	15
		30t	220	160	110	74	60	44	30	20	16	12
		≤15t	200	150	100	65	52	38	26	18	14	10
随机	列车	铁路	2000	1600	1150	850	700	560	420	300	250	200
		城市轨道交通地下线	800	560	360	260	175	102	80	50	38	28
	汽车	公路	500	380	250	165	130	100	65	43	34	30
		厂区道路（柔性地面）	180	130	80	52	40	26	18	11	8.5	6
		厂区道路（刚性地面）	250	170	110	68	50	38	24	15	11	8

注：1. 表中容许振动值为时域值；

2. 容许振动速度中间值可按表中线性插值确定；

3. 其他动力设备的防振距离宜测试确定。

表1.15.9　不同地基及基础调整系数 K_1

土体	淤泥质土	黏土	坚硬土	桩基
K_1	2~3	1	0.25~0.35	0.8

注：坚硬土为基岩时取小值。

表1.15.10　不同类汽车的调整系数 K_2

车型	≥8t 的车	4t 的车	旅游车、轿车、大轿车	中型卡车	面包车	小型卡车	小轿车
K_2	1.3	1	0.8	0.7	0.5	0.4	0.3

有防微振控制要求的洁净厂房所在企业的厂区和相邻区域的不同振源所引发的综合振动，该综合振动叠加后的最大振动影响是确定相应防振距离的主要依据。多振源振动响应的叠加可由测试确定，在无测试条件时，可按下述方法进行计算。

多振源振动传递衰减至距振源 r 处时，振动响应叠加应按稳态振源、瞬态振源和随机振源叠加组合进行计算。通常多个不同振源振动响应的叠加可按式（1.15.4）～式（1.15.7）计算，取其中较大值。

① 三个及以下稳态振源的振动响应叠加：

$$D_r = D_{r1} + D_{r2} \tag{1.15.4}$$

或

$$D_r = \frac{2}{\sqrt{n}} \sqrt{\sum_{i=2}^{n} D_{ri}^2} \tag{1.15.5}$$

② 多个稳态振源的振动响应叠加：

$$D_r = D_{r1,\,max} + D_{r2,\,max} \tag{1.15.6}$$

或

$$D_r = D_{r1,\,max} + \sqrt{\sum_{i=2}^{n} D_{ri}^2} \tag{1.15.7}$$

式中　D_r——多个振源距指定点 r_i 处的振动响应叠加；

D_{ri}——每个振源距指定点处的振动响应；

D_{r1}——第一个稳态振源距指定点处的振动响应；

D_{r2}——第二个稳态振源距指定点处的振动响应；

$D_{r1,max}$——多个振源中距指定点处振动响应最大的一个；

$D_{r2,max}$——多个振源中距指定点处振动响应次大的一个；

n——振源个数。

多个稳态和多个瞬态振源振动响应的叠加可按式（1.15.8）、式（1.15.9）计算。

当 $D_{w,max} > D_{s,max}$ 时，

$$D_r = D_{w,\,max} + D_{s,\,max} \tag{1.15.8}$$

当 $D_{s,max} > D_{w,max}$ 时，

$$D_r = D_{s,\,max} + \sqrt{\sum_{i=2}^{n} D_{ri}^2} \tag{1.15.9}$$

式中　$D_{w,max}$——多个稳态振源中距指定点处振动响应最大的一个；

$D_{s,max}$——多个瞬态振源中距指定点处振动响应最大的一个。

火车、汽车、机床等随机振源的振动响应叠加按式（1.15.10）计算。

$$D_r = \sqrt{\sum_{i=2}^{n} D_{ri}^2} \tag{1.15.10}$$

有防微振控制要求的电子工业洁净厂房设计时其振源位置应合理布置：

① 由于振动大的振源引起的振动值远大于精密设备及仪器的容许振动值，将其布置在区域边缘或远离有防微振要求的建筑物，利用振动沿地基土传递衰减的效应，减弱振动对有防微振要求建筑物的影响。

② 洁净厂房内的振源与精密设备及仪器应分类集中、分区布置，便于对振源振动的隔离和精密设备及仪器的隔振。

振源与精密设备及仪器的相互远离，利用振源振动沿建筑物地基及结构构件传递衰减的效应，减小振源振动对精密设备及仪器的影响。

③ 厂区内道路主干线不宜设在精密厂房和实验室的周围，在精密厂房和实验室周边的道路宜加固路基后采用柔性路面，如采用混凝土内掺有废轮胎粉碎的橡胶块路面或沥青路面，使路面具有一定的弹性消振作用；对行驶车辆要严格控制行车速度和载重，以利于减小振动响应，行驶时

间与精密设备及仪器的使用时间应尽量错开，避免引起过大的环境振动影响。精密设备和仪器还应与厂外道路干线远离，避免外加振动、尘埃的影响。

④ 厂区内精密厂房和实验室周围的绿化，不宜种植高大、粗壮的大树，以免飓风摆动连同树根一起引起不利的振动影响，宜种植草皮和长青灌木；在精密厂房和实验室相距一定距离的厂区周围，可种植高低错落适宜的常青树木和草皮。

15.2.3 建筑结构的防微振设计

有防微振要求的洁净室厂房建筑物结构设计时，应根据建筑物内产品生产工艺布置及其对防微振有严格要求的部位、设备的设置状况和辅助设施——公用动力设施的布置以及振动或隔振措施状况等，并应密切配合做建筑结构防微振设计。建筑结构的防微振设计应依据不同行业、不同工序或不同设备的要求，按设计流程进行，建筑结构的防微振设计内容有建筑物地基基础、地面结构或底板结构和主体结构等的防微振设计。在国家标准《电子工业防微振工程技术规范》（GB 51076）中对有微振控制要求的建筑物地基基础、地面结构、主体结构以及精密设备仪器的独立基础等的防微振措施作出了较详细的规定；有防微振要求的洁净厂房等建筑物内的设备布置时应做到，精密设备及仪器与动力设备的布置较靠近时，应对动力设备采取隔振措施；当楼层布置精密设备或仪器时，动力设备应布置在底层或楼层边跨，并应在楼层与精密设备或仪器所在区域隔离；通常不应将精密设备及仪器布置在受电梯振动影响的范围内；当楼层布置精密设备及仪器时，其位置宜位于梁、墙、柱等结构刚度较大的部位或附近。当建筑物为多层厂房时不宜设置起重设备，若必须设置起重设备时，宜采用悬臂式起重设备或其他振动影响较小的运输工具。设置在有防微振要求的建筑物内的动力设备及产生振动的管道进入防微振区域时，应采取隔振措施。

洁净厂房建筑物的防微振结构形式多样，通常应根据生产工艺要求和建筑物的建筑结构等确定。微电子工业洁净厂房以 IC 前工序洁净厂房为例，大多采用所谓的三层结构。图 1.15.7 是 IC 前工序洁净厂房的剖面图。此类厂房的防微振结构形式多样，归纳起来为两类，即钢筋砼结构与钢结构。防微振结构的典型布置如该图所示。

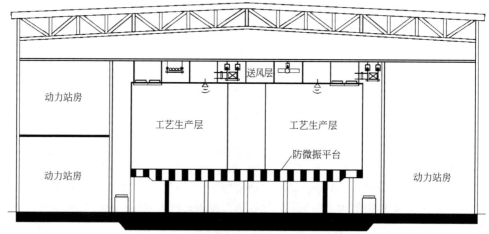

图 1.15.7　IC 前工序洁净厂房的剖面图

钢筋砼结构可分为 A 型——密肋梁式平台、B 型——平板式平台、C 型——井字梁式平台，见图 1.15.8～图 1.15.10；钢结构可分为 D 型——型钢梁式平台、E 型——型钢砼梁式平台，分别见图 1.15.11 和图 1.15.12。有时，在平台下的立柱之间，还设有防微振墙或支撑，以减弱水平振动的影响。

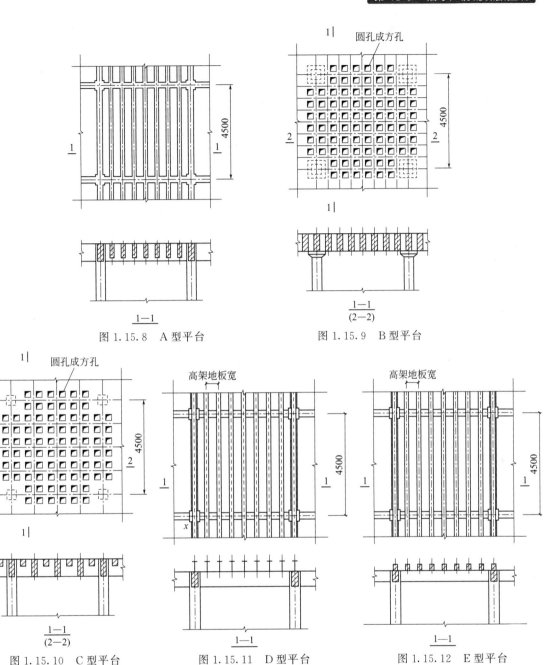

图 1.15.8　A 型平台

图 1.15.9　B 型平台

图 1.15.10　C 型平台

图 1.15.11　D 型平台

图 1.15.12　E 型平台

① 对建筑物地基基础的防微振设计主要要求：抗震设防烈度为 7 度、8 度的地区，建筑物基础持力层范围内存在承载力特征值分别小于 80kPa、100kPa 的软弱黏土层时，应采用桩基或人工处理复合地基。采用复合地基时，应按国家现行标准《建筑地基基础设计规范》（GB 50007）和《建筑地基处理技术规范》（JGJ 79）的有关规定进行载荷试验和地基变形验算；防微振厂房同一结构单元的基础不宜埋置在不同类别的地基土上。这里所指的软弱黏土层主要是淤泥、淤泥土、冲填土、杂填土或其他高压缩土层，这类土层支承载力低、压缩性大，基础沉降量大，容易产生不均匀沉降，使地坪、楼面、墙体等产生裂缝。精密设备、仪器有较严格的防微振要求，一般应选择桩基穿透软弱黏土层，若采用人工处理复合地基时，处理深度也应穿透软弱黏土层。

地面结构或底板结构的防微振设计应该满足的要求是：集成电路制造厂房前工序、液晶显示器制造厂房、纳米科技建筑及实验室应按防微振要求设置厚板式钢筋混凝土地面。当采用天然地基时，地面结构的厚度不宜小于 500mm，地基土应夯压密实，压实系数不得小于 0.95。当采用桩基支承的结构地面时，地面结构的厚度不宜小于 400mm，对于软弱土地区，不宜小于 500mm；对于欠固结土，宜采取防止桩间土与地面结构底部脱开的措施；当地面为超长混凝土结构时，不宜设置伸缩缝，可采用超长混凝土结构无缝设计措施。地面或底板结构采用厚板，提高了地面的整体刚度，工程实践证明，这对于防微振是非常有效的。当采用桩基支承的地面结构时，由于地面与桩连成了一个整体，因此其厚度可以适当减薄；对于欠固结土，宜在浇筑底板结构前，将桩间夯压密实。

② 有防微振控制要求的洁净厂房主体结构的防微振设计通常应该符合下面的要求：集成电路制造厂房前工序、液晶显示器件制造厂房、光伏太阳能制造厂房、纳米科技建筑及各类实验室等所在建筑物的主体结构宜采用小跨度柱网，工艺设备层平台宜采用钢筋混凝土结构。平台与周围结构之间宜设置隔振缝。工艺设备层的钢筋混凝土平台一般均采用小跨度柱网，如 3.0m、3.6m、4.2m、4.8m，最大不超过 6.0m，柱网尺寸应以 0.6m 为模数；为提高钢筋混凝土平台的整体刚度，从而提高其固有振动频率，防微振工艺设备层平台通常采用现浇钢筋混凝土梁板式或井式楼盖结构，亦可采用钢框架组合楼板结构。当采用混凝土平台时，其现浇梁、板、柱截面的最小尺寸应该比非防微振工艺设备层平台提高 25%～40%，从而提高了工艺设备层平台的整体刚度，工程实践表明这对于防微振是十分有效的。现浇钢筋混凝土平台的梁、板、柱截面的最小尺寸见表 1.15.11。

表 1.15.11　梁、板、柱截面的最小尺寸

柱截面/mm	主梁高跨比	梁板式楼盖		井式楼盖	
		板高跨比	次梁高跨比	板厚/mm	次梁高跨比
600×600	1:8	1:20	1:12	150	1:15

华夫板（Waffle slab）是垂直单向流洁净室生产层的现浇混凝土多孔楼板，也是微电子生产的洁净厂房一种常用的开孔板。提高华夫板主、次梁的截面高度，是保证工艺设备层平台刚度的必要技术措施，对于防微振是十分必要的。防微振工艺设备平台现浇华夫板次梁的间距为 1.2m 时，截面的最小尺寸见表 1.15.12。

表 1.15.12　华夫板截面的最小尺寸

次梁高跨比	主梁高跨比	板厚/mm	板开洞直径 d/mm
1:10	1:8	180	300

对于钢框架-组合楼板结构，为了保证工艺设备层平台的刚度，必须加大主、次梁的截面高度及组合楼板的厚度。一些工程实例表明，主梁的高跨比达到 1:10，次梁的高跨比达到 1:15，组合楼板的厚度达到 250～450mm，才能满足防微振的要求。为此，采用钢框架-组合楼板结构的防微振工艺设备层平台，次梁间距不宜大于 3.2m。钢梁、组合楼板截面的最小尺寸见表 1.15.13。

表 1.15.13　钢梁、组合楼板截面的最小尺寸

次梁高跨比	主梁高跨比	板厚/mm
1:18	1:12	250

有防微振要求的洁净厂房，由于对生产环境如空气洁净度、温度和湿度有较严格的要求，为了满足厂房建筑密闭性的要求，当结构超长时，一般不应设置温度伸缩缝，而应采用超长混凝土结构无缝设计技术，并应采取降低温度伸缩应力的措施。

超长混凝土结构无缝设计技术主要包括：第一是采用补偿收缩混凝土，设置膨胀加强带。膨胀加强带带内膨胀剂掺加量 14%～15%（膨胀率 $4×10^{-4}$～$6×10^{-4}$），带外膨胀剂掺加量 8%～12%（膨胀率 $2×10^{-4}$～$3×10^{-4}$），等量取代水泥。膨胀加强带内钢筋贯通并配置加强筋，加强筋截面面积为受力主筋的 1/2，混凝土强度提高一级。膨胀剂可以采用 UEA 或其他类型的膨胀剂。第二是配置温度构造钢筋。根据膨胀混凝土与纵向钢筋的应力关系，混凝土构件温度构造钢筋的截面面积应按式（1.15.11）计算。

$$A_s = \frac{A_c \sigma_c}{E_s \varepsilon_s} \tag{1.15.11}$$

式中　A_s——温度构造钢筋截面面积，mm^2；

$\quad\quad A_c$——混凝土构件截面面积，mm^2；

$\quad\quad \sigma_c$——膨胀混凝土的自压应力，洁净厂房取 $0.5\sim0.7N/mm^2$；

$\quad\quad E_c$——混凝土的弹性模量，N/mm^2；

$\quad\quad \varepsilon_s$——钢筋的伸长率，正常环境条件下 $\varepsilon_s = \alpha(T_1 + T_2)$；

$\quad\quad \alpha$——混凝土的线膨胀系数；

$\quad\quad T_1$——混凝土的水化热温升，多维散热时，普通硅酸盐水泥混凝土的水化热温升约为 $16\sim19℃$；

$\quad\quad T_2$——环境平均温差（按当地的气象条件确定），℃。

超长混凝土结构无缝设计技术还应加强纵向梁（墙）、板的纵向通长钢筋。一般纵向框架梁上部的通长钢筋不应小于支座或跨中钢筋截面面积的 1/4，每侧温度构造钢筋的最小配筋率不宜小于 0.2%；混凝土墙体水平纵向钢筋的最小配筋率不宜小于 0.4%。楼板、屋面板纵向钢筋的最小配筋率不宜小于 0.4%，屋面板一般采用双层配筋，且温差较大时应适当增加配筋。

超长混凝土结构无缝设计技术应加强保温隔热措施。做好屋面和墙面的保温隔热层，既是建筑节能措施，也是降低温度应力的主要途径，对于洁净厂房尤为重要。

③ 精密设备及仪器的独立基础对沉降控制的要求比建筑物基础更为严格，为此，地面设置的精密设备及仪器基础底面应设在坚硬土层或基岩上。当基础底面持力层的承载力特征值达不到 300kPa 时，应采用桩基础或人工处理复合地基。若精密设备及仪器受中低频振动影响敏感时，基础周围可不设隔振沟；精密设备及仪器的基台采用框架式支承时，通常采用钢筋混凝土框架，台板宜采用型钢混凝土结构，其周边应设隔振缝；工艺设备层平台上设置的精密设备、仪器一般用防微振基台，台板宜采用型钢混凝土结构，厚度宜大于 200mm。

防微振工程实践表明，集成电路芯片制造工厂、液晶显示器件面板制造工厂的洁净厂房采用"三层"结构时，下技术夹层（回风静压箱层）的厚底板对于防微振能起着十分重要的作用。厚重底板可减弱外界传播来的振动，这是因为底板面积较大，有数千甚至数万立方米的厚重底板，质量大，且又是钢筋混凝土，与下层土壤层紧密接触。以已经建成的某集成电路芯片制造用洁净厂房为例，洁净生产区的底板厚度约为 800mm，在底板浇灌后，上部结构还未建造时，对底板顶面的微振动进行对比测试，结果在频域小于 2.5Hz 的频段，底板的振动速度幅值略大于土层的振动速度幅值；而在大于 2.5Hz 的频段，底板的振动速度幅值均小于土层的振动速度幅值，为其 0.7～0.3。另一集成电路芯片制造用洁净厂房工程的光刻机基础采用底面积大的厚重底板式构造，建成后实测室外土层与光刻机基础顶面的振动，在距测点同样距离的车辆行驶时，光刻机基础的振动明显小于土层的振动，减弱 40%～50%。表 1.15.14 是部分集成电路洁净厂房下技术夹层的底板厚度。

表 1.15.14　部分集成电路洁净厂房下技术夹层的底板厚度

项目名称	线宽/μm	底板厚度/mm
A 厂	1	梁 700×300，底板 250
B 厂	1	500
C 厂	1	750
D 厂	0.5	800
E 厂	0.5	700（光刻区） 450（其他区）
F 厂	0.35	800（工艺区） 1300（支持区）
G 厂	0.35	1000+500 砂垫层 +面层 200

项目名称	线宽/μm	底板厚度/mm
H 厂	0.25	800

④ 微振动验算。有防微振要求的洁净厂房建筑结构的防微振设计应按规定进行地面结构、工艺层楼盖和精密设备仪器的独立基础的微振动验算。微振动验算针对环境振动和工艺设备及动力设备振动的影响，通常可分为三个阶段进行：第一阶段为环境振动作用下，通过验算确定建筑结构的整体防微振方案；第二阶段为建筑物内动力设备和工艺设备振动作用下，通过验算确定结构的详细设计参数；第三阶段为建筑物内动力设备和工艺设备振动作用下，通过验算确定动力设备和工艺设备局部隔振的设计参数。图 1.15.13 为电子工业厂房防微振辅助分析验算流程图。

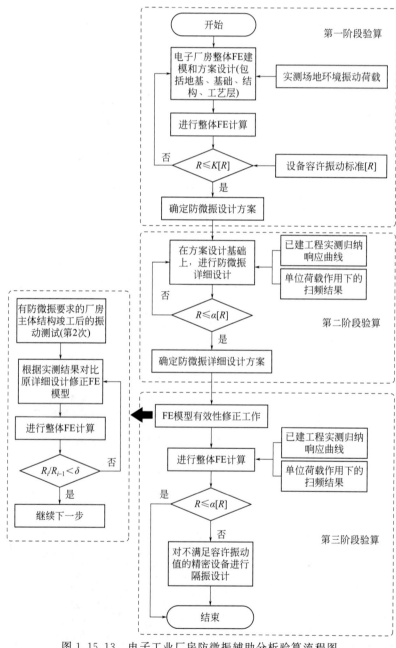

图 1.15.13　电子工业厂房防微振辅助分析验算流程图

鉴于微电子产品生产用洁净厂房通常采用厚板（华夫板）结构，不应过于简化成杆单元进行模拟计算，而应根据结构的受力特性、生产和试验数据等，对结构进行适当简化，尽量采用梁、壳、实体单元相结合的方式进行有限元建模分析，而且要对不同单元的连接方式进行处理，以保证自由度传递连续。

天然地基、桩基及人工复合地基的地基动力特性参数应由现场试验确定，当无条件时可采用现行国家标准《动力机器基础设计规范》（GB 50040）的有关规定；当无条件测试时，地基的阻尼比宜采取 0.15～0.35，钢筋混凝土结构的阻尼比宜采用 0.05，钢结构的阻尼比宜采用 0.02，而钢与混凝土的组合结构其阻尼比可采用 0.035。

由于该类洁净厂房的地基土通常会进行人工处理（桩基或复合地基），有限元建模时底板下需要有支承条件，因此应该考虑土层的影响，才能进行正确的有限元数值仿真计算。而且由于土层边界条件采用完全弹性、完全黏性或黏弹性方式，需要结合实际工程地质勘察报告进行设定。计算活荷载的影响，主要指工艺层设备布置活荷载的影响，要在有限元建模时加以考虑。

总体振型质量参与系数不小于 95% 时，计算结果既能包含结构的整体阵型，又能反映结构部分薄弱处的局部阵型，基本满足模态分析有效振型数量的要求。

在防微振工程设计的方案阶段，应输入环境振动影响的实测场地环境振动记录进行有限元分析计算，求出响应值。验算位置为防微振工艺设备层平台或基础顶面的几何中心位置（中心点位置），验算结果应满足式（1.15.12）、式（1.15.13）的要求。

$$R_{hv} \leqslant K_v [R_v] \tag{1.15.12}$$

$$R_{hh} \leqslant K_h [R_h] \tag{1.15.13}$$

式中　R_{hv}——结构中心点的竖直向振动响应；

$\quad\quad R_{hh}$——结构中心点的水平向振动响应；

$\quad\quad K_v$——竖直向的动态影响系数，$K_v = 0.4～0.6$（该系数与动力设备数量和布置有关，当设备数量较多或距特征点的位置较近时，K_v 取小值，反之取大值）；

$\quad\quad K_h$——水平向的动态影响系数，$K_h = 0.3～0.5$（该系数与动力设备数量和布置有关，当设备数量较多或距特征点的位置较近时，K_h 取小值，反之取大值）；

$\quad\quad [R_v]$——精密设备及仪器竖直向的容许振动值；

$\quad\quad [R_h]$——精密设备及仪器水平向的容许振动值。

动力设备及工艺设备产生影响的微振动验算应在所建立的实体模型上选取特征点，并应在单位荷载 1kN 的作用下计算其动力响应谱 R_d。特征点的振动响应按式（1.15.14）～式（1.15.17）验算。

$$R_v = \eta \alpha_v R_{dv} \tag{1.15.14}$$

$$R_h = \eta \alpha_h R_{dh} \tag{1.15.15}$$

$$\alpha_v = R_{vs} / R_{vd} \tag{1.15.16}$$

$$\alpha_h = R_{hs} / R_{hd} \tag{1.15.17}$$

式中　R_v——结构特征点的竖直向振动响应；

$\quad\quad R_h$——结构特征点的水平向振动响应；

$\quad\quad \alpha_v$——竖直向已建同类工程的特征点动力响应系数；

$\quad\quad R_{vs}$——对已建同类工程特征点振动记录进行频域分析得到的特征点竖直向振动响应曲线；

$\quad\quad R_{vd}$——建立已建同类工程有限元实体模型，在特征点上竖直向施加单位荷载 $P = 1kN$，计算的动力响应谱曲线；

$\quad\quad \alpha_h$——水平向已建同类工程的特征点动力响应系数；

$\quad\quad R_{hs}$——对已建同类工程特征点振动记录进行频域分析得到的特征点水平向振动响应曲线；

$\quad\quad R_{hd}$——建立已建同类工程有限元实体模型，在特征点上水平向施加单位荷载 $P = 1kN$，计算的动力响应谱曲线；

$\quad\quad \eta$——已建同类工程和新建工程的相似比系数，可按 0.9～1.2 取值；

R_{dv}——结构特征点竖直向在单位荷载 1kN 作用下的振动响应；

R_{dh}——结构特征点水平向在单位荷载 1kN 作用下的振动响应。

根据已确定的防微振设计方案，可从数据库选取已建同类工程结构的数据，通过对已建同类工程结构的实际测试数据，采用传递函数的方法，对于已建同类工程结构特征点 A 点处（如精密设备的安装位置）的实际响应，具有式（1.15.18）的线性传递关系。

$$R_A^{h,\,r}(\omega_j) = \sum_{i=1}^{N} F_i^{h,\,r}(\omega_j) T_{A,\,i}^h(\omega_j) \tag{1.15.18}$$

通过对已建同类工程结构进行有限元建模，并在 A 点施加单位荷载进行正弦波扫频，如果 A 点对应的传递函数为 $T_{A,\,A}^h(\omega_j)$，则 A 点的扫频响应具有式（1.15.19）的线性传递关系。

$$R_A^{h,\,f}(\omega_j) = I_A^{h,\,f}(\omega_j) T_{A,\,A}^h(\omega_j) \tag{1.15.19}$$

对于已建同类工程结构依据式（1.15.18）和式（1.15.19）可以推导获取相似谱，见式（1.15.20）。

$$\frac{R_A^{h,\,r}(\omega_j)}{R_A^{h,\,f}(\omega_j)} = \frac{\sum\limits_{i=1}^{N} F_i^{h,\,r}(\omega_j) T_{A,\,i}^h(\omega_j)}{I_A^{h,\,f}(\omega_j) T_{A,\,A}^h(\omega_j)} \tag{1.15.20}$$

对于新建工程结构而言，可以根据线性传递关系，采用式（1.15.21）进行计算。

$$R_B^{b,\,r}(\omega_j) = \sum_{i=1}^{M} F_i^{b,\,r}(\omega_j) T_{B,\,i}^b(\omega_j) \tag{1.15.21}$$

同时仿照式（1.15.19），可以对新建工程结构的特征点 B 点（如精密设备的安装位置）建立单位荷载扫频函数，建立式（1.15.22）。

$$R_B^{b,\,f}(\omega_j) = I_B^{b,\,f}(\omega_j) T_{B,\,B}^b(\omega_j) \tag{1.15.22}$$

同理，根据式（1.15.20），对于新建结构可建立式（1.15.23）。

$$\frac{R_B^{b,\,r}(\omega_j)}{R_B^{b,\,f}(\omega_j)} = \frac{\sum\limits_{i=1}^{M} F_i^{b,\,r}(\omega_j) T_{B,\,i}^b(\omega_j)}{I_B^{b,\,f}(\omega_j) T_{B,\,B}^b(\omega_j)} \tag{1.15.23}$$

进而可得到式（1.15.24）。

$$R_B^{b,\,r}(\omega_j) = R_B^{b,\,f}(\omega_j) \frac{\sum\limits_{i=1}^{M} F_i^{b,\,r}(\omega_j) T_{B,\,i}^b(\omega_j)}{I_B^{b,\,f}(\omega_j) T_{B,\,B}^b(\omega_j)} \tag{1.15.24}$$

根据相似性，可以假设，如果已建同类工程结构和新建工程结构的主体结构形式基本相似，配备的动力设备和工艺设备类别、数量、位置相似，则可以近似建立起等效关系式，见式（1.15.25）。

$$\frac{\sum\limits_{i=1}^{M} F_i^{b,\,r}(\omega_j) T_{B,\,i}^b(\omega_j)}{I_B^{b,\,f}(\omega_j) T_{B,\,B}^b(\omega_j)} = \eta_j \frac{\sum\limits_{i=1}^{N} F_i^{h,\,r}(\omega_j) T_{A,\,i}^h(\omega_j)}{I_A^{h,\,f}(\omega_j) T_{A,\,A}^h(\omega_j)} \tag{1.15.25}$$

代入式（1.15.24），可以得到式（1.15.26）和式（1.15.27）。

$$R_B^{b,\,r}(\omega_j) = R_B^{b,\,f}(\omega_j) \eta_i \frac{\sum\limits_{i=1}^{N} F_i^{h,\,r}(\omega_j) T_{A,\,i}^h(\omega_j)}{I_A^{h,\,f}(\omega_j) T_{A,\,A}^h(\omega_j)} \tag{1.15.26}$$

$$R_B^{b,\,r}(\omega_j) = R_B^{b,\,f}(\omega_j) \eta_j \frac{R_A^{h,\,r}(\omega_j)}{R_A^{h,\,f}(\omega_j)} \tag{1.15.27}$$

式中　$R_A^{h,\,r}(\omega_j)$——已建同类工程结构的实测 A 点频域响应；

$R_A^{h,\,f}(\omega_j)$——已建同类工程结构的 A 点单位荷载扫频频域响应；

$T_{A,\,A}^h(\omega_j)$——已建同类工程结构 A 点单位荷载扫频对应的 A 点传递函数；

$I_A^{h,\,f}(\omega_j)$——已建同类工程结构的 A 点单位荷载扫频荷载；

$F_i^{h,r}(\omega_j)$ ——已建同类工程结构真实的第 i 个荷载值；

$T_{A,i}^{h}(\omega_j)$ ——已建同类工程结构的 A 点第 i 个荷载对应响应传递函数；

$R_B^{b,r}(\omega_j)$ ——新建工程结构的 B 点待求频域响应；

$R_B^{b,f}(\omega_j)$ ——新建工程结构的 B 点单位荷载扫频频域响应；

$T_{B,B}^{b}(\omega_j)$ ——新建工程结构 B 点单位荷载扫频对应的 B 点传递函数；

$I_B^{b,f}(\omega_j)$ ——新建工程结构的 B 点单位荷载扫频荷载；

$F_i^{b,r}(\omega_j)$ ——新建工程结构真实的第 i 个荷载值；

$T_{B,i}^{b}(\omega_j)$ ——新建工程结构的 B 点第 i 个荷载对应响应传递函数；

η_j ——已建同类工程结构和新建工程结构的相似比系数，可按 $0.9\sim1.2$ 取值。

15.2.4 隔振措施

洁净厂房的厂区内设置的各种类型的公用动力设备等振源，若有可能对洁净厂房内有防微振要求的精密设备及仪器产生振动影响时，应根据防微振要求采取主动隔振措施；当厂房的建筑结构采取了防微振措施，洁净厂房内的相关公用动力设备也采取了主动隔振措施后仍不能满足该洁净厂房内设置的精密设备及仪器的防微振要求时，则应对精密设备及仪器采取被动隔振措施。所谓主动隔振（active vibration isolation）通常定义为为减小动力设备等产生的振动对外界环境的影响而对其采取的隔振措施，有时称为主动隔振措施；被动隔振（passive vibration isolation）定义为为减小环境振动对精密设备及仪器的影响，对精密设备及仪器采取的隔振措施，有时也称为被动隔振。

（1）主动隔振　对各类振源采取主动隔振时，应选择质量大、刚度高的台座及刚度小的隔振器，由此减少振动对支承结构及管道的振动传输。工程实践表明，通往洁净室的各类管道，例如通风空调管道，振动较大，往往成为洁净厂房内的主要振源之一。对于敷设为水平向的管道宜采用悬挂式，竖直向管道宜采用支承式，见图 1.15.14，管道穿墙处宜采用支承式隔振措施，见图1.15.15。另外，管道与设备、管道与支承结构的连接（如风管与静压箱或高效过滤器的连接）应采用柔性连接。

动力设备的主动隔振措施通常采用支承式，即通过台板支承动力设备，台板由隔振器与厂房结构相连，一般有普通支承式和下挂支承式，见图 1.15.16。安装在厂房地面或地下室的动力设备，可采用钢筋混凝土台板或型钢台板；而安装在厂房楼板或屋面的动力设备，宜采用型钢台板。当楼层安装的动力设备集中时，可采用浮筑板隔振方式；浮筑板上的动力设备同时还可采取隔振措施，这种多级隔振的措施，对减弱多台动力设备的组合振动影响是十分有效的。为减弱与声学实验室相关的动力设备的振动及固体传声影响，对于这类动力设备的隔振，除选用适用的隔振器外，尚需增大台座质量，以减弱台座振动及对连接管道的振动影响。工程实践表明，台座质量与设备质量之比应大于 3。

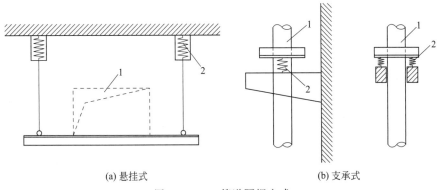

(a) 悬挂式　　　　　　　　　　(b) 支承式

图 1.15.14　管道隔振方式

1—管道；2—隔振器

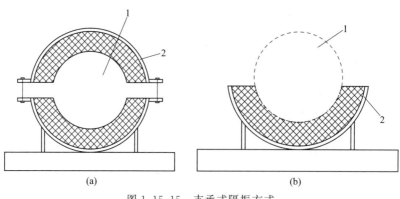

图 1.15.15　支承式隔振方式

1—管道；2—隔振托架

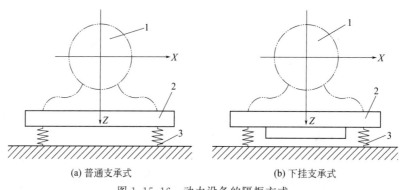

(a) 普通支承式　　　　　　　　(b) 下挂支承式

图 1.15.16　动力设备的隔振方式

1—动力设备；2—台板；3—隔振器

（2）被动隔振　被动隔振的形式应根据具体工程的厂房建筑结构、精密设备类型及防微振要求选择，通常精密设备的被动隔振设施大体可有三种类型：一是与建筑结构相结合的方式，它是精密设备与隔振器不直接连接，中间设置在现场制作的结构物；二是与精密设备相结合型，此时精密设备直接与隔振器相连接，并将隔振器视作设备的一部分；三是系列隔振台、座产品，此类产品为工厂化生产，带有整套空气弹簧隔振器，台座有平板式或桌式，但因承载能力较小，主要用于小型精密设备、仪器的隔振。上述三种类型常常根据具体项目的情况和精密设备的防微振要求，综合应用，以达到较好的防微振效果。

与建筑结构相结合的被动隔振措施一般有支承式隔振、悬挂式隔振和地板整体式隔振等形式。图 1.15.17 为支承式隔振典型示意图，隔振台座常用钢筋混凝土、型钢混凝土、石料或型钢制作，台座具有足够的刚度，当置于地下时，台座四周应留有安装及检修通道。图 1.15.18 为悬挂式隔振方式示意图，为刚性吊杆悬挂式隔振，它采用两端铰接的刚性吊杆悬挂隔振台座和精密设备，此种形式仅用减弱水平向振动。通常悬挂式隔振方式应用较少。图 1.15.19 是地板（楼板）整体式隔振，主要用于精密设备布置较密集时。采用这种形式，将大面积地板（楼板）置于隔振器上，多用于计算机房工程。

（3）隔振计算　这里以精密设备仪器的"被动隔振"为例介绍隔振计算，首先应收集确定精密设备的防微振要求和相关技术参数，在初步确定隔振方案的情况下进行隔振计算。隔振计算应包括隔振系统固有振动频率的计算、隔振系统外部振源作用下振动响应的计算、隔振系统内部振源作用下振动响应的计算。振动计算不应包括精密设备及仪器自带隔振器的隔振作用。

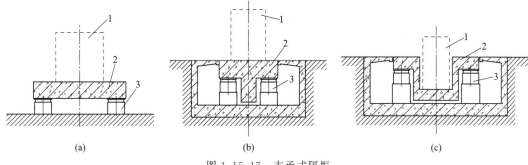

图 1.15.17 支承式隔振
1—精密设备；2—隔振台座；3—隔振器

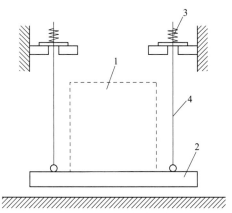

图 1.15.18 悬挂式隔振
1—精密设备及仪器；2—台座；
3—隔振器；4—刚性吊杆

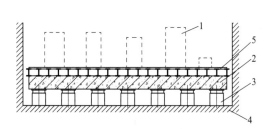

图 1.15.19 地板（楼板）整体式隔振
1—精密设备；2—地板（楼板）；
3—隔振器；4—支承结构；5—格栅板

隔振计算案例如下：

1）隔振计算的技术资料：精密设备有关资料，一台空间光学设备的测试装置，有较高防微振要求。装置质量为 9t，质心高度 5.2m，质量惯性矩见表 1.15.15。

表 1.15.15 装置的质量及质量惯性矩

部件号	质量/t	质心位置/m			质量惯性矩/kg·m²		
		x	y	z	x	y	z
m_1	2.5	0	0	8.1	1000	1000	800
m_2	2.0	0	0	5.7	400	400	560
m_3	3.0	0	0	3.6	17000	17000	8000
m_4	1.5	0	0	2.8	4300	4300	500
共计	9.0	0	0	5.2			

装置容许振动值：在频带 $1 \sim 100\text{Hz}$ 的范围内任意频率点的振动速度值应小于或等于 $1 \times 10^{-3}\text{mm/s}$。

装置的底座尺寸及安装要求略。

场地环境振动实测数据：场地环境振动的实测线性谱见图 1.15.20。可以看出，部分频率点的振动速度幅值大于容许振动值。

隔振台座平面尺寸：根据用户要求确定为 $4.4m \times 4.4m$。

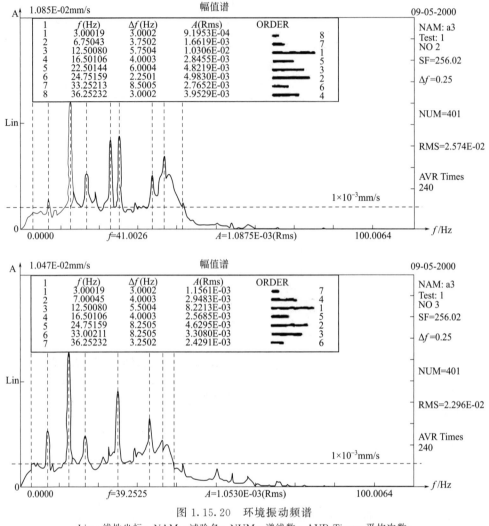

图 1.15.20　环境振动频谱

Lin—线性坐标；NAM—试验名；NUM—谱线数；AVR Tims—平均次数；
RMS—线性平均；Test—测点号；ORDER—排序；SF—采样频率

2）隔振系统设计方案：由于测试装置质心较高，隔振台座设计为 T 形方案，增大台座的腹部质量，减小质心与隔振器刚度中心的距离，采用非耦合型。同时为了增强台座的刚度，采用型钢混凝土结构，密度取 $2.9t/m^3$。台座的顶面为石材饰面。

为使隔振系统具有良好的隔振效果，隔振元件采用空气弹簧隔振装置，胶囊结构形式为自由膜式，有效直径为 $\phi450mm$。隔振器的刚度很低，且垂直及水平向的刚度是一致的，隔振装置的组成如下：$\phi450mm$ 的空气弹簧隔振器（含垂直向阻尼器）12 只、高度调整阀 3 只、控制柜 1 台、水平向阻尼器（油阻尼器）20 只、气源 1 套。隔振器的外形尺寸见图 1.15.21。

隔振系统设计方案（台座尺寸及隔振器的安装位置）见图 1.15.22。

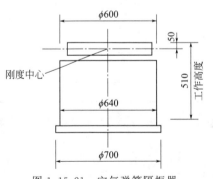

图 1.15.21　空气弹簧隔振器

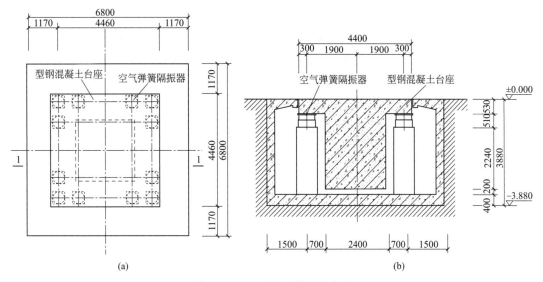

图 1.15.22　隔振系统设计方案

3）隔振系统固有振动频率的计算：隔振系统的质量及质心位置。

① 台座：$4.4 \times 4.4 \times 0.5 \times 2.9 + 2.4 \times 2.4 \times 2.75 \times 2.9 + 4.4 \times 4.4 \times 0.03 \times 2 = 28.07 + 45.94 + 1.16 = 75.17$（t）；

② 装置：9t；

③ 总质量：$75.17 + 9 = 84.17$（t）。

质心位置：坐标原点取隔振台座顶部，约为 0.58m。

隔振系统的刚度中心垂直向距离：$0.03 + 0.5 + 0.05 = 0.58$（m）。

$z = 0.58 - 0.58 = 0$，质心与总刚度中心重合，为非耦合型。

隔振器的刚度：隔振器的有效直径为 $\phi 450mm$，单只隔振器的有效承载面积为

$$\pi / 4 \times 450^2 = 159043 \ (mm^2)$$

试用 12 只隔振器，隔振器的内压为

$$p = 841700 / (159043 \times 12) = 0.441 \ (MPa)$$

当 $p = 0.441MPa$ 时，单只隔振器的刚度为

$$K_{zi} = K_{xi} = K_{yi} = 2822.6 \ (N/cm)$$

隔振器的总刚度为

$$K_z = K_x = K_y = \sum_{i=1}^{n} K_{zi} = \sum_{i=1}^{n} K_{xi} = \sum_{i=1}^{n} K_{yi} = 2822.6 \times 12 = 33871.2 (N/cm)$$
$$= 3387120 kg/s^2 = 3.387 \times 10^6 \ (kg/s^2)$$

$$K_{\varphi z} = \sum_{i=1}^{n} K_{xi} y_i^2 + \sum_{i=1}^{n} K_{yi} x_i^2 = (2822.6 \times 8 \times 190^2 + 2822.6 \times 4 \times 110^2) \times 2$$
$$= 1.904 \times 10^9 (N \cdot cm) = 1.904 \times 10^{11} (kg \cdot cm^2/s^2)$$

$$K_{\varphi x} = \sum_{i=1}^{n} K_{zi} y_i^2 + \sum_{i=1}^{n} K_{yi} z_i^2 = (2822.6 \times 8 \times 190^2 + 2822.6 \times 4 \times 110^2)$$
$$= 951.78 \times 10^6 (N \cdot cm) = 9.518 \times 10^{10} (kg \cdot cm^2/s^2)$$

$$K_{\varphi y} = \sum_{i=1}^{n} K_{zi} x_i^2 + \sum_{i=1}^{n} K_{xi} z_i^2 = 9.518 \times 10^{10} (kg \cdot cm^2/s^2)$$

质量惯性矩：质心位置见图 1.15.23。计算质量惯性矩的有关公式如下：

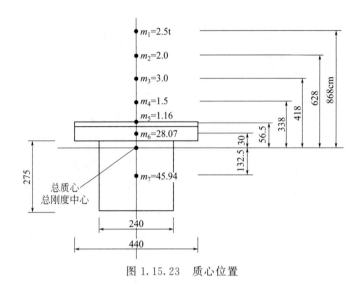

图 1.15.23　质心位置

$J_{z1} = 800 \text{kg} \cdot \text{m}^2 = 8 \times 10^6 \ (\text{kg} \cdot \text{cm}^2)$

$J_{z2} = 560 \text{kg} \cdot \text{m}^2 = 5.6 \times 10^6 \ (\text{kg} \cdot \text{cm}^2)$

$J_{z3} = 8000 \text{kg} \cdot \text{m}^2 = 80 \times 10^6 \ (\text{kg} \cdot \text{cm}^2)$

$J_{z4} = 500 \text{kg} \cdot \text{m}^2 = 5 \times 10^6 \ (\text{kg} \cdot \text{cm}^2)$

$J_{z5} = 1/12 \times 1160 \times (440^2 + 440^2) = 37.43 \times 10^6 \ (\text{kg} \cdot \text{cm}^2)$

$J_{z6} = 1/12 \times 28070 \times (440^2 + 440^2) = 905.73 \times 10^6 \ (\text{kg} \cdot \text{cm}^2)$

$J_{z7} = 1/12 \times 45940 \times (240^2 + 240^2) = 441.02 \times 10^6 \ (\text{kg} \cdot \text{cm}^2)$

$J_z = \sum_{i=1}^{n} J_{zi} = 1482.78 \times 10^6 (\text{kg} \cdot \text{cm}^2)$

$J_{x1} = 10 \times 10^6 + 2500 \times 868^2 = 1893.56 \times 10^6 \ (\text{kg} \cdot \text{cm}^2)$

$J_{x2} = 4 \times 10^6 + 2000 \times 628^2 = 792.77 \times 10^6 \ (\text{kg} \cdot \text{cm}^2)$

$J_{x3} = 170 \times 10^6 + 3000 \times 418^2 = 694.17 \times 10^6 \ (\text{kg} \cdot \text{cm}^2)$

$J_{x4} = 43 \times 10^6 + 1500 \times 338^2 = 214.37 \times 10^6 \ (\text{kg} \cdot \text{cm}^2)$

$J_{x5} = 1/12 \times 1160 \times (440^2 + 3^2) + 1160 \times 56.5^2 = 22.42 \times 10^6 \ (\text{kg} \cdot \text{cm}^2)$

$J_{x6} = 1/12 \times 28070 \times (440^2 + 50^2) + 28070 \times 30^2 = 483.97 \times 10^6 \ (\text{kg} \cdot \text{cm}^2)$

$J_{x7} = 1/12 \times 45940 \times (240^2 + 275^2) + 45940 \times 132.5^2 = 1316.56 \times 10^6 \ (\text{kg} \cdot \text{cm}^2)$

$J_x = \sum_{i=1}^{n} J_{xi} = 5417.82 \times 10^6 (\text{kg} \cdot \text{cm}^2)$

$J_y = 5417.82 \times 10^6 (\text{kg} \cdot \text{cm}^2)$

固有振动频率：

$$\omega_z = \sqrt{\frac{K_z}{m}} = \sqrt{\frac{3.387 \times 10^6}{84170}} = 6.34$$

$$f_z = \frac{\omega_z}{2\pi} = 1.01 (\text{Hz})$$

$$\omega_{\varphi z} = \sqrt{\frac{K_{\varphi z}}{J_z}} = \sqrt{\frac{1.904 \times 10^{11}}{1482.78 \times 10^6}} = 11.33$$

$$f_{\varphi z} = 1.80 \text{Hz}$$

$$\omega_x = \sqrt{\frac{K_x}{m}} = \sqrt{\frac{3.387 \times 10^6}{84170}} = 6.34$$

$$f_x = 1.01\text{Hz}$$

$$\omega_{\varphi x} = \sqrt{\frac{K_{\varphi x}}{J_x}} = \sqrt{\frac{9.518 \times 10^{10}}{5417.82 \times 10^6}} = 4.19$$

$$f_{\varphi x} = 0.67\text{Hz}$$

$$\omega_y = \sqrt{\frac{K_y}{m}} = \sqrt{\frac{3.387 \times 10^6}{84170}} = 6.34$$

$$f_y = 1.01\text{Hz}$$

$$\omega_{\varphi y} = \sqrt{\frac{K_{\varphi y}}{J_y}} = \sqrt{5417.82} = 4.19$$

$$f_{\varphi y} = 0.67\text{Hz}$$

阻尼比：z 向为 0.25，其余方向为 0.12。

4）隔振计算：首先需计算传递率，以式（1.15.28）为例，隔振系统质心处的振动位移幅值为

$$A_x = A_{0x}\eta_x \tag{1.15.28}$$

等式两边各乘 ω_0，则

$$\omega_0 A_x = \omega_0 A_{0x}\eta_x$$

即

$$V_x = V_{0x}\eta_x \tag{1.15.29}$$

式中　V_{0x} ——环境振动测试分析频域 x 向对应于某频率的振动速度幅值，mm/s；

　　　V_x ——隔振系统质心处 x 向的振动速度幅值，mm/s。

由此，隔振系统 x、y、z 向的传递率及振动速度幅值计算分别见表 1.15.16～表 1.15.18。

表 1.15.16　η_z 及 V_z

干扰频率		ξ_z	ω_z	$\sqrt{1+\left(2\xi_z\dfrac{\omega_0}{\omega_z}\right)^2}$	$\sqrt{\left[1-\left(\dfrac{\omega_0}{\omega_z}\right)^2\right]^2+\left(2\xi_z\dfrac{\omega_0}{\omega_z}\right)^2}$	$\eta_z = \dfrac{\sqrt{1+\left(2\xi_z\dfrac{\omega_0}{\omega_z}\right)^2}}{\sqrt{\left[1-\left(\dfrac{\omega_0}{\omega_z}\right)^2\right]^2+\left(2\xi_z\dfrac{\omega_0}{\omega_z}\right)^2}}$	$V_{0z}/$ (mm/s)	$V_z/$ (mm/s)
f_0 /Hz	$\omega_0/$ (rad/s)							
1.00	6.28			1.12	0.50	2.240	2.00×10^{-4}	4.48×10^{-4}
3.50	21.99			2.00	11.18	0.179	1.25×10^{-3}	2.24×10^{-4}
7.25	45.55			3.73	50.74	0.074	2.67×10^{-3}	1.98×10^{-4}
12.50	78.54			6.27	152.58	0.041	6.44×10^{-3}	2.64×10^{-4}
16.75	105.24	0.25	6.34	8.36	274.66	0.030	4.22×10^{-3}	1.27×10^{-4}
24.75	155.5			12.30	600.69	0.020	2.77×10^{-3}	5.54×10^{-5}
36.50	229.34			18.11	1307.65	0.014	2.96×10^{-3}	4.14×10^{-5}
41.75	262.32			20.71	1711.05	0.012	1.03×10^{-3}	1.24×10^{-5}

表 1.15.17　η_x 及 V_x

干扰频率		ξ_x	ω_x	$\sqrt{1+\left(2\xi_x\dfrac{\omega_0}{\omega_x}\right)^2}$	$\sqrt{\left[1-\left(\dfrac{\omega_0}{\omega_x}\right)^2\right]^2+\left(2\xi_x\dfrac{\omega_0}{\omega_x}\right)^2}$	$\eta_x=\dfrac{\sqrt{1+\left(2\xi_x\dfrac{\omega_0}{\omega_x}\right)^2}}{\sqrt{\left[1-\left(\dfrac{\omega_0}{\omega_x}\right)^2\right]^2+\left(2\xi_x\dfrac{\omega_0}{\omega_x}\right)^2}}$	$V_{0x}/$ (mm/s)	$V_x/$ (mm/s)
f_0 /Hz	$\omega_0/$ (rad/s)							
1.00	6.28			1.03	0.24	4.29	1.5×10^{-4}	6.44×10^{-4}
6.75	42.41			1.89	43.77	0.043	1.66×10^{-3}	7.14×10^{-5}
12.50	78.54			3.14	152.49	0.021	1.03×10^{-3}	2.16×10^{-5}
16.50	103.67			4.05	266.41	0.015	2.85×10^{-3}	4.28×10^{-5}
22.50	141.37	0.12	6.34	5.44	496.23	0.011	4.82×10^{-3}	5.30×10^{-5}
24.75	155.51			5.97	600.67	0.010	4.98×10^{-3}	4.98×10^{-5}
33.25	208.92			7.97	1084.91	0.007	2.76×10^{-3}	1.93×10^{-5}
36.25	227.77			8.68	1289.70	0.007	3.95×10^{-3}	2.77×10^{-5}
41.00	257.61			9.80	1650.03	0.006	1.09×10^{-3}	6.54×10^{-6}

表 1.15.18　η_y 及 V_y

干扰频率		ξ_y	ω_y	$\sqrt{1+\left(2\xi_y\dfrac{\omega_0}{\omega_y}\right)^2}$	$\sqrt{\left[1-\left(\dfrac{\omega_0}{\omega_y}\right)^2\right]^2+\left(2\xi_y\dfrac{\omega_0}{\omega_y}\right)^2}$	$\eta_y=\dfrac{\sqrt{1+\left(2\xi_y\dfrac{\omega_0}{\omega_y}\right)^2}}{\sqrt{\left[1-\left(\dfrac{\omega_0}{\omega_y}\right)^2\right]^2+\left(2\xi_y\dfrac{\omega_0}{\omega_y}\right)^2}}$	$V_{0y}/$ (mm/s)	$V_y/$ (mm/s)
f_0 /Hz	$\omega_0/$ (rad/s)							
1.00	6.28			1.03	0.24	4.29	1.5×10^{-4}	6.44×10^{-4}
3.00	18.85			1.23	7.87	0.156	1.16×10^{-3}	1.81×10^{-4}
7.00	43.98			1.94	47.15	0.041	2.95×10^{-3}	1.21×10^{-4}
12.50	78.54			3.14	152.49	0.021	8.22×10^{-3}	1.73×10^{-4}
16.50	103.67	0.12	6.34	4.05	266.41	0.015	2.57×10^{-3}	3.86×10^{-5}
24.75	155.51			5.97	600.67	0.010	4.63×10^{-3}	4.63×10^{-5}
33.00	207.35			7.91	1068.65	0.007	3.31×10^{-3}	2.32×10^{-5}
36.25	227.77			8.68	1289.70	0.007	2.43×10^{-3}	1.70×10^{-5}
39.25	246.62			9.39	1512.17	0.006	1.05×10^{-3}	6.30×10^{-6}

环境振动测试未测得 $V_{0\varphi z}$、$V_{0\varphi y}$、$V_{0\varphi x}$ 值，因此对 $V_{\varphi z}$、$V_{\varphi y}$、$V_{\varphi x}$ 值不做计算。

经计算可知，无论 x、y 及 z 向，隔振系统质心处及台座顶面的振动速度值均小于测试装置的容许振动值，隔振设计能满足使用要求。

15.3　隔振材料和隔振器

在防微振工程中，不论是主动隔振措施，还是被动隔振措施，均需将被隔振的设备、管道或建筑结构构件置于隔振材料或隔振器上，通过它们吸收振动能量，达到减弱振动的目的。防微振工程采用的隔振材料品种繁多，如砂、泡沫塑料、海绵乳胶、玻璃纤维、橡胶、金属弹簧等。实际应用时，可根据用途、性能及价格加以选择。隔振器的品种较多，其中橡胶隔振器及金属弹簧隔振器，具有良好的隔振性能，应用十分广泛。空气弹簧隔振器及隔振装置，具有特殊的优点，用于精密设备的隔振更为适宜。在洁净厂房内的动力设备及管道一般采用橡胶隔振垫、橡胶隔振器、阻尼金属弹簧隔振器和空气弹簧隔振器等；设在室外的动力设备及管道一般采用金属弹簧隔振器，应根据其容许振动值、工作特性、支承条件及安装要求确定隔振方案，并做隔振计算后选用所需的隔振器或隔振装置。

15.3.1　隔振材料

常用的隔振材料和隔振器特性见表 1.15.19。在洁净厂房防微振工程中常用的隔振器材主要有橡胶隔振器及金属弹簧隔振器。

表 1.15.19　隔振材料及隔振器的特性

名称	特点	典型产品每只使用荷载范围 /N	最低固有振动频率 /Hz	阻尼比
金属弹簧隔振器	1. 力学性能稳定,计算与试验值误差小于 5% 2. 低频域隔振效果好 3. 承受荷载的覆盖面大 4. 适用温度 −35～+60℃ 5. 耐油、水浸蚀 6. 阻尼比小 7. 由于波动效应影响,高频域振动传递率高	TJ1 型 170～9000	3.5～2.2	0.005
		ZT 型 74～16500	3.4～2.1	0.065
		VH 型吊架 600～4350	2.9～2.6	0.005
橡胶隔振器	1. 可制作需要的几何形状 2. 适用于中、高频域隔振 3. 阻尼比较大 4. 环境温度变化对隔振器的刚度影响较大,适用于 −5～+50℃ 5. 耐油、紫外线、臭氧性能差,寿命短	JG 型 JJQ 型 190～12600	11.7～4.9	0.07～0.20
		Z 型 1000～10000	12.0～7.0	
橡胶隔振垫	同橡胶隔振器,且: 1. 安装方便,价廉 2. 可多层重叠使用,降低固有振动频率	SD 型 单位面积压力 5～8N/cm²	16.5～13.0	0.08
		STB 型 单位面积压力 15～50N/cm²	13.0～8.0	0.06～0.10
软木板	1. 构造简单,使用方便,价廉 2. 用于高频域隔振	单位面积压力 5～15N/cm²	>10.0	0.04～0.06

名称	特点	典型产品每只使用荷载范围/N	最低固有振动频率/Hz	阻尼比
海绵乳胶	1. 非线性材料 2. 弹性好,阻尼比较大 3. 构造简单,使用方便 4. 适用中、高频域隔振 5. 承载能力低,易老化	单位面积压力 0.4~1.0N/cm²	5.0~2.0	0.07
酚醛树脂玻璃纤维板	1. 非线性材料,静态压缩量随荷载增加而增加,超过最佳荷载值时,固有振动频率上升 2. 容许有40%~50%的相对变形量 3. 适用于中、高频域隔振 4. 需有防水措施 5. 价格低廉	单位面积压力 1~1.5N/cm²	10~4	0.04~0.06
空气弹簧	1. 具有非线性特性,刚度随荷载变化,固有振动频率变化较小 2. 按需要选择不同类型的胶囊及约束条件,能达到极低的固有振动频率,低频域隔振效果突出 3. 能同时承受轴向及径向振动 4. 阻尼比可调节 5. 承受荷载的覆盖面大 6. 隔声效果较好 7. 配用高度调整阀,可自动保持被隔振体的原有高度 8. 应用范围广 9. 耐疲劳 10. 价格较贵	JYKT型隔振装置 6~80kN (对应内压 0.1~0.5MPa)	水平向 4.0~1.7	0.12
			垂直向 1.5~0.7	>0.20
		JKM型隔振装置 225~5980N (对应内压 0.1~0.6MPa)	水平向 5.0~1.9	0.03
			垂直向 4.7~2.6	0.07

(1) 软木 软木制品品种较多,隔振常用粗粒软木板,软木板的性能与配方有关。其破坏压应力为 $40\sim50\text{N/cm}^2$,使用压力为 $5\sim15\text{N/cm}^2$,一般宜控制在 10N/cm^2 以下。软木板的动态弹性模量应通过试验确定,并按式(1.15.30)计算。

$$E_D = \frac{\sigma f^2 H}{25}$$

(1.15.30)

式中 E_D——软木板的动态拉压弹性模量,N/cm^2;

　　　 f——所测定的软木板垂直向固有振动频率,Hz;

　　　 σ——压应力,N/cm^2;

　　　 H——软木板的高度,cm。

当不具备试验条件时,静态拉压弹性模量可取 $294\sim588\text{N/cm}^2$,动态拉压弹性模量约为静态的 $1.5\sim3$ 倍。动态拉压弹性模量也可参考表 1.15.20 选用。

表 1.15.20   软木板的动态拉压弹性模量

压应力/(N/cm²)	5	10	15
动态拉压弹性模量 E_D/(N/cm²)	500~750	550~850	600~1150

软木板的垂直向动刚度,按式(1.15.31)计算。

$$K_{zi} = \frac{A_L E_D \mu_z}{H}$$

(1.15.31)

式中 K_{zi}——垂直向动刚度,N/cm;

　　　 E_D——动态拉压弹性模量,N/cm^2;

　　　 A_L——承压面积,cm^2;

　　　 H——软木板的高度,cm;

　　　 μ_z——系数,满铺时 $\mu_z=1$,不满铺时 $\mu_z=0.8$。

软木板的阻尼比 $C/C_C = 0.04 \sim 0.06$。

采用软木板隔振的系统，固有振动频率一般在 10Hz 以上。

（2）海绵乳胶　海绵乳胶为非线性弹性材料。常用的海绵乳胶板，密度为 110kg/m³ 左右，当相对压缩量大于 35% 时，具有明显的非线性现象，因此在使用时，相对压缩量应控制在 20% ~ 35% 的范围内，可按弹性理论计算。使用压应力可取 0.4 ~ 1.0N/cm²。

海绵乳胶板的静态拉压弹性模量，按近似式（1.15.32）计算。

$$E_j = 1.42\sigma + 1.28 \tag{1.15.32}$$

式中　E_j——静态拉压弹性模量，N/cm^2；

　　　σ——压应力，N/cm^2。

海绵乳胶板的动态拉压弹性模量，按近似式（1.15.33）计算。

$$E_D = 9.55\sigma + 18.0 \tag{1.15.33}$$

海绵乳胶的垂直向动刚度可按式（1.15.34）计算。

$$K_{zi} = \frac{A_L E_D}{H} \tag{1.15.34}$$

式中　H——海绵乳胶板的高度，cm；

　　　A_L——承压面积，cm^2。

海绵乳胶板的阻尼比 $C/C_C = 0.07$。

海绵乳胶板对中高频振动有较好的隔振效果，常用于仪器仪表及小型精密设备的隔振。

（3）橡胶　橡胶是一种常用的隔振材料。其特点是：弹性好、阻尼值大，成型简单，制作形状不受限制，各向刚度可根据要求选择。它是一种较理想的隔振材料，但容易老化，使用年限较短。实际应用时，可根据使用条件选择品种。隔振用橡胶品种及特性，见表 1.15.21。

表 1.15.21　隔振用橡胶品种及特性

特性	天然胶（NR）	氯丁胶（CR）	丁腈胶（NBR）	顺丁胶（BR）	异丁胶（HR）
弹性	优	优	良	优	劣
极限耐热性/℃	120	130	130	120	150
极限耐低温性/℃	−50 ~ −70	−35 ~ −55	−10 ~ −20	−70	−30 ~ −55
耐老化性	良	优	优	良	优
耐光性	良	良	良	良	优
耐臭氧性	劣	优	劣	劣	优
耐磨性	优	良	优	优	良
耐油性	劣	良	优	劣	劣

橡胶的容许应力，见表 1.15.22。

表 1.15.22　橡胶的容许应力、容许应变

受力类型	容许应力/MPa		容许应变	
	静态	动态	静态	动态
压缩	3	1	15% ~ 20%	5%
剪切	1.5	0.4	20% ~ 30%	8%
扭转	2	0.7	—	—

橡胶的阻尼比 $C/C_C = 0.07 \sim 0.20$，其数值视橡胶品种不同而异。

15.3.2　隔振器

洁净厂房的隔振系统中常用的隔振器主要有橡胶隔振器、金属弹簧隔振器和空气弹簧及其隔振装置等。

（1）橡胶隔振器　原料橡胶经硫化成型的完整橡胶隔振元件，称为橡胶隔振器。橡胶隔振器目前已广泛用于动力机械、金属切削机床及精密设备隔振，按其受力形式，可分为承压型、剪切型等。

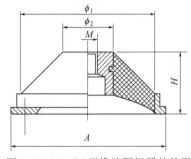

图 1.15.24　DJ 型橡胶隔振器的外形

剪切型隔振器是将橡胶圆锥体硫化黏结在内外金属圆环上，由于橡胶的剪切弹性模量低，因此隔振器具有较低的刚度、较低的固有振动频率及较好的隔振效果。剪切型橡胶隔振器具有较高的承载能力、较低的刚度和较大的阻尼等优点，是应用比较广泛的隔振元件，固有频率可做到 5Hz。国内生产的 DJ 型等产品应用较为广泛，DJ 型橡胶隔振器的外形尺寸见表 1.15.23，外形见图 1.15.24。橡胶隔振器的容许应力和容许应变，可按表 1.15.24 采用；橡胶隔振器老化、蠕变、疲劳的性能应达到表 1.15.25 的要求，对橡胶隔振器各种相关性能的要求见表 1.15.26。

表 1.15.23　DJ 系列的外形尺寸　　　　　　　　　　单位：mm

型号	主要尺寸				
	ϕ_1	ϕ_2	A	H	M
DJ_1	70	30	86	35	12
DJ_2	100	38	116	46.5	14
DJ_3	142	56	164	65	16
DJ_4	180	80	210	80	20

表 1.15.24　橡胶隔振器的容许应力与容许应变

受力类型	容许应力/10^4(N/m^2)		容许应变	
	静态	动态	静态	动态
压缩型	300	100	15%～20%	5%
剪切型	150	40	20%～30%	10%

注：表中数值是橡胶的肖氏硬度在 40HS 以上时的指标。

表 1.15.25　橡胶隔振器老化、蠕变、疲劳的性能要求

序号	项目		性能要求
1	老化	竖向刚度	变化率不应大于 20%
		水平刚度	
		等效黏滞阻尼比	
		支座外观	目视无龟裂
2	蠕变		蠕变量不应大于橡胶层总厚度的 5%
3	疲劳	竖向刚度	变化率不应大于 20%
		水平刚度	
		等效黏滞阻尼比	
		支座外观	目视无龟裂

表 1.15.26　橡胶隔振器各种相关性能的要求

序号	项目		性能要求
1	竖向应力	水平刚度	最大变化率不应大于 15%
		等效黏滞阻尼比	
2	大变形	水平刚度	最大变化率不应大于 20%
		等效黏滞阻尼比	
3	加载频率	水平刚度	最大变化率不应大于 10%
		等效黏滞阻尼比	
4	温度	水平刚度	最大变化率不应大于 25%
		等效黏滞阻尼比	

（2）金属弹簧隔振器　金属弹簧隔振器由金属弹簧与防护罩组成。金属弹簧由弹簧钢丝或钢板加工制造而成，具有材质均匀、力学性能稳定、耐高低温、承载能力大、刚度低及耐久等特点，但阻尼值小。为增加隔振器的阻尼值，在隔振器中设置了摩擦阻尼或黏性阻尼材料。

金属弹簧常用的材料有碳素弹簧钢丝、60Si2Mn、65Mn 等。油淬火调质弹簧钢丝的抗拉强度波动范围小，无残余应力，适用于制作高精度弹簧。

隔振用金属弹簧的种类较多，如圆柱螺旋弹簧（包括圆柱圆形截面压缩螺旋弹簧、圆柱矩形截面压缩螺旋弹簧、圆柱拉伸螺旋弹簧、圆柱扭转螺旋弹簧等）、变径螺旋弹簧、碟形弹簧等。国内的减振产品专业制造企业可生产多种类型、多种规格的隔振器，其中弹簧减振器的种类、规格数十类，如 AT、BT、CT、DT 型可调节水平弹簧减振器有数十种规格，每种规格产品在最大工作载荷时的挠度（即压缩变形量）分别为 A25mm、B50mm、C75mm、D100mm，相对应固有频率为 3.2Hz、2.2Hz、1.8Hz、1.6Hz（阻尼比 0.035～0.065），可满足主动隔振的需要。图 1.15.25 是 AT_2、BT_2、CT_2、DT_2 的产品外形尺寸图和产品实样，表 1.15.27 是部分该类弹簧减振器的技术特性及外形尺寸。该公司生产的 ZDA 型阻尼弹簧减振器有 22 种规格，单个载荷 6～6000kg，载荷范围内固有频率 2.5～4Hz，阻尼比 0.035～0.05；减振器上部设有连接螺纹孔，下部设有与基础固定的螺孔。图 1.15.26、表 1.15.28 是 ZDA 型阻尼弹簧减振器的外形、部分产品技术特性和外形尺寸。

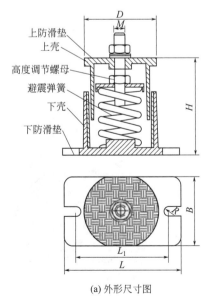

上防滑垫
上壳
高度调节螺母
避震弹簧
下壳
下防滑垫

(a) 外形尺寸图　　(b) 产品实样

图 1.15.25　AT_2、BT_2、CT_2、DT_2 型可调水平弹簧减振器的外形尺寸图、产品

表 1.15.27　部分 AT$_2$、BT$_2$ 型弹簧减振器的技术特性及外形尺寸

型号	最大工作载荷/kg	刚度/(kg/mm)	外形尺寸						
			L	L_1	B	D	H	M	R
AT$_2$-10	10	0.4	165	134	80	104	112	M10	7
AT$_2$-30	30	1.2	165	134	80	104	112	M10	7
AT$_2$-50	50	2.0	165	134	80	104	126	M10	7
AT$_2$-80	80	3.2	165	134	80	104	136	M12	7
AT$_2$-100	100	4.0	178	146	90	114	160	M12	7
AT$_2$-150	150	6.0	178	146	90	114	160	M12	7
AT$_2$-200	200	8.0	196	164	108	132	162	M12	7
AT$_2$-300	300	12.0	196	164	108	132	166	M16	7
AT$_2$-400	400	16.0	196	164	108	132	166	M16	7
AT$_2$-500	500	20.0	220	188	130	156	210	M16	7
AT$_2$-600	600	24.0	220	188	130	156	210	M16	7
AT$_2$-800	800	32.0	220	188	130	156	210	M16	7
AT$_2$-1000	1000	40.0	288	254	188	216	222	M20	7
AT$_2$-1200	1200	48.0	288	254	188	216	222	M20	7
AT$_2$-1500	1500	60.0	288	254	188	216	222	M20	7
AT$_2$-1600	1600	64.0	288	254	188	216	222	M20	7
AT$_2$-1800	1800	72.0	288	254	188	216	222	M20	7
AT$_2$-2000	2000	80.0	288	254	188	216	222	M20	7
BT$_2$-50	50	1.0	204	172	118	142	206	M12	7
BT$_2$-80	80	1.6	204	172	118	142	206	M12	7
BT$_2$-100	100	2.0	288	196	140	164	210	M12	7
BT$_2$-150	150	3.0	288	196	140	164	210	M12	7
BT$_2$-200	200	4.0	288	196	140	164	210	M12	7
BT$_2$-300	300	6.0	252	220	160	186	224	M16	7
BT$_2$-400	400	8.0	252	220	160	186	224	M16	7
BT$_2$-500	500	10.0	252	220	160	186	264	M16	7
BT$_2$-600	600	12.0	252	220	160	186	264	M16	7
BT$_2$-800	800	16.0	252	220	160	186	264	M16	7
BT$_2$-1000	1000	20.0	312	278	210	238	276	M20	7

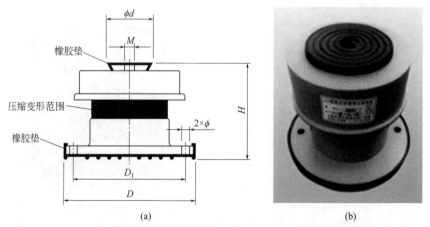

(a)　　　　　　　　(b)

图 1.15.26　ZDA 型阻尼弹簧减振器的外形和产品

表 1.15.28　部分 ZDA 型阻尼弹簧减振器的技术特性及外形尺寸参数

型号	最佳载荷/kg	载荷范围/kg	竖向刚度/(kg/mm)	外形尺寸						
				D	D_1	d	ϕ	M*10	H	H_1
ZDA-10	10	6~15	0.4	134	109	57	8	10	91	76
ZDA-30	30	18~45	1.2	134	109	57	8	10	91	76
ZDA-50	50	30~75	2.0	134	109	57	8	10	104	89
ZDA-80	80	48~120	3.2	134	109	57	8	10	104	89
ZDA-100	100	60~150	4.0	162	126	57	10	14	129	114
ZDA-150	150	90~225	6.0	162	126	57	10	14	129	114
ZDA-00	200	120~300	8.0	162	126	57	10	14	129	114
ZDA-300	300	180~450	12.0	178	140	87	12	14	131	116
ZDA-1800	1800	1080~2700	72.0	258	219	143	14	20	170	153
ZDA-2000	2000	1200~3000	80.0	258	219	143	14	20	170	153
ZDA-2400	2400	1440~3600	96.0	264	225	143	14	20	178	158
ZDA-3000	3000	1800~4500	120.0	264	225	143	14	20	178	158
ZDA-3600	3600	2160~5400	144.0	264	225	143	14	20	178	158
ZDA-4000	4000	2400~6000	160.0	264	225	143	14	20	178	158

注：H_1 为最佳载荷时的高度。

（3）空气弹簧及其隔振装置　空气弹簧是一种内部充气的柔性密闭容器，利用空气内能变化达到隔振的目的。它具有低刚度、阻尼可调的特性，可使隔振系统具有较低的固有振动频率、较佳的阻尼性能和良好的隔振、隔冲效果，可用于振源设备的主动隔振，更适用于对精密设备的被动隔振。目前，已在集成电路制版、精缩、光刻、电子束扫描曝光、彩色显像管阴罩刻线、电子束管栅网刻线、伺服磁盘录写等工艺设备以及电子显微镜、激光仪器、理化分析仪器等精密设备、仪器仪表的隔振措施中广泛应用，在航空、航天、空间光学、精细化工、精密机械加工等领域，应用也十分广泛。

空气弹簧可根据不同的隔振要求，制成隔振器、隔振装置及隔振台等三种形式，其公用部分为橡胶帘线胶囊。

橡胶帘线胶囊为空气弹簧的隔振弹性元件，由内外橡胶层中间夹高强度帘线组成；胶囊按几何形状不同，可分为囊式、膜式、组合式三种。囊式有单曲及多曲之分；膜式有约束膜式、自由膜式及滚膜式之分；组合式常为囊膜组合。图 1.15.27 为膜式空气弹簧的典型结构。

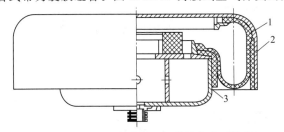

图 1.15.27　约束膜式空气弹簧的典型结构
1—橡胶膜；2—外筒；3—内筒

隔振器由胶囊、上下盖板（或内外筒）、附加气室（有时不设）及气嘴组成，为独立使用的隔振元件，常用于主动隔振。图 1.15.28 是一种囊式空气弹簧隔振器的结构形式。

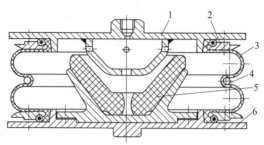

图 1.15.28　囊式空气弹簧的典型结构

1—上盖板；2—压环；3—橡胶囊；4—腰环；5—橡胶垫；6—下盖板

隔振装置由若干空气弹簧隔振器、阻尼器、附加气室、限位器、高度调整阀、仪表箱、气源、管道、公用底盘及托板等组成，当用于洁净室时气源尚需配置除油、水、尘装置，以保证压缩空气的洁净度，或采用经过洁净处理的氮气。

隔振台由隔振装置及台板组成。台板为钢质或石质，钢质台板多用磁性不锈钢板作面层，内部为蜂窝结构，以求质轻，并有足够的刚度。石质台板刚度大、变形小，受外界温度干扰的影响小。电子工业洁净厂房及实验室中的小型精密设备及仪器，有一定的防微振要求，往往采用商品空气弹簧隔振台、隔振桌及隔振平板，分别如图 1.15.29～图 1.15.31 所示。隔振台、隔振桌及隔振平板一般都采用空气弹簧隔振器，具有良好的隔振性能。在工程设计中，为使选用的隔振装置满足工程要求，制造厂商或供应商应提供有关的技术资料。

图 1.15.29　空气弹簧隔振台

图 1.15.30　隔振桌

图 1.15.31　隔振平板

15.4　微振动的测试分析

15.4.1　一般要求

在电子工业洁净厂房中按产品生产工艺要求在一些防微振要求的关键生产工序、设备中设置有"微振控制设施",所以在国家标准《电子工业洁净厂房设计规范》(GB 50472)中规定对微振控制设计应分 4 个阶段进行微振动测试分析:场地环境振动测试及分析;洁净厂房建筑结构振动特性测试及分析;精密设备仪器安装地点的环境振动测试及分析;微振动控制的最终测试及分析。在国家标准《电子工业防微振工程技术规范》(GB 51076)中对防微振工程的勘察、设计、施工及安装过程中的测试分析作了明确的规定:场地工程地质、水文地质勘察及地基动力特性测试;场地环境振动测试及分析;工程主体建筑竣工,各类设备尚未安装时的建筑结构动力测试及分析;动力设备试运行时的环境振动测试及分析;洁净厂房内产品生产线进行试生产运行时的环境振动测试及分析。最后一次微振测试分析的结果是防微振工程验收的依据,还可作为所在洁净厂房制定生产运行、厂区环境管理规定的依据。

从以上规定可以看出"微振动的测试分析"对防微振工程的设计建造至关重要,它既是防微振工程设计的"必须",更是确保实现防微振设施的工程质量和达到微振控制参数的条件,所以微振动的测试分析是能否顺利进行防微振工程设计、建造的必备"条件"。微振动测试应具有精密设备及仪器的容许振动值要求等数据资料,并在不同测试分析阶段具备不同基本资料要求。

对于场地环境微振动测试阶段应有精密设备及仪器的容许振动值,建筑物所在场地的地质勘察资料,邻近现有建筑物及地下管道、电缆等的有关资料;场地及周围道路的布置图及其道路行车状况;拟建场地及邻近的振源位置及其运行状况;拟建场地建筑物的布置规划及交通规划等。在建筑物微振动测试阶段需具有建筑、结构设计图;安装精密设备及仪器的基础、台板设计图;建筑物内的振源位置及其运行状况;建筑物外邻近的振源位置及其运行状况。精密设备仪器的防微振基台微振动测试阶段应有所测精密设备仪器的容许振动值,防微振基台设计图;隔振装置参数;隔振计算资料;防微振基台内的振源位置及运行状况;防微振基台外邻近的振源位置及运行状况。

微振动测试应先将上述所需资料收集齐全,然后再对测试现场进行实地勘察后,进行测试方案的制定。一般情况下的测试方案应具有测试目的、要求,测试的内容方法和测试所需设备仪器的配置,测点的数量及布置以及测试数据的分析处理方法等。

15.4.2　微振动测试设备和仪器

微振动的测试系统一般包括振动传感器、滤波器、放大器、信号采集分析仪及激振装置。对于高灵敏度传感器,也可不采用放大器,传感器(经滤波器)采集的信号可直接引入数据采集器。测试系统的组成示意图见图 1.15.32。

图 1.15.32　测试系统的组成示意图

微振动传感器应根据测试需要,选用高灵敏度三向一体传感器,或采用单轴向传感器组成三向测量传感器。微振动测试用传感器的选择恰当与否,直接影响微振动测试的准确性。微振动测试用传感器,一般是选用速度型或加速度型,传感器应有灵敏度高及频响范围宽的特点。例如对速度型传感器灵敏度希望达到 1×10^{-5} mm/s,加速度型传感器的灵敏度希望达到 1×10^{-6} m/s²,频率响应在 0.5～120Hz 范围内,期望有好的低频响应。对于消声室、半消声室及消声水池等的振动测试,应选择频率响应为 0.5～1000Hz 的传感器。放大器宜采用具有抗混滤波功能的多通道放大器,各通道在最大放大倍数时幅值一致性偏差应小于 2%,相位一致性偏差应小于 0.1ms。放大器应具有积分、微分等功能。

据了解,市场供应的数据采集及分析软件众多、功能强大,依据微振动测试的需要,数据采集及分析软件的基本功能应包括时域多通道采集、时域频域多通道显示、FFT 频谱分析、传递函数及相干分析、结构阻尼性能分析、结构模态分析等,数据采集及分析软件应具较高的精度等。微振动测试系统的数据采集及分析软件应具有时域、频域多通道显示、FFT 频谱分析等功能。数据采集应采用带有模/数转换的数据采集仪,其模/数转换器的精度不宜小于16位,动态范围不宜小于80dB。数据采集系统的幅值畸变应小于1dB。激振装置可采用电磁式或机械式。电磁式激振器的推力不宜小于2kN,工作频率宜为0.05~1000Hz。机械式激振器的激振力不宜小于5kN,工作频率宜为3~60Hz。

鉴于微振动测试时振动信号比较微弱,一般在微振动测试时可将传感器安装固定在较重(20倍传感器的质量)的金属块上,也可以直接设置在被测的物体上。微振动传感器安装时,一般每个测点均应安装3只同型号的单轴向传感器或三向一体传感器,测试方向应互相垂直,分别采集竖直向及水平向的振动数据;3只单轴向压电型加速度传感器可固定在大于传感器质量20倍且不小于1kg的金属块上,可用螺栓、胶黏或磁性吸附方法固定在测试点。在天然地基土场地装设微振动传感器时,应挖测试坑,去除虚土,并进行夯实,测试坑底部可浇注薄层混凝土;测试坑上应有防护设施,但防护设施不得干扰正常的振动数据采集。

微振动测试用电磁式激振器,其安装方式可为竖直向或水平向。竖直向安装时,应采用坚固的支架,将激振器用柔性橡胶带悬吊在支架上,其固有振动频率应低于测试最低频率的4倍;水平向安装时,应采用坚固的型钢支架,激振器应呈水平向固定。电磁式激振器与被测体之间应用推力杆连接。微振动测试采用机械式激振器时应以螺栓与被测体进行连接。

15.4.3 微振动的测试分析

(1)场地环境振动测试 场地环境振动测试的测点一般应不少于5个,以便于摸清场地环境振动的强弱分布,对于某些主要影响振动的点、线振源,还可通过测试摸清其随距离增加而振动衰减的规律。当场地内外已建或拟建道路无车辆行驶时,应用车辆模拟行驶,测量其振动影响,车辆的数量、行驶方向、行驶速度应按测试方案中的要求确定。经场地环境振动测试,以便对场地已有的环境振动做出综合评估。微振动测试中的场地环境振动测试应根据工程规模、建筑场地面积、有防微振要求的建筑物位置、周边道路及邻近干扰振源等因素确定测点位置。一般在一个场地上不宜少于5个,测点间距不宜大于40m。环境振动工况的分类及组合应包括正常状况时的微动、固定干扰振源及移动干扰振源的分别作用及组合,采样时间和次数应按振动状态或振源确定;随机振动不应小于20min,稳态振动不应小于5min,同类移动振源的采样次数不应少于振源通过5次,同类冲击振动不应少于5次。每次采样除规定的振源及振源组合外,其余振源均应停止运行。场地环境振动测试时,传感器周围15m范围内应避免人员行走的影响。测试应采取多测点同时采样,当传感器数量不足或不能使所有测点同时采样时,可分批采样,但应保持振动工况一致。

(2)建筑物振动测试 为了解建筑物振动测试数据与计算是否相符,并为评估建筑物主体结构能否满足防微振要求,应按规定进行建筑物的动力特性测试。通过测试不仅可获得建筑物的动力特性,即建筑物的固有振动频率及阻尼值,还可得到建筑结构的动刚度等。建筑物的动力特性测试是对建筑物在环境振动作用下微振动响应的测试,建筑物楼层结构应测试竖直向和水平向的动力特性;测试时传感器应布置在梁板结构的主梁、次梁及板跨中,无梁楼板结构应布置在板跨中。

(3)精密设备及仪器的独立基础动力特性测试 一般采用冲击法或共振法测试基础固有振动频率及阻尼比,其传感器应布置在基础顶面的质心投影点位置;该动力特性测试的重复测试次数不应少于3次。

(4)建筑物环境微振动测试 环境微振动工况的分类及组合应包括常时微振动,本建筑以外的固定干扰振源、移动干扰振源,本建筑内的固定干扰振源、移动干扰振源的分别作用及组合。

(5)洁净厂房内生产线试生产时的微振动测试。

(6)防微振基台振动测试 防微振基台按设计要求安装后,测试前应对隔振系统进行调试,确认已处于正常工作状态。一般采用冲击法或共振法进行防微振基台的动力特性测试,检测"基台"的固有振动频率及阻尼进行测试,测试时传感器应布置在台板顶面隔振系统的质心处及长、短边两端，以测试隔振系统的旋转振动。为了测试隔振性能，测点应布置在台板顶面隔振系统的质心处及支承结构对应的位置处，同时进行数据采集。对于超宽、超长台座，通常应进行基台结构模态测试。

（7）振动数据分析　振动数据分析首先应核对微振动采集的样本包括采样方法、过程的原始记录的有效性，并进行整理排序，查对所有样本，且应除去零点漂移及干扰的数据；检查样本的采样时间和次数，随机振动的采样时间不得少于 20min，稳态振动不得少于 5min，同类移动振源的采样次数不应少于振源通过 5 次，同类冲击振源不应少于 5 次；每次采样除规定的振源及振源组合外，其余振源均应处于停止运行状态。

振动数据的时域分析应满足如下要求：对于时域振动位移、速度及加速度均方根值，采用平均方法求得，平均次数越多，所得的数据越真实，所以平均次数应根据数据采样长度确定；对于时域振动位移、速度及加速度峰值，显示时域曲线可直接判读。

振动数据的频域分析应做频域 1/3 倍频程谱、线性谱或功率谱分析，窗函数有多种，例如矩形窗、指数窗、汉宁窗（Hanning）等，宜采用汉宁窗，应根据需要设定截止分析频率；频域分析中样本信号的平均次数应根据数据采样长度确定；稳态或随机振动信号应采用线性平均或峰值保持平均进行频域分析。采用线性平均或峰值保持平均的频域分析，其分析结果有较大差异。对于移动振源例如各类汽车、列车等，或冲击振源，如果对精密设备仪器的正常工作产生明显影响，宜采用峰值保持平均进行频域分析。

参考文献

[1] 振动计算与隔振设计组，姜俊平，等.振动计算与隔振设计.北京：中国建筑工业出版社，1976.
[2] 符济湘，俞渭雄.洁净技术与建筑设计.北京：中国建筑工业出版社，1986.
[3] 中航总七司第九设计研究院.隔振设计手册.北京：中国建筑工业出版社，1986.
[4] 俞渭雄.空气弹簧的研究及在防微振领域的应用.建筑结构，1996（12）：33-37.
[5] 俞渭雄，陈骝.现代科技发展中的防微振技术.洁净与空调技术，2002（2）：59-63.
[6] 马大猷.噪声与振动控制工程手册.北京：机械工业出版社，2002.
[7] 俞渭雄，陈骝，娄宇.IC 工厂的防微振设计.第 18 届国际污染控制学术论坛论文集，北京，2006.

第16章 洁净厂房的节能

16.1 洁净厂房能量消耗特征

16.1.1 能量消耗特征

① 洁净厂房是能量消耗大户，它的能量消耗包括洁净室中的生产设备用电、用热、用冷，净化空调系统的耗电、耗热和冷负荷，冷冻机组的耗电，排气处理装置的耗电、耗热，各种高纯物质的制取、输送耗电、耗热和冷负荷，各种动力公用设施的用电、耗热、用冷以及照明用电等。同样面积下洁净室的能量消耗是一般写字楼的 10 倍，甚至更大。电子工业洁净厂房有的需要大空间、大面积、大体量。随着科学技术的发展，为达到电子产品生产的规模化、高可靠性能要求，常常采用连续生产的多工序集成的大型精密生产设备，为此需布置在建筑面积大、洁净生产区与上下技术夹层"贯通"的大空间和组合式的大体量的洁净厂房。如目前国内已建造投产的 8in、12in 集成电路芯片生产用洁净厂房，洁净生产区的面积达数万平方米；10 代、11 代 TFT-LCD 生产用洁净厂房，洁净生产区的面积超过 $10 \times 10^4 \ \mathrm{m}^2$。洁净厂房的高度达 20～30m。现今一个月产 4 万片的晶圆前工序洁净厂房其电力装设功率可达十万千瓦以上，而一个月产玻璃基板 6 万片的 10 代 TFT-LCD 用洁净厂房其电力装设功率超过 20 万千瓦。在各类能量消耗中除生产设备随产品品种、生产工艺不同而不同外，能量消耗总量中比例较大的是冷冻机、空压机和氮气生产所需的电力消耗，通常要占总量的 20%～40%。据了解，某一 12in 集成电路晶圆制造用洁净厂房的年综合能耗近 60 万吨标准煤，某 10 代 TFT-LCD 面板制造用洁净厂房的年综合能耗约 50 万吨标准煤。表 1.16.1 是一些洁净室能量消耗的分析统计。

电子产品的生产过程需用各种类型的高纯物质，包括高纯气体、高纯水、高纯化学品等。以集成电路生产为例，需使用数十种常用气体、特种气体，这些气体分别属于可燃气体、有毒气体、氧化性气体、腐蚀性气体和窒息性气体，高纯大宗气体（常用气体）如氮气用量较大，芯片制造、TFT-LCD 面板制造用纯氮、高纯氮的小时用量均为数千至数万立方米，大部分特种气体用量较少，个别电子产品需用的 1 种或几种特种气体用量较大，如硅烷、三氟化氮等；需使用多种化学品，它们分别属于可燃、有毒、腐蚀、氧化性化学品，如异丙醇、盐酸等。因为这些高纯物质（包括化学品、特种气体）常常在电子工业洁净厂房内设置相应的输送管道及其必需的排气处理设施，这些排气处理设施既消耗能量，又会增大洁净室的送风量。

电子产品洁净厂房能量消耗大，为满足洁净生产环境所必需的空气净化设施包括净化空调系统、供冷供热系统均大量耗能，若空气洁净度等级要求严格时，由于洁净送风量和新风量都较大，所以能量消耗较大，且全年几乎每天昼夜连续运行。

表 1.16.1　国内一些洁净厂房的能量消耗

单位	类型	空气洁净度等级	洁净室形式/空气循环	单位电耗/(kW/m²)	设计冷量/(RT/m²)
A 厂	IC	5 级(0.3μm)、6 级(0.5μm)	隧道式、FFU	1.1	0.6
B 厂	IC	5 级(0.3μm)、6 级	隧道式、FFU	0.61	0.36
C 厂	IC	5 级(0.3μm)、6 级(0.5μm)	开放式+微环境	0.49	0.33
D 厂	TFT-LCD	4 级(0.3μm)、4.5 级(0.3μm)、5.5 级(0.3μm)、6.5 级(0.3μm)	开放式	0.92	0.19
E 厂	TFT-LCD	3.5 级(0.3μm)、5 级(0.3μm)、7 级(0.3μm)	开放式	0.85	0.2
F 厂	薄膜光伏	7 级(0.3μm)、8 级(0.3μm)	非单向流	0.66	0.29
G 厂	医药	7 级、8 级(0.5μm)	非单向流、上送侧回	0.3	0.16
H 厂	医药	7 级、8 级(0.5μm)	非单向流、上送侧回	0.41	0.29
J 厂	医药	7 级、8 级(0.3μm)	非单向流、全新风、部分直排	0.42	0.3

表 1.16.2 是台湾几个 IC 工厂的能量消耗分析统计。几个工厂的设计冷负荷为 0.07～1.05RT/m²，相差很大。

表 1.16.2　台湾几个 IC 工厂的能耗

单位	年产量	洁净度等级	洁净室形式/空气循环	电负荷/kW	设计冷量/(RT/m²)
A 厂	775800	ISO 5、ISO 6	开放式 & 微环境/FFU	24857	0.07
B 厂	259980	ISO 3[①]	开放式/FFU	9140	0.24
C 厂	342000	ISO 5、ISO 6	开放式+微环境/FFU	22142	0.265
D 厂	300000	ISO 5、ISO 6	开放式+微环境/FFU	11667	—
E 厂	300000	ISO 3[①]	开放式/FFU	16125	0.82
F 厂	237000	ISO 3[②]	开放式/FFU	28017	1.05

① 产量按晶圆片效计，产品为 8in 晶圆片，线宽 0.25μm。
② 6 个工厂 2～4 年的数据，平均电耗 2.18kW/m²。

②　各种耗能设施使用的连续性。为确保各类洁净室的空气洁净度等级一致、室内各种功能参数的稳定以及产品生产工艺的需要，许多洁净室都采用连续运转的方式，通常是昼夜 24h 连续运行。由于洁净室连续运行，要求供电、供冷、供热等均需按洁净室内的产品生产工艺要求或生产计划的安排进行调度，及时供应各种能源。

在各类洁净室的能量消耗中，除产品生产设备及与产品品种关系密切的冷却水、高纯物质、化学品和特种气体等的能量供应随产品品种、生产工艺变化外，在洁净室的能量消耗总量中占有较大比例的是制冷机、净化空调系统的电能、冷（热）能消耗。图 1.16.1 是两个洁净厂房的能量消耗比例图。从图中可见，制冷机的能耗占总能量消耗的比例为 24% 或 35%；净化空调系统的能量消耗占 17% 或 18%。

③　依据洁净厂房的产品生产工艺要求和环境控制要求特点，无论是在冬季、过渡季还是在夏季，对温度低于 60℃的所谓"低位热能"都有需求。例如净化空调系统在冬季、过渡季要求供应不同温度的热水对室外新风加热，只是不同季节的供热量是不同的。在电子产品生产用洁净厂房

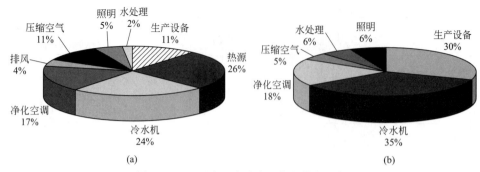

图 1.16.1　国内几个洁净厂房的能耗比例

中大多使用大量的纯水，集成电路芯片制造、TFT-LCD 面板制造过程的纯水小时用量达数百吨，为获得所需品质的纯水，通常都采用反渗透（RO）技术；RO 装置要求水温保持在 25℃ 左右，常常需要供应一定温度的热水。对一些企业的调研表明，近年来正逐渐利用洁净厂房的低位热能如制冷用冷水机组的冷凝热提供 40℃ 左右的低温热水，替代原来的采用低压蒸汽或高温热水进行加热/预热，取得了明显的节能效益、经济效益。因此，洁净厂房既有低位热源的"资源"，又有低位热能的需求，这是洁净厂房融合利用低位热能降低能量消耗的重要特征之一。

16.1.2　洁净厂房的节能潜力巨大

① 洁净厂房建造的工程实践和一些统计数据表明，各类洁净厂房或各个洁净室因各类（个）影响因素使各个洁净室的能量消耗差异很大，即使是同类产品的洁净厂房能量消耗也差距较大；各类洁净室中各种耗能装置的能耗占总能量消耗的比例也差异不小。因产品品种、生产工艺不同，能耗比例理应有所不同；洁净厂房所在地区的气象条件不同，能耗量及相应的能耗比例也会有所差异。如表 1.16.1 中所列的数据，3 个微电子工厂的电能消耗为 $0.49 \sim 1.1 \mathrm{kW/m^2}$，冷量消耗为 $0.33 \sim 0.6 \mathrm{RT/m^2}$，均相差一倍左右；3 个药品生产工厂的电能消耗为 $0.3 \sim 0.42 \mathrm{kW/m^2}$，冷量消耗为 $0.16 \sim 0.3 \mathrm{RT/m^2}$，相差 50%～100%。表 1.16.2 所列 6 个集成电路工厂的冷负荷为 $0.24 \sim 0.82 \mathrm{RT/m^2}$，相差数倍。

图 1.16.2 是美国几个集成电路厂洁净室的循环空气系统能耗。由图可见，对于 ISO 4 级（10 级）的洁净室为 $5000 \sim 1650 \mathrm{ft^3/(kW \cdot min)}$（$0.2 \sim 0.6 \mathrm{W \cdot min/ft^3}$ 或 $0.12 \sim 0.357 \mathrm{W \cdot h/m^3}$），对于 ISO 5 级（100 级）的洁净室为 $8000 \sim 1500 \mathrm{ft^3/(kW \cdot min)}$（$0.125 \sim 0.65 \mathrm{W \cdot min/ft^3}$ 或 $0.08 \sim 0.386 \mathrm{W \cdot h/m^3}$）；同一洁净度等级的洁净室单位能耗也有差异，这与空气循环方式、设备配置等有关。

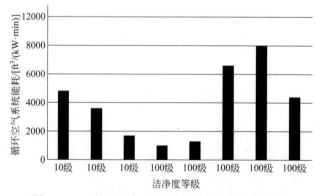

图 1.16.2　美国几个 IC 工厂的循环空气系统能耗

从上面所列洁净厂房的能量消耗、能量消耗比例和循环空气系统的能耗数据可以看出，洁净厂房的节能潜力巨大。为充分利用这些"节能潜力"，将涉及洁净室的平面、立面布置，净化空调系统和相关公用动力设施的合理选择、集成及设备选型、配置等。

② 据对一些企业的调研，近年来为减少能源消耗开展的节能减排活动，对原有各类耗能设备、系统的节能技术改造案例表明，原有或者现今不少企业的洁净厂房节能潜力巨大。如上海某集成电路芯片制造工厂在节能技术改造中，将制冷的冷水机组的冷凝热回收的 30~35℃ 温水，供应净化空调系统原来在冬季、过渡季以蒸汽加热/供热的新风，每年运行 120 天，每天 24h 运行，年节能 10500t 标准煤。此案例表明对已有的用能系统和设备的改造，大有可为。

16.2　洁净厂房的节能途径

现今节约能量消耗的问题，不只是节约能源、减少运行费用，更重要的是减少污染物——温室气体、SO_x、NO_x 的排放量，节能是保护环境的重要措施。

为降低洁净厂房的能量消耗，从洁净厂房的规划、设计到运行管理均需十分关注节能措施的制订、实施，并应认真做到节约能源消耗、降低运行费用，为改善人类生存环境做贡献。根据洁净厂房的用途、产品生产工艺要求和洁净室的能量消耗特征等因素，主要应从建筑节能、节能系统设备选择、净化空调系统节能、冷热源系统节能、低品位能源利用、能源综合利用等方面采取必要的节能技术措施，实现降低洁净厂房的能量消耗。

16.2.1　建筑与建筑热工

设有洁净厂房的企业选择厂址时，应选择大气污染物较少、产尘量小的区域建设。在确定建设场地后进行厂区布置时应将洁净厂房设置在环境空气中污染物少的场所，并应结合当地气象条件选择具有良好朝向、采光和自然通风的场所，洁净室（区）宜布置在阴面。在满足产品生产流程、操作维护和使用功能的前提下，洁净生产区应集中布置或采用组合式厂房，并应做到功能分区明确，且各功能分区内的各种设施布置应紧凑、合理，尽可能地缩短物料运输、管线长度，以利于减少或降低能量消耗或能量损失。

洁净厂房的平面布置应根据产品生产工艺的要求，优化产品生产路线、物流路线、人员流动路线，合理、紧凑地进行布置，尽可能地减少洁净室（区）面积或对洁净度要求严格的洁净室（区）面积，准确地确定洁净室（区）的洁净度等级；只要是可不设置在洁净室（区）内的生产工序或设备，均应尽可能地设置在非洁净区；洁净室（区）内能量消耗大的工序、设备，应尽可能地靠近动力供应源；洁净度等级相同或温、湿度要求相近的工序、房间，在满足产品生产工艺要求的前提下，宜靠近布置。洁净室（区）的房间高度应根据产品生产工艺和运输要求以及生产设备的高度确定，在满足需要的情况下宜减小房间的高度或采用不同的高度，以利于减少净化空调系统的送风量、减少能量消耗。

由于洁净厂房是能量消耗大户，且能量消耗中为满足洁净室（区）的洁净度等级、恒温恒湿要求所需净化空调系统制冷、供热和送风的能量所占比例较大，影响净化空调系统能量消耗（耗冷量、耗热量）的因素之一的洁净厂房建筑围护结构设计，因此应根据降低能量消耗的要求合理确定其形式、热工性能参数等。在国家标准《电子工程节能设计规范》（GB 50710—2011）中规定："电子工程洁净厂房的体形系数，不得超过 0.4。"体形系数（shape coefficient）是建筑物与室外环境接触的外表面积和其所包围的体积的比值，此值越大即建筑物的外表面积越大，所以应限制洁净厂房的体形系数。由于各种空气洁净度等级的洁净厂房对温度、相对湿度均有严格要求，因此还对电子工业洁净厂房中围护结构的传热系数限值进行了规定，见表 1.16.3。洁净厂房又称为"无窗厂房"，一般情况下不设外窗，若根据生产工艺要求等需设外窗时，应采用双层固定窗，并应具有良好的气密性。一般应采用气密性不低于 3 级的外窗。洁净厂房中围护结构的材料选型应满足节能、保温、隔热、少产尘、防潮、易清洁等要求。

表 1.16.3　洁净厂房中围护结构的传热系数限值

围护结构部位		传热系数/[W/(m²·K)]	
		体形系数≤0.3	0.3<体形系数≤0.4
层面		≤0.30	≤0.25
外墙		≤0.40	≤0.35
洁净室(区)与一般房间的隔墙楼板		≤0.45	≤0.40
洁净室吊顶		≤0.35	≤0.35
单一朝向外窗	窗墙面积比≤0.2	≤2.50	≤2.80
	0.2<窗墙面积比≤0.3	≤2.20	≤2.50
	0.3<窗墙面积比≤0.4	≤2.00	≤1.70
	0.4<窗墙面积比≤0.5	≤1.70	≤1.50
内窗		≤2.00	

16.2.2　净化空调系统节能

(1) 降低冷热负荷是洁净室节能的有效途径　洁净室（区）的冷热负荷是洁净厂房能量消耗的主要"源头"之一，它是确定供冷、供热量的依据，而洁净厂房的能量消耗中净化空调系统和冷热源所占的比例最高可达到 50% 左右，所以了解洁净室（区）的冷热负荷特点至关重要。由于洁净室（区）常常需在全年连续运行，多数洁净厂房在全年各个季度均处于供冷状态。

洁净室（区）的冷负荷是为了消除洁净室（区）在产品生产/使用过程中散发、产生的热量、湿量，大体上由六个部分组成：①建筑围护结构的散热量；②室内照明散发的热量；③作业人员散发的热量、湿量引起的负荷；④产品生产工艺设备和生产过程产生的热量、湿量引起的负荷；⑤送入洁净室新风的热、湿负荷，洁净室的新风量是由产品生产工艺所必须、排风量或保持洁净室（区）静压力和确保作业人员健康所必需的风量等构成；⑥送风机的温升引起的负荷，单向流洁净室采用 FFU 时，送风机的温升引起的负荷更是不可忽视的。鉴于洁净室的实际运行特点，实践表明前三项冷负荷所占的比例一般较小，大多数洁净厂房尤其是现今以微电子产品生产为代表的高科技洁净厂房，后三项冷负荷所占的比例较大，一般均在 60% 以上。

洁净厂房的净化空调系统所需的冷冻水供水温度有 5～7℃ 和 11～14℃ 两类，其供回水温差一般为 5～7℃；冬季环境温度较低，洁净室（区）的送风需加热，调节温度用热水，其供水温度一般为 40～65℃，供回水温度差为 5～10℃。

设法降低洁净室（区）的冷（热）负荷是降低洁净室能耗的有效途径，主要的技术措施如下：合理利用洁净室的回风；恰当地选择洁净室与周围环境的静压差；减少洁净室、生产设备的排风量；减少洁净室、净化空调系统的泄漏量；合理确定洁净室的温度、湿度及控制精度；降低洁净室内生产设备的散热量；减少洁净室内的发尘量，降低送风量；合理划分净化空调系统；合理选用局部净化/隔离装置/微环境装置，减少洁净室（区）的冷热负荷等。以上技术措施均可在不同程度上减少洁净厂房的冷（热）负荷。

(2) 合理划分净化空调系统，降低洁净室运行过程的能量消耗　在洁净厂房的工程设计阶段应充分了解产品生产工艺的特点和产品生产班次、工作时间等的安排，产品生产工艺要求的运行班次、工作时间不同或洁净室内的温度、相对湿度要求不同时，净化空调系统应分别设置；洁净厂房内的净化空调系统应与普通舒适性空调系统分开设置。据了解，在某一冻干粉针剂生产用的洁净厂房内，根据产品生产大纲要求产品生产线采用二班工作制，而该生产线的冻干机按其冻干粉针剂的生产工艺要求工作周期为 72h，且需连续运行，为此在工程设计时应将与冻干过程有关的洁净室（区）的净化空调系统和生产线其他工序的净化空调系统分开设置。还有一工程实例是某医药工厂因产品生产工艺要求设有八个一次包装间，洁净度等级均为 ISO 9 级，在工程设计阶段按业主要求每个一次包装间设置一套净化空调系统，以适应因包装产品不同，各包装间的工作时间、包装周期不同，可能产生的连续包装或间断包装等不同状况，开启净化空调系统，减少能量消耗。净化空调系统分开设置是为防止工程设计时对净化空调系统划分不当，造成投入运行后不同使用时间或不同运行状况的洁净室（区）送风管道或送风口渗漏或跑风，引起冷（热）负荷增加、风机能耗增加。由于类似的原因，为减少能耗应将不同温、湿度要求和不同空气洁净度等级要求的系统分别设置。

（3）空气处理功能与净化功能分离，减少能量消耗 洁净厂房内净化空调系统的送风方式通常有集中送风、隧道送风、风机过滤机组（FFU）送风等类型，在本篇第 6 章中已对这三种送风系统作过详细的叙述，这里只表述采用集中新风机组（MAU）＋风机过滤机组（FFU）＋干表冷（DC）的送风方式。根据洁净室对温、湿度参数较严格的要求，且洁净室内生产工艺设备发热负荷以及建筑围护结构传热负荷的不稳定性，采用这种方式的优势是将送入洁净室空气的净化与热湿处理分开，洁净室的相对湿度由新风机组保证，通过设在新风处理机组出口的露点温度控制除湿冷盘管的冷冻水供水量和预热盘管的热水流量，且机组出口的露点温度根据对应送风区域内实时检测的相对湿度进行连续的整定，从而确保洁净室（区）内的相对湿度；而设置在洁净室（区）邻近处的干表冷器其作用主要是解决洁净室（区）内的显热负荷，依据洁净室（区）内的实时温度，控制对应区域的干表冷器，以确保洁净室（区）的温度。这种送风方式一方面可以避免冷、热抵消现象，降低能源消耗；另一方面由于循环空气处理降温需要干冷却过程，所采用的冷冻水温度较高，通常高于 14℃，如果与新风处理系统的冷冻水（5～7℃）分开制取，制冷机组可以得到较高的性能系数（COP），从而减少制冷机组的电能消耗。

新风空气处理装置一般采用组合式空调机组，MAU 机组的功能段设置有：新风入口→粗效过滤器→一级预热盘管→二级预热盘管→预冷却盘管→温水淋水室→除湿冷却盘管→再热盘管→风机→中效过滤器→高效过滤器→新风出口，如图 1.16.3 所示。

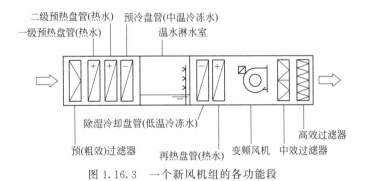

图 1.16.3 一个新风机组的各功能段

近年来新风机组＋风机过滤机组（FFU）＋干表冷（DC）的送风方式在集成电路芯片制造等产品生产用洁净厂房、液晶显示器件面板生产（TFT-LCD）用洁净厂房已推广应用，取得了很好的节能效果，已经是成熟技术。图 1.16.4 是这种送风方式的示意图。由于分为新风处理和循环风处理两部分，夏季新风处理焓

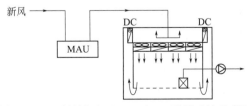

图 1.16.4 新风机组＋FFU＋DC 送风系统示意图

差较大，MAU通常采用二级表冷器，为确保洁净室内的相对湿度，二级表冷器所要求的冷冻水温度较低，一般为7℃的低温冷冻水；循环风处理为干冷却过程，冷冻水的温度高于室内空气露点温度即可，如室内露点温度为13.5℃时，冷冻水的温度取14℃，为中温冷冻水。这种中温冷冻水可以直接制取也可以通过混水或换热获得。对于冷负荷较大的低温、中温水系统若通过混水或换热方式明显不节能，因为冷冻机的出水温度提高可提高蒸发温度，导致制冷量增加，从而使得冷冻机的COP值提高，达到节能的目的。通常在一定范围内，冷冻机的出水温度每提高1℃，冷冻机的COP值提高3%左右。故同等条件下，制取14℃冷冻水时冷冻机的COP值，较制取7℃冷冻水时冷冻机的COP值提高约20%以上，所以中温冷冻水宜采用直接制取。为达到最大限度地节能目的，应尽量扩大中温冷冻水的使用范围。所以在微电子产品生产用洁净厂房的变配电所等降温空调系统、工艺冷却水系统、纯水系统的冷却均推荐使用中温冷冻水，提高节能效果。

（4）优化空气处理过程、防止处理过程的冷热抵消，减少能量消耗　净化空调系统采用一次回风系统或二次回风系统，通常与洁净室（区）的冷（热）负荷和空气洁净度等级有关。当产品生产工艺设备和生产过程发热量较大或洁净室要求洁净度等级不太严格时，通常计算的热湿负荷送风量大于或近于洁净送风量，宜采用一次回风系统。洁净厂房的送风系统依据所在地区的气象条件不同、洁净度等级不同，在一般情况下洁净送风量大于热湿负荷送风量，为节约能源消耗宜采用一次回风或二次回风系统，避免空气处理过程的冷热抵消。在GB 50710中明确规定："净化空调系统采用集中空气处理和集中送风方式时，若按洁净度要求确定的风量大于消除热湿负荷计算的风量，应采用一、二次回风的送风系统。除生产工艺特殊要求外，在同一空气处理系统中，不得同时有加热和冷却的运行过程。"图1.16.5是一次回风和一二次回风的送风系统示意图，表1.16.4不同空气处理方案、不同洁净度等级的洁净室能耗比较。

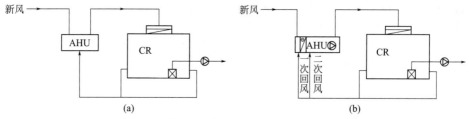

图1.16.5　净化空调系统的一次回风、二次回风示意图

（5）充分利用回风，减少能量消耗　洁净厂房净化空调系统在满足作业人员必需的新鲜空气量和产品生产工艺必需的排风量情况下，洁净室的回风应得到充分利用、回用，这样可以大大降低新风处理所需的冷却、加热用能量，这是洁净厂房设计、运行中最佳的节能措施或运行方式。一般只有在下列情况下才不利用回风，采用直接排放的方式。

① 在洁净室内产品生产过程中散发的有害物质超过作业人员健康容许的浓度值时，为确保人员健康不受到伤害，不得回风。

② 对其他工序有危害或不能避免交叉污染时，均不可以采取回风方式。

在医药工业洁净厂房中固体物料的粉碎、称量、配料、混合、制粒、压片、包衣、灌装等生产工序或房间，一般均会散发粉尘、有害物质等，为防止经净化空调系统的空气循环引起药物的交叉污染，送入洁净室（区）的循环空气理应全部排放。由于固体制剂药品生产过程中大部分生产工序均有粉尘散发，因此若将这些工序或房间的循环空气均排入大气，则将增大新风量，净化空调系统的能耗增大，为此在相关工程项目中采取充分和有效的对空调回风中的粉尘等进行净化处理，使之不再造成交叉污染的要求，实现洁净室（区）利用回风成为可能。图1.16.6是设有高效过滤器的空气处理流程示例。

表 1.16.4　某净室（100m²）不同洁净度等级、不同空气处理方案夏季空调的能耗比较

洁净度等级	空气处理方案	净化空调送风量/(m³/h)	送风温差/℃	空调机组冷量			干表冷冷量			再热量			夏季总能耗	
				通过表冷器（内）风量/(m³/h)	表冷器焓差/(kJ/kg)	表冷器冷量/kW	干表冷风量/(m³/h)	干表冷温差/℃	干表冷冷量/kW	再热风量/(m³/h)	再热温差/℃	再热量/kW	总冷量/kW	再热量/kW
5级 23℃±1℃ 50%±5%	一次回风	162000	0.37	162000	10.9	588				162000	8.13	441	588	441
	一、二次回风	162000	0.37	30300	12.5	126.2							126.2	0
	AHU+FFU	162000	0.87	16550	14.2	79.3							78.3	0
	MAU+FFU+DC	162000	0.87	1500	48.8	24.4	160500	0.8	43				67.4	0
6级 23℃±1℃ 50%±5%	一次回风	18000	3.3	18000	13.8	82.9				18000	4.7	28.3	82.9	28.3
	一、二次回风	18000	3.3	8640	17.5	50.5							50.5	0
	AHU+FFU	18000	3.8	8050	17.0	47.2							47.2	0
	MAC+FFU+DC	18000	3.8	1500	48.8	24.4	13500	3.5	15.8				40.2	0
7级 23℃±1℃ 50%±5%	一次回风	9000	6.6	9000	17.1	51.4				9000	1.9	5.7	51.4	5.7
	一、二次回风	9000	6.6	7300	16.7	40.7							40.7	0
	AHU+FFU	9000	7.1	7520	18.0	45.1							45.1	0
	MAU+FFU+DC	9000	7.1	1500	48.8	24.4	7500	5.7	14.3				38.7	0

注：1. 北京地区夏季室外空调计算参数：干球温度 33.2℃；湿球温度 26.4℃；熔值 81.5kJ/kg。新风量按 1500m³/h 计算。

2. 设定室内总显热（不含 FFU 温升）为 200W/m²（FFU 温升）：围护结构传热 25W/m²；人员 10W/m²；照明 750lx，25W/m²；设备 140W/m²；总计 200W/m²。

3. 室内设定温度 22℃±1℃；相对湿度 50%±5%；5级送风量为 162000m³/h（断面风速为 0.45m/s），6级送风量为 18000m³/h（换气次数为 60 次/h），7级送风量为
9000m³/h（换气次数为 30 次/h）。

4. FFU 温升设计 0.5℃。空调机组全压 1400Pa 设计风机温升 1.5℃。

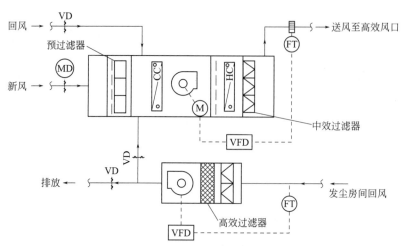

图 1.16.6　空气流程示意图（带回风处理）

（6）洁净厂房应用混合型气流流型，降低能量消耗　近年来在电子工业洁净厂房尤其是大规模集成电路芯片制造和 TFT-LCD 液晶面板生产用洁净厂房的设计建造中广泛应用混合型气流流型的洁净室，在国家标准《电子工业洁净厂房设计规范》（GB 50472）中规定："洁净室可根据电子产品生产工艺的特点、空气洁净度等级和布置要求分为隧道式、开放式和微环境等，也可按气流流型分为单向流洁净室、非单向流洁净室和混合流洁净室。""洁净室形式的选择应综合生产工艺要求、节约能源、减少投资和降低运行费用等因素确定，各种空气洁净度等级的电子工业洁净厂房宜采用混合流洁净室。对空气洁净度要求严格时，宜采用微环境等形式。"近年来国内相继建成并投入生产的一批集成电路晶圆制造和 TFT-LCD 液晶显示器面板生产用洁净厂房均采用了混合流洁净室，显示了这种类型洁净室具有十分优良的节能效益和经济效益。

微环境装置是以局部隔离技术将产品加工过程中要求十分严格控制空气洁净度等级的区域进行分隔，如在高集成度的晶圆生产硅片加工过程中常常采用所谓的微环境/SMIF（standard mechanical interface）等。这种系统是由标准机械接口，包括软件接口、围护结构和机械手等构成，晶圆片装入密闭的晶圆储存盒内，硅片的加工过程和装卸全部由设定的自动程序控制；在微环境外的硅片传输均在晶圆储存盒内进行，前一工序或设备通过洁净厂房内的自动传输装置送至本工序或设备的微环境，经标准机械接口送入密闭的微环境内。这样的工作过程可确保晶圆片的加工过程在高洁净度的微环境中进行，通常微环境中的洁净度等级可达到 ISO 1～3 级，并能严格控制产品所要求的各种化学污染物的规定值。微环境的理念跳出了对整个洁净室（区）环境作为控制对象，从而减少了十分严格的洁净度等级的洁净区面积，可以做到减少洁净厂房的能量消耗和降低运行费用，提高整体经济性。

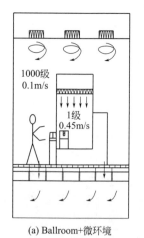

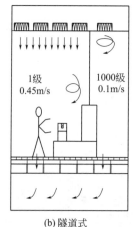

(a) Ballroom+微环境　　　(b) 隧道式

图 1.16.7　微环境与隧道式洁净室的图示
（1 级等同 ISO 3 级，1000 级等同 ISO 6 级）

目前在超大规模集成电路晶圆制造洁净厂房建设中采用的微环境类型洁净室，是一种能满足以上要求的混合流洁净室。图 1.16.7 是 Ballroom＋微环境洁净室与隧道式洁净室的对比。图（a）将要求大面积的单向流平均风速为 0.45m/s 变化为只有微环境范围内小面积，而大部分空间均采用 5～6 级、平均风速为 0.1m/s。两种方式主要技术经济数据的比较见表1.16.5。表中数据表明，采用微环境后 HVAC 的总耗电量可减少大约三分之二。

表 1.16.5 微环境与隧道式洁净室的主要技术经济指标

指标	传统洁净室	微环境
总送风量/(cmf/h)	3246048	890300
高效过滤器/个	4508	1237
风机发热/(Btu/h)	8326100	1689566
冷负荷/RT	694	141
风机耗电/kW	2921	583
HVAC 的总耗电/kW	3754	762
HVAC 的年耗电量/kW·h	32885506	6673250

注：两种方式的总排风量均为 80900cmf/h，新风总量为 100000cmf/h。

（7）优先选用节能产品 在洁净厂房的净化空调系统设计建造中优先选用节能产品，是减少能源消耗、提高设备能量利用效率的重要途径，也是降低洁净厂房投入运行后运行费用的重要手段。随着科学技术的发展，研究开发新产品、节能产品已成为许多设备制造厂家的重要竞争手段，下面列举一些已在洁净厂房设计建造中得到应用的节能产品。

在混合流洁净室内一般均采用风机过滤机组（FFU），这类机组的电源有直流和交流两种形式，交流式一般采用设 3～5 挡调电压的方式来调节电动机的转速，以满足 FFU 出口处风速的需要。由于控制元件为 FFU 自带，分布在洁净室吊顶内的各个位置，工作人员必须在现场通过拨挡开关来调节 FFU，控制起来极不方便，而且 FFU 的风速可调范围有限。虽然可以采用变压器群控、单台可控硅削峰调速、可控硅变压器群控等方式进行群控，但不能对 FFU 进行单独控制和管理。而直流式 FFU，每台 FFU 配一个直流调速器，电动机无电刷，噪声小，直流电动机的转子是永磁的，节省了三相异步电动机的转子电流消耗；同交流 FFU 相比，其电动机发热更少，减少了无关能耗，也有效降低了空调的电力负荷。

采用直流电动机进行智能化控制，除具有节能功能外，还可采用遥控方式对每台 FFU 进行监测和控制。通过可视洁净室平面图，可以方便地显示各 FFU 的运行状态及故障 FFU 的位置，并可针对每台 FFU 进行参数设定；FFU 的错误信息可以通过打印机、email、手机短信等形式输出；主网开关的信号、输出/输入信号，可以输送到用户的自控或火警系统；不同工作时段的高/低转速设定可以节省能源。一个八代 TFT-LCD 洁净厂房中的 FFU 数量多达 40000 多台，从控制、管理、节能等方面考虑，应采用直流无刷式 FFU。表 1.16.6 是交流和直流两种形式 FFU 能耗运行费用的比较。

表 1.16.6 FFU 能耗运行费用的对比

序号	项目	直流（EC）电机	交流（AC）电机
1	单台 FFU 的自身消耗功率/W	149.0	250.0
2	单台 FFU 的空调消耗功率/W	9.9	37.5
3	单台 FFU 的合计消耗功率/W	158.9	287.5
4	单台 FFU 的耗电/(kW·h/年)	1354	2450
5	单台运行费用/(元/年)	1083	1960
6	与节能差/(元/年)	876	0.0
7	基本价格(仅供参考)/元	4500	3200
8	经过多长运营时间可以将前期投入差拉平(同比较)/年	1.5	0.0
9	合计 1 万台每年节省的运行费用/万元	876	0.0

注：表中 FFU 按每年运行 355 天，每天运行 24h 计；工业用电电价 0.8 元/(kW·h)；AC 电机的运行效率约为 55%，EC 电机的运行效率约为 80%。

扁管式表冷器（DC）的应用。混流型洁净室内的噪声等级主要取决于 FFU 的噪声等级，为控制 FFU 的噪声需要将表冷器（DC）的阻力尽量降低，为此采用椭圆管热交换器，可有效地解决阻力的部分问题。椭圆管换热器由于是椭圆管状，降低了空气阻力；圆形管换热器，空气流在管后分离，产生涡流，空气阻力较高，如图 1.16.8 所示。表 1.16.7 是在通过 DC 的风量、处理的温度参数相同的情况下，面积为 40000m² 的洁净室，使用椭圆管 DC 和圆形管 DC 的比较。由结果可以看出，使用椭圆管 DC 一年可节省用电量 869040kW·h。

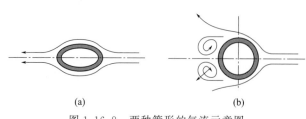

(a)　　　　(b)

图 1.16.8　两种管形的气流示意图

表 1.16.7　应用椭圆管 DC 与圆形管 DC 的耗电量比较

项目	面风速 /(m/s)	2 排阻力 (翅片间距 3mm)/Pa	风量 /[m³·(h·台)]	DC 数量	输送动力 /kW	年消耗电量 /(kW·h)
圆管 DC	2.5	29	27000	703	0.302	1806240
椭圆管 DC	2.5	15	27000	703	0.156	937200

16.2.3　冷热源节能

（1）洁净厂房冷热源的选择　洁净厂房净化空调系统和产品生产工艺均具有较大的冷负荷、热负荷，为此应根据建设规模、生产工艺要求等结合当地的气象条件、能源供应状况、环保法规等经技术经济比较确定冷、热源系统，在具有多种能源供应的地区，宜采用多种方式的供热、供冷系统，例如充分利用天然冷热源，采用地热能、地表水源、土壤热源和其他自然冷热源，采用热泵系统供热、供冷；在洁净厂房需同时供冷和供热时，宜采用热回收式冷水机组；在企业内具有余热资源时，优先采用工厂的各种余热；在具有城市、区域集中供热、供冷时，宜利用其作为冷、热源；当企业有余热蒸汽或窑炉排放热时，可采用溴化锂吸收式冷水机组制冷；具有可靠天然气供应的地区，且生产工艺和空调需供冷时，经技术经济比较可采用分布式冷热电联供技术，提高一次能源的综合利用率；根据洁净厂房的供冷负荷变化要求，并且所在地区执行分时电价时，可采用蓄冷技术；当生产工艺或空气调节有不同供冷温度需要时，供冷站可设计两种不同的供/回水温度，即中温冷冻水系统和低温冷冻水系统。

各行各业的洁净厂房中，由于产品生产工艺的不同要求，对冷热源供应的需求也有差异。如集成电路芯片制造、TFT-LCD 液晶面板生产的企业由于洁净厂房面积大、体量大和空气洁净度要求严格，除净化空调所需的冷负荷、热负荷很大外，生产工艺还要求供冷、供热，且一年各个季节均有冷（热）负荷昼夜连续使用的需要；而生产印制线路板的电子企业大多为普通空调和小面积洁净室及少量生产工艺需冷、供热，且主要为夏季供冷、冬季供热。医药工业洁净厂房一般为数千平方米，冷、热负荷均有一定的要求，有的需连续供冷，有的则每天只有两班或一班，但常常也只需过渡季、冬季供冷。

若洁净厂房所在的城市或地区具有电力、天然气或热电联产全年供热等多种能源供应时，应根据产品生产特点经技术经济比较，采用单一或多种能源供应方式。如芯片生产企业采用电制冷和冷凝热回收，并以燃气锅炉作为峰期补充热源，也可采用高能效电制冷机组和城市集中供热或自备锅炉供热；在有充裕的天然气供应时，也可采用燃气冷热电联供分布式能源系统，在欧洲一个芯片制造工厂即采用了此种冷、热源和发电系统，取得了很好的节能和经济效益。医药工业洁净厂房，若所在地区有热电联产集中供热或邻近企业有余热蒸汽时，可采用余热蒸汽吸收式制冷机供冷，利用余热供应热水或采暖等。但据了解，这些洁净厂房还是采用电制冷供冷方式较为普遍。

近年来，由于温室气体排放，全球气候变暖趋势日益严重，世界各国政府都在制定大力应用可再生能源的相关法规、标准。

我国政府已在 2006 年发布实施了《中华人民共和国可再生能源法》，并制定了相关的利用、应用标准，结合洁净厂房的特点——一些洁净厂房按其产品要求在全年各个季节都需同时供冷、供热，所以宜首先充分利用天然冷热源。在具体工程项目规划设计时，根据所在地区的特点，可采用土壤源或地表水源热泵，夏季供冷、冬季供热或同时供冷、供热降低能源消耗，还可不设冷却塔及排烟用烟囱，改善生产环境，并降低运行费用，目前已在一些洁净厂房中推广应用。

当洁净厂房中的产品生产工艺过程、生产环境控制要求需同时供冷、供热时，根据具体条件分析，可采用热回收式冷水机组。如微电子产品生产的洁净区部分，根据工厂所在地区的气象条件，一般需全年供冷；同时，净化空调系统和一些产品生产工艺设备需使用 30～40℃ 热水。据了解，目前一些集成电路芯片制造工厂已采用了热回收式冷水机组，利用机组的冷凝热提供 30～40℃ 的热水，使冷水机组得到了有效的利用，让用户的能耗大幅度下降，大大地提高了经济效益。通过热回收技术的应用，一方面减少了冷水机组运行过程中排放的大量余热，降低了对环境的热污染；另一方面，由于制取免费的热水，降低了对锅炉、电加热器等传统加热设备的过度依赖。同时，还可能对液态制冷剂起进一步的过冷作用，提高了冷水机组的能效系数，改善了机组的运行条件，整体上降了用户的综合运营成本。

根据电子工业洁净厂房中产品生产工艺的特点，其余热或废热与冶金企业、石化企业有显著差异，常常未受到人们的重视、关注。虽然多数电子企业没有高温余热或废热，但中温、低温余热或废热还是在许多生产工艺过程或公用动力工程中广泛存在着的，如何结合生产工艺过程或生产环境对低位热源的需要（如需 30～40℃ 的生产工艺用水，纯水制造系统采用反渗透装置一年四季均需 25～30℃ 的温水等），充分利用工艺排气的余热或工艺废水的余热以及未燃尽的可燃气体或用作保护气体的可燃气体的回收利用等均是可能利用的余热或废热，但这些余热或废热较为分散，所以应在具体工程设计时结合具体条件、需要，经技术经济比较后，优先采用工厂中的各种余热或废热。

目前，我国一些城市、区域正在建或已建了一些热电联产企业或集中供热（不发电）的企业，集中供冷的企业仅是个别的。由于各城市、区域的具体情况不同，上述的集中供热或供冷的设计方案、系统、设备差异很大，一次能源利用效率也各不相同，但大多数都能做到节约一次能源消耗。依据洁净厂房内的产品生产工艺的特点、如何利用城市或地区的集中供热、供冷作为冷热源，必须结合企业一年四季的使用特点、负荷及其变化情况，并应充分了解集中热源、冷源的特点、供应距离（供冷时，应十分重视供应距离），并经认真技术经济比较确定；若仅为季节性集中供热或不发电的集中供热企业，一般只能作为供热源。

蓄冷技术可以平衡电网负荷，实现电力"移峰填谷"，对国家和电力部门具有重要的意义和经济效益。在执行峰谷电价且峰谷电价差较大的地区，具有下列条件之一，并通过经济技术比较合理时，宜采用蓄冷空调系统。

① 洁净室的冷负荷具有显著的不均衡性。

② 逐时冷负荷的峰谷差悬殊，使用常规制冷系统会导致装机容量过大，且制冷机经常处于部分负荷下运行。

③ 冷负荷高峰与电网高峰时段重合，且在电网低谷时段冷负荷较小。

（2）选用能效优良的冷热源设备　在洁净厂房中为确保洁净室及相关和受控环境的温度、相对湿度，常常全年各个季节或大部时间均需连续供冷。其制冷用能量消耗根据洁净厂房中产品生产工艺的不同，占企业总能量消耗的 10%～30%，所以降低洁净厂房的供冷能量消耗是节能减排的重要内容之一。据了解，目前我国的洁净厂房大多采用电力驱动蒸汽压缩式制冷机组，为此在洁净厂房应十分关注此类制冷机组的制冷性能系数（COP）限值正确选择。我国现行国家标准《冷水机组能效限定值及能效等级》（GB 19577—2015）按名义制冷量规定了能效等级，冷水机组的性能系数（COP）、综合部分负荷性能系数（IPLV）的测试值和标准值不应小于表 1.16.8 中的规定值。该标准还规定了机组的节能评价值，应为表中的能效等级 2 级。考虑到目前不同厂家、不同机型的制冷机实际达到的水平，如离心式冷水机主要生产厂家的各种规格机组的 COP 值均在 6.0 左右或更高一些；活塞式制冷机由于近年来发展缓慢，使用量逐年萎缩，所以要达到 2 级能效等级有一定的难度。鉴于以上原因并根据电子工程的特点在 GB 50710 中做出了采用电力驱动的冷水机组在额定工况下制冷性能系数不得小于表 1.16.9 中限值的规定。

表 1.16.8　能效等级指标

类型	制冷量	能效等级			
		1	2	3	
		COP/(W/W)	COP/(W/W)	COP/(W/W)	IPLV/(W/W)
风冷式或蒸发冷却式	CC≤50	3.2	3.00	2.50	2.80
	CC>50	3.40	3.20	2.70	2.90
水冷式	CC≤528	5.60	5.30	4.20	5.00
	528<CC≤1163	6.00	5.60	4.70	5.50
	CC>1163	6.30	5.80	5.20	5.90

表 1.16.9　冷水机组的制冷性能系数

类型		额定制冷量/(kW/台)	性能系数/(W/W)
水冷	活塞式/涡旋式	<528	4.4
		528~1163	4.7
	螺杆式	<528	4.7
		528~1163	5.1
		>1163	5.6
	离心式	528~1163	5.1
		>1163	5.6
风冷或蒸发冷却	活塞式/涡旋式	≤50	2.8
		>50	3.0
	螺杆式	≤50	3.0
		>50	3.2

注：额定制冷工况为：蒸发温度 $t_D = +5℃$，冷凝温度 $t_k = +30℃$。

洁净厂房的供热系统设计时，根据所在地区的条件，有时不可避免地要采用蒸汽锅炉或热水锅炉作为供热源。目前，我国的工业锅炉产品标准中对各类锅炉的额定热效率规定见表 1.16.10。据了解现在各锅炉制造工厂生产的锅炉均能高于标准规定值，由于市场竞争的需要，各自都有一些专有技术或特点，为此在洁净厂房的节能设计中不得低于表 1.16.10 中的额定热效率。据了解目前一些锅炉制造厂均可生产较高热效率的产品，比如燃气锅炉的热效率大于 90% 的产品还是较多的，推荐选用较高效率的产品。

表 1.16.10　锅炉的额定热效率

锅炉类型	热效率/%
燃煤（Ⅱ类烟煤）蒸汽、热水锅炉	78
燃油、燃气蒸汽、热水锅炉	89

锅炉尾部的烟气排出温度一般比锅炉的饱和蒸汽温度高 50℃，所以一般锅炉的出口烟气温度均超过 200℃，主要是为避免烟气温度低于"酸露点"温度，防止锅炉受热面和烟气系统受到腐蚀。"酸露点"取决于锅炉燃料中硫或硫化物的含量。近年来随着环境保护的需要，大力推广清洁

燃料，燃气锅炉日益得到了广泛应用，尤其是天然气，由于其主要成分是甲烷（CH_4），且硫化物一般含量很低，又因为是高含氢燃料，在理论空气需用量下烟气中的水蒸气含量较高。若烟气排放温度较高时，烟气中水蒸气所含的热量将白白排放。据有关资料介绍，这部分热量可占到天然气热值的 10% 左右。因此，目前国内燃气锅炉使用较多的北京市等地区已开始在燃气锅炉烟气排出口安装所谓的"节能器"，将烟气温度降至 $60\sim80℃$，热效率可提高 5% 左右。国内外正研究制造冷凝式供热燃气锅炉，所以在使用燃气锅炉时，宜利用烟气冷凝热。

（3）蓄热、蓄冷的应用　在洁净厂房中，由于气候条件的变化、生产工艺要求的变化都会不可避免地引起净化空调系统所需冷负荷、热负荷的变化，一般会出现实际运行中每年的各个季度或逐月、逐日、逐时的负荷变化，有的因产品生产或市场需求的变化，还会出现夜间负荷很小甚至为"零"的状况。在一些洁净厂房中为均衡供热、供冷设施与末端设备的需热（冷）量，减少一次能源消耗，尤其是降低"高峰"时段的能量消耗，依据项目的具体条件采用蓄热装置、蓄冷装置均衡供应，可实现所在地区燃气或电力供应的"削峰填谷"作用，并在分时段计价时减少运行费用。

① 蓄热是以某种蓄热方式利用特定装置将低热负荷段的热量或暂时不用或多余的热量储存起来，在高热负荷时段或需要供热时段再释放使用的方法。蓄热方式主要有三种：显热蓄热、潜热蓄热和化学反应热蓄热。显热蓄热是对蓄热介质进行加热，使其温度升高、内能增加将热能储存起来；显热蓄热材料在储存和释放热能时，自身只发生温度变化，不发生任何其他变化。这种蓄热方式简单、成本低，但在释放热量时温度连续变化，不能在恒定温度下工作，且储能密度低、装置体积庞大。常用的显热蓄热介质有水、水蒸气、砂石等。显热蓄热的温度较低，一般低于150℃，显热储存系统规模不大，分散设置。

潜热蓄热是使物质由固态转变为液态或由液态转变为气态，或由固态直接转为气态（升华）吸收储存相变热，在进行逆过程时释放相变热。潜热蓄热材料不仅能量密度较高，且装置简单、体积小、设计灵活、使用方便、易于管理。另外，潜热蓄热材料在相变储能过程中近似恒温。当前可用于潜热储存系统的相变材料有：氟化物、氯化物、磷酸盐、硫酸盐、亚硝酸盐以及氢氧化合物的低共熔混合物。需考虑的材料特征包括熔解热、热量、导热性以及热分解率等。目前，所有实验过的材料腐蚀性都很强，并且大部分趋向于高温下分解。虽然液-气或固-气转化时伴随的相变潜热远大于固-液转化时的相变潜热，但液-气或固-气转化时容积的变化非常大，很难用于实际工程，目前具有实际工程应用的主要是固-液相变材料。

蒸汽蓄热器是在工业企业的供热系统中常用的一种潜热蓄热方式，它是在压力容器中储存水，将供热系统中暂时富裕的蒸汽通入水中加热水，使容器中水的温度和压力升高，形成具有一定压力的饱和水；当供热系统中的用热量增大、压力降低时，在容器内压力随之下降，饱和水成为过热水，立即沸腾而自蒸发产生蒸汽。这是以水为载热体储蓄蒸汽的蓄热装置。蒸汽蓄热器是蓄积蒸汽热量的压力容器，一般设置在汽源和用汽负荷之间，多为卧式、立式圆筒蓄热器，均可安装在室外或锅炉房的附近。

② 蓄冷通常是利用城市电网低谷时段的廉价电力驱动双工况电动制冷机在较低温度下制冷，并将"冷量"储存，在城市电网的峰、平时段（电价较高时段）释放"冷量"满足冷负荷需要。"蓄冷"既可以对城市电网发挥"削峰填谷"作用，又可满足洁净厂房中产品生产工艺连续供冷的需要和降低运行费用。蓄冷方式主要有水蓄冷、冰蓄冷。目前国内已有多家公司承接了各种类型的蓄冷工程，也有一些设备制造厂家可提供相关的蓄冷设备。

水蓄冷是利用水的温度变化储存显热量，水的比热容为 $4.18kJ/(kg \cdot ℃)$ [$1.16kW \cdot h/(m^3 \cdot ℃)$]。水蓄冷的储存温度一般为 $4\sim7℃$，容量大小取决于蓄水储槽的供水和回水温度差（一般为 $5\sim11℃$）。同时，水蓄冷的容量也受到供、回水温度分层、分隔程度的影响。为防止和减少蓄水槽内较高温度的水流和较低温度的水流发生混合，蓄水储槽的结构和配水管设计时，通常宜采用分层化、迷宫曲径挡板、复合储槽等形式。蓄水储槽的材质一般为钢板或钢筋混凝土。

冰蓄冷是一种潜热蓄冷方式，在水的相变过程从外部获得一定的冷量，在固态冰融化成水的过程释放一定的冷量。水的相变潜热为 335kJ/kg。为使蓄冰储槽中的水结冰应提供－9～－3℃的传热工质，此类传热工质通常为直接蒸发制冰的制冷剂或乙二醇水溶液。蓄冰储槽的单位蓄冷能力取决于冰对于水的最终占有比例，由于不同的蓄冰方式会有不同的蓄冷能力，一般蓄冰储槽的单位蓄冷能力约为 35～50kW · h/m^3。

16.3 低品位热（冷）能的回收利用

　　洁净厂房无论是在夏季、冬季还是过渡季均对低位热能有所需求，在各个季节或每天的各个时段对低位热能的用量是不同的。这里所谓的低位热能主要是指温度为 40～65℃的热水，在净化空调系统中主要用于空气加热或空气相对湿度的调节。为了获得此类热水，传统的做法是在各类建筑物中采用城市集中供热（热水或蒸汽）或在具体工程中设置锅炉供热（常用热水）等。近年来在降低运行费用、节约能源消耗的驱动、要求下，许多单位在低温热能的利用方面进行了许多试验和尝试，在实际工程中若依据洁净厂房的要求，在冬季、过渡季既有要求供热的房间或区域、又有要求供冷的房间或区域时，已经有一些应用案例利用需冷房间的排热或制冷机的冷凝热的回收用于需供热房间的供热，取得了很好的经济效益、节能效益。也有的企业，由于产品生产的需要，在过渡季、冬季均需一定数量的供冷负荷，为此，将以供冷为目的制冷机的冷凝热进行回收，不仅可用于净化空调节系统的空气加热，还可应用于产品生产过程所需的温度低于 50℃的热水（温水）需求。近年来国内各地区、城市中水源热泵等热泵系统日益广泛应用，将会为低位热能的回收利用提供更为广阔的应用前景。

　　低品位热（冷）源的类型。在各种类型的建筑物或建筑群内制冷系统、供气系统、给排水系统、通风系统以及各种用能设备（包括直接使用一次能源或电能的设备）均可能存在各种形式的余热或低位热源，这些余热较多的是以低位热能（温度低于 100℃或低于 60℃）的形式显现，目前大多数未被利用或少量利用，这里既存在着回收技术或回收装置不成熟或经济上不一定合理的情况，也存在着理念方面的问题。近年来国内外许多单位的技术开发和实践表明，这些低位热能大多是可以被利用的，并且如前所述在各类建筑物或建筑群内都有相当数量的低位热能需求。可能利用的低位热能类型主要有：冷水机组冷凝热的回收、建筑物内排风系统的热回收、给排水系统中废水或污水热量的利用、各种用能设备的冷却水或排热的回收利用等。各种类型的低位热能根据其形式、温度参数、规模和可应用的用途、场所，可热回收后直接利用或经过板式换热器换热后利用，也可以利用各种类型的热泵提升温度后直接利用或经过换热后利用。

　　各类洁净厂房内产品生产过程和环境控制需用不同类型的供能方式进行供电、供冷、供热，为提高一次能源利用效率，依据各企业近年来进行的节能改造实践，结合各自的具体条件可采用各类能源供应方式，包括能源综合利用系统、热回收利用系统、热泵系统、燃气冷热电联供系统等。为统一评价各类能源供应系统的能源利用效率，应采用能源利用系数（E）进行评定，即使用终端得到的能量与运行时消耗的一次能源量的比值，包括了从一次能源（各类燃料）经不同转换过程送达终端用户的各类转换效率。下面以表 1.16.11 列出的洁净室常用供冷、供热方式的能源利用系数（E）为例，说明如何合理地进行能源利用系数（E）的计算。

表 1.16.11　洁净室常用供冷供热方式的能源利用系数 （E）

序号	供热方式	过程简述	E[①]
1	电直接加热	燃料的能量 100% → 发电厂（η_e=38%）→ 电加热器 → 洁净室	0.38[②]

续表

序号	供热方式	过程简述	E[①]
2	锅炉供热	燃料的能量 100% → 锅炉（$\eta_t=0.8$）→ 换热器 → 洁净室	0.8[③]
3	电动热泵	燃料的能量 100% → 发电厂（$\eta_e=38\%$）→ 热泵（COP=3.4）→ 洁净室	1.29[④]
4	燃气冷热电联供分布式能源	燃料的能量 100% → 发电装置（$\eta_e=35\%$）→ 余热利用（$\eta_t=45\%$）→ 供冷/供热	0.8[⑤]
	余热吸收式制冷机	联供余热 → 吸收式制冷机（COP = 1.25）→ 洁净室	1.0[⑥]
	电动制冷机	联供余热 → 电动制冷机（COP = 4.5）→ 洁净室	3.6[⑥]
	混合供冷	COP = 4.5　COP = 1.25；10%电动制冷 + 90%余热吸收制冷	1.26[⑦]
5	电动制冷机	燃料的能量 100% → 发电厂（$\eta_e=38\%$）→ 制冷机（COP = 4.5）→ 洁净室	1.71
6	燃气直燃冷暖机	燃料的能量 100% → 直燃冷暖机[⑧]（COP = 1.25）→ 供冷/供热	1.25
		COP = 0.925	0.925

① 表中"E"值仅以热量计，未计及电、冷、热的能量品质、差别。

② 燃煤发电厂的发电效率大多为 0.35～0.4，表中取 0.38，燃气-蒸汽联合循环发电厂的发电效率为 0.5～0.55。具体工程应按当地的供电状况确定。

③ 燃煤锅炉的供热效率为 0.75～0.85，表中取 0.8，燃气锅炉的供热效率可达 0.9 左右；换热器效率一般均可达 98%以上，表中未计入。

④ 热泵的性能系数（COP）按现行国家标准 GB/T 19409—2013 的规定为 3.25～3.6，表中取 3.4。制冷机的性能系数（COP）按现行国家标准 GB 19577—2015 的规定，水冷式制冷机能效等级 3 级的 COP 为 4.4～5.1，能效等级 2 级的 COP 为 4.7～5.6，表中均按较低的 4.5 计。

⑤ 燃气冷热电联供分布式能源系统通常采用燃气轮机发电装置或内燃发电装置，各种燃气轮机发电装置的发电效率为 25%～35%，各不相同，余热通常可利用的范围在 40%～50%不等；各类内燃发电装置的发电效率在 30%～40%不等。表中选用的发电效率，余热量 45%，一次能源的利用效率约 80%。

⑥ 余热吸收式制冷机的能源利用效率（E）按联供的一次能源利用效率 0.8 与吸收式的 COP1.25 的乘积计。类似地，以联供电力采用电动制冷机制冷时的一次能源利用效率（E）也按联供的一次能源利用效率 0.8 与电动制冷机的 COP 的乘积计。

⑦ 由吸收式制冷机＋电动制冷的混合供冷案例可知，只要设有制冷比例≥10%的电动制冷，能源利用系数就达≥1.25。

⑧ 直燃型吸收式冷（温）水机组按国家标准 GB/T 18362—2008 中的规定，名义工况下的性能系数（COP）制冷≥1.10，供热≥0.90；目前实际运行的直燃型吸收式冷（温）水机组的 COP 制冷为 1.25 左右，供热为 0.92 左右，表中选择后者数据。

冷水机组冷凝热的回收。在洁净厂房中广泛使用各种类型的水冷式冷水机组，该机组在供应冷冻水的同时，在冷水机组的冷凝器中通过冷却水排除冷凝热，一般排出 35℃左右的冷却水。目前大多数的制冷站是利用冷却塔将这部分热量散发到大气中，既消耗一定数量的冷却水，又造成大气中的"热岛"现象。若回收此种散失的热量，用于净化空调系统空气的预热或各种用途的工业、生活用水的加热等，既可减少能源消耗，又可改善周围环境。

冷水机组冷凝热的回收还可根据具体工程的需求，获得不同温度的高温冷却水（热水）。比如当工业企业的产品生产过程需提供50℃左右的热水时，可将冷水机组配置供水温度50℃左右的专用热回收冷凝器和原有冷凝器串联，也可将冷凝压力提高，并增大制冷压缩机的排气压力（压缩机产品进/排气压力差允许的情况下），只采用一个冷凝器提供热回收高温冷却水。

各种工业企业中工艺生产设备或动力设备使用的循环冷却水，可直接或间接地作净化空调系统等所需的低位热源。一般当这些设备的循环冷却水排出温度超过40℃时可直接使用，若循环冷却水排出温度只有20℃左右，当水量较大又有适宜的低位热能需求时，经过技术经济比较可采用水源热泵提升温度至所要求的温度值供热。

工业企业的生产、生活废水，一般全年各季度均具有一定的温度范围。在具体工程中可根据本单位排放的生产、生活废水数量、温度和杂质、有害物质浓度状况以洁净厂房中各类所需低位热能的需求状况（温度、流量等）进行综合分析研究，若可能利用或部分利用时，首先宜采用经板式换热器获得所需的温（热）水；当温度不能满足需求时，可采用水源热泵提升温度后，供应相关用户使用。

热泵是将空气、水以及各类"余热/废热"作为低位热源的热量"泵送"到较高温热源的提升装置，热泵被人们称为"能实现蒸发器、冷凝器功能转换的制冷机"。工程实践表明，热泵与制冷机相比具有许多共同性和使用的特殊性，常常是以"同一装置"在不同季节、甚至可以同时实现供热、供冷的功能，即此类"系统"的冷凝器用于制热，蒸发器用于制冷。热泵技术在国内外已经日益广泛地应用于各种类型的工业建筑、民用建筑。鉴于各行各业的洁净厂房供冷、供热是必备的条件，且常常有低位热能的需求，因此，各类热泵系统正逐步在各类洁净厂房中推广应用。

近年来，国内一些洁净厂房在已有制冷设施的条件下，经过"节能"改造利用环境温度应用"自然冷却"或"免费取冷"（free cooling），在过渡季、冬季为净化空调系统提供替代"冷冻水"，已有的制冷系统制冷机不开启或部分开启，降低供冷系统的电力消耗，实现了节能减排和降低运行费用的显著效果。

16.3.1 低品位热能的回收

（1）冷水机组的冷凝热回收 洁净厂房中广泛应用的水冷式冷水机组，不仅提供冷冻水，同时产生35℃左右的冷却水。冷水机组冷凝热的回收特别适用于同时需要供冷和供热的洁净厂房，尤其是冷负荷较大且有各类供热需求的电子工业洁净厂房。

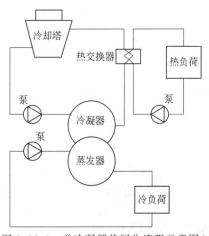

图1.16.9　单冷凝器热回收流程示意图（一）

1）冷水机组热回收类型，目前已经应用于各行各业的冷水机组其冷凝热回收有单冷凝器热回收（或冷却水热回收）和双冷凝器热回收（或排气热回收）两种基本类型。在实际工程应用中由于热负荷不同、需要的温度和流量参数不同，两种基本形式可变化出不同的连接方式。如图1.16.9所示为热回收换热器与冷却塔串联的方式，即冷水机组冷凝器排出的冷却水先经热回收换热器回收部分热量，并将冷却水降至一定温度再送至冷却塔降至冷凝器的进水温度。此流程可能需将冷凝器的进出水温度差适当增大，以便分级进行排热量的控制，由此引起冷凝器冷却水流量的减小或冷凝压力的提高，应委托制造厂家进行冷凝器承担能力的核算。图1.16.10是冷水机组冷凝器的冷却水全部直接用于热负荷供热的流程。此流程最明显的优点是热回收没有设换热器进行水/

水热交换的过程，热量的利用率较高，没有水温降低的状况，但需注意冷水机组的制冷量将受到热回收热量的限制，一般适用于制冷站有多台冷水机组制冷运行，以便即时调节各台冷水机组的制冷能力或者是热回收热量仅仅是所需热负荷的部分供热量或设有辅助热源，在实际运行中尽可能地使热回收热量保持稳定。图 1.16.11 是双冷凝器热回收的冷水机组流程示意图。图中是在冷水机组增设一只热回收冷凝器，也可在一只冷凝器内增加热回收管束，并在冷凝器内对压缩机制冷剂排气进行必要的分隔；从制冷压缩机排出的高温制冷剂气体首先进入热回收冷凝器，将冷凝热释放，传递给被加热的热水（温水），冷凝器是将"富余的热量"通过冷却塔散发到大气环境中。此流程一般可根据热用户的需求获得较高温度的热水，但是热水的出水温度升高，冷水机组的效率可能就会下降，制冷能力也会相应降低。上述两类只是基本类型，已经实际运行的冷水机组冷凝热回收的形式多种多样，在应用企业确定回收方式时应从实际条件出发，合理进行选择。

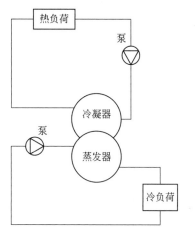

图 1.16.10　单冷凝器热回收流程示意图（二）　　图 1.16.11　双冷凝器热回收流程示意图

2）热回收冷水机组的供热温度应根据供热用户需求确定。热回收冷水机组冷凝器或热回收冷凝器排出的热水（温水）温度在多数运行状况下都会比单制冷的冷水机组要高，因此，一般热回收冷水机组的压缩机排气压力需适当提高（在压缩机的进、排气压差允许范围内），从而使压缩机的制冷功率消耗略有增加，性能系数（COP）稍有降低。热回收冷水机组的热回收量在理论上是制冷量和压缩机做功量之和，在部分负荷下运行时，其热回收量随冷水机组制冷量的减少而减少。由于热回收冷水机组以制冷为主、供热为辅，热水温度升高，则冷水机组的 COP 降低，制冷量减少，甚至造成机组运行的不稳定。对于采用单冷凝器的热回收冷水机组，依据供热要求，有时需加辅助热源提高热水温度。在机组部分负荷下运行时，热回收量减少，热水的回水温度不变时供水温度降低，从而使热水（冷却水）的平均温度降低，减少了冷凝器与蒸发器的压力差，可使冷水机组的性能系数（COP）相对较高。

热回收冷水机组的控制。假设冷水机组冷凝器的热水（冷却水）供水/回水温度为 43℃/37℃；当冷水机组的负荷为 100% 时供/回水温度差（Δt_1、Δt_2）、供/回水平均温度分别为 $\Delta t_1 = 6℃$、$t_{cp} = 40℃$，但 50% 负荷的供/回水平均温度与控制方式有关，回水温度恒定或供水温度恒定时分别为 $\Delta t_2 = 3℃$、$t_{cp1} = 38.5℃$ 或 $t_{cp2} = 41.5℃$。可见，当冷水机组为 50% 负荷时，若采用回水温度（37℃）恒定的控制方式，供/回水的平均温度比 100% 负荷时降低了 1.5℃，可使冷水机组的性能系数（COP）提高，达到节能效果；若采用供水温度（41℃）恒定的控制方式，供/回水的平均温度比 100% 负荷时提高了 1.5℃，将使性能系数（COP）下降，冷水机组的耗能量增加，所以宜采用回水温度恒定的控制方式。

双冷凝器热回收冷水机组的控制方式。如图 1.16.12 所示，从双冷凝器压缩机排出的高温气态制冷剂在热回收冷凝器中加热用户的回水，将热水温度提高至热用户需求的温度，当热用户热量的需求增加时,通过三通阀 V2 调节通过冷却塔的水流量,使压缩机大部分排热经热回收冷凝器回收使 T_2 提高并逐步接近设定值;当热用户的热负荷下降时,需减少压缩机向热回收冷凝器的放热比例,并调节 V2 和冷却塔风机,增大冷却塔的排热量,从而使 T_2 下降逐步接近设定值。当冷水机组的热回收量已不能满足热负荷需求时,根据 T_1 的测量值投入并调节辅助加热器的供热量,使 T_1 提高并逐步接近设定值。若无供热需求时,则利用冷却塔散热,与热回收冷凝器相连的水泵关闭。

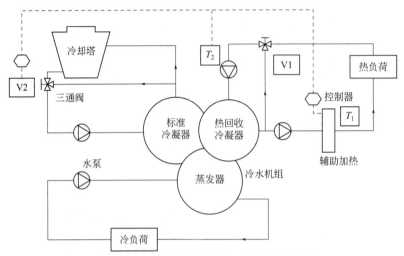

图 1.16.12　热水回水控制方式的流程示意图

3) 热回收冷水机组的连接,由于热回收冷水机组的制冷站主要目的仍是供冷,回收冷凝器的散热量用于空调水或空气预热、工艺水、生活水。为获得较多的热回收量,首先应具有充足的冷负荷,通常机组应在 70%～95% 的负荷范围内运行;热回收机组一般与多台单冷机组共同使用,以确保有足够的冷负荷提供给热回收机组。但在不同季节可能出现,热量需求多时冷量需求可能会减少的状况,由于热回收机组的供冷量不足,从而减少热回收机组的供热量。若将常规的二次泵变流量系统 (图 1.16.13) 稍加调整,采用优先并联或优先旁通的两种方式,就可获得最多的热回收量。优先并联的连接方式是将一台热回收机组设置在旁通管的另一侧,因为它的冷水回水温度最高,不受旁通管分流的影响 [图 1.16.13 (b)],同时它不会降低其他冷水机组的回水温度。在供冷时,通常该机组优先启动,最后停机,以获得最多的冷负荷和最长的运行时间,产生最多的热回收量。若冷水系统的供水温度要求恒定,由热回收机组可提供更多的热回收量。优选旁通的连接方式是将一台热回收机组设置在旁通管的另一侧,并且将该机组的供、回水均连接在多台单冷机组的回水管上 [图 1.16.13 (c)],它的冷水回水温度最高,而且不受冷水系统负荷大小的影响。通过设定合适的冷水出水温度,可以使热回收机组满负荷运行,提供最大的热回收量。该热回收机组提供的制冷量可预冷其他单冷机组的回水,并可减少其他单冷机组的冷负荷。

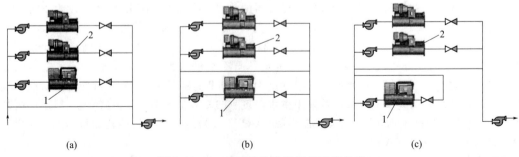

图 1.16.13　热回收冷水机组的连接方式
1—热回收冷水机组;2—单冷冷水机组

4）提高热回收冷水机组热水温度的串联系统。采用两台冷水机组串联的方式，可以提高热回收冷水机组的热水温度至 57℃ 左右，并且基本不降低冷水机组的性能系数（COP）。这种方式可以克服单台热回收机组的冷却水温度过高，带来冷水机组的冷凝器与蒸发器压差过大，导致冷水机组运行不稳定甚至无法运行的现象。图 1.16.14 为第一台冷水机组制取冷量，将冷凝器中的冷凝热由冷却塔的 29℃ 冷却水流经冷凝器后温度升至 35℃，然后进入第二台冷水机组的蒸发器，被降温至 32℃，冷水中的热量被转移到冷凝器中，使冷凝器中的热水温度从 52℃ 升至 57℃，为用户提供高温热水。由于第一台冷水机组冷凝器的散热量，未被第二台冷水机组的蒸发器全部利用，因此多余的热量通过冷却塔散热，使 32℃ 的水流过冷却塔后降温至 29℃，再进行新一轮的热量传递过程，其中压缩机的做功量也传递给冷水机组的冷凝器。若冷负荷和热负荷的需求量不匹配时，冷却塔可以调节两台冷水机组之间多余的热量。提供 57℃ 高温热水的第二台冷水机组与常规冷水机组的运行工况不同，通过对普通冷水机组的技术改造，可以使其运行更稳定，机组的性能系数（COP）更高。

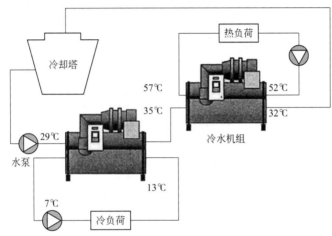

图 1.16.14　冷水机组叠加串联水系统示意图

5）冷水机组热回收应用举例

例 1：某芯片制造洁净厂房利用冷水机组的冷凝热回收，用于冬季、过渡季净化空调系统新风的预热，以冷凝器排出的 38℃ 温水经板式换热器将新风预热器 23℃ 的循环水加热至 30℃，自身从 38℃ 降至 32℃，再以 30℃ 的循环水加热净化空调系统从室外引入的新风，从 5℃ 左右预热升温至 18℃。其回收流程系统见图 1.16.15。

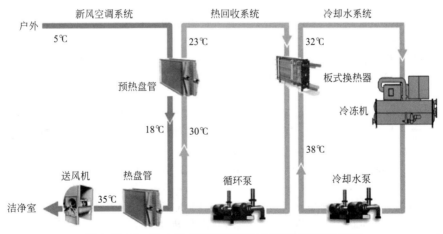

图 1.16.15　冷水机组冷凝热回收用于新风预热系统图

该洁净厂房净化空调系统设有 6 套集中新风处理装置，每套新风机组的额定风量为 $600000m^3/h$，在节能改造前是由蒸汽加热至 35℃ 再进行处理，节能改造增设了新风预热盘管和循环水泵、板式换热器及其配管。回收冷凝热预热新风至 18℃，一方面减少了新风加热的蒸汽耗量，另一方面也降低了冷却塔风机的耗电量。根据该洁净厂房所在地区的气象条件，每年过渡季、冬季此热回收系统约可运行 4 个月（120 天），每天均 24h 运行，可减少蒸汽消耗量约 10900t；冷却塔风扇约可减少电力消耗量 2 万千瓦时，但是热回收系统增设的循环水泵要耗电约 21 万千瓦时，所以要多耗电 19 万千瓦时。该洁净厂房 2005～2011 年实际运行统计累计减少蒸汽耗量 37225t，折合标准煤 3499t，见表 1.16.12；循环水泵、冷却塔相抵实际多消耗电力约 152 万千瓦时，折合标准煤约 600t，该节能改造数年共节约一次能源约 2880t 标准煤，企业共节约费用约 700 万元。

表 1.16.12　冷冻机热回收的热能表读数及相应的节能量

项目	2005 年	2006 年	2007 年	2008 年	2009 年	2010 年	2011 年
热能表读数/MW·h	707.51	4924.29	9179.98	13446.28	17670.13	21932.9	25470.51
节约蒸汽量/t	1034.03	6162.82	6219.69	6235.20	6173.16	6230.04	5170.22
标准煤/t	97.20	579.31	584.65	586.11	580.28	585.62	486.00
蒸汽均价/(元/t)	166.5	178.63	185	210	212.8	246.8	260
节约费用/万元	17.22	110.09	115.06	130.94	131.36	153.76	134.43

例 2：某芯片制造用洁净厂房，回收利用冷水机组的冷凝热获得了 30～35℃ 的低温热水，用于净化空调系统新风机组的室外空气预热和高纯水制备系统反渗透装置前原料水的加热等。该洁净厂房建设在长江流域，根据全年气象条件、水文资料的变化，且按产品生产需要几乎全年运行。其中在过渡季、冬季所需的低温热水量较大，所以在工程设计时就将集中制冷站中 8 台离心式冷水机组的 5 台采用冷凝热回收方式，每台冷水机组的制冷能力为 1400RT（4922kW），制热量为 5729kW。该工程采用冷水机组热回收系统后，取消了原拟建的蒸汽供应能力约 40t/h 的燃气锅炉房，改设供热能力 3400kW 的双燃料（燃气-燃油）热水锅炉 2 台作为供热高峰时段的补充供热，热水锅炉提供 75～85℃ 热水经水/水换热器换热获得 30～35℃ 温水进入热回收系统。该芯片制造洁净厂房投入生产以来，热回收系统运行的节能、经济效益明显，每年可节约万余吨标准煤（折合），同时减少了燃气费支出，具有显著的节能减排效益和经济效益。

（2）生产设备、动力设备的热回收　各类工业企业的生产设备、动力设备经常以冷却水带走不同形式的散热量、排热量，再以冷却塔或冷却水（冷冻水）等形式将冷却水降温后循环使用。在微电子工厂的纯水制取过程中需对原料水进行加热至 25℃，一般是以热水或蒸汽进行加热。目前有的企业采用了图 1.16.16 所示的循环冷却水热回收流程，它是某电子工厂洁净厂房内空气压缩站的净化干燥压缩空气系统（CDA）的 30℃ 循环冷却水低位热能利用。在节能改造前是采用供/回水温度为 6℃/16℃ 的冷冻水降温至 24℃，经技术经济分析后进行了综合利用的节能改造，增设 1 台泵和 1 台板式换热器，从集水器引出部分冷却水至新增的板式换热器加热高纯水系统 10℃ 的部分原料水至 15℃，在原料水箱混合后的 12℃ 原料水经原有板式换热器由热水加热至 25℃；循环冷却水被 10℃ 的原料水降温至 22℃ 回至集水器混合为 27℃，再经原有板式换热器冷却至 24℃。经低位热能综合利用节能改造后，既减少了 6℃/16℃ 冷冻水的消耗量即降低了相应的电能消耗，又减少了加热高纯水、原料水的热水消耗量即降低了相应的加热蒸汽量，经实际运行，每年冬季 4 个月左右可减少电能、蒸汽消耗折合标准煤约 250t。

例 1：某液晶显示器面板制造用洁净厂房空压机压缩热的回收利用。

该洁净厂房面积大、体量大、能耗大，各种能源介质应用种类多，仅在夏季主要用于纯水制备系统、工艺用水的低温热负荷就达 19000kW，过渡季除夏季用户外还有净化空调系统的低温热负荷，累计设计值 44000kW。该洁净厂房设有低温热水供应系统，其进/出水温度为 32℃（42℃）/62℃，低温热水系统的热源由空压机压缩热回收、冷水机组冷凝热回收和市政蒸汽加热；

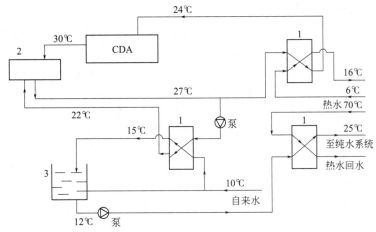

图 1.16.16 循环冷却水低位热能综合利用系统示意图
1—板式换热器；2—集水器；3—原料水箱

热源使用顺序为优先应用空压机的压缩热，供热量不足时利用冷水机组的冷凝热，再以市政蒸汽作为补充、备用热源。该洁净厂房设有排气量 250m³/min、0.8MPa 的离心式空压机（20＋1）台（1 台为备用）和排气量 50m³/min、0.8mPa 的螺杆式压缩机 3 台，若空压机的压缩热全部回收利用，估算可回收热量 12000～15000kW，还低于该洁净厂房夏季的低温热负荷，所以可全年各时段均回收利用。由于空压机开启多少与产品生产工艺和动力公用设施所需的压缩空气量有关，实际运行时空压机的开车率可能全年平均只能达到 70％左右；液晶显示器面板工厂每年的运行时间约 330 天，一旦开车即连续生产运行，每天 24h，据估计该洁净厂房空压机压缩热的回收利用全年累计折合标准煤近 1 万吨。该洁净厂房的低温热水系统配置换热能力 8000kW 的板式换热器 8 台，变频热水泵 9 台（其中备用 1 台），单台流量 950m³/min。

例 2：上海某测试封装用洁净厂房空压机压缩热的回收。

为供应厂房内空调系统和纯水站用的 35℃低温热水，该工程采用了空压机压缩热回收系统与冷水机组冷凝热回收系统共同供应 35℃的低温热水，并设有配套的控制系统进行监控管理。该系统投入运行几年取得了较好的节能、经济效益。图 1.16.17 是空压机压缩热回收系统。该洁净厂房的空气压缩站设有 7 台离心式无油空气压缩机，从空压机引出的较高温度冷却水（40～45℃）经水-水板式换热器加热低温热水至 35℃，送至需低温热水的使用设备；空压机的冷却水经冷却水循环泵送至空压机冷却器对压缩机排气进行冷却。当低温热水用量减少或不同时，空压机的冷却水由冷却塔冷却排热。该空压站的压缩热共计约 2500kW，设有 2 台换热量约 2000kW 的水-水板式换热器。根据洁净厂房低温热水主要在过渡季、冬季运行，每年使用 4～5 个月，可节能约 450t 标准煤。

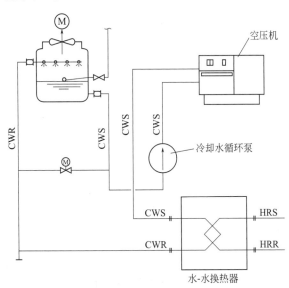

图 1.16.17 空压机的压缩热回收流程示意图

16.3.2 热泵系统的应用

(1) 热泵 热泵（heat pump）是根据水泵得名的。热泵是将低温热源的热量"泵送"到高温热源的热量提升装置。热泵可定义为"能实现蒸发器和冷凝器功能转换的制冷机"，热泵与制冷机的不同之处是：①应用目的不同。热泵用于制热，是从低温热源吸热，通过热力循环放热至高温热源；制冷机用于制冷，也是从低温热源吸热，获得制冷效果。②工作温度区段不同。热泵是将水、空气等作为低温热源，通常热泵的工作温度明显高于制冷机。在工程实践中热泵与制冷机具有许多共同性和使用的特殊性，且常常可将"同一装置"在不同的季节甚至同时实现制热和制冷的功能，即该装置的冷凝器用于制热，而蒸发器用于制冷，此时该装置可称热泵也可称制冷机。热泵技术在国内外已广泛应用于各种类型的建筑物或建筑群的供暖（冷），热泵用于各类余热（生产工艺废热、排水或排风废热等）的回收与利用。

由于热泵热源种类、系统构成、设备特性以及用途的多样性，热泵的分类多种多样，常见的分类方法有按驱动能源种类分类、按工作原理分类、按热源种类分类、按主要用途分类、按供热温度分类、按热源和供冷供热介质的组合方式分类、按热泵机组的安装方式分类、按热泵的供能方式分类、按能量提升级数分类等。按热源种类分类，热泵的热源通常是低品位的，如空气、地表水（包括江河水、湖泊水、海水等）、地下水、城市自来水、土壤、太阳能等。空气-空气热泵，以一侧的空气为吸热对象，另一侧的空气为供热介质的热泵。空气-水热泵，以空气为热源、以水为供热介质的热泵。目前这类热泵机组是一些写字楼集中式空调系统、民用住宅等使用较多的冷热源兼用型一体化设备。水-水热泵，以水为热源，也以水为供热介质的热泵。土壤-水热泵，以土壤为热源、以水为供热介质的热泵。由于地下土壤的温度比较稳定，将管材埋入土壤中，夏季可以用作冷水机组的冷却水，冬季可以用作热源，被称为土地热源泵。

被热泵吸收热量的物体称为热泵的低位热源或低温热源或热源。一般热泵的热源应满足如下要求：低位热源要有足够的数量和一定的品位，热源温度的高低是影响热泵性能和经济效益的主要因素之一，热泵的运行效果主要取决于热能利用系统与热源系统之间的温度差，因此，冬季热泵系统的供水/出水温度越低越好，夏季热泵系统的供水温度越高越好。热源宜提供所需的热量，不宜设置附加装置，使投资尽量少。用来分配热源热量的辅助设备（如风机、水泵等）其能耗应尽可能小，以减少热泵的运行能耗和费用。热源对换热设备等应无腐蚀作用，且不宜产生污染或结垢现象。热泵的热源也可分为两大类：一种为自然热源，热源温度较低，如空气、水（地下水、海水、河水等）、土壤、太阳能等；另一种为生产或生活中的排热，如建筑物内部的排热，工厂生产过程的废热、冷却水、污水等。

热泵的性能系数是指热泵的制热量与所消耗的机械功或热能的比值。蒸汽压缩式热泵的性能系数可用制热系数 ε_h 表示，即在不计压缩机的环境散热量时，热泵的制热量 Q_h 等于从低温热源的吸热量（等同于制冷机的制冷量）Q_c 与输入功率 P 之和，而制冷机的制冷系数 $\varepsilon_c = Q_c/P$，所以制热系数 ε_h 可用式（1.16.1）表达。制热系数 ε_h 总是大于1。在国家标准《水（地）源热泵机组》（GB/T 19409—2013）中以能效比（energy efficiency ratio，EER）表达各类热泵和机组在制冷工况的性能系数，而以 COP（coefficient of performance）表达各类机组在制热工况的性能系数。在该标准中规定的冷热水机组的能效比（EER）、性能系数（COP）不应小于表1.16.13中的数值。

$$\varepsilon_h = \frac{Q_h}{P} = \frac{Q_c + P}{P} = 1 + \varepsilon_c \qquad (1.16.1)$$

表 1.16.13 冷热水型机组的能效比（EER）、性能系数（COP）

名义制冷量 Q/W	EER			COP		
	水环式	地下水式	地下环路式	水环式	地下水式	地下环路式
$Q \leqslant 14000$	3.4	4.25	4.1	3.7	3.25	2.8

名义制冷量 Q/W	EER			COP		
	水环式	地下水式	地下环路式	水环式	地下水式	地下环路式
$14000<Q\leqslant28000$	3.45	4.3	4.15	3.75	3.3	2.85
$28000<Q\leqslant50000$	3.5	4.35	4.2	3.8	3.35	2.9
$50000<Q\leqslant80000$	3.55	4.4	4.25	3.85	3.4	2.95
$80000<Q\leqslant100000$	3.6	4.45	4.3	3.9	3.45	3.0
$100000<Q\leqslant150000$	3.65	4.5	4.35	3.95	3.5	3.05
$150000<Q\leqslant230000$	3.75	4.55	4.4	4.0	3.55	3.1
$Q>230000$	3.85	4.6	4.45	4.05	3.6	3.15

热泵能源利用系数 E 是指热泵的一次能源利用效率，由于热泵的驱动能源不同，应包括热泵驱动能源的一次能源转换过程效率的不同评价热泵的节能效果。一次能源利用系数 E 定义为热泵的供热量 Q_h 与运行时实际消耗的一次能源的总量 E_p 之比。例如电能驱动的热泵，除了计算制热系数以外，还应计算获取电能的一次能源转换效率，包括发电效率 η_e 和电力输配效率 η_{ce}，所以能源利用系数 $E=\eta_e\eta_{ce}\varepsilon_h$。当 η_e、η_{ce} 分别为 0.4 和 0.9 时，$E=0.36\varepsilon_h$；若电动热泵的制热系数 $\varepsilon_h=$ 3.5，则 $E=0.36\times3.5=1.26$，而锅炉直接燃烧燃料的供热系统其能源利用系数一般约为 0.8；若采用电热直接供热时，其一次能源利用系数不超过 0.36。所以热泵系统的应用是节约一次能源的优良方式。

（2）土壤源热泵系统 土壤源热泵系统（ground source heat pump system）是以岩土体为低温热源，利用地下浅层地热资源的既可以用于制冷也可用于供热的节能型热泵系统，一般由地热交换器或地埋管换热器（ground heat exchanger）、水源热泵机组等组成。夏季地埋管内的传热介质（水或防冻液）经水泵送入机组冷凝器，将机组排放的热量带出并释放给地层（向大地排热，地层蓄热），机组蒸发器的冷冻水降温后对用户供冷；冬季地埋管内的传热介质经水泵送入机组蒸发器作为热源，使制冷剂相变为气态，经压缩送入冷凝器，放出的热量使冷凝器内的水被加热，热泵机组通过地埋管吸收地层的热量（从大地吸热，地层蓄冷），机组冷凝器产生的热水，通过循环水泵送至用热设备或供暖系统。

地埋管换热器是土壤源热泵系统的关键装置。地埋管换热器中的传热过程是管内流体与周围岩土之间的换热，可被认为是一种蓄热式换热器。地埋管土壤源热泵系统的特点见表 1.16.14。

表 1.16.14 地埋管土壤源热泵系统的特点

特点	说明
可再生性	利用地下浅层地热资源作冷热源，夏季蓄热、冬季蓄冷，属于可再生能源
系统的 COP 值高，节能性好	地层温度稳定，夏季温度比大气温度低，冬季温度比大气温度高，在寒冷地区和严寒地区供热时优势更明显；夏天较高的供水温度和冬季较低的供水温度，可提高系统的 COP 值
环保	地埋管内的流体与地层只有能量交换，没有质量交换，对环境没有污染
使用寿命长	地埋管的寿命可达 50 年以上
占地面积较大	无论采用何种形式，土壤源热泵系统均需要有可利用的埋设地埋管换热器的空间，如道路、绿化地带、基础下位置等
初投资较高	土方开挖、钻孔以及地下埋设的塑料管管材和管件、专用回填料等费用较高

① 土壤源热泵系统的地埋管换热器设计时必须具有：可进行埋管的区域面积、埋管岩土层深度状况，埋管区域岩土体的初始温度 t；岩土体的热导率 $\lambda_s[W/(m\cdot K)]$；回填料的热导率 $\lambda_b[W/(m\cdot K)]$；地源热泵系统的负荷（kW）；传热介质与 U 形管壁的对流换热系数 $\alpha[W/(m^2\cdot K)]$

等基础数据。

这些数据除与建筑物的功能、规模和所选用的材料等有关外，对地埋管热泵系统设计十分重要的是岩土体的热物性参数（λ_s 和 t 等），这些数据必须通过实地测试得到。岩土热响应试验（rock-soil thermal response test）是取得岩土体热物性参数的主要方法，它是通过测试仪器，对具体地埋管热泵系统所在场地的测试孔进行一定时间的连续加热，获得岩土综合热物性参数及岩土初始平均温度的试验。岩土综合热物性参数（parameter of the rock-soil thermal properties）是指不含回填材料的地埋管深度范围内岩土的综合热导率、综合比热容，岩土初始平均温度（initial average temperature of the rock-soil）是从自然地下 $10\sim20$m 至竖直地埋管换热器埋设深度范围内，岩土常年恒定的平均温度。根据 2009 年局部修订的现行国家标准《地源热泵系统工程技术规范（2009 版）》（GB 50366）的规定，当地埋管地源热泵系统的应用建筑面积在 $3000\sim5000$m^2 时，宜进行岩土热响应试验；当应用建筑面积大于等于 5000m^2 时，应进行岩土热响应试验。该规范还规定了进行岩土热响应试验的工程项目，应利用其试验结果进行地埋管换热器的设计，并宜符合：夏季运行期间，地埋管换热器最高温度宜低于 $33℃$；冬季运行期间，不添加防冻剂的地埋管换热器进口最低温度宜高于 $4℃$。

② 地埋管热泵系统设计时，应认真进行全年冷热负荷的平衡计算，避免出现全年冷负荷、热负荷平衡失调现象。若夏季地埋管换热器的总排热量与冬季的总吸热量不一致，将会导致地埋管区域的岩土体温度逐年升高或降低，从而影响地埋管换热器的长期正常运行。地埋管热泵系统的最大排热量是热泵机组供冷工况下释放至循环水的总热量、循环水在输送过程中得到的热量、水泵释放到循环水中的热量等三项热量之和。地埋管热泵系统的最大吸热量是热泵机组在制热工况下从循环水的吸热量、输送过程的冷损、水泵对水的释放热量等三项之和。

热泵系统的设计冷负荷、热负荷是确定地埋管热泵系统设备的规模和热泵机组型号的主要依据，在确定设计计算冷负荷、热负荷时应十分认真地确定不同建筑、不同使用功能、不同系统的同时使用系数，该系数一般应小于 1.0。地埋管热泵系统设计时，应进行全年动态负荷计算，最小计算周期宜为一年。在计算周期内，地埋管热泵系统的总排热量与总吸热量应平衡一致。在具体工程设计中宜采用辅助热源或辅助冷却装置与地埋管换热器并用的调峰方式，通常应通过技术经济比较确定辅助热源等的形式、规模。若最大吸热量与最大排热量相差不大时，可分别计算供热工况与供冷工况下地埋管换热器的长度，按其大者进行地埋管换热器的设计；当地埋管热泵系统的最大吸热量与最大排热量相差较大时，通过增加辅助热源或冷却塔辅助散热的方式进行调节、平衡放热量、排热量后确定地埋管换热器的设计负荷。最大吸热量与最大排热量相差较大时，也可以通过热泵机组间歇运行来调节；还可以采用热回收机组，降低供冷季节的排热量，增大供热季节的吸热量。但应十分注意认真进行全年总排热量、总吸热量的平衡计算，以确保投入运行后不会影响土壤温度的变化。

热泵机组的热（冷）源温度（地埋管换热器的出水温度）范围根据国家标准《水（地）源热泵机组》（GB/T 19409-2013）的要求，地下环路式机组应为：制热时 $-5\sim25℃$；制冷时 $10\sim40℃$。

（3）地下水源热泵系统　地下水源热泵系统是以单井或井群抽取的地下水作为低位热源的热泵系统。抽出的地下水经处理后，可直接送入水源热泵机组的蒸发器放热（冬季）或冷凝器吸热（夏季），然后返回地下同一个含水层；也可经板式换热器进行热交换后返回地下同一含水层，即间接式地下水换热系统。

我国是一个水资源缺乏的国家，许多城市、地区地下水资源十分紧缺，所以以单井或井群从地下取水时，首先应得到当地水务部门的批准，在得到能够取得的水量、水温、水质等技术参数后，再进行技术经济比较确定热泵系统的供热能力。采用地下水源热泵系统时，应采取可靠的回灌措施，确保置换冷量或热量后的地下水全部回灌到同一含水层，并不得对地下水资源造成浪费和污染；系统投入运行后，应对抽水量、回灌量及其水质进行监测。

地下水源热泵机组通常包括使用侧换热设备、制冷压缩机组、热源侧换热设备，具有制冷和制热功能。地下水源热泵机组的工作过程见图 1.16.18。制冷时，地下水进入机组冷凝器，吸热升温后回到回灌水井；空调冷冻水回水进入机组蒸发器，放热降温后供给空调末端设备降温。制热时，地下水进入机组蒸发器，放热降温后回到回灌井；空调回水进入机组冷凝器，吸热升温后的热（温）水供空调末端设备预热或加热空气等。地下水源热泵机组依据机组转换方式分为外转换式和内转换式。采用外转换方式时，通过安装在管道上的 A、B 两组阀门实现冬季、夏季的使用侧和水源侧在蒸发器与冷凝器之间的切换，夏季地下水进入冷凝器，B 组阀门开启、A 组阀门关闭；冬季地下水进入蒸发器，B 组阀门关闭、A 组阀门开启。内转换方式时，通过制冷机组内的四通换向阀实现冬季、夏季的蒸发器与冷凝器在使用侧和水源侧之间的切换。地下水源热泵机组的主要部件有制冷压缩机、冷凝器、蒸发器、膨胀阀等，内转换机组还有四通换向阀、单向阀等部件。

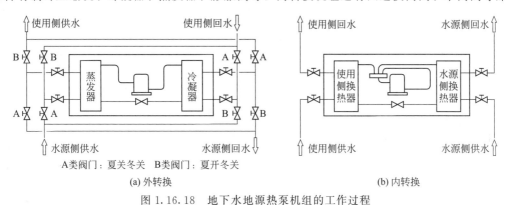

图 1.16.18　地下水地源热泵机组的工作过程

（4）地表水源热泵系统　地表水源热泵系统是以海水、河水、湖泊水等为低位热源的水源热泵供热系统，应根据所在地区地表水的特点、用途、深度、面积、水质、水位、水温等状况进行综合性分析研究确定设计方案。

地表水源的特点。以江河湖水和海水为代表的地表水体资源十分丰富又极为复杂，无论是水质、水温、水流量还是地表水体的现状及其应用情况都千差万别，在进行地表水源热泵系统的设计方案制定时，应收集和分析研究地表水体的特点，包括水文资料、气象资料和水体水质及其历史现状等。表 1.16.15 是海水、江河湖水的主要特点。我国的地表水资源总量较丰富，但分布不均匀，东南多、西北少，江河湖泊水系主要有长江水系、黄河水系、海河水系、松花江水系、辽河水系、淮河水系、珠江水系、怒江水系、澜沧江水系等。表 1.16.16 是长江水系等的主要特征，表 1.16.17 是主要湖泊的主要特征。从表中可知我国长江以南的江河湖泊水基本上可作为地表水地源热泵系统的水源，其中洞庭湖、鄱阳湖的水温、水质均很适宜，周边地区城市都适合应用地表水热泵系统供采暖、空调用热，太湖、滇池等富营养化程度明显的湖泊水质较差，经过相应的水处理措施后也可作地表水热泵系统的水源。

表 1.16.15　海水、江河湖水的主要特点

水源类型	特　点
海水	温度季节性变化、水质较差、腐蚀性强、易产生藻类和附着生物。取水构筑物投资大，可采用近海区抛管、打井等方式
江河湖水	温度季节性变化、水质较差、易产生藻类，应保持水量的稳定性。取水构筑物需审批，投资较大

表 1.16.16　长江水系等的主要特征

水系名称	长江	珠江	黄河	海河	辽河	松花江
年流量/$10^8 m^3$	近 10000	3360	580	264	89	759
含沙量	较小	较小	大	高	较高	不大
结冰期	无	无	有	有	有	11 月中旬至翌年 4 月上旬

表 1.16.17　主要湖泊的主要特征

湖泊名称	洞庭湖	鄱阳湖	太湖	洪泽湖	巢湖	滇池
结冻期或结霜期	无霜期 258～275 天			有不同程度的结冰现象,1～2 月全湖性封冻	一般年份冬季均有岸冰出现	无
水质状况	较清洁,富营养化不明显	Ⅲ类较好,中营养	Ⅱ类富营养化明显	中-富营养型	Ⅳ类、Ⅴ类,东半湖中营养,西半湖富营养	Ⅴ类,劣Ⅴ类,富营养
水温/℃		年平均水温 17	年平均水温 17.1	年均水温 16.3	年平均水温 16.1	年平均水温 16

　　水体温度和水质。我国从北到南可分为严寒地区（A 区、B 区）、寒冷地区、夏热冬冷地区、夏热冬暖地区。在严寒地区松花江流域的水体结冰期长达 5 个月,结冰厚度达 60～90cm,冰下水体温度一般在 5℃左右;寒冷地区海河流域的滦河、潮北河等,冬季水温在 0～3℃,夏季水温 22～29℃,因冬季水体水温较低,除非在江（河）中较深处取水,一般应慎用地表水源热泵系统;夏热冬冷地区的长江流域是我国适宜采用地表水源热泵的地区。重庆某水库的水体进行过水质分析,其 pH 值为 7.8,氟离子（F^-）为 0.561mg/L,氯离子（Cl^-）为 6.1808mg/L,还通过显微镜检验分析得到总藻数为 935880 个/L,已呈现偏富营养化,此种水质容易诱发水生植物和藻类繁殖。

　　(5) 再生水源热泵系统　城市污水或再生水、工业企业排水（污水）的排热量是一种可回收利用的清洁能源,回收利用的水的"低位热能"不仅可以提高污水的资源化利用率,而且可作为城市、工业企业新的能源形式循环利用,降低化石燃料的消耗量,减少大气污染物的排放量。在一些发达国家 20 世纪 80 年代便开始建造了一些以工业污水为低温热源的大型热泵站,日本东京的落合污水处理厂将处理后的污水作为热源,应用于污水源热泵空调系统和热水供应。我国近年来正在各地进行污水源热泵系统的开发应用,并已取得了实用效果。北京南站的燃气冷热电联供和污水源热泵系统能源站中的污水源热泵系统已从 2008 年开始运行,取得了较好的节能效益、经济效益。

　　污水源包括各种生活污水、生产污水（废水、排水）或中水,种类繁多,水质及杂质种类、浓度变化很大,差异也很大,这类污水或再生水或中水的水温变化也很大,这些均取决于污水的来源。例如公共建筑（宾馆、医院等）排出的污水主要是洗浴等生活用水,白天与夜晚的水温变化也可能较大;生产企业的生产废水,则主要与其用途有关,但一年四季较为稳定;对于集中城市污水,经混合、集中处理和管道输送,一年四季的水温变化、数量相对稳定,并具有冬暖夏凉的特征,所蕴含的冷热量潜力较大。因此,污水源热泵的应用推广具有节能减排的重要作用。

　　污水源热泵的分类。污水源热泵系统按照污水的处理状态可分为:以未处理过的污水作为热源的污水源热泵系统,以二级出水或中水作为热源的污水源热泵系统;按照热泵机组机房的布置又可分为集中式、半集中式和分散式的污水源热泵系统。图 1.16.19 (a) 是一种污水源热泵系统的流程示意图,由于被利用的污水未经处理,因此设置有水-水换热器使污水与热泵机组间接连接,以保持热泵机组内水循环系统中的水不被污染;为了确保水-水换热器可靠稳定运行,污水引入前应经自动过滤器过滤、去除可能堵塞管路、设备的各种杂质,并且设有清洗四通阀对换热器进行清洗。图中为制冷工况的循环管路,当在冬季供暖时应用转换四通阀将制冷压缩机排出的高温气态制冷剂送入蒸发器 (8),被较低温度的空调循环热水冷却冷凝为液态制冷剂,同时释放热量加热空调循环热水供应空调用户,所以制热循环时蒸发器 (8) 转换为冷凝器,与此同时冷凝器 (7) 转换为蒸发器。图 1.16.19 (b) 是二级污水源热泵系统的流程示意图,采用与热泵机组直接连接的方式,不再设置水-水换热器,自动过滤器也可以简化为一级过滤,并减少一级循环水泵。

　　污水源热泵系统是利用污水（排水）作为水源的水源热泵系统,所以也有人将其称为可再生能源利用或循环经济的水资源利用,只要污水（排水）源相对稳定,水量可保持在一定的容量范

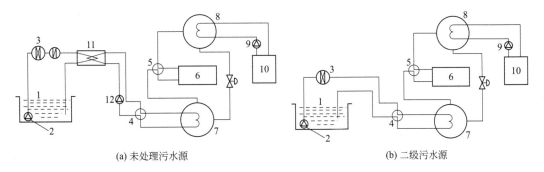

(a) 未处理污水源　　　　　　　　　　　　　　　(b) 二级污水源

图 1.16.19　污水源热泵系统流程示意图（制冷循环）

1—水池；2—污水泵；3—自动过滤器；4—清洗用四通阀；5—冷/热源转换四通阀；6—制冷压缩机；
7—冷凝器（蒸发器）；8—蒸发器（冷凝器）；9—冷/热水循环泵；10—空调用户；11—水-水换热器；12—水循环泵

围，其温度范围适宜，就将是各类工业或民用建筑冷水、热水供应的良好冷热源。各种类型的排水、污水温度随季节和使用条件、状况而变化，但与地表水相比还是相对较为稳定，且容易进行监控或调节；但排水或污水的水质及其可能有的污染物组分较为复杂，且差异较大。按其物理特性可能存在悬浮物、污泥、固体颗粒等，还可能含有各种化学污染物、重金属等。虽然这些化学物质可能只是微量，浓度很低，但却不容忽视，必须在具体工程中十分重视，进行分析、研究及设置必需的处理措施。污水源热泵系统的排水、污水从何处取用？采取何种取水方式？这是此类热泵系统应首先慎重、认真分析研究的，以期做到设计方案合理、处理方法得当，确保投运后稳定可靠、运行费用低、环保和节能效益好。污水源热泵系统的设备、管路的选择包括材质的选用，应充分考量排水或污水中的各类污染物，尤其是它们的物理化学特性，合理选择设备、管路及其附件的材质，避免设备、管道因腐蚀或污染物沉结，造成设备管路的损坏或不能正常运行。

16.3.3　自然冷却的应用

① 各类洁净厂房内由于产品生产环境的需要，通常在全年四季均需供冷以确保洁净室内的温度、相对湿度，为此近年来国内外的一些洁净厂房制冷站在已有设施的基础上利用环境温度应用自然冷却或免费取冷（free cooling）供应净化空调系统用冷冻水。目前实际应用的自然冷却有两种形式：一是自然冷却冷水机组，它是在室外湿球温度低于 10℃后，由于冷冻水的温度比冷却水的温度还要高，因此蒸发器中制冷剂的温度和压力将会比冷凝器中高，在蒸发器中蒸发后的气态制冷剂就可流回冷凝器。经由冷却塔排出的冷却水冷却制冷剂，使之冷凝为液态后再循环流向蒸发器；只要冷凝器与蒸发器中的水温存在"温度差"，此制冷剂自然循环方式就会一直进行，且温度差越大，制冷剂的循环流量越多。图 1.16.20 是自然冷却冷水机组的原理示意图。采用自然冷却的离心式冷水机组最大约可供应名义工况制冷量的 45%，无需启动压缩机，既可以减少电费支出，还可免去相应的"换热器"设备的投资及其管线的改造费。二是利用冷水机组冷却水系统中的冷却塔、冷却水循环泵，在增设水-水板式换热器后使较低温度的冷却水与空调用户侧的冷冻水进行换热获得所需的冷冻水。

② 自然冷却冷水机组是巧妙地利用室外环境的温度，在不启动制冷压缩机状况下的一种制冷方式。压缩机组能耗基本上为"零"，所以称为免费冷却。自然冷却的冷水机组结构与常规机组基本相同。自然冷却的冷水机组外形见图 1.16.21，颜色较深的部分是需要增加的部件，主要有：由于自然冷却需要比电驱动机械制冷较多的制冷剂，使液态制冷剂与全部蒸发器中的换热管接触，以充分利用其换热面积，提高自然冷却的制冷量，每台冷水机组需增设一只储液罐；增设气态制冷剂的旁通管及其电动阀门，使气态制冷剂容易从蒸发器流向冷凝器；增设液态制冷剂的旁通管及电动阀门，减少液态制冷剂从冷凝器流向蒸发器的压力损失，从而提高制冷剂的循环量，增加制冷量；增设相应的控制功能，以实现从机械制冷状态转换为自然冷却状态。为实现自然冷却增

加的部件，若是在新订购冷水机组时已确定采用自然冷却系统，用户可与制造厂家按自然冷却冷水机组进行订购；也可以在已有冷水机组的情况下，订购新增部件在现场改造常规冷水机组，但推荐由冷水机组制造厂家在现场改造。自然冷却冷水机组的应用场所主要是我国的寒冷地区、严寒地区，具有冷却水循环系统的水温低于空调冷冻水的温度，且在冬季、过渡季仍需供冷的各类洁净厂房或计算机房等需要全年各个月份供冷的工程项目。采用自然冷却的冷水机组不能与冷凝热的热回收方式同时应用，由于自然冷却时制冷机组的冷凝器、蒸发器都在运转状态，因此无法提供冷凝热回收热量。

③ 在我国长江以北地区洁净厂房制冷站的冷却塔在冬季、过渡季利用室外环境温度，在不启动制冷压缩机的状况下利用冷却水循环系统进行供冷，减少压缩机的能量消耗，节能效果十分明显。这种方式有冷却塔直接供冷和间接供冷两种方式。如图 1.16.22 所示，冷却塔直接供冷系统，通过电动三通调节阀调节冷却塔冷却水的供冷量或全部改为由冷却塔供冷。冷却塔间接供冷系统是通过电动三通调节阀调节冷却塔的供冷量，并通过水-水板式换热器进行冷却水系统与冷冻水系统的水-水换热。冷却塔间接供冷系统的优点是两种水系统可以具有不同的水质，特别是对于采用开式冷却塔的冷却水系统，由于冷却水系统的水中溶解氧含量不可避免地会增加，此种水质对于净化空调系统的末端表冷器及冷冻水管路均可能增加腐蚀程度，因此推荐采用冷却塔间接供冷系统。图 1.16.23 是冷却塔间接供冷系统。

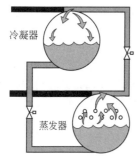

图 1.16.20　自然冷却原理示意图

图 1.16.21　自然冷却冷水机组的外观

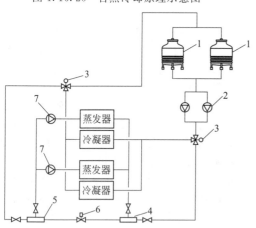

图 1.16.22　冷却塔直接供冷系统

1—冷却塔；2—冷却水泵；3—电动三通调节阀；
4—分水器；5—集水器；6—压差控制阀；
7—冷水循环泵

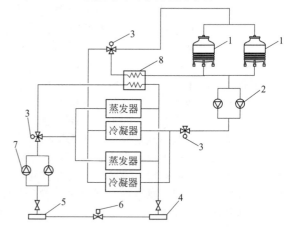

图 1.16.23　冷却塔间接供冷系统

1—冷却塔；2—冷却水泵；3—电动三通调节阀；
4—分水器；5—集水器；6—压差控制器；
7—冷水循环泵；8—板式换热器

④ 自然冷却应用的示例。下面是几个实际应用示例，这些企业根据当地的气象条件和产品生产对供冷的需求，按已建制冷设施状况进行不同的节能自然冷却改造方式。

例1：烟台某电子网板厂的制冷站，该厂的空调工程设有 6 台制冷能力为 900 RT（3150kW）

的离心式制冷机。由于产品生产需要，在冬季仍需 7～9℃ 的冷冻水供生产车间空调系统使用。根据烟台地区的气象条件，拟在冬季、过渡季利用空气作为天然冷源，为此对 2 台制冷机进行节能改造后，增设板式换热装置，在冬季、过渡季达到不开启制冷机仍然可满足冷冻水供应温度的要求，每年约可应用自然冷却制冷 70～80 天，可减少运行能耗，大大降低了运行费用。冬季自然冷却机组的运行测试数据是：冷却水进水温度日平均为 6℃ 左右，进出水温度差约为 1℃；冷冻水出水温度日平均约为 10℃，进出水温差约为 2℃；室外干球温度日平均 2℃ 左右，相对湿度约 60%。测试阶段"自然冷却"冷水机组可供应约 35% 的名义制冷量，约 1106kW/台，减少冷水机组电力消耗量 213kW/台。

例 2：北京某 TFT-LCD 液晶显示器面板制造用洁净厂房的冷冻水系统自然冷却节能改造。该洁净厂房面积约 $20 \times 10^4 \text{m}^2$，为供应洁净厂房净化空调系统和生产工艺以及动力公用系统用冷量，将制冷机房设置在工厂综合动力站房内，分两层布置。一层为冷冻机房，主要设置大型离心式冷水机组；二层为水泵房，包括冷却水泵、冷冻水一次泵、冷冻水二次泵。冷冻水分为低温冷冻水系统和中温冷冻水系统，见表 1.16.18。

表 1.16.18　全厂的冷冻水供应系统

序号	冷源	供回水温度/℃	供应时间	设备数量状态	设备用途
1	低温冷冻水	7/14	夏季供应(4～10 月)	单台制冷量 2700RT	用于新风空调机系统
2	中温冷冻水	14/21	全年供应	中温冷冻机单台制冷量 3300RT，热回收冷冻机 6 台，其中 2720RT 的机组 5 台，360RT 的机组 1 台	用于洁净厂房降温、工艺及动力公用设备冷却

根据工厂冬季运行的冷负荷要求，需要中温冷水机组运行，确定自然冷却系统的制冷能力为 24000kW。因站房内位置有限，只能采用预留机组空位，选用 3 台 8000kW 的板式换热器；按洁净厂房全年冷冻水系统实际运行的情况，低温冷冻水系统在每年 11 月份至次年 3 月份停运，正好在这段时间室外湿球温度较低，最高湿球温度在 10℃ 以下，可以利用停运的冷却塔、冷却水泵，增加换热器，替代中温冷水机组，实现自然冷却节能运行。

自然冷却系统的节能改造，为了减少初投资和对现有系统的影响，拟利用原低温冷冻水系统的冷却塔、冷却水泵以及一次中温冷冻水泵，增加 3 台板式换热器。主要设备见表 1.16.19。

表 1.16.19　节能改造涉及的主要设备

序号	设备名称	主要参数	台数	备注
1	板式换热器	换热量 $Q=8000\text{kW}$，一次侧供回水温度 12.5℃/19.5℃，二次侧供回水温度 21℃/14℃	3	新增
2	冷却塔	$Q=600\text{m}^3/\text{h}$，冷水水供水温度 32℃，回水温度 40℃，电动机额定功率 37kW	13	原有
3	冷却水泵	$Q=1450\text{m}^3/\text{h}$，$H=25\text{m}$	4	原有
4	冷冻水泵	$Q=1450\text{m}^3/\text{h}$，$H=25\text{m}$	3	原有

自然冷却系统的运行原理见图 1.16.24。图中左侧虚线内为新增板换、管线及其阀门附件。按自然冷却供冷系统运行时，冷却塔降温后冷却水由冷却水泵输送至换热器，与二次侧的冷冻水换热升温后返回冷却塔降温，如此循环；冷却塔的冷却水不再流经冷水机组冷凝器，板式换热器二次侧的冷冻水也不再流经冷水机组蒸发器，新增板式换热器与原蒸发器并联连接。

该洁净厂房的自然冷却系统在 2012 年节能改造，2013 年 11 月 7 日投入运行后，减少开启 3 台 3300RT 的中温冷冻机，能耗大幅降低。表 1.16.20 是 2013 年 11 月～2015 年 3 月，该洁净厂房中温冷冻水系统的能耗统计。"自然冷却"系统在 2013 年 11 月～2014 年 3 月，实际运行 139 天，减少耗电量 $792 \times 10^4 \text{kW} \cdot \text{h}$，折合标准煤约 3000t；2014 年度减少耗电量 $1367 \times 10^4 \text{kW} \cdot \text{h}$，折合标准煤 5500t，节能效果显著。按综合电价 0.81 元/(kW·h) 计算，累计节约电费 1748 万元。

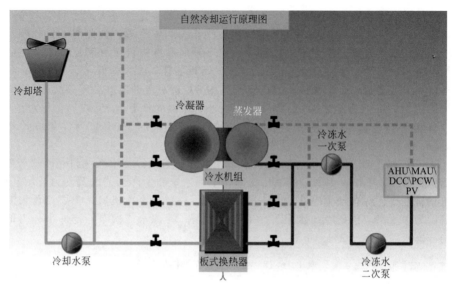

图 1.16.24　自然冷却系统原理示意图

表 1.16.20　中温冷冻水系统的能量消耗统计

项目	2012 年	2013 年(11 月至次年 3 月)	2014 年(10 月至次年 3 月)
自然冷却节能量/kW·h	0	7928042	13675384
中温系统节能量/kW·h	35328114	27400072	21652730

例 3：浙江某集成电路封装用洁净厂房的自然冷却应用。该封装用洁净厂房的面积千余平方米，空气洁净度等级 6 级和 7 级，温度（23±2）℃，相对湿度 50％±10％。由于洁净室需全年供冷，而在过渡季、冬季室外气温较低，当室外气温低于 10℃后利用环境温度以室外冷却塔对冷冻水降温，不开启制冷压缩机，可减少电能消耗。该洁净厂房于 2004 年进行电制冷站自然冷却的节能改造，其改造示意图见图 1.16.25。改造增设了如图虚线所示的管道及其阀门，在自然冷却运行时开通增设的管线及未标注"＊"的阀门，关闭图上标注"＊"的阀门；由于制冷机组的冷却水泵扬程较低，因此自然冷却的冷水通过蒸发器及冷冻水泵。通常经冷却塔的出口水温比环境空气的湿球温度高 1～2℃，在当地冬季自然冷却的水温可以满足洁净室的要求，该洁净厂房节能改造后每年冬季实际运行可节电约 $6×10^4$ kW·h。该自然冷却系统未设板式换热器，冷却塔冷却后的冷水直接与冷冻水系统相连接，应十分关注水质的保持，即时加注杀菌、阻垢和缓蚀的药剂。

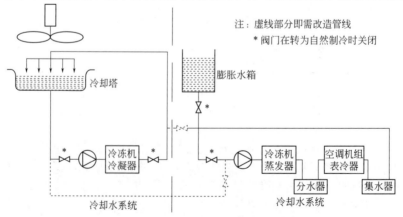

注：虚线部分即需改造管线
＊阀门在转为自然制冷时关闭

图 1.16.25　自然冷却节能改造示意图

16.4 能源综合利用

16.4.1 融合洁净厂房用能实现能源综合利用

（1）充分研究洁净厂房的耗能特点，实施能源综合利用　如前所述，洁净厂房是能耗大户，其中尤以微电子工业洁净厂房最为明显。如近年来建设的某集成电路芯片制造工厂生产硅片直径300mm 的晶圆片，全年综合能源消耗折合标准煤约为 70 万吨，其电力变压器的装设功率近 40 万千伏安，还要消耗天然气、多种大宗气体（氢、氮、氧、氩）、压缩空气、纯水、自来水等；其主要生产车间的大面积洁净厂房的单位面积综合能耗约 5kW/m²，其中仅净化空调（含排风）系统就超过 1.0kW/m²，若包括供冷设施的能耗可达近 2.5kW/m²。另外一个近年来建成的某 TFT-LCD液晶显示面板厂，全年综合能耗折合标准煤约为 30 万吨，其中电力变压器的装设功率约 30 万千伏安，还要消耗大量的压缩空气、氮气、纯水、自来水等能源介质。

洁净厂房内由于产品生产工艺的需要和确保恒温恒湿的洁净生产环境要求，常常采用多种形态或多种参数的能源介质，如多种电压等级的电力供应，不同温度的热水、冷冻水、冷却水，不同压力的蒸汽、压缩空气，各种纯度等级的大宗气体以及天然气/燃气等，有的使用量还较巨大。某液晶显示器面板工厂 0.6～0.8MPa 的压缩空气用量达数万立方米每小时，需设置排气量为250m³/min 的离心式空气压缩机约 20 台，压缩机排气温度 100℃左右，余热量可达约 30000kW，若能利用 50%～70%每年可降低能源消耗约万吨标准煤；在某硅晶圆制造工厂的数万平方米大面积洁净厂房设有制冷能力约 3000RT 的离心式制冷机数十台，其冷凝热数量十分巨大，若是充分研究分析将其用于洁净室净化空调系统的新风预热或产品生产过程所需的 20～30℃工艺用水冬季或过渡季的预热，减少的加热用一次能量消耗也是十分巨大的。据了解，目前在一些硅晶圆制造工厂或液晶显示器面板工厂已经实际进行了多种能源介质的综合利用，取得了明显的节能效益和很好的经济效益。

为充分利用冷水机组冷凝热回收等低品位热能，结合洁净厂房净化空调工程设计实践，世源科技工程有限公司发明了"一种空气加湿系统"，专利号为 ZL201310012863.6。该专利发明中，具有空气加热器、淋水室的新风处理机组，利用空气加热器和淋水室循环水同时对空气进行加热，使淋水室的空气处理过程介于等焓和等温过程之间，降低空气加热器所需的供水温度，从而达到充分利用低温余热热水的目的。目前在具体工程应用中，可将空气加热器所需供应的热水温度从45℃以上降低至 35℃左右，可以利用在洁净厂房回收的各类 35℃左右的"低温热水"，具有显著的节能效果、经济效益，此类系统已在近年来的集成电路芯片制造、TFT-LCD 面板制造洁净厂房中得到应用。

洁净厂房中不仅需用大量的电力，常常还采用天然气等燃气作为气体燃料用于产品生产过程供热或废气处理，而洁净厂房全年无论是夏季、过渡季还是冬季均需一定甚至是巨大的冷负荷，所以具有采用燃气冷热电联供分布式综合能源系统的良好条件。国内外已有规模不同的洁净厂房采用了这种能源综合利用方式，取得了良好的节能和经济效益，有关燃气冷热电联供分布式综合能源系统的应用详见 16.4.2 节。

（2）应用示例　洁净厂房通常都有多种能源介质和多种能源介质参数的应用，前面所述的低品位能源和燃气冷热电联供综合能源系统在洁净厂房的应用及其实例表明，不仅节能效益显著，经济效益也十分显著。因此，无论是在各类洁净厂房/洁净室工程设计阶段，还是在投入运行后的节能技术改造中，都应十分关注"融合洁净厂房用能实现能源的综合利用"。下面介绍几个能源综合利用的示例，供参考。

例 1：某集成电路芯片制造工厂工艺生产设备的工艺冷却水低位热能综合利用。图 1.16.26 是工艺生产设备需用 23℃/26℃的工艺冷却水低位热能综合利用系统示意图。该厂洁净厂房内的生产设备需使用 23℃ 的工艺冷却水对设备进行降温，排出水温约 26℃，每小时循环水千余吨，在节能改造前是以 6℃ 的冷冻水降温至 23℃；经技术经济分析后进行了综合利用的节能改造，增设 1 台泵和 1 台板式换热器 1A，引出部分 26℃ 的工艺冷却水经 1A 加热部分高纯水系统的 10℃ 原料水至 20℃ 送入原料水箱 3，同时部分工艺冷却水被冷却到 16℃ 送入混水箱 2，与另一部分 26℃ 的工艺冷却水在 2 内混合为 25.1℃ 再泵送至板式换热器 1 被 6℃ 的冷冻水冷却至 23℃，在原料水箱内两部分原料水混合后经原有板式换热器由热水加热至 25℃。经低位热能综合利用节能改造，既减少了制冷所需的电能消耗，又降低了制取热水的蒸汽消耗量，经实际运行，每年冬季 4 个月可节能折合标准煤约千吨。

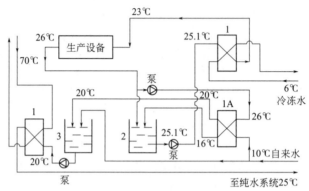

图 1.16.26 工艺冷却水低位热能综合利用系统示意图

例 2：洁净室排风系统的排气/废气冷（热）量回收。洁净室内工艺生产设备排出的废气，有时排气量大或温度较低或较高，为节约能源降低消耗，经过技术经济比较可采用不同形式的冷（热）回收装置。图 1.16.27 是对排气处理装置的排气洗涤塔内下部废气处理溶液设置冷（热）回收装置回收低于室外环境温度的"冷量"或高于环境温度的"热量"，用于净化空调系统的新风预冷或预热。

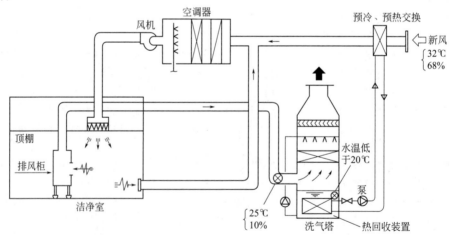

图 1.16.27 洁净室排气/废气冷（热）回收

例 3：热泵系统的应用。为供应洁净厂房所需的大于或等于 40℃ 的热水，宜根据所在地区的自然条件、周围环境和洁净室内产品生产工艺的特点，利用热泵系统提升供水温度，满足洁净厂房内产品生产工艺需供应的较高温度热水，同时可获得冷冻水供净化空调系统使用。图 1.16.28 是一个热泵机组提升水温的系统示意图。某电子工厂洁净厂房原采用蒸汽作为产品生产过程加热的热源，节能改造时在制冷站中增设了 2 台制热能力为 789kW、制冷量为 576kW 的螺杆式热泵机组，既可提供供/回水温度为 55℃/40℃ 的热水替代蒸汽，又可同时供应 7℃/14℃ 的冷冻水，每年运行可减少万吨以上的蒸汽消耗量，在扣除了热泵机组的电力消耗后实际降低的能耗折合标准煤约 900t。

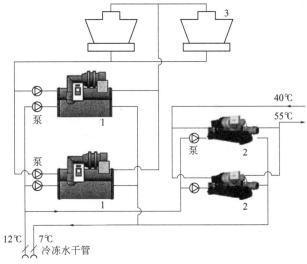

图 1.16.28　热泵机组提升水温的系统示意图

16.4.2　燃气冷热电联供分布式能源系统的应用

燃气冷热电联供分布式能源系统（distributed energy system/combined cooling heating and power，DES/CCHP），以燃气（天然气）为燃料通过燃机（燃气轮机或内燃机）获得高品位能量——电力，排出的高温废气（烟气）经余热回收装置（余热锅炉或余热吸收式冷热水机）获得蒸汽、热水或冷水，向终端用户供热、供冷。它是从一次能源（天然气）转换到终端用户应用的全过程的科学用能系统，能够实现"分配得当、各得所需、温度对口、梯级利用"的科学用能思想，提高一次能源利用率；它是近距离地将冷热电供应至最终用户，减少了输能管线的能量损耗和建设投资；它可以针对各类终端用户的冷热电负荷变化、使用状况，进行认真统计、分析，优化集成各种燃气发电技术、各种类型的制冷和蓄冷技术、热泵应用、蓄热技术以及可再生能源应用技术等，做到夏季供冷、供电，冬季供热、供电，使燃气发电装置的年运行小时数可达 5000h或更多，达到能效高、低碳减排、经济效益好的 DES/CCHP 能源供应方案。据资料预测，一次能源利用率可达到 80% 左右。DES/CCHP 的广泛应用还可使城市电网的供电电源多样化，分布式能源系统生产的电力可降低城市电网高峰时段的承载负荷，减少集中型大电厂事故对电网的冲击，既可提高城市电网供电的安全可靠性，又因与电网并网运行分布式发电装置的使用更安全可靠。

在我国日益增多天然气供应的情况下，面对节能减排的严峻形势，为提高能源利用效率，促进能源结构调整和节能减排，推动天然气分布式能源有序发展，国家相关部委于 2011 年 10 月以发改能源 [2011] 2196 号文发布了《关于发展天然气分布式能源的指导意见》，文件指出："应以提高能源综合利用效率为首要目标，重点在能源负荷中心建设区域分布式能源系统和楼宇分布式能源系统，包括城市工业园区、旅游集中服务区、生态园区、大型商业设施等。"国家电网公司也发布了《关于做好分布式电源并网服务工作的意见》，文件指出："所称分布式能源是指位于用户附近，所发电能就地利用，以 10kV 及以下电压等级接入电网，且单个并网点总装机容量不超过 6mW 的发电项目。""建于用户内部场所的分布式电源项目，发电量可以全部上网、全部自用或自发自用余电上网，由用户选择，用户不足电量由电网提供。上、下网电量分开结算，电价执行国家相关政策。"从以上引述可见，我国政府及相关部门已对燃气分布式能源系统制定、发布了明确的支持、指导和服务工作意见，为我国燃气分布式能源系统的推广应用创造了良好的条件。

（1）应用中的 DES/CCHP 的主要几种类型　鉴于我国改革开放以来各地区各种类型的城市经济发展实际情况，结合 DES/CCHP 的特点和充分发挥其优越性，在推广应用中的 DES/CCHP 按供冷、供热范围和建设规模，其形式有区域的建筑群用区域型（DCCHP）和楼宇型（BCCHP）。区域型冷热电联供能源站主要是建设在有供冷、供热需求的工业企业、高科技产业、商业等公共建筑群等较大范围的群体建筑中或邻近处，一般采用规模较大的轻型或重型燃气轮机发电机组和余热利用设施以及一定供冷能力的制冷设备，并应与正在推广应用的智能电网、微电网结合，对所在区域的工业企业、公共建筑、科研机构、学校、医院等供冷、供热和供应部分电力；冷、热供应由能源站统一管理调度控制，电力供应由微电网或智能电网统一管理调度控制，协商确定电价。楼宇型冷热电联供能源站是在有供冷、供热需求的一幢建筑物内或具有若干幢建筑物的一个单位或"院落"中建设，设置容量较小的燃气轮机或内燃机或微燃机和余热利用设施等，直接对所在建筑物或建筑群供冷、供热和供应部分电力，通常采取与城市电力网并网不售电的连接方式。由于 DES/CCHP 的规模不同、终端用户的冷热电负荷变化和使用要求不同以及所在地的条件不同，经过技术经济分析可以采取各种不同的方式或设备配置方式，主要有：

燃气轮机发电装置＋余热锅炉＋抽凝式汽轮机发电装置＋烟气/热水换热器＋蒸汽吸收式制冷机＋减温减压装置等，其系统示意图见图 1.16.29。这种流程主要适用于，发电能力可在 10～100MW 的范围，建设在"园区"或在"园区"内设多个分散能源站或一些公共建筑集中的建筑群；为了适应终端用户的冷负荷变化，设置了多种制冷方式和换热装置。DES/CCHP 能源站对外供应热水、冷水和电力。

燃气轮机发电装置＋余热锅炉＋蒸汽型吸收式制冷机＋电制冷机（热泵）＋换热装置＋燃气锅炉，其流程示意图见图 1.16.30。燃气轮发电装置排出的高温烟气经余热锅炉生产一定压力的饱和蒸汽，夏季将蒸汽送入蒸汽型吸收式制冷机制冷供应用户所需的冷量，不足的冷量由电制冷机补充；冬季将蒸汽送至汽水换热装置得到规定温度的热水供应用户供热，不足的热量可由热泵系统和燃气锅炉补充。上述两种不同的 DES/CCHP 能源站流程适用范围基本相似，均可用于小型燃气轮机发电装置，但应根据具体工程项目的终端用户冷、热负荷及其不同时段的变化情况和当地的条件（包括气象条件、可能获得的热泵系统的热源、占地状况、地质条件等），经过技术经济比较，进行设备配置和系统集成优化后合理选择，达到一次能源利用率高、节能减排的优选方案。

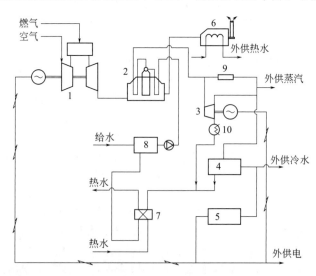

图 1.16.29　燃气轮机冷热电联供系统示意图（一）

1—燃气轮机发电装置；2—余热锅炉；3—汽轮机发电装置；4—蒸汽吸收式制冷；5—电制冷；
6—烟气-热水换热器；7—水-水换热器；8—水处理系统；9—减温减压装置；10—凝冷器

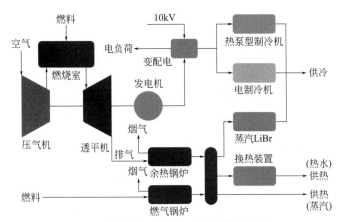

图 1.16.30 燃气轮机冷热电联供系统示意图（二）

燃气内燃机发电装置＋余热锅炉＋蒸汽型吸收式制冷机＋电制冷机＋烟气-水换热器＋汽-水换热装置＋水-水换热装置＋蓄热装置，其流程示意图见图 1.16.31。这种基本流程主要用于兆瓦级以上的燃气内燃机发电装置，为了充分利用内燃机的烟气和缸套水、中冷水的多种余热，设置余热锅炉利用高温烟气生产 0.5～0.8MPa 的饱和蒸汽，再利用烟气-热水换热器将烟气降至 60～80℃；缸套水和中冷水经水-水换热装置降温循环。夏季采用蒸汽吸收式制冷机制冷，不足的冷量由电制冷机补充；冬季采用蒸汽-水换热装置得到热水与水-水换热装置得到的热水共同供热，为调节热负荷设置一定容量的蓄热装置。这种流程的应用场所夏季应具有一定容量的热负荷，以充分利用缸套水等余热所获得的热水；冬季热负荷较大时，可设燃气锅炉或在余热锅炉上设置补燃装置在高峰热负荷时段进行补燃供热。燃气内燃机发电装置的烟气、缸套水的余热也可采用专用的吸收式冷暖机制冷和供热。

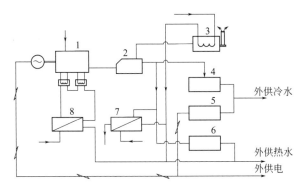

图 1.16.31 燃气内燃机冷热电联供系统示意图
1—燃气内燃机；2—余热锅炉；3—烟气-水换热器；4—蒸汽型吸收式制冷机；
5—电制冷机；6—蓄热装置；7—汽-水换热器；8—水-水换热器

微燃机＋热水型吸收式制冷机＋电制冷机（热泵），其流程示意图见图 1.16.32。微燃机排出的烟气经烟气-水换热器降温至 85～95℃，充分利用烟气显热和潜热获得 90℃左右的热水，夏季采用热水型吸收式制冷机制冷，不足的冷量由电制冷机补充；冬季直接应用热水供热，不足的热量根据具体条件可采用热泵系统补充或配置小型常压燃气锅炉补充。

（2）燃气发电装置　燃气冷热电联供分布式能源系统的核心设备是燃气发电装置。目前用于 DGS/CCHP 系统的燃气发电装置主要有轻型和小型燃气轮机、燃气内燃机、微型燃气轮机等，燃料电池发电装置用于 CCHP 系统正在研究开发中。燃气轮机是一种以燃气、空气为工质的旋转式热力发动机，其结构与喷气式飞机的发动机相同，主要由压气机、燃烧室和燃气轮机三大部分组

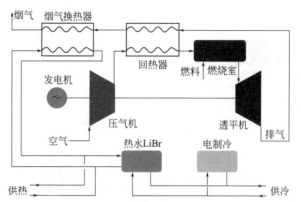

图 1.16.32　微燃机＋热水型 LiBr 制冷机＋电制冷机的联供示意图

成；工作过程是叶轮式空气压缩机吸入外部空气，压缩后送入燃烧室，与此同时气体燃料或液体燃料也喷入燃烧室与高温空气混合，在高压下进行燃烧，高温高压排气进入燃气轮机膨胀做功推动叶片高速旋转，高温排气可再利用后排入大气。燃气轮机发电装置的发电效率一般为 20%～35%，影响燃气轮机发电效率的主要因素是空气吸入温度、压气机压缩比以及燃烧室的功能参数等。在分布式能源系统中主要使用单机发电能力小于 50MW 的轻型、小型燃气轮机发电装置；单机发电能力 25～300kW 的为微燃机。

近年来燃气内燃机（gas engine）在燃气冷热电联供分布式能源系统中的应用日益增多。燃气内燃机的主要优点是发电效率较高、设备投资较低，但余热回收较为复杂，这是由其结构特点决定的。燃气内燃机将气体燃料与空气混合压缩注入气缸点火燃烧做功，通过活塞、连杆和曲轴的机械系统，驱动发电机发电。随着内燃机燃烧技术的发展，在气体燃料、空气的注入方式和点火、燃烧过程的控制等方面都有长足进步，主要是围绕改进燃烧、提高发电效率和减少污染物排放进行的，通过采用高效能点火技术、高效能增压进气方式、稀薄燃烧技术等，发电效率可达 35%～43%，氮氧化物（NO_x）的排放浓度可达 45×10^{-6}～150×10^{-6}。几种燃气发电装置的主要技术参数比较见表 1.16.21。

表 1.16.21　几种燃气发电装置的特性

项目	小型燃气轮机	内燃机	微燃机
单机容量范围/kW	≥500	200～10000	28～300
发电效率/%	20～38	25～45	12～32
余热回收形态	400～650℃的烟气	400～600℃的烟气；80～110℃的缸套冷却水；40～65℃的润滑油冷却水	250～650℃的烟气
所需燃气压力/MPa	≥0.8	≤0.2	<0.6
氮氧化物排放水平/10^{-6}	65～300(无控制时)；8～25(低氮燃烧,含氧量15%)	250～500(无控制时)；<250(有控制时)	8～25(含氧量15%)
特点	发电效率较低，余热量大，排气温度高，余热容易回收，振动小，罩外噪声小，不用冷却水或需少量冷却水，输出功率受环境温度影响	发电效率较高，多种余热可利用，地面振动小，裸机噪声较大，电厂外噪声可降至 50dB(A)，对较高环境温度，输出功率的变化小	输出功率受环境温度影响，振动小，罩外噪声小，发电效率低，发电功率小

燃气轮机（gas turbine）。燃气轮机发电装置的发电能力通常以额定工况（ISO 工况）表达，它是指燃气轮机的空气进气温度为 +15℃ 时的性能参数，随着空气进气温度的变化压气机的吸气能力随之变化，将会使燃气轮机的燃烧能力、发电能力发生变化。空气进气温度高于 +15℃ 时，

进气量减少，发电能力降低；低于＋15℃时，进气量增加，发电能力增加，与此同时单位发电量的热耗也随之变化。在国际市场商品化的小型或轻型燃气轮机发电装置的厂家主要有索拉（Solar）公司，普惠（Pratt&Whithey）公司、川崎（Kawasaki）公司等，在国内已有这些制造厂家的产品投入运行，我国近年来也有兆瓦级的燃气轮机发电装置投入运行。美国索拉公司的燃气轮机发电装置其发电能力为1200～14000kW，天然气压力大于1.0MPa。索拉公司生产的燃气轮机发电装置的主要性能参数见表1.16.22。表中数据的空气进气温度、压力为15℃、101.3kPa。

表 1.16.22　索拉公司小型燃气轮机发电装置的主要性能参数

项目	单位	土星 20	人马座 40	人马座 50	水星 60	金牛座 60	金牛座 70	火星 90	火星 100	太阳神 130
燃机出力	kW	1181	3418	4234	4072	5069	6728	9061	10439	12533
千瓦燃耗	kJ/(kW·h)	14987	13166	12541	9209	12093	11281	11555	11265	11115
燃耗量	GJ/h	17.7	45.0	53.1	37.5	61.3	75.9	104.7	117.6	139.3
天然气消耗量	m³/h	503	1280	1510	1066	1743	2158	2977	3344	3961
燃机发电折热能	GJ/h	4.25	12.30	15.24	14.66	18.25	24.22	32.62	37.58	45.12
燃机效率	%	24.0	27.3	28.7	39.1	29.8	31.9	31.2	32.0	32.4
燃机排烟温度	℃	512	443	502	351	496	482	468	491	482
烟气流量	t/h	65.8	67.2	60.6	77.7	95.9	138.20	147.3	176	
余热锅炉直接供热(蒸汽压力1034kPa,饱和)										
蒸汽量	t/h	3.7	8.3	10.6	4.6	12	14.1	19	22	25.8
蒸汽折净热能	GJ/h	9.03	20.25	25.86	11.22	29.28	34.40	46.36	66.00	77.40
热电效率	%	75.03	72.35	77.41	69.02	77.53	77.24	75.43	88.08	87.95

内燃机发电装置。这类发电装置具有发电效率较高、制造成本较低、销售价格相对较低等特点，所以近年来在固定燃气发电站、热电联产、冷热电联供中的应用日益广泛。目前已商品化的产品发电能力为几十千瓦到数兆瓦；由于内燃发动机需定期进行维护检修，且噪声级较高，应采取整体和管路的降噪隔声措施；由于燃烧特点，燃烧排气中的NO_x排放量仍为250～500mg/m³。随着科技发展燃气内燃机采用了高效能点火技术、稀薄燃烧技术等，促进了燃气内燃机的能源利用效率提高和排放污染物的降低。

内燃机发电装置的余热包括燃烧排气（烟气），温度约400～500℃，为高温余热；缸套冷却水的余热，温度一般为90℃/110℃；润滑剂冷却器等的余热，水温较低，一般为50℃/80℃。图1.16.33是内燃机余热利用示意图。为充分利用中、小型内燃机的余热，可将高温烟气与烟气型吸收式制冷机直接连接进行余热制冷，但从吸收式制冷机排出的烟气温度仍在150℃以上，为此宜将烟气通过换热器进一步降温至80～100℃；也可以将内燃机排出的烟气直接经热水换热器冷却至80～120℃，然后以热水送入热水型吸收式制冷机制冷。表1.16.23是一些厂家的内燃机发电装置的主要性能参数。

表 1.16.23　一些厂家的内燃机发电装置的主要性能参数

指标	G3406TA	G3520C	TB4510	TB4511	JMS312 GS-NL	JMS626 GS-NL
额定输出功率/kW	190	1800	1200	1600	526	4089
发动机转速/(r/min)	1500	1500	1500	1500	1500	1500
最小进气压力/MPa	0.011	0.031				

续表

指标	G3406TA	G3520C	TB4510	TB4511	JMS312 GS-NL	JMS626 GS-NL
能量消耗/(MJ/h)	2073	15297	10152	13530	1332	8884
烟气量/(m³/h)	904	8236				
烟气温度/℃	415	463	454	454	500	367
缸套进水温度(℃)/热量(MJ/h)	99/612	90/2142	92/2185	92/2904	90/—	90/—
中冷器进口水温(℃)/热量(MJ/h)	32/97	54/391	40/262	40/352	70/	70/
发电效率/%	33.00	42.3	41	41	39.5	45.4
供热效率/%	47.37	43	47	47	47.6	41.5
总热效率/%	80.37	85.3	88	88	87.1	86.9
外形尺寸(L×B×H)/mm		6070×1853×2248	6000×1800×2400	6500×1800×2400	4700×1800×2300	9600×2200×2500
运输重量/kg		18350	10300	12500	8000	41400
NOₓ排放浓度/(mg/m³)		500	500	500	<500	<500

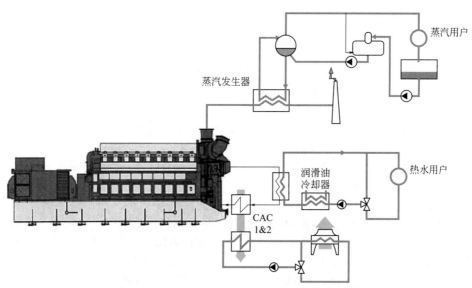

图 1.16.33 内燃机发电装置的余热利用示意图

微燃机。微型燃气透平发电机组是将燃气轮机微型化，并结合回热技术、永磁发电技术、智能控制技术等进行优化组合，将转子精密铸造在一个轮盘上且承载于气浮或磁悬浮轴承上高速旋转，它由空气压气机、燃烧器、透平、齿轮箱、发电机和回热器组成；由于采用了回热器，微燃机的烟气排出温度较低，一般小于300℃。目前生产微燃透平发电机组的厂家有多家，国内的科研单位、高等学校正在研制中，各家均有各自的特色，如宝曼（Bowman）公司生产的TG50、TG80模块化机组，可根据用户需要进行组合，并可根据用户端全年或各个使用时段对发电、余热的需求变化，对发电量、余热量和余热温度进行调节。英格索兰（Ingersoll Rand）公司生产的MT250型微燃机组，发电效率（ISO工况）可达30%，燃机发电能力、发电效率随空气进气温度的变化增加或降低。开普斯通（Capstone）公司生产的 C200 型微燃机组，发电效率可达 33%。

（3）DES/CCHP 系统设备的配置

① 各类建筑物或洁净厂房的冷、热、电负荷随着用途、产品生产工艺、气象条件的不同而变化，为了充分发挥燃气发电装置的能力，使 CCHP 系统的建设投资少、运行费用低和节能效果好，在进行系统及设备配置时，首先应充分地、认真地了解、分析所供应范围的冷、热、电负荷及其变化情况，为 CCHP 系统和设备的优化配置提供设计依据。

每个具体工程项目的冷、热、电负荷及其变化情况，一般与工程项目的用途和使用要求或产品生产工艺及其设备、当地气象条件（温度、湿度等）、建筑物的围护结构、室内设备和人员、电气设备和照明等密切相关，也与空调系统的送风量尤其是新风量等因素有关；如果有多个建筑物或一个建筑物中有多种生产线及设备或多种用途或有若干个空调系统，在计算冷、热、电负荷时还应计及它们之间的同时使用系数，并且该同时使用系数一定"小于 1.0"。由于洁净厂房的空气洁净度等级和洁净室内生产的产品不同，其冷、热、负荷差异很大。对于微电子洁净厂房因洁净度等级一般为 ISO 5 级或更为严格，所以此类洁净厂房的冷热负荷主要取决于新风量或排风量和洁净送风量，一般情况下与人员数量、围护结构的相关性较小，季节、时段变化也有一定的影响；又由于许多洁净厂房因产品生产工艺要求需每天 24h 运行，因此典型的各时段虽有变化，但与公共建筑相比变化较小。所以只能根据各类洁净厂房、建筑物的不同使用情况得出各自的动态变化规律、趋势，具体 CCHP 工程设计时最好能够参考类似功能的洁净厂房、建筑物的实际使用状况绘制夏季供冷期、冬季供热期的冷负荷、热负荷、电负荷变化曲线和典型日逐时的冷负荷、热负荷、电负荷变化曲线；若实在无法取得绘制冷、热负荷变化曲线的相应数据时，至少应了解清楚其使用功能、特点和当地各季节、各时段的气象条件，并在具有准确的最大负荷（设计负荷）后以估算的方式得到供热期、供冷期的平均冷负荷、平均热负荷和最低冷负荷、最低热负荷作为 CCHP 系统、设备选型的依据。

② 运行模式的确定。燃气冷热电联供分布式能源系统（CCHP/DES）的运行模式首先是确定年运行天数、供冷季/供热季/过渡季或月或周运行天数和每天的运行小时数，在进行（CCHP/DES）规划、设计时应按此确定全年的运行小时数及其分布情况，这是关系到能否真正做到节能减排和经济运行的基础数据；其次是确定（CCHP/DES）生产电力是独立自用还是并网售电或并网不售电（或并网不上网），从我国目前的国情考虑推荐采用并网不售电的运行方式。

③ 在 DES/CCHP 系统的运行模式确定后，燃气发电机组的发电能力应根据终端用户冷热电供应范围的冷热电负荷确定，并应做到充分利用余热、充分发挥发电能力。通常燃气发电机组的总发电能力宜为终端用户电力负荷需求的 20%～30%，或以终端用户变压器装设容量的 20% 左右计。在确定了燃气发电机组的类型、规格后，应按燃气发电机的余热量及其参数校核终端用户在供冷季、供热季的最小冷负荷、热负荷时的供应状况，确保燃气发电机组在全部供冷季、供热季的各时段均能保持其负荷率超过 80%；避免出现发电能力偏大，在实际运行中不能做到经济运行甚至运行困难的现象，或出现燃气发电装置的余热不能充分利用，达不到预期节能目标的现象；也可能出现燃气发电装置的发电能力不能充分发挥现象，有的机组甚至长期低负荷运行或常常出现停机状态，致使经济效益降低，使投资回收期增加。燃气发电机组的设置，一般宜为 2 台或 2 台以上，但在采用燃气内燃机时，由于安装场地或机组规格以及运行灵活性的要求，常常设有较多的燃气内燃机，如西班牙马德里机场 2005 年投入运行的 CCHP 能源站设有 6 台兆瓦级的内燃发电机组。

燃气发电机组的类型选择时，除了应依据具体工程项目的规模、冷热电负荷、建设条件和使用要求外，还应注意所选机组的发电效率，通常应选用发电效率较高的类型、机组。据测算表明，若燃气发电机组的发电效率提高 1%，CCHP 系统的综合经济效益可能提高 1%～2%。燃气供应压力也是选择燃机类型的重要依据，燃气供应压力只有 0.8MPa 以下时，一般宜采用燃气内燃机，若采用中小型燃气轮机时应增设燃气压缩机。

④ 电制冷机和热泵的配置。为提高 DES/CCHP 系统的节能、经济效益，DES/CCHP 能源站

在城市电网低谷时段不发电，而能源站供应范围内有供冷需求时，应设置电制冷机供应所需的冷负荷，并由城市电网供电制冷。通常能源站设置的燃机其发电能力的余热制冷不能满足夏季冷负荷需求，可采用的方式有普通燃气直燃机制冷、在燃气发电机组或排气出口补燃增加制冷量、电制冷机制冷等。国内外 DES/CCHP 能源站的实践表明，采用电制冷机制冷补充"不足冷量"是节能减排和经济运行的优良方式。图 1.16.34 是 DES/CCHP 采用电制冷与吸收式制冷不同比例时节能率的变化曲线。该曲线是根据城市电网的发电效率为 55%（此发电效率是按燃气蒸汽联合循环机组计，实际上我国各城市电网的发电效率一般在 40% 左右）、电网输配效率为 90%、电制冷机的制冷性能系数（COP）为 5.0、余热吸收式制冷机的 COP 为 1.2 进行绘制的。由图中曲线可见，采用燃气轮发电机组包括供电、供热的总效率 η_1 为 78% 时，若余热吸收式制冷机的制冷量小于或等于 92%，其供冷期的节能率为 4%～62%；采用燃气内燃发电机组的总效率 η_1 为 82% 时，各种配比在供冷期都是节能的；当电制冷机供冷量大于 50% 后，其节能率均在 40% 以上，因此在 DES/CCHP 中的"不足冷量"推荐采用电制冷机供给。

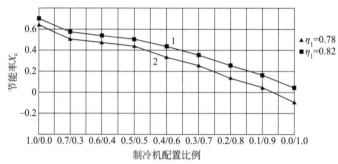

图 1.16.34　不同制冷机配置比例的节能率

在 DES/CCH 系统中配置热泵，节能减排效果更加显著。利用拟配置的电制冷机中的部分机组，根据具体项目的条件，经过技术、经济比较采用不同类型的热泵，如水源热泵（地下水、地表水、污水或中水等）、土壤换热器（地埋管等）以及其他形式的热泵，可获得 40～60℃ 的热水供应采暖、空调和生活用热水，一般可提高一次能源利用率 5% 以上，节能减排效果十分明显。北京火车南站的 DES/CCHP 能源站即采用污水源热泵，供应南站暖通空调热水。

（4）燃气冷热电联供的工程设计要点　为充分满足用户终端——工业企业、各类公共建筑或建筑群等的供冷、供热和部分供电的需求，使建成的燃气冷热电联供分布式能源站做到经济运行、节约能源、环境友好，工程设计的要点主要如下。

① 准确计算和确定冷、热、电负荷及其变化，对 CCHP/DES 供应范围内的生产、空调等用冷负荷及其变化进行统计、计算。应按生产、空调系统、设备配置、使用功能、温度和流量以及使用特点，计算小时最大、平均和最小冷热负荷，再乘以小于 1.0 的同时使用系数，得到总冷热负荷，并绘制典型日（一日或数日）的逐时冷负荷曲线、供冷季冷负荷曲线。当过渡季甚至部分供热季有供冷要求时，也应绘制典型日逐时冷负荷曲线、过渡季或供热季冷热负荷曲线。新建工程项目应根据各类用电设备的使用要求、电力负荷、同时使用系数以及在供冷季、供暖季、过渡季电力负荷的变化情况等，绘制供冷季、供暖季、过渡季典型日逐时电力负荷曲线。若有可能可参照现有类似建筑或建筑群的实际电力负荷及其变化进行绘制。已建工程项目进行燃气冷热电联供技术改造时，应根据该项目在最近 1～2 年供冷季、供热季、过滤季典型日（一日或数日）的逐时电力负荷数据，绘制典型日逐时电力负荷曲线、年电力负荷曲线。

② 运行模式选择。能源站的运行时间根据产品生产要求、项目所在地区的气象条件，在规划设计时应明确制定供冷季、过渡季、供热季的时段分界和各时段的运行天数以及每天的运行小时数。为确保燃气冷热电联供系统的经济效益，能源站内各台燃气发电装置的年运行时间宜大于 4000h。

③ 燃气冷热电联分布式能源系统的建设规模，能源站的供冷、供热能力宜按小时最大冷（热）负荷计算。

电力生产能力的确定，应以冷（热）负荷定电，充分利用余热、充分发挥发电能力为基本原则。一般燃气发电装置的发电能力为其供应范围电力负荷的 20%～30%。燃气发电装置的设置台数，应根据具体工程项目的需求和能源供应的安全可靠性确定，宜设 2 台或 2 台以上。燃气冷热电联供分布式能源系统生产的电力应与城市电网并网，但不售电。冷热电联供系统能源站应向供冷、供热服务区域供电，优化区域能源配置，提高能源综合利用效率。

④ CCHP/DES 能源站的全年平均能源综合利用率宜大于 75%，采用燃气内燃机时，全年节能率应大于 30%；采用燃气轮机时，全年节能率应大于 20%。节能率是在产生相同冷量、热量和电量的状况下，联供相对于分供的一次能源节约率。各台燃气发电装置的负荷率，均宜大于 80%。

⑤ CCHP/DES 能源站宜靠近冷负荷或热负荷中心。根据具体项目的规模、燃气供应和设计规划情况，能源站可为独立建筑或附设于用户主体建筑内。站房不应直接设置在人员密集场所的上层、下层、相邻处及安全疏散口的两侧。设置在用户主体建筑或附属建筑内的能源站，根据其规模、燃气发电装置类型可设在地上首层或地下（半地下）层或屋顶，且站房应设在建筑物外侧的房间内。

⑥ 能源站的布置应满足各类设备运输、安装和检修的要求，宜设置大中型设备搬入口和必要的设备起吊设施。设置小型燃气轮机发电装置、较大容量的内燃机发电装置的房间宜与其他房间分隔，宜设在变配电间的相邻处。燃气发电装置的余热利用设备（包括余热锅炉、吸收式制冷机）等相关辅助设备，宜就近布置。电动压缩式制冷机、吸收式制冷机，宜布置在同一房间内。小型电制冷机也可与燃气发电装置布置在同一房间内。当设有燃气锅炉时，宜单独设锅炉间，但小容量的常压燃气锅炉可布置在燃气发电装置的同一房间内，其布置间距应符合相关标准的规定。燃气调压间为甲类生产环境，应单独设置。控制室宜与能源站的主体设备间邻近布置，并应能观察主要设备的运行状况。控制室应设有隔声措施。

⑦ CCHP/DES 接入电网系统的连接方式，应在项目的可行性研究阶段确定。根据 CCHP/DES 能源的规模、所在区域的实际条件、用户端的使用特点等，分布式能源系统与电网系统之间有 4 种接入方式：并网不售电运行；独立运行（孤网运行）；独立运行向附近区域供电（微网运行）；与电网系统并网运行，且向当地电网输出电能（并网售电）。为确保电网和能源站运行安全，应符合国家和当地电网设计、运行的相关技术标准、规程等。

（5）应用示例

例 1：欧洲某电子公司的集成电路晶圆制造工厂洁净厂房采用了燃气冷热电联供能源系统，在厂区内设有燃气内燃机发电装置的燃气冷热电联供能源站，由于该厂洁净厂房的生产工艺要求十分严格的冷冻水供应和一些关键生产设备要求可靠的电力供应，将能源站的燃气发电装置与工厂的应急电源合并，采用了 $n+2$ 的配置数量，设置了共 8 台单机发电量 5MW 的燃气内燃机发电装置，正常运行 6 台；发电装置排出的烟气和缸套水等余热供应热水和经吸收式制冷机得到的冷冻水与电制冷机得到的冷冻水供应洁净厂房净化空调系统和生产工艺设备的冷冻水以及关键生产设备的连续供电。该能源站运行多年，并在工厂扩建中再次进行了扩大。图 1.16.35 是该燃气内燃机冷热电联供的流程示意图。由燃气内燃发电机送出的电力、排气余热和缸套水余热分别接至电网系统、排气余热锅炉 2 和热水吸收式制冷机 4（单效），95℃的缸套水除了可供制冷外，还可经热交换器 7 获得 32℃的热水；为补充工厂供热系统的不足热量，设置了备用燃气锅炉 1 生产蒸汽，并与排气余热锅炉生产的蒸汽并联供应蒸汽吸收式制冷机 3（双效）制冷，一部分蒸汽经热交换器 6 换热得到 95℃的热水与缸套水并联供热水吸收式制冷；燃气内燃机发出的电力接入电网电力系统后，一部分可供站内设置的电制冷机制冷，产生的 5℃/11℃冷冻水与两种吸收式制冷机的冷冻水并联供应工厂洁净厂房用冷冻水；因为晶圆制造厂房的生产工艺设备和洁净室净化空调系统需用 32℃和 80℃热水，所以能源系统设有 32℃、80℃各一套热水供应系统，32℃的热水除了由热交换器 7 通过换热获得外，还在三种类型的制冷机的冷凝器冷却水系统中设置了热交换器可根据需要制取 32℃ 的热水，制冷机冷却水也可接至冷却塔冷却。

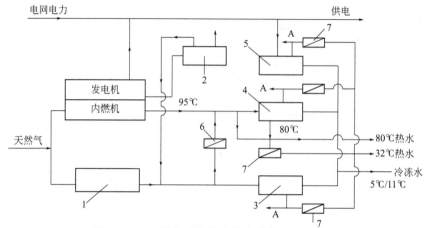

图 1.16.35　燃气内燃机冷热电联供流程示意图

1—备用燃气锅炉；2—余热锅炉；3—蒸汽吸收式制冷机；4—热水吸收式制冷机；

5—电制冷机；6，7—热交换器；A—接至冷却塔管路

　　例 2：国内上海某印制线路板工厂的洁净厂房建造中采用了燃气内燃机冷热电联供分布式能源系统，已投入运行多年，取得了较好的节能效益和经济效益。该系统设置了 1 台发电能力为 1160kW 的燃气内燃发电装置，所生产的电力与工厂的供电网变电站的低压侧（0.4kV）并网，但全部供企业内自用，不上网售电；燃气内燃机送出的高温烟气（545℃→120℃）至溴化锂吸收式冷暖机，夏季供冷、冬季供热；内燃机的缸套水（95℃/82℃）经过水-水换热器加热洁净厂房内产品生产工艺和净化空调系统所需的热水（70℃/85℃）。因此，设置在洁净厂房公用动力站房内的燃气内燃发电装置冷热电联供系统，在满负荷供应电力 1160kW 的同时，可供 845kW 的净化空调用冷冻水和 608kW 的热水，一次能源的利用效率可达 85%。

参考文献

[1] 中国电子工程设计院.空气调节设计手册.3 版.北京：中国建筑工业出版社，2017.

[2] 陈霖新.洁净室设计与节能.第二届中国国际（广州）洁净技术论坛论文集，广州，2004.

[3] 陈霖新.电子工业洁净厂房节能路径.第十二届中国国际洁净技术论坛论文集，苏州，2009.

[4] 严嵘.半导体工厂公用动力系统的能源互补再利用.洁净与空调技术，2012（3）：60-65.

[5] 张龙飞，贾宁.电子工业厂房冷冻机系统自由冷却节能改造.洁净与空调技术，2015（4）：57-60.

[6] 计玉帮，廖国期.TFT-LCD 工厂冷热源系统设计与节能.洁净与空调技术，2011（4）：37-39.

[7] 陈霖新.洁净厂房冷热源系统能源利用效率与评价.2018 国际污染控制与洁净技术高峰论坛，苏州，2018.

[8] 陈凤君，冯婷婷.九华山庄二期地埋管地源热泵工程.暖通空调，2007，37（3）：91-95.

[9] 张旭.热泵技术.北京：化学工业出版社，2007.

洁净厂房的施工与质量验收

洁净厂房的设计与施工

第2篇

第1章 概述

1.1 洁净厂房的施工内容

洁净厂房的类型众多，如电子产品药品、保健品、食品、医疗器械、精密机械、精细化工、航空、航天、核工业产品等生产用洁净厂房，这些不同类型的洁净厂房除了规模、产品生产工艺等不相同外，各类洁净厂房的最大差异是对洁净环境中污染物的控制目标不同；以主要控制污染物——微粒为目标的典型代表是电子产品生产用洁净厂房，以主要控制微生物和微粒为目标的典型代表是药品生产用洁净厂房。随着科学技术的发展，高科技的电子工业洁净厂房如集成电路芯片生产的超大面积洁净室，不仅应严格控制纳米级的微粒，还需严格控制空气中的化学污染物/分子污染物。各类洁净厂房的空气洁净度等级与产品种类及其生产工艺相关，目前电子工业洁净厂房所要求的洁净度等级为 ISO 3～8 级，某些电子产品生产用洁净厂房内在产品生产工艺设备还配置了微环境装置，其洁净度等级可达 ISO 1 级或 ISO 2 级；药品生产用洁净厂房根据我国多个版次的《药品生产质量管理规范》（GMP）对无菌药品、非无菌药品、中药制剂等的洁净室内洁净度等级均有明确的规定，我国现行的《药品生产质量管理规范（2010 年修订）》将空气洁净度等级划分为 A、B、C、D 四个级别。

鉴于各类洁净厂房的生产和产品生产工艺不同、规模不同、洁净度等级不同，其工程施工涉及的专业技术、设备和系统、配管和配管技术、电气设施等十分繁杂，各类洁净厂房的工程施工内容差异不少。仅以电子工业洁净厂房为例，电子器件生产用和电子元件生产用洁净厂房工程施工内容差异较多，集成电路生产的前工序和封装工序的洁净厂房工程施工内容也差异较多，若以微电子产品、主要是集成电路晶圆生产和液晶显示器面板制造的洁净厂房的工程施工内容主要有：（不包括厂房主体结构等）洁净室建筑装饰装修、净化空调系统安装、排风/排气系统及其处理设施安装、给水排水设施安装（含冷却水、消防水、纯水/高纯水系统，生产废水等）、气体供应设施安装（含大宗气体系统、特种气体系统、压缩空气系统等）、化学品供应系统安装、电气设施安装（含电气线缆、电气装置等）。因为气体供应设施的气源、纯水等系统的水源设施等的多样性、相关设备的品种多和复杂性，且大多也不安装在洁净厂房内，但其配管是共同的，所以在本篇中安排了"配管工程施工与验收"一章。另外在本篇未安排专门的章节对洁净室的噪声治理设施、防微振装置、防静电装置等的施工安装进行介绍，在第1篇的相关章节进行表述。

药品生产用洁净厂房的工程施工内容主要有：洁净室建筑装饰装修，净化空调系统施工安装，排风系统安装，给水排水设施安装（含冷却水、消防水、生产废水等），气体供应系统安装（压缩空气系统等），纯水、注射水系统安装，电气设施安装等。从上述两大类洁净厂房的施工内容可以看出各类洁净厂房的施工安装内容大体相似，虽然"名称"基本相同，但其施工内容的内涵有时相差很大。如洁净室的建筑装饰装修施工内容，微电子产品生产的洁净厂房一般采用 ISO 5 级的混

586

合流型洁净室，洁净室的地面采用有回风孔的活动地板；微电子产品生产用洁净厂房大多采用多层建筑，在洁净室洁净生产层的活动地板以下为下技术夹层，吊顶之上为上技术夹层，通常将上技术夹层作为送风静压箱，下技术夹层作为回风静压箱；为确保洁净室净化空调系统的回风、送风不会被污染物玷污，虽然上/下技术夹层没有洁净度等级要求，一般仍应对上/下技术夹层的地面、墙体表面进行必要的涂装处理，且通常在上/下技术夹层均可根据各专业的配管、配线（缆）布置需要设置相应的水管道、气体管道、各类风管、各类水管等。图 2.1.1 是在技术夹层布置的各种管道。当前的工程实践显示，各种类型的洁净厂房用途或建设目的不同、产品品种不同或即使产品品种相同，但是规模或生产工艺/设备存在差异，洁净厂房的施工内容是不一样的。因此，具体洁净室工程项目的实际施工安装均应按工程设计图纸、文件的要求和施工方与业主的合同要求进行。同时应认真执行相关标准规范的规定、要求，在准确地消化工程设计文件的基础上，制定可行的具体洁净工程项目的施工程序、方案或计划和建造质量标准，按期保质完成所承接洁净室工程的施工建造。

(a)

(b)

图 2.1.1　洁净厂房技术夹层的各种管道实景

1.2　洁净厂房的主要施工程序

　　洁净厂房的施工内容较多和繁杂，洁净工程的施工安装需各施工专业、多工种依据洁净室的特点，结合具体工程项目的实际情况、特点和使用功能等，认真执行相关标准、规范，按工程项目的设计文件和双方合约要求制定"工程施工程序"。

　　洁净厂房的施工安装程序中，根据具体工程的情况、复杂程度等因素，必要时应进行二次洁净室装饰设计或二次配管配线设计等。洁净厂房的施工安装需各专业、多工种密切配合，按具体工程的实际情况，制定施工安装程序和计划进度，循序渐进地完成洁净厂房的施工建造。图 2.1.2 是洁净厂房的主要施工程序。

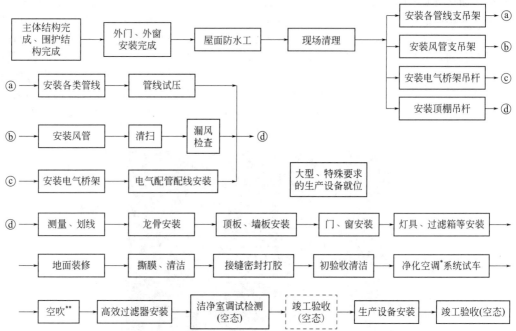

* 系统试车前，制冷机、空调机等应安装完成，并完成单机试车、合格。
**空吹前，洁净厂房办所有的公用动力设施、管线均已安装完成，并已单机试车、合格；条件允许时，洁净室内的大型生产工艺设备等已部分完成安装，处于备用状态。

图 2.1.2　洁净厂房的主要施工程序

第2章 洁净厂房建筑装饰装修施工

2.1 施工内容

2.1.1 施工基本要求

（1）一般规定 目前我国洁净厂房的建筑装饰装修工程基本上有两种形式：一是"土建式"，即洁净室的装饰装修是在洁净厂房的墙体、吊顶的砌体抹灰工程完成后进行的；二是装配式，即在洁净厂房的外围护结构施工完成后，采用外购的金属壁板组装为各个洁净室（区）的隔墙、吊顶。无论采用哪一种形式，在洁净厂房工程设计时的建筑施工图中，虽然已有各洁净室（区）的平面布置和门、窗、风口、灯具等的位置、尺寸等，但一般未达到装饰装修施工所需的施工详图深度；另外，洁净室的装饰装修大部分均由专业洁净工程公司承建，而不是由土建施工单位承建。因此，在洁净厂房的建筑装修工程施工前应进行施工详图设计。在《洁净厂房施工及质量验收规范》（GB 51110）中对施工详图设计进行了明确的要求，施工详图应包的主要内容是室内装饰装修技术要求；吊顶、墙体用金属壁板模数选择；吊顶、隔墙、门窗、送回风口、灯具、报警器、设备留洞、管线留洞、特殊留洞等设施的综合布置和气密性节点图；门窗构造和节点图、金属壁板安装节点图等。具体工程项目可根据具体条件增加必要的内容。该施工详图应经原工程设计单位的确认、签证和建设单位的同意，方可实施，这既有利于建筑物的安全，也有利于各专业技术协调一致，减少不必要的差错或重复。

洁净厂房装修装饰工程的施工除了应执行《洁净厂房施工及质量验收规范》（GB 51110）等规范外，还应执行现行国家标准《建筑内部装修防火施工及验收规范》（GB 50354）、《建筑装饰装修工程质量验收标准》（GB 50210）等的有关规定。为实现洁净厂房装饰装修工程施工过程的清洁管制，避免施工过程出现不应该有的影响清洁环境要求，洁净厂房装修装饰的施工应在厂房主体结构和屋面工程完成并验收合格后进行。对现有建筑进行洁净室装饰装修时，应对现场环境、现有设施等进行清理与清洁，在达到洁净施工要求后再进行施工，并应在整个施工过程做到：

① 洁净厂房装饰装修工程的施工过程应对施工现场进行封闭管理，并应对进出人员、设备和材料等进行洁净管制，包括记录、监管等。

② 施工时的环境温度不宜低于5℃。低温施工时，对有温度要求和影响区域的施工作业应采取保温措施。

③ 装饰装修工程的施工过程应保持施工现场清洁，对隐蔽空间应做好清扫与清洁记录。

④ 应保护已完成的装饰装修工程表面，不得因撞击敲打、踩踏等造成表面凹陷、破损和表面装饰的污染。

（2）洁净室装饰用材料的要求 洁净厂房建筑装饰装修工程所需材料的选择，由于洁净室的装饰装修工程属于具有特殊要求的装饰装修，依据洁净室内产品生产工艺的特点不同，会有不同的要求，且技术复杂、施工难度大，为确保施工质量，从材料选择开始必须认真执行相关规范的规定。通常洁净室的装饰装修材料大多要求采用不霉变、防水、可清洗、易清洁和不挥发分子污染物的材料。这里所说的分子污染物主要是酸、碱、生物毒素、可凝结物、腐蚀物、掺杂物、有机物、氧化剂等，按物质划分有数十种，如氨、盐酸、氟化氢、硫化氢、异丙醇、臭氧、二氧化碳、氧化氮、二甲苯等。这些污染物除了来自室外空气外，还来自建筑材料、厂房内的设备和工器具、作业人员等污染源。在 GB 51110 中对洁净室装饰装修工程的材料选择作了下列规定：

① 应满足项目施工图设计要求。

② 应满足防火、保温、隔热、防静电、隔振、降噪等要求。

③ 应确保洁净室气密性要求，材料表面不应产尘、吸附微粒、积尘。

④ 应采用不霉变、防水、可清洗、易清洁和不挥发分子污染物的材料。

⑤ 应满足产品质量、生产工艺的特殊要求，并不得释放对人员健康及产品质量有害的物质。

在洁净室建筑装饰装修工程的施工过程中应严格执行上述要求，正确地选择施工材料，并应符合相关规范对洁净室内各个部位包括墙体、吊顶、地面的施工作业、工艺要求，确保洁净室建筑装饰质量。

2.1.2 施工内容

洁净室的装饰装修工程主要包括：吊顶工程，墙体工程，墙、柱、顶涂装工程，地面涂装工程，高架地板，洁净门窗工程等。根据不同产品生产用洁净室的工艺或使用特点及其规模、地域等不同因素，洁净室建筑装饰装修内容会有不同的选择，其差异可能较大。例如，某个药品生产用洁净室，因当地的条件限制且洁净室面积不是很大，企业投资者采用了"土建式"的洁净室装饰装修方式，施工实践表明质量全面满足生产工艺要求，投产后产品质量优良。目前电子工业洁净室基本上都采用不同类型的金属壁板墙体、吊顶，其装饰装修质量都能满足各种洁净度等级的洁净室内电子产品生产要求。

（1）吊顶工程 洁净厂房吊顶工程的施工质量验收是洁净厂房施工验收中十分重要的组成部分，由于厂房吊顶内有各类管道、功能设施甚至设置有部分设备，其种类繁多、技术复杂。依据洁净厂房的特点，吊顶是洁净室（区）重要的上部结构部件，在吊顶之上设有高效过滤器送风口、照明灯具、火灾探测器等设施。吊顶的可靠固定和吊挂，并且不应受到设备、管线作业行为的影响，是确保洁净厂房结构安全和稳定运行的重要条件之一；在洁净厂房的运行维护中，作业人员需要在吊顶上行走，进行维护管理，所以也是确保作业人员安全的硬件条件。

在洁净厂房中洁净室的吊顶工程依据产品生产工艺要求或洁净度等级不同，吊顶方式会有所不同，单向流或大面积、大空间的洁净厂房通常采用所谓的"三层"或多层布置，在洁净室上的上技术夹层同时也是送风静压箱，洁净室吊顶均采用金属壁板，在吊顶设置送风用FFU，这类洁净室目前大多用于集成电路芯片制造、TFT-LCD面板制造的洁净厂房；而大多非单向流洁净室的吊顶与墙体同时采用金属壁板，在该吊顶上根据需要布置高效空气过滤器或适量的FFU，将FFU的接口直接接到净化空调系统的送风管上。

（2）墙体工程 洁净室的墙体工程根据洁净度等级不同，墙体可采用板材隔墙、复合轻质墙板和夹芯彩钢板等。目前，金属夹芯板品种多，生产厂家也很多，应用十分广泛，根据需要可采用岩棉夹芯彩钢板、铝蜂窝夹芯彩钢板、纸蜂窝夹芯彩钢板。根据洁净室使用功能的不同，夹芯彩钢板根据应用部位的不同，可分别采用不防静电夹芯彩钢板、单面防静电夹芯彩钢板、双面防静电夹芯彩钢板。岩棉夹芯彩钢板是洁净室施工常用的装修材料，适用于洁净室各个房间的隔断、土建墙的附板、包柱等。对于电子厂房的洁净室而言，其装修材料往往要求防静电，凡是与洁净室风道相接触的板面都应该采用防静电板面，而与风道不接触的板面可以采用单面防静电夹芯彩钢板。

墙体工程施工在采用金属夹芯板时，墙体工程施工过程应是吊顶工程的前工序，即先做墙体工程，所以为确保洁净室墙体和吊顶施工过程的清洁管理及施工之后避免相关专业施工可能对墙体损伤事件的发生，墙体工程施工前应进行如下的验收和交接：与墙体工程相关管线、设施的安装工程；龙骨、预埋件等的防火、防腐、防尘、防霉变处理。

墙体工程施工质量验收应具有下列文件和记录：墙体工程的施工详图、设计及施工说明和相关产品合格证、性能检验报告和进场验收记录等；隐蔽工程验收记录；施工记录，以确保洁净厂房后续施工的正确进行和工程质量的追溯。

(3) 墙、柱、顶涂装工程　洁净室施工过程中的墙、柱、顶涂装工程既是"土建式"装饰装修施工的必需工序，也是采用金属夹芯板的洁净室和活动地板等安装施工之前必须进行的混凝土墙面、梁、柱、顶等部位的基层处理。有人说洁净室的墙、柱、顶等涂装工程是洁净厂房装饰装修工程的"基础工序"，是保障洁净室建筑装饰装修工程质量的重要条件之一。

洁净室的墙、柱、顶涂装工程一般是采用水性、溶剂型以及防尘、防霉涂料。为确保施工质量，在进行涂装前应检查确认基层状况，主要包括：基层养护应达到设计要求；基层表面平整度、垂直度及阴阳角应符合设计要求；基底应坚实、牢固，不得出现蜂窝、麻面、空鼓、粉化、裂缝等现象；若为新建筑应将建筑物表面建筑残留物清理干净，并用砂纸打磨；若是旧墙面在施工前应将疏松部分清理干净，并应涂界面剂后再补平；当基层使用腻子找平时，应符合设计要求和现行行业标准《建筑室内用腻子》(JG/T 298)的有关规定。

洁净室墙、柱、顶涂装工程的施工和质量验收应符合国家标准《洁净厂房施工及质量验收规范》(GB 51110)中的有关规定。

(4) 地面涂装工程　洁净室的地面根据洁净室的洁净度等级、生产工艺要求和功能不同有多种形式，主要包括高架地板(活动地板)地面、PVC贴面地面、环氧类地面以及水磨石地面等。高架地板是由制作厂家生产的定型产品运达现场进行安装，但其基层的处理与其他地面涂装要求相似。对于洁净室地面涂装工程的施工和质量验收在 GB 51110 中有相关要求，在该规范中明确其使用范围是用于水性涂料、溶剂型涂料以及防尘、防霉涂料地面的施工验收。

地面涂装施工是在土建工程的地面基层施工完成后进行的，为此应认真检查确认基层施工的实际状况，确认应符合下列规定：基层的养护应达到设计要求；基层上的水泥、油污等残留物应清理干净；当基层为建筑物的最底层时，应做好防水层；基层表面的尘土、油污、残留物等应清除干净，并应用磨光机、钢丝刷全面打磨、修补找平，同时应用吸尘器清除灰尘。若为改建工程，旧地面为油漆、树脂及 PVC 地面时，应将基层表面打磨干净，并应用腻子或水泥等修补找平。地面涂装前基层检查确认合格后方可按规定程序进行施工。

(5) 高架地板　高架地板地面通常是 ISO 5 级以上洁净室常用的地板地面，其作用是利用地板孔回风，与吊顶上的 FFU 形成垂直单向气流。根据所用的主要材质划分为铸铝地板、铸铝铁 PVC 面地板、钢板 PVC 贴面地板、钢板水泥夹芯 PVC 贴面地板等；按照其表面开孔状况或通气率的大小划分为条形隔栅地板(通风率为 50%)、圆孔通风活动地板(通风率为 21%)、不通风活动地板(即盲板活动地板)，钢板 PVC 贴面地板一般均为盲板。高架地板根据使用要求、气流组织、使用功能不同，其高度也不相同。一般安装高度有 1800mm、1500mm、1200mm、1000mm、900mm、600mm 等系列高度，对于洁净厂房的更衣室、机房等部位，活动地板的安装高度一般为 200mm 左右。

高架地板有防静电与非防静电之分，对于电子工业洁净厂房的洁净室一般均有防静电的要求。另外根据活动地板使用的要求不同，其单位平方米的承载能力也不同，施工时应按使用要求选择高架地板形式、规格。

(6) 门窗安装工程　洁净室的建筑装饰装修工程中十分重要的一项安装工程是门窗的安装，这是保障洁净建筑实现气密性的主要条件，因此在洁净室的设计、施工中均应十分关注门窗选型、构造和施工建造。门窗安装工程首先应强调符合设计(包括工程设计和施工详图)的要求，目前洁净室的门窗大多采用外购产品，订购时应严格遵守设计要求和业主方、总包方提出的要求，选择气密性和密闭性、材质、五金件品质和构造优良的产品，建议应检查验证制造商提供的样品后确定，并在安装前应认真检查产品合格证书、性能检测报告和现场验收记录等。

2.1.3 施工准备

（1）环境条件 洁净室的建筑装饰装修施工应在厂房屋面防水工程和外围结构完成，厂房的外门、外窗安装完毕，主体结构工程验收后才能进行。对现有建筑进行洁净室装饰装修时，应对现场环境、现有设施等进行清理与清洁，达到洁净施工要求后才能进行施工。洁净室装饰装修的施工必须满足上述条件，为了确保洁净室建筑装饰装修施工工程不会受到相关施工进行时对洁净建筑装饰施工半成品受到污染或损伤的需要，应实现洁净室施工过程的洁净管制。

除此之外，环境准备还包括现场临时设施、厂房的卫生环境等。

（2）技术准备 洁净建筑装饰装修专业的技术人员必须熟悉设计图纸的要求，依据图纸要求对现场进行准确测量，并核对图纸对装饰装修进行二次设计，主要包括技术要求；吊顶、隔墙金属夹芯板模数的选择；吊顶、隔墙、高架地板、风口、灯具、喷淋头、烟感、预留洞等综合布置图和节点图；金属壁板安装和门窗节点图。图纸完成后，专业技术人员应对班组进行书面技术交底，协同班组对现场进行测绘，并确定基准标高和施工基准点。

（3）施工机具与材料准备 洁净装饰装修的施工机具相对于空调通风、配管、电气等专业的机具要少，但应满足建筑装饰装修施工的要求；进场前必须对各种机具进行检验，计量器具必须经监检机构检测并应具有有效文件。

洁净室用的装饰装修材料应满足设计要求，同时在材料进场前应具有：夹芯彩钢板的耐火检测报告；防静电材料检测报告；消防产品的生产许可证；各种材料的化学成分鉴定书；相关产品的图纸、性能测试报告；产品的质量保证书、合格证等。

洁净室的装饰装修用机具、材料应根据工程进度的需要分批进场，进场时应及时向业主或监理单位报验，未经报验的材料不能用于工程的施工，并按规定做好记录。进场后的材料应在规定场地妥善保管，防止雨淋、暴晒等原因而使得材料变质或变形等。

（4）人员准备 从事洁净室装修施工的施工人员首先应熟悉相关施工用图纸、资料和要使用的施工机具，并应了解施工流程。同时还应进行相关进场前的培训，主要包括以下几点。

① 洁净意识培训。
② 文明施工、安全施工培训。
③ 业主方、监理方、总包方等相关管理规定、本单位管理规定的培训。
④ 施工人员、材料、机具、设备等进场路线的培训。
⑤ 工作服、洁净服着流程的培训。
⑥ 职业健康、安全、环保的培训。

施工单位在项目前期的准备过程中，应注重项目部管理人员的配备，根据项目大小、难易程度合理配备。

2.2 墙体、吊顶施工

2.2.1 基本要求

近年来，以金属夹芯板（夹芯彩钢板）为墙板、吊顶板组装的洁净室已经成了各种规模、各个行业建造洁净室的主流，应用十分广泛。夹芯彩钢板种类多样，在洁净室建造中使用较多的有岩棉夹芯板、无机料夹芯板、石膏夹芯板、纸蜂窝或铝蜂窝夹芯板等。依据国家标准《洁净厂房设计规范》（GB 50073）的规定，洁净室的顶棚、墙板及夹芯材料应为不燃烧体，且不得采用有机复合材料；顶棚和墙板的耐火极限不应低于0.4h，疏散走道的顶棚耐火极限不应低于1.0h。这是洁净室建造时选择金属夹芯板品种的基本要求，不符合上述要求者均不得选用。在国家标准《洁净厂房施工及质量验收规范》（GB 51110）中对采用金属夹芯板建造洁净室吊顶、墙体的施工做出了要求、规定，本节摘录部分作为墙体、吊顶施工的基本要求，供读者应用。

（1）吊顶工程　吊顶工程施工前，应对吊顶内各类管道、功能设施和设备的安装工程，龙骨、吊杆和预埋件等的安装，包括防火、防腐、防霉变、防尘处理措施以及其他与吊顶相关的隐蔽工程进行验收、交接，并按规定办理签署记录。在进行龙骨安装前，应按设计要求对房间净高、洞口标高和吊顶内管道、设备及其他支架的标高等办理工序交接手续。

为确保洁净室吊顶工程的使用安全和减少污染，吊顶工程中的预埋件、钢筋吊杆和型钢吊杆应进行防锈或防腐处理；当吊顶上部作为静压箱时，预埋件与楼板或墙体的衔接处，均应进行密封处理。

吊顶工程中的吊杆、龙骨及连接方式是实现顶棚施工质量、使用安全的重要条件、措施。吊顶的固定和吊挂件，应与主体结构相连，不得与设备支架和管线支架连接；吊顶的吊挂件亦不得用作管线支吊架或设备的支吊架。吊杆间距宜小于 1.5m。吊杆与主龙骨端部距离不得大于 300mm。吊杆、龙骨和饰面板的安装应做到安全、牢固。

吊顶的标高、尺寸、起拱、板间缝隙应符合设计要求。板间缝隙应一致，每条板间缝隙误差不得大于 0.5mm，并应以密封胶均匀密封；同时应做到平整、光滑、略低于板面，不得有间断和杂质。吊顶饰面的材质、品种、规格等应按设计选择，并应对现场产品等进行核对。金属吊杆、龙骨的接缝应均匀一致，角缝应吻合。空气过滤器、灯具、烟感探测器以及各类管线穿吊顶处的洞口周围应平整、严密、清洁，并应用不燃材料封堵。吊顶工程安装的允许偏差和检验方法应符合表 2.2.1 的要求。

表 2.2.1　吊顶工程安装的允许偏差和检验方法

项次	项目	允许偏差/mm		检验方法
		金属板	石膏板	
1	表面平整度	1.0～2.0	3.0	用 2m 靠尺和塞尺检查或水平仪检查
2	接缝平直度	1.0～1.5	3.0	拉 5m 线，不足 5m 拉通线，用钢直尺检查或经纬仪检查
3	接缝高低差	0.5～1.0	1.0	用钢尺和塞尺检查

（2）墙体工程　洁净室建筑装饰装修工程的墙体采用的金属夹芯板安装前，应对现场进行准确测量，正确依据设计图纸进行放线，墙角应垂直交接，墙板垂直度偏差不应大于 0.15%。墙体板材的安装应牢固，预埋件、连接件的位置、数量、规格、连接方法以及防静电方式应符合设计文件的要求。金属隔板的安装应垂直、平整，位置正确，与吊顶板、相关墙体的交接处应采取防开裂措施，其接缝应进行密封处理。墙体面板接缝间隙应一致，每条面板缝间隙误差不得大于 0.5mm，并应在正压面以密封胶均匀密封；密封胶应平整、光滑，并应略低于板面，不得有间断、杂质。对于墙体面板接缝等的检验方法应采用观察检查、尺量、水平仪测试。

墙体金属夹芯板的安装允许偏差和检验方法应符合表 2.2.2 的规定。

表 2.2.2　墙体板材安装的允许偏差和检验方法

项次	项目	允许偏差/mm		检验方法
		金属夹芯板	其他复合板	
1	立面垂直度	≤1.5	2	用 2m 垂直检测尺检查
2	表面平整度	≤1.5	2	用 2m 靠尺和塞尺检查
3	接缝高低差	1	1.5	用钢尺和塞尺检查

墙体金属夹芯板的表面应平整、光滑、色泽一致，在板材的面膜撕膜前应完好无损。

2.2.2 墙体、吊顶的施工

（1）施工流程 洁净室采用金属壁板的墙体、吊顶施工方式、流程，根据洁净室规模、类型等不同，会有些差异，但目前各个专业洁净工程公司实际采用的墙体、吊顶施工流程大体相似。

① 墙板安装：现场准备⇒测量放线⇒墙板龙骨安装⇒墙板安装⇒各专业预埋件⇒门窗风淋室安装⇒撕膜清洁打胶⇒空吹清洁⇒风口安装。

② 吊顶安装：现场准备⇒测量放线⇒吊顶开洞⇒支吊架安装⇒龙骨安装⇒吊顶彩钢板安装⇒风口灯具顶板安装⇒风口灯具安装⇒撕膜清洁打胶⇒空吹清洁⇒高效过滤器安装。

实际施工过程中，顶棚、墙板安装后撕膜、清洁和打胶通常是同步连续进行的。一般金属壁板在撕膜前，应对洁净厂房内各相关专业的施工进行一次全面检查，包括净化空调系统（含空调机、制冷机的安装等）、各种管线的安装、门窗的安装、地面装饰装修和相关技术设施的施工安装等是否达到洁净室空吹的条件，并做检查记录；有时为了避免撕膜、清洁和打胶后进行空吹可能对夹芯板表面带来污染，会先进行初步空吹，再完成撕膜、清洁和打胶。

（2）隔栅龙骨施工 为了提高施工速度，尽可能合理、高效地施工，龙骨安装时应先将原材料及连接附件运到施工场地相邻的地板上进行组装，然后再成片地用葫芦起吊，吊装块的大小可根据现场实际情况（施工人员的数量、施工可利用场地的大小等）确定。组装时须紧固连接件的螺栓，以确保连接可靠，避免不必要的二次连接，保证安全生产。龙骨组装时需要注意的是除吊点和连接处外，其他部位的保护膜应尽量少破坏，以减少或降低清洁的工作量和难度。图2.2.1是洁净室常用的T形FFU龙骨断面图。图2.2.2是一个FFU安装示意图。

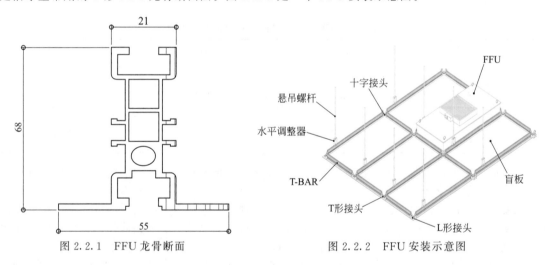

图2.2.1 FFU龙骨断面　　　　　图2.2.2 FFU安装示意图

龙骨吊装时如果起吊块较小可不用葫芦起吊，但在不能保证起吊安全的情况下应使用葫芦起吊。起吊到龙骨大致标高后，需在起吊块的周边同时和吊杆连接，连接螺栓紧固程度应确保龙骨不会跌落，以便水平调节人员调节水平（由调平人员紧固龙骨与吊杆的连接螺栓）。龙骨的吊装由内向外、由中间向四周进行，以减少施工误差。

龙骨水平调整，龙骨起吊连接后，调平人员需即时进行调平工作。调平需要激光水平仪对每个吊点进行调节。通常进行调节时可从起吊块的周边开始，在确保四周高度调节准确时，中间的吊点可用长标尺来检验，对个别有误差的进行调节，从而加快调节速度。需要注意的是激光水平仪使用前应进行校准，水平调好后，各吊点的螺钉需紧固可靠。图2.2.3是某洁净室龙骨安装后的整体效果。

洁净室龙骨施工半成品保护。通常龙骨施工完毕后，相关专业施工尚需继续完成，因此应对龙骨成品进行保护，否则将对工程的质量造成不良影响。通常采用塑料布将T-GRID包裹起来，

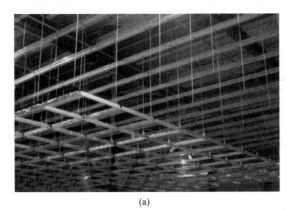

(a)　　　　　　　　　　　　　　　(b)

图 2.2.3　洁净室内龙骨安装后的效果

以防划伤或污染，并不得以硬物碰撞龙骨；对可能会损坏的部位应挂有保护标志，必要时还可安排人员值班保护，尽量减少成品的损坏。

（3）墙板、吊顶板的施工　洁净室的建筑装饰装修采用金属夹芯板时，墙体、吊顶的施工一般都以前述的安装流程各工序进行。除了上面描述的龙骨安装施工外，下面对安装流程中的测量放线、墙板和吊顶板的安装过程等进行描述，供读者参考。

测量放线：洁净室装修施工的基础，尤其墙板、吊顶板由多个单板组合安装，且需由多种专业协调安装施工的洁净室装饰装修更应强调精确性，而测量放线是施工精确性能否得到保证的重要条件。由于施工中交叉作业复杂，洁净室装修的测量放线需按统一的安装基准线进行。通常是以两个方向的轴线为原始基准，确定一条对施工有利的安装基准线。一般采用多点法确定一个基准点和基准线以保证精确度。通常采用激光水平仪或一定精度的水准仪进行测量放线。弹墨线前必须用棉线 20～30m 校核基准点或参考点；弹墨线后应反复校核，确认无误后及时做好相关标志。测量放线时应在地面上尽可能低的地方用激光水平仪或一定精度的水准仪寻找并确定最高点，并将地面上的最高点确切标出，同时在洁净室的结构柱中心相对于地面最高点绘出 500mm 的水准测量点。

顶板、墙板的安装：顶板安装的螺纹吊杆应在安装前切割成需要的长度，一般是按测量 500mm 基准线到楼板底或梁板底确定。吊杆采用 M8 通丝，用两个 M10 的膨胀螺栓和角铁与顶棚固定；吊杆间距宜为 0.8～1.0m，吊点要与顶棚放线一致。安装膨胀螺栓要求全部浸没，并将吊杆同时装好。顶棚吊梁的安装，先用 $\phi3.5mm$ 的钻头沿 C 型钢内侧外沿以 100mm 的间距钻两排孔，再用螺母把 C 型钢和吊杆连接；然后用激光水平仪或一定精度的水准仪调整龙骨各悬吊点下面的高度，具体通过调节螺母来调整；调整高度时同时带着型材使其保持垂直向下，再对照地面最高点与龙骨最低侧的高度来测量 C 型钢的高度，要求误差在 1mm 以内。

在顶板系统施工时，应依据二次设计的情况、宽度分段情况确定龙骨布置及相应吊挂件吊点的位置。顶板系统的吊点安装方式由建筑物屋面结构形式确定。砼结构屋面，采用与预埋型钢焊接或膨胀螺栓固定的安装方式；钢结构屋面，采用型钢固定片固定型钢的方式为顶板系统提供足够的吊点。顶板吊挂系统由型钢、螺纹吊杆、接头、螺钉、可调节件、龙骨、五金件等组成。

顶板系统施工平整度的控制取决于对龙骨接点测量的精度。一般要求逐个接点测量水平度，通过调节螺纹吊杆的长度，使龙骨下平面在允许偏差范围内。在顶板安装过程中不要将顶板表面的塑料保护膜撕掉。顶板周边应与墙体交接严密，板缝应平齐且密封良好。

墙板龙骨的安装主要指上下马槽的安装，根据不同的结构形式按设计图纸要求进行组装，如采用带圆弧的整体式马槽，一般用射钉将下马槽沿已确定的壁板线固定在地面上，用自攻螺钉将上马槽与顶板连接。图 2.2.4 是金属夹芯板与地面安装节点图，图 2.2.5 是金属夹芯板与顶板安装节点图。除上下马槽外，板与板之间采用"中"字铝，以增加强度和密闭性。

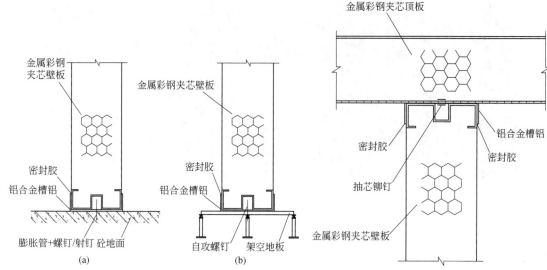

图 2.2.4　金属夹芯壁板与地面安装节点图　　　图 2.2.5　金属夹芯壁板与顶板安装节点图

对于医药工业用洁净厂房,上下马槽与顶板和地板之间应采用圆弧形铝型材过渡,以避免灰尘积聚。图 2.2.6 是典型的医药工业洁净室墙板与顶板之间圆弧角过渡的施工方式,图 2.2.7 是医药工业洁净室墙板与地板之间圆弧角过渡的施工方式。

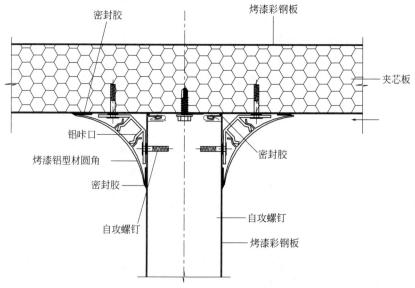

图 2.2.6　洁净室墙板与顶板的圆弧角

顶板龙骨目前主要采用暗龙骨,该龙骨是整体成型,材质为铝合金。顶板凹形槽正好与暗龙骨配套。图 2.2.8 是吊顶暗龙骨的节点示意图。

顶板安装:顶板安装前应完成顶板开洞封口,且龙骨已安装调平固定,洁净室的安装环境清洁,各专业的管线安装已基本完成。铺设顶板时,应根据测量画好的吊顶线在建筑内拉通线,以此作为安装吊顶板的控制线。第一块顶板安装时必须做好加固措施,不得有晃动,吊顶板与 C 型钢间用自攻螺钉固定。相邻顶板间要用铝合金插条连接,插条长度不得小于缝长的 2/3。

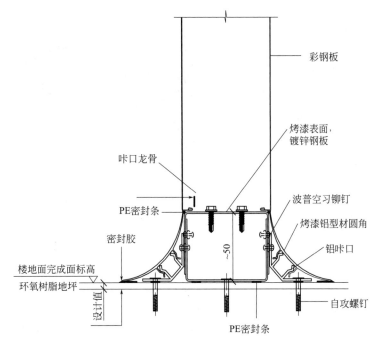

图 2.2.7 洁净室墙板与地板的圆弧角

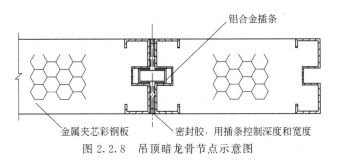

图 2.2.8 吊顶暗龙骨节点示意图

顶板安装过程中不准用硬质工具直接接触彩钢板面，以免划伤；在移动金属彩钢板时要轻拿轻放，不得平抬彩钢板；彩钢板的放置场地应清洁并有必要的保护措施；顶板开口后应立即封口，以免划伤或填充物损坏，并应严格控制产尘作业，控制出入人流。

墙板安装：在墙板龙骨按设计图纸要求调整到位，并拧好螺栓后进行墙板安装，一般是先安装墙角的墙板，若有内外墙角时，则内外两种墙角都要先安装；墙板定位卡紧，检查确定墙板两侧是否直立，只有确定垂直度达到要求后，才能用自攻螺钉将墙板固定在顶板龙骨和底龙骨上。墙板安装过程中应注意调整各处拼缝的一致性和保护好墙板使其清洁、不被划伤等。

墙板安装时，应按二次设计图留出门框、窗框的洞口和构造要求的接缝形式；有时该洞口金属壁板制造厂家已经预留，应在预留处进行加固处理。

在顶棚板、墙板安装调整后，可安装高效过滤器、灯具底框和回风口等。当采用嵌入式洁净灯具时，将灯具底框从下侧装入，将灯具边框固定在护口侧面或顶板上侧，并注意密封。安装高效过滤器的顶板一般在二次设计时，考虑夹芯板的强度，应当在夹芯板厂家生产时，标明其具体位置，以便在洞口周围加固，同时还应对预留洞的尺寸和高效过滤器的尺寸核实无误。图 2.2.9 是夹芯板的预留洞示意图。

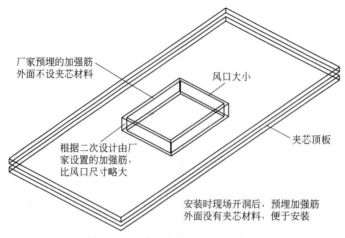

图 2.2.9　夹芯板的预留洞示意图

撕膜清洁密封：

撕膜前应具备的条件：各专业末端如高效过滤器、灯具、回风口、管线阀门、插座、排风装置等均已安装；地面装修施工完成，并初步验收；洁净室进行彻底清洁吸尘处理。清洁密封是确保洁净室装饰装修质量的关键工序之一，清洁是在撕膜后对洁净室的再次清扫吸尘和对顶板、墙板的清洁、擦拭，它是进行密封的前提。密封一般是采用硅胶或其他洁净室用密封胶对各处板缝进行密封打胶。打胶要求饱满均匀，并略低于板面，为保证胶缝的均匀，在打胶前可在需打胶的接缝两侧贴上纸胶带。为保证胶缝的一致性，建议顶板均采用插条式连接方式。

成品的保护：建筑装饰施工完毕，洁净室整体施工尚未全部完成时，应对建筑装饰装修成品进行保护，避免因可能受到的损伤、污染对工程质量造成不良影响。一般应建立出入管理制度，严格控制人流和物流，以防划伤或污染已完成的建筑装饰。若必须在围护结构上开孔时，应进行协商讨论，并应考虑防污染或清洁措施的可行性，按规定得到有关部门、人员的许可后方可进行。应密切注意，顶板、墙板、地面等建筑装饰成品不得被硬物碰撞。一般在 1.5m 标高范围内的墙板可用纸板保护，梯子、井字架与顶板、墙板可能接触的部位应用软质材料包裹，以防止碰伤成品。

2.2.3　墙、柱、顶涂装工程

（1）基本要求　在洁净室建筑装饰装修中依据规模不同、产品生产工艺的要求和装修模式的差异，对洁净厂房内墙、柱、顶涂装的要求也是不同的。在 GB 51110 中对于洁净室的墙、柱、顶涂装的规定是适用于水性、溶剂型以及防尘、防霉涂料的涂装工程的施工验收，并对此作出了相应的要求、规定。墙、柱、顶涂装一般是在洁净室装饰装修工程中彩钢板、活动地板等安装之前应进行的一道工序；是在土建工程验收合格后，首先在厂房内混凝土的墙面、地面、梁、柱、顶等部位进行的"基层"处理。此类涂装工程是洁净室装饰装修的基础，是防止灰尘颗粒进入洁净室的第一道屏障。对于洁净级别高的洁净室（如 ISO 6 级以上），此类涂装工程尤为重要；对于洁净级别较低的洁净室（如 ISO 7 级、ISO 8 级）甚至可以不用涂装，但必须保证所有的混凝土面层均被彩钢板封闭，或者直接涂装后不用彩钢板密封，如 ISO 7 级洁净室的静压箱顶板、回风夹道、支撑柱等部位。

涂装工程根据洁净室功能部位的不同，采用不同的材料。一般对于顶板、回风夹道、梁柱、华夫沉台采用环氧涂料两层，洁净级别低的洁净室（ISO 6 级以下）地面可采用普通环氧地面、环氧树脂自流坪。环氧地面根据工艺要求的不同，按防静电要求、防水性、耐酸碱要求和耐磨性能的要求不同而采取不同的涂料施工工艺。

建筑涂料主要有水溶型、溶剂型、反应型三大类，各种类型的涂料均由主剂或成膜物质与助剂、填料、颜料等构成。成膜物质是涂料性质特性的决定因素，如环氧树脂类抗酸碱且硬度高以及具有防静电作用等，聚氨酯类具有高弹性且防水性能优良等。一般建筑涂料是以成膜物质命名的，如人们熟知的环氧树脂涂料、聚氨酯涂料等。作为建筑涂料的助剂种类很多，如增稠剂、流平剂、防霉剂、防冻剂、防泡剂、阻燃剂等。建筑涂料具有保护、装饰和建筑物所需的特定功能，如防水、防火、防热、防污染等，为实现建筑涂料的预期"功能"，除了要有优良的涂料产品质量外，还必须有正确的设计、选材和精心的施工。下面摘录有关标准规范中的相关要求进行简要说明。

洁净室的水溶型、溶剂型以及防尘、防霉涂料的涂装工程施工前应确认基层状况，并应做到基层养护达到设计要求；这类涂装工程的基层表面平整度、垂直度及阴阳角应做到方正；基底应坚实、牢固，不得出现蜂窝、麻面、空鼓、粉化、裂缝等现象。若为新建筑应将建筑物表面的施工残留物清理干净，并用砂纸打磨；对于旧墙面在施工前应将疏松部分清理干净，并涂界面剂后再补平。当基层使用腻子找平时，应符合设计要求和现行标准《建筑室内用腻子》（JG/T 298—2010）的有关规定。

墙、柱、顶涂装工程所用涂料的品种、型号和性能，应符合设计要求，应逐一检查产品出厂证明、生产批次、合格证书、性能检测报告和进场验收记录。

洁净室涂装工程在混凝土或抹灰基层上施工时，应达到的含水率要求，对溶剂型涂料不宜大于 8%，对水溶型涂料不宜大于 10%。抹灰基层施工应涂刷均匀、黏结牢固，不得漏涂、起皮、起泡、流坠和有裂缝。

墙、柱、顶涂装工程的涂料颜色应符合设计要求。水性涂料涂装工程施工不宜在阴雨天进行，环境温度应控制在 10～35℃；涂装前应确认基层已硬化、干燥，并应符合前述对基层的要求；涂装层应涂饰均匀、黏结牢固，不得漏涂、透底、起皮、起泡和有裂缝。涂装层与门窗、高效过滤器、灯具、管线等之间衔接处的接缝间隙不得大于 0.5mm，并应按设计要求进行密封处理；接缝的密封表面应平整、光滑。

涂装层的表面质量应做到颜色均匀一致，无砂眼、无刷纹，不得有咬色、流坠、泛碱、疙瘩；装饰线、分色线的直线度允许偏差不得大于 1mm。

（2）墙、柱、顶涂装施工　鉴于涂装用涂料多种多样，仅以典型涂料的施工作业进行简介供读者参考。

1）反应型防静电涂料的施工，该涂料的导电层、抗静电层由聚氨酯预聚体、导电材料、抗静电剂、助剂、固化剂等组成。底涂层、绝缘层由环氧树脂、固化剂、助剂组成。其特点是：具有永久性抗静电效果，色浅，装饰性能好；耐腐蚀性能优良，耐磨性能好；导电介质不受温度、压力、湿度等环境的影响。适用于电子、精密仪器洁净室墙面等的涂装。

施工准备：施工器具包括漆刷、滚筒、抹刀、计量器具等；基层处理，施工的基层表面应平整、无裂缝、不起壳、不起沙、无油污等。施工现场环境温度应在 5℃以上，下雨天不能施工，湿度应低于 85%。

施工工艺：

① 基层检查：基层应达到处理要求，混凝土含水率应小于 6%。

② 施工顺序：基层处理→涂装底漆→涂装绝缘层→打磨→涂装导电层→打磨→涂装抗静电层。

③ 施工作业

a. 将底涂层双组分严格按比例混合，搅拌均匀，静置 30min 后涂刷于基层。

b. 底涂 24～48h，待可上人后，涂刷绝缘层涂料，双组分也须准确称量、搅拌均匀，静置 30min。

c. 绝缘层涂料涂刷 24～48h，待可上人后进行表面打磨拉毛，以增加附着力。

d. 将导电层涂料双组分按比例混合后搅匀，静置 15min，再进行施工。

e. 导电层涂料涂刷 24h，待可上人后打磨表面。

f. 将抗静电涂料双组分按比例混合后搅匀，静置 15min 再进行施工。

④ 施工质量验收，表面应平整、无气泡、无大颗粒、无明显色差。

⑤ 施工缺陷分析及防治见表 2.2.3。

表 2.2.3　施工缺陷分析及防治

缺陷	原因	防治
起泡、缩孔	底未处理好	将底封实
固化不好	配比有误	调整配比
	气温太低	气温升高后会固化
枯皮	湿度太大	避免潮湿天气施工
	打磨不好	充分打磨基层

2) 水性广谱防霉涂料，此种涂料采用高分子乳液作为成膜物质，添加复合防霉剂实现对各种霉菌的有效杀灭，其组成包括高分子乳液、消泡剂、增稠剂、防霉剂、分散剂、填料等。该涂料的固体含量大于 40%，干燥时间不超过 2.0h，根据应用要求可有不一样的配方，多类品种，具有水性、无毒无臭，不燃，有缓释、耐高温高湿、耐酸碱，广谱、高效、防霉变等特点，可适用一些生产厂房内墙面的防霉装饰。

施工要求：

批刮腻子调制：氯偏乳液：107 建筑胶水：防霉剂＝1：1：0.01，搅匀。将该防霉液加入到老粉（或水泥）内调合成腻子备用。

施工现场环境温度 10～30℃为宜，不应低于 5℃。

涂刷时，若墙面太干燥，可喷水湿润，以利于涂料渗透。每次涂刷间隔时间，应以涂膜充分干燥为准，一般为半天至一天。防霉涂料以涂 3 遍为好。涂刷过程应防止产生气泡。

2.3　地面（地板）施工

2.3.1　基本要求

洁净室地面根据产品生产工艺要求、洁净级别、使用功能不同，其形式多种多样，主要有水磨石地面、涂布型地面（聚氨酯涂料、环氧或聚酯等）、粘贴型（聚氯乙烯板等）地面、高架（活动）地板等。近年来我国洁净室建造中采用较多的是地面，涂装、涂布型（如环氧地面）和高架（活动）地板等。在国家标准《洁净厂房施工及质量验收规范》（GB 51110）中对采用水性涂料、溶剂型涂料以及防尘、防霉涂料的地面涂装工程、高架（活动）地板的施工做出了规定、要求。

（1）地面涂装　洁净室地面涂装工程的施工质量首先取决"基层状况"，在相关规范中要求：在进行地面涂装施工前应确认基层的养护达到相关专业规范和具体工程设计文件的规定、要求，并应做到基层上的水泥、油污等残留物清理干净；若洁净室为建筑物的最底层时，应确认做好了防水层并已验收合格；基层表面的尘土、油污、残留物等清理干净后，应采用磨光机、钢丝刷全面打磨、修补找平，再以吸尘器清除；若改（扩）建的原有地面是油漆、树脂或 PVC 地面清除时，应将基层表面打磨干净，并用腻子或水泥等进行修补找平。

基层表面做到：当基底表面为混凝土类时，其表面应坚硬、干燥，不得有蜂窝麻面、粉化、脱皮、龟裂、起壳等现象，且应平整、光滑；当基层为瓷砖、水磨石、钢板时，相邻板块高差不应大于 1.0mm，板块不得有松动、裂缝等现象。

地面涂装工程面层的结合层应按下列要求进行施工：涂装区域的上空及周围不得有产尘作业，

并应采取有效的防尘措施；涂料的混合应按规定的配合比计量，并充分搅拌均匀；涂料厚薄应均匀，不得漏涂或出现涂后泛白等现象；与设备、墙体的结合处不得将涂料粘到墙、设备等相关部位。

面层涂装应严格做到：面层涂装必须待结合层晾干后进行，施工环境温度应控制在 5～35℃；涂装的厚度、性能应符合设计要求。厚度偏差不得大于 0.2mm；每次配料必须在规定的时间内用完，并做好记录；面层施工宜一次完成，若分次施工时，应做到接缝少，并设置在隐蔽处，接缝应平整、光滑，不得分色、露底；面层表面应无裂纹、鼓泡、分层、麻点等现象；防静电地面的体积电阻、表面电阻应符合设计要求。

若地面涂装用材料选用不当，将会直接甚至严重影响洁净室投入运行后的空气洁净度，造成产品质量降低，甚至做不出合格产品，为此相关规范规定应选用具有防霉、防水、易清洗、耐磨、发尘少、不积尘和不释放对产品质量有害的物质等性能。地面涂装后的颜色应符合工程设计要求，并应色泽均匀、无色差、无花纹等。

（2）高架地板　高架地板/活动地板在各行各业的洁净室中都有应用，尤其是在单向流洁净室中广泛应用，如常常在 ISO 5 级及其以上级别的垂直单向流洁净室中设置不同类型的活动地板/高架地板，以确保气流流型及其风速要求。我国现在已可生产各种类型的高架地板/活动地板产品，包括通风地板、防静电地板等。洁净厂房施工时通常都是从专业制造厂家外购产品，为此在国家标准 GB 51110 中对高架地板/活动地板首先要求在进行施工前应检查出厂合格证和核查荷载检验报告等，且每种规格均应具有相应的检验报告，确认高架地板及其支撑结构均符合设计和承重要求。

洁净室内铺设高架地板/活动地板的建筑地面应做到：地面标高符合工程设计要求；地面表层应平整、光滑、不起尘，其含水率不应大于 8%，并应按设计要求涂刷涂料。

对有通风要求的高架地板，面层上的开孔率和开孔分布、孔径或边长等均应符合设计要求。高架地板的面层和支撑件应平整、坚实，且应具有耐磨、防霉变、防潮、难燃或不燃、耐污染、耐老化、耐酸碱、导静电等性能。

高架地板支撑立杆与建筑地面的连接或黏结应牢固可靠。支撑立杆下部的连接金属构件应符合设计要求，固定螺栓的外露丝扣不得少于 3 扣。高架地板面层铺设的允许偏差和检验方法应符合表 2.2.4 的规定。

表 2.2.4　高架地板面层铺设的允许偏差和检验方法　　　　　　　单位：mm

项　目	允许偏差		检验方法
	铸、铝合金地板	钢、复合地板	
面层表面平整	1.0	2.0	2m 靠尺和楔形塞尺检查
面层接缝高低差	0.4	0.5	钢尺和楔形塞尺检查
面层板块间隙宽度	0.3	0.4	钢尺检查
面层水平方向累计误差	±10		经纬仪或测距仪检查

洁净室内高架地板边角位置板块的安装，应根据现场实际情况进行下料切割后镶补，且应设可调支撑和横杆，切割边与墙体交接处应以柔软的不产尘材料填缝。高架地板安装后应做到行走无摆动、无声响，牢固可靠，面层应平整、清洁，板块接缝均应横平竖直。

2.3.2　地面（地板）施工安装

洁净室地面/地板的形式多种多样，下面仅以防静电环氧地面、PVC 防静电地板、高架地板的施工安装进行介绍。

（1）防静电环氧地面施工　环氧地面涂料以环氧树脂为基材，根据需要掺入稀释剂、填料和颜料、助剂、固化剂等组成，涂层具有较好的装饰性、实用性；环氧地面涂装具有自流坪、表面光滑、色彩鲜艳，硬度高、韧性好，耐磨、耐水、耐候，无挥发性、耐药性好，施工方便，周期较短，可以修补等特点。一般环氧树脂地面的表干时间（25℃）≤2.0h，实干时间（25℃）≤24h；抗冲击性为1.0kg钢球从2.0m落下，不起壳、无裂缝。通常环氧树脂地面的施工顺序为：基层处理⇒涂装底漆⇒腻子找平⇒打磨平整⇒涂刮面层。

基层处理：对土建工程施工后交接的"地面"进行清理、打磨、修补，以确保环氧树脂与地面附着结实。施工工具主要采用自吸打磨机、施工用工业吸尘机等，处理过程应均匀，以打磨机打磨表面并清理表面的灰尘。基层应干燥，若基层地面不干燥将导致环氧地面出现鼓泡、起皮、脱落等质量事故。通常不干燥的地面不得进行环氧地面的施工。

导电底涂施工：为封闭素地，保证环氧树脂与地面的附着力并形成低电位层，一般导电底涂的材料采用SEC环氧树脂导电底涂料。施工工具常采用刮刀（片）、搅拌机等进行作业。

施工作业是将材料按照规定配比混合、充分搅拌，然后敷于地面并以刮片均匀地在素地上刮平、渗透下去，作业完后应养护12～24h。之后根据养护地面实际状况确定是否需要进行修补和修补要求。

修补工序：应做到地面平整，无裂缝、凹坑等现象，保证承重层和面层的平整。以SEC涂地板修补材料进行作业，施工工具为钢质刮片、搅拌器等。施工时先将修补材按配比充分搅拌，再以刮片把裂缝和不平整地面修补平整。

导电腻子施工和接地：以SEC导电腻子作业，调整表面凹凸不平形成低电位层。施工工具为搅拌机、金属抹刀等。施工过程先将所需材料按规定配比混合、充分搅拌，然后将接地处局部涂抹并进行粘接，在上面再用腻子遮盖接地，将接地终端长度根据实际连接距离调整好，并与接地插座连接；待接地处理结束后，将其余面积用抹刀均匀、平滑地进行涂抹。

面涂施工：为满足使用要求，以SEC-EC-AS（环氧树脂溶剂性防静电面涂）对地表面进行面涂，并显现环氧地面效果。

施工工具包括滚涂刷子、毛刷、刮片、喷枪、抹刀、搅拌机、计量器具、空气压缩机等。施工时将材料按照规定的配比混合、充分搅拌，以抹刀或喷枪及滚筒等进行施工，养护24～36h后，确认固化情况。施工注意点：施工完毕之后七天内应避免加外力冲击，并应防止涂膜受损。面涂施工缺陷分析与预防见表2.2.5。

表2.2.5　面涂施工缺陷分析和预防

缺陷	原因	预防方法
起泡（孔）	基层疏松、起砂	将基层封实
起皮	湿度太大	避免潮湿天气施工
	基层打磨不好	充分打磨基层
固化不好	配比有误	调整配比
	气温太低	将气温升高后自然会硬

（2）PVC防静电贴面板施工

① 施工现场应做到：若基层地面为水泥地面或水磨石地面，应将地面上的油漆、黏合剂等残余物清理干净；地面应平整，用2m直尺检查，间隙应小于2mm。有凹凸不平或有裂痕的地方必须补平；地面应干燥，若为厂房的底层地面应先做防水处理。地面面层应坚硬不起砂，砂浆强度应不低于75号。若基层地面为地板（木地板、瓷砖、塑料等）时，应拆除原地板，并应彻底清除地面上的残留黏合物等。

② 施工环境要求：施工现场的温度应在10～35℃之间；相对湿度不大于80％；通风应良好。室内其他各项工程施工应已基本结束。施工现场应配备人工照明装置。

③ 施工所需材料的要求：聚氯乙烯（PVC）防静电贴面板（或称聚氯乙烯热聚性防静电贴面

板）是由 PVC 树脂、增塑剂、填料、稳定剂、偶联剂及导电材料（金属粉、碳、导电纤维）等进行混合改性，并以物理方法使其具有导静电性能的贴面板。在行业标准《防静电贴面板通用技术规范》（SJ/T 11236）中对 PVC 防静电贴面板等的分类、命名、技术要求、试验方法、检验规则等做出了规定。PVC 防静电贴面板的物理性能见表 2.2.6。

表 2.2.6　聚氯乙烯防静电贴面板的物理性能

项　目	测试内容	指标
防静电性能	表面电阻/Ω	导静电型：$1.0 \times 10^4 \sim 1.0 \times 10^6$（不含 1.0×10^6） 静电耗散型：$1.0 \times 10^6 \sim 1.0 \times 10^9$（不含 1.0×10^9）
	体积电阻/Ω	导静电型：$1.0 \times 10^4 \sim 1.0 \times 10^6$（不含 1.0×10^6） 静电耗散型：$1.0 \times 10^6 \sim 1.0 \times 10^9$（不含 1.0×10^9）
燃烧性能	垂直燃烧/级	V-0
表面耐磨性能（1000 转）/(g/cm²)		≤0.02
残余凹限度/mm		≤0.15
纵、横向加热尺寸变化率/%		≤0.25

导电胶应采用非水溶性胶，电阻值应小于 PVC 贴面板的电阻值，导电地网用铜箔的厚度应不小于 0.05mm，宽宜为 20mm。

焊接 PVC 地板缝隙的焊条应采用色泽均匀、外径一致，且柔性良好的材料。

④ 确定接地端子的数量：贴面板的面积不超过 100m² 时，接地端子应不少于 1 个；地板面积每增加 100m²，应增加接地端子 1～2 个。

⑤ PVC 地板的施工

a. 施工准备：熟悉设计施工图并测量施工现场；制定施工方案，绘制防静电地面接地布置图、接地端子图；根据施工工艺要求备齐各种施工材料、设备、工具，并摆放整齐；贴面板的面积大于 100m² 时，在正式施工前宜做示范性铺设。

b. 施工机具应包括开槽机、塑料焊枪、橡胶榔头、割刀、直尺、刷子、打蜡机等，其规格、性能和技术指标应符合施工工艺的要求。

c. 施工流程通常可按下面的框图实施。

d. 施工过程说明

地面清理。基层应达到表面不起砂、不起皮、不起灰、不空鼓、无油渍，手摸无粗糙感。

定位基准线，弹出互相垂直的定位线。应视房间几何形状合理划定基准线，应按地网布置图铺设导线铜箔网格。铜箔的纵横交叉点，应处于贴面板的中心位置。铜箔条的铺设应平直，不得卷曲，也不得间断。与接地端子连接的铜箔条应留有足够的长度。

涂刷胶水。导电胶是将炭黑和胶水按 1：100 的重量比配置的，并搅拌均匀。刷胶时应分别在地面、已铺贴的导电铜箔上面、贴面板的反面同时涂一层导电胶，涂覆应均匀、全面。涂覆后自然晾干。

铺贴贴面板。涂有导电胶的贴面板晾干至不黏手时，应立即开始铺贴。铺贴时应将贴面板的两直角边对准基准线，铺贴应迅速快捷。板与板之间应留有 1～2mm 的缝隙，缝隙宽度应保持一致。用橡胶锤均匀敲打板面，边铺贴边检查，确保粘贴牢固。地面边缘处应用非标准贴面板铺贴补齐，非标准贴面板由标准贴面板用割刀切割而成；铺贴时，要用橡皮锤从中间向四周敲击，将气泡赶净。当铺贴到接地端子处时，应先将连接接地端子的铜箔条引出，用锡焊或压接的方法与接地端子牢固连接，然后再继续铺贴面板。

　　PVC 板铺贴完毕后对板缝进行焊接，焊条使用地板的同类材料，颜色可以有所区别。应沿贴面板接缝处用开槽机开焊接槽，槽线应平直、均匀，槽宽以（4±0.2）mm 为宜；应用塑料焊枪在焊接槽处进行热塑焊接，使板与板连成一体。焊接多余物应用刀割平，但不得划伤贴面板表面。焊接完后要及时清理地板表面，使用水性胶黏剂时可用湿布擦净，使用溶剂型胶黏剂时，应用松节油或汽油擦除胶痕。

　　接地系统的施工应包括涂导电胶层、导电铜箔地网、接地铜箔、接地端子、接地引下线、接地体等内容。

图 2.2.10　使用中的 PVC 地板

　　PVC 地板的品种、规格和技术性能符合设计要求，PVC 地板应表面清洁，图案清晰、色泽一致，接缝均匀，周边顺直，边角整齐、光滑。铺贴作业完成后，应将地面清洁干净，并应涂覆防静电蜡保护。图 2.2.10 是施工完成后使用中的 PVC 地板。

　　（3）高架地板的安装施工

　　1）一般要求，高架地板/活动地板地面施工的内容包括基层处理，安装支架、横梁、斜撑，安装接地系统，铺设地板等的施工、测试与质量检验。施工现场的温度宜为 10～35℃，相对湿度应小于 80%，通风应良好。

　　高架地板施工前应按图纸要求放线，以防止安装过程因安装累计误差较大而无法进行施工。活动地板的安装过程中在边角位置板块不符合模数时，应按实际情况进行切割后镶补，并设置可调支撑和横杆；切割边与墙体交接处应用柔性的不产尘材料镶边或填缝。

　　高架地板的支撑结构安装前应检查地面面层，其标高应符合设计要求，且标高的误差范围必须在活动地板可调节高度的范围内。

　　施工材料应符合设计要求。防静电活动地板的板面应平整、坚实，板与面的黏结应牢固，应具有耐磨、防潮、阻燃等性能。支架、横梁、斜撑的表面应平整、光洁，钢制件须经镀锌、喷塑或其他防锈处理。其防静电性能指标和机械性能、外观质量等应符合《防静电活动地板通用规范》（SJ/T 10796）的要求。

　　高架/活动地板运至施工现场，经验收合格并做好记录后，应储存在通风干燥的仓库中，远离酸、碱及其他腐蚀性物质，不得放置于室外日晒雨淋。

　　施工应具有的设备和工具包括切割机、手提式电锯、吸盘器、1m 钢直尺、水平尺、清洗打蜡机、测试电极和测试仪表、水平仪等，其规格、性能和技术指标应符合施工工艺的要求。

　　2）高架/活动地板施工工序

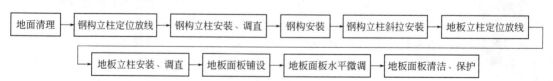

　　3）施工准备及施工条件：熟悉施工图纸、勘查施工现场、核查厂房空间误差，将误差考虑到厂房边角位置。基层地面无论是水泥地面、水磨石地面还是其他硬质地面，都应做到表面平整、坚硬结实，如有裂缝、凹凸不平等必须修补；清除施工场地的尘土、小沙石、水泥凝结块等影响工程质量的残留物。

　　各种施工所需的材料、设备、器具等已运至施工现场，并经检验合格。施工人员到位，并具备相应的施工技术能力。

4）高架/活动地板施工

① 标设钢构立柱基准线：应根据厂房纵横方向的柱（尽量选择中柱）轴线，定位钢构支撑立柱的安装位置，并在地面上弹出安装位置基准线。在定位该基准线时，应采用经纬仪等精度较高的测量仪器。

② 地板立柱定位放线：根据厂房中间柱的位置，依据图纸尺寸来定位架空地板立柱的位置，准确无误后，用可以擦洗掉的墨水弹线。弹线后需选择厂房其他位置的柱来校核地板立柱定位的正确性，或选择钢构立柱中心位置线来校核地板立柱的定位。

地板立柱、横梁安装、调直：从厂房相对中间位置某处的地板立柱位置线开始向四周安装支柱，然后用横梁连接各相邻支柱，组成支柱网架。地板立柱安装完成后，需用水平仪来校核立柱顶的标高是否符合设计要求，如有误差，通过立柱顶的丝扣段来调整。

③ 钢构立柱安装、调直：按照弹出的钢构立柱位置基准线，用 M10×40mm 的膨胀螺钉将立柱固定在地面；在安装膨胀螺钉时，不应将其螺母一次性拧紧，在拧的过程要边拧边调整钢构立柱的垂直度，直到钢构立柱完全垂直后再拧紧螺母。钢构立柱的底部与地面的固定通常应采用螺栓固定，其优点是便于钢构立柱的垂直度调整，这是因为钢构立柱的直径大、重量大，垂直度调整有一定难度，采用螺栓固定可以通过拧紧和松动螺母的方式使立柱的垂直度具有调整的空间。

④ 钢构安装：钢构安装的连接均采用螺栓连接，所有的材料（钢构立柱、主 H 钢、次 H 钢）在专业工厂加工成型后，到现场按图组装即可。钢构安装的顺序是首先安装主 H 钢，再安装次 H 钢；先中间后边角，由中间向四周安装。

⑤ 地板面板铺设：应在确定的基准线处用标准板开始铺设基准块。其高度与标高控制线应一致，用水平仪校平后，紧固支架，锁紧螺母。应以基准板为中心，向周边逐步铺设。铺设过程中应边铺边用水平仪调整支架高度，使相邻板面均保持水平后，再逐块紧固支架锁紧螺母。

铺设异型板：厂房四周边缘、设备基础边等尺寸不足一块标准板时，应用异型板铺设。异型板是根据房间边缘的实际尺寸用切割机将标准板裁割而成的。应在标准板铺设完成后，再进行异型板的铺设。地板和横梁经切割后，必须去除切割处的毛刺，金属裸露面应涂防锈油漆；若采用的是复合板，切割处还应做防潮处理。异型板安装完成后，还应在切割剖口处做收边处理。图2.2.11 是施工中某洁净室的活动地板地面。

(a)　　　　　　　　　　　　　　　　(b)

图 2.2.11　施工中某洁净室的活动地板

高架/活动地板安装后行走应无声响、摆动，牢固性好。活动地板的面层应无污染，板块应接缝横平竖直。高架/活动地板的支撑立杆与地面的连接应牢固可靠，固定螺栓质量资料齐全。如与支撑立杆下端相连接的为金属构件，则连接的夹具、螺栓等应安全、可靠。所有固定螺栓的外露丝扣均不应少于 3 扣。

2.4   **洁净室的门窗安装**

2.4.1   基本要求

    洁净室与相邻环境常常因使用目的不同、洁净度等级不同，且使用功能不同，其静压值也有差异，所以洁净室的门窗应具有气密优良、密闭性好的气密构造，从门窗材料、类型的正确选择到施工安装均有十分严格的要求、规定。洁净室门窗施工安装质量是否优良和满足洁净室的稳定可靠运行，关键是正确进行门窗的各种"缝隙"处理措施准确实现。所指的"缝隙"包括固定缝隙、"活动"缝隙，如门扇开启与门框出现的"缝隙"等。在门窗的施工安装过程为确保优良的气密性，首先应正确地按设计图纸的要求进行施工，并准确地遵守相关施工验收标准规范的要求、规定。

    洁净室的门窗安装前，应按工程设计文件、二次设计图对墙体上的门窗洞口或副框尺寸进行检查核验；检查门窗的产品质量检验（包括主要制作材料）合格证书、性能检验报告以及进场验收记录；核查门窗固定（连接）件的隐蔽工程验收记录；对于空气洁净度等级为 ISO 1～5 级的洁净室，还应核查门窗的密闭性检查报告等。洁净室门窗工程，应以每 50 樘为一个检验批，不足 50樘也应划分为一个检验批。每一检验批的检测数量通常应为 30%。

    洁净室门窗的品种、类型、规格、构造、型材厚度、尺寸、安装位置、连接方式和附件、防腐处理以及气密性应达到设计要求。门窗表面应不发尘、不霉变、不吸附污染物、易清洁和消毒、平整、光滑，门窗上的玻璃均应为固定型。门窗边框、副框的安装应牢固可靠，预埋件、连接件的数量、规格、位置、埋设或连接方式等均应符合设计要求。门窗边框与墙体应连接牢固，门窗边框、副框与墙体支架的缝隙应均匀，并不得超过 1mm。其缝隙应以密封材料填嵌和密封胶密封。洁净室门的五金配件型号、规格、数量应符合设计要求，并应牢固、表面光滑、不积尘、易清洁和消毒。门窗安装应可靠牢固，且开关灵活、关闭严密；门窗表面应色泽一致，无锈蚀、无划痕和碰伤。门窗安装的允许偏差和检验方法应符合表 2.2.7 的规定。

表 2.2.7   洁净室门窗安装的允许偏差和检验方法

项次	项目		允许偏差/mm	检验方法
1	门窗槽口宽度、高度	≤1500mm	1.5	用钢尺检查
		>1500mm	2.0	
2	门窗槽口对角线长度差	≤2000mm	3.0	用钢尺检查
		>2000mm	4.0	
3	门窗框的正、侧面垂直度		2.5	用垂直检测尺检查
4	门窗框的水平度		2.0	用 1m 水平尺和塞尺检查
5	门窗横框标高		5.0	用钢尺检查
6	门窗竖向偏离中心		5.0	用钢尺检查

2.4.2   门窗的施工安装

    （1）单开和双开门的安装   洁净室的门有单开夹芯彩钢板门、双开夹芯彩钢板门和夹芯彩钢板移门。洁净室的夹芯彩钢板门内的夹芯材料通常是岩棉材料。洁净室的夹芯彩钢板密闭门在订购时，其规格、开启方向、门框、门包边、五金件等均按照设计图纸的要求到专门厂家定做，一般可选择厂家的定型产品或由施工单位绘出制作详图。图 2.2.12 是洁净室常用的双开岩棉夹芯彩钢板密闭门。

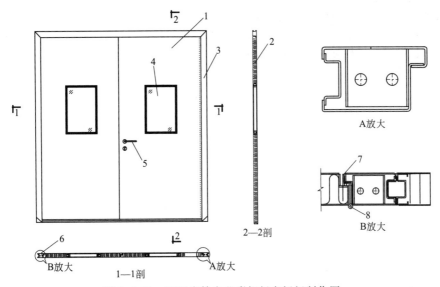

图 2.2.12　双开岩棉夹芯彩钢板密闭门制作图
1—门樘；2—夹芯岩棉；3—门包边；4—视窗；5—门把手及锁；6—门框；7—密封条；8—铰链

　　洁净室的彩钢板门根据设计和业主的需要，其门框和门包边材质可用不锈钢、铝合金及铝合金喷塑等。门樘的颜色也可以根据需要定制，但通常与洁净室墙体的颜色一致。彩钢板门安装部位的彩钢板墙体应在二次设计时采取加固措施，不得在一般彩钢板墙体上直接开洞装门。因为没有加固的墙体，门容易变形、关闭不严等。若直接采购的门没有加固措施，则施工安装时应进行加固，加固的钢型材应满足门框门套的要求。

　　洁净室彩钢板门的铰链宜选用品质优良的不锈钢铰链，尤其是经常出入人员的通道门，这是因为铰链经常磨损，质量差的铰链不仅对门的开关产生影响，而且在铰链处的地上经常出现磨损的铁屑粉末，引起污染影响洁净室的洁净度要求。一般双开彩钢板门应设置三副铰链，单开彩钢板门也可设置两副铰链。铰链必须对称安装，同侧铰链必须在一条直线上。门框必须垂直，以减小开关门时铰链的摩擦。

　　洁净室彩钢板门的插销通常为不锈钢材质，采用暗装式，即手动操作柄在双开门两扇门的夹缝内。双开门通常设置上下两个插销，插销安装在先关的双开门的一樘上。插销的孔眼应设置在门框上。插销的安装应灵活可靠、方便使用。

　　洁净室的门锁与把手应质量优良、使用寿命长，这是因为出入人员通道的把手、门锁，在日常运行中经常有损坏现象。一方面的原因在于使用管理不当，更主要的原因在于把手、锁的质量问题。安装时，门锁与把手不宜过松和过紧，锁槽与锁舌应配合适当。把手的安装高度一般以 1m 为宜。

　　洁净室门的视窗材料一般是钢化玻璃，厚度一般在 4～6mm。安装高度一般以 1.5m 为宜。视窗的大小应与门樘的面积相协调，比如对于 2100mm × 900mm 的门，其视窗尺寸宜为 600mm×350mm。视窗的窗框角应 45°拼接，窗框应用自攻螺钉暗装，视窗表面不得有自攻螺钉；视窗玻璃与窗框之间应以专用的密封胶条密封，不得采用打胶的方式密封。图 2.2.13 是一扇洁净室的门。

　　闭门器是洁净室彩钢板门的重要部件，其产品质量至关重要，宜选用知名品牌，否则会给运

图 2.2.13　一个安装后的洁净室门

行带来很大的不便。为确保闭门器的安装质量，首先应准确地确定开门方向，如图 2.2.14 所示。闭门器应安装在门的内侧上方，以型号为 B0330-02 的闭门器为例，其安装位置尺寸如图 2.2.15 所示。钻孔位置应准确，钻孔应垂直，不得偏斜。

注明：此为门背面

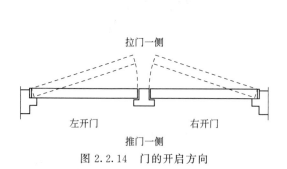

图 2.2.14　门的开启方向

图 2.2.15　闭门器的安装位置尺寸（单位：mm）
1—机体主体位置；2—门槛；3—门框；4—闭门器基座位置

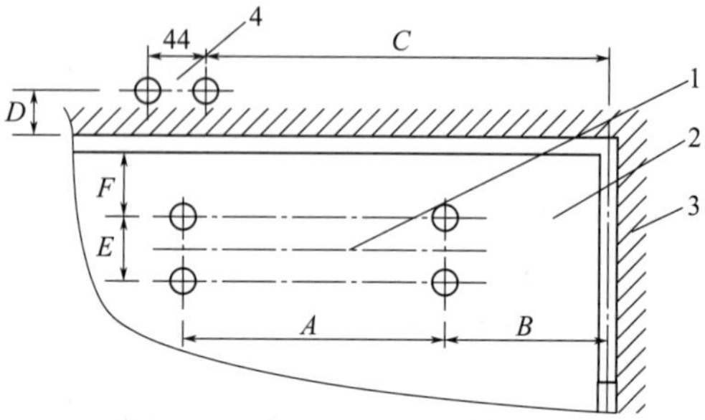

型号	A	B	C	D	E	F	开门角度
B0330-02	132	112	192	26	19	16.5	115°
	132	58	138	26	19	16.5	150°

将机体组件安装在门扇上，安装闭门器机体部位的门槛应在门的制作时进行加固处理，一般应在此处设置钢板，如图 2.2.16 所示。

安装后的调试。调速阀是用来调节闭门器的松紧程度，从而实现调节速度的装置。闭门器的安装应松紧合适，避免速度过慢和过快。如图 2.2.17 所示为闭门器的调节。

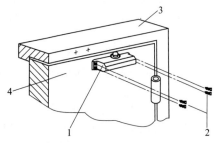

图 2.2.16　闭门器安装在门槛上
1—闭门器机体主体；2—螺钉；3—门框；4—门槛

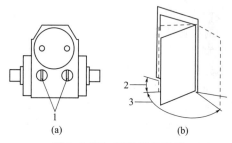

图 2.2.17　闭门器的调节
1—调速阀；2—第二速度段；3—第一速度段

洁净室门的安装密封要求。门框与彩钢板之间应使用中型白色硅胶密封，密封缝的宽度、高低应一致。门槛与门框采用专用的胶条密封，胶条的材料应为防尘、防腐蚀、不易老化、挤压伸缩好的中空材料。

平开门的缝隙密封。在经常启闭门扇通行的情况下，除某些外门为避开重设备等运输可能对门槛的碰撞而把密闭条全部设置在门扇上外，一般情况下，为使密闭条避免手摸、脚踩或击碰以及受人行与运输的影响，多将小断面成型弹性密闭条敷设在门槛的隐蔽凹槽部位，再借门扇的关闭压紧。密闭条应沿活动缝隙的周边连续敷设，以便在门关闭后形成一圈封闭齿形的密封线。若密闭条被分别设置在门槛和门框两处时，就必须注意两者有很好的衔接，应减小密闭条在门缝内的中断间隙。门窗缝隙和安装接缝要用密封嵌缝材料进行嵌缝，且应嵌于墙面的正面和洁净室的正压侧。

（2）洁净室滑动门的安装 滑动门通常安装在洁净度等级相同的两个洁净室之间，需要时也可以安装在空间受限制，不利于安装单开门或双开门的部位或作为不经常开启的维修用门。

洁净室滑动门的宽度尺寸一般比门洞尺寸大 200mm，高度大 200mm。滑动门的导轨长度要大于两倍的门洞尺寸，一般可采用两倍的门洞尺寸加 200mm。

门导轨必须平直，强度应满足门樘承重的要求；门顶部的滑轮在导轨上应滚动灵活，滑轮与门樘应安装垂直。导轨和导轨罩安装部位的彩钢板墙壁应在二次设计时规定加固措施。门底部应有横向和纵向的限位装置。横向限位装置在导轨下部（即门洞两侧）的地上设置，目的在于限制门的滑轮不超出导轨两端；横向限位装置应比导轨端头缩进 10mm，以防止滑动门或其滑轮碰撞导轨封头。纵向限位装置用于限制因洁净室的风压作用而产生的门樘纵向飘斜；纵向限位装置在门的内外成对设置，一般在两个门的位置均设置，不得少于 3 对。

洁净室滑动门的密封胶条通常为扁平状，其材料应采用防尘、防腐蚀、不易老化、柔性较好的材料。

洁净室的门根据需要可设置手动门和自动门。图 2.2.18 是某制药洁净室的滑动门，图 2.2.19 是一扇自动门。

图 2.2.18 某制药洁净室的滑动门

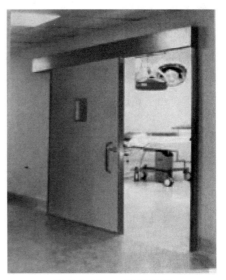

图 2.2.19 一扇自动门

（3）洁净室窗的安装 洁净室的窗一般均是固定形式的视窗、观察窗，不能开启。洁净室的窗主要用于对设备、仪器的监视和参观走廊上对外宣传的视窗。洁净室窗的材料一般是钢化玻璃，厚度一般为 5mm，安装高度一般以 1.2m 为宜。洁净室窗的横向与竖向尺寸一般按照黄金分割的比例确定。

洁净室窗的压条扣件交角应 45°拼接，视窗底槽应用自攻螺钉暗装。洁净室窗的表面不得有自攻螺钉。窗玻璃与窗框之间应以专用的密封胶条密封，以方便拆卸，不得采用打胶的方式密封。

对于尺寸大于夹芯彩钢板模数的窗，彩钢板在二次设计时应采取加固措施，确保窗的强度和安装的平整度。洁净室的窗可以现场制作，也可以到厂家定做，一般宜在专业厂家订制。窗的内外侧压条与窗底槽之间采用铝合金扣件紧密配合，压条扣件与底槽必须平直，配合应无缝隙。窗底槽与彩钢板应扣合紧密，其缝隙偏差不得大于 0.5mm，应采用中性硅胶密封。

第3章 净化空调系统施工安装

3.1 施工内容、要求

3.1.1 施工内容

　　洁净厂房净化空调系统的施工内容依据厂房面积、产品生产工艺、所需空气洁净度等级等的不同要求有所不同，通常应按具体工程的施工图设计文件确定。一般包括风管和部件制作、风管系统安装、净化空调设备安装、保温与防腐、系统调试和试运转等。

　　(1) 风管和风管系统　净化空调系统的风管包括送风管、回风管和新风管。根据洁净度及工艺要求可采用不同的空气处理方式，包括集中式系统和分散式系统等。随着洁净技术的应用日益广泛，各行业产品的升级提高，尤其是近年来高科技洁净厂房的出现，洁净室用净化空调系统的种类逐渐增多，为提高投资、运营的经济性、节能环保，出现了多种类型的空气净化、空气处理组合方式。如集中式净化空调系统将空调机组（AHU）设在机房内的有全新风系统、直流系统、一次回风系统、一次和二次回风系统以及 MAU＋RAV 系统等，大多用于非单向流洁净室，也有的用于单向流洁净室，如 MAU＋RAU 系统；空调机组分散设置的净化空调系统有空调机组＋风机过滤单元（AHU＋FFU）和新风机组（MAU）＋FFU＋干表冷器（DC）系统，这类系统主要用于高科技洁净厂房的单向流洁净室。直流式净化空调系统，由于采用全新风、洁净室不回风，能耗多、运行费高，只用于产品工艺有特殊需要和容易散发大量粉尘或有害物质的洁净室、实验室，如生物实验室等。净化风管包括送风管、回风管、新风管等，一般采用矩形镀锌风管。

　　洁净厂房的风管部件包括现场加工制作的部件和成品部件。通常现场加工的部件主要有：弯头、三通、异径管、软接管等。目前施工中采用的成品部件日渐增多，主要有：消声弯头、消声静压箱、防雨百叶、回风百叶、各类送风口、风阀、防火阀等。风管部件的规格、尺寸一般应与风管相匹配。

　　(2) 净化空调设备　洁净厂房净化空调系统的设备包括：空气过滤器、空调机机组、通风机、洁净层流罩、干表冷器、风机过滤单元（FFU）和局部净化设备等。有的洁净厂房还设有真空吸尘系统。

　　(3) 保温与防腐　净化空调系统的设备和管路的保温材料目前大多采用难燃 B1 级橡塑海绵。防腐工程主要是洁净厂房内风管支吊架的防腐、风管及其配件的防腐、管道与设备的防腐等。

　　(4) 净化空调系统的调试与试运转　净化空调系统的调试、检测包括风管的漏光检验、风管的压力试验、系统的风量平衡以及洁净室的温湿度测试、噪声和振动测试、压差测试、洁净度测试等。其中属于洁净室的测试内容将在本篇第9章描述。

　　净化空调系统的试运转包括单机和联合试运转。试运转的设备包括冷冻水系统、空调机、热交换机组、干表冷器、FFU 等。

3.1.2 施工安装基本要求

净化空调系统的施工安装是洁净厂房施工建造的重要组成部分，应根据洁净厂房工程的整体施工要求、计划进度和洁净室特有的施工程序进行组织安排。通常净化空调系统的施工安装基本要求如下。

① 承担洁净室净化空调系统施工的企业应具有相应的工程施工安装的资质等级和相应的质量管理体系、职业健康与安全管理体系等。

② 施工企业应按洁净室工程的整体施工程序、计划进度组织安排施工，并应注意与土建工程施工及其他专业工种相互配合。施工过程中应按规定做好与各专业工程之间的交接，并相互保护好已施工的"成品"，认真办理交接手续和签署记录文件，有的还需业主、监理共同签署。

③ 净化空调系统的施工安装以及风管及附件的制作、设备和管道等的安装、检查验收、测试等均应符合现行国家标准《洁净厂房施工及质量验收规范》（GB 51110）、《通风与空调工程施工质量验收规范》（GB 50243）等的有关规定。

④ 各种用途的洁净室空气洁净度等级不同，洁净室内产品生产的要求不同，具体工程的实际条件不同，因此具体洁净工程的净化空调系统的施工安装必须严格按设计图纸和合同的各项要求进行。施工过程中由于各种原因需进行修改时，应得到工程监理、设计方的认可，必要时应得到业主的同意，并应作出相应的记录文件。在施工过程中，根据需要，由施工企业承担必要的深化设计时，其设计文件应得到设计方、业主的确认。

⑤ 施工过程所使用的设备、材料、附件或半成品等，应符合工程设计图纸的要求，不得产生或散发对洁净室内产品生产的正常进行、产品质量和人员健康有害的物质，并应具有产品合格证等；进施工现场应进行验收和得到工程监理的认可，并做好验收记录。这里所要求的不得产生或散发的有害物质，其内涵较为广泛，有的容易认知和控制，如影响人员健康的甲醛等；有的则不容易认知和控制，尤其是影响产品质量的有害物质，常常与产品生产工艺、产品特性等有关的化学污染物、微生物等，建议施工企业与建设单位签订合约时，宜增加此项内容，并由建设单位认真研究和提出要求。

⑥ 隐蔽工程，在进行隐蔽前应经工程监理的验收、认可，并做好记录。

⑦ 净化空调系统的分项工程一般有：风管及附件制作、风管系统安装、消声设备和附件安装、风机安装、空调设备安装、高效过滤器安装、局部净化设备安装、风管和设备的绝热保温、系统调试和试运转等。

⑧ 净化空调系统的施工通常应遵循以下流程。

现场测定放线 → 安装风管吊架 → 风管连接 → 分段漏光检查 → 风管吊装 → 漏风检测 → 风管绝热保温 →
风口安装 → 空调设备试运转 → 系统空吹 → 高效过滤器安装 → 系统调试 → 系统测试

3.1.3 施工准备

（1）环境准备　净化空调系统风管的制作加工现场应具备的条件有：搭建制作加工临时设施；水、电供应到位，相关道路铺设完毕，能方便车辆的进出运输，制作加工作业流水线已经形成；净化风管的清洗间具备风管清洗的条件，并应具备风管加工清洗后的堆放条件，加工好的风管不得露天堆放，应在临时仓库堆放。不能在仓库堆放的制作好的风管应即时投入安装。

临时设施宜包括人员生活用房、加工场地、清洗间、材料堆放区、危险物品存放区、垃圾和可回收废物堆放区等，并应满足使用的要求。临时设施应做到整洁有序，具有规定的防火防灾措施，并且醒目张贴技术规程、安全防范等标牌。

净化空调系统施工应在厂房的土建工程已经验收或阶段性验收，并已办理相关交接。现场已经清洁具备风管安装条件，接通临时照明，配置相应防火、安全措施。

（2）技术准备　技术准备主要包括施工图纸已经会审，设计交底已经完成；施工方案已经编制，并得到工程监理、业主的认可；专业技术员对施工班组的技术交底已经完成；质量安全部门对质量、安全、职业健康与环境保护等措施检查达标，并对班组作业人员落实交底。

按施工图纸要求，对施工现场风管、支吊架的位置、标高、走向核查、确认无误；风管系统已经分解排料，风管大样图或局部详图已经绘制并经工程监理确认。

（3）施工机具准备　净化空调系统相对于其他专业来说，由于施工机具较大、种类较多等，施工安装企业应确保施工机具齐全、完好。表 2.3.1 是净化空调系统安装常用的主要施工机具。机具进场应具备的条件主要有：施工机具应有日常维护记录，确保机具处于良好的使用状态，故障机具不得进场使用；应制定机具操作规程、机具使用责任人办理交接记录；机具使用台账已经建立；计量器具应经过仪器检验检测机构检测达标。机具进场后经调试检验合格，应满足工程使用的要求；应根据项目总计划编排机具的进场计划，并按计划组织机具进场；应安排好机具的现场保管场所和保管办法；施工现场具备施工机具吊装就位以及使用的条件。

表 2.3.1　安装净化空调系统的主要施工机具

设备名称	型号	设备名称	型号
剪板机	Q11-63X2500	圆法兰成型机	J1-40
无法兰专用折弯机	W62-4X2000	开卷机	YZKJ-12
校平机	YZXP-12	压筋机	YZWX-12
联合角咬口机	JF-0200	手动折边机	
单平咬口机	YJD9-115	角钢圈圆机	
弯头咬口机		咬口机	
共板法兰成型机		铆钉机	

（4）人员准备　从事净化空调系统安装的人员应具有相关的资历和经验，项目经理应具有机电安装一级建造师资格，安全经理、安全员、造价管理、特殊工种等相关人员都应持证上岗。项目质量、安全、技术、采购、计划、后勤保障等管理人员或部门应由相关资历的人员担任，人员的数量根据相关规定和具体项目的需要配备，各类人员对项目实施制定针对性较强的保障体系和各类人员的岗位职责。

项目的组织机构必须有完备的配套人员或部门，还要对进场人员进行相关培训，主要包括：安全教育培训、职业健康培训；施工现场管理教育和厂房施工管理规定的培训；应急救援措施培训；机具操作安全规程培训；各种施工工艺培训；净化意识培训；人净管理培训；消防演练以及其他相关培训。

（5）设备、材料准备

1）订货前的确认。专业技术人员应根据设计图纸计算出设备、材料的需求量，其技术要求应符合设计文件的要求，当设计文件无规定时应根据洁净厂房施工及验收规范及其他相关规定进行核查确定。若发现设计图纸尺寸标注有明显不当或错误时，应及时会同相关方进行确认，不得按照图纸有问题的规格、尺寸订货。对现场已经有土建的预留洞口等应进行核查确认其实际尺寸，以防止订货时其尺寸与实际尺寸出现偏差而导致设备、材料的浪费。

设备、材料的型号规格书写不清楚、不规范往往导致订购差错，或到货尺寸与图纸要求的尺寸不一致，如风口尺寸有面部尺寸和喉部尺寸，有时由于理解的偏差而导致材料订制的差错。专业技术人员应与设备、材料厂家及时沟通，必要时绘制大样图或者根据厂家的样本进行选型。设备、材料在订货前应进行认真、深入沟通（包括与业主、设计单位、供货单位），对设备、材料的性能、参数、尺寸等全面地描述和理解后方可签订合约，避免材料的浪费或影响工程质量和工期。

2）进场设备、材料检查验收。设备、材料进入施工现场，应会同业主、工程监理等单位对其进行检查验收，未经验收的设备、材料不得在工程施工中使用。

设备、材料报验应具有下列资料：质量保证书，质量保证书内必须有材料的化学组分分析和供应商或代理商单位红章（即应为原件），以保证其可追溯性；有防火、防静电等要求材料的检测报告（原件）；设备、材料的出厂合格证；设备、材料的进场清单；设备、材料的进场检验报告或检查验收记录等。

这里需要强调对于施工单位库存材料的使用问题。首先对库存材料应按照新进场材料的程序进行处理，但在保管中有风化、锈蚀、老化等现象的材料不得在工程施工中使用；缺少质量保证书、产品合格证等文件资料者也不得使用。

3.2　风管及部件制作

3.2.1　基本要求

洁净厂房内净化空调系统一般采用金属风管，由镀锌钢板、不锈钢板、铝合金板等制作；只有在洁净室内的产品生产工艺或环境条件要求采用非金属风管时，才采用不燃材料或 B1 类难燃材料，并应做到表面光滑、平整、不产尘、不霉变。本节仅介绍金属风管的制作。在国家标准《洁净厂房施工及质量验收规范》（GB 51110）中要求空气洁净度等级为 1～5 级的洁净室风管应为高压风管系统，6～9 级应为中压风管系统。表 2.3.2 是风管系统的类别划分。

表 2.3.2　风管的类别划分

类别	风管系统的工作压力 p/Pa		密封要求
	管内正压	管内负压	
微压	$p \leqslant 125$	$p \geqslant -125$	接缝及接管连接处应严密
低压	$125 < p \leqslant 500$	$-500 \leqslant p < -125$	接缝及接管连接处应严密，密封面宜设在风管的正压侧
中压	$500 < p \leqslant 1500$	$-1000 \leqslant p < -500$	接缝及接管连接处应加设密封措施
高压	$1500 < p \leqslant 2500$	$-2000 \leqslant p < -1000$	所有的拼接缝及接管连接处均应采取密封措施

风管制作材料的品种、规格、性能与厚度应符合设计图纸和现行国家标准的规定。当设计没有规定时，镀锌钢板的厚度不得小于表 2.3.3 的要求；不锈钢板的厚度不得小于表 2.3.4 的要求；铝板的厚度不得小于表 2.3.5 的要求。

表 2.3.3　镀锌钢板风管板材的厚度

风管直径或长边尺寸 b/mm	板材厚度/mm				
	微压、低压系统风管	中压系统风管		高压系统风管	除尘系统风管
		圆形	矩形		
$b \leqslant 320$	0.5	0.5	0.5	0.75	2.0
$320 < b \leqslant 450$	0.5	0.6	0.6	0.75	2.0
$450 < b \leqslant 630$	0.6	0.75	0.75	1.0	3.0
$630 < b \leqslant 1\,000$	0.75	0.75	0.75	1.0	4.0
$1000 < b \leqslant 1500$	1.0	1.0	1.0	1.2	5.0

续表

风管直径或长边尺寸 b/mm	板材厚度/mm				
	微压、低压系统风管	中压系统风管		高压系统风管	除尘系统风管
		圆形	矩形		
$1500<b\leq2000$	1.0	1.2	1.2	1.5	按设计要求
$2000<b\leq4000$	1.2	按设计要求	1.2	按设计要求	按设计要求

注：1. 螺旋风管的钢板厚度可按圆形风管减少10%～15%。
2. 排烟系统风管的钢板厚度可按高压系统。
3. 不适用于地下人防与防火隔墙的预埋管。

表2.3.4 不锈钢板风管板材的厚度　　　单位：mm

风管直径或长边尺寸 b	微压、低压、中压	高压
$b\leq450$	0.5	0.75
$450<b\leq1120$	0.75	1.0
$1120<b\leq2000$	1.0	1.2
$2000<b\leq4000$	1.2	按设计要求

表2.3.5 铝板风管板材的厚度　　　单位：mm

风管直径或长边尺寸 b	微压、低压、中压
$b\leq320$	1.0
$320<b\leq630$	1.5
$630<b\leq2000$	2.0
$2000<b\leq4000$	按设计要求

为确保净化空调系统送风、回风、新风管道易清洁、不产尘、不积尘和严密性的严格要求，按GB 51110的规定，净化空调系统风管的制作有如下要求：矩形风管的边长小于或等于900mm时，底面板不得采用拼接；大于900mm的矩形风管，不得采用横向拼接；风管所用的螺栓、螺母、垫圈和铆钉均应采用与管材性能相适应，且不产生电化学腐蚀的材料；不得采用抽芯铆钉；风管内表面应平整、光滑，不得在风管内设加固框及加固筋；风管无法兰连接时不得使用S型插条、直角型插条及联合角型插条等形式；空气洁净度等级为1～5级的净化空调系统风管不得采用按扣式咬口；镀锌钢板风管不得有镀锌层严重损坏的现象。

风管法兰的螺栓及铆钉孔的间距，当空气洁净度等级为1～5级时，不应大于80mm；6～9级时，不应大于100mm。矩形风管的边长大于1000mm时，不得采用无加固措施的薄钢板法兰风管。做出上述规定的理由是：若风管采用拼接缝或在风管内设加固框、加固筋等，会使风管内表面凹凸不平或出现积存污染物的"死角"，容易积尘，也不易清洁；连接用螺栓、铆钉等的材质与风管材质匹配不当，可能产生电化学腐蚀；若镀锌钢板风管出现镀锌层表层大面积白花、镀层粉化等损坏现象，会使安装后或运行中的风管发生锈蚀、产尘，污染洁净空气。

空气洁净度等级为1～5级的洁净室（区），由于对污染物有严格的控制要求，因此若送风、回风、新风管采用按扣式咬口形式，将会使风管内不易清洁，降低送、回风洁净度；风管连接的法兰上的螺栓或铆钉孔的间距大小，会影响风管的严密性，所以应按不同的空气洁净度等级分别规定不同的间距。

3.2.2　共板法兰风管的制作

目前洁净厂房净化空调系统的风管大多采用共板法兰的形式。共板法兰风管是指风管法兰与风管组合为一整体，采用共板法兰成型机一次加工成型的施工方法。共板法兰风管俗称无法兰风管，无法兰是与角钢法兰相对的称谓。共板法兰风管的加工生产线如图 2.3.1 所示。共板法兰风管的工艺流程如下：

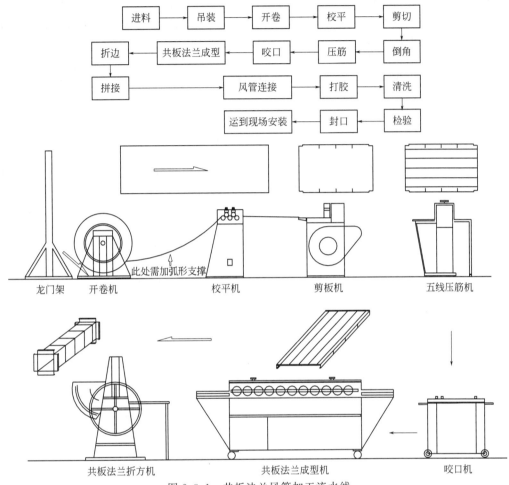

图 2.3.1　共板法兰风管加工流水线

共板法兰风管制作的主要工序描述：进料时应按规定办理领料手续。填写领料小票，包括材料名称、型号规格、数量、领用日期、领料人、发料人等。通常风管制作的镀锌钢板是成卷供应，每卷重量一般 3t 以上。领料后应由开卷机、校平机进行开卷、校平，所采用的龙门吊、开卷机应能够承受钢板的重量。吊装前应编写起吊方案，但起重工需持证上岗。吊装时应注意镀锌卷的起点方向，并在开卷机与校平机之间设置弧形支撑，防止钢板下坠，如图 2.3.2 所示。在较多数量的风管制作工程项目中，采用镀锌板卷材不但可以省材料，而且可以提高工效。开卷后的镀锌卷板必须经过校平，否则会因为钢板本身的变形影响风管加工的外观质量。

YZXP-12 型校平机对于 0.8～1.2mm 的钢板具有较好的校平效果，同时，也是风管加工生产线中牵引开卷的动力源。该校平机与 YZKJ-12 型开卷机配合，可以实现对镀锌板卷材开卷、校平

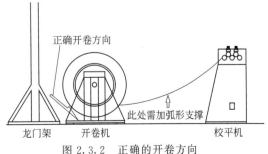

图 2.3.2　正确的开卷方向

的加工过程。

剪板下料与倒角根据图纸及大样风管的不同几何形状和规格，分别进行划线，划线的基本线有直角线、垂直平分线、平行线、角平分线、直线等分、圆等分等。一般展开方法宜采用平行线法、放射线法和三角线法。材料剪切前必须进行下料的复核，校核无误后应按划线形状用机械剪刀和手工剪刀进行剪切。剪切时，严禁作业人员的手伸入机械压板空隙中。使用固定式振动剪，两手要扶稳钢板，离刀口不得小于5cm。

风管下料时除了要预留出相应的咬口量外，还应预留出组合法兰成型量（根据法兰成型机的要求进行调整，通常为62mm），并按图2.3.3的尺寸倒角。采用单片或双片式下料时，应将板材在折方线的组合法兰成型预留量范围内切断。

压筋的目的是为了加固风管。通常矩形风管都需要进行压筋加固，压筋线应尽量与法兰线方向平行。加强筋外凸方向为风管外侧。

根据不同的咬口形式要求以咬口机进行咬口。目前国内常用的咬口形式有单咬口、双咬口、按扣式咬口、联合角咬口、转角咬口等，根据钢板接头的外形可分为平咬口、立咬口，按钢板接头的位置可分为纵咬口、横咬口。咬口的种类如图2.3.4所示。

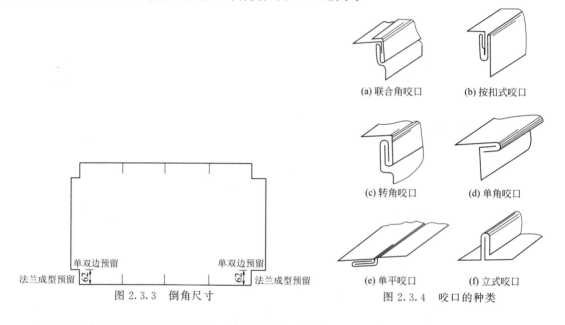

图 2.3.3　倒角尺寸

图 2.3.4　咬口的种类

(a) 联合角咬口　(b) 按扣式咬口　(c) 转角咬口　(d) 单角咬口　(e) 单平咬口　(f) 立式咬口

单平咬口通常用于板材的拼接缝、圆形风管或部件的纵向闭合缝。单立咬口用于圆形弯头、来回弯及风管的横向缝。转角咬口用于矩形风管或部件的纵向闭合缝及矩形弯头、三通的转角缝。按扣式咬口用于矩形风管或部件的纵向闭合缝及矩形弯头、三通的转角缝。联合角咬口的使用范围与转角咬口、按扣式咬口相同。双平咬口和双立咬口的用途同单平咬口和单立咬口。双平咬口和双立咬口虽有较高的机械强度和严密性，但因加工较为复杂，目前施工中较少采用。在严密性要求较高的风管系统中，一般都以焊接或在咬口缝上涂抹密封胶等方法代替双咬口连接。

金属薄板制作的风管采用咬口连接时，咬口的宽度和预留量根据板材厚度确定，咬口的宽度应一致，折角应平直，并应符合表2.3.6的要求。

表 2.3.6　咬口的宽度

单位：mm

钢板厚度	平咬口宽	角咬口宽
≤0.7	6~8	6~7
0.7~0.85	8~10	7~8
0.85~1.2	10~12	9~10

加工好并咬口的风管料通过共板法兰机进行法兰成型。长度小于200mm的风管成型时应使用滑车固定，否则很容易在成型时滑开形成废品。净化风管采用共板法兰连接时目前主要使用TDC形式的法兰连接，其断面形状如图2.3.5所示。咬口后的板料根据图2.3.3所示的位置在折边机上折方。折方时将画好的折方线放在折方机上，置于下模的中心线。作业时将机械上刀片中心线与下模中心线重合，折成所需要的角度。折方后的钢板用合口机或手工进行合缝。操作时应用力均匀，不宜过重，确保单、双口确实咬合，无胀裂和半咬口现象。风管板拼接的咬口缝应错开，不得有十字形拼接缝。注意折方机的角度和对应共板法兰的位置，一次性成型90°。铁板两条边咬口拼界成型，将专业厂家加工生产成型的角码在风管四周加固成型，并以此风管料组装成矩形管道。法兰转角由模具一次冲压成型，钢板的厚度不得小于1.0mm。风管组装转角前应先将风管调正，避免加工完成的风管扭曲变形。

(a) TDC补强条　　　(b) TDC&TDCⅠ　　　(c) TDC&TDC　　　(d) TDCⅡ&TDCⅡ

图2.3.5　共板法兰的断面形式

角码的组装应与风管断面水平，保持风管90°垂直。角码组装后可进行风管的连接。图2.3.6是TDCⅡ和TDC两种共法兰风管的连接。连接卡采用厚度为1.2mm的镀锌钢板制作，连接卡是采用与其形状相同扳料连接两段风管的法兰，连接卡根据共板法兰风管的形式确定其长度和组装间距。风管、连接卡的长度与间距见表2.3.7。

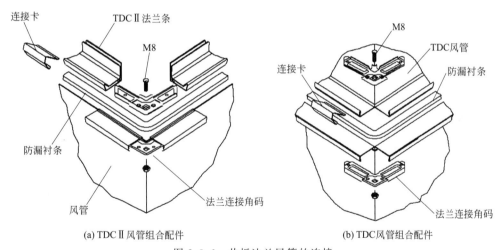

(a) TDCⅡ风管组合配件　　　　　　　　(b) TDC风管组合配件

图2.3.6　共板法兰风管的连接

表2.3.7　风管、连接卡的长度与间距

厚度/mm	风管宽度/mm	法兰补强类型	最大间距/mm	连接卡	
				长度/mm	最大间距/mm
0.5	≤320	TDC 或 TDCⅡ	2500	75～100	150
0.6	321～630	TDC 或 TDCⅡ	2500	75～100	150
0.75	631～1000	TDC 或 TDCⅡ	1250	75～100	150
1.0	1001～1500	TDC 或 TDCⅡ	1250	75～100	150

续表

厚度/mm	风管宽度/mm	法兰补强类型	最大间距/mm	连接卡	
				长度/mm	最大间距/mm
1.0	1501～2000	TDC 或 TDCⅡ	1250	75～100	150
1.2	2001～2500	TDC 或 TDCⅡ	1250	75～100	150
1.2	≥2501	TDC 或 TDCⅡ	1250	75～100	150

风管系统的气密性除取决于风管的咬口、组装法兰的风管翻边质量外，还取决于法兰与法兰连接的密封垫料。法兰密封垫料应选用不透气、不产尘、弹性好的材料，一般选用橡胶板、闭孔海绵橡胶板等，严禁采用乳胶海绵、泡沫塑料、厚纸板、石棉绳、铅油、麻丝及油毡纸等易产生颗粒的材料。密封垫片的厚度应根据材料的弹性大小确定，一般为5～8mm。密封垫片的宽度应与法兰边宽相等，并应保证一对法兰的密封垫片规格、性能及厚度相同。严禁在密封垫片上涂刷涂料，否则将会脱层、漏气，影响其密封性。

法兰垫片采用板状材料切割为条状时，应尽量减少接头。其接头形式应采用不漏气的梯形或楔形，并应在接缝处涂抹密封胶，做到严密不漏。其接头形式如图2.3.7所示。为了保证密封垫片的密封性和防止法兰连接时的错位，应把法兰面和密封垫片擦拭干净，涂胶粘牢在法兰上，并应注意不得有隆起或虚脱现象。法兰均匀拧紧后，密封垫片的内侧应与风管内壁相平。

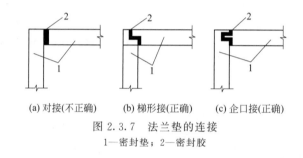

(a) 对接(不正确)　　(b) 梯形接(正确)　　(c) 企口接(正确)

图 2.3.7　法兰垫的连接

1—密封垫；2—密封胶

3.2.3　角钢法兰风管的制作

目前净化空调系统较少使用角钢法兰制作的风管，但这种传统的风管加工方法在净化空调风管系统的局部也需要应用，其使用部位大多是设备接口、风阀等部件的法兰与共板法兰风管的法兰不能匹配，这时必须采用角钢法兰制作风管。角钢法兰风管的制作流程为：

矩形风管法兰由四根角钢组焊而成，角钢下料划线时应确保焊接后的法兰内径不小于风管的外径，下料一般采用型钢切割机按划线尺寸截断。角钢下料调直后在冲床上加工铆钉孔及螺栓孔，孔距应符合GB 51110的要求，在法兰四角部位应设有螺孔。冲孔后的角钢放在焊接平台上进行焊接，焊接时应以各种风管规格的模具将法兰角钢卡紧。

圆形风管法兰的加工一般采用冷煨法。首先将整根角钢或扁钢放置在冷煨法兰卷圆机上，再按所需的角钢法兰规格尺寸调整机械的可调零件，卷制为螺旋形状后划线割开，然后从卷圆机取下逐个放在平台上找平找正，最后角钢法兰调整符合图纸要求后进行焊接、冲孔。

金属矩形风管法兰宜采用风管长边加长两倍角钢立面、短边不变的形式进行下料制作。角钢的规格，螺栓、铆钉的规格及间距应符合表2.3.8的要求。金属圆形风管法兰可选用扁钢或角钢，采用机械卷圆与手工调整的方式制作。法兰型材与螺栓的规格及间距应符合表2.3.9的要求。法兰的焊缝应熔合良好、饱满，无夹渣和孔洞；矩形法兰四角处应设螺栓孔，孔心应位于中心线上。同一批量加工的相同规格法兰，其螺栓孔排列方式、间距应统一，且应具有互换性。

表2.3.8　金属矩形风管角钢法兰及螺栓、铆钉的规格　　　　单位：mm

风管长边尺寸 b	角钢规格	螺栓规格(孔)	铆钉规格(孔)	螺栓及铆钉间距	
				低、中压系统	高压系统
$b \leqslant 630$	∟25×3	M6 或 M8	$\phi4$ 或 $\phi4.5$		
$630 < b \leqslant 1500$	∟30×3	M8 或 M10		≤150	≤100
$1500 < b \leqslant 2500$	∟40×4	M8 或 M10	$\phi5$ 或 $\phi5.5$		
$2500 < b \leqslant 4000$	∟50×5	M8 或 M10			

表2.3.9　金属圆形风管法兰型材与螺栓的规格及间距　　　　单位：mm

风管直径 D	法兰型材规格		螺栓规格(孔)	螺栓间距	
	扁钢	角钢		低、中压系统	高压系统
$D \leqslant 140$	−20×4	—	M6 或 M8		
$140 < D \leqslant 280$	−25×4	—			
$280 < D \leqslant 630$	—	∟25×3		100~150	80~100
$630 < D \leqslant 1250$	—	∟30×4	M8 或 M10		
$1250 < D \leqslant 2000$	—	∟40×4			

　　金属风管与法兰组合成型：金属圆风管与扁钢法兰连接时，应采用直接翻边方式，预留翻边量不应小于6mm，且不应影响螺栓紧固。板厚小于或等于1.2mm的风管与角钢法兰连接时，应采用翻边铆接。风管的翻边应紧贴法兰，翻边量应均匀，宽度应一致，不应小于6mm，且不应大于9mm。铆接应牢固，铆钉的间距宜为100~120mm，且数量不宜少于4个。板厚大于1.2mm的风管与角钢法兰连接时，可采用间断焊或连续焊。管壁与法兰内侧应紧贴，风管端面不应凸出法兰接口平面，间断焊的焊缝长度宜为30~50mm，间距不应大于50mm。点焊时，法兰与管壁外表面贴合；满焊时，法兰应伸出风管管口4~5mm。焊接完成后，应对施焊处进行相应的防腐处理。

　　不锈钢风管与法兰铆接时，应采用不锈钢铆钉；法兰及连接螺栓为碳素钢时，其表面应采用镀铬或镀锌等防腐措施。铝板风管与法兰连接时，宜采用铝铆钉；法兰材质为碳素钢时，表面应按设计图纸要求作防腐处理。

　　风管的咬口缝、折边和铆接等有损坏时，应进行防腐处理。风管翻边应平整、紧贴法兰，不应遮住螺孔，四角应铲平，不应出现豁口，若翻边有裂缝或孔洞时应涂密封胶。

　　风管的弯头、三通、四通、变径管、异形管、导流叶片、三通拉杆阀等主要配件的材料厚度和制作要求应与同材质风管的厚度、制作要求等一致。矩形风管的弯头可采用直角、弧形或内斜线形，宜采用内外同心弧形，曲率半径宜为一个平面边长。

　　矩形风管的弯头边长大于或等于500mm，且内弧半径与弯头端口边长比小于或等于0.25时，应设置导流叶片。导流叶片宜采用单片式或月牙式，见图2.3.8。导流叶片内弧应与弯管同心，导流叶片应与风管内弧等弦长；导流叶片的间距 L 可采用等距或渐变设置，最小叶片间距不宜小于200mm；导流叶片的数量可由平面边长除以500的倍数来确定，最多不宜超过4片。导流叶片应与风管固定牢固，固定方式可采用螺栓或铆钉。

　　圆形风管弯头的弯曲半径（以中心线计）及最少分段数应符合表2.3.10的要求。变径管单面变径的夹角宜小于30°，双面变径的夹角宜小于60°。圆形风管三通、四通、支管与总管的夹角宜为15°~60°。

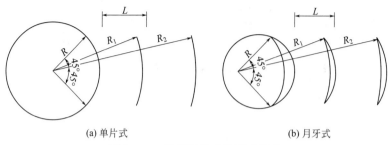

(a) 单片式   (b) 月牙式

图 2.3.8　风管导流叶片形式示意

表 2.3.10　圆形风管弯头的弯曲半径和最少分段数

风管直径 D/mm	弯曲半径 R/mm	弯曲角度和最少节数							
		90°		60°		45°		30°	
		中节	端节	中节	端节	中节	端节	中节	端节
80<D≤220	≥1.5D	2	2	1	2	1	2	—	2
240<D≤450	D~1.5D	3	2	2	2	1	2	—	2
480<D≤800	D~1.5D	4	2	2	2	1	2	1	2
850<D≤1400	D	5	2	3	2	2	2	1	2
1500<D≤2000	D	8	2	5	2	3	2	2	2

　　静压箱的制作应符合设计图纸的要求，静压箱本体、箱内固定高效过滤器的框架及固定件应进行镀锌或镀镍或喷涂或烤漆等防腐处理；外壳应牢固、气密性好，其强度和漏风量应符合相关标准的要求。

　　消声器、消声风管、消声弯头及消声静压箱的制作应符合设计文件的要求，根据不同的形式放样下料，宜采用机械加工。消声器等的外壳及框架结构的制作应满足使用要求，框架应牢固，壳体不漏风；框、内盖板、隔板、法兰的制作及铆接、咬口连接、焊接等应符合有关标准的要求；内外尺寸应准确，连接应牢固，其外壳不应有锐边。金属穿孔板的孔径和穿孔率应符合设计要求。穿孔板孔口的毛刺应锉平，避免将覆面织布划破。消声片单体安装时，应排列规则，上下两端应装有固定消声片的框架；框架应固定牢固，不应松动。消声材料填充后，应采用透气的覆面材料覆盖。覆面材料的拼接应顺气流方向、拼缝密实、表面平整、拉紧，不应有凹凸不平。消声器、消声风管、消声弯头及消声静压箱的内外金属构件表面应进行防腐处理，表面平整。

　　风管系统采用的成品风口应结构牢固，外表面平整，叶片分布均匀，颜色一致，无划痕和变形，符合产品技术标准的规定。表面应经过防腐处理，并应满足设计及使用要求。风口的转动调节部分应灵活、可靠，定位后应无松动现象。百叶风口叶片两端轴的中心应在同一直线上，叶片平直，与边框无碰擦。散流器的扩散环和调节环应同轴，轴向环片间距应分布均匀。

　　净化空调系统的各类风阀，其活动件、固定件以及紧固件应镀锌或进行其他防腐处理；阀体与外界相通的缝隙处应采取可靠的密封措施。

　　软接风管包括柔性短管和柔性风管，软接风管接缝连接处应严密。柔性风管的截面尺寸、壁厚、长度等应满足设计和相关技术文件的要求。软接风管材料的选用应满足设计要求，并应采用防腐、防潮、不透气、不易霉变的柔性材料；软接风管材料与胶黏剂的防火性能应满足设计要求。净化空调系统的软接风管，应做到不产尘、不透气、内壁光滑，并应采用不产尘、不易霉变、不透气、表面光滑、防潮、防腐的柔性材料制作。

　　柔性短管的长度宜为 150~300mm，应无开裂、扭曲现象。柔性短管不应制作成变径管，柔性短管两端面的形状应大小一致，两侧法兰应平行。柔性短管与角钢法兰组装时，可采用条形镀锌钢板压条的方式，通过铆接连接。压条翻边宜为 6～9mm，紧贴法兰，铆接平顺；铆钉间距宜为 60～80mm。柔性短管的法兰规格应与风管的法兰规格相同。柔性短管不得作为风管找正、找平的异径连接管。

风管与弯头、短支管等配件连接处，三通、四通分支处均应严密，缝隙处应采用密封胶密封以免漏风。

3.2.4　风管制作的加固和质量

（1）风管的加固　对于管径或边长较大的风管，为避免风管断面变形和减少管壁在系统运转中，由于振动而产生的噪声，就需要对风管进行加固。矩形风管边长≥630mm、保温风管边长≥800mm，其风管管段长度大于 1250mm 或风管单边面积大于 1.0m² 时，均应采取加固措施。矩形风管一般应采取如图 2.3.9 所示的加固措施。圆形风管直径大于或等于 800mm，且其管段长度大于 1250mm 或总表面积大于 4m² 时，均应采取加固措施。净化空调系统的风管不得采用内加固措施或加固筋，风管内部的加固点或法兰铆接点周围应以密封胶进行密封处理。

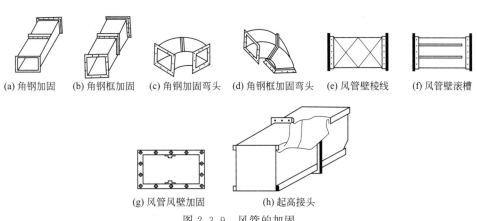

(a) 角钢加固　　(b) 角钢框加固　　(c) 角钢加固弯头　　(d) 角钢框加固弯头　　(e) 风管壁棱线　　(f) 风管壁滚槽

(g) 风管风壁加固　　　　　(h) 起高接头

图 2.3.9　风管的加固

风管接头超高的加固法（即采用立咬口），虽然可节省钢材，但加工工艺复杂，而且接头处易于漏风，目前采用较少。采用加固框加固强度大，目前应用较多。角钢的规格可以略小于法兰的规格，若矩形风管大边尺寸为 630～800mm 时，可采用 25mm×4mm 的扁钢做加固框；当大边尺寸为 800～1250mm 时，可采用∟25mm×25mm×4mm 的角钢做加固框；当大边尺寸为 1250～2000mm 时，可采用∟30mm×30mm×4mm 的角钢做加固框。加固框必须与风管铆接，铆钉的间距应均匀，且不应小于 220mm；两相交处应连成一体。

风管大边用角钢加固，适用于风管的大边尺寸在加固规定范围，而风管的小边尺寸未在规定范围时，其施工简单，可节省人工、材料。由于外观欠佳，明装风管较少采用。使用的角钢规格可与法兰相同。

风管采取壁板上滚槽加固方法时，一般是在风管下料后先将壁板放到滚槽机械上进行十字线或直线形滚槽，然后咬口、合缝。由于有专用机械，工艺简单，并能节省人工和钢板。滚槽加固的棱线排列应规则，间隔应均匀，版面不应有明显的变形。

净化空调系统所用的风管，其内壁表面应平整，避免风管内积尘。因此，风管加固部件不得安装在风管内，或采用凸棱对风管加固，通常均采用风管外用角钢加固的方法。

（2）风管制作质量　风管制作的规格、尺寸应符合设计图纸的要求。风管的外观质量应达到折角平直、圆弧均匀、两端面平行、无翘角。净化空调系统风管的内表面要做到表面光滑平整，严禁有横向拼缝和在管内设加固筋或采用凸棱加固方法，尽量减少底部的纵向拼缝。矩形风管底边≤800mm 时，底边不得有纵向拼缝。所有的螺栓、螺母、垫圈和铆钉均应采用与管材性能匹配，不会产生电化学腐蚀的材料，或镀锌等。

咬口缝必须连接紧密、宽度均匀，无孔洞、半咬口及胀裂现象。空气洁净度等级为 1～5 级的风管不得采用按扣式咬口。风管的咬口缝、铆钉孔及翻边的四个角，必须用对金属不腐蚀、流动性好、固化快、富于弹性及遇到潮湿不易脱落的密封胶进行密封。

风管制作好后，再次进行擦拭；用白绸布检查风管的内表面，必须无油污和浮尘，之后用塑料薄膜将开口封闭，并不得露天堆放或长期不进行安装。成品风管的堆放场地要平整，堆放层数要按风管的壁厚和风管的口径尺寸确定，不能堆放过高造成受压变形；同时要注意不被其他坚硬物体冲撞，造成凹凸及变形。

风管制作过程易出现的质量问题主要有：矩形风管的刚度不够，表现在风管大边有不同程度的下沉，两侧面小边有较小向外凸出的变形。这种现象不仅会降低使用寿命，且可能在系统运行中引发风管表面颤动产生较大的噪声。矩形风管的刚度不够其原因可能是制作风管的钢板厚度不满足要求或咬口形式选择不当或未按要求采取加固措施。所以制作风管的过程中应严格遵守相关的"施工质量验收规范"和设计要求，正确选用板材的厚度等。矩形风管应根据大边长度和是否保温等情况，采取相应的加固措施。

矩形风管扭曲、翘角，表现在风管表面不平、对角线不相等，相邻两边表面互不垂直，两边表面不平行，两管端平面不平行。这种现象将会影响风管系统安装后的平直度，还会使风管与风管连接的受力不均，法兰垫片不严密，增大系统的漏风量。矩形风管扭曲、翘角的原因可能是展开下料后矩形板材的四个边无严格方角或风管的大边或小边的两个相对面长度和宽度不相等或风管四个角处的咬口宽度不相等以及手工咬口缝受力不均等。

在展开下料过程中，应对矩形风管的板料严格角方，检验每片的宽度、长度及对角线尺寸，使偏差尺寸在允许的范围内。为了检验两个相对面的长度和宽度是否相等，可将两个相对面的片料重合起来，检查其尺寸的准确性。咬口预留的尺寸必须正确，保证咬口宽度一致。手工咬口时，首先固定两端及中心部位，然后再进行均匀咬口。

圆形风管不同心，表现在风管不直、两端平面不平行及管径变小等。它将影响风管安装后的平行度或垂直度。产生这种现象的原因可能是制作同径圆形风管时，展开下料后未严格角方；制作异径圆形风管时，两端口展开下料不准；咬口宽度不相等。同径圆形风管制作时，应对板料进行严格的角方。异径圆形风管制作时，若采用手工咬口，在作业时应严格控制咬口的宽度保持一致；采用机械咬口时应按咬口机械设备的要求进行作业，防止咬口宽度不等。

矩形弯头角度不准确，将会使弯头的表面不平整、管口对角线不相等及咬口不严密。弯头角度不准确，会影响弯头与风管或风口连接后的坐标位置。矩形弯头角度不准确的原因可能是弯头的侧壁、弯头背的片料尺寸不准确或弯头的上、下两大片料未严格角方或弯头背和弯头里的弧度不准确或角形咬口缝宽度不相等。

3.2.5 风管清洗与漏光检验

(1) 风管清洗 净化空调系统的风管现场制作时，应选择具有防雨篷和有围挡的场所进行清洗；通常风管数量较多时宜设清洗间进行清洗包装，满足洁净要求后方可运去安装。清洗间的搭建面积应满足风管周转的需要，可按净化风管数量的多少、风管尺寸的大小确定。清洗间应设有送风风机和排风口，风机出口应采用无纺布等类型的过滤器过滤空气中的灰尘，保持清洗间的清洁。洁净度等级较高的洁净室用风管宜在 ISO 9 级的洁净室内清洗。清洗间的地面宜采用 PVC 地面铺设，既可保持清洗间的清洁要求，又能防止风管被划伤。清洗间应具有足够的照明，并能提供水源。根据洁净度等级不同，水源可采用自来水或纯水，并应设置排水管和清洗液的排放管。清洗间宜用彩钢板搭设。图 2.3.10 为清洗间的布置示意图。

净化空调系统的风管清洗所使用的清洗剂、溶剂和抹布等应满足表 2.3.11 的要求。用自来水清洗风管及零部件的外表面时，应保持水质清洁，无杂质、泥沙。所有清洗风管用的机具设备均应专管专用，不得混作他用，更不得使用清洗风管的容器盛装其他溶剂、油类及污水，并应保持容器的清洁干净；吸尘器、照明灯具应保持清洁干净，无油污、尘土。在清洗过程中使用的任何物品，均应不带尘、不产尘，如掉渣、掉毛、使用后产生残迹等。

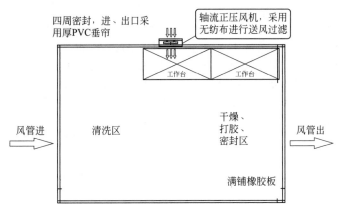

图 2.3.10　风管清洗间布置示意图

表 2.3.11　洁净风管的清洁材料

材料名称	规格	材料名称	规格
三氯乙烯	工业纯	长纤维尼龙布	用于清洗洁净厂房
乙醇	工业纯	塑料薄膜	厚0.1mm（封堵风管用）
洗洁精	专用	胶黏带	宽50mm，厚0.1mm
活性清洗剂	用于清洗洁净厂房	其他过滤水	无残留杂质,中性

风管清洗的工艺流程一般如下：

清洗场地要求封闭隔离、无尘土，每天至少清扫擦拭 2～3 次，保持场内干净无尘。清洗场地应建立完善的卫生及管理制度，对进出人员及机具、材料、零部件进行检查，满足洁净要求方可携带入内。

风管及部件的清洗顺序一般是：先检查风管涂胶密封是否合格，如不合格应补涂，直至合格；再以半干湿抹布擦拭外表面，然后用清洁半干擦布擦拭内表面的浮尘；风管的内表面擦拭清洁后用三氯乙烯或经稀释的乙醇、活性清洗剂擦拭内表面，去除所有的油层、油渍；最后将擦净的进行风干或吹干的干燥处理。

以白绸布检查内表面的清洗质量，白绸布揩擦不留任何灰迹、油渍即为清洗合格。经检查合格的风管两端用塑料薄膜及胶黏带（50mm 宽）进行封闭保护，防止外界不洁空气渗入。若工作需要揭开保护膜时，在作业后应立即恢复密封。一旦发生保护膜遭破坏应急时修复，确保管内的清洁度，否则应重新进行清洗和密封处理。凡经检验合格均应加检验合格标志，并应妥善存放保管，防止混用。存放场地应清扫干净，并铺设橡胶板加以保护。

（2）风管的漏光检查　净化空调系统用风管的漏光检查是检查风管制作质量的重要工序，漏光检查通常是在风管清洗后进行。风管的漏光检查宜在夜间进行，并应采取必要的安全技术措施，以防止事故发生。风管的漏光检查采用专用碘钨灯、电缆等，常用漏光检验用机具见表 2.3.12。所有机具、工具的外表都必须清洁干净，无油污、无尘，无破损划伤现象，绝缘良好，并应配置漏电开关保护。

表 2.3.12　风管的漏光检查用具

机具名称	规格	机具名称	规格
桶	15L	吸尘器	600～1500W
碘钨灯	1000W	活动脚手架(车)	高约 12m

风管的漏光检查可利用风管清洗用场地进行,对场地的要求也与风管清洗用场地相同。

漏光检查由于是定性的方法,仅用于洁净度级别 ISO 6～9 级的系统。其试验方法是在一定长度的风管上,在漆黑的周围环境下,在风管内用一个电压不高于 36V、功率在 100W 以上、带保护罩的灯泡作为检测光源,从风管的一端缓缓移向另一端,检测光源应沿着被检测风管接口、接缝处作垂直或水平缓慢移动,在风管外能观察到漏光情况,若有光线射出应做好记录,并应统计漏光点。系统风管的漏光检测宜采用分段检测、汇总分析的方法。系统风管的检测应以总管和主干管为主。低压系统的风管每 10m 接缝,漏光点不大于 2 处,且 100m 接缝平均不大于 16 处为合格;中压系统的风管每 10m 接缝,漏光点不大于 1 处,且 100m 接缝平均不大于 8 处为合格。风管的漏光检测如图 2.3.11 所示。

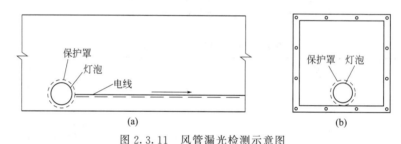

图 2.3.11　风管漏光检测示意图

漏风处如在风管的咬口缝、铆钉孔、翻边四角处可涂密封胶或采取其他密封措施;如在法兰接缝处,根据实际情况可紧固螺母或更换法兰密封垫片。

3.3　风管系统安装

3.3.1　风管支吊架的制作、安装

(1) 支吊架的制作　洁净室(区)内的支吊架应采用镀锌材料或不锈钢材料制作,非洁净区的支吊架可不采用镀锌材料,但应进行防腐处理。洁净区的固定支架宜采用组装式支架,组装式支架是先焊接完毕再镀锌处理并以螺栓连接。不具备条件而采用现场焊接时,焊缝应进行防腐防锈处理。支吊架的焊接应可靠,不得有虚焊、漏焊、起鼓、咬肉、起渣等现象。焊接药皮处理后,焊缝质量合格,方能进行防腐处理。支吊架型钢上的打孔应当冲孔或钻床钻孔,不得采用乙炔焰吹孔。支吊架制作前,应对型钢进行矫正并不得采用乙炔焰切割,应采用砂轮切割机或带锯切割,切割边缘应进行打磨处理;支吊架端面应进行倒角处理,倒角后再进行端面防腐处理。

型钢斜支撑、悬臂型钢支架栽入墙体的部分应采用燕尾形式,栽入部分不应小于 120mm;横担长度应预留管道及保温宽度。吊架吊杆的长度应按实际尺寸确定,并应满足在允许范围内的调节余量,还应露出螺母 3～5 个螺距,宜为 3～5 个吊杆直径。柔性风管的吊环宽度应大于 25mm,圆弧长应大于 1/2 周长,并应与风管贴合紧密。

隔振支架、吊架的结构形式和外形尺寸应满足设计要求或相关技术文件的规定。钢隔振支架的焊接应符合现行国家标准《钢结构工程施工质量验收规范》的有关规定,焊接后必须矫正。隔

振支架应水平安装在隔振器上，各组隔振器承受荷载的压缩量应均匀，高度误差应小于 2mm。使用隔振吊架不得超过其最大额定载荷量。图 2.3.12 为减振吊架。

(2) 支吊架的安装 风管系统安装前，应按设计图纸核对风管的坐标位置和标高，确定风管的走向和位置，并应在厂房内安装部位的地面已施工完成，室内具有防尘措施的条件下进行。风管系统应先安装支吊架，支吊架应与建筑围护结构牢固连接。当采用膨胀螺栓固定支、吊架时，应符合膨胀螺栓使用技术条件的规定；螺栓至混凝土构件边缘的距离不应小于 8 倍的螺栓直径，螺栓间距不小于 10 倍的螺栓直径。螺栓孔直径和钻孔深度应符合表 2.3.13 的要求。

支、吊架与预埋件焊接时，焊接应牢固，不应出现漏焊、夹渣、裂纹、咬肉等现象。若在钢结构上设置固定件时，钢梁下翼宜安装钢梁夹或钢吊夹，预留螺栓连接点、专用吊架型钢；吊架应与钢结构固定牢固，并应不影响钢结构的安全。

支、吊架不应设置在风口、检查口处以及阀门、自控机构的操作部位，且距风口不应小于 200mm。圆形风管 U 形管卡圆弧应均匀，且应与风管外径一致。支、吊架距风管末端不应大于 1000mm，

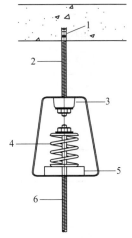

图 2.3.12 减振吊架
1—膨胀螺栓；2—上通丝吊杆；
3—上橡胶垫；4—减振弹簧；
5—下橡胶垫；6—下通丝吊杆

距水平弯头的起弯点间距不应大于 500mm，设在支管上的支吊架距干管不应大于 1200mm。吊杆与吊架根部的连接应牢固。吊杆采用螺纹连接时，拧入连接螺母的螺纹长度应大于吊杆直径，并应有防松动措施。吊杆应平直，螺纹完整、光洁。安装后，吊架的受力应均匀，无变形。

表 2.3.13　常用膨胀螺栓的规格、钻孔直径和钻孔深度　　　　单位：mm

膨胀螺栓种类	图示	规格	螺栓总长	钻孔直径	钻孔深度
内螺纹膨胀螺栓		M6	25	8	32～42
		M8	30	10	42～52
		M10	40	12	43～53
		M12	50	15	54～64
单胀管式膨胀螺栓		M8	95	10	65～75
		M10	110	12	75～85
		M12	125	18.5	80～90
双胀管式膨胀螺栓		M12	125	18.5	80～90
		M16	155	23	110～120

支、吊架的间距应按设计要求确定。设计文件无规定时，金属风管（含保温）水平安装应按照表 2.3.14 的要求设置。垂直安装的金属风管支架的最大间距为 4000mm。柔性风管支、吊架的最大间距宜小于 1500mm。吊架应垂直安装，吊杆应受力均匀。水平安装矩形、圆形风管的吊架型钢最小规格见表 2.3.15、表 2.3.16。

表 2.3.14　水平安装金属风管支吊架的最大间距　　　　单位：mm

风管边长 b 或直径 D	矩形风管	圆形风管	
		纵向咬口风管	螺旋咬口风管
≤400	4000	4000	5000
>400	3000	3000	3750

注：薄钢板法兰，C 形、S 形插条连接风管的支、吊架间距不应大于 3000mm。

表 2.3.15　水平安装金属矩形风管的吊架型钢最小规格　　　　　单位：mm

风管长边尺寸 b	吊杆直径	吊架规格	
		角钢	槽钢
$b \leqslant 400$	$\phi 8$	∟ 25×3	[50×37×4.5
$400 < b \leqslant 1250$	$\phi 8$	∟ 30×3	[50×37×4.5
$1250 < b \leqslant 2000$	$\phi 10$	∟ 40×4	[50×37×4.5 [63×40×4.8
$2000 < b \leqslant 2500$	$\phi 10$	∟ 50×5	—

表 2.3.16　水平安装金属圆形风管的吊架型钢最小规格　　　　　单位：mm

风管直径 D	吊杆直径	抱箍规格		角钢横担
		钢丝	扁钢	
$D \leqslant 250$	$\phi 8$	$\phi 2.8$	25×0.75	—
$250 < D \leqslant 450$	$\phi 8$	$\phi 2.8$ 或 $\phi 5$[②]		
$450 < D \leqslant 630$	$\phi 8$	$\phi 3.6$[②]		
$630 < D \leqslant 900$	$\phi 8$	$\phi 3.6$[②]	25×1.0	
$900 < D \leqslant 1250$	$\phi 10$	—		
$1250 < D \leqslant 1600$	$\phi 10$[①]	—	25×1.5[③]	∟ 40×4
$1600 < D \leqslant 2000$	$\phi 10$[①]	—	25×2.0[③]	

① 表示两根圆钢；
② 表示两根钢丝合用；
③ 表示上、下两个半圆弧。

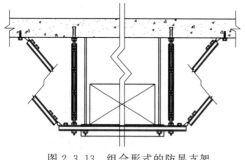

图 2.3.13　组合形式的防晃支架

装配式管道吊架应按设计要求及相关技术标准选用。装配式管道吊架进行综合排布安装时，吊架的组合方式应根据组合管道的数量、承载负荷进行综合选配，并应单独绘制施工图，经原设计单位签字确认后，再进行安装。装配式管道吊架的安装位置及间距应符合设计要求，并应固定牢靠；采用膨胀螺栓固定时，螺栓的规格应符合产品技术文件的要求，并应进行拉拔试验。装配式管道吊架各配件的连接应牢固，并应有防松动措施。

风管每 10m 宜设置防晃支架，防晃支架根据现场的实际位置确定连接方式和受力点。图 2.3.13 是一种组合形式的防晃支架。

保温风管的支、吊架设在保温层外，横担处宜加木托，防止冷桥；圆形风管与支架接触处应垫木板，防止风管变形。

3.3.2　风管的安装

风管系统的支吊架安装完毕，经确认位置、标高无误后，将风管和部件按加工草图编号预排。预制加工后的风管，其内部应保持清洁，并在就位前检查、擦拭干净，做到无油污、无浮尘。塑料封口要保持密封状态，如塑料封口已损坏，应再一次清洗干净后再与其他风管连接。为了避免风管在吊装过程中发生变形而降低其严密性，每次吊装的风管总长度应在 $10 \sim 16m$ 的范围。为保证法兰接口的严密性，法兰之间应加垫料。为确保洁净风管的连接严密不漏，法兰垫料应为不产尘、不易老化、不透气和具有一定强度、柔性的材料，厚度为5～8mm，不得采用乳胶海绵；严禁在垫料表面刷涂料，在接缝处可采用密封胶。法兰密封垫及接头必须满足设计要求和施工规范的规定。法兰密封垫应尽量减少接头。法兰垫片不得采用直缝连接，宜采用阶梯形或企口形。风管安装时，根据施工现场情况，可以在地面连接成一定长度采用吊装的方法就位，也可以把风管一节一节地放在支架上逐节连接。

风管的安装首先应根据现场定位尺寸和具体情况，在梁柱上选择两个可靠的吊点，然后挂好倒链或滑轮，用绳索将风管捆绑结实。起吊时，当风管离地200～300mm时，应停止起吊，仔细检查倒链或滑轮受力点和捆绑风管的绳索、绳扣是否牢靠，风管的重心是否正确。确认无误后，再继续起吊。风管放在支、吊架后，将所有托盘和吊杆连接好，确认风管稳固后，才可以解开绳扣。

经清洗密封的净化空调系统风管安装时打开端口封膜后，随即连接好接头；若中途停顿，应把端口重新封好。风管静压箱安装后内壁必须进行清洁，应无浮尘、油污、锈蚀及杂物等。风管连接的法兰对接应平行、严密、螺栓紧固。螺栓露出长度适宜一致，同一管段的法兰螺母在同一侧。风管系统的风阀、消声器等部件安装时应清除内表面的油污和尘土。风阀的轴与阀体连接处的缝隙应有密封措施。安装应牢固，位置、标高和走向应满足设计要求，部件方向应正确，操作方便。防火阀检查孔的位置必须设在便于操作的部位。

风管穿过洁净室（区）的吊顶、隔墙等围护结构时，穿越处应严密不漏，应采取可靠的密封措施，如填堵密封填料或密封胶，不得漏风或有渗漏现象发生。风管内严禁其他管线穿越。

风管系统中应在适当位置设清扫孔及风量、风压测定用孔，孔口安装时应除尘土和油污，安装后必须将孔口封闭。风管保温层外表面应平整、密封，无振裂和松弛现象。

若洁净室内的风管有保温要求时，保温层外应做金属保护壳，其外表面应当光滑不积尘，便于擦拭，接缝必须密封。风管系统安装完毕后，保温之前应进行严密性试验，当设计对漏风量检查和评定标准有具体要求时，应按设计要求进行。设计无要求时，应符合GB 51110等国家标准的规定。

风管系统安装后的严密性试验，是空调和空气洁净系统能否达到设计效果的关键环节之一，主要检验风管、部件预制加工后的咬口缝、铆钉孔、风管的法兰翻边及风管与管件、风管与部件连接等的严密性。如果系统漏风量超过要求，将造成系统运行过程中的能量浪费和降低空气过滤器的使用寿命；甚至系统漏风量过大，将使系统的净化空调效果达不到设计要求。因此风管系统安装后，应根据系统大、小等具体情况进行分段或整个系统的漏风量试验，待试验合格后再安装各类送风口等部件及进行风管的保温工作。

3.3.3　部件的安装

（1）一般要求　净化空调系统的所有部件安装前均应进行清洗，清洗要求与风管的清洗工艺相同。风管部件、阀门的安装应符合相关国家标准的规定，如《通风与空调工程施工规范》（GB 50738）、《通风与空调工程施工质量验收规范》（GB 50243）和《洁净厂房施工及质量验收规范》（GB 51110）等。

（2）风阀的安装　风管系统上安装蝶阀、多叶调节阀、防火防烟调节阀等各类风阀，在安装前应检查框架结构是否牢固，调节、制动、定位等装置应准确灵活。风阀的安装与风管相同，在安装时只要把风阀的法兰与风管或设备上的法兰对正，加上密封垫片上紧螺钉，使其连接牢固及严密即可。

风阀安装的部位应使阀件的操纵装置便于操作。安装的风阀气流方向应正确，不得装反，一般应按风阀外壳标注的方向安装。风阀的开闭方向、开启程度应在阀体上有明显和准确的标志，并应启闭灵活。斜插板风阀的阀板向上为拉启，水平安装时，阀板应顺气流方向插入。安装在高处的风阀，其操纵装置应距地面或平台1～1.5m。电动、气动调节阀的安装应确保执行机构动作的空间。

　　分支管风量调节阀是作为各送风口的风量平衡之用，由于阀板的开启程度依靠柔性钢丝绳的弹性，因此在安装时应该特别注意调节阀所处的部位。正确的安装部位如图 2.3.14 所示，而图 2.3.15 所示的安装是不正确的，它会使风阀的阀板处于全关状态。

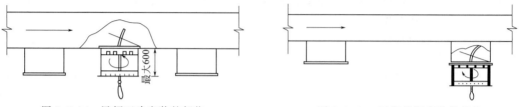

<table>
<tr><td>图 2.3.14　风阀正确安装的部位</td><td>图 2.3.15　风阀错误安装的部位</td></tr>
</table>

　　（3）余压阀的安装　余压阀是保证洁净室内的静压能维持恒定的部件，安装在洁净室墙壁的下方，应保证阀体与墙壁连接后的严密性，且阀板位置应处于洁净室的外墙；应使阀板平整和重锤调节杆不受撞击变形，重锤应调整灵活。在 GB 51110 中对余压阀的安装要求是：应按工程设计要求，正确进行余压阀的测量、定位；安装就位前，应进行外观检查，确认结构能正确地灵活动作。安装就位的余压阀，其阀体、阀板的转轴允许水平偏差不得超过 0.1%。余压阀的安装应牢固，与墙体的接缝应进行可靠密封。

图 2.3.16　高效送风口

　　（4）风口的安装　在 GB 51110 中对洁净室（区）内风口的安装有如下要求：安装前应擦拭干净，并应做到无油污、无浮尘等。风口与风管的连接应牢固、严密；与吊顶、墙壁装饰面应紧贴，并应做到表面平整，接缝处应采取密封措施。同一洁净室（区）的风口安装位置应与照明灯具等设施协调布置，并应做到排列整齐、美观。带高效空气过滤器的送风口，应采用固定式。图 2.3.16 是安装后的高效过滤器的送风口。

　　各类风口安装均应横平、竖直，表面平整。在无特殊要求的情况下，露于室内的部分应与室内线条平行。各种散流器的风口面应与顶棚平行。带有调节和转动装置的风口，安装后应保持原来的灵活程度。为了使风口在室内保持整齐，室内安装的同类型风口应对称分布，同一方向的风口，其调节装置应在同一侧。

　　矩形联动可调百叶风口的安装方法，应根据是否带风量调节阀来确定。当带风量调节阀的风口安装时，应先安装调节阀框，后安装风口的叶片框。其方法是：若风口与风管连接时，风管伸出墙面的部分应按照阀的外框条形孔位置及尺寸，剪出 10mm 的连接榫头再把阀框装上，即将榫头插入阀框的条形孔内并折弯，贴紧固定；然后安装叶片框，即伸入叶片间用旋具拧紧螺钉，将叶片框固定在阀框内壁的连接卡子上。当风口直接固定在预留洞上时，将阀框插入洞内，用木螺钉穿过阀框四壁的小孔，拧紧在预留的木榫或木框上；然后再安装叶片框，其连接方法同上。将旋具由叶片架的叶片间伸入，卡进调节螺钉的凹槽内旋转，即可带动杆，调整外框上叶板的开启度，达到调节风量的目的。

　　不带风量调节阀的风口安装时，应在风管内或预留洞内的木框上，采用铆接或拧紧角形连接卡子，然后再安装叶片框。

　　风口的气流吹出的角度调整时，应根据气流组织情况，将叶片沿横向排列方向分为数段进行不同角度的调整；调整时采用不同角度的专用扳手，卡住叶片旋转到接触相邻叶片为宜。

　　（5）消声器、消声弯头的安装　消声器、消声弯头安装前的准备应满足下列要求：消声器的壳体表面应平整，不应有明显的凹凸、划痕及锈蚀等现象；消声器的消声片外包玻璃纤维布应平整无破损，两端设置的导风条应完好；紧固消声器部件的螺钉应分布均匀，接缝平整，不能松动脱落。穿孔板表面应清洁，无锈蚀及孔洞堵塞。消声弯头的导流片应牢固、完整。

消声器的安装与风管的连接方法相同，应该连接牢固、平直不漏风，但安装过程中应符合如下要求：消声器在吊装过程中应避免振动，防止消声器变形，影响消声效果。特别是对于填充消声多孔材料的阻式消声器，更应防止由于振动而损坏填充材料，不但降低消声效果，而且还会污染环境。

消声器在系统中应尽量安装在靠近使用房间的部位，如受条件限制必须安装在机房内时，应对消声器的外壳及消声器之后位于机房内的部分风管采取隔声处理。大型组合式消声室的现场安装，应按照施工方案确定的组装顺序进行。消声组件的排列、方向与位置应符合设计要求，每个消声组件均应固定牢固。当有 2 个或 2 个以上的消声元件组成消声组件时，应连接紧密不能松动，连接处表面的过渡应圆滑顺应气流。消声器安装的方向应正确，并应单独设置支吊架，其重量不能由风管承受，并应固定牢固。

（6）防火阀的安装　净化空调系统的防火阀是系统中的重要安全装置，应确保一旦发生火灾起到关闭和停机的作用。防火阀有水平、垂直、左式和右式之分，安装时应根据设计图要求进行定位。为防止防火阀易熔片脱落，易熔片应在系统安装之后、系统试运转之前再进行安装。

防火阀应单独设置吊杆。防火阀楼板吊架的安装如图 2.3.17 所示。

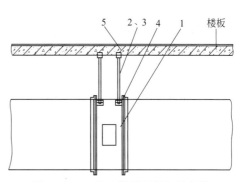

图 2.3.17　防火阀楼板吊架的安装
1—防火阀；2，3—吊杆及螺母；
4—吊耳；5—楼板吊点

风管穿越防火墙时防火阀的安装：风管穿越防火墙时应在墙的两侧设置支架，并应在墙两侧 2m 范围内用防火材料保温。风管与墙洞处的缝隙用防火材料填塞，两端用防火胶泥。风管穿越防火墙的防火阀应以双吊架进行固定，见图 2.3.18。

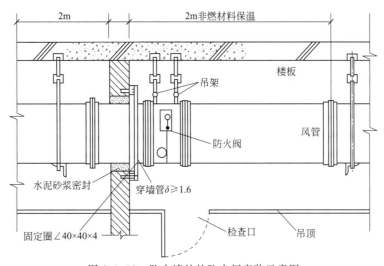

图 2.3.18　防火墙处的防火阀安装示意图

3.3.4　风管系统的严密性试验

洁净厂房净化空调系统工程的风管系统安装后应按风管系统的类别进行外观检查，经检查合格后应按系统分别进行严密性检查。

净化空调系统风管的严密性试验，高压系统（空气洁净度等级为 1~5 级的系统）按高压系统进行检测，工作压力低于 1500Pa 的风管系统(6～9 级的系统)按中压系统检测。依据国家标准《通风与空调工程施工质量验收规范》的规定，风管系统的严密性试验的允许漏风量$[m^3/(h \cdot m^2)]$为：中压系统 $Q_m \leqslant 0.0352p^{0.65}$，高压系统 $Q_n \leqslant 0.0117p^{0.65}$。$p$ 为风管系统的工作压力（Pa）。

风管系统的严密性试验采用的漏风量试验方法，通常是采用离心风机向风管内鼓风，使风管内的静压上升并保持在工作压力，此时该进风量即等于漏风量。该进风量用在风机与风管之间设置的孔板和压差计进行测量。漏风量测试可分为正压和负压两种，一般采用正压条件下的测试来检验。漏风量测试应采用经检验合格的专用测量仪器，或满足现行国家标准《用安装在圆形截面管道中的差压装置测量满管流体流量》（GB/T 2624）规定的计量元件组合的测试装置。测试装置应符合 GB 50243 的有关要求。

漏风量测定前应做好充分的准备工作，通常可将连接风管系统的支风管取下，并将开口管端用盲板密封，然后用图 2.3.19 所示的方式，将风管系统与测试装置连接，即可进行系统漏风量的测定。在测定过程中应认真做好记录，其内容包括漏风部位、漏风量、漏风的原因及处理方法等。漏风量测试前应进行风管系统的漏风声音试验，先以胶带密封和盲板管端开口处，将测试装置的软管连接到被测系统的风管上，然后关闭进风挡板，启动风机，逐步打开进风挡板，直到风管内的静压值上升并保持在规定压力。此时注意听风管所有接缝和孔洞处的漏风声音，将每个漏风点做出记号并逐个修补。漏风量测量试验是在漏风声音试验后进行的，并将漏风声音点进行修补和密封，再次启动风机，逐步打开进风挡板，直到风管内的静压值上升并保持在规定压力时，读取气流通过孔板产生的压差，以此测试数据进行漏风量计算。

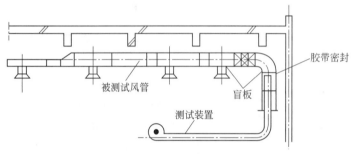

图 2.3.19 漏风量测试风管系统的连接

（图中标注：胶带密封、被测试风管、盲板、测试装置）

3.4 净化空调设备安装

3.4.1 一般要求

在有关标准规范中对净化空调设备安装做出的规定主要有：洁净厂房中的净化空调设备应有齐全的随机文件，包括装箱清单、说明书、产品质量合格证书、性能检测报告和必要的图纸等，进口设备还应有商检文件等。净化空调设备安装前，应在建设单位和有关方的参加下进行开箱检查，并做好开箱或验收记录。净化空调设备的搬运、吊装应符合产品说明书的有关要求，并做好相关保护工作，防止设备损伤；设备就位前，应对其安装场所和设备基础进行核对、验收。净化空调设备就位、安装应符合产品说明书的要求和相关标准的规定。

净化空调设备中大多数都有风机、高效过滤器等，而风机的出风口与箱体都采用软连接，不允许倒置、平躺及碰撞，否则将损坏设备。因此，设备应按出厂时外包装标志的方向装车、放置，运输过程中应防止剧烈振动和碰撞。设备运到施工现场开箱之前，应在清洁、干燥的房间内存放，防止设备受潮生锈或高效过滤器的过滤材料发生霉变。设备安装前应在干净的环境中开箱检查，合格的设备应立即进行安装。不能在污染的环境下开箱，防止设备受到污染。设备开箱检查应无缺件，表面无损坏和锈蚀等情况，内部各部分连接牢固。

设备安装应具备的条件：一般情况下，应在洁净厂房的建筑装饰和净化空调风管系统施工安装完成，并进行全面清扫，擦拭干净后进行。安装前应编制专项施工方案，对施工机具的选择、现场条件进行勘测，对吊装方案进行受力分析，特别是利用建筑物结构作为主要承受力时还要对结构进行受力分析。对于新风净化机组、余压阀、传递窗、空气吹淋室、气闸室等与洁净室的围护结构相连的设备，宜与围护结构同时施工安装，与围护结构连接的接缝缝隙应采取密封措施，并应做到严密而清洁。设备或风管的送、回风口及水管的接口应暂时封闭，待洁净室投入试运转时启封。

3.4.2　空气过滤器的安装

（1）一般要求　洁净厂房净化空调系统的空气过滤设备包括初、中效空气过滤器，高效空气过滤器和超高效空气过滤器，风机过滤器机组（FFU）以及洁净层流罩等。洁净厂房中的初、中效空气过滤器一般均设置在组合式空气处理机组（组合式空气处理设备或组合式空调器）或新风处理装置内，所以初、中效空气过滤器的安装（组装）在本小节中不进行描述。

为确保高效空气过滤器等的安装质量，在国家标准《洁净厂房施工及质量验收规范》（GB 51110）中有如下要求：高效空气过滤器安装前应具备的条件主要包括：洁净室（区）建筑装饰装修和配管工程施工已完成，并验收合格。洁净室（区）应已进行全面清洁、擦净，净化空调系统已进行擦净和连续试运转12h以上。高效空气过滤器的安装场所及相关部位应已进行清洁、擦净。高效空气过滤器应已进行外观检查，产品质量应符合设计图纸要求和国家现行标准《空气过滤器　分级及标识》（T/CRAA 430）等的有关规定。框架、滤纸、密封胶等应无变形、断裂、破损、脱落等损坏现象等。高效空气过滤器经外观检查合格后，应立即进行安装。

安装高效空气过滤器的框架应平整、清洁，每台过滤器安装框架的平整度偏差不得超过1mm。过滤器的安装方向应正确，安装后过滤器的四周和接口应严密不漏。当采用机械密封时，应采用气密垫密封，其厚度应为6~8mm，并应紧贴在过滤器的边框上；安装后垫料的压缩应均匀，压缩率应为25%~50%。若采用液槽密封时，槽架应安装水平，并不得有渗漏现象；槽内应无污物和水分。槽内密封液的高度宜为槽深的2/3，密封液的熔点宜高于50℃。

风机过滤器机组（FFU）安装前应具备的条件与高效空气过滤器基本相同，并应在清洁环境进行外观检查，不得有变形、锈蚀、漆膜脱落、拼接板破损等现象。FFU经外观检查合格后，应立即进行安装；安装框架应平整、光滑，安装方向应正确，安装后的风机过滤器机组（FFU）应方便维修；与框架之间的连接处应采取密封措施。

洁净层流罩安装前应进行外观检查，并应无变形、脱落、断裂等现象。外观检查合格后即可按产品说明书的要求或相关规定进行安装，安装应采用独立的立柱或吊杆，并应设有防晃动的固定措施，且不得利用相关设备或壁板支撑。直接安装在吊顶上的层流罩，其箱体四周与吊顶板之间应设有密封和隔振措施。垂直单向流层流罩的安装，其水平度偏差不得超过0.1%；水平单向流层流罩的安装，其垂直度偏差应为±1mm，高度允许偏差应为±1mm。洁净层流罩安装后，应进行不小于1.0h的连续试运转，并应检查各运转设备、部件和电气联锁功能等。

（2）高效过滤器安装　高效过滤器是净化空调系统的关键部件，为保证过滤器的过滤效率和净化空调系统的洁净效果，高效过滤器的安装应遵守《洁净厂房施工及质量验收规范》（GB 51110）和设计图的要求。

为防止高效过滤器受到污染，开箱检查和安装过程应在净化空调系统安装完毕，空气处理设备、风管内及洁净室（区）经过清扫，净化空调系统试运转并稳定运行后进行。高效过滤器安装前，应检查过滤器框架或边口端面的平直性，端面平整度的允许偏差，每只应不大于1mm。如端面平整度超过允许偏差时，只允许修改或调整过滤器安装的框架端面，不允许修改过滤器本身的外框，否则将会损坏过滤器中的滤料或密封，降低过滤效果。高效过滤器安装时，应保证气流方向与外框上箭头标志的方向一致。用波纹板组装的高效过滤器在竖向安装时，波纹板必须垂直于地面，不得反向。

高效过滤器的安装方式一般采用顶紧法（或称洁净室内安装）和压紧法（或称吊顶上部安装）

两种。顶紧法的安装特点是，能在洁净室内安装和更换高效过滤器，其安装方法如图 2.3.20 所示。压紧法的特点是可在吊顶内或技术夹层内安装和更换高效过滤器，其安装方法如图 2.3.21 所示。高效过滤器安装时，应对过滤器轻拿轻放，不得污染，不能用工具敲打、撞击，严禁用手或工具触摸滤纸，防止损伤滤料和密封胶。过滤器安装用密封垫，一般采用闭孔海绵橡胶板或氯丁橡胶板，也有的采用硅橡胶涂抹密封。密封垫料的厚度常为 6～8mm，定位粘贴在过滤器边框上，安装后的压缩率应为 25%～30%。

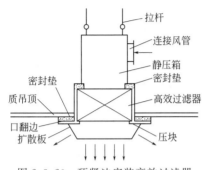

图 2.3.20 顶紧法安装高效过滤器

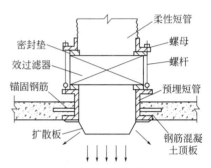

图 2.3.21 压紧法安装高效过滤器

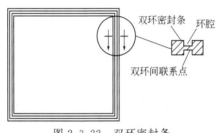

图 2.3.22 双环密封条

密封垫料的拼接方法与净化空调系统风管的法兰连接垫料拼接方法相同，即采用梯形或榫形拼接。高效过滤器的安装，采用双环密封时，不应把环腔上的孔眼堵住。双环密封条如图 2.3.22 所示。为了提高"封导"结合的密封作用，环腔上的开孔，如设计无要求时，边长 484mm 以下的过滤器，一条边上开 1 个孔，宜在 1～2 条边上开孔；边长 630mm 以下的过滤器，一条边上开 1 个孔，应在两条边上开孔；边长 630mm 以上的过滤器，一条边上开两个孔，应在两条边上开孔。若过滤器密封采用硅橡胶时，为保证良好的密封性，在涂抹硅橡胶前，应先清扫过滤器和框架上的杂物和油污，然后再饱满均匀地涂抹硅橡胶。

洁净厂房内的高效空气过滤器安装完成后，应按 GB 51110 的规定进行已安装高效过滤器的检漏，以确保过滤器安装良好，没有向洁净室（区）的旁路渗漏，过滤器及其框架均无缺陷和渗漏。已安装过滤器的检漏方法等详见本篇第 9 章。

3.4.3 组合式空调器的安装

净化空调系统组合式空调器或空气处理机组一般是专业生产厂家的定型产品，仅有为数不多的特殊规格的空调器，需要安装单位在施工现场制作和安装。目前，组合式空调机定型产品的形式日益增多，设备性能不断提高完善，各生产厂家生产的空调器大都是预制的中间填充保温材料的壁板，其中的骨架有 Z 形、U 形、I 形等。各功能段之间的连接常采用螺栓内垫海绵橡胶板的紧固形式，也有的采用 U 形卡兰内垫海绵橡胶板的紧固形式。

空气处理机组安装前应具备下列施工条件：施工方案已批准，采用的技术标准、质量和安全控制措施文件齐全；设备及辅助材料经进场检查和试验合格，熟悉设备安装说明书。基础验收已合格，并办理交接手续。运输路径畅通，安装部位清理干净，照明满足安装要求。利用建筑结构作起吊、搬运设备的承力点时，应对建筑结构的承载能力进行核算，并应经设计单位或建设单位同意。安装施工机具已齐备，满足安装要求。在空气处理设备运输和吊装前，应核实设备与运输通道的尺寸，复核设备重量与运输通道的结构承载能力，确保结构梁、柱、板的承载安全。设备应运输平稳，并应采取防振、防滑、防倾斜等安全保护措施。设备吊装时采用的吊具应能承受设备的整个重量，吊索与设备接触的部位应衬垫软质材料；设备应捆扎稳固，主要受力点应高于设备重心，具有公共底座设备的吊装，其受力点不应使设备底座产生扭曲和变形。空气处理设备的安装应满足设计和技术文件的要求，安装前设备的油封、气封应良好，且无腐蚀。设备安装位置应正确，设备安装平整度应符合产品技术文件的要求。当设备设有隔振器时，隔振器的安装位置和数量应正确，各个隔振器的压缩量应均匀一致，偏差不应大于 2mm。

在国家标准《洁净厂房施工及质量验收规范》（GB 51110）中规定：空气处理设备的型号、规格、方向、功能段和设计参数应符合工程设计要求，各功能段之间应采取密封措施。现场组装的组合式空气处理机组安装完毕后应进行漏风量检测，空气洁净度等级 1~5 级的洁净室（区）所用机组的漏风率不得超过 0.6%，6~9 级不得超过 1.0%，漏风率的检测方法应符合现行国家标准《组合式空调机组》（GB/T 14294）的规定。空气处理机组内表面应平整、清洁，不得有油污、杂物、灰尘。检查门门框应平整，密封垫宜采用成型密封胶带或软橡胶条制作。

做好设备开箱前的检查工作，特别是多套组合式空调器的工程，必须认真核对厂家发货清单或明细表，将各系统的设备分开并运至各个空调机房，尤其是应防止同型号设备混淆以免造成安装错误。应认真核查各功能段是否齐全，管道接口方向是否正确，冷却段或加热段表冷器的排数、单位长度的串片数是否与设计文件、产品资料相符。核查风机段的风机与电动机的技术参数，并检查风机的形式与系统的气流方向是否相符。检查组合式空调器的箱体表面是否受损，尤其应检查表冷器、加热器的翅片有无大面积的碰歪叠压现象。表冷器或加热器应具有合格证书，并应在技术文件规定的期限内；若表面无损伤，安装前可不做水压试验，否则应按规定要求进行水压试验。

安装前应对空调器的基础进行检查。空调器的基础一般采用混凝土平台基础，基础的长度及宽度应按照空调器的外形尺寸向外各加上 100mm，基础的高度应考虑到凝结水排水管的水封与排水的坡度。基础平面应进行水平检查，对角线水平误差不应大于 5mm。空调机可直接平放在垫有 5~10mm 橡胶板的基础上，也可平放在垫有橡胶板的 10 号工字钢或槽钢上，通常是在基础上敷设三条工字钢，其长度等于空调器各段的总长度。应检查喷淋段的水池有无渗漏试验合格证，确保喷淋段箱体壁板的连接严密和牢固，如无此项证明应以煤油做渗漏试验；并应注意箱体壁板的拼接和箱体壁板与水池的连接方式，应按顺水方向，防止喷淋水外逸。检查空调器各零部件的完好性，对有损伤的部件应进行修复，对破损严重者应予以更换。对表冷器、加热器中碰歪碰扭的翅片应予校正，各风阀应启闭灵活，阀叶应平直。对箱体和各零部件的积尘应擦干净。

组合式空调器各功能段的组装应符合设计图纸规定的顺序和要求，在施工现场组装各功能段时，首先应校核基础的坐标位置和基础的水平度，对各功能段的组装找平找正，连接处要严密、牢固可靠，喷淋段不得渗水，喷淋段的检视门不得漏水。表冷段凝结水的引流管应该畅通，凝结水不得外溢；并应按设计图纸要求安装水封，防止空调器内的空气外漏或室外的空气进入空调器内。

有喷淋段的空调机在施工现场组装时，首先应以水泵的基础为基准安装喷淋段，然后左右两侧分组对其他各功能段进行安装。设有表冷段的空调机，可由左向右或由右向左进行组装。在空调机风机段的风机单独运输的情况下，应先安装风机段的空段体，然后再将风机和电动机组装入内。若风机和电动机尺寸较大，从检视门无法进入时，应先安装空段体的底板，待风机和电动机与底板连接后，再组装侧板、顶板。

喷淋段内的挡水板一般有玻璃和镀锌钢板两种，其折数与折角在制作中应符合设计要求，长度和宽度不得大于 2mm，可阻挡喷淋处理后的空气夹带水滴进入风管内。挡水板与喷淋段壁板间的连接处应严密，以使壁板面上的水顺利下流。应在挡水板与喷淋段壁板交接处的迎风侧和分风板与喷淋段壁板的交接处设置泛水，以减少空调器的过水量。挡水板的片距应均匀，梳形固定板与挡水板的连接应松紧适度。挡水板的固定件应做防腐处理。挡水板不允许露出水面，挡水板与水面接触处应设水中的挡水板。如挡水板与喷淋集水池的水面有缝隙，将会使挡水板分离的水滴吹过，而增大过水量。

分层组装的挡水板分离的水滴容易被空气带走，因此每层均应设置排水装置，使分离的水滴沿挡水板流入集水池。空调机喷淋段对空气处理的效果，还取决于喷嘴及其排列形式。喷嘴安装的密度以及排列形式（对喷、顺喷），应符合设计要求，但同一排喷淋管上的喷嘴方向必须一致，分布均匀。

各功能段之间的连接方法，应按制造厂家的连接形式进行，安装必须严密。各功能段的连接一般常采用螺栓内垫闭孔海绵橡胶板、U形卡兰内垫闭孔海绵橡胶板及插条连接等形式。

风管内电加热器的安装，应做到外表面光滑不积尘，宜采用不锈钢材质。电加热器前后800mm范围内的风管应有隔热层，并应采用不燃材料，如岩棉等不燃材料；风管与电加热器的连接法兰垫片，应采用耐热不燃材料，防止系统运转出现不正常情况致使过热而引起燃烧。电加热器的金属外壳应可靠接地，外露的接线栓应设置安全防护罩。

3.4.4 空气净化设备的安装

洁净厂房中应用的净化空调设备除空气过滤器、组合式空调器外，还有空气吹淋装置（室）、洁净工作台、生物安全柜等。

（1）一般要求 各种空气净化设备的安装要求基本相同，由于各种设备的使用特点不同，某一种空气净化设备的安装可能会有所差异。空气净化设备的运输和检查：鉴于空气净化设备中大多数都有风机、高效过滤器等，一般风机的出风口与箱体都采用软连接，所以不允许倒置、平躺及碰撞，设备应按出厂时外包装标志的方向装车、放置，运输过程中应防止剧烈振动和碰撞。设备运到施工现场开箱之前，应在清洁、干燥的房间内存放，防止设备受潮或高效过滤器的滤芯发生霉变。设备安装，应在较洁净的环境下开箱检查，合格的设备应立即进行安装；不能在污染的环境下开箱，防止设备受到污染。设备开箱检查前，应核查合格证，按装箱单的内容进行检查，并应符合下列要求：设备无缺件，表面无损坏和锈蚀等情况，内部各部分连接牢固。

空气净化设备的安装应在洁净室的建筑装饰和净化空调系统施工安装完成，并全面清扫，擦拭干净后进行。对于传递窗、空气吹淋室等与洁净室的围护结构相连的设备，宜与围护结构同时施工安装。设备或风管的送、回、排风口及水管的接口，应暂时封闭，待洁净室投入试运转时启封。

（2）空气吹淋室的安装 空气吹淋室是人身净化设备。工作人员在进入洁净室前，应经过吹淋室内的空气吹淋，利用经过处理的高速洁净气流，将身上的灰尘吹除。空气吹淋室的安装应按制造厂家的设备说明书进行，并应符合下列要求：

① 应按工程设计要求，正确进行空气吹淋室的测量、定位。

② 安装就位前，应进行外观检查，并应确认外形尺寸、结构部件齐全、无变形、喷头无异常或脱落等。

③ 空气吹淋室安装场所的地面应平整、清洁，相关围护结构的留洞应符合安装要求。

④ 空气吹淋室与地面之间应设置隔振垫，与围护结构之间应采取密封措施。

⑤ 空气吹淋室的水平度偏差不得超过0.2%。

⑥ 应按产品说明书的相关要求，进行不少于1.0h的连续试运转，并检查各运动设备、部件和电气联锁性能等。设备的机械、电气联锁装置，即风机与电加热、内外门及内门与外门的联锁等，应处于正常状态。吹淋室内喷嘴的角度，应按要求的角度调整好。

（3）洁净工作台的安装 洁净工作台是使局部空间形成无尘无菌的洁净空气区域的设备，以提高操作环境的空气洁净度。洁净工作台的种类较多，一般按气流组织和排风方式分类。按气流组织划分为垂直单向流和水平单向流两大类，按排风方式可分为无排风的全循环式、全排风的直流式、台面前部排风至室外式、台面上排风至室外式等。

无排风的全循环式洁净工作台，适用于生产工艺不产生或极少产生污染的场合；全排风的直流式洁净工作台，采用全新风，适用于产生较多污染的场合；台面前部排风至室外式，其特点为排风量大于送风量，一般在台面前部约100mm的范围内设有排风孔眼，吸入台内排出的有害气体，防止有害气体外逸；台面上排风至室外式，其特点是排风量小于送风量，台面上全排风。各类洁净工作台的构造如图 2.3.23 所示。洁净工作台的一般技术性能为：空气洁净度等级（空态）4 级、5 级，不允许有 $\geqslant 5\mu m$ 的粒子；操作区截面平均初始风速为 0.4~0.5m/s，风速均匀度为平均风速的 $\pm 20\%$ 之内；噪声在 65dB(A) 以下；台面振动在 $5\mu m$ 以下（均指 X、Y、Z 三个方向）；照度在 300lx 以上，避免眩光。

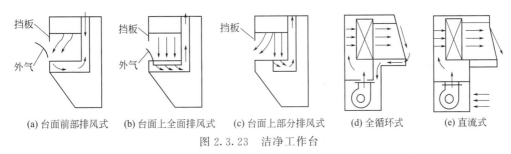

(a) 台面前部排风式　(b) 台面上全面排风式　(c) 台面上部分排风式　　(d) 全循环式　　(e) 直流式

图 2.3.23　洁净工作台

洁净工作台安装时，应轻运轻放，不能有激烈的振动，以保证工作台内高效过滤器的完整性。洁净工作台的安放位置应尽量远离振源和声源，以避免环境振动和噪声对它的影响。使用过程中应定期检查风机、电动机，定期更换高效过滤器，以保证运行正常。

（4）生物安全柜的安装　生物安全柜是为了确保作业人员及其周围人员的安全，将处理病原体时产生的污染物隔离在操作区域内的安全装置。生物安全柜分为三级。Ⅰ级和Ⅱ级安全柜设有操作用的前面开口和上部排风口的密闭容器。在操作区产生的污染物被从前面开口向柜内吸入的气流隔离在柜内，而排风中的污染物被高效过滤器阻挡过滤。Ⅱ级生物安全柜按排放气流占系统总流量的比例及内部结构可分为Ⅱ级 A 型、Ⅱ级 B 型。

安全柜内生物污染部位都处于负压状态或被负压通道和负压通风系统包围，但由于Ⅱ级 A 型、Ⅱ级 B 型排气量、结构的差异，适用的生物实验范围是不同的，应该认真了解标准规定和产品说明。Ⅲ级生物安全柜是全封闭、不泄漏结构，适用于病原病毒、病原细菌、病原寄生虫及重组遗传基因等实验具有最高危险度的操作，操作人员通过完全密闭的负压柜体内的长手套（橡胶）进行操作。

生物安全柜的密封至关重要，在安装搬运过程中，不允许将其横卧放置和拆卸，否则会使设备在复位和组装后的密封无法保证。为了避免搬运过程中碰撞松动，应将包装箱一同搬入洁净室内，在施工安装现场开箱。生物安全柜安装的位置应符合设计图纸的要求，安装生物安全柜时应在背面、侧面与墙壁保持一定的距离，一般为 80~300mm，以便进行清洁。对于底面和底边紧贴地面的安全柜，应对所有的沿地边缝做密封处理。生物安全柜的排风管道连接方式、密封处理等均应严格按设计文件的要求进行。

在国家标准《洁净室施工及验收规范》（GB 50591）中对生物安全柜的安装主要有如下规定："生物安全柜安装就位之后，连接排风管之前，应对高效过滤器安装边框及整个滤芯面扫描检漏，当为零泄漏排风装置时，应对滤芯面检漏。"这是因为一旦将"安全柜"的排风管连接是无法进行检漏的，所以强调在未接风管前敞口检漏；生物安全柜内是有害气溶胶集中、大量产生的场所，安全柜的排风过滤器不漏是对环境安全的一个主要保证条件。"在采用压力相关的手动调节阀定风量系统中，当多台安全柜排风并联时，整个系统在安全柜安装后应重新平衡。"生物安全柜安装并检漏之后，应进行现场检验："Ⅱ级安全柜安装后，应做操作区气流速度检验，并应确认结果符合现行国家标准《生物安全实验室建筑技术规范》（GB 50346）的要求。Ⅰ级、Ⅱ级安全柜安装后，应做工作窗口气流方向检验，并应确认通过整个操作口的气流流向均指向柜内；应做工作窗口气流速度检验，并应确认结果符合 GB 50346 的要求。"

（5）其他设备的安装　洁净厂房中集中式真空吸尘系统的安装。系统管材内壁应光滑，并应采用与其所在洁净室（区）具有相容性的材质。安装在洁净室（区）墙上的真空吸尘系统的接口，应设有盖帽。真空吸尘系统的弯管半径不得小于管径的 4 倍，不得采用褶皱弯管；三通的夹角不得大于 45°。吸尘系统管道的敷设坡度宜大于 0.5%，并应坡向立管或吸尘点或集尘器；在吸尘管道上的适当位置，应设置检查口。

洁净厂房中干表冷器的安装。应按工程设计要求，正确进行干表冷器的测量、定位。干表冷器与冷冻水供、回水管的连接应正确，且应严密不漏。换热面表面应清洁、光滑、完好。在下部宜设置排水装置，冷凝水排出水封的排水应畅通。

洁净厂房中洁净层流罩的安装。层流罩安装前应进行外观检查，并应无变形、脱落、断裂等现象。层流罩的安装应采用独立的立柱或吊杆，并应设有防晃动的固定措施，且不得利用相关设备或壁板支撑。直接安装在吊顶上的层流罩，其箱体四周与吊顶板之间应设有密封和隔振措施。垂直单向流层流罩的安装，其水平度偏差不得超过 0.1%；水平单向流层流罩的安装，其垂直度偏差应为 ±1mm，高度允许偏差应为 ±1mm。层流罩安装后，应进行不小于 1.0h 的连续试运转，并检查各运转设备、部件和电气联锁功能等。

传递窗的安装。当传递窗的尺寸大于墙板模数时，应对该处的彩钢板进行加固处理。传递窗的墙板开洞处应采取铝合金马槽包边处理。传递窗就位后应认真进行找平找正，洞口的包边马槽与传递窗之间的缝隙不得大于 0.5mm，缝隙用中性硅胶密封。铝合金马槽包边对角采用 45°拼接，洞口对角线的偏差不得大于 2mm；铝合金马槽与彩钢板之间的缝隙允许偏差不得大于 0.5mm，缝隙处用中性硅胶密封。传递窗内外两侧的门应能互锁，应确保传递窗感应器工作正常，并且在室内每个部位都能接收感应。

3.5　防腐与保温施工

3.5.1　一般要求

净化空调设备、风管及其部件的绝热工程施工应在风管系统严密性检验合格后进行。防腐工程施工时，应采取防火、防冻、防雨等措施，且不应在潮湿或低于 5℃ 的环境下作业。绝热工程施工时，应采取防火、防雨等措施。

风管、管道的支、吊架应进行防腐处理，明装部分应刷面漆。风管和管道防腐涂料的品种及涂层层数应符合设计要求，涂料的底漆和面料应配套。防腐涂料的涂层应均匀，不应有堆积、漏涂、皱纹、气泡、掺杂及混色等缺陷。设备、部件、阀门的绝热和防腐涂层，不得遮盖铭牌标志和影响部件、阀门的操作功能；经常操作的部位应采用能单独拆卸的绝热结构。风管的绝热层、绝热防潮层和保护层，应采用不燃或难燃材料，其材质、密度、规格与厚度应符合设计要求。

风管的绝热材料进场时，应按规定进行验收。洁净室（区）内风管的绝热层，不应采用易产尘的玻璃纤维和短纤维矿棉等材料。绝热层应满铺，表面应平整，不应有裂缝、空隙等缺陷。当采用卷材或板材时，允许偏差应为 5mm；当采用涂抹或其他方式时，允许偏差应为 10mm。

3.5.2　防腐

净化空调系统的设备、风管的防腐施工宜按图 2.3.24 所示的工序进行。防腐施工前对金属表面应进行清洁、除锈处理，经除锈后的表面不得留有锈斑、焊渣和尘土。金属表面若有油污时，宜以碱性溶液进行去除，并擦净晾干。

图 2.3.24　常用的设备、管道防腐施工工序

为了使表面涂料能起到防止腐蚀的作用，除了选用能耐蚀的涂料外，还要求涂料与支吊架、管道、设备等表面有良好的结合。因此在支吊架、管道、设备等涂刷前，其表面应进行处理。一

般在大气环境中的支吊架、管道、设备等金属表面应去除浮锈，以增加涂层的附着力。对于腐蚀环境中的支吊架、管道、设备等，要求金属表面的各种杂物等完全清除干净，清理后的表面颜色应灰白一致，增加涂层的附着能力。金属表面除锈可采用人工除锈和喷砂除锈方法，喷砂除锈应在具有除灰降尘条件的场所中进行。风管设备防腐涂层的涂刷方法有手工涂刷法和空气喷涂法两种。手工涂刷的操作程序是自上而下、从左到右、先里后外、先斜后直、先难后易、纵横交错地涂刷。涂刷时，要求无漏涂、起泡、露底和胶底等现象，应做到漆层薄厚均匀一致；底层涂料与金属表面的结合应紧密，涂层的涂刷应精细，不宜过厚。采用空气喷涂时，涂料射流应垂直喷漆面。漆面为平面时，喷嘴与漆面的距离宜为 250～350mm；漆面为曲面时，喷嘴与漆面的距离宜为400mm。喷嘴移动应均匀，速度为 13～18m/min。喷嘴使用的压缩空气压力宜为 0.3～0.4MPa。

通风、空调工程中风管、部件的涂料应按不同用途及不同表面材质选择。薄钢板风管的底层防锈漆采用红丹油性防锈漆，易于涂刷，适用于手工涂刷，不宜喷漆。另外，还有铁红酚醛底漆、铝粉铁红酚醛防锈漆。应该注意的是红丹、铁红或黑类底漆、防锈漆只适用于涂刷黑色金属表面，而不适用于涂刷铝、锌合金等轻金属表面。对于镀锌钢板只要镀锌层没有损坏，可不涂防锈漆。如果镀锌层由于受潮泛白，或在加工中镀锌层损坏或在洁净工程中需要时应涂刷防锈层，可采用锌黄类底漆，如锌黄酚醛防锈漆、锌黄醇酸防锈漆。对于铝、锌合金等轻金属表面应采用锌黄类底漆，如锌黄酚醛防锈漆、锌黄醇酸防锈漆等。由于锌黄类漆能产生水溶性铁酸盐使金属表面钝化，具有良好的保护性，对铝板、镀锌钢板风管的表面有较好的附着力。净化空调系统及一般通风、空调系统采用的油漆类别及涂刷的遍数分别如表 2.3.17、表 2.3.18 所示。

表 2.3.17　薄钢板油漆

序号	风管所输送的介质	油漆类别	油漆遍数
1	不含有灰尘且温度不高于 70℃ 的空气	内表面涂防锈底漆 外表面涂防锈底漆 外表面涂面漆（调和漆等）	2 1 2
2	不含有灰尘且温度高于 70℃ 的空气	内、外表面各涂耐热漆	2
3	含有粉尘或粉屑的空气	内表面涂防锈底漆 外表面涂防锈底漆 外表面涂面漆	1 1 2
4	含有腐蚀性介质的空气	内外表面涂耐酸底漆 内外表面涂耐酸底漆	≥2 ≥2

表 2.3.18　净化空调系统风管采用的油漆

风管材料	系统部位	油漆类别	涂刷遍数
冷轧钢板	全部	内表面：醇酸类底漆 醇酸类磁漆	2 2
		外表面：有保温，铁红底漆 无保温，铁红底漆 磁漆或调和漆	2 1 2
镀锌钢板	回风管，高效过滤器前送风管	内表面：一般不涂刷	
		当镀锌钢板表面有明显氧化层，有针孔、麻点、起皮和镀层脱落等缺陷时，按下列要求涂刷： 磷化底漆 锌黄醇酸类底漆 面漆（磁漆或调和漆等）	1 2 2
	高效过滤器后送风管	外表面：不涂刷	
		内表面：磷化底漆 锌黄醇酸类底漆 面漆（磁漆或调和漆等）	1 2 2

所用的油漆牌号应符合设计要求或相关标准规范的规定，并应有产品出厂合格证。通常油漆具有使用有效时间限制，应在有效期内使用，若已超过规定时间，应送交技术检验部门鉴定，确认合格后才能使用。如因储存保管不良，虽在有效期内，但有明显变质时，也不能使用。涂刷油漆的环境温度不能低于5℃，相对湿度不大于85％。涂刷油漆的场所应有良好的通风，一般在专门的加工车间，不得在洁净厂房内进行涂刷油漆施工。

薄钢板风管的防腐可采用制作前和制作同时进行等两种形式。风管制作前预先在钢板上涂刷防锈底漆，其优点是涂刷的质量好，无漏涂现象，风管咬口缝内均有油漆，延长风管的使用寿命，而且下料后的多余边角料短期内不会锈蚀，能回收利用。若风管制作后再涂刷油漆，在风管制作过程中，应将钢板咬口部位涂刷防锈底漆。

风管法兰或加固角钢制作后，应在风管组装前涂刷防锈底漆，不能在组装后涂刷，否则会使法兰或加固角钢与风管的接触面漏涂防锈底漆，而产生锈蚀。送回风口与风阀的叶片和本体，应在组装前根据施工情况先涂刷防锈底漆，可防止漏涂的现象。如组装后涂刷防锈底漆，致使局部位置漏涂，而产生锈蚀。管道的支、吊、托架的防腐应在下料预制后进行，应避免管道吊装到支架后再涂刷油漆。

3.5.3 风管和设备的保温

在空气调节系统中，保冷和保温的区别，主要是保冷结构的热传递方向是由外向内，在保冷结构的内外壁之间存在温差，并可能出现保冷结构表面的湿度低于环境湿度的情况。此时环境空气中的水蒸气在分压力差的作用下在保冷结构表面凝结，若凝结水渗入绝热材料，将使保冷性能降低，还会使保冷结构出现开裂、发霉腐烂甚至损坏等后果。所以保冷绝热层外应设有防潮层，而保温结构不设防潮层。净化空调系统风管与设备的保温绝热层施工工序见图2.3.25。

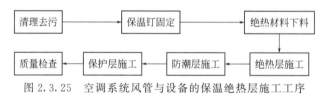

图2.3.25 空调系统风管与设备的保温绝热层施工工序

净化空调系统的风管应按设计选用的保温材料和结构形式进行施工，保温层不应超过设计厚度的＋10％和－5％，保温结构应密实、外表平整、无张裂和松弛现象，不能有裂缝空隙等缺陷。隔热层采用黏结工艺时，黏结材料应均匀地涂刷在风管或空调设备的外表面上，并应与表面紧密贴合。黏结隔热材料时纵、横向接缝应该错开，并进行包扎或捆扎，包扎搭接处应均匀贴紧，防止损坏隔热层。当风管采用铝板或镀锌钢板作保护时，为避免连接的缝隙有渗漏，其接缝应顺气流方向，并将接缝设置在风管的底部。

保温应按合理的施工程序进行，避免返工或局部拆除、返修，影响保温的效果。风管或设备的保温应在外表面的防腐工作结束，清理擦净外表面上的灰尘、油污等后进行。对漏风和真空度要求严格的风管和设备，经试验并确认合格后，才能进行保温。风管上各种预留的测孔必须提前开出，并将测孔部件完成组装。保温后的风阀应操作方便，风阀的启闭必须标记明确、清晰。

矩形风管岩棉（或玻璃棉）毡、板采用保温钉固定时，保温钉由铁质、塑料等制成。施工时应将风管外表面的油污、杂物擦干净，以增加保温钉黏结后的强度，防止由于操作者不认真处理风管外表面，而使保温材料坠落。保温钉固定的黏结剂应为不燃材料，黏结力应大于$25N/cm^2$；保温钉黏结后的固化时间宜为12～24h，然后再铺覆保温材料。保温钉黏结的数量应符合表2.3.19的要求。首行保温钉距保温材料边沿的距离应小于120mm，保温钉的固定压片应松紧适度、均匀压紧。对于采用岩棉（或玻璃棉）板外层直接贴有铝箔玻璃布或铝箔牛纸的一体化保温材料，以保温钉固定的方法更为简便，可减少外覆铝箔玻璃布防潮、保护层的工序，但应采用铝箔玻璃布胶带粘接其横向和纵向接缝，使之成为一个保温整体。

表 2.3.19　风管保温钉的数量

保温材料种类	风管底面	风管侧面	风管顶面
铝箔岩棉保温板/(只/m²)	≥20	≥16	≥10
铝箔玻璃棉保温板(毡)/(只/m²)	≥16	≥10	≥8

风管的绝热防潮层（包括绝热层的端部）应完整，并应封闭良好。立管的防潮层环向搭接缝口应顺水流方向设置；水平管的纵向缝应位于管道的侧面，并应顺水流方向设置；带有防潮层绝热材料的拼接缝应采用胶黏带封严，缝两侧胶黏带黏结的宽度不应小于20mm。胶黏带应牢固地黏结在防潮层上面，不得有胀裂和脱落。阀门、三通、弯头等部位的保湿层宜采用绝热板材切割预组合后，再进行施工。风管部件的绝热层不应影响其操作功能。调节阀的绝热层要留出调节转轴或调节手柄的位置，并标明启闭位置，保证操作灵活方便。风管系统上经常拆卸的法兰、阀门、过滤器及检测点等应采用能单独拆卸的绝热结构，其绝热层的厚度不应小于风管绝热层的厚度，与固定绝热层结构之间的连接应严密。带有防潮层的绝热材料接缝处，宜用宽度不小于50mm的胶黏带粘贴，不应有胀裂、皱褶和脱落现象。软接风管宜采用软性的绝热材料，绝热层应留有变形伸缩的余量。空调风管穿楼板和穿墙处套管内的绝热层应连续不间断，且空隙处应用不燃材料进行密封封堵。

净化空调风管系统的保温材料采用PVC/NBR橡塑保温材料的防火等级为难燃B1级，有些橡塑板、管材，材质为PEVA高发泡材料。保温板、管材均柔软且富有弹性，可达到良好的防振效果；具有细致的独立气泡结构，无空气对流，热导率<0.0325W/(m·K)；隔音性强，可用于要求降噪的工程项目；适用温度为+89℃、−60℃；加工易切割、易粘接，材质柔软、富有弹性，特别便于安装施工。施工时应注意保温材料的固定和支撑，如果保温层的厚度大于80mm，建议采用双层保温，以减少拼接处缝隙的热量损失。

橡塑板材适用于风管和大口径管道的保温，管材适用于小口径管道的保温，如图2.3.26所示。橡塑保温所用的胶水应使用厂家配套的专用胶水。胶水的涂抹应在风管的铁皮面上满布均匀，在橡塑保温材料上也涂抹均匀满布的胶水，按照胶水使用说明书的要求，待胶水稍干后将保温材料牢固地粘贴在风管上。如图2.3.27所示，洁净室内的风管不需要保护层，但对于室外风管或设备则必须增加保护层。橡塑保温纵向搭接缝应在管道下方180°的范围内，内层与外层搭接缝应错开。风管法兰保温重叠的宽度不小于200mm。铝板保护层纵向搭接缝应在管道下方180°的范围内，搭接缝宽度不小于20mm，用抽心铆钉连接；横向搭接缝不小于8mm，且用压筋压出半圆，搭接时两个半圆紧扣，防止雨水进入。

图 2.3.26　橡塑保温材料

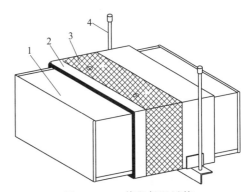

图 2.3.27　橡塑保温风管
1—风管；2—橡塑板材；3—保护层（铝板）；4—风管吊杆

3.6 系统调试

3.6.1 基本要求

洁净厂房净化空调系统的调试包括单机试车和系统联动试运转和调试，通过调试应达到工程设计和供需双方合同约定的要求。为此，调试应严格按相关标准规范如《洁净厂房施工及质量验收规范》（GB 51110）、《通风与空调工程施工质量验收规范》（GB 50243）等的有关规定和合同约定的要求进行。在 GB 51110 中对净化空调系统的调试主要有如下规定："系统调试所用仪器仪表的性能、精度应满足测试要求，并应在标定证书有效使用期内。""净化空调系统的联动试运转和调试前，应具备的条件是：系统内各种设备应已进行单机试车，并验收合格；所需供冷、供热的相关冷（热）源系统试运转，并已调试通过验收；洁净室（区）的装饰装修和配管配线已完成，并通过单项验收；洁净室（区）内已进行清洁、擦拭，人员、物料进入已按洁净程序进行；净化空调系统进行全面清洁，并进行了 24h 以上的试运转达到稳定运行；高效空气过滤器已安装并检漏合格。"

净化空调系统带冷（热）源的稳定联动试运转调试时间，不得小于 8h，并应在"空态"工况下进行。设备单机试运转的要求，在 GB 50243 中有如下规定：通风机、空气处理机组中的风机、叶轮的旋转方向应正确，运转应平稳，应无异常振动与声响，电动机的运行功率应符合设备技术文件的要求。在额定转速下连续运转 2h 后，滑动轴承外壳的最高温度不得大于 70℃，滚动轴承不得大于 80℃。水泵叶轮的旋转方向应正确，应无异常振动和声响，紧固连接部位应无松动，电动机的运行功率应符合设备技术文件的要求。水泵连续运转 2h 后，滑动轴承外壳的最高温度不得超过 70℃，滚动轴承不得超过 75℃。冷却塔风机与冷却水系统循环试运行不应小于 2h，运行应无异常。冷却塔本体应稳固，无异常振动。冷却塔中风机的试运转也应符合相关标准的规定。

制冷机组的试运转除应符合设备技术文件和现行国家标准《制冷设备、空气分离设备安装工程施工及验收规范》（GB 50274）的有关规定外，尚应符合下列规定：机组运转应平稳，应无异常振动与声响；各连接和密封部位不应有松动、漏气、漏油等现象。吸、排气的压力和温度应在正常工作范围内。能量调节装置及各保护继电器、安全装置的动作应正确、灵敏、可靠。正常运转不应少于 8h。

净化空调系统联动试运转和调试后各项性能技术参数应符合有关标准规范的规定和合同约定的要求，在 GB 51110 中有如下规定：单向流洁净室的风量、风速调试结果，送风量应在设计风量的 ±5% 之内，相对标准偏差应不大于 15%；截面平均风速应在设计值的 ±5% 之内，各检测点截面风速的相对标准偏差（不均匀度）应不大于 15%。非单向流洁净室的送风量测试结果，应在设计风量的 ±5% 之内，各风口的风量相对标准偏差（不均匀度）不大于 15%。新风量测试结果不得小于设计值，且不得超过设计值的 10%。

洁净室（区）内的温度、相对湿度实测结果，应满足设计要求；按规定检测点的实测结果平均值，偏差值应为 90% 以上的测点在设计要求的精度范围内。洁净室（区）与相邻房间和室外的静压差测试结果应符合设计要求，一般应大于或等于 5Pa。

洁净室内的气流流型测试应确保流型类型——单向流、非单向流、混合流，并应符合设计要求和合同约定的技术要求。对单向流、混合流洁净室应以示踪线法或示踪剂注入法进行气流流型的测试，其结果应符合设计要求。

在 GB 50243 中对联动试运转有如下规定：变风量空调系统联合调试时，空气处理机组应在设计参数范围内对风机实现变频调速。空气处理机组在设计机外余压条件下，应满足系统总风量的要求，新风量的允许偏差应为 0~+10%。变风量末端装置的最大风量调试结果与设计风量的允许偏差应为 0~+15%。改变各空调区域运行工况或室内温度设定参数时，该区域变风量末端装置的风阀（风机）动作（运行）应正确。改变室内温度设定参数或关闭部分房间空调末端装置时，空气处理机组应自动正确地改变风量。应正确显示系统的状态参数。空调冷（热）水系统、冷却水系统的总流量与设计流量的偏差不应大于10%。

3.6.2　单机试运转

净化空调系统在空调设备、制冷设备及其他附属设备安装结束的条件下，进行各个单体设备的试运转，以考核设备的技术性能，并测定有关的技术参数。单机试运转是系统安装后首先进行的试运转，它为系统联合试运转、系统调试创造条件。单机试运转应以设备技术文件和相关的施工质量验收规范为依据，施工现场的水、电、汽等动力应能保证供应。单机试运转一般按下列程序进行：检查通风、空调设备及附属设备（如风机、喷淋水泵、冷冻水水泵、冷却水泵、空调冷水机组等）的电气设备、主回路及控制回路的性能，达到供电可靠、控制灵敏，为设备试运转创造条件。按设备的技术文件和机械设备施工及验收规范的要求，分别对各种设备检查、清洗、调整，并连续进行一定时间的运转。各项技术指标达到要求后，单体设备的试运转告一段落，即可转为下一阶段的工作。对于相互有牵连的设备，应注意单体设备试运转的先后顺序。例如冷水机组试运转前，必须在水管污物已清洗的条件下先对冷冻水水泵和冷却水水泵进行单机试运转，待冷冻水系统和冷却水系统正常运转后，才能对冷水机组进行试车。各单体通风、空调设备及附属设备试运转合格后，即可组织人力进行联动试运转。

（1）风机的试运转　风机的外观检查。核对风机、电动机的型号、规格及传动带轮的直径是否与设计相符；检查风机、电动机两者带轮的中心是否在一条直线上或联轴器是否同心、地脚螺钉是否拧紧；检查风机进出口柔性接管（如帆布短管）是否严密；检查传动带松紧是否适度，太紧了传动带易于磨损，同时增加电动机的负荷，太松了传动带在轮子上打滑，降低效率，使风量和风压达不到要求；检查轴承处是否有足够的润滑油，加注润滑油的种类和数量应符合设备技术文件的规定；用手盘车时，风机叶轮应无卡碰现象；检查风机调节阀门的启闭是否灵活，定位装置应可靠；检查电动机、风机、风管接地线的连接是否可靠。

风管系统的风阀、风口检查。关好空调器上的检查门和风管上的检查人孔门。主干管、支干管、支管上的风量多叶调节阀应全开，若用三通调节阀应调到中间位置。风管上的防火调节阀应放在开启位置。送、回（排）风口的调节阀全部开启。新风，一、二次回风调节阀和加热器前的调节阀开启到最大位置，加热器的旁通阀应处于关闭状态。

风机的启动与运转。风机初次启动应经过一次启动后立即停止运转，检查叶轮与机壳有无摩擦和不正常的声响。风机的旋转方向应与机壳上箭头所示的方向一致。风机启动后如机壳内落有螺钉、石子等杂物时，会发出不正常的"啪、啪"响声，应立即停止风机的运转，设法取出杂物。风机启动时，应采用钳形电流表测量电动机的启动电流，待风机正常运转后再测量电动机的运转电流。若运转电流值超过电动机的额定电流值时，应将总风量调节阀逐渐关小，直至达到额定电流值。因此，在风机试运转时，其运转电流值必须控制在额定范围内，防止由于超载而将电动机烧坏。

风机运转过程中应借用金属棒或旋具，仔细倾听轴承内有无杂声，来判断轴承是否损坏或润滑油中是否混入杂物。风机运转一段时间后，用表面温度计测量轴承温度，其温度值不应超过设备技术文件的规定。风机运转中轴承的径向振幅应符合设备技术文件的规定，如无规定可参照表2.3.20所列的数值。

表 2.3.20　风机的径向振幅（双向）

转速/(r/min)	≤375	376~550	551~750	751~1000	1001~l450	1451~3000	>3000
振幅(不应超过)/mm	0.18	0.15	0.12	0.10	0.08	0.06	0.04

在风机运转过程中如发现不正常现象，应立即停车检查，查明原因并消除或处理后，再行运转。风机经运转检查正常后，可进行连续运转，其运转时间不少于2h。

风机运转正常后，应对风机的转速进行测定，并将测量结果与风机铭牌或设计给定的参数进行核对，以保证风机的风压和风量满足设计要求。

风机试运转应记录下列数值：风机的电动机启动电流和运转电流；风机的轴承温度；风机试运转中产生的异常现象；风机的转速。并在试运转报告中认真填写。

风机在运转过程中产生的主要故障，一般有轴承箱振动剧烈、轴承温升过高、电动机运转电流过大和温升过高及传动带滑下、传动带跳动等现象。

（2）空气处理设备的试运转　组合式空调器及新风机组的试运转过程应注意下列事项。

① 试运转前必须将其机组的内外部和机房的环境清扫干净，用于空气洁净的组合式空调器的内部必须彻底地擦拭干净，防止已擦拭干净的风管再次污染。

② 空气洁净系统试运转前，应将总送风阀、新风阀开启，而总回风阀关闭，风机开启后即可进行风管的吹扫，将带有灰尘的空气从洁净室排出。机组试运转后，根据系统试验调整的连续性，连续运转一段时间，将风管内的灰尘吹净，然后清洗粗效空气过滤器。

③ 空气洁净系统在试运转中，由于系统的高效空气过滤器尚未安装，致使系统管网的阻力较小，在试运转中应特别注意总送风阀的开度，不能因风量过大而使电动机超载。

④ 机组的送风、回风和新风口装有电动调节风阀时，应在风机试运转前，风阀先行运转，各电动调节风阀应开关灵活，在风机运转中，再行检验。

⑤ 净化空调系统的组合式空调器有漏风量要求，应先检验泄漏量再进行机组的试运转。

3.6.3　净化空调系统联合试运转

在各单体空调、洁净设备及附属设备试运转合格后，即可进行系统联动试运转，一般可按以下程序进行。

净化空调系统风管上的风量调节阀全部开启，启动风机，使总送风阀的开度保持在风机电动机允许的运转电流范围内。开启冷水系统和冷却水系统，待正常后，冷水机组投入运行。净化空调系统的送风系统、冷冻水系统、冷却水系统及冷水机组等运转正常后，可将冷冻水控制系统和空调控制系统投入运行，以确定各类调节阀启闭方向的正确性，为系统的试验调整工作创造条件。

无生产负荷的系统试验调整为施工单位对工程进行的最后一个工序。对系统的各环节进行试验，并经过调整后使各工况参数达到设计要求。带生产负荷的综合性能试验调整是在生产负荷条件下所做的测定和调整，这是对洁净工程的整体进行的综合性能全面评定。

联动系统调试应具备的条件。调试前除准备经计量检定合格的仪器仪表、必要的工具及电源、水源、冷热源外，工程的收尾工作已结束，工程质量应经验收达到有关规范和合约的要求。为了确保调试工作的顺利进行应在调试前对下列部位进行外观检查：各种管道、自动灭火装置及净化空调设备（风机、净化空调机组、高效空气过滤器和空气吹淋室等）的安装应正确、牢固、严密。高、中效空气过滤器与风管的连接及风管与设备的连接处必须密封可靠，净化空调机组、静压箱、风管系统及送、回风口无灰尘。洁净室的内墙面、吊顶表面和地面，应光滑、平整、色泽均匀，不起灰尘；地板应无静电现象。送、回风口及各类末端装置、各类管道、照明及动力配线、配管及工艺设备等穿越洁净室时，穿越处的密封处理必须可靠严密。洁净室内的各类配电盘、柜和进入洁净室的电气管线管口应密封可靠。

净化空调系统的调试。无生产负荷的调试，净化空调系统最大送风量和设计送风量的测定和调整，系统各送风口的风量测定和调整，使风量实测值与设计值的偏差不大于15%。洁净室内静压的测定和调整；自动控制系统的联动运行。带负荷的综合性能调试，综合性能评定检测项目和顺序应符合 GB 51110 和供需双方合约的规定，具体见本篇第9章。

净化空调系统调试的程序。净化空调系统调试的基本程序如下：净化空调系统的单体设备试运转、系统联合试运转是工程安装结束后互相连贯的工作。首先，电气设备及电气系统的检查与测试是空调系统调试的第一步，应由电气调试人员按照相关规范的要求，对空调设备、制冷设备及附属设备及主回路、控制回路进行检查与测定，使净化空调系统的单体设备能安全地启动运转配合进行单体设备的试运转。其次，对自动控制及检测仪表的性能检验及系统线路的检查应在单体设备试运转前进行，并根据设计的自动控制原理图，对自动控制系统及检测系统的线路进行检查，核查调节器、传感器、调节执行机构的准确接线，对调节器、传感器、调节执行机构及检测仪表进行检验。

净化空调设备的试运转。电气设备及电气系统经检查与测试合格后，即可进行空调设备及附属设备单体设备的试运转。首先应检查空气过滤器、表冷器、加热器、加湿器在风机运转后的状态。对于组合式空调机组的喷水室，在水泵试运转后检查其喷水状态。净化设备的试运转应根据不同净化设备（如层流罩、自净器、洁净工作台、风口及空气吹淋室等）提供的设备技术文件要求进行。风机性能的测定和系统风量的测定与调整，系统总送风量、新风量、总回风量及一、二次回风量的测定与调整。各干、支管风量及送（回）风口风量的平衡测定与调整。洁净室压力的测定与调整。对于有排风或防排烟的系统，应测定压力送风系统和排风或排烟系统的风量。

空调机组性能的测定与调整。系统风量调整达到设计要求后，为空调机组性能的测定创造条件，应对空调机组各功能段的性能进行测定与调整：表面冷却器的冷却能力、气流阻力的测定；喷水室的喷水量及冷却能力、气流阻力等的测定；空气加热器的加热能力、气流阻力的测定；空气过滤器的过滤效率、气流阻力的测定。

自动控制及检测系统的联动运行是考核各调节系统中各部件动作是否灵活、准确，为各调节系统的调试创造条件。

洁净室内的气流组织测试与调整后，应符合工程设计要求，并应做到使室内气流分布合理，气流速度符合设计要求，为洁净室内达到给定的恒温、恒湿、洁净度创造条件。

第4章 排风及排气处理设备的施工安装

4.1 概述

4.1.1 洁净厂房的排风及排气处理

洁净厂房的排风及排气处理主要包括一般排风系统、热排风系统、酸性排风系统、碱性排风系统、特种废气（包括毒性、可燃性、氧化性、腐蚀性、窒息性或惰性等物质）排风系统、有机排风系统等。各种排风系统排出的废气中所含物质及其浓度不同，且排出废气中所含物质的物化性质常常决定了排气系统的形式、组成和处理方法，特别是近年来电子工业中集成电路、光电显示器等的制造过程使用数十种特种气体、高纯化学品，使用这些物质的生产设备排出的废气中含有多种毒性、可燃或自燃性、氧化性、腐蚀性、酸性、碱性、窒息性或惰性等物质，有些工艺生产设备排出的废气中所含有害物质的浓度还较高，并且这些物质常常对人体伤害极大，远超过卫生标准规定的"限值"，所以在设置有此类生产工艺设备的洁净厂房内将排风系统分为集中或中央废气处理系统（centralized abatement system）和现场废气处理装置（local scrubber）或尾气处理设备（point-of-use，POU）。通常将尾气处理设备设在相关的生产工艺设备邻近处或洁净室的下技术夹层内，工艺设备的排气管以很短的距离排入尾气处理装置进行相应方法的处理，去除有害物

图 2.4.1 尾气处理装置

质达到要求或可达到的浓度后再经排气管道输送至集中废气处理装置，经过相应方法的处理去除有害物质达到规定的排放标准后排放至大气。图 2.4.1 是一种尾气处理装置，这种装置因废气中所含"有害"物质不同或浓度不同有不同处理方法。据了解，目前电子工业洁净厂房中的一些生产工艺设备可配套提供尾气处理装置，所以本章主要介绍产品生产工艺设备排气经排风管道送至集中废气处理装置的排风系统的施工安装。

一般排风系统主要用于满足房间通风换气次数的要求和一般工艺设备排风的要求。风管通常采用镀锌铁皮制作。风管断面有矩形和圆形，矩形金属风管的制作可按照本篇第 3 章的有关要求进行。圆形风管通常采用螺旋风管或铁皮卷制，螺旋风管一般由专门厂家生产，包括三通、弯头、大小头、偏心管等。圆形螺旋风管通常采用角钢活套法兰的形式及无法兰形式连接。无论是矩形风管还是成品的螺旋风管，其制作标准都必须符合现行相关规范的要求。纯水站、废水处理站、动力站、变电站、空调机房等动力辅助用房应设置一般排风系统。洁净厂房的换

鞋间、卫生间、真空泵房等与洁净室相关的功能房间应设置一般排风系统。

热排风系统主要用于工艺设备的散热排风。热排风系统一般都单独设置,不得与酸性或碱性排风、特种废气排风、有机排风等系统连接混合排气,风管必须保证与周边环境的安全距离。若热排风风管对设备、管线等部位或对洁净室的温湿度造成影响时,宜对排风管进行保温处理。热排风一般不需要进行废气处理就可直接排入大气,系统材质采用镀锌钢板。

碱性废气排风系统主要用于生产工艺设备排出的含有碱性污染物质的排气,包括氢氧化钠、氨、胺类化合物等能与酸作用生成盐类化合物的废气。一般经排风管道集中输送至填料洗涤塔进行处理达标后方可排放。风机应采用玻璃钢风机,变频控制,排风管末端应设置压差传感器与对应风机联锁。图 2.4.2 为碱性排风处理系统。

酸性废气排风处理系统主要用于生产工艺设备等排出的含有酸性污染物质的排气,包括二氧化硫、硫化氢、氟化物、氯化氢、磷酸、硝酸、硫酸等的排风系统。由于产品生产工艺不同,在依据生产工艺要求使用各类酸性化学品反应后排出的废气中酸性物质的浓度会有不同,一般对于高浓度酸性废气应单独设置废气排风系统,且应在生产工艺设备邻近处设置尾气处理装置,处理后再送入集中的酸废气处理系统。集中的酸废气系统应采用填料洗涤式设备,其系统与图 2.4.2 相似。

有机物废气处理系统主要用于生产工艺设备排出的含有挥发性有机物质的排气,这类排气中含各种不同碳氢化合物形态的有机物质,基本上均属于可燃、有害甚至有毒的气体,对作业人员的健康、环境空气质量影响极大,应合理采用不同的处理方法对其进行处理。据了解,目前在微电子洁净厂房中当挥发性有机物的浓度不超过 $50mg/m^3$(甲烷计)时,可采用活性炭吸附法;不超过 $1000mg/m^3$ 时,宜采用转轮浓缩法等;高于 $1000mg/m^3$ 时,宜采用热氧化法。图 2.4.3 是吸附法处理系统。

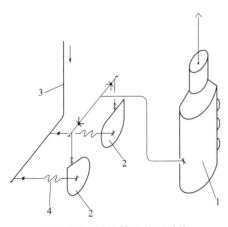

图 2.4.2　碱性排风处理系统
1—洗涤塔;2—玻璃钢排风机;
3—排风管;4—风机软接

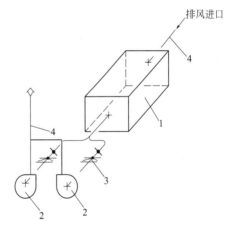

图 2.4.3　吸附法有机废气处理系统
1—活性炭不锈钢吸附塔;2—玻璃钢排风机;
3—电动风阀;4—排风管

4.1.2　基本要求

洁净厂房的排风与废气处理是确保产品生产环境和空气洁净度要求的重要环节,为使排风与废气处理设备的施工质量真正做到满足产品生产要求,GB 51110 中提出了排风、排风系统的材料、附件和设备应符合工程设计图纸的要求。由于洁净厂房的排风与废气处理系统排出的排气(或废气)都程度不同地对环境或公共卫生有一定的影响或有害,所以以排风与废气处理系统所用的材料、附件和设备除应符合工程设计文件的要求外,还应遵守相关环境保护、公共卫生方面国家现行标准规范的规定。排风、排风系统的施工材料、附件和设备应具有产品合格证书和进入施工现场应办理的手续、质量记录等。这些均为确保排风、排风系统施工质量的基本条件。

对于排风与废气处理施工中的隐蔽工程，应经过验收并做好记录后再进行隐蔽。排风系统应按风管内的排气类型及其介质种类、不同浓度进行管道涂色标识，对可燃、有毒的排风应作出特殊标识；管路应标明流向。这是避免隐患和确保排风与废气处理系统正常、安全可靠运行和维修管理的要求。

鉴于排风与废气处理系统与净化空调系统的关联性和各排风系统与产品生产工艺的关联性、独立性，所以排风系统的调试与试运转应与净化空调系统同步进行，各个废气处理与排风系统应分别单独地进行调试和试运转。施工单位是调试、试运转的主体，建设单位应参与共同进行。

4.2　风管及部件的制作

4.2.1　一般要求

风管、附件制作质量的验收，应符合设计图纸和相关标准规范的要求。若具体工程中选择外购时，应具有产品合格证书和相应的质量检验报告，包括强度和气密性试验报告。风管、附件的材质应按工程设计要求选择，若工程设计无要求时，应按表2.4.1选用。

表2.4.1　排风管道材质的选用

排风类别	风管、附件材质
一般排风、热排风	镀锌钢板
酸类排风	PVC板、不锈钢板、涂四氟乙烯不锈钢板
碱类排风、氨排风	PVC板
有机废气排风	不锈钢板、镀锌钢板
毒性、腐蚀性、易燃易爆物质排风	不锈钢板、镀锌钢板

排风管道采用金属管道时，其材料品种、规格、性能和厚度应符合设计图纸的要求；当设计无要求时，镀锌钢板、不锈钢板的厚度不得小于表2.4.2的规定。排风管道采用非金属风管时，其材料品种、规格、性能和厚度应符合设计图纸的要求；当设计无要求时，非金属风管板材的厚度等参见本章各节中相关部分。

表2.4.2　排风管的板材厚度　　　　　　　　　　　　　单位：mm

风管直径 D 或长边尺寸 b	镀锌钢板		不锈钢板	除尘系统
	矩形风管	圆形风管		
$D(b) \leqslant 450$	0.6	0.5	0.5	1.5
$450 < D(b) \leqslant 630$	0.75	0.6	0.75	1.5
$630 < D(b) \leqslant 1000$	0.75	0.75	0.75	2.0
$1000 < D(b) \leqslant 1250$	1.0	1.0	1.0	2.0
$1250 < D(b) \leqslant 2000$	1.2	1.0	1.0	2.0
$2000 < D(b) \leqslant 4000$	按设计	1.2	1.2	按设计

注：1. 特殊除尘系统风管的厚度应符合设计要求。

2. 具有强腐蚀性的排风系统风管其厚度应符合设计要求。

4.2.2　玻璃钢风管的制作

① 玻璃钢风管根据材料成分的不同划分为有机玻璃钢风管和无机玻璃钢风管，按断面形状的不同划分为圆形、矩形。玻璃钢风管的制作材料品种、规格、性能参数和厚度等应符合设计要求，当设计无要求时，应符合表 2.4.3、表 2.4.4 的有机、无机板材厚度要求。

表 2.4.3　微压、低压、中压有机玻璃钢风管的板材厚度　　　单位：mm

圆形风管直径 D 或矩形风管长边尺寸 b	壁厚
$D(b) \leqslant 200$	2.5
$200 < D(b) \leqslant 400$	3.2
$400 < D(b) \leqslant 630$	4.0
$630 < D(b) \leqslant 1000$	4.8
$1000 < D(b) \leqslant 2000$	5.2

表 2.4.4　微压、低压、中压无机玻璃钢风管的板材厚度　　　单位：mm

圆形风管直径 D 或矩形风管长边尺寸 b	壁厚
$D(b) \leqslant 300$	2.5～3.5
$300 < D(b) \leqslant 500$	3.5～4.5
$500 < D(b) \leqslant 1000$	4.5～5.5
$1000 < D(b) \leqslant 1500$	5.5～6.5
$1500 < D(b) \leqslant 2000$	6.5～7.5
$D(b) > 2000$	7.5～8.5

玻璃钢风管用玻璃纤维布的厚度与层数见表 2.4.5，且不得采用高碱玻璃纤维布；风管表面不得出现泛卤及严重泛霜。玻璃钢风管法兰的规格应符合表 2.4.6 要求，螺栓孔的间距不大于 120mm；矩形风管法兰的四角应设螺孔。当采用套管连接时，套管的厚度不应小于风管板厚。玻璃钢风管的加固应采用与本体材料或防腐性能相同的材料，加固件应同风管成为整体。

表 2.4.5　微压、低压、中压系统无机玻璃钢风管玻璃纤维布的厚度与层数　单位：mm

圆形风管直径 D 或矩形风管长边 b	风管管体玻璃纤维布的厚度		风管法兰玻璃纤维布的厚度	
	0.3	0.4	0.3	0.4
	玻璃布层数			
$D(b) \leqslant 300$	5	4	8	7
$300 < D(b) \leqslant 500$	7	5	10	8
$500 < D(b) \leqslant 1000$	8	6	13	9
$1000 < D(b) \leqslant 1500$	9	7	14	10
$1500 < D(b) \leqslant 2000$	12	8	16	14
$D(b) > 2000$	14	9	20	16

表 2.4.6　玻璃钢风管法兰的规格

风管直径 D 或风管边长 b/mm	材料规格(宽×厚)/mm	连接螺栓
$D(b)\leqslant 400$	30×4	M8
$400<D(b)\leqslant 1000$	40×6	
$1000<D(b)\leqslant 2000$	50×8	M10

② 玻璃钢风管制作所用的无机原料、玻纤布及填充料等依据使用场所要求选择并应符合设计要求,原料中填充料及含量应有检测部门的证明技术文件。玻璃钢中玻纤布的含量与规格应符合设计要求,玻纤布应干燥、清洁,不得含蜡。

玻璃钢风管制成品的主要技术参数应符合表 2.4.7 的要求。

表 2.4.7　玻璃钢的主要技术参数

项目	指标
相对密度/(g/cm^3)	1.6~1.9
拉伸强度/MPa	≥50
抗弯强度/MPa	≥70
拉弯湿强度/MPa	≥50
抗冲击强度/(kg/m^2)	≥40
吸水率/%	≤4.2
热导率/[W/(m·℃)]	≤0.2
耐燃性	不燃烧
氧指数	≥80

作业机具主要有:各类胎具、料桶、刷子、不锈钢板尺、角尺、量角器、钻孔机等。作业环境应是宽敞、明亮、洁净、通风、地面平整、不潮湿的厂房,应有成品存放地并有防雨、雪、风且结构牢固的设施。作业点要有相应的加工用模具、电源、消防器材等。玻璃钢风管的制作应具有经批准的设计图纸,包括风管系统图、大样图、技术说明。

作业工序:支模→成型(一层无机原料一层玻纤布)→检验→固化→打孔→入库。

依据设计图选择适当模具支在特定的架子上开始作业。风管应采用 1:1 经纬线的玻纤布增强,无机原料的质量分数为 50%~60%。玻纤布的铺置接缝应错开,无重叠现象。原料应涂刷均匀,不得漏涂。玻璃纤维布的厚度、层数与玻璃钢风管和配件的壁厚及法兰的规格应符合前述要求。法兰的孔径,风管大边长小于 1250mm 时为 9mm,风管大边长大于 1250mm 时为 11mm。法兰与风管应成一体与壁面垂直,与管轴线成直角。风管边宽大于 2m(含 2m)以上,单节长度不超过 2m,中间增设一道加强筋,加强筋的材料可用 50mm×5mm 的扁钢。玻璃钢风管的所有支管均应在现场开口,三通接口不得开在加强筋位置上。

4.2.3　硬聚氯乙烯风管的制作

(1) 制作材料　硬聚氯乙烯风管制作所用 PVC 板均为制造工厂提供的成品板材,所有制作风管、部件及法兰的硬聚氯乙烯塑料板应具有出厂合格证书、质量鉴定文件。PVC 板进施工现场时应对品种、规格、外观等进行验收,并经监理工程师确认。塑料板材的表面应平整,不得含有气泡、裂缝;板材的厚薄应均匀,无离层等现象。

硬聚氯乙烯风管、附件的制作材料、规格、性能与厚度均应符合设计要求;若设计无要求时,对硬聚氯乙烯圆形/矩形风管的板材厚度、法兰规格应按表 2.4.8~表 2.4.11 的要求;对硬聚氯乙烯矩形风管法兰螺孔的间距不得大于 $120mm$，且在法兰的四角处应设有螺孔；当 PVC 风管的直径或边长大于 $500mm$ 时，风管与法兰的连接处应设加强板，且间距不得大于 $450mm$。

表 2.4.8　硬聚氯乙烯圆形风管的板材厚度　　　　　　单位：mm

风管直径 D	板材厚度	
	微压、低压	中压
D≤320	3.0	4.0
320<D≤800	4.0	6.0
800<D≤1200	5.0	8.0
1200<D≤2000	6.0	10.0
D>2000	按设计要求	

表 2.4.9　硬聚氯乙烯矩形风管的板材厚度　　　　　　单位：mm

风管边长 b	板材厚度	
	微压、低压	中压
b≤320	3.0	4.0
320<b≤500	4.0	5.0
500<b≤800	5.0	6.0
800<b≤1250	6.0	8.0
1250<b≤2000	8.0	10.0

表 2.4.10　硬聚氯乙烯圆形风管法兰的规格　　　　　　单位：mm

风管直径 D	材料规格（宽×厚）	连接螺栓
D≤180	35×6	M6
180<D≤400	35×8	M8
400<D≤500	35×10	M8
500<D≤800	40×10	
800<D≤1400	40×12	M10
1400<D≤1600	50×15	M10
1600<D≤2000	60×15	
D>2000	按设计要求	

表 2.4.11　硬聚氯乙烯矩形风管法兰的规格　　　　　　单位：mm

风管边长 b	材料规格（宽×厚）	连接螺栓
b≤160	35×6	M6
160<b≤400	35×8	M8
400<b≤500	35×10	M8
500<b≤800	40×10	

风管边长 b	材料规格(宽×厚)	连接螺栓
800＜b≤1250	45×12	
1250＜b≤1600	50×15	M10
1600＜b≤2000	60×18	
b＞2000	按设计要求	

(2) 风管制作

制作环境：制作加工现场应宽敞、明亮、清洁、地面平整、不潮湿，且有防风、雨、雪的设施。作业地点应设有加工机具、电源、安全防护装置和消防器材等。风管制作应有批准的设计图纸，并经审查核准的大样图、系统图、技术说明（包括质量、安全要求等）。

制作机具主要有割板机、锯床、圆盘锯、电热烘箱、管式电热器、空气压缩机、砂轮机、坡口机；木工锯、钢丝锯、鸡尾锯、手用电动曲线锯、木工刨、电热焊枪、各类胎模等；量具及其他（钢板尺、钢卷尺、角尺、量角器、划规、划线笔等）。

硬聚氯乙烯风管的制作工序如下：

领料、板材划线：划线应采用红铅笔，不要用锋利的金属划针或锯条，以免板材表面形成伤痕，发生折裂。由于板材在被加热冷却时会出现膨胀和收缩的现象，因此在划线时，对需要加热成型的风管或管件，应适当地放出收缩余量。划线时，应按图纸尺寸，根据板材规格和现有加热箱的大小等具体情况，合理安排每张板上的图形，尽量减少切割和焊缝。

圆形风管可在组配、焊接时考虑纵缝的交错设置。矩形风管在展开划线时，应注意避免将焊缝设在转角处，因为四角要加热折方，并要注意相邻管段的纵缝要交错设置。风管划线时，要用角尺对板材的四边进行角方，以免产生扭曲翘角现象。板材中若有裂缝，下料时应避开不用。

切割、下料：在板材切割前应对划线进行复核，以免有误。使用剪床进行剪切时，5mm 以下厚的板材可在常温下进行。厚度大于 5mm 或冬天气温较低时，应先把板材加热到 30℃ 左右，再用剪床进行剪切，以免发生碎裂现象；使用圆盘锯床锯切时，锯片直径宜为 200～250mm，厚度为 1.2～1.5mm，齿距为 0.5～1mm，转速为 1800～2000r/min。锯割前，锯齿应用正锯器拨正锯路，锯路要拨得均匀，但不要太宽，并用三角铁把锯齿挫锋利。锯割时，为了避免材料过热，可用压缩空气进行冷却。当切割量较少时，也可用普通木工锯、手板锯或小型手持电动锯锯割板材。锯割曲线时，可用规格为 300～400mm 的鸡尾锯进行锯割。锯割圆弧较小或在板内锯穿缝时，可用钢丝锯。

下料后的板材应按板材的厚度及焊缝的形式，用锉刀、木工刨床、普通木工或砂轮机、坡口机刨进行坡口，坡口的角度和尺寸应均匀一致，焊缝背面应留有 0.5～1.0mm 的间隙，以保证焊缝根部有良好的接合。焊缝的坡口形式应符合表 2.4.12 的规定。焊缝应饱满，排列应整齐，不应有焦黄断裂现象。

表 2.4.12　硬聚氯乙烯板焊缝形式及适用范围

焊缝形式	图示	焊缝高度/mm	板材厚度/mm	坡口角度 α/(°)	适用范围
V形对接焊缝		2～3	3～5	70～90	单面焊的风管

续表

焊缝形式	图示	焊缝高度/mm	板材厚度/mm	坡口角度 α/(°)	适用范围
X 形对接焊缝	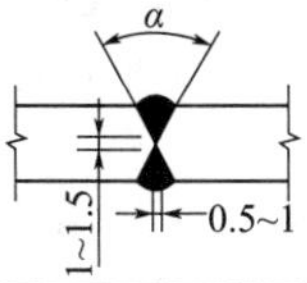	2～3	≥5	70～90	风管法兰及厚板的拼接
搭接焊缝	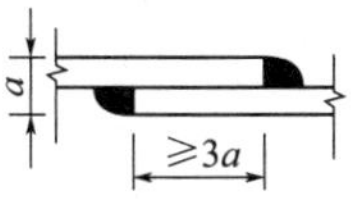	≥最小板厚	3～10	—	风管或配件的加固
角焊缝（无坡口）	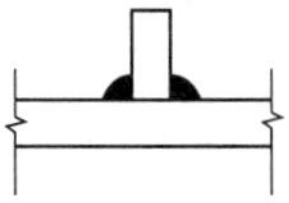	2～3	6～18	—	风管或配件的加固
	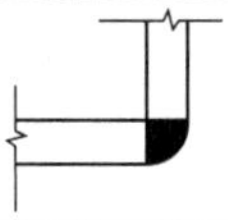	≥最小板厚	≥3	—	风管配件的角焊
V 形单面角焊缝	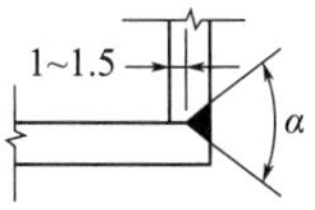	2～3	3～8	70～90	风管角部焊接
V 形双面角焊缝	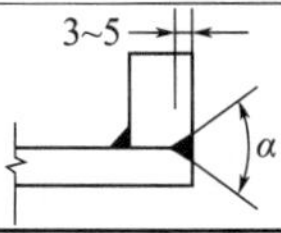	2～3	6～15	70～90	厚壁风管角部焊接

　　聚氯乙烯塑料焊接所用的焊条有灰色和本色两种及单焊条和双焊条两种，焊条外表应光滑，不允许有凸出物和其他杂质。焊条在 15℃进行 180°弯曲时，不应断裂，但允许弯曲处发白。焊条应具有均匀紧密的结构，不允许有气孔。焊条应避光保存，并应防止日晒雨淋。

　　风管加热成型。PVC 塑料板加热可用电加热、蒸汽加热和热空气加热等方法。塑料板的加热时间可参见表 2.4.13 的要求。

表 2.4.13　塑料板材的加热时间

板材厚度/mm	2～4	5～6	8～10	11～15
加热时间/min	3～7	7～10	10～14	15～24

　　圆形直管加热成型。加热箱里的温度上升到 130～150℃并保持稳定后，将板材放入加热箱内，使板材整个表面均匀受热。板材被加热到柔软状态时取出，放在垫有帆布的木模中卷成圆管，待完全冷却后，将管取出。帆布的一端用铁皮板条钉在木模上，另一端钉在地板上。在卷管时，应把帆布拉紧。木模外表应光滑，圆弧应正确，木模应比风管长 100mm。

　　矩形风管加热成型。矩形风管四角宜采用加热折方成型。风管折方可用普通的折方机与管式电加热器配合进行，电热丝选用的功率应能保证板表面被加热到 150～180℃。折方时，把划线部位置于两根管式电加热器中间并加热；变软后，迅速抽出放在折方机上折成 90°角，待加热部位冷却后取出成型的板材。

　　各种异形管件均应使用光滑木材或铁皮制成的胎模，参照以上方式煨制成型。胎膜可按整体的 1/2 或 1/4 制成，以节约材料。

　　圆形法兰制作。将板材锯成条形板，开出内圆坡口后，放到电热箱内加热。取出加热好的条形板放到胎具上煨成圆形，并用重物压平。待板材冷却定型后，取出进行组对焊接。法兰焊好后用普通钻头在台钻上钻孔，为了避免塑料板过热，应间歇地提取钻头或用压缩空气进行冷却。直径较小的圆形法兰，可在车床上车制。

矩形法兰制作。将塑料板锯成条形，把四块开好坡口的条形板放在平板上组对焊接。法兰焊好后用普通钻头在台钻上钻孔，为了避免塑料板过热，应间歇地提取钻头或用压缩空气进行冷却。

风管与法兰的焊接。检查风管中心线与法兰平面的垂直度以及法兰平面的平整度；在风管与法兰的连接处焊接三角支撑，三角支撑的间距可为 $300\sim400mm$。

为保证焊缝具有足够的机械强度和严密性，应正确地选用焊接的空气温度、焊条及焊枪焊嘴直径、焊缝形式等，并正确掌握焊接方法。焊接的空气温度应控制在 $210\sim250℃$。焊条应根据被焊板材的厚度来选择，其直径一般为 $3mm$。第一道底焊时，可采用直径为 $2\sim2.5mm$ 的焊条，同时尽量使焊枪的焊嘴直径接近焊条直径。

焊缝强度与焊缝张角有关，张角大时，焊条与焊缝根部结合较好。一般当板厚$\leqslant5mm$ 时，张角采用 $60°\sim70°$；当板厚$>5mm$ 时，张角采用 $70°\sim90°$。焊接时，焊条应垂直于焊缝平面（不得向后或向前倾斜），并施加一定压力，使被加热的焊条紧密地与板材黏合。焊接过程，焊枪焊嘴应沿焊缝方向均匀摆动，焊嘴距焊缝表面应保持 $5\sim6mm$ 的距离。焊枪焊嘴的倾角，应以被焊板材的厚度确定，倾斜角度的选择可见表 2.4.14。焊缝焊接完成后，应用加热的小刀切断焊条，不得用手拉断。焊缝应逐渐冷却。

表 2.4.14　焊枪喷嘴倾角的选择

板厚/mm	$\leqslant5$	$5\sim10$	>10
倾角/(°)	$15\sim20$	$25\sim30$	$30\sim45$

硬聚氯乙烯风管两端面应平行，不应有扭曲，外径或外边长的允许偏差不应大于 $2.0mm$；表面应平整，圆弧应均匀，凹凸不应大于 $5mm$。矩形风管的四角可采用煨角或焊接连接。当采用煨角连接时，纵向焊缝距煨角处宜大于 $80mm$。为提高 PVC 风管的机械强度和刚度，一般 PVC 风管应设有加固圈。圆形/矩形风管的加固圈规格尺寸应符合表 2.4.15 的要求。

表 2.4.15　风管的加固圈规格尺寸　　　　　　　　　　　　　单位：mm

圆形				矩形			
风管直径 D	管壁厚度	加固圈		风管大边长度 b	管壁厚度	加固圈	
		规格（宽×厚）	间距			规格（宽×厚）	间距
$D\leqslant320$	3	—	—	$b\leqslant320$	3	—	—
$320<D\leqslant500$	4	—	—	$320<b\leqslant400$	4	—	—
$500<D\leqslant630$	4	40×8	800	$400<b\leqslant500$	4	35×8	800
$630<D\leqslant800$	5	40×8	800	$500<b\leqslant800$	5	40×8	800
$800<D\leqslant1000$	5	45×10	800	$800<b\leqslant1000$	6	45×10	400
$1000<D\leqslant1400$	6	45×10	800	$1000<b\leqslant1250$	6	45×10	400
$1400<D\leqslant1600$	6	50×12	400	$1250<b\leqslant1600$	8	50×12	400
$1600<D\leqslant2000$	6	60×12	400	$1600<b\leqslant2000$	8	60×15	400

4.2.4　螺旋风管的制作

① 螺旋风管以镀锌钢板或不锈钢板制作，可划分为单壁螺旋风管和双壁螺旋风管，根据断面形状分为圆形、椭圆形。如图 2.4.4 所示为单壁圆形螺旋风管、双壁椭圆形螺旋风管。镀锌板螺旋风管适用于洁净室的一般排风系统、事故排风系统、热排风系统、消防排烟系统。不锈钢螺旋风管通常用于酸碱排风系统、有机排风系统。

(a) 单壁圆形螺旋风管　　　　　　(b) 双壁椭圆形螺旋风管

图 2.4.4　螺旋风管

螺旋风管可以由专业厂家生产，也可以由施工单位现场加工。订购的成品螺旋风管应有产品合格证及产品清单，经验收后方可使用。现场加工的螺旋风管应先做样品，经检查验收合格后方可批量加工，且每批加工均需验收合格方可安装使用。

单壁螺旋风管，直径≤600mm 采用芯管插接加自攻螺钉连接，直径＞600mm 采用角钢法兰连接。双壁螺旋风管，直径＜650mm 采用机械法兰连接，直径≥650mm 采用角钢法兰连接。单壁螺旋风管一般采用热镀锌板，板厚和镀锌层双面的厚度应符合表 2.4.16 的要求。

双壁螺旋风管的外层镀锌板为热镀锌板，外层镀锌板的厚度和镀锌层双面的厚度与单壁螺旋风管的要求相同；内层板为 0.55mm 厚的穿孔镀锌板，穿孔率应为 30% 以上；中间保温层采用 $\delta=25mm$、相对密度为 $32kg/m^3$ 的玻璃棉做保温吸音，外贴炭化无纺布。

表 2.4.16　单壁螺旋风管的板厚和镀锌层厚度要求

镀锌板厚度/mm	外层管外径/mm	双面镀锌板层的厚度/(g/m²)
0.5	≤300	180
0.6	301~600	220
0.8	601~800	220
1.0	801~1300	270
1.2	1301~1600	270
1.6	>1600	270

② 单壁螺旋风管制作时，在钢带架上装好成卷的薄钢带，薄钢带通过切断与焊接机构进入压制成型工作部分，成型工作头（专用模具）使风管按规定的管径锁缝成型。成型螺旋管沿成品架不断加工，向前延伸，移动锯根据所需尺寸截取卷好的圆形螺旋风管，成型后从成品架上卸下放至成品区，按系统编号。双壁螺旋风管直管的制作应按加工外管和加工内管两部分进行，外管为镀锌钢板螺旋风管，内管为打孔螺旋管，其加工方法同单壁螺旋风管。将保温玻璃棉用玻璃丝绳紧紧缠绕，套在所需长度的冲孔内管外侧，然后缓慢插入外管；将外管先去毛边，后套上法兰并翻边 10~15mm；将内外层管口对齐，并将多余的玻璃棉切齐。内层打孔型螺旋管应比外层螺旋风管短 10~30mm。

双壁螺旋风管弯头的制作。按风管弯头的规格尺寸展开所需的管径大小、度数，在镀锌板和冲孔板下料完成后，卷圆、点焊、折边、组装成型弯头。成型后先依管径大小、度数切割玻璃棉并预留 30~50mm 的宽度，再将玻璃棉部分除去，留下无纺布部分；固定在冲孔板的成型弯头上，完成后套入外层成型弯头内。对于口径大于 $\phi1250mm$ 的弯头，因怕施工中的碰撞、双层管引起凹陷不好处理，所以在咬口连接处采用点焊，并内外刷漆防止镀锌层氧化。

双层螺旋风管三通的制作。在双层螺旋风管成品上按设计图纸的规格尺寸将三通的大小、位置划线标识，经核对无误后用等离子切割机在外层螺旋风管上开孔并将玻璃棉切除，将支管三通螺旋风管管段用镀锌铁丝固定在内层冲孔螺旋风管的开孔上。因玻璃棉切割后会留下玻璃无碳化断面，所以固定前必须用透明胶带将此断面阻隔，完成后将外层管段套入内层，并以螺栓与外层螺旋风管固定后完成三通成品。这种在主管上的开口组合，保证了工程精度，降低了制造成本。

4.2.5 玻镁风管的制作

(1) 玻镁风管 以氯氧镁水泥（菱苦土和轻烧镁粉按配比混合）为胶结材料，以中碱玻璃纤维为增强材料，再加入填充材料和改性剂等制成的风管。玻镁风管根据结构不同可分为：整体普通型风管、整体保温型风管、组合保温型风管。整体普通型风管是由玻璃纤维布、氯氧镁水泥等、整体一次成型的非保温型风管；整体保温型风管是由玻璃纤维布、氯氧镁水泥等内、外表面结构层，绝热用模塑聚苯乙烯泡沫塑料等作为保温材料的中间层，整体一次成型的保温型风管；组合保温型风管是先由玻璃纤维布、氯氧镁水泥等作面层，中间以绝热用模塑聚苯乙烯泡沫塑料作为芯材生产轻质保温夹芯板，再由轻质保温夹芯板及专用黏结剂等材料加工而成的。各种类型的玻镁风管结构形状及外形尺寸见图 2.4.5。

管体的连接，整体普通型风管及整体保温型风管，采用法兰可拆卸方式；组合保温型风管，采用对口纵向黏结等方式。管体长度宜为 2~3m。当管口宽度（b）>1.0m 时，管体长度可适当缩短。

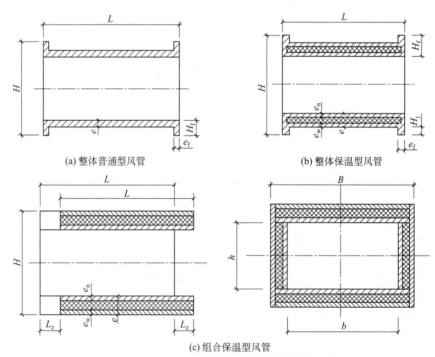

(a) 整体普通型风管　　　　　　　　(b) 整体保温型风管

(c) 组合保温型风管

图 2.4.5　玻镁风管的结构形状和外形尺寸

L—管体长度；L_z—管体间纵向黏结长度；H—管体高度；B—管体宽度；h—管口高度；b—管口宽度；H_f—法兰高度；H_j—法兰净高度；e—管体厚度；e_w—管体外壁厚度；e_n—管体内壁厚度；e_f—法兰厚度

在施工现场可采用手工涂敷在设定的模具上一次成型的非保温型风管。玻镁风管的制作材料应符合设计要求，通常轻烧镁粉宜采用一等品，并应符合《镁质胶凝材料用原料》（JC/T 449）的规定；氧化镁含量应不小于80%，其中活性氧化镁含量应不小于60%，卤片中氯化镁的含量应不小于 45％。材料配比主要是根据 MgO：MgCl$_2$、H$_2$O：MgCl$_2$ 的比值来确定，MgO：MgCl$_2$ 越大，强度越高，但易产生泛霜；H$_2$O：MgCl$_2$ 越小，强度越高，但易产生吸潮返卤。MgO：MgCl$_2$ 中的 MgO 不是指 MgO 的总量指标，而是指活性的 MgO 含量指标。材料配比要根据原材料本身的成分特性来确定，通常 MgO：MgCl$_2$ 为 7～9，H$_2$O：MgCl$_2$ 为 15～18。各种原材料如菱苦土（氯化镁）、卤片、中碱玻璃纤维等，均应符合《镁质胶凝材料用原料》（JC/T 449）、《菱镁制品用轻烧氧化镁》（WB/T 1019）、《玻璃纤维无捻粗纱布》（GB/T 18370）等中的有关要求、规定。所有的进场材料均应有质量合格证明文件和成分检测报告等资料，并应分别记录。

（2）玻镁风管和附件制作　玻镁风管的制作工序如下。

制作准备 → 模具制作 → 涂敷成型 → 脱模养护 → 成品保护 → 产品检验

制作准备：熟悉设计图，制作加工前应到现场实测有关尺寸，并核对设计图纸中的相关内容；经修改补充并得到审定确认后，按确认的设计图对各管段、附件的规格尺寸进行放样，并做记录。

加工作业场地应通风良好、光线充足，操作平台、堆放成品及半成品的场地要求平整、干净、能够防雨雪、阳光直射。

制作用模具：矩形风管的模具一般采用木板、胶合板、方木等材料制作；圆形风管的模具一般采用薄木板、薄钢板、钢管等材料制作。成型模具均使用内模，并且应便于脱模、可拆卸。

矩形风管的内模外边尺寸即为风管的内边尺寸，模具上用直径 5mm 左右的凸出物（如塑料毛钉或自攻螺栓）设置好法兰螺栓孔的位置标记，并应在法兰四角处设有模具的螺栓孔。玻镁矩形风管模具制作示意如图 2.4.6 所示。圆形玻镁风管的内膜一般是按设计要求的风管管径采用适当偏小直径的钢管，或用木方、胶合板和铁板制作成圆管；其外径应等于风管的内径，并且要求内表面光滑、便于脱模。

风管配件制作用模具：矩形风管的弯管、三通、异径管及乙字弯等配件的制作要求与直管段内模制作方法相似。

矩形风管的弯管一般采用曲率半径为一个平面边长的内外同心弧形弯管。弯管内导流片的配置应符合设计图纸要求。导流片的材质应尽量采用风管本体材料，用模具制作成型。导流片也可以选用镀锌铁皮制作，但应做好材料防腐处理，其两端折成 L 形后与风管内壁连接，采用不锈钢或镀锌自攻螺栓进行固定；导流片的迎风侧边缘应圆滑，同一弯管内导流片的弧长应一致。

三通管件的制作一般采用展开图法。圆形三通按球面辅助线法求结合实线，再用放射线法展开主管，用平行线法展开支管。裤衩三通，两支管展开时按立面图的

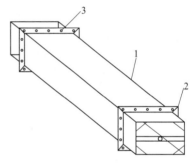

图 2.4.6　玻镁风管模具制作示意图
1—管体模具；2—法兰模具；
3—法兰螺栓孔定位点

投影线，用三角形法作展开图。变径管的制作，对正心变径管由立面图两侧素线延长得到顶点，展开后用放射线法做出，正心变径管得到的顶点用梯形法近似展开；偏心异径管可用放射线法或三角形法展开；矩形变径管和天圆地方变径管可用三角形法求实长而展开。

涂敷成型：涂敷用浆料的制作宜采用搅拌机拌合，若采用人工拌合时应确保拌和均匀，不得夹杂生料；浆料必须边拌边用，有结浆的浆料不得使用。

玻镁风管的强度主要由无机胶结材料及其质量和玻璃纤维布的性能、层数确定，因此，涂敷玻镁风管的壁厚应严格控制在要求的范围。在行业标准《玻镁风管》（JC/T 646）中对玻镁风管的规格、玻璃纤维布的层数、尺寸允许偏差作出了规定，见表 2.4.17。

表 2.4.17　整体普通型风管的规格及尺寸允许偏差　　　　　　　　　单位：mm

管口宽度 b	管体		法兰						长度允许偏差	管口边长允许偏差
	壁厚	玻璃纤维布层数	高度		厚度		玻璃纤维布层数			
		C_1	C_2	值	偏差	值	偏差	C_1	C_2		
$b \leqslant 300$	$\geqslant 3.0$	4	5	40		10		7	9		± 2
$300 < b \leqslant 500$	$\geqslant 4.0$	5	7	45		12		8	11		
$500 < b \leqslant 1000$	$\geqslant 5.0$	6	8	45	-1.0 $+2.0$	14	-0.5 $+1.5$	9	12	± 6	± 3
$1000 < b \leqslant 1500$	$\geqslant 6.0$	7	9	50		16		10	14		
$1500 < b \leqslant 2000$	$\geqslant 7.0$	8	11	50		18		14	18		± 4
$b > 2000$	$\geqslant 8.0$	9	12	55		20		16	21		

注：玻璃纤维布的厚度：$C_1 = 0.4mm$，$C_2 = 0.3mm$。

手工涂覆。首先在模具面上涂抹脱模剂（或在模具外表面包上一层透明的玻璃纸），待充分干燥后，将加有固化剂、促进剂等添加剂的氯氧镁水泥均匀涂刷在模具面上，随之在其上铺放裁剪好的玻璃布，然后在铺好的玻璃布上再涂覆氯氧镁水泥，同时应注意驱除气泡。涂覆一层氯氧镁水泥浆后再铺上剪好的玻璃布，如此重复上述操作，直到达到规定的厚度。管壁表面不允许有气孔和漏浆。管体与法兰转角处应有过渡圆弧，过渡圆弧的半径应为壁厚的 $0.8 \sim 1.2$ 倍，并应把风管法兰处的玻璃纤维网格布延伸至风管管体上。玻璃纤维布在接缝处的搭接长度一般为 $50 \sim 100mm$，而且每层玻璃纤维布的接缝处与相邻层接缝应有一定的距离，相邻层之间的纵、横搭接缝距离应大于 $300mm$，同层搭接缝距离不得小于 $500mm$。糊制圆形风管时，玻璃布可沿径向 $45°$ 角的方向剪成布带；糊制圆锥形制品时，可按扇形裁布。

矩形风管的边长大于 $900mm$，且管段长度大于 $1250mm$ 时，应进行加固。加固尽量采用本体材料（纤维增强胶材料）在最大应力处设置加强盘，提高截面模量，从而提高管体整体的强度。也可在风管制作完毕后，采用经过防腐处理的金属或其他耐腐材料进行加固；加固件应与风管成为整体，并采用与风管本体相同的胶凝材料封堵缝隙。

脱模养护。风管制作完毕，静置进行自然固化后脱模，夏季的固化时间应大于 $24h$，冬季大于 $36h$。脱模时要保证风管外表面的完好，管体的缺棱不得多于两处，且应小于或等于 $10mm \times 10mm$；风管法兰的缺棱不得多于一处，且应小于或等于 $10mm \times 10mm$，缺棱的深度不得大于法兰厚度的 $1/3$。脱模后的玻镁风管要进行养护，养护的温度宜为 $18 \sim 35℃$；养护场地应为通风良好，且阳光不能直射的地方。温度过高，会使水分蒸发加快，干燥速度提高，导致产品翘曲和变形，表面会形成一层粉状物，简称泛霜现象。表面形成一层明显的白色粉状颗粒，为过度泛霜，是不允许的，会影响风管的强度和抗老化能力。而温度过低，硬化过程加长，强度亦会降低，同样影响制品的质量。养护期大于 10 天方能投入安装使用，温度较低时，要适当增加养护时间。若养护期不到时间就投入安装，会因强度不够而引起风管的直接破坏或产生隐性裂纹。

4.2.6　聚氨酯铝箔复合风管的制作

（1）制作工序　聚氨酯铝箔（酚醛）复合风管一般采用板材成品进行制作，其制作工序见下方框图。但此工序在实际加工过程中某些工序无需进行，比如：板材尺寸小于风管单面尺寸时方需进行拼板；制作直管就无需压弯成型；对于规格尺寸小的风管无需进行加固这道工序。划线技术掌握得好可提高板材的利用率，而每一道工序均严格把关方可保证风管粘接牢固，并确保风管的规格尺寸偏差在规定允许的范围之内。

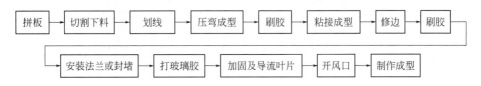

（2）风管制作　划线、切割下料。聚氨酯铝箔复合板制作风管与传统风管的制作工艺相似，首先应按设计图纸对风管进行合理的分段。由于板材的规格尺寸（长×宽）多为 4000mm×1200mm，而设计风管的规格尺寸各式各样，因此在划线过程中合理地划线、切割下料是降低材料损耗的重要步骤。划线、切割下料应在平整、清洁的工作台上进行，并不应破坏覆面层。聚氨酯铝箔复合板风管的长边尺寸小于或等于 1160mm 时，风管宜按板材长度做成每节 4m。矩形风管的板材划线、切割下料展开宜采用一片法、U 形法、L 形法、四片法，如图 2.4.7 所示。

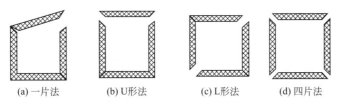

(a) 一片法　　　(b) U形法　　　(c) L形法　　　(d) 四片法

图 2.4.7　矩形风管 45°角的下料方式示意

矩形风管四边总长≤1040mm，风管由一块宽 1200mm 的板材制作完成时，宜采用一片法；风管三边总长≤1080mm，且不适合用"一片法"制作时，可采用"U 形法"加工；风管两边总长≤

1120mm，且不适合上述两种方法制作时，可采用两块"L"形板材制作；风管单边长度 1120mm，且不适合上述三种方法制作时，采用"四片法"，即单独切割每一面，然后拼接。根据工程项目实际风管规格尺寸的需要，可在现场采取不同于上述四种的下料方式，例如风管的两对边任意一对边大于 1160mm 时必须先进行拼板，而另一对边可直接在单块板材的长度方向上切割而成，如图 2.4.8 所示。

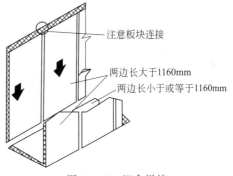

注意板块连接

两边长大于1160mm

两边长小于或等于1160mm

图 2.4.8　组合拼接

压弯成型，制作风管弯曲面时，将切割下料后的板材压弯成型，板材弯曲长度取决于风管主板的弯曲弧长，即板材弯曲长度等于风管主板的弯曲弧长。板材压弯是利用折弯机在所需的压弯处扎压，使板材出现"V"形凹槽，具有可弯曲性能；扎压间距一般在 3～5cm 之间，间距小扎压时容易使铝箔鼓起，但便于压弯成型。板材压弯成型后，它与主板的接缝要尽可能紧密，这样便于风管的粘接成型，且粘接牢固。

刷胶。刷胶前应把胶水浓度调配到适中，每个刷胶部位都需刷三道胶水，前一道胶水晾干再刷后一道胶水。最后一遍胶水干时（手摸时不粘手）进行粘接成型。粘接过程中注意保证风管的规格尺寸和风管边角的垂直度。粘接后在风管外壁接缝处粘贴铝箔胶带（粘接前清洁风管表面）。

在风管内表面的接缝处打玻璃胶，打玻璃胶前风管内壁应清洁无尘、无污染物，以确保粘接牢固。聚氨酯铝箔风管宜采用直径不小于 8mm 的镀锌螺杆做内支撑加固，内支撑件穿管壁处应密封处理。内支撑的横向加固点数和纵向加固间距应符合表 2.4.18 的要求。风管采用外套角钢法兰或 C 形插接法兰连接时，法兰处可作为一加固点；风管采用其他连接形式，其边长大于 1200mm 时，应在连接后的风管一侧距连接件 250mm 内设横向加固。

表 2.4.18　聚氨酯铝箔风管内支撑的横向加固点数及纵向加固间距

类别		系统设计工作压力/Pa						
		≤300	301~500	501~750	751~1000	1001~1250	1251~1500	1501~2000
		横向加固点数						
风管内边长 b/mm	410<b≤600	—	—	—	1	1	1	1
	600<b≤800	—	1	1	1	1	1	2
	800<b≤1000	1	1	1	1	1	2	2
	1000<b≤1200	1	1	1	1	1	2	2
	1200<b≤1500	1	1	1	2	2	2	2
	1500<b≤1700	2	2	2	2	2	2	2
	1700<b≤2000	2	2	2	2	2	2	3
纵向加固间距/mm								
聚氨酯铝箔复合风管		≤1000	≤800	≤600				≤400

　　三通制作，可采用直接在主风管上开口的方式。当矩形风管边长小于或等于500mm的支风管与主风管连接时，在主风管上应采用接口处内切45°粘接［图2.4.9（a）］。内角缝应采用密封材料封堵；外角缝铝箔断开处应采用铝箔胶带封贴，封贴宽度每边不应小于20mm。若主风管上接口处采用90°专用连接件连接时［图2.4.9（b）］，连接件的四角处应涂密封胶。

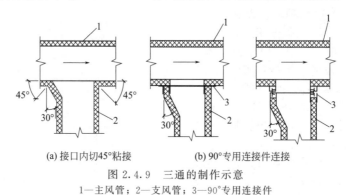

(a) 接口内切45°粘接　　　　　(b) 90°专用连接件连接

图 2.4.9　三通的制作示意

1—主风管；2—支风管；3—90°专用连接件

4.3　排风系统安装

4.3.1　基本要求

　　洁净厂房各种类型的排风系统涉及金属和非金属风管系统的安装施工，因此本节风管系统的安装涉及较多方面，为避免重复，本节的金属风管部分参见本篇第3章。鉴于洁净厂房的排风系统、净化空调系统均与洁净室内的生产工艺设备关联，因此排风系统风管干管、支干管的安装，宜与净化空调系统同步进行；接至排风罩、排风点的支管安装，宜在洁净室（区）的围护结构完成后进行，并应采取完善的防尘措施。为确保排风系统安全、可靠地运行，排风系统的支（吊）架应进行防腐处理，并应与建筑物结构牢固连接。

在国家标准 GB 51110 中对洁净厂房排风系统的安装作了相关规定：洁净厂房内的排风风管穿过防火、防爆的墙体、顶棚或楼板时，应设防护套管，其套管钢板的厚度不应小于 1.6mm。防护套管应事先预埋，并可靠固定；风管与防护套管之间的间隙，应以不燃隔热材料封堵。输送含有可燃、易爆介质的排风风管或安装在有爆炸危险环境的风管应设有可靠的接地措施；排风风管穿越洁净室（区）的墙体、顶棚或地面时，应设置具有气密构造的套管；排风风管内禁止其他管线穿越。

设在洁净厂房屋面或者室外排风立管的固定拉索，不得与避雷针或避雷网连接。当排风风管内的气体温度高于 80℃时，应按工程设计要求采取防护措施。

风管部件、阀门的安装，应符合现行国家标准《通风与空调工程施工质量验收规范》（GB 50243）的相关规定。排放含有凝结水或其他液体的排风风管宜按大于 5% 的坡度敷设，并在最低处设排液装置。排风系统接至生产工艺设备的排风管（罩）应按工程设计要求进行安装，并应做到位置正确、固定牢固。排风风管穿越屋面或外墙处应做好防水处理，不得有渗水现象发生。排风系统设置在室外的排风帽应安装牢固。

洁净厂房内的排风/排气系统安装完成后，应分别按各类排风系统进行严密性试验。严密性试验应符合工程设计要求，当工程设计未提出要求时应遵守下列要求：应按排风系统分别单独进行严密性试验；试验压力（p）应不低于 1500Pa，其允许漏风量等于或小于 $0.0117p^{0.65}$ $[m^3/(h \cdot m^2)]$。漏风量测试方法应按 GB 50243 的规定执行。

4.3.2　玻璃钢风管的安装

（1）安装工序　洁净厂房内采用的玻璃钢风管大多是外购产品，运至施工现场按施工程序进行安装。玻璃钢风管的安装工序一般为：

安装准备 → 风管检查 → 支、吊架制作 → 支、吊架安装 → 风管及部件安装

安装准备。依据工程设计施工图纸确定风管的安装位置、标高、走向，并测量放线。核查预留孔洞、预埋件是否符合要求。风管安装前，应清除风管内、外的杂物，并做好清洁和保护工作。施工材料、安装工具应准备齐全。

风管检查。根据施工图纸认真检验和核对风管的规格型号，必要时应在风管上做好标识。检查记录风管质量（包括风管壁厚、整体成型法兰的高度及厚度偏差等）符合要求，风管外表面应光滑、整齐，厚度均匀，不扭曲，不得有气孔及分层现象。

（2）玻璃钢风管的安装　玻璃钢风管的支吊架制作、支吊架安装、风管及部件安装等与金属风管的安装要求相似，但风管托架应按长边尺寸（b）选择，一般 $b \leq 630mm$ 时为角钢 25mm×3mm，$\leq 1000mm$ 时为 40mm×4mm，$\leq 1500mm$ 时为 50mm×5mm，$\leq 2000mm$ 时为 50mm×6mm。吊杆的直径，风管长边尺寸（b）小于等于 1250mm 时采用 $\phi 8mm$，大于 1250mm 时采用 $\phi 10mm$。

风管水平安装的支吊架最大间距不应超过表 2.4.19 的规定。风管系统应按设计要求设置坡度，对可能产生冷凝水（液）的排风系统，应在系统的最低点设置排液口或排液装置。

表 2.4.19　风管水平安装的支吊架最大间距　　　　单位：mm

风管长边尺寸 b	$b \leq 400$	$b \leq 1000$	$b \leq 1500$	$b \leq 2000$
最大间距	4000	3000	2500	2000

玻璃钢风管垂直安装的支架，其间距应不大于 3m，每根垂直风管应不少于 2 个支架。长边或直径大于 1250mm 的弯管、三通、消声弯管等应单独设置支吊架。长边或直径大于 2000mm 风管的支吊架，其规格及间距应进行载荷计算并经审核批准后确定。圆形风管的托座和抱箍所采用的

扁钢应不小于 30mm×4mm；托座和抱箍的圆弧应均匀且与风管的外径一致，托架的弧长应大于风管外周长的 1/3。

长边或直径大于 1250mm 的风管组合吊装时不得超过 2 节；小于 1250mm 的风管组合吊装时不得超过 3 节。支吊架位置不合适时，不得强行拉拽风管就位，应重新安装支吊架。

（3）安全、环保和成品保护

① 风管搬运和安装时，不得抛掷、叠压。

② 安装位置较低的风管应做好保护措施，防止碰撞风管。

③ 风管存放时把底面垫平，风管上面不得叠压，防止变形。

④ 风管起吊时，严禁人员站在被吊风管下方，风管起吊前应检查风管内、风管上表面有无重物，以防起吊时坠物伤人。

⑤ 抬到支架上的风管应及时安装，不得放置过久。已安装完毕的风管不得上人，作为脚手架使用。

⑥ 梯子应完好、轻便、结实，使用时应有人扶持。脚手架应稳固可靠、便于使用，作业前应检查脚手板的固定。

⑦ 不得在施工现场随意抛弃损坏的无机玻璃钢风管，应收集后，运至指定地点集中处理。

⑧ 操作地点周围要做到整洁，干活脚下清，活完料尽。

⑨ 安装完的风管要保证风管表面平整清洁，防止磕碰，室外风管应有防雨、防雪措施。

4.3.3 硬聚氯乙烯风管的安装

（1）安装工序

（2）风管安装 通常硬聚氯乙烯风管的安装与金属风管的安装基本相同。硬聚氯乙烯风管的支吊架制作、设置应符合表 2.4.20 的要求。

表 2.4.20 风管支吊架的要求

圆形风管直径或矩形风管长边尺寸/mm	承托角钢/mm	吊杆直径/mm	支架最大间距/mm
≤500	30×30×4	φ8	3.0
510～1000	40×40×5	φ8	3.0
1010～1500	50×50×6	φ10	3.0
1510～2000	50×50×6	φ10	2.0
2010～3000	60×60×7	φ10	2.0

硬聚氯乙烯风管的安装以吊架为主，辅以托架，支、吊架的制作可参考金属风管的支、吊架形式；风管与支吊架间应垫入 3～5mm 厚的塑料垫片，并用万能胶粘接牢固。支吊架的抱箍与风管间应留有一定间隙，便于风管伸缩。

硬聚氯乙烯性脆易裂，搬运风管要轻拿轻放，避免摔碰；堆放要放平，不得堆放过高。吊装时防止风管摆动，发生碰撞。法兰连接时，法兰间垫 3～6mm 的软聚氯乙烯板垫片作衬垫，螺栓处应加硬聚氯乙烯板制成的垫圈，拧紧螺栓时应注意塑料的脆性，并应十字交叉均匀拧紧。

风管伸缩补偿与振动消除。聚氯乙烯风管直管段，每 15～20m 应设置一个伸缩节。伸缩节或软接头可用 2～6mm 厚的软聚氯乙烯板制作。伸缩节与风管可采用焊接连接。当聚氯乙烯风管与风机等设备连接时，应设置柔性短管，消除振动。柔性短管可用 0.8～1mm 厚的软塑料布制作。

风管穿越楼板及墙的保护措施。硬聚氯乙烯风管穿越楼板时，应设置保护圈，防止渗水，并保护风管；风管穿越墙时，应用金属套管加以保护，并留有 5～10mm 的间隙，墙与套管间用耐酸水泥填塞。

（3）风管成品的保护

① 要保持聚氯乙烯风管表面光滑清洁，划线放样要用红铅笔，不应用划针。

② 塑料风管及部件成品应码放在平整、无积水、宽敞的场地，不得与其他材料、设备等混放在一起，并应有防雨、雪措施。码放时应按系统编号，整齐、合理地码放，便于装运。

③ 装卸、搬运风管时应轻拿轻放，防止损坏风管及部件成品。

④ 风管安装过程中应轻拿轻放，不得用力操作，不得用坚硬物品划、撞风管，安装完毕后应采取一定的措施避免工间交叉作业而带来损伤和污染。

⑤ 安装好的风管以及安装告一段落的风管，应及时对各个敞口部位进行封闭，以防杂物、水等进入风管内部，影响整个系统。

4.3.4 螺旋风管的安装

（1）螺旋风管安装工序 螺旋风管的安装根据施工现场的实际情况，对于安装空间较大的环境，可以在地面组装，整体吊装；对于空间受限的场所可以单根安装。一般可采用下面框图的安装工序。

安装准备 → 风管检查 → 支、吊架制作 → 支、吊架安装 → 风管及部件安装

（2）风管安装 安装前应具备的条件如下。

① 安装现场已经对照施工图纸，并确认与其他专业管线没有碰撞现象。

② 对风管系统的标高、走向进行测量放线。

③ 支吊架已经制作完毕，并经防腐处理。洁净区的支吊架应镀锌处理，非洁净区的支吊架应进行防腐处理。

④ 进场的风管已通过验收，并做质量记录。

⑤ 施工机具、人员、辅助材料等准备就位。

螺旋风管安装的支吊架和螺旋风管吊装采用扁钢带箍，风管直径＞500mm 采用 25mm×3mm 的扁钢，1500～1700mm 采用 30mm×3mm 的扁钢，1700～2000mm 采用 40mm×3mm 的扁钢。螺旋风管的吊架间距、吊架形式和吊杆规格应满足表 2.4.21 的规定。

表 2.4.21 螺旋风管的吊架间距、吊架形式和吊杆规格

管径/mm	吊架间距/m	吊带形式	吊杆规格	
1800～1400	1.5	双吊	φ12mm	1/2in
1200～1000	1.5	双吊	φ12mm	1/2in
800～600	2.8	单吊	φ10mm	3/8in
400～300	1.5～2.8	单吊	φ10mm	3/8in
200	1.5～2.8	单吊	φ10mm	3/8in

圆形螺旋风管的支架采用扁钢抱箍的形式，抱箍与螺旋管之间应使用橡胶垫隔离，可采用双吊和单吊形式，如图 2.4.10 和图 2.4.11 所示。椭圆螺旋风管采用角钢或槽钢的双吊杆形式安装，但对于不锈钢材质的风管应在支架和风管之间用橡胶垫进行隔离，如图 2.4.12 所示。螺旋风管安装后的实景见图 2.4.13。

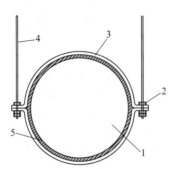

图 2.4.10　圆形螺旋风管双吊图
1—螺旋管；2—螺母；3—扁钢抱箍；
4—吊杆；5—橡胶垫

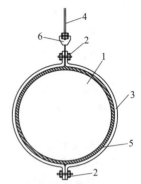

图 2.4.11　圆形螺旋风管单吊图
1—螺旋管；2—螺母；3—扁钢抱箍；
4—吊杆；5—橡胶垫；6—花篮螺钉

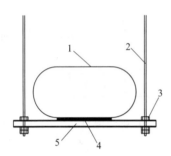

图 2.4.12　椭圆螺旋风管吊架
1—螺旋管；2—吊杆；3—螺母；4—橡胶垫；5—槽钢（角钢）

图 2.4.13　安装后的螺旋风管

风管连接。圆形风管宜采用角钢松套法兰连接、胶圈密封承插连接和芯管连接，芯管连接适用于小口径的连接（通常管径小于600mm）。芯管插接的要求见表2.4.22。

表 2.4.22　芯管插接的要求

风管直径/mm	插入最少长度/mm	自攻螺栓最少数/个	芯管误差/mm	风管误差/mm
<120	60	3	−3～−4	−1～0
120～300	80	4	−3～−4	−1～0
300～400	100	4	−4～−5	−2～0
400～600	100	6	−4～−5	−2～0

法兰垫料采用密封胶条，风管法兰采用 M8×25mm 的镀锌螺栓连接。双壁螺旋风管法兰连接是在风管内加内套管，内套管顺风向插接。法兰垫料、连接螺栓、内套管一般由厂家提供。

4.3.5　玻镁风管的安装

（1）施工安装工序

施工准备 → 支吊架制作 → 支吊架安装 → 风管排列法兰连接 → 风管安装 → 部件安装 → 漏光及漏风检测

（2）支吊架制作和安装

① 依据设计图纸并参照土建给出的基准线作出风管底标高放线标注，结合管线综合布置图，

确定风管系统的走向和标高。

② 设置支吊点。标高确定后，按风管所在的空间位置及周围环境，确定风管支吊、托架的形式及支吊点设置的位置。设置在钢筋混凝土上的支吊点主要采用膨胀螺栓（单胀管式胀锚螺栓）固定，风管边长≤1250mm 时采用不小于 M10 的膨胀螺栓；风管边长＞1250mm 时采用不小于 M12 的膨胀螺栓。

③ 支吊架制作。支吊架焊接应外观整洁，焊缝要求饱满，支架牢靠。吊杆圆钢应根据风管安装的标高适当截取，套丝不宜过长。风管吊架制作完毕后，应进行除锈刷漆。风管吊架横担、吊杆应平直，螺纹应完整、光洁，安装后各副支架的受力应均匀，无明显变形。吊架横担、吊杆的规格应符合表 2.4.23 的要求。

表 2.4.23　玻镁风管吊架横担、吊杆的规格　　　　　　　　　　　　单位：mm

风管直径（或长边）	≤630	≤1000	≤1250	≤1500	＜2000
角钢或槽钢横担	∟25×3 或 [40×20×1.5	∟40×4 或 [40×20×1.5		∟50×5 或 [60×40×2	∟63×5 或 [80×60×2
吊杆直径	ϕ10			ϕ12	

④ 风管水平安装的支、吊架最大间距如表 2.4.24 所示。边长大于 2000mm 的超宽、超高特殊风管的支、吊架规格及间距应进行载荷计算。垂直风管的支架，其间距应小于或等于 3m，每根垂直风管应不少于 2 个支架。当水平悬吊的主、干风管长度超过 20m 时，应设置防止摆动的固定点，每个系统不应少于 1 个。当风管较长要安装成排支架时，先把两端安装好，然后以两端支架为基准，用拉线法找出中间各支架的标高进行安装。风管支、吊架的着力点尽量设置在建筑结构牢靠的部位；建筑结构不牢靠时，应采取加固措施。

表 2.4.24　水平安装的风管支、吊架最大间距　　　　　　　　　　　　单位：mm

风管直径（或长边）	≤400	≤450	≤800	≤1000	≤1500	≤1600	≤2000
吊架间距	3500	3000		2500		2000	1500

⑤ 消声弯管或边长与直径大于 1250mm 的弯管、三通等应单独设置支吊架。

（3）风管法兰连接

① 风管法兰连接的螺栓应为热镀锌材料，不得采用冷镀锌材料。风管直径或长边≤1000mm 时，螺栓规格为 M8；大于 1000mm 时，则为 M10。法兰螺栓的两侧应加热镀锌垫圈并均匀拧紧，螺母应在同一侧。法兰端面应平整、高度整齐。安装中途停顿时，应将风管端口封闭。

② 为保证法兰接口的严密性，法兰之间应有密封垫料。法兰连接时，把两个法兰先对正、拧上镀锌螺栓并戴螺母，暂时不要拧紧；直到所有螺栓都拧上后，再把螺栓拧紧。为了避免螺栓滑扣，紧固螺栓时应十字交叉逐步均匀地拧紧。连接好的风管，应以两端法兰为准，拉线检查风管连接是否平直。

（4）风管安装　风管吊装根据施工现场的情况，可以把风管一节一节地放在支架上逐节连接，也可以在地面连成一定长度，然后采用整体吊装法就位。边长或直径大于 1250mm 的风管吊装时不得超过 2 节，边长或直径小于 1250mm 的风管组合吊装时不得超过 3 节。风管放在支吊架上后，将所在托盘和吊杆连接好，确认风管已稳定牢固，才可以解开绳扣。对于不便悬挂滑轮或因受场地限制，不能进行吊装时，可将风管分节用绳索拉到脚手架上，然后抬到支架上对正法兰逐步安装。风管系统的主风管安装完毕后，尚未连接风口和支管前，应以主干管为主进行风管系统的严密性检验。

（5）玻镁风管部件的安装

① 玻镁风管的各类部件及操作机构应能保证其正常的使用功能，安装在便于操作的部位。部

件与整体普通型玻镁风管连接主要采用法兰连接，由于用玻镁风管的法兰宽度一般较宽，因此部件要根据与其连接的风管法兰放大，与风管法兰相适应。同时，部件法兰螺栓孔的规格和间距也应和风管保持一致。

② 部件和风管的内径尺寸可能会存在一定的偏差，注意调节阀等部件的活动配件的活动范围不能超过其法兰边沿，以免与风管相碰。

③ 各部件安装应设独立的支吊架，其重量不能由风管承担，与风管连接前应做动作试验。

④ 风口直接安装在风管上时，小于 300mm×300mm 的风口孔可以直接在风管上取孔；大于 300mm×300mm 的风口孔洞应与风管同时制作成型，形成一个整体，不得在风管上直接取孔。同时要求风口孔洞四周设置大于 50mm 宽的加固边沿，其厚度根据风口孔洞的规格参照同规格的风管法兰选取。

⑤ 风口与主风管间通过短管连接时，不允许在风管上直接取孔，应在制作主管时预留带法兰的插接三通口；风口短管的一端与该三通口连接，另一端与风口连接。固定风口用的自攻螺栓应为镀锌制品，且风口安装前，应将风口擦拭干净；其风口边框用胶带粘贴，并注意成品保护。

(6) 严密性检测　风管的严密性采用漏光法检测，主要是检查法兰连接处，风管本体不允许有漏光点。中压系统风管在漏光检测合格后，对系统抽检 20% 进行漏风量检测。试验方法应执行 GB 50243 的有关规定。

4.3.6　双面铝箔聚氨酯复合风管的安装

(1) 风管部件安装前检查　风管部件的制作成型或订购成品在施工现场按设计要求检查，并应按建筑物和系统编号做好标记，防止安装时发生差错。

① 风管及法兰检查。风管按风管的内径、外边长，法兰的种类及其正反方向是否制作组装正确。检查风管中心线与法兰平面是否垂直，不垂直时用修边调整。

② 弯头、三通等部件的检查和预组配。弯头、三通部件的角度、平行度及垂直度应正确，方能保证管路系统顺利安装。弯头、三通等部件与法兰的连接，应检查找正。对弯头检查找正时，将弯头竖放在工作台上，用量角器检查实际角度，如存在偏差，应进行修边，保证弯头的垂直度正确。三通检查，是将三通倒置、小口放在平台上，检查大口平整度，若不符合要求，应对大口进行修边调整。

③ 弯头、三通部件与主管的预组配。检查、测量弯头、三通等部件应符合设计图的规格、尺寸要求，以确保中间直管的加工长度。在三通、弯头与直管预组配完成后，应将直风管和各种部件按设计图进行编号标示。

(2) 风管安装　风管系统安装前，应核实风管标高是否与设计图纸相符，并检查土建预留孔洞、预埋件的位置是否符合要求，核对预制加工的支（吊）架与预埋件的组配状况。

① 支、吊架的安装是风管系统安装的第一道工序。根据风管截面大小及现场具体情况选择支、吊架的形式，但应符合设计图纸的要求。风管的支吊架间距应依据设计要求确定，如无设计要求时，水平安装的风管边长小于 800mm 时，其间距不得超过 1.8m；大于或等于 800mm 时，其间距不得超过 1.5m。垂直安装的风管支架间距不得超过 2.4m，并在每根立管上设置不少于两个固定件。对于相同直径风管的支、吊、托架应等距离排列，但不能将支、吊、托架设置在风口、风阀、检视门及测定孔等部位处。吊架应根据风管中心线找出吊杆的设置位置，双吊杆按托架角钢的螺孔间距或风管中心线对称安装。

② 风管的安装。风管的连接长度应根据风管的规格尺寸、安装的结构部位和吊装等因素确定，为安装方便尽量在地上进行风管的连接，一般可连接至 4～8m 长。在连接时不容许将可拆卸的接口安装在墙或楼板内。

风管的连接形式分为两种：PVC 法兰连接及插销连接；铝合金法兰连接及自攻螺钉连接。PVC 法兰连接见图 2.4.14。在检查对接风管的法兰无误后，将"H"形的插销拧入 PVC 法兰中，拧插销时，注意力度的控制；力度太大易使法兰破裂，力度太小无法打进插销。PVC 配套法兰连接完成后，应在风管的四个边角处打玻璃胶起密封作用，然后安上外角盖。

铝合金法兰连接。当风管与风管的连接或风管与配件的连接需用到铝合金各种类型的法兰连接时，按用到的螺栓或螺钉型号配孔，连接法兰的螺母应在同一侧。

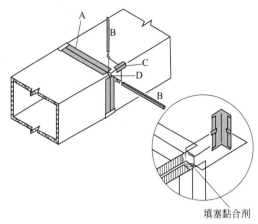

图 2.4.14　风管的法兰连接示意图
A—隐形法兰固定卡；B—"H"形尖销；
C—外角盖；D—加固快

4.3.7　部件的安装

（1）局部排气部件的安装　局部排气部件主要包括排气柜、排气罩、吸气漏斗及连接管等，这些部件是洁净厂房内的排风系统与其排气"源头"的生产工艺设备相连接的主要部件，通常应在工艺设备就位并安装好以后，再进行安装。安装时各排气部件应固定牢固，调整至横平竖直，外形美观，外壳不应有尖锐的边缘；安装后排气部件均不应妨碍生产工艺设备的运行作业。

（2）风帽的安装　风帽可在室外沿墙绕过檐口伸出屋面，或在室内经预留的孔洞穿过屋面板伸出屋顶。穿过屋面板安装的风管，必须完好无损，不能有钻孔或其他创伤，以免使用时雨水漏入室内。风管安装好后，应装设防雨罩；防雨罩与接口应紧密，防止漏水。

风帽装设高度高出屋面 1.5m 时，应用镀锌铁丝或圆钢拉索固定，防止被风吹倒。拉索不应少于 3 根，拉索可加花篮螺钉拉紧。拉索应在屋面板上预留的拉索座上固定。

（3）柔性短管的安装　柔性短管常用于风机与风管、排气处理设备与风管之间的连接。柔性短管的安装应松紧适当，不能扭曲。安装在风机吸入口的柔性短管可安装得绷紧一些，防止风机启动时被吸入而减小截面尺寸。在连接柔性短管时，不能以柔性短管当成找平找正的连接管或异径管。

柔性短管可在施工现场制作，也可订购定型的产品。一般商品柔性短管以金属（铝箔、镀锌薄钢板、不锈钢薄板）和涂塑化纤织物如聚酯、聚乙烯、聚氯乙烯薄膜为管壁材料，采用机械缠绕工艺，以金属螺旋线咬接而成，具有结构新颖、质轻性柔、耐腐防霉等特点。常用的柔性风管有铝合金薄板带缠绕成型咬口、镀锌薄钢带缠绕成型咬口、薄不锈钢带缠绕成型咬口及玻纤网、聚酯膜铝箔复合料用金属螺旋线咬口、玻纤涂覆布用金属螺旋线咬口缠绕成型。另外，还有带隔热层和微穿孔消声管的特殊用途的柔性风管。

柔性风管在水平或垂直安装时，应使管道充分地伸展，确保柔性风管的直线性。一般应在管道端头施加约 150N 的拉力使管道舒展。消除管道的弧形下垂，应适当地增设管道支架。

4.4　排气处理设备安装

4.4.1　一般要求

洁净厂房的废气处理装置主要有吸附式废气处理装置、湿法废气处理设备、有机排气处理设备和除尘器等。本节只表述前三类装置，除尘器在许多书籍中叙述较多，不再介绍。这三类废气处理装置的安装在 GB 51110 中进行了有关要求。

排风处理设备应具有齐全的设备本体和净化材料、附件等的技术文件，包括产品说明书、质量合格证书、性能检测报告、装箱清单和必需的图纸等，进口设备还应有商检文件等。设备安装前，应在建设单位和有关方的参加下进行开箱检查，并应做好开箱及其验收记录。根据排风处理设备的功能或处理技术的复杂程度，必要时应进行设备出厂前的验收，具体出厂验收内容和要求应在合约中规定。

设备搬运、吊装的主要要求有：设备的搬运吊装应符合产品说明书的有关要求，并应做好相关保护工作，防止设备损伤或处理性能降低；大、中型设备搬运、吊装前，应根据设备的外形尺寸、重量和产品说明书要求、安全生产要求等，制订安全、可行的搬运、吊装方案，经建设单位、工程监理认可后实施。

设备就位前应对基础进行验收，验收合格后才能安装。基础验收时应同时核对设备重量（包括净化处理材料的重量）与承载能力的一致性。

① 吸附式废气处理设备安装的主要要求如下。

a. 直接安放整体废气处理设备的基础其表面水平度不应大于 2/1000，吸附装置本体的垂直度不应大于 2/1000。

b. 应将选定的主管口中心与安装基准线、基础面对准，其允许偏差不应大于 3mm。

c. 装填吸附剂前，应对设备内部进行空气吹扫，去除杂物等，并应按设备技术文件的规定，核查吸附剂的有效活性。

d. 吸附剂的装填方式、层高、密实度等应符合设计要求，吸附剂层的支承应可靠，并应方便装卸，吸附剂层表面的水平度不应大于 0.3%，各吸附剂层的高度差不应大于 0.1%。

e. 装填、安装完成后应按设计要求进行气密性试验，试验压力宜为 1000Pa，保压时间 10～30min，经检查应无泄漏和异常现象。

② 湿法废气处理设备安装的主要要求如下。

a. 洗涤塔、液体箱的基础，其表面水平度不应大于 0.2%，本体铅垂度不应大于 0.1%。

b. 喷淋器的安装位置应正确，固定应牢固，喷淋应均匀，且喷洒面应符合设计要求。

c. 当设备内设有换热器时，安装位置应正确，固定应可靠，换热面应清洁、完好。

d. 液位计、压力表等设备附件、配管及其阀门的安装位置应正确，动作应灵活，表计指示应准确。

e. 循环泵的型号、规格和性能参数均应符合设计要求。

f. 设备、管路组装完毕后，应注水至工作液位，先以工作压力为 500Pa 的气体进行气密性试验，保压时间应为 30min，经检查应无泄漏和异常现象；再以循环泵工作压力进行液体管路强度试验，保压时间应为 20min，经检查应无泄漏和异常现象。

③ 转轮式有机废气处理设备的安装应符合下列要求。

a. 型号、性能参数、接管位置应符合设计要求；

b. 设备的基础，其表面水平度不应大于 0.2%，垂直度不应大于 0.1%；

c. 设备的壳体应可靠接地。

4.4.2 排气处理设备施工安装

洁净厂房中各类废气处理设备的功能或处理技术及其设备结构的复杂程度差异较大，尤其是近年来电子工业洁净厂房中排气（废气）处理设备种类多、功能和处理技术日益复杂，并且一些集中处理设备（系统）规模较大，甚至与"环保治理系统工程项目"相似。虽然这样作为排气处理设备的单元设备如吸附塔、湿法填料喷淋塔、除尘器等，其设备安装特点要求同通用机械设备仍然是相似的，目前国内已有标准规范和技术书籍作出了规定、表述和介绍。本小节不再分类表述施工安装，仅作简要介绍。

（1）排气处理设备进场检查

① 设备进场应对外观、外形尺寸、结构和组成件、接口、铭牌、出厂检验测试、阀门动作、信号传输等进行检查和核对。

② 设备的主要组成件、附件应符合设计与合同的要求，随机资料和专用工具应齐全。

③ 主机、风机、泵、控制盘、各类容器以及连接管路等应进行外观检查，应符合设计和合同要求，随机资料应齐全（包括出厂合格证、性能测试报告等）。

④ 应提供处理系统的流程图、控制原理图、设备结构图、设备设计说明书、安装说明书、运行说明书等相关资料。

⑤ 依据检查状况进行记录，并作为安装原始资料。

（2）设备基础检查

① 土建工程的设备基础尺寸应满足设备安装的要求，基础周边距离设备周边的尺寸不得小于 100mm。

② 设备的防腐基础应高出地面 100mm，检查防腐等应满足设计要求。

③ 设置在屋顶的废气处理设备应认真检查核对土建工程的承重能力，并应检查设备基础与屋面的衔接状况，防止屋面保护层受到损坏；一旦发现有损坏状况应经处理，合格后才能进行设备安装。

④ 设置在室外地面的废气处理设备应检查包括排气筒在内的所有设备基础，注意排气筒的高度及其金属固定塔架基础的安全可靠性，并检查金属塔架防雷接地装置的状况等。

⑤ 对设备基础的检查应按规定进行记录，并作为安装原始资料。必要时应与土建工程施工单位协调一致"记录资料"。

（3）设备安装　废气处理设备的安装除按照通用设备的基本安装方法外，还应注意以下几点：

① 非金属材料制作的废气处理塔（器）应采用平衡梁的方式吊装，吊装位置应按照设备技术资料的要求进行。工程实践证明，对玻璃钢（FRP）、PVC 等复合材料的洗涤塔（器）采用吊带直接起吊会造成塔体破裂，并容易引发失稳现象。

② 金属材料制作的废气处理装置吊装等应按照制造企业的设备技术资料要求进行。吊装时不得破坏设备本体表面，防止挤压变形。

③ 设备组装包括内填物如吸附剂、填料等以及相关管路，均应按照随机技术文件的要求进行。不得在设备周围直接从事动火作业，尤其是 FRP 材质的喷淋塔。确需动火时应按有关"规定"，经批准后方可进行。

④ 废气处理设备安装完成后，应按设计要求进行检验测试，无要求时应按 GB 51401、GB 51110、GB 50243 等标准规范的规定进行调试检测。图 2.4.15、图 2.4.16 是安装在屋顶、地面的废气处理设备。

图 2.4.15　安装在屋顶的废气处理设备

图 2.4.16　安装在地面的废气处理设备

4.4.3　排气处理设备的调试

洁净厂房内的排气处理设备及其系统多种多样，如前所述仅大类就可能有近十类，对于某个洁净厂房因产品生产工艺要求可能仅某一种废气排放系统就含有数个或更多的独立排气处理设备，分别设置各自的系统。由于排出废气的生产工艺设备不同，各排气系统的风量（规模）、排气中的介质、特性、布置和排放的位置等的差异，会使洁净厂房内废气处理设备的技术复杂性、施工安装工期存在差异，又因废气处理系统与生产工艺设备的关联性，难于实现废气处理设备/系统施工安装、调试和验收的一致性。所以在 GB 51110 中明确规定：排风系统试运转和调试的责任方虽然是施工单位，但建设业主及其工程监理均应参加。

洁净厂房排风系统的试运转和调试，应由施工单位负责，建设单位、监理单位等均应参加；调试包括设备单机试车、系统联动试运转和调试。调试用仪器、仪表的性能参数、精度应满足测试要求，并应在标定证书有效期内。

排风系统联动试运转和调试前，每个独立的排气系统内各种设备应已进行单机试车，并应验收合格，且所在洁净室（区）的装饰装修和各类配管配线应已完成，并应通过单项验收；洁净室（区）内应已进行清洁擦拭，人员、物料的进出应按洁净程序进行。排风系统调试前，施工方应编制试运转和调试方案。调试结束后，应提供完整的调试资料和报告。

设备的单机试运转和调试通常应符合下列要求：通风机、水泵的试运转应按现行国家标准《通风与空调工程施工质量验收规范》（GB 50243）的有关规定执行，也可参照本篇第 3 章相同设备的相关要求。废气处理设备的试运转和调试应按工程设计或设备技术文件的要求进行，其稳定连续试运转时间不应少于 2.0h；各种手动、电动风阀操作应灵活、可靠，动作应准确。

排风系统的联动试运转和调试应达到系统总风量与设计风量的偏差不大于 ±10%；系统风压的调试结果与设计值的偏差不应大于 ±10%。实现排风系统联动试运转和调试验收合格的总风量和系统风压的允许偏差值，将会为排风系统正常运转和降低洁净厂房能量消耗的创造条件。若试运转和调试中没有达到允许偏差值，应查明原因并完善后，继续进行试运转和调试，直至合格。

排风系统的联动试运转和调试还应做到：试运转中设备和阀门、主要附件的动作应符合设计要求，并应做到正确和无异常现象；排风系统的风量应进行平衡调整，各风口或风罩的风量与设计风量的允许偏差不应大于 l0%；与排风系统相关的供气、供排水系统运行应正常。

排风系统的联动试转和调试应达到工程设计的性能参数（包括风量、风压等），稳定连续时间不应少于 4.0h。

第5章 配管工程施工与验收

5.1 简述

5.1.1 种类和材质

各行各业的洁净厂房内配管工程种类较多，根据洁净厂房内产品生产工艺的不同，通常设有输送各类气体、液体用管道系统。例如以微电子产品生产为代表的电子工业洁净厂房常常设有输送气体的大宗气体——包括氮气、氢气、氧气、氩气、氦气管道系统，特种气体——包括可燃易燃、毒性、氧化性、腐蚀性和窒息性气体管道系统，压缩空气——包括普通压缩空气、干燥压缩空气管道系统等；输送液体的配管工程常常有两大类——各类水系统和化学品供应系统，水系统——包括自来水（生产、生活和消防用水等）、热水、循环冷却水、冷冻水供/回水、产品生产工艺用水、纯水、高（超）纯水、软化水、脱盐水等管道系统，化学品——包括酸碱类、腐蚀性溶剂类、非腐蚀性溶剂类等管道系统；蒸汽管道系统、燃气（如天然气）管道系统等。按洁净厂房内各类配管的用途不同，还可分为净化空调系统用、产品生产工艺用、公用动力系统用（如控制仪表仪器用压缩空气、可燃气体和有毒气体管道系统用吹扫置换用氮气等）。

医药工业洁净厂房常常设有输送气体的普通压缩空气、干燥压缩空气、无菌压缩空气、燃气（如天然气）、氧气、氮气等管道系统，输送液体的水系统——包括自来水（生产、生活和消防用水等）、热水、循环冷却水、冷冻水供/回水、产品生产工艺用水、软化水、纯水、注射用水等管道系统，化学品——包括酸碱类、溶剂类等管道系统，蒸汽、纯蒸汽、燃气（如天然气）管道系统等。

洁净厂房内的配管工程由于用途不同、产品生产工艺要求的差异，各类气体、液体管道的输送压力、管内介质的纯度和杂质种类、浓度不同且有的差异很大，尤其是管内输送介质的纯度和杂质种类、浓度的差异最为突出。例如微电子工业洁净厂房中使用的氮气输送管路可分为普通氮气（纯度为99%～99.99%或99%）和纯氮气（纯度<99.99%）、高纯氮气（纯度为99.99%～99.999%）、超纯氮气（纯度≥99.9999%，总杂质浓度≤1×10^{-6}）；常常使用的化学品纯度均在99.99%以上。而医药工业洁净厂房内使用的纯蒸汽是指以纯水为原料水经多级蒸馏获得的无热原（内毒素）的蒸汽；注射用水是以纯水为原料，采用蒸馏法制备的水；无菌压缩空气是经过无菌处理没有活体微生物的压缩空气。因为洁净厂房中配管工程管内所输送介质的性质、性能参数和纯度具有差异，所以在目前各行各业的洁净厂房中输送各类气体、液体的配管系统材质如表2.5.1所示。从表中所列可见各类配管工程所用的材质主要有碳素钢管、普通不锈钢管、EP管（电化学抛光低碳不锈钢管）、BA管（光亮退火低碳不锈钢管）、工程塑料管——包括PVDF（聚偏氟乙烯）、PVC（聚氯乙烯管）、PP（聚丙烯）/PE（聚乙烯）管、PFA（四氟乙烯共聚物）、双层管或

双套管等。

表 2.5.1　洁净厂房中主要输送气体、液体配管的主要参数和管材

序号	配管类别	主要参数	常用管材	序号	配管类别	主要参数	常用管材
1	自来水管	0.2～0.4MPa	碳钢、铜、PVC	14	高纯大宗气体	≥99.999% 0.2～0.8MPa	不锈钢、BA、EP
2	循环冷却水	0.2～0.4MPa 30～40℃	碳钢、PVC	15	超纯大宗气体	≥99.9999% 0.2～0.5MPa	EP
3	工艺用水	0.2～0.5MPa 10～35℃	碳钢、不锈钢	16	普通压缩空气	D.P.≤-20℃ 0.2～0.8MPa	碳钢
4	冷冻水	0.2～0.6MPa 5～18℃	碳钢	17	干燥压缩空气	D.P.>-40℃ 0.2～0.8MPa	不锈钢、BA
5	软化水管	0.2～0.4MPa	碳钢	18	无菌压缩空气	D.P.>-40℃ 0.2～0.8MPa	不锈钢、BA
6	脱盐水管	0.2～0.4MPa	碳钢	19	氧化性、可燃性特气	0.2～0.5MPa	BA、EP
7	纯水管	0.2～0.5MPa	不锈钢、BA	20	易燃、有毒特气	0.2～0.5MPa	BA、EP
8	高（超）纯水管	0.2～0.5MPa	BA、EP、PVDF	21	腐蚀性特气	0.2～0.5MPa	PFA、EP
9	注射用水	0.2～0.4MPa	BA、EP	22	窒息性特气	0.2～0.5MPa	BA、EP
10	热水管	0.2～0.6MPa 30～60℃	碳钢、不锈钢	23	酸碱类化学品	0.2～0.5MPa	PP、PE、PVDF
11	普通蒸汽	0.2～0.6MPa	碳钢	24	腐蚀性溶剂	0.2～0.5MPa	PP、PE、PVDF
12	纯蒸汽	0.2～0.4MPa	BA、EP	25	非腐蚀性溶剂	0.2～0.5MPa	PP、PE、BA、EP
13	普通大宗气体	0.2～0.8MPa	碳钢、不锈钢				

5.1.2　配管施工与验收的基本要求

①　本书涉及的洁净厂房配管工程是其管道系统的设计压力不大于1.0MPa，设计温度不超过所采用管路材质的允许使用温度，除蒸汽和热水管道外通常均为<60℃。洁净厂房内的配管工程包括表2.5.1中所列的各类配管。

②　洁净厂房与配管工程施工安装前应满足的主要要求如下。

a.相关的土建工程已验收合格，能满足配管安装要求，并办理了交接手续。

b.配管施工应按工程设计文件进行。

c.配管工程使用的材料、附件、设备等已检验合格，并有相应的产品出厂合格证书等，规格、型号及性能等符合设计要求。

d.管子、管件、阀门等的内部已清理干净，无杂物。对管子内表面有特殊要求的管道，其质量应符合设计文件要求，安装前已进行处理，并经检验合格。

配管所用的阀门安装前，由于各类配管内输送的介质性能、纯度等具有差异，对阀门的严密性、渗漏性有严格要求，以确保配管输送介质的安全可靠和高纯物质不被污染，所以应对输送可燃流体、有毒流体管道的阀门，输送高纯气体、高纯水管道的阀门，输送特种气体、化学品管道的阀门逐个进行压力试验和严密性试验，不合格者不得使用。其余各类流体管道的阀门安装前，应从每批中抽查20%，且不得少于2个进行壳体压力试验和严密性试验；当不合格时，应加倍抽查，仍不合格时，该批阀门不得使用。

设置在洁净室（区）内的配管及其附件、支架，为减少或避免污染物的产生、积存，应采用不易生锈、产尘的材料作用，外表面应光滑、易于清洁。

③　洁净厂房内配管工程的管道穿越洁净室（区）的墙体、吊顶、楼板和特殊构造时，应满足

如下要求。

a.管道穿越伸缩缝、抗震缝、沉降缝时应采用柔性连接；管道穿越墙体、吊顶、楼板时应设置套管，套管与管道之间的间隙应采用不易产尘的不燃材料密封填实。

b.管道接口、焊缝不得设在套管内，以确保通过洁净室（区）配管的严密性，不易发生泄漏事件等。

各类配管上的阀门、法兰、焊缝和各种连接件设置的位置，直接影响使用、维修方便与否，所以对于易燃、易爆、有毒系统的阀门、法兰、连接件还涉及安全运行，即时开关或泄漏后安全措施的配置等，为此应按工程设计文件的要求设置，配管上的阀门、法兰、焊缝和各种连接件的设置应便于检修，并不得紧贴墙体、吊顶、地面、楼板或管架。对于易燃、易爆、有毒、有害流体管道，高纯介质管道和有特殊要求管道的阀门、连接件应严格按设计图纸设置。

④ 洁净厂房配管工程的各类配管安装完成后应进行试验、检测，验证检查配管施工安装的质量是否符合相关标准规范的规定和工程设计图纸的要求。配管工程的试验和检测一般应包括焊缝检验、强度（压力）试验、严密性试验和泄漏量试验等，对于高纯大宗气体管道、特种气体管道、化学品管道等根据配管内输送介质的性能特性、纯度要求，还应进行纯度测试、氦检漏等，以确保产品生产工艺对此类工艺介质的质量要求和洁净厂房的安全可靠运行要求。纯度测试、氦检漏将在本篇第 9 章等进行介绍。

洁净厂房配管工程的试验检测应在各配管施工单位自检合格后进行。一般应按具体工程项目的配管分类系统、检验批分项工程的程序逐个进行试验、检验，并应按供需双方商定的测试、检验预案有序进行。"预案"制定的依据是相关国家标准规范如《洁净厂房施工及质量验收规范》（GB 51110）、《现场设备、工业管道焊接工程施工规范》（GB 50236）、《工业金属管道工程施工规范》（GB 50235）等以及具体工程的设计图纸要求。配管工程的试验、检测应参照相关"记录表"的要求进行记录，并对试验、检测状况等进行说明，这些原始记录、说明均为洁净厂房施工验收的重要依据。

洁净厂房配管工程中的金属管道包括碳素钢管、普通不锈钢管、BA/EP 不锈钢管等，主要用于输送各类液体、气体、化学品等。由于输送的各类介质、性能、压力均不相同，因此在 GB 51110 中规定了各类洁净厂房中不同金属管道施工安装后的焊缝检验为：输送剧毒流体的管道焊缝，应进行 100％射线照相检验，其质量不得低于 Ⅱ 级；输送压力大于等于 0.5MPa 的可燃流体、有毒流体管道的焊缝，应进行抽样射线照相检验，抽检比例不得低于 10％，其质量不得低于 Ⅲ 级。工程设计文件有规定时，应符合设计文件要求。

射线照相检验方法和质量分级标准，应符合现行国家标准《现场设备、工业管道焊接工程施工规范》（GB 50236）的相关规定。

金属管道系统安装完毕、无损检验合格后，进行压力试验的条件、试验介质、试验方法和试验合格标准的规定。对于输送高纯物质的管道，为防止试验介质对管道的污染，其试验介质应进行净化处理；净化方法包括纯化、干燥等，一般应按所输送高纯物质的纯度采用相当纯度等级的高纯（干燥）气体进行试验。在 GB 51110 中规定：压力试验应以水为试验介质。当管道的设计压力小于或等于 0.8MPa 时，也可采用气体作为试验介质，但应采取有效的安全措施；洁净厂房中的各种高纯气体管道和干燥压缩空气管道等，宜采用气体作为试验介质，并应采取有效的安全措施；各种高纯物质输送管道的试验介质，应进行净化处理。

为确保洁净厂房安全、稳定可靠地运行，作业人员的健康和输送过程气体的品质，严格控制敷设在洁净厂房中剧毒流体、有毒气体、可燃气体和高纯气体输送管路系统的泄漏或渗漏是十分重要的。洁净厂房中输送剧毒液体、有毒液体、可燃液体和高纯气体的管道系统必须进行泄漏量试验，泄漏量试验应在压力试验合格后进行，试验介质宜采用空气或氮气或氦气。输送高纯气体的管道其泄漏量试验介质，宜采用纯度＞99.999％的氮气或氦气。泄漏量试验的压力应为设计压力；试验时间，应连续试验 24h（氮气）或 1h（氦气），并以平均每小时泄漏量（A）不超过 1％为合格，泄漏量（A）按式（2.5.1）进行计算。鉴于氦气与氮气物理化学特性的差异，氦气是一种密度小、易扩散渗漏的气体，所以连续泄漏检测时间可缩短至 1h；又由于目前我国氢气价格较高，可能实际使用时常采用氮气，因此规定了采用氮气检漏的检测时间为 24h。泄漏量试验必须合格，若不合格应查明原因，并经认真修改、完善后，继续试验直至合格。泄漏量试验工作宜与系统调试结合进行。

$$A = \frac{100}{t}\left(1 - \frac{p_2 T_1}{p_1 T_2}\right) \tag{2.5.1}$$

式中　　A——平均每小时泄漏量，%；

　　　　t——试验时间，h；

　　p_1，p_2——试验开始、结束时的绝对压力，MPa；

　　T_1，T_2——试验开始、结束时的绝对温度，K。

洁净厂房配管工程的各类管道在进行试验、检验合格后，应根据设计要求对管路进行吹扫和清洗。管道的吹扫和清洗应符合设计要求，当设计无要求时，高纯气体管路的吹扫宜采用含氧量小于 0.5% 的氮气或氩气，并应设置过滤精度小于 0.1μm 的气体过滤器去除微粒；吹扫流速不得小于 6～10m/s，吹扫用氮气或氩气的压力不得超过管路设计压力；吹扫以末端排出的气体含氧量小于 0.5% 为合格。

各类化学品（液体）输送管道施工完成并经试验合格后，应采用纯水进行管路系统冲洗，冲洗应沿化学品流动的方向进行，并从阀门箱出口排放至临时储存容器；纯水冲洗后，还应采用氮气对管路系统进行吹扫。冲洗、吹扫的合格要求应符合使用化学品的生产工艺设备的要求。

在电子工业洁净厂房设有特种气体供应系统、化学品供应系统时，一些特种气体管道、化学品管道由于具有毒性、可燃性、腐蚀性，为确保这类管道的施工质量在安装施工后除了应进行压力试验、严密性试验和泄漏量试验外，还应进行氦气检漏。按国家标准《特种气体系统工程技术标准》（GB 50646）有如下要求：

特种气体管道氦检漏的顺序宜采用内向检漏法、阀座检漏法、外向检漏法。内向检漏法（喷氦法）采用管道内部抽真空、外部喷氦气的方法检漏，测试管路系统的泄漏率。阀座检漏法采用阀门上游充氦气、下游抽真空的方法检漏，测试管路系统的泄漏率。外向检漏法（喷枪法）采用管路内部充氦气或氦氮混合气、外部使用吸枪检查漏点的方法检漏，测试管路系统的泄漏。氦检漏仪表应采用质谱型氦检测仪，其检测精度不得低于 $1×10^{-10}$ mbar·L/s。

特种气体系统氦检漏的泄漏率应达到：内向检漏法测定的泄漏率不得大于 $1×10^{-9}$ mbar·L/s；阀座检漏法测定的泄漏率不得大于 $1×10^{-6}$ mbar·L/s；外向检漏法测定的泄漏率不得大于 $1×10^{-6}$ mbar·L/s。

氦检漏发现的泄漏点经修补后，应重新进行气密性试验，合格后再按规定进行氦检漏。

5.2　碳钢管道施工

5.2.1　无缝钢管、焊接钢管的施工

（1）基本要求　碳素钢管道的安装施工在国家标准《洁净厂房施工及质量验收规范》（GB 51110）中有如下规定：管道公称直径小于或等于 100mm 时，应采用机械或气割切割；公称直径大于 100mm 时，应采用气割切割。切口表面应平整，无裂纹、毛刺、凸凹、熔渣、氧化物等，切口端面倾斜偏差不应大于管子外径的 1.0%，且不得超过 2mm；弯管制作、管道安装的焊缝位置和坡口应符合现行国家标准《工业金属管道工程施工规范》（GB 50235）的相关规定。碳素钢管的连接应符合设计要求。设计无要求时，无缝钢管应采用焊接；镀锌钢管管径小于或等于 100mm 时，宜采用丝扣连接；管径大于 100mm 时宜采用法兰或卡箍钩槽连接。管道法兰连接

时，其密封面及密封垫片，不得有划痕、斑点、破损等缺陷。连接法兰应与管道同心，并应保证螺钉自由穿入。法兰对接应保持平行，其偏差不得大于法兰外径的 1.5%，且不得大于 2mm。管道连接时，不得采用强力对口、加偏垫、加多层垫等方法来消除接口端面的空隙、偏斜、错口或不同心等缺陷。管道安装用垫片，当大直径垫片需要拼接时，不得平口对接，宜采用斜口搭接。软垫片的周边应整齐、清洁，其尺寸应与法兰密封面相符。软垫片的尺寸允许偏差应符合表 2.5.2 的要求。

表 2.5.2　软垫片的尺寸允许偏差　　　　　　　　单位：mm

公称直径	平面型		凸凹型	
	内径	外径	内径	外径
<100	+2.5	−2.0	+2.0	−1.5
≥100	+3.0	−3.0	+3.0	−3.0

管道安装的允许偏差：管道坐标位置的允许偏差为 ±15mm；管道安装高度的允许偏差为 ±15mm。水平管道平直度的允许偏差，公称直径小于或等于 100mm 时，应小于有效管长的 0.2%，最大不应超过 50mm；公称直径大于 100mm 时，应小于有效管长的 0.3%，最大不应超过 80mm。立管垂直度的允许偏差为有效管长的 0.3%，最大不应超过 30mm。共架敷设管道时，管道间距的允许偏差应小于 10mm；交叉管道的外壁或保温层间距的允许偏差应小于 15mm。管道系统的阀门、补偿器和支吊架的安装，应符合现行国家标准《工业金属管道工程施工规范》（GB 50235）的相关规定。

（2）施工流程及施工准备　施工流程一般如下。

安装准备 → 预制加工 → 主管安装 → 支管安装 → 管道试压 → 管道冲洗 → 管道防腐 → 保温

施工准备。施工技术负责人组织专业技术人员按设计图纸编制工艺文件，包括质量计划、施工组织设计、施工技术措施、安全技术措施等，按程序报送批准。技术负责人应组织专业技术人员进行技术交底，使作业人员熟悉该配管施工的方法、特点、设计意图、技术要求及施工措施，做到科学施工。根据施工现场情况，准备和布置配管安装使用的工器具，主要包括电焊机、氩弧焊机（氩弧焊打底时使用）、氧气乙炔及脚手架等。所有管道及配件必须有质量保证资料。焊接前应检查施焊环境，焊接安装设备、焊接材料的干燥及清理，必须符合规范及焊接操作规定。认真核对每项材料的规格与数量。材料领出之前应会同发料人员共同清点其数量、规格、型号，如发现有损伤等情况其材料不得进入施工现场；发料人员应记录备案并采取隔离措施。

安装之前，质检人员应会同业主、监理工程师、土建施工单位等对土建工程进行安装前的检查与验收。检查应认真，包括预留洞口、预埋套管等，应合格满足安装要求。

管道材料的装卸、搬运及储存。装卸工作应由合格的起重人员执行，须使用合适的装卸工具。物料上所有的保护物均不可拆除，若发现有损坏或失落，必要时应设法补上。材料脆弱部分应特别注意妥善保护。为防止搬运途中可能发生的事故，应予适当固定，以避免物件因相互冲击或脱落地面而导致变形，甚至损坏。在工地的材料应放置在指定地点，并加覆盖或加设保护措施，且不得影响工作或车辆、人员通行。已领用的材料（或进场材料）依大小、重量、规格、材质分类分区放置，并加标示牌，属于贵重、易损、较小的材料应放置在仓库（货柜）内妥善保管。碳钢螺栓应加防锈油保护，使用的剩余螺栓不可弃置现场。碳钢法兰面与加工面，应涂防锈油后以木板或塑胶盖保护。管材所有的开口均应遮封。

（3）管道预制和安装

① 管道预制应按如下程序进行：施工准备→材料领用→管道表面除锈→划线→尺寸检查→下料切割→坡口加工→焊口检查→组对→点焊→检查→焊接→外观检查→焊后处理→检验（尺寸、硬度、无损探伤）→耐压试验→防护→标识。

② 管道现场安装应按如下程序进行：预制管段搬运现场→管内清理→配管支撑安装→管段组

对点焊→检查（尺寸、焊口）→焊接→外观检查→（焊后热处理）→检验（尺寸、硬度、无损探伤）→管内清洗→系统试压→防腐保温。

管道预制和安装前要进行内外壁清理，除锈和清除杂质，清洁处理前应事先做好预防措施，避免环境污染。管子如有焊渣等杂物时应使用钢刷刷除干净。管道尽量采用预制方式，以减少固定焊口和现场安装高空作业工作量；制作完后应编号，并且打上焊工代号和检验标志。管道坡口应符合焊接工艺，坡口采用机械加工和氧乙炔加工法，一般管径 DN≤100 的管子统一采用型材切割机切割，需要坡口者采用手提砂轮坡口磨光；管径 DN＞100 的管子宜采用氧乙炔切割和坡口手提砂轮坡口磨光。管壁厚≥4mm，应打 V 形坡口，坡口加工的具体形式和方法应符合《现场设备、工业管道焊接工程施工规范》（GB 50236）的要求。

管道组对不得有偏差，错边量不得超过壁厚的 10％，且不大于 2mm；调整对口间隙，不能用加热张拉和扭曲管道的方法。管道的安装必须横平竖直，管道和设备必须避免强力连接，安装过程不得损坏建筑物结构的可靠性、完整性；焊缝未经检验和压力试验合格不得做防腐，待合格后方能做防腐处理。在主管上开分支管口应呈马鞍形，主管开孔呈椭圆形，使焊口严密合缝。分支管不可插入主管内壁。分支管口不可在主管弯管处或焊缝上开口，分支管与主管相交角度的偏差不应超过 1°。

碳钢平焊法兰内、外均应为连续焊，管子端面距法兰密封面为管壁厚度的 1.5 倍，焊缝不能突出密封面或管子内壁。焊缝表面应完整，高度不能低于母材表面并与母材圆滑过渡，焊缝宽度应超出坡口边缘 2～3mm。

管道支架的间距、形式和材质须符合设计要求，支架采用机械切割，电钻、冲床开孔，焊接应优良无变形，焊后作防腐处理。管线支撑应按设计图所定的尺寸据实制作，制作完成后，应将焊瘤、焊渣等去除，如钢板及型钢采用切割器切割时应使用砂轮机整修边缘，并应除锈然后涂刷底漆。

制作完成的管线支架，应将其所属的号码以明显的记号记上，以便区别。管线支架应按设计图的位置正确地安装。安装时应注意与结构物相连接端是否固定，与管线连接端如使用管夹应注意是否锁紧。安装过程中及试压时弹簧装置等应做适当的保护措施，避免承受过重的负荷。刚性吊架的焊接，应处于紧密结合状态，刚性支撑的支撑面应完全接触，不可有间隙。管线施工时需设支撑之处，应同时施工。

施工过程中管线的临时支撑不可随意在设备、管线及管材上点焊固定，以免造成设备及管线的损伤。管道支架或管卡应固定在楼板上或承重结构上，见图 2.5.1。管卡、吊架的安装见图 2.5.2、图 2.5.3。

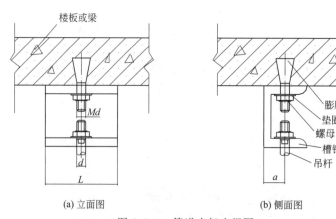

(a) 立面图　　(b) 侧面图

图 2.5.1　管道支架生根图

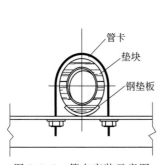

图 2.5.2　管卡安装示意图

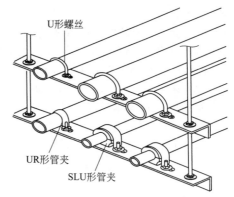

图 2.5.3　多管吊架安装示意图

（4）管道阀门安装　阀门必须有质保资料，严格按照设计规格型号进行外观检查、压力试验，不合格不采用；阀类领用时两端所附之薄片保护装置在安装时再拆除，以免异物渗入致使阀门受损；控制阀、仪表等贵重附件安装后须以红色 PVC（塑料）胶布包扎，以示警诫。安装时阀门应在关闭状态下，严禁管道受力于阀门；安全阀安装前应调校检验。

阀门与管道、设备连接时必须避免强力连接，松开紧固件时阀门应处于自由位置。伸缩软管连接时需保持伸缩自如，不可将其压缩或延伸，否则将失去效用。大管径的铸铁阀类、法兰阀类等，由于法兰面的变形及螺栓松紧不均易将阀类法兰损裂，因此在安装之前应先检查其所对接的法兰面是否有因焊接不当的变形。

（5）管道焊接　焊工应具有焊工合格证，并应在有效期限内。焊接工作时应配戴焊工劳保用品（如焊帽、手套等）方可施焊。

施焊前焊口表面的缺陷、污染物，如波状表面（或波纹）、凹陷、焊渣等均应修剪或磨平、清除。焊口应按规定进行坡口处理。焊口需实施预热或焊后热处理者，应在适当位置加装临时支撑，并在该焊口刷油漆色环以利于识别。焊接使用机具应按规定进行安全检查，确认合格后方可施工。施焊前应对周围环境清扫整理，并做好防火及其他防护措施。施焊前，碳钢材应先喷珠（砂）油底漆，焊口应于焊道外侧左右各 50mm 范围内包覆 PVC 胶带，以避免焊道损伤及玷污，焊口处的底漆亦须去除后方可施焊。焊接所用焊条应储存于不受潮的仓库。包装容器有破损时应重新包装或立即使用。预热烘干后的焊条使用时必须置于手提式保温桶内，焊条的保管必须小心注意，若有被覆剂脱落、破损、变质、潮湿、焊蕊生锈情形时不得使用。

电焊施工。点焊以不影响焊道品质为条件，并应避开影响强度的重要部分。焊口根据材质规格、工艺要求选用坡口形式，焊缝间距应均匀，不应有未熔合等缺陷，管道纵环缝不得开孔和焊接支管。直径大于 150mm 的管道，直管段上两对接焊缝的间距不得小于 150mm。焊接外观应成型美观，无咬边气孔、焊瘤等缺陷。所有焊肉均要充足，不得有气孔、焊渣、叠接、裂纹、渗透不齐、溶蚀、夹渣等情形，且焊渣应除净平顺，焊道高度应符合规定。焊口须实施预热或焊后热处理者，应按规定的时间升温、保温及降温；待预热或焊后热处理实施后，经技术人员同意才可切除临时支撑。

在相对湿度 90% 以上、温度 0℃ 以下时不可施焊。接口焊接一般采用电弧焊，一遍打底，二遍成型；每道焊缝均一次焊完，每层施焊的引熄弧点须错开。管道与法兰焊接时，管道应插入法兰三分之二；法兰与管道应垂直，两者的轴线应重合。现场管线组焊时，若有与设备管嘴连接的配管应预留尺寸现场配合。组焊时须用有色蜡笔或油漆笔在管件、短管上注明图号及封焊焊口编号，以利于无损检测抽照检验及安装。组焊完成的管段须标记管线编号，管端则以塑胶袋（管套）盲封绑牢。

（6）管道安装前的准备　管道安装前应将所有法兰的铁锈及其他杂质清洗干净，接触面如有划伤等缺陷应设法修补，修补的表面应平直而光滑。阀类清洗应使用高压空气吹洗，开始清洗时不可把阀门开启，等表面清洗干净后，再打开清洗内部，然后再关上。法兰面如有生锈或损伤等应进行修补处理。检查所要安装的预制管线是否与设计图或所做的记录相同，并检查所使用的材料是否与设计图的要求相符。清洁管线内部，使用木槌轻轻敲击管线或利用高压空气吹洗内部，将管子内部所有的铁屑、砂土、杂质等清除干净。

套管安装。管道穿墙和楼板所设的钢套管应根据所穿构造的厚度及管径尺寸确定规格、长度，并按设计及施工安装图册的要求预制加工。穿楼板的套管上端应高出地面 20mm，高出卫生间 50mm，过墙部分与墙饰面应相平，如图 2.5.4 所示。当预留孔洞不能适应工程安装需要时，应告知土建须进行机械或手工打孔，并对孔洞进行处理。

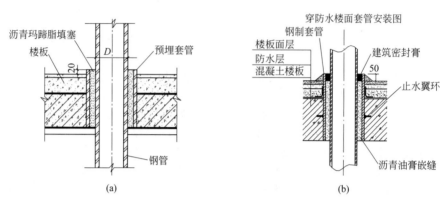

图 2.5.4　管道穿楼板示意图

管道施工安装后首先进行外观检查，然后按设计要求和施工规范进行气密试验和水压试验，最后再按现场施工安装状况，安排管道系统吹扫及清洗。管道吹扫时应与设备隔离，吹扫前相关仪表、阀芯应拆除，吹扫时应有足够的流量，压力不应低于设计压力，吹扫气体流速应符合相关规定。管道系统清洗时，需要加工临时接管，保证管道无死角。一般水管路系统应在试验合格后、管路系统调试前以水进行清洗，但气体管道是在试验合格后、管路调试前按输送介质的要求选择相应品质的压缩空气或氮气进行吹扫。

5.2.2　热镀锌钢管的施工安装

镀锌钢管在建筑安装工程中的应用仍较广泛，丝接、法兰连接都会损坏钢管的镀锌层，降低钢管的使用寿命，而法兰连接又需要二次镀锌，不容易实现。为克服这一缺点，一种有效保护钢管镀锌层的管道连接方式正在被人们逐渐认识、利用和推广，这种连接方式就是卡箍式连接（又称沟槽式连接）。沟槽式管路连接系统是用压力响应式密封圈套入两连接钢管端部，两片卡件包裹密封圈并卡入钢管沟槽，上紧两圆头椭圆颈螺栓，实现钢管密封连接的工艺。

（1）镀锌钢管沟槽式连接　镀锌钢管连接前可用滚槽方式在钢管上滚压出凹槽，厚壁钢管可用车槽方式开槽。该连接方式应用卡箍式连接可以有效地节省劳动时间，提高工作效率，特别是在大口径管道上体现得尤为明显；安装速度比传统连接方式快。操作简单、维修方便。沟槽式管接头重量轻，只有两条紧固螺栓，不用加装密封垫，安装时无特殊要求。可以最大限度地保护镀锌层，延长管道的使用寿命。沟槽式管接头安装时不需要焊接，不会因焊渣使管路中的设备及阀门损坏。沟槽式管接头中间的橡胶圈可阻断噪声，并可防止振动的传播。

通常用柔性管卡和刚性管卡。柔性管卡的连接方式使系统具有柔性，允许钢管有一定的角度偏差、相对错位。钢管连接后，两管端之间留有间隙可适应管道的膨胀、收缩。管卡在最大允许偏转错位的情况下，管道能保持正常工作压力。柔性管卡具有承受一定末端载荷的能力。刚性管卡的连接方式不能使系统具有柔性，管卡卡紧后可与钢管形成刚性一体，在吊具跨度较大时，使管道依靠自身刚性连接支撑，可广泛应用在使用热镀锌钢管的空调水系统、消防系统、给水管道工程及液体、气体管路系统等；当镀锌钢管公称直径小于或等于 100mm 时，一般采用螺纹连接，当钢管公称直径大于或等于 100mm 时，可采用焊接、法兰、沟槽式卡扣连接。连接后，均不得减小管道的流通截面面积。

（2）镀锌钢管螺纹连接施工　管子切割采用机械割刀切割，再用扩孔锥刀对管口内缩颈部分倒角清除。管子螺纹加工统一采用电动套螺纹机套螺纹，刀具工作时严禁断油。管子螺纹加工应规整，如有断丝或缺丝，不能大于螺纹全扣数的 10%。管子螺纹的有效长度详见表 2.5.3。管道螺纹填料采用生料带缠绕再涂抹 708 胶。填料缠绕时应顺螺纹紧缠 3～4 层，并且不能使填料挤入管内。管件紧固后应外露 2～3 扣螺尾，并将填料清理干净。外露螺纹涂防锈漆两道。

表 2.5.3　管子螺纹的有效长度　　　　　　　　　　　　单位：mm

公称通径 DN	15	20	25	32	40	50	65	80
螺纹有效长度	13.2	14.5	16.8	19.1	19.1	23.4	26.7	29.8

螺纹连接应符合下列要求：管子切割后切断面不得有飞边、毛刺；管子螺纹密封面应符合现行管件标准《普通螺纹　基本尺寸》《普通螺纹　公差》《普通螺纹　管路系列》的有关规定。当管道变径时，宜采用异径接头；在管道弯头处不得采用补芯，当需要采用补芯时，三通上可用 1 个，四通上应超过 2 个；公称直径大于 50mm 的管道不宜采用活接头。螺纹连接的密封填料应均匀附着在管道的螺纹部分，拧紧螺纹时，不得将填料挤入管道内；连接后，应将连接处外部前面清理干净。

镀锌钢管沟槽连接施工的流程一般是：施工准备→依设计图纸下料→沟槽的加工→接支管处开孔安装三通及四通→管道安装→试压、冲洗。

镀锌钢管沟槽连接安装用机械见表 2.5.4。施工安装前应认真检查开孔机、滚槽机、切管机，确保安全使用。

表 2.5.4　镀锌钢管安装用机械

名称	规格	备注
切割机	2.5kW	用于断管
滚槽机	1.1kW	用于加工沟槽
开孔机	1.1kW	用于钢管开孔
电焊机	250 型	用于焊接支架
冲击钻	φ38mm	用于固定膨胀螺栓
台钻	1.1kW	用于支架开孔

现场材料验收，镀锌钢管的管壁厚度、椭圆度等允许偏差应符合标准要求。卡箍连接件的规格、数量应符合要求，无明显的损伤等缺陷并应附有质量证明材料。工具准备包括扳手、游标卡尺、水平仪、润滑剂（无特殊要求时可用肥皂水或洗洁精替代）、木榔头、砂纸、锉刀、砂轮机（大口径管道）、梯子或脚手架等。

沟槽连接的施工步骤：用钢管切割机将钢管按所需的长度切割，切口应平整，切口端面与钢管轴线应垂直。切口处若有毛刺，应用砂纸、锉刀或砂轮机打磨。建议使用套螺纹机的管刀进行断管，其优点在于管道的端面垂直平整、毛刺很少。常规的无齿锯进行断管时，由于其锯片出厂时端面不平整、用力过猛、管道转动等因素易造成管道断面错位、毛刺多。

沟槽加工，应选取符合设计要求的管材；管材的端口应无毛刺，光滑，壁厚应均匀，镀锌层应无剥落，管材应无明显缺陷。沟槽加工时应按三人一组进行，一人控制滚槽机的开关及千斤顶的升降，一人观察调整滚槽机处管道的转动，一人在滚槽机尾架上观察调整管道的位置。将需要加工沟槽的钢管架设在滚槽机和滚槽机尾架上，用水平仪测量钢管的水平度，保证钢管处于水平位置；钢管端面与滚槽机胎模定位面贴紧，使钢槽轴线与滚槽机胎模定位面垂直。启动滚槽机徐徐压下千斤顶，使滚槽机压模均匀滚压钢管。用游标卡尺检查沟槽深度和宽度，使之符合沟槽规定的尺寸，具体尺寸见表2.5.5。然后停机，将千斤顶卸去荷载，取出钢管。

表2.5.5 沟槽的深度、宽度

管道公称直径	沟槽宽度/mm	沟槽深度/mm	允许的最小壁厚/mm
DN25 DN32 DN40	7.2	1.40	1.65
DN50 DN65 DN80	8.74	1.61 1.97	2.11
DN100 DN125	8.74	2.12	2.11
DN150 DN200	11.91	2.16	2.77
DN250 DN300	11.91	2.34 2.39 2.77	3.40 3.96

管接头安装步骤，见图2.5.5。检查钢管端部毛刺见图（a），密封圈唇部及背部涂润滑剂见图（b），将密封圈套入管端见图（c），密封圈套入另一段钢管见图（d），卡入卡件见图（e），用限力扳手上紧螺栓见图（f）。

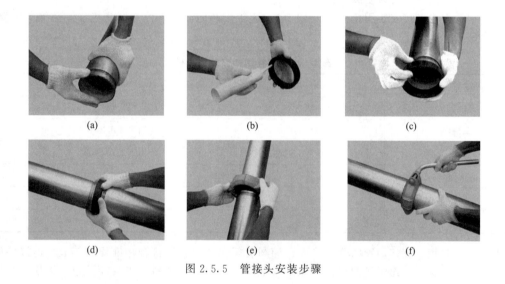

(a)	(b)	(c)
(d)	(e)	(f)

图2.5.5 管接头安装步骤

镀锌钢管管道沟槽连接安装，一般应遵循先装大口径、总管、立管，后装小口径、支管的原则。安装过程中不可跳装，应按顺序连续安装，以免段与段之间连接困难和影响管路的整体性能。准备好符合要求的沟槽管段、配件和附件，并将管内杂物清除干净。检查橡胶密封圈是否完好，将其套在一根钢管的端部；将另一根钢管靠近已卡上橡胶密封圈的钢管端部，两端处应留有一定的间隙。施工间隙一般保持在2mm左右。将橡胶密封圈套在另一根钢管顶端，使橡胶密封圈位于接口中间部位，并在其周边涂抹润滑剂（无特殊要求时可用洗洁精或肥皂水）。两根管道的轴线应对正。在接口位置橡胶密封圈外侧安装上、下卡箍，并将卡箍凸边卡进沟槽内。用手力压紧上下卡箍耳部，并用木榔头槌紧卡箍凸缘处，将上下卡箍靠紧。在卡箍螺栓位置穿上螺栓，并均匀拧紧螺母，防止橡胶密封圈起皱。检查确认卡箍凸边全圆周卡进沟槽内。在刚性卡箍接头500mm内的管道上补加支吊架。

管道的安装位置应符合设计要求。管道支架、吊架、防晃支架的安装应确保管道固定牢固。固定支架或支吊架之间的距离以及形式、材质、加工尺寸及焊接质量等应符合设计要求。

管子的外径和凹槽尺寸应在公差范围内，并且接头螺栓采用垫片，避免管道配件的尺寸过大或过小。沟槽的宽度和深度应符合要求，开槽不允许偏心。管道的垂直度和水平度应在设计允许范围内，如无要求，水平度可为 0.5‰，垂直度可为 3‰；管道穿过楼板、墙体时加设套管。管件不得设置在穿过楼板、穿墙处。

5.3　　BA/EP 不锈钢管施工

5.3.1　BA/EP 不锈钢管的施工安装要求

（1）基本要求　在本书第 1 篇第 9 章等章节中已对电化学抛光不锈钢管（electro polished pipe，EP 管）、光亮退火不锈钢管（bright annealing pipe，BA 管）在高纯气体、特种气体、高纯化学品输送中的应用及特点进行了叙述。在国家标准《洁净厂房施工及质量验收规范》（GB 51110）中对 BA/EP 不锈钢管道的安装有如下要求。

① BA/EP 不锈钢管的预制、安装作业应在洁净工作小室内进行。

② 作业人员应经培训合格后上岗，作业时应着洁净工作服、手套。

③ 管子、管件和阀门在预制、安装前后或停顿工作时，应以洁净塑料袋封口，一旦发现封口袋破损，应及时检查、处理。

④ 切割管子直径等于或小于 10mm 时，宜采用割管器；直径大于 10mm 时，宜采用专用电锯。切割后应以纯度为 99.999％的纯氩吹净管内切口的杂物、灰尘，并应去除油污。

⑤ BA/EP 管道的连接宜采用卡套连接、法兰连接或焊接。BA/EP 管的焊接应采用自动焊，焊接时管内应充纯度为 99.999％的纯氩气。焊接结束后应继续充纯氩吹扫、冷却。

⑥ BA/EP 管的焊接应正确选择电极棒（钨棒）规格和焊接工艺参数。焊接前应按施工要求做出样品，并应在检验合格后施焊。当改变焊接参数时，应按施工要求做样品，并应在检验合格后再进行焊接作业。

BA/EP 管材、管件、阀门组对时，应做到内、外壁平整，对口错边不得超过壁厚的 10％，且不得大于 0.2mm。每焊接完成一个焊口，均应采用不锈钢刷及时清除表面氧化层。焊缝形态应均匀，不得有未焊透、未融合、气孔、咬边等缺陷。

BA/EP 管及管件、阀门的内、外表面应无尘、无油，表面应平整，且不得有破损、氧化现象。BA/EP 管道连接用垫片的材质应符合设计要求或由设备、附件配带，安装前应确认垫片洁净无油、无污染物。BA/EP 管道的安装应按工程设计图顺气流方向依次进行，并应连续充纯氩吹扫、保护；管内纯氩的压力应大于 0.15MPa，并应直至管路系统安装结束。

工程实践表明，由于 BA 不锈钢管的应用在洁净厂房中日渐增多，因此对于较大管径如 DN＞150 采用手工氩保护焊。本小节主要对 EP 管的自动焊进行表述。

（2）EP 管材及附件的选择　在本书第 1 篇第 9 章中已叙述过不锈钢电化学抛光管（EP 管）、不锈钢光亮退火管（BA 管）的特点和在高纯气体、特种气体输送中的应用。为确保 EP 不锈钢管的施工安装质量，必须正确选择 EP 不锈钢管及其附件、阀门等。目前国内外用作不锈钢 EP 管、BA 管的材质有 SUS304、SUS316、SUS316L 等，在微电子半导体工业中常用的 EP 管均为无缝 SUS316L 管。表 2.5.6 是部分 EP 管的规格参数。

表 2.5.6　部分 316L、EP 管的规格参数

产品类别	外径/mm	壁厚/mm	内表面平均粗糙度/μm	标准
ULTRON TAC	3.0	0.5	≤0.2(≤0.8)	DIN 14404/144.35
	6.0	1.0	≤0.2(≤0.8)	
	8.0	1.0	≤0.2(≤0.8)	
	10.0	1.0	≤0.2(≤0.8)	
	12.0	1.0	≤0.2(≤0.8)	
TP-SC	6.35	1.0	≤0.127	
	9.53	1.0	≤0.127	JISG 3459
	12.7	1.0	≤0.127	

注：括号内数字为 TAC 类 EP 管的内表面平均粗糙度。

从表 2.5.6 中的数据可以看出，根据不同标准，各个制造厂家生产的 316L 不锈钢 EP 管的规格参数是不同的，与之相适应的管道用阀门/接头也均不相同，所以在选购 316L 不锈钢 EP 管及其附件、阀门时应仔细了解供货单位提供的技术资料，并与设计方、业主进行讨论、协调，得到它们的确认。

对于半导体工业洁净厂房来说，十分重要的是控制 EP 管的内表面粗糙度，而不是外观光亮。不锈钢管的抛光方法，常用的有电化学抛光、特殊研磨抛光、亚电化学抛光、光亮退火抛光、羽布抛光等。采用羽布抛光的不锈钢管内外表面看似很"亮"，但其内表粗糙度却不能满足要求，只能用于装饰用不锈钢管。

与 EP 管配用的阀门应按设计要求订购，一般与 EP 管配用的阀门为材质相当的隔膜阀、波纹管阀；选购时应与所选用不锈钢 EP 管的规格尺寸相符，否则将影响连接质量。316L 不锈钢 EP 管的连接一般采用焊接或 VCR 接头连接时，也同样应认真检查核实是否与 EP 管材的规格尺寸相符，订购时应配全 VCR 接头的全部零部件（包括垫片、管接头等）。对于不锈钢 EP 管用阀门、附件应选用满足 EP 管洁净要求的产品，并在产品检验单（合格证书）明确标明。

5.3.2　EP 不锈钢管道的施工安装

（1）安装前的准备

1）场地、人员

① 存放场所应洁净、干燥，温度变化不大，远离阳光和霜冻，无污染。存放时也不要把外包装去除掉，只有在使用时才能拆开其外包装。其场所应经常清洁，保持干净。

② 所有 EP 管的预制工作都必须在 ISO 6 级或 ISO 5 级的洁净室内进行；若施工现场的实际条件难以满足上述要求时，应搭建临时性的预制洁净房，其洁净度等级不应低于 ISO 6 级；EP 管的预制洁净房应按洁净室的管理办法进行人员净化、物料净化。

③ 施焊人员必须经过培训，考核合格后方可施焊。

2）到货检查

① 外包装有无破损，应是原厂包装，并有洁净证明。

② 是否脱脂处理，是否达到"氧净"（oxygen clean）要求。

③ 核对抛光形式是否符合订货要求。

④ 表面粗糙度（Ra）。

⑤ 阀门的型号、内表面质量、材质与介质接触部分是否电抛光。

⑥ 各种材质证明和合格证书及质量保证书。

⑦ 其他合同上的要求。

3）机具及辅材准备　辅材包括氩气（采用高纯氩，纯度为 99.999%）；阀门、活接头、VCR 接头、垫片；洁净胶带、洁净布、洁净纸、洁净塑料袋、高纯酒精、超纯水；安全眼镜、乳胶手套、洁净服、水平尺、角尺、钢卷尺、梯子等。

　　所有辅助材料的规格、型号都必须符合设计要求，并有出厂产品合格证，所有的材料必须经质量检查部门检验合格后方可使用。

　　机具设备包括：不锈钢全自动脉冲氩弧焊机，该设备采用全电脑控制程序，不需填充焊丝，利用母材自身熔化成型，焊缝成型好；焊头、夹头、钨棒、焊把线、发电机、稳压器、氩气钢瓶、过滤器；三角支架、割管器、带锯、GF锯、平口机、夹钳、活扳手、内六角扳手、手电筒、钢丝刷、平锉刀、螺丝刀（螺钉旋具）、气体流量计等。图2.5.6是一种全自动脉冲氩弧焊机的外形，割管器、GF锯、平口机和焊头、夹头、钨棒见图2.5.7～图2.5.9。

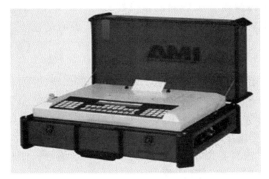

图2.5.6　全自动脉冲氩弧焊机

图2.5.7　割管器、GF锯、平口机

图2.5.8　焊头、夹头、钨棒图（一）

图2.5.9　焊头、夹头、钨棒图（二）

　　（2）焊接过程　EP管的焊接过程可分为以下几个步骤：选择规范参数→选择焊头→调节转速及电流→选择钨棒及钨棒与管子表面的垂直距离→下料→焊接。

　　焊接前，应将所有管线（包括电源和气源）连接正确，保证牢固、接触好。由于该设备既可以接110V的输入电源，又可以接220V的输入电源，因此接电源时一定要同设备上的电源挡位相吻合，防止出错。气路之间的连接用管只能是EP管或高洁净的PFA管，各个接头处应设垫片，充入气源管道内的气体应经气体过滤器，以确保气体洁净度；各个接头必须拧紧，以防漏气。然后开启电源开关，设备进入工作状态。

　　1）选择规范参数，根据所需焊接形式、EP管的管径和壁厚，选择相应的规范参数。

　　2）选择焊头，焊头的种类很多，一般来说，根据所需要焊接的EP管的管径以操作方便、灵活为原则来选择焊头。如需焊接的EP管的管径为1/2in时，由于施焊的管径较小、通常选用体积小、质量轻的焊头。

　　3）调节转速，一般是根据所焊EP管子的尺寸确定焊机转速，并在施焊前由计算机进行调节。焊接过程的衰减时间足够长可防止在焊口尾部产生隔层或钉眼，壁厚小的管子焊接时的衰减时间一般为5s左右，壁厚大时应适当加大。当转动延迟时，钨棒不动进行垂直穿透，薄壁管的延迟时间一般为0.1～1.0s，壁厚大时应适当加大。在管子转动之前应有恰当足够的时间进行穿透，大了或小了都会影响焊接质量。焊接过程的脉冲时间一般设置为 0.1～0.3s，视波纹重叠程度而做相应的调整，焊口波纹必须重叠 60%～80%；将脉冲时间缩短会增加波纹重叠，反之则减少波纹重叠。在计算机程序中进行核对和反复选择，直至焊头转速与规范参数一致，方可施焊。

4）钨棒及钨棒与管子表面垂直距离的选择。按焊接机要求选用相应的钨棒，根据管子的尺寸（直径、壁厚）选择焊头、钨棒直径和钨棒尖头直径等。合适的钨棒长度和尖头形状对于自动焊接的结果和质量十分重要。钨棒与管子表面的垂直距离通常也称电弧长度，由管子的规格（即壁厚）来确定。这是因为钨棒与管子表面的垂直距离越大，电弧越长，越不稳定，穿透能力越小，会造成未焊透、熔合不好、外表面焊缝偏高等缺陷；反之钨棒与管子表面的垂直距离越小，电弧越短，穿透能力越强，越容易焊穿，造成外表面凹陷。因此，一定要合理选择钨棒与管子表面的垂直距离，并用专用的工具进行校验。

5）下料

① 绘制管道系统分解图。鉴于 EP 管是高光洁度电抛光管，主要用于洁净度要求严格的项目，因此焊接工作应在洁净环境下进行，这对提高焊接质量、工作效率，减少现场焊接工作量均十分有益。所以我们应根据施工图和现场测量记录来绘制管道系统分解图，即管道预制加工图。此加工图应与施工图一致，并在加工图上明确标明介质、管径、管段节点间的长度，将焊口逐个编号，且每天填写日常焊接记录。日常焊接记录应包括以下内容：图纸号、所属系统、焊点编号、焊接人、工作牌号、焊头规格、管径、材质、焊接场所、QC 认可、日期等。

② 下料前准备工作。质检人员根据图纸及库房管理人员提供的 EP 管和按 10%的比例，领取各种规格的管子（管子两端必须有塑料封盖、双层保护塑料袋且无破损），然后运至洁净室，打开塑料袋及塑料封盖，用专门的检测仪器检测管内表面光洁度是否符合要求，并做好检测记录。如有不合格，则该种规格的管子必须全部检测；如果都合格，则开始检测管内表面是否有微粒等杂质（目测）。如果微粒杂质较多，则该种规格的管子必须全部检查，不合格的管子必须用超纯水清洗，并用高纯氮气或氩气将内壁吹干。经检查合格，最后用洁净的塑料盖将两端口封上，流入下道工序。

③ 下料。根据所需管子的长度，用割管器切割已检验合格的管子。首先，用三脚架将管子固定好，由于管壁较薄，因此，固定管子时，不可夹得太紧，以防变形或划出痕迹；再分别从管子两端通入氩气或氮气，流量适当加大，以便切割时，将铁屑吹出；然后切割，切割时，尽量使刀口与管子表面垂直；切割完毕后，检查已切割好的管口内表面是否干净，如果干净，则各用一小块洁净布，分别塞入管内距离端口 20～30mm 处；然后用刮削工具，刮削端面至光滑、平整，刮削时一定要用专用夹具将管子夹紧，刮削工具的转速必须均匀，千万不可太快，否则易造成内表面划伤，不可用手直接伸入刮削工具内清理铁屑；刮削完毕后，将管口内表面及端口清理干净，不得用手直接触摸管口内、外壁及端面，以防管内不洁净；最后，用洁净的塑料盖将管口封好。如果切割好的管子管口内有铁屑，则必须先用洁净布将管口内擦拭干净，然后再用酒精将管口内外壁清洗干净，用氩气吹干，最后用洁净的塑料盖将管口封好，流入下道工序（施焊）。

6）焊接

① 焊口结合处的准备。管子对口准备是自动焊接步骤成功的关键，为了在自动焊接过程中达到高质量及高复焊性能，必须高度注意待焊管子的对口。待焊的接口处必须符合以下要求。

a. 尾端切割处垂直于管子的中线，切割倾斜度尽可能为 0°，以保证管子两端紧密贴合在一起，防止出现缝隙。

b. 当两段管子的尾部对接在一起准备焊接时，所有的电弧都必须小于壁厚 S；把两段管子的尾部点焊在一起有帮助，但却解决不了对口不齐造成的问题。

c. 内径与外径都不应有毛边或削角，如果有毛刺会产生不合格焊口，如管子上存在削角会导致表面不均匀，从而影响弧距。

d. 焊口区的管子壁厚差最大不应超过±5%，以防止产生不均匀焊口。

e. 清除所有的废渣、锈迹、打磨去复合物、油类、脂类、油漆氧化物及其他污染物。一个航脏或未经清洁的表面会污染钨棒,极大地缩短钨棒的寿命;污染焊口,并可能导致"弧灭"。因此焊头需要经常地保养,但成本会随之上升。

② 电流的设置。管壁厚度每0.025mm(0.001in)大约需要1A,比如1.225mm(0.049in)的壁厚需要电流49A,1.625mm(0.065in)需要65A。

③ 点焊(并不是所有的焊接都需要先点焊,再进行正式焊接)。如果点焊在工程中运用得当的话,可以大幅度地提高工作效率。但是点焊对焊接质量有很大的影响,因此点焊必须严格按照正常焊接时的要求来做(例如气流量、电流量等),而且最好让熟练的氩弧焊工来操作,否则会极大地影响焊接质量。点焊可以用手工氩弧焊机,也可用自动氩弧焊机,后者焊接质量比较好。不管是在预制间还是在现场,点焊完都应用不锈钢钢丝刷把氧化色刷掉,然后用生料带缠上,再用质量好的不粘胶带缠紧,以防止空气进入管道,影响焊接质量。预制间焊完的管道可以拿到现场先点上,这样点焊和自动焊接可以同时进行,大大提高了工作效率。需要注意的是现场点焊完的管子也应一直冲放保护性气体。

④ 焊接。该设备采用高纯氩作为保护气体。焊前,应将各个阀门打开,调节适当气体流量,检查各个接头处是否漏气,直至操作系统中显示进入焊接状态。

⑤ 焊接注意事项。管子焊接时最好做专门的各种规格的进气接头和出气接头,以防止焊接时空气进入影响焊接质量;出气口不应开在管道中央,而应向上方偏移,这样可防止青烟的产生;焊接用气最好用高纯氩气和氢气的混合气(95%Ar+5%H$_2$),这样焊缝成型更好,氧化少,氧化色比较浅;焊接用气和保护用气一定要加气体过滤器。a.一次配管应考虑周全,尽量不更改,否则无法切断及平口,只能手工制作,影响焊接质量;b.绘制管道分解图,应多考虑焊接的位置,不管是点焊还是自动焊,都应为其留出足够的空间,尽量沿着气流的方向进行焊接,只要焊接工作未完,就应一直进行充氩保护;c.焊口焊接完,应用不锈钢钢丝刷把氧化色刷掉。

图2.5.10是EP不锈钢管自动焊接的焊口,图2.5.11是EP管道多管安装后的实况。

图2.5.10 EP管自动焊接的焊口

图2.5.11 EP管道安装后的实况

(3)焊接质量要求

① 整个过程中需要的材料均必须符合设计要求和有关规定。

② 每天正式施焊前以及焊接中任何一参数(含位置、气流、管径等)发生变化,都必须做焊缝试验(即样品),样品的焊接记录也应登记在每天的焊接记录上。经检查合格方可正式施焊,如果不合格,则已经施焊的这种规格管子的焊缝全不合格,必须重新返工,按规定的要求重新施焊。

③ 焊缝成型必须均匀、美观,不允许有未焊透、未熔合、表面内凹、气孔错边等缺陷。缺陷产生的原因及纠正方法见表2.5.7。

表 2.5.7　缺陷产生的原因及纠正方法

缺陷的性质	产生原因	纠正方法
未焊透	脉冲峰值高低电流过小或峰值停留时间过短	适当增加高低电流,适当提高峰值停留时间
未熔合	焊口对偏	对正焊口
表面内凹	高电流过大或峰值停留时间过长,充气流量过小	适当降低高电流或减短峰值停留时间,适当增大充气流量
气孔	充气流量过大或端口封死	适当降低充气流量,管子端口应有出气小孔
错边	焊头内的夹头未焊紧或管子变形,装配管子时离钨棒太近或两种热量不同的材质相熔	调整夹头或重新选用管材
焊穿	脉冲峰值高低电流过大或间隙过大	适当降低峰值高低电流,间隙越小越好
内表面焊缝不均匀	各个焊接位置峰值高电流不均匀或钨棒尖端烧损而不规则	适当调节各个焊接位置的峰值高电流,或重新更换钨棒
内壁变色	Ar 气流量不足、气体纯度不够或管子内壁脏	加大流量、更换气体纯度高的气体或清洁管口及内壁

④ 预制好的管道附件两端必须用洁净的塑料盖子连同塑料薄膜一起封好,并用洁净的胶带扎紧且标上号,以免搞混。

⑤ 现场每焊好一部分管道,两端阀门必须关紧(如果没有阀门,管内就应一直通着氩气);经检验部门测试合格后,管内通入高纯 N_2 保护,未经质检部门同意,不得任意打开阀门。

5.4　工程塑料管道安装施工

5.4.1　PP/PE、 PVC 和 PVDF 管道的施工安装要求

洁净厂房中输送某些化学品需使用聚丙烯(PP)管或聚乙烯(PE)管;而聚氯乙烯(PVC)管则有多种用途,当用于输送某些化学品或腐蚀性、毒性流体时常采用双层管道,PVC 管作为"可视"外套管;聚偏氟乙烯(PVDF)管用于输送纯水、超纯水和有些化学品。本节主要介绍洁净厂房尤其是电子工业洁净厂房中化学品、纯水等流体输送用 PP/PE、PVC、PVDF 管的施工安装要求。

(1) PP/PE 管道的施工安装要求　洁净厂房内 PP/PE 管道应采用热熔焊接法施工。管道焊接的热熔接机,应根据管道直径采用相应的型号和规格;焊接操作中应保持焊机、加热板的清洁、无尘。管材切割宜采用专用割刀。切口端面倾斜偏差不得大于管子外径的 0.5%,且不得超过 1mm。焊接切口表面应平整、无毛刺;焊缝卷边应一致、美观,并无污染物。管材热熔焊接应做到:对接管段应可靠固定,对接面错边不得大于管子壁厚的 10%,且不应大于 1mm;应保持热熔焊接加热板面清洁、无尘,严格控制加热设定温度;应根据不同管径,控制热熔对口压力、对接时间、冷却时间。

管材热熔焊缝不得低于管子表面,一般应高于管子表面 2～3mm;焊缝不得出现缺陷接口,其宽度不得超过规定平均宽度的 20%。管子热熔焊时的切换时间,应根据管材尺寸确定。管外径小于等于 250mm 时,宜小于 8s;管外径大于 250mm 时,不宜超过 12s。管材热熔焊时的加热温度,应根据材质、壁厚等确定;PE 管一般为 200～230℃,PP 管一般为 195～205℃。PP/PE 管道热熔焊接时,应依据管径的不同采用不同的焊接参数。表 2.5.8 是管外径为 20～160mm 的管道热熔焊接时的参数。

表 2.5.8 管外径为 20～160mm 的管道热熔焊接时的参数

序号	管外径/mm	壁厚/mm	起始加热压力/MPa	翻边/mm	吸热压力/MPa	吸热时间/s	切换时间/s	对接压力/MPa	保持对接压力/s	冷却时间/mim
1	20	1.8	0.15	0.5	0.02	40	3	0.15	4	5
2	25	1.8	0.15	0.5	0.02	45	3	0.15	4	5
3	32	1.9	0.15	0.5	0.02	45	3	0.15	4	5
4	40	2.3	0.15	0.5	0.02	60	4	0.15	5	5
5	50	2.9	0.15	0.5	0.02	60	4	0.15	5	8
6	63	3.6	0.20	0.5	0.02	90	5	0.20	6	10
7	75	4.3	0.20	0.5	0.02	100	5	0.20	9	12
8	90	5.1	0.20	0.5	0.02	115	6	0.20	10	16
9	110	6.3	0.20	1.0	0.02	145	6	0.20	10	16
10	140	8.0	0.20	1.0	0.02	180	7	0.20	12	25
11	160	9.1	0.20	1.0	0.02	205	8	0.20	12	25

施工中所采用的管材、附件、焊接材料等应已验收合格，符合设计要求，并做好检查记录。焊接加工或施工现场，应保持清洁。焊接作业人员应经培训合格后上岗。

PP/PE 管道安装应按输送介质参数设置支（吊）架，其形式、位置应符合设计要求；支（吊）架不应设在管道接头、焊缝处，且与焊缝、接头之间的净距应大于 5cm。PP/PE 管道上的阀门应可靠固定，宜以支架支承；支（吊）架与管道之间应填入橡胶类材料。

（2）PVC 管道的施工安装要求　洁净厂房内输送化学品或腐蚀性、毒性流体时双层管道的外套管通常使用聚氯乙烯（PVC）管。PVC 管道的施工安装应采用粘接法，由于 PVC 管粘接时所用的粘接材料具有可燃性和对人体健康的危害性，因此粘接场所应具有良好的通风，并严禁明火和吸烟，所以在 GB 51110 中作为强制性条文规定：PVC 管道的粘接场所，严禁烟火，通风应良好，集中操作场所应设置排风设施。为确保施工安装质量，PVC 管道施工所采用的管材、附件应为同一厂家产品，并符合工程设计要求；PVC 管粘接所用的粘接剂宜为配套供应或得到管材生产厂家的认可。PVC 管的运输、装卸和堆放，不得抛投或激烈碰撞，并应避免阳光曝晒。

PVC 管道的施工粘接场所应保持较低的湿度，远离火源，环境温度应高于 5℃。粘接前，管材、附件的承口、插口表面，应做到无尘、无油污、无水迹；管道端面应做坡口，其坡口高度为 2～3mm，并应四周均匀。粘接剂的涂抹，应先涂承口、后涂插口，并重复 2～3 次；涂抹应迅速、均匀、适时；涂抹后应迅速粘接，插入深度达到规定值后保持必要的时间；承插间隙不大于 0.3mm。

PVC 管材的内外表面应光滑，无气泡、裂纹，管材壁厚均匀，色泽一致。直管段的挠度不得大于 1%。管件造型应规矩、光滑、无毛刺。承口应有锥度，并与插口配套。

洁净室内 PVC 管道的安装应符合下列要求：PVC 管材、附件搬入洁净室前，应擦拭干净；管材应按图纸要求下料后再搬入洁净室；若必须在洁净室内切割时，应配备吸尘设施。PVC 管道安装时，应根据输送介质及其参数，合理设置支（吊）架，所用的支（吊）架形式、位置，应符合工程设计要求。安装时在支（吊）架与管道之间，应填入软质绝缘物分隔，且支（吊）架不应设在接头处，其净距应大于 100mm。

PVC 管道安装后，应根据用途进行试验，一般应符合下列规定：压力试验一般用清洁水，试验压力为 1.5 倍设计压力，保压 30min 不泄漏、无异常为合格；当输送介质不允许使用水进行试验时，可采用纯氮气（99.99% 以上）进行压力试验，并应按规定采取防护措施，保压 10min 不泄漏、无异常为合格。严密性试验是在压力试验合格后，将压力降至 1.1 倍设计压力，保压 1.0h 无压力降为合格。

（3）PVDF 管道的施工安装要求　洁净厂房内 PVDF（polyvinylidene fluoride，聚偏氟乙烯）管道应采用热焊接法施工。施工用管材、附件等应已验收合格，符合设计要求，并做好记录。PVDF 管的焊接加工应在洁净小室内进行，加工完后在现场组装。施工所用的机具、工具应做到无尘、无油污。PVDF 管道的施工作业人员应经培训合格后上岗，在作业过程中应着规定的工作服或洁净服。

管道焊接应采用自动或半自动热焊机，应按规格和壁厚选用焊接设备的型号、规格及配带的机具、工具。施工安装过程中 PVDF 管材、附件应密封包装，在未进行焊接加工或现场组装时，不得拆除外包装。管材、附件应平整地堆放在防雨、防晒的环境内。施工现场应核查管材、管件、阀门的外观、规格尺寸、材质和出厂合格证明文件等。

PVDF 管子切割时应采用专用割刀，切口端面应平整，并应无伤痕、无毛刺。管子的热焊接应符合下列规定：管子组对错位偏差不得超过管子壁厚的 10%，组对间隙应小于 0.2mm。焊接应根据管壁厚度，控制热焊的压力、温度和时间，不同管壁厚度的管道、附件不得对焊。PVDF 管的焊接过程应保持热焊接加热板清洁、无尘，并应控制所需的加热设定温度。

PVDF 管子热焊接的焊缝应为均匀的双重焊道，双重焊道谷底应高出管子外表面，宜为管子壁厚的 10%；双重焊道的宽度应按管子壁厚确定，不得小于 2mm。管子热焊时的熔融时间应根据管子尺寸确定，管径为 13~100mm 时，宜为 6~30s。

PVDF 管道在焊接加工后，在现场安装时宜采用法兰连接，并应采用不锈钢螺栓。管道安装时应根据输送介质参数设置支架，并应符合下列要求：固定支架和支、吊架的形式、位置，应符合工程设计要求。支、吊架不应设在管道伸缩节、接头或焊缝处，其净距应大于 8cm。支、吊架与管子之间应填入橡胶类材料。PVDF 管道上的阀门应可靠固定，并应设有支架支承。当工程设计没有规定支、吊架的位置时，PVDF 管可按表 2.5.9 设置支、吊架。

表 2.5.9　PVDF 管的支吊架间距　　　　　　　　　　单位：cm

使用温度/℃	13mm	16mm	20mm	25mm	30mm	40mm	50mm	65mm	75mm	100mm
40	80	90	95	100	115	130	140	155	165	185
60	75	80	90	95	110	120	130	140	155	175
80	70	75	85	90	100	115	120	130	145	165
100	65	70	80	85	95	110	115	125	135	155
120	60	65	75	80	90	100	105	115	125	145

PVDF 管道安装后，应按输送介质状况进行强度试验、严密性试验。以 1.5 倍设计压力进行强度试验，试验介质为纯水或纯度为 99.999% 的高纯氮气，试验时间应为 3.0h，以不泄漏、不降压为合格；以设计压力的 1.15 倍进行严密性试验，试验介质为纯水或纯度为 99.999% 的高纯氮气，试验时间应为 4.0h，以无泄漏、压力降小于 3% 为合格。

5.4.2　PVC 管道的施工安装

（1）施工步骤　PVC 管道的粘接施工流程一般如下。

使用清洁剂时的粘接步骤为：按粘接要求准备适当的工作材料，包括胶水、清洁剂及合适配管尺寸的涂抹工具等，涂抹工具的尺寸应为配管直径的 1/2 左右。切削配管时宜平直切割，可采用机械或细齿锯和斜口锯箱等进行切削，并尽量使配管表面能够有最大的结合区。轮式塑胶管切断器亦可使用于切削配管。切管时应将管口产生的毛边去除，通常可使用刀、去角工具或锉刀去除管口内外的毛边。

①擦拭干净管端部的灰尘、油脂以及水汽，有效地避免水汽降低接合力，灰尘、油脂影响黏着力。检查管及管配件粘接前的干燥状态，管能否容易插入到管配件 1/4~3/4 的位置，松紧度是否合适，是否可将配管推到配件底部。若配管与管配件彼此非真圆时应调整接合角度。

②使用清洁剂的目的是集中及软化粘接表面使之顺利连接。通常在正式涂抹前或天气变化剧

烈时应先在一小片上试验，用刀或利器刮拭，小量清洁剂表面应可刮下；在寒冷天气软化需要较长时间，宜重复试验。一般采用适当的涂抹工具将清洁剂涂于管配件内部，重复涂抹，直到整个表面都已软化，在冷天或坚硬表面需涂抹多次。涂抹区域至少需至管配件 1/2 深度的结合区域。清洁剂涂抹后，配管表面仍有黏性时，应尽快涂抹胶水。

③ 涂抹胶水。胶水在使用前需先摇一摇，然后再用适当大小的涂抹工具将胶水涂于管外部；多次涂抹于管配件结合区域，控制涂抹厚度，防止很快干掉。多次在管配件内部涂抹胶水，且避免残留过多胶水于内部。几秒钟后在管上再涂抹一层胶水。当胶水仍呈柔软状态时立即将配管插入套节内，且应及时适当地调整配件，将配管推到底部为止，必要时插入后旋转配管 1/4 圈。握住配管及配件大约 30s 以确认粘接完成。粘接后应能在配管周围以及配件接缝处见到一圈胶水，若胶水没有出现在接合边缘，可能是使用胶水量不足导致接合失败。过量胶水可用柔软的干布拭去，并避免移动结合处。

（2）不用清洁剂时的粘接步骤　不用清洁剂只用胶水时亦可成功粘接，一般只用于 DN50 以下配管系统或较低工作压力的管路，并应首先确认胶水粘接及穿透软化能力符合管路需求。

① 粘接用材料、涂抹工具的准备与"使用清洁剂"相同。

② 管子应切得满足要求，凹凸不平的切割会降低粘接的效率。将管上所有的毛边修齐，并将粘接处的污垢、油脂、湿气拭去。检查管和配件的密合度，恰当的密合度容易进入配件 1/4～3/4 的深度，但管不能直接进入配件底部。

③ 检查管表面的软化和胶水深入度。从待粘接的管取样，然后以刀或其他锐利工具刮去表面，若在组装时这么做更好，若不能可在已上胶的管表面上刮。若仍无法测试出软化和胶水深入度，则应考虑使用清洁剂。

④ 使用正确尺寸的涂抹工具，约为管径的 1/2。将胶水涂在管端，大小应等于配件的深度；然后在配件涂一层胶水，并注意不要让胶流至管道内；再于管上涂上和配件面积大小一样的第二层胶。趁表面未干时，立即将管推入配件底部，若可能在插入时将管转 1/4 圈。握住粘接的管和配件 30s，以防止松脱。

（3）CL-PVC 管道施工

① CL-PVC 管道，一般用于纯水系统，其主要施工流程如下。

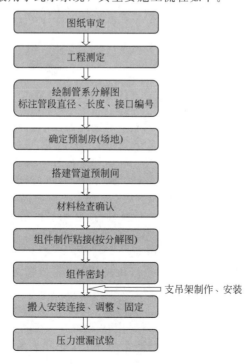

② 作业环境应无尘，室温+10～+30℃。通常应在洁净预制房内进行组件粘接组装，预制房和安装现场搬入机具、工具、材料时，应仔细擦拭，确保无尘埃、污迹、油脂。在洁净预制房内不得进行污染洁净管材、产尘及产生明显烟雾的作业，无法避免时，应采取相应的有效的吸尘措施。CL-PVC 管道的施工作业者应穿着指定的工作服、洁净服和洁净鞋帽，并保持清洁。

③ 材料运输、保管。在现场接收材料、零部件时，应按技术要求进行验收确认。一般应对管材、管子附件（三通、弯头、变径管等）、阀类、计量仪器（压力计、压力传感器等）进行表2.5.10 所示的检查内容。若外包装完好时检查可在非洁净环境下进行。拆封检查一般应在洁净预制房进行，以确保被检物不受污染。检查完成后立即用洁净的聚乙烯膜包好并妥善保管。检查结果若不能满足要求时，应退回商家或留作降级代用。

表 2.5.10　CL-PVC 的检查内容

序号	检查内容	配管	管件	阀类
1	外观检查	○	○	○
2	数量检查	○	○	○
3	规格尺寸	△	△	△
4	材质检查	○	○	×

注：○—全数检查；△—抽查 5%；×—不检查。

保管。洁净的管子、附件、阀类等应在密封状态下存放在干燥房间内，紧急情况要在室外短暂保管时，为避免雨水和阳光直射，应加盖挡雨、光板进行可靠的保护。保管时不同规格的管子应分别放置在货架的木搁板上。若在平坦的地面放置时，要先用相同厚度的枕木作垫层，枕木间距不超过 1m，以防管子产生永久性弯曲。管子叠放不得超过四层，若有阳光照射时，应加盖遮光板。阀门、附件验收后应按原样用乙烯袋密封，装入箱内保管。

短途搬运。人力短途搬运管子时，应在密封包装状态下二人抬杠，禁止扔抛、滚运、硬拉等可能损坏管子的行为。利用卡车搬运时，应在包装状态下进行，车厢的长度应大于管子的长度。为防止直接与车厢接触，应垫橡胶板，并应用绳索捆固管子。

④ 管子切割。应按计算好的管子下料长度，用专用割刀切割，切削后的管口应平整，无伤痕、毛刺。用吸尘器吸除碎屑，用专用洁净剂和洁净布擦净待接管口。其余施工步骤与一般的 PVC 粘接相似，这里不再重复。

5.4.3　PP/PE 管道的施工安装

（1）施工步骤　PP/PE 管道的施工流程通常如下。

施工准备 → 材料进货检验 → 预制加工 → 支吊架制作安装 → 管道安装 → 管道试验及验收 → 管道保温（可选）

（2）施工准备　施工人员应认真熟悉施工图纸，领会设计意图。施工人员应熟悉 PP/PE 管的性能，掌握必要的操作要点，并已通过相关的技术培训。在各项预制加工前，根据实际需要编制材料计划，将材料、设备等按规格、型号准备好，运至现场。运到现场的管材、管件应符合设计要求，并附有产品说明书和质量合格证书；在认真检查验收合格后方能入库，并分别做好标识。管材和管件的内外壁应光滑平整，无气泡、裂纹、脱皮和明显的痕纹、凹陷，色泽应基本一致。管材的端面应垂直于管材的轴线。管件应完整、无缺损、无变形。不得使用有损坏迹象的材料。如发现管道质量有异常，应在使用前进行复检。

PP/PE 管道施工前应仔细检查所使用的热熔机具及加热头、剪刀或割刀是否符合要求，使用的电源及电线是否正常和安全。

（3）PP/PE 管道的预制　根据设计图纸所需的长度以专用剪刀或割刀垂直切断管材，剪刀片卡口应调整到与所切割的管径相符。旋转切断时应均匀加力，切断后断口应以配套整圆器整圆，并将切割好的管段与接头编号。管材和接头的表面应除去毛边和毛刺，保持清洁、干燥、无油。

PP/PE 管的连接一般采用热熔法，操作方便、气密性好、接口强度高。PP/PE 管热熔连接前，应先清除管道及附件上的灰尘及异物。热熔工具接通电源（220V）待工作温度指示灯亮后方能开始操作。无旋转地把管端插入加热套内，达到预定深度，并在管材插入深度处做记号（等于接头的套入深度），然后无旋转地把管件推到加热头上加热，达到加热时间后，立即把管子与管件从加热套与加热头上同时取下，迅速无旋转地均匀用力插入到要求的深度，使接头处形成均匀凸缘。在规定的加热时间内可对熔接的接头进行校正，但严禁旋转。连接完毕，必须紧握管子与管件保持足够的冷却时间，冷却到一定程度后方可松手。管道连接采用熔接机加热管材和管件，管材和管件的热熔深度、加热时间、加工时间、冷却时间应符合表 2.5.11 的要求。

表 2.5.11　PP/PE 管材和管件的热熔深度、加热时间、加工时间、冷却时间

公称外径/mm	热熔深度/mm	加热时间/s	加工时间/s	冷却时间/min
20	14	5	4	2
25	15	7	4	2
32	16.5	8	6	4
40	18	12	6	4

（4）支吊架制作安装　管道的支吊架应在管道安装前埋设，应按不同管径和要求设置管卡、吊架，位置应准确，埋设要平整，管卡与管道的接触应紧密，不得损伤管道表面。支架的安装应位置正确、预埋牢固。支架加工应采用切割机切割，打眼使用电钻。支架突出部分的角钢立面需打角、打磨，光滑无毛刺，与管道接触应紧密。采用金属管卡或金属支、吊架时，卡箍的内侧面应为圆柱面，卡箍与管道之间应夹垫塑胶类垫片。固定支、吊架本体应有足够的刚度，不得产生弯曲变形。管道与金属管配件的连接部位，管卡或支、吊架应设在金属管配件一端。三通、弯头、阀门、穿墙（楼板）等部位应有可靠的固定措施，在阀门处应设固定支架，其重量不应作用在管道上。

（5）管道连接安装　将预制好的管段根据编号依次摆放在支架上，逐段连接。立管安装采用吊线方法检查，先支架、后管道，水平干管安装要控制好两端水准点。管道的连接方式同预制加工的热熔连接方法。一般管外径 75mm 以上的 PP/PE 管道水平走向每隔 18m 左右用法兰连接，立管每隔 2～3 层（视楼层高度而定）用法兰连接。金属法兰盘预先套在 PP/PE 管道上，法兰与管材的连接步骤同热熔连接方式。校直两对应的连接件，使连接的两片法兰垂直于管道中心线，表面相互平行。应使用相同规格的螺栓，安装方向一致，螺栓应对称紧固，螺栓螺帽宜采用镀锌件。当紧固螺栓时不应使管道产生轴向拉力。法兰连接部位应设置支、吊架。

不同材质管道的法兰连接方法详见图 2.5.12。

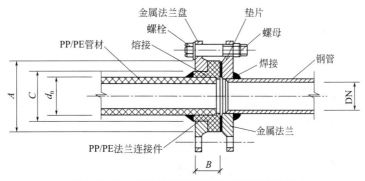

图 2.5.12　不同材质管道的法兰连接示意图

PP/PE 管与金属管道及其配件连接时可采用带金属嵌件的配件作为过渡，例如嵌铜或嵌不锈钢的内外螺纹接头，以保持连接件材质相同或相近。如图 2.5.13 所示，该管件与 PP/PE 管一端采用热熔承插方式连接，另一端采用螺纹连接，宜以聚丙乙烯生料带作为密封填充物。

PP/PE 管道系统的固定支架间应设置补偿措施，通常可在折角转弯处利用转弯部位悬臂管段（自由臂）因伸缩产生的摆幅进行补偿，见图 2.5.14。管路系统的直线管段可加工成环形或Ⅱ型补偿器。

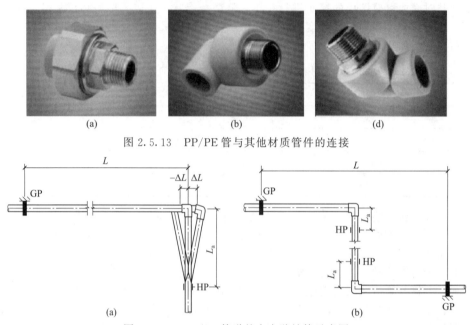

图 2.5.13　PP/PE 管与其他材质管件的连接

图 2.5.14　PP/PE 管道的自由臂补偿示意图
L_a—自由臂；L—按设计要求定；GP 固定支架；HP—滑动支架

5.4.4　PFA+ CPVC 双层管道的施工安装

PFA 即聚四氟乙烯制成的管材，PFA 管可适度弯曲，外观透明，具有优良的耐酸、碱腐蚀性能；管道内壁光滑、耐磨、洁净，是理想的化学品输送材料。化学品通过 PFA 管道输送时，在 PFA 管道外部设有透明的 PVC 管保护、承托 PFA 管及防止溶液泄漏后直接暴露造成危害，通常称外保护套管为外管，内部的 PFA 管为内管。如图 2.5.15 所示为化学品管道 PFA＋CPVC 双套管实例，图 2.5.16 是 PFA＋CPVC 双套管/双层管的示意图。

图 2.5.15　化学品管道 PFA＋CPVC 双套管实例

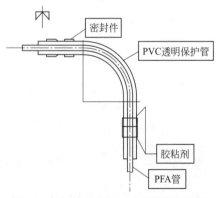

图 2.5.16　PFA＋CPVC 双层管示意图

PFA 管的规格一般为 1/4～1in，管材采用成卷的 PFA 管，除三通、阀门及与设备连接处有接口外，均为整根内管贯穿，中间不得设接头。这种安装方式颇似电缆敷设。PFA 管的穿设安装流程为：使用化学品的设备就位→支架制作安装→外管敷设→外管试压→PFA 管穿设→PFA 内管试压。根据外套管的规格确定外套管间距、支架间距，支架安装应牢固，直管段每 20m 及转弯处均应设置固定支架。外套管间距及支架间距见表 2.5.12。

表 2.5.12　外套管间距及支架间距

外套管规格 DN	40	50	65～80	100 及以上
支架间距/m	1.4	1.5	1.7	2
内外层间距/mm	150	150	200	200
管端间距/mm	>20	>20	>20	>20

外管安装。透明 PVC 管的弯头宜采用成品弯头，也可利用烘箱现场煨制。外套管的最小弯曲半径应符合表 2.5.13 的要求。

表 2.5.13　外套管的最小弯曲半径

管径/mm	15	20	25	40	50
弯曲最小半径/mm	200	250	300	350	450

弯头及直管可采用直二通管粘接，如管路较长（超过 20m）或连续出现多个弯头，则在适当位置设置活接头，以便在穿设内管出现困难时，拆开外管助力穿管。活接头与管道的连接方式为胀接。每根直管或弯头连接前，必须对管端做内外倒角，并刮净毛刺；在做倒角操作前，应先塞一个无尘布团进入管内，以防切削碎屑和其他颗粒物进入管内。

粘接用的直二通管均为承插口，管子、弯头均为插入直二通管形成承插粘接。粘接前，先测量管子或弯头插入的连接点的插入边线，并做彩色标记；然后在管端外壁标记范围内均匀涂粘接剂，并在直二通管承口内壁涂抹胶水；之后快速插入，旋转 90°并旋回，再持续约 1min 保持压力，待胶水固化后放手。粘接所用的粘接剂应为规定的品种，不得随意乱用。管道粘接后管道内部会有粘接剂的挥发气体，所以粘接的管路应保持开放状态 24～48h，以防止接口因管道内的压力而损坏。管道与三通箱、设备的连接，均为活接头胀接，拆卸方便。外管施工完成后应做全面检查，确认管道用材、走向、规格等均符合设计图要求后，即可做压力测试；试验介质可用瓶装氮气，试验压力为 0.1MPa，保压 2.0h，以压力不下降为合格。

PFA 内管穿设。外管试压合格后即可进行内管穿设。内管应以长 100m 的整卷 PFA 管进行穿设。管道接口应设置在三通箱、阀门箱或化学品使用设备连接箱内，中间不设接头。施工场所的环境温度应为 10～35℃，冬季或气温较低时，穿管前宜先将 PFA 管道放置在高于 20℃的场所内 2 天然后再用于施工。穿管施工人员应多人配合进行，并应佩戴洁净手套；穿管时以引线牵引内管前行，前方抽拉引线，后方输送管子，双方用力应协调一致，防止内管打折、变扁，应指定专人发出口号，通过对讲机协调各方工作。穿管的顺序为：首先选择较细尼龙线，$\phi 2～3mm$，端头系一小团无尘布（2/3D），自开口处塞入外管；然后在另一端用吸尘器抽吸外管内的空气，待抽出细线后拆去纸团，以细线系好较粗尼龙线（$\phi 5～6mm$），拖动细线抽出粗线；之后在粗线端头系一专用拉套，该拉套为细钢丝编制的专为拖抽内管用，拉套应一旦套住管头，则越拉越紧，不会脱落。用拉套套住内管，徐徐抽引粗线，送管人员配合缓缓向外管内输送内管，直到抽出内管。如穿设内管中途因阻力较大无法抽动，则可在适当处（如外管有活接头处）拆开活接头，抽动管内粗线，协助牵引内管，待抽出内管后再恢复活接头。

内管穿设完毕后，可进行管道与设备接口的连接，一般均采用扩口胀接。扩口胀接采用冷扩口或加热扩口两种方式，将 PFA 端口扩大，形成永久变形，通过紧固螺母，将扩口与接口锁紧。

接口一般为短管，外部正好与扩口内部吻合，当紧固螺母带动扩口套紧在接口上后，便形成密封。扩口前，先仔细检查整条内管，确认内管无损伤后，将 PFA 紧固螺母套入内管外部，螺母内螺纹方向对着待扩口方向，使用扩口专用工具，将管端口扩大，达到永久变形；然后慢慢拧紧螺母，因接口短管后侧为外螺纹，故当螺母拧紧后，扩口与接口就严密连接好了。

PFA 管道试压。管道接口完成后进行管道试压。内管试验压力为 1.5 倍工作压力，测试时间为 3h，不得降压；严密性试验压力为 1.25 倍工作压力，测试时间为 24h，确认无泄漏。测试介质宜采用高纯 N_2（99.999％以上）。

5.4.5 PVDF 管道的施工安装

（1）基本要求 PVDF 管（聚偏氟乙烯）因具有优良的耐化学性、耐腐蚀性、良好的耐热稳定性以及不燃、耐疲劳折断、抗磨损、自润滑性能好而被广泛地应用于超纯水系统、温纯水系统以及腐蚀性化学品配管系统等领域。目前在国内 PVDF 管主要用于超纯水系统的抛光循环配管及其输送配管。

PVDF 管材抗拉伸强度、压缩强度优良，且耐冲击、韧性好，熔点低（170℃左右），使得加工性能良好、成型方便，一般采用热熔焊接的连接方式。采用全自动焊机（常见型号有 GF：IR63/IR225，Argu：SP110/SP250/SP280）热熔粘接，焊接质量好，内壁焊缝成型好，同时确保了焊口的洁净度，且利用数据处理和信息反馈技术使得焊接温度及焊口质量可以在液晶显示屏上显示，大大减少了人为操作导致的不可避免的焊接质量缺陷。采用专用割刀，减少管线切割时产生的塑料碎屑，保证管道内部的洁净。PVDF 管的所有焊接、加工均应在洁净小室内完成，现场只需组装配管，快速便捷，且维修简便，既保证了施工质量，又防止管道的二次污染，同时降低了施工成本。

PVDF 管道施工的核心是 PVDF 管道的焊接预制和安装。PVDF 管材为高分子材料经红外加热熔化后，在外力作用下对接粘接成一体，并经冷却成型，具有超强抗拉、致断延伸等性能。采用全自动热焊机进行热熔连接。因 PVDF 管的焊接加工必须在预制洁净室（洁净度等级 ISO 7 级）内进行，应按照施工图，现场放线、确定尺寸，绘制加工图。

（2）PVDF 管的施工程序

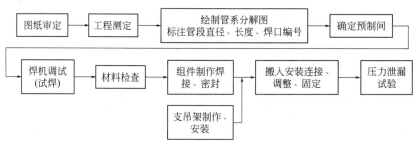

（3）作业环境要求

1）作业环境，预制房应能避风雨，无阳光直射；室内应清洁无尘；室内温度保持在 10～30℃；应设有通风排烟措施。

2）洁净要求

① 所有搬入预制房和安装现场的机具、工具、材料，均应仔细擦拭，确保无尘埃、污迹、油脂。

② 在洁净室内的安装现场不得进行污染洁净管材、产尘及产生明显烟雾的作业，确无法避免时，应经业主或监理同意，并采取相应有效的吸尘措施。

③ 操作者应按施工程序要求穿着规定工作服、洁净服和鞋帽，并保持清洁。

（4）安全防护

① 热粘机等电动机具，为防止触电，使用前务必接地。

② 使用热粘机时，加热模表面的高温可引起烫伤，不得用手触摸。

③ PVDF 管及附件一旦燃烧可产生有毒气体，使用时严禁烟火。

④ PVDF 剩余残料作为工业废弃物应进行妥善处理。

（5）材料性能、验收和储运

1）PVDF 管材制品的主要性能

公称直径：DN13～100；

最高使用温度：120℃；

最高使用压力：120℃时 0.45MPa；

连接方式：热粘接；

相对密度：1.78；

内表面平整性：0.33μm；

吸水率：0.04％；

抗拉强度：500～550kg/cm^2；

线膨胀系数：12×10^{-5}；

热导率：0.46kJ/（m·h·℃）；

致断延伸率：200％～300％；

用途：超纯水、温纯水管道等。

2）材料验收。验收检查是在现场接收材料、零部件时，为确保订货要求而进行的检查验收。PVDF 管材、制品一般在出厂前已经过清洗洁净处理并有双层薄膜塑料包装密封。

① 检查对象。管材、管子附件（三通、弯头、变径管等）、阀类（阀门、减压阀等），计器类（压力计、压力传感器等）、设备制成品（筒、箱、阀、盒等）。

② 检查项目。按检查对象确定检查内容，见表 2.5.14。

表 2.5.14　PVDF 管及附件的检查内容

序号	检查项目	配管	管件	阀类	计器类	设备制成品
1	外管检查	○	○	○	○	○
2	数量检查	○	○	○	○	○
3	规格尺寸	△	△	△	○	○
4	材质检查	○	○	×	×	×

注：○—全数检查；△—抽查 5％；×—不检查。

③ 检查的环境。外包装完好情况下的检查可在非洁净室内进行，拆封检查应在预制洁净室进行，以保证被检物不受污染。检查合格后立即用干净的聚乙烯膜包装好并妥善保管。

④ 不合格品的处置。各种检查结果若不能满足订货要求时，应由订货方退回商家或办理必要手续后留作降级代用。

3）保管

① PVDF 管子、附件、阀类等应在密封状态下，在干燥、温差不大的房间里保管；需在室外短暂保管时，为避免雨水和阳光直射，应加盖挡雨、挡光材料进行可靠的保护。

② 保管方法。管子应按不同规格分别放置在货架的木搁板上，在平坦的地面放置时，要先用相同厚度的枕木作垫层，枕木间距不应超过 1m，以防管子产生永久性弯曲。管子叠放不应超过四层。阀门和附件，验收后按原样用聚乙烯袋密封，装入箱内保管。

4）搬运

① 人力短途搬运管子时，应在密封包装状况下二人搬运，禁止扔抛、滚运、硬拉。

② 利用卡车搬运时，应在包装状态下进行，车厢长度应大于管子长度。为防止直接与车厢角钢接触，应垫橡胶板，管子应用绳索捆固。

图 2.5.17　IR63 型热焊接机的外形

③ 阀门、附件应按当日用量领用，为防遗失，应装入纸箱内搬运。

（6）绘制管道系统分解图　PVDF 管道工程均应在预制间下料、焊接，搬运至现场即可装配为完整的系统，因此要根据已经审定的施工图和工程测量记录绘制系统分解图，即预制加工图；在加工图上要明确标注管径、管段节点间的长度，并将焊口逐个编号。

（7）施工用工机具　热焊机有多种形式，如 IR63 型、GF 型等。图 2.5.17 是热焊机的外形。具体工程根据采用的热焊机、PVDF 管径的实际情况准备相应的工机具，见表 2.5.15。

表 2.5.15　PVDF 施工用工机具

名称	规格型号或使用范围
热焊机	IR63 或 N75 或 GF
电器盘	15A、125V
表面温度计	500℃
一字螺丝刀（螺钉旋具）	100～200mm
活扳手	200～300mm
六角扳手	M3～M10
剪刀	剪切 DN13～50 的管子
回转式刀具割刀	切断 DN40～150 的管子
回转式刀具割刀	剪切 DN13～200 的管子
刮刀、记号笔、卷尺	
脱脂纱布或药棉	洁净
洁净手套	洁净
清洁剂	丙酮、酒精

注：具体工程应视工程量大小确定工机具的数量。

（8）管子切割长度计算（图 2.5.18）

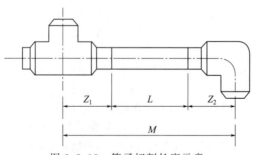

图 2.5.18　管子切割长度示意

$$L = M - Z_1 - Z_2 + 2B_z + 2X_v \qquad (2.5.2)$$

式中　L——管子下料长度；

M——两管件间中心距；

Z_1，Z_2——管件的 Z 尺寸；

B_Z——端面切削长度，$2 \times 2 = 4 (mm)$；

X_V——热粘重叠余量，见表 2.5.16。

表 2.5.16　IR 热粘接重叠余量 X_V

材质	公称压力/MPa	管子系列	管外径/mm	壁厚/mm	重叠余量/mm	热粘设备型号
PVDF	1.6	5	20	1.9	0.6	IR63
	1.6	6.3	25	1.9	0.6	
	1.6	6.3	32	2.4	0.6	
	1.6	8	40	2.4	0.6	
	1.6	8	50	3.0	0.7	
	1.6	10	63	3.0	0.7	
	1.6	10	63	3.0	0.7	IR225
	1.6	10	75	3.6	0.8	
	1.6	10	90	4.3	0.9	
	1.6	10	110	5.3	1.0	
	1.0	16	125	3.9	0.8	
	1.0	16	140	4.3	0.9	
	1.0	16	160	4.9	1.0	
	1.0	16	200	6.2	1.1	
	1.0	16	225	7.0	1.2	

（9）管子切割　按计算的管子下料长度，用 PVDF 专用割刀切割，并用焊机附带的焊口切削机切削焊口；焊口应平整、无伤痕、无毛刺，见图 2.5.19。以吸尘器吸出碎屑，用专用洁净剂、洁净布擦拭焊口，并立即用 PVDF 管自身携带的塑料管帽封上，不得有污染。

图 2.5.19　切削焊口

（10）PVDF 管道焊接（热粘接）

① 焊接应在洁净小室内进行，不能在空气流动较大的场合焊接，周围不得有易燃易爆物品。焊接流程（在 PVDF 焊机上完成）如图 2.5.20 所示。

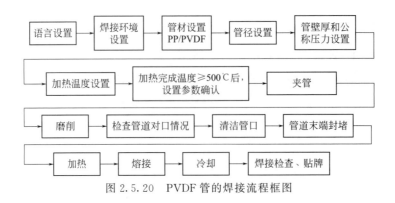

图 2.5.20　PVDF 管的焊接流程框图

② 焊口组对尺寸允差。PVDF 管子的对接错位不得大于管子壁厚的 10%，组对间隙应≤ 0.2mm，两对接件的壁厚应相同。焊接参数见表 2.5.17。

表 2.5.17　焊接参数

公称直径	管子插入长度/mm	熔融时间/s	加热模温度/℃
13	18	6	
16	20	8	
20	21	10	
25	23	12	
30	24	14	
40	27	20	260±5
50	29	22	
65	32	24	
75	35	25	
100	40	30	

（11）焊接（热粘接）质量要求　应对所有的焊道进行检查，具体如下。

① 全圆周均匀呈双重焊道。

② 测定外侧双重焊道间谷底至管表面的距离 K，K 值应大于 0，如图 2.5.21 所示。

③ 焊道的幅宽 b 在图 2.5.22 中的幅宽限值范围内为合格。

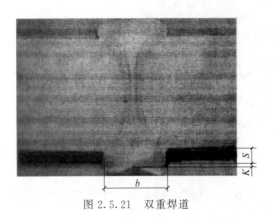

图 2.5.21　双重焊道

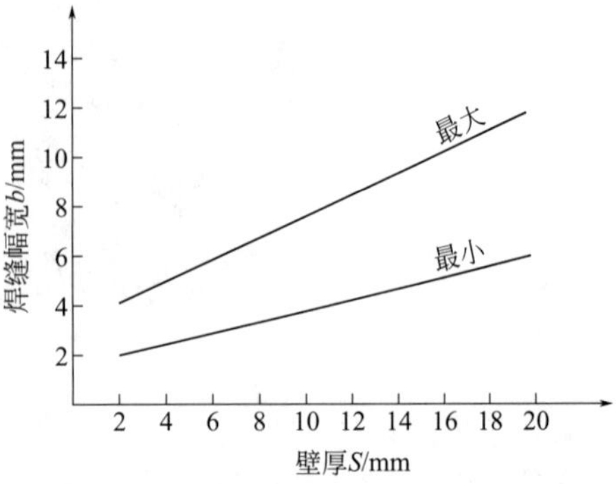

图 2.5.22　PVDF 管的壁厚与焊缝幅宽

（12）PVDF 管的安装

① 按图纸制作、安装管道支吊架，现场不可避免打孔时应进行吸尘、清洁。

② 鉴于 PVDF 管的线膨胀系数较大，特别是用于输送温纯水时，其伸缩量处理不可忽视；应根据直管段的长度和输送介质的温度及环境温度计算伸缩量，合理设置伸缩节和固定支点。伸缩节和支吊架的形式、位置，一般由工程设计规定。

③ 为不妨碍管道伸缩，接头、焊道应离开支吊架设置，离开的净距离为 8cm 以上。支吊架的支承方法有松动支承和固定支承两种形式，在紧固固定支承时，管子与鞍形或 U 形带之间应填入橡胶类材料，以免伤及管子。因其工作时的负荷及流体的流动会引起振动，需对阀门本体进行支承。

（13）管道系统的脱气和压力泄漏试验

① 在施工中进行黏合连接时黏合剂气体（溶剂蒸气）会滞留管内可能使管子产生裂纹，或使接头、阀门受损，包括阀门在内的管道系统应处于开放状态，用洁净空气或氮气吹除。

② 压力泄漏试验。气压试验时，压力为 0.196MPa（2.0kg/cm²）；水压时由设计确定，试验时自系统最低点供水，试验介质为纯水（与工作介质纯度相同），保持时间为 4h，以无渗漏为合格。在洁净、禁水区域宜采用高纯氮气，压降≤3% 为合格。

第6章 洁净室电气设施的施工安装

6.1 简述

　　洁净室的电气设施是指设置在洁净室（区）包括辅助用房和技术夹层、技术夹道等相关房间内的电气装置及其配电系统的电缆、电线、导管、桥架以及照明装置等的总称。依据洁净室的特点、对污染物的控制要求等，洁净室内电气设施的安装施工要求在 GB 51110、GB 50591 等国家标准中都作出了有关规定/要求，另外还应执行国家标准《建筑电气工程施工质量验收规范》（GB 50303）的有关规定。

　　洁净室内电气设施的安装施工在土建工程等已进行阶段验收合格后才能展开，并应对相关部位的"半成品""成品"进行必要的交接。电气设施的安装电工、焊工、起吊工、系统调试等人员应持证上岗，安装和调试用各种测试、计量仪器仪表应检定合格，且应在有效期内。

　　洁净室电气设施的安装施工应按工程设计文件和施工方与业主的合约要求进行。施工安装的设备、材料均应进场验收合格，并应做好验收记录和验收资料（包括产品出厂合格证明及各类技术资料等）存档。设备、材料的型号、规格和性能参数等均应符合工程设计文件和"合约"的要求。对于进口的电气设备、材料还应具有商检证明等。对于进场的电气设备、材料进场验收需进行现场抽样检测或因有异议需抽样检测时，应由施工方与业主方或供应商协商确定。

　　洁净室（区）内的电气设备、线路等宜采用暗装方式，并应采用装饰板进行防护，其外表面应平整、光滑并应不产尘、积尘，易清洁；电气设施在洁净室（区）暗装时可能出现的间隙处均应采取可靠的气密措施。本章重点介绍各类桥架的安装，电线管的敷设，电线、电缆的敷设，封闭插接母线槽的安装，配电柜、箱的安装，照明灯具和开关、插座以及接地系统的安装等。

6.2 电气线路施工安装

6.2.1 桥架安装

　　洁净厂房采用的桥架包括电缆托盘、电缆梯架、槽盒等。所谓的电缆托盘是指没有盖子的电缆支撑物，带有连续底盘和侧边；电缆梯架是带有可靠地固定在纵向主支撑组件上的一系列横向的支撑构件的电缆支撑物；槽盒是用于维护绝缘导线和电缆，带有底座和可移动盖子的封闭壳体。

　　桥架根据材质不同可分为：钢质材质、铝合金材质、玻璃钢材质等。钢质桥架的表面处理可分为：热镀锌、冷镀锌、喷塑等。依据需求，在不同的环境下，使用不同材质的桥架及表面处理方式。但各类桥架的施工方法基本相似，下面重点介绍金属镀锌桥架的安装施工。

（1）施工准备

1）材料准备：桥架及其附件，应采用经过表面处理的定型产品，其型号、规格应符合设计要求。金属桥架内外应光滑平整、无棱刺，不应有扭曲、翘边等变形现象。钢材的厚度应符合表2.6.1的要求。

表2.6.1 桥架钢材厚度的要求

序号	桥架	托盘、梯架宽度/mm	允许最小厚度/mm
1	托盘式、梯架式	<400	1.5
2	托盘式、梯架式	400～800	2.0
3	托盘式、梯架式	>800	2.5

2）现场条件准备：预留孔洞、预埋铁件全部完成。顶棚和墙面的装饰等全部完工。施工图纸、技术资料齐全，技术、安全、消防措施落实。主要施工机具准备齐全。

（2）施工安装作业

1）作业程序

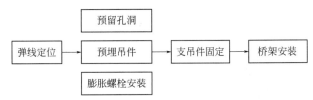

2）弹线定位：应根据设计图纸确定桥架的安装线路位置，用墨斗沿墙壁、顶棚和地面等在桥架的安装位置弹出轮廓线；按设计图要求及施工验收规范规定，一般与其他管道的距离应符合表2.6.2的要求。配线槽盒与水管同侧上下敷设时，宜安装在水管的上方；与热水管、蒸汽管平行上下敷设时，应敷设在热水管、蒸汽管的下方，当有困难时，可敷设在上方，相互间的最小距离宜符合表2.6.2的要求。

表2.6.2 母线槽及电缆梯架、托盘和槽盒与管道的最小净距　　　　单位：m

管道类别		平行净距	交叉净距
一般工艺管道		0.4	0.3
易燃易爆气体管道		0.5	0.5
热力管道	有保温层	0.5	0.3
	无保温层	1.0	0.5

3）支吊架安装

① 支吊架采用组装连接，托架长度均为桥架和线槽的宽度再加150mm，支吊架在洁净室内不得已确需在土建结构上打孔安装时，对于所有孔洞内的灰尘使用吸尘器进行清扫，然后注入密封胶再使用膨胀螺栓进行连接加固。桥架的托架都使用镀锌C型钢，型号可选用C2541、C2025，特殊情况下可选用CB2541；吊杆都使用8～12mm的镀锌通丝，间隔在1.5～3m之间（图2.6.1）。防晃支架也是使用C型钢直接组合连接，可以作为一付托架使用（图2.6.2）。

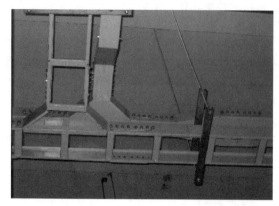

图2.6.1 桥架托架统一使用C型钢

图2.6.2 防晃固定支架用C型钢组合连接

② 支吊架应安装牢固，确保横平竖直。固定支点的间距不应大于1.5~2m。在进出接线盒、箱、柜、转角、转弯和变形缝两端及丁字接头三端的500mm以内设置固定支点，且每隔10~15m应设防晃支架，并应采用C型钢机械连接方式固定，不得焊接。

③ 桥架距离楼板不应小于150~200mm，距地面的高度不应低于100~150mm，如图2.6.3所示。

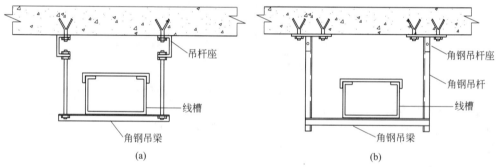

图2.6.3 桥架安装示意图

④ 如用万能吊具进行安装时，应采用定型产品对桥架进行吊装，并应有各自独立的吊装卡具或支撑系统。

4）金属膨胀螺栓安装：适用于C5以上的混凝土构件及实心砖墙，不适用于空心砖墙。金属膨胀螺栓安装时首先沿着墙壁或顶板根据设计图进行弹线定位，标出固定点的位置；再根据支架或吊架承受的荷重，选择相应的金属膨胀螺栓及钻头，所选钻头的长度应大于套管的长度，打孔的深度应以将套管全部埋入墙内或顶板内，表观平齐为宜；然后埋好螺栓，用螺母配上相应的垫圈将支架或吊架直接固定在金属膨胀螺栓上。

5）桥架安装

① 桥架应平整，无扭曲变形，内壁无毛刺，各种附件齐全。桥架的接口应平整，接缝处应紧密平直。盖板装上后应平整，无翘角，出线口的位置准确。进入洁净室（区）的桥架应擦拭清洁干净，外加工预制桥架需根据尺寸在洁净室外加工，并应清洁完毕后用塑料薄膜包装好运至洁净室内安装。

② 桥架的连接螺栓应从里向外穿，防止螺栓刮伤电缆，连接板两端不少于2个有防松螺母或防松垫圈的连接固定螺栓。桥架与托臂之间的固定采用专用卡子，专用卡子应由桥架厂家提供。

③ 桥架经过建筑物的变形缝时，桥架本身应断开，桥架内用内连接板搭接，不需固定。保护

地线和桥架内导线均应留有补偿余量。

④ 桥架需穿吊顶进入洁净室时应在吊顶处断开。在顶板上开适合电缆穿过的圆孔，待电缆敷设完成后，做好防火封堵，并做好接地连接。

⑤ 桥架穿预留孔洞时，不允许将穿过墙壁的桥架与墙上的孔洞一起抹死。敷设在竖井内和穿越不同防火区的桥架，应设有防火隔堵，如图 2.6.4 所示。电缆桥架穿墙防火隔堵的做法：防火枕应按顺序依次摆放整齐，防火枕与电缆之间的间隙≤1cm。穿墙洞防火枕摆放厚度≥24cm。

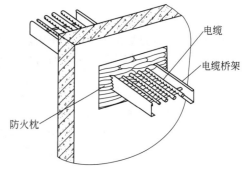

图 2.6.4　桥架穿墙防火隔堵

6) 保护接地线：应根据设计要求敷设在桥架内一侧，接地处螺栓直径不应小于 5mm；并且根据需要加平垫和弹垫，用螺母压接牢固。镀锌桥架连接之间有 6 个带弹簧垫片的螺栓固定时，可以不做跨接地线。桥架所有非导电部分的铁件均应相互连接和跨接，使之成为一连续导体，并做好整体接地。

(3) 成品保护　成品保护是指桥架施工及其完成后，应对周边相关施工成品的保护，主要如下。

① 安装桥架时，应注意保持墙面和顶棚的清洁。

② 安装完成后，桥架盖板应齐全平实，不得遗漏，禁止施工人员拿桥架当脚手架随意踩踏，并不得随意拆卸、挪动支吊架和桥架；不应再进行喷涂等作业，防止桥架外观遭到破坏。

(4) 桥架安装质量检查

① 桥架的规格、安装位置必须符合设计要求和有关规范的规定。

② 桥架应固定牢靠、横平竖直、布置合理，盖板无翘角，接口严密整齐，拐角、转角、丁字连接、转弯连接正确严实，桥架内外无污染。支吊架应布置合理、固定牢固、平整。

③ 桥架穿过梁、墙、楼板等处时，做好防火封堵，桥架不应固定在建筑物上；跨越建筑物变形缝的桥架应断开，保护地线应留有补偿余量；桥架与电气器具的连接应紧密，内敷设线路无外露现象。

④ 按规定对质量检查做好记录。

(5) 应关注的桥架安装质量问题

① 支架与吊架固定不牢，可能的原因是金属膨胀螺栓的螺母未拧紧，或者是焊接部位开焊，应及时将螺栓的螺母拧紧，将开焊处重新焊牢；金属膨胀螺栓固定不牢，或吃墙过深或出墙过多，钻孔偏差过大造成松动，应及时修复；支架或吊架的焊接处未做防腐处理，应及时补刷遗漏处的防锈漆。

② 保护接地线的线径和压接螺栓的直径不符合要求，应全部按规范要求进行完善修改。

③ 桥架穿过建筑物的变形缝时未做处理，应按规定对穿越变形缝的桥架断开底板，并在变形缝的两端加以固定，保护地线和导线应留有补偿余量。

④ 桥架接茬处不平齐，桥架盖板有残缺，桥架与管连接处的护口破损遗漏，暗敷桥架未做检修人孔，应调整、补充完善。

6.2.2　导管的施工安装

电气线缆的布线系统中用于布设导线、电缆的圆形管件，统称为导管。导管可采用金属导管、塑料导管。金属导管分为镀锌钢管、非镀锌钢管等，本小节主要介绍镀锌钢管的施工安装。洁净室（区）包括辅助用房、技术夹层、技术夹道、技术竖井等的导管敷设可采用明管（明敷）或暗管（暗敷）的方式，暗管敷设是在土建墙内预埋敷设，明敷是在洁净室吊顶内或技术夹层内敷设。厚壁镀锌钢管采用套螺纹连接及薄壁钢管采用扣压式施工。

（1）施工准备

1）材料准备

① 镀锌钢管壁厚均匀，无劈裂、砂眼、棱刺和凹扁现象。除镀锌管外其他管材需预先除锈刷防腐漆（埋入现浇混凝土时，可不刷防腐漆，但应除锈），镀锌管或刷过防腐漆的钢管外表层应完整，无剥落现象。产品规格等应符合设计要求，并应具有产品材质单和合格证。镀锌层应完整无剥落、无劈裂，两端光滑无毛刺。

② 爪形螺纹管接头、锁紧螺母（根母）的外形应完好无损，螺纹应清晰，并有产品合格证。护口有用于薄、厚管之区别，护口要完整无损。

③ 圆钢、扁钢、角钢等材质应符合国家有关规范的要求，镀锌层应完整无损，并有产品合格证。螺栓、胀管螺栓、螺母、垫圈等应采用镀锌件；其他材料（如铅丝、防锈漆、水泥、机油等）应无过期变质现象。

2）主要机具

① 配管机具：煨管器、液压煨管器、液压开孔器、压力案子、套丝板、套管机；

② 除刺工具：手锤、錾子、钢锯、扁锉、半圆锉、圆锉、活扳子；

③ 测量工具：铅笔、皮尺、水平尺、线坠、灰铲、灰桶、水壶、油桶、油刷、粉线袋等；

④ 配套工具：手电钻、台钻、射钉枪、拉铆枪、绝缘手套、工具袋、工具箱、高凳等。

3）施工作业准备

① 暗管敷设：预制混凝土板上配管，在做好地面以前弹好水平线；现浇混凝土板内配管，在底层钢筋绑扎完后，上层钢筋未绑扎前，根据施工图的尺寸位置配合土建施工；配合墙（砌体）施工立管和大模板现浇混凝土墙配管，土建钢筋网片绑扎完毕，按墙体线配管等。

② 明管敷设：配合土建结构安装好预埋件。配合土建内装修完成后进行明配管。

③ 吊顶内或金属夹芯彩钢板内的管路敷设：洁净室（区）顶棚、墙体采用金属夹芯彩钢板作维护结构时，应在金属夹芯彩钢板安装时，配合做好线管的预埋；金属夹芯彩钢板吊顶施工时，配合做好吊顶灯位及电气器具位置详图，并在顶板标出实际位置。

（2）导管敷设

1）施工安装过程：暗管敷设施工时，其施工安装过程主要是镀锌钢管及其管件的预制加工和管路连接（包括导管管路的定位、管道连接和安装）、接地线安装等。明管敷设施工安装过程与暗管敷设相似，所不同的主要是管路就位安装差异较多；还有明管敷设应考虑与相关管道的位置、距离要求。

2）暗管敷设

① 暗管敷设的主要要求有：敷设在洁净室（区）的暗管管口、管子连接处均应做好密封处理措施；暗敷的电线管路宜沿最近的路线敷设并应减少弯曲；埋入墙或混凝土内的管子，离表面的净距不应小于 15mm。进入落地式配电箱的电线管路，排列应整齐，管口应高出基础面不小于 50mm。埋入地下的导管不宜穿过设备基础，在穿过建筑物基础时，应设保护套管。根据设计图的要求确定盒、箱轴线的位置，以土建弹出的水平线为基准，挂线找平，线坠找正，标出盒、箱的实际尺寸位置。固定盒、箱要求平整牢固、坐标正确。在混凝土板墙上的固定盒、箱应以钢支架固定，盒、箱底距外墙面小于 3cm 时，需加金属网固定后再抹灰。

② 暗管随墙（砌体）敷设配管：在砖墙、加气混凝土墙、空心砖墙配合砌墙敷设立管时，导管宜放在墙中心；管口向上者要封堵好，为使盒子平整、标高准确，可将管口高约 200mm，然后将盒子稳好，再接短管。短管入盒、箱端可用跨接线焊接固定，管口与盒、箱里口应平齐。往上引管有吊顶时，管上端应煨成 90°弯进吊顶内。由顶板向下引管不宜过长，以达到开关盒上口为准。大模板混凝土墙配管：将盒、箱焊在该墙的钢筋上，接着敷管。每隔 1m 左右用铅丝绑扎牢。导管进盒、箱处要煨灯叉弯。往上引管不宜过长，以能煨弯为准。现浇混凝土楼板配管：先找灯位，根据房间四周墙的厚度，弹出十字线，将堵好的盒子固定牢然后敷管。

③ 地线焊接：管路应作整体接地连接，穿过建筑物变形缝时，应有接地补偿装置。如采用跨

接方法连接，跨接地线两端的焊接面不得小于该跨接线截面的 6 倍。卡接：镀锌钢管或可挠金属电线保护管，应用专用接地线卡连接，不得采用熔焊连接地线。

3）明管敷设

① 明管敷设的弯管弯曲半径一般不小于管外径的 6 倍，但两个接线盒之间只有一个弯时不宜小于 4 倍；弯管可采用冷煨或热煨，支架、吊架应按设计图的要求加工，设计无规定时，应不小于以下要求：扁铁支架 30mm×3mm，角钢支架 25mm×25mm×3mm。

② 根据设计文件的要求测出盒、箱与出线口等的准确位置，按测定位置把管路的垂直、水平走向弹出线来。按照安装标准规定设置固定管卡，固定管卡与终端、电气器具或接线盒边缘的距离为 150～500mm。中间直线段管卡间的最大距离见表 2.6.3。

表 2.6.3　管卡间的最大距离

敷设方式	导管种类	导管直径/mm			
		15～20	25～32	40～50	65 以上
		管卡间的最大距离/m			
支架或沿墙明敷	壁厚＞2mm 的刚性钢导管	1.5	2.0	2.5	3.5
	壁厚≤2mm 的刚性钢导管	1.0	1.5	2.0	—
	刚性塑料导管	1.0	1.5	2.0	2.0

③ 盒、箱固定：土建墙体上采用的方法有胀管、木砖法、预埋铁件焊接法等，金属夹芯彩钢板上采用自攻螺栓或抽芯铆钉直接固定。由地面引出管路至盘、箱时，可直接焊在角钢支架上；采用定型的盘、箱，需在盘、箱下侧 100～150mm 处加稳固支架，将管固定在支架上。金属夹芯彩钢板吊顶上的盒直接固定在彩钢板上；金属夹芯彩钢板墙板上的接线盒应在壁板上开出与接线盒相应大小的孔洞，再用硅胶将其固定牢靠。盒、箱的安装应牢固平整、开孔整齐，并与管径相吻合。

④ 管路敷设与连接：明敷的钢导管与相关邻近的热水管、蒸汽管的最小间距见表 2.6.4。水平或垂直敷设的明管允许偏差值，管路在 2m 以内时，偏差为 3mm，全长不应超过管子内径的 1/2。检查管路是否畅通，内侧有无毛刺，管子不顺直者应调直。

表 2.6.4　导管或配线槽盒与热水管、蒸汽管间的最小距离　　　单位：mm

导管或配线槽盒的敷设位置	管道种类	
	热水	蒸汽
在热水、蒸汽管道上面平行敷设	300	1000
在热水、蒸汽管道下面或水平平行敷设	200	500
与热水、蒸汽管道交叉敷设	不小于其平行的净距	

注：1. 有保温措施的热水管、蒸汽管，其最小距离不宜小于 200mm；
2. 导管或配线槽盒与不含可燃及易燃易爆气体的其他管道的距离，平行或交叉敷设不应小于 100mm；
3. 导管或配线槽盒与可燃及易燃易爆气体管道不宜平行敷设，交叉敷设处不应小于 100mm；
4. 达不到规定距离时应采取可靠有效的隔离保护措施。

⑤ 钢管与设备连接：应将钢管敷设到设备内，如不能直接进入时，可在钢管出口处加保护软管引入设备，管口应包扎严密。金属软管引入设备时，金属软管与钢管或设备连接时，应采用金属软管接头连接，长度不宜超过 1m。金属软管用管卡固定，其固定间距不应大于 1m。不得利用金属软管作为接地导体。

4）吊顶内、金属夹芯彩钢板内的导管敷设：其材质、固定参照明管敷设要求；连接、弯度、走向等可参照暗管敷设要求施工，接线盒应使用暗盒。

① 会审图纸要与通风空调、管道、内装等专业协调，并绘制详图经审核无误后，在顶板或墙板进行弹线定位。金属夹芯彩钢板内配管应按设计要求，测定盒、箱位置，弹线定位。

② 灯位测定后，用不少于 2 个螺栓把灯头盒固定牢。管路应敷设在主龙骨的上边，管入盒、箱必须煨灯叉弯，并应里外带锁紧螺母。采用内护口，管进盒、箱以内锁紧螺母平为准。

③ 固定管路时，如为木龙骨可在管的两侧钉钉，用铅丝绑扎后再把钉钉牢。如为轻钢龙骨，可采用配套管卡和螺栓固定，或用拉铆钉固定。直径 25mm 以上和成排的管路应单独设架。

④ 管路敷设应牢固通顺，禁止做拦腰管或拌脚管。遇有长丝接管时，必须在管箍后面加锁紧螺母。管路固定点的间距不得大于 1.5m。受力灯头盒应用吊杆固定，在管进盒处及弯曲部位两端 15～30cm 处加固定卡固定。

⑤ 吊顶内灯头盒至灯位可采用阻燃型普里卡金属软管过渡，长度不宜超过 1m。其两端应使用专用接头。吊顶内各种盒、箱的安装，盒、箱口的方向应朝向检查口，以利于维修检查。

（3）导管加工　根据设计图，加工好各种盒、箱、弯管。钢管煨弯可采用冷煨法或热煨法。

① 冷煨法：厚壁镀锌钢管管径为 20mm 及其以下时，用手扳煨管器，将管子插入煨管器，逐步煨出所需弯度。管径为 25mm 及其以上时，使用液压煨管器，将管子放入模具，然后扳动煨管器，煨出所需弯度。薄壁钢管管径 25mm 及以下时，可使用手扳煨管器；管径 32mm 及以上时，可使用液压弯管器。

② 热煨法：首先炒干砂子，堵住管子一端；然后将干砂子灌入管内，用手锤敲打，直至砂子灌实；再将另一端管口堵住放在火上转动加热，烧红后煨成所需弯度，随煨弯随冷却。要求管路的弯曲处不应有折皱、凹穴和裂缝现象，弯扁程度不应大于管外径的 1/10。电缆导管的弯曲半径不应小于电缆最小弯曲半径。

③ 管子切断：常用钢锯、割管器、无齿锯、砂轮锯进行切管。需要切断的管子长度应量准确，放在钳口内卡牢固，断口处应平齐不歪斜，管口应刮铣光滑、无毛刺，管内铁屑应除净。

④ 管子套螺纹：采用套丝板、套管机，根据管外径选择相应板牙。将管子用台虎钳或龙门压架钳紧牢固，再把绞板套在管端均匀用力，不得过猛，随套随浇冷却液；螺纹应不乱不过长，消除渣屑，螺纹应干净清晰。管径在 20mm 及其以下时，应分两板套成；管径在 25mm 及其以上时，应分三板套成。

（4）导管连接

1）厚壁镀锌管的连接方法：管箍螺纹连接，套螺纹不得有乱扣现象，管箍必须使用通丝管箍。上好管箍后，管口应对严，外露丝扣不多于 2 扣。套管连接宜用于暗配管，套管长度为连接管径的 1.5～3 倍，连接管口的对口处应在套管的中心。

薄壁导管连接可采用直管接头连接，其长度应为管外径的 2.0～3.0 倍，管的接口应在直管接头内中心即 1/2 处。根据配管线路的要求采用 90°直角弯管接头时，管的接口应插入直角弯管的承插口处，并应到位；再使用压接器压接，其扣压点应不少于两点。压接后，在连接口处涂抹铅油，使其整个线路形成完整的统一接地体。

2）管与管的连接：管径 20mm 及以下的钢管以及各种管径的电线管，必须用管箍连接。管口应光滑平整，接头应牢固紧密。管径 25mm 及以上的钢管，可采用管箍连接或套管焊接，但镀锌钢导管或壁厚小于或等于 2mm 的钢导管，不得采用套管熔焊连接。

导管超过一定长度应加装接线盒，其位置应便于穿线。加装接线盒的长度见表 2.6.5。导管垂直敷设时，根据管内导线的截面面积设置接线盒，其距离见表 2.6.6。

表 2.6.5　加装接线盒的长度

弯头数量/个	线路长度/m
0	45
1	30

续表

弯头数量/个	线路长度/m
2	20
3	12

表 2.6.6　接线盒的距离

导线截面面积/mm²	接线盒的距离/m
50 及以下	30
70～95	20
120～240	18

3）导管进盒、箱连接：盒、箱开孔应整齐并与管径相吻合，要求一管一孔，不得开长孔。铁制盒、箱严禁用电、气焊开孔，并应刷防锈漆。如用定型盒、箱，其孔大而管径小时，可用铁皮垫圈垫严或用砂浆加石膏补平，不得露洞。

厚壁镀锌钢管入盒、箱，暗配管可用跨接地线焊接固定在盒棱边上，严禁管口与敲落孔焊接，管口露出盒、箱应小于 5mm。有锁紧螺母者与锁紧螺母平，露出锁紧螺母的螺纹为 2～4 扣。薄壁镀锌钢管入箱、盒应采用爪形螺纹管接头。使用专用工具锁紧，爪形根母护口要良好，使金属箱、盒达到导电接地的要求。两根以上的管入箱、盒，要长短一致、间距均匀、排列整齐。

（5）成品保护

① 施工过程不得给洁净厂房相关专业已施工的成品带来损坏，如桥架上安装所需的剔槽时不得过大、过深或过宽；混凝土楼板、墙等均不得出现断筋等现象。

② 现浇混凝土楼板上配管时，注意不要踩坏钢筋；土建等专业施工时，电工应留人看守，以免损坏配管及盒、箱移位。遇有管路损坏时，应及时修复。

③ 明管敷设管路及电气器具时，应保持顶棚、墙面及地面的清洁完整。搬运材料和使用高凳、机具时，不得碰坏门窗、墙面等。电气照明器具安装完后，不应进行装饰喷涂；必须喷涂时，应对电气设备及器具进行保护。

④ 吊顶内稳盒配管时，禁止踩电线管行走，刷防锈漆不得污染墙面、吊顶等。

⑤ 其他专业施工中，应不得碰坏电气配管，并禁止私自改动电线管及电气设备。

（6）安装质量

① 导线之间和导线对地间的绝缘电阻值应大于 0.5MΩ。

② 应连接紧密、管口光滑、护口齐全。明管敷设及其支架、吊架应平直牢固、排列整齐，管子弯曲处应无明显折皱，油漆防腐应完整；暗管敷设保护层应大于 15mm。

③ 盒、箱应设置正确、固定可靠，管子进入盒、箱处应顺直，在盒、箱内露出的长度应小于 5mm；用锁紧螺母固定的管口，管子露出锁紧螺母的螺纹为 2～4 扣。线路进入电气设备和器具的管口位置应正确。

④ 导管穿过变形缝处的保护补偿装置应符合有关要求，补偿装置应能活动自如；穿过建筑物和设备基础处设置的保护套管，应管口光滑、护口牢固，与导管连接可靠；若保护套管为隐蔽工程应记录、标示正确。

⑤ 金属电线保护管、盒、箱及支架接地（接零）。电气设备器具和非带电金属部件的接地（接零），支线敷设应连接紧密牢固，接地（接零）线截面选用正确，需防腐的部分涂漆均匀无遗漏，线路走向合理，色标准确，涂刷后不污染设备和建筑物。

⑥ 煨弯处出现凹扁过大或弯曲半径不够倍数的现象，应查明原因进行修复达到要求。

⑦ 电线管在焊跨接地线时，将管焊漏，焊接不牢、焊接面不够倍数时，应查明原因严格按照规范要求进行修补。明配管、吊顶内或护墙板内配管固定点不牢、螺栓松动、铁卡子固定点间距

过大或不均匀，应采用配套管卡，固定牢固，档距应找均匀。暗配管路堵塞，配管后应及时扫管，发现堵管及时修复。

6.2.3　导管的穿线施工

（1）施工准备

1）材料准备

① 导线的型号、规格应符合设计要求，并有产品出厂合格证。镀锌铁丝和钢丝应顺直，无背扣、扭接等现象，并具有相应的机械拉力。应根据管径的大小选择相应规格的护口。应按导线截面和导线根数选择相应型号的加强型绝缘钢壳螺旋接线钮。

② LC 型压线帽的阻燃性能氧指数应为 27% 以上；可用于铝导线 2.5mm²、4mm² 和铜导线 1~4mm² 的结头压接，分为黄、白、红、绿、蓝五种颜色，可根据导线截面和根数选用，如铝导线用绿、蓝，铜导线用黄、白、红。色套管有铜套管、铝套管、铜铝过渡套管三种，选用时应与导线材质、规格相对应。

③ 接线端子（接线鼻）。应根据导线的根数和总截面选择相应规格的接线端子。

④ 焊锡是锡、铅和锑等元素组合的低熔点（185~260℃）合金。焊锡制成条状或丝状。焊剂应能清除污物和抑制工件表面的氧化物。一般焊接应采用松香液，将天然松香溶解在酒精中制成乳状液体，适用于铜及铜合金焊件。

⑤ 辅助材料。橡胶（或粘塑料）绝缘带、黑胶布、滑石粉、布条等。

2）主要机具：克丝钳、尖嘴钳、剥线钳、压接钳、放线架、电炉、锡锅、锡勺、电烙铁、一字螺丝刀、十字螺丝刀、电工刀、高凳、万用表、兆欧表。

（2）施工安装作业

① 导管穿线一般采用如下程序。

② 导线选择要求。通常应根据设计图的规定选择导线。相线、中性线及保护地线的颜色应加以区分。

③ 清扫管路。导管穿线前应清洁管路，清除管内的杂物、积水等污物。一般是将布条两端牢固地绑扎在带线上，两人来回拉动带线，将管内的污物清除干净。

④ 穿带线是检查管路是否畅通，管路走向及盒、箱位置是否符合设计要求。带线采用 ϕ1.2~2.0mm 的铁丝，先将其一端弯成不封口的圆圈，再用穿线器将带线穿入管路内；导管两端均留 10~15cm 的余量。若导管路较长或转弯较多时，可在敷设导管时将带线一并穿好。

⑤ 放线及断线。放线时导线应置于放线架或放线车上。导线剪断时应按表 2.6.7 的要求确定导线的预留长度。

表 2.6.7　导线的预留长度

导线预留情况	导线的预留长度
接线盒、开关盒、插销盒及灯头盒内	15cm
配电箱内	配电箱箱体周长的 1/2

⑥ 导线与带线的绑扎。当导线根数较少时，例如 2~3 根导线，可将导线前端的绝缘层削去，然后将线芯直接插入带线的盘圈内并折回压实，绑扎牢固。当导线根数较多或导线截面较大时，可将导线前端的绝缘层削去，然后将线芯斜错排列在带线上，用绑线缠绕绑扎牢固。应使绑扎接头处形成一个平滑的锥形过渡部位，便于穿线。

⑦ 导管穿线前，应检查各个管口的护口是否齐整，如有遗漏和破损，均应补齐和更换。当管路较长或转弯较多时，要在穿线的同时往管内吹入适量滑石粉。两人穿线时，应配合协调，一拉一送。穿线时应密切关注下列要求：a.同一交流回路的导线必须穿于同一导管。b.除设计要求外，不同回路、不同电压和交流与直流的导线，不得穿入同一导管内。但下列情况除外，标称电压低于50V的回路；同一设备或同一作业线设备的电力回路和无特殊防干扰要求的控制回路；同类照明的几个回路，但管内的导线总数不应超过8根。c.导线在变形缝处补偿装置应活动自如。导线应留有一定的余度。d.在垂直导管中的导线超过下列长度时应在管口处和接线盒中加以固定，截面面积50mm² 及以下的导线长度为30m，70~95mm² 的导线长度为20m，180~240mm² 的导线长度为18m。

⑧ 导线连接应满足如下要求：导线接头不能增加电阻值；受力导线不能降低原机械强度；不能降低原绝缘强度。为此，在导线做电气连接时，必须先削掉绝缘层再进行连接；然后加焊，包缠绝缘层。

a.剥削绝缘层使用的工具：常用的工具是电工刀、克丝钳和剥线钳。一般 4mm² 以下的导线原则上使用剥线钳，使用电工刀时，不允许用刀在导线周围转圈剥削绝缘层。

b.剥削绝缘层的方法：单层剥法，使用剥线钳剥削，见图 2.6.5（a）。分段剥法，一般适用于多层绝缘导线剥削，如编织橡皮绝缘导线，用电工刀先削去外层编织层，并留有约 12mm 的绝缘台，线芯长度随结线方法和要求的机械强度而定，见图 2.6.5（b）。斜削法，用电工刀以 45°角倾斜切入绝缘层，当初近线芯时就应停止用力，接着应使刀面的倾斜角度改为 15°左右，沿着线芯表面向前头端部推出，然后把残存的绝缘层剥离线芯，用刀口插入背部以 45°角削断，见图 2.6.6。

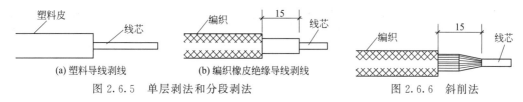

图 2.6.5　单层剥法和分段剥法　　　　　　　　　图 2.6.6　斜削法

c.单芯铜导线的直线连接：绞接法，适用于 4mm² 及以下的单芯线连接。将两线互相交叉，同时把两芯互绞两圈后，将两个线芯在另一个芯线上缠绕 5 圈，剪掉余头。缠绕卷法，适用于 6mm²及以上单芯线的直线连接。将两线相互并合，加辅助线后用绑线在并合部位蹭向两端缠绕（即公卷），其长度为导线直径的 10 倍；然后将两线芯端头折回，在此向外单独缠绕 5 圈，与辅助线捻绞2 圈，将余线剪掉。

d.单芯铜线的分支连接：绞接法，适用于 4mm² 以下的单芯线。用分支线路的导线往干线上交叉，先打好一个圈结以防止脱落，然后再密 5 圈。分线缠绕完后，剪去余线。缠卷法，适用于6mm² 及以上单芯线的分支连接。将分支线折成 90°紧靠干线，其公卷的长度为导线直径的 10 倍，单卷缠绕 5 圈后剪断余下线头，见图 2.6.7。十字分支导线连接的做法见图 2.6.8。

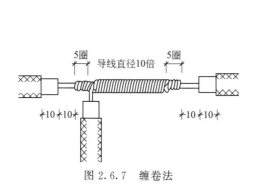

图 2.6.7　缠卷法

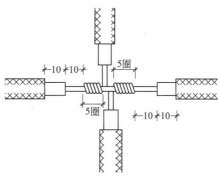

图 2.6.8　十字分支导线两侧连接的做法

e.套管压接是运用机械冷态压接的方法，采用相应的模具在一定压力下将套在导线两端的连接套管压在两端导线上，使导线与连接套管间的金属压接成为一体构成导电通路。冷压连接的可靠性，主要取决于套管形状、尺寸和材料；压模的形状、尺寸；导线表面氧化膜处理。具体做法如下：先把绝缘层剥掉，清除导线氧化膜并涂以电力复合脂（使导线表面与空气隔绝，防止氧化）。当采用圆形套管时，把要连接的铝芯线分别在铝套管的两端插入，各插到套管一半处；当采用椭圆形套管时，应使两线对插后，线头分别露出套管两端4mm。然后用压接钳和压模压接，压接模数和深度应与套管尺寸相对应，如图2.6.9所示。

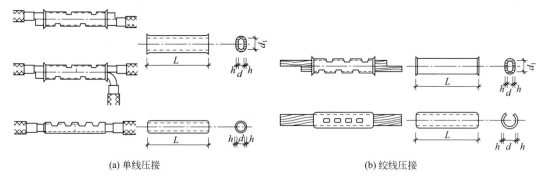

(a) 单线压接　　　　　　　　　　　　　　　(b) 绞线压接

图 2.6.9　套管压接示意图

f.接线端子压接：多股导线（铜或铝）采用与导线同材质且规格相应的接线端子。削去导线的绝缘层，将线芯紧紧地绞在一起，清除套管、接线端子孔内的氧化膜，将线芯插入，用压接钳压紧。导线外露应小于1~2mm，见图2.6.10。导线与针孔式接线桩压接：将需要连接的导线线芯插入接线桩头针孔内，导线裸露出针孔1~2mm，针孔大于导线直径1倍时，应将导线折回插接，见图2.6.11。

图 2.6.10　接线端子压接示意图　　　　　图 2.6.11　接线桩压接示意图

⑨ 导线的焊接如下。

a.铝导线焊接：焊接前将铝导线线芯破开顺直合拢，用绑线把连接处做临时缠绑。导线绝缘层用浸过水的石棉绳包好，以防烧坏。铝导线焊接用焊剂有锌58.5%、铅40%、铜5%的焊剂和锌80%、铜1.5%、铅20%的焊剂。

b.铜导线焊接：根据导线线径及敷设场所不同，选择不同的焊接方法。电烙铁加焊：适用于线径较小导线的连接或其他工具焊接困难的场所；导线连接处加焊剂，用电烙铁进行锡焊。喷灯加热（或用电炉加热）：将焊锡放锡勺或锡锅内，然后用喷灯或电炉加热，焊锡熔化后即可进行焊接。加热时根据焊锡的成分、质量及环境温度等控制好温度，温度过高涮锡不饱满，温度过低涮锡不均匀。

焊接完后必须将焊接处的焊剂及其他污物擦净。

⑩ 导线包扎。首先用橡胶或粘塑料绝缘带从导线接头处始端的完好绝缘层开始，缠绕1~2个绝缘带幅宽度，再以半幅宽度重叠进行缠绕。在包扎过程中应尽可能地收紧绝缘带。最后在绝缘层上缠绕1~2圈后，再进行回缠。采用橡胶绝缘带包扎时，应将其拉长2倍后再进行缠绕；然后再用黑胶布包扎，包扎时要衔接好，以半幅宽度边压边进行缠绕。同时在包扎过程中收紧胶布，导线接头处两端应用黑胶布封严密。

⑪ 线路检查及绝缘摇测。

a.线路检查：接、焊、包全部完成后，应进行自检和互检；检查导线接、焊、包是否符合设计要求及有关施工验收规范的规定。不符合规定时应纠正，检查无误后进行绝缘摇测。

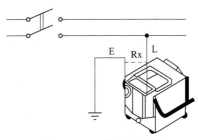

图 2.6.12　摇表结线图

　　b.绝缘摇测：一般选用 $500V$、量程为 $0\sim500M\Omega$ 的兆欧表。兆欧表上标有"接地"（E）、"线路"（L）、"保护环"（G）的端钮。测量线路绝缘电阻时，可将被测两端分别接于 E 和 L 两个端钮上，见图 2.6.12。一般绝缘摇测应将干线和支线分开，摇动速度应保持在 $120r/min$ 左右。电气器具全部安装完或送电前进行摇测时，先将线路上的开关、刀闸、仪表、设备等全部置于断开位置，确认绝缘摇测无误后再进行送电试运行。

　　（3）成品保护

　　① 穿线时不得污染设备和建筑物品，应保持周围环境清洁。使用高凳及其他工具时，不得碰坏其他设备和门窗、墙面、地面等。

　　② 在接、焊、包全部完成后，应将导线的接头盘入盒、箱内，并用纸封堵严实，以防污染，且应防止盒、箱内进水。

　　（4）安装质量检查

　　① 检查导线的规格、型号，应符合设计要求和国家标准的规定。

　　② 照明线路的绝缘电阻值不应小于 $0.5M\Omega$，动力线路的绝缘电阻值不应小于 $1M\Omega$。

　　③ 导管穿线检查：盒、箱内清洁无杂物，护口、护线套管齐全无脱落，导线排列整齐，并留有适当的余量。导线在管内无接头，不进入盒、箱的垂直管口穿线后密封处理良好，导线连接牢固，包扎严密，绝缘良好，不伤线芯。穿线不得遗漏带护线套管或护口。

　　④ 保护接地线、中性线的截面应选用正确，线色应符合规定，连接应牢固紧密。

　　⑤ 在施工中对可能存在的护口遗漏、脱落、破损及与管径不符等缺陷进行检查。如操作不慎而使护口遗漏或脱落者应进行补齐，护口破损与管径不符者应予更换。

　　⑥ 铜导线连接时，导线的缠绕圈数不足 5 圈，未按工艺要求连接的接头均应拆除重新连接。导线连接处的焊锡不饱满，出现虚焊、夹渣等现象，涮锡应均匀，涮锡后应以布条及时擦去多余的焊剂，保持接头部分的洁净。

　　⑦ 接头包扎检查，若不平整、不严密，应按要求重新进行包扎。接线钮不合格及线芯剪得余量过短都会造成其松动，线芯剪得太长会造成线芯外露，应按要求修复。

　　⑧ 线路的绝缘电阻值偏低，可能是导管内进水或者绝缘层受损，应进行处理、修复。

6.2.4　电缆敷设

　　洁净厂房的电力电缆敷设应在变配电室内全部电气设备及用电设备配电箱柜安装完毕，电缆桥架、电缆托盘、电缆支架及电缆导管安装完毕，并检验合格后进行。本小节主要介绍洁净室及其相关的技术夹层、技术夹道等有关空间内电缆沿桥架的敷设。

　　（1）施工准备

　　1）材料准备：电缆敷设施工所需材料的规格、型号及电压等级应符合设计要求，并有产品合格证。每轴电缆上均应标明电缆规格、型号、电压等级、长度及出厂日期，且电缆轴应完好无损。电缆外观应完好无损，铠装无锈蚀、无机械损伤，无明显皱折和扭曲现象。

　　2）主要机具：电动机具、敷设电缆用支架及轴、电缆滚轮、转向导轮、吊链、滑轮、钢丝绳、大麻绳、千斤顶、断线钳；绝缘摇表、皮尺、钢锯、手锤、扳手、电气焊工具、电工工具、无线电对讲机（或简易电话）、手持扩音喇叭等。

　　（2）施工安装作业

　　1）电缆敷设的程序：准备工作→沿支架、桥架敷设电缆（水平敷设或垂直敷设或两者交叉进行）→挂标识牌等。

2) 电缆敷设准备工作

① 应对电缆进行认真检查：规格、型号、截面、电压等级均应符合设计要求，且外观无扭曲、坏损。电缆敷设前进行绝缘摇测或耐压试验：1kV 以下的电缆用 1kV 摇表摇测线间及对地的绝缘电阻应不低于 10kΩ。

② 采用机械放电缆时，应将机械安装在适当位置，并将钢丝绳和滑轮安装好。人力放电缆时将滚轮提前安装好。

③ 临时联络指挥系统的设置：线路较短的电缆敷设，可用无线电对讲机联络，手持扩音喇叭指挥。较长较复杂的室内电缆敷设，可用无线电对讲机定向联络，简易电话作为全线联络，手持扩音喇叭指挥（或采用多功能扩大机，它是指挥放电缆的专用设备）。

④ 在桥架或支架上多根电缆敷设时，应根据现场实际情况，事先进行电缆的排列，电缆的敷设排列应顺直、整齐，并宜少交叉，可用表或图的方式画出来，以防电缆的交叉或混乱。

⑤ 电缆的搬运及支架架设：电缆短距离搬运，一般采用滚动电缆轴的方法。滚动时应按电缆轴上箭头指示的方向滚动。如无箭头时，可按电缆缠绕方向滚动，切不可反缠绕方向滚运，以免电缆松弛。电缆支架的架设位置应按设计要求或相关规定确定，一般宜在电缆起止点。在梯架、托盘或槽盒内大于 45°倾斜敷设的电缆应每隔 2m 固定，水平敷设的电缆，首尾两端、转弯两侧及每隔 5~10m 处应设固定点。

3) 人力电缆敷设，当电缆敷设穿过洁净室时，敷设电缆的同时，应保证电缆干净。电缆放线及清洁见图 2.6.13。

① 水平敷设，可用人力敷设。人力牵引电缆示意见图 2.6.14。电缆沿桥架或托盘敷设时应单层敷设、排列整齐，不得有绞拧、铠装压扁、护层断裂和表面严重划伤等缺陷，不得有交叉，拐弯处应以最大截面电缆外径为基准符合表 2.6.8 规定的电缆最小允许弯曲半径。

图 2.6.13　电缆放线及清洁　　　　　　图 2.6.14　人力牵引电缆示意图

不同等级电压的电缆应分层敷设，高压电缆应敷设在上层。层间净距不应小于 2 倍电缆外径加 10mm，35kV 电缆不应小于 2 倍电缆外径加 50mm。同等级电压的电缆沿支架敷设时，水平净距不得小于 35mm。

当电缆敷设可能受到机械外力损伤、振动、浸水及腐蚀性或污染物质等损害时，应采取防护措施。

表 2.6.8　电缆最小允许弯曲半径

电缆形式		电缆外径/mm	多芯电缆	单芯电缆
塑料绝缘电缆	无铠装		15D	20D
	有铠装		12D	15D
橡皮绝缘电缆			10D	
控制电缆	非铠装型、屏蔽型软电缆	—	6D	
	铠装型、铜屏蔽型		12D	—
	其他		10D	
铝合金导体电力电缆			7D	

续表

电缆形式	电缆外径/mm	多芯电缆	单芯电缆
氧化镁绝缘刚性矿物绝缘电缆	<7		2D
	≥7,且<12		3D
	≥12,且<15		4D
	≥15		6D
其他矿物绝缘电缆	—		15D

注：D 为电缆外径。

② 垂直敷设，有条件的最好自上而下敷设。敷设时，同截面的电缆应先敷设低层、后敷设高层，要特别注意，在电缆轴附近和部分楼层应采取防滑措施。自下而上敷设时，低层小截面电缆可用滑轮，人力牵引敷设；高层、大截面电缆宜用机械牵引敷设。沿支架敷设时，支架距离不得大于1.5m；沿桥架或托盘敷设时，每层最少加装两道卡固支架。敷设时，应放一根立即卡固一根。

电缆穿过楼板或隔墙时，应装套管，敷设完后应将套管用防火材料填堵。

4）快速电缆敷设，图 2.6.15 是一种机械牵引电缆快速敷设方案。

施工步骤如下。

① 在电缆进线口固定好电缆保护滑轮及三联电缆滑轮，沿电缆线路在桥架上每隔 1.5～2m 放置一对电缆滑轮支架，在拐弯处固定 1～2 个导向轮，导向轮根据电缆规格选择小型或重型；在末端钢丝绳进线处固定 1 个多联电缆滑轮，此处与电缆牵引机最少要成 45°角，条件允许的情况下可为 30°角。

② 将牵引机接通电源，所有敷设电缆的施工人员安排到位，电缆盘架好，使其转动自如（电缆放线架尽量在电缆入口处附近，电缆展开时，应从上面展开上桥架，减少电缆的自重）；把钢丝绳沿桥架上的各个滚轮一一穿过，一直拉至电缆盘处；把电缆牵引网套套在电缆头上绑好，开启牵引机，让电

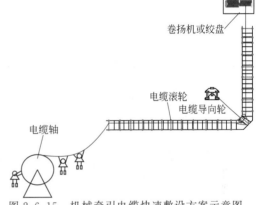

图 2.6.15　机械牵引电缆快速敷设方案示意图

缆头穿过第一处的电缆多联滚轮。此时沿途工人（10～15m 1 人）密切注意电缆前进的情况，使电缆在桥架中心前进，钢管不滑出滚轮支架。在电缆向前牵引的同时绑上一根钢丝绳，一起敷设到终点，为敷设第二根电缆做好准备。

③ 电缆敷设前要根据敷设的每一个段落，把电缆依据由远至近、由下至上的顺序排列编号；敷设时根据编号及电缆在桥架内所占的空间，把第一根电缆的位置确定下来；敷设完毕后绑扎固定，按照顺序敷设第二根电缆，有时电缆的型号、规格、种类比较多，换电缆盘时比较麻烦，可以把某一种电缆的位置预留出来，等换盘后再把这根电缆补上并固定。严禁电缆在桥架内打绞交叉。

④ 在末端电缆分支较多时，预先派人量好从分支处到各个设备及配电箱的长度，用牵引机把此部分电缆余量提前放开，以后再派人敷设到设备及配电箱用电点，并绑扎整齐，挂标识牌。

⑤ 水平敷设：电缆沿桥架时，应单层敷设、排列整齐、层次清楚。单层里不得有交叉，拐弯处应以最大截面电缆允许弯曲半径为准。不同等级电压的电缆应分层敷设，高压电缆应敷设在上层。同等级电压的电缆沿支架敷设时，水平净距不得小于 35mm。

⑥ 垂直敷设：有条件最好自上而下敷设。自下而上敷设时，低层小截面电缆可用滑轮大绳人力牵引敷设；高层、大截面电缆宜用机械牵引敷设。沿支架敷设时，支架距离不得大于 1.5m；沿桥架敷设时，每层最少加装两道卡固支架。敷设时，应放一根立即卡固一根。

⑦ 电缆绑扎时要注意绑扎扎带在同一排上，而且间隔也要一样，绑扎方向一致。一般情况下，扎带头最好在梯架的下方，防止损伤电缆和手指，如图 2.6.16 所示。

5）电缆挂标识牌，标识牌规格应一致，并有防腐性能，挂装应牢固。标识牌上应标明电缆编号、规格、型号及电压等级。敷设的电缆两端均应挂标识牌。沿支架敷设的电缆两端、拐弯处、交叉处，均应挂标识牌，直线段应适当增设标识牌。桥架上的电缆标识见图2.6.17。

图2.6.16　绑扎扎带需在同一排上

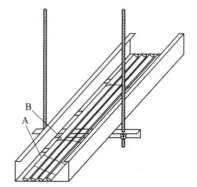

图2.6.17　电缆桥架上电缆标识示意图
A—电缆标识；B—绑扎扎带

（3）成品保护

① 沿桥架或托盘敷设电缆，一般是在各类公用动力管道及净化空调系统基本施工完毕后进行，防止其他专业施工时损伤电缆；电气电缆施工时也应对其他专业工程施工的成品进行保护，防止损伤事件发生。

② 电缆两端头处的门窗装好，并加锁，防止电缆丢失或损毁。

（4）安装质量检查

① 电缆的耐压试验、泄漏电流和绝缘电阻的检测应符合施工规范规定，并应记录检测结果。

② 检查电缆敷设状况，电缆不得有绞拧、铠装压扁、护层断裂和表面严重划伤等缺损，并应做好检查记录。坐标和标高应正确，排列应整齐，标识柱和标识牌应设置准确；对有防燃、隔热和防腐要求的电缆保护措施应完整。

③ 在支架上敷设时，固定应可靠，同一侧支架上的电缆排列顺序应正确；控制电缆在电力电缆下面，1kV及其以下的电力电缆应放在1kV以上电力电缆的下面。

④ 电缆转弯和分支处应不紊乱，走向整齐清楚，电缆标识桩、标识牌清晰齐全。检查沿桥架或托盘敷设的电缆的弯曲半径，应满足该桥架或托盘上敷设的最大截面电缆的弯曲半径要求；检查电缆标识牌的挂装状况，且不得有遗漏，并做记录。

6.2.5　封闭插接母线安装

（1）施工准备

① 对安装材料的要求：封闭插接母线应具有出厂合格证、安装技术文件。技术文件的内容应包括额定电压、额定容量、试验报告等技术参数，且型号、规格、电压等级应符合设计要求。各种规格的型钢应无明显锈蚀，卡件、各种螺栓、垫圈应符合设计要求，并应为热镀锌制品。其他材料如防腐油漆、电焊条等应有出厂合格证。

② 主要机具、工具：主要机具包括工作台、台虎钳、钢锯、榔头、油压煨弯器、电钻、电锤、电焊机、力矩扳手等；测试工具包括钢角尺、钢卷尺、水平尺、绝缘摇表等。

③ 作业条件：施工图纸及产品技术文件应齐全。封闭插接母线安装部位的建筑装饰工程应全部完成，相关的管道工程应安装完毕，并办理相关交接，电气设备（配电箱、柜等）应安装完毕，且检验合格。

（2）施工安装作业

1）作业流程：设备材料检查→支架制作及安装→封闭插接母线安装→试运行验收。

2）设备材料检查：设备材料开箱检查，应由安装单位、建设单位或供货单位共同进行；根据装箱单检查设备及附件，其规格、数量、品种应符合设计和订购要求，并做好记录。检查设备及附件，分段标志应清晰齐全、外观无损伤变形，母线绝缘电阻应符合设计要求。若检查发现设备及附件不符合设计和质量要求时，应进行相应处理，并经设计和建设方认可后才能进行安装。

3）支架制作和安装：应依据设计和产品技术文件的要求制作和安装，如设计和产品技术文件无规定时，可按下列要求制作和安装。

① 支架制作：根据施工现场结构状况，支架可采用角钢或槽钢制作。一般宜采用"一"字形、"L"字形、"U"字形、"T"字形四种类型。支架加工制作时根据选好的材料型号、测量好的尺寸下料，下料禁止气焊切割，加工尺寸最大误差为 5mm。型钢支架的煨弯宜使用台钳用榔头打制，也可使用油压煨弯器用模具顶制。支架上钻孔应用台钻或手电钻，不得用气焊割孔，孔径不得大于固定螺栓的直径 2mm。螺杆套扣，应用套丝机或套丝板加工，不许断丝。

② 支架的安装：封闭插接母线的拐弯处以及与箱（盘）连接处应设有支架。直段插接母线支架的距离不应大于 2m。埋注支架用水泥砂浆，灰砂比 1:3；425 号及其以上的水泥，应注饱满、严实，不高出墙面，埋深不少于 80mm。固定支架的膨胀螺栓不少于两条。一个吊架应用两根吊杆，固定牢固，螺扣外露 2~4 扣，膨胀螺栓应加平垫和弹簧垫，吊架应采用双螺母夹紧。

支架应安装牢固、无明显扭曲，采用金属吊架固定时应有防晃支架。配电母线槽的圆钢吊架直径不得小于 8mm，照明母线槽的圆钢吊架直径不得小于 6mm。金属支架应进行防腐处理。

4）封闭式母线安装

① 一般要求：封闭插接母线应按设计和产品技术文件规定进行组装，组装前应对每段进行绝缘电阻的测定，测量结果应符合设计要求，并做好记录。

母线槽水平敷设的距地高度不应小于 2.2m，固定距离不得大于 2.5m。母线槽的端头应装封闭罩。各段母线槽外壳的连接应是可拆的，外壳间有跨接地线，两端应可靠接地。母线与设备的连接宜采用软连接，见图 2.6.18。母线紧固螺栓应由厂家配套供应，应用力矩扳手紧固。

② 母线槽沿墙水平安装见图 2.6.19。安装高度应符合设计要求，无要求时距地面不应小于 2.2m，母线应可靠固定在支架上。母线槽悬挂吊装见图 2.6.20。吊杆直径应与母线槽的重量相适应，螺母应能调节。

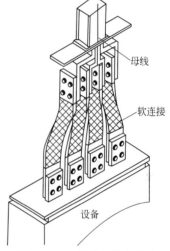

图 2.6.18　母线与设备的连接宜采用软连接

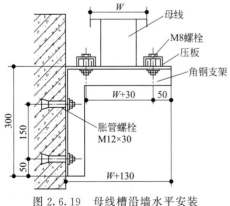

图 2.6.19　母线槽沿墙水平安装

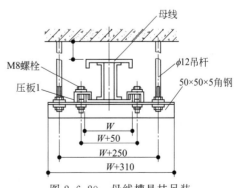

图 2.6.20　母线槽悬挂吊装

③ 封闭式母线的落地安装见图 2.6.21。安装高度应符合设计要求，立柱可采用钢管或型钢制作。封闭式母线的垂直安装，沿墙或柱子处，应做固定支架，过楼板处应加装防振装置，见图 2.6.22。

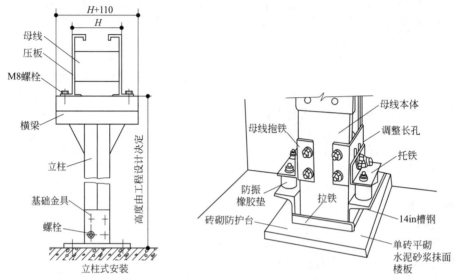

图 2.6.21　封闭式母线的落地安装　　　图 2.6.22　过楼板处加装防振装置示意图

④ 封闭式母线的敷设长度超过 40m 时，应设置伸缩节；跨越建筑物的伸缩缝或沉降缝处，应采取相应的措施，见图 2.6.23。

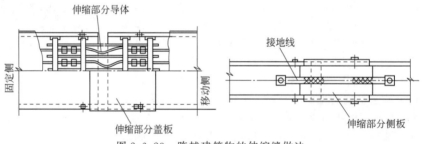

图 2.6.23　跨越建筑物的伸缩缝做法

⑤ 封闭式母线插接箱的安装应可靠固定，垂直安装时，安装高度应符合设计要求，设计无要求时，插接箱底口宜大于 1.4m。封闭式母线穿越防火墙、防火楼板时，应设置防火隔离措施。

5）无负荷试运行验收

① 试运行条件：变配电室已达到送电条件，洁净室（区）建筑装饰及相关工程都施工完成，并清理干净，与插接式母线连接的设备及其连线安装完毕，绝缘良好。

② 对封闭式母线进行全面的整理，清扫干净，接头连接紧密，相序正确，外壳接地良好。绝缘摇测符合设计、标准规范要求，并做好记录。

③ 送电无负荷试运行 24h 无异常现象，按规定办理验收手续，交付建设单位，同时提交验收资料。

6）成品保护：封闭插接母线安装完毕，暂时不能送电试运行，应在其现场设置明显的标识牌，防止损坏；若有其他工种作业时，应对封闭插接母线采取相应的保护措施，避免引起"母线"的损伤。

6.3　电气装置安装

6.3.1　一般要求

　　洁净室（区）的电气设备主要包括配电盘（柜）、接线盒、插座箱和照明灯具等。根据洁净室内产品生产工艺和设备配置的不同，具体的洁净室工程这些电气设备的配置状况会存在差异。据了解目前所建设的各行业的洁净室内配电（控制）盘（柜）、箱和照明灯具等电气设备品种多、数量多、分布广，若施工安装不当容易散发、滞留、积存污染物，严重时还可能危及洁净度。为此洁净室（区）内电气设备的位置、规格等应符合设计文件的要求及电气设备的施工安装应执行相关的现行国家标准规范。

　　洁净室（区）内配电盘（柜）的安装，应符合如下要求：配电盘（柜）应采用嵌入式或挂墙式安装，与墙体之间的接缝应采用气密构造，并进行密封处理；盘（柜）的内外表面应平整、光滑、不积尘、易清洁，安装后应进行擦拭、无尘；盘（柜）的安装高度应符合工程设计文件的要求，其高度不宜低于1.2m。洁净室（区）内的接线盒、插座箱应采用嵌入式安装，与墙体之间的接缝应进行密封处理。

　　洁净室（区）内配电盘(柜)的配线应做到横平竖直、色别正确、标志齐全、连接可靠。接线盒、插座箱安装时，应做到内外表面光滑、不积尘、易清洁，安装后应按要求进行擦拭、无尘；箱、盒安装应正确、端正，并符合设计要求，若无要求时，安装高度宜为1.0～1.2m。

　　洁净室（区）内照明灯具、开关的安装：通常照明灯具采用吸顶安装时，灯具与顶棚之间宜采用气密性垫片密封，并在接缝处涂以密封胶；当采用泪珠灯安装时，应在进线处进行密封处理。开关盒应采用嵌入式安装，盒内应擦拭干净，开关盒面板应紧贴墙面，其接缝处宜涂密封胶。

6.3.2　配电柜（盘）、箱安装

6.3.2.1　配电柜（盘）安装

　　(1) 施工准备

　　① 安装用设备及材料均应符合国家现行标准和工程设计的要求，并应具有出厂合格证。设备应有铭牌，并注明厂家名称，附件、备件齐全。

　　② 安装使用的材料包括型钢应无明显锈蚀，并应有材质证明；镀锌螺栓、螺母、垫圈、弹簧垫、地脚螺栓以及铅丝、酚醛板、相色漆、防锈漆、调和漆、塑料软管、异型塑料管、尼龙卡带、小白线、绝缘胶垫、标志牌、锯条等均应符合质量要求。

　　③ 主要机具：吊装搬运机具包括手推车、卷扬机、倒链、钢丝绳、麻绳索具等；安装工具主要有台钻、手电钻、电锤、砂轮、电焊机、气焊工具、台虎钳、锉刀、扳手、钢锯、榔头、克丝钳、改锥、电工刀等；测试检验工具包括水准仪、兆欧表、万用表、水平尺、试电笔、高压测试仪器、钢直尺、钢卷尺、吸尘器、塞尺、线坠等；送电运行安全用具有高压验电器、高压绝缘靴、绝缘手套等。

　　④ 作业条件：建筑装饰施工如墙面、屋顶施工完成，室内地面工程完成，场地干净。施工图纸、技术资料齐全。技术、安全、消防措施落实。设备、材料齐全，并运至现场库。

　　(2) 施工安装作业

　　1) 作业程序：设备开箱检查→搬运设备和就位→柜（盘）安装→柜（盘）二次回接线→柜（盘）试验调整→送电试运行验收。

　　2) 设备开箱检查

　　① 设备开箱应由安装单位、供货单位或建设单位共同进行，并做好检查记录。按照设备清单、

施工图纸及设备技术资料，核查设备及附件、备件的规格、型号，应符合设计要求；附件、备件应齐全；产品合格证件、技术资料、说明书应齐全。

② 柜（盘）本体外观检查应无损伤和变形，油漆应完整无损；柜（盘）内部检查，电器装置及元件、绝缘瓷件应齐全，无损伤、裂纹等缺陷。

3）设备搬运

① 设备运输：可由起重工作业，电工配合，根据设备重量、距离长短可采用叉车、人力推车运输或卷扬机滚杠运输。设备运输时，所经路线应事先清理，确保平整畅通。

② 设备吊装时，柜（盘）顶部有吊环者，吊索应穿在吊环内；无吊环者吊索应挂在四角承力构造处，不得吊在设备部件上。

4）柜（盘）安装

① 基础型钢安装：先将有弯曲的型钢调直，再按图纸要求预制加工基础型钢架，并刷好防锈漆。按设计图纸的位置将预制好的基础型钢架放在预留铁件上，用水准仪或水平尺找平、找正，然后将基础型钢架、预埋铁件、垫片用电焊焊牢，最终基础型钢顶部宜高出抹平地面10mm。基础型钢安装的允许偏差，不直度、水平度不超过1.0mm/m。

② 柜（盘）就位：将柜（盘）放在基础型钢上，单独柜（盘）只找柜（盘）面和侧面的垂直度；成列柜（盘）各台就位后，先找正两端的柜，再从柜下至三分之二高的位置绷上小线，逐台找正。找正时可采用0.5mm的铁片进行调整，每处垫片不超过三片，然后按柜的固定螺孔尺寸，用M12的镀锌螺栓固定。盘、柜安装的允许偏差见表2.6.9。

表2.6.9 盘、柜安装的允许偏差

项目		允许偏差
垂直度		＜1.5mm/m
水平偏差	相邻两盘顶部	＜2mm
	成列盘顶部	＜5mm
盘面偏差	相邻两盘边	＜1mm
	成列盘面	＜5mm
盘间接缝		＜2mm

③ 柜（盘）接地：每台柜（盘）单独与基础型钢连接，在每台柜后面左下部的基础型钢侧面焊上鼻子，用6mm²的铜线与柜上的接地端子连接牢固。

5）柜（盘）二次回路线连接

① 按设计图逐台检查柜（盘）上的全部电器元件是否相符，其额定电压和控制、操作电源电压必须一致。

② 按设计图敷设柜与柜之间的控制电缆连接线。

③ 控制线校线后，将每根芯线煨成圆圈，用镀锌螺栓、眼圈、弹簧垫连接在每个端子板上。端子板每侧一般一个端子压一根线，最多不能超过两根，并且两根线间加眼圈。多股线应涮锡，不准有断股。

6）柜（盘）试验调整

① 试验调整内容包括过流继电器调整，时间继电器、信号继电器调整以及机械联锁调整。

② 二次回路线调整及模拟试验：先将所有的接线端子螺栓再紧一次，再进行绝缘摇测。用500V的摇表在端子板处测试每条回路的电阻，电阻大小必须为0.5MΩ；二次小线回路如有晶体管、集成电路、电子元件时，该部位的检查不准使用摇表和试铃测试，应使用万用表测试回路是否接通。然后将柜（盘）内的控制、操作电源回路熔断器上端相线拆掉，接上临时电源，按图纸要求，分别模拟试验控制、联锁、操作继电保护和信号动作，应正确无误、灵敏可靠。最后拆除

临时电源，将被拆除的电源线复位。

（3）成品保护

① 设备安装完毕后，若暂时不能送电运行，配电室门、窗要封闭，必要时设人看守。

② 未经允许不得拆卸设备零件及仪表等，防止损坏或丢失。

③ 安装后的配电柜（盘）禁止人员踩踏。

（4）安装质量检查

① 应检查柜（盘）的试验调整结果，并应符合标准规范和设计要求。

② 检查柜（盘）内设备的导电接触面与外部母线连接处，应紧密接触，并记录检查结果。

③ 检查柜（盘）与基础型钢间的连接，应紧密连接、固定牢固，接地应可靠，柜（盘）之间的接缝应平整；盘面标志牌、标志框应齐、正确并清晰。

④ 二次回路线接线应正确，固定牢靠，导线与电器或端子排的连接应紧密，标志应清晰、齐全。盘内母线色标应均匀完整；二次接线排列应整齐，回路编号应清晰、齐全，采用标准端子头编号，每个端子螺栓上接线不得超过两根。柜（盘）的引入、引出线路应整齐。

⑤ 柜（盘）及其支架接地（零）支线的敷设，连接应紧密、牢固，接地（零）线截面的选用应正确，需防腐的部分应涂漆均匀无遗漏。

6.3.2.2　配电箱安装

（1）施工准备

① 安装用设备、材料应符合现行国家标准和设计要求，且应有产品合格证，并做如下核查：配电箱箱体应有一定的机械强度，周边平整无损伤，油漆无脱落，二层底板厚度不小于 1.5mm，且不得以阻燃型塑料板做二层底板，箱内各种器具应安装牢固，导线排列整齐，压接牢固；镀锌材料包括角钢、扁铁、铁皮、螺栓、垫圈、圆钉等；绝缘导线的型号规格应符合设计要求，并有产品合格证；其他材料包括电器仪表、熔丝（或熔片）、端子板、绝缘嘴、铝套管、卡片框、软塑料管等。

② 主要机具包括：水平尺、钢板尺、线坠、桶、刷子、灰铲以及手锤、錾子、钢锯、锯条、木锉、扁锉、圆锉、剥线钳、尖嘴钳、压接钳、活扳子、套筒扳子、锡锅、锡勺等；台钻、手电钻、钻头、木钻、台钳、案子、射钉枪、电炉、电、气焊工具、绝缘手套、铁剪子、点冲子、兆欧表、工具袋、工具箱、高凳等。

③ 作业条件：随土建结构预留好暗装配电箱的安装位置；预埋铁架或螺栓时，墙体结构应弹出施工水平线；安装配电箱时，建筑装修的金属夹芯彩钢板应安装完成，并检验合格。

（2）施工安装作业

1）作业程序：弹线定位→配电箱固定→绝缘摇测。配电箱安装的要求主要如下。

① 洁净室（区）内配电箱的安装高度，暗装一般距地为 1.5m，明装时宜为距地 1.2m。

② 安装配电箱所需的木砖及铁件等均应预理。挂式配电箱应采用金属膨胀螺栓固定。

③ 配电箱带有器具的铁制盘面和装有器具的门及电器的金属外壳均应设有可靠的 PE 保护地线，但 PE 保护地线不允许利用箱体或盒体串接。

④ 配电箱的配线应排列整齐，并绑扎成束，在活动部位应固定。盘面引出引进的导线应留有适当余度，便于检修。导线剥削处不应损伤线芯或线芯过长，导线压头应牢固可靠，多股导线不应盘圈压接，应加装线端子。

⑤ TN-C 低压配电系统中的中性线 N 应在箱体或盘面上，引入接地干线处做好重复接地。照明配电箱内的交流、直流或不同电压等级的电源，应具有明显标志。

⑥ 照明配电箱不应采用可燃材料制作。照明配电箱内，应分别设置中性线 N 和保护地线（PE线）汇流排；中性线 N 和保护地线应在汇流排上连接，不得绞接，并应有编号。当 PE 线所用的材质与相线相同时应按热稳定要求选择截面，不应小于表 2.6.10 的最小截面。

表 2.6.10　PE 线的最小截面

相线线芯的截面 S/mm^2	PE 线的最小截面/mm^2
$S \leqslant 16$	S
$16 \leqslant S \leqslant 35$	16
$S > 35$	$S/2$

⑦ 配电箱应安装牢固、平正，其垂直偏差不应大于 3mm；安装时，配电箱四周应无空隙，其面板四周边缘应紧贴墙面，洁净室（区）内安装的配电箱应对所有的缝隙进行密封处理。

2）弹线定位：根据设计要求确定配电箱的位置，并按配电箱的外形尺寸进行弹线定位；洁净室内暗装的配电箱应在壁板上开好预留孔洞，明装时应做好壁板的加固。

3）配电箱的固定

① 在混凝土墙或砖墙上固定明装配电箱时，可采用暗配管及暗分线盒和明配管两种方式。如有分线盒，先将盒内的杂物清理干净，然后将导线理顺，分清支路和相序，按支路绑扎成束。待配电箱找准位置后，将导线端头引至箱内，逐个剥削导线端头，再逐个压接在器具上，同时将 PE 保护地线压在明显的地方，并将配电箱调整平直后进行固定。当采用金属膨胀螺栓在混凝土墙或砖墙上固定配电箱时，其方法是根据弹线定位的要求找出准确的固定点位置，用电钻或冲击钻在固定点位置钻孔，其孔径应刚好将金属膨胀螺栓的胀管部分埋入墙内，且孔洞应平直不得歪斜。

② 在金属夹芯彩钢板墙上固定配电箱时，应采用加固措施。为配电箱做底座，底座的高度应为配电箱的安装高度。如导管在墙板内暗敷设，并有暗接线盒时，要求盒口应与墙面平齐。配电箱安装后应按要求进行缝隙密封处理。

③ 暗装配电箱时应先根据预留孔洞的尺寸为箱体找好标高及水平尺寸，并将箱体固定好，周边间隙应均匀对称，并应对所有的缝隙进行密封处理。金属彩钢板壁板上暗装时，将配电箱放入预留孔洞，固定好，并用硅胶将缝隙密封。

4）绝缘摇测，配电箱全部电器安装完毕后，用 500V 的兆欧表对线路进行绝缘摇测；摇测包括相线与相线之间、相线与中性线之间、相线与保护地线之间、中性线与保护地线之间，并应做好记录。

（3）成品保护　配电箱安装后，应采取成品保护措施，避免损伤仪表等。安装配电箱面板时，应注意保护墙面整洁。

（4）安装质量检查

① 核查配电器具的接地保护措施和安全要求，应符合相关施工验收规范和设计要求。

② 配电箱的安装应做到：位置正确，部件齐全，箱体开孔合适，切口整齐；暗式配电箱箱盖紧贴墙面；中性线经汇流排（N 线端子）连接，无绞接现象；盘内外清洁，箱盖。开关灵活，回路编号齐全，接线整齐，PE 保护地线不串接，安装牢固，导线截面、线色符合规范的规定。

③ 导线与器具的连接应牢固紧密，不伤线芯。压板连接时应压紧无松动；螺栓连接时，在同一端子上导线不得超过两根，防松垫圈等配件应齐全。保护接地线的敷设应连接紧密、牢固，保护接地线截面选用正确，防腐涂漆均匀无遗漏。

图 2.6.24　洁净室安装的灯具实景

6.3.3　照明灯具安装

洁净室（区）内多数采用嵌入式或吸顶式安装洁净灯具，也有采用明装的泪珠灯。图 2.6.24 洁净室（区）内安装的灯具实景。

（1）施工准备

1）施工材料准备

① 灯具的型号、规格应符合设计要求。灯内配线不得

外露，灯具配件齐全，无机械损伤、变形、涂层剥落、灯箱歪翘等现象。所有灯具均应有产品合格证。

② 照明灯具使用的导线其电压等级不应低于交流 500V，引至单个灯具的导线截面面积应与灯具功率匹配，绝缘铜芯导线线芯的截面面积不应小于 $1mm^2$。

③ 安装用塑料（木）台应有足够的强度，受力后无弯翘变形等现象；木台应完整，无劈裂。涂层应完好无脱落。采用钢管作为灯具的吊管时，钢管内径一般不小于 10mm。

④ 其他材料：胀管、木螺栓、螺栓、螺母、垫圈、尼龙丝网、焊锡、焊剂（松香、酒精）、橡胶绝缘带、粘塑料带、黑胶布、砂布、抹布、石棉布等。

2）主要机具：包括红铅笔、卷尺、小线、线坠、水平尺、手套、安全带、扎锥、钢锯、锯条、扁锉、圆锉、剥线钳、扁口钳、尖嘴钳、丝锥、一字改锥、十字改锥、活扳子、套丝板、电炉、电烙铁、锡锅、锡勺、台钳以及台钻、电钻、电锤、射钉枪、兆欧表、万用表、工具袋、工具箱、人字梯等。

3）作业条件：洁净室 T-GRID 及金属壁板顶板安装完成，清洁工作完成，洁净室进入洁净管理阶段。

（2）施工安装作业

1）作业程序：灯具检验→灯具安装→通电试运行。

2）灯具检验

① 根据灯具的安装场所检查灯具是否符合设计和合约要求：首先应查验洁净灯具是否满足洁净环境的要求，其次还应依据具体项目的产品生产工艺特点，检查在易燃和易爆场所采用的防爆型灯具、有腐蚀性气体及特殊潮湿场所采用的封闭式灯具等是否满足防爆、防腐要求，并查验相关的检测报告等。

② 灯具内的配线检查：灯具内的配线应符合设计要求及有关规定；穿入灯箱的导线在分支连接处不得承受额外应力和磨损，多股软线的端头需盘圈、涮锡；灯箱内的导线不应过于靠近热光源，并应采取隔热措施。

③ 专用灯具检查：各种标识灯的设置、安装高度、位置应符合设计要求，其指示方向应正确无误；应急灯的设置应符合设计要求，并应适应功能、使用；事故照明灯具应有特殊标识。

3）灯具安装

① 灯具定位：嵌入式、吸顶式灯具的定位是根据设计图纸要求并且和相关专业进行过平面的综合后确定的，在平面图纸上标出其位置，完成灯具的定位。

② 接线盒定位安装：根据灯位安装位置确定好灯具进线口的位置，将接线盒安装在距离进线孔较近的部位，并充分考虑好灯具配管的走向以防产生交叉，增加施工难度。

③ 电气配管、回路穿线、回路并线等，参见本章导管管内穿线接线的有关内容。

④ 吸顶灯安装：根据设计图确定的位置，将灯具贴紧彩钢板吊顶表面；对着灯头盒的位置打好进线孔，将电源线甩入灯箱，在进线孔处套上塑料管以保护好孔；用 4 个自攻螺栓将灯箱固定好后，将电源线压入灯箱内的端子板上。对于容量大于等于 100W 灯具的引入线应采用瓷管等不燃材料做隔热材料。把灯具的反光板固定在灯箱上。灯具与顶棚之间的缝隙应采用密封胶条或密封胶密封，表面应平整、光滑。

洁净室内 FFU 龙骨上的灯具安装：若 FFU 龙骨内灌充密封胶液，开孔将导致密封胶的泄漏，所以灯具电源线将从端头灯具依次穿过各中间灯具，灯具需要紧密依次排布，在无法排布时需安装特制线槽，以供过线用。

4）通电试运行：通电前先进行绝缘摇测，绝缘摇测值应符合规范及设计要求；最小绝缘值不得小于 $0.5M\Omega$，摇测绝缘时应以 120r/min 的速度进行。然后再通电连续运行 24h，并做好记录。

（3）成品保护 灯具进入现场后应码放整齐、稳固，并要注意防潮；搬运时应轻拿轻放，以免碰坏表面的镀锌层、油漆及玻璃罩。安装灯具时不得损伤金属彩钢板。

（4）安装质量检查

① 灯具的规格、型号及使用场必须符合设计要求和施工规范的规定。

② 低于2.4m以下灯具的金属外壳部分应做好接地或接零保护。

③ 灯具安装应牢固端正、位置正确、清洁干净。

④ 导线进入灯具的绝缘保护良好，留有适当余量。连接牢固紧密，不伤线芯。压板连接时压紧无松动，螺栓连接时，在同一端子上导线不超过两根。吊链灯的引下线整齐美观。

6.3.4　开关插座安装

（1）施工准备

① 材料准备：各种开关、插座应符合设计要求，其他材料包括胶布、接线盒、硅胶等。

② 主要机具有：记号笔、卷尺、小线、线坠、水平尺、手套以及曲线锯、电钻、兆欧表、万用表、工具袋、工具箱、人字梯等。

③ 作业条件：洁净室建筑装修已施工安装完成，电气配管穿线完成。

（2）施工安装作业

① 作业程序：开关、插座定位→接线盒安装→穿线接线→开关插座安装→绝缘摇测→通电试运行。

② 开关插座定位：根据设计图纸与各专业协商确定，在图纸上标出开关插座的安装位置。洁净室采用金属壁板时，一般由洁净室建筑装修施工单位将开关插座位置图提交给金属壁板制造厂家预制加工。

金属壁板上的定位尺寸：依据开关插座位置图，在金属壁板上标出开关梯度的具体安装位置，开关一般距门边为150～200mm，距地面为1.3m；插座安装高度一般为距地面300mm。

③ 接线盒安装：接线盒安装时应对壁板内的填充物进行处理，并将厂家预埋在壁板内的线槽、线管的进线口做好处理，以便电线敷设。壁板内安装的线盒应选用镀锌钢制的，在线盒的底部、周边均应打胶密封。

④ 开关插座安装：开关插座安装时应防止电源线被压伤，开关插座安装应牢固、水平；多个开关安装在同一平面时，相邻的开关距离应一致，一般相距10mm。开关插座经调整后应打胶密封。

⑤ 绝缘摇测：绝缘摇测值应符合标准规范和设计要求，最小绝缘值不得小于0.5MΩ，摇测绝缘时应以120r/min的速度进行。

⑥ 通电试运行：首先测量回路进线相间及相对地的电压值是否符合设计要求，再合上配电柜的总开关并做好测量记录；然后再分别测试各回路的对零电压是否正常，电流是否符合设计要求。房间开关回路经检查符合图纸设计要求。送电试运行的24h中，每2h做一次检测，并做好记录。

（3）成品保护　安装开关、插座时不得损伤金属壁板，并应保持墙面的清洁。开关、插座安装完成后，其他专业不得碰撞造成损伤。

（4）安装质量检查　核查开关插座的安装位置是否符合设计及现场的实际要求；开关插座与金属壁板的连接处应密封可靠；同一房间或区域的开关插座应保持在同一直线上；开关插座接线端子的接线应紧密可靠；插座的接地应良好，零线、火线接线应正确；穿越开关插座的导线均应有护口保护并绝缘良好；绝缘电阻测试应符合规范及设计要求。

6.3.5　接地系统安装

洁净厂房中的接地装置有多种类型，如建筑防雷接地、电气装置接地、防静电接地以及形式不同的功能性接地、保护性接地等，不同类型的接地装置宜采用共用接地系统，具体某洁净厂房的接地系统及其接地装置的施工安装均应按工程设计文件进行。其中接地装置的施工及验收应符合国家标准《电气装置安装工程 接地装置施工及验收规范》(GB 50169) 的有关规定，例如该规范中明确规定"接地装置的安装应配合建筑工程的施工，隐蔽部分在覆盖前相关单位应做检查及验收并形成记录""电气设备的金属底座、框架及外壳和传动装置均必须接地""配电、控制、保护用的屏（柜、箱）及操作台的金属框架和底座均必须接地""电缆桥架、支架和井架，电力电缆的金属护层、接头盒、终端头和金属保护管及二次电缆的屏蔽层均必须接地"等。本节只对洁净厂房中防静电架空地板、防静电 PVC 地板及防静电自流坪接地系统的施工安装进行表述。

(1) 施工准备

① 材料准备：各种端子箱均应符合设计要求，其他材料有接地线、铜线鼻等。

② 主要机具：记号笔、卷尺、小线、线坠、水平尺、手套以及压线钳、电钻、兆欧表、万用表、工具袋、工具箱、人字梯等。

③ 作业条件：洁净室防静电架空地板、PVC 地板已安装完成，或防静电自流坪地面施工完成。

(2) 安装作业

1) 作业程序：确认定位→端子箱安装→接地线敷设→系统检测。

2) 确认定位：根据防静电架空地板、防静电 PVC 地板或防静电自流坪的实际面积确定接地端子的位置，并确认接地线的敷设路径。

3) 接地端子箱的安装：防静电架空地板或防静电 PVC 地板或防静电自流坪的面积在 $2000m^2$ 以内时宜设置一个接地端子箱，接地端子箱设在整个地板下的中部位置。

4) 接地线敷设

① 防静电架空地板按 $3m \times 3m$ 进行划分，在防静电架空地板中间一块立柱上的接地点用 $10mm^2$ 的 XLPE 接地线引出接至端子箱相连；每增加 $3m \times 3m$ 的防静电架空地板，则相应增加 1 个接地点。

② 洁净室房间的面积在 $100m^2$ 以内的防静电 PVC 地板或防静电自流坪设一个接线端子。每增加 $100m^2$ 的防静电 PVC 地板或防静电自流坪，则相应增设 $1 \sim 2$ 个接地端子。小于 $100m^2$ 的房间单独设置 1 个接地端子。

③ 用 $95mm^2$ 的 XLPE 接地线将接地端子箱与主接地端子箱相连。主接地端子箱的接地电阻应符合设计要求。

④ 当接地电阻不能达到设计要求时，则应增加相应的接地点。

5) 系统测试

① 测试环境：温度应在 $15 \sim 30℃$ 之间；相对湿度宜小于 70%。

② 测试方法

a. 表面电阻的测量：将洁净室内的防静电地面划分为 $2 \sim 4m^2$ 的测量区块，抽取 30%～50% 的测量区块，将两电极分别置于贴面板表面，电极间距为 900mm，电极与贴面板的接触应良好。

b. 系统电阻的测量：在距各接地端子最近的区域，依据具体工程项目状况双方确定抽取若干点进行测试；将一电极与地面面板表面良好接触，另一电极应与接地端子连接，测出系统电阻值，并做记录。

③ 电性能控制指标

a. 要求具有导静电型的，其表面电阻和系统电阻值应低于 $1.0 \times 10^6 \Omega$。

b. 要求具有静电耗散型的，其表面电阻和系统电阻值应在 $1.0 \times 10^6 \sim 1.0 \times 10^9 \Omega$ 之间。

c. 系统接地电阻值还应满足设计或合约要求。

第7章 改造洁净室设计施工

7.1 简述

随着科学技术的发展和各类产品生产的更新换代，经常会遇到需要将现有的洁净厂房或条件许可的一般厂房改造为空气洁净度等级更高的洁净厂房或具有一定空气洁净度等级的洁净厂房。本章所称的"改造洁净室"包括：①洁净室因产品更新换代等因素，需进行升级改造；②工厂产品变化，需对原有洁净室的使用功能、面积等进行调整，拟对原有的洁净厂房进行改造；③利用一般工业厂房，在该厂房的面积、层高、周边环境许可的条件下，或在原有厂房毗连或邻近处增建必要的建筑面积和设施等的条件下，将原有的一般工业厂房改造为洁净厂房等。各种改造洁净室的具体情况十分复杂、差异很大，必须结合实际需要和可能，周密地、精心地进行规划，对设计方案比较，寻求既要做到技术合理、符合标准规范要求，又能减少改造费用、降低运行成本的改造洁净室设计方案。要做到这些必须充分认识改造洁净室的设计、施工的特殊要求或者说改造洁净室具有下述的特点。

① 认真了解原有厂房的设计图纸、现状。在制订改造设计方案前必须认真查阅原有厂房的竣工图纸（含隐蔽工程的相关资料、记录），并到现场对建筑物的现状进行认真的、负责任的核对。特别应注意可能存在的异常情况，如不应该出现的异样、裂缝等，一旦发现，应核对竣工图、隐蔽工程记录、必要的验收检验记录，并组织相关人员进行研究分析，只有确认建筑结构、承载能力能满足改造要求后，才能进行改造设计方案的拟订工作。

② 认真核对原有建筑物的层高、面积、结构特点（如楼板承载能力、剪力墙、承重墙和梁、板等对改造要求的适应性等），确认洁净厂房的平面、空间布局要求能否实现，工艺布置、建筑结构平面和空间布置经反复协调、比较做出改造洁净室的平面布置和空间布置方案，考虑好产品生产过程的人流、物流，并采取措施避免交叉污染，同时充分考虑洁净室内净化空调系统的风管及其附件、各种公用动力设施及其管线的平面、空间布置方案，这样才能确定改造洁净室的设计方案。

③ 改造洁净室的设计方案制定时还应充分考虑投入运行后生产过程的灵活性，方便产品生产中可能出现的调整；并应注意当前和长远的灵活性，以适应随着科学技术发展出现的新工艺、新技术和新设备的需要。在当前微电子工业的洁净厂房中日益受到人们关注的微环境技术，在改造洁净室时应该是优先考虑的技术方案或技术措施；即使是在空气洁净等级要求没有微电子产品生产严格的药品生产、化妆品、食品生产中，也根据工艺生产过程的要求，正日益广泛地采用局部净化、层流罩或模块式的洁净方式。

④ 改造洁净室的施工，因受到原有厂房面积、层高、结构等的限制，更要强调按设计图纸进行施工，并在施工过程中认真地、及时地核对设计图纸与现场实际情况是否一致；一旦发现有差别，应立即同设计方、监理或业主进行协调，在确定修改弥补技术措施后方可继续施工。必要时

应由设计方修改设计或详细核对、核算,将相关技术措施书面通知后,才能继续进行施工。

⑤ 改造洁净室施工时,为了不影响原厂房内不进行改造部分的正常生产(工作)或不影响原有不改造的洁净室的空气洁净度等级,应在施工过程中采取可靠的分隔、保护措施并制定现场施工组织方案,安排好隔离措施、施工机具、材料、人员的进出路线和存放场所等;应十分关注改造工程与原有动力公用设施及其管线的关联,尤其是一些具有可燃、有毒、腐蚀流体——液态、气态管线的分隔和安全措施,包括施工过程的验收、检测和恢复使用的安全技术措施等,以确保一旦改造工程完成,能在较短的时间内恢复可靠、稳定、安全的生产。

⑥ 改造洁净室的设计施工从设计方案的确定到施工过程的计划进度安排、工程的实施等都应尽量缩短工期、减少投资费用,以实现最大投资效益。

改造洁净室的设计施工应十分注意节能技术措施的采用和实施。随着科学技术的发展,新设备、新技术日新月异,结合改造洁净室的各项要求,在设计施工中采用节能的系统、设备和必要的技术措施是实现改造洁净室、降低运行费用的重要措施之一。

7.2　改造洁净室的设计

7.2.1　做好改造洁净室的平面布置

① 改造洁净室设计的基本条件如下。

a.业主确认的设计条件

• 洁净室改造规模和要求,各工序、房间的生产环境参数,包括空气洁净度等级、温湿度、压差、各种工艺介质、噪声、防微振等。

• 洁净室内的净高要求,地面、墙面等的特殊要求。

• 工程范围,供电、供水、供热、各种工艺介质等动力供应系统的界面等。

• 投资控制及进度要求。

b.各类设备需求的确认

• 原有动力公用设施的能力、技术参数和完好程度的确认。

• 改造后生产设备的动力公用条件的确认,包括:纯水、冷却水的水质、水量、温度、压力等;排气量及排气中酸碱、有机溶剂、有害气体、粉尘等的浓度及排热量等;工艺介质(包括化学品、特种气体、高纯气等)的纯度、杂质浓度及微粒控制粒径、浓度要求,流量、压力等;废液量及废液中酸碱、有机溶剂、有害杂质的浓度等;供电量及其电压和稳压要求等。

• 工艺区划要求或平面布局设想等。

c.拟改造厂房的竣工资料及必要说明。

② 认真了解和摸清原有建筑或洁净厂房的现状,查阅原有的设计图纸、计算资料,尤其是竣工资料(含隐蔽工程的施工、验收记录),必须了解清楚原有建筑的结构形式、特点、承载能力等。做好现场实地考察核对或必要的测试工作,主要包括平面布局、剖面尺寸,各相关部位的具体建筑构造、标高,注意确定梁底、板底的净高尺寸,墙体、门窗等的构造。拟改造建筑范围或与洁净室改造相关联的各种公用动力设施的现状,可利用的设备、附件和管线的鉴别以及相关技术参数的核查。

③ 明确改造的目的,改造的洁净室用途,拟生产的产品生产规模和生产工艺特点、生产流程及要求;业主对改造的设想和原有建筑利用程度、原有产品生产是否停产或部分停产的要求及具体安排;业主对改造后洁净室的灵活性、扩大生产的要求以及改造后建筑外形、立面和室内装饰的要求等;业主对改造洁净室所需公用动力的需求状况和相关供应现状等;拟投入的资金情况和其他需要的相关情况。

④ 在弄清前述的基本情况后，由土建、工艺和空气净化等专业技术人员密切配合，提出符合原有建筑实际情况的技术可行、经济合理的平面布置方案，包括人流、物流路线和剖面、立面的安排以及辅助用房的安排等。只有各相关专业紧密配合、充分讨论，并分清主次，优先满足产品生产工艺要求和实现空气洁净度等级所需的净化空调系统要求，注意严格执行各相关标准、规范，才能做出一个好的改造平面布置方案。

⑤ 为了加快改造洁净室的施工进度，在满足产品生产工艺要求和生产设备布置需要，并考虑各专业技术设施布置的灵活性情况下，优先采用金属壁板墙体、顶棚的洁净室建筑材料，避免采用砌筑墙体的湿操作。若有可能采用必要的局部净化设施、微环境装置，更有利于洁净室改造的顺利进行。关注公用动力设施改造或扩建需要，并切实制定公用动力设施包括管线的改造或扩建方案，在制定方案时，应注意涉及施工安全、试车和运行安全的相关方案的制定。

⑥ 在进行改造洁净室设计时，应特别注意防火防爆、安全疏散、火灾报警和消防措施的设置，以及人员净化和物料净化程序的组织安排。将上述这些内容有机地结合，可做出一个既符合相关标准规范要求，又能满足洁净生产环境需要的设计方案。

⑦ 在进行平面布置时，应充分考虑原有建筑结构特点、承载能力的实际情况，妥善安排好质量大、有防振动或自身有振动的设备或生产房间，尽可能地将空压机、制冷机、空调机等远离有防微振要求的生产设备或精密仪器仪表。

7.2.2 合理选择净化空调系统

① 认真了解、核对原有建筑的空调系统和设备的现状，查阅有关图纸、设备资料，现场核对设备、附件型号、规格以及风管系统的现状、尺寸等，尤其应注意这些设备、附件和管路的使用年限和完好程度等。

② 充分了解改造后的产品生产对洁净室生产环境的要求（包括空气洁净度等级、温湿度、压力等），产品生产设备的排风、排热以及各工序之间的防交叉污染要求等。经过初步计算后，权衡原有空调系统及设备的可利用性，与业主讨论原有系统、设备利用的可行性，做到既节约投资又满足改造后产品生产工艺的要求及降低运行能量消耗和运行费用；并与建筑结构等专业密切配合，确定净化空调系统的改造方案，无论是增设局部净化装置或新建集中净化空调系统都应适应原有建筑的"限定条件"，不得已时在同业主充分讨论后，可毗连或在原有建筑邻近处新建集中净化空调系统供改造洁净室使用。

③ 在了解、核对清楚原有的空调系统、设备和充分进行比较后，若确定利用原有的空调系统，应认真进行核对、计算，按净化空调系统的要求进行必要改造后应充分满足改造洁净室的空气洁净度要求；改造洁净室的部分或局部要求高级别的空气洁净度等级或原来无空调系统的房间改造时，可根据原有建筑的实际情况采用增设层流罩、净化工作台、微环境装置或固定式洁净小室等方式。图 2.7.1 是增设层流罩的方式；图 2.7.2 是在送风口处增设高效过滤器风机组的改造方式；图 2.7.3 是在原来无空调系统的房间吊顶上装设风机过滤单元送风装置的方式；图 2.7.4 是固定式洁净小室的改造方式等。

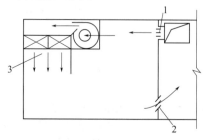

图 2.7.1　增设层流罩
1—送风口；2—回风口；3—层流罩

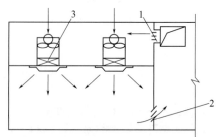

图 2.7.2　送风口增设高效过滤器风机组
1—送风口；2—回风口；3—风机过滤单元（FFU）

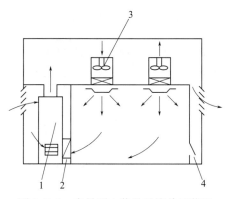

图 2.7.3　在吊顶上装设过滤单元装置
1—空调器；2—中效过滤器；
3—风机过滤单元装置；4—余压阀

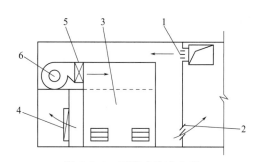

图 2.7.4　固定式洁净小室
1—送风口；2—回风口；3—洁净小室；
4—中效过滤器；5—高效过滤器；6—风机

④ 若原有建筑的净化空调系统或空调系统不能再用或原有建筑无空调系统时，可根据实际情况和改造洁净室的规模增设集中净化空调系统或增设分散式净化空调系统。一般在改造洁净室面积较大且原有建筑空间尺寸允许的情况下，宜增设集中净化空调系统，能较好地满足产品生产工艺要求和达到洁净室改造的目的。当改造洁净室的规模较小时，经过充分比较后，在满足产品生产工艺要求的情况下，也可采用分散式布置的净化空调系统。

7.2.3　重视动力公用和安全设施的改造

洁净室的动力公用设施一般包括变配电系统、通信系统（含火灾报警、电话等）、制冷系统、各类水系统（含消防水、纯水等）、各种工艺介质（包括化学品、特种气体等）和供气系统（含压缩空气、高纯气体等）、废气（排气）废水处理等环保设施。这些设施是确保洁净室生产出质量优良的产品和安全、稳定、正常运行的重要条件，同时也是洁净厂房能源供应、管理的重要设施及能源消耗大户，若配置合理，将会为运行中的节能降耗创造条件。

① 认真了解、核对原有建筑的动力公用设施现状，查阅设计图纸，现场核对各类设施（含各种设备、管线、配电盘、柜）的型号、规格和管线敷设现状、规格，并认真查对这些设备、附件和管线的材质以及使用年限、完好程度等。

② 同各专业配合，落实改造洁净室的各种要求（用量、使用参数、功能要求等）；与业主讨论，落实相关标准、规范和地方法规等。权衡原有建筑动力公用和安全设施的可利用性，与业主认真讨论并确定这些设施利用的可能性，在确保安全、方便、稳定、节能、环保等的运行操作，充分考虑节约能源和尽量减少投资费用的情况下确定各个动力公用和安全设施的改造方案。

由于各种技术设施的具体情况不同，各个系统的改造方案也是不同的，必须实事求是地制定，切不可一刀切。这是因为有的需全部增设，有的仅需进行局部改造或对个别设备更新换代，还有的可能基本上不进行改造即能满足需要。如目前许多原有建筑都未设置火灾报警系统，改造洁净室后按《洁净厂房设计规范》（GB 50073），必须增设火灾报警系统；原有制冷系统，可能使用时间不长，制冷机设备状况良好，冷却水、冷冻水管路都有一定裕量，甚至制冷机还有一定裕量，经过核算，可能仅需更换制冷机规格、型号及水泵规格，即可满足要求；有条件或需要供热时，可将原有制冷机改造更换为热泵型，依据需求供应"热水"，减少企业的能源消耗量，获得节能效果。原有配电设备可能使用时间不长，设备状况良好，经过核算仅需更换个别设备即可满足要求；有的则由于变配电设备陈旧、设备状况不佳，原本已是勉强运行中，经过核算，可重新选用性能优良的新设备对原有变配电系统进行改造，以使改造的洁净室能安全、稳定运行。

③ 为了满足改造洁净室的产品生产工艺要求，如集成电路工厂洁净室改造中原有的纯水、高纯气供应、特气供应、化学品供应等系统常常不能满足产品品种更新、升级的需要，应对相应的

系统及管路系统进行部分或整体改造，如增添供应系统，更换设备、输送管路等。例如，纯水供应系统在更换制水设备的同时，应将纯水管路改造为 PVDF 管道系统；高纯气供应系统在更换气体纯化设备的同时，应将高纯气输送管道、管材及阀门等改造为不锈钢 316L 的电抛光（EP）管材、隔膜阀或波纹管阀；特种气体、化学品的需求种类增加，此时通常应新建（扩建）相应种类的特气、化学品供应系统等。这里仅为举例，具体改造洁净室工程必须结合实际情况，在满足产品生产工艺要求的前提下，经过技术可行性、经济合理性的比较后确定改造的方案和范围。

④ 改造洁净室时，各种管线（包括各类风管、水管、气体管、化学品管、电缆电线及其桥架等）的相互协调至关重要，有时还可能成为改造洁净室能否顺利实施（实现）或投产后能否达到预期目标的重要影响因素，甚至是重要的前提条件。因此进行改造洁净室的空间协调时，各种管线的位置应在确保净化空调系统的风管合理安排、高纯水和高纯气等管线合理安排的前提下确定。这是因为尺寸较大的风管走向、位置常常决定着原有建筑的空间尺寸是否够用，而纯水、高纯气、特种气体、化学品等管路敷设的走向，有时会涉及投产后能否确保安全、稳定运行和各种工艺介质的供应质量。所以改造洁净室进行空间协调时应从整体质量出发，合理安排各类管线的位置及其走向。

7.3 洁净室的升级改造

洁净室升级改造的设计方案制定，虽然与 7.2 节叙述的原则应该说是基本相同的，但是由于空气洁净度等级的提升，尤其是由非单向流洁净室升级为单向流洁净室或由 ISO 6 级/ISO 5 级洁净室升级改造为 ISO 5 级/ISO 4 级/ISO 3 级洁净室时，无论是净化空调系统的循环风量、洁净室的平面和空间布置还是相关的洁净技术措施等都有较大或很大的变化，因此洁净室的升级改造除了前面已叙述的设计原则外还要考虑下述因素。

① 对洁净室的升级改造，首先应该结合具体工程实际情况制定一个可能实现的改造方案，根据升级改造的目标及相关技术要求和原有建筑的现状等，进行认真、翔实的多设计方案的技术经济比较。这里应该特别指出的是此项比较，不仅是改造的可能性和经济性，还应包括升级改造后运行费用的比较，尤其应注意能源消耗费用的比较。为完成此项任务，业主应委托有实践经验、有相应资质的设计单位进行调查、咨询、规划工作。

② 洁净室的升级改造宜优先选用各种隔离技术、微环境技术或局部洁净装置或层流罩等技术手段，对需要高级别空气洁净度等级的生产工序、设备采用微环境装置等技术手段同较低级别空气洁净度等级的洁净室分隔或将整体洁净室提高至可行的空气洁净度等级，而对要求很高级别空气洁净度等级的生产工序、设备采用微环境装置等技术手段。据相关报道介绍在美国某微电子工厂将 20 世纪 80 年代建设的 100mm 晶圆生产线由 ISO 5 级＋ISO 6 级/ISO 7 级洁净厂房升级改造为 ISO 4 级和严于 ISO 4 级的洁净室，具体他们在进行了将洁净室全面改造为 ISO 4 级和采用微环境系统设计方案的技术经济比较后，采用了微环境系统的升级改造方案，以最小的升级改造费用达到了所需的空气洁净度等级要求，且能源消耗也较低；运行后经检测每一微环境装置均达到了 ISO 4 级以上的综合性能。据了解，近年来许多超大规模集成电路工厂在进行洁净室升级改造或新建厂房时，都将生产厂房按 ISO 5 级/ISO 6 级单向流洁净室进行设计建造及按生产线各工序、设备的高级别洁净度要求采用 SMIF 微环境系统，达到了产品生产所需的空气洁净度等级，既减少了投资费用、降低了能源消耗，还有利于生产线的改造、扩产要求，具有较好的灵活性。图 2.7.5 是一个 ISO 6 级洁净室和微环境系统的洁净厂房剖面图。

③ 洁净室升级改造时常常要增大净化空调系统的循环风量，即增大洁净室内的换气次数或平均风速，由此必然需要调整或更换净化空调装置、增加高效风口的数量、增大风管尺寸以及增大供冷（热）能力等。在实际工作中，为了降低洁净室升级改造的投资费用，做到调整变动较小，

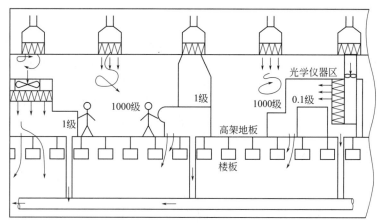

图 2.7.5　ISO 6 级洁净室和微环境的洁净厂房剖面图

解决的办法只能是充分了解产品生产工艺情况和原有净化空调系统的情况，合理划分净化空调系统，结合运用 7.2 节叙述的原则，尽可能利用原有的系统及其风管，适当增设必要的、改造工作量较少的净化空调系统。

7.4　改造施工注意事项

（1）施工准备

1）现场状况核查

① 确认原有设施的拆除、保留，并标记；商讨拆除物的处理、运出方式。

② 确认原有风管、各类管线变动、拆除、保留的对象，并标记；确定风管、各类管线的走向，突出系统附件的实用性等。

③ 确认拟改造设施、增设的较大型设施的屋面、楼面位置，并确认相关的承载能力，对周围环境的影响等，如冷却塔、制冷机、变压器、有害物质处理设备等。

2）原有工程状况检查

① 检查现有工程的主要平面、空间尺寸，采用相关仪器进行必要测量，并同竣工资料进行比较核查。

② 对需要拆除的设施、各类管线的工作量进行估计，包括运出处理所需的措施、工作量。

③ 确认施工过程的电力供应等条件、原有电力系统的拆除范围，并标记。

④ 协调改造施工程序和安全管理措施。

3）开工准备

① 通常改造工期较短，应提前订购设备、材料，以确保一旦开工顺利进行施工。

② 划基准线，包括洁净室墙板、顶棚、主要风管和重要管线的基准线。

③ 确定各类材料的堆放场地、必要的现场加工场地。

④ 准备施工用临时电源、水源和气源。

⑤ 在施工现场准备必需的消防设施和其他安全设施，并对施工人员进行安全教育，张贴安全规定等。

⑥ 为确保洁净施工质量，应结合改造洁净室的具体情况，对施工人员讲授洁净技术常识、涉及安全的要求和具体要求，提出必要的着装、安装机具、清洁用品和应急安全用品的要求和规定等。

（2）施工阶段

1）拆除工程

① 尽可能不使用有"火"的操作，特别是拆除有可燃性、爆炸性、腐蚀性、毒性物质的输送管线、排气管线时；当必须使用有"火"操作时，在1h以后确认没有问题方可离开现场。

② 对可能产生振动、噪声等的拆除工作，应事前同有关方面协调，确定施工时间。

③ 部分拆除，其余部分不拆除或尚需使用时，应妥善处理系统断开和拆除前的必要测试工作（流量、压力等）；当断开电源时，必须有操作电工在现场处理有关安全、操作事宜。

2）风管施工

① 严格按有关规定进行现场施工，并应根据改造现场的实际情况制定施工及安全规定。

② 妥善检查、保存搬入现场的待装风管，保持管内外的清洁，两端应用塑料薄膜封口。

③ 打吊装用膨胀螺栓时将会有振动产生，应事先同业主等有关人员协调；风管吊装前取下封口薄膜，并擦拭内部后吊装，对保留的原有设施中的易损坏部分（如塑料管道、保温层等）不受压，宜采取必要的保护措施。

3）配管配线施工

① 配管配线所需的焊接作业，应备好消防灭火器材、石棉板等。

② 严格按配管配线的有关施工验收规范进行。若现场邻近处不允许使用水压试验时，可采用气压试验，但应按规定采取相应的安全措施。

③ 当与原有管道连接时，应事先制定连接前和连接时的安全技术措施，尤其是对于可燃、有毒气体、液体管道的连接；操作时，有关方面的安全管理人员必须在现场，必要时要备好消防灭火器材。

④ 对输送高纯介质管道的施工，除应遵守有关的规程外，还应特别注意与原有管道连接时的清洗、吹扫和纯度试验工作的进行。

（3）特种气体管道施工　对于输送有毒、可燃易爆、腐蚀物质的管路系统，其安全施工十分重要，为此在下面摘引国家标准《特种气体系统工程技术标准》（GB 50646）中"特种气体管道改建、扩建工程施工"的规定。这些规定不仅"特种气体"管道应严格执行，而且所有输送有毒、可燃、腐蚀物质的管路系统均可参照严格执行。

① 拆除特种气体管道工程的施工应符合下列要求

a.施工单位在开工前必须编制施工方案，内容应包含重点部位、作业过程注意事项，危险作业过程的监控，应急预案，紧急联系电话和专门负责人，对潜在的危险应向施工人员进行详尽的技术交底。

b.作业中一旦发生火灾、危险物质泄漏等事故，必须服从统一指挥，按逃生路线依次撤离。

c.施工中进行焊接等明火作业时，必须取得建设单位签发的动火许可证及动用消防设施许可证。

d.生产区与施工区之间应采取临时隔离措施及设置危险警示标志，施工人员严禁进入与施工无关的区域。

e.施工现场必须有业主和施工方的技术人员在场，阀门的开关动作、电气开关动作、气体置换操作等都必须由专人在业主技术人员的指导下完成，未经许可，严禁操作。切割改造工作时必须提前在被切割管道全线和切割处明显标识，标识管道现场需得到业主和施工方的技术人员确认，严防误操作。

② 施工前应将管道内的特种气体用高纯氮气置换尽，且应将管道系统抽真空处理，被置换出的气体必须经过尾气处理装置处理，达标后排放。改造管道在切割前应充低压氮气，在管内正压状态下进行作业。

③ 施工完毕、测试合格后，应将管道系统内的空气用氮气置换，并将管道抽真空。

（4）竣工检查验收及试运行

① 改造洁净室的竣工验收。首先应按有关标准、规范对各部分进行检查、验收。这里需强调

的是与原有建筑、系统相关部位的检查、验收，有的仅检查、验收还不能证明能符合"改造的目标"要求，还应通过试运行才能得以验证。所以不仅要做好竣工验收，也要求施工单位同业主等共同做好试运行。

　　② 改造洁净室的试运行。改造涉及的各相关系统、设施和设备，应按相关的标准、规范要求，并结合工程的具体情况制定试运行指南和要求，逐一地进行试运行。试运行中应特别注意与原有系统连接部分的检查，新增的管路系统不得对原有系统产生污染，连接前必须做好检查测试，连接时应采取必要的防护措施，连接后的试运行必须认真检查测试，达到要求后才能结束试运行。

第8章 工程验收

8.1 洁净室工程验收与检测目的、依据

洁净厂房工程的建设经过立项、规划和设计、施工等过程后，为确保给建设方业主提交一项满意地接受的可靠、稳定和安全运行的洁净室工程，应在施工完成后依据国家/地方的相关规范标准和甲/乙双方合约规定的要求进行工程验收。由于洁净室的建造和使用要求应使房间内进入的、产生的、滞留的污染物最少，甚至达到"无"，且房间内的温度、湿度、压力等其他相关参数应符合可控要求；对于一个具体的工程项目而言，因其产品生产工艺不同，洁净室的各项功能/性能还应满足产品生产工艺的各种要求。为此洁净厂房的工程验收必须依据有关标准规范的规定、要求进行各种内容、技术参数的检测，确认洁净室各项性能/功能都达到要求，并以书面报告由第三方检测单位提交给建设方业主。

涉及洁净厂房工程验收和检测的标准规范主要有：国家标准《洁净室及相关受控环境 第 4 部分：设计、建造、启动》（GB/T 25915.4/ISO 14644-4）、《洁净室及相关受控环境 第 3 部分：检测方法》（GB/T 25915.3/ISO 14644-3）、《洁净室及相关受控环境 第 2 部分：洁净室空气粒子浓度的监测》（GB/T 25915.2/ISO 14644-2）、《洁净厂房施工及质量验收规范》（GB 51110）、《洁净室施工及验收规范》（GB 50591—2010）、《医药工业洁净室（区）浮游菌的测试方法》（GB/T 16293）、《医药工业洁净室（区）沉降菌的测试方法》（GB/T 16294）、《尘埃粒子计数器性能试验方法》（GB/T 6167），美国环境科学和技术学会标准 IEST-RP-CC006.3《洁净室检测》（*Testing Cleanroom*）、NEBB 2009《洁净室认证测试标准程序》。

以上这些标准的相继发布实施和根据洁净室工程实践、科学技术以及检测技术（仪器）的发展，标准规范版本的更迭、修订补充，促进了洁净技术的提高、发展，从而满足各类高科技产品更新换代的需要。最为突出的是集成电路芯片制造用洁净室，其洁净度等级从 ISO 5 级提高到 ISO 2 级或 ISO 3 级，控制粒径从"微米"级上升为"纳米"级，并且从只控制空气中的微粒到需要控制空气中的分子污染物/化学污染物，从而对洁净室工程的工程验收、检测提出了更为严格的要求；微电子产品、光电子产品规模化生产需要大面积、超大面积的洁净厂房，从单层到多层洁净室（区）的布置，单个洁净室（区）的面积达数万甚至超过十万平方米，每层或每个洁净室（区）装设的高效/超高效过滤机组（FFU）可达数万台，这对洁净室的工程验收、检测都提出需要完满解决的课题。本书下面的章节中将会根据现行标准规范的规定、要求和工程实践尽力提供相关技术信息和经验。

8.2　基本要求

8.2.1　工程验收

① 洁净室工程的施工质量验收在执行 GB 51110 国家标准时，应与现行国家标准《建筑工程施工质量验收统一标准》（GB 50300）配套使用。在 GB 50300 中对工程验收中的验收、检验、检验批、主控项目等都有明确的规定或要求：工程项目的检验是对其具体工程项目的特征、性能进行测量/检测、试验等，并将其结果与标准规范的规定/要求进行对比，确认是否合格；检验批是按相同的生产/施工条件或按规定的方式汇总供抽样检验用的，由一定数量样本组成的检验体；工程验收是在施工单位自行检查合格的基础上，由工程质量验收责任方组织，工程建设相关单位参加，对检验批、分项、分部、单位工程及其隐蔽工程的质量进行抽样检验，对施工、验收技术文件进行审核，并依据设计文件和相关标准规范以书面形式对工程质量是否合格进行确认。检验批的质量应按主控项目和一般项目进行验收，主控项目是指对安全、节能、环境保护和主要使用功能起决定性作用的检验项目，除主控项目以外的检验项目为一般项目。

② 在 GB 51110 中明确规定：洁净厂房工程施工完成后应进行验收，工程验收划分为竣工验收、性能验收、使用验收，以确认各项性能参数符合设计、使用和相关标准规范的要求。竣工验收应在洁净厂房各专业分项验收合格后进行，应由建设单位负责，组织施工、设计、监理等单位进行验收。性能验收应在竣工验收完成后进行，并应进行检测。使用验收应在性能验收完成后进行，并应进行测试。检测、测试均由具有相应检测资质的第三方或由建设单位与第三方共同进行测试。

洁净厂房工程验收的检测状态应分为空态、静态和动态。竣工验收阶段的检测宜在空态下进行，性能验收阶段宜在空态或静态下进行，使用验收阶段的检测应在动态下进行。洁净室的空态、静态、动态表述可见本书第 1 篇。

洁净厂房工程中各专业的隐蔽工程，隐蔽前应经过验收。通常是由建设单位或监理人员验收并认可签证。洁净厂房工程竣工验收的系统调试，一般是在建设单位和监理单位的共同参与下进行，由施工企业负责进行系统调试、检测，承担调试的单位应具有调试、检测专职技术人员和符合规范规定的测试仪器。

洁净厂房的分项工程检验批质量验收应符合下列规定：具有完整的施工作业依据、质量检查记录；主控项目的质量检验应全部合格；一般项目的质量检验，合格率不得低于 80%。

在国际标准 ISO 14644.4 中洁净室工程的施工验收分为施工验收、功能验收和运行验收（使用验收）。图 2.8.1 是该标准中对于洁净室设施工程建设过程的各阶段验收、检测要求。施工验收是系统地进行检验、调试、测量和检测，确保设施的各个部分符合设计要求；功能验收是进行一系列的测量和检测，判定设施的各个相关部分同时运行时，达到"空态"或"静态"所要求的条件；运行验收是通过测量和检测，判定按规定的工艺或作业运行及规定的作业人数以商定的方式运行时，整体设施达到所要求的"动态"性能参数。

我国现有涉及洁净室施工和验收的国家标准、行业标准有多个，这些标准规范各具特色和主要起草单位对适用范围、内容表述以及工程实践的差异，本章未详细表述。

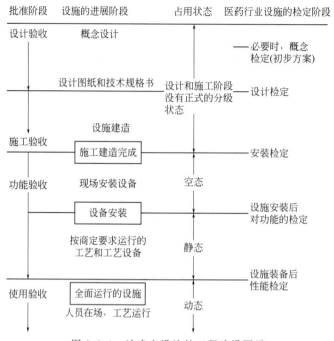

图 2.8.1 洁净室设施的工程建设图示

8.2.2 洁净室的检测

洁净室的检测要求包括内容、程序和方法等国内外基本相似，但因各行各业的洁净室内生产的产品及其工艺或使用条件不同，具有各自的特点，存在一些差异。本书以 GB 51110 中的有关规定要求为主线进行介绍，并兼以相关标准规范中的规定要求进行表述。

洁净厂房的工程验收中，在进行各项性能检测前，净化空调系统应正常运行 24h 以上，并应达到稳定运行状态。检测用仪器仪表均应进行标定，并应在标定有效期内。

洁净厂房的测试应按验收阶段分段进行。竣工验收阶段的检测应确认各项设施是否符合工程设计和合同的要求；性能验收阶段的检测应确认各项设施是否能有效、可靠地运行；使用验收阶段的检测应按产品生产工艺和"动态"活动要求，确认各项设施是否有效、可靠地运行。

洁净厂房的性能测试项目见表 2.8.1。各行各业的洁净室由于产品生产工艺要求和建设条件不同，工程实践表明，对于洁净室工程项目将会因规模不同、布置和设备配置差异、各生产工序、设备以及洁净度等级以及控制参数等的差异，建设方、施工方可根据洁净厂房设施的设计、使用运行特点，在满足规定的洁净室性能条件下确定具体工程项目的性能测试清单、测试顺序等，并由工程建设的相关各方按表 2.8.2 要求商定填写。

表 2.8.1 洁净厂房的性能测试项目

序号	测试项目	单向流	非单向流
1	空气洁净度等级	检测	检测
2	风量	检测	检测
3	平均风速	检测	不检测
4	风速不均匀度	必要时检测	不检测
5	静压差	检测	检测
6	过滤器安装后的检漏	检测	检测

序号	测试项目	单向流	非单向流
7	超微粒子	必要时检测	必要时检测
8	宏粒子	必要时检测	必要时检测
9	气流目测	必要时检测	必要时检测
10	浮游菌、沉降菌	必要时检测	必要时检测
11	温度	检测	检测
12	相对湿度	检测	检测
13	照度	检测	
14	照度均匀度	必要时检测	
15	噪声	检测	
16	微振动	必要时检测	
17	静电测试	必要时检测	
18	自净时间	不检测	检测
19	粒子沉降测试	必要时检测	
20	密闭性测试	检测	不检测

表 2.8.2 性能测试项目清单和测试顺序

选择测试顺序	测试内容	测试方法	选择测试仪器	测试仪器
♯□	悬浮粒子	本规范第 C.1 节	□	离散粒子计数器
♯□	悬浮超微粒子计数	本规范第 C.12 节	□	凝结核粒子计数器
			□	离散粒子计数器
			□	粒径屏蔽装置
♯□	悬浮宏粒子与计数	本规范第 C.13 节	—	
♯□	悬浮宏粒子采集与计数	本规范第 C.13.2 条	□	显微镜测量采样滤纸
			□	梯级冲撞器
♯□	悬浮大粒子计数	—	□	飞行时间粒子仪
♯□	气流	本规范第 C.4 节	—	—
♯□	单向流设施的风速测量	本规范第 C.2.2 条第 1 款	□	热风速计
			□	超音速风速计(3 维或相当 3 维)
			□	旋翼风速计
			□	皮托管与压力计
♯□	非单向流设施的送风风速测量	本规范第 C.2.3 条	□	热风速计
			□	超音速风速计(3 维或相当 3 维)
			□	旋翼风速计
			□	皮托管与压力计
			□	一体式风量罩
♯□	过滤器下风向总风量测量	本规范第 C.2 节	□	文氏管计
			□	孔流速计
			□	皮托管与压力计

选择测试顺序	测试内容	测试方法	选择测试仪器	测试仪器
#□	送风管风量测量	本规范第 C.2 节	□	一体式风量罩
			□	文氏管计
			□	孔流速计
			□	皮托管与压力计
#□	静压差	本规范第 C.3 节	□	电子微压计
			□	斜式压力计
			□	机械式压差计
#□	已装空气过滤器的检漏	本规范第 C.4 节	—	—
#□	已装空气过滤器系统泄漏扫描	本规范第 C.4 节	□	线性气溶胶光度计
			□	对数气溶胶光度计
			□	离散粒子计数器
			□	气溶胶发生器
			□	气溶胶液
			□	稀释系统
			□	凝结核计数器
#□	风管与空气处理机上的已装空气过滤器的检漏	本规范第 C.4 节	□	线性气溶胶光度计
			□	对数气溶胶光度计
			□	离散粒子计数器
			□	气溶胶发生器
			□	气溶胶液
			□	稀释系统
			□	凝结核计数器
#□	气流流型	本规范第 C.5 节	□	气溶胶发生器
			□	示踪剂
			□	热风速计
			□	3 维超声风速计
			□	气溶胶发生器
#□	温度	—	—	—
#□	一般温度	本规范第 C.6.4 条	□	玻璃温度计
			□	数字温度计
#□	功能温度	本规范第 C.6.5 条	□	玻璃温度计
			□	数字温度计
#□	相对湿度	本规范第 C.7 节	□	湿度监测器(电容性)
			□	湿度监测器(毛发式)
			□	露点传感器
			□	智能记录仪

续表

选择测试顺序	测试内容	测试方法	选择测试仪器	测试仪器
♯□	静电	本规范第 C.15 节	□	压电电压计
			□	高阻计
			□	充电板监测器
♯□	自净时间	本规范第 C.11 节	□	离散粒子计数器
			□	气溶胶发生器
—	密闭性检测	本规范第 C.8 节	—	—
♯□	粒子计数器法	本规范第 C.8.2 条	□	粒子计数器
—	—	—	□	气溶胶发生器
—	—	—	□	稀释系统
♯□	光度计法	本规范第 C.8.3 条	□	光度计
—	—	—	□	气溶胶发生器
♯□	噪声	本规范第 C.9 节	□	声级计
♯□	照度	本规范第 C.10 节	□	照度计
♯□	浮游菌、沉降菌	本规范第 C.16 节	□	培养皿
			□	培养基
			□	采样器

注：1.可在第 1 列的"♯□"中按所选择的测试项目顺序填写编号。
2.可在第 4 列的"□"中填写选择的测试仪器。
3.测试方法一列中的"本规范"是指 GB 51110—2015。

国家标准《洁净室施工及验收规范》（GB 50591）规定的洁净室检验项目见表 2.8.3。

表 2.8.3　洁净室的检验项目

序号	项目	单向流		非单向流
		1～4 级	5 级	6～9 级
1	风口送风量(必要时系统总送风量)	不测		必测
2	房间或系统新风量	必测		
3	房间排风量	负压洁净室必测		
4	室内工作区(或规定高度)截面风速	必测		不测
5	工作区(或规定高度)截面风速不均匀度	必测	必要时测	必要时测
6	送风口或特定边界的风速	不测		必要时测
7	静压差	必测		
8	开门后门内 0.6m 处洁净度	必测		不测
9	洞口风速	必要时测		
10	房间甲醛浓度	必测		
11	房间氨浓度	必要时测		
12	房间臭氧浓度	必要时测		
13	房间二氧化碳浓度	必要时测		
14	送风高效过滤器扫描检漏	必测		
15	排风高效过滤器扫描检漏	生物洁净室必测		

续表

序号	项目	单向流		非单向流
		1~4级	5级	6~9级
16	空气洁净度级别	必测		
17	表面洁净度级别	必要时测		不测
18	温度	必测		
19	相对湿度	必测		
20	温湿度波动范围	必要时测		
21	区域温度差与区域湿度差	必要时测		
22	噪声	必测		
23	照度	必测		
24	围护结构严密性	必要时测		
25	微振	必要时测		
26	表面导静电	必要时测		
27	气流流型	不测		必要时测
28	定向流	不测		必要时测
29	流线平行性	必要时测		不测
30	自净时间	必要时测		
31	分子态污染物	必要时测		必要时测
32	浮游菌或沉降菌	有微生物浓度参数要求的洁净室必测		
33	表面染菌密度	必要时测		
34	生物学评价	必要时测		

8.3 工程验收的三阶段

随着近年来国内外的交流、合作,各行各业的洁净厂房或洁净室的验收逐渐采取了国际标准 ISO 14644 中规定的三阶段分段进行,并且依据建设方、施工方或承建方的合同约定进行验收,方式多种,如竣工验收(建造验收)和其后的性能验收(功能验收);使用验收(运行验收),根据项目需要按两阶段或三阶段分别进行,也可前两阶段连续进行,再依据建设方试生产状况安排使用验收;但据了解也有的洁净室工程,由于建设周期、产品生产需要以及检测条件等因素,将三个阶段统一安排、明确检测条件和要求、分清责任、做好"过程"记录等,可采用三阶段连续或相继(略有间隔)进行检测、验收。洁净厂房或洁净室的工程验收最为重要的是分清每个阶段的目的(任务)、内容和测试/检测要求,下面介绍在 GB 51110、GB/T 25915 中的有关规定和要求。

8.3.1 竣工验收

竣工验收/建造验收,是对洁净厂房的各分部/系统进行检验、调整和测试,确保设施的各分部施工建造符合设计要求。竣工验收是在施工方对各分部单机试车、无生产负荷系统试车自检合格后进行的,这里的"自检合格"是指洁净厂房的各个分项工程检验批质量验收合格。竣工验收的内容是各分部工程的单机试车和无生产负荷系统试车核查、洁净室性能参数检测和调试、各分部观感质量核查。

洁净厂房竣工验收时，应认真检查竣工验收的资料，一般应包括下列文件及记录：

① 图纸会审记录、设计变更通知书和竣工图。

② 各分部工程的主要设备、材料和仪器仪表的出厂合格证明及进场检验报告。

③ 各分部工程的单机设备、系统安装及检验记录。

④ 各分部的单机试运转记录。

⑤ 各分部工程、系统的无负荷试运转与调试记录。

⑥ 各类管线试验、检查记录。

⑦ 各分部工程的安全设施检验和调试记录。

⑧ 各分部工程的质量验收记录。

洁净厂房竣工验收后应由施工方编写竣工验收报告，其内容除上述的"文件和记录"外，还应补充增加：观感核查记录；分项测试记录及分析意见（包括测试点位置、坐标等的图示）；测试仪器的有效校验证书；结论。

8.3.2 性能验收

洁净厂房的性能验收/功能验收是竣工验收合格，并经核实批准后，按设计和合约要求进行性能验收。洁净厂房的性能验收是经过规定的检测和调试，确认洁净室（区）的性能参数都能有效地满足产品生产运行的要求。性能验收的测试内容应根据具体工程项目的产品类型、生产工艺要求、空气洁净度等级等因素，在规定的 9 项测试项中不是所有测试项都要检测，如密闭性、微生物测试等。

洁净厂房性能验收/功能验收后，应由建设方或建设方委托的相关单位编写验收报告，其主要内容有：①洁净厂房中各种设施的开启状态描述；②分项测试记录及分析意见（包括测试点位置、坐标等）；③测试仪器的有效校验证书；④结论。

8.3.3 使用验收

洁净厂房的使用验收/运行验收是在动态状况下按设计和合约规定的使用状态进行检测和调试，确认洁净室（区）的有关动态性能参数都能有效地满足使用要求。

洁净厂房使用验收/运行验收后，应由建设方或建设方指定的相关单位编写使用验收报告，其主要内容有：①洁净厂房中各种设施（包括生产工艺设备）等的开启状态描述；②测试的洁净室（区）人员及其活动情况的描述；③分项测试记录及分析意见（包括测试点位置、坐标等的图示）；④测试仪器的有效校验证书；⑤结论。

在《洁净室施工及验收规范》（GB 50591）中，对洁净室的验收是在原行业标准 JGJ 71—90 的基础上修订、补充的。在此"规范"中规定："洁净室验收应按工程验收和使用验收两方面进行。""工程验收应按分项验收、竣工验收和性能验收三阶段进行。""在施工过程中，对分部、分项工程和隐蔽工程实行施工方负责的自行质量检查评定的分项验收。""分项验收的主控项目均为必须检查验收的项目。其他项目为一般项目，可随时选择检验、记录在案。""竣工验收阶段应包括设计符合性确认、安装确认和运行确认。"（在该规范中有若干条文对"设计符合性确认""安装确认""运行确认"作出了规定和要求，明确规定"在设计符合性确认合格后"，应进行空态条件下的"安装确认"；"安装确认"后应进行空态或静态条件下的"运行确认"）"性能验收阶段，应通过对洁净室综合性能全面评定进行性能检验和性能确认，并应在性能确认后实现性能验收。""综合性能全面评定的必测项目中有 1 项不符合规范要求，或规范无要求时不符合设计要求，或不符合工艺特殊要求，而所有这些要求都是经过建设方和检验方协商同意并记录在检验文件的，经过调整后重测符合要求时，应判为性能验收通过；重测仍不符合要求时，则该项性能验收应判定为不通过。选测项目不符合要求，而必测项目符合要求时，应不影响判断性能验收通过，但必须在性能验收文件中对不符合要求的选测项目予以说明。"

在 GB 50591 中对洁净室工程验收的规定是："工程验收在完成施工验收和性能验收后，应由工程验收组出具工程验收报告。""工程验收组由建设、施工（含分包单位）、设计、监理各方（项目）负责人参加，建设方负责组织、组成工程验收组。""工程验收结论应分为不合格、合格两类。对于有不达标项又不具备整改条件，或即使整改也难以符合要求的，宜判定为不合格；对验收项目均达标，或虽存在问题但经过整改后能予克服的，宜判定为合格。"该"规范"中对洁净室工程的使用验收规定是："当建设方要求进行洁净室的使用验收时，应由建设方、施工方协商制定使用验收方案，在工艺全面运行、操作人员在场的动态条件下由建设方组织进行。""使用验收应由建设方组织检测，重复综合性能全面评定检验的全部和一部分项目，判断是否满足使用要求，对不满足的部分应查明原因，分清责任。""各性能参数的动态验收标准、测点布置应由建设方、施工方和检验方共同商定，并载入协议。"

8.4　　工程验收的测试要求

8.4.1　一般要求

洁净室工程验收的测试要求，由于各种因素包括洁净室用途、使用特点以及工程实践等的差异，目前在现行标准规范中作出一些不同的规定，在具体洁净厂房的工程验收应结合实际状况，由建设方准确地选择或与施工方、总承包单位共同确定（制订）一个工程验收及检测的详细方案，以确保洁净工程精准、有效进行验收、检测，实现洁净厂房持续保持洁净生产环境和安全、稳定可靠的运行。

在国际标准 ISO 14644 的第二、第三、第四部分中对洁净室的测试提出必测项、可选检测项和工程验收各阶段对检测项的要求。洁净室设施的必测项有空气洁净度等级和超微粒子计数、大粒子计数以及气流检测、静压差检测。可选择项有已装过滤系统检漏、气流方向检测与显形检查、温度检测、相对湿度检测、静电和离子发生器检测、自净检测、密闭性测试。同时还规定了"证明持续符合粒子浓度限值（空气洁净度等级）的检测最长周期"：≤ISO 5 级为 6 个月，＞ISO 5 级为 12 个月，检测一般是在"动态"下进行的，也可在"静态"下进行；对于风量或风速、静压差检测的检测最长周期为 12 个月，可用于所有洁净度等级在"动态"或"静态"下进行检测。除上述三项检测外，由建设方、相关方协商确定的用于洁净室设施的检测项目包括已装高效过滤器的检漏、气流可视检测、自净时间、隔离检漏的最长检测周期为 24 个月。

8.4.2　三阶段验收的检测要求

对于洁净室三个阶段工程验收的检测要求，在 GB 51110 中作出了如下规定：

① 洁净室竣工验收的主要检测内容如下：a. 气流流型目测；b. 风速和风量测试；c. 已装空气过滤器的检漏；d. 洁净室（区）的密闭性测试；e. 房间之间的静压差测试；f. 空气洁净度等级；g. 产品生产工艺有要求者，应进行微生物测试或化学污染物测试或特殊表面的洁净度测试；h. 自净时间；i. 温度、相对湿度；j. 照度值；k. 噪声级；l. 其他建设方需要进行的检测项目。

② 洁净室性能验收的主要检测内容如下：a. 空气洁净度等级；b. 生产工艺有要求者，还应进行微生物测试或化学污染物测试或特殊表面的洁净度测试；c. 洁净室（区）内温度、相对湿度的稳定性测试；d. 自净时间；e. 洁净室（区）的密闭性测试；f. 照度值；g. 噪声级；h. 需要时，确认和记录气流形式和换气次数；i. 建设方需要进行的其他检测项目。

③ 洁净室使用验收的主要检测内容如下：a. 空气洁净度等级；b. 生产工艺有要求者，还应进行微生物测试或化学污染物测试或特殊表面的洁净度测试；c. 温度、相对湿度的稳定性测试；d. 确认洁净室（区）的密闭性能；e. 建设方需要进行的其他检测项目。

④ 在 GB 50591 中对洁净室检测项目的必测项和选择项等按单向流、非单向流作出了规定，可见表 2.8.3；并在该规范中对工程验收后为确认洁净室的必测项目符合要求的日常检验周期和选择项目的符合要求的日常检验周期进行了规定。

⑤ 主要性能测试要求简介。洁净室主要性能测试项的测试要求包括检测方法、检测内容等，在 GB 51110 中作出了明确的规定。

a. 空气洁净度等级的检测是对粒径分布在 $0.1 \sim 5.0 \mu m$ 之间的悬浮粒子的粒径和浓度进行测试，空气洁净度等级应符合设计和建设方的要求。对于超微粒子（$<0.1 \mu m$）、宏粒子（$>5.0 \mu m$）的测试结果，应根据业主或设计要求确定。检测方法见本篇第 9 章，下同；检测数量为全数检查。根据生产工艺要求，对医药产品用洁净室等，应进行洁净室内浮游菌、沉降菌的检测；检测数量为全数检查。

b. 风量和风速的测试。单向流洁净室的送风量以测试的平均送风速度乘以送风截面积确定；非单向流洁净室的送风量可采用直接测试或测出风口风速乘以出风截面积确定。检测数量为按房间或区域，全数检查。

c. 压差测试。为检验洁净室（区）与其周围环境之间的规定静压差，应在洁净室（区）的风速、风量和送风均匀性检测合格后进行静压差测试。检测数量为按房间或区域，全数检查。

d. 已装空气过滤器的检漏。为检验洁净室（区）内已装高效空气过滤器的完好性和安装质量，在安装后的空气过滤器上游侧引入测试气溶胶，并及时在送风口和过滤器周边、外框与安装框架之间的密封处进行扫描检漏。检漏测试可在"空态"或"静态"下进行。检测数量为全数检测。

e. 气流流型测试。为确认洁净室（区）的气流流型和气流方向，在上述检测达到要求后进行气流流型检测。检测数量为单向流、混合流洁净室（区）抽检 50％以上，非单向流洁净室（区）抽检 30％以上。

f. 温度、湿度测试。为确认净化空调系统对洁净室（区）内温度、相对湿度的控制能力，应在净化空调系统连续、稳定运行后进行检测，达到设计要求。检测数量为按房间或区域，全数检查。

g. 洁净室（区）的密闭性测试。对于空气洁净度等级小于等于 ISO 5 级的洁净室（区），应对围护结构进行密闭性测试，以确认有无被污染的空气从相邻洁净室（区）或非洁净室（区）通过吊顶、隔墙或门窗渗漏进入洁净室（区）。检测数量为全数检测。

h. 洁净室（区）内的噪声测试。按标准要求应在"空态"，或根据不同地域要求与建设单位协商的占用状态进行检测，室内噪声达到标准规定值。检测数量为按房间或区域，全数检测。

i. 洁净室（区）的照度测试。应在室内温度稳定和光源光稳定状态下进行，室内照度值达到设计要求。检测数量为按房间或区域，全数检查。

j. 自净时间检测。自净检测是测定洁净室暴露于空气污染源或室外空气后，能否在有限的时间内恢复到规定的洁净度。通常对于非单向流洁净室，应进行自净时间的检测。检测数量为按房间或区域，全数检查。

k. 微振控制测试。当洁净厂房中设有需微振控制的精密设备仪器时，应对微振控制设施的建造质量进行检测，达到设计要求。检测数量为按房间或区域，全数检查。

l. 静电检测。根据生产工艺要求，应对洁净室（区）的地面、墙面和工作台面的表面导静电性能进行检测，达到标准或设计要求。检测数量为按房间或区域，全数检查。

第9章 洁净室的检测

9.1 简述

① 洁净室检测是洁净厂房建设的重要步骤，它是洁净厂房工程验收能否通过的重要依据，目前我国洁净室的检测均由具有资质的单位进行。据了解在一些发达国家大多邀请经 NEBB 认证的 CPT（Cleanroom Performance Testing）公司进行洁净室性能检测。NEBB 是美国国家环境平衡局的简称，是由美国机械承包商协会（MCAA）和金属板材和空调承包商国家协会（SMHCNA）创立的非营利组织。NEBB 制定并指导了面向管理的认证纲要，为建筑系统的试运行，环境系统的测试、调节和平衡，洁净室和洁净空气装置的性能测试，环境系统的声音和振动的测量提供了标准、培训教材。NEBB 的《洁净室认证测试标准程序》（*Procedural Standards for Certified Testing of Cleanrooms*）于 1988 年发布第 1 版，1996 年发布第 2 版，第 3 版在 2009 年发布实施。

在 NEBB 的第 3 版《洁净室认证测试标准程序》中多处表述：NEBB 认证的 CPT 工程师应对 ISO 14644 的第 1、第 2、第 3 部分有关空气洁净度的分级、检测方法等标准内容"透彻"地了解，并明确指出 NEBB 标准的基本测试要求与 ISO 14644 所要求的按空气粒子浓度判定洁净度等级有关；通常基本测试应按对所认证项目最有益的顺序进行，实现了这些测试的洁净室即可按适宜的等级进行分级。基本测试包括风速和均匀度测试、风量和均匀度测试、高效过滤器安装检漏、悬浮粒子计数洁净度分级测试、室内压力测试五项。

洁净室的选用测试主要针对室内粒子、空气流动和辅助系统等，供用户选用；选用测试包括气流平行度测试，自净测试，照度和均匀性测试，声级测试，振动水平测试，温度、湿度和均匀度测试，静电测试，导电性测试，电磁干扰测试，换气次数测试等十项检测。

NEBB 在其工作内容制订并保持标准、程序、技术条件等时，不仅涉及洁净室性能测试（CPT），并明确要求洁净室测试前应完成空气和冷热循环系统的测试、调节、均衡（testing、adjusting and balancing，TAB）。TAB 是系统性调试过程或服务，应用于供暖、通风、空调系统（HVAC）及其他环境系统，以满足"系统"的风量和循环冷热量流量并以文件记录调试状况、数据等。

在国家标准 GB 51110 中规定："洁净厂房的验收中，在进行各项性能检测前，净化空调系统应正常运行 24h 以上，并应达到稳定运行状态。"洁净厂房的净化空调系统要达到正常、稳定运行状态，必须对整体净化空调系统按设计要求进行测试、调节（调试），确保"系统的各项技术参数"达到设计要求。洁净室各项性能检测应在该洁净室的净化空调系统按规定的占用状态下进行所需的运行状态调试，通过调试符合设计要求后才能确保其正常、稳定运行。这种"调试"基本与 NEBB 的 TAB 相似。

② 洁净室检测应根据工程建设实际状况按已经发布的规范标准的规定分阶段进行。在 GB

51110 中要求按验收阶段分三阶段进行，即竣工验收阶段的检测，应确认洁净厂房的各项设施都符合工程设计和双方合约的要求；性能验收阶段的检测，应确认各项设施的性能参数都能确保洁净室有效、可靠地运行；使用验收阶段的检测，应按洁净室内的产品生产工艺和使用"动态"活动要求，确认洁净厂房的各项设施都能确保洁净室有效、可靠地运行。对于一个具体的洁净室工程或洁净厂房项目在工程建设验收或确认投入生产前，洁净室是否能确保有效、可靠的洁净环境生产出质量符合要求的产品，洁净室检测应如何选择检测项和相关的要求，依据现今我国洁净厂房的工程建设实践，除了应按有关标准规范的基本要求外，通常还可依据具体洁净室工程的特点、规模、现场实际状况等因素，经过检测方和业主的协商，甚至是三方——施工方、检测方、业主的协商以合约确定洁净室的占用状态（包括"空态"或"静态"或"动态"）以及测试项的具体要求。在本章 9.5 节的检测案例中有这种"实例"介绍。

③ 洁净室的检测方法、检测仪器的选择，一般情况下均应依据有关标准规范的规定/要求进行。有的规定是不能随意变更或不遵守的，如检测用仪器仪表均应进行标定/校验，并应在标定/校验的有效期才能使用，此规定必须执行，并应有书面文字记录/证明。但是随着洁净厂房工程建设内容、规程、产品生产/使用要求的变化等因素，现有标准/规范中有的规定/要求也不是都不能进行某些修改或补充，在规范标准没有修订或同一种测试项在不同规范标准中有差异或不同的状况下，在具体的洁净室工程项目的检测前可由业主与检测方或三方（施工方、检测方、业主）经过认真的协商，并以合约方式确定不同的测试方法/方式，比如各类测试项"测试点"的确定等。如果认真分析研究涉及洁净室检测的标准规范、书籍和文章，可以发现洁净室的不同测试项"测试点"的规定/要求是存在差异的，对于有的测试项的"测试点/采样点"在标准规范中有详细的、明确的规定，例如为进行洁净室的洁净度等级分级所必需的空气悬浮粒子浓度计数测试的"采样点"，在本书前后的章节中有相关标准规范的介绍，可见确实存在差异。实际的洁净室工程建设的验收检测也好，运行过程中的定期监测也好，均应根据具体洁净室内产品生产工艺要求或使用要求、洁净室规模、洁净度等级、具体条件等因素，一般应由使用方或管理方在借鉴吸取同类洁净室运行经验的前提下与检测方在检测前协商确定"采样点"的计算方法、数量要求等。

④ 在有关标准规范的工程验收中对洁净室的主要测试内容作出了规定，在本篇第 8 章有介绍。按洁净厂房的三个阶段工程验收规定，在竣工验收阶段是 12 项测试内容，性能验收阶段是 9 项测试内容，使用阶段是 5 项测试内容。在具体洁净工程验收检测或运行过程的监测时，应依据具体洁净工程项目的实际状况和使用单位的要求，由业主与检测方协商确定，在本章的"洁净工程检测案例"中有相关介绍。

9.2 洁净室净化空调系统的调试

9.2.1 调试准备

① 设计文件熟悉、核查。调试前应对委托方提供的设计文件，包括设计说明、系统原理图、送回排风系统及其管道平面图、水系统分区图、其他相关图纸和建设方的需求等进行熟悉核查。设计文件熟悉、核查包括：设计参数符合性检查和现场施工符合性检查。设计参数符合性检查是核查设计数据是否合理，检查是否存在设计遗漏。现场施工符合性检查是检查工程施工是否与设计文件、图纸一致，并关注设备、管道及附件技术参数、性能的符合性等。

② 调试现场检查主要是针对现场条件的确认，核查是否具备系统调试的条件。现场检查的主要内容有：围护结构检查；施工进度的确认及施工符合性检查；设备可运行状态（空调机组、排风机组、泵、冷却塔等）检查；附件安装检查（阀门、风口等）；其他调试所需的相关检查。例如

在某液晶显示器面板制造的洁净厂房净化空调系统调试中，关于设计文件、图纸核查的部分内容如表 2.9.1 所示。

表 2.9.1 某净化空调系统调试核查的内容

名称	工作内容
检查设计文件和图纸	1.检查热源能力和原理图
	2.设计标准
	3.冷冻水和热水分配系统
	4.洁净室送风和回风系统
	5.FFU 循环空气量
	6.DCC 冷负荷和水管系统
	7.工艺排风系统
	8.系统设备和风管
现场检查	1.外围结构检查
	2.施工进度跟踪
	3.设备可运行状态检查

③ 文件、仪器的准备。净化空调系统调试前需要通过对实际调试的项目，制定相关的调试方案、图纸、记录表格等文件资料；检查、确认所需的测试仪器、工具是否正常，确保仪器均经合格检定，仪器检验证书在有效期范围之内；检查调试过程需要用的梯子、安全绳、电源线等工具是否完好，确认符合安全作业要求。

9.2.2 净化空调系统调试

净化空调的风系统调试主要是通过对空调机组性能、风口风量、房间压差的调整、平衡，确保相关参数满足用户使用要求。

（1）空调机组性能 洁净室的净化空调系统调试涉及的机组一般包含空调机组、排风机组。机组性能合格是净化空调系统所有参数保证的前提。机组性能调整主要是通过对机组的各种技术参数进行检查、调整、测试，从而判定机组性能是否符合要求。在调试过程中，总风量是机组性能最核心的、最关键的参数之一。机组总风量包含空调机组总风量、排风机组总风量，其中空调机组总风量又包含总送风量、总回风量、总新风量（空调机组总风量的调整与排风机组总风量的调整基本是一样的，所以接下来均按空调机组总风量的调整来介绍相关内容）。空调机组的总风量若不能满足设计要求，将直接影响房间的换气次数或房间的洁净度、房间的温湿度等核心参数。

通常在机组总风量的调整过程中，一般应同时进行机外余压及系统阻力两个参数的调试。经过对这三个参数的调整确认，就可以初步判定当前状态下的空调机组性能是否能达到要求。空调机组机外余压表明机组克服系统阻力的能力，机外余压越大，其克服阻力的能力就越大；净化空调系统阻力是机组送风管路阻力、回风管路阻力和新风管路阻力之和。机外余压必须大于系统阻力。这里应区别机外余压与机组全压，空调机组的全压应为机外余压与机组本身阻力之和。在空调机组性能的调试中，还涉及振动、噪声、电流、转速等，但在净化空调风系统调试前，应已进行了单机试车，并对机组部分参数作了调整、测试。

现以一个净化空调系统中的空调机组调试过程为例来进行说明，该空调机组包含以下功能段：带有软连接的风阀、袋式初效过滤器、袋式中效过滤器、加热器、表冷器、加湿器、蜗壳风机（带电动机）、中效出风过滤器、出风风阀（带软接头）。调试目的是检查机组箱体的漏风率以及风机电动机运行时的风量和全压。风量测试之前，现场应提供 380V 的电力接线，且机组的变频器已经安装到位；在漏风率测试之前，机组的所有风阀必须与风管断开。在实施调试前应确认：AHU 的调试方案已经批准，调试人员进行过培训，所有设备仪器包括各类连接应按设计要求全部完成、到位，各类连接部分，比如风管、供水、排水等全部到位，所有的电器类连接全部到位，所有的控制和测试元件全部就位（比如传感器、温控器等），供电已经到位。委托方协助提供工作现场所需的升降台和梯子，控制箱已经安装到位，并可供使用。

空调机组调试需配备的测试仪器有：数字差压表、振动测试仪、数显温湿度仪、数字钳形表、噪声仪、毕托管、红外辐射温度计等。

空调机组性能调试的过程为目视检查、开启调试、风量和风压调试以及测试、电流电压测试、转速测试、振动测试、噪声测试和数据处理。目视检查主要是检查机组各部位尺寸的符合性、机组框架结构的符合性、箱体结构是否为可拆卸式、机组方向是否与设计一致、框架安装是否牢固、水盘材质是否与设计要求一致、风口风阀的位置是否正确、风机（含电动机）的型号和技术参数是否正确、风机是否有减振设施、机组过滤框是否正确、加湿器的类型及参数是否符合设计、溢流口的安装高度是否符合要求、照明是否安装到位、软接材料是否与设计一致、检修门开启是否灵活及其密封性、电器开口是否密封、压差表是否安装正确等。

开启调试、测试：①风机段在额定电压下启动，稳定运转 5min 切断电源，停止运转，反复进行三次；②检查风机的转动方向是否正确、螺栓有无松动、风机运行是否平稳等；③空调机组开启，正常运行后记录。用温度计记录电动机的温度，运行 2h 后记录。

空调机组的风量风压测试，按图 2.9.1 连接风机段及风管，试验装置由被测风机段、连接管、测试管组成。测量机组静压，用毕托管在测量面管壁上的测压孔取压，将压力计一端与之连接，另一端与周围大气相通，压力计读数即为机组的静压；测量机组动压，将毕托管的直管垂直于管壁，侧头正对气流方向且与风管的轴线平行，读数即为机组动压。通过计算，得出实际送风风量。

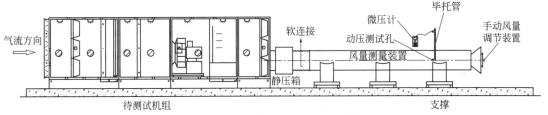

图 2.9.1 风量测量试验装置布置图

电流电压测试时，设备应稳定在额定运行工况，测试前必须先了解机组的电压水平，在机组控制柜处测量电流、电压。测试时应得到相关电气工程师的同意，在确保安全的情况下进行。电流与机组的总风量成正比关系，在实际机组性能调整时，往往会出现系统压力达不到机外静压的情况，调整时就需要通过对比机组性能曲线来判定机组的性能情况。

转速测试时，应开启设备至额定运行工况，直接测量电动机的转速。一般情况下，二极电动机转速为 2950r/min，四极电动机转速为 1450r/min、六极电动机转速为 950r/min。转速测试时要注意 1/2 转速、2 倍转速与实际转速的成像区别，防止误判。

振动测试：启动设备至额定运行工况，稳定运行 3min；在试验机组底板四角处相互垂直的三维方向上测量振动速度；记录振动速度。振动速度以不大于 2.5mm/s 为合格。

噪声测试略。

风机段在额定电压条件下启动，反复进行三次无故障；风机转动方向正确，运行平稳无异常；电动机的温升不大于 50℃。机组在额定全静压下，风量偏差在 -5% 以内。

（2）风口风量（风速）调试、测试　送风口风量的调整及平衡，实际上就是对送风管系统进行阻力平衡的一个过程。通常净化空调系统的送风风管系统设计时应进行系统阻力计算，通过相关的风管布置、变径等来确保系统的阻力平衡。但是实际情况常常是按设计施工的风管系统不能达到各送风口风量的使用要求，故需通过调整各个风口的阀门来调整各个送风口间的阻力状况，以便达到系统的阻力平衡，从而使各个风口的风量均可在设计要求的范围之内。

送风风口的风量平衡无论是哪种用途的净化空调系统均有一定要求。有些比较注重房间换气次数，比如药品生产车间；有些则关注同一房间内各风口之间的风量偏差，比如温湿度控制精度高的洁净室。风口风量平衡的结果直接影响房间的换气次数及房间的气流形式，并直接影响房间洁净度的效果。同时，风口风量平衡对房间温湿度的控制有一定影响。

风口风量调节及平衡可采用基准风量平衡法、等比平衡调试法和预见针对平衡法。其中，基准风量平衡法和等比平衡调试法是基于风管的阻力损失计算公式衍生出来的，即风量与阻力成反比的关系。

预见针对平衡法是在具有熟练调试经验的基础上，有针对性地对风量偏差较大的风口进行调整。具体实施方法如下：根据所测风量分布记录找准风量最小的风口和比设计值高且偏差风量最高的风口，找准"最小"和"最大"采用"削峰填谷"平衡法，关闭"最大"风量风口风阀将风量挤压至"最小"风量风口，使得整个系统的风口风量相对均匀且控制在设计风量偏差 15％ 以内；再次测试系统中的全部风口风量并记录，计算出实测风口风量与设计风量的比值，采用等比平衡调节法进行微调，使各个风口风量相对均匀且控制在设计风量偏差 15％ 以内。整个调试过程中应十分关注系统总风量的变化趋势。

目前净化空调系统中，定（变）风量阀的使用已较为常见。定（变）风量阀的使用大大减少了后期维护工作量，方便了后期系统的维护。使用定风量阀和变风量阀，对于风口风量的调整工作也有所简化，往往只需将阀门刻度调至所需的风量刻度即可。但是，定风量阀和变风量阀均有一个工作压差的要求，有的还对安装的位置有一定要求，若没法满足工作压差的要求，阀门是无法起到调节作用的。所以定（变）风量阀前均要求安装手动调整阀，其目的就是调节阀门两端的压差，以满足工作压差的要求。同时，定（变）风量阀的局部阻力是较大的，因此，带有定（变）风量阀的系统，对空调机组的机外余压有较高的要求。

风口风量的调节及平衡过程是风口编号、风口风量摸底测试、风口风量平衡测试。风口编号的原则：便于测试工作开展，便于用户后期维护管理。具体编号应与使用方协商确定。编号信息应包含：系统编号、房间编号、风口性质、风口编号。例如 J1-R001-H-001，其中 J1 是系统 1；R001 是 001 房间；H 是 HEPA 高效过滤器；001 是第 1 个风口。

整个系统风量平衡之前，应先对各个风口进行风量摸底测试，一是充分了解整个系统实际现状，二是对风口布置是否与施工图一致进行核查。将摸底数据与设计值比较，采用预见针对平衡法进行风口风量平衡调试，粗调整后对整个系统的风口风量进行测量，再次与设计值比较，根据对比状况确定是否需要再次进行精调整，直至满足要求。风量平衡调整时可将人员分为两部分，一部分在夹层，另一部分在洁净室，采用对讲机进行沟通。为加快进度在夹层的人员应对整个风管系统熟悉，能快速地找到相应的阀门位置；在洁净室的人员，可使用必要的、快速的联络方式，即时与在夹层的人员准确找到风口位置。调整完成后，需在房间压差调试完成后进行复测，避免因压差调试导致个别风口风量出现大的变化。

风口风量调整结束后，应对风阀的开启位置进行标记，并在阀门开度记录表格上填写实际开度。同时，在夹层的相应位置做"已调试、勿动阀门"的标记。

风口风量调试后的结果应符合设计和使用要求，并应如实记录下列数据：测试日期、测试人员、系统编号、房间编号、风口编号、测试风量等。

（3）FFU 风速调节　主要是通过调节 FFU 的转速来实现。FFU 的转速调节一般分为挡位调节及转速调节。挡位调节一般设置 1～5 挡；转速调节则可实现 FFU 在设计转速范围内的任意调节。FFU 风速调节前应与使用方协商确定 FFU 编号。依据洁净室（区）内 FFU 的实际状况，选取部分 FFU，测试各挡位或转速下 FFU 的风速，记录各挡位或转速下对应的风速。根据初步检测的 FFU 风速状况，确定可满足风速要求的挡位或转速，将 FFU 调整至确定好的挡位或转速，测量各 FFU 的风速，若部分 FFU 的风速在确定的挡位或转速下，仍然未达到要求，则增加（降低）挡位或增大（降低）转速，直到风速满足要求。在进行各 FFU 的风速调整时，应考虑整个洁净区域的气流情况，结合气流适当调整 FFU 的挡位或转速。鉴于无纺布对 FFU 风速的影响，在 FFU 风速调整时，必须注明 FFU 无纺布的状态。

FFU 风速调试后的结果应符合设计和使用要求，并应如实记录下列数据：测试日期、测试人员、系统编号、房间编号、FFU 编号、测试风速等。

9.2.3 压差调试

洁净室的压差调试是通过调节房间的送风、回风、排风来实现的，而送风在风口风量平衡时已经调整完成，所以主要是调节回风量、排风量。压差是保持洁净室洁净度的关键参数之一，也是洁净室系统参数控制的难点之一。通常大型电子类的洁净厂房因洁净室面积较大、房间数量较少，房间的压差相对而言容易维持，不易受到破坏。而医药类洁净厂房的压差调试相对就有一定的难度，这是因为医药类厂房洁净房间多、每个房间面积小，其压差因工艺要求还具有较大差异；为确保相关洁净室的压差要求，对调试工程师的能力、经验有一定的要求。

洁净室的压差根据洁净室的特性、工艺特点有不同的要求，压差值的选择应适当。压差值选择过小，洁净室的压差很容易破坏，洁净室容易受到污染；选择过大，洁净空调系统的新风量就会增大，空调的负荷增加，能耗较大。因此，国家标准《洁净厂房设计规范》（GB 50073）规定洁净室与室外的最小压差为 10Pa。洁净室之间的压差，因各行各业的生产工艺不同有所差别，具体的洁净室工程应符合设计文件的要求，且不得随意改变。

压差调整的实际过程中还应充分考虑围护结构泄漏对压差的影响，尤其是门缝、开孔处。洁净室的正压维护是靠正压风量来实现的，因此，应关注维护结构的密封性。压差调整时，所有非正常生产时工艺要求的孔洞都必须封堵，所有的门均应安装可调节的扫地条；压差调试期间，系统所有的门均需关闭，非相关人员禁止进入洁净室。

洁净室压差调节。在调试前需对待调整的系统状态进行确认，空调机组送风量应为送风口风量平衡后的数据；若洁净室（区）有排风，则需确认排风机组可正常开启。涉及工艺排风的，需与生产部门协商确定工艺排风开启的情况。检查系统各个房间的回风阀门，并均保持全开状态；检查确认围护结构的密封情况。

洁净室压差摸底测试。首先将待调试洁净室各个房间所有的门均打开（直排房间除外），测量房间整体对室外的压差；然后关闭所有房间的门，测量各个房间之间的压差。

洁净室（区）各房间的压差调节：根据各个房间的设计压差，对比摸底的数据，调节排风、新风比例，以使各个房间的压差在要求的范围之内。房间之间的压差调整：选取压差调整参照房间，便于调节过程中找参照点。参照房间宜与待测的多数房间相邻，比如走廊，且最好是直接与室外相邻。对比分析设计压差值和摸底实测压差值，初步确定调节顺序。一般从最远端的房间开始，从后往前调，先关小压差偏小房间的回（排）风阀门，然后调节各个房间的回（排）风阀门，调节房间压差。房间压力偏小的，关小回（排）风阀门，减小房间的回（排）风量；反之，打开阀门，增大回（排）风量。压差调节的过程中遵循"多测、多分析、少动阀"的原则。反复、多次调整直至各个房间的压差符合设计和使用要求。各个房间的压差调整完成后，关闭各个房间的门，测量各个房间之间的压差，记录数据。同时，做好阀门的标识工作，并应如实记录下列数据：空调机组的频率、新风阀门的开度、回风阀门的开度；排风机组的频率、排风阀门的开度；房间的压差；测试时间；测试人员等。

洁净室的压差调试是净化空调系统调试过程中最难的一项工作，具体工程的实际调整过程可能会遇到各种各样的问题，例如洁净室围护构造的墙板、吊顶、门窗密闭性，风管阀门质量以及排风（包括工艺排风量）的变化都影响压差测试值。洁净室的压差调试工作能否较快地、顺利地推进，既取决于施工的质量，也取决于调试人员的经验、技术水平。

附：关于上海某洁净实验室压力调试中问题的分析。

① 概况。上海某洁净实验室在不同楼层分别设有两个实验室，均为负压洁净室，采用全新风的直排方式，设置四台新风机组、四台排风机组。实验室（一）设送风系统 2 套，即 MAU1 和

MAU2，送风量分别为 25500m³/h、30000m³/h；排风系统 2 套，即 EAF1 和 EAF2，排风量分别为 27000m³/h、32000m³/h。实验室（二）设送风系统 2 套，即 MAU3 和 MAU4，送风量分别为 23000m³/h、26500m³/h；排风系统 2 套，即 EAF3 和 EAF4，排风量分别为 24500m³/h、27500m³/h。表 2.9.2、表 2.9.3 为有关房间的设计参数。洁净室采用矿棉板吊顶，图 2.9.2 是洁净实验室的实景。

表 2.9.2 洁净实验室（一）的净化空调系统设计参数

系统号	房间号	送风量/(m³/h)	排风量/(m³/h)	压力/Pa
MAU1/ EAF1	01	22460	23670	−5
	02	2780	2950	−5
MAU2/ EAF2	03	23610	24821	−5
	04	2690	3820	−5
	05	3930	4090	−5

表 2.9.3 洁净实验室（二）的净化空调系统设计参数

系统号	房间号	送风量/(m³/h)	排风量/(m³/h)	压力/Pa
MAU3/ EAF3	01	20190	21331	−5
	02	2990	3150	−5
MAU4/ EAF4	03	19340	20301	−5
	04	4030	4180	−5
	05	2770	2900	−5

图 2.9.2 洁净实验室实景

在对实验室四个系统新风机组总风量、排风机组总排风量、各房间风口送风量调整完毕后，各房间送风量均满足要求，排风机总风量均满足要求，但各房间的压力均不能达到设计值（−5Pa）的要求，见表 2.9.4。

表 2.9.4 洁净实验室实测测试数据

系统编号	新风机组/排风机组频率/Hz	实测新风量/(m³/h)	末端送风口累加/(m³/h)	实测排风量/(m³/h)	室内整体压力/Pa
MAU1/EAF1	45/45	29660	28618	33929	−2
MAU2/EAF2	47/45	未开孔	30355	40279	−1
MAU3/EAF3	50/50	26925	26036	30751	−1

系统编号	新风机组/排风机组频率/Hz	实测新风量/(m³/h)	末端送风口累加/(m³/h)	实测排风量/(m³/h)	室内整体压力/Pa
MAU4/EAF4	49/52	43237	29731	30845	−1

②　鉴于上述实测数据表明各房间的压力均达不到设计要求，为此，检测单位做了几组实验，其实验数据见表 2.9.5。

表 2.9.5　送风机、排风机在不同状态下的频率及压力数据

状态一	MAU1/EAF1		MAU2/EAF2		MAU3/EAF3	
	送风机组开启频率/Hz	室内压力/Pa	送风机组开启频率/Hz	室内压力/Pa	送风机组开启频率/Hz	室内压力/Pa
在排风机组最大工作频率下运行	0	−12				
	25	−4	25	−4	25	−3

状态二	MAU1/EAF1		MAU2/EAF2		MAU3/EAF3	
	送风机组开启频率/Hz	室内压力/Pa	送风机组开启频率/Hz	室内压力/Pa	送风机组开启频率/Hz	室内压力/Pa
在排风机组工作频率下运行	0	−12	0	−14	0	−7
	25	−4	25	−3	25	−3

以表 2.9.5 中的 MAU1/EAF1 为例说明：当在 EAF1 以最大工作频率开启时，送风机组不开（室内不送风），室内压力为 −12Pa；在送风机组以 25Hz（最低运行频率）开启时，室内压力为 −4Pa。当在 EAF1 以工作频率开启时，送风机组不开（室内不送风），室内压力为 −12Pa；在送风机组以 25Hz（最低运行频率）开启时，室内压力为 −4Pa。

③　问题的分析。根据送风机组及排风机组可在满足设计风量的情况下运行，但是洁净室各房间的压力未能满足设计要求的状况，再依据检测单位在表 2.9.5 所列的试验数据，若以 MAU1 系统为例分析房间压力不能满足设计要求的现象：MAU1/EAF1 系统设计送风量为 22460CMH，排风量为 27000CMH。在送风机组频率 45Hz 下，末端风口风量累加风量为 28518CMH；在排风机组频率为 45Hz 下，排风总量为 33929CMH，此时房间压力为 −2Pa。当排风机组仍然在 45Hz 的工作频率下运行时，关闭送风机组，房间送风为 0，房间压力为 −12Pa；若送风机组以最低频率 25Hz 运行，房间压力为 −4Pa。也就是说，在送风全关、排风满足设计的状况下，房间压力只能维持在 −12Pa。此时房间的空气洁净度会下降，污染物会增加，虽然可能满足压力的要求，但不能达到洁净环境的要求。可见，房间的围护结构存在严重的渗漏情况，这是因为洁净实验室采用的围护结构其密封性能应比一般实验室的围护结构要求严格。当送风机组以 25Hz 的频率送风时，房间压力能维持在 −4Pa。若送风机组以 45Hz 的频率送风时，房间的整体就仅仅能维持微负压。

根据国家标准《洁净厂房设计规范》（GB 50073）第 6.2.3 条，洁净室的压差风量大小与洁净室的围护结构气密性密切相关，因该洁净实验室的围护结构气密性较差，在保证满足目前送风量及排风量的状况下，室内维持设计压力值是达不到的。再者，设计的渗漏风量采用的计算参数（围护结构的缝隙长度等），可能比实际施工的参数要小得多，因此，要保证在目前围护结构下该洁净实验室的 −5Pa 压力值，其排风量必须远大于送风量。也就是说，该洁净实验室在现有围护结构下要维持实验室压力 −5Pa 的要求是困难的。

9.2.4　水系统调试

空调水系统调试包括热水系统、冷冻水系统、冷却水系统等。水系统的介质是水，水系统的调试就是三个字：总、支、末。"总"是总流量、压力是否满足设计要求，关键看设备的性能及系统的管路是否合理；"支"就是分配到各个区域主支管的流量、压力能否满足各个区域的设计要求和使用需要；"末"就是末端设备或使用点的流量、压力是否满足各个末端的要求。将三个方面的流量、压力调节好，水系统的调试就圆满完成了。

目前，随着自动平衡阀大量使用及自控控制精细化，水系统的调试较风系统的调试可能相对简单。但水系统的调试也有自己的特点，就是水系统的调试有季节性的要求。水系统中冷水系统、冷却水系统在夏季工况调试最佳，热水系统在冬季工况调试最佳。

（1）调试前准备　水系统调试前应先确认各类设备试运行完毕，均可正常开启运行；管路系统阀门是否可调节；水泵安装状态；管道连接状态；末端设备安装和试运转状态。核查管道内空气的排放状况；测试记录表格齐全、仪器完好且在有效的校验期内。

（2）设备性能调试　水系统调试涉及的设备有冷冻机、冷却塔、水泵、换热器及末端设备等。

① 冷冻机。调试前检查：确认电源投入；设备厂商完成试运转；核查各类阀门是否满足设计和使用要求。调试步骤：冷冻水流量的测试确认；冷冻水出入口温度的测试确认；冷却水流量的测试确认；压缩机及辅助设备运转参数的调试；记录测试数据，并分析比对，判断冷冻机调试是否满足设计要求。

② 冷却塔。调试前的检查：确认电源投入；设备厂商完成试运转；冷却水泵试运行完成。调试步骤：冷却水流量的测试确认；冷却水出入口温度的测试确认；冷却塔运转参数的调试；记录测试数据，并对比分析，判断冷却塔调试是否满足设计要求。

③ 水泵。调试前的检查：确认阀门的开关状态；设备厂商完成试运转。测试步骤：水泵流量的测试确认；水泵进出口温度的测试确认；水泵进出口压力的调试、测试；记录测试数据，并分析判断水泵各项参数是否满足设计要求。

④ 热交换器及末端设备。测试前的检查：确认阀门的开关状态；设备厂商完成试运转。测试步骤：设备流量的调试、测试；设备进出口温度的调试、测试；设备进出口压力的调试、测试；记录测试数据，并分析判断设备各项参数是否满足设计要求。

（3）主支管水流量调节　包括冷冻水主支管、冷却水主支管、热水主支管等水流量平衡调节。

① 调试前准备。关闭旁通阀门；对照设计图纸，核对各管路设计要求的流量，并在图纸上做好标注；检查系统管路安装是否符合设计要求，确认管路直径及附件等的安装正确性；检查平衡阀的安装情况，确认平衡阀状态，并做好记录；选择现场测试点，核查现场测试点是否符合测试要求，为水流量测试做好准备；检查测试仪器，确保仪器正常并应在有效检验期内。

② 水流量平衡调节。初始流量摸底测试：在选定的测试位置，对各测点的水流量进行测试，记录数据。流量平衡调节：根据摸底数据，与设计流量比较，调节相关阀门，再测试流量，反复调节直到系统达到预期平衡。最终流量测试：系统流量平衡调节完成后，测量各主支管的水流量，记录数据。

③ 末端水流量。主支管的水流量平衡调节完成后，还应依据要求对相关末端的水流量进行调试测试，调试测试的程序可参考主支管的水流量平衡调节测试。

9.2.5　控制装置调试

洁净室的关键参数一般由自控系统/控制装置进行控制。在调试过程中，自控系统的调试应于或同步于净化空调系统的调试。控制装置的调试主要涉及的范围有：监控传感器/探头的安装位置；监控传感器/探头显示的准确度；阀门开度情况的一致性；控制装置施工进度；控制参数/要求的符合性。

自控系统调试前，首先要检查所有的监控传感器安装位置是否正确，如风速监测传感器、温湿度监测传感器、压差监测传感器等。在检查安装位置是否正确后，再校验各监控传感器件是否合格，并应在检验的有效期内。然后校核经过校验合格的仪器现场实际数据与控制显示屏上的数据是否一致，确保采样数据的准确度。

阀门开度状态的一致性，对于由自控系统控制的阀门应全部做符合性测试，即阀门实际开度应与自控程序控制开度一致；而对于控制要求严格的、涉及安全联锁控制的阀门，还需校核控制动作的同步性。例如在全新风全排风的净化空调系统中，新风机与排风机联锁，当新风机启闭时，排风机需同步启闭，否则洁净室会出现很大的正压、负压。自控施工进度应先于或同步于净化空调系统调试，一旦自控施工进度跟不上，往往会影响系统调试。如 TFT-LCD 洁净厂房的 FFU 风速调整时，若自控系统对 FFU 的控制工作未及时完成，将严重影响 FFU 风速调整工作的顺利进行。该类厂房 FFU 的数量上万台，没有自控系统辅助调整 FFU 的转速，仅依靠人工一一去调整，工作量是十分巨大的，严重影响工程进度。

自控系统符合性的调整是在净化空调系统手动调整完成后，切换到自控状态验证自控状态下洁净室的各项参数是否与手动调整一致。若存在偏差，应在自控状态下配合自控技术人员实施微调整，确保在自控状态下，洁净室的各项参数符合设计和满足使用要求。

9.3　检测方法

9.3.1　国内外洁净室检测方法概况

随着科学技术、社会经济的发展，洁净技术的应用日益广泛和严格，特别是以微电子产品、生物医药为代表的高科技洁净室建设规模、技术要求迅速发展，同时洁净室检测技术、装备和相适应的标准制（修）订等日新月异，以确保洁净室的建造质量和正常、稳定运行。据了解目前国内外涉及洁净室检测的标准有多种，如国内的 GB 51110、GB 50591、GB 50243、GB/T 25915.3/ISO 14644-3 等，国外的 ISO 146444-1、ISO 14644-2、ISO 14644-3、NEBB-2009、IEST-RP-CC 005.3 等。虽然上述各个标准中对洁净室的检测要求、检测方法、检测仪器等作出的规定、要求具有相似性，但是仔细分析和实际应用时还是存在着一定的差异。出现这种差异究其缘由可能是十分复杂、多样的，最重要的可能是"目的"和工程实践相关。对于采用"标准者"选择时，应以"洁净室工程"的实际状况，采用能够充分确保工程质量、满足产品生产工艺要求的持续所需要"洁净环境"的检测要求、方法。为了让本书读者了解国内外涉及洁净室检测相关标准中的"差异"，下面就几个相关标准的检测内容进行介绍。

（1）空气洁净度等级测试时采样点的确定

① 在 GB 51110 中采样点是按式（2.9.1）进行计算的。

$$N_{\text{L}} = \sqrt{A} \qquad (2.9.1)$$

式中　N_{L}——最少采样点，四舍五入取整数；

　　A——洁净室（区）的面积，m^2。

采样点应均匀布置在洁净室（区）的面积内，并应位于工作面的高度。每个采样点的每次采样量（V_{s}）应按式（2.9.2）进行计算。

$$V_{\text{s}} = \frac{20}{C_{\text{n, m}}} \times 1000 (\text{L}) \qquad (2.9.2)$$

式中　$C_{\text{n, m}}$——被测洁净室（区）空气洁净度等级被测粒径粒子的允许限值，个/m^3；

　　20——在规定被测粒径粒子的空气洁净度限值时，可检测到的粒子数。

每个采样点的采样量至少为 2L，采样时间最少为 1min，当洁净室（区）仅有 1 个采样点时，则在该点至少采样 3 次。当 V_{s} 很大时，采样时间会很长，可参照国际标准 ISO 14644-1 附录 F 中规定的顺序采样法。这里说明一下，在该标准中对采样点规定的数量是参照 ISO 14644-1：1999 制定的，但是 ISO 14644-1：2015 中对采样点的计算方法进行了重大修改。

② 在国际标准 ISO 14644-1：2015 中洁净度测试时采样点数的规定和解读。

洁净度测试时采样点的数目是查表得到的，此表为第 1 篇的表 1.1.13，该表给出了与待测洁净室和洁净区面积相应的采样点数目。每个采样点的每次采样量也是按式（2.9.2）计算，每个采样点的采样量与 1999 版相同，但明确要求每个采样点的每次采样量均应相同。

这里必须说清楚的是 ISO 14644-1 中不只是对采样点数进行了修改，对"按粒子浓度划分的空气洁净度 ISO 级别"也进行了修改，详见第 1 篇表 1.1.11。

洁净室（区）检测的最少采样点数（N_L）在 ISO 14644-1：2015 比 ISO 14644-1：1999 有较大的变化，见图 2.9.3。由图可见"2015 年版"的最少采样点数目（N_L）多于"1999 年版"，洁净室（区）的面积大于 1000m^2 后 N_L 拉大差额，可增至 4 倍以上。两个版本最少采样点数（N_L）的比较见表 2.9.6。

对超大面积、超净洁净室或洁净区的检测，影响检测时间的因素除了最少采样点数 N_L 以外，其相应洁净度级别时最大关注粒径的级别限值（每立方米的粒子数 $C_{n,m}$）可直接影响 V_s，也对检测时间有重大影响。

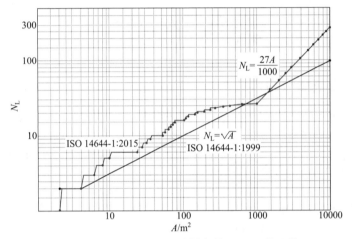

图 2.9.3　两个版本最少采样点数（N_L）的比较

表 2.9.6　两个版本最少采样点数 N_L 的比较

洁净室面积 A/m^2	待测最少采样点数 N_L		N_L（新）/N_L（旧）
	新版	旧版	
636	26	26	1
1000	27	32	
>1000	$27 \times \dfrac{A}{1000}$	$\sqrt{A}$	
≥1375	37	37	1
≥3100	84	56	1.5
≥5500	149	74	2.0
≥8500	230	92	2.5
≥12000	324	110	3
≥17000	459	131	3.5
≥22000	595	148	

根据多年的检测实践，受采样和统计方法的制约，在粒子浓度低时不适用于分级；因采样系统可能对粒径大于 $1\mu\text{m}$ 的低浓度粒子有损耗，亦不适用于分级。因此，ISO 14644-1：2015 对表 2.9.7 中的阴影区不再受控。两个版本不同洁净度等级时，每个采样点的采样时间差异较大，见表 2.9.8。对于大面积或超大面积的洁净室（区）洁净度检测时，两个版本的采样时间/检测时间差

异较大。表 2.9.9 是洁净室的面积为 5500m² 时 "2015 年版" "1999 年版" 预测的检测时间比对。

表 2.9.7 按粒子浓度划分空气洁净度等级（ISO 14644-1：2015/ISO 14644-1：1999）

ISO 等级序数 N	大于或等于关注粒径的粒子最大允许浓度 C_n/(粒/m³)					
	0.1μm	0.2μm	0.3μm	0.5μm	1μm	5μm
1	10	2				
2	100	24	10	4		
3	1000	237	102	35	8	
4	10000	2370	1020	352	83	
5	100000	23700	10200	3520	832	29
6	1000000	237000	102000	35200	8320	293
7				352000	83200	2930
8				3520000	832000	29300
9				35200000	8320000	293000

注：ISO 14644-1：2015，去掉表中阴影部分的 C_n 值。

表 2.9.8 两个版本不同等级洁净度下，采样点的采样时间比对

ISO 等级序数 N	新版(ISO 14644-1:2015)			旧版(ISO 14644-1:1999)			t(旧版)/t(新版)
	$C_{n,m}$ /(粒/m³)	V_s/L	t/min	$C_{n,m}$ /(粒/m³)	V_s/L	t/min	
1	10	2000	71	2	10000	353	5
2	10	2000	71	4	5000	177	2.5
3	35	571	21	8	2500	88	4.2
4	83	241	9	83	241	9	1
5	832	取 28.3	1	29	690	25	25
6	293	68	3	293	68	3	1

注：$C_{n,m}$——相应洁净度级别，最大关注粒径的粒子最大允许浓度，粒/m³；
V_s——每个采样点的最小单次采样量，L，至少为 2L，时间最少为 1min；
t——采样点每点的采样时间，min，粒子计数器的采样量为 28.3L/min。

表 2.9.9 5500 m² 的洁净区两个版本不同等级洁净度下的总检测时间比对

ISO 等级序数 N	待测最少采样点数 N_L		每点采样时间 t/min		检测时间 T/h		检测时间 T_t/h	
	新版	旧版	新版	旧版	新版	旧版	新版	旧版
1	149	74	71	353	176	435	184	439
2	149	74	71	177	176	218	184	222
3	149	74	21	88	52	109	60	112
4	149	74	9	9	22	11.1	30	14.8
5	149	74	1	25	2.5	31	10	35
6	149	74	3	3	7.5	3.7	15	7.4

注：T——5500m² 的洁净区不含测点移位的总检测时间，h；
T_t——5500 m² 的洁净区含测点移位的总检测时间，h，每点移位时间为 3min。

③ 在国家标准 GB 50591 中，对微粒技术浓度的检测最少测点数可按式（2.9.3）求出，也可按表 2.9.10 选用。

$$n_{\min} = \sqrt{A} \qquad (2.9.3)$$

式中　　$n_{\min}$——最少测点数（小数一律进位为整数）；

　　　　A——被测对象的面积（对于非单向流洁净室，指房间面积；对于单向流洁净室，指垂直于气流的房间截面面积；对于局部单向流洁净区，指送风面积），m^2。

表 2.9.10　测点数选用表

面积/m^2	洁净度			
	5 级及高于 5 级	6 级	7 级	8～9 级
<10	2～3	2	2	2
10	4	3	2	2
20	8	6	2	2
40	16	13	4	2
100	40	32	10	3
200	80	63	20	6
400	160	126	40	13
1000	400	316	100	32
2000	800	623	200	63

　　每一洁净室（区）或受控环境的采样点不宜少于 3 点。对于洁净度 5 级及 5 级以上的洁净室，应适当增加采样点，并得到用户（建设方）同意并记录在案。采样点应均匀分布在洁净室或洁净区的整个面积内，并位于工作区高度（取距地 0.8m，或根据工艺协商确定），当工作区分布于不同高度时，可以有 1 个以上的测定面。乱流洁净室（区）内采样点不得布置在送风口正下方。

　　（2）洁净室温度和湿度的检测

　　① 在国家标准 GB 51110 中对洁净室温度、相对湿度的检测提出了下面的要求：温度、湿度测试是确认空气处理设施的温度、湿度控制能力。洁净室（区）的温度测试可分为一般温度测试和功能温度测试。一般温度测试主要用于"空态"时的洁净室（区）温度测试，功能温度测试主要用于洁净室（区）需严格控制温度精度时或建设方要求在"静态"或"动态"进行测试时。温度测试可采用玻璃温度计、电阻温度检测装置、数字式温度计等。

　　温度测试应在洁净室（区）的气流均匀性测试完成，净化空调系统连续运行 24h 以上后进行。

　　一般温度测试的测点，每个温度控制区或每个房间 1 个，测试点的高度宜为工作面的高度。测量时间应至少 1.0h，并至少 6min 测量一次，读数稳定后做好记录。功能温度测试，应将洁净工作区划分为等面积的栅格，每个分格的面积不应超过 $100m^2$ 或与建设方协商确定，每格测点 1 个以上，每个房间的测点至少 2 个。测试高度应为工作面高度，距洁净室（区）的吊顶、墙面和地面不小于 300mm，并应考虑热源等的影响。测量时间应至少 1.0h，并至少 6min 测量一次，读数稳定后做好记录。

　　湿度测试可采用通风干湿球温度计、数字式温湿度计、电容式湿度计、毛发式湿度仪器。相对湿度测试的测点、测试时间、频度与温度测试相同，并宜一同测试。该规范中的上述要求主要是参照国际标准 ISO 14644-3 中的相关规定提出的。

　　② NEBB 第 3 版（2009 年）中对洁净室温度和湿度均匀度测试的规定是：洁净室温度、湿度测试有两种方式/水平，即普通测试（general temperature）、综合测试（comprehensive temperature）。普通测试用以确认洁净室的 HVAC 系统可使温湿度保持基本的舒适性需要；综合

测试是确认洁净 HVAC 能满足规定的控制要求和舒适性需要。

普通温度湿度均匀度测试的仪器：符合 NEBB 要求的温度测量仪器，例如标准温度计和电子温度计以及带读出装置的传感器件，如热电偶、热敏电阻，或其他温度传感器；符合 NEBB 要求的湿度测量器件，如手摇湿度计、电子温度比重计和露点或湿度传感器。

普通温度、湿度的测试步骤：在进行测试前应先验证 HVAC 系统的测试、调节和平衡 (TAB) 工作已完成，并在自动控制状态下已运转 24h。每个温（湿）控区至少要在一个位置上分别测量温度/相对湿度。把每个温度计/湿度计或传感器放在工作高度的指定位置上。传感器要有充分时间稳定下来，使读数准确。记录下各温（湿）控工作区各位置上的时间和温（湿）度读数。

综合温度湿度均匀度测试的仪器应为符合 NEBB 要求的测量仪器。综合温度和湿度的测试步骤：在每个温控区指定至少 1 个温度和相对湿度测量点，可按规定在每个区内设置多个点。对所存在的热源应按相对于测试采样的位置予以注明。在进行测试前，验证 NVAC 系统的测试、调节和均衡 (TAB) 工作已完成，并验证气流均匀度检测已经完成且合格。测试前 HVAC 系统应在正常自控条件下已运行 24h。在每个指定工作高度采样位置，放置一个温度和湿度传感器，并使其稳定。在每个位置以至少 6min 的时间间隔进行不少于 2h 的温湿度同时测量并记录结果。一般对每个区测量 22h 以确保其在时间上的均匀性。

③ 在国家标准 GB 50591 中对洁净室温度、湿度检测的规定是：将温度、湿度检测分为有恒温恒湿要求和无恒温恒湿要求两种。

对于有恒温恒湿要求的房间温湿度检测要求是：温度检测采用铂电阻、热电偶或其他类似的温度传感器组成测温系统，湿度检测采用湿球温度计或其他固态湿度传感器组成测湿系统。室内空气温度、相对湿度测试前，HVAC 系统应已连续运行至少 12h。根据温度、相对湿度的波动范围按表 2.9.11 确定测点数。室内测点可在送回风口处或恒温恒湿工作区具有代表性的地点布置，一般应布置在距外墙表面大于 0.5m、距地 0.8m 的同一高度上，也可以根据恒温恒湿区的大小分别布置在离地不同高度的几个平面上。

表 2.9.11 有恒温恒湿要求时的温、湿度测点数

波动范围	室面积≤50m²	每增加 20~50m
温度波动 $\Delta t = \pm 0.5 \sim \pm 2℃$	5	增加 3~5 个
相对湿度波动 $\Delta RH = \pm 5\% \sim \pm 10\%$		
温度波动 $\Delta t \leq |0.5|℃$	点间距不应大于 2m，点数不应少于 5 个	
相对湿度波动 $\Delta RH \leq |5|\%$		

对于无恒温恒湿要求的房间温湿度检测要求是：室内空气温度和相对湿度测试之前，净化空调系统应已连续运行至少 8h。温度检测可采用玻璃温度计、数字式温度计，湿度检测可采用通风式干湿球温度计、数字式温湿度计、电容式湿度检测仪或露点传感器等。根据温湿度的波动范围，应选择足够精度的测试仪表；温度检测仪表的最小刻度不宜高于 0.4℃，湿度检测仪表的最小刻度不宜高于 2%。测点为房间中间一点，应在温湿度读数稳定后记录。

(3) 已装空气过滤器的检漏

① 在 GB/T 25915.3 中对已装过滤系统的检漏 (installed filter system leakage test) 所做的要求。这里所述的已装过滤系统是指安装在顶棚、侧墙、装置、风管上的，由过滤器、安装框架和其他支撑装置或箱体组成的过滤系统。其检漏是确认过滤器安装正确、良好，验证设施不存在旁路渗漏，过滤器无缺陷（滤材与边框密封处的小孔和损伤）、无渗漏（过滤器边框和密封垫旁路渗漏、过滤器安装架的渗漏），但此检测不检查系统的过滤效率。检漏过程是在过滤器的上风向引入气溶胶、尘源胶发尘，在其下风向扫描或在过滤器下风向的风管中采样。

已装过滤器的检漏只在"空态"或"静态"下进行，且此"检漏"是在新建洁净室调试验收时，或现有设施需要再检测时，或更换了末端空气过滤器之后进行的。已装过滤器的检漏通常可

采用气溶胶光度计或离散粒子计数器，但两种仪器的检漏结果不能直接进行比较。

气溶胶光度计检漏，可用于最易透过粒径（MPPS）整体透过率不小于 0.003% 的过滤系统，且沉降在过滤器和风管内的气溶胶释放气体对洁净室内产品、工艺、人员无害的设施。检测时在过滤器上风向引入的气溶胶浓度为 $10\sim100\,\mathrm{mg/m^3}$，若浓度低于 $20\,\mathrm{mg/m^3}$ 时，检漏的灵敏度欠佳；高于 $80\,\mathrm{mg/m^3}$ 时，长时间检测会过度污染过滤器。上风向的气溶胶浓度随时间的变化不应超过平均测量值的 $\pm15\%$。采样头在过滤器出风面和框架构造约 3cm 平面移动往复扫描，其扫描的覆盖面间应略有重叠；采样头的往复扫描速度应约为 $\dfrac{15}{w_\mathrm{p}}\,\mathrm{cm/s}$（$w_\mathrm{p}$ 为垂直于扫描方向的采样口宽，cm），例如，当使用 3cm×3cm 的正方形采样头扫描时扫描速度应为 5cm/s。扫描应遍及过滤器的全部出风面、过滤器的周边、过滤器的边框与安装架构之间的密封处以及安装架构的结合点。扫描有任何显示大于或等于渗漏限值处，均应将采样头停留在渗漏处持续测量一段时间，当光度计得到最大读数时，采样头的位置应判定为渗漏位置。在该规范中规定光度计的读数大于过滤器上风向气溶胶的浓度 10^{-4}（0.01%）时，就认为存在渗漏。但该规范中还规定，供需双方也可商定其他验收限值。

② 在 NEBB 第 3 版中对过滤系统的检漏规定要求主要如下。

高效过滤系统的检漏测试目的是保证并确认高效过滤系统安装正确，方法是验证没有旁路漏泄，过滤器本身没有缺陷、没有针孔渗漏。测试方法是在高效过滤器上风向侧引入气溶胶，并立即扫描过滤器下风向侧和支撑框架，检测过滤器与框架密封有无小针孔损坏，过滤器框架和密封垫有无旁路渗漏以及过滤器本身的框架有无漏泄。通常采用两种检漏方法，即光度计法、粒子计数器法。

NEBB 规定可使用三种气溶胶测试方法进行已装过滤系统的检漏，即气溶胶光度计法、粒子计数器法、总气溶胶透过法。气溶胶光度计法是在过滤器上风向引入 DOP、PAO 或其他规定的气溶胶，采用光度计和要求的探头扫描过滤器下风向一侧，验证过滤系统的整体性。检测采用的光度计、热气溶胶发生器或拉斯金喷嘴（Laskin Nozzles）气溶胶发生器和扫描探头均应符合 NEBB 的规定。在进行过滤系统检漏前，应确认 NEBB 认证的 CPT 公司已经对设计风速做了均衡调试。向过滤器的送风引入气溶胶，其方式应使同时暴露在气溶胶中的每个过滤器浓度均匀；在受测过滤器的上风向立即测量气溶胶浓度。若使用拉斯金喷嘴气溶胶发生器，其操作过程应符合 NEBB 的有关规定；若使用热气溶胶发生器，按生产厂商的操作说明进行操作。使用线性或对数光度计测量上风向的气溶胶浓度。将光度计设在全刻度（100%），并测量上风向浓度，所得浓度值是将一个或多个拉斯金喷嘴的气溶胶浓度调至 $10\sim20\,\mu\mathrm{g/L}$ 时获得的值。一旦获得正确的气溶胶浓度，再次调节光度计增益，使该浓度代表 100% 上风向浓度。增加光度计的灵敏度，使上风向浓度的 0.010% 可被容易地读出。进行过滤器扫描检漏时是将探头以略有重叠的行程来回扫描过滤器面和过滤器组件的四周，使整个过滤器面都被覆盖。扫描时，扫描探头距待测区域约 25mm。在过滤器的整个周边，沿过滤器和框架的连接处或过滤器与安装框架的密封处，以不超过 0.05m/s 或 5.0cm/s 的速度进行扫描。这是假定过滤器面速为 $0.46\sim0.56\,\mathrm{m/s}$ 时的情况。若过滤器面速有显著不同，过滤器的扫描速度应按现行的 IEST-RP-CC034《高效和超高效过滤器检漏》进行计算。

光度计法对过滤系统检漏是以停顿检漏测得读数大于上风向气溶胶浓度的 0.010% 为不合格，或按合同文件的规定或业主/买方与 NEBB 认证的 CPT 公司间的约定判断。对检漏不合格的过滤器可进行修补，修补面积不应超过每台过滤器面积的 3%，且每个修补处的尺寸不得超过 3.8mm 或合同规定或业主/买方与 NEBB 认证的 CPT 公司的约定。

NEBB 建议粒子计数器法对过滤系统检漏的方法限于洁净度等级为 ISO 6 级或更洁净的洁净室使用。对 NEBB 的 10.2 节（粒子计数器法）、10.3 节（总气溶胶渗漏法）本书不再摘录，详见标准原件。

③ 在 GB 51110 中对已装空气过滤器的检漏的规定为：对已装空气过滤器应进行检漏，应在

安装后的空气过滤器上游侧引入测试气溶胶，并及时在送风口和过滤器的周边、外框与安装框架之间的密封处进行扫描检漏。检漏测试可在"空态"或"静态"下进行。检测数量为全数检测。

高效空气过滤器安装后的检漏方法有光度计法和粒子计数器法。光度计法一般用于带小型空气处理系统的洁净室或安装有气溶胶注入点的管路系统，可达到规定的高浓度测试气溶胶；由于粒子计数器法灵敏性好和污染少，一般都采用粒子计数器法进行高效空气过滤器安装后的检漏。

采用光度计法进行扫描检漏时，被测试的过滤器最高穿透粒径的穿透率等于或大于 0.005%。所采用的测试气溶胶不应对洁净室（区）内的产品或工艺设施产生影响。在进行光度计法检漏前，被测试的过滤器应在额定风速的 $80\%\sim120\%$ 之间运行，并确认其送风的均匀性。被测试的过滤器上风向引入的气溶胶浓度应为 $10\sim100\text{mg/m}^3$，浓度低于 20mg/m^3 时，将会降低检漏的灵敏度；而浓度高于 80mg/m^3 时，若长时间测试会造成过滤器的污堵。在过滤器检漏前应确认气溶胶的浓度和均匀性。检漏扫描时，若采用 $3\text{cm}\times3\text{cm}$ 的方形探管，扫描速度不得超过 5cm/s，矩形探管的最大面积扫描率不得超过 $15\text{cm}^2/\text{s}$。在扫描过程中，若显示有等于或大于限值的泄漏时，则应将探管停留在泄漏处。高效空气过滤器的泄漏限值是指不超过上风向测试气溶胶浓度 10^{-4} 的泄漏，或与业主协商确定。

采用粒子计数器法进行扫描检漏时，被测试的空气过滤器最高穿透粒径的穿透率大于或等于 0.00005%。不允许采用可能沉积在过滤器或管道上的挥发性油光尘的测试用气溶胶。在进行粒子计数器检漏前，被测试的过滤器应在额定风速的 $70\%\sim130\%$ 之间运行，并确认其送风的均匀性。检漏扫描时，采样口距离被测部位应小于 5.0cm，以 0.05m/s 的速度移动。高效空气过滤器下风侧测试得到的泄漏浓度换算的透过率，不得大于该过滤器出厂合格透过率的 3 倍。

④ 在 GB 50591 中对高效空气过滤器的扫描检漏规定如下：以过滤生物气溶胶为主要目的、5 级或 5 级以上洁净室或者有专门要求的送风末端高效过滤器或其末端装置安装后，应逐台进行现场扫描检漏，并应合格。5 级以下以过滤非生物气溶胶为主要目的的洁净室的送风高效过滤器或其末端装置安装后应现场进行扫描检漏，检漏比例不应低于 25%。

在该规范的"附录 D　高效空气过滤器现场扫描检漏方法"中提出的有关要求主要是：对高效空气过滤器的现场检漏，应采用扫描法在过滤器与安装框架的接触面、过滤器边框与滤纸的接触面以及其全部滤芯出风面上进行。扫描法可分为光度计法和光学粒子计数器法，检漏应优先选用粒子计数器法。

光度计法可用于最大穿透率大于等于 0.001% 的过滤器检漏，应采用多分散的检漏气溶胶，其质量中值直径为 $0.5\sim0.7\mu\text{m}$，几何标准偏差约为 1.7。光度计法适用于高效过滤器上游的大气尘浓度低于 4000 粒/L 时，且过滤器上游系统上可以设置检漏气溶胶注入点。被检漏的过滤器必须已测过风量，在设计风速的 $80\%\sim120\%$ 之间运行。对于高效过滤器，当检漏仪表为对数刻度时，上风侧的气溶胶浓度应超过仪表最小刻度的 10^4 倍；当检漏仪表为线性刻度时，上风侧的气溶胶浓度宜达到 $20\sim80\mu\text{g/L}$，浓度低于 $20\mu\text{g/L}$ 会降低检漏灵敏度，高于 $80\mu\text{g/L}$ 时长时间检测会造成过滤器污染堵塞；检漏仪表应具有 $0.001\sim100\mu\text{g/L}$ 的测量范围。光度计检漏法确认过滤器局部渗漏的标准透过率为 0.01%，即当采样探头对准被测过滤器出风面的某一点，静止检测时，如测得透过率高于 0.01%，即认为该点为漏点。

粒子计数器法，当用检漏气溶胶检漏时，检漏方法与光度计法相同。高效过滤器的上游浓度及采样流率应符合表 2.9.12（原版表 D.3.3）的规定。如上游浓度达不到规定要求时应采取适当措施，增加上游浓度。当用大气尘检漏时，可采用短路新风机组或对每一台高效过滤器进风面用气泵引入室外空气等方法。检漏时将采样口置于离被检过滤器表面 $2\sim3\text{cm}$ 处，以 1.5cm/s（2.83L/min）或 2cm/s（28.3L/min）的速度移动，对被检过滤器进行扫描。当上游浓度较大时可提高扫描速度。扫描检漏时应拆去高效过滤器外的孔板或装饰板，扫描面积应稍有搭接。按泊松分布和非零检测原则，当单位检测容量中检到小于等于 3 粒时，95% 读数即可为非零读数，即可判断为漏。扫描检漏时，若粒子计数器显示出非零的特征读数，则表示可能有漏泄，应把采样口停在漏泄处 1min，确定读数是否大于等于 3 粒，未达到 3 粒则判为不漏。

表 2.9.12　大气尘扫描检漏时的参数

高效过滤器	采样流率/(L/min)	过滤器上游浓度/(粒/L)
普通高效过滤器(国标 A、B、C 类)	2.83 或 28.3	0.5μm：≥4000
超高效过滤器(国标 D、E、F 类)	28.3	≥0.3μm：≥6000

以上所列国内外有关洁净室标准中涉及洁净室性能测试中洁净度分级检测"采样点数"的确定、洁净室内温度湿度测试和已装高效过滤器检漏三类测试方法的规定/要求，若能仔细阅看、比较定将发现"确有差异"。"差异"的出现，首先应该是可以"理解的"，随着科学技术的发展、社会经济的发展，国内外的科技工作者在制订/修订相关标准时，由于各自的经历不同，工程实践和经验不同，所接触的工程项目规模、技术特点或实际工艺技术、设备特性以及环境条件、要求等不同等因素，因此在有关标准规范中出现"差异"是正常的；其次，对于洁净厂房的设计、施工和检测，使用方的相关部门、人员在确定/选择洁净室检测方法时，应密切结合具体项目的特点、规模、环境条件等因素，在认真分析各相关标准规范的规定/要求后，准确选择有关洁净室性能检测方法，必要时应细化各种性能参数在不同工程验收阶段的检测方法（包括相关数据、仪器的确定），以确保洁净室的设计、施工质量和安全可靠稳定运行。

9.3.2　洁净室性能测试方法

如前所述，国内外涉及洁净室检测方法的标准规范有多种，且存在差异，为使读者清晰了解洁净室检测方法，本小节主要介绍参考 ISO 14644-3 等标准规范起草制订的 GB 51110 中的相关内容，也对一些其他标准规范中的有关规定进行相关表述。

（1）风速和风量测试　风速测试仪器可采用热球式风速计、超声风速计、叶片式风速计等；风量测试可采用带流量计的风罩、文丘里流量计、孔板流量计等。

1）单向流设施的截面风速、面风速和风量测试。单向流设施的风速测试，应将测试平面垂直于送风气流；该测试平面距离高效空气过滤器的出风面 150～300mm，宜采用 300mm。将测试平面分成若干面积相等的栅格，栅格数量不应少于测试截面面积（m²）10 倍的平方根；测点在每个栅格的中心，全部测点不应少于 4 点。

直接测量过滤器的面风速时，测点距离过滤器的出风面为 150mm。将测试面划分为面积相等的栅格，每个栅格尺寸为 600mm×600mm 或更小，测点在每个栅格的中心。每一点的持续测试时间至少为 10s，记录最大值、最小值和平均值。

单向流洁净室（区）的总送风量（Q_t），应按式（2.9.4）计算。

$$Q_t = \sum V_{CP} A \times 3600 \, (\text{m}^3/\text{h}) \tag{2.9.4}$$

式中　V_{CP}——每个栅格的平均风速，m/s；

A——每个栅格的面积，m²。

单向流设施的风速分布测试，一般选取工作面高度为测试平面，平面上划分的栅格数量不应少于测试截面面积（m²）的平方根，测点在每个栅格的中心。

风速分布的不均匀度 β_0 按式（2.9.5）计算，一般不应大于 0.25。

$$\beta_0 = s/v \tag{2.9.5}$$

式中　v——各测点风速的平均值；

s——标准差。

风速分布测试宜在"空态"状况下进行。当安装好工艺设备和工作台时，在其附近测得的数据可能不能反映洁净室本身的特点，若需测试时，风速分布测试的要求应由建设方、测试方协商确定。

2）非单向流设施的风速、风量测试。可采用风口法、风管法和风罩法进行检测。

① 风口法测试风速、风量时，在每个测点的持续测试时间至少为 10s，以得到有代表性的平

均值。每个空气过滤器或送风散流器的风速、风量测试，可参照单向流风速测试中面风速及风量的测试和计算方法。

② 风管法测试风量。对于高效空气过滤器或散流器风口上风侧有较长的支风管段，且已有预留孔时，可以采用风管法测试风量，测量断面应位于大于或等于局部阻力部件前 3 倍管径或长边长和局部阻力部件后 5 倍管径或长边长的部位。

对于矩形风管，将测试截面分成若干相等的小截面，宜接近正方形，边长不宜大于 200mm，截面面积不大于 0.05m²，测点在各小截面中心处，整个截面测点数不宜少于 3 个，测点布置见图 2.9.4。圆形风管截面应按等面积圆环法划分测试截面和确定测点数，即按管径大小将圆管截面分成若干个面积相等的同心圆环，每个圆环四个测点，四个测点应在相互垂直的两个直径上，圆环中心设一个测点，测点的布置见图 2.9.5。

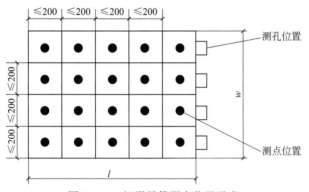

图 2.9.4 矩形风管测点位置示意

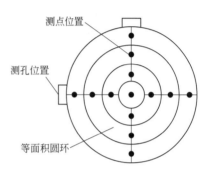

图 2.9.5 圆形风管测点位置示意

等面积同心圆环和同心圆半径按式（2.9.6）、式（2.9.7）确定。

圆环的面积：
$$F_m = \frac{\pi D^2}{4n} \tag{2.9.6}$$

圆环半径：
$$R_m = \frac{D}{2}\sqrt{\frac{m}{n}} \tag{2.9.7}$$

式中 D——测量风管截面直径，mm；
　　　　m——圆环的序数（由中心算起）；
　　　　n——圆环的数量。

圆环划分数按表 2.9.13 确定。

表 2.9.13 圆形风管分环表

风管直径/mm	<200	200～400	400～700	>700
圆环个数	3	4	5	>6

各测点距风管中心的距离 R'_m 按式（2.9.8）计算。
$$R'_m = \frac{D}{4}\sqrt{\frac{2m-1}{2n}} \tag{2.9.8}$$

式中 R'_m——从圆风管中心至第 m 个测点的距离，mm；
　　　　D——风管直径，mm；
　　　　m——圆环的序数（由中心算起）；
　　　　n——圆环的总数。

各测点距风管壁测孔的距离 L_1、L_2（图 2.9.6）按式（2.9.9）、式（2.9.10）计算。
$$L_1 = \frac{D}{2} - R'_m \tag{2.9.9}$$

$$L_2 = \frac{D}{2} + R'_{\text{m}} \tag{2.9.10}$$

式中　L_1——由风管内壁到某一圆环上最近的测点之距离；

　　　L_2——由风管内壁到某一圆环上最远的测点之距离。

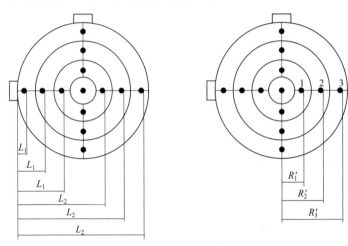

图 2.9.6　圆形风管测点距离

风管内送风量的测定：送风量按式（2.9.11）计算。

$$Q = \bar{v}F \times 3600 \tag{2.9.11}$$

式中　Q——风管内的送风量，m^3/h；

　　　F——风管的测定截面积，m^2；

　　　$\bar{v}$——风管截面的平均风速，m/s。

风速可以通过热球风速仪直接测量，然后取平均值；也可以利用毕托管和微压计测量风管上的平均动压，通过计算求出平均风速。当风管的风速超过 2m/s 时，用动压法测量比较准确。

平均动压和平均风速的确定：

a. 算数平均法：$H_{\text{dp}} = \dfrac{H_{\text{d1}} + H_{\text{d2}} + \cdots + H_{\text{d}n}}{n}$ $\tag{2.9.12}$

b. 均方根值法：$H_{\text{dp}} = \left(\dfrac{\sqrt{H_{\text{d1}}} + \sqrt{H_{\text{d2}}} + \cdots + \sqrt{H_{\text{d}n}}}{n} \right)^2$ $\tag{2.9.13}$

c. 平均风速：$\bar{v} = \sqrt{\dfrac{2H_{\text{dp}}}{\rho}}$ $\tag{2.9.14}$

式中　H_{d1}、H_{d2}、$\cdots$、$H_{\text{d}n}$——各点的动压值，Pa；

　　　H_{cp}——平均动压值，Pa；

　　　ρ——空气密度，kg/m^3；

　　　$\bar{v}$——平均风速，m/s。

各点的测定值读数应在 2 次以上取平均值，各点动压值相差较大时，用均方根法比较准确。

③ 风罩法测试风量。使用带有流量计的风罩测量空气过滤器的送风量时，风罩的开口应全部罩住空气过滤器或散流器，风罩面应固定在平整的平面上，避免空气泄漏造成读数不准确。在 ISO 14644-3 中建议采用风罩法测量末端过滤器或送风散流器的送风量，以排除送风口局部气流的扰动和气流喷出的影响。可使用配置有流量计的风罩直接测量，也可用风罩出风的风速乘以有效面积得到送风量。

若在高效空气过滤器或散流器风口的上风侧已安装有文丘里或孔板流量装置时，可利用该流量计直接测量风量。

3）风量、风速测试实例（某公司洁净室的总风量、风口风量测试实录）

① 总风量测试，是在空调机组送、回、新风及排风机组主管上的测定孔处进行测试的。通过测量的风速，计算出总风量。

a. 测试准备。测试前应验证空调机组的运行状态，阀门的开启应处于正常工作状态，且确认风量测定孔安装位置符合要求。测试前还应准备：测试文件，包含测试方案、测试图纸及记录表格；测试仪器检查，测试仪器进行了校验，且有效的鉴定证书；准备测试辅助工具，如梯子、卷尺、胶带等。

b. 测试仪器

风速仪。常用的风速仪为热球风速仪，它是基于散热与风速的原理，包括测头和指示仪表两部分。测头由电热线圈（或电热丝）和热电偶组成。当电热线圈通过额定电流时温度升高，热电偶便产生热电势，指示仪表则指示出相应的热电流大小。热电势相应的大小与气流速度有关，气流速度大，温升越小；反之，气流速度小，温升越大，热电势也就越大。按此原理指示仪表可显示出风速。热球风速仪具有对微风速感应灵敏，热惯性小，反应快，灵敏度高，整个仪器体积小，携带方便的特点。但测头容易损坏，而且不易修复，测头互换性不好，因此，使用时应特别小心。禁止用手触摸测头，防止与其他物体发生碰撞；仪表应在清洁、无腐蚀的环境中使用和保管；搬运时应防止剧烈振动，以免损坏仪表。常见的热球风速仪如图 2.9.7 所示，其技术参数如表 2.9.14 所示。

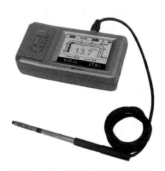

图 2.9.7　KANOMAX 热式风速仪 KA23/KA33

表 2.9.14　KANOMAX 热式风速仪的技术参数要求

项目	技术参数
测试范围	0.00～50.0m/s（0.00～9.99m/s 时，分辨率 0.01m/s； 10.0～50.0m/s 时，分辨率 0.1m/s）
测试精度	0.00～4.99m/s　±2%FS
	5.00～50.0m/s　±2%FS

毕托管。动压法是利用毕托管和电子数字式风速计联合进行测量的。常用的毕托管由内外两管构成，在外管靠近测头外的周边开有小圆孔，以测定气流的静压；测头的正中即内管的入口，用以测定气流的余压。毕托管的构造见图 2.9.8，常用长度 L 为 500mm、1000mm、1500mm。

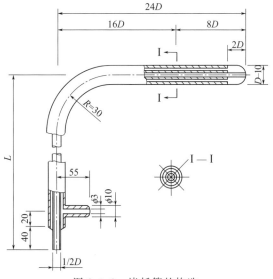

图 2.9.8　毕托管的构造

采用毕托管测定气流动压时,将毕托管探头朝向气流,内管入口的压力是气流的全压 p_t,周边外管上的侧孔处于气流的垂直方向,侧孔入口的压力是气流在该处的静压 p_s,所测气流在探头处的动压 p_d 值为 $p_d = p_t - p_s$,从而计算出探头处的气流速度。

c. 测试方法及步骤。测定孔截面的位置应选择在气流比较均匀稳定处,该截面在局部阻力部件前应不少于 3 倍风管管径或矩形风管长边的长度,在局部阻力部件后应不少于 5 倍管径或长边的长度,即"前三后五"原则。测点的数量及位置,矩形风管将测定截面分成若干个相等的小截面、宜为正方形,测点在各个小截面的中心处,见图 2.9.4;对于圆形风管应按等面积圆环法划分测定截面和测点数,按管径大小将圆管截面分成若干个面积相等的同心圆环,每个圆环上四个测点,圆环中心设一个测点,见图 2.9.5。

总风量测试多采用风管法进行,即在风管上的测定孔直接使用风速仪或毕托管测量。测量风速时在测定孔处测静压值,通过各点的风速计算风管实际风量;通过测量的静压可知道测定孔处到末端的管路系统阻力。

d. 记录要求。系统编号:示意图上应有空调机组的编号;设计值:设计所给的风量值(m³/h);风管尺寸:测定点处的风管尺寸;设计风速:根据设计风量和风管尺寸换算;实测风速:测定点处实测风速的平均值;实测风量:根据实测风量和风管尺寸换算;签字及日期:测试人员签名及时间。

② 风口风量测试。风口风量及换气次数的测试是通过测量洁净室的送风口风量,计算得出房间的换气次数。

a. 测试前的准备。确认空调系统已正常运行,核实空调机组的运行频率,且需准备以下工作:准备测试用文件,包含测试方案、风口编号图及记录表格;核对房间实际体积;检查测试仪器,确认仪器经过校验且提供有效的校验证书;准备辅助工作,如梯子等。

b. 测试仪器。风口风量的测试均可直接采用风量罩测量。风量罩能迅速准确地测量风口平均送风量,只需配备相应的传感器就可以直接读出风速、压力和相对温湿度,尤其适用于散流器风口。使用时将风罩口紧贴天花面,使风口整体完全包容,就可以直接读取。但风量罩罩体与待测风口尺寸相差较大时会造成测量误差,所以需要用尺寸相近的风量罩进行测量。根据待测风口的尺寸、面积,选择与风口的面积较接近的风量罩罩体,且罩体的长边长度不得超过风口长边长度的 3 倍;选择合适的罩体后,检查仪表是否正常,且各项设定值应满足使用要求;确定罩体的摆放位置罩住风口,位于罩体的中间位置,保证无漏风,观察仪表的显示值,待显示值稳定后,读取风量值。

当风口风量较大时,风量罩罩体和测量部分的节流使风口的阻力增加,造成风量下降较多,为了消除这部分的风口风量减少影响,需要进行背压补偿。依据读取的风量值,确定是否需要进行背压补偿。一般风量值 ≤1500m³/h 时,无需进行背压补偿;当风量值 >1500m³/h 时,使用背压补偿挡板进行背压补偿。读取的仪表显示值即为所测的风口补偿后风量值。风量罩的技术参数见表 2.9.15。

表 2.9.15 风量罩的技术参数

风量	范围	42~4250m³/h
	精度	读数的 ±3% 或 ±12m³/h(风量 >85m³/h)
	分辨率	1m³/h
风速	量程	(毕托管)0.125~40m/s
	量程	(气流探头)0.125~25m/s
	量程	(速度矩阵)0.125~12.5m/s
	精度	读数的 ±3% 或 ±0.04m/s
	分辨率	0.01m/s

压力	差压	±3735Pa(最大 37.5kPa)
	绝压	绝压 356～1016mmHg
	精度	读数的±2% 或±0.25Pa

c. 测试方法及步骤：测量风口风量时将风量罩调至风量测量模式，使用风量罩直接罩住整个风口，待读数稳定后，直接进行读数，见图 2.9.9。当风口为旋流式送风口时，应在风量罩上加装"十字架"装置进行测量，见图 2.9.10。

图 2.9.9 风量罩测量风口风量

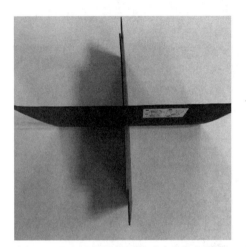

图 2.9.10 风量罩使用的"十字架"装置

房间的换气次数计算公式如下：

$$n = \frac{Q}{V} \tag{2.9.15}$$

式中 n——房间的换气次数，次/h；

Q——房间的送风量，m^3/h；

V——房间的体积，m^3。

d. 记录要求。风口编号：反映各个风口的具体位置，并应有风口编号及示意图，图上应有系统编号；设计风口风量值：设计所给出的各风口风量值（m^3/h），实测风口风量值：平衡后风量罩实测的风口风量值（m^3/h）；房间设计风量值：设计所给出的各房间的风量值（m^3/h），房间实测风量值：房间内各风口累加的总风量值（m^3/h）；签字及日期：测试人员签名及时间。

③ FFU 风速的测试。单向流区域风速的测试与 FFU 风速的测试相同。

a. 测试前的准备：确认 FFU 送电是否正常，FFU 的无纺布拆掉，且应准备：测试文件，包含测试方案、FFU 编号图及记录表格；检查测试仪器，确保仪器经过检验且提供有效的校验证书。

b. 测试仪器：采用单点风速仪、多点风速仪、风量罩。多点风速仪其实就是风量罩的一个使用模式可由风量罩拆解来的，见图 2.9.11。

c. 测试方法及步骤：FFU 的风速可采用单点风速仪或多点风速仪或风量罩进行测试。

单点风速仪法，见图 2.9.12。使用单点风速仪时，将仪器调整为 0～5m/s 挡位。第一点距离 FFU 的边缘 10cm，其他点间隔 20cm；测点距离 FFU 过滤器的表面 10～20cm。测试过程中，手应保持稳定、不动。将各个测点的风速累计平均，即为 FFU 的平均风速。

多点风速仪法，见图 2.9.13。在矩阵上安装限高器（限高器一般为 10～20cm），将矩阵直接顶在 FFU 表面，待数据稳定后直接读取数据。

风量罩法，见图 2.9.14。当 FFU 的安装高度距离地面较高，采用单点风速仪或多点风速仪有困难时，或者当 FFU 的数量十分巨大，工期紧张时，可采用风量罩直接在 FFU 的进风段测量风速，然后再根据 FFU 的面积，计算出平均风速。

图 2.9.11　多点风速仪

图 2.9.12　单点风速仪测试

图 2.9.13　多点风速仪测试实景

图 2.9.14　风量罩测试 FFU 风速的实景

前面介绍的 FFU 风速测试三种方法，各有各的特点，若需要计算不均匀度时，推荐采用单点风速仪测试；采用多点风速仪测试，方便快捷；当数量巨大、现场条件有限制时，宜采用风量罩法测试。

FFU 进风口一般都会设有无纺布，无纺布对 FFU 的风速影响较大，洁净室正常运行时无纺布是要拆除的。下面摘录某洁净室项目 FFU 测试有、无无纺布及不同测试方法的数据供参考，见表 2.9.16、表 2.9.17。表中数据表明，无纺布对 FFU 风速的影响是较大的，若分别采用多点风速仪或风量罩测试时，其差值比较小。

表 2.9.16　FFU 风速测试实验记录

控制粒径/μm	FFU 编号	FFU 覆盖无纺布状态	转速(1000r/min) 风量/(m³/h)
0.3	A01G0-1	全	967
		半	1525
		无	2020
	A01G0-2	全	961
		半	1574
		无	2074
	A01G0-3	全	980
		半	1467
		无	1971

表 2.9.17　FFU 风速测试实验记录表格

控制粒径/μm	FFU 编号	FFU 是否覆盖无纺布	采用多点风速仪测试 风速/(m/s) 1	2	3	4	平均	实测计算风量/(m³/h)	采用风量罩测试 实测风量/(m³/h)
0.1	FL-119	是	0.12	0.10	0.14	0.17	0.13	641	659
		否	0.36	0.36	0.37	0.35	0.36	1742	1789
	FL-128	是	0.12	0.10	0.11	0.13	0.12	556	572
		否	0.33	0.31	0.36	0.38	0.35	1669	1715
0.3	FL-87	是	0.20	0.17	0.23	0.18	0.20	943	969
		否	0.35	0.35	0.44	0.33	0.37	1778	1827
	FL-100	是	0	0	0	0	0	0	0
		否	0.42	0.42	0.42	0.41	0.42	2020	2075

d. 记录要求。FFU 编号：反映各个 FFU 具体位置，并应有 FFU 编号的附图，示意图上应有系统编号；设计 FFU 风速值：设计所给出的各 FFU 风速值（m/s），实测 FFU 风速值：平衡后测出的实际 FFU 风速值（m/s）；签字及日期：测试人员签名及时间。

（2）空气洁净度等级测试

① 参考国际标准 ISO 14644-1 和 ISO 14644-3，并结合 GB 51110 中的有关规定空气洁净度等级测试进行介绍。空气洁净度等级的测试一般采用离散粒子计数器（DPC），离散粒子计数器（DPC）是一种光散射测量装置，能够显示或记录空气中离散粒子的数量和粒径；具有粒径辨别力，可在相关洁净度等级所涉及的粒径范围内测定粒子总浓度，并带有一套合适的采样方法。洁净度等级检测前，应先验证洁净室（区）运行正常无误，一般应进行预检测，包括风量或风速检测、压差检测、气密性检测、已装过滤器的检漏。有关采样点的确定，包括最少采样点、每次采样的最少采样量可见 9.3.1 节中的表述。

② 实施空气洁净度检测时，洁净室内的测试人员必须穿洁净服，不得超过 3 人，应位于测试点下风侧并远离测试点，测试时应保持静止；进行换点操作时动作要轻，应减少人员对室内洁净度的干扰。

每个采样次数为 2 次或 2 次以上的采样点，应按式 (2.9.16) 计算平均粒子浓度。

$$\bar{X}_i = \frac{X_{i.1} + X_{i.2} + \cdots + X_{i.n}}{n} \qquad (2.9.16)$$

式中 $\bar{X}_i$——采样点 i 的平均粒子浓度，i 可代表任何位置；

$X_{i.1} \sim X_{i.n}$——每次采样的粒子浓度；

n——在采样点 i 的采样次数。

采样点为 1 个时，应按式 (2.9.16) 计算该点的平均粒子浓度。采样点为 10 个或 10 个以上时，按式 (2.9.16) 计算各点的平均浓度后，再按式 (2.9.17) 计算洁净室（区）的总平均值。

$$\bar{\bar{X}} = \frac{\bar{X}_{i.1} + \bar{X}_{i.2} + \cdots + \bar{X}_{i.m}}{m} \qquad (2.9.17)$$

式中 $\bar{\bar{X}}$——各采样点平均值的总平均值；

$\bar{X}_{i.1} \sim \bar{X}_{i.m}$——按式 (2.9.16) 计算的各个采样点的平均值，即洁净室（区）的总平均值；

m——采样点的总数。

置信上限（UCL）的计算。当采样点只有 1 个或多于 9 个时，不计算 95％ 置信上限。采样点为 1 个以上、10 个以下时，根据式 (2.9.17) 计算出各采样点的平均值和总平均值后，还应按式 (2.9.18) 计算出总平均值的标准偏差（S）。

$$S = \sqrt{\frac{(\bar{X}_{i.1} - \bar{\bar{X}})^2 + (\bar{X}_{i.2} - \bar{\bar{X}})^2 + \cdots + (\bar{X}_{i.m} - \bar{\bar{X}})^2}{(m-1)}} \qquad (2.9.18)$$

最后按式 (2.9.19) 计算出总平均值的 95％ 置信上限（UCL）。

$$95\% \mathrm{UCL} = \bar{\bar{X}} + t \frac{S}{\sqrt{m}} \qquad (2.9.19)$$

式中 t——分布系数，见表 2.9.18。

表 2.9.18 95％置信上限（UCL）的分布系数 t

采样点数 m	2	3	4	5	6	7～9
t	6.3	2.9	2.4	2.1	2.0	1.9

如果每个采样点测得粒子浓度的平均值 $\bar{X}_1$ 以及洁净室总平均值的 95％ 置信上限均未超过空气洁净度等级的浓度限值时，则认为该洁净室（区）已达到规定的空气洁净度等级。若测试结果未能满足规定的要求，宜增加均匀分布的新采样点进行测试，将包括新增采样点数据在内的所有数据重新计算的结果，作为最终检验结果。

③ 超微粒子（ultrafine particle）的测试。对洁净室（区）内粒径小于 $0.1\mu m$ 的超微粒子的测试，可在三种占用状态（空态、静态、动态）中的任一种状态下进行。超微粒子的最大允许浓度和相应的检测方法由需方/供方协商确定。超微粒子的测试宜采用凝聚核粒子计数器（CNC）进行，采样点的数量见 9.3.1 节的表述，最小采样量应为 2L。根据 ISO 14644-1 附录 E 的要求可以采用 U 描述符说明超微粒子的浓度，也可将它作为空气洁净度等级的补充说明；U 描述符（U descriptor）：每立方米空气中包括超微粒子的实测或规定的粒子浓度，U 描述符不能规定悬浮粒子洁净度等级，但它可与悬浮粒子洁净度等级同时引述，也可以单独引述。U 描述符用 "U（x；y）" 表示，其中：x——超微粒子的最大允许浓度（以每立方米空气中的超微粒子个数表示）；y——以微米计的粒径，合适的离散粒子计数器在该粒径点的粒子计数效率为 50％。

例如粒径范围 $\geqslant 0.01\mu m$，最大允许超微粒子浓度 $140000 \mathrm{pc/m^3}$，可表示为 "U（140000；$0.01\mu m$）"。

④ 大粒子/微粒子（micro particle）的测试。对洁净室（区）内粒径大于 $5\mu m$ 的大粒子的测试，可在三种占用状态中的任一种状态下进行。

空气悬浮粒子中的大粒子一般是从工艺环境中释放的，因此，应根据具体使用情况来确定适用的采样装置和测量方法。需要考虑的因素有：粒子的密度、形状、体积、空气动力学特性等。此外，可能还需要特别关注总悬浮粒子中的特定组分，如纤维。一般可采用粒子计数器计数法、过滤法进行测试。其采样点、采样流量可见 9.3.1 节的表述，具体方法可参见 ISO 14644-3 中的附录 B。

M 描述符可以单独引述，也可将它作为空气洁净度等级的补充说明。M 描述符用"M（a；b）；c"表示，其中：a——大粒子的最大允许浓度（以每立方米空气中的大粒子个数表示）；b——与规定的大粒子测量方法对应的当量直径（或直径）（以微米表示）；c——规定的测量方法。

例如：若使用气溶胶飞行时间粒子计数器，测定的粒子空气动力学直径＞5μm 的粒子浓度为 10000pc/m³，则用 M 描述符表示为："M（10000；＞5μm）；气溶胶飞行时间粒子计数器"。

（3）静压差测试

① 洁净室（区）与周围空间保持规定的静压差/压差既是确保实现空气洁净度的基本条件，也是保证洁净室（区）正常工作或空气平衡暂时受到破坏时，气流都能从洁净度高的区域流向空气洁净度低的区域或者避免在负压洁净室内空气中可能存在的有害污染物气流流向周围空间。所以洁净室与周围空间必须保持规定的压差，并按产品生产工艺要求确定是正压差或负压差。因此洁净厂房施工完成后或在运行过程中对洁净室（区）的静压差测试显示其重要性。

在进行静压差检测之前，应确定洁净室送、排风量均已经符合设计要求。静压差测试时应关闭洁净区内所有的门，若洁净厂房有多间洁净室，从洁净区最里面的房间开始向外依次检测，一直检测至直通室外的房间。检测时应注意使测试管的管口不受气流影响。静压差的测试可采用电子压差计、斜管微压计或机械式压差计等。

② 静压差的检测可在三种占用状态（空态、静态、动态）下进行。不同等级的洁净室之间、洁净室（区）与非洁净室区之间的静压差大多不小于 5Pa，通常所测的压差较小，测量方法不准确时容易造成读数误差甚至错误。为此，应关注测试点的选择，应远离可能影响测点压力的送风口或回风口，建议设置相对固定的"永久"性测点。

静压差测试结果应符合工程设计文件要求的"正压或负压值"，若设计文件或合同中无明确规定/要求时，应符合相关设计规范如 GB 50073、GB 50457、GB 50472 等国家标准的规定。若达不到以上规定/要求时，应重新进行洁净室净化空调系统的风量平衡——送风量、新风量、排风量的调试，直至洁净室（区）静压差合格为止。据了解，在洁净厂房内设置多间洁净室时，或者多个洁净室具有不一样的静压差要求时，静压差的测试和调试工作具有一定的"难度"，应引起检测单位的重视。

③ 静压差测试例（某公司的洁净室压差测试实录）。洁净室压差测试同压差调试比起来则显得简单、容易得多。对于洁净室，尤其是重要的关键的洁净室都设有压差监控探头或压差表，以监控房间的压差。

a. 测试前的准备。压差测试前，应先确认空调机组、排风机组的运行状态，同时检查顶棚墙体、门窗等的状况，封堵所有非必需的孔洞，且需准备测试文件，包含测试方法、房间平面图、记录表格等；检查测试仪器，仪器应经过鉴定并提供有效的鉴定证书。

b. 测试仪器。一般采用微压计，如图 2.9.15 所示。

c. 测试方法及步骤。关闭待测各房间的门；以 PE 软管连接微压计，在门缝处测量各相邻房间的压差值，待微压计读数稳定后，记录数据；一般记录房间之间的压差，并用箭头方向标记气流方向；压差测试可从最外面的房间测起，同时应确保待测中至少有一个房间可以直接测量其与非洁净区或室外的压差；测试过程中，严禁非相关人员在洁净室开关门或待测洁净室吊顶走动。房间压差测试如图 2.9.16 所示。

④ 记录要求。应有房间布置示意图，且应有各个房间的名称；给出房间设计的压差（Pa）、房间压差实测值（Pa）；签字及日期；测试人员签名及时间。

图 2.9.15　微压计

图 2.9.16　房间压差测试

(4) 已装空气过滤器的检漏

1) 基本要求。洁净厂房中已装空气过滤器的检漏实际上是对高效/末端空气过滤器或高效空气过滤机组（FFU）的检漏。高效空气过滤器本体在进入使用现场前，均应在制造厂家按规定进行过性能测试，并提交给使用单位包括性能试验结论在内的产品合格证。这里表述的对已装空气过滤器的检漏是对高效空气过滤器安装后的检漏，是确认安装质量，应检测高效空气过滤器送风口的整个面、过滤器的周边、过滤器外框和安装框架之间的密封处。检漏时，从过滤器的上风侧引入测试气溶胶，并立即在其下风侧进行测试。该项测试一般在洁净室（区）的"空态"或"静态"下进行。关于已装空气过滤器的检漏方法在相关标准规范中的规定/要求在本篇 9.3.1 节已有介绍，下面依据 GB 51110 中的要求作部分补充表述，主要是对安装在管道或空气处理机内的高效空气过滤器的检漏，检测可采用光度计法或粒子计数器法。对于安装在管道或空气处理机内的最易穿透粒径的穿透率大于 0.005％ 的高效空气过滤器的检漏。在进行空气过滤器的检漏时，被检测过滤器应在设计风速的 70％～130％ 之间运行，并确认其送风均匀性。上风向引入的大气尘或气溶胶浓度应满足在下风向测试得到具有统计意义的读数。测试时，采样口应距离被测部位 30～100cm，在管道中应距管壁 2.5cm，记录实测的含尘浓度。

图 2.9.17　粒子计数器法检漏测试

高效空气过滤器检漏的限值，采用光度计法时，不得超过 10^{-4}（0.01％）；采用粒子计数器法时，不得大于出厂合格透过率的 3 倍。

2) 已装空气过滤器泄漏测试

① 常见的已装空气过滤器泄漏测试有粒子计数器法和光度计法。粒子计数器法主要应用在 FFU 或不允许使用带挥发性油基的测试气溶胶的洁净室，一般采用粒子计数器法的洁净室洁净度级别要求较高，如 8.5 代 TFT-LCD 洁净厂房已装 FFU 的检漏、集成电路芯片制造用洁净厂房 FFU 的检漏。粒子计数器法在被检测高效过滤器上风侧引入大气尘或聚苯乙烯乳胶球（polystyrene latex，PSL）或葵二酸二辛酯（diethyl hexyl sebacate，DE HS）尘作为尘源，在下风侧用粒子计数器进行扫描，通过测试得到粒子数判断已装过滤器的滤芯及其边框是否存在泄漏。粒子计数器法测试如图 2.9.17 所示。

光度计法所用的气溶胶材料通常为邻苯二甲酸盐（DOP）、聚烯烃（PAO）。目前，出于安全不主张使用 DOP 进行测试，大部分情况下，都是采用 PAO。光度计法一般可用于沉降在过滤器和风管内的挥发性油性气溶胶的释气对洁净室内的产品、生产工艺、人员无害的设施，如制药行业的洁净室引入已装空气过滤器的检漏。

光度计法是在被检测高效过滤器上风侧引入 PAO 气溶胶作为尘源，在下风侧用光度计进行采样，含尘气体经过光度计产生的散射光由光电效应和线性放大转换为电量，并由微安表快速显示。

② 气溶胶释放分为热发及冷发两种。冷发或冷发烟，即用 PAO 油加压雾化产生微粒，可以用来仿真洁净室微粒，在过滤器上游产生的微粒达到一定的浓度后，以光度计在过滤器下游检测漏点或泄漏效率。冷发烟只针对单个风口，不会对其他风口造成污染，且操作简单。采用冷发，高效过滤器静压箱上应安装发烟孔及采样孔，如图 2.9.18 所示。相对于热发烟，冷发烟污染比较小；因需要在每个高效过滤器上方发烟，测试效率低，且发烟直接在室内，若发烟管连接没有密封出现泄漏，会直接影响测试结果。

热发烟，是用 PAO 油高温雾化后以惰性气体压出雾状气溶胶，可以用来仿真微粒，在过滤器上游产生的微粒达到一定的浓度后，使用光度计在过滤器下游进行检漏。热发烟应采用惰性气体作气源，禁止使用压缩空气等。热发只要在空调机组处发烟，在下游最远端风口采集一次上游浓度，便可对系统风口逐个进行测试。当对上游浓度值有质疑时，可随机抽测核对上游浓度。测试效率高，但对风管系统有一定污染。热发烟测试如图 2.9.19 所示。

图 2.9.18　插上采样管的发烟孔及采样孔

图 2.9.19　热发烟高效过滤器泄漏测试

③ 粒子计数器检漏测试。

a. 测试前的准备。高效过滤器风口已全部安装完毕，测试前应确认风口风量是否在设计值的 ±20% 范围内，并需准备测试文件，包含测试方案、风口编号布置图、记录表格；了解高效过滤器的过滤效率、尺寸等相关技术参数；检查仪器，仪器应经过校验且提供有效的校验证书；准备辅助工具，如梯子、安全带、电源线等。

b. 测试仪器。用于检漏的粒子计数器，多为大流量的，粒径通道尺寸应 ≤0.3μm。常用的有美国的 MET-ONE、LIGHTHOUSE、PMS 和国产仪器。

c. 测试方法及步骤。检漏测试时，应注意室内环境对测试数据造成的影响，必要时采取相应的隔离处理手段避免影响，比如围帘。采用粒子计数器法检漏时，若采用大气尘，高效过滤器的上游浓度及采样流量应满足表 2.9.19 的要求。

表 2.9.19　大气尘扫描检漏时的参数要求

项目	采样流量/(L/min)	过滤器上游粒子浓度/(粒/L)
高效过滤器	2.83 或 28.3	0.5μm：≥4000
超高效过滤器	28.3	≥0.3μm：≥6000

・当上游浓度达不到规定要求时，需采取适当措施，增加上游浓度。例如可增加新风，拆除部分初、中效过滤器，也可直接将室外空气引入空调机组。大面积的电子洁净厂房中已装过滤器检漏时，上游浓度控制在待检漏区域实际洁净度浓度限值的 10～100 倍即可。

・检漏时采样口应离被检过滤器表面 2～3cm，宜以 5cm/s（28.3L/min）的速度移动，对被检过滤器进行扫描。若上游浓度较大时可提高扫描速度。一般情况下，每片过滤器的扫描时间根据过滤器的大小控制在 3～5min 为宜。

・采样过程中为使采样管中微粒的扩散沉积损失和沉降、撞击沉积损失不超过 5%，28.3L/min 的粒子计数器其水平采样管的长度不应超过 3m，2.83L/min 的粒子计数器其水平采样管的长度不应超过 0.5m。

・扫描检漏时应拆去高效过滤器外的孔板或装饰层，扫描面积应稍有搭接。

・对于满布安装的高效过滤器，应对外侧过滤器加挡板后检漏，挡板高度不应短于 40cm，长度应不小于过滤器侧边长度的 1.2 倍。

・当用户对检漏原始数据有具体要求时，测试过程中可同步打印测试数据，但需增加测试的时间。

d. 记录要求。高效风口编号：反映各个风口位置，并应有风口编号附图，图上应有系统的编号；高效风口允许泄漏值，单位为颗，实测高效风口泄漏值，单位为颗。签字及日期：测试人员签名及时间。

④ 光度计检漏测试。

a. 测试前的准备。应确认风口风量在设计值的 ±20% 之内。准备工作还有：准备测试文件，包括测试方案、风口编号布置图及记录表格等；检查仪器，仪器应经过检验并提供有效的鉴定证书；准备气源，采用冷发烟准备洁净压缩空气等气源，采用热发烟准备洁净惰性气源，如氮气等；准备辅助工具，如减压阀、扳手、梯子、安全带等。

b. 测试仪器。一般采用的光度计有美国的 ATI，型号有 2H、2I 等，如图 2.9.20 所示。2I 光度计是光散轮式的线性光度计，可在 100～240V、50～60Hz 的范围内工作；基本功能是采样空气及其他气体，并显示粒子浓度值。检测粒子引入到过滤器的上游，在保证浓度的情况下应距离过滤器越远越好。采样时，尽量接近过滤的中心位置，从上游采样。检测过滤器泄漏时，要使用扫描探头，过滤器及过滤器的缝隙处应通过探头逐步检测，且确保过滤器的所有位置均被检测到。显示屏可以直接显示过滤器的泄漏量。

冷发烟器，即冷凝振荡发生发烟器，如图 2.9.21 所示。冷发烟器只需洁净的压缩空气或自带泵就可发生多分散粒子。ATI-6D 用于风量小于 2000ft³/min（3200m³/h）的系统，可用于工作台、生物安全柜等的检测。ATI-6D 内置空压机，使用方便，只要接通电源即可使用，用于洁净室已安装过滤器系统的检漏十分方便。ATI-6D 发生器的技术参数见表 2.9.20。

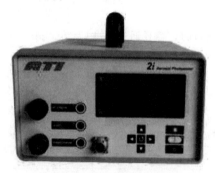

图 2.9.20　ATI-2I 光度计

图 2.9.21　冷发烟气

表 2.9.20　ATI-6D 气溶胶发生器的技术参数

可使用的流量范围	$50\sim2000\ ft^3/min$
发生浓度	$10\mu g/L$；流量 $2000ft^3/min$
	$100\mu g/L$；流量 $200ft^3/min$
发生粒子	PAO、DOP
发生方法	2 或 6 个 Laskin 喷嘴
压缩气体	不需要，自带空压机
电源	110V AC/60Hz 或者 220V AC/50Hz
外形尺寸	约 37cm(L)×26cm(W)×23cm(H)
重量	约 15kg

热发烟器，即加热发生发烟器，通常是以电加热产生并输出气溶胶粒子的气溶胶发生器，如图 2.9.22 所示。其技术参数见表 2.9.21。

表 2.9.21　ATI-5D 气溶胶发生器的技术参数表

可使用的流量范围	$500\sim70000ft^3/min$
发生浓度	$10\mu g/L$；流量 $70000ft^3/min$
	$100\mu g/L$；流量 $7000ft^3/min$
发生粒子	PAO、DOP
颗粒分散	满足 ANSI/ASME N509/510
发生方法	加热
压缩气体	N_2、Ar、CO_2 或者 He(20 ft^3/h,50psi)
电源	110V AC/60Hz 或者 220V AC/50Hz
外形尺寸	约 875mm(长)×625mm(宽)×625mm(高)
重量	约 8kg

图 2.9.22　热发烟器

c. 测试方法及步骤

• 检查测试仪器完好，检查气管、采样管、发烟管等齐全；

• 当采用冷发烟方式产生气溶胶时，即在高效过滤器静压箱发烟孔处直接发烟，释放气溶胶并调整浓度；

• 当采用热发烟方式产生气溶胶时，即使用气溶胶发生器在高效过滤器上游风管或空调机组送风段（回风段）发尘，若在回风段，需将机组内部分初效、中效过滤器拆除后进行发烟，释放并调整气溶胶浓度；

• 在高效过滤器上游浓度采集孔处采集上游浓度，当高效过滤上方的气溶胶浓度为 $10\sim80mg/m^3$ 时，测试数据有效，并记录上游浓度值；

• 在过滤器滤芯表面下方 $20\sim30mm$ 处及边框处用光度计的采样口以 $50mm/s$ 的速度进行巡回检查，同时记录扫描过程中仪器显示的最大读数；

• 考虑在一个房间测试时间较长时，房间的 PAO 浓度会增大（尤其是房间有高效存在泄漏的情况），将会影响对测试结果的判断，故需在高效过滤器的周围采用围帘的方式排除干扰；

• 当用户对检漏原始数据有要求时，测试过程中可同步打印测试数据。

d. 记录要求。高效风口编号：各个风口的具体位置，并应有风口编号附图，图上应有系统编号；高效风口允许泄漏值（%），实测高效风口泄漏值（%）；签字及日期：测试人员签名及时间。

(5) 气流流型的检测　气流流型的检测目的是确认气流方向和气流均匀性与设计要求、性能要求的相符性，包括气流目测和气流流向的测试。气流目测可采用示踪线法、示踪剂法或发烟

（雾）法和图像处理技术等方法。气流流向的测试一般采用示踪线法、示踪剂法或发烟（雾）法和三维法测量气流速度等方法。

采用示踪线法时可采用丝线、尼龙单丝线、布条、薄膜带等轻质纤维物，可将上述物品放置在气流中测试杆的末端或装在气流中金属丝格栅的交汇处，直接观察出气流的方向和因干扰引起的波动。有效的照明有助于观察和记录气流状况，通过测量两点（例如 $0.5 \sim 2\text{m}$）之间的气流偏移计算偏移角，其偏移角不应大于 $14°$ 或应符合合约要求。

采用示踪剂法/发烟（雾）法时，可采用去离子水、固态二氧化碳（干冰）或超声波雾化器等生成的直径为 $0.5 \sim 50\mu\text{m}$ 的水雾。当采用四氯化钛（$TiCl_4$）作示踪粒子时，应确保洁净室、室内设备以及操作人员不受四氯化钛产生的酸伤害。

采用图像处理技术进行气流目测时，由示踪法得到的在摄像机或膜上的粒子图像数据，利用二维空气流速度矢量提供量化的气流特性。图像处理技术要求带有适用的接口和软件的数字计算机。采用三维法测量气流速度使用热球风速或超声风速计，检测点选择在关键工作区及其工作面高度。根据建设方要求需进行洁净室（区）的气流方向均匀分布测试时，应进行多点测试，其测试点的选择宜参照风速和风量测试中单向流、非单向流的测点选择方法。

（6）自净时间测试　洁净室的自净时间检测通常适用于非单向流洁净室，是确认非单向流洁净室（区）及其净化系统在洁净室空间内出现短暂的粒子散发污染后或洁净室停止运行相当时间后，再将洁净室（区）恢复到稳定的洁净度等级所需的时间。该测试一般以大气尘或烟雾发生器等人工尘源为基准，采用粒子计数器测试。

自净时间检测首先应测量洁净室内靠近回风口处稳定的含尘浓度（N）。如果以大气尘为基准，则必须将洁净室停止运行相当时间，在室内含尘浓度接近于大气浓度时，测出洁净室内靠近回风口处的含尘浓度（N_0）。然后开机，定时读数（一般可设置每间隔 6s 读数一次），直到回风口处的含尘浓度恢复到原来的稳定状态，记录下所需的时间（t）。

若以人工尘源为基准时，应将烟雾发生器（如巴兰香烟）放置在距地面 1.8m 以上的被测洁净室中心，发烟 $1 \sim 2\text{min}$ 后停止，等待 1min 测出洁净室内靠近回风口处的含尘浓度（N_0）。然后开机进行测试，定时读数，直到回风口处的含尘浓度恢复，方法同前。

自净时间测试的合格要求：由初始浓度（N_0）、室内达到稳定的浓度（N）、实际换气次数（n），可得到计算自净时间（t_0），与实测自净时间（t）进行对比，实测自净时间不大于计算自净时间的 1.2 倍为合格。

自净性能检测适用于非单向流洁净室，但 ISO 8 级和 ISO 9 级不推荐此项检测。本项检测应在设施处于空态或静态时进行。若使用人工气溶胶，应防止气溶胶对设施的残留污染。洁净室的自净性能还可以采用粒子浓度变化率评估，或者直接测量洁净室的 $100:1$ 自净时间（粒子浓度降低至 0.01 倍初始浓度所需时间）进行评估，在国际标准 ISO 14644-3 中的附录 B 中有详细要求。

（7）温度、湿度检测　温度、湿度测试是确认空气处理设施的温度、湿度控制能力。洁净室（区）的温度测试可分为一般温度测试和功能温度测试。一般温度测试主要用于"空态"时的洁净室（区）温度测试，功能温度测试主要用于洁净室（区）需严格控制温度精度时或建设方要求在"静态"或"动态"进行测试时。温度测试可采用玻璃温度计、电阻温度检测装置、数字式温度计等。相对湿度测试可采用通风干湿球温湿度计、电容式湿度计、毛发式湿度仪等。

温度测试应在洁净室（区）进行调试、气流均匀性测试完成及净化空调系统连续运行 24h 以上后进行。洁净室温、湿度检测在本篇 9.3.1 节已对几项标准规范的测试方法进行了对比介绍，在此不再叙述。

（8）密闭性测试　密闭性/隔离测试用于确认有无被污染的空气从相邻洁净室（区）或非洁净室（区）通过吊顶、隔墙等表面或门、窗渗漏入洁净室（区），适用于 ISO $1 \sim 5$ 级的洁净室（区），通常采用光度计法和粒子计数器法进行测试。

采用粒子计数器法时，测量被评价的表面的洁净室（区）外部的空气中悬浮粒子浓度，应比洁净室（区）内的浓度大 10^4 的倍数，并至少大于等于 $3.5 \times 10^6 / \text{m}^3$ 所测粒径；若其空气中悬浮粒子浓度小于该值，应添加气溶胶提高浓度。粒子计数器扫描时，仪器应距离洁净室（区）内待测试的接缝密封处或啮合面 5～10cm；扫描速度 5cm/s。对敞开门廊处的测试，应在距离洁净室（区）内敞开的门 0.3～3.0m 处检测空气中悬浮粒子的浓度。

采用光度计法时，测量被评价表面的洁净室（区）外部的空气中悬浮粒子具有足够高浓度的气溶胶，当光度计设在 0.1％挡时，气溶胶浓度将超过满量程，若光度计为 0.1％测量，其读数超过 0.01％就表明有渗漏。光度计在洁净室内扫描时，以约 5cm/s 的速度扫描建筑接缝和缝隙，探头距被测表面的距离不大于 5cm。检查敞开门口处的渗漏情况时，在洁净室内侧、距敞开的门 0.3～1m 处测量空气中粒子的浓度。记录并报告所有超过 0.01％的光度计读数。

（9）照度测试　洁净室（区）照度的检测应在室内温度稳定和光源光输出稳定的状态下进行；对于新荧光灯区应在使用 100h 以上，并点燃 15min 后进行测试。洁净室（区）照度的检测只测试一般照明，不包括局部照明、应急照明等。

照度测试点应选择在工作面高度，一般宜为 0.85m，通道测试高度宜为 0.2m；测试点的数量可按每 50m² 洁净室（区）面积 1 个点计算，但每个房间不得少于 1 点。照度测试宜采用便携式数字照度计。以上是 GB 51110 中的规定。

在 NEBB 的有关洁净室照度和均匀度测试提出了要求，并对测试步骤做了较详细的介绍，现摘录部分供参考。

照度和均匀性测试的目的是验证洁净室内所安装灯具的照度和均匀度是否符合规定的要求。由于洁净室内的灯具实际布置不同，照度测试时应遵循的测试步骤会有所不同，在 NEBB 标准中对两排及以上间隔对称布置的灯具、对称定位的单个灯具、单排排列的灯具、两排及以上的连续灯具、单排连续灯具等的照度测试步骤做出明确的要求。

① 照度测试条件，需有洁净室的顶棚、地面的平面图，如需要还应有生产设备或"箱柜"的平面布置图；测试采用便携式光电照度计，必要的工器具如卷尺、一定高度（如 750mm）的便携式测试用支架等。

灯具条件：较新灯具中的高照度或荧光照明系统，测量前应点亮 100h 以上，并在测量前至少照明 2h，以确保达到正常工作输出、工作温度。对于普通白炽灯，点亮时间至少为 20h。测试条件：照度测量应在实际工作条件下进行，测试区域的全部照明包括普通照明、专项照明和补充照明，都应在正常使用状态下。在工作面高度实施测量，并在规定工作点位进行。若测试点既有自然光，也有电力照明，应注意并考虑自然光的影响。

② 对称定位的单个灯具的测试点布置见图 2.9.23。在 p-1、p-2、p-3、p-4 测点得到读数，再计算四个读数的平均值（P），该平均值（P）即该区域的平均照度。

③ 单排排列的各个灯具的测试布置见图 2.9.24。在洁净室（区）位于被测试区域的单排排列的灯具两侧以两个灯具中心 4 个方格的 q-1～q-8 测点获取读数，计算 8 个读数的平均值（Q）。在被测试区域角部对称位置的方格 p-1 和 p-2 点获取读数，计算两个读数的平均值（P）。使用式（2.9.20）计算平均照度。

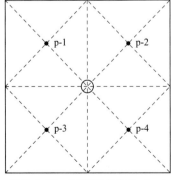

图 2.9.23　照度测点布置（一）

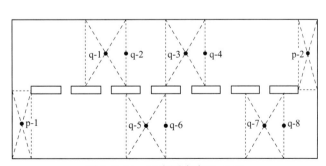

图 2.9.24　照度测点布置（二）

$$平均照度 = \frac{Q(N-1) + P}{N} \tag{2.9.20}$$

式中，N 为灯具数目。

④ 两排及以上的连续灯具的测点布置见图 2.9.25。在洁净室（区）接近被测区域中心位置的 r-1～r-4 测点获取读数，计算 4 个测点读数的平均数（R）。在房间两个侧面的中部，房间外排灯具与墙的中间位置处的 q-1 和 q-2 两个测点获取读数，计算两个读数的平均数（Q）。在房间左右两侧的 t-1～t-4 测点获取读数，计算 4 个读数的平均数（T）。在两个对角处的 p-1 和 p-2 测点获取读数，计算两个读数的平均数（P）。使用式（2.9.21）计算平均照度。

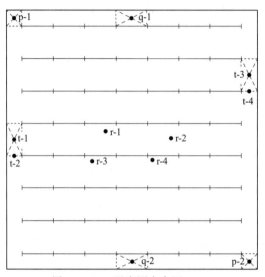

图 2.9.25 照度测点布置（三）

$$平均照度 = \frac{RN(M-1) + QN + T(M-1) + P}{M(N+1)} \tag{2.9.21}$$

式中，N 为灯具数目；M 为排数。

（10）噪声测试 噪声测试宜采用倍频程噪声分析仪，一般检测 A 声压级的数据。洁净室（区）噪声测试的状态为空态或与建设方协商确定。噪声测试点应在工作面高度，一般宜距地面 1.2～1.5m。测试点的数量可按每 50m² 洁净室（区）面积 1 个点计算，但每个房间至少 1 点。

鉴于各行业的洁净室生产的产品或使用要求的差异，洁净厂房内噪声的声源是不相同的，随着对环境保护和作业人员健康保护要求的重视，一些洁净室内噪声的检测内容要求也在发生变化。在 NEBB 的《洁净室认证测试标准程序》（*Procedural Standards for Certified Testing of Cleanrooms*）第三版中对"声级测试"时洁净室占用状态可以为空态、静态、动态，应在业主/买方与 NEBB 认证的 CPT 公司的合同约定中明确声级测试占用状态。

洁净室在空态条件下进行噪声测试时，检测方应验证建筑的所有机械/电气系统已经启动，正在运行，且完全处于规定功能控制中。在声级测试前，要进行所有的测试、调节、平衡工作。检测方还应验证洁净室的全部基本测试已经完成。洁净室在静态条件下进行噪声测试时，验证按洁净室的静态状况的要求均得到满足，应验证洁净室内适当的工艺设备正在运行中，并完全处在规定的功能状态，其运行方式也与在洁净室内的正常使用相一致。在噪声测量过程中运行的工艺设备，应符合合同文件的规定。在动态条件下进行噪声测试时，应满足洁净室动态状况的所有要求。此外，应核查全部工作人员都处在他们的正常工作环境中，洁净室内的工艺设备，其工作方式也与洁净室每天的工作使用相一致。在噪声测量过程中运行的工艺设备，应符合合同文件的规定。

洁净室噪声测试依据检测目的选择占用状态后，按规定相关的系统、设备、人员等到位时，进行噪声测量。

噪声测量仪器的放置，应使声源与声级计之间实现直接的视线接触。除非另有规定或合约有要求，可在距地面大约 1200mm 的高度，距墙、柱子或其他能影响到测量的大型表面至少 900mm 处，进行噪声测量。噪声测试的测点数量，若合同文件没有约定时，可将洁净室（区）划出方格，按每个房间至少 2 个测点，且每 36m² 至少有 1 个测点确定。

(11) 微振测试

① 洁净室检测项中的微振测试是对洁净厂房中需要微振控制的精密设备仪器或房间（区域），进行微振控制设施的建造质量进行检测。一般采用微振测试分析系统进行测试，包括微振动传感器、专用仪器和计算机分析系统等。

微振测试应按要求分阶段进行，详见本书第 1 篇第 15 章。

② 鉴于电子工业以微电子产品为代表的高科技洁净厂房中设置的精密设备和仪器，对微振动控制有十分严格的要求，为此制定发布了国家标准《电子工业防微振工程技术规范》（GB 51076）。在此国家标准的附录 A 中对"微振动测试分析"提出了较详细的要求，摘要如下。

微振动测试包括场地环境振动测试、建筑物微振动测试和防微振基台微振动测试。微振动测试应具备的资料主要有：精密设备及仪器的容许振动值；建筑场地工程地质勘察资料；邻近现有建筑物及地下管道、电缆等的有关资料；场地及周围道路布置图，道路行车状况；拟建场地及邻近的振源位置及运行状况；拟建场地建筑物布置规划；建筑物的建筑、结构设计图；安装精密设备及仪器的基础、台板设计图；建筑物内的振源位置及运行状况；建筑物外的邻近振源位置及运行状况；防微振基台设计图；隔振装置参数；隔振计算资料；防微振基台内的振源位置及运行状况；防微振基台外的邻近振源位置及运行状况。

微振动测试前应对测试现场进行实地踏勘，在充分分析研究上述各项资料的基础上制定测试方案，其内容应包括测试目的和要求、测试内容和方法（含设备、仪器的确定）、测点的布置以及测试数据的分析处理等。在微振动测试过程中按测试要求对其周边环境设置相应的安全保护，并应采取措施避免强电磁及交流电源对测试产生干扰。

振动数据采集，对于同型号的传感器在进行采集前应进行试采样及比对分析。采样频率应大于数据分析截止频率的 2 倍，每个样本数据不应少于 1024 个。随机振动的采样时间不应少于 20min，稳态振动的采样时间不应少于 5min；同类移动振源的采样次数不应少于振源通过 5 次，同类冲击振动的采样次数不应少于 5 次。

③ 洁净厂房微振动测试的场地环境振动测试应根据工程规模、建筑场地面积、有防微振要求的建筑物位置、周边道路及邻近干扰振源等因素确定测点位置。在一个场地上不宜少于 5 个测点，测点间距不宜大于 40m。环境振动工况分类及组合应包括常时微动、固定干扰振源及移动干扰振源的分别作用及组合，采样时间和次数如前所述。测试时，振动传感器周围 15m 范围内应避免人员行走影响。测试应采取多测点同时采样，当传感器数量不足或不能使所有测点同时采样时，可分批采样，但应保持振动工况一致。

当场地内外道路无车辆行驶时，可采用车辆模拟移动干扰振源运行，车辆数量、载重量、行驶方向、行驶速度应根据测试方案要求确定。

④ 建筑物振动测试是对洁净厂房内的精密设备及仪器的独立基础动力特性测试、建筑物动力特性测试和环境微振动测试。精密设备及仪器的独立基础动力特性测试可采用冲击法或共振法测试基础固有振动频率及阻尼比，传感器应布置在基础顶面的质心投影点位置；动力特性测试的重复测试次数不应少于 3 次。建筑物动力特性测试/建筑物楼层结构应测试竖直向和水平向动力特性；测试传感器应布置在梁板结构的主梁、次梁及板跨中，无梁楼板结构应布置在板跨中。

⑤ 防微振基台振动测试包括动力特性测试、微振动测试。动力特性测试前，隔振系统应经过调试，确认达到正常工作状态；动力特性测试与前述的"独立基础"动力特性测试要求相同；对于超宽、超长台座，宜进行基台结构模态测试。微振动测试时的环境微振动工况分类及组合要求与前述的建筑物振动测试中环境微振动工况分类及组合的要求相同；传感器应位于台板顶面隔振系统的

质心处及长边、短边方面两端或位于台板顶面隔振系统的质心处及支承结构对应位置处布置。

（12）静电测试

1）表面导静电性能测试。在 GB 51110 中对地面等的表面导静电性能测试作了如下要求。洁净室（区）内的地面、墙面和工作台面等的表面导静电性能测试，应根据生产工艺要求确定，宜采用高阻计进行测试。在表面导静电测试表面上，按照与建设方商定的测量区域内的检测点，按图 2.9.26 所示的测试装置测量表面电阻和泄漏电阻。圆柱形铜电极的直径为 60mm，重量为 2.0kg，两个铜电极之间的距离≥90mm。

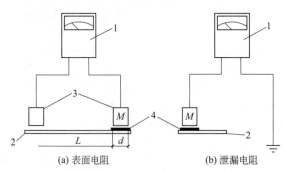

图 2.9.26　表面导静电性能测试装置
1—高阻计；2—试件；3—铜圆柱形电极；4—湿渍纸；
L—900mm；d—60mm；M—2kg

2）静电和离子发生器检测。在 GB/T 25915.3/ISO 14644-3 附录 B 中对静电和离子发生器（电离器）检测提出了要求。静电检测是对工作面、产品表面的静电电压以及地面、工作台面和设施其他部件的静电耗散率进行检测，静电耗散率特性的检测包括表面电阻和表面泄漏电阻的测量。离子发生器的性能检测应进行放电时间和补偿电压的测量。

① 表面电压的测量。使用静电电压计或场强计测量工作表面和产品表面或正或负的静电荷。首先将探头面向接地的金属板，把静电电压计或场强计的输出调零。然后使探头的感应口与金属板平行，探头与金属板的距离应符合制造商的说明。用于调零的金属板表面积要足够大，以满足所要求的探头口尺寸以及探头至表面适当的距离。

测量表面电压时，将探头靠近被测物体表面，把持探头的方式仍与调零时相同。为实现有效测量，相对于探头感应口尺寸及探头与表面间的距离，被测体应有足够大的表面积。需供双方协商确定测点和测试要求。

② 静电耗散特性的测量。静电耗散特性需使用高阻欧姆计测量表面电阻（表面不同位置之间的电阻）和泄漏电阻（表面与大地之间的电阻）。采用规定质量和尺寸适当的电极来测量表面电阻和泄漏电阻。测量表面电阻时，这些电极应与表面保持正确的距离。需供双方协商确定检测条件的具体要求。

③ 离子发生器（ion generator test）放电时间的测量。采用具有已知电容（例如 20pF）的检测板（绝缘的导电板）进行测量。首先用电源向检测板充电，使其达到或正或负的规定电压；然后将检测板置于待评估的双极离子发生器的电离气流中，使用静电电压计和计时器测量检测板上静电荷随时间的变化。

放电时间的定义是检测板上的静电荷减少至 10% 初始电压所需的时间。检测板上正电和负电的放电时间都应进行测量。需供双方议定检测点的位置和检测验收限值。

④ 离子发生器（ion generator test）补偿电压的测量。用安装在绝缘体上的检测板测量补偿电压，用静电电压计检测绝缘板上的电荷。首先将检测板接地以消除残余电压，并确认板上的电压为零；然后再将板暴露在电离气流中，直到电压计的读数稳定，此时的电压就是补偿电压。

离子发生器的合格补偿电压依工作区内的物体对静电荷的敏感性而定。需供双方协议确定合格的补偿电压。

3）防静电地面表面电阻测试实例（某公司洁净室工程的静电现场测试实例）。在电子产品生产用洁净厂房、计算机房以及医疗单位、生物医药产品用洁净室等洁净环境中，不可避免地会存在或产生静电，在这些场所的地面大多需采用不同类型的防静电地面。各类防静电地面施工验收和运行中均应按规定对其表面电阻进行测试。图 2.9.27 是测试采用的重锤式静电电阻测试仪。一般在实际工程防静电地面验收时，通常测量地面表面电阻判断其静电耗散性能。

测点的选择：每 $10m^2$ 确定一个测点，测点距离墙面至少 $1m$，测点均匀布置；也可与用户协商确定。表面电阻测试时，将电极分别放置在活动地板上，两个铜电极的间距为 $900mm$，电极与地板表面应接触良好。表面电阻测试如图 2.9.28 所示。测试摘录见表 2.9.22。

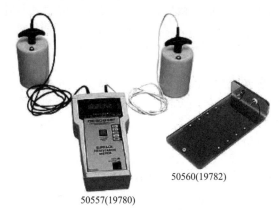

50560(19782)

50557(19780)

图 2.9.27 重锤式静电电阻测试仪

图 2.9.28 测量活动地板表面电阻实景

表 2.9.22 洁净室防静电活动地板测试摘录

测点号	指标/Ω	测试值/Ω	测点号	指标/Ω	测试值/Ω
1	$2.5\times10^4\sim1.0\times10^6$	2.05×10^5	26	$2.5\times10^4\sim1.0\times10^6$	4.20×10^5
2	$2.5\times10^4\sim1.0\times10^6$	3.35×10^5	27	$2.5\times10^4\sim1.0\times10^6$	4.01×10^5
3	$2.5\times10^4\sim1.0\times10^6$	3.89×10^5	28	$2.5\times10^4\sim1.0\times10^6$	4.22×10^5
4	$2.5\times10^4\sim1.0\times10^6$	4.11×10^5	29	$2.5\times10^4\sim1.0\times10^6$	5.01×10^5
5	$2.5\times10^4\sim1.0\times10^6$	4.24×10^5	30	$2.5\times10^4\sim1.0\times10^6$	2.70×10^5
6	$2.5\times10^4\sim1.0\times10^6$	2.87×10^5	31	$2.5\times10^4\sim1.0\times10^6$	2.55×10^5
7	$2.5\times10^4\sim1.0\times10^6$	2.56×10^5	32	$2.5\times10^4\sim1.0\times10^6$	2.50×10^5
8	$2.5\times10^4\sim1.0\times10^6$	3.30×10^5	33	$2.5\times10^4\sim1.0\times10^6$	3.70×10^5
9	$2.5\times10^4\sim1.0\times10^6$	4.15×10^5	34	$2.5\times10^4\sim1.0\times10^6$	1.90×10^5
10	$2.5\times10^4\sim1.0\times10^6$	4.50×10^5	35	$2.5\times10^4\sim1.0\times10^6$	2.85×10^5
11	$2.5\times10^4\sim1.0\times10^6$	2.35×10^5	36	$2.5\times10^4\sim1.0\times10^6$	2.37×10^5
12	$2.5\times10^4\sim1.0\times10^6$	3.45×10^5	37	$2.5\times10^4\sim1.0\times10^6$	5.25×10^5
13	$2.5\times10^4\sim1.0\times10^6$	3.37×10^5	38	$2.5\times10^4\sim1.0\times10^6$	4.32×10^5
14	$2.5\times10^4\sim1.0\times10^6$	4.10×10^5	39	$2.5\times10^4\sim1.0\times10^6$	5.11×10^5
15	$2.5\times10^4\sim1.0\times10^6$	5.10×10^5	40	$2.5\times10^4\sim1.0\times10^6$	5.40×10^5
16	$2.5\times10^4\sim1.0\times10^6$	4.25×10^5	41	$2.5\times10^4\sim1.0\times10^6$	3.83×10^5
17	$2.5\times10^4\sim1.0\times10^6$	4.61×10^5	42	$2.5\times10^4\sim1.0\times10^6$	3.25×10^5
18	$2.5\times10^4\sim1.0\times10^6$	3.56×10^5	43	$2.5\times10^4\sim1.0\times10^6$	2.80×10^5
19	$2.5\times10^4\sim1.0\times10^6$	4.17×10^5	44	$2.5\times10^4\sim1.0\times10^6$	4.10×10^5
20	$2.5\times10^4\sim1.0\times10^6$	3.20×10^5	45	$2.5\times10^4\sim1.0\times10^6$	4.20×10^5
21	$2.5\times10^4\sim1.0\times10^6$	3.10×10^5	46	$2.5\times10^4\sim1.0\times10^6$	2.14×10^5
22	$2.5\times10^4\sim1.0\times10^6$	5.60×10^5	47	$2.5\times10^4\sim1.0\times10^6$	2.58×10^5
23	$2.5\times10^4\sim1.0\times10^6$	5.35×10^5	48	$2.5\times10^4\sim1.0\times10^6$	3.77×10^5
24	$2.5\times10^4\sim1.0\times10^6$	4.17×10^5	49	$2.5\times10^4\sim1.0\times10^6$	4.32×10^5
25	$2.5\times10^4\sim1.0\times10^6$	3.50×10^5	50	$2.5\times10^4\sim1.0\times10^6$	5.05×10^5

注：各测点测试值均合格。

（13）微生物测定　空气中悬浮微生物的测定有多种，但其测定的基本过程都是经过捕集—培养—计数的过程。目前普遍采用的是浮游菌和沉降菌的测试方法。浮游菌测试方法是通过收集悬浮在空气中的生物性粒子通过专门的培养基，经若干时间在适宜的生长条件下让其繁殖到可见的菌落进行计数，以此来判定洁净环境内单位体积空气中的活微生物数。沉降菌测试方法是通过自然沉降原理收集在空气中的生物粒子于 $\phi90mm\times15mm$ 的培养皿，经若干时间，在适宜的条件下让其繁殖到可见的菌落进行计数，以培养皿中的菌落数来判定洁净环境内的活微生物数。

1）检测要求

① 检测前，被测洁净室的运行状态必须在正常状态，其温度、湿度、风量、风压及风速必须在控制的规定值内；被测试的洁净室（区）应进行过消毒；同时，洁净室的测试状态必须符合生产工艺的要求，并在测试报告中注明其测试状态。

② 测试人员必须穿戴洁净服，而且一般不得超过两个人。

③ 净化空调系统的正常运转时间对于单向流如 5 级（100 级）的洁净室或层流工作台不得少于 10min，对于非单向流如 7 级（10000 级）、8 级（100000 级）的洁净室不得少于 30min。

④ 采样点的布置及要求如下。

a.浮游菌测试时，采样点的位置可与悬浮粒子测试点相同，见图 2.9.29。工作区测点的位置距地面 0.8～1.5m（略高于工作面）；送风口测点的位置距送风面 30cm 左右。根据需要可在关键设备或关键工作活动范围处增加测点。采样点的布置应力求均匀，避免采样点在某局部区域过于集中、某局部区域过于稀疏。浮游菌测试的最少采样点数依据《医药工业洁净室（区）浮游菌的测试方法》（GB/T 16293）的规定实施，见表 2.9.23。

b.沉降菌测试时，采样点的位置可参见图 2.9.29 布置。工作区采样点的位置距地面 0.8～1.5m（略高于工作面）；根据需要可在关键设备或关键工作活动范围处增加测点；采样点的布置应力求均匀，避免采样点在某局部区域过于集中、某局部区域过于稀疏。沉降菌测试的最少采样点数应按《医药工业洁净室（区）悬浮粒子的测试方法》（GB/T 16292）的规定确定，见表 2.9.23。

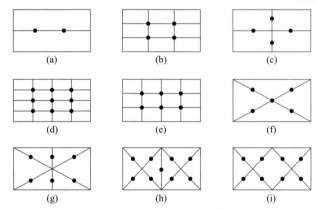

图 2.9.29　多点采样布置图

表 2.9.23　最少采样点数目

面积/m²	洁净度级别			
	100	10000	100000	300000
<10	2～3	2	2	2
≥10,<20	4	2	2	2
≥20,<40	8	2	2	2
≥40,<100	16	4	2	2
≥100,<200	40	10	3	3

面积/m²	洁净度级别			
	100	10000	100000	300000
≥200，<400	80	20	6	6
≥400，<1000	160	40	13	13
≥1000，<2000	400	100	32	32
≥2000	800	200	63	63

注：对于 100 级的单向流洁净室（区），包括 100 级洁净工作台，面积指的是送风口表面积；对于 10000 级以上的非单向流洁净室（区），面积指的是房间面积。

沉降菌法不仅要满足最少采样点数，还应满足最少培养皿数；依据 GB/T 16294—2010 的要求，应按不同洁净度级别确定最少培养皿数（φ90mm），100 级为 14，其余等级为 2。

浮游菌测试的每次最小采样量（L/次）依据 GB/T 16293 的要求，应按不同空气洁净度等级确定；100 级为 1000L/次，10000 级为 500L/次，100000 级为 100L/次。

2）检测方法。浮游菌的测试要求如下。

① 首先应对测试仪器、培养皿表面进行严格消毒。采样器进入被测房间前先用消毒房间的消毒剂灭菌，用于 100 级洁净室的采样器宜预先放在被测房间内；然后用消毒剂擦净培养皿的外表面，把采样器的顶盖、转盘以及罩子内外面消毒干净；采样口及采样管在使用前必须高温灭菌，如用消毒剂对采样管的外壁及内壁进行消毒时，应将管中的残留液倒掉并晾干。

② 采样者应穿戴与被测洁净室（区）相应的洁净服，在转盘上放入或调换培养皿前，双手用消毒剂消毒或戴灭菌手套作业。

③ 仪器经消毒后先不放入培养皿，开启浮游菌采样器，使仪器中的残余消毒剂蒸发，时间不少于 5min，并调好流量，依据采样量调整设定采样时间。

④ 关闭浮游菌采样器，放入培养皿，盖好盖子。

⑤ 置采样口于采样点后，开启浮游菌采样器进行采样。

⑥ 全部采样结束后，将培养皿倒置于恒温培养箱中培养。采用大豆酪蛋白琼脂培养基（TSA）配制的培养皿经采样后，应在 30～35℃的恒温培养箱中培养，时间不少于 48h；采用沙氏培养基（SDA）配制的培养皿经采样后，应在 20～25℃的培养箱中培养，时间不少于 5 天。

⑦ 用肉眼直接计数、标记或在菌落计数器上点计，然后用 5～10 倍的放大镜检查是否有遗漏。若平板上有两个或两个以上的菌落重叠，分辨时仍以两个或两个以上菌落计数。

沉降菌的测试要求如下：

测试前培养皿表面必须严格消毒。将已制备好的培养皿按采样点布置图逐个放置，然后从里到外逐个打开培养皿盖，使培养基表面暴露在空气中。静态测试时，培养皿的暴露时间为 30min 以上；动态测试时，培养皿的暴露时间为不大于 4h。全部采样结束后，将培养皿倒置于恒温培养箱中培养。采用大豆酪蛋白琼脂培养基（TSA）配制的培养皿经采样后，在 30～35℃的培养箱中培养，时间不少于 2 天；采用沙氏培养基（SDA）配制的培养皿经采样后，在 20～25℃的培养箱中培养，时间不少于 5 天。每批培养基均应有对照试验，检验培养基本身是否污染，可每批选定 3 只培养皿作对照培养。

菌落计数：用肉眼对培养皿上所有的菌落直接计数、标记或在菌落计数器上点计，然后用 5～10 倍的放大镜检查是否有遗漏。若平板上有两个或两个以上的菌落重叠，可分辨时仍以两个或两个以上菌落计数。

3）检测仪器。浮游菌测试仪器设备有浮游菌采样器、培养皿、恒温培养箱、高压蒸汽灭菌器等。浮游菌采样器有多种形式，主要有固体撞击式采样器、离心式空气微生物采样器、气旋式微生物气溶胶采样器、液体冲击式微生物气溶胶采样器、过滤式微生物气溶胶采样器、大容量静电沉降采样器等。采样器的选择应考虑灵敏度、采样效率以及有利于微生物的存活、易于分析粒子大小、操作方便等因素，浮游菌测试一般采用狭缝式采样器或离心式采样器。

① 狭缝式采样器(撞击式采样器)按相同的空气动力学原理，将采集的微生物气溶胶喷射并撞击到缓慢旋转的撞击板或固体培养基表面上，具有足够大能量的粒子撞击在收集板上，而较小粒子由于惯性小在气流夹携下流出。各种型号的撞击式采样器具有自身的收集效率。图 2.9.30 是国内生产的 THK-201 型采样器工作示意图。它属于固体惯性撞击式，打开电源后用真空抽气泵抽气，悬浮在空气中的带菌粒子被吸入采样头的筛孔；该采样器的采样头筛孔隙是可调式的，当孔隙调小时，可用于采集较小的粒子；若要采集大粒子时，可将孔隙调大，从而增大了采样器的应用范围。

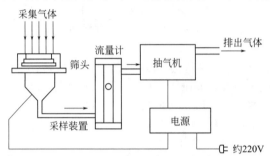

图 2.9.30　THK-201 型采样器工作示意图

② 离心式采样器是基于离心撞击原理工作的，当采样器通电后，借助蜗壳内的叶轮高速旋转，能把至少 40cm 距离以内被测的带菌空气吸入，在离心力的作用下空气中的活微生物粒子加速撞击到专用的培养基条上，采样后的培养基条从蜗壳中取出，经过恒温、定时培养，形成菌落，然后进行菌落计数。国内生产的 JWC-1 型采样器是一种性能较好的离心式采样器，采样量为 40L/min。图 2.9.31 是 JWC-1 型采样器的外形。

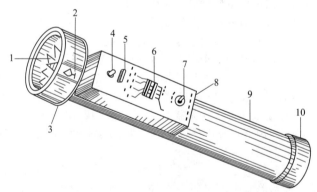

图 2.9.31　JWC-1 型离心式空气微生物采样器
1—叶轮；2—培养基采样口；3—蜗壳；4—电源指示灯；5—电源开关；6—定时选择开关；
7—启动钮；8—交流稳压电源插孔；9—电池筒；10—螺母

沉降菌测试仪器、设备主要有高压蒸汽灭菌器、恒温培养箱、培养皿等。培养皿一般采用 $\phi 90mm \times 15mm$ 的硼硅酸玻璃培养皿，培养基采用大豆酪蛋白琼脂培养基（TSA）或沙氏培养基（SDA）或用户认可并经验证的培养基。

4）合格标准

① 浮游菌测试。一般被测房间（或洁净工作台）的浮游菌平均浓度按式（2.9.22）计算。

$$C = P_s / V_s \qquad (2.9.22)$$

式中　C——被测房间（或洁净工作台）的浮游菌平均浓度，cfu/m^3；

P_s——被测房间的总菌落数，cfu；

V_s——总的采样量，m^3。

一般以 C 值来评定洁净室（或洁净区）是否达到规定标准，各种药品、生物制品洁净室的空气洁净度等级通常在设计文件中有明确规定。国内外医药行业不同洁净度等级对浮游菌的技术要求见表 2.9.24。

表 2.9.24 洁净室（间）对浮游菌的技术要求

洁净度级别	澳大利亚 TGA CGMP（2002 年 8 月 16 日）		欧盟 EU CGMP 附录1（2008 年 2 月）		美国 FDA CGMP（2004 年 9 月）	《药品生产质量管理规范（2010 版）》
	cfu/m³		cfu/m³		cfu/m³	浮游菌/m³
100	A 级	<1	A 级	<1	<1	<1
—	B 级	≤10	B 级	≤10	≤7(1000 级)	10
10000	C 级	≤100	C 级	≤100	≤10	100
100000	D 级	≤200	D 级	≤200	≤100	200

② 沉降菌测试。洁净室（区）的平均菌落数按式（2.9.23）计算。

$$\bar{M} = \frac{M_1 + M_2 + \cdots + M_n}{n} \tag{2.9.23}$$

式中 $\bar{M}$ ——被测洁净室（区）的沉降菌平均菌落数；

M_1——1 号培养皿的菌落数；

M_n——n 号培养皿的菌落数；

n——培养皿总数。

以测定的平均菌落数判定洁净室（区）空气中的微生物是否达到规定的标准，洁净室（区）的平均菌落数应低于所规定的技术要求。国内外医药行业洁净室（区）沉降菌的技术要求见表 2.9.25。若某洁净室（区）内的平均菌落数超过技术要求，则必须对此区域进行消毒灭菌，然后重新采样 2 次，测试结果达到标准方合格。

表 2.9.25 洁净室（区）沉降菌的技术要求

洁净度级别	澳大利亚 TGA CGMP（2002 年 8 月 16 日）		欧盟 EU CGMP 附录 1（2008 年 2 月）		美国 FDA CGMP（2004 年 9 月）	药品生产质量管理规范（2010 版）
	φ90mm cfu/4h*		φ90mm cfu/4h*		φ90mm cfu/4h*	φ90mm,4h
100	A 级	<1	A 级	<1	<1	<1
—	B 级	≤5	B 级	≤5	≤3(1000 级)	5
10000	C 级	≤50	C 级	≤50	≤5	50
100000	D 级	≤100	D 级	≤100	≤50	100

* 培养皿的暴露时间不超过 4h，以平均菌落数表示。

9.4 检测仪器

9.4.1 基本要求

洁净室检测用仪器仪表是确保检测准确性的基本条件，前述有关章节中已有多处表述洁净室检测的仪器必须在标定的有效期内，测试所用的材料、辅料也应在使用的有效期内；在检测用仪器仪表的选择时应十分关注仪表的性能，包括量程、灵敏度/分辨率、精度、准确度/不准定度等，并应满足洁净工程项目和检测项目的要求及符合供方需方的合约要求。本节参照美国国家平衡局（NEBB）发布的《洁净室认证测试标准程序》（*Procedural Standards for Certified Testing of Cleanrooms*）第 3 版和 GB/T 25915.3/ISO 14644-3 的有关要求进行介绍，在表 2.9.26 中摘录了洁净室常用测试项目的测试仪器基本要求供读者参考应用。仪器的使用应遵循生产厂家的要求或建议，对于特定的测量或读数，一般应采用优化的/合适的仪器或仪器的组合。

表 2.9.26　测试仪器的最低要求

测试项	设备/仪器	要求	校准时间间隔
风速和均匀度测试	风速仪（风速直接测量）	范　围:0.25～12.5m/s 准确度:读数的±5%,0.50m/s 或更大 准确度:读数的±10%,0.50m/s 或更小 分辨率:0.005m/s	12 个月
	压力仪（风速直接测量）	范　围:0.25～12.5m/s（按当地大气条件将速度压力转换为风速） 准确度:读数的±5% 分辨率:0.1m/s	12 个月
	速度矩阵	范　围:0.13～12.5m/s 准确度:读数的±3%,±0.04m/s, 0.25～40m/s	无要求
	皮托管或单点探头	范　围:0.13～12.5m/s 准确度:读数的±3%,±0.04m/s, 0.25～40m/s	无要求
风量和均匀度测试	带读数风量罩	可满足下列要求的带模拟或数字式压力仪的风量罩: 范　围:50～100L/s 准确度:读数的±5%,±2.5L/s 分辨率:0.5L/s(数字),2.5L/s(模拟)	12 个月
风量和均匀度测试	压力仪	符合下列要求的数字式压力仪: 范　围:0.25～12.5m/s*（按当地大气条件将速度压力转换为风速） 准确度:读数的±5% 分辨率:0.1m/s	12 个月
	皮托管或单点探头	范　围:0.13～12.5m/s 准确度:读数的±3%,±0.04m/s, 0.25～25m/s	无要求
空气高效过滤器检漏（光度计）	气溶胶光度计	仪器灵敏度阈值为 $10^{-3}\mu g/L$ 气溶胶粒子,在阈值灵敏度的 10^5 倍范围上测量浓度值 采样流量为 28.3L/min,探头口大小按等动力采样确定。读数为线性或对数,准确度为选定范围全刻度的 1%	12 个月
	气溶胶发生器	能够为过滤器完整性测试生成多分散或单分散式人工粒子气溶胶介质的装置,包括拉斯金喷嘴、热发生器、雾化器等	无要求
	扫描探头	配有长度不超过 8m 采样管的(方形或长方形)扫描探头	无要求
空气高效过滤器检漏（粒子计数器）	粒子计数器(扫描)	一种光散射仪,其配备的显示或记录手段可按 ASTM F50-69 的规定对空气中的离散粒子计数或计径。这类仪器须提供 28.3L/min 的最小采样流量和最小粒径 0.3μm 的阈值粒径分辨率	12 个月
	扫描探头	配有长度不超过 8m 采样管的近等动力(方形或长方形)扫描探头	无要求
	气溶胶发生器	能够为过滤器完整性测试生成多分散或单分散式人工粒子气溶胶介质的装置,其中包括拉斯金喷嘴、热发生器、雾化器等	无要求
	稀释器	与扫描粒子计数器一起使用,在被测过滤器上风向对气溶胶采样的装置。稀释后的计数结果不应超过 100000 颗粒子	12 个月

测试项	设备/仪器	要求	校准时间间隔
悬浮粒子计数洁净度分级测试	粒子计数器	一种光散射仪,其配备的显示或记录手段可按 ASTM F50-69 的规定对空气中的离散粒子计数或计径。这类仪器须提供 28.3L/min 的最小采样流量和最小粒径 $0.3\mu m$ 的阈值粒径分辨率。该仪器须配有等动力采样探头,将探头入风口风速保持在测试气流的流速	12 个月
	采样探头	配有长度不超过 8m(25ft)采样管的采样探头	无要求
压差测试	压力仪	范　围:0～125Pa* 准确度:读数的±2% 分辨率:≤250Pa 　　　　＞250Pa	12 个月
自净测试	气溶胶发生器	能够为过滤器完整性测试生成多分散或单分散式人工粒子气溶胶介质的装置,包括拉斯金喷嘴、热发生器、雾化器等。超声波加湿器。	12 个月
	气溶胶光度计	仪器灵敏度阈值为 $10^{-3}\mu g/L$ 气溶胶粒子,能以灵敏度阈值的 10^5 倍范围测量浓度值 采样流量为 28.3L/min,探头口大小按等动力采样确定。读数为线性或对数,准确度为选定范围全刻度的 1%	12 个月
	粒子计数器	一种光散射仪,其配备的显示或记录手段可按 ASTM F50-69 的规定对空气中的离散粒子计数或计径。这类仪器须提供 28.3L/min 的最小采样流量和最小粒径 $0.2\mu m$ 的阈值粒径分辨率。该装置配有等动力采样探头,以将探头入风口风速保持在测试气流速率	12 个月
噪声测量	实时分析仪	进行声压测量的实时分析仪须满足当前最新版 ANSI S1.4 和 S1.11 中规定的要求,并且其析像线≥400,频率范围 0～20.0kHz,真动态范围≥70dB,可进行总数和指数的平均,有峰值保持功能及测量值储存器	12 个月
	全倍频及1/3 倍频滤波器	进行声压测量的全倍频和 1/3 倍频滤波器须满足当前最新版 ANSI S1.11 中规定的要求	12 个月
	声波校准仪	进行声压校准的声波标准仪须满足当前最新版 ANSI S1.40 中规定的要求	12 个月
微振测试（配有振动仪）	振动仪	移位:0.00254～2.54mm 速度:0.13～2500mm/s 加速:0.098～980m/s² 频率范围:1～200Hz 窄带频率分辨率:1Hz	12 个月
	加速计/转换器	灵敏度:(±10%)≥100mV/G 测量范围:±490m/s(50G)峰值 频率范围:1～1000Hz(在±5%时) 配备的固有频率:≥30000Hz	12 个月
	振动积分仪	移位:0.003～2.5mm 速度:0.13～2500mm/s 加速度:0.098～980m/s² 频率范围:1～10 000 Hz 频率分辨率:1/3 倍频,12.5～20000Hz	12 个月

测试项	设备/仪器	要求	校准时间间隔
普通温湿度均匀度测量	空气温度测量仪	能够满足下列要求的模拟或数字式温度计： 范　围：4.5~38℃（40~100℃） 准确度：读数的±1% 分辨率：0.1℃（0.2℃）	12个月
	湿度测量仪	能够满足下列要求的模拟或数字式湿度计： 范　围：10%~90%（相对湿度） 准确度：±2%（相对湿度） 分辨率：±1%（相对湿度）	12个月
综合温湿度均匀度测试	数据记录仪（温度）	带显示装置的电子温度计和温度传感器能满足下列要求： 范　围：4.5~38℃（40~100℃） 准确度：±0.05℃（±0.1℃） 分辨率：±0.05℃（±0.1℃） 仪器须能够按规定的时间间隔和时间段记录温湿度或露点	12个月
	数据记录仪（湿度）	带显示装置的湿度测量仪能满足下列要求： 范　围：10%~90% 准确度：±0.1% 分辨率：±0.1% 仪器须能够按规定的时间间隔和时间段记录温湿度或露点。	12个月
静电测试	静电电压计和静电场强计	电压计和场强计的范围须为±8.163kV/cm（±19.99kV/in），准确度±5%，从0kV至±5kV的响应时间小于2s	12个月
	欧姆计	欧姆计在负荷和限流电路下的工作电压为10V和100V（DC），能够测量$1~10^{14}\Omega$	12个月
	电极	电极的重量为2.27kg，有直径为64mm的圆形接触面，其表面有一层0.0127~0.0254mm厚的铝箔或锡箔。金属箔下层为一层6.4mm厚的橡胶。以邵氏A硬度计（ASTM D2240-68）测量，硬度为40和60。至少一个电极引线上带夹子，用于接地	12个月

表2.9.27~表2.9.31是摘录自GB/T 25915.3附录C中的部分洁净室检测仪器最低要求，供参考。若仪器有改进，不妨碍用户使用更好的仪器，可依据供需双方的合约采用合适的仪器。

（1）凝聚核粒子计数器（CNC）　对被采超微粒子凝聚过饱和蒸气而形成的全部液滴进行计数的仪器。它可对大于等于CNC最小可测粒径的所有粒子进行累计计数。凝聚核粒子计数器的技术要求见表2.9.27。

表2.9.27　凝聚核粒子计数器技术要求

项目	技术要求
测量限值/量程	粒子浓度可高达$3.5×10^9 m^{-3}$
灵敏度	依具体应用情况而定，例如$0.02\mu m$
测量不确定度	小阈值粒径的±20%
稳定性	可受环境气体类型的影响
校准周期	不超过12个月
低浓度范围	与实际预期的最低计数量相比，伪计数不显著

（2）离散粒子计数器（DPC）　可对空气中包括超微粒子在内的粒子进行逐个计数和计径的仪器。离散粒子计数器的技术要求见表2.9.28。

表 2.9.28　离散粒子计数器技术要求

项目	技术要求
测量限值/量程	粒子浓度可高达 $3.5 \times 10^7 \mathrm{m}^{-3}$
灵敏度/分辨率	小于 $0.1 \mu \mathrm{m}$，粒径分辨率 $\leqslant 10\%$
测量不确定度	在粒径设定挡，浓度误差 $\pm 20\%$
校准周期	不超过 12 个月
计数效率	小阈值粒径时 $(50 \pm 20)\%$，大于等于小阈值粒径的 1.5 倍时 $(100 \pm 10)\%$

（3）叶轮风速计　是以叶轮在气流中的转速计算测量风速。叶轮风速计的技术要求见表 2.9.29。

表 2.9.29　叶轮风速计技术要求

项目	技术要求
测量限值/量程	$0.2 \sim 10 \mathrm{m/s}$
灵敏度/分辨率	$0.1 \mathrm{m/s}$
测量不确定度	$\pm 0.2 \mathrm{m/s}$ 或读数的 $\pm 5\%$，取大者
响应时间	满刻度的 90% 时小于 10s
校准周期	不超过 12 个月

（4）风量罩　用以测量局部区域的风量，其风速可能不均匀，风量罩给出该区域的总风量。测点的风速代表了被测区域横断面的平均风速。

风量罩的技术要求见表 2.9.30。

表 2.9.30　风量罩技术要求

项目	技术要求
测量限值/量程	风量 $50 \sim 1700 \mathrm{m}^3/\mathrm{h}^*$
测量不确定度	读数的 $\pm 5\%$
响应时间	满刻度的 90% 时小于 10s
校准周期	不超过 12 个月

* 常见风量罩的尺寸为 $600 \mathrm{mm} \times 600 \mathrm{mm}$。所用风量罩的尺寸决定了测量限值和分辨率。

（5）电子微压计　以膜片位移所产生的静电电容或电阻的变化，测定一个空间与其周围环境间的压差值，并显示或输出该值。电子微压计的技术要求见表 2.9.31。

表 2.9.31　电子微压计技术要求

项目	技术要求
测量限值/量程	一般小量程为 $0 \sim 100 \mathrm{Pa}$；一般大量程为 $0 \sim 100 \mathrm{kPa}$
灵敏度/分辨率	量程 $0 \sim 100 \mathrm{Pa}$ 时 $1 \mathrm{Pa}/0.1 \mathrm{Pa}$
测量不确定度	$0 \sim 100 \mathrm{Pa}$ 量程时满刻度的 $\pm 1.5\%$，$0 \sim 100 \mathrm{kPa}$ 量程时满刻度的 $\pm 1\%$

9.4.2　洁净室检测仪器

（1）粒子计数器　洁净室测试空气悬浮粒子的粒子计数器有三种类型，即光散射粒子计数器、激光粒子计数器和凝聚核粒子计数器。光散射粒子计数器用于粒径大于等于 $0.5\mu m$ 的空气悬浮粒子计数；激光粒子计数器用于粒径大于等于 $0.1\mu m$ 的悬浮粒子计数；凝聚核粒子计数器（condensation nucleus counter，CNC）是用于纳米或更大粒径的悬浮粒子计数的测量仪器，凝聚核粒子是大气环境中水蒸气可以冷凝其上的微细粒子，其粒径一般在 $0.001nm\sim0.1\mu m$ 之间。

1）光散射粒子计数器。其工作原理是利用空气中的微粒在光的照射下产生的散射现象，将采样空气中微粒的光脉冲信号转换为相应的电脉冲信号来测定微粒的颗粒数，利用微粒的光散射强度与微粒粒径的平方成正比的关系，测量微粒粒径和数量。光散射粒子计数器的工作原理见图 2.9.32。该仪器一般由气路系统、光学系统、电路系统和电源等部分组成。国产的 Y09 等系列粒子计数器、进口的 Royco-245 粒子计数器均属于此类粒子计数器。

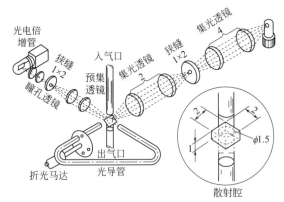

图 2.9.32　光散射粒子计数器的工作原理

2）激光粒子计数器。其工作原理与光散射粒子计数器基本相同，但因采用了比光散射粒子计数器强 100 倍的氦-氖激光光源，所以微粒粒径的检测范围达 $0.1\mu m$。图 2.9.33 是该类计数器光学系统示意图。

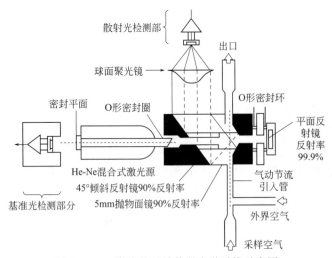

图 2.9.33　激光粒子计数器光学系统示意图

3）凝聚核粒子计数器。它是利用饱和蒸汽在微小粒子周围的凝聚作用，使被测微小粒子粒径扩大，进行微粒子浓度测定的。图 2.9.34 是凝聚核粒子计数器的示意图。采样空气中的微粒，经过温度为 $35℃$ 的饱和器，然后在温度为 $10℃$ 的冷凝器内由媒介液进行凝聚，直至增大到能够检测到散射光的粒径为止，其他部分与一般光散射粒子计数器相似。

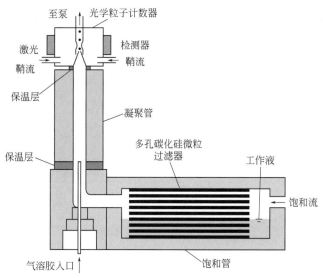

图 2.9.34　凝聚核粒子计数器的示意图

我国从 20 世纪 70 年代开始依据洁净厂房建造所需的检测仪器开展"粒子计数器"的研制,自研制成功 Y09 系列粒子计数器产品以来,到现在国内已有多家制造粒子计数器的企业,具有多种性能的产品设计、生产能力,有采样量 2.83L/min、28.3L/min、50L/min、100L/min 等各种类型的产品,基本上可满足国内大多数洁净室性能检测的需要。表 2.9.32 是国内某企业生产的部分粒子计数器计数参数,图 2.9.35 是部分产品的外形。该企业还研制了多点洁净度检测(监测)系统,并有产品在国内多个洁净厂房应用。该系统采用分散式多点采样,集中数据处理的自动监测,基本功能主要有:多点监测——按设置的时间间隔、测量次数、自动完成测量并可按 95％ 置信度完成洁净度级别计算;单点监测——单点测量、实时数据显示、趋势曲线显示;可对测试数据进行实时分析,并能进行历史对比分析和打印结果等;可按设定的各个测量点报警限值进行超限报警等。图 2.9.36 是多点洁净度检测系统框图。主要技术参数:流量:2.83L/min、28.3L/min;测试粒径:0.3μm、0.5μm、1.0μm、3μm、5μm、10μm(判别粒径为 0.5μm、5.0μm);光源:激光二极管,信号传输距离＜100m;电源:DC 24V。

(a) CLJ-350型

(b) CLJ-350T型

(c) CLJ-3350T型

图 2.9.35　粒子计数器外形

表 2.9.32　部分粒子计数器的计数参数

型号	CLJ-350	CLJ-350T	CLJ-3350T	CLJ-3106	CLJ-3106L	CLJ-3106T
采样量	50L/min		100L/min	28.3L/min		
光源	激光光源、液晶显示			激光光源		
粒径通道	0.3μm、0.5μm、1μm、3μm、5μm、10μm 或根据客户要求设置粒径通道,最大可到 25μm,六通道粒径同时检测					

型号	CLJ-350	CLJ-350T	CLJ-3350T	CLJ-3106	CLJ-3106L	CLJ-3106T
数据储存	可储存 1000 组数据	可储存 20000 组数据（包括粒径、数据、环境数据、年、月、日、时间）		可储存 1000 组数据（包括粒径、数据、环境数据、年、月、日、时间）		可储存 20000 组数据
报警设置	可设置各净化等级超标报警					
采样周期	1～9999s					
自净时间	≤10min					
工作环境	温度:0～40℃　相对湿度:5%～95%			温度:0～40℃　相对湿度:5%～95%		
电源	AC 220V 50Hz	AC 100～245V 50 Hz /60Hz 锂电池可充电 16.8V		AC 220V　50Hz	锂电池可充电 16.8V	
最大功耗	100W			80W		
重量	10kg	8.3kg	10.4kg	6.85kg	7.5kg	8kg
外形尺寸	260mm×400mm×140mm	230mm×230mm×230mm	230mm×230mm×310mm	260mm×350mm×140mm		230mm×230mm×230mm

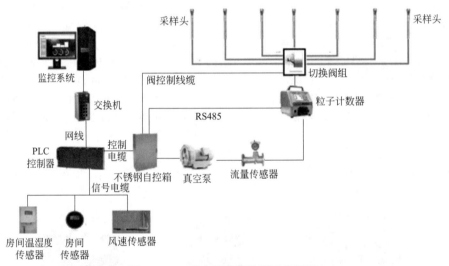

图 2.9.36　多点洁净度检测系统框图

图 2.9.37　凝聚核粒子计数器

图 2.9.37 是进口的 TSI-3750 凝聚核粒子计数器的外形。该仪器的测量粒径范围为 7nm～3μm，测量的粒子浓度范围为 0～1×10⁴/cm³，可实现单粒子计数，流量（1.0±0.05）L/min，计数精度±10%，响应时间——达到浓度值改变值的 95%＜3s。

目前根据各企业（包括第三方检测单位）在产品生产、检测工作中的需求和各种因素，为确保洁净度检测的准确性等，国内进口了不同厂家生产的粒子计数，如 Handheld、SOLAIR、Metone、Remote、Lighthouse 等。部分进口粒子计数器的主要技术参数见表 2.9.33，外形见图 2.9.38。

表 2.9.33　部分进口粒子计数器的主要技术参数

型号	S1100LD(0.1) (Lighthouse)	3413(0.3) (Metone)	3016 (Handheld)	3100 (SOLAIR)	3350 (SOLAIR)	1104* (Remote)
采样量/(L/min)	28.3	28.3	2.83	28.3	100	28.3
粒径通道/μm	0.1、0.15、 0.2、0.25、 0.3、0.5、 0.7、1.0	0.3、0.5、 1.0、3.0、 5.0、10.0	0.3、0.5、 1.0、3.0、 5.0、10.0			0.1、0.15、 0.2、0.25、 0.3、0.5、 1.0、5.0
数据储存	3000 个样本记录	5000 个样本记录	3000 组样本记录			

* 1104 远程在线式粒子计数器。

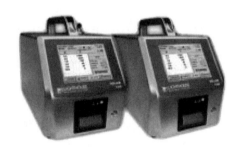

(a) SOLAIR3350激光粒子计数器　　　　　(b) Remote1104远程在线式微粒计数器

图 2.9.38　部分进口粒子计数器

（2）风速、风量测试仪器　目前洁净室检测时对风速、风量测试常用的仪器仪表主要有风速计（仪）、毕托管、风量罩等。热球风速仪是基于散热与风速有关的原理制成的，由测量头和指示表组成，测头由电热线圈或电热丝和热电偶构成。当电热线圈通过电流时，温度升高，加热测量头的玻璃球，球体的温度可与电热线圈的温度相同，玻璃球的温度升降、热电势相应的大小与气流速度有关，气流速度大，球体散热快，温升小；气流速度小，球体散热慢，温升大。该仪器通过电流时热电偶便产生热电势，依据热电势的变化，指示仪表可显示出风速的变化。热球风速仪具有对微风速感应灵敏、热惯性小、反应快、灵敏度高的特性，且整个仪器体积小，携带方便。但是热球风速仪的测量玻璃球易损坏、互换性差，使用要求严格如禁用手触摸测量头等。所以在洁净室性能测试中一些企业还经常采用各种类型的风速仪，包括国内某公司生产的 QDF-6 风速仪、进口的 KA23（KANOMAX）风速仪等（图 2.9.39）。QDF-6 风速仪的测量范围为 0～30m/s，工作环境温度－10～40℃、相对湿度≤85%，大气压为 730～780mmHg，测量精度为 3%（满量程），反应时间为 3s，分辨率 0.01m/s。KA23 风速仪的测量范围为 0～50m/s。

洁净室风口风量的测试，目前大多采用风量仪或风量罩进行测量。这类仪器可较快地准确测量设置在洁净室各个部位的送风、回风、排风风口的风量，通过该仪器配置的相应传感器可读出风速、压力、温湿度和时间等，测量时将风罩口紧贴风口、完全包容，即可直接获得所需数据，尤其适用于散流器式的风口风量测量。国内某公司生产的 FL 智能型风量测试仪［图 2.9.40（a）］是一种多功能测试仪，可同时测量风量、风速、温度、湿度、压差。其测量范围：风量为 70～3600m³/h，风速为 0.1～30m/s，压力为±2520Pa，温度为 0～50℃，相对湿度为 0～95%。该仪器的配件包括 610mm×610mm、760mm×760mm 的风罩各一个以及可调式托架、数据分析软件、7.2V 电池及充电器等。进口的 8380 型（TSI）风量罩［图 2.9.40（b）］，其测量范围：风量为42～4250m³/h，风速采用毕托管为 0.125～78m/s，采用气流探头为 0.125～25m/s，采用速度矩阵为 0.125～12.5m/s，压力为±3735Pa。

(a) QDF-6　　　　(b) KA23

图 2.9.39　风速仪

(a) FL智能型风量仪　　(b) 8380型风量罩

图 2.9.40　风量仪/风量罩

（3）压力、温湿度测试仪器　洁净室的压力、温湿度测试仪器种类较多，既有单独测量压力或温度或湿度的，也有包括压力、温度、湿度测量或温湿度测量的。图 2.9.41（a）是国内某公司生产的 HJYC-1 型温湿度压差测试仪，其测量范围：压差为 0～199Pa，温度为 0～50℃，相对湿度 30%～90%；测量精度（25℃）：压差≤3%，温度±1℃，相对湿度±5%；显示功能为压差/温度/湿度三者选其一显示。图 2.9.41（b）是进口的 MP110（KIMO）数字微压计，测量范围为 ±1000Pa，测量精度±0.5%；图 2.9.41（c）是进口的 HM40（VAISALA）数字温湿度计，测量范围：温度为 -10～60℃，相对湿度为 0～100%。

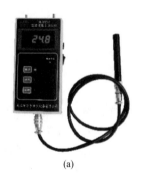

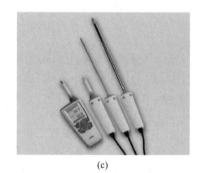

(a)　　　　　　(b)　　　　　　(c)

图 2.9.41　压差、温湿度测试仪

9.5　检测报告和检测案例

9.5.1　简述

现今洁净厂房的设计建造日益显示其"综合技术"的特性，洁净厂房/洁净室的设计建造涉及的专业技术远不只是生产工艺技术、空气净化技术和洁净建筑技术，以集成电路芯片制造为代表的微电子产品生产用洁净室需设有多种高纯物质的供应系统和设施，还需对化学污染物/分子污染物进行检测等，医药产品/生物制品等生产用洁净室应防止交叉污染和微生物控制等，因此洁净厂房/洁净室的检测内容因产品生产工艺不同而异，而且因使用要求不同需要的检测内容也不相同。目前在洁净技术的交流、讨论或者现有相关"标准"中所谈及的洁净厂房/洁净室的检测主要是洁净室性能参数的测试，通常不包括分子污染物的测试、各类高纯物质供应设施质量保证的检测。实际上这些内容的检测/测试不仅必需，且已经或正在相继制订相关规定的标准、规程等，但是内容/项目较多，比如化学污染物质、纯水、超纯水、注射用水、高纯气体、特种气体等。现在国内外、各行业均有通用的或行业特有的品质标准、检测方法，其内容、数量可能超过前述的洁净室性能检测的内容、数量；各行业洁净厂房所用的高纯气体、特种气体、高纯化学品，其种类、品质和杂质浓度以及应具有的检测方法十分繁杂，内容数量均甚多，因此所有关于分子污染物/化学污染物、各类高纯物质等的分析、测试内容均应参阅各相关的专业技术书籍。本书所指的洁净厂房/洁净室的检测主要是洁净室性能参数的检测，本章的内容都是以此进行表述，本节也不例外。

检测报告。在 GB/T 25915.3 的附录 B 中对不同的检测项提出了稍有差异的要求，但对各项检测报告均要求：应根据供需双方的协议和规定的检测报告及检测内容、数据记录在案。依据这些要求，本节列出的洁净厂房/洁净室工程检测案例都是摘自几个洁净厂房/洁净室的检测报告。由于不同的企业洁净厂房的产品不同、规模不同、洁净度等级等性能参数具有差异，有的还有"时间紧迫性"等因素，企业建设方在确保洁净厂房/洁净室建设质量和投运后的稳定、可靠运行的本质要求下，与"检测方"等签订了不同检测要求的洁净室检测合约。有意分析研究这些差异的读者，可从"检测案例"的表述、数据中，了解工程检测案例洁净室的特点以及准确进行测试或调试的难度和基本要求。

9.5.2 检测报告

（1）基本内容 洁净室检测的每项检测结果都应记录在检测报告中，"检测报告"应包括下述内容。

① 检测机构的名称、地址和检测日期。

② 清晰标明所测洁净室或洁净区的位置（必要时以邻近区域作参照），并标注所有采样点的具体位置。

③ 洁净室(区)所要求的包括洁净度等级、占用状态、关注粒径等。

④ 所用检测方法的详细说明，包括特殊的检测条件以及与规定检测方法的偏离之处、检测仪器的规格型号、仪器最新的校准证书。

⑤ 检测结果，包括下述检测项要求的报告信息、数据以及达到要求的说明，并说明针对特定检测项目的其他具体要求。

（2）洁净室主要检测项的检测报告内容

① 洁净度检测的检测报告。根据需供双方的协议，对于设施洁净度分级或常规检测，前述要求的"检测报告"内容及下述信息和数据应记录在案：离散粒子计数器的伪计数率；测量类型是洁净度分级还是常规检测；设施的洁净度级别；粒径范围和计数。

② 大粒子测试的检测报告。根据供需双方的协议，对于设施洁净度分级或常规检测，前述要求的"检测报告"内容及下述信息和数据应记录在案：检测仪器所测粒子参数的定义；测量类型是分级、M 描述符测量还是常规检测；测量仪器和器具的型号及校准状况；洁净室的洁净度等级；大粒子的粒径范围和每个范围内的计数；仪器的采样流量和实际进入传感器的体积流量；采样点位置；等级验证采样计划，或常规检测的采样协议；占用状态；若要求，大粒子浓度的稳定性；与测量有关的其他数据。

③ 气流检测的检测报告。根据供需双方的协议，"检测报告"的内容及下述信息和数据应记录在案：检测类型和检测条件；所用仪器的具体型号和校准状况；测点位置和距过滤器表面的距离；占用状态；与测量有关的其他数据。

④ 压差检测的检测报告。根据供需双方的协议，"检测报告"的内容及下述信息和数据应记录在案：检测类型和测量条件；所用仪器的具体型号和校准状况；所测房间的洁净度级别；测点位置；占用状态。

⑤ 已装过滤系统检漏的检测报告。根据供需双方的协议，"检测报告"的内容及下列信息和数据应记录在案：检测方法是光度计法还是计数器法；仪器的型号及校准状况；检测条件与规定的检测方法偏离之处；上风向气溶胶浓度、测点位置、对应的测量时间；采样流量；计算出的上风向平均气溶胶浓度和浓度分布；下风向测量合格计算限值；每台过滤器、每个区域或测点的测量

结果；每个规定测点的最终检测结果。无渗漏则通过检测，若有渗漏，报告渗漏位置、修补情况及该位置的复测结果。

⑥ 温湿度的检测报告。根据供需双方的协议，"检测报告"的内容及下述信息和数据应记录在案：检测和测量的类型、检测条件；测量仪器的型号和校准状况；温度、湿度测点位置；占用状态。

⑦ 静电测试的检测报告。根据供需双方的协议，"检测报告"的内容及下述信息和数据应记录在案：检测和测量的类型、检测条件；测量仪器的型号和校准状况；温度、湿度、其他相关环境数据；测点位置；占用状态；与测量有关的其他数据。

以上是从 GB/T 25915.3/ISO 14644-3 的附录 B 中摘录的几项洁净室检测项的检测报告具体内容要求，可见各个洁净室性能检测项的检测报告要求"记录"的信息和数据是有差异的，并且都强调供需双方的"协议"，可以理解为建设方可依据所建的洁净厂房按其产品品种、生产工艺、环境条件以及使用要求的不同，对各检测项的检测报告做出不同的要求。在本篇 9.5.3 节"洁净工程检测案例"中读者可以进行分析对比，得到相关的信息、不同的"检测报告"。

据了解，目前国内涉及洁净厂房/洁净室的现行标准规范中除了上面介绍的 GB/T 25915.3 提出了有关"检测报告"的要求外，还有 GB 51110 中的第 14.2.18 条对洁净厂房的测试报告作出了规定："洁净厂房的每项测试，均应编写测试报告，其主要内容有：测试单位的名称、地址，测试人和测试日期；所测设施的名称及毗邻区域的名称和测试的位置、坐标；设施类型及相关参数；测试项目的性能参数、标准，包括占用状态等；所采用的测试方法、测试仪器及其相关的说明文件；测试结果，包括测试记录、分析意见；结论。"

GB 50591 中的第 16.1.5 条规定：洁净室的检测报告包括委托检验报告和鉴定检验报告，报告中应包括被检验对象的基本情况即建设方（用户）、施工方、施工时间、竣工时间和占用状态，还应包括检验机构名称、检验人员、检验仪器名称、检验仪器编号和标定情况、检验依据和检验起止时间，根据需要提出意见和解释，给出符合或不符合规范或要求的结论。如检验方法与标准方法有偏差或增删，应对偏差、增删以及特殊条件作出说明。

9.5.3　洁净工程检测案例

近年来我国各行业洁净室建造中基本上都采取了第三方性能检测的办法来进行工程验收或运行中的"洁净室性能检测"，有的企业还采取了工程验收与洁净室运行初期的性能检测结合进行的方式，特别是某些微电子产品的洁净厂房，由于洁净室面积"超大"，且洁净室（区）装设的FFU达数万台，所以由建设方要求、并与第三方检测单位协商一致可采用洁净室调试、性能测试和运行初期的洁净室性能检测结合的方式，双方以一个"合约"签订后实施，一般历时一年左右。本节介绍几例不同规模、不同产品生产用洁净室的性能测试报告摘要供参考。

（1）某电子研究所的洁净室性能检测　于 2014 年进行，根据委托方的要求洁净室在动态下检测，检测项有压差测试、洁净度测试、噪声测试、照度测试、温湿度测试。

1）压差测试

① 检测状态：净化空调系统正常运转，风量测试完成并符合要求，四周隔墙及门窗关闭。压差检测前被测的各房间先确认洁净室的送风量达到设计要求，同时洁净室净化空调系统应连续稳定运行 24h。

压差检测是在洁净室设施所有的门均处于关闭状态下，测量并记录洁净室和周围环境间的静压差。应先检测最里面的洁净室与相邻房间之间的压差，这样逐步测量下去，直到检测出最后一个洁净室（区）与周围环境之间以及与室外环境之间的静压差。

② 检测方法是检测洁净室与周围环境之间或外部环境之间的压差。

③ 检测应达到的压差值：不同洁净度等级及相邻房间正压值大于 5Pa，洁净室与非洁净室正压大于 10Pa。

④ 检测仪器：多功能风速仪（其内配置温湿度测试仪、数字压力测试仪）。

⑤ 检测结果：见表 2.9.34。

表 2.9.34　洁净室压差检测结果

洁净房间名称	级别	压差/Pa	相对测试空间
设备维护区	ISO 7 级	13.5	大气
更衣	ISO 7 级	0.6	设备维护区
外延炉操作区	ISO 4 级	8.5	设备维护区
暗室检测区	ISO 4 级	2.2	外延炉操作区

2）洁净度等级检测

① 检测状态：洁净室的空气悬浮粒子计数浓度检测必须在风速、风量、压差检测完成后进行，并且洁净室净化空调系统应连续稳定运行 24h。

② 检测方法及数据处理。

采样点的确定：最少采样点数 N（可四舍五入取整数）按 $N = \sqrt{A}$ 确定，A 为洁净室（区）的面积（m²）。

采样点应均匀布置在洁净室的整个断面，测点高度位于工作区高度（1.2m），非单向流洁净室的测点不应布置在送风口正下方向。检测点的分布见图 2.9.42。

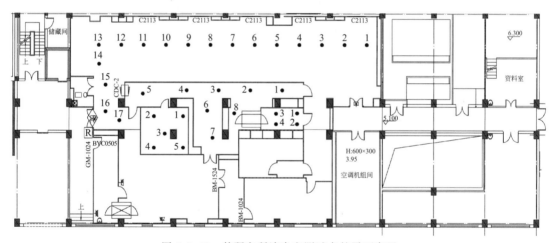

图 2.9.42　某研究所洁净室测试点的平面布置

每次采样的最小采样量 V 由下式确定。

$$V = \frac{20}{C_n} \times 1000 \tag{2.9.24}$$

式中　V——每次采样的最小采样量，L；

C_n——洁净室空气洁净度等级被测粒径的允许限值，个/m³；

20——规定被测粒径粒子的空气洁净度限值时，可检测到的粒子数。

每个采样点的采样量至少为 2L，采样时间最少为 1min，当洁净室（区）仅有一个采样点时，则该点至少采样 3 次。

数据处理方法按照 95％置信度计算处理。

③ 检测仪器：尘埃粒子计数器。

④ 检测结果：见表 2.9.35。

表 2.9.35　洁净室空气悬浮粒子浓度检测结果

房间名称	洁净度级别	测点编号	≥0.5μm $\overline{X_i}$ /(个/m³)	≥0.5μm $\overline{\overline{X}}$ 或95%UCL /(个/m³)	≥5μm $\overline{X_i}$ /(个/m³)	≥5μm $\overline{\overline{X}}$ 或95%UCL /(个/m³)
设备维护区	7	1	43890		2824	
		2	18474		1295	
		3	9884		824	
		4	4001	7067	353	762
		5	2236		471	
		6	824		353	
		7	4942		118	
		8	2589		118	
更衣	7	1	8355		471	
		2	3530	7582	0	498
		3	2354		0	
		4	2118		353	
外延炉操作区	4	1	165		27	
		2	988		330	
		3	59	524	12	228
		4	59		0	
		5	577		447	
暗室检测区	4	1	165		0	
		2	671	498	294	212
		3	106		94	
		4	318		106	

3）噪声测试

① 检测状态：洁净室的噪声检测在净化空调系统风量平衡调试完成后进行。

② 检测方法：噪声的测点距地面 1.2～1.5m，洁净室的面积在 15m² 以下只测室中心 1 点的噪声，当洁净室的面积大于 15m² 时除中心点外，应再测对角 4 点，距侧墙各 1m 处的噪声。在测点 1m 内不应有反射物。

③ 检测仪器：声级计。

④ 检测结果：见表 2.9.36。从表中测试数据可见，洁净室在动态下因部分房间有设备开启，所以噪声均超过 60dB（A）。

表 2.9.36　洁净房间噪声测试结果

洁净房间名称	不同测点的检测结果/dB(A) 1	2	3	4	5
设备维护区	69.5	68.8	70.4	68.7	69.1
更衣	61.4	61.6	62.1	61.6	61.8

续表

洁净房间名称	不同测点的检测结果/dB(A)				
	1	2	3	4	5
外延炉操作区	63.3	63.5	63.7	64.1	63.3
暗室检测区	62.9	63.3	62.7	63.6	63.2

4）照度测试

① 检测状态：照明设备全部安装完成，且日光灯运行 100h 以上处于开启状态；洁净室处于稳定状态。

② 检测方法：洁净室照度检测的测点应选择在工作面高度(一般为 1.2～1.5m)，测点数量按 $50m^2$ 的洁净室(区)一个测点计算，但每个房间不得少于 1 点。照度均匀度检测：按标准要求或与委托方协商，将被测洁净室均匀分成若干块，检测每一块的照度值，并计算照度均匀度。

③ 检测仪器：CEETC-A-JJ026 照度计。

④ 检测结果：见表 2.9.37。

表 2.9.37 洁净房间照度测试结果

大口径洁净房间名称	不同测点的检测结果/lx				
	1	2	3	4	5
设备维护区	317	412	332	222	238
更衣	248				
外延炉操作区	766	655	866	506	439
暗室检测区	711				

5）温湿度测试

① 检测状态：洁净室的温湿度检测应在洁净室设施已进行调试，气流均匀稳定，测试完成后进行，并且净化空调系统应连续运行 24h 以上。

② 检测方法：每个温湿度控制区或每个房间设一个测点，测点的高度为工作面高度。

③ 检测仪器：采用温湿度测试仪、数字压力测试仪的多功能风速仪。

⑤ 检测结果：见表 2.9.38。

表 2.9.38 洁净房间的温度、湿度检测结果

房间名称	温度/℃	相对湿度/%
设备维护区	20.5	53.7
更衣	20.6	52.5
外延炉操作区	21.1	52.1
暗室检测区	20.8	55.0

（2）某医药洁净室的性能检测　依据委托方的要求对该企业冻干粉针剂生产用洁净室的净化改造工程进行性能检测，检测项包括洁净度、静压差、风速和风量、换气次数、层流罩、噪声、照度等，检测结果满足标准规范和设计要求。该工程的平面简图见图 2.9.43。对该工程洁净室性能检测摘要如下。

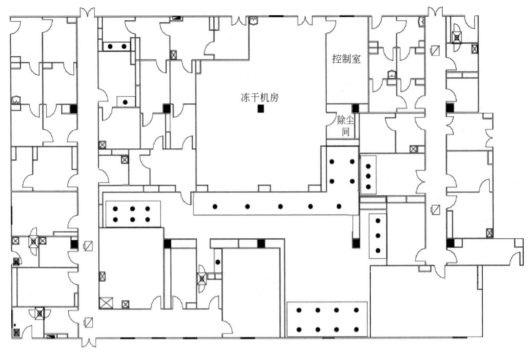

图 2.9.43　一个医药洁净室的平面简图

1) 压差测试

① 检测状态：所有的被测洁净室设施已进行调试，且净化空调系统已连续运行 24h 以上。在洁净室的"静态"状况下检测。

② 检测仪器：TSI9555-P 多功能风速仪。

③ 检测方法：被测洁净区域内每个房间设一个测点，测试洁净房间与相邻房间的压力差数据。

④ 测试结果：见表 2.9.39。

表 2.9.39　洁净房间的压差测试结果

房间名称	测试结果/Pa	房间名称	测试结果/Pa
男脱外衣	15	穿无菌外衣	38
男穿洁净衣、鞋	28	器具存放	28
女脱外衣	10	器具清洗灭菌	35
女穿洁净衣、鞋	22	整衣间	25
手消毒	28	脱衣	31
检验间	29	退出气锁	38
手消毒	16	工艺走廊	39
穿无菌内衣	27	灌装间	49

2) 洁净度测试

① 检测状态：被测洁净室已进行调试，并已经完成风速、风量和压差检测；被测洁净室的净化空调系统连续稳定运行 24h 以上。检测为"动态"状况。

② 检测方法：采样点应均匀分布在洁净室（区）的断面上，测点高度为工作区高度（约1.2m），每个采样点的采样量不小于 2L，采样时间不少于 1min；当洁净室（区）只有一个采样点

时，该采样点至少采样 3 次。

③ 检测仪器：激光尘埃粒子计数器（LIGHTHOUSE）。

④ 检测结果：部分洁净室空气悬浮粒子浓度测试结果见表 2.9.40。

表 2.9.40　洁净室空气悬浮粒子浓度测试结果

房间名称	洁净度等级	标准值（粒径≥0.5μm）/(个/m³)	测点编号	测试结果(粒径≥0.5μm)/(个/m³)
手消毒	C	≤352000	1	75972
			2	66784
穿无菌内衣	B	≤3520	1	1095
			2	601
无菌内衣存放	B	≤3520	1	1025
			2	530
整衣间	C	≤352000	1	30035
			2	25088
脱衣	C	≤352000	1	34982
			2	25442
退出气锁	B	≤3520	1	1201
			2	742
工艺走廊	B	≤3520	1	1343
			2	919
洁具存放	B	≤3520	1	1731
			2	1943
灌装间	B	≤3520	1	495
			2	318
层流罩区域				
冻干层流罩	A	≤3520	1	0
			2	0
灌装层流罩	A	≤3520	1	0
			2	0
清洗层流罩	A	≤3520	1	0
			2	0
加塞层流罩	A	≤3520	1	0
			2	0
轧盖层流罩	A	≤3520	1	0
			2	0

3）噪声测试

① 检测状态：被测洁净室的各项设施已经进行调试，且净化空调系统连续稳定运行 24h 以上；噪声测试为"静态"状况。

② 检测仪器：采用 Testo 816 型声级计。

③ 测试方法：被测洁净室区域内每个房间设一个测点。

④ 测试结果：见表 2.9.41。

表 2.9.41　洁净室噪声测试结果

房间名称	测试结果/dB(A)	房间名称	测试结果/dB(A)
男脱外衣	55.0	穿无菌外衣	63.7
男穿洁净衣、鞋	51.0	配液	54.9
女脱外衣	50.5	传递间	55.2
女穿洁净衣、鞋	52.8	器具存放	48.9
手消毒	52.3	器具清洗灭菌	56.7
原敷料称量	61.5	整衣间	63.0
配炭	58.1	脱衣	60.8
检验间	49.7	退出气锁	63.7
手消毒	61.5	工艺走廊	63.7
穿无菌内衣	63.9	灌装间	74.0

（3）某电子工业洁净室的性能检测　近年来我国以集成电路芯片制造、液晶显示面板（TFT-LCD）制造用洁净厂房为代表的微电子产品生产洁净室的建设快速发展，尤其是大面积或超大面积洁净厂房在国内多地建设投入生产，为确保洁净厂房的建造质量应进行可靠、严格的洁净性能检测。但由于这类大面积/超大面积洁净厂房内单一的洁净室（区）面积达数万平方米，一条生产线的洁净室（区）面积总计可达数十万平方米，洁净室（区）高 7～8m，单一洁净室（区）内的高效风机过滤机组（FFU）可达数万台，洁净室性能检测工作量巨大、参数要求严格，洁净室性能测试实施存在一定难度，有的大面积/超大面积洁净厂房的检测周期可达一年左右。目前国内具有洁净室检测资质的第三方检测机构已有多家，可进行此类洁净厂房的洁净室性能检测工作，本例就是国内一个专业检测机构实施的洁净室性能检测的检测报告摘要。由于该工程测试的洁净室（区）面积"超大"，且委托方对洁净室投入运行的时限要求迫切，经委托方和检测方协商确定采用"动态状况"测试，没有经过"规范"规定的工程验收阶段的洁净室"空态状况"的调试和检测，因此在某些检测项的实施过程便自然需增加相应空气净化系统的调整、调试，不仅工作量增加，也对测试人员的技术能力提高了要求，并需适当增加整个的检测时间。

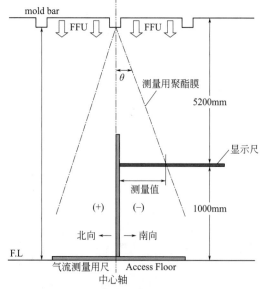

图 2.9.44　洁净室气流流向测试示意图

1）气流测试

① 测试要求。为确保、验证洁净室（区）的气流符合标准规范和设计要求，在洁净室（区）的"动态"状况进行气流流向测试。双方商定的气流流向测试的合格标准为一般偏向角（$\tan\theta$）小于 8°，有大型设备处应小于 15°。

② 测试方法：采用丝线法或示踪剂法（发烟等），逐点观察和记录气流流向，并可用量角器测量气流角度，也可采用照相机或摄像机等图像处理技术进行记录。采用丝线法时使用尼龙单丝线、薄膜带等轻质材料，放置在测试杆的末端，或装在气流中细丝格栅上，直接观察出气流的方向和因干扰引起的波动。按图 2.9.44 进行测试，并按式（2.9.25）进行偏向角的计算。

$$偏向角\ \theta = \tan^{-1}\ 测量值\ /5200 \quad (2.9.25)$$

③ 测点的布置。在被测区域内前后之间设置多个测点，具体要求为：距离设备 0.5m，每隔 5m 设置 1 个测点。气流流向测试点平面图见图 2.9.45。

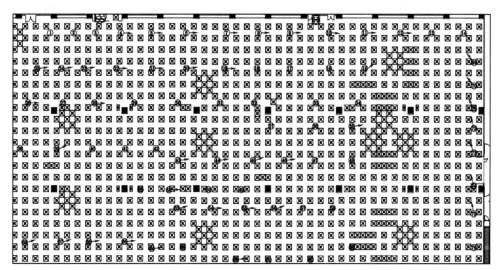

图 2.9.45　气流流向测试点平面图

⊠—FFU

④ 气流流向测试记录摘要见表 2.9.42。

表 2.9.42　气流流向测试记录

测点	容许范围		实测值				测点	容许范围		实测值			
			一次测定		二次测定					一次测定		二次测定	
	$\tan\theta$	mm	$\tan\theta$	mm	$\tan\theta$	mm		$\tan\theta$	mm	$\tan\theta$	mm	$\tan\theta$	mm
1	8	730	0.0	0	0.0	0	39	8	730	0.0	0	0.0	0
2	8	730	1.1	100	1.1	100	40	8	730	0.0	0	0.0	0
3	8	730	0.0	0	0.0	0	41	8	730	0.0	0	0.0	0
4	8	730	2.2	200	2.2	200	42	8	730	0.0	0	0.0	0
5	8	730	0.0	0	0.0	0	43	8	730	0.0	0	0.0	0
6	8	730	3.9	350	3.9	350	44	8	730	0.0	0	0.0	0
7	8	730	4.4	400	4.4	400	45	8	730	0.0	0	0.0	0
8	8	730	4.9	450	4.9	450	46	8	730	0.0	0	0.0	0
9	8	730	1.7	150	1.7	150	47	8	730	2.6	240	2.6	240
10	8	730	6.0	550	6.0	550	48	8	730	0.0	0	0.0	0
21	8	730	0.0	0	0.0	0	59	8	730	0.0	0	0.0	0
22	8	730	0.0	0	0.0	0	60	8	730	0.0	0	0.0	0
23	8	730	0.0	0	0.0	0	61	8	730	0.0	0	0.0	0
24	8	730	0.0	0	0.0	0	62	8	730	0.0	0	0.0	0
25	8	730	0.0	0	0.0	0	63	8	730	0.0	0	0.0	0
26	8	730	0.0	0	0.0	0	64	8	730	6.6	600	6.6	600
27	8	730	0.0	0	0.0	0	65*	8	730	9.8	900	9.5	870
28	8	730	9.8	900	7.8	710	66*	8	730	8.7	800	9.1	830
29	8	730	0.0	0	0.0	0	67	8	730	7.1	650	7.1	650
30	8	730	3.3	300	3.3	300	68	8	730	6.6	600	6.6	600
37	8	730	0.0	0	0.0	0	75	8	730	2.2	200	2.2	200
38	8	730	0.0	0	0.0	0	76	8	730	0.0	0	0.0	0

* 65、66 测点靠近大型设备。

2）风机过滤器机组（FFU）的检漏和风速（风量）测试。依据双方合约要求，FFU的检漏和风速（风量）测试涉及两万多台机组。FFU的泄漏检测（FFU leak test）从当年的1月中旬至10月上旬，经过三个阶段的测试和调整，达到全部合格；FFU的风速（风量）检测（FFU filter velocity test）从当年5月下旬至9月下旬，经过2次测试与调整，达到全部合格。

FFU检漏测试的第一阶段从当年1月中旬至5月下旬，测试了FFU总数的96.7%，未测试FFU是因为洁净室内正进行生产设备安装等不能开机测试；第一阶段测试的不合格率约为3%，其中属于过滤器滤芯泄漏者0.2%，属于过滤器外框与安装框架之间泄漏者约2.8%；测试完成后对于检漏不合格的FFU提交清单给施工方及设备制造企业进行调整处理。第二阶段的FFU泄漏测试从当年的6月上旬至8月下旬，测试了在第一次测试没有开机的FFU和测试不符合要求的FFU共约1300台，经测试的不合格率约为6.7%，都属于过滤器外框与安装框架之间发生的泄漏，即均为FFU安装引起的"泄漏"，更换过滤器滤芯的FFU均未发现泄漏。经施工方的多次调整处理后，第三阶段的FFU泄漏测试是从当年的9月初至10月上旬，测试了第二阶段测试不合格的FFU，测试全部合格。三个阶段经历了大约9个月，对两万多台FFU"逐台"进行泄漏测试，期间还对第一、第二阶段测试不合格约7%的FFU进行了安装调整处理或更换空气过滤器，最终才达到全部已装FFU的泄漏测试全部合格。

FFU风速（风量）测试的第一阶段是从当年的5月下旬至6月底，测试了FFU总数的约98%，未测试的FFU都是因条件所限未开机者，测试的不合格率为0.3%，其中属于FFU故障者为0.2%，风量不合格者为0.1%；第1次测试后将未测试和不合格者的位置、清单交施工方等，经处理调整后，第2次测试从当年7月上旬至9月底，测试了在第1次测试未开机的FFU和测试不符合要求的FFU共约500台，经第2次测试全部合格。

FFU检漏和风速（风量）测试报告的内容有两千多页，现摘录于下供读者参考。

① 风机过滤机组（FFU）安装后泄漏测试报告。

a.测试前准备。检查需要使用的设备、仪器是否完好，并应在有效使用期内。

b.测试目的。过滤器滤芯材料可能因运输或安装过程中的误操作而破损，也可能因安装过程中的角度不恰当、松紧程度不一致等造成边框的泄漏，而滤芯完好是保证洁净度的主要因素之一，因此需要对安装后的过滤器进行泄漏测试。

c.使用仪器。采用激光粒子计数器 MET ONE 3413（0.3μm）、MET ONE 3411（0.1μm）。

d.测试步骤。在洁净室平面图上对待测的FFU编号。被测FFU宜在风量调整满足设计值后进行，至少应在额定风量的80%～120%范围内测试。检测的FFU上方空气中空气悬浮粒子浓度应超过$10^4 pc/ft^3$。

在高效过滤器下方进行检测，扫描探头应距被测表面20～30mm，以50mm/s的速度呈"S"形移动，对被检FFU整个断面、封胶处和安装框架处进行移动扫描，如图2.9.46所示。图2.9.47是FFU泄漏测试实景。图2.9.48是一个洁净区的FFU泄漏测试点布置图。

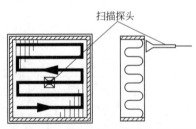

图2.9.46 FFU检漏扫描过程示意图

图2.9.47 FFU泄漏测试实景

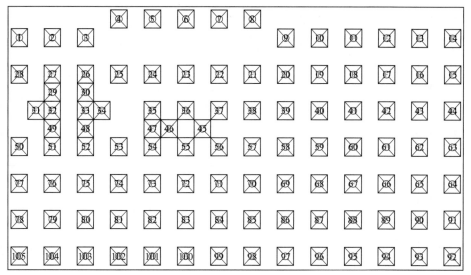

图 2.9.48 一个洁净区的 FFU 泄漏测试平面图

e.判断依据。以 $0.3\mu m$（STK 区域参照 $0.1\mu m$）粒径的粒子为基准，如果某处粒子是连续性跳动的，在此处进行来回扫描，确认是否是真正泄漏，并进一步确定泄漏位置。FFU 泄漏测试应以过滤器下方扫描未发现粒子为合格。

f.处理方法。

➢ 过滤器的滤芯若有破损则应修补或直接更换，然后重新检测。若业主容许修补，每一片滤芯的修补面积也不得大于滤网面积的 3%，任何修补长度均不得大于 38mm。

➢ 边框处若有泄漏，应重新安装、调整，直到无泄漏为止。

➢ 记录时必须登记扫描结果、泄漏状况与处理方式。

g.部分测试报告的数据记录见表 2.9.43。

表 2.9.43 部分 FFU 泄漏测试结果

编号	过滤器类型	正常测试≥$0.3\mu m$ 粒子数/(pc/ft³)	一次确认≥$0.3\mu m$ 粒子数/(pc/ft³)	二次确认≥$0.3\mu m$ 粒子数/(pc/ft³)	结果判定
1	HEPA 99.99%@$0.3\mu m$	1	0		合格
2	HEPA 99.99%@$0.3\mu m$	4	0		合格
3	HEPA 99.99%@$0.3\mu m$	0	0		合格
4	HEPA 99.99%@$0.3\mu m$	123	287	0	合格
5	HEPA 99.99%@$0.3\mu m$	239	389	0	合格
6	HEPA 99.99%@$0.3\mu m$	2	0		合格
7	HEPA 99.99%@$0.3\mu m$	0	0		合格
8	HEPA 99.99%@$0.3\mu m$	120	376	0	合格
9	HEPA 99.99%@$0.3\mu m$	101	345	0	合格
10	HEPA 99.99%@$0.3\mu m$	45	215	0	合格
11	HEPA 99.99%@$0.3\mu m$	88	167	0	合格
12	HEPA 99.99%@$0.3\mu m$	156	339	0	合格
13	HEPA 99.99%@$0.3\mu m$	121	353	0	合格

编号	过滤器类型	正常测试≥0.3μm 粒子数/(pc/ft³)	一次确认≥0.3μm 粒子数/(pc/ft³)	二次确认≥0.3μm 粒子数/(pc/ft³)	结果判定
14	HEPA 99.99%@0.3μm	79	243	0	合格
15	HEPA 99.99%@0.3μm	89	168	0	合格
16	HEPA 99.99%@0.3μm	211	256	0	合格
17	HEPA 99.99%@0.3μm	124	321	0	合格
18	HEPA 99.99%@0.3μm	89	0		合格
49	HEPA 99.99%@0.3μm	0	0		合格
50	HEPA 99.99%@0.3μm	0	0		合格
51	HEPA 99.99%@0.3μm	0	0		合格
52	HEPA 99.99%@0.3μm	3	0		合格
53	HEPA 99.99%@0.3μm	7	0		合格
54	HEPA 99.99%@0.3μm	—	—	0	合格
55	HEPA 99.99%@0.3μm	89	234	0	合格
56	HEPA 99.99%@0.3μm	125	189	0	合格
57	HEPA 99.99%@0.3μm	142	189	0	合格
58	HEPA 99.99%@0.3μm	145	345	0	合格
59	HEPA 99.99%@0.3μm	243	368	0	合格
60	HEPA 99.99%@0.3μm	193	304	0	合格
61	HEPA 99.99%@0.3μm	209	507	0	合格
62	HEPA 99.99%@0.3μm	290	309	0	合格
63	HEPA 99.99%@0.3μm	0	0		合格
81	HEPA 99.999%@0.12μm	0	0		合格
82	HEPA 99.999%@0.12μm	0	0		合格
83	HEPA 99.999%@0.12μm	2	0		合格
84	HEPA 99.999%@0.12μm	213	469	0	合格
85	HEPA 99.999%@0.12μm	2	0		合格
97	HEPA 99.999%@0.12μm	4	0		合格
98	HEPA 99.999%@0.12μm	215	278	0	合格
99	HEPA 99.999%@0.12μm	127	278	0	合格
100	HEPA 99.999%@0.12μm	243	278	0	合格
101	HEPA 99.999%@0.12μm	3	0		合格
102	HEPA 99.999%@0.12μm	0	0		合格
103	HEPA 99.999%@0.12μm	3	0		合格

注：1. 正常测试为每台 FFU 按标准的测试，流量 28.3L/min，测试时间 6min。

2. 一次确认是对正常测试过程中出现异常数据的位置点附近进行确认测试，以排除偶发干扰，或者确认漏点，测试时间 1min。如漏点确认就做好标识记录，交于施工方处理或更换。

3. 二次确认是对一次测试确认后的漏点进行处理之后的再次确认。

② FFU 风速（风量）测试。

a. 测试前准备。检查需要使用的设备、仪器是否完好，并应在有效使用期内。

b. 测试目的。FFU 风速（风量）测试主要是确认过滤器送出的风速、风量是否满足设计要求。

c. 使用仪器：电子式风量罩 EBT 721。

d. 测试步骤。

➤ 在被测洁净室的平面图上进行待测 FFU 及风口的编号，确认各个风口的设计值。

➤风量罩的安装。风量罩直接罩在 FFU 的上方进行测试［在有关标准规范中要求空气过滤器的风速（风量）测试应在下风向进行，但在有些文献中介绍了在风机过滤机组（FFU）上方的风机侧罩上风量罩测试风速值与采用多点风速计在 FFU 的下方风口测试风速值的对比实验。该实验是在同一洁净室（区）的不同区域随机抽取 5 台 FFU 进行测试，测试数据见表 2.9.44。由表中测试数据对比可见，其偏差均在 3% 以内，表面采用风量罩在 FFU 上方测量风速的方法是可行的］。测量风量罩实景见图 2.9.49。

➤ 每个 FFU 的测试至少持续 5s，记录其风量值。

➤ 通过记录的风量值计算出 FFU 的风速是否符合设计要求。

表 2.9.44 在 FFU 上方/下方的风速测试数据　　　　单位：m/s

风速编号	多点风速仪实测数据					风量罩实测数据
	1	2	3	4	平均	
1	0.38	0.35	0.37	0.39	0.37	0.38
2	0.36	0.34	0.37	0.35	0.36	0.38
3	0.43	0.4	0.41	0.4	0.41	0.41
4	0.39	0.4	0.41	0.38	0.39	0.4
5	0.33	0.35	0.34	0.34	0.34	0.35

图 2.9.49　测量风量罩实景

e. 判断依据。各被测试 FFU 的风速，应在设计要求的 90%～120% 之间。

f. 测试报告的数据记录摘要见表 2.9.45。

表 2.9.45　洁净室的 FFU 风速风量测试记录

FFU 编号	设计 /(m/s)	一次测定			FFU 编号	设计 /(m/s)	一次测定		
		风速 /(m/s)	风量 /(m³/h)	结果判定			风速 /(m/s)	风量 /(m³/h)	结果判定
1	0.40	0.43	2120	合格	26	0.40	0.41	2030	合格
2	0.40	0.42	2050	合格	27	0.40	0.41	2030	合格
3	0.40	0.42	2070	合格	28	0.40	0.41	2000	合格
4	0.40	0.42	2090	合格	29	0.40	0.41	2030	合格
5	0.40	0.42	2060	合格	30	0.40	0.41	2010	合格
6	0.40	0.42	2050	合格	31	0.40	0.41	2010	合格
7	0.40	0.42	2060	合格	32	0.40	0.41	2030	合格
8	0.40	0.42	2080	合格	33	0.40	0.41	2020	合格
9	0.40	0.41	2040	合格	34	0.40	0.41	2000	合格
10	0.40	0.41	2040	合格	35	0.40	0.41	2000	合格
11	0.40	0.43	2100	合格	36	0.40	0.42	2050	合格
12	0.40	0.44	2150	合格	37	0.40	0.41	2030	合格

注：FFU 的尺寸均为 1170mm×1170mm。

3) 温湿度和压差测试

① 测试状况：根据双方合约要求，该项目的洁净室温湿度和压力测试均在"动态"状况下进行。由于洁净室调试和相关测试项所需的时间较长，因此温湿度和压差测试也是从当年的 1 月底开始，一直测试至当年的 12 月下旬。为减少检测工作量，在前几个月每个洁净室（区）的温湿度测点为平均分布 12 个，之后到检测的后期为达到测试要求测点数均为平均分布 40 个；压力测点均为每个洁净室（区）8 个。表 2.9.46 是一个洁净室（区）从当年 1 月至 12 月的每月温度、湿度和压力测试数据，图 2.9.50～图 2.9.52 是相应的各月温度、湿度、压力测试数据变化。

表 2.9.46　一个洁净室（区）的温湿度、压力测试数据

项目	分类	1月	2月	3月	4月	5月	6月	7月	8月	9月	10月	11月	12月
温度/℃	Max.	28.3	27.1	23.2	23.8	23.2	24.4	23.6	23.3	23.1	23.2	23.0	22.7
	Agv.	26.4	23.5	22.6	23.0	23.0	23.2	23.5	23.2	23.0	23.1	22.7	22.5
	Min.	25.0	21.7	21.6	22.4	22.6	23.0	23.3	23.1	22.9	22.9	22.5	22.3
湿度/%	Max.	—	58.1	54.8	61.6	58.5	57.2	55.0	55.1	54.6	56.3	55.2	54.6
	Agv.	—	46.6	48.9	53.0	55.1	55.0	54.1	53.8	54.6	55.0	53.8	54.0
	Min.	—	17.5	46.4	47.5	53.1	51.5	52.8	53.2	54.6	53.5	50.7	53.3
压力/Pa	Max.	5.8	7.4	48.6	31.5	30.0	43.0	40.3	48.4	33.9	40.9	42.5	41.8
	Agv.	3.1	6.3	18.3	24.5	23.0	30.5	39.2	44.9	33.0	39.3	37.3	38.4
	Min.	1.5	3.8	6.2	10.5	14.5	19.4	38.6	41.3	31.8	36.4	28.1	36.3

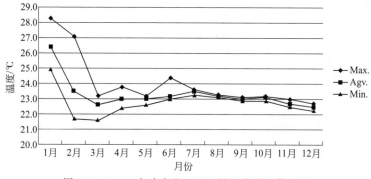

图 2.9.50　一个洁净室（区）的温度测试值变化

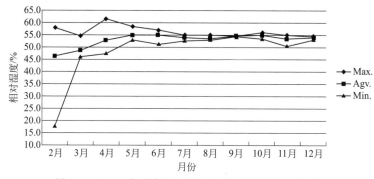

图 2.9.51　一个洁净室（区）的相对湿度测试值变化

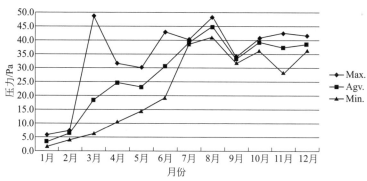

图 2.9.52　一个洁净室（区）的压力测试值变化

从图 2.9.50～图 2.9.52、表 2.9.46 中的测试数据可见在测试初期温度、湿度、压力的测试值均不稳定，若按检测单位提供的日报测试数据，以小时计的各测点测试值变化更为明显；洁净室（区）的温湿度变化或稳定性从 5 月开始逐渐趋于平稳，随着洁净室（区）的调试工作进展和产品生产线进入正常生产状态，洁净室（区）的温度测试值已满足（23±2）℃、相对湿度测试值已满足 55%±5% 的要求。

② 温湿度测试方法。

a. 温湿度测试方法：手持温湿度计，在洁净室内距地面 0.8m 高度处或按工艺要求设定进行测试，测试仪表距离操作者 0.5m 左右，距墙面和其他主要反射面应大于 0.5m。

b. 测点布置：按洁净室（区）面积均匀布置，每个洁净室（区）设置 40 个点测试。

c. 测量仪表：温湿度计。

d. 测量步骤：根据测点布置平面图上进行布点，并在现场做出标记；手持温湿度计，按布点进行测试；每个测点待 5min 左右，进行计数。

③ 压力（压差）测试方法。

a. 测试方法：采用压力表按测试步骤进行测试。

b. 测点布置：在每个洁净室（区）面积的周边取 8 个测点进行检测，见图 2.9.53。

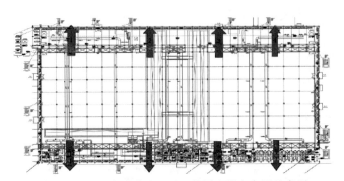

图 2.9.53　一个洁净室（区）的压力测点布置示意图

c. 测量仪表：压力表。

d. 测量步骤：依据设计图纸和双方要求，确定测点位置、做出标记；将被测洁净室（区）的门窗全部关闭；按确定的测点进行测试，每个测点仪表指示稳定 5min 左右，进行计数。

④ 测试结果：表 2.9.47 是一个洁净室温度、湿度、压力（压差）某日的测试数据，图 2.9.54 是温湿度、压力测试值变化。

表 2.9.47　一个洁净室温度、湿度、压力（压差）某日（6 月）的各个测点测试值

测点	1	2	3	4	5	6	7	8	9	10	11	12	13	14	15	16	17	18	19	20	平均
温度/℃	23.7	23.7	23.5	23.5	23.4	23.3	23.4	23.4	23.1	23.3	23.4	24.4	25.4	23.3	23.3	22.9	22.7	23.0	23.1	23.6	23.3
湿度/%	52.9	52.5	52.9	53.6	53.5	53.2	53.7	55.9	54.7	54.3	53.4	52.9	54.0	55.0	54.7	55.9	56.4	54.8	54.1	52.7	54.5
压差/Pa	27.0	28.0	27.0	29.0	27.0	28.0	29.0	27.0													27.8

注：表中温度、湿度的平均值是 40 个测点的平均数。

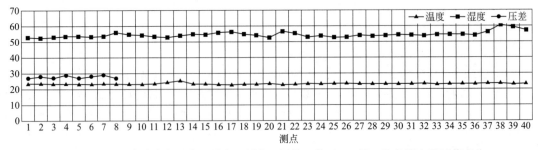

图 2.9.54　一个洁净室温度、湿度、压力（压差）某日（6 月）的各测点测试值变化

4）洁净度测试

① 测试状况。鉴于被测洁净室的规模、建造施工状况和业主对建设进度的要求，该洁净室的洁净度测试应与洁净室的调试和洁净室内部分设备的搬入、安装交叉进行，并逐渐步入产品生产线的正常生产状态。双方合约要求，洁净室的洁净度测试应以产品生产线正常生产状态下，按双

方确定的"动态"状况的测试数据为验收合格依据。洁净度测试从当年 1 月开始测试准备，当年 2 月开始做测试记录。图 2.9.55 是从当年 2 月至 12 月的月平均空气悬浮粒子数变化，控制粒径均以 $0.3\mu m$ 为基准。从图中数据可见从当年 6 月开始的平均空气悬浮粒子数（pc/ft³）基本稳定。

1月	2月	3月	4月	5月	6月	7月	8月	9月	10月	11月	12月
—	624	575	114	113	41	51	46	46	30	72	76

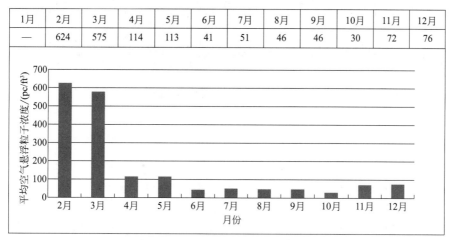

图 2.9.55　洁净度测试的月平均空气悬浮粒子浓度变化（单位：pc/ft³）

② 测试方法。

a. 测试方法：洁净室洁净度测试的测点设置应高于生产设备 300mm，高于地面 1000mm，并且不能在距离墙面或设备外壁小于 300mm 的范围内进行测试。

b. 测点（采样点）布置：按被测洁净室（区）的整体面积均匀分布 40 个采样点。

c. 测量仪器：采用 28.3L/min 的激光粒子计数器（METONE 3413、LIGHTHOUSE）。

d. 测量步骤：准备被测洁净室（区）的平面图，按洁净度测点数进行均匀布置，并结合现场实际状况进行核实确认后在图上作采样点位置编号、标识，必要的测点还应在现场进行标识；按被测洁净室（区）的测点进行测试，每个测点测试 1min 后计数。

e. 测试记录报告：表 2.9.48、表 2.9.49 是洁净室（区）A、B 各一组的日平均空气悬浮粒子浓度测试记录数据，图 2.9.56、图 2.9.57 是洁净室（区）A、B 另一日的一组日平均空气悬浮粒子浓度测试值变化。表 2.9.50、表 2.9.51 是被测洁净室（区）在其正常生产状态"动态"下测试 ISO 5 级、ISO 6 级各一组的测试数据。

表 2.9.48　洁净室（区）A 的日平均空气悬浮粒子浓度测试记录数　　单位：pc/ft³

Test Point	1	2	3	4	5	6	7	8	9	10	11	12	13	14	15	16	17	18	19	20	Average
0.3μm 基准	8	6	1	25	20	7	81	1	13	1	2	1	82	2	15	128	15	23	18	19	
Test Point	21	22	23	24	25	26	27	28	29	30	31	32	33	34	35	36	37	38	39	40	56
0.3μm 基准	0	81	145	65	48	0	8	12	123	220	18	134	26	115	41	76	173	118	73	310	

表 2.9.49　洁净室（区）B 的日平均空气悬浮粒子浓度测试记录数　　单位：pc/ft³

Test Point	1	2	3	4	5	6	7	8	9	10	11	12	13	14	15	16	17	18	19	20	Average
0.3μm 基准	104	24	6	11	8	21	157	70	7	151	83	178	43	212	27	3	68	20	72	79	
Test Point	21	22	23	24	25	26	27	28	29	30	31	32	33	34	35	36	37	38	39	40	62
0.3μm 基准	155	97	21	66	19	117	12	68	21	190	66	10	4	17	21	50	43	172	11	12	

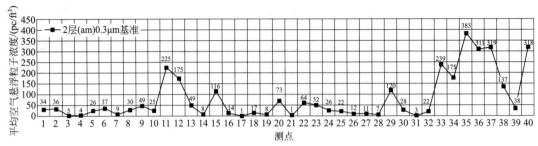

图 2.9.56　洁净室（区）A 的日平均空气悬浮粒子浓度测试值变化

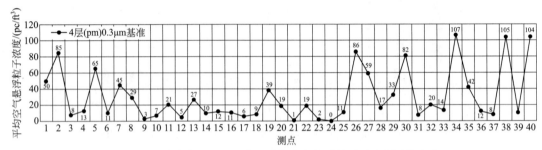

图 2.9.57　洁净室（区）B 的日平均空气悬浮粒子浓度测试值变化

表 2.9.50　洁净室（ISO 5 级）的空气悬浮粒子浓度实测数据

编号	容许粒子数（≥0.3μm）	≥0.3μm 测定值/(pc/ft³)				容许粒子数（≥5.0μm）	≥5.0μm 测定值/(pc/ft³)		
	pc/ft³	1 次	2 次	3 次	4 次	/(pc/ft³)	1 次	2 次	3 次
1	289	0	1	0	0	0	0	0	0
2	289	0	0	0	0	0	0	0	0
3	289	0	10	0	3	0	0	0	0
4	289	0	0	0	0	0	0	0	0
5	289	0	2	0	1	0	0	0	0
6	289	0	1	0	0	0	0	0	0
7	289	0	0	0	0	0	0	0	0
8	289	3	0	0	1	0	0	0	0
9	289	0	3	1	1	0	0	0	0
10	289	3	0	4	2	0	0	0	0

表 2.9.51　洁净室（ISO 6 级）的空气悬浮粒子浓度实测数据

编号	容许粒子数（≥0.3μm）	≥0.3μm 测定值/(pc/ft³)				容许粒子数（≥5.0μm）	≥5.0μm 测定值/(pc/ft³)			
	pc/ft³	1 次	2 次	3 次	平均	/(pc/ft³)	1 次	2 次	3 次	平均
1	2886	11	7	10	9	8	0	0	0	0
2	2886	11	0	1	4	8	0	0	0	0
3	2886	15	5	1	7	8	0	0	0	0

编号	容许粒子数(≥0.3μm)	≥0.3μm 测定值/(pc/ft³)				容许粒子数(≥5.0μm) /(pc/ft³)	≥5.0μm 测定值/(pc/ft³)			
	pc/ft³	1次	2次	3次	平均		1次	2次	3次	平均
4	2886	33	6	33	24	8	0	0	0	0
5	2886	7	20	13	14	8	0	0	0	0
6	2886	8	2	2	4	8	0	0	0	0
7	2886	10	1	7	6	8	0	0	0	0
8	2886	0	0	0	0	8	0	0	0	0
9	2886	0	0	0	0	8	0	0	0	0
10	2886	0	0	23	8	8	0	0	0	0

5）噪声测试

① 测试状况：依据洁净室建造的现场状况，检测单位与业主协商确定该洁净室的噪声测试按"动态"状况进行检测，并以 8h 等效噪声小于等于 85dB（A）为合格。

② 测试方法。

a. 测试人员手持声级计，测点应距离地面 1.1～1.5m 或符合产品生产工艺要求，距离操作者 0.5m 左右，距离隔墙墙面或其他反射面应大于 3m。

b. 测点设置：基本按被测洁净室（区）的面积平均划分，大约每 100m² 内设 1 个测点。图 2.9.58 是一个洁净室（区）的噪声测点布置平面简图。

c. 测量仪表：采用数显声级计。

d. 测量步骤：依据前述的测点设置要求，按洁净室（区）的平面图进行测点布置，并应进行现场核实之后在图上作出标注，必要时还应在现场作出标识；按要求操作者手持声级计，按测点布置逐一进行测试，每个测点的测试时间 3min，并进行计数。

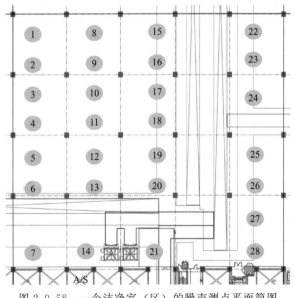

图 2.9.58　一个洁净室（区）的噪声测点平面简图

e.测试记录：依据测试数据的记录等进行噪声测试报告编写。表 2.9.52 是一个洁净室（区）的噪声测试数据。

表 2.9.52 一个洁净室（区）噪声测试数据

测点号	噪声/dB(A)		测点号	噪声/dB(A)	
	判定值	实测		判定值	实测
1	≤85	73.4	15	≤85	74.3
2	≤85	75.5	16	≤85	70.0
3	≤85	76.8	17	≤85	70.2
4	≤85	75.1	18	≤85	73.1
5	≤85	76.3	19	≤85	72.0
6	≤85	76.5	20	≤85	74.0
7	≤85	76.5	21	≤85	69.7
8	≤85	80.5	22	≤85	64.7
9	≤85	77.9	23	≤85	66.3
10	≤85	75.6	24	≤85	65.2
11	≤85	82.1	25	≤85	65.7
12	≤85	78.6	26	≤85	68.5
13	≤85	79.1	27	≤85	66.9
14	≤85	77.7	28	≤85	66.4

6）照度测试

① 测试状况：根据检测单位与业主的合约，洁净室的照度测试在"动态"状况下进行检测。鉴于两个被测洁净室（区）的生产工艺不同，按国家标准规定的照度值为 200～500lx，所以两个洁净室（区）内的照度的标准值和设计计算值是不同的，洁净室（一）的标准值为 200lx、设计计算值为 185lx，经双方商定以 185lx 为合格判定值；洁净室（二）的标准值为 500lx、设计计算值为 530lx，确定以 530lx 为合格判定值。

由于洁净室（区）内的生产工艺设备高大，对照度测试存在一定影响等因素，拟将对现场存在高大设备遮挡的部分，若照度测试不合格者作为例外处理。

② 测试方法。

a.测试过程中操作人员手持照度计，测试仪器（测点）应距地面 0.8m 或符合产品生产工艺要求，距离隔墙墙面应大于 1.0m。

b.测点设置：基本按被测洁净室（区）的面积平均划分，大约在 100m² 内设 1 个测点。图 2.9.59 是洁净室（二）内一个区域的测点布置平面简图。

c.测量仪表：采用数显照度计。

d.测量步骤：根据照度测点布置要求，在相应区域的洁净室（区）平面图上进行测点布置，并应与现场实际状况进行核实，关注高大生产工艺设备的位置等，且在布置平面上进行标注，必要时还应在现场进行标识；按要求测试人员手持照度计，按测点布置逐一进行测试，每个测点的测试时间 3min，并按规定记录数据。

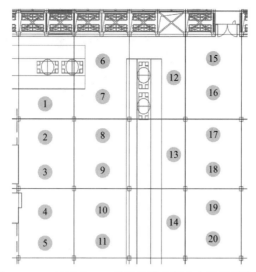

图 2.9.59　洁净室(二)的部分噪声测点布置平面简图

e.测试记录：依据测试数据的记录等进行照度测试报告的编写。表 2.9.53、表 2.9.54 是从测试报告摘录的洁净室（一）、洁净室（二）的记录数据。

表 2.9.53　洁净室（一）的部分区域照度测试数据

编号	照度/lx			
	判定值	实测	判定	备注
1	185	210	合格	
2	185	190	合格	
3	185	199	合格	
4	185	216	合格	
5	185	176	不合格	设备遮挡
6	185	194	合格	
7	185	205	合格	
8	185	185	合格	
9	185	251	合格	
10	185	223	合格	

表 2.9.54　洁净室（二）的部分区域照度测试数据

编号	照度/lx			
	判定值	实测	判定	备注
1	530	850	合格	
2	530	788	合格	
3	530	450	不合格	设备遮挡
4	530	695	合格	
5	530	672	合格	
6	530	647	合格	

续表

编号	照度/lx			
	判定值	实测	判定	备注
7	530	678	合格	
8	530	470	不合格	设备遮挡
9	530	677	合格	
10	530	416	不合格	设备遮挡
11	530	743	合格	
12	530	515	不合格	设备遮挡

参考文献

[1] [日] 铃木道夫，等.大规模集成电路工厂洁净技术.陈衡，等译.北京：电子工业出版社，1990.

[2] 张洪雁.高纯、高洁净气体输配管道的配管技术.洁净与空调技术，2001（2）：25-32.

[3] 章光护.超大规模集成电路气体净化工艺.洁净与空调技术，1998（4）：2-9.

[4] 袁大伟.建筑涂料应用手册.上海：上海科技出版社，1999.

[5] 陈思源.超大面积洁净厂房的检测实践.洁净与空调技术，2016（2）：54-58.

洁净室的运行管理

洁净厂房的设计与施工

第3篇

第1章 概述

1.1 洁净厂房运行管理的基本要求

随着科学技术的发展，尤其是近年来高科技产品（主要是微电子产品、生物医药产品等）生产用洁净厂房的建造、运营实践表明，洁净技术是一门综合性技术，洁净室是涵盖多学科的系统工程，洁净厂房的设计建造和运营应在分析研究洁净生产环境中产品生产工艺的特点和确保产品质量的防止污染或交叉污染采取安全、可靠的各种防护措施；现代的高科技洁净厂房中，由于产品生产过程需应用种类繁多的原料、辅料和各种类型的化学品，包括危险化学品以及生物制药生产中的致敏性物质和可能危害人身健康的物质，所以洁净厂房的设计建造和运行还应保障作业人员的安全和生产环境的安全。

在一个设计合理、建造质量优良的洁净厂房内，实现生产的产品质量优良、成品率高的生产过程关键是：在洁净室（区）将由各种因素可能产生的污染或交叉污染的危险降到最小，这就是洁净厂房运行管理的目标。为对洁净室（区）内的污染进行控制，应建立一套完善的"洁净厂房的运行管理体系"，既包括人员、机构、制度规定，也包含各种必含的硬件措施，如完善清洁工具、器件、检测仪表和洁净服饰及其清洁设施等。当今的高科技洁净厂房内的构成十分复杂，除了产品生产工艺设备外，为实现产品生产高质量运行，通常洁净厂房设置有如图3.1.1所示的各种辅助设施和各种公用动力系统。该图中的各种设施在以集成电路芯片生产为代表的微电子工厂洁净厂房中几乎均有设置，这些设施在洁净厂房的运行过程中为实现对各种类型的"污染源"可能引起的"污染控制"的管理维护创造了条件。实践表明，这是提高产品成品率、确保产品质量和降低成本的关键。要实现洁净厂房的运行管理达到上述目标，其基本要求是：所有进入洁净室的人员、物料、工器具、设备等不能带入包括微粒的"污染物"；作业环境不能产生"污染物"，即使是在产品生产工序或设备的生产过程产生的污染物也应可靠排除，且其排气系统不得泄漏；作业环境不能滞留污染物，按规定或即时采取清洁措施去除，应做到没有污染物滞留在各种类型的表面，包括地面、墙面等建筑构造的表面和设备、仪器以及工器具的表面等。洁净室运行过程中要做到"污染物"不带入或少带入、不产生或少产生、不滞留或少滞留，除了应在设计、建造中正确地执行洁净厂房/洁净室的有关标准规范，根据所生产的产品工艺要求和工程项目业主提出的各项要求合理进行设计、建造外，一旦经工程验收投入运行，企业还要有科学的、严格的管理体系、管理规章制度及员工应具有优良素质。

（1）厂区环境要求 洁净室运行前应确保厂区道路已经施工完毕，环境绿化已经完成，周围环境应保持清洁整齐，没有露土地面。洁净厂房周围的道路施工完成，其面层应为整体性能好、发尘少的材料。洁净厂房周围应进行绿化，宜铺植草坪，但不应种植对生产有害的植物。

检查洁净厂房厂区内外的可能污染源状况，避免可能的严重空气污染危害洁净室的正常运行。

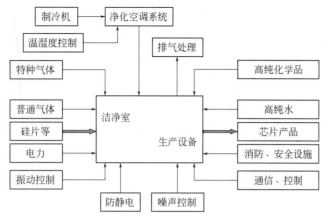

图 3.1.1　洁净厂房的相关设施示意图

例如某电子厂房的洁净室投入运行 7 年后，在距离该厂区不到 1km 处建了一个大型钢铁厂，钢铁厂排放的尾气中含有大量的硫、磷等有害元素，对洁净室的新风空气造成了严重的危害。该厂不得不在每台空调机新风口安装化学过滤器解决这一严重影响产品质量的问题，但每年化学过滤器的经济消耗巨大。

（2）厂房内环境的要求　洁净厂房内部环境以及与洁净室内部环境相关的公用动力设施应调试完成、验收合格并且投入使用。安全消防系统应动作可靠，确保无误。曾经有某公司在洁净室运行初期，由于消防系统误动作，导致喷淋系统动作大面积出水，浸湿了高效过滤器，且贵重工艺设备受损，造成巨大的经济损失。另有某研究所的洁净室试运行时，由于漏装位于顶棚上的氢气探测器，设备尾气排放管泄漏，吊顶内积聚大量的氢气而发生爆炸，洁净室静压箱被掀翻而导致全部报废，所幸没有人员伤亡，但经济损失惨重。可靠的安全、消防系统是保证洁净室安全运行的前提。

电、气、水、风等均应确保不间断供应，洁净室一旦运行就不能停下来，一般对于生产企业，尤其是 24h 不间断运行的洁净室，应建立有完善的洁净室维护管理的相关运行体系，且相关系统或设备的使用许可证已经取得。维护管理的相关机构、规程主要包括：企业安全生产机构、安全生产责任制；运行管理部门的组织机构、岗位职责；系统或设备操作流程、维护保养手册；系统或设备操作者、联系电话、日常点检记录；系统或设备的故障应急措施；洁净室定期检查制度；安全消防系统通过安全消防部门的验收；特殊气体站、化学品站的使用许可证；气体、液体排放处理达到国家环保要求。

各专业人员配备齐全，人员培训已经完成，并取得相关上岗证书。培训重点主要包括：洁净室基础知识培训；洁净服穿着方法培训；安全逃生演练培训；工艺流程操作培训；公用动力系统流程操作培训；洁净室运行维护培训；异常状况紧急措施培训；洁净室管理制度培训；安全生产培训；个人安全防护培训。相关人员经培训取得上岗资格证书。

1.2　运行管理内容

1.2.1　目的和原则

洁净室的运行管理目的就是将室内污染物控制在设计要求的范围内，使系统、设备正常运行。洁净室的运行管理主要包括：洁净室人员管理；洁净工作服的管理；洁净室的清洁管理；洁净室的张贴物与标志管理；设备及物料的管理；洁净室的安全管理；洁净室的环境保护管理等。实践表明，洁净室的各项设施能否发挥预期的作用及为各类产品的生产提供所需的生产受控环境，与洁净室的准确设计、精心施工和严格的运行管理密切相关。一个建好的洁净室，如果设计正确合理、施工质量优良，但运行维护管理不科学、不严格，必将使洁净度等级下降，生产环境达不到产品品质的要求，产品的合格率严重下降，甚至会有爆炸、中毒等安全事故发生。因此，洁净室的运行管理十分重要。例如，某研究所的洁净室运行初期，由于对洁净技术、洁净室的维护管理等认识不足，没有建立相关完善的规章制度，使运行中的洁净室达不到预期的效果，产品合格率低。但在通过对洁净室的运行管理培训及相关制度完善后，产品质量平稳上升。

运行管理对预防安全事故也极其重要，这是因为洁净室要求密闭好、贵重设备和仪器多、建造费用和运行费用高，一旦发生安全事故，损失巨大。表 3.1.1 列出了一些洁净室的安全事故实例。

表 3.1.1　洁净室安全事故实例

单位	事故原因	损失情况
某所	下班后阀门漏水，造成洁净室水淹事故	损坏很多贵重仪器设备
某厂	下班关通风机电源时，误将去离子水电加热器开关合上，夜晚引起火灾	厂房烧毁，死亡 2 人，损失巨大
某厂	光刻间感光胶误倒在插座上引起短路，发生火灾	烧毁光刻机一台，损失巨大
某厂	外延车间，由于炉体内氢气未吹净，氢气外溢引起燃烧爆炸	抢救及时，未造成损失
某厂	外延炉尾气管道拆除清洗，因管路内含大量的硫、磷等物质，操作不慎引起着火爆炸	两台外延炉腔体爆破，两个操作工的眼睛因抢救及时未受到伤害，经济损失巨大
某所	洁净室的金属壁板采用了聚苯乙烯夹芯板，焊接作业引起火灾	烧毁壁板、部分设备管线，经济损失巨大

为了保持洁净室内的洁净生产环境，必须建立科学有效的运行管理制度及其具体的要求、规定，对于个性化的洁净室应制定符合自身特点、性能参数要求的维护运行管理规定，但均应以防止洁净室内尘粒、微生物的引入、产生、滞留和安全生产为宗旨。制定洁净室运行维护管理的原则要求主要如下。

① 人员、物流进出管理。对洁净室的人员进入、物料进入、设备搬入等均应防止将污染物带入。人员应按照人净管理的要求进出，物料应根据其分类，合理地按物净管理的要求进出。对于一般小型维修工具（如螺丝刀、扳手等）经洁净处理后可以直接跟随人员进出，也可以从传递窗或物净室进出；对于大型设备则必须设专用临时通道，并且进行洁净维护分隔，不得直接将洁净室与室外相通；对于生产上所需的材料和易损易耗品，则需经过气闸室、物净室或传递窗进出。对进入生物洁净室、实验室的物料还必须进行消毒处理，对于非管道输送的化学品（如瓶装的酸碱）则必须设立专用通道，防止其泄漏、挥发而造成危害。所有的物料都必须进行物净处理后方可按规定的通道进入洁净室。

② 高纯气体、特种气体、纯水、化学品等必须符合规定的品质要求方可向洁净室生产线输送。

③ 具有完善的管理规程，避免或减少洁净室污染物的引入、产生和滞留，对进入洁净室内的人净流程，洁净服的制作、穿着和清洗，操作人员的活动，室内清扫、灭菌等进行严格的管理。

④ 洁净室内公用动力管线的管理。应按规定对管线进行日常检查、检测，消除隐患。

⑤ 公用动力系统与设备运行管理。管理人员必须具有熟悉系统和设备的能力，处理可能发生的各种故障的应变能力，经考核合格后持证上岗；保障各系统与设备正常运行，保证洁净室内的温度、湿度、洁净度、压差等符合工艺要求，防止水、气及化学品系统和设备的污染及泄漏。如硫酸等腐蚀性物质输送管道泄漏会导致地面受损、铁件受腐蚀而产生灰尘及其他物质，影响洁净

度等级、产品质量，甚至发生重大安全事故等。

　　⑥ 洁净室安全管理。主要是对洁净厂房不同于一般建筑物的特殊的安全管理，包括生产过程的固体废物、有害气体（液体）的处置或回收的管理。

1.2.2　洁净室运行管理的内容

　　洁净厂房的完善运行管理体系的建立，由于洁净室内生产的产品不同、产品生产工艺的差异以及空气洁净度等级的不同，运行管理的严格程度会有所差别，但其运行管理内容应该是基本相同的。下面列出了洁净室运行管理的基本内容。

　　① 应制定建立一套满足产品生产工艺要求和洁净厂房各自特点的运行管理规程的完善体系，包括体系文件和各种污染风险的监测方法以及预防对策技术措施；参照和遵守国家的、行业的与地方的"洁净厂房""洁净室"标准、规范制定洁净厂房防污染的检测方法、确保产品质量的各种防污染措施，并结合洁净厂房（包括公用动力设施的全部技术设施）的特点制定安全管理和应急预案。

　　② 应根据对洁净厂房各种污染风险的评定，制定污染控制措施和洁净室运行管理规程。在污染风险评定时应十分关注：污染风险发生的位置、与洁净室生产的产品的距离或关联性，污染风险因素中的污染浓度、风险防护方法及其防治污染的重要性等。实践表明，洁净厂房运行过程中可能对产品生产带来污染风险的主要是作业人员的活动及其着装、洁净室内的设备和材料、洁净室的清洁等。

　　作业人员影响洁净室的运行和产品生产环境质量的污染风险因素包括：人员的选择和教育培训，人员的着装、卫生和动作行为（含进入洁净室前的行为），有无急性或慢性疾病，最大人员数量，出入洁净室的规定等。洁净室用洁净服可影响其运行和产品生产环境质量的污染风险因素主要有：人体的隔离方式（一体式、分体式、外罩、罩帽、手套、口罩、鞋靴等），着装制作材料性能（织线类型、无菌性、防静电等），舒适性和款式、织造，使用周期，人体内衣的选择，洗衣房的要求和着装的更换、洗涤、色染、储存和发放等。

　　洁净厂房的设备包括固定设备和便携式或移动式设备。各类设备及材料可影响洁净室的运行或产品生产环境质量的污染风险因素：对固定设备主要有搬入和搬出洁净室（区）的规定，设备安装和清洁方法，设备运转或试运转可产生的污染和热、湿、静电等，设备所使用的工艺材料、动力输送的洁净程度，可能出现的故障以及维护、修理等；对各类材料和便携式与移动式设备主要有适应性和类型选择，搬进或搬出洁净室（区）与移动或运输时的规程，在洁净室（区）存放时或使用时的可能污染，液体和气体工艺介质的纯度及洁净度，包装以及废物的处置等。

　　洁净厂房的清洁可影响洁净室（区）的运行或产品生产环境质量的污染风险因素主要有：清洁方法的选择、正常的环境污染因素（气流及悬浮粒子、有害气体、微生物、振动、静电荷、分子污染等）、人流和物流、清洁效果及监测等。

　　③ 应制定一套对洁净室人员、设备、清洁和其他各种运行系统的检测规程，实现对洁净厂房运行过程的综合性监测，并对监测周期等的规定，当超出规定限值时应能即时采取检查和恢复正常的措施。

　　④ 应制定完善的洁净厂房的人员教育培训制度，洁净室（区）的作业人员、工程和科研人员、质保人员、监管人员、洁净室辅助设施作业人员、服务人员等各类人员均应进行教育培训，并取得相应证书后才能上岗工作；外来人员到洁净厂房参观、访问也应进行必要的培训，并遵守洁净室的各项规章制度。洁净厂房各类人员的培训课程主要内容有：洁净室标准、洁净室的工作原理——污染源及污染防止、空气净化、洁净室设计技术等，个人卫生和行为，洁净服规程，洁净室清洁，洁净室的测试和监测，洁净室安全和应急措施等。应对洁净厂房人员教育培训的效果和各类人员的行为进行监控，建立培训文件档案，包括培训课程内容、人员培训信息和考核状况以及再培训的安排等。

　　⑤ 应制定一套完善的洁净厂房的公用动力系统（或称厂务系统）的运行管理制度，包括净化

空调系统、气体供应系统、各类供水系统（含纯水、超纯水、注射用水等）、电气系统和洁净室产品生产所需的其他系统；公用动力系统的运行管理制度应包括各系统的详细技术说明及技术参数、各系统及设备的运行维护和检修规程以及事故处理措施等。各公用动力系统应进行明晰的、详细的运行记录和有效的维护、检修依据以及各种部件更新、故障诊断、运行过程的监控、分析，并做好文件档案。

⑥ 洁净室安全。现代高科技洁净厂房中常常使用可燃、有毒物质和有害或有传染性或可能致病性物质，为确保洁净厂房安全、稳定运营和保证人员健康，应制定可靠的、有效的、完善的安全监控体系和规程及遵守国家、地方的相关法规、标准，制定应急预案；对可能发生危害及其相关场所、危险物质的有效、合理的监控，在有关场所集中设有查阅相关的、全部的危害物质的安全说明，紧急情况下已受训人员的快速处理，一旦出现事故时的疏散计划和疏散演习，安全管理文件和安全事故报告制度等。

通常洁净厂房运行管理的主要内容如下。

a.人员管理包括：专职管理人员的职责；洁净室人员准入制度；人员教育培训规定；人净程序管理；人员进入与退出路线制度。

b.洁净服管理包括：洁净服采购和制作要求；洁净服使用管理规定；洁净服清洗规定。

c.洁净室物流管理主要包括：物料准入制度；物料的清理、清扫、擦拭、消毒规定；物净程序管理；废弃物管理制度。

d.洁净室内的设备及工器具管理主要包括：设备及工器具的搬入管理；设备及工器具的清理、清扫、擦拭、消毒规定；设备及工器具的退出管理。

e.洁净厂房的公用动力系统与设备的运行管理主要包括：各系统与设备的操作规程、维修制度；各系统与设备的定期点检记录等。

f.洁净室的清扫、清洁与灭菌管理主要包括：清扫、清洁与灭菌管理规定；清扫、清洁与灭菌设备设施管理。

g.洁净室的安全管理主要包括：消防安全及报警系统的管理；特种气体管理规定；化学品使用管理规定；其他相关安全管理规定。

第2章 人员管理

2.1 人员净化和人净管理

2.1.1 人是洁净室的主要污染源

　　洁净室内的人员会从嘴、鼻、皮肤、着装散发污染物，这些污染物将通过空气或经过手及服装的接触传播至洁净厂房的产品或中间产品上，沾污并影响产品质量。据相关资料介绍，人员产生、散发的尘粒、微生物量是巨大的，人体每天脱落的表皮细胞 $6\sim13g$，每年每人脱落的表皮细胞可达 $3.5\sim3.7kg$，通常情况下男人会比女人多，年轻人比老年人多。人体皮肤表面散发的微生物最多达 10000 个/cm^2，人打喷嚏时产生的气溶胶粒子中有多达 100 万个微生物；若人员化妆也会产生大量的尘粒，化妆一次可达 5100×10^6 个，其中口红达 1100×10^6 个，白粉达 270×10^6 个，红粉达 600×10^6 个，人体每分钟散发的粒径大于等于 $0.5\mu m$ 的粒子多达 $10^5\sim10^7$ 个/人。人的尘粒散发量随人员的活动状况和着装的差异而变化。表 3.2.1 是人员穿相同洁净工作服在不同动作时的发尘量，表 3.2.2 是人员穿洗涤前后洁净工作服的发尘量。从表 3.2.1 可见洁净室内作业人员的不同活动形式、动作，散发的颗粒物（发尘量）差别较大，所以在洁净室内的作业人员应按规定进行操作；表 3.2.2 是洁净工作服以普通家用洗衣机、城市自来水和洗衣粉进行"不规范"洗涤后与洗涤前的发尘量比较，检测粒径 $\geqslant0.5\mu m$，由此可见洁净工作服洗涤后的发尘量比洗涤前多 2 倍。洗涤方法、干燥存放等均会影响洗涤后的发尘量。

表 3.2.1　穿相同洁净工作服动作不同的发尘量　　　　单位：pc/min

动作	发尘量（$\geqslant0.3\mu m$）	动作	发尘量（$\geqslant0.3\mu m$）
静坐无活动	100000	步行(5.6 km/h)	7500000
静坐腕、头微动	500000	步行(8.0 km/h)	10000000
静坐手、头、体动	1000000	登上椅子动作	10000000
坐下、起立	2500000	体操	15000000
步行(3.6 km/h)	5000000	跳跃	30000000

表 3.2.2　人员穿洗涤前后洁净工作服的发尘量

序号	洁净工作服	洗涤前发尘量/(个/min)	洗涤后发尘量/(个/min)	洗后/洗前
1	连体粗织尼龙洁净服	1.70×10^5	3.83×10^5	2.25
2	分体电力纺洁净工作服	3.90×10^5	10.1×10^5	2.59

注：洁净工作服是以普通家用洗衣机、城市自来水和洗衣粉进行洗涤的。

国内外的一些单位通过污染平衡关系或采用实验室方法测定得到了人体发尘量的数据。表3.2.3是工作人员不同动作时的发尘量。表中数据表明洁净室的工作人员要动作轻微，并避免不必要的动作。作业人员的穿着打扮，甚至生理状态（如多头屑、感冒等）和性格特征（如好动等）都会影响洁净室内污染物的产生量。

表3.2.3 工作人员不同动作时的发尘量

动作	≥0.3μm 的尘粒数 /(pc/min)	动作	≥0.3μm 的尘粒数 /(pc/min)
站着或坐着	100000	以 0.9m/s 速度走动	5000000
手、前臂、头、颈动	500000	以 1.5m/s 速度走动	7500000
整个手臂、上身、头、颈动	1000000	以 2.2m/s 速度走动	10000000
坐着站起，或站着坐下	2500000		

注：试验者穿普通洁净服，在洁净生产环境内做各种动作。

洁净室内工作人员所散发的尘粒，也有来自口腔等的微粒。曾经有学者对吸烟者呼气所发出的微粒进行测试，结果显示刚吸烟的呼气中0.3~0.5μm的微粒浓度较高，见表3.2.4。吸烟者进入洁净室前应漱口。进入洁净室的人员涂抹化妆品也是不适宜的，这是因为化妆品会散发到洁净室的环境空气中，对产品质量造成很坏的影响。

表3.2.4 呼气中所含粒子的粒径分布

条件	粒径/μm	呼气中的粒子数比例/%			
		2h前吸烟（没有吸烟）	刚吸过烟		
			1min	4min	8min
非吸烟者	0.3~0.5	(53.4)	—	—	—
	0.5~1	(19.8)	—	—	—
	1~2	(14.3)	—	—	—
	2~5	(11.1)	—	—	—
	5 以上	(1.4)	—	—	—
轻微的吸烟者	0.3~0.5	49.2	88.6	89.2	85.9
	0.5~1	29.9	8.0	9.0	9.9
	1~2	16.4	1.9	1.0	3.9
	2~5	3.4	1.3	0.7	0.2
	5 以上	1.1	0.2	0.1	0.1
瘾大的吸烟者	0.3~0.5	47.6	91.0	88.5	88.5
	0.5~1	28.4	9.6	10.4	10.4
	1~2	19.6	0.3	0.9	0.9
	2~5	4.4	0	0.2	0.2
	5 以上	0	0	0	0

制药工厂、生物制品工厂、食品和化妆品工厂以及医院手术室等，还必须控制人体的发菌量、服装、人员的活动及场所等因素。有关人体各部位细菌的散发量见表3.2.5。表中所列的部位在进入洁净室前要重点处理。

表 3.2.5　人体部位的带菌数

身体部位	细菌	身体部位	细菌
手	$100\sim1000$ 个/cm²	鼻液	10^7 个/g(个/mL)
额	$10^4\sim10^5$ 个/cm²	尿液	约 10^8 个/g(个/mL)
头皮	约 10^6 个/cm²	粪便	$>10^8$ 个/g
腋下	$10^6\sim10^7$ 个/cm²		

2.1.2　人员净化管理

人体产生的灰尘颗粒与细菌的数量是巨大的，为保证洁净室内的环境不受污染，提高产品质量，洁净室内作业人员的进出必须遵守相关规定，洁净室管理必须制定与其洁净室产品要求相适应的人员净化（简称人净）流程，在人员培训中予以宣讲考核，并将人净管理流程张贴在更衣室或显著处。图 3.2.1 是一例人净管理流程框图。

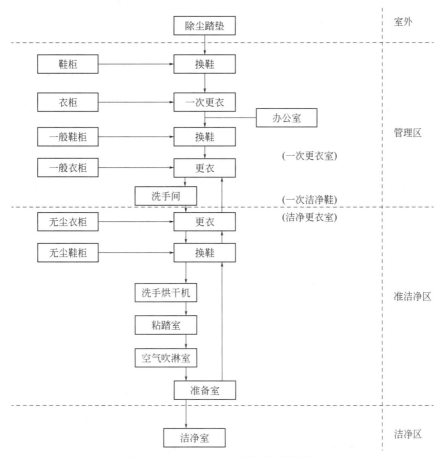

图 3.2.1　洁净室人净管理流程框图

作业人员从室外进入洁净厂房后先由除尘踏垫除去鞋底尘土，在人净管理区先将室外穿的鞋更换为工作鞋，再将外衣更换为清洁的工作服；在进入洁净更衣室前需再次换鞋、再次更衣，此次换鞋和更衣的目的是避免灰尘和细菌带入洁净更衣室内。鞋子应为普通净化工作鞋，衣服应为普通洁净工作服。

　　管理区域所配的设施、房间主要有：雨具存放设施，用于存放雨伞、雨披等，防止雨水带入房间地面；鞋柜，用于室外用鞋和更换的工作鞋之间的交换；衣柜，用于外衣和清洁工作服之间的交换；一般鞋柜，用于工作鞋和普通洁净工作鞋之间的交换；一般衣柜，用于清洁工作服和普通洁净工作服之间的交换，该衣柜还用于放置不允许带入洁净室的其他私人物品；洗手间，用于进入洁净更衣室前的洗手、大小便、打扫用水等，洁净室内不设置洗手间，洗手间设置在前室。

　　准洁净区或洁净更衣室，这是进洁净室前的人员净化，包括穿洁净服、洁净鞋、洗手烘干、漱口、戴防尘口罩、带防尘手套、进行粘踏、空气吹淋室、进入准备室或缓冲间。

　　洁净服的穿着顺序为：戴一次性防尘帽→戴洁净口罩→戴洁净防尘帽→戴洁净帽→穿洁净服→穿洁净鞋→戴洁净手套。

　　由于洁净服、口罩、洁净帽均有不同形式，因此应依据洁净度等级选择不一样的形式。形式不同穿戴方式也必然有所不同，若口罩的形式采用系带式时，应在洁净鞋穿好后再戴；洁净防尘帽有与洁净服连体和不连体之分，不连体的洁净帽下沿口应密封在洁净服内；洁净鞋的鞋袖应将下半身的腿部包紧。不能将洁净帽下沿口置于洁净服外，不能将洁净鞋的鞋袖置于洁净服之内。若洁净工作服尚未开封，需仔细切开包装拿出服装，不沾带包装料碎屑。穿衣时，不要使衣服触及地板、桌子、椅子等物品，不要沾污袖子和裤腿下摆，姿势要保持直立，按从上至下顺序穿衣，必要时需设置专用的穿衣台。戴洁净帽子时要把头发全部遮住，直到连体式洁净工作服的拉链口。

　　该区域的主要设施有：不锈钢衣架或洁净服衣柜设施、洁净鞋柜、自动洗手器（带烘干器）、洁净垃圾桶、一次性手套放置柜、一次性口罩放置柜、一次性防尘帽放置柜、不锈钢洁净座椅、杀菌装置等。不锈钢衣架或洁净服衣柜设施专门用于放置洁净服，洁净服衣架上应标明穿着者的姓名或编号，摆放要整齐。洁净等级高的车间衣柜还应设置高效过滤器。洁净鞋柜宜为密封鞋柜，防止可能出现的异味，也可以增加紫外杀菌或除臭功能。自动洗手器的用水应采用与空气洁净度等级相应的洁净洗涤剂和洁净水。洗手器阀门的开关宜采用脚踏式的，先用洁净洗涤剂洗涤，再用洁净水冲洗。洗涤后用自动烘手器烘干。

　　空气吹淋室是洁净室与非洁净区的分隔。只有在一定风速、一定吹淋时间的条件下，空气吹淋才对清除人员身上的灰尘有明显效果。空气吹淋时应尽量拍打身体各部位，并注意调节球形喷嘴的切线方向，加剧工作服的抖动，提高吹淋效果。空气吹淋效率除与吹淋室的风口数量及位置有关外，主要取决于吹淋速度和吹淋时间。当吹淋风速大于 20m/s 时，吹淋时间应在 20s 以上。

　　空气吹淋室具有气闸的作用，能防止外部空气进入洁净室，并使洁净室维持正压状态。吹淋室除了具有一定的净化效果外，它作为洁净区与准洁净区的一个分界，还具有警示性的心理作用，有利于规范洁净室人员在洁净室内的活动。

　　洁净厂房内人员净化和人净管理的实现，应以满足洁净度等级和产品生产工艺的要求为依据，准确地制定人员净化管理流程和合理地进行人员净化用房间、生活用房间或者洁净厂房更衣用房的平面布局。在本书第 1 篇第 2 章中对人员净化用室和生活用室的设置已经进行了表述，人员净化用室和生活用室应按具体工程项目已确定的人员净化程序或流程进行布置。

　　洁净室人员退出是经由气闸室或缓冲间，按规定洁净服更衣后退出。为了防止再次进入和往返作业对洁净室造成交叉污染，人员在作业中途和作业完毕后均应按规定退出洁净室。作业人员在更衣区之前不得脱掉洁净工作服，进入更衣室先脱洁净室用鞋，放在规定的场所，再摘掉帽子，放在规定处。脱洁净工作服时不要触及地板、桌子和其他物品，一般由下至上脱，用衣架挂在规定的处所。脱去洁净工作服以后，若需再进洁净室时，仍需按进入洁净室的程序进行。退出洁净室时不需要经过空气吹淋。

　　图 3.2.2 是一个医药工厂洁净厂房从一般区域进入 ISO 7 级（万级）洁净室（区）的更衣室平面布局示意图。图（a）是作业人员在换鞋间进行洗手、换鞋后进入一更衣，脱去外衣等之后再进入二更衣更换穿戴洁净服、帽等，在缓冲间进行手消毒后进入洁净室（区）；图（b）是将换鞋与一更合并，以鞋凳把脱衣与换鞋分开，换鞋后洗手进入穿衣间穿戴洁净服、帽等，在缓冲间进行手消毒后进入洁净室（区）。

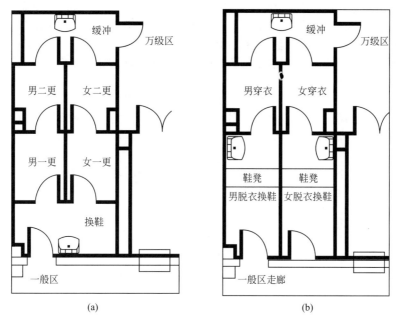

(a)　　　　　　　　　　　　　　(b)

图 3.2.2　医药洁净室更衣室布置实例

2.2　洁净室人员控制和出入管理

2.2.1　基本要求

由于人员是洁净室的主要污染源，应控制进入洁净室的人员数量，为此应实行洁净室的出入人员登记制度，并应强制执行和建立记录文档；洁净室的维护人员、参观人员均应批准、履行必要程序后方能进入，并在洁净室管理人员的监督之下进入。各类进入洁净室的人员均应经过教育培训，了解洁净室生产环境控制的基本原理，懂得洁净室内污染源及其控制污染对确保产量质量的重要性，使所有进入洁净室的各类人员都能自觉地、认真地执行洁净室的各项规章制度。

（1）对洁净室内作业人员健康状况等的要求　应对进入洁净室的作业人员进行检查选择，若有如下病症或不良行为暂不宜准许进入洁净室作业。

① 患有皮肤病、皮炎或有严重的头皮屑、可散发大量的皮屑者。

② 患有呼吸道症、感冒、流感或慢性咳嗽、打喷嚏等会散发大量飞沫、微生物粒者。

③ 有过敏性体质的人员，流鼻涕、流眼泪、瘙痒或抓挠者。由于洁净室内可能使用可使某些人员产生过敏的化学品、材料，将会诱发或加重过敏病症。

④ 携带某些微生物、病菌、病毒者。

⑤ 其他身体不适者不宜进入，例如头昏眼花而可能导致呕吐，肠道疾病而导致经常性的腹泻。

⑥ 有不良习惯者不能进入洁净室，如习惯挖耳鼻、挠痒、挠头发者，指甲不经常修理者等。

⑦ 工作不严肃认真，手脚好动，在洁净室内乱跑，屡教不改者。

⑧ 对洁净室的环境有不适应症状者不能进入。

⑨ 健康状况不良、过度疲劳、精神恍惚、酒后等不得进入洁净室。

有的洁净室，由于产品生产工艺的要求，作业人员进入洁净室之前，还会明确一定的时间内不能吸烟。

（2）对进入洁净室作业人员的个人卫生要求

① 作业人员应具有良好的个人卫生习惯，经常洗澡、洗头发，保持人体清洁；应控制头皮屑，沐浴或洗手后宜使用特殊配制的润肤霜替代油性护肤品。

② 进入洁净室前应去除所使用的化妆品、喷发品、爽身粉、指甲油等，作业人员应经常洗手、剪指甲，男人应每天刮胡须。

③ 洁净室内作业人员不允许使用手表、戴首饰（项链、耳环、挂链、戒指等）。

④ 作业人员穿在洁净室内的服装（内衣）类别会影响人员的尘粒散发量，通常采用天然纤维如棉或毛制作的个人内衣可能会散发较多的污染物，必要时应配置由密织的、聚酯类的合成纤维制作的内衣。

⑤ 作业人员进入洁净室前 2h 不允许吸烟，以防止释放较多的粒子等污染物，并注意不要患冻伤、裂伤、湿疹和其他疾病。

2.2.2 人员出入的管理

① 所有进入洁净室的人员均应持有规定的有效证件、证明。作业人员、维修人员应经培训合格后持证进入。作业人员进入洁净室前应认真进行人身净化处理，并应按规定的程序进行人身净化。人员从门厅至洁净厂房人员净化处时，应首先换鞋，一般换为洁净室专用拖鞋或布鞋；然后将个人物品、衣服放入指定的柜中，并去除化妆、饰品等；进入脱衣间前将拖鞋或布鞋脱下放入鞋柜，在脱衣间内按规定的顺序脱衣，放入人员专用的衣柜中；在盥洗处，应先以洁净洗涤剂洗涤，再用洁净水冲洗，洗手应采用专用洗手器，洗手器阀门的开关宜采用感应式或脚踏式，洗涤后应采用自动烘手器烘干。

在洁净工作服更衣室内应按规定程序穿洁净工作服，包括帽子、服装、手套、口罩等，穿洁净工作服时应避免衣服等与地面或其他物品接触；戴兜帽和帽子时应将头发全部遮盖，头部紧紧地包在兜帽内，直至连身洁净工作服的拉链口。穿鞋套时应将裤腿下摆紧紧地裹在鞋套内，鞋套不得从腿上滑落。在空气吹淋室内，作业人员应按要求的动作和时间以高速气流去除在人体及其着装表面上附着的污染物，然后进入洁净室（区）。

② 作业人员退出洁净室（区）的管理。作业人员在操作中途和作业完毕后均应按规定程序退出洁净室（区），为了防止再次进入和往返作业对洁净室造成污染和交叉污染，人员退出洁净室（区）在进入更衣室之前不得脱掉洁净工作服，进入更衣室应先脱洁净室专用鞋，放在规定的处所，脱下的洁净工作服用衣架挂在规定衣柜内；已脱去洁净工作服的人员，若需再进入洁净室（区）时，仍需按进入洁净室的程序人身净化后才能进入；作业人员退出洁净室（区）时，不需要经过空气吹淋室；作业人员去卫生间时应脱掉洁净工作服，完毕后仍应按作业人员退出洁净室的顺序进行。

③ 洁净室所有进出的门均应随时处于关闭状态。手动门开关时的动作应缓慢进行；空气吹淋室或气闸室的两个门均不能同时开启，应设有相互联锁的自动控制装置。

④ 对进入洁净室（区）的维护和服务人员的管理。根据洁净室（区）维护管理的需要，按所在企业有关管理规程的规定，经有关管理部门批准后洁净室（区）的维护和服务人员才能按人员净化程序进入。这些维护和服务人员需经过培训，并对培训进行记录备案；进入洁净室（区）的维护和服务人员应按规定更换洁净工作服等，带入的工具应为按规定进行了净化处理的专用维护工具，所使用的文具纸张应为特殊的专用纸张和专用笔；进入的维护和服务人员，若需进行可能产尘的作业时应采取经核准的相应的隔离措施；这些人员在洁净室（区）进行相关的维护等作业后，应按规定进行符合要求的清洁，并经检查和记录。

⑤ 对外来人员的管理。

a.外来人员包括设备厂家维修服务人员、参观人员、实习人员等，应满足身体状况的基本要求。

b.按企业的管理规定获得进洁净室许可证后在管理人员的引导下配戴胸牌，接受洁净室各项规章制度的指导后在洁净室管理人员的带领下进入洁净室。

c. 洁净室的管理人员应时刻监督外来人员的各项活动和行为，记录其进出的时间及工作情况。每次维修或参观，都要有核准、过程、进出人数等书面记录，这是洁净室的污染控制可追溯性的依据。

d. 外来人员应在洁净室管理人员的指导下完成洁净服的准确穿戴。

e. 不得在洁净室内随意拍照，应在洁净室管理人员指定的路线下进入和离开。

f. 维修人员带入洁净室的专用工具和部件必须清洁，不能有油污和锈蚀，最好用不锈钢材料。维修工具应以洁净室专用的不易产生灰尘和细菌的工具箱放置，或放在经清洁处理的工具包内，工具包应用与洁净服同种的布料做成。

g. 维修过程可能产生粒子的作业，如开孔、地面处理、打膨胀螺栓、切割等，应将该区域进行隔离，同时采取局部排风和真空吸尘，保持作业区的清洁。

2.3　洁净工作服和个人卫生管理

2.3.1　基本要求

① 洁净室（区）内的作业人员穿在洁净工作服内（内衣）的服装类别会影响悬浮粒子、微生物和纤维等的散发量，若用天然纤维如棉或棉织的个人内衣会散发较多的污染物，所以根据洁净室内产品生产工艺的要求，必要时应给作业人员配置洁净室专用内衣。通常此类专用内衣是用密织的、聚酯类的人造纤维等制作。

② 洁净室内不是产品生产所需的任何物品，均不得带入洁净室（区）内，这是洁净室管理对作业人员十分重要的规定，并应根据产品生产工艺要求制定的洁净室管理规程确定哪些物品会对产品生产造成污染；通常下列物品禁止带入洁净室（区）内：食品、酒、糖果、口香糖、罐装或瓶装饮料、烟类、报纸、杂志、书籍、生活纸巾、铅笔与橡皮以及收音机、唱盘播放机、手机、钱夹、手袋等。

③ 个人的首饰如耳环、手表、挂链等会损坏洁净室用手套或伸出口罩、罩帽或衣袖外的物件，均不得佩戴。

④ 个人所涂抹的化妆品、爽身粉、发胶、指甲油或类似的物品，均为进入洁净室的各类人员不得使用的物品，这些物品可能会散发颗粒物、化学污染物等污染物，引发对洁净工作服的污染或对生产制造过程的产品造成污染。

⑤ 个人的贵重物品，如相机、电脑等不得放置在更衣室内，丢失自负。

2.3.2　洁净工作服的穿戴

① 进入洁净室（区）的人员在进入洁净室前必须更换洁净工作服，各种穿、脱洁净工作服的方法或程序都应尽力减少对洁净工作服外表面的污染，并确保不会在更衣区域内造成污染或交叉污染。根据洁净室（区）不同的空气洁净度等级和产品生产工艺/产品质量对污染物不同的敏感程度或危害程度，可能对人员洁净工作服的穿戴方法具有不同的要求，在本节的②中介绍的一种洁净工作服的穿戴方法或程序，但其中的某些方法或程序可能对洁净度要求较低的洁净室并非是必须的，而对洁净度要求十分严格的洁净室，还需规定更为严格或更完善的方法或程序，所以针对某一具体的洁净厂房应制定适合本身特点和产品生产工艺需要的洁净工作服穿戴方法。

② 穿戴洁净工作服的案例。洁净工作服的穿戴通常是从头开始往下穿，其程序是：以擦鞋器、洁净室粘垫或地垫清除鞋上的污染物→脱去外衣→按规定摘去首饰、手表等个人物品→清除去掉化妆品，必要时可涂规定的润肤霜→必要时戴上软帽子或发套→洗手，必要时可涂规定的润肤霜

→必要时换穿洁净室内衣→穿洁净室专用套鞋或鞋套→洁净工作服拆封→按规定戴上穿洁净服时用的手套→戴口罩和头套→穿连体洁净工作服或罩衫→穿鞋套或洁净室专用洁净鞋→在镜前检查全套着装穿戴合适→穿洁净服时用的手套可脱下或仍戴在手上，然后戴工艺用手套→进入洁净室（区）。

③ 作业人员离开洁净室时，脱洁净工作服的方法应根据是一次性的还是反复使用的洁净服确定。除送去洁净服洗衣房洗涤者外，洁净工作服不得离开洁净室或受控环境。

④ 一般情况下，重新进入洁净室时均应更换洁净服；人员离开洁净室时应将一次性的软帽、手套、口罩和套鞋等放入废弃物专用容器内，将不是一次性使用的服装放入另一容器内，以便送去洗衣房洗涤。

⑤ 对于返回洁净室时要再次使用的服装，在脱衣时应使其表面的污染越少越好，并应将再次使用的服装保存良好，避免受到污染，通常可将每个单件的服装卷拢。图 3.2.3 所示的洁净室专用鞋（无尘鞋）应把上部塞入鞋中，并将拉链拉至脚踝，单独放在一个格子中；头罩和连体服或帽子和长服放入另一储柜格子中，必要时可将服装放入袋中，然后放入格子。也可以使用服装袋，将各种衣物放在格子的口袋中，但这些服装袋应按规定要求定期清洗。

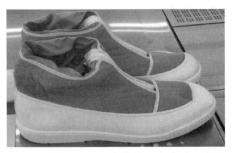

图 3.2.3　无尘鞋的正确放置

⑥ 无菌制药用洁净室的作业人员离开洁净室时，应将所有的衣物放至规定的专用容器内，再次进入洁净室时穿上一套新的洁净工作服。

作业人员进出洁净室管理的关键步骤是更衣室的进入/退出，正确地制定和准确执行更衣室进入/退出的规定是防止作业人员带入和产生污染物的重要措施。这里介绍一个电子工厂洁净厂房人员净化流程中更衣室的进入/退出程序规定。

更衣室进入程序：在更衣室外脱鞋入室，鞋应放至本人的鞋柜，并按规定整齐放置，关鞋柜门→更换为容易穿无尘服的便服，将工作服等衣服挂在大衣架上或自己的更衣柜内→取本人的无尘服后按规定以口罩、无尘帽、无尘服、无尘鞋等顺序进行穿戴，并不得在保管一般工作服的地方保管、穿戴无尘服等→穿戴完后应在镜子前确认穿戴状态符合规定→进入风淋室去除洁净服上和所带入物品上的尘粒等污染物，应在进入前洗去粘在胶皮手套等表面的尘粒，烘干后才能进入风淋室，应遵守风淋室定员和动作的规定→风淋后进入洁净室。

更衣室退出程序：作业人员通过洁净室出口进入更衣室→按 PVC 手套、无尘鞋、无尘服、无尘帽、口罩、防静电手套等的顺序脱洁净服，按顺序整理好无尘服，轻拿轻放，防止可能产生尘粒等污染物的行为，将无尘服拉链拉好，衣服领口统一向左，悬挂在指定的洁净衣柜内，无尘鞋放置在指定位置后，应关上鞋柜门；脱 PVC/防静电手套时应保持手套原有的正反面→进入放有工作服的房间后穿工作服，拿取室内鞋，把鞋柜门关上，出更衣室穿室内鞋。

根据洁净厂房内生产的产品不同、同一产品的生产工艺不同或同一产品的工序不同、洁净度等级要求不同等差异，设置在洁净厂房入口处的人员净化流程不同，更衣室的设置、布局也不同，人员进入更衣室的程序不同，但"原则相同"。

2.3.3　个人卫生

① 洁净室（区）的作业人员应具有良好的个人卫生习惯，经常洗澡保持人身的清洁。应控制头皮屑，常洗头发、保持清洁，不产生或少产生头屑；常洗手、剪指甲，男生应每天上班前刮胡须。

② 洁净室的作业人员一般不允许使用化妆品，不允许在洁净室内使用手表、佩戴首饰（项链、耳环、戒指等）；进入洁净室前 2h 不允许吸烟，防止释放大量的颗粒物、有害气体。

③ 洁净室人员到达并进行准备工作时，应报告、记录可能会增加洁净室污染物的相关问题，

如皮屑、皮炎、晒伤或严重的头皮屑等。感冒、发热、流感或慢性咳嗽，打喷嚏、瘙痒或抓挠等过敏症状或冻伤、湿疹、裂伤或其他疾病者，应视具体状况不得进入或经处理措施才能进入。

④ 药品生产用洁净室、生物安全实验室等要求控制微生物等污染物，除应遵守上述要求外，对于进入这类洁净室的人员根据生产工艺或使用要求应进行相应的人身及其穿戴和带入物品的净化措施。

⑤ 进入洁净室人员的个人卫生实际情况，若影响甚至严重影响洁净室内生产工艺的正常运行或产品质量时，经评估后，可能需让此类人员先在洁净室外工作，待符合规定要求后再进入洁净室。

2.4　专职管理人员及其职责

2.4.1　专职管理人员的设置

① 设有洁净室的单位均应建立专门机构或设专人负责洁净室的日常管理工作，这是保持洁净室正常运行和使洁净生产环境发挥在产品生产中达到预期效果的重要保证。

② 设立专职的工程技术人员负责与洁净室运行相关的包括净化空调系统、公用动力系统的运行、检测、维修的管理，并与洁净室相关的生产车间内设专职技术人员负责监测空气和各种工艺介质（高纯水、高纯气体、特种气体、化学品等）的技术参数和洁净度，确保洁净室内的产品生产环境具有良好的运行状态。

③ 洁净室的专职管理人员应具有洁净技术和污染控制方面较广泛的知识、认真负责的工作态度和责任心强。

④ 洁净室的专职管理人员应熟悉所管理洁净室的各项设施、系统和设备，善于处理和维护洁净室内的洁净度和安全稳定可靠的运营；应熟知洁净室内生产的产品生产过程和相关设施的使用要求，了解或确定产品对洁净度的要求，了解产品的性能以及相应的生产环境的洁净度和工艺介质的纯度要求等。

2.4.2　专职管理人员的主要职责

（1）洁净室的管理方面　洁净室的专职管理人员应熟知洁净室的特性并做如下的指导性工作。

① 熟知洁净室的构造、性能及所要求达到的洁净度等级。

② 懂得提高洁净室洁净度的方法。

③ 掌握洁净室的检测方法。

④ 洁净室发生事故时能够采取有效的对策。

⑤ 熟悉洁净室的维护、管理、清扫方法。

⑥ 熟知洁净室有关的安全设施和相关技术措施。

⑦ 能决定洁净室的启动、运行和停止。

（2）人员管理方面

① 对进入洁净室的人员进行经常性的监督。

② 严格控制进入洁净室的人员数量。

③ 对进入洁净室的人员要记录进入人数和进出时间。

④ 注意不让未经许可、不穿洁净工作服和剧烈活动后的人员进入洁净室。

（3）培训教育内容　洁净室的专职管理人员应对进入洁净室的作业人员进行如下内容的培训教育。

① 洁净室运行的一般知识。

② 洁净室设施构造和性能。

③ 洁净室内的作业内容。

④ 洁净室的维护和清扫。

⑤ 洁净室内物品和人员的流动路线。

⑥ 洁净室运输工具的管理。

⑦ 作业人员的个人卫生。

⑧ 洁净室的安全防护。

⑨ 洁净工作服的穿脱、步行的方法以及在室内的动作。

⑩ 入室材料净化和洁净室的检测等。

⑪ 尘埃粒子等污染物对产品的危害，产品质量、成品率与洁净度的关系。

⑫ 洁净室的尘源和控制方法。

⑬ 生产环境控制技术及其设备的操作。

⑭ 水、电、气体动力供应系统设备的操作。

（4）运行管理方面　洁净室的专职管理人员必须严格进行。

① 作业之前提前运行，使每个洁净室均达到规定的洁净度等级。

② 作业完毕后进行清扫，使洁净室恢复规定的洁净度等级后再停止运行，为了保护产品不被污染，也可以部分继续运行，保持室内正压。

③ 火灾、地震等异常、灾害发生时准确组织停止运行。

④ 监督值班人员填写洁净室运行情况。

⑤ 进、出洁净室物品的管理，运入洁净室的物品要控制到最低限度，必须按规定进行管理，并记录运入年、月、日、时，物品名称、数量和运送人员。

⑥ 洁净工作服的使用、洗涤、存放等的管理。

（5）对进入洁净室的作业人员的管理

① 凡进入洁净室的作业人员必须受过洁净技术基本知识的培训和教育，使其懂得洁净技术与生产的密切关系，充分认识洁净技术的重要性，从而能自觉地、严格地遵守洁净室的一切规章制度。

② 选择、确定进入洁净室的作业人员，并建立作业人员的记录、登记以及健康状况的管理。

③ 监督进入洁净室人员的个人卫生，建立相关的登记、记录等管理。

2.5　纪律和行为

洁净室内的作业人员应严格遵守所在企业制定的洁净室各项规章制度，规范在洁净室内的行为，以最小可能地产生对"生产的产品"或生产环境的污染，应认真执行洁净室的纪律和行为规范，洁净室的专职管理人员还应根据需要提出更严格的要求。

2.5.1　作业人员的行为规范

洁净室的作业人员的工作纪律、行为规范，是确保洁净室正常稳定运行、实现所规定/要求的洁净环境的洁净度级别等技术参数，实实在在做到各类"污染物"的不引入或少引入、不产生或少产生、不滞留或少滞留；为此，洁净室的运行管理应对作业人员的工作纪律、行为规范作出明确的规定。下列列举一些企业在洁净室管理规程中部分有关"纪律""行为规范"的规定。

（1）作业人员的工作纪律

① 禁止在无尘鞋柜/无尘衣柜内放置任何其他的物品。

② 进入洁净室必须刷个人卡，不得借用他人的卡。

③ 洁净室内禁止带入任何食物、饮料、香烟（包括电子烟）等。

④ 进入洁净生产区的人员均应穿着袜子。

⑤ 不准在洁净室（区）内涂抹化妆品、口红、指甲油和香水等。

⑥ 作业人员不得带手机、对讲机进洁净室（区），并应登记带入/带出的物品，记录在册。

⑦ 未经许可，不得带入相机、摄像机、U盘等。

⑧ 洁净室内不得使用涂改液、铅笔、橡皮擦、普通打印纸等易产生污染物的文具。

⑨ 不得在洁净服/洁净鞋上涂画等。

⑩ 洁净室（区）内的紧急冲身、洗眼器不得他用。

⑪ 洁净室内动火必须先申请，实施过程应在作业处张贴批准单等。

（2）作业人员的行为

① 洁净室内的门不能快开、快关，也不能开着不关。

② 设有缓冲间或气闸时，应先关闭缓冲间入口门，在设定的时间间隔内对缓冲间的空气进行清洁或灭菌，然后再打开通往下一区域的门。

③ 作业人员不应位于洁净送风与产品或工艺设备表面之间，避免向产品或工艺设备表面散发污染物。一般正确的位置顺序应该是：洁净送风先到裸露的产品，再到人员，然后到洁净区，最后到回风或排风口。

④ 洁净室内不得卷袖作业，见图3.2.4。

⑤ 不得在洁净室内打斗、奔跑和多人聚集高声说话等。

⑥ 禁止开启洁净室门进行交谈、对话，见图3.2.5。

 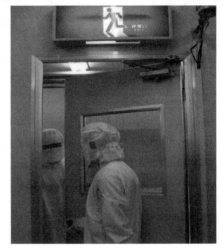

图3.2.4 洁净室内不准卷袖作业　　　　图3.2.5 禁止开启洁净室门对话

⑦ 洁净服不得接触地板，包括作业过程中；作业人员不得出现头发、口罩外露状况。

⑧ 洁净室内进行维修作业时，不得遮挡紧急按钮/消防器材/冲淋器/安全门等安全设施。

2.5.2 物品管理和搬运规定

（1）物品搬运　为保持洁净室内的洁净环境要求，确保搬运过程不引入、散发各类污染物，洁净室的物品搬入/搬运应做到以下几点。

① 物品搬入前应进行预清洁，并在物净室按规定进行清洁后方可送入洁净室（区）。未经清洁或达到清洁要求的物品，不得搬入洁净室。

② 在专用设备搬入口送入设备时，应对搬入设备进行全面清洁后方能进入。

③ 通常应由作业人员按规定进行物品搬运，特殊需要，应经核准搬运物品进入洁净室的人员

应穿着洁净工作服（包括规定的洁净鞋、帽等），并由洁净室管理人员提出相关洁净要求。

④ 送入洁净室的物品必须按规定的"物料入口"进入。

⑤ 不得使用被污染的搬运车/工具进行运送。

⑥ 搬运过程不得摇晃物品，并不应将物品重叠放置。

⑦ 被污染的气瓶搬运车不得进入洁净室（区），一般气瓶搬运车只能放置在专用的"设备室"内使用。

⑧ 洁净室内作业人员不得以两肋挟持箱（盒）运送，也不得单手臂抱着箱（盒）运送，防止振动或落地，引起污染，见图 3.2.6。

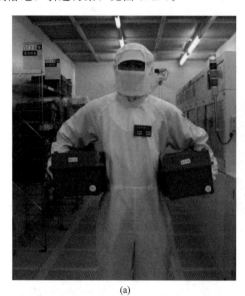 

(a)　　　　　　　　　　　　(b)

图 3.2.6　物品箱（盒）禁止两肋夹/单手运送

（2）物品管理

① 化学品瓶罐不得直接放在洁净室的地板上，一般应放置在专用存放柜或保管库内，并应按规定进行清洁、整理。

② 洁净室内的废弃化学品瓶应以收集容器分类进行管理，其分类应按酸性、碱性、易燃性、毒性等正确进行。

③ 洁净室内的物品存放箱（盒）不得叠放，并且在放有箱（盒）的作业台上不应放置过多物品，避免倾倒/跌落或杂物污染存放的物品，见图 3.2.7。

④ 作业人员不得随意乱放手套，禁止放在作业台上；退出洁净室时应将手套放进规定的专用容器内，收集后送去洗涤，不准与洁净服一起挂在更衣室。

⑤ 禁止使用非净化用纸作记录纸，应采用规定的记录用纸；作业人员应经常认真整理各记录纸表格，不得将其杂乱摆放，并应禁止存放使用过的记录纸、账本等，防止污染物产生。

⑥ 作业人员应及时捡起跌落在地板上的纸屑等杂物，不得视而不见。禁止在制品上方进行灯具更换等易引起污染的行为。

⑦ 洁净室内人员不得使用破损的记录或管理用"票夹"，避免尘粒等的产生；禁止使用普通胶带包装工具、备品等。

⑧ 作业人员使用的金属镊子不得放在洁净服中，不使用时应放在规定的地方；使用的真空镊子只用于吸拿制品或部件，禁止用手触摸吸头（真空镊子端口）。

⑨ 洁净室的生产工艺设备维护所用的物品、零部件、工具，即使是一只螺栓、螺母，保持完好、清洁、无污染也是十分重要的，必须按规定存放、保管，不得随意杂乱放置保管；生锈的工

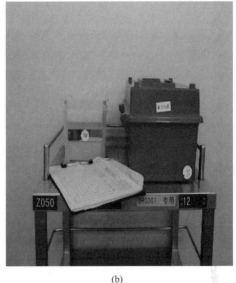

(a)   (b)

图 3.2.7 物品箱（盒）不叠放、不乱放杂物

具禁止使用。

⑩ 作业人员的洁净服破损，应及时更换，不得穿戴破损的洁净服。

⑪ 在洁净室内人员不得在制品邻近处大声交谈、说话，以免唾液发散、沾污制品。

⑫ 洁净室内的作业台、设备的盖罩等是防止污染物玷污的保护措施，应按规定正确放置；按规定做的保护层，不得随意剥离。

⑬ 应按规定使用洁净室专用抹布进行清洁，用完即丢弃进专用收集容器。

2.6 人员培训

2.6.1 培训要求

① 洁净室内各类人员的培训是确保其正常、稳定运行的基本条件，为此，洁净厂房内所有进入洁净室的人员均应经过培训。洁净室内的各类人员除了进行进入洁净室前的第一次培训外，还应定期进行再培训。接受培训的洁净室人员主要包括：洁净室内的作业人员、管理人员、技术人员和科研人员、维护人员、清洁人员以及来访人员等。

② 人员培训的主要内容包括：洁净室的基础知识，包括洁净室设计、气流和过渡技术等，污染控制方法和室内温度、湿度的控制；洁净室的空气洁净度等级划分标准；产品生产环境中的污染源，洁净室内作业人员的个人卫生，洁净室的清洁和定期清扫、消毒灭菌，洁净工作服的穿、脱规则和清洗、存放，洁净室内各类工作人员的行为规范，洁净厂房的安全设施和应急处置要求，洁净室的调式和检测以及涉及所在洁净室其他需培训的内容等。

2.6.2 培训内容

（1）在相关标准规范中对洁净室人员培训的要求

① 国家标准/国际标准《洁净室及相关受控环境 第 5 部分：运行》（GB/T 25915.5/ISO 14644-5）中规定，培训计划应该保证下列各类人员都受到教育和培训：a. 作业人员；b. 生产管理

人员；c.工艺技术人员和科研人员；d.质量管理和设施维修人员；e.监理人员和经理；f.洁净室公用动力设施人员；g.服务人员和清洁人员；h.来访人员；i.其他需要进入洁净室的人员。

对不同的人员应制定不同的培训方式、方法和内容。常年在洁净室工作的作业人员和生产管理人员是培训的重点对象，而且需要上岗培训和定期培训，经过考核，持证上岗和定期培训，根据产品生产需要和洁净室运行状况，补充完善培训内容。作业人员通过培训确实理解并身体力行地执行洁净室运行的各项规章制度，正确完成在洁净室内完成各项工作。对新招作业人员的培训与教育更应加强，除规定的内容外，还要利用老员工各种形象性的示范表演，加深新员工对各项规章制度和实际操作的理解。

② 国家标准/国际标准 GB/T 25915.5/ISO 14644-5 中洁净室培训课程可包括的内容有：洁净室工作原理（设计、气流、空气过滤）；洁净室标准；污染源；个人卫生；洁净室清洁；洁净服规程；维护规程；洁净室的检测与监测；洁净室内行为纪律的规程；洁净室内的工作流程和工艺技术；生产工艺被污染的过程；安全和应急规程。

（2）培训内容建议　洁净室的培训是洁净厂房投入运行后正常、稳定、安全可靠的前提条件，培训计划及教材、培训内容及过程均是十分繁杂且十分具体和细化的工作，下面介绍一些在不同产品生产用洁净厂房中不一定都采用的内容供参考。

① 对洁净室等级标准的培训建议包括：国家标准 GB 50073 关于洁净室的分级方法；国际标准 ISO 14644 关于洁净室的分级方法；对比原有标准（包括国家标准 GBJ 73-84、美国联邦标准 FS209 等）与现行标准的关联。

具体洁净厂房的各个洁净室要求达到的洁净度等级：不同洁净度级别洁净室的环境参数（温度、相对湿度、压力）要求和气流组织类型以及产品生产工艺所需洁净环境、工艺介质的要求等。

② 对污染源知识的培训建议包括：a.人员带入和人体释放的污染；b.物料带入的污染；c.工艺过程散发和产生的污染；d.维护结构和设备散发、滞留的污染物；e.由空调新风、循环风系统带入的污染物；f.洁净室材料、工器具、用品带入和运送过程可能产生的污染物等。

③ 洁净室工作原理的（设计、气流和空气过滤）培训建议包括：具体工程项目为什么要设置洁净室，洁净厂房的设计原则和主要内容；洁净室的设计、建造应包括气流组织、净化空调系统及其主要设备；洁净室建筑装饰以及各种高纯介质（高纯水、高纯气、高纯化学品等）的供应系统等。

具体工程项目的工艺流程、关键工序特点和洁净的要求、平面空间布局等与洁净室功能相关内容。

洁净室施工验收和洁净室性能检测等内容。

④ 个人卫生的培训建议主要有：应强调作为洁净室作业人员个人卫生与产品生产的关系；个人卫生是自身、他人健康的条件；洁净室作业人员应具有良好的卫生习惯，经常洗澡、刮须、定期理发、勤剪指甲等，还应遵守不使用化妆品、禁止吸烟等规定；应以实例形象地说明危害性、必要性和具体实现方法等的图示。

⑤ 对洁净室清洁的培训内容建议主要是：洁净室的设计建造目标是以综合的洁净技术措施，实现洁净室不引入或少引入污染物、不产生或少产生污染物、不滞留或少滞留污染物，但是洁净室的运行实践表明：从洁净室设计建造到运行管理的各个环节均严格地遵守标准规范规定，认真执行企业制定的管理规程等，在洁净室中还是不可避免地会存在污染物的引入、产生和滞留，虽然"量级"是"微少的"，但若日积月累会使洁净室内的产品成品率降低，甚至不能生产"合格产品"，因此洁净室的清洁工作（包括随机的、定期的清洁工作）至关重要。在作业人员培训中首先要讲明清洁的重要性，系统地讲解各种类型的清洁方式和随机的、定期的不同要求，并结合企业的特点以实际案例进行培训。

⑥ 对洁净服规程的培训内容建议：洁净服的穿、脱都应避免污染其内外表面，遵守规定的穿戴顺序，严格执行洁净服系统（包括无尘衣、无尘帽、鞋或鞋套、手套、口罩等）的存放管理，洁净服的更换、洗涤等的要求；培训过程应以文、图、实例多种形式演示，进行明确说明，特别

应强调洁净服系统在洁净室平稳、可靠和正确运行中的关键作用，也是作业人员在洁净室全过程的责任担当和警示。

⑦ 维护规程的培训内容建议：洁净室内各类设备维修、搬运的防污染措施以及程序，设备、材料、工具等进出洁净室的清洁、净化措施及程序，设备安装、维修程序，并与洁净室管理人员协同记录工作的全过程，包括诊断、更换的零件、日期、时间和防护措施等。

⑧ 洁净室内行为规范和纪律的培训内容建议：首先应结合企业产品特点说明洁净室的行为规范和纪律的重要性，详细图文演示企业的"洁净室行为规范和工作纪律"的规定，包括一旦违规后的惩罚规定；演示本企业洁净厂房内的安全标志和防护规定；演示本企业洁净室内物品管理和进出程序的规定，结合以上内容的案例分析等。

第3章 洁净工作服

3.1 功能与分类

3.1.1 洁净服的功能与特性

（1）洁净服的功能 人的皮肤掉屑因人而异，人与人之间因生理、分泌、生活条件、健康状况不同确实有很大的不同。在洁净室（区）内的人员活动状况不一样，散发的污染物也不同，活动越大散发的颗粒物越多；人员着装不同散发的污染物也是不一样的，一个人每分钟都会散发几百万个粒子和几百个带菌粒子。人体皮肤每天脱落大约 10^9 个皮肤细胞，皮肤细胞的尺寸为 $33\sim44\mu m$，以完整的皮肤细胞或细胞破损碎片的形态脱落。图 3.3.1 是电子显微镜拍摄的皮肤表面照片。图中的线是各个细胞的边缘轮廓，其上的液滴为汗滴。人体释放出的一些皮肤细胞会落到服装上并在洗衣时清洗除去，洗涤时也会洗掉一些皮肤细胞，但大量的皮肤细胞会散发到空气中。

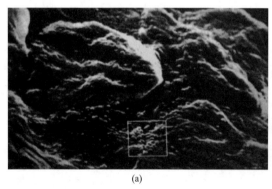
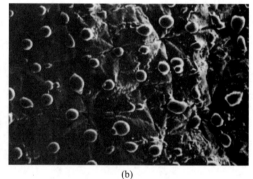

(a)　　　　　　　　　　　　　　　　(b)

图 3.3.1　皮肤表面的照片

　　洁净服的基本功能视同屏障过滤器，以减少人员对产品生产过程和产品质量的污染，所以应采用具有过滤作用的织物制作的洁净服；洁净服应覆盖人体，以避免人体散发的污染物未经过滤进入洁净室（区）；洁净服根据产品生产工艺的需要必要时应配置有效的洁净室内衣，可以更好地减少人体散发的污染物。人员在咳嗽、谈话和打喷嚏时均会释放大量惰性的和带微生物的粒子，根据洁净室的空气洁净度等级和产品生产工艺要求，为减少此类污染物的散发、传播，应佩戴相应的口罩、头罩和手套。

　　（2）洁净服的特性 洁净服应适用于多个领域、多种行业的各种类型洁净室，为此它应该具有多种性能或特性以满足各行各业的需求。通常洁净服应具有如下特性。

① 屏障特性。洁净服面料应能阻止人体污染物向外散发，可以通过测定织物的透气率、粒子的滞留率来评定面料的性能，人体散发的污染物不能透过洁净服向外扩散，所以面料应具有过滤性能；洁净服本身也不得产生污染物，通常应采用聚酯、聚酰胺等长丝纤维制作，不易引起纤维屑脱落，穿用长时间也不会发生纤维断裂等现象。

② 耐用性与舒适性。穿着洁净室服装时应舒适、活动方便、不闷热，所以在面料选择、设计、剪裁方面应尽量使服装穿着舒适，同时要有多种尺寸的服装供选择。洁净服设计时应考虑服装的领口、袖口和裤脚及腰部等需要扎紧的部位，既要气密性好，同时还要兼顾舒服程度。

洁净服装的热舒适程度可以用舒适指数来衡量，例如水蒸气穿透率、热值等，虽然这些指数说明了服装的舒适性，但简单易行的还是以不同织物制作的合适的洁净服在洁净室中试穿，穿着洁净服人员反馈的意见是有益的信息，由管理层来选择洁净服品种。

在标准 GB/T 25915.5/ISO 14644-5 中提出根据环境参数确定对洁净服的舒适要求，建议采用通过测定洁净室工作人员所穿内衣的"衣着系数"和在洁净室内的"新陈代谢率"为标志的体能活动，再根据洁净室内的空气温度、气流速度、紊流强度、平均辐射温度和湿度等，判定所选洁净服装在洁净室工作环境中的舒适程度。

洁净服通常都是多次重复使用，根据洁净度要求不同、产品生产工艺不同，洁净服的洗涤时间要求各异，但一般至少每周洗涤一次，要求严格者甚至每天洗涤一次。从洁净服的使用质量和经济性考量，通常洗涤 50 次以上应更换。

③ 防静电特性。在有些洁净室，如以半导体工艺为代表的微电子洁净厂房，在服装积聚的静电荷会危及生产过程的部品或危害作业人员。人在洁净室中活动时，其洁净服与座椅、工作台以及里面穿着的服装和皮肤产生摩擦，会在服装上产生静电。在某些可能有易燃易爆物质的洁净室，静电有可能成为引发爆炸火灾的风险因素。通常用的聚酯或聚酰胺的长丝等都是不良导体，为此洁净服面料应采取防静电加工，如对合成纤维进行防静电树脂处理，在聚合物纤维内添加防静电剂以及嵌织导电纤维等。面料及其制成的洁净服可通过检测表面电阻率等方法测定其静电耗散性能等，通常宜采用如下的测试方法：测量电阻率或电导率、测量电压的衰减、测量人员穿着洁净服活动时产生的电压等。

④ 其他特性。洁净服及其面料除应具有上述特性外，由于洁净室内各类产品的生产工艺需要以及洁净室与洁净服在清洁和消毒过程会使用各种化学品，洁净服的功能也会因为磨损、老化、洗涤、干燥、消毒等必须经历的使用过程而降低。为此，洁净服及其面料应具有耐腐蚀性，根据需要可依据生产工艺等的要求选择具有耐受相关化学品腐蚀的性能；洁净服表面还应具有不容易附着污染物的能力；要求洁净服及其面料在洗涤、高温消毒后，不起皱、不需熨烫、不能变形等。

3.1.2　洁净服的类型

洁净室用洁净服是各类人员进洁净室着装的统称。依据不同洁净度等级、产品生产工艺的要求，洁净服可包括洁净帽（无尘帽）、无纺布帽、洁净服（无尘服）、洁净鞋（无尘鞋）、口罩、手套等。洁净服可分为两大类，即一次性或仅使用几次和反复使用者。一次性或数次使用的洁净服一般采用无纺布制造，使用一次或数次后丢弃；反复使用的洁净服通常采用致密的合成纤维织物制作，如聚酯或聚酰胺等不起毛的长丝材料。由于天然棉纤维制成的织物容易破损并散发污染物，不推荐用于制作洁净服。实际使用中，以合成纤维织物制作的洁净服可以是反复使用的，也可以是一次性使用。对于洁净室中要求严格的关键场所，可能应采用薄膜屏障技术。

各类洁净室使用的洁净服类型应根据洁净度等级和产品生产工艺要求确定，对于要求严格的洁净室一般采用一件式拉链式连体服、高腰套靴和带有套边或裙边并可塞在衣服立领下的头罩，对于要求较低的洁净室可以使用帽子、拉链式长服及套鞋。对洁净服的技术要求越高，人的受限程度或不舒服感越强烈，所以只要洁净度和产品生产工艺要求许可，就可使用人体覆盖率较低的洁净工作服；某些隔离装置，如微环境或隔离器等已经自带净化空气系统，此时洁净服可适当简化。

洁净工作服的分类还可以按材料、编织方法的不同进行，按材料划分有涤纶、绵纶、聚酯等制成的洁净服；按编织方法划分有平纹和斜纹；按服装式样划分有分体式（上衣、裤子分开）、全套式（连体、连身裤）和大褂式；按用途划分有无尘、无菌、防静电。

（1）洁净服类型

① 洁净服的形式分类，按制作材料划分，有涤纶、聚酯、绵纶、棉布制成的洁净工作服；按衣料纺织方法分，有平纹、斜纹；按服装样式分，有分体式、连体式。分体式分别有上衣、裤子、帽子、鞋套，连体式是上衣、裤子连在一起，鞋、帽的形式与分体相同，见图 3.3.2。按用途分，可有无尘和无菌两类。

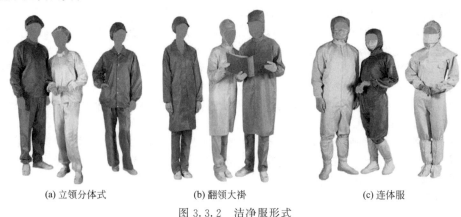

(a) 立领分体式　　　　　　(b) 翻领大褂　　　　　　(c) 连体服

图 3.3.2　洁净服形式

② 洁净帽分为无纺布帽、防静电披肩帽、小工作帽、蝴蝶帽等，见图 3.3.3。

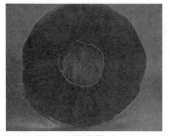 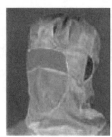 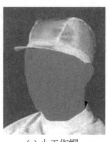 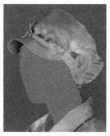

(a) 无纺布帽　　　　(b) 防静电披肩帽　　　　(c) 小工作帽　　　　(d) 蝴蝶帽

图 3.3.3　洁净帽形式

③ 洁净鞋的形式分 PVC 长筒硬底鞋、防静电软底鞋、PVC 防静电实面鞋、PVC 防静电四眼鞋、PVC 防静电网孔鞋、PVC 帆布四眼鞋等，见图 3.3.4。

④ 口罩是用来阻断嘴、鼻、脸散发的体液和污染物，口罩和面帘是洁净室内常用的被动屏障物。口罩的形式有系带式、松紧带式或活套，见图 3.3.5；面帘有头箍或搭扣，或在制作时直接缝制在洁净头罩上。

⑤ 多数洁净室均要求使用洁净室专用手套，作业人员佩戴手套就能覆盖人体最接近产品或生产工艺敏感表面的"部位"。其正确使用应符合不同类型洁净室的具体要求，并通过必要的检测确定手套样式及其特性。不同类型的洁净室考量手套的特性是：表面污染、释放气体、舒适性、触感、强度、灭菌、松紧以及包覆方法等。洁净室专用手套通常有图 3.3.6 所示的几种类型。

⑥ 眼镜与头盔。安全镜与护目镜为作业人员增加了一道屏障，有助于避免皮肤屑、眉毛、睫毛等掉落在产品生产过程的关键表面上；对于生物洁净室，则可防止有毒有害的传染性病毒侵入眼睛黏膜造成危害。排风头盔与头罩都具有屏障作用，能阻断嘴、鼻、脸散发的污物、唾液与产品的接触。头盔能以主动屏障方式隔离嘴、鼻和头所散发的污染，带兜帽和透明屏障的头盔带有

过滤的排风系统，既可把头发封闭起来，又可防止污染物扩散到洁净室。但排风头盔也带来操作上的诸多不便，只有某些关键工序必须采用这种方式给予保障时才予以选用。

(a) PVC长筒硬底鞋

(b) 防静电软底鞋

(c) PVC防静电实面鞋

(d) PVC防静电四眼鞋

(e) PVC防静电网孔鞋

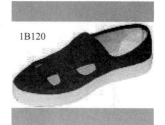
(f) PVC帆布四眼鞋

图 3.3.4　洁净鞋形式

(a) 系带式

(b) 松紧带式

图 3.3.5　洁净口罩形式

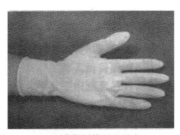
(a) 尼龙铜纤维导电手套

(b) 防静电乳胶手套

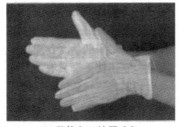
(c) 防静电PU涂层手套

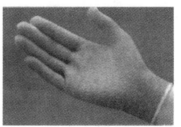
(d) 防静电PU涂掌手套

图 3.3.6　几种类型手套的图示

图 3.3.7 动力排风式头盔

⑦ 动力排风式头盔还可以清除从服装领口排出的污染物；从头盔和面罩所排出的气体经过排风过滤系统排出，所以，污染物不会泄漏进入房间内。图 3.3.7 是一种动力排风式头盔，但需要与排风过滤系统连接。

（2）洁净服类型的选择 应根据洁净室内的产品生产工艺要求和空气洁净度等级进行准确的确定。首先应充分考虑不同类型的洁净服性能、特性，包括屏障过滤性、防静电性、透气和舒适性、耐磨耐清洗性等；其次洁净室所用的洁净服实际上是包括衣服、帽子、鞋、手套、头罩等的服装系统，实际应用表明，洁净室的洁净服形式选择还与制作的面料和设计缝制有关，根据洁净室的运行实践，不同的产品生产工艺、不同的洁净度等级应选用不一样的洁净服。表 3.3.1 为国内各种洁净服的应用状况。

表 3.3.1 国内各种洁净服的应用状况

洁净度级别	衣服裤子	帽子	手套	鞋	鞋套	袜子	口罩
5级（100级）及以上	全套型	披肩帽	按工艺要求	√	√	√	√
6级（1000级）	全套型	披肩帽	按工艺要求	√	√	√	√
7级（10000级）	分装型	工作帽	按工艺要求	√	—	√	—
8级（100000级）	大褂	工作帽	按工艺要求	√	—	√	—

不同洁净度等级的洁净室中使用的洁净服种类各有不同，美国环境科学与技术学会（IEST）在其推荐准则（R-CC003.3）中，建议在不同等级的洁净室内需穿着不同种类的洁净服。表 3.3.2 是对不同等级的洁净室服装配置的建议。

表 3.3.2 各种空气洁净度等级的服装配置

服装类型	ISO 14644-1 的空气洁净度等级							
	ISO 8	ISO 7	ISO 6	ISO 5	ISO 5 无菌室	ISO 4	ISO 3	ISO 1 和 ISO 2
内衣	必须	必须	必须	推荐	必须	推荐	推荐	推荐
发套（蓬帽）	推荐	推荐	推荐	推荐	推荐	推荐	推荐	必须
编织手套	必须	必须	必须	必须	不推荐	不推荐	不推荐	不推荐
隔离手套 面罩	必须 必须	必须 必须	必须 必须	必须 推荐	推荐 推荐	推荐 推荐	推荐 推荐	推荐 必须
头套	必须	必须	必须	必须	必须	必须	必须	必须
头部护具	必须	必须	必须	必须	必须	必须	必须	推荐
大褂	推荐	推荐	推荐	不推荐	不推荐	不推荐	不推荐	不推荐
连体服	必须	必须	推荐	推荐	推荐	推荐	推荐	推荐
分体衣	必须	必须	推荐	不推荐	不推荐	不推荐	不推荐	不推荐
鞋套	推荐	推荐	推荐	推荐	不推荐	不推荐	不推荐	不推荐
护靴	必须	必须	推荐	推荐	推荐	推荐	推荐	推荐
专用鞋	必须	必须	必须	必须	必须	必须	必须	必须
建议更换频率	2次/周	2次/周	3次/周	1次/天	每次进入	每次进入	每次进入	每次进入

注：有些地区需要考虑到季节的影响。应指出，表中的建议源于工作组的经验，具体更换频率应按具体情况分析确定。

表 3.3.3 是对无菌洁净室服装配置的建议。我国《药品生产质量管理规范（2010 年修订）》的附录 1 无菌药品中对药品生产洁净室的服装按 GMP 中规定的 A、B、C、D 等级提出了配置要求，简述如下。

D 级，要盖住头发及胡须，需穿着合适的工作服、适当的鞋子或套鞋。

C 级，要盖住头发及胡须，穿着手腕处可收紧的连体式或衣裤分开的两件套洁净工作服，腰部应束紧，穿着适当的鞋或套鞋，并不得有纤维或粒子脱落。

A 级与 B 级，应穿戴头罩，并将头鬓和胡须等完全遮盖，头罩应塞进洁净服的领口内。要戴上口罩防止散发飞沫。穿戴无粉尘灭菌的橡胶手套或塑料手套以及经灭菌或消毒的鞋套，裤腿应放在鞋内，洁净服的袖口要放在手套内。洁净工作服应是经灭菌的连体洁净服，不得有粒子或纤维脱落，并能滞留人体脱落的粒子。

表 3.3.3　无菌洁净室洁净服的配置

服装类型	ISO 7 级（10000 级）	ISO 6 级、ISO 5 级（1000 级和 100 级）	ISO 4 级 ISO 3 级（10 级和 1 级）
长服	NR	NR	NR
两件套	NR	NR	NR
连体服	R	R	R
鞋套	NR	NR	NR
靴子	R	R	R
专用鞋	AS	AS	AS
发罩	R	R	R
头罩	AS	R	R
面罩	R**	R**	R**
通信头盔	AS	AS	AS
纺织手套	NR	NR	NR
屏障手套	R	R	R
内服	AS	AS	R

注：R 表示推荐；NR 表示不推荐；AS 表示根据具体情况；R** 表示建议使用外科口罩。

3.2　洁净服的材料

3.2.1　材料选择要求

对服装的选择取决于洁净室中的产品及生产工艺。标准较低的洁净室中可以穿着拉链式长服、戴帽子及穿套鞋。一般洁净室适合使用分体式洁净服，既有较好的屏障效果，又便于穿着与清洗。在较高标准的洁净室中，一般使用拉链式连体服、齐膝高的长靴及一个套入服装领口的头罩。

选择洁净服时，其面料是十分重要的考核内容。洁净服的面料应不易起毛及破损，且其过滤皮肤和内衣所产生的污染物能力，是尤为重要的特性，通过检测面料微孔的孔径、空气透过率及粒子滞留情况可以分析其效能。洁净服多数是用合成纺织面料制作的，最常用的是聚酯纤维，也有用直径更小的细纤维纺织成的更为密实的面料；合理分析各种面料的特性，才能达到穿戴后散发尘、菌量很少，同时穿着较舒适，又不会因身体各处被箍得过紧而妨碍动作，影响工作效率。对于一次性的或穿用次数不多的洁净服可以使用高密度无纺合成面料，洁净室的参观者和建造洁净室的作业工人常常穿着这种服装。

洁净室及相关受控环境的标准规范提供了有关洁净服面料选择的基本要求，比如制作洁净工作服的材料应选用不易透过污染物的面料，并且在穿着、作业、洗涤以及其他处理后应很少起尘或不起尘，不起毛、不掉毛；洁净服在摩擦时应不产生静电等。选择洁净服面料的基本要求主要如下。

① 不发尘，应采用不易引起纤维脱落，穿用较长时间也无断丝现象的纤维。

② 屏障过滤性能好，人体的发尘不应通过面料向外扩散，不透过皮屑、头皮等。

③ 具有防静电性能的不良导体材料。

④ 穿着舒适、活动方便、不闷热的材料。

⑤ 耐久性较好，因需经常洗涤、重复使用，应具有反复洗涤的耐久性。

⑥ 不易黏附尘粒。

⑦ 具有耐腐蚀性，避免化学品溅落伤害，确保人身安全。

⑧ 操作简便、穿着柔软合身，清洗后不起皱和不需烫熨。

⑨ 不透明等。

能够满足制作洁净服面料性能要求的材料有合成纤维尼龙和聚酯长纤维等。由于聚酯具有耐热性、尺寸稳定性、耐老化（变黄）、洗涤耐久性及纤维加工等方面的优点，近年来较多采用聚酯类材料，但是聚酯类材料易产生静电，所以如何提高防静电性能便成为业内十分关注的问题。抗静电面料加工方法主要有：掺入法，在纺织过程中加入防静电材料；后加工法，对织成的衣料进行防静电处理；嵌织导电纤维，使导电纤维之间产生电晕放电消除静电。导电纤维主要是导电介质复合的纤维长丝，导电介质有炭黑、金属氧化物。

表 3.3.4 是某企业为洁净服生产厂家生产的防静电洁净服面料的技术参数，可供参考。

表 3.3.4　防静电洁净服面料的技术参数

面料名称	成分	原料规格	重量 /(g/m²)	导电丝间距 /mm	电荷面密度 /(μC/m²)	染整要点	适用级别和场合
0.5 条无尘绸	导电丝＋涤纶长丝	100D	190	5	<5	1. 经高温高压定型，制成的服装不易变形 2. 经抗菌整理，服装面料具有抑菌性能 3. 染料不含偶氮，对人体皮肤具有安全性	1000 级洁净车间
0.5 格无尘绸	导电丝＋涤纶长丝	100D	190	5×5	<4		100 级洁净车间
薄 TC 防电布	导电丝＋涤棉纱	T/JC 32ˢ	158	10	<6	1. 经高温高压定型，制成的服装不易变形 2. 染料不含偶氮，对人体皮肤具有安全性	10000～100000 级薄型工装
厚 TC 防静电布	导电丝＋涤棉线	T/JC 32ˢ/2	254	15	<6		10000～100000 级厚型工装

3.2.2　洁净服面料的类型和性能

（1）洁净服面料的类型　洁净室中穿戴的服装及其配置的用品、面料多种多样，选用时主要考量对污染物的控制以及舒适性、耐久性、安全性和成本等因素。洁净服与配套用品的面料（布料）、缝合线以及其他原材料也可能会影响整体洁净服的性能。布料主要可分为梭织布、针织布和无纺布三种类型。在 IEST-RP-CC003.3 中对洁净服布料做出了详细的要求，参考这些要求在下面进行了一些表述，以供参考。

① 梭织布，是在织布机上由相互垂直的绦线交叉编织而成。一经纱长丝线沿布料长度方向，另一纬纱短丝线沿布料长度的垂直方向，进行织布。洁净服应用的梭织布织造的丝线主要是采用连续高支涤纶纤维，纱线的支数、粗细、形状和紧密度差异将决定布料的不同性能。丝线的选择、线密度和设计的编织图案是决定布料的厚度、重量、弹性和下垂性、手感、舒适性、强度和耐久性、过滤性能和隔离性等多种性能的关键因素。

梭织布可用于制作不同洁净度等级的洁净服，包括衣服、头部遮盖件、鞋以及某些面罩等。梭织布可分为平纹布、斜纹布、轧光布和复合布。平纹布是一普通的编织图案，浮线以 1×1 的方式与相邻的线一上一下交叉编织，这种布料是梭织布中紧密、轻且薄的面料。斜纹布是经线与相邻的 2 根或多于 2 根的纬线上下交叉编织，表面呈斜纹图案，若用较长的浮线会增加布料的柔韧性，手感更软，但会使布料增厚、渗透性增加；人字形织物也是斜纹布料的一种；斜纹布通常应用于要求不高的环境。轧光布是梭织布在高温高压下通过轧光处理使其更软、更平，并减少丝线间的空隙，从而减少了孔径，可提高过滤效率、降低渗透性。复合布是将梭织布与薄膜或多孔膜复合，以降低渗透性并减少纤维和粉尘的脱落。通常轧光布、复合布应用于洁净度要求严格的环境。

为满足洁净服在各种不同环境要求的洁净室中的应用，梭织布中可加入导电或静电耗散型的单纤维或嵌入特定的丝线或添加化学涂层等进行不同形式的特殊处理，以提高防静电性能、提高防水保护性能、改善去污能力和控制微生物生长等。

② 针织布，是在针织机上制作，丝线间环环互锁，互锁的丝线圈分为沿布料长度方向上排列的经圈和垂直布料长度方向上排列的纬圈。针织布可分为经编、纬编和复合三种类型。经编针织布是沿布料长度方向每针穿越一根或多根纱线；纬编针织布是沿布料宽度方向打结；复合针织布是将合成薄膜或多孔膜复合到布料的一面，使之具有隔离作用。

针织布的特点是伸展性好、弹性较大、重量轻，并可做得致密挺括。鉴于针织布的特性很难做成具有遮盖身体的稳定过滤性能的服装及其配套用品，所以这种布料不推荐在洁净室应用。

③ 无纺布，是采用多种工艺方法生产的化纤或丝线直接制造的。无纺布从疏松到致密，形态多样，可以单独使用，也可以在复合材料中作无孔或微孔薄膜的衬底。

以聚烯烃类的聚乙烯、聚丙烯和聚酯为原料采用不同的工艺方法获得的不同类型的无纺布。纺黏无纺布由聚丙烯制造，结构较稀松，不具有良好的隔离性能，即没有较高的过滤效果和防水性，一般只用于制作蓬帽和鞋套；在电子、生物制药等洁净室中较少采用，而在医疗器械或洁净要求较低的环境，可满足需要。闪纺无纺布由高密度的聚乙烯长纤维制造，闪纺工艺制得的无纺布具有隔离性和防水溅性能，可用于连体服和围裙，也是一次性工作服的常用布料。

熔喷无纺布是以超细聚丙烯长纤维制成，具有较好的过滤性能和抗渗透性，是制作各种面罩的原料，但因熔喷无纺布强度较差，不宜单独制作服装。纺黏＋熔喷＋纺黏无纺布是由聚丙烯长丝纤维制成的复合结构，具有良好的隔离性能和舒适性，可制作连体服和围裙等，主要用于隔离性能要求高的场所。薄膜复合无纺布是以纺黏料层与无孔薄膜复合制造的，对尘粒、血污、化学品具有隔离性能，但是透气性、透湿性差；微孔膜复合无纺布是以纺黏布与微孔膜复合而成的，可以隔离血污、防水溅，是医疗外科等场所使用的较好布料。

对多种无纺布进行防静电处理、不同的灭菌手段等特殊处理，根据其各自的特性可用于不同的应用场所。

(2) 面料的主要性能

① 面料的屏障（过滤）性能。制作洁净服的织物（面料）应能防止人体的污染物向洁净室内散发，应具有过滤作用，它的过滤或屏障效果与织物的致密性有关。图 3.3.8（a）是单长丝聚酯纤维制作的孔径约为 $50\mu m$ 的密织面料，图 3.3.8（b）是以单丝直径较大且编织较为松散的孔径为 $80 \sim 100\mu m$ 的面料。显然这两种面料的透气性能、滞留粒子的能力等都有较大的差异。据文献资料介绍，对穿着上述密织面料、编织松散的面料制作的洁净服和只穿着内衣裤，穿内衣裤加衬衣、裤子、袜子、靴子以及穿着聚酯中间为高太克斯（Gore Tex）材料夹层的洁净服进行测试，其不同服装的粒子散发量和细菌散发量分别见表 3.3.5 和表 3.3.6。

(a) 洁净服面料的一般构造　　　(b) 质量不佳的洁净服面料

图 3.3.8　洁净服的面料构造

表 3.3.5　不同服装的粒子散发量　　　　　　　　　　　　　　　　单位：个/min

粒子	内衣裤	内衣裤＋衬衣、裤子	松面料	密织面料	高太克斯	高太克斯带松紧口
≥0.5μm	$4.5×10^6$		$8.5×10^5$	$5.0×10^5$	$8.2×10^5$	$3.5×10^4$
≥5μm	$1.2×10^4$		3550	3810	2260	74

表 3.3.6　不同服装的细菌散发量

服装类型	内衣裤	内衣裤＋衬衣、裤子	松面料	密织面料	高太克斯	高太克斯带松紧口
细菌散发量/(pc/min)	1108	487	103	11	27	0.6

　　由表 3.3.5 的数据可见，洁净服装对≥0.5μm 的颗粒物只有一定的过滤屏障作用，但对≥5μm 的大粒子过滤作用十分明显；不同的洁净服对细菌都有较好的过滤效果，密织面料、带松紧口的洁净服其屏障过滤细菌效果更为明显。

　　② 防静电性能。在微电子产品生产用洁净厂房和有易燃易爆气体、化学品的洁净室相关房间内，若在服装表面有积聚的静电可能危及生产过程的产品、部件或危害作业人员的安全、健康，甚至引发着火事故。据了解，美国工业生产中发生的火灾事故中有 8.8% 是由静电造成的；日本在 1971~1980 年的 10 年中，因静电引起的火灾高达 1094 起，其中因人体和工作服积聚的静电引起的火灾有 13 起。纤维织品带电的危害见表 3.3.7。表 3.3.8~表 3.3.10 是各种衣料、洁净工作服和人体、穿鞋袜的人体等的带电电位。

表 3.3.7　纤维织品带电的危害

工作服情况	使用场所	主要危险	危害原因
一般衣料		粘连、穿着不舒适	静电放电
工作服	化学工业	着火、爆炸	放电
洁净工作服	电子工业	使 IC、LSI 损失	放电
洁净工作服	精密工业	附着尘埃	放电
地板覆盖材料	一般设施	电击	放电
地板覆盖材料	电算机房	误动作	放电

表 3.3.8　各种衣料的带电电位　　　　　　　　　　　　　　　　单位：kV

衣料名称	摩擦布料			
	羊毛	棉布	聚丙烯腈纶	聚氯乙烯
聚酯	−48	−61	＋49	＋49
聚酯/人造丝(65~35)	−30	＋34	＋61	＋54
聚乙烯醇	−26	＋9	＋66	＋70
棉布	−22	＋2	＋50	＋50
聚酯/人造丝(65/35) 每隔 5cm 织入 1 导电丝	−6	−5	＋6	＋4
聚酯/人造丝(65/35) 每隔 1cm 织入 1 导电丝	−3	−3	＋3	＋6

　　注：测定时温度 22℃，相对湿度 30%。

表 3.3.9 洁净工作服和人体的带电电位　　　　　　　　　单位：kV

工作服种类	带电动作	工作服带电	人体带电
聚酯/人造丝(65/35)	胳膊转动	+57	−23
	摩擦内衣	+55	−24
聚酯/人造丝(65/35) 每隔5cm织入1导电丝	胳膊转动	+3	−2
	摩擦内衣	+4	−2

注：1.测定前人体与地板绝缘，摩擦后工作服和内衣应立即脱下测定。内衣布料为聚氯乙烯。
　　2.测定时温度22℃，相对湿度30%。

表 3.3.10 穿鞋袜的人体带电电位　　　　　　　　　单位：kV

鞋的种类	赤脚	厚尼龙	薄尼龙	导电袜
橡皮底运动鞋	20.0	19.0	21.0	21.0
皮鞋(新的)	5.0	8.5	7.0	6.0
去静电鞋($10^7\Omega$)	4.0	5.5	5.0	6.0
去静电鞋($10^8\Omega$)	2.0	4.0	4.0	3.5

　　防止洁净工作服带电的措施有两种，一是在衣料中加入带电序列剂，使衣料在穿着后产生的静电经常地与带电序列剂产生的静电中和，从而使工作服带电量不会增大；二是将静电耗散线织入衣料中，释放织物表面的感应电势。对于防静电洁净服织物性能的测试，据有关资料介绍可通过面料的表面电阻率和穿着洁净服后产生的电压以及测量电压的衰减时间进行评价，表面电阻率越低，静电越容易消除；首先在衣料上产生一个电压，然后测量该电压降至原始值的1/2或1/10所需要的时间，该时间可小于0.1s或大于10s不等，时间越短，衣料的防静电性能越好。表3.3.11是英国某纺织技术公司对穿着两种不同织物所产生静电的测量数据，两种织物面料相同，只是其中一种夹了防静电导线。同一人分别穿着不同衣料的服装从椅子上站起来，然后测量人体的电压，当被测者及椅子与地绝缘时，无导线服装的人体最高电压为3120V，带导线服装则为2500V；但若将椅子接地，被测者穿导电鞋后，其人体电压相差较大。由此说明了将服装设有导电线、椅子接地、穿导电鞋对导除静电的作用。

表 3.3.11 服装带与不带导电线时的人体电压

项目	电阻率/Ω	绝缘皮椅时人体电压/V	皮椅接地、穿导电鞋时人体电压/V
带导电线	10^6	2500	160
不带导电线	10^{13}	3120	760

3.3　洁净服的设计制作

3.3.1 洁净服的设计

　　最有效的洁净服是将人体完全裹起来的服装，使用的面料应具有优良的过滤特性，其腕部、脖子、脚踝处密封良好，但这是最不舒服的。各类洁净室应根据产品生产要求和洁净度等级选择合适的洁净服类型，洁净服应有多种类型、尺寸供选用，以确保人员穿着舒适。为了减少污染物的滞留，洁净服的设计应简单，尽量减少接缝，洁净工作服不应设有口袋、褶、开衩、搭扣带、背褶等；松紧或针织袖口不得吸附或脱落污染物，不应产生静电积聚，洁净工作服紧口处应做到密闭性好，且有舒适感。

洁净服及其配套用品的作用是阻断穿戴者散发的污染物，以满足产品生产工艺的要求；洁净服与各配套用品——头套、面罩、手套、靴子等之间的连接处应封闭良好，做到消除或减少在连接处可能发生的污染物"泄放"；洁净服还应具有散发人体产生的"湿气"功能，为作业人员提供可以接受的舒适需要。为此，洁净服的形式（类型）、面料、结构及其缝合和配套用品的合理配置等，都是洁净服设计的基本要求。

洁净服装的设计及其构造的选择应满足人员健康、防止污染、性能和安全生产的要求；服装的连接缝作用是连接布料或将其各个配套件结合为整体，连接缝形式的合理选择，对洁净服防止服装内外因"自由流通"引发污染物泄漏具有重要作用，推荐采用包边缝和叠缝；服装附件包括口袋、衬里、拉链以及原材料、辅料的选择，均应符合使用企业或具体洁净室的洁净和灭菌消毒要求；服装设计时应该关注所谓的"积灰区"，积灰区是指在服装上的某些可能滞留污染物或碎屑的"构造"或附件，如口袋、腰带、衣褶、挂环、翻领、折起的袖口、不必要的接缝、标志等，建议应避免、减少这些物件、"构造"。

洁净工作服系统的双拉链前罩、肩部拉链罩、针织弹性袖口、腰部松紧带、蓬顶头套、连衣面罩、靴子的前后拉链等附件，应正确进行拉链材料、形式和合适位置的选择；按扣调节器及束腰的位置选择，并应有良好的使用效果；袖的构造——装袖或插袖，袖口的形式——松紧口、针织口或按扣式选择，均需确保密闭性良好；衣领的形式选择；洁净服套穿各式鞋靴的方便与否；选择合适的头套形式——外露或盖住脸、按扣或套式，头套的被动或主动调节以及合适度；靴子上拴带的形式和位置的确定等。

3.3.2 洁净服的制作

（1）洁净服的缝制　洁净工作服的制作应以尽可能地避免或减少对洁净室散发污染物为基本要求。为满足洁净服的性能，洁净服的设计与缝制应轻便、舒适、易于解脱，接缝处易发尘，应尽可能减少接缝；洁净服的制作应式样简洁、接缝宜少和合理选择接缝及其缝合线，通常缝合线采用化纤长丝多支丝线；接缝进行缝合前，应对布料边进行整理，以消除脱线、磨边或开缝的可能性；每片布料的原边均应进行锁边或圆烫封边，对无纺布宜用热熔封边等。封边还用于腕口、裤脚、大褶底边和头套底边等处的褶边。洁净服的缝制应该关注下述方法。

① 为防止因磨损脱落、散发尘粒，洁净服的接缝应尽量少，并不得有纤维露头、起毛，所有裁边均应包边或锁边或热烫或激光剪裁。

② 为使污染物降至最少，保持洁净服的良好过滤作用，洁净服的接缝应双针缝合、黏合或用带子包缝。

③ 洁净服的拉链、夹件和紧固件、鞋底都不应破损、断裂或被腐蚀，并应经受多次洗涤，必要时耐受多次消毒。

④ 洁净服应采用带松紧带的领口、袖口、裤腰、裤口、套鞋筒上口，以防止内衣上的毛灰尘会散发至洁净室内，且人员穿脱方便。

⑤ 洁净工作服的拉链不应采用金属制作，纽扣应少，宜采用尼龙拉链，防止洗涤后容易积尘；在领口、袖口、裤口、门襟不宜采用尼龙搭扣。

（2）服装配套件的制作　洁净服的配套件应适应使用时的清洁和灭菌消毒要求，缝制方法应能清除或减少使用中的污染物滞留、聚集和释放。

服装的带子应以涤纶长丝制作，宽度应合适，并应做到平滑，带头应进行热封处理；松紧带以乳胶或相似材料进行编织构成，经轧光处理，宽度方便使用；门襟衬或内衬采用涤纶粗纤维布料剪裁制作，可用于拉链内衬等；拉链是以涤纶布条、无涂层的拉环和端口构成，无电镀的齿，肩部应按实际使用需要确定是否闭合，防静电连体服应使用塑料拉链；夹子和搭扣可采用不锈钢或塑料构成的子母结构；长靴搭扣应采用聚合材料制作的子母扣。

袖口和裤脚可采用针织、松紧带、带拉环的松紧口、搭扣、开口式或上面构造形式的复合等形式,具体形式的选择应依据使用场所、产品生产工艺要求等确定。针织袖口应以涤纶长丝编制,也可采用静电耗散型碳纤维制作;针织袖口可使手腕或脚踝有舒适感、暖和,由于针织材料的多孔性,此种袖口的隔离性较差。应用松紧袖口更衣方便,若在手腕袖口增加拇指环,有利于将袖口塞入手套;在使用过程中松紧带会老化,尤其是在高压灭菌条件下会加速老化。

发套可采用蓬松、轻薄、带松紧边等的类型,蓬松型发套如图 3.3.9 所示。发套应包住所有蓬松的头发,一般是采用一次性的无纺布制作。发罩、头套均为头部护具,用以罩住、控制作业人员穿着的衣服、头、脸、颈部产生散发的污染物。

发罩应全部遮住前额,且留有必要的空间让头发能塞到发罩的后部,通过脖颈后面的拉绳或松紧带进行调整,如图 3.3.10 所示。

图 3.3.9 蓬松型发套(蓬帽)

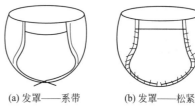

(a) 发罩——系带　　(b) 发罩——松紧

图 3.3.10 发罩

头套是覆盖除面部外的整个头部(图 3.3.11),它用于阻止、控制散落的头发和颗粒物。头套的前后襟均应插入连体服或大褂;后襟还应以搭扣、拉绳、松紧带或其组合方式使头套紧贴头部。

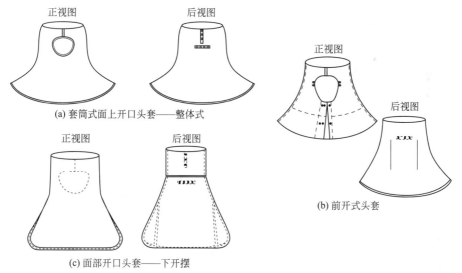

正视图　　后视图

(a) 套筒式面上开口头套——整体式

正视图

后视图

正视图　　后视图

(b) 前开式头套

(c) 面部开口头套——下开摆

图 3.3.11 头套

(3) 洁净室手套　人的手掌有上百万个皮肤粒子和细菌,还有油脂、盐等,为防止这些污染物散发至洁净室内或传播至产品表面,一般在洁净室内的作业人员都要求戴上洁净手套。洁净室用手套的特性与洁净度等级、类型有关,所谓洁净室手套的特性主要有表面污染、散发气体、灭菌、触感、强度、舒适性和松紧度等,可通过各种检测方法来选择适合各类洁净室特定使用情况的手套。

洁净室用手套有三类:隔离手套、针织或编织手套、隔热手套。针织或编织手套主要用于洁净度要求不是十分严格的洁净室或将其作为内衬手套,外面再套洁净手套。大多数洁净室使用的是隔离手套,这类手套的制作材料有乳胶、橡胶(2-甲基-1,3-丁二烯的聚合物)、聚氯乙烯、聚乙烯醇、氯丁橡胶、聚氨酯和丁腈橡胶等，制作材料应依据手套的使用场合、洁净室的特性要求以及成本等确定。以聚氯乙烯等材料制作的塑料手套较多地用于电子工业洁净室中，但这种手套的灭菌功能较差，所以医药工业洁净室中很少应用。另外制作这种手套需应用增塑剂，此类增塑剂在手套使用中会产生释气污染，因此对这类增塑剂敏感的产品生产的洁净室是不能采用乙烯类手套的。聚氨酯手套虽然很薄，但是较结实，可使用微孔材料制造聚氨酯手套，以增加舒适感，还可以在配方中加入碳，使之具有导电性。某些聚合材料制作的手套在空气或光照情况下可能会有物理化学的退化衰减，所以应在制造厂家提供的规定报废期之内应用。

洁净室用针织或编织手套不应采用棉、毛、石棉等易释放或产生尘粒的材料制作，通常采用涤纶、聚酰胺、丙烯酸或聚烯烃等的连续长丝纤维制作。这类手套的舒适感好，但对污染物的隔离性能差，耐磨性低。针织或编织手套的端口处应内折并缝合。隔热手套一般以耐受高温的聚合物制作，如芳香族聚酰胺、硅橡胶等。

手套是洁净室运行中保护人身安全，保障生产工艺、设备和产品洁净度的重要用品，应确保手套具有隔离、气密性、耐磨性、防静电、张力性能、化学适应性、老化和化学退化等特性和洁净度。为此在国内外的有关标准规范中做出了对手套特性、性能（包括制作材料、制成品的可脱落颗粒物）的监测、评价规定，较为详细的内容可参见 IEST-RP-CC005.3。

（4）洁净室用口罩和头罩　人在打喷嚏、咳嗽、大声说话时，均会从口鼻里喷出惰性粒子和带菌粒子，有测试数据表明：人打一次喷嚏时可喷出 10^6 个惰性粒子、39000 个带菌粒子，咳嗽一次可喷出惰性粒子约 5000 个、带菌粒子 700 个，大声说 100 个字时可喷出惰性粒子 250 个、带菌粒子 40 个；人在呼吸时也会有粒子散发至空气中，但其数量较少，且难以准确计数。从人的嘴里喷出的粒子粒径各不相同，可从最小的 $1.0\mu m$ 到最大的约 $2000\mu m$，其中粒径为 $2.0\sim100\mu m$ 的粒子和液沫的数量约占总数的 95%。

在标准 GB/T 25915.5/ISO 14644.5 中对口罩、头罩提出了一些规定，明确口罩和头罩可提供一道屏障，阻断人的嘴、鼻、脸（在用头罩时还包含头在内）散发的、喷出的体液、粒子，大多数口罩对粒子的捕捉效率可大于 95%，且影响口罩捕捉效率的因素主要是有粒子绕过口罩，绕过的粒子大多数是小于 $3\mu m$ 的小粒径粒子。口罩有手术型的，有系带、松紧带或活套，以无纺面料制作，此类口罩是一次性的，走出洁净室时丢弃；另外还有"面罩"型或"口帘"型的，可以是头带或搭扣或在制作时直接缝制在洁净头罩上。图 3.3.12 是一种戴在头罩外面的"面罩"式或"面纱"式口罩，图 3.3.13 是一种正常穿戴的面罩式口罩。洁净室的口罩选择时既应避免从作业人员嘴中散发污染物的风险，同时也应照顾到作业人员的舒适性和承受程度。

洁净室作业人员佩戴的安全镜和护目镜既有安全防护作用，又有助于防止皮屑和眼睫毛掉落至关键表面上，致使产品表面受到沾污，造成产品质量问题。安全镜和护目镜应采用所在洁净室产品生产工艺所允许的材料制作。图 3.3.14 是护目镜。

图 3.3.12　"面罩"式或
"面纱"式口罩

图 3.3.13　正常穿戴的面
罩或面纱式口罩

图 3.3.14　护目镜

（5）洁净室用鞋、鞋套　洁净室为防止作业人员穿着的鞋上和脚上带入污染物，一般洁净室包括鞋套、护靴、洁净鞋等脚部防护器具，穿戴这类脚部护具可包住、控制人员脚上和鞋上带入或产生的污染物。对于有防静电要求的洁净室脚部护具应具有导电鞋底、导电后跟或其他可避免洁净服静电放电的导电材料。

鞋套可以完全包裹鞋子，开口处以松紧带使其紧贴作业人员穿着的鞋；鞋套底的材料应能满足工作场所及其相关环境的防滑要求。鞋套的后部可设有搭扣或在前面加设调节绑带。图 3.3.15 是鞋套的外形。

护靴由鞋底、鞋腰组成，可覆盖脚和小腿下半部分；护靴一般是套在鞋子外面，有多种尺码、长短和样式；靴的上半部分即鞋腰应包住裤脚，有时甚至到整个小腿，最上面的靴边或开口可采用搭扣、松紧带、拉链或其他适用的形式进行松紧调节。靴筒应松紧合适，不影响血液循环；靴子的开口应足够大，应可满足里面穿着的各种尺寸的鞋子，靴子与穿着者鞋应紧密贴合。护靴的外形见图 3.3.16。靴底可由多种防滑材料制作，如防滑乙烯塑料、合成橡胶以及复合材料等；靴底应适应作业场所的特点和要求，洁净室的地面状况是选用靴底材料的重要依据。

图 3.3.15　鞋套　　　　　　　图 3.3.16　护靴

仰视图——鞋底

3.4　洁净服的更换、清洗

3.4.1　洁净服的更换

① 洁净室人员穿着的洁净服在使用过程中会受到污染，应根据洁净室的特点、洁净度等级和产品生产工艺要求进行洁净服的更换、清洗。对于一些洁净度要求十分严格的洁净室或无菌药品生产用洁净室，作业人员从洁净室离开时应脱去一次性洁净服并扔掉，这种仅用一次的洁净服应统一收集后丢弃；其余大部分允许多次使用的洁净室用洁净服，应在洁净厂房的洗衣房或集中的专用洁净洗衣房内进行清洗后重复使用。

② 洁净服的更换频度。洁净室用洁净服更换或换洗的频度，依据洁净度等级、产品生产工艺等不同有所不同，通常认为产品生产工艺对洁净服的污染越敏感，则洁净服的换洗频度越高。但也不尽然，其实许多情况下与产品生产工艺对污染物的要求或运行管理要求有关，如一些半导体工厂用洁净室内作业人员的洁净服一个工作周换洗两次或一次，仍不会对洁净度产生不良影响，但对于药品无菌生产区的作业人员每次进入时均应穿上新洗涤的服装，有的还应穿着一次性的洁净服。表 3.3.12 是美国环境科学与技术学会的推荐性标准 IEST RP-CC-003 建议的各洁净度等级的洁净室洁净服的换洗频度。

表 3.3.12　各洁净度等级的洁净室洁净服的换洗频度

洁净度等级	洁净服换洗频度
ISO 7 级、8 级	每周 2 次
ISO 6 级	每周 2~3 次
ISO 5 级	每日 1 次
ISO 4 级	每次进入洁净室到每日 2 次
ISO 3 级	每次进入洁净室

任何材质的洁净服都有一个合理的使用寿命，这是因为洗涤次数过多，面料和服装的缝制处都会因磨损而降低性能。表 3.3.13 给出了不同洗涤次数的手术服和洁净服的测试比较结果。从表中数据可以看出总的趋势是随洗涤次数增加，人员穿着时的尘、菌散发量增大，尤其是以细菌散发量的增多最为显著，而尘粒量在一定洗涤次数后趋于稳定。

表 3.3.13　不同服装的洗涤次数与发尘（菌）量

服装系统	污染物	洗 1 次	洗 25 次	洗 50 次
手术服系统	≥0.5μm 粒子	4060	13875	12207
	≥5μm 粒子	270	535	698
	细菌	1.7	4.2	9.0
高质洁净室服装系统	≥0.5μm 粒子	585	3950	2860
	≥5μm 粒子	9	70	36
	细菌	0.38	0.49	1.14

③ 磨损后的更换。就粒子过滤效率而言，新服装的效率最高。随着服装变旧，服装的面料会变松，会有更多的粒子透过面料散发出来。有研究表明服装制作面料的生产方法不同，服装经多次洗涤后的隔离过滤效率是不同的，如一件服装用高压滚轧的面料制造，经 40 次洗涤后，孔径从 $17.2\mu m$ 增加到 $25.5\mu m$；而另一件相同的面料，只是所受挤压轻些，其孔径从 $21.71\mu m$ 增加到 $24.61\mu m$，粒子穿透变化有所不同。服装的污染控制特性随服装变旧而退化，不同面料的退化速度各不相等。

洁净服破损后应更换。服装因故磨损造成孔洞和破损应即时更换。洁净室的作业人员、管理人员在穿戴洁净服装前应进行检查，一旦发现破损应按规定进行更换。洁净洗衣房在洗涤前后也应对所清洗的服装进行认真检查，按规定确定某个服装是否需要采取缝补、密合措施，而出现空洞、破损的服装，应进行报废。

洁净服污染后应进行更换。洁净服在作业过程中被污染，无法用清洗剂清洗干净时，如被油漆、铁锈等污染，很难清洗干净，这类洁净服不得直接穿进洁净室，应即时进行更换。

3.4.2　洁净服的清洗

（1）洁净工作服的清洗工艺过程　洁净服的清洗应达到服装恢复到满足继续使用的要求，为此，在选择洁净服及其配套用品的清洗技术或工艺和方法时，应十分关注不同工业产品生产或不同使用场所的洁净室对洁净工作服的清洗要求，还有某些终端用户的特殊污染物控制要求，比如应在清洗之前去除污渍、有机物等。另外，从洁净服制造厂家购买的服装，一般应在第一次使用前进行清洗，去除可脱落纤维、颗粒等污染物。

洁净服的清洗不论是在企业内或洁净厂房内还是由专业的洁净服洗衣房进行均应具有约定的清洗工艺及其相关管理规定。图 3.3.17 是 IEST-RP-CC003.3-2003 中推荐的洁净工作服清洗工艺流程。洁净工作服的污染分类是依据使用洁净室对其品质的要求，通过目检、触摸检查发现洁净服的污染、损坏情况，并逐一检查标识，若标识不清时应重新做新标识，若设有计算机管理系统，还应将清洗前的洁净服按规定输入系统；检查后的清洗前洁净工作服分为：可清洗——需要清洗；无法修补——需要更换；需修补——修补并清洗；需特殊清洗——带特殊清洗去污等类别。

（2）洁净工作服的清洗方法　洁净工作服的清洗设施包括水洗、干洗、监测、包装等作业的全过程均应在洁净室内进行，洁净服的清洗方法主要是干洗、湿洗或两类混合的清洗。湿洗是水洗，洁净服的湿洗应以纯水（去离子水、DI）和中性洗涤剂进行清洗；若用普通自来水清洗，衣服上会大量残留大于等于 $0.5\mu m$ 的粒子，可多达 11000 个/m^2，甚至比未洗前的微小粒子还要多。湿洗甩干后的洁净服应在洁净环境中烘干、晾干。

干洗是用有机溶剂清洗，其洗涤剂是全氯乙烯或三氯乙烯，溶剂应经过 $0.2\mu m$ 的滤膜过滤后

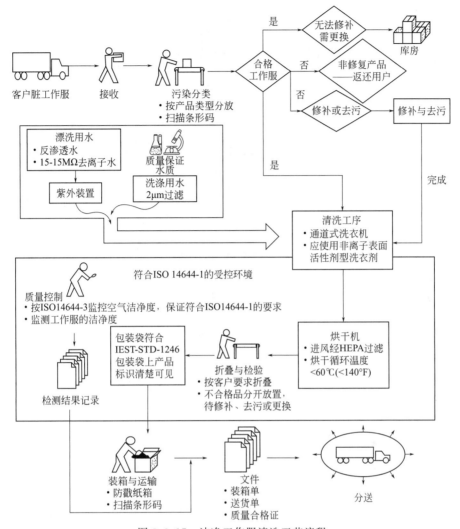

图 3.3.17　洁净工作服清洗工艺流程

使用，清洗后的洁净服应在洁净的环境中晾干。日本的洁净工作服专业清洗公司采用 CIC（clean in cleanroom）清洗，它们承接了日本 90％以上洁净工作服的清洗；先用纯水和中性洗涤剂湿洗，再用经滤膜过滤后的全氯乙烯进行干洗，洗涤后在洗衣机内经高效过滤器的热风烘干，干燥后的洁净服在 ISO 5 级的洁净室内专用工作台上整理、熨平、折叠、装塑料袋，也可在塑料袋内充入环氧乙烷进行灭菌。

　　洁净工作服清洗前应认真检查是否有破损和纽扣、拉链等是否完好，若有破损等应进行修理、更换或丢弃。湿法和干法清洗所用的清洗液均应滤膜过滤，必要时应过滤 2 次。为了去除洁净工作服上的水溶性污染物要先用自来水湿洗，然后再以蒸馏过的溶剂干洗去除油性污染物；湿洗时水温：纯涤纶为 60～70℃、尼龙布为 50～55℃。

　　洁净洗衣房是专门为清洗洁净服设计建造的。图 3.3.18 是一个典型的洁净洗衣房平面、流程示意图。"脏衣区"用来受理"脏衣服"并进行分类，将交叉污染的可能性降至最小限度，并将鞋套等挑出，然后将服装送入双侧开门的洗衣机；从洗衣机去除的服装即进入叠衣区中，在叠衣区中的工作人员应穿着洁净工作服。将洁净服放入转筒式干燥机，在干燥机中送入经高效过滤的洁净空气；干燥后的洁净服应按规定进行检验，主要检查是否有破损或小洞；然后将洁净服叠好放入袋中，装入洁净袋中的服装经密封后通过传送窗进入包装区，准备发放。

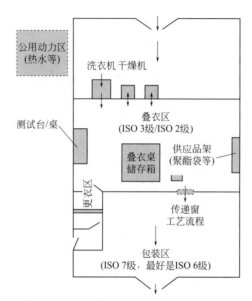

图 3.3.18　洁净洗衣房平面、流程示意图

如果要求服装进行灭菌或消毒，一般通过加热、熏蒸或辐射等方法。各种方法有不同的特点，如使用压力釜会在服装面料上造成大量皱纹并使服装面料加快老化；灭菌气体如环氧乙烷对服装的损害较小，但是气体的毒性会残留在服装中，应进行服装脱气处理；伽马射线是一种常用的灭菌方法，但它会使服装变色，有时也会损坏服装；洗涤时加入消毒剂比较经济，但一些微生物或其残骸可能会残留在服装上，所以这种方法有时可能不适用。

一般在洗衣房的叠衣区对样品进行测试。表3.3.14给出了采用不同清洗方法不同洁净服的产尘量。

表 3.3.14　采用不同清洗方法不同洁净服的产尘量 （≥0.5μm）

动作	去静电聚酯/(10^4 pc/min)			带静电聚酯/(10^4 pc/min)		
	清洗前	普通水洗	专用清洗剂	清洗前	普通水洗	专用清洗剂
直立(静止)	10	7.3	6.7	12	6	2.1
胳膊上下活动	380	29.5	1.4	103	95	6
上体前屈	205	13.7	1.2	267	120	11.1
头部上、下、左、右活动	24	8.9	1.83	23	12	0.6
上体扭动	485	36	4.5	130	170	5.6
腿的伸屈	161	15.4	11.7	285	105	1.65
静坐	12	4.7	4.7	17	95	5.3
站立坐下	143	20.5	10.8	126	940	4.3
踏步	147	15.2	8.9	226	900	84.3

注：清洗剂为全氯乙烯。

（3）洁净服的存放　洁净服若要重复使用，其存放或悬挂方法应确保洁净服的洁净度。日常作业后，洁净工作服应放在专用存放处，洁净服的存放要按不同等级、不同作业用的洁净服分别存放，为避免交叉污染也可采用洗衣袋或一次性的口袋。存放洁净服的有效方法有：带有高效过滤送风的自净式挂衣架；带衣钩的固定或可移动衣架；装在更衣区或更衣室墙上或架子上的、锁定和非锁定的挂钩（位于更衣柜内或房间中）；存衣格或存衣位。

依据洁净室内的工作人数和洁净服的更换频度，确定洁净室工作人员所需洁净服临时存放空间的大小。短期存放时，应注意洁净工作服各部位之间尽量少接触。

清洗过的洁净服应包装在洁净的、不掉屑的口袋内，避免在运送、存放和发放时受到污染，对有灭菌要求的洁净服应规定存放时间。建议将洁净服存放在更衣区内或靠近更衣区的受控环境内，以便更好地控制库存量，并减少洁净服离开洁净环境受到污染的风险。应有一个宽敞的区域，存放所有包装好待用的洁净服，为此可以采用存衣柜。存衣柜的清洁要列入清洁工作，以保证不产生污染。

3.5　洁净服的检测

洁净服的制作材料、制作好的成衣和样式的检测装置在 GB/T 25915.5/ISO 14644.5 中要求采用人体散发物检测舱（试衣舱）。如图 3.3.19 所示，在检测舱的顶部设有高效过滤器，过滤后的洁净空气送入箱内，经洁净室更衣室穿戴洁净服的测试人按规定要求进入测试箱内，按规定的方式动作，在此期间检测从舱内的采样点采集的空气样，得到"测试人员"散发的尘粒或微生物数量。在 IEST-RP-CC003.3 中认为这种试衣舱的测试由于不同服装对"测试人员"产生的污染物隔离效率以及穿着者动作的重复性等因素的影响，此种方法存在"局限性"，建议在提出检测要求时应对各种因素影响检测结果程度、评价内容等作出明确的规定。

试衣舱采用符合洁净室建造要求的材料制作，经高效过滤器后的洁净空气按单向流送入，并且风速可调；排风可由高架地板经风道从舱的一侧排出。粒子计数以采样探头连接到采样端口，启动粒子计数器，并调整采样流速至 28L/min，设定技术采样周期为 1min；微生物检测的采样是将 1～2 支微生物空气采样器放置在试衣舱的地板上或与排气点连接，也可以在排风管的排风中采集，为了能够获得有代表性的微生物计数，采样和"测试人"的动作均要保持必要长的时间，依据检测衣服和检测内容的不同，一般在 5～15min。对于在试衣舱内进行洁净服等的检测方法、过程和计算在国内外已经发布的标准中有详细表述。

表 3.3.15 给出了男性测试者在服装测试箱中平均每分钟散发的细菌数量。该测试者穿着其平时的室内服装，再穿上由相同的高质量合成面料制作的各种不同种类的洁净服进行测试。从测试结果可以看出，服装对人员包覆得越严，结果就越佳。在日常服装的外面再穿一件外科手术服式的长服，即可有效降低粒子散发量，但仍无法防止粒子从服装透出。而上衣加裤子的全套服装效果更好，但带粒子的空气仍会从领口和裤脚处溢出。穿一件连体洁净服，并将帽子扎紧，外加齐膝长靴，则会获得更佳的效果。

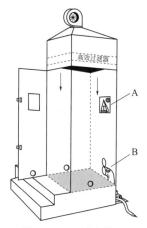

图 3.3.19　试衣舱
A—节拍器；
B—细菌、粒子采样器

表 3.3.15　穿着不同种类服装的细菌散发量　　　　单位：cfu/min

自己服装	自己服装上外套洁净服	衬衫领口敞开加上好面料的裤子	连体洁净服
610	180	113.9	7.5

第4章 洁净室的清洁

4.1 洁净室清洁的基本要求

4.1.1 简述

　　洁净室的设计建造应做到污染物不带入或少带入、不散发或少散发、不滞留或少滞留，将污染物降至最小限度，但是在洁净室的运行过程中由于设施和维护作业、产品生产工艺、作业人员的存在与活动以及其他各种情况等均会产生程度不同的污染。这些污染物主要在洁净室的各类表面沉积，这些表面会逐渐变脏，如果不进行清洁，洁净室内生产的各种工业产品接触到此类脏表面时，污染物就会传递至产品上造成严重的后果；作业人员接触了洁净室的脏表面再接触产品，也会将污染物传递到产品上。洁净室内的作业人员散发污染物便是其中一个不可避免的事实，据有关测试表明，每个作业人员每分钟可能散发数万甚至数十万个尘粒和带有细菌的粒子，这些污染物由表皮细胞或其碎片携带；洁净室内存在的这些粒子由于范德华力、静电力和毛细力黏附、沉积在洁净室内的各类表面上。在洁净室运行中除了作业人员等及其活动引起的表面污染物外，洁净室内的生产工艺设备及其辅助设施在运行过程中不可避免地需要维护修理，产品生产过程所需的各类物料、工器具等的配送也不可缺少，在维修、配送过程中都不同程度地会有尘粒等污染物的散发和黏附、沉积在洁净室内各种表面上，如地面、墙面、高架地板下的沉台以及设备、操作台、净化空调系统的风管、回风夹道等。在有些洁净室内的产品生产工艺过程就会散发微粒等污染物，对此类污染物宜采取相关技术措施进行排除或处理，以减少洁净室的清洁工作。

　　洁净室运行管理的重要内容之一是制定"洁净室清洁管理规程"。洁净室清洁管理规程（办法）的内容，应依据其要求的洁净度等级、所生产的产品工艺需要等确定，包括清洁方法、清洁频率、清洁用具、清洁用品以及清洁人员的培训、管理等。对所有表面的清洁采用合适的方法、充分的频度，进行全面、彻底的清洁，以防止污染物危害产品生产工艺。通常洁净室不应在正常生产运行时进行清洁，若确实做不到时，应根据具体情况制定特殊的洁净室清洁规程，以尽量降低对产品生产工艺的危害。

4.1.2 清洁的基本要求

　　洁净室运行中各类表面由于各种污染物的积聚、沉积差异，应根据洁净室内的产品生产工艺特点、空气洁净度等级、表面类型等因素认真作出洁净室的清洁频次、清洁人员培训和注意事项等方面的基本要求。表3.4.1是洁净室内的清洁频次同表面类型、空气洁净度等级以及清洁方式的关联要求。

表 3.4.1 洁净室内的清洁

空气洁净度等级	地面清扫	墙壁清扫	工作台清扫	工器具清扫
4 级(10 级)	真空吸尘及擦拭,1 次/周	真空吸尘及擦拭,1 次/月	擦拭,2 次/日	擦拭,2 次/日
5 级(100 级)	真空吸尘及擦拭,1 次/周	真空吸尘及擦拭,1 次/月	擦拭,2 次/日	擦拭,2 次/日
6 级(1 000 级)	真空吸尘及擦拭,1 次/周	擦拭,1 次/月	擦拭,2 次/日	擦拭,2 次/日
7 级(10 000 级)	真空吸尘及擦拭,1 次/月	擦拭,1 次/2 月	擦拭,1 次/日	擦拭,1 次/日
8 级(100 000 级)	真空吸尘及擦拭,1 次/月	擦拭,1 次/3 月	擦拭,1 次/日	擦拭,1 次/日

对洁净室相关区域如洁净走廊、技术夹层等的清洁也不可缺少、十分重要。这些区域往往是洁净室运行管理者容易忽视的"死角",或者因打扫需要停产或需要组织大量的人力而疏于管理。洁净室运行实际表明,洁净室的"死角"部位未能按规定清洁将会引起污染物聚集,尤其是活动地板下、回风夹道等处。表 3.4.2 是洁净室相关区域的清洁要求。

表 3.4.2 洁净室相关区域的清洁要求

区域	清洁频率	是否需要停产
洁净走廊	每天至少 1 次,必要时随时清洁	否
洁净更衣室	每天至少 1 次,必要时随时清洁	否
技术夹层	每月至少 1 次,必要时随时清洁	必要时停产
活动地板下沉台	每月至少 1 次,必要时随时清洁	必要时停产
工艺管线	每月至少 1 次,必要时随时清洁	必要时停产
回风夹道	每天至少 1 次,必要时随时清洁	否
FFU 层的静压箱	每月至少 1 次,必要时随时清洁	必要时停产
工艺设备	每月至少 1 次,必要时随时清洁	必要时停产
节假日停产后	全面清洁,测试合格后生产	停产

洁净室的清洁人员不同于一般清洁工人,洁净室的清洁人员必须经过培训上岗。清洁人员的培训内容包括:工作范围与职责;人净流程;洁净室的污染源和洁净基本知识;清洁与消毒灭菌工具器具的操作维护方法;清洁剂、消毒剂的使用;不同环境、不同表面的清洁方法,清洁周期等。

由于微电子产品生产的洁净室下夹层的工艺管线众多且复杂,在进行这类洁净室内的工艺管线、工艺设备清洁时,清洁人员应了解或熟知工艺管线、操作阀门、电器开关等的安全维护要求,防止洁净厂房的运行管理出现安全事故。

在洁净室的清洁过程中对废弃物的收集、处理也是重要内容,对有害物(尤其是化学品)的收集必须专人负责。例如某洁净室的清洁人员,由于没有专人负责在未经过化学品安全培训状态下,将装有氢氟酸的空瓶清除,但不小心玻璃瓶被打碎,手指接触到少量残余的氢氟酸导致其两个手指骨头残疾。

对于药品生产车间、工序、岗位均应按产品生产和空气洁净度等级要求制定厂房、设备、容器等的清洁规程,内容应包括:清洁方法、程序、间隔时间,使用的清洁剂或消毒剂,清洁工具的清洁方法、安全要求和存放地点;应按 GMP 管理要求,洁净室(区)应定期进行消毒,使用的消毒剂不得对设备、物料和成品产生污染。

4.1.3 表面分类

洁净室内各类表面的分类应依据对产品和生产工艺的不同影响进行,以有利于准确地制定相关的洁净室清洁策略。根据洁净室内表面对产品生产的影响程度不同，可分为关键表面、一般洁净室表面或"一般表面"、更衣室与缓冲区的表面或"外区表面"。

关键表面。洁净室内产品的生产或制造位置及其周围场所的表面为关键表面，这些表面的污染可直接影响产品或工艺。这些表面应保持最洁净的状态。隔离装置，如单向流设备、洁净工作台或工作站，有助于控制这些表面的洁净度。

一般洁净室表面或一般表面。洁净室内不处于产品生产位置或被单向气流局部隔离的表面，视为一般表面。对这些表面应进行定期清洁，以防污染物被转移到关键表面。

更衣室与缓冲区的表面或外区表面。由于更衣室和缓冲区活动繁忙，其表面可能会受到严重污染。这些地方须进行频繁的清洁，以尽量降低污染程度，减少向洁净室内传播的污染物。洁净厂房内有洁净度等级要求的辅助生产区、洁净走廊等洁净室表面也属于这类表面。

4.2 洁净室的清洁方法

4.2.1 基本清洁类型

为保持洁净室内的洁净度要求，洁净室的清洁是多元的、细致的工作。洁净室的清洁首先应确定清洁的水平及其达到预期的水平应采取的基本清洁类型，然后采用经过审定的清洁方法按规定程序对洁净室各类表面进行清洁，以达到所需要的效果。根据具体洁净室的特点、状况和完成清洁工作后需要达到的表面清洁度，可将洁净室的清洁工作分为三种基本类型：粗放清洁、中等清洁和精细清洁。

① 粗放清洁。是各种洁净度等级的洁净室都应采用的基本清洁方式，是经常采用的真空清洁对洁净室各类表面的第一步清洁，所谓洁净室的粗放清洁一般可以清除直径大于 $50\mu m$ 的颗粒污染物。这类粒径的污染物通常在地面上，是带入更衣室和缓冲区的常见污染物。生产运行或工艺过程中破裂或散落在工作表面和地面的材料，是另一类污染源。结构和设备的维护作业也常常能产生大粒径污染物。

② 中等清洁。包括清除较小的污染粒子，一般粒径范围在 $10\sim50\mu m$ 之间。中等清洁的目标是洁净室的一般表面，通常包括墙面、台面和洁净通道。这类粒径的颗粒污染物在粗放清洁后依然存在，经中等清洁可实现高一级的洁净度。

③ 精细清洁。清除所剩余的颗粒污染物，通常是粒径小于 $10\mu m$ 的微粒。精细清洁一般用于存储产品和加工产品的关键表面或其附近表面。

4.2.2 清洁方法

(1) 真空清洁　真空清洁可有效地清除较大粒径的颗粒污染物和气态碎屑，如玻璃碎片等。在粗放清洁和中等清洁作业时，可采用真空清洁对一般表面、关键表面进行第一步的清洁；真空清洁也是拖擦和湿擦的必须前步作业，而不是选择项。真空清洁应单向行进，以尽量减少在地面或作业高度上引起空气紊流。真空清洁通常应采用带高效或超高效（HEPA/ULPA）空气过滤器的真空清洁器或洁净厂房中设置的集中（中央）真空清洁系统。

真空清洁有两种类型：湿法和干法。干真空清洁法是用真空喷嘴的喷射气流克服粒子表面的附着力，从而将颗粒污染物从表面清除，但气流速度还不能将小粒径颗粒污染物除去。有试验表明，在一个布满颗粒物的玻璃表面，以一个真空吸尘器的吸嘴向前行进时，大多数粒径为 $100\mu m$ 的粒子被清除了，而粒径为 $10\mu m$ 的粒子只去除了 25%，见图 3.4.1。

水和溶剂的黏度比空气大得多，所以采用湿式真空清洁系统时，由于水或溶剂对黏附在洁净室表面上颗粒污染物较大的拖拽力，将会提高真空清洁捕集粒子的效率。

（2）湿法清洁　湿法清洁是指在洁净室内需清洁的表面上施以液体，通过擦拭或真空方法进行清洁，或在抹布或拖布上涂抹液体对洁净室表面进行湿擦拭。在洁净室内的表面清洁的各个阶段均可采用湿法清洁，湿法清洁的方法主要有擦洗、拖擦和湿式真空清洁等。

擦洗，即采用机械或手工方式清除污斑或严重污染区域的粗放型清洁法。应关注选择擦洗所用设备或材料可能产生的污染。擦洗完后，再拖擦或用湿式真空清洁。

拖擦，是粗放清洁和中等清洁中，清除污染的有效方法。湿式真空清洁时溢出的液体所遗留的残迹，也可用此法清除。在小面积或局部面积内可用抹布湿擦，地板和其他大的面积应采用拖擦。水桶中的水要使用洁净过滤的去离子水或蒸馏水，并应经常更换，以避免再次污染。越是关键的表面，水的更换越应频繁。粗放清洁用水开始变色，表明应倒空并清洁水桶，然后重新注水。一般区和关键区清洁的全过程中，水不得变色或几乎不变色，所以这些区域的清洁规程中应规定换水前允许清洁的表面积。可使用 2 个（或多个）水桶，以减少换水次数。图 3.4.2 是三桶式拖擦方式示意图。洁净室表面开始清洁时，是将拖布浸入洗涤液中，然后取出（1），必要时挤去多余的液体，使用拖布擦拭表面；然后将拖布吸进的污染物的脏水拧出（2），再将其浸入洁净水中清洗（3），清洗后的拖布经拧干（4），最后放入洗涤液中清洗（5），如此循环。若专门设废水桶，即为三桶

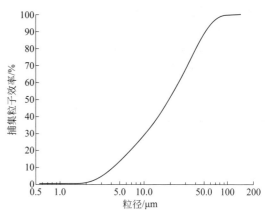

图 3.4.1　干真空法清洁的捕集粒子效率图

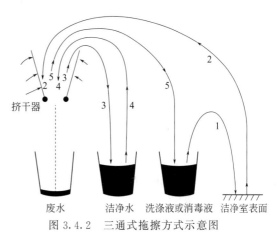

图 3.4.2　三通式拖擦方式示意图

式。根据需要可添加非离子型洗涤剂或表面活性剂。拖布要挤干，避免形成污水迹。用潮干的拖布拖擦所留下的湿润表面干燥得更快。应按顺序进行拖擦并以重叠拖擦的过程，保证地面得到全面的清洁。频繁冲洗并旋转拖布的表面，有助于避免清洁过的地面再受污染。拖布头应频繁冲洗，以避免其再受污染。某些特种拖布可用于清除墙上和地上中等大小的颗粒污染物。

（3）半干清洁　在多数清洁阶段中都使用抹布擦拭方法。一般表面或关键表面可经过中等或精细清洁的擦拭后达到洁净要求。所选抹布要用适当的清洁溶液润湿，选择所使用的溶液应根据清除污染物的类别确定。擦拭时要采用单向行进、行程重叠的方式，按单相流的方向，从最关键区擦向一般区。随着擦拭的行进，应折叠抹布，露出其未曾用过的表面来进行擦拭。抹布更换频度应按需要确定，以免把污染物传播到其他的洁净室表面。

滚轮法是采用粘轮清除粒子等污染物，其去除效率取决于滚轮表面黏力的大小，滚轮表面的黏力越大，清除的粒子越多。其他的一些因素如滚轮表面的柔软性，也会影响清除效率。这是因为良好的表面柔性可使滚轮与粒子表面接触更好，从而提高清洁效率。

4.2.3　表面清洁

洁净厂房运行过程中，洁净室内各种类型的表面均会受到不同程度的污染，为此各种表面均应根据表面污染对洁净室内的产品或生产工艺的影响程度，首先应将洁净室的各种表面划分为"关键区""一般区"，然后指定相应的清洁方法，按规定的周期进行清洁，以满足洁净室内产品或

生产工艺对各类表面需要的洁净度。

（1）洁净室地面的清洁　首先用真空清洁法清除地面上的玻璃碎片或产品碎屑等污物，然后查找有顽固污渍的场所，采用预先确定的擦洗规程将其清除。地面应采用湿法拖擦，且水或清洁溶液应经常更换，以减少在持续清洁过程中传播溶解的或悬浮的污染物。若地面面积较大时，应划分成易于控制的若干个区段，以便以有序的方式进行清洁工作。虽然清洁工作应从关键区开始，再推进至一般区，但某些洁净室需要的顺序可能有所不同。如要求的洁净度等级较高，可重复实施拖擦以使表面更为洁净。

清洁工作期间，或需要以警戒线围住工作区，并重新标出通行方向，以免有人不慎滑倒。

在湿式拖擦或拖擦后再以湿式真空清洁，可以加快地面干燥过程，还可清除地面上的顽固污斑。

（2）墙、门、窗、回风格栅和垂直表面的清洁　应依据要求的表面洁净度和待清洁区域的配置选择清洁方法，通常应采用擦拭法或洁净专用的辊子清除污染物。在非单向流洁净室内不应在正常运行状态下进行这类表面的清洁工作；在单向流洁净室中严禁在正常工作状态下在产品上风侧进行表面清洁工作，只有在静态条件下或产品从该区域搬出或按规定方法覆盖后才能进行表面清洁。

（3）顶棚、散流器和灯具等表面的清洁　顶棚、散流器应采用半干清洁法细致擦拭，有些散流器可能应卸下洗涤或更换；在进行更换灯泡时应以抹布彻底擦拭灯具。禁止在洁净室工作状态下对工作区上风向的顶棚、灯具等表面进行清洁，只能在静态条件下进行清洁工作。

（4）固定设备的表面　根据固定设备的表面对洁净室和产品的污染风险程度，合理选择相应的清洁方法。应十分注意连接固定设备的流体供应管道、线缆及接口等。在清洁工作中必须十分小心，避免损坏或弄断管线。固定设备会有一些表面，对产品或加工的洁净度十分关键，应对这些表面进行分类评估，以便采用适宜的清洁方式对各种类型的表面进行清洁，以确保其清洁效果。

固定设备的外表面是洁净室环境中的普通表面，应参照清洁墙面及清洁水平或垂直表面的相应方法，对这些表面进行清洁。

固定设备的内表面由固定设备以及设备内机件的内壁组成，它们常常围绕着关键的产品或加工区，通常只有从设备上取走产品和加工部件后，方可对这些表面进行清洁。这些表面也可能被产品或加工的残留物污染，在进行清洁工作之前，应有特殊的安全方面的考虑，并应按照制造厂的技术要求等，对固定设备内所含的机件定期进行维护和清洁。

固定设备的关键表面距离设备内或被设备包围的产品或加工最近，在生产或加工过程中，无法进行清洁，应按产品和加工对洁净度的要求，选择清洁方法，制定清洁工作安排，并依此实施清洁。

（5）洁净室的椅子、家具以及桌面和其他关键水平表面的清洁　洁净室内的椅子、家具，包括梯子、架子、轮子和垫子等的表面清洁，应采用抹布从上至下地进行擦拭。洁净室内的桌面和其他关键水平表面应根据其表面的洁净度要求，选择前述的合适擦拭方法进行清洁，可采用合乎要求的清洁溶液配合清除污染物；从单向行程，并从最关键区向一般区顺序进行清洁。可采用潮干擦拭清除污染物。

（6）洁净室运输工具的清洁　洁净室的运输工具以小推车为例，其清洁工作不得在关键区或气闸室内进行，应在缓冲区或一般区内进行真空清洁或抹布擦拭或两者兼用。用抹布擦拭时，应从上向下进行，并使用合适的清洁溶液。应特别关注确保轮子的表面没有碎屑，否则碎屑可能粘到洁净室的地面上；可将小推车推过粘垫，帮助清除粘在轮子上的碎屑。

（7）更衣、缓冲区物品、家具表面的清洁　洁净厂房更衣区、缓冲区内的物品、家具，包括垮凳、洁净服供应柜、衣柜及其带格子的表面，首先以真空吸尘清洁然后再进行擦拭，可有效地清除裸露表面的污染物。衣柜等的格子应定期清空，以便进行内部表面的清洁。

（8）洁净室用地垫和粘垫的清洁　在正常工作日内应定期清洁或维护洁净室的地垫和粘垫。应根据需要的频度按制造商的说明进行维护，表面可重复使用的地垫应频繁清洁。采用湿法拖擦后，用橡胶滚将污物和水推挤到边沿处，用拖布吸干，也可用带滚头的湿式真空系统进行清洁。表面可取下的粘垫，应先慢慢地剥离四个角，再将薄膜向垫子中间卷，直至将其剥离。

（9）洁净室的垃圾桶和容器的清洁　洁净室的垃圾桶和容器内部衬以塑料袋，以便于清除废弃物并保护容器表面。垃圾要及时清除，不要堆积过多。禁止在洁净室的关键区邻近处取出塑料袋或衬里，所有的垃圾桶都应移至一般区或外区后，再清除垃圾，或根据需要或在每班结束时清除垃圾。垃圾桶应清空、清洁、加衬，再放回。

4.3　洁净器具、用品

洁净室的清扫工具一般采用集中固定式或便携移动式真空清扫设备，以确保在定期清扫时能去除微粒污染及有效地、适时地清除某些不适合在洁净室外进行工作所带来的污染。当设置集中固定式真空清扫系统时，其排风机应安装在洁净室外，洁净室内的吸尘端口在不使用时应严密封盖，以免危及洁净室内的压差或气流流型。当设置便携式真空清扫设备时，应配置有排风过滤器，其过滤效率至少应与所在洁净环境的洁净度等级相同；还应注意在使用时对洁净室内气流的影响。

洁净室用的清洁器具与家庭或公共场所使用的清洁器具虽然相似，但它们之间却有很大不同。例如，市场上销售的干刷子每分钟可产生 5×10^7 个大于等于 $0.5 \mu m$ 的粒子，所以绝不能用干刷子清扫洁净室；用于一般场所的线拖布也不能用于洁净室，因为它每分钟产生的大于等于 $0.5 \mu m$ 的粒子将近 2×10^7 个。也就是说，普通的清洁用具对于洁净室来说非但不能有效地发挥清洁作用，而且还是一个污染源。

4.3.1　真空清洁设备及配件

真空清洁设备及配件的正确选择和使用，是有效实现洁净室清洁去除污染物的重要措施。洁净室的真空清洁设备有便携式或分散式和集中或中央真空清洁系统以及湿式真空系统。

（1）便携式真空清洁器　通常设置在洁净室的不同区域，并可根据洁净室的清洁计划移动至需要进行清洁的场所。便携式真空清洁器以不锈钢或塑料制作，其排风应经高效（HEPA）或超高效（ULPA）空气过滤器过滤后排入周围大气环境。还有供洁净室使用的湿式真空清洁系统。如图 3.4.3 所示为移动式真空吸尘系统对洁净室地板进行清洁。由于使用液体清洁剂可增加对污染粒子的拖拽力，因此湿式真空清洁系统比干法真空吸尘器的效率更高，也比一般的湿拖布擦拭的清洁更有效，且清洁后表面上留下的待干液体更少，从而使表面留下的污染物更少。但是湿式真空清洁系统在垂直单向流洁净室的多孔地板可能并不合适。

便携式真空清洁器一般采用不锈钢或塑料制作，所配带的软管、手柄及各种吸尘头均应采用符合洁净室要求的材料制作。其配用的高效或超高效空气过滤器要定期进行测试和更换，确保其不至于成为洁净室内的一个污染源。

（2）集中（中央）真空清洁系统　集中（中央）真空清洁系统适用于洁净室面积较大的大、中型洁净厂房，设置有一套集中的真空泵站，这类真空泵站一般位于洁净室外侧的辅助服务区，并以真空管道与洁净室内各区域墙上的真空清洁终端接口构成真空清洁系统。

集中式真空吸尘系统宜布置在靠近负荷的中心，应考虑隔声隔振措施。该系统的真空泵站通过不锈钢管道或工程塑

图 3.4.3　湿法状况吸尘器工作状态

料管道连接到洁净室各区域的快速接口；清洁人员进行清洁工作时，将吸尘头的软管与真空吸尘系统的接口连接。洁净室内吸尘端口的位置和数量，要根据软管的作用半径（一般为 6～12m）确定，以使洁净室内各部位都得到清扫；集尘器设置在真空泵的吸入端，一般集尘器可采用旋风分离器、布袋除尘器等；真空泵的电源开关宜安装在洁净室内，或者采用遥控开关。

吸尘系统的管道材料应选用耐磨、气密性好、有一定强度的材质，如无缝不锈钢管或硬塑料管；管道弯头的曲率半径宜为管道直径的 4～6 倍，三通夹角一般为 30°，最大不超过 45°。水平管道应设有一定的坡度，坡向立管或集尘器。

图 3.4.4 是一个微电子洁净厂房内清洁用集中式真空吸尘系统的实例。该洁净厂房为多层布置，洁净生产区设置在第三层，为提供洁净室的清洁真空吸尘系统在生产辅助层（一层）设有专用清洁真空泵房（独立房间）；真空泵房内设置每台抽气量约 $1000\mathrm{m}^3/\mathrm{h}$（220mmHg）的机械式真空泵两台，每台真空泵配套设有旋风分离器及相关控制阀等，以直径为 DN150 的不锈钢管道接入。经缓冲器、旋风分离器去除杂物后，由真空泵抽吸排至排风系统，然后排至室外。两台真空泵可同时开始工作，也可单台工作，可由设置的电话启动控制装置进行实时控制。由 DN150 的不锈钢管接入洁净生产区后按需要分设为多路支管线接至各使用点，支路主管管径分别为 DN100、DN50、DN32，由这些支路主管接至约数百个真空清洁终端接口等。从真空泵房接至"终端接口"的所有真空管道均采用不锈钢管，并设置必要的分段的不锈钢真空阀门；由真空管道接至"终端接口"一般以不锈钢软接头相连接，真空阀门、管接头均采用聚四氟乙烯（PTFE）垫片进行密封。据了解该集中式真空吸尘系从真空泵房至最远处的"终端接口"距离可达近 300m。

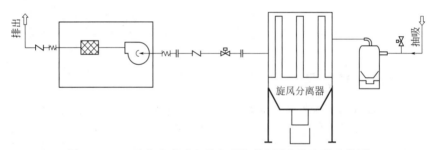

图 3.4.4　一个集中式真空吸尘系统真空泵房的流程示意图

（3）抹布　洁净室内可以抹布清除各类表面的污染物，也可用经洗涤液或消毒液蘸湿的抹布擦拭洁净室表面去除污染物，还可用来擦去洁净室生产出来的产品上沾上的污染物及擦干溅出的拖布液等。在洁净室内使用的抹布，不能使用一般的家用抹布，这是因为家用抹布的粒子浓度、纤维含量、化学污染物均很多，并会残留在被擦拭的表面上。但是可以清除洁净室各类表面上所有污染物的"完美"抹布是没有的，有的抹布吸水性优良，但会脱落粒子，有的抹布虽不脱落粒子，但吸水性较差，因此应根据洁净室内表面清除污染物的实际情况和要求选择合适的抹布。一般在选用洁净室用抹布时，应充分考虑的抹布特性有：抹布的制造用材料、与溶液（含水）和溶剂的适应性、对液体的吸收率、潮湿和干燥时产生粒子的情况、需要时与消毒剂的适应性以及包装状况等。

抹布对液体的吸收率，如吸水性是一项十分重要的性能要求。由于抹布常常用来擦去溅有不同液体物质或进行类似的清洁工作，因此应具有优良的吸水性，且应同时了解其吸水（液体）量、吸水速率、吸收液体的快慢。具有优良的吸收液体能力的抹布擦拭表面后残留污染物比吸收率差的抹布少，若用抹布擦拭表面后几乎不留下液体，则留下的污染物也会很少。

洁净室抹布是洁净室内最脏的物品之一，有时一块抹布含有的粒子数量，可以是室内全部空气所含粒子的数倍，所以必须选择粒子数量少的抹布。还应十分关注抹布的边缘，若抹布边缘粗糙就容易散发纤维、尘粒等污染物。洁净室用抹布处于潮湿状态时，抹布内的可溶物质可能会溶解，能够由水或溶液浸出的物质称为"浸出物"。用抹布擦拭时，这些"浸出物"有可能转移到所擦拭的表面。在半导体工业中应特别防范金属离子"浸出物"。为此，通过检验抹布中"浸出物"的数量和类型，就可确定选用何种适合于清洁工作的抹布。选用抹布时还应考虑其他性能，包括纺织品强度、耐磨性、静电特性、抗菌性等。这些特性在美国环境科学与技术学会的推荐标准 lEST-RP-CC004 中都有相应的方法进行测试，以评定其性能。

（4）拖布、粘尘滚轮　洁净室内不能使用家用、商用或工业用拖布及把柄。应认真选择可防纤维脱落、需要时能耐消毒的拖布。拖地的拖布头可用聚酯纤维、PVC 或吸水微孔（合成）材料制造。方形拖布或海绵拖布的头应用吸水微孔合成海绵材料制造。把柄和装配件应采用不锈钢、阳极氧化铝、涂有聚丙烯的玻璃纤维或其他不脱屑的塑料制造，这些材料应与洁净室拖布的要求相符。表面带黏性的辊子拖布（类似于涂漆辊子）不需润湿，可用来清除墙表面的污染。辊子拖布有可重复使用的，也有一次性的。选择合成拖布或把柄时，应首先明确其用途，聚醋酸乙烯（或相当的）的拖布头可与水性清洗剂一起使用，但如果与含有大量异丙醇的清洗剂一起使用，会过快老化，有些把柄或拖布头用材不适于蒸汽灭菌，聚酯比聚醋酸乙烯更耐高压灭菌。

进行湿的或潮干的清洁作业时，所用的水桶或带挤水器的容器应与洁净室的要求相适应。水桶和容器应由塑料或不锈钢制作，不应采用镀锌板制作。不锈钢桶可反复进行高压灭菌。拖布用的挤水器具应与拖布头的形式和用材相适应，通常采用单桶法，即在桶内放入含有清洁剂或消毒剂的水，将使用过的拖布在桶内进行清洗，然后对洁净室进行清洁。但这种方法所能达到的洁净度可能不能满足某些洁净室的要求这是因为从地板上清除掉的尘埃会涮入桶中，然后又被沾回到地板上。使用消毒剂时，特别是氯基消毒剂时，污染物会抵消消毒剂的效果，即使经常更换桶中的溶液，也未必能解决这个问题，所以推荐采用双桶或三桶方式。

图 3.4.5 是三种洁净室用拖布。其拖布的清洁材料采用表面不易破损的材料制造，可采用带孔发泡聚乙烯或聚氨酯纤维、PVA 等。这些材料对所使用的消毒剂、灭菌溶剂等的适应性需进行检验评估。

(a) 墙及顶等表面用拖布　　　(b) 地板用拖布　　　(c) 净化排拖

图 3.4.5　洁净室常用的拖布

粘尘滚轮的大小和形状与家用油漆滚轮相似，但在滚轮的外层装有黏性材料。当以粘尘滚轮滚过洁净室的表面时，被清洁表面附着的粒子就被粘到滚轮的黏性表层上面。粘轮宜用于清除墙及顶板上附着的污物。常见的粘尘滚轮如图 3.4.6 所示。

(a) 粘尘滚筒与滚轮　　　(b) 粘尘滚筒　　　(c) 粘尘纸本

图 3.4.6　粘尘滚轮与粘尘纸本

（5）地面擦洗、抛光机　在洁净室运行中禁止使用普通的商用擦洗机或抛光机，以避免这类机器工作时污染环境。洁净室应采用专门设计制造的擦洗地面的专门机器，这类设备具有特殊的罩子，罩内装高效（HEPA）或超高效（ULPA）过滤器的真空吸尘器；电机箱也应设置有 HEPA 或 ULPA 的排风罩，以防止污染物扩散。在选择、使用这类设备前，应对洁净室特性、洁净度要求和地面的适应性进行充分的评估。洁净室内不得使用蜡和其他非永久性的表面保护层进行涂覆或抛光，因为此类涂覆层会在洁净室运行过程中剥落，造成污染。

4.3.2　清洁用品

洁净室内使用清洗剂有利于清除各类表面上的污染物，有的粒子可以用清洗剂冲洗去除，有的可使用抹布擦抹去除。清洁后的洁净室某些表面还需以表面保护剂保护或维持其洁净表面特性。洁净室应用的清洗剂和表面保护剂应对人无毒性、不可燃，易干但又不过快，对表面不会带来破损，不含对洁净室内生产的产品有害的污染物，应能有效地清除表面的有害污染物。这些清洗剂等应该是洁净的，符合洁净室对污染物控制的要求，必要时应对其进行过滤。

（1）清洗剂　洁净室常用的清洗剂有过滤水、蒸馏水或去离子水、表面活性剂和洗涤剂、有机溶剂等。虽然各类洁净水有很好的清洗特性，但它们对洁净室内的某些表面有腐蚀作用，并且在某些情况下若不添加表面活性剂等，其清洁的效果可能欠佳，不能满足某些洁净室表面清洁的要求。

表面活性剂是具有憎水（驱水）型或吸水（亲水）型的碳氢化合物。按分子憎水的部分是阴离子、阳离子的、两性的和非离子的特性，可有 4 种类型。洁净室用的表面活性剂一般都含有金属离子，但也可根据需要采用有机基制取没有金属离子的阴离子表面活性剂。这种非金属离子的表面活性剂是洁净室表面清洁的首选。

清洁用溶剂如乙醇、异丙醇等可用于清除硬表面上的污染物，采用溶剂清除生物膜的效果很好，但是溶剂具有可燃性、毒性，所以应根据洁净室的各类清洁要求，按各种溶剂的毒性、可燃性、沸点等特性，选择清洁效果好、有利于安全管理的合适的溶剂。选用时还应考虑溶剂对洁净室各类表面材质的影响，由于一些塑料对某些溶剂十分敏感，因此应十分关注，通常都应以纯水/去离子水进行稀释降低浓度后使用。

防静电清洁剂是不含碘和铬等离子的无毒、不燃烧、不腐蚀，适用于洁净环境中对防静电有要求的设备、地面进行清洁的用品。

（2）消毒剂　用于杀灭微生物的消毒剂的选择，应既不会给产品、加工过程带来污染，又对作业人员、设备无害。与清洗剂类似，选用理想消毒剂也是十分困难的，一般来说消毒剂对微生物的毒性与对人体细胞的毒性总是同时存在的。表 3.4.3 是部分消毒剂的特性。从表中可以看出，没有一种消毒剂是"完美"的，一般情况下，苯酚、含氯化合物因其毒性，不太适合洁净室关键区的消毒，但由于含氯化合物可以杀死孢子，因此还是在洁净室表面消毒中常有应用。

表 3.4.3　消毒剂性能

消毒剂类型	杀菌效果				其他性能				
	革兰氏法 +ve	革兰氏法 -ve	孢子	真菌	腐蚀性	玷污	毒性	土壤中的活性	价格
乙醇	+++	+++	—	++	无	无	无	有	+++
氯己定等专有消毒性	+++	+++	—	+	无	无	无	有	+++
季铵化合物	+++	+++	—	+	有/无	无	有	有	+++
碘递体	+++	+++	+	++	有	有	无	有	++
氯类	+++	+++	+++	+++	有	有	无	无	+
苯酚	++	+	—	—	无	无	有	无	+
松木油	+	+	—	—	无	无	有	有	+

由于乙醇具有良好的杀菌特性，且挥发以后几乎不会有残留物，因此适合洁净室表面的清洁、消毒；对于产品生产，因为希望化学品残留达到最小限度，为此常常推荐采用 60％ 或 70％ 的乙醇和 70％～100％ 的异丙醇用于洁净室表面的清洁消毒。在乙醇中加入氯己定或类似消毒剂，可增加乙醇的杀菌功效。关键区使用的乙醇或含乙醇的专有杀菌剂等消毒剂，应按照其成本和防火要求予以确定。洁净室的其他区域可以使用季铵化合物的水溶液或酚类化合物进行消毒。使用不含消毒剂的简单清洁液清洗硬表面是清除硬表面上大部分微生物（超过 80％）的有效方法。但在清洁液中添加消毒剂后可清除表面上超过 90％ 的微生物，这也是防止在清洗用具上以及桶中残留的清洁液中有细菌生长所必需的。

彻底的清洁过程有助于控制微生物污染，但某些行业和管理部门可能要求常规的清洁程序中附加消毒程序，此时应确定所用消毒剂和消毒方法对具体洁净室的有效性。一般来说，消毒剂的类型、浓度、温度及其与被消毒表面的接触时间，决定其消毒效力。某些消毒剂未被完全清除的话，会损害洁净室的表面（如氯基化合物损害不锈钢）；有些如沉积在产品上可能具有毒性。此外，消毒剂不仅与产品直接接触时可能有毒性，它残留在表面上时也可能有毒性。因此，应适当地冲洗表面，以清除残留物。消毒剂若使用不当，还会对人有伤害。

4.3.3　垃圾、回收物容器

洁净室内用过的各种废弃物应即时清除，这是洁净室清洁工作的重要责任，并应配备有收集、容纳和存放废弃物的手段，确保洁净室不被污染。收集废弃物的容器应该满足如下要求：应采用可废弃或重复利用的材料制作，衬里材料的装设；所采用的规格，按收集次数确定，能适应安放地面的空间；具有与洁净室的相容性。

垃圾、回收物容器应具备经济适用，能循环再生或可回收，并做到保护生态环境；使用便捷，不需要修理且易搬运；耐酸碱、防霉变、防尘、防潮、防蛀；无钉刺、无辐射、无毒、无气味等性能。

洁净技术的应用领域日益广泛，为此，洁净室垃圾、回收物的容器也多种多样并不断得到更新和发展。目前洁净室通常使用的回收物容器主要有：

防静电周转箱，这是以聚丙烯（PP）为基材，加入添加剂制成的。此添加剂可传导电流及具有较强的机械性能，采用这种复合材料经传统的注射成型制成的周转箱为防静电周转箱。常见的塑料为绝缘体，表面电阻率与体积电阻率为 $10^{16}\sim10^{18}\,\Omega/cm^2$，由于不导电便容易产生静电，在绝缘的塑料里加入添加剂可降低表面电阻率，当表面电阻率与体积电阻率小于 $10^9\,\Omega/cm^2$ 导电性就可达到防静电效果。防静电周转箱的表面与体积电阻率宜为 $10^4\sim10^6\,\Omega/cm^2$。防静电周转箱适用于产品的存放，也适用于洁净室内固体与液体废弃物的回收，但应标明其使用场所，不得混用，以免造成危害。

塑料袋，以导电物质加 PE 制作的塑料袋，具有良好的防静电性能，可用于洁净室内固体废弃物的回收，不适用于液体废弃物的回收。防静电海绵用于插放废弃的敏感元件，具有极好的导电性能。

垃圾筒和清洁水桶通常采用防静电 PP 塑料制作，表面电阻率小于 $10^6\,\Omega$ 材料，防静电塑料注塑而成，适用于洁净室内固体与液体废弃物的回收。清洁水桶也可选用不锈钢材质，不应选用镀锌材质，因为镀锌材质的水桶容易生锈。

洁净室垃圾、回收物容器种类多、规格多样，选用时应依据洁净室的特点和具体需要综合考虑以满足清洁要求和价格因素，但在使用时应十分关注垃圾、回收物的分类回收；垃圾、回收物容器应以标识标示清楚，不得混用；垃圾筒和容器可以内衬塑料袋，便于清除废弃物和保护容器表面；垃圾、回收物应及时清理，不能堆积过多，防止腐化、变质或细菌滋生；塑料袋或衬里绝不能在关键区或近邻处取出，所有垃圾筒都应该先移动到一般区、非关键区，然后再卸掉垃圾。

液体垃圾、回收物首先应以原容器（例如玻璃瓶）进行回收，不得将液体垃圾与回收物直接倒入回收物的容器内，避免液体外流。

垃圾、回收物容器应该清空、清洁、加衬、消毒后再送回原处，并应妥善保管好回收物容器，防止暴晒、高温、受力不均等；还应经常检查回收物容器是否损坏，一旦发现损坏应及时更换，防止发生意外。

4.4　清洁计划

4.4.1　清洁计划的制订

制订清洁计划时，应首先明确洁净室表面的类型及其被污染的速率。所规定的清洁工作安排，应能保证合理的清洁频度；为保持洁净室表面所要求的洁净度，应根据洁净室内生产工艺和产品的要求，确定每日、每周或其他间隔期需要完成的清洁任务。对表面污染进行检测和评估有助于确定清洁工作安排。

一般可按下述步骤拟定清洁计划。

① 将所有洁净室表面分类为关键、一般、外区或其他表面。
② 确定达到所需洁净度水平的最佳清洁方法。
③ 确定将每种类型的洁净室表面维持在要求的洁净度时所需的清洁频度。
④ 确定在洁净室正常运行期间内可完成何种清洁作业。
⑤ 制定洁净室清洁工作安排。
⑥ 在清洁工作安排中明确哪些部分由操作者完成，哪些部分由清洁人员完成。
⑦ 针对规定的清洁方法正确选择材料、器具、清洁剂等。
⑧ 按清洁计划中的不同参与程度对各种人员进行培训。
⑨ 为洁净室各类表面的清洁所需材料、器具等准备充分的存放设施。
⑩ 确定如何监测清洁效果及如何处理不达标情况。
⑪ 统筹所有的文件和时间计划，以便对其进行有效的程序管理。

应为所有参与清洁工作的人员制定一个专门的培训计划。清洁计划中的各部分工作都应由专人负责，常见的办法是由制定的专业化清洁人员进行洁净室表面清洁，也可由指派的受过清洁培训的操作人员进行部分表面的清洁工作。

洁净室表面的清洁计划是以常规清洁、定期清洁和紧急情况下的清洁来实现的，且洁净室表面的清洁作业基本上是以按计划定期清洁和一定频度的清洁作业进行的，有些针对洁净室内发生的"污染事件"的紧急情况作业，必须按规定要求迅速实施，不能按照"清洁计划"进行清洁作业，但应根据洁净室的实际状况和需求，按洁净室表面的清洁评估、风险评价等对"清洁计划"进行相应的调整。

4.4.2　清洁作业的实施

在国家标准《洁净室及相关受控环境 第5部分：运行》（GB/T 25915.5/ISO 14644-5）中对洁净室清洁计划中的常规清洁、定期清洁、紧急情况下的清洁频度、清洁方法等提出了建议。

（1）常规清洁　为降低污染转移到关键表面的风险应以适当的频度进行的所有洁净室表面的清洁工作，这些都属于常规清洁。依据风险评定的情况，洁净室的常规清洁工作可每天几次、每天一次或几天一次。工作时间在更衣区、通道和走廊等公共区域内可做的清洁工作很多，如清除垃圾、真空清洁、拖擦地面和擦拭表面。洁净室的每个房间均需要按其洁净度对产品或加工工艺的关键程度，制订出专门的清洁安排。

更衣和缓冲区的表面应每日至少清洁一次。这些区域因人员活动频繁，可能被严重污染，因此需要比运行中的洁净室更经常地清洁，以控制其洁净度并降低污染传播的机会。常规清洁将提高一般洁净室区域的洁净度，应按规定实施彻底的真空清洁与拖擦程序。洁净室的地垫和粘垫应按规定进行维护，并且应更加频繁，以防止污染迁移到洁净室内。

（2）定期清洁 洁净室内不做常规清洁的表面应定期进行清洁。根据需要可能应采取特殊的预防措施，以保证清洁过程中产品不受影响。许多洁净室表面应每周清洁一次或两次。进行定期清洁时，可能需将产品覆盖或从该区移出。

风险较小的洁净室表面可减少定期清洁次数。这种低频度的清洁应每月或更长的间隔一次。清洁工作安排中应反映出这类较低频度清洁的间隔期。

应按工作安排从上到下彻底地清洁全部洁净室设施。彻底清洁的地方包括存放区、服务区、管道和装配件。在较长洁净室的停止运行期内或周末、假日或计划内的设施停工期，常常适宜对设施进行彻底的清洁。连续运行的洁净室只是偶尔地停止运行时，才可进行彻底清洁，其时间可能不多，这时应强化清洁工作，在限时内完成任务。

（3）紧急情况下的清洁 洁净室应制定规程确保在发生大量污染的情况下，不会危及洁净室的正常运行以及产品生产工艺和洁净环境。应配备随时可用的器具和材料，以解决或控制任何可能发生的有害情况。确认存在污染风险的区域，应暂停洁净室各项运行，直至洁净度达到规定的水平为止。可能需要紧急清洁的情况有：环境事故，如动力设施故障、主要设备故障、产品破损、生物危害等；例行的清洁规程失效，使污染加重到不合格的程度；监控发现设施出现污染不合格的状况。

（4）洁净室不同区域的清洁工作 洁净室的清洁工作一般是从距离出口最远的区域开始，以确保表面再污染的机会降至最小。在有单向流的洁净室关键区，宜从距高效空气过滤器风口最近的处所开始，然后逐渐往外进行清洁工作。图3.4.7是洁净室关键区推荐的清洁方法，在洁净室的关键区一般不采用真空吸尘法，但若产品生产工艺可能会散发大量的纤维或大粒子时，可采用真空吸尘法进行初步清洁，再以擦拭法进行完整的清洁。图3.4.8是洁净室一般区域、"外区"推荐的清洁方法。在进行这些区域的清洁时，有时也可使用"洁净"水对表面进行最后清洁，以清除可能残留在表面上的清洗液或消毒液等。

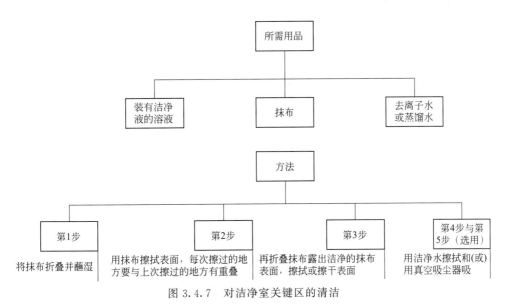

图3.4.7 对洁净室关键区的清洁

（5）洁净室建造阶段的清洁计划 为确保洁净室的施工建造质量，在建造过程中即时清除各类设备、管线以及各种表面的污染物，以避免污染物滞留、积聚，为洁净室正常稳定、可靠运行创造条件。表3.4.4是按洁净室建造的10个阶段列出的建造过程的清洁工作。

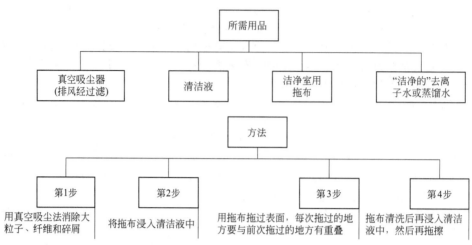

图 3.4.8　对洁净室一般区、外区的清洁

表 3.4.4　洁净室建造过程的清洁工作

阶段	目的	责任方	清洁方法	检查方法
第 1 阶段 拆除或建造初期（如安装墙壁、金属框架）的清洁	防止建造工作后期多余的尘粒积聚在某些难以到达的地方	若承包商在洁净室的清洁方面无相关经验，建议雇用专业洁净室清洁承包商	完工时进行真空清洁	目视检查清洁
第 2 阶段 安装动力设施期间的清洁	清除因电、气、水等的安装工作造成的污染	安装工程师	完工时进行真空清洁；用潮干抹布擦拭管道和固定件，应使用真空清洁或其他清洁材料	目视检查清洁
第 3 阶段 早期建造时的清洁	建造安装完工后，清除顶棚、墙面、地面、过滤器支架等表面的可见污染物	承包商	真空清洁；用潮干抹布擦拭管道和固定件；地面防护密封剂施工是产尘工序，应在此时进行	目视检查清洁
第 4 阶段 准备安装净化空调管道	安装管道前，将表面污垢用真空吸尘器和抹布清除掉；洁净室应形成正压	安装工程师	真空清洁；用潮干抹布擦拭	抹布擦拭检查清洁
第 5 阶段 安装空气过滤器之前的清洁	清除顶棚、墙和地面上沉积的或吸附的污染物	承包商	用潮干擦拭物擦拭	抹布擦拭检查清洁
第 6 阶段 将（HEPA/ULPA）过滤器安装到净化空调系统中	清除可能因安装作业造成的污染	洁净室 HVAC 过滤器工程师/技术人员	清洁各个表面上所有的边沿	抹布擦拭检查清洁
第 7 阶段 净化空调设备调试	清除气流中的悬浮污染物，创建带有过滤器的正压环境	洁净室 HVAC 过滤器工程师/技术人员	净化空调系统送风吹扫	抹布擦拭检查清洁
第 8 阶段 把房间提升到规定的洁净度等级	清除每个表面沉积或附着的污染物（顶棚、墙、设备、地面）	法规、规程和行为等受过专门指导的洁净室专业清洁人员	用潮干抹布擦拭	抹布擦拭检查清洁
第 9 阶段 安装验收	按规定的设计技术要求验证洁净室，需方验收	安装工程师与认证工程师	监测空气中悬浮的和表面的粒子以及风速、温度和湿度	抹布擦拭检查清洁，结果要与商定的设计标准相符

阶段	目的	责任方	清洁方法	检查方法
第 10 阶段 每日及定期的清洁	使洁净室与设计的洁净度等级保持一致。生物洁净室开始进行微生物清洁与检测	洁净室经理/清洁承包商	按规定的清洁方法	根据生产工艺和需方要求制定的洁净室清洁计划,对关键运行参数进行常规检测

注: 1. 第 4～10 阶段中,所有净化空调系统的部件,如空气过滤器、风管等,都应在塑料膜或金属箔包覆状态下运送到现场,只有在即将使用时才可去掉包覆物。

2. 第 6～10 阶段中,作业人员所有的活动都应穿着规定的洁净服。

4.5　清洁效果的监测

洁净室的设备、器具和设施的表面进行清洁后,应按规定进行测试、监测,包括表面粒子污染物、微生物污染的检测。清洁效果的检测应根据洁净室内产品及其生产工艺和洁净度的要求等选择合适测试、监测方法,并由业主制定洁净室内各个区域、各类表面的污染物检测限值,一般应采用合适的检测方法通过实际测量确定清洁后的洁净室表面是否达到"限值规定"。

洁净室各个区域、各类表面清洁后的检测方法,可采用目视检查、表面粒子探测器检测等。目视检查时,采用湿的黑抹布或白抹布擦过洁净室内给定的表面,抹布上就会沾上表面存在的污染物,这种方法可检测到可黏附在抹布表面的可视污染物,并可以此判定是否需要再清洁;还可使用胶黏带粘在洁净室给定的检测表面上再取下,然后以显微镜检测粘在胶带上的粒子粒径、数量。有些洁净室表面以彩色抹布擦拭,可能有助于检测某些类型的粒子。

检测洁净室各类表面也可采用仪器,将仪器采样头放置在被测表面的上方按规定的方向移动,即可由光学粒子计数器探测出污染粒子的粒径和数量。

为了测试洁净室表面的消毒效果,常用的检测方法是接触盘或接触条法(用于表面平坦的场所)和表面擦拭法(用于不是平坦表面的场所)。图 3.4.9 是接触盘。接触盘一般是直径为 55mm 的带盖圆盘。图 3.4.10 所示的琼脂接触条也可用于洁净室内表面的采样。将接触条从容器中取出用于表面采样,微生物会粘在上面,然后经培养就可对菌落进行计数。擦拭法采用棉签擦抹采样的表面,微生物就会粘在"棉签"上面,经培养就可对生成的菌落进行计数。

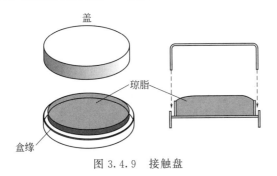

图 3.4.9　接触盘

图 3.4.10　接触条

对洁净度要求严格的高科技用洁净室要求在清洁后进行洁净度测试,由洁净室用户选择合适的洁净度检测、验证方法,由用户确定能保证洁净室的产品和生产工艺可接受的洁净度及其限值范围,通过实际测量来确定达到规定的限值。

黏胶带法。采用黏性胶带与被测表面接触，将黏附上被测表面粒子的胶带在生物显微镜下读值。美国测试材料协会（ASTM）标准 E1216-87 对此方法有详细的规定。

表面粒子检测法。采用表面粒子计数器来检测被测表面上的粒径与数量，在 IEST-RP-CC018.3 中对表面粒子计数检测有详细的建议。此法在某些产品生产工艺对表面粒子敏感的洁净室内使用。

检测生物洁净室表面微生物污染的方法主要有接触板法、表面擦拭法，前者用于平整表面，后者用于非平整表面。接触板法是采用平整表面采样，以浸渍有微生物培养基、富有弹性的圆形接触板与被测表面充分接触后，再将接触板上黏附的微生物冲刷至培养基上，经 37℃恒温条件培养后计数，所得菌落生成单位（cfu）即为相应于圆形接触板面积的微生物密度。表面擦拭法多用于不平整表面的检测采样，一般采用湿润的无菌棉签、棉球擦拭被测的凹凸表面，然后将棉签、棉球置于培养液中再涂在培养基上，经 37℃恒温培养后按规定检测所生成的菌落数，即为被擦拭表面的微生物菌落数。

第5章 洁净室的设备、材料管理

5.1 概述

洁净室内的设备类型有多种，主要的固定设备是生产工艺设备和仪器，这些设备依据洁净室内产品的不同，差异巨大。微电子产品生产用洁净室内的生产工艺设备大多属于精密、贵重设备、仪器，如光刻机、刻蚀机、等离子注入机、外延炉等；生物制药、生物实验室用洁净室内既有一些精密仪器设备，也有一些大型设备，且对微生物的控制十分严格。本章不可能对洁净室内这些众多的设备分门别类描述其管理维护要求，为此只能对洁净室内的固定设备（包括生产工艺设备、仪器的搬入、运输和进出等的管理）进行描述，提出一些要求供读者参考。

洁净室内运进移出的所谓"材料"也是多种多样的，包括各类耗材和一次性物品，产品生产和清洁用材料、工器具以及便携设备。上述各种"材料"的选择、运输和存放均应根据洁净室内的产品生产工艺及其要求的洁净度等级提出管理要求。对于生物制药、生物实验室等生物洁净室，还应按规定进行灭菌或消毒。

洁净室中使用的设备，应尽可能地在洁净条件下制造，所有进入洁净室的设备其包装方式均应满足应用它的洁净室的要求。各类设备、材料在搬入、运输过程均不应给洁净环境带入或增加污染物；对于搬入"空态""静态"洁净室的各类设备都应按规定正确地拆开包装并进行清洁，若未进行正确的拆包和清洁，即使搬入后也将可能为确保洁净环境不能承受的污染进行更多的、大量的清洁工作。对于搬入"动态"状态洁净室的设备，由于"动态"洁净室中正按产品生产工艺对空气洁净度等要求的洁净环境进行产品生产，因此若因对搬入设备的清洁或特殊要求的处理不到位，将会使洁净室的相关部位甚至整个洁净环境面临被污染的风险，可能危及正在加工的产品质量甚至出现次品或废品，这样不仅大大增加清洁工作，若经检测洁净室的洁净度或运行参数已不能满足产品生产工艺要求，严重时甚至需停工进行处理。本章主要是对洁净室内固定设备的搬进、移出、安装、运输以及维护修理和材料、物品、便携工具器具的进出等方面的管理、清洁工作进行介绍、表述，供读者参考。

5.2 固定设备

5.2.1 搬运和进/出管理

（1）概述 洁净室/洁净厂房内的固定设备种类很多，表述会十分繁杂，洁净厂房/洁净室的建造、运行目的是确保产品生产环境的洁净度要求，为此本节仅以影响产品生产洁净环境的洁净室内固定设备的出入和搬运、安装、可能产生的污染、清洁方法和维护修理等方面进行描述，对于洁净厂房必须配置的公用动力设施的各类设备在有关的书刊中都有内容丰富的描述、规定。

本节涉及的是洁净室内大型的、在洁净室就位后固定不动或相对固定的设备。洁净室的固定设备通常是将产品及其工艺过程覆盖或封闭；所谓的固定设备可能是自动机械加工设备、隔离装置、排风设施及其他"大型"装置。一般来说，这类设备一旦安装到位，再次移动是相当不易的。

洁净室中使用设备的包装方法应符合使用它的洁净室的要求。为此，洁净室的管理、洁净室建设施工安装管理都应认真制定固定设备的进/出洁净室管理规定、搬运要求、安装和维护修理规定等，并应制定相应的执行、奖惩规定，以确保洁净室的洁净环境，固定设备安全、可靠稳定地运行。

（2）固定设备进/出管理　固定设备进入洁净室的过程不应增加污染。进入"空态"或"静态"洁净室的设备应正确地拆除包装与清洁，事后要进行大量的清洁工作。若需将设备移入"动态"洁净室前应有特殊、专门的规定，否则不仅使洁净室面临被污染的风险，还可能危及正在加工的产品。这样不仅加大清洁工作，还可能按规定重新进行检测，洁净室才能恢复正常运行。

在国家标准《洁净厂房施工及质量验收规范》（GB 51110）中对洁净室内生产工艺设备的施工安装作出的有关规定主要是：

生产工艺设备安装前，洁净厂房净化空调系统应已连续正常运行48h，照明系统已正常工作，且现场应有便捷电源供应；大型、特殊要求的生产设备，应按设计要求在净化空调系统安装前就位；洁净室（包括风淋室）应已启用，并应建立洁净厂房设备安装管理操作规程。洁净室内的生产设备除大型设备外，应在洁净室（区）"空态"验收合格后进行安装。为防止在拆除生产设备外包装、内包装的过程和表面不清洁等，给洁净室（区）带来污染以及在生产设备搬运过程可能对已经过"空态"验收的洁净室（区）带来不良影响或损坏洁净室（区）的墙体、地面，对拟搬入洁净室（区）的生产工艺设备拆除包装和设备的搬入、搬运通道以及搬运机具做出的主要规定是：生产设备从搬入平台经搬入口、气闸室至洁净室（区）搬运时，若搬入设备的最大件无法通过预留的门洞，可保护性拆除门或洁净室隔断，并应在设备搬入后再恢复到原有状态；沿搬运路线的门框、墙角等处应设保护措施。

在活动地板上搬运设备时，应敷设软塑料保护层和不锈钢板或铝合金板；当搬运重量超过活动地板的承载能力时，应根据现场实际情况采取加固措施，并应采用不产尘的材料。洁净室（区）内搬运生产设备，宜采用搬运车或气垫搬运装置。搬运时应控制其行进速度不得大于1m/s。

设备开箱拆除外包装应在设备搬入平台上进行，并不得破坏内包装；设备的内包装应在气闸室前拆除，拆除前应先用吸尘器、洁净布清除内包装外表面的尘粒。

在GB/T 25915.5/ISO 14644-5中对进/出洁净室的固定设备作出的有关要求主要有：

检查并拆除非洁净包装。应检查所有设备在运输中有无损坏，若存疑或已损坏，应在洁净室外进行隔离或保护，等待适当处理。应尽量在邻近洁净室的非受控环境中拆除运输包装的封板条箱等。在运进受控环境前，都应先拆除所有硬纸板和严重脱屑的包装材料。如果不带外包装，则设备的所有表面都应进行预清洁；当设备过大时，需要采取专门的规定，宜将设备移入专用的缓冲区内进行清洁，并应采用临时墙板将该缓冲区与周边的洁净室或其他受控区隔离。

拆除洁净包装。设备应按步骤进行拆包，以防止污染物进入洁净室。设备移入洁净室前，可在洁净室邻近的受控缓冲区或临时修建的专用辅助房间内，拆除最外层的薄膜包装材料，并进行清洁工作。拆包装过程中应遵循的步骤如下：对外保护层进行真空清洁，从顶部表面开始向下侧顺序进行；用适当的清洁剂擦拭保护层；应在外层包装膜的顶部切开一个"I"形的口子，从顶部向底边剥离，然后把包装膜的底边提起，并与侧面的包装膜一起剥下；对其他各层包装膜都应重复上述的步骤。设备的所有外表面都应彻底清洁；所有从洁净室进入缓冲区的人员都应穿着规定的洁净服；为将设备运入洁净室，在打开缓冲区靠洁净室一侧的门之前，应先清洁缓冲区。

对大型设备应拆卸到能安全移入的尺寸，使其对人员和洁净室的风险最小，应防止大型部件与固定表面及其他工具接触，这是因为可能会造成物理损伤和污染。任何用于大型设备提升、牵引或定位的专用设备，都必须彻底清洁方可进入洁净室。通常这类设备可能不是专为洁净室设计并受到相应维护的，因此应彻底检查有无脱屑、表面剥落现象，或有无不宜进入洁净室的材料。通常应采用适合于洁净室的塑料薄膜或带子将这些设备包缠、密封起来，使其符合洁净室的使用要求。可用洁净室专用胶带包住软橡胶轮，以免在地面上留下橡胶或塑料的颗粒物。

固定设备从洁净室运走时，日常清洁不到的内部或表面的污物往往可能被扰动起来或散落下来，在设备运出前必须拆卸的，更是如此。应在运出前和运出过程中对这类设备采取隔离、清洁和包覆等措施，以免污染周围的洁净室（区）。若污染物具有危害性，还会涉及法规的规定，应严格执行相关规定。

5.2.2 固定设备的安装

① 在 GB/T 25915.5/ISO 14644-5 中要求洁净室内固定设备的安装，应根据洁净室的设计和用途确定设备的安装方法；理想的方法是，在设备安装期间关闭洁净室，并留有能满足设备运进所需宽度的门或在墙板上预留通道，以让新设备通过并进入洁净室。为防止安装期间邻近的洁净室区域受到污染，应采取防护措施，以确保洁净室仍符合其洁净度要求所需的后续清洁和检测工作。

② 若设备安装期间洁净室的工作不能停，或有结构需要拆除，必须将正在运行的洁净室与工作区进行有效隔离；可采用临时隔离墙或隔断围挡。为不妨碍安装工作，设备周围应留有足够的空间。若条件许可，可通过服务通道或其他非关键区进入隔离区；如不可能，应采取措施尽量降低安装工作所产生的污染影响。该隔离区应维持等压或负压。隔离区内应切断洁净送风，避免对周围的洁净室形成正压。如果只有通过相邻的洁净室才能进入隔离区，则应采用粘垫，清除鞋上携带的污物。一旦进入隔离区后，可使用一次性靴子或套鞋及连体工作服以免污染洁净服。离开隔离区前应脱下这些一次性物品。

应制定设备安装过程对隔离区周围区域监测的方法并确定监测频度，确保检测到可能泄漏至相邻洁净室的任何污染。

隔离措施设置后可架设各种所需的公共服务设施，如电、水、气体、真空、压缩空气和废水管道，应注意尽可能控制并隔离作业产生的烟尘和渣屑，避免因疏忽扩散至周围的洁净室，还应便于拆除隔离屏障前进行有效的清洁。公用服务设施符合使用要求后，应按规定的清洁规程对整个隔离区清洁去污。包括全部的墙、（固定的和可移动的）设备及地面在内的所有表面，都要进行真空清洁、擦拭和拖擦，并应特别注意清洁设备护板后面及设备下面的区域。

依据洁净室和安装设备实际状况可进行设备性能的初步测试，但最后的验收检测应在完全具备洁净环境条件时进行。

根据安装现场状况可开始小心地拆除隔离墙；如已关闭洁净送风，则将其重新启动；应慎重选定进行这阶段工作的时间，以尽量减少对洁净室正常工作的干扰。此时可能需要测量空气悬浮粒子浓度是否满足规定要求。

③ 设备内部及关键的工艺腔室的清洁与准备工作，应在正常的洁净室条件下进行。与产品接触或与产品输送有关的所有内腔室及所有表面都要进行擦拭，使其达到要求的洁净程度。设备的清洁顺序应是从顶到底，如有粒子扩散，较大的粒子因重力将落到设备的底部或地面上。清洁设备的外表面，顺序也是从顶到底。必要时，应对产品或生产工艺要求属于关键性的区域，进行表面粒子检测。

④ 鉴于洁净室的特点，尤其是高科技洁净室大面积、高投入、高产出的特点和十分严格的洁净度要求，在这类洁净厂房内生产工艺设备的安装更加具有一般洁净厂房没有的特定要求。为此，在 2015 年发布的国家标准《洁净厂房施工及质量验收规范》（GB 51110）中对洁净厂房内生产工艺设备的安装作了一些规定，主要有以下内容。

为了防止在生产工艺设备的安装过程中给已进行"空态"验收的洁净室（区）带来污染甚至损坏，其设备的安装过程不得有超范围的振动、倾斜，不得划伤及污染设备表面。

　　为使洁净室（区）内生产工艺设备的安装做到有序和无尘或少尘作业，并能遵循洁净厂房内的洁净生产管理制度，做到在生产设备安装过程保护好已经按"空态"验收的各项"成品""半成品"，安装过程所必须使用的材料、机具等不得散发或可能产生（长期地包括在洁净室正常运行中）对所生产产品有害的污染物，应采用无尘、无锈、无油脂且在使用过程中不产尘的清洁材料。

　　应以洁净、无尘的板材、薄膜等材料保护洁净室（区）的建筑装饰表面；设备垫板应按设计或设备技术文件要求制作，如无要求时应采用不锈钢板或塑料板。

　　独立基础和地板加固用碳钢型材应经防腐处理，表面应平整、光滑；用于嵌缝的弹性密封材料应注明成分、品种、出厂日期、储存有效期和施工方法说明书及产品合格证书。

　　洁净室（区）使用的机具不得搬至非洁净室（区）使用，非洁净室（区）使用的机具不得搬至洁净室（区）使用，洁净区使用的机具应做到机具外露部分不产尘或采取防止尘埃污染环境的措施；常用机具在搬入洁净区前应在气闸室进行清洁处理，应达到无油、无垢、无尘、无锈的要求，并应经检查合格贴上"洁净"或"洁净区专用"标识后搬入。

　　洁净室（区）内的生产工艺设备需安装在活动地板等"特定地面"上的设备基础一般应设置在下技术夹层地坪上或混凝土多孔板上；安装基础所需拆除的活动地板，经手持电锯切割后的钢结构应予加固，其承载能力不应低于原承载能力。当应用钢制框架结构的独立基础时，应选用镀锌材料或不锈钢材料制作，外露表面应平整、光滑。

　　洁净室（区）内生产工艺设备的安装过程需在墙板、吊顶和活动地板开洞时，其开洞作业不得划伤或污染需保留的墙板、吊顶板表面，活动地板开口后不能及时安装基础时，应设安全护栏并设危险标识；生产设备安装后，洞口四周间隙应进行密封处理，并应做到设备与密封组件为柔性接触；密封组件与壁板的连接应紧密、牢固；工作间一侧的密封面应平整、光滑。

5.2.3　维护和修理

　　（1）概述　洁净厂房内与洁净室的洁净环境密切相关的固定设备主要是洁净室内的生产工艺设备和为达到洁净度要求设置的净化空调系统设备，对于洁净厂房设置的净化空调系统设备运行过程的维护管理国内外的相关标准规范中都有相似的规定，虽然因条件、应用目的，各国或地区法律法规甚至是思维、理念的差异，存在一些不同，但相似或相同还是占比较高的，比如：洁净室内的洁净度——空气中尘粒限值证明持续达到规定的检测周期，等于和严于 ISO 5 级的洁净室（区）不得超过 6 个月，而 ISO 6～9 级是不超过 12 个月；在 GB 50073 中要求的空气中尘粒限值的监测频度，洁净度等级 1～3 级是循环监测，4～6 级是每周一次，7 级是每 3 个月一次，8 级和 9 级是每 6 个月 1 次。

　　洁净室（区）的送风量或风速和压差证明持续达到规定的检测周期，对于各种洁净度等级均为 12 个月；在 GB 50073 中要求，洁净室的温度、湿度监测频度，洁净度等级 1～3 级是循环监测，其余等级是每班 2 次；洁净室的压差值监测频度，洁净度等级 1～3 级是循环监测，4～6 级是每周 1 次，7～9 级是每月 1 次。

　　在 GB 50073 中还对净化空调系统中的高效过滤器更换提出了要求，下列任何一种情况均应更换高效空气过滤器：气流速度降到最低限度，即使更换初效、中效空气过滤器后，气流速度仍不能提高；高效空气过滤器的阻力达到初阻力的 1.5～2 倍；高效空气过滤器出现无法修补的渗漏。

　　（2）固定设备的维护和修理　固定设备的维护、修理过程及其方式，应控制并尽量减少对洁净室洁净环境的可能污染。洁净室管理规定应以文件作出设备的维护和修理规程，确保实现对洁净环境的污染控制，并应制定预防维护工作计划，以实现在设备部件成为"污染源"之前进行维护或更换。

　　固定设备如不维护，将随时间的推移而磨损、变脏或散发污染，预防性维护可确保设备不会成为污染源。维护和修理设备时，应采取必要的保护/防护措施，不能污染洁净室。良好的维修应包括对外表面的去污，若产品生产工艺要求，还需要对内表面去污；不仅应让设备处于工作状态，清除其内外表面污染的步骤也应与工艺要求相符。

有助于控制固定设备维护时产生污染的措施主要有：应尽可能将需维修的设备移出所在区域后再维修，以降低造成污染的可能；若有必要，应将固定设备与周围的洁净室适当隔离后，再进行重大的修理或维护工作，或者已将所有加工中的产品移到适当的地方；应适当监测与所维修设备相邻的洁净室区域，确保有效控制污染；在隔离区内工作的维修人员不应与正在执行生产或工艺流程的人员接触。

在洁净室内维护或修理设备的所有人员都应遵守为该区域制定的规章制度，包括穿着批准用于洁净室的规定的洁净服，维修完成后对该区及设备进行清洁。

在技术人员需仰卧或趴到设备下面进行维修前，应先弄清设备、生产工艺等状况，在工作前先对化学品、酸或生物危险品的情况进行有效的处置；应采取措施保护洁净服不与润滑油或工艺用化学品接触，还应避免被锐边撕裂。

维护或修理工作所用的全部工具、箱子和小车，进入洁净室前应彻底清洁。不允许带入生锈或被腐蚀的工具。如在生物洁净室中使用这些用具，可能还需要对它们进行灭菌或消毒；技术人员不应将工具、备用零件、损坏的零件或清洁用品，放置在为产品和工艺材料准备的工作表面附近。

维修时应注意随时进行清洁，防止污染积聚；应定期更换手套，避免因手套破损使裸露的皮肤接触洁净的表面；如需要使用非洁净室用手套（如耐酸、耐热或耐划型的手套），这些手套应适合洁净室，或外面再套上一副洁净室手套。

进行钻、锯作业时应使用真空吸尘器。维修和建筑作业通常都要使用钻、锯，可采用专用遮罩将工具及钻、锯作业区遮蔽起来；地面、墙、设备侧面或其他这类表面上钻孔后留下的开敞孔洞应正确地密封，防止污物进入洁净室。密封方法包括使用填堵料、黏合剂和特制密封板。维修工作完成后，或有必要验证那些经过修理或维护的设备表面洁净度。

5.3　材料和便携设备

5.3.1　选择和类型

（1）选择和检查　易于运进运出洁净室的物品，如消耗品与一次性物品、生产与清洁用材料、手工工具以及便携设备等，若选择、搬运或存储不当，将可能危及洁净室的洁净度。对于生产医药、生物制品用洁净室，还应考虑对重复使用的物料以及便携设备的灭菌或消毒要求。

为保护洁净室不受污染，选用的材料应具有下列主要特性：材料表面和可活动部件应尽量少脱落或产生污染物；表面清洁、无破裂、无渗透；但也有例外，如洁净室用抹布，不会因剥落或分割而产生的污染最少；还应有适用于洁净室的包装，应符合洁净环境的要求。

依据洁净室的生产工艺要求和使用目的及用途确定的其他要求，如：不得含无需的化学物（如酸、碱、有机物）；抗静电特性合格；释放气体量很少，无微生物；能适应洁净室的消毒与灭菌处理。

应按照需方和供方的合约规定，实施初步检测和核实，对进入并在洁净室中的使用要求，确认为供方所实施的检测的有效。但某些应用场所，在进入洁净室或使用前，可能还需要对某些材料再检测。所有的检测标准和采样方法均应有完整的文件记录。

待检查验收的材料，应存放在安全的地方，防止未经授权而被使用。生物敏感性材料可能需要严格的检疫措施。检测设备和检测方法都应有完整的文件记录。应规定验收限值，并应指派专人进行最后验收或对不合格的材料进行处置。

应制定一套规程与供方就初步检测中的相关问题进行沟通。作为回应，供方应提供改进质量的计划并避免再次发运不合格的材料。供方对已批准在洁净室内使用的材料或供应品做重大改变时，应事先通知需方。应定期审核评估的方法和技术。当资料证实供方具有良好的质量记录时，可取消某些检验。

（2）材料和便携设备的类型　在洁净室使用的各种物料、便携设备均应满足其洁净度等级所要求的各项具体规定，通常根据所用材料、便携设备在洁净室内的实际用途及其要求，会有所不同或者存在差异，应选用在使用过程或者洁净室的产品生产中可控制洁净环境的被污染，并能保护或者不会污染生产工艺的物料。洁净室常用的材料、便携设备主要有如下类型。

1）洁净室地垫和粘垫。洁净室的地垫和粘垫是一道人员进入洁净室（区）控制鞋所携带污染物的屏障，地垫/粘垫能否有效清除鞋底所携带的污物，其尺寸与位置（尤其是其长度）是重要因素。地垫/粘垫主要有两类：一类是一次性的——带有多层黏性塑料薄膜，黏面朝上，薄膜层踩脏后应即时揭下、丢弃；另一类是可反复使用的——有弹性的聚合物垫子，表面自带黏性，踩脏后可清洁复用。

2）清洁容器与包装。洁净室待使用或加工的敏感材料及产品，通常采用清洁容器运进、运出洁净室或进行隔离。容器表面的洁净度及其隔离性能应与材料的用途相关。为避免使用过程中的污物聚积，需要经常清洁容器。重新使用前可能需要特殊清洁，并验证其洁净度。

保护或包装洁净室制成品所用的材料应是洁净的，并应适合在洁净室使用。选择材料时，应以产生粒子情况、微生物污染情况、静电特性、释放气体情况和其他关注事项为依据。洁净室内所用的胶带应既具有黏性，取下时又极少留下残余物。

3）手工工具、工具箱和维护用具。洁净室应用的手工工具应适合洁净度级别及其所接触的产品、固定设备与产品生产工艺。应保持它们的清洁，免受任何种类的污染。放置工具和其他维修或检测设备的箱子、盒子是常被忽略的污染源，应采用不产生或不散发污染物的不锈钢或合成材料制造。应避免使用任何可能产生污染的模制嵌入件或分隔件，如发泡塑料，覆有乙烯的木头或密度板（木屑板）等。应按计划定期将工具和仪器取出对箱子进行彻底清洁，以保证洁净度。工具和仪器也应清洁后，方能再放入工具箱或盒中。工具箱或盒应尽可能放置在洁净室内，若要拿出洁净室也绝不能在洁净室外打开。重新放回洁净室之前，要对其外部进行彻底清洁。

4）安全用品/设备。洁净室内使用的安全用品及设备，如防化手套、围裙、面防护和臂防护、独立呼吸器具、化学吸附填充物和灭火器等，应按安全要求及适合洁净室使用的要求进行符合规定的选择。

5）书面文件。洁净室内使用的书面文件，应控制书面文件对洁净度的污染。要依据洁净室的用途及洁净度等级，决定文件的去污方法。纸张及纸制品会污染洁净室，所有文件都应打印在不掉纤维的、适合洁净室使用的介质上，或用塑料薄膜双面热塑。选择这些材料的相关资讯可参见IEST-RP-CC020.2的要求。用这种介质做成的标签、日志、设备维修手册、报告和笔记本等也应加以控制、尽量少用。不干胶标签从表面揭掉后留下的残迹应极少。

书写工具可成为洁净室、产品或工艺的污染源。不应使用铅笔、橡皮、毡头笔及可伸缩笔，应使用适合于洁净室环境的、带永久性油墨的不可伸缩圆珠笔。

6）电子文件。将计算机用于工作中可去除许多污染源，如记录簿、日志、工艺文件等。计算机及其外部设备的安装和使用，应适合于洁净度等级及其在洁净室内的位置。计算机内部通常有冷却风机，应考虑其排风对洁净室及计算机周围关键表面的影响。依据洁净度的要求，排风可经由小型过滤装置或用管道直接排至回风系统。键盘按键四周有凹槽，可能积存并释放颗粒物。可用柔性薄膜或罩子盖在键盘上，既便于清洁，又可减少污染。与计算机相连的打印机应适当地予以包覆或隔离，并以类似的方法处理排风。维护打印机时要小心，防止打印作业所产生的、残留在机内的污染物散发出来。

洁净室内还会涉及许多其他物料，其中包括生产工艺中直接使用的物料。对这些物料的使用及其对于洁净度的影响，其散发的污染物应尽量少。各种物料应按规定的方式运入洁净室并予以控制，它们应符合产品及其生产工艺的要求。

5.3.2　进/出洁净室的管理

（1）运入的管理

1）拆包和运入管理。进入洁净室的材料不应污染洁净室，进入洁净室的材料和供应品，应遵守与固定设备进入管理相似的规定。只有满足洁净室洁净度等级和用途相关要求的材料和便携设备，才可进入洁净室。只有去掉其产生污染的外包装如木头、硬纸板、纸和其他材料后，才能进入受控区或洁净室环境。此时，还不能拆除塑料膜内包装。进入拆除洁净室内包装用的受控环境或特定区域前，先用洁净室专用潮干抹布擦拭内包装，清除外包装上留下的可见污染物。

对各种无包装的便携设备都应进行认真的清洁，然后才能移入洁净室；并应在邻近洁净室的指定缓冲区完成最后的擦拭，而不应在更衣区进行这项工作，以免污染洁净服。进行该项工作的地方应有随时可用的作业面和擦拭材料，以对运入洁净室物品的所有外表面进行清洁。在此处可除掉双层内包装的外层，并将其放入专用垃圾容器内。只有在使用材料或物品时，方可拆除其内层包装。

包括小推车在内的任何带轮的便携设备，均应经彻底清洁后再进入洁净室。清洁时不应忽略轮子的表面，它可能将大量的污染物直接带到洁净室地面。粘垫或地垫有助于避免这类问题。

正确穿戴了洁净服的洁净室人员，可从洁净室进入传递区并将这些物品带入洁净室。成批或大件物品应使用清洁的小推车运入洁净室。

2）管道运入物料。洁净室的产品生产过程所需的化学品、压缩气体和纯水等物料一般通过管道送入洁净室。这类物料向生产工艺设施的输入和使用应符合有关规定。

（2）存放　物料在使用前如果存放不当，可能受到污染或失效。良好并受控的存放方式对保持其有效性十分关键。存放环境应保护材料不退化，不受污染。如存放不当，积存在洁净室的待用材料将将成为污染隐患。各类物料的存放应依据各自的特性、环境条件等制定存放规程。

某些级别和类型的废弃材料要储存在洁净室内，直至其达到规定的限定条件。这些限定条件由管理机构为洁净室制定，或在回收计划中予以规定。为此可能还要使用专用的容器。

（3）材料与便携设备运出管理　人员离开洁净室，许多个人用品应按规定带出洁净室，包括笔记本、笔、手工工具及其他小型便携设备。这些物品应采用经批准的塑料袋或其他手段加以保护，防止被污染。这样，也便于把它们重新带回洁净室。

洁净室内的某些废弃材料和便携设备可能有对相关人员及其服装传播、散发污染物的风险。对这些材料应完全隔离后再运走，并且彻底清洁相关区域后，人员及其工作方可继续进行。这些物品经包装后通常应通过物料缓冲区运出洁净室，不得通过人员更衣区运出。

第6章 洁净室的张贴物与标识

6.1 简述

6.1.1 张贴物与标识的类型

　　洁净室的张贴物与标识是洁净室运行管理的重要内容。洁净室的张贴物是指洁净室悬挂的工艺管线流程、洁净厂房的平面布局、设备操作流程、安全逃生路线图、各种管理规定、规章制度等各类文字内容、图纸内容的总称。张贴物在不同的安放场所，所使用的材质不同，但均应满足洁净室的要求。标识是指对现场的实物流向、种类、危险性等进行的标示，可以是文字加箭头（如管道介质的流向标识）、箭头标签（如安全逃生路线标识），也可以是图形符号形式的（如各类警示标识、编号标识、资产识别标识）等。实施洁净室的张贴物和标识管理目的是用以指导洁净室内人员的活动、作业和行为规范，保证洁净室正常运行，保障人身财产安全，预防各类事故发生。

　　当洁净室内的一个物体被一种词语名称贴上标识时，人们就会对它作出印象管理，使人的活动、作业和行为与所贴的标识内容相一致。这种现象因为是贴上标识后引起的，故称为"标识效应"。心理学认为，之所以会出现"标识效应"，主要是因为"标识"具有定性导向的作用，无论是"好"是"坏"，它对一个人意识的认同都有强烈的影响作用。当按规定给某个物体或行为"指向"贴标识的结果时，常常会使人们认知或意识其标识所示的警示或行为方向目标或安全路径。

6.1.2 洁净室张贴物与标识的基本要求

　　洁净室的标识应选择不产尘、不褪色、不脱落、不霉变、不滋生细菌、防水、耐酸碱、耐高温低温、对人体无害的材料；张贴物的材料可根据需要选择，但不得对洁净室造成危害和散发污染物。

　　表述的语言应简洁明了，目的/目标明确、通俗易懂，并关注人性化；应根据洁净厂房/洁净室布置、产品生产工艺要求等合理选择张贴场所，不得影响洁净室的正常运行和空间美观、标识效果；标识与实物对应准确，安全、醒目，美观实用；中文或英文对应准确、通用；颜色搭配合理，尽量与洁净室整体协调，并应严格遵守有关标准规范的规定；根据需要，某些场所宜选择具有反光性能的色环标识；标识方向正确，尺寸大小合适，并应遵守有关标准规范的规定；箭头色环通常与标识颜色相同。

6.2 张贴物与标识的内容

6.2.1　张贴物

洁净厂房/洁净室的张贴物应依据业主的需要/管理理念、产品生产工艺/运行使用要求、具体工程项目的布局/布置状况、洁净环境条件和洁净度等级等因素确定其内容。张贴物的内容主要包括下列图、表或在有必要仪器、设备和工器具上名称、责任制等的张贴。

　　① 企业及产品和重要公示的宣传（告示）栏。
　　② 产品质量目标、产品质量状况（允许或需要时）。
　　③ 企业的洁净技术要求或技术原理（原则）。
　　④ 洁净厂房、洁净室的管理规定（应公示部分）。
　　⑤ 洁净厂房、洁净室平面示意图（允许或需要时）。
　　⑥ 洁净室人净流程图。
　　⑦ 洁净厂房、洁净室安全疏散规定，并附安全疏散路线图。
　　⑧ 消防安全报警须知，必要时附消防装置、人工报警器等设置处所的示意图。
　　⑨ 各类人员进/出洁净室的管理规定。
　　⑩ 洁净服穿着方法（程序，必要时照片或图示）。
　　⑪ 人员净化的空气吹淋室、更衣柜、洗手和吹干等设施管理、使用规定。
　　⑫ 洁净厂房、洁净室涉及危险品、安全保护设备和物品等的存放处所张贴名称、危险等级、安全须知、责任人等。
　　⑬ 依据需要在不同场所张贴各类必要的张贴物。

6.2.2　标识（标签）

（1）标识种类　洁净厂房/洁净室依据产品及其生产工艺要求、使用要求等的差异，应该设置的标识种类不同，且种类较多。一般在洁净厂房/洁净室内设置的标识种类主要如下。

　　① 资产类标识，如各种类型的设备、仪器、工器具等（必要时）。
　　② 安全设施（含消防、防毒、报警等）的标识。
　　③ 危险化学品、各类压缩气体、特种气体等的危险标识。
　　④ 各种流体、工艺介质等输送管道的介质、流向标识。
　　⑤ 电气设施（包括输配电、防雷和防静电等）的标识。
　　⑥ 环境保护设施［包括排气（废气）管道和处理设备、废水（排水）管道及处理设备］的标识。
　　⑦ 依据需要，为确保洁净厂房/洁净室正常运行、安全稳定运行应设的其他标识。

目前涉及"标识"的国家标准主要有《安全色》（GB 2893）、《消防安全标志 第1部分：标志》（GB 13495.1）、《化学品分类和危险性公示 通则》（GB 13690）以及《工业管道的基本识别色、识别符号和安全标识》（GB 7231）等。洁净厂房/洁净室的各类标识应该均与上述标识相关，可能还有一些国家标准、行业标准中的有关规定会与某一洁净厂房/洁净室生产的产品及生产工艺相关，尚需在其制定本企业的"标识"时遵循实施，因此每个企业的洁净厂房/洁净室在制定本企业的"标识"规定时既应充分考虑通用性标准，如消防安全、危险化学品等，又要十分关注本企业的产品及其生产工艺特点，如微电子产品企业生产过程中使用的多种特种气体易燃、有毒，做到准确地、合理地、科学地采用各个"标准"中相关"标识"规定的图标、标注方式（含尺寸大小等）。图 3.6.1 是从有关标准中摘录的部分安全标识示例。图示中有的属于通用的，且容易被人们执行的具有"直觉"的"标识"。

必须戴防护眼镜　　　　必须戴防护手套　　　　必须戴防毒面具　　　　氧化剂

禁止堆放　　　　禁止停留　　　　禁止放易燃物　　　　禁止跳下

图 3.6.1　相关安全标识示例

（2）标识案例

1）消防安全标志。在国家标准《消防安全标志 第 1 部分：标志》（GB 13495.1）中对标志根据其功能分为火灾报警装置标志、紧急疏散逃生标志、灭火设备标志、禁止和警告标志、方向辅助标志和文字辅助标志共六类。消防安全标志由几何形状、安全色、表示特定消防安全信息的图形符号构成。表 3.6.1 是以上构成内容的含义。对于"标志"的常用型号、尺寸及颜色等要去在该"标准"中也做出了相应的规定。

表 3.6.1　标志的几何形状、安全色及对比色、图形符号色的含义

几何形状	安全色	安全色的对比色	图形符号色	含义
正方形	红色	白色	白色	标示消防设施 （如火灾报警装置和灭火设备）
正方形	绿色	白色	白色	提示安全状况（如紧急疏散逃生）
带斜杠的圆形	红色	白色	黑色	表示禁止
等边三角形	黄色	黑色	黑色	标识警告

2）化学品分类、警示标签。我国发布了多项化学品分类、警示标签和警示性说明安全规范，如"易燃气体"（GB 30000.3）、"易燃液体"（GB 30000.7）、"氧化性气体"（GB 30000.5）、"氧化性液体"（GB 30000.14）等。这些标准与联合国发布的《化学品分类及标记全球协调制度》（GHS）的一致性程度为非等效，其有关技术内容与 GHS 中一致，在标准文本格式上按 GB/T 1.1 的规定进行了编辑性修改。例如国家标准《化学品分类和标签规范 第 3 部分：易燃气体》（GB 30000.3）对易燃气体的术语和定义、分类、判定流程和指导、类别和警示标签、类别和标签要素的配置及警示说明做了一般规定。表 3.6.2 是该标准中的易燃气体类别和警示标签。

表 3.6.2　易燃气体[①]类别和警示标签

危险类别	分类	警示标签要素	
1	在 20℃和标准大气压 101.3kPa 时的气体：当与空气中的混合物中按体积占 13%或更少时可点燃的气体或不论易燃下限如何，与空气混合，可燃范围至少为 12%的气体	图形符号	🔥
		名称	危险
		危险性说明	极易燃气体
2	在 20℃和标准大气压 101.3kPa 时，除类别 1 中的气体之外，与空气混合时有一定易燃范围的气体	图形符号	不使用
		名称	警告
		危险性说明	易燃气体

① 气溶胶不应分类为易燃气体，见 GB 30000.4。

注：在有法规规定时，氨和甲基溴化物可视为特例。

3）管道标识。在洁净厂房/洁净室中各种介质的管道种类很多，有些管道内的介质可能在《工业管道的基本识别色、识别符号和安全标识》（GB 7231）中对应不上，所以在电子工业洁净厂房设计、建设中为了适应实际需要，依据有关标准规范的规定、要求做了电子工业洁净厂房的常用管道标识。表3.6.3是电子工业洁净室常用的管道标识举例，可供洁净室运行管理者使用。对于管道标注名称，可以将介质的英文或者英文代号标识上去。图3.6.2是管道标识示例。

表3.6.3　电子工业洁净室常用的管道标识举例

序号	介质名称	底色	管道注字名称	注字颜色
1	循环上水	绿	循环上水	白
2	循环下水	绿	循环回水	白
3	软化水	绿	软化水	白
4	工业水	绿	上水	白
5	生活水	绿	生活水	白
6	消防水	红	消防水	白
7	冷冻水（上）	淡绿	冷冻水	红
8	冷冻回水	淡绿	冷冻回水	红
9	低压蒸汽	红	低压蒸汽	白
10	空气（压缩空气）	深蓝	压缩空气	白
11	氧气	天蓝	氧气	黑
12	氢气	深绿	氢气	红
13	氮（高压气）	黄	高压氮	黑
14	真空	白	真空	天蓝

通常洁净室内的标识材料应选择自黏性乙烯材料或聚苯乙烯材料，它可以用于任何干净、干燥的表面，适用于各种温度（−40～80℃）和湿度环境，只要去掉底纸就可以快速地应用于弯曲或粗糙的表面。该材料适用于长期应用，能达到7～10年，并且有良好的耐褪色、起边和化学品腐蚀性。

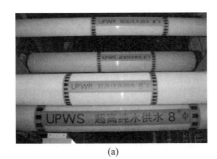
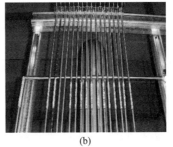

(a)　　　　　　　　　　　(b)

图3.6.2　管道标识示例

对于户外使用的材料，通常为聚丙烯材料，耐紫外线、不褪色，耐碎裂达3～5年，无毒，100%环保PVC，耐温−40～160℃。

在国家标准《特种气体系统工程技术标准》（GB 50646）中对洁净厂房等敷设的特种气体管道

规定为，应以不同的颜色、字体标识气体名称、主要危险特性和流向。该"标准"中有关"标识"的要求见表3.6.4。

表3.6.4　特种气体管路标识要求

底色	意义	内容物特性	内容物举例	字体色	箭头色
红色	危险	可燃性、剧毒性	AsH_3,SiH_4,CH_2F_2,PH_3,WF_6,CiF_3,CO,CCl_4	白色	白色
黄色	警告	毒性、腐蚀性、对人体有危害	HBr,HCl,HF	黑色	黑色
蓝色/绿色	安全	危害性较小或无危害	SF_6,Kr/Ne,Xe	白色	白色

在该"标准"中对特种气体管路标识的表述图示也作了明确规定，要求表述的内容主要包括管道内输送介质的化学分子式、中文名、主要危险特性、流动方向（箭头）等。特气管道标识、"标识"的尺寸大小等见本书第1篇第9章。

特种气体管道上粘贴的标识应符合下列要求：管道内径小于或等于100mm的水平直管道，应以人员视线为基准方位，每隔3m粘贴一张；管道内径大于100mm的水平管道，以人员视线为基准方位，应每隔6m粘贴一张；管道内径小于或等于100mm的垂直管道，应每隔2m粘贴一张，并以地面向上的1500mm处为基准位置粘贴一张；管道内径大于100mm的垂直管道，应每隔4m粘贴一张，并以地面向上的1500mm处为基准位置粘贴一张；特气管道阀件、弯头的连接处，工艺设备与特气管道的连接处以及管道穿越墙、壁、楼板的两侧部分都应各粘贴一张。

特种气体标识粘贴应整齐、牢固，水平管道的标识中心应相互对齐，垂直管道的标识上边缘应对齐。

参考文献

[1] 袁真.人员净化//《电子工业生产技术手册》编委会.电子工业生产技术手册：第17卷.北京：国防工业出版社，1992.

[2] 涂光备.医药工业的洁净与空调.北京：中国建筑工业出版社，1999.

[3] W. Whyte. Cleanroom Technology Fundamentals of Design，Testing and Operation. New Jersey：John Wiley & Son Ltd，2010.

[4] 赵荣义.简明空调及设计手册.北京：中国建筑工业出版社，2000.

[5] [日] 铃木道夫，等，大规模集成电路工厂洁净技术.陈衡，等译.北京：电子工业出版社，1996.

[6] 盛东晓.高级洁净服的研制.洁净与空调技术，2002（4）：19-22.

中国电子工程设计院

新办公楼

上海世博会沙特国家馆

瑞萨半导体

深圳华星光电技术有限公司

北大国际医院

三星（中国）半导体有限公司

鲁番新能源示范城市智能微电网规划

上海浦东软件园

国家税务总局金税（三期）

北京银泰中心

华西金塔

地址：北京市海淀区西四环北路 160 号
邮编：100142
电话：010-88193666
传真：010-88193999
邮箱：jingyingbu@ceedi.cn

CEFOC 中电四公司

以客为尊·服务领先

中国电子系统工程第四建设有限公司（简称中电四公司）始建于1953年，现隶属于中国电子信息产业集团。公司拥有建筑行业、电子行业、化工石化医药行业三项甲级设计资质，以及建筑工程、机电工程两项施工总承包一级资质，并具备多项专业承包一级资质。

近年来公司参与了中芯国际、长江存储、长鑫、三星、积塔、晋华、格芯、北方华创、燕东微电子、有研半导体、欧菲光、京东方、TCL华星、维信诺、天马、北生所、武生所、科兴、康希诺、君实生物、药明康德、智飞生物等行业知名客户多项大中型重点工程建设，多次获得鲁班奖、国家优质工程奖、中国安装之星等，被评为"全国优秀施工企业""全国AAA级信用企业"。

中电四公司将继续秉承"以客为尊、服务领先"的经营理念，牢记"服务国家战略、助力科技创新"的使命，致力于为客户提供更加优质的工程服务，为社会贡献更多的精品工程，为我国高科技产业的繁荣发展和国际影响力的提升做出新的更大贡献。

累计建造各类洁净室
650万平米

服务内容

EPC总承包　施工总承包　咨询设计　洁净室系统　机电系统　工艺系统　自动控制系统　设施管理

服务领域

集成电路

平板显示

生物医药

医院、疾控中心

科研建筑

食品饮料

我们始终处在行业的前沿

超大面积洁净室	单层12.5万平米
超高空间洁净室	单层高度55.2米
超净洁净室	1级洁净等级
超高精度洁净室	温度+0.05℃ 湿度±1% 防微振VC-E等级
超纯气体	9N纯度的各种气体
超纯水	电阻率≥18.2MΩ*cm

中国电子系统工程第四建设有限公司

📞 电话：010-57503800

🏠 网址：http://www.cefoc.cn/

中国电子系统工程第二建设有限公司
国际领先的工业建筑及环境工程系统服务商

　　中国电子系统工程第二建设有限公司，始建于 1953 年，隶属于世界 500 强——中国电子信息产业集团有限公司（CEC），是国内较早从事洁净工程、工业建筑工程的大型央企之一，并已成长为从项目咨询、规划、设计、实施、采购、调试到运维，具备全周期服务能力的高科技工业建筑领域 EPC 服务的领先企业。

业务领域

半导体　　平板显示　　食品制药　　科研院所　　医院

实验室　　数据中心　　智慧运维　　新能源　　工业环保

创新平台

- 高新技术企业　　● 省级工程技术研究中心
- 江苏省企业院士工作站　　● 水处理实验室
- 江苏省建筑业企业技术中心
- 全国重点高校研究生无锡科研实践基地

武汉京东方项目-洁净室

通威太阳能项目-洁净室

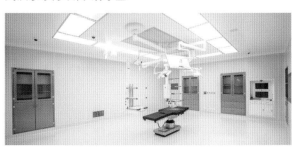

天津肿瘤医院项目-手术室

合肥奕斯伟施工总承包项目-厂房

中国电子系统工程第二建设有限公司

地址：江苏省无锡市具区路88号
电话：0510-81180118
网址：www.cese2.com

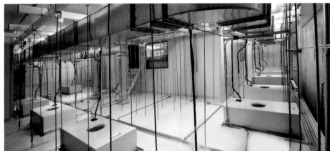

江苏嘉合建设有限公司（简称嘉合建设），公司成立于2005年，总部位于苏州新加坡工业园区，是一家专注于以洁净室及相关受控环境为核心的工业厂房设计与建造的企业。嘉合建设依托于领先的国际项目工程管理理念与多年的洁净室专业设计建造经验，在IC半导体、生物制药、精细化工、航空航天、食品制造、医院手术室、新能源等领域，为客户提供包括规划、设计、采购、建造、运行维护等全过程服务。

JAHE (Jiangsu) Construction Co., Ltd (JAHE Construction for short) is a high-tech enterprise, private technology enterprise in Jiangsu Province. Our company founded in 2005, corporate headquarters Located in SIP, which is a construction enterprise focusing on the industrial plant full coverage of the cleanroom and the relevant controlled environment. JAHE Construction relies on leading international project management concepts and years of experience in the design and construction of cleanroom,taking the first advantage in the field of industrial engineering such as IC sonnconductor, biological medicine, fine chemicals, aerospace, food manufacturing, hospital operating rooms, new energy and high technology Furthermore we provide customers with planning, design, procurement, engineering, manufacturing and maintenance services throughout the whole process

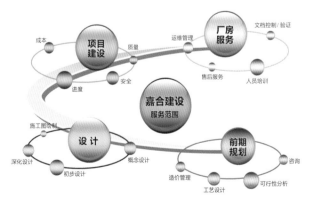
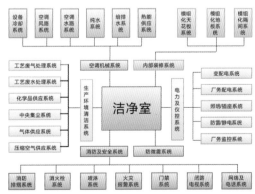

公司地址：苏州工业园区圣爱路9号研发楼3楼　电话：0512-68702386　网址：http://www.szjhhj.com

吴江市华宇净化设备有限公司
Wujiang Huayu Cleaning Equipments Co.,Ltd

华宇净化设备有限公司成立于1998年，位于国家历史名城苏州，公司占地面积十余亩，建筑面积10000多平方米，公司注册成立以来，以良好的信誉、优良的品质赢得了广大客户的支持和信赖。自2003年起共参与了近20项相关的地方、行业和国家标准以及30余项团体标准的编制，成为同行业中的一颗新星。公司的宗旨是：不段创新，做的更好，追求卓越，永无止境！

本公司生产销售：尘埃粒子计数器、表面尘埃粒子计数器、风量仪、浮游细菌采样器、高效过滤器捡漏仪、各类气溶胶发生器、尘埃粒子计数器计量校准装置、风量校准装置、光度计校准装置、流量校准装置、生物安全柜、洁净工作台、温湿度压差测试仪，并代理销售美国莱特浩斯、TSI、ATI的尘埃粒子计数器、浮游细菌采样器、数显气溶胶光度计（高效过滤器PAO捡漏仪）、气溶胶发生器等检验仪器。

电话：0512-63330285 0512-63337199 0512-63338133
传真：0512-63323801 0512-63323602
手机：13906208830 13073365098
E-mail：huayugao@163.com
地址：苏州市吴江市同里镇屯村邱舍开发区屯浦南路350号

尘埃粒子计数器校准装置

标准粒子发生器

华宇2.83L/min激光粒子计数器系列

CLJ-E3016   CLJ-3016H   CLJ-301

华宇28.3-100L/min激光粒子计数器系列

CLJ-3106T   CLJ-350T   CLJ-335

Lighthouse 2.83L/min激光粒子计数器

Handheld2016   Handheld3016   Handheld301

Lighthouse28.3~100L/min激光粒子计数器系列

Solair 3100   Solair 3350   Solair 11

Lighthouse Z系列激光粒子计数器

Apex Z3   Apex 50

科学严谨 公正诚信

上海科信检测科技有限公司是一家从事机电工程系统调试检测（TAB）服务和制药行业 GMP 验证服务的专业技术公司。服务项目包含：通风空调系统调试，洁净室性能测试，超纯水、超纯气体管道的测试；医药行业厂房设施、公用工程系统 C&Q 服务、CTU 设备、实验室仪器、计算机系统、工艺设备等验证服务；系统运行诊断维护、节能管理、仪器销售及校准服务等，是上海市高新技术认定企业。

我们的服务已经覆盖集成电路、平板显示器、新能源、国防科工、医药/生物制药、医疗器械、医院手术室及实验室等领域的净化空调系统调试（验证），项目遍布全国，与 BOE、INTEL、LG、中芯国际、华星光电等国内国际知名电子行业公司以及阿斯利康、诺华、强生、勃林格殷格翰、罗氏、药明生物等一大批知名药企成功合作并获得赞誉。

公司参与了 6 项国家标准的编制以及 4 本技术专著的编著出版，获得一项科技进步一等奖（省部级），并拥有 5 项发明专利和 17 项自有知识产权。于 2007 年通过国家检测实验室认可（NO.CNAS L3207），检测报告可以使用国家认可标志（CNAS），以及国际互认标识(ilac-MRA)，在国内调测试领域中享有较高的声誉，是客户值得信赖的合作伙伴。

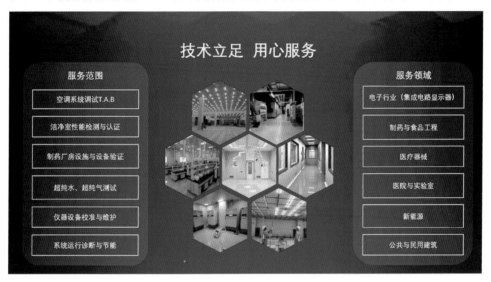

参编国家标准

a. 《洁净厂房施工质量验收规范》 GB51110-2015

b. 《电子工业纯水系统安装与验收规范》 GB51035-2014

c. 《电子建设工程预算定额》-2015

d. 《电子工业废水废气处理工程施工及验收规范》GB51137-2015

e. 《洁净室及相关受控环境 -监测技术条件》GB/T25915.2-2010

f. 《洁净室及相关受控环境 -检测方法》GB/T25915.3-2010

a. 《通风空调工程施工质量通病图解手册》

b. 《洁净厂房设计、施工及运行》(第二版)

c. 注册一级建造师培训教材:《机电工程专业》

d. 《通风空调工程施工技术实例》

科技成果

a. 发明专利 **5** 项、软著 **17** 项

b. 中国安装协会科技进步奖一等奖一项

全国服务热线:
400-021-6119

北京中电凯尔设施管理有限公司（简称中电凯尔 CCFM），是一家国内领先的设施管理服务商，成立于2010年，是中国电子系统工程第四建设有限公司的子公司，公司致力于通过创新技术结合资深行业管理经验，为客户提供驻厂运行维护、节能服务管理、系统优化综合性解决方案，并为企业提供清洁、秩序维护、绿化虫控等软服务，提升客户对"非核心"业务的管理品质，使客户更专注于核心业务，从而提升核心竞争力。公司具有建筑机电安装工程专业承包叁级资质、装修装饰工程专业承包二级、制冷空调 A 类 II 级、物业服务三级资质，是中国安装协会建筑设备和系统运行维护分会副会长单位，国家发改委备案的节能服务企业。

服务范围

设施运行管理

动力设备维护保养

系统升级改造 & 咨询服务

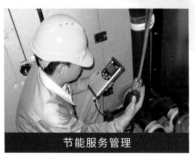

节能服务管理

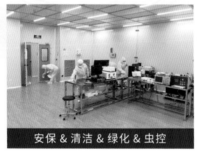

安保 & 清洁 & 绿化 & 虫控

备件及耗材采购服务

中电凯尔经过数年发展，公司业务不断扩大，业务覆盖全国，服务涉及电子、制药、机械制造、银行、商业字楼、国家重点项目研究所、数据中心等众多领域。公司采用矩阵式管理，分设东区、西区、南区、中区、北区五大运营中心。我们致力成为设施管理领域第一品牌。

合作伙伴

CanSinoBIO　ZFSW　novo nordisk　sotio　CETC　AstraZeneca　DRx　P&G　SANOFI　DAIMLER

国家电网 全球能源互联网研究院　GEELY　nemak　Danfoss　VW　Panasonic　中国神华 CHINA SHENHUA　探婴 BabyCave　SMIC　PANDA

M　amazon　Kimberly-Clark 金佰利　HIKVISION　STS 积塔半导体　JABIL　启迪半导体 TUS-SEMICONDUCTOR　citibank 花旗银行　ICRD　京东方 BOE

地址:北京市丰台区南四环西路188号总部基地3区23号楼

电话:010-57503877　传真:010-57503880

邮编:100070　网址:www.ccfm.net.cn

富泰净化科技
FUTAI CLEAN TECH

洁净设备专业制造商

　　江苏富泰净化科技股份有限公司是从事洁净室设备设计、生产、销售、安装、服务为一体的专业制造商，是中国台湾和日本AIR TECH株式会社合资企业——富泰空调科技股份有限公司（AIR TECH SYSTEM）在中国大陆投资设立惟一的合资企业，主要为半导体、LCD、光电、电子、精密仪器、化学、生物医药、食品等行业及研究所和高校提供高品质的洁净室专用空气净化设备和制程设备。

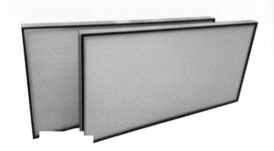

公司实绩（代表性客户）

LCD行业：京东方、华星光电、天马、友达、惠科、华佳彩、龙腾光电、国显光电等
半导体行业：中芯国际、华宏虹力、台积电、和舰、华润上华、长电、日月光等

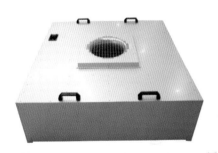

江苏富泰净化科技股份有限公司
FUTAI CLEAN TECH (JIANGSU) CO.,LTD.
电话：0512-57877895
传真：0512-57877899
网址：www.apice.cn
E-mial：chris@futai.net.cn
地址：江苏省昆山市金阳中路68号

富泰空调科技股份有限公司
AIR TECH SYSTEM CO.,LTD
电话：886-3-6105668
传真：886-3-5972734
网址：www.air-tech.com.tw
E-mial：chris@futai.net.cn
地址：台湾省新竹县新竹工业区光复路58-1号

苏州申达洁净照明股份有限公司

　　作为洁净照明行业品牌，申达照明一直致力于洁净室照明的服务与研究，倡导"洁净、节能、环保"的经营理念，来实现公司的科学管理和可持续发展。现如今，企业生产设备自动化、生产工艺流程化、研发能力团队化、检测设备针对化。生产的吸顶式灯具、嵌入式灯具以及自主研发的LED面板灯系列洁净灯具已成为公司的主打产品。通过稳定的产品质量和完善的售后服务，拓展了国、内外市场不同需求的客户群，获得了较好的口碑和赞誉。产品应用领域已从制药、医院、生物化工、食品加工、电子IT业等延伸至办公室和其它场所照明，同时可以为不同需求的客户设计、定做、提供一系列洁净照明的解决方案。

　　新形势、新机遇，申达人将"洁净照明"产业为己任，励精图治，不断加深自身产品研发力度，加快市场化进程，实现规模、经济跨越式发展。秉承合作双赢的原则，携手新老客户共创美好未来。

苏州申达洁净照明股份有限公司

地　　址：吴江经济技术开发区泉海路88号
电　　话：13913711555　18306257888（同微信）
　　　　　0512-63400278
传　　真：0512-63403961
E-mail：wjsddj-1136@163.com